Carl Böttger

Das Mittelmeer

Eine Darstellung seiner physischen Geografie nebst andern geographischen,

historischen und nautischen Untersuchungen

Carl Böttger

Das Mittelmeer

Eine Darstellung seiner physischen Geografie nebst andern geographischen, historischen und nautischen Untersuchungen
ISBN/EAN: 9783954271962
Erscheinungsjahr: 2012
Erscheinungsort: Bremen, Deutschland

www.maritimepress.de | *office@maritimepress.de*

Bei diesem Titel handelt es sich um den Nachdruck eines historischen, lange vergriffenen Buches. Da elektronische Druckvorlagen für diese Titel nicht existieren, musste auf alte Vorlagen zurückgegriffen werden. Hieraus zwangsläufig resultierende Qualitätsverluste bitten wir zu entschuldigen.

DAS

MITTELMEER.

Eine

Darstellung seiner physischen Geographie

nebst

andern geographischen, historischen und nautischen Untersuchungen,

mit Benutzung von Rear - Admiral Smyth's Mediterranean.

Von

Dr. C. Böttger,

Professor am Gymnasium zu Dessau.

Mit 6 Karten und 4 Holzschnitten.

Der Verfasser behält sich das Recht der Uebersetzung vor.

Leipzig.

Verlag von Gustav Mayer.

1859.

VORWORT.

Das Mittelmeer hat der geographischen Forschung schon seit den ältesten Zeiten einen so reichen, so interessanten und bedeutungsvollen Stoff geboten, dass sich in der That eine ganze Reihe von Werken aufzählen liesse, deren Gegenstand dieses Meer sein sollte; aber bei weitem die Mehrzahl ist eben nur Projekt geblieben und auf eine vollständige und erschöpfende Behandlung dieses grossartigen Themas kann wohl kein einziges der wirklich erschienenen Anspruch machen. Dass dies nun in dem vorliegenden neuen Werke geleistet worden sei, fällt dem Verfasser um so weniger ein behaupten zu wollen, als er überhaupt dieses Vorwort nicht schreibt, um, wie dies wohl zu geschehen pflegt, unter mancherlei bescheidenen Phrasen einen ganz wohl entwickelten Eigendünkel zu verbergen. Dass er aber überhaupt nur nach einem so hohen Ziele gestrebt und versucht hat, sich demselben zu nähern, bedarf bei der hohen Bedeutung des Themas für die geographische Wissenschaft schon an sich einer gehörigen Motivirung. Es möge ihm daher gestattet sein, über die Entstehung, den Plan und Zweck seines Werks, sowie über dessen Quellen und äussere Einrichtung einige Worte voranzuschicken.

Seit etwa 20 Jahren habe ich bei meinen geographischen Studien stets mit besonderem Interesse Alles beachtet und gesammelt, was mir irgend über das Meer und seine Mysterien Aufschluss zu geben versprach. Lange war es mir bei meinem Aufenthalte in Berlin und in Thüringen nicht vergönnt, mehr zu

sammeln, als die immerhin werthvollen Beobachtungen Anderer.
Endlich sah ich das Meer selbst und in fast fieberhafter Spannung
suchte ich — selbst während der Nacht am Geländer des Hinter-
decks, wenn das vervielfachte Bild des Mondes auf den rastlosen
Wellen tanzte — jeden, auch den geringfügigsten Eindruck in
mich aufzunehmen, den ich irgend zur Anschauung zu bringen
vermochte. Gratius ex ipso fonte bibuntur aquæ! Doch will ich
damit keineswegs behaupten, dass die selbst gewonnenen Anschauungen und selbst gemachten Beobachtungen mich befähigt
hätten, mit einem Werke über das Meer und sein Leben vor das
wissenschaftliche Publikum zu treten. Indessen werthlos blieben
sie jedenfalls eben so wenig, wie mein längerer Aufenthalt in
London und Oxford und namentlich die Studien in den dortigen
Museen und Bibliotheken. Nach meiner Rückkehr hatte ich, während ich den geographischen Unterricht mit besonderer Vorliebe
ertheilte, diese oceanographischen Sammlungen noch jahrelang
erweitert, als mir Maury's physische Geographie des Meeres zu
Gesicht kam und ich mich sofort entschloss, dieselbe für das
deutsche Publikum zu bearbeiten. Zugleich mit der Herausgabe
dieses lehrreichen Buches kam aber, nachdem mich mancherlei
andere oceanographische Projekte zeitweilig beschäftigt hatten, die
bestimmte Idee in mir zur Klarheit, dem oceanischen Leben,
das Maury vorzugsweise ins Auge fasst, eine Schilderung des
thalassischen Lebens, gleichsam antistrophisch, an die Seite zu
stellen, und mich somit aus den weiten Räumen des Oceans zwischen die engeren Schranken des Binnenmeers der alten Welt
zurückzuziehen; zugleich aber war ich mir der hohen Bedeutung
dieses an sich kleinen Meeres so lebhaft bewusst, dass ich mir
vornahm, nicht bloss eine physische, sondern so zu sagen auch
eine statistische, politische, historische, mathematische und nautische Geographie dieser Thalassa zu schreiben. Nach allen diesen
Seiten hin bot ja das mittelländische Meer, an und auf dem zugleich mit jedem Zweige der Cultur auch die Geographie als Wissenschaft zuerst sich entwickelte, überaus reichen Stoff. Es galt

nur, ihn zu sammeln und zu sichten. Vor Allem durchforschte ich zu dem Ende die gesammte klassische Literatur der Griechen und Römer und fand dort weit mehr, als ich in mein Werk aufnehmen konnte, wofern ich nicht statt einer Monographie über das Mittelmeer ein grosses culturhistorisches Werk über dessen Bedeutung für die antike Welt und dessen Stellung zu derselben schreiben wollte. Nicht ohne Selbstverleugnung ward daher von den Collectaneen aus der alt-klassischen Periode, besonders aus Aristoteles, Strabo, Plinius, Cicero*), der grösste Theil wieder über Bord geworfen. Zugleich stellte ich mir sowohl für die Bearbeitung dieses historischen Theils, als für die Haltung des ganzen Buches überhaupt den Grundsatz als Regel und Richtschnur fest, vor Allem Thatsachen festzustellen, zuverlässigen Stoff zu sammeln, ihn kritisch zu sichten und das, was danach im Siebe zurückblieb, übersichtlich zu ordnen, dagegen alle allzuidealen Systembauten des Verstandes, alle spitzfindigen Theoreme und vollends die Luftbilder scheinbar tiefer Reflektion von meiner Darstellung fern zu halten. Auch dazu fehlte es wahrlich nicht an Veranlassung und Versuchung, die für den Autor um so grösser wird, wenn er recht wohl bemerkt, dass manches Blatt seines Buches noch recht farblos erscheint und dass es ihm leicht möglich wäre, dasselbe mit frischen Farben auszumalen. Ich erwähne, um ein Beispiel zu geben, nur das unterseeische Terrain, für das ich schon seit Jahren jede, selbst die geringfügigste Notiz deren ich irgend habhaft werden konnte, zusammengetragen hatte. Wie gross war da, namentlich in einigen Partien, wo die zahlreichen Sondirungen genügend viele Haltpunkte zur Construction des ganzen submarinen Terrains gaben, die Versuchung, alle die Kunstausdrücke der modernen Topographie sofort auch auf dieses anzuwenden und das Bassin ebenso zu behandeln, wie etwa die Halbinseln, welche Südeuropa in dasselbe hineinstreckt! Man

---

*) Ich kann nicht unterlassen, auf eine ganz interessante Stelle im Cicero (de republ. II., 3.) noch nachträglich hinzuweisen. Er eifert dort gegen die maritime Lage der Städte.

konnte, nachdem man v. Etzel's treffliche Terrainlehre noch einmal verglichen, mit grosser Dreistigkeit Gebirgsketten und selbst
Grate im Adria und dessen Fortsetzung, im Archipel, sowie durch
die Balearen, Kessellandschaften unweit Gibraltar und Malta, Hochebenen im Westen und Süden von Sicilien und im Euxinus, Tief-
und Flachländer im Ostbassin und im Norden von Algier nachweisen, man konnte sogar unterseeische Wasserscheiden verfolgen,
und namentlich auf die merkwürdige Ungleichheit der Böschungs-
winkel in der Nähe der Küsten hinweisen, wodurch der Meeresboden zum Festland bald in das Verhältniss einer sanftabfallenden
Niederung oder Lehne, bald in das eines Vorgebirges oder einer
entschiedenen Gebirgslandschaft tritt und man hätte sich bei diesen noch dazu höchst originellen Darstellungen sogar grösstentheils
an bestimmte Beobachtungen anlehnen können; aber es bleiben
doch noch weite Lücken hier und bei manchem andern geographischen Problem auszufüllen, ehe man nur wagen kann, aus dem
vorliegenden Stoff Gruppirungen in bestimmten Umrissen zusammenzustellen. Schon das atlantische Kabel und ebenso die Drath-
legungen im Mittelmeer haben uns gezeigt, dass es allzukühn ist,
aus einzelnen, verhältnissmässig immer noch weit von einander
abstehenden Sondirungen sofort Phantasiebilder der ganzen Mee-
resbodenformation entwerfen zu wollen.*) Ich habe mich daher
hier auf die Zeichnung des unterseeischen Terrains nach einem
nicht allzugrossen Maassstabe beschränkt, sowie ich zum Maury
den Boden des atlantischen Oceans ebenfalls, aber in noch be-

---

*) Ich bin nämlich fest überzeugt, dass dem Gelingen unterseeischer Telegraphen-
verbindungen für jetzt namentlich drei Hindernisse im Wege stehen. Erstens ungenügende
Kenntniss des Terrains auf der Linie, welche das Tau beim Versenken definitiv einnimmt, zweitens Einwirkung des gewaltigen Druckes in grossen Meerestiefen, durch
welchen jede Ungleichheit in der die Drähte umgebenden Hülle sehr störend wirken
kann, wesshalb auch die Telegraphentaue vor dem Einsenken unter einem ähnlichen
Druck geprüft werden sollten, und drittens — wenigstens bei dem atlantischen —
die übergrosse Länge. Dass das Tau von Candia nach Alexandrien gerissen ist, erscheint mir sehr erklärlich, denn das Terrain ist dort sehr gebirgig und weite
Strecken hin über 1000 Faden tief. (s. Tafel II.)

deutend kleinerm Maassstabe, gezeichnet habe. Wer die Umrisse der Schraffirungen auf den 3 Sektionen meiner Mittelmeerkarte mit einiger Aufmerksamkeit verfolgt, wird ohne Schwierigkeit manche Anschauung über das submarine Terrain gewinnen, welche ich nicht erst weitläuftig in Worte fassen wollte. Dabei darf ich aber nicht unerwähnt lassen, dass ich einige Partien des Meeresgrundes — namentlich die Barre zwischen Sicilien und Afrika und ein paar Stellen des Archipels — nach einem grössern Maassstabe, ebenso wie das angrenzende Festland mit Bergschraffirungen fast ganz fertig zeichnen konnte*) und dass ich, wenn mein Buch das Glück haben sollte, eine zweite Ausgabe zu erleben, auch diesen Versuch dem geographischen Publikum vorzulegen gedenke.

Doch ich eile von dieser Episode zurück zu dem Plane meines Werkes. Die Grundzüge desselben liegen in der Inhaltsübersicht vor. Man wird demselben hoffentlich nicht vorwerfen, dass er zu einseitig angelegt sei; ich bin viel eher auf den Vorwurf gefasst, dass er allzuweit gefasst sei und sich nicht entschieden genug an eine bestimmte Grundidee anschliesse. Darauf erwidere ich, dass ich mir dessen wohl bewusst war und eben desshalb einige Kapitel wegliess, welche — wie z. B. eine kurze Geschichte der Seekriege, welche auch zuerst an den Gestaden des Mittelmeers entbrannten — mich zu weit ab geführt haben würden und sich überdiess mehr für eine specielle Behandlung eignen. So wie das Werk aber jetzt mit seinem gewiss nicht dürftigen Material vorliegt, glaube ich doch, dass die Darstellung der physischen Geographie der merkwürdigsten Thalassa auf unserem Erdball den Schwerpunkt des Ganzen bildet. Dass ich nicht streng und allein bei diesen physischen Betrachtungen stehen blieb, wird dadurch wohl genügend motivirt sein, dass ich das Werk nicht bloss für den Forscher auf dem Gebiete der geographischen Wissenschaft,

---

*) In ähnlicher Weise hat Prof. P. W. Forchhammer eine bentheographische Karte des Meeres zwischen Tenedos und dem Festlande herausgegeben; es ist ein dankenswerther Versuch, die Unebenheiten des Meeresgrundes in derselben Weise wie die des Festlandes chartographisch darzustellen.

sondern auch für das grössere Publikum zur Unterhaltung und
Belehrung schrieb. Desshalb gruppirte ich um diesen Centralkreis
der physisch-geographischen Betrachtung noch drei andere, einen
der gesammten Topographie des Beckens und seines Randes, von
dem wir freilich annehmen, dass er dem geneigten Leser wenigstens oberflächlich bekannt sei, einen der historischen und zugleich
culturhistorischen Forschung und einen nautisch-mathematischen.
Die Centra aller drei dürften aber doch wieder in der Peripherie
des physisch-geographischen liegen. Dass die praktische Mathematik in der Geschichte der Messungen und in der Darstellung
der Resultate derselben ganz besonders berücksichtigt worden ist,
wird man hoffentlich nicht tadeln. Ich konnte es einmal nicht
über mich gewinnen, hier noch mehr zu kürzen, da ich selbst
mehrere Jahre lang fast ohne alle Beihülfe im Auftrage des Fürstl.
Schwarzburgischen Ministerii eine schwierige Triangulation in Thüringen ausgeführt habe und für Arbeiten der höhern Geodæsie
desshalb ein ganz besonderes Interesse hege.

Der Ausbau der einzelnen Theile meines Planes war natürlich
durch die Quellen mit bedingt, welche mir zu Gebote standen.
Unter diesen habe ich vor Allem zu nennen: „The Mediterranean.
A Memoir Physical Historical and Nautical by Rear-Admiral
William Henry Smyth, K. S. F., D. C. L., etc. etc. London, J. W.
Parker. 1854", ein werthvolles, dem Rear-Admiral Sir Francis Beaufort gewidmetes Buch, auf das ich schon in der Einleitung zur
physischen Geographie des Meeres (S. 12.) hingewiesen habe.
Von diesem Buche ist ein grosser Theil in sinngetreuer
Uebersetzung in mein Buch verflochten worden. Wenn
man demnach von meinem Buche behaupten will, dass es gar
kein selbstständiges Werk sei, so gebe ich dies für die Hälfte des
von demselben gebotenen Stoffes zu und habe weiter keinen
Wunsch, als dass man meine deutsche Bearbeitung des Memoir
jenes ausgezeichneten Admirals wohl verständlich und lesbar finden
möge. Da aber sowohl der ganze Plan und die durch denselben
bedingte Anordnung, da ferner die andere Hälfte des Werks und

auch in den nach Smyth bearbeiteten Theilen auf jeder Seite viele
eingeschobene, für das Verständniss besonders wichtige Sätze,
ferner die Karten ohne und die Holzschnitte fast ohne Ausnahme
mir allein angehören und überhaupt mein Buch bei compresserem
Druck und grösserem Format schon äusserlich mehrere 100 Seiten
mehr füllt, als das Smyth'sche, so wäre es geradezu eine Unrich-
tigkeit gewesen, das Buch einfach eine Uebersetzung von Smyth's
Mediterranean nennen zu wollen. Das treffliche, reichhaltige Werk
des edeln Admirals *) hat mich für meine Idee begeistert und über
manche Schwierigkeit hinweggehoben, die einem Philologen in
Mitteldeutschland, der sich an die Schilderung der ihm, wie er
glaubt, nur räumlich fernliegenden thalassischen Welt wagte, sonst
unübersteiglich gewesen wäre; aber so wie es Maler gegeben hat,
die vortreffliche Seestücke gemalt haben, ohne die See je gesehen
zu haben, so kann es wahrlich auch unverdrossene und denkende
Sammler geben, die ein Werk über ein geographisches Objekt zu-
sammenzuba:en versuchen, das sie selbst als Augenzeugen nur
flüchtig anschauen konnten, zu dessen unmittelbarer und allseitiger
Durchforschung aber selbst ein Menschenleben nimmermehr ausreichen würde.

In Bezug auf die andern von mir benutzten Quellen kann ich
mich kürzer fassen, da dieselben, besonders in den unter dem
Text stehenden Anmerkungen, wenigstens in abgekürztem Titel,
stets angegeben sind. Ueberdies würde eine vollständige Aufzählung viele Seiten füllen. Vielfache Anregung bot das Prachtwerk
Wright's, „The Shores and Islands of the Mediterranean. Fisher,
Son & Co. Newgate-Street, London", das das Littoral des Mittelmeers auf 5000 Leagues berechnet. Sir Grenville Temple, Bart,

---

*) Smyth kehrte gegen Ende des Jahres 1824 aus dem Mittelmeer zurück
und giebt also nur den Stoff, welchen er zu dieser Zeit gesammelt hatte. Seinem
Werke sollte ein vollständiges Sailing Directory for the Inner Sea folgen. Capitain
Graves' unerwartetes Abbrechen der praktischen Messungen etc. störte aber die Ausführung dieses Planes. Man wird übrigens selbst bei flüchtigem Durchblättern meines Buches bemerken, dass dasselbe sehr häufig Material aus einer weit spätern Zeit zusammenstellt.

hat unter Andern die Provinz und das Beylik von Tunis unter
günstigen Umständen bereist und schöne Zeichnungen von dort
mitgebracht. W. L. Leitch bereiste ebenso Sicilien, über das
Smyth eine Monographie veröffentlicht hat, Major Irton Malta,
Italien und Griechenland, Lieut. Allen besonders die nördlichen
Küsten. Er verweilte lange auf den ionischen Inseln. Für die
Südküste boten Dr. Barth's Wanderungen durch die Küstenländer
des Mittelmeers für das eigentliche Werk nur wenig Stoff; man
ist dort mit Barth viel in der Sand-, sowie mit Smyth viel auf
der Wasserwüste. Für die philologische Forschung bot viel Anregung die „Géographie physique de la mer noire, de l'intérieur
de l'Afrique et de la Mediterranée; par A. Dureau-de-la Malle,
Fils etc. Paris, Dentu, 1807", wenn schon das geistreiche Buch
in einzelnen Partien durch neuere Forschungen in den Hintergrund
gedrängt wird.

Die klassischen Werke der neuern deutschen Wissenschaft
(v. Humboldt, C. Ritter, H. Berghaus, A. v. Roon, E. A. v. Hoff's
Geschichte der natürlichen Veränderungen der Erdoberfläche, 1822,
etc.) sind natürlich vor Allen berücksichtigt worden.

Sonst nenne ich noch, als in den Anmerkungen wohl kaum
erwähnt: „Histoire du commerce entre le Levant et l'Europe, par
G. B. Depping." „Philosophische oder vergleichende allgemeine
Erdkunde als wissenschaftliche Darstellung der Erdverhältnisse und
des Menschenlebens nach ihrem innern Zusammenhange. Von Dr.
Ernst Kapp. 2 Bände."

Wir sprechen zum Schluss dieses Vorworts noch von einigen
Aeusserlichkeiten. Statt des so häufig vorkommenden Titelworts
unseres Buches haben wir gewöhnlich Mm. drucken lassen; sonstige Abkürzungen werden als ganz gebräuchliche gewiss ohne
Weiteres verständlich sein.

Die Zahl der Anhänge, welche man hoffentlich nicht uninteressant oder gar unnöthig finden wird, ist etwas gross geworden. Aber einige dort behandelte Themen passten wirklich nicht
recht in den Text des Werkes, andere mussten in diesen Anbau

verwiesen werden, weil die gerade für das Mittelmeer so erfreuliche Entwickelung der Culturgeschichte erst in der neuesten Zeit
das Material zuführte, . als der eigentliche Hausbau schon vollendet war.

Das Nachschlagen hoffen wir sowohl durch die kurzen Colon-
nenüberschriften, als durch das Register, in welches hier und da
auch noch eine nachträgliche Notiz eingeschaltet ist, wesentlich
erleichtert zu haben.

Was die Angaben der Maasse anbetrifft, so sind unter allen
ohne weitern Zusatz angegebenen Fussen alte pariser Fuss zu
144 Linien zu verstehen. Da der englische Fuss = 135,11418 solcher Linien ist, so braucht man nur, wenn Höhen- und andere
Angaben in englischen Fussen vorkommen sollten, vom Logarithmus derselben 0,0276616 abzuziehen, um den Logarithmus derselben
Maassangabe in französischen Fussen zu erhalten. Sind umgekehrt
französische Maasse in englische zu verwandeln, so ist zu dem
Logarithmus der erstern der obige Bruch zu addiren. Will man
englische Fusse in preussische verwandeln, so stelle man statt
0,0276616 auf dieselbe Weise 0,0127199 in Rechnung. Uebrigens
habe ich — namentlich auch bei Temperaturangaben, die für gewöhnlich in Graden nach Réaumur notirt werden — die Mühe
nicht gescheuet, solche Maassverhältnisse häufig doppelt anzugeben. Ueberhaupt bitte ich, mir den Umstand nicht zum Vorwurf machen zu wollen, dass ich mich einige Male zu wiederholen
scheine. Da ich das Meer in den 8 Hauptabschnitten von so
verschiedenen Seiten betrachte, so war es kaum zu vermeiden,
hier und da eine Notiz zu wiederholen, welche in mehrere hinein-
passte. Umgekehrt habe ich mich da öfters etwas kurz gefasst,
wo die Betrachtung von dem thalassischen zu dem oceanischen
Leben übergeht. Dies soll aber den Kardo und Mittelpunkt meiner
bald erscheinenden neuen Bearbeitung des Maury'schen Werks
bilden.

Dass trotz aller auf diesen nicht unwichtigen Punkt verwandten Sorgfalt einige Druckfehler stehen geblieben sind, bitte

ich nachsichtsvoll entschuldigen zu wollen. Leider trafen mich gerade während des Druckes mancherlei Störungen und verhängnissvolle Unglücksfälle in meiner Familie, so hart, dass ich wenigstens bei einigen Bogen unfähig war, mit der gespanntesten Aufmerksamkeit auf Alles zu achten. Ich bitte daher, vor Lesung des Buches das Druckfehlerverzeichniss gütigst beachten zu wollen.

Und so empfehle ich denn mein Buch, für dessen gediegene äussere Ausstattung ich dem Herrn Verleger zu Dank verpflichtet bin, dem Wohlwollen und der Nachsicht des Lesers und wünsche, dass es dieselbe Verbreitung finden möge, wie die physische Geographie des Oceans, die, wie ich zu meiner Freude gehört habe, auch auf manchem Schiffe eifrig gelesen worden ist.

DESSAU, Sylvester 1858.

C. Böttger.

Inhaltsübersicht.

IV. Die Gewässer des Mittelmeers....... S. 151 bis 239.

V. Die Atmosphäre über dem Mittelmeer. S. 240 bis 331.

VI. Schiffahrt und Handel. .... S. 332 bis 367.

EINLEITUNG.

Die geschlossene Thalassa und der offene Okeanos.

So wie Europa, als räumlich kleinster der Welttheile, dennoch,
die frühesten Zeiten der Geschichte ausgenommen, unbedingt und in
vielen Beziehungen der wichtigste und das eigentliche Mittelland des
Culturlebens geworden und geblieben ist, so ist das Mittelmeer trotz
seiner Enge der Ausgangspunkt der grossartigsten Weltbegebenheiten
gewesen.

Vom Phasis bis zu den herakleischen Säulen, sagt Plato im
Phaedon, wohnen wir in einem kleinen Erdtheil, die wir, wie Ameisen
oder Frösche um einen Sumpf, uns um das Meer, die Thalassa, an-
gesiedelt haben.[1] Unter der Thalassa dachte sich aber der Grieche,
wie der Römer unter seinem *mare internum*, das in der Mitte der
drei Landfesten liegende mittelländische geschlossene Meer; zu
dieser thalassischen Welt, in der die gesammte religiöse und künstlerische Bildung der alten — und mittelbar auch noch der neuen
Welt — wurzelt, verhalten sich die Culturvölker der alten Zeit eben
so, wie die Germanen der Neuzeit zum offenen Okeanos oder specieller
zum atlantischen Ocean, auf dessen spätere Bedeutung die alten Sagen
von der Atlantis gleichsam prophezeiend hindeuten. Doch nicht bloss
die Mitte zwischen den grossen Landfesten und, nach antiker Anschauung, die Mitte der Erde nimmt das Mittelmeer ein, es war und
ist auch das Meer der mannigfachsten Verbindung und Vermittlung.
Es vermittelt den Uebergang der ältesten Culturentwicklung an Flüssen, der potamischen Welt, wie wir sie noch heute in China und
Indien um den Hoangho, Ganges u. s. w. und in den alten Zeiten

---

[1] Wir sind gewissermassen Amphibien und eben so sehr thalassischer als con-
tinentaler Natur. (Strabo. v. 9. Siebenkees.)

um den Euphrat, Tigris, Nil u. s. w. sich sammeln und entfalten sehen, zu der oceanischen Welt der Neuzeit; zwei Pforten hat diese Thalassa, die eine bei Constantinopel, durch die man aus der continentalen Welt Asiens und des sich dort massenhaft ihm anschliessenden Europas in die thalassische Welt eintritt, die andere bei Gibraltar, durch die man aus der letztern hinausfährt in den gewaltigen und von der Neuzeit doch bezwungenen Okeanos. Dass aber Europa wie ein Dreieck dieser continentalen, mediterranen und oceanischen Welt je eine Seite zukehrt, während z. B. Australien nur oceanisch, Afrika ohne continentale Seite ist und Amerika in der Mitte zwischen seinen Haupttheilen nur einen schwachen Versuch macht, gleichfalls eine thalassische Welt zu entfalten, dies hat eben diesem Welttheil für ewige Zeiten seine hohe Bedeutung gesichert. Und was hat nicht sonst alles noch das Mittelmeer vermittelt! Klimatisch vermittelt es die auf den Wüsten Afrikas sich sammelnde Glut mit der Kälte des europäischen Hochlands und Nordens, eben so steht es in seiner Pflanzen - und Thierwelt in der Mitte zwischen der tropischen und arktischen Welt, in ihm aber wie in einer Ellipse lagen die Brennpunkte Athen und Rom, von denen die Colonisationen der Griechen und die Eroberungen der Römer ausgingen; an ihm berühren sich die romanischen, germanischen und slavischen Völkerfamilien als die edelsten Zweige der kaukasischen Race, in ihm endlich berührt sich orientalische Starrheit mit ihrem Rückwärts gen Osten und occidentalische Beweglichkeit mit ihrem Vorwärts gen Westen. Der materielle Zug nach dem reichen Osten und der geistige vorwärts nach dem alle Entwicklungsbedingungen vereinigenden europäischen Westen erzeugt eine Unruhe, deren Wirkungen die Küsten des Mittelmeers mehrfach kreuzen.

An seine Küsten, auf seine Gewässer, in seine tiefblauen Abgründe, so wie in den heitern Aether, der über ihm glänzt, wollen wir unsern Leser führen. „Das grosse Objekt des Reisens", bemerkte schon Dr. Johnson sehr wahr dem General Paoli, „besteht ja darin, die Küsten des Mittelmeers zu sehen. An ihnen lagen die vier grossen Weltreiche, das Assyrische, Persische, Griechische und Römische. Unsere gesammte religiöse und fast unsere ganze künstlerische Bildung, fast Alles, was uns über die Wilden erhebt, ist von den Gestaden des Mittelmeers aus zu uns gekommen." Denn gewaltig ist des Meeres Macht, wie Thukydides einmal begeistert ausruft. Insofern als die Geschichte als das Werden in der Zeit nicht denkbar ist ohne den Raum, in dem es wird, so ist das Wasser nicht bloss das belebende Element in der Natur, sondern auch die eigentliche

Zugkraft in der Weltgeschichte. Das Wasser bedingte, wie wir sahen, als Stromgebiet die ersten Staatenbildungen im Orient (Aegypten eingeschlossen), es bedingte ferner als Thalassa mit reich entfalteter Küste die Blüthe des griechischen Lebens und die gewaltige Concentrirung des römischen Weltreichs zur Amphiktyonie aller Mittelmeervölker, es greift endlich universell als erdumfluthender, alles Gewässer in sich zurück nehmender Ocean[2]) in die Aufgabe des germanischen Geistes, die Ausbreitung der Cultur über das Weltmeer hinweg zu vermitteln, bedeutsam ein. Das Wasser erscheint, nicht nur in der Geologie und Vegetation, sondern auch in der Geschichte der Thiere und Völker, als der Anfang der Steigerung der Culturen, aus Stromländern zur Meeresküste und zum Mittelmeer und von da zur Weltverbindung durch Oceane. Die erste und letzte Stufe der Entwicklung lassen wir hier mehr bei Seite liegen, aber die Macht und Bedeutung des Mittelmeers nach allen Seiten hin zu prüfen, dasselbe in seiner physischen und historischen Lebendigkeit und Beweglichkeit aufzufassen und zu schildern, ist die Hauptaufgabe dieses Buches.

Was nun im Besondern den Plan anbetrifft, nach welchem wir die grossen Massen des Materials zu ordnen versucht haben, so wandern wir, nachdem wir in dem I. Abschnitt von den drei Hauptbecken gesprochen, in II. rings um die Küsten, betrachten in III. das Becken, in IV. die Gewässer, in V. die Atmosphäre über denselben, schildern in VI. Schiffahrt und Handel, geben in VII. eine Geschichte der Messungen und geographischen Untersuchungen und in VIII. die neuesten geographischen Ortsbestimmungen. Das Nähere ergiebt sich aus der dieser Einleitung voranstehenden Inhaltsübersicht; zur Aufsuchung der einzelnen Namen und Sachen wird das am Schlusse gegebene Register sich hoffentlich recht brauchbar erweisen.

---

[2]) . . Des Okeanos kraft, des tief hinströmenden herschers:
Welchem doch alle ström', und alle fluten des meeres,
Alle quellen der erd', und sprudelnde brunnen entfliessen.
Il. 21, 195. Voss.

I.

Eintheilung

in drei Hauptbecken. Allgemeiner Charakter der Küsten.

Das Mittelmeer zeigt noch in seiner gegenwärtigen Gestalt die Spuren seiner ehemaligen Abgeschlossenheit. Die Alten glaubten, dass es nicht durch die Meerenge bei den Säulen, wohl aber durch den arabischen Meerbusen, der einst auch die Landenge von Arsinoë (Suez), so wie einen Theil von Arabien und Aegypten bedeckt haben soll, mit dem Ocean in Verbindung gestanden habe. Es zeigt ferner Spuren einer ehemaligen Unterabtheilung in drei Becken von verschiedener Grösse. 1) Das Aegäische wird südlich durch die Bogenlinie begrenzt, welche von der karischen Küste Kleinasiens an die Inseln Rhodos, Skarpanthos, Kasos, Kreta, Cerigotto und Cerigo bilden und die unfern des Vorgebirges Malea die Peloponnes erreicht. In diesem Aegæon oder Archipelagos oder, wie es auch heisst, weissen Meere (Ada-lat-denghizi) unterscheidet man den argolischen Busen, jetzt Meerbusen von Nauplia, den saronischen Busen, den Euripos, dessen Ebben und Fluthen schon den Alten auffiel, den Sinus Maliacus (von Zeitun), den singitischen Busen am Athos, den toronäischen Busen oder Golf von Rampa, den Strymonikos oder Sinus Edonius bei Contessa, den Thermäischen bei Saloniki. Durch den Hellespontos oder die Dardanellen fährt man in die Propontis (προποντὶς λίμνη) oder das Meer von Marmara, welche wie eine Vorhalle des Gewässers durch den thrazischen Bosporus oder die Meerenge von Constantinopel mit dem einst so gefürchteten und in seinem ganzen Charakter von dem Archipel ganz verschiedenen Pontos zusammenhängt. Es ist der inselarme, stürmische Pontos Euxeinos der Alten, den die Neuern vielleicht nach seinen düsterbewaldeten Gestaden das schwarze Meer nannten. Dieses steht jetzt durch den kimmerischen Bosporus an der Ostspitze der Krimhalbinsel nur noch mit dem mäotischen Sumpfmeere (λίμνη

Μαιῶτις) in Verbindung, während in uralter Zeit mit dem Euxeinos auch noch das grosse Binnengewässer der Caspia oder Hyrkania thalassa zusammenhing, das 160 Meilen lang, 25—60 Meilen breit, eine Fläche von 6000 Q.-Meilen bedeckt und ein nur schwach gesalzenes von den Alten für süss gehaltenes Wasser enthält. Sein Spiegel steht an 300 Fuss niedriger als der des schwarzen, 117 Fuss niedriger als der des Aralsees (*'Ωξιανὴ λίμνη*), welcher 1100 Q.-Meilen Fläche hat. Die Spuren des frühern Zusammenhanges will man noch heute in der eigenthümlichen Formation der Tiefebene jenseit des Caucasus erkennen.

Südlich vom ägäischen Meere folgt 2) das grosse und tiefe Ostbecken des eigentlichen Mittelmeers (das grosse Meer, hajam hagadol, der heiligen Schrift) mit dem ionischen Meere zwischen der Ostseite Siciliens, dem Südwestende von Italien und zwischen Griechenland, das den Meerbusen von Taranto umsäumt; ferner mit dem Sinus Issicus (dem Busen von Skanderum), dem Meere von Philistaea, oder dem Meerbusen von Gaza (jam haplischtim), dem syrischen oder levantischen Meere, dem Syrtenbassin, in dem Malta liegt, und dem numidischen (jetzt tunesischen) Busen. Die Südspitze Europas (denn Sicilien ist nur als eine Verlängerung der Apenninenhalbinsel zu betrachten) nähert sich dort auf 12 Meilen der Küste von Afrika. Die plötzliche, aber kurz dauernde Erscheinung der gehobenen Feuerinsel Ferdinandea (1831) südwestlich von den Kalksteinfelsen von Sciacca mahnt an einen Versuch der Natur, das Syrtenbassin zwischen Cap Grantola, der von Capitän Smyth untersuchten Adventure-Bank, Pantellaria und dem afrikanischen Cap Bon wiederum zu schliessen und so von dem westlichen dritten Bassin, dem tyrrhenischen, zu trennen.[3] Ehe wir indessen zu diesem übergehen, haben wir noch einer Erweiterung dieses Ostbeckens nach Nordwest zu gedenken, in welche man bei Otranto (Hydruntum) einfährt. Es ist dies der Adrias oder das Adriatikon Pelagos (nicht Pontos oder Thalassa, denn es ist ein Inselmeer und nicht geschlossen), das blaue Meer der Slaven, welches bis zu seinem nordwestlichen Ende im Meerbusen von Triest (Sinus Tergestinus) 120 Meilen lang, gegen 30 Meilen breit ist und einen Flächenraum von 2900 Q.-Meilen bedeckt.

Zwei Meerstrassen, eine breitere westlich und eine sehr enge östlich von Sicilien, verbinden das Ostbassin 3) mit dem grossen westlichen Becken, das sich der neuern Eintheilung nach von Gibraltar bis zu einer von dem afrikanischen Cap Bon nach dem Faro von

---

[3]) A. v. Humboldt, Kosmos II., 152. und den Anhang 1.

Messina gezogenen Linie ausdehnt und den Fuss der Pyrenäen, Alpen, Apenninen und des Atlasgebirges bespült. Durch die Inseln Corsika und Sardinien wird es sichtbar in zwei ungleiche Meeresbecken getheilt; eine weitere Theilung durch unterseeische Hochebenen soll weiter unten besprochen werden. Dabei ist es nur etwa halb so gross als das Ostbassin und zeigt nach Norden keine wesentliche Erweiterung, wie die beiden anderen sie im adriatischen und schwarzen Meere besitzen. Als besondere Regionen sind zu erwähnen: das iberische, gallische und sardonische, auch balearische Meer (der Meerbusen von Lion). Als sardonisches Meer reichte es von den Säulen des Hercules bis Sardo am Ausfluss des Rhodanus; als Gallisches (*Γαλλικὴ θάλασσα*) bis zum Ausfluss des Var. Der Busen zwischen der Landspitze von Carri oder Marseille und zwischen dem Vorgebirge der Pyrenäen (Aphrodisium) heisst auch im engern Sinne der Galatische oder Massilische. Daran schliesst sich das ligurische Meer (*πέλαγος*) oder der Meerbusen von Genua, der zu seinen natürlichen Grenzen eine Linie vom Var zum Arno und die im Bogen gekrümmte Küste hat; dann folgt das vorzugsweise vulkanische tyrrhenische oder tuscische Meer, auch im Gegensatze zu dem adriatischen Meere, dem *mare superum*, von den Römern *mare inferum* genannt, das vom Arno bis zur Südspitze Italiens, dem Cap Spartivento (*Λευκοπέτρια ἄκρα*) reicht und als Theile die Küste der Lateiner (*Λατίνων παραλία*) vom Ausfluss des Tiber bis an den Liris oder Garigliano, die Küste der Campaner (*Καμπανῶν παραλία*) vom Liris bis zum Meerbusen von Neapel (Sinus Puteolanus), die der Picentiner und Lukaner mit dem Meerbusen von Salerno (Sinus Paestanus), — die Küste der Bruttier bis zum südlichsten Saume Italiens umfasst. Durch die Meerenge beim Vorgebirge Pelore (*Πέλωρος ἄκρα*) oder von Messina (Fretum Siculum) hängt dieses dritte Becken, wie schon gesagt, wieder mit dem zweiten zusammen. Hier lag zugleich die Grenze der ältesten griechischen Seefahrten, die auf das Aegäische und das Syrtenmeer beschränkt blieben; denn erst die Phocäer eröffneten das tyrrhenische Meer und Tartessosfahrer [4]) erreichten die Säulen des Hercules. An der Grenze des Tyrrhenischen und Syrtenbeckens ward Carthago gegründet, so wie an der Einfahrt zum Pontos Byzanz, an der zum Adrias das reiche Tarent erblühete.

Dies sind die gewöhnlich angenommenen Bezeichnungen; aber Geographen und Piloten schwanken in den Benennungen der verschie-

---

[4]) Tartessos ist wahrscheinlich Landesname für das südliche Spanien, wo die Phönizier ihre reichsten Kolonien hatten.

denen Unterabtheilungen, und da viele Theile der physischen Grenzen ganz entbehren, so bezeichnet man sie wohl auch mit Namen, welche eigentlich nur für ganz besondere Punkte passen. So wird der zwischen den balearischen Inseln und der spanischen Küste eingeschlossene Meerestheil (Mare Balearicum) bisweilen das Meer von Majorca, von Andern auch die See von Valencia genannt; westlich von Italien begegnen wir dem toskanischen oder kurzweg italischen Meere. Das sicilische Meer bespült die Gestade der vielen Inseln, welche sich in der Mitte des Mittelmeers zusammendrängen. Im äussersten Osten findet man neben dem schon erwähnten syrischen und levantinischen Meere auch noch eine pamphylische und phönizische See erwähnt und nicht selten den Namen Levante auch kurzweg auf das Meer angewandt.

Wenn man die nördlichen Gestade des ·Mm. mit dem südlichen vergleicht, so bemerkt man in ihrem Charakter einen auffallenden Contrast. An den ersteren treten drei grosse Halbinseln hervor und überdiess sind sie höchst mannigfach busenförmig eingeschnitten und besonders in den östlichen Gewässern von vielen Inselgruppen umsäumt. Sie sind also ungemein stark entwickelt und vielfach gegliedert, während die spanische Küste schon ein Uebergangsglied bildet; denn die afrikanische Küste zeigt gerade im Gegentheil auffallend wenig Gliederung, ja nähert sich in ihren Umrissen öfters der dem Seefahrer besonders unerwünschten geraden Linie. Nur einmal gleich neben der engen Durchfahrt zwischen Sicilien und Cap Bon biegt die Küste in grosser Krümmung nach Süden um, während nördlich darüber gleichsam ·das kolossal erweiterte Becken des Po in dies Ostbecken einmündet. Nur Cypern unterbricht dieses Ostbassin, während sich südlich darunter an Aegypten eine besonders hafenarme Küste hinstreckt. Doch nicht bloss in ihren horizontalen Umrissen, auch in ihren Höhenprofilen zeigen die Mittelmeergestade bedeutende Verschiedenheit. Hohe Vorgebirge sind der spanischen Küste, die um die Ebro-Mündung liegende Gegend ausgenommen,· eigenthümlich. Um den Löwenbusen sind die Ufer niedrig und mit Lagunen umsäumt; von Marseille bis Nizza werden sie darauf ·steil; zahlreiche Vorgebirge treten scharf hervor und eine Reihe kleiner Inseln zieht sich an der Küste hin. Ein ·fast noch steilerer Küstensaum umgiebt den Meerbusen von Genua, senkt sich aber dann an den Ufern Toskanas und des Kirchenstaats, welche sich zum Theil sogar zu Sümpfen verflachen. Im Königreich Neapel steigen die Ufer wieder empor und bilden die herrlichsten Prospekte. Ueberhaupt zeigen die nördlichen und auch die südwest-

lichen Ufer des Mm. meist sehr pittoreske Formationen und die dalmatische Küste würde, da hier ebenso wie in Norwegen ein vielfach
zerklüftetes Gebirge mit seinen Parallelketten theils über und .theils
unter· dem Meeresspiegel liegt, jener ˙Scherenküste sehr ähnlich sein,
wenn nicht die Luft- und Meeresfärbung eine ganz andere wäre. Nur
der grössere Theil der ägyptischen Küste ist flaches Tiefland, welches
aber· in der Wüste Barka wieder ansteigt, um gegen die Syrten hin
wieder zu fallen.

Wir gehen indessen in diesen Charakteristiken nicht weiter ins
Einzelne, da wir gleich im folgenden Abschnitt auf einer Rundreise
die Mittelmeergestade näher betrachten wollen.

II.

Chorographischer Ueberblick

des gesammten Littorals mit Berücksichtigung der Produkte und des Handels.[5]

§. 1. Die Küste Spaniens.

Das Mm., welches sowohl durch seine Lage mitten zwischen Culturvölkern, als auch durch seine enge Beziehung zu den bemerkenswerthesten Ereignissen in allen Perioden der Weltgeschichte eine hohe Bedeutung gewonnen hat, ist jener grosse und doch in sich abgeschlossene Centralgolf, welcher in der Heiligen Schrift nachdrucksvoll das grosse Meer genannt wird; und mit Recht, denn er bildet die grösste Ansammlung von Wasser, welche den frühesten Aufzeichnern dieser Urkunden näher bekannt war, und zugleich war er den Alten als der grosse Schlüssel zu den beiden Theilen der damals bekannten Welt von der grössten Wichtigkeit.

Unter dem Worte „mittelländisches Meer" verstehen wir Wasser, welches ganz oder fast ganz vom Lande eingeschlossen ist; aber kein klassischer Schriftsteller hat dem jetzt so genannten Meere diesen Namen gegeben. Homer kannte keinen allgemeinen Namen für dieses Meer, wie ja auch der Name Europa noch nicht bei ihm, sondern erst im Hymnus auf den pythischen Apollo und bei Herodot (IV. 45.) vorkommt; doch ist unter der Homerischen Thalassa stets nur dieses Meer zu verstehen. Auch die späteren Griechen nannten es noch nicht Mm. Herodot spricht mehrmals einfach von „diesem Meere" und Strabo nennt es das Meer innerhalb der Säulen, d. i. innerhalb Calpe und Abyla. Bei den Neugriechen heisst es Ἄσπρι θάλασσα, das weisse Meer, im Gegensatz zum Euxinus, den sie Μάυρη θάλασσα,

---

[5] Πρὸς ἄπαντα.. ἡ παρ᾽ ἡμῖν θάλαττα πλεονέκτημα ἔχει μέγα· καὶ δὴ καὶ ἔνθεν ἀρκτέον τῆς περιηγήσεως. Strabo.

das schwarze Meer, nennen. Nach und nach erhielt es den Namen griechisches Meer und dann inneres Meer (*mare internum* oder *intestinum*, ἡ ἔσω, ἐντὸς ϑάλασσα). Mela nennt es *mare nostrum*, ἡ καϑ'ἡμᾶς ϑάλασσα, im Gegensatz zu dem ausserhalb der Säulen des Hercules fluthenden Ocean, dem *mare magnum* oder *Atlanticum*, vom Gebirge Atlas in Afrika, auch *mare externum*, ἡ ἔξω ϑάλασσα.[6]) Dagegen bezieht sich das *mare inferum* und *superum* nur auf Italien. Wiewohl es einige arabische Schriftsteller Bahr-Rúm, das grüne Meer, nennen, so heisst es doch bei den Meisten das griechische oder römische Meer. Bei den englischen Seefahrern findet man nicht selten die specielle Bezeichnung *the straits*, die Meerengen. Hadubrand singt im altdeutschen Liede: „Todt ist mein Vater Hildebrand .. das haben mir Seefahrer erzählt, die über den Wendelsee gekommen sind“, worunter das Mm. zu verstehen ist. Der geographische Name für das Meer in seiner ganzen Ausdehnung zwischen dem Süden Europas, Kleinasien und der Nordküste Afrikas, von der Meerenge von Gibraltar bis an die syrische Küste, mit Einschluss des Marmara-Meers, des Euxinus und der Palus Mæotis ist jetzt allgemein Mm. oder Mittelländisches Meer (Mediterranea, la Mediterranée, it. u. span. Mediterraneo). Es wird vom rothen Meere durch den Isthmus von Suez, von dem atlantischen, obgleich sich die Gewässer der beiden vereinigen, durch die Strasse von Gibraltar getrennt und steht mit dem schwarzen Meere durch die Dardanellen und die Strasse oder den Canal von Constantinopel in Verbindung.

Die politischen und socialen Ereignisse, welche auf den Küsten dieses merkwürdigen Theils des Oceans sich zugetragen haben, sind mit der Geschichte fast jeden Landes der Welt verbunden; aber auch abgesehen von seinen klassischen und historischen Associationen, bietet das Mm., obgleich es im spätern Mittelalter und in den ersten Jahrhunderten der neuern Zeit sehr ungünstige Perioden durchleben musste, noch immer seinen zahlreichen Anwohnern unschätzbare Vortheile, die mittelbar auch auf das Innere der umliegenden Länder einwirken. Es ist ausserdem das grosse Band des Verkehrs zwischen den Nationen Europas, Asiens und Afrikas, obgleich es bestimmt zu sein scheint, sie auseinander zu halten. Mit der grossen Zahl seiner meist langgestreckten Continentalinseln von der verschiedensten Grösse [7]), mit

---

[6]) Sonst findet man noch ἡ δεῦρο ϑάλασσα, τὰ πελάγη τὰ ἐντὸς τῆς οἰκουμένης. Erst bei Solin und Isidor heisst es *mare mediterraneum*.

[7]) Ueber Inselbildung überhaupt und über die Griechischen im Besondern vergl. Kapp, Vergleichende allgemeine Erdkunde I., 71 flg.

der Mannigfaltigkeit des Bodens, der es umgränzt, stehen die Produkte
ihrer Fülle und ihrer grossen Verschiedenheit nach in Proportion und
durch seine Verbindung mit dem atlantischen Meere ist der Handel
nach jedem Theile des Erdballs erleichtert. Seine Gewässer waren
die Wiege der Schiffahrt und die verhältnissmässige Kürze der Entfernungen von Hafen zu Hafen, indem sie die Ueberfahrt selbst für
unvollkommene Fahrzeuge leicht machte, bewirkte eine Erhöhung und
Verbreitung der Cultur; denn es ist ein unbestreitbares Axiom, dass
Alles, was die Menschen besser mit einander bekannt macht, sei es
mit ihren Nachbarn oder den Bewohnern ferner Länder, unfehlbar
segensreiche Resultate für beide Theile hervorbringt. Aber obgleich
der Handel auf diesem Meere ausgedehnt, lebendig und mannigfach
war und noch fortwährend ist, so kann man doch nicht sagen, dass
er sich zu voller Energie entfalten konnte, gehemmt wie er war durch
unpolitische Einschränkungen und Bedrückungen; dessenungeachtet
können sich trotz zahlreicher und lästiger Beschränkungen Hundert-
tausende, welchen die Küsten dieses Meeres zugänglich sind, mit
diesem Handelsverkehr beschäftigen und ernähren.[8])

Wenn man vom Ocean aus in das Binnenmeer durch das Thor
des Weges (Bab - uz - zukah) einfährt[9]), so fällt dem Seefahrer zunächst
Spanien (Iberia) als ein Land mit stolzen Erinnerungen und interessanter
Geschichte in die Augen.

Aber die politischen Ereignisse der letzten 50 Jahre haben seine
Kolonien vom Mutterlande losgetrennt, seine Flotten zerstört und seinem
Handel unersetzlichen Schaden zugefügt. Noch immer zeigt sich der spanische Nationalcharakter gross in einer zähen Ausdauer im Kriege. Die
Spanier haben dies in den Kämpfen mit den Arabern und den folgenden
Feldzügen und schon früher in mancher gewaltigen Schlacht gezeigt, die
auf ihrem Boden ausgefochten wurde, als noch Rom mit Carthago rang;
sie haben es weiter gezeigt, als die französischen Armeen Spanien überschwemmten und England ihnen zu Hülfe zog. Eine gewaltige Grenz-

---

[8]) Es würde uns übrigens viel zu weit von unserem Thema abführen, hier eine
Geschichte des Mittelmeerhandels auch nur in ihren einfachsten Umrissen geben zu
wollen; einige weitere Bemerkungen wird man im VI. Abschnitt finden.

[9]) Bekanntlich verfolgt das dem Skylax aus Karyanda zugeschriebene Werk
περίπλους τῆς οἰκουμένης einen ähnlichen Plan wie dieses Kapitel. Es beschreibt
ebenfalls die Gestade des ganzen Mittelmeers in derselben Reihenfolge und verbreitet
sich über die Grösse und Entfernung der wichtigsten Inseln. — Wir verweisen
übrigens ein für alle Mal auf die am Ende des Buches gegebene Tabelle der geographischen Ortsbestimmungen, in welcher im Allgemeinen dieselbe Anordnung befolgt
ist und welche viele unbedeutende Punkte angiebt, die hier unerwähnt blieben.

mauer gegen Norden, ihre eigenthümliche Stellung gleichsam zwischen
Europa und Afrika und zugleich zwischen zwei Meeren, scheint darauf
hinzudeuten, dass Spanien ein ungetheiltes, selbständiges Ganze bleiben, dass es seinen Handel mehr und mehr ausdehnen und seinen
Verkehr mit andern Nationen mehr · und mehr erleichtern sollte.
Dennoch haben die hochragenden Bergketten und Hochebenen, welche
die Halbinsel durchziehen, der Mangel an schiffbaren Flüssen und
ausserdem ein ganzes Heer anderer Gründe, welche· mit der unglücklichen Entwickelungsgeschichte des Volkes selbst zusammenhängen,
seinem Gedeihen unübersteigliche Hindernisse entgegengestellt.

Im Norden erhebt sich fast unmittelbar aus dem Ocean ein steiler
Gebirgskamm und von da bis zur Strasse von Gibraltar, sowie vom
Felsen von Lissabon bis zum Cap Creus dehnen sich weite, zum Theil
unfruchtbare Hochebenen aus, in denen sich nur schmale, aber äusserst
fruchtbare Thäler — die ausgedehnteren Tiefebenen des Guadalquivir
und Ebro ausgenommen — einsenken. Die Küste selbst ist im Ganzen geradlinig und wenig zerrissen; sie hat meist nur flache Buchten.
Jedoch ist die Südküste mehr hoch, steil und felsig, die östliche mehr
flach und niedrig, da hier die Gebirgsketten des Innern weniger als
dort an die See treten; wo es aber geschieht, endigen sie mit Felsen-
spitzen. An den. flachen Stellen breiten sich die herrlichsten Land-
schaften aus, die sogenannten Huertas, fruchtbar durch Natur und
Kunst, von der See durch sandige und sumpfige Strandgegenden, von
einander selbst durch Bergäste geschieden.

Die nördlichen Ufer der bei einer durchschnittlichen Breite von
5 Meilen 7½ M. langen Strasse von Gibraltar (Gibel al Tarif Ebn Zarca)
sind, nachdem man bei Cadix (Gadir, Gades oder Herculeum, ὁ Ἡράκλειος πορθμός, ὁ κατὰ τὰς Ἡρακλείους στήλας πορθμός) und Cap Trafalgar (Junonis Promontorium) [10] vorbeigefahren ist, durch die Insel
Tarifa — den südlichsten Punkt Europas — und den befestigten Felsen
von Gibraltar (Calpe, Urna) bezeichnet. Dieser Fels besteht aus einer
gewaltigen Kalksteinmasse aus der oolithischen Periode, welche sich
1430 engl. Fuss [11] (= 1341,7 Par. Fuss = 1388,7 Preuss. Fuss) erhebt. Eine enge, aber freundliche Stadt mit Freihafen liegt an seinem
Fusse. Diese peninsulare Masse — ungefähr 2¼ engl. Meilen lang,

---

[10]) Zwischen Cap Trafalgar und Tarifa und nahe bei der Stadt Bolonia stösst
man auf die Ruinen von Boelon; dies war der alte Einschiffungsplatz nach Tanger
(Tingis) in Afrika (Strabo III., 2), wie es scheint, um nicht in die Strömung durch die
Meerenge zu gerathen, welches den weiter nach Osten Fahrenden leicht begegnen konnte.

[11]) 1439 engl. Fuss, eine andere Angabe für die höchste Spitze.

fast ³/₄ Meile breit, im Umfang ungefähr 4½ Meile [12]) — ist mit dem Festlande durch eine niedrige sandige Landzunge verbunden, welche nach dem Mm. zu sich mehrere Fuss über das entgegengesetzte an die Bai anstossende Ufer erhebt. Diese Formation erklärt sich aus den starken östlichen Winden und Wogen, welche längs der sogenannten Backstrap-Bai wüthen. Ein gutes Regierungssystem, vollständige Duldung in Glaubenssachen und die segensreichen Wirkungen des Freihafens, vereint mit der Energie und dem Geschmack der englischen Einwohner, haben hier auf einem kahlen, sonnverbrannten Felsen einen fast luxuriösen Schauplatz grosser Handelsthätigkeit hingezaubert. Doch wir eilen weiter und verweisen hier, und auch für spätere Fälle, auf die Sammlung statistischer Angaben in dem VI. Abschnitt vom Handel und der Schiffahrt.

Nach Süden zu wird diese wichtige Meeresstrasse von dem Theil der afrikanischen Küste begrenzt, welcher sich vom Cap Spartel nach der Festung Ceuta ausdehnt; zwischen diesen beiden Punkten liegt der Hafen von Tanger und die hochragende Klippenreihe der Sierra Bullones oder des Affengebirges. Hier soll nach der alten Sage Hercules Säulen auf Calpe und Abyla errichtet haben, um an die Ausdehnung und das Ziel seiner Eroberungszüge zu erinnern [13]); so entstanden die geographischen Ausdrücke Fretum Herculeum [14]), Fretum Gaditanum und Columnarium, welche man auf einen Ort anwandte, der für das ne plus ultra der Schiffahrt, ja früher sogar für das Ende der Welt angesehen wurde. Die Araber nannten die Strasse Bab-ezzakák, das Thor der engen Durchfahrt; bei englischen Seeleuten und Piloten heisst sie the Gut (eigentl. Darm, dann überhaupt Durchgang). Von der Strömung, welche vom atlantischen Meere aus durch diese Strasse geht und den Segelschiffen oft sehr lästig wird, soll weiter unten die Rede sein.

Die spanische Küste des Mm. [15]) streckt sich ungefähr 195 geographische Meilen in nordöstlicher Richtung von Gibraltar nach Cap Creux bis an die französische Grenze. Sie ist fruchtbar, aber nicht gut bewaldet. Berge (besonders im Süden) und fruchtbare, aber·meist

[12]) Nach Anderen ist die grösste Breite 1600 Yards, die Länge 4700 Yards. In geogr. Meilen beträgt die Länge beinahe eine halbe, die Breite ¹/₆, Umfang 1.

[13]) Mela 2, 6. Strabo 17, 827. Calpe ist jetzt die Punta de Europa, Abyla heisst Ximiera.

[14]) Ὁ Ἡράκλειος πορθμὸς, ὁ κατὰ τὰς Ἡρακλείους στήλας πόρος.

[15]) Das Meer an der Küste bis zu den Pyrenäen nannten die Alten mare Hispanum, Ibericum, Balearicum. S. o. Seite 6.

schmale Ebenen wechseln ab und zeigen viele — wenn auch meist nicht tiefe — Einschnitte von Hafen und flachen Buchten. Einige der Gebirge in Catalonien bestehen aus Granit, aber die vorherrschende Küstenformation ist der Kalkstein. In Granada finden sich, unter anderem Mineralreichthum, viele werthvolle Marmorarten; in Tortosa sind die berühmten Jaspisbrüche und die Berge von Becares und Filabres bei Alicante sollen ganz und gar aus weissem Bildsäulenmarmor bestehen. Die meisten von den Höhen herabkommenden Flüsse zeigen den Torrentencharakter; sie schwellen im Winter und Frühjahr bedeutend an und versiegen im Sommer fast ganz. Ihre Mündungen bieten im Allgemeinen den kleineren Küstenschiffen, die für die grösseren und besuchteren Häfen laden, bequeme, aber kleine Ankerplätze. Die Hauptprodukte sind Getreide, Mais, Reis, Wein, Oel, Branntwein, Oliven, Wolle, Salz, Alaun, Kermes, Barilla (eine Pflanze, woraus die Spanische Soda bereitet wird, auch diese Soda selbst), Potasche, Espartomatten und Tauwerk, Terpentin, Seife, Datteln, Rosinen und andere getrocknete Früchte, Anis, Flachs, Safran, Honig; Baumwolle und Baumwollenwaaren (cottonades), Leinen, Seide, Eisen, Blei, Zink, Antimon, Braunstein, Vitriol und Grana, eine Species der Cochenille. Obgleich diese Handelsartikel an Zahl und Werth nichts zu wünschen übrig lassen, so ist doch die Wohlfahrt der Spanier wegen des missverstandenen Systems der Handelsbeschränkung, welches ihre Regierung schon so lange befolgt, sehr gelähmt, ja fast vernichtet.

Zwischen Gibraltar und Malaga zieht sich, fast unmittelbar aus dem Meere aufsteigend, eine Reihe hoher Berge hin, von denen ein Theil, wie z. B. die bei Ronda (Acinipo vel Arunda) sich zu einem grossartigen Panorama aufbaut, das die französischen Seefahrer *les belles horreurs* nennen. Die Landschaft ist schön, zeigt aber hier und da wüste und kahle Stellen und an der Küste selbst giebt es nur wenig bemerkenswerthe Punkte. Estepona und Marbella (Salduba) sind zwei Ladungsplätze für die Küstenschiffer (wie solche oben erwähnt wurden), der Guadiaro hat sich von Ronda aus sein enges, tiefes Thal zum Meere durchgeschnitten; Frangerola, eine sehr alte Festung, ist wegen seiner Anchovenfischerei bekannt. Malaga (Malacha) selbst ist eine schöne grosse Stadt mit prächtigen öffentlichen Gebäuden; aber ihr Hafen füllt sich mehr und mehr mit dem Geröll, welches der Guad-al-Medina während seiner gewaltigen Ueberschwemmungen in denselben hineinschlemmt. Die Ebene von Malaga ist übrigens weiter und freier und hat ein fast afrikanisches Klima. Ausser feurigen Weinen gedeihen auch Zuckerrohr und Dattelpalmen.

Zwischen Sacratif oder der Carchuna-Spitze und dem Cap de Gata [16])
und auch noch bis Moxacar (Mujacar) ist die Küste im Allgemeinen
sehr hoch und steil. Nur die Mündungen der kleinen Bergströme
bilden Einschnitte in die gewaltigen Felsmassen in Form von dreieckigen Ebenen (playas), welche sich nach der See zu öffnen und
bis an den Fuss des Gebirges ausdehnen. Ein äusserst fruchtbarer
Alluvialboden ist durch den Fluss herbeigeschafft, dazu kommt ein
fast tropisches Klima, aber die Seite eines solchen Dreiecks ist durchschnittlich kaum eine halbe Stunde lang.

Wenn man bei den Ladungsplätzen Almunécar (Menoba), Sala-
breña (Salembrina), Motril (Hexi), Castel de Ferro und Adra (Abdera)
vorbeigefahren ist, gelangt man nach Almeria (Murgis, Urci, daher
sinus Urcitanus), das früher seiner commerciellen Unternehmungen
wegen bekannt war, jetzt aber nur noch etwas Barilla, Soda und Blei
exportirt. Nach NNO. vom Cap de Gata, westlich vom Cap de Palos,
liegt Cartagena (Carthago nova oder Spartaria), welches, trotzdem dass
es einer der drei königlichen Häfen ist, in erbärmlicher Vernachlässigung verkommt; sein mit ungeheuren Kosten erbauetes Seearsenal ist
fast zur Ruine geworden. Es ist dies die natürliche Folge der Un-
thätigkeit der Regierung, der schwerfälligen Apathie der Murcianer,
und freilich auch des verderbenbringenden Miasmas der sumpfigen
Strandgegenden, durch das sich endemische Gallenfieber erzeugen.
Der ganze Distrikt hiess früher Campus Spartarius nach dem Esparto
oder spanischen Ginster (stipa tenacissima), welcher dort in grosser
Fülle wächst. Zwischen Cartagena und Valencia ist die Küste im
Allgemeinen niedrig und sandig, aber von verschiedenen Verladungs-
plätzen und Häfen unterbrochen, von denen der wichtigste der von
Alicante (Bicentum) ist. Dieser Handelsplatz liegt an der nördlichsten
Ende der Bai und am Fuss des Berges mit seinem Castell. Das Thal
(Huerta) ist fruchtbar, aber ungesund. Nur wenige Bewohner ent-
gehen dem Fieber und diese bösen Seuchen werden noch durch die
Exhalationen des grossen Beckens oder künstlichen Sees el Pantano
verschlimmert. Alicante ist dessenungeachtet das Magazin für die
Produkte Valencias und Murcias und sein Zollhaus war lange das be-
deutendste, dessen sich die spanische Monarchie rühmen konnte.
Fährt man bei Altea, den Buchten des Cap Martin (ein Felsenvorgebirge mit dreifacher Spitze, von denen die südliche Cabo de la Nao,
die mittlere S. Martin und die nördliche S. Antonio heisst), von Denia

---

[16]) Promontorium Charidemi.

(Dianium) und der Mündung des Xucar (Sucro) vorüber, so gelangt
man zu der grossen Ebene, in der die Stadt Valencia liegt. Dies ist die
schönste Ebene an der ganzen Küste und so fruchtbar, dass sie la Huerta,
der Garten, genannt wird.[17] Aber an der ganzen Küste des sucro-
nischen Golfes ist kein einziger, bei jeder Windrichtung sicherer Hafen
zu finden, die Bucht innerhalb der Molos von Grao am Ausfluss des
Guadalaviar (Turias), etwa 3 Stunden von Valencia, ausgenommen.
Die Alameda, eine herrliche Promenade, führt von Grao nach Valencia.
Gleich innerhalb dieser Hafendämme stossen wir auf eine Haffbildung,
den See von Albufera, $2\frac{1}{2}$ Meile lang und etwa $1\frac{1}{4}$ Meile breit.
Er ist fischreich und vom Meere durch eine schmale Sandbank getrennt, im Süden aber durch einen schmalen Eingang (gola) mit demselben verbunden.[18] Aus der schönen fruchtbaren Ebene von Valencia
steigen leider auch an vielen Punkten pestilentialische Ausdünstungen
auf, besonders aus den sehr ausgedehnten Reisfeldern.   Valencia,
welches seinen Namen aus den Römerzeiten überkommen hat, ist eine
der kleinsten Provinzen Spaniens, aber zugleich wegen der Fruchtbarkeit des Bodens eine der reichsten und am stärksten bevölkerten;
aber selbst hier zeigen sich vielfach die traurigen Spuren einer zu
nachlässig und indolent betriebenen Landwirthschaft; man bemerkt
weite Strecken wüsten Landes, es fehlt an bequemen Verbindungs-
strassen mit dem Innern und an einer wohlgeordneten und starken
Regierung.   Im Vergleich mit den anderen spanischen Provinzen an
der Küste des Mm. ist die Bevölkerungszahl immerhin bedeutend;
wenn wir aber unten eine statistische Uebersicht geben, so darf
nicht unerwähnt bleiben, dass wir unter Andalusien (dem alten Van-
dalenlande) das, was jetzt noch zum Königreich Sevilla gerechnet
wird, verstehen, während im Mittelalter diese reiche und mächtige
Provinz Sevilla, Cordova, Granada, Jaën und die Distrikte der Sierra
Morena, in einer Ausdehnung von 27550 engl. Q.-Meilen (1300 geograph. Q.-M.), d. h. eine so entzückend schöne Strecke Landes um-

---

[17] Man verwechsle, wie wir beiläufig bemerken wollen, nicht *la* und *el huerta*,
La huerta ist ein Küchengarten. in dem vorzugsweise Gemüse und Topfgewächse ge-
zogen werden; *el huerta* ist ein von Mauern eingeschlossener Frucht- oder Obstgarten.
Eine grosse Menge Datteln und vergeilter Palmzweige zu Festlichkeiten werden von
Elche (Ilicis, daher sinus Ilicitanus zwischen Palos und Martin) gebracht.

[18] Mit diesem See ist das Mar menor, nördlich vom Cap Palos, zu vergleichen,
ein beträchtlicher Binnensee mit salzigem Wasser, von der See durch eine schmale,
nordwärts gerichtete Landzunge geschieden. Von dem Mar menor sich sich das sogenannte Campo nach dem Segura-Thale hin, eine grosse, mit Lavendel, Rosmarin
und Cistus bedeckte Sandebene. Hier hat der Landmann seine Sodapflanzungen, die
wenig Wasser bedürfen.

fasste, dass die maurische Phantasie hier ein Stück Himmels auf die
Erde versetzt glaubte.

Uebersichtstafel.

	Einwohner-zahl 1810.	Auf die Q.-Meile 1810.	Geogr. Meilen der Seeküste.	Einwohner-zahl 1840.	Auf 1 Q.-Meile 1840.	Areal in 'geogr. Q.-Meilen.
Andalusien	755000	1794	15	825476	1951	423,00
Granada	700000	1529	42¾	996278	2201	452,81
Murcia	383226	1035	16½	474306	1281	370,69
Valencia	830000	2284	51¾	957142	2647	˙361,59
Catalonia	859000	1522	50¼	1041222	1817	573,20

Murviedro (Muros viejos) ist nicht sowohl wegen seines (unbedeutenden) Handels, als wegen seiner überaus reizenden Umgebungen,
seiner maurischen Bauwerke und seiner geschichtlichen Bedeutung
(denn es steht an der Stelle des alten Saguntum) bemerkenswerth.
Es hat ebenso wie die Nachbarorte Benicarlo und Vinaroz nur eine
geringe Ausfuhr von Wein und Branntwein. Alle diese Orte hofften
auf eine wesentliche Verbesserung ihrer Zustände, als sich die Aufmerksamkeit der Regierung 1792 auf die Ebromündung und deren
Regulirung richtete; aber es ging mit diesem Plane, wie mit den
meisten Werken und Projekten jener Zeit, der Versuch schlug gänzlich fehl, sowohl aus Mangel an Mitteln, als besonders des in Spanien
Glauben findenden Dogmas wegen, dass, wenn die Vorsehung dergleichen beabsichtigt hätte, sie alles auch unfehlbar anders geschaffen
haben würde. Der Ebro (Iberus), der grösste Fluss Spaniens, entspringt im asturischen Gebirge an der Sierra de Scios auf dem Plateau von Reynosa, und verfolgt seinen Lauf in vorwiegend östlicher
Richtung zwischen den Pyrenäen und den secundären Gebirgszweigen
(namentlich Occa, Albaraçin und Cuença) am Rande der castilischen
Hochebene. Er fliesst endlich bei Tortosa (Dertosa) vorbei und erreicht das Mm., nachdem er einen Weg von über 80 Meilen zurückgelegt hat. Da dieser Strom zwei sumpfige Halbinseln und mehrere
sandige Inselchen an seiner Mündung angeschwemmt hat, so ist der
Versuch gemacht worden, den durch eine Halbinsel gebildeten Hafen
von Alfagues dadurch zu verbessern, dass man die Stadt San Carlos
baute und einen Kanal nach Tortosa durchschnitt, um mit grossen
Schiffen bis zu einem Punkt fahren zu können, den diese während
der grössern Hälfte des Jahres auf dem Flusse selbst der starken
Strömung wegen nicht erreichen ·können. Diese Stelle und die umliegenden Niederungen werden aber nach den Sommermonaten von

periodischen Fiebern, die sich aus den Miasmen erzeugen, arg heimgesucht.

Zwischen dem Ebro und Barcelona stösst man auf eine Reihe kleiner Städte mit Buchten, wo die Schiffe sich befrachten; die wichtigste unter ihnen ist das immer noch mit altrömischen Mauern umgebene Tarragona (Tarraco). Die Stadt hat in dem Kriege mit Frankreich durch die von Marschall Suchet befohlene Ermordung ihrer Einwohner eine traurige Berühmtheit erlangt.

Barcelona (Barcino), die Hauptstadt von Catalonien, der Bevölkerung und dem Handel nach die zweite Stadt Spaniens (160000 Einwohner), liegt zwischen den Flüssen Llobregat (Rubricatus) und Bezos in etwas feuchter Gegend. Es ist gut gebaut und besitzt Fabriken für Seide, Gaze, Spitzen, Baumwollenstoffe, Kanevas, Leder, Wollenzeuge, Messerschmiedwaaren, Papier, Schiessgewehre, Seife und Glas, welche zugleich mit Wein, Spirituosen, Kork und Obst die Hauptartikel zur Ausfuhr liefern. Der künstlich angelegte Hafen hat wenig Tiefe und diese wird dadurch noch fortwährend vermindert, dass die östlichen Winde Sandmassen hineinwerfen, während der Hafendamm jede Gegenströmung verhindert. Die Ankerplätze in den Rheden sind aber allen Seewinden ausgesetzt.

In der Provinz Gerona ist seit dem 1. October 1857 auf Cap San Sebastian in einer Höhe von 501 Fuss über dem Meeresspiegel ein neues Leuchtfeuer angezündet worden, welches folglich auf eine Entfernung von 22 Seemeilen sichtbar sein wird. Das Licht erlischt von Minute zu Minute.[19])

Von Barcelona nach Nordosten zu reihen sich an der Küste kleine Städte und Dörfer eng aneinander. Sie haben kleine Handelshäfen und zeichnen sich durch Reinlichkeit und reizende Lage aus. Unter diesen ist der bedeutendste Ort Mattaro (Illuro), das 25000 Einwohner, verschiedene Fabriken und einen blühenden Handel hat. Besondere Erwähnung verdienen die in schöner Gegend nett gebaueten Handelsplätze nicht. Blanes entspricht dem alten Blanda. Die Häfen von Pálamos und Rosas (Rhoda, ebenso wie Dianium und Emporium, jetzt Ampuria, ursprünglich eine massilische Colonie) sind gut und geräumig, und da der gefährlichste Wind, die *tramontana*, vom Lande her kommt, so verursacht er nur selten Unglücksfälle. Das verhältnissmässig kleine Castell der Santa Trinità, welches die Stadt Rosas und

---

[19]) Wir bemerken hier schon vorläufig, dass auf der Karte IV. alle Leuchtfeuer am Mittelmeer durch rothe Punkte bezeichnet sind.

ihre Ankerplätze beherrscht, hat sich mehr als einmal tapfer gegen feindliche Angriffe vertheidigt. Die Einnahme desselben war eine schwierige Waffenthat der Franzosen, während das naheliegende Figueras, das berühmte Bollwerk Cataloniens, obgleich es mit Munition und Vorräthen jeder Art wohlversehen war und eine 9000 Mann starke Besatzung hatte, sich 1794 dem General Perignon auf schimpfliche Weise ergab und zugleich mit ihm der wichtige District Ampurdan, dessen Hauptstadt Port Ampurias (Emporiæ) ist. Jenseits Rosas streckt sich eine felsige Halbinsel oder Landspitze in das Meer hinaus, und zwar am weitesten die Vorgebirge Norfeo und Creux.[20]) Danach bilden in der östlichsten Spitze Spaniens die Pyrenäen, welche sich gegen 60 Meilen nach Westen hinziehen, die natürliche Grenze zwischen spanischem und französischem Gebiet. Von dem Meere aus betrachtet, bieten ihre hochragenden Gipfel immer neue und prächtige Ansichten. Jurakalk, alter röthlicher Sandstein und Uebergangs-Gebirgsarten bilden die Hauptbestandtheile dieser Bergkette.

§. 2. Die spanischen Inseln.

Die balearischen Inseln, zu denen Majorca nebst Cabrera, Menorca nebst Ayre und einige kleinere Inselchen gehören, liegen der Küste von Valencia gegenüber; der Theil des Mm. zwischen ihnen und dem Continent hiess früher das iberische Meer. Neuere Verwaltungsmassregeln haben Iviza nebst Zubehör den Balearen beigesellt. Geographisch werden aber stets zwei Inselgruppen unterschieden; schon Strabo (III, 5. zu Anfang) nennt die *Gymnesiæ* und *Pityusæ*. Doch ist es möglich, dass der cretische Geograph beide Gruppen, die *Gymnesiæ* und *Pityusæ*, unter dem Namen *Balearides* zusammenfassen wollte. Es ist nicht ganz klar, ob er damit vier oder bloss zwei Inseln meint. Doch ist es nach Diodorus Siculus und Plinius wahrscheinlich, dass er nur die Gymnesiæ *Balearides* nennt. Die Balearen haben eine Küstenentwickelung von 60, die Pityusen von 16 Meilen und sind verhältnissmässig stark bevölkert:

---

[20]) Im Alterthume stand auf dem Vorgebirge Creus oder Creux ein Tempel der Venus, Pyrenaea Venus, daher Strabo: Ἀφροδίσιον, τὸ τῆς Πυρήνης ἄκρον. Jetzt erinnert noch Port Vendre (s. u.) an diesen Tempel. — Auf der Karte von A. Theinert steht Narfeo statt Norfeo.

	Einwohner- zahl 1810.	Auf die Q.-Meile 1810.	1840 auf 1 Q.-Meile.	1840 Gesammt- bevölkerung.	Q.-Meilen.
Majorca	140700	2233			63
Menorca	31000	2235	2774	229197	13
Iviza u. For- mentera	15290	1811			8

Majorca oder Mallorca, die grösste dieser Inseln, hat eine qua-
dratähnliche Gestalt und ist sehr gebirgig; die Küste ist im Allgemeinen
felsig, rings herum mit tiefem Wasser. Die Scenerie ist höchst mannigfaltig, das Klima köstlich. Auf den Hochebenen findet man, während an den Küsten heisser Sommer herrscht, angenehmes Frühlings-
wetter; auch der Winter zeigt sich mild und freundlich, ausser auf
den höchsten Bergrücken. Eigentliche Flüsse giebt es auf der Insel
nicht; aber die torrentenartigen arroyos sind oft während des Regens
sehr reissend und die Rierra, der grösste derselben, in der Nähe von
Palma, hat oft grossen Schaden und Verlust an Menschenleben veranlasst. Die schöne Hauptstadt Palma trägt noch ihren alten Namen
und hat einen guten Hafen und Ankerplatz. Im 13. Jahrhundert war
sie einer der Hauptmarktplätze Europas, jetzt ist ihr Handel verhältnissmässig unbedeutend. Die wichtigsten anderen Landungsplätze sind
Alcudia (NO.) und Pollenza (Pollentia), beide im Herbst sehr ungesund.
Exporthandel wird vorzüglich mit Wein, Oel, Salz, Kanevas, Seide,
grobem Leinen- und Wollenzeug, getrockneten Früchten, Honig,
Mühlsteinen, Kalkstein und Marmor getrieben.

Menorca ist kleiner als Majorca (minor et major insula) und nur
wenig gebirgig. Ein Berg, fast in der Mitte der Insel, der Monte
Toro mit einem Kloster auf seinem Gipfel, macht eine Ausnahme.
Ausser dem Schlupfhafen von Ciudadella, der Hauptstadt Port Fornello
(mit Castell) und einigen unbedeutendern Buchten besitzt die Insel den
äusserst geräumigen und bequemen Hafen von Port Mahon (Portus
Magonis). Einige gelegentlich im Sommer vorkommende Heimsuchungen von Sumpffiebern abgerechnet, ist Port Mahon gesund. Hier überwinterte, nach ihrem Abzuge von Toulon im napoleonischen Kriege,
eine stolze, prächtige englische Flotte von grossen Kriegsschiffen und
zwar jedes mit geräumigem Ankerplatze. 6 grosse Dreidecker, 25
Zweidecker, zahlreiche Fregatten, Schlupen und Briggs, alle in vollster
Ausrüstung, fanden vollkommen gut Platz.

In mittlerer Entfernung zwischen Majorca und Cap San Martino
liegen die Pityusen ($\pi\iota\tau\nu o\tilde{\upsilon}\sigma\alpha\iota$, Fichteninseln, nach den Fichten, mit

denen Iviza früher ganz bewachsen gewesen sein soll). Dieser Name umfasst Iviza (das Ebusus der Alten), Formentera (Ophiussa?), Conejera (W.), Bledas und verschiedene kleinere Inseln und Felsen. Iviza ist theilweise hügelig und steinig, aber in anderen Theilen äusserst fruchtbar an Korn, Oel, Wein und mancherlei Früchten. Die Berge sind mit Fichten, Tannen und Wachholder dicht bewachsen. Verschiedene Häfen bieten Schiffen von mittlerer Grösse gute Ankerplätze. Der beste liegt vor Iviza, der Hauptstadt, welche viel Salz und Bauholz einschifft.

Zwischen den Balearen und der Küste von Valencia, ungefähr 7½ Meile von der letztern, liegen die Columbretes (Colubraria), eine Gruppe vulkanischer Felsen, welche wahrscheinlich das Ophiussa der Alten sind.[21] Der Hafen an der Ostseite des grössten Inselchens ist offenbar die zerbrochene Oeffnung eines alten Kraters. Im Besondern sind sie unbekannt. Die von der spanischen Admiralität herausgegebene Karte giebt ihnen die unten (VIII.) in der Tafel der Ortsbestimmungen nach Breite und Länge angegebenen Namen.

§. 3. Die Mittelmeer-Küste Frankreichs.

Zwischen dem Cap Creux und dem Var-Fluss wird das Mm. in einer Länge von ungefähr 65 Meilen von der Südküste Frankreichs begrenzt. Hat man das Cap umfahren, so bleibt die Küste des Departements der östlichen Pyrenäen bergig und felsig; dann folgen die flachen und sumpfigen Niederungen des Aude (Atax) und Hérault (Arauris), in welchen sich viele, theilweise sehr ausgedehnte Etangs (Teiche) oder Salzlagunen befinden, die mit der See in Verbindung stehen. Die wichtigsten sind die von Leucate (Leucata, nördlich von Perpignan), Sigean (südlich von Narbonne), Gruisson und Thau (bei Cette), welche von einem schiffbaren Kanal durchschnitten werden. Nachdem man Spanien verlassen hat, stösst man an der französischen Küste zunächst auf einen Flecken, der dem unbedeutenden Port Vendre (Portus Veneris) seinen Namen gegeben hat. Ein ähnlicher kleiner Ort ist Callioure. Eine niedrige Küste, ein Ufer unter dem Lee der Schiffe, das noch dazu höchst ungesund ist, streckt sich vor den Teichen hin, zu denen der Hafen von Narbonne die Haupteinfahrt bildet. Diese ehemals so blühende Seestadt (Narbo Martius) liegt jetzt über 2 Meilen landeinwärts. ONO. von dieser Stadt kündigt die auf

---

[21]) So auch Smyth, Journ. of the Royal Geogr. Soc. Vol. I.

einer Felseninsel stehende Festung Brescou die Nähe der alten Stadt
Agde (Agatha), früher Hauptstadt einer Grafschaft, an.' Cette (Setius)
ist auf einer schmalen Landzunge erbaut, welche den Etang de Thau
von der See trennt. Der Hafen ist zugleich der Hauptausgangspunkt
des grossen Kanals von Languedoc; dabei ist Cette der Hafen des
benachbarten Montpellier (Mons Pessulanus vel Puellarum), das wegen
seines herrlichen Klimas und seiner medicinischen Academie so berühmt ist. Hier werden die Weine von Lunel und Frontignan eingeschifft; ebenso die Parfümeriewaaren, eingemachten Früchte, Liqueure,
Weine, Kaliko, Wollenzeuge, Schnupftaback, Seife, Weinsteinrahm,
Vitriol und Grünspan von Montpellier; ferner Salz, Thunfische, Sar-
dinèn, Anschoven und andere Fische aus der Nachbarschaft. Weiterhin bilden die Mündungen des Rhone (Rhodanus) eine Menge Inseln,
von welchen ein grosser Theil mit dem Meeresspiegel fast im Niveau
liegt. Die grösste derselben, Camargue genannt, hat beinahe die Gestalt eines Dreiecks, auf dessen höchstem Punkte die Stadt Arles
(Arelate) liegt. Sie ist aber eigentlich nur eine Ansammlung kleiner
sumpfiger Inseln und Sandbänke längs der frühern Meeresküste, mit
der Brackwasser-Lagune Valcarés in ihrer Mitte, Zwischen diesem
und dem Hafen von Bouc liegt die sonderbare Steinwüste La Crau
(Campus Lapideus), ein ungefähr 238000 preuss. Morgen (beinahe 11
geogr. Q.-Meilen) grosser, durchaus mit Rollkieseln und kleinen ab-
gerundeten Steinen bedeckter Raum. Dieser Name ist mit Les Graus
du Rhône (Gradus Rhodani) nicht zu verwechseln, indem letzteres
überhaupt die Gegend der Rhonemündungen bezeichnet. „Graus",
sowie das spanische Grao und das italienische Grado, scheint einen
Landungsplatz an einer Flussmündung zu bezeichnen.

Die Hauptmündung des Rhone ist die östliche, welche sich in
den Golf von Foz ergiesst und während der Ueberschwemmungen so
reissend wird, dass sie das Rhonewasser bis weit in das Meer hinaus
führt. Dies wurde im französisch-englischen Kriege zu Anfang dieses
Jahrhunderts praktisch bewiesen, als Sir Edward Pellew's Flotte in
offener See SO. vom Tour de St. Louis ankerte und so viel Trinkwasser, als sie nur brauchte, in hoher See während der Windstille
am Morgen abschöpfen konnte. Eine Sechstelmeile von der Küste war
der Strom süssen Wassers noch gegen 3 Fuss tief.

Zwischen dem Golf von Foz und dem Fluss Var ist die Küste
der ehemaligen Comté de Provence wellenförmig und von zahlreichen
Häfen, Baien und Buchten, wo Schiffe jeder Art gute Ankerplätze
finden können, ausgezackt. Unter diesen ist Martigues (Maritima) an

der Einfahrt zu einer weitausgedehnten Lagune, dem Etang de Berre, von Wichtigkeit, da hier viel Fische und Salz eingeschifft werden. Marseille (Massilia, die im 6. Jahrhundert vor Chr. von den Phocäern gegründete Colonie) ist eine Seestadt ersten Ranges, gegenwärtig mit mehr als 160000 Einwohnern und einer Handelsthätigkeit, die in Frankreich nirgends übertroffen wird. Der Zugang zu ihrem sichern Hafen ist durch die Felseninseln Planier, Ratoneau und Pomegue markirt, neben denen noch einige kleinere liegen. Oestlich von Marseille begegnet man den kleinen, von Küstenfahrern stark besuchten Handelsstädten Cassis und Ciotat. Der Export besteht besonders in Muskatweinen aus diesem Departement. Wenn man bei diesen und bei der Landspitze mit dem Cap Sicie [22]) vorüber ist, so fährt man in den wegen seines Arsenals und seiner Befestigungen so berühmten Hafen von Toulon (Telo Martius), den zweiten Frankreichs, ein. Die geschäftliche Thätigkeit dieses Platzes ist aber, die Regierungsetablissements abgerechnet, nicht bedeutend. Mehl, Wein, Branntwein, Oel, Oliven, getrocknete Früchte, Taback und andere Produkte der Umgegend, ausserdem Seife, grobe Wollenzeuge, Tauwerk, Saffian. Chokolade, Fadennudeln u. dgl. sind die vorzüglichsten Handelsartikel; auch werden hier einige Kauffahrteischiffe gebaut.

Von Toulon ostwärts kommt man in den grossen Hafen oder in die Rhede von Hyères, deren hervorspringende Punkte alle stark befestigt sind. Sie liegt hinter den hyèrischen Inseln (Stoechades, die bedeutendste heisst Porquerolles) und auf einer naheliegenden Höhe im Hintergrunde breitet sich malerisch das freundliche Hyères (Olbia oder Areæ) mit seinen stets früchtetragenden Gärten aus. Es sei nämlich hier beiläufig bemerkt, dass dies der einzige Punkt in Europa **nördlich von Italien** ist, wo die Orangenbäume ohne künstlichen Schutz gegen die Winterkälte im Freien blühen. Soweit sich der herrliche Hafen ausdehnt, ist auch der trefflichste Ankergrund zu finden. [23])

---

[22]) Die englische Blokadeflotte lag Monate lang in Sicht dieses Cap im englisch-französischen Kriege. Admiral Smyth hatte 1811 und 1812, wie er sagt, „a tolerable spell of it."

[23]) Im August 1811 legte sich die englische Blokadeflotte, obgleich sie beim Vorbeifahren beschossen wurde, im Hafen selbst ausserhalb der Schussweite vor Anker. Eine französische Flottenabtheilung, aus 3 Schiffen vom ersten Range und 10 Zweideckern bestehend, fuhr am folgenden Tage von Toulon heran, aber bei dem sofortigen Erscheinen einiger englischen Kriegsschiffe (unter Andern auch des Rodney, auf dem damals Admiral Smyth diente) legten sie sich wieder an ihre Hafenanker. Die Engländer kehrten in die Bai von Hyères zurück, wo sie drei Wochen an einfachem Anker lagen. Wie stolz fuhren damals in der leichten Morgenbrise an der Spitze

Die Küste von der Rhede von Hyères bis an die italienische Grenze ist mehr oder weniger hoch und zeigt viele Buchten und Einschnitte zwischen den felsigen Vorgebirgen, z. B. die von St. Tropèz oder Grimaud (Athenapolis), Fréjus (Forum Julii), Napoule oder Cannes, Gourjean und Antibes (Antipolis), welche von den dortigen Piloten und Seeleuten sehr emphatisch Golfe genannt werden. Oestlich von Fréjus, Cannes gegenüber, liegen die zwei lerinischen Inseln, von welchen St. Marguerite durch den Mann mit der eisernen Maske allbekannt ist. Von Antibes aus wendet sich eine niedrige sandige Bucht nordöstlich; hier mündet etwa 1½ Meile von Antibes der Var (Varus) und bildet die Grenze zwischen Frankreich und Savoyen. Mitten auf der über den Fluss führenden Schiffbrücke steht ein Zollhaus; das Wasser des Flusses ist trübe; er entspringt in den Verzweigungen der Alpen zwischen Barcelonette und Colmars, hat eine Stromlänge von ungefähr 19 Meilen und bei seiner Einmündung fast ¼ Meile Breite. Während des Hochwassers oder zur Zeit, wo der Schnee schmilzt, wird er so reissend, dass der Bau einer festen Brücke unthunlich ist. In solchen Zeiten sieht man die schlammigen Fluthen des Var das klare Seewasser bis auf beträchtliche Distanz von der Küste trüben.

§. 4. Die Gestade des westlichen Italiens.

Wir nahen uns nun den klassischen Regionen des alten Hesperiens, welche nach denen des hochberühmten Griechenlands und nach dem durch unsern Erlöser geheiligten Lande mehr als irgend ein Ort der Erde unsern Enthusiasmus erwecken; einem Lande, dem Europa noch heute so Vieles in Kunst in Wissenschaft, in Staatskunst und Landbau verdankt. Italien ist wie ein sterbender Adler mit Pfeilen, zu denen seine eigenen Schwingen die Federn darbieten mussten, schwer verwundet worden; schon lange ist es von seiner erhabenen Stellung herabgestiegen; aber obgleich moralisch entartet, rühmt es sich noch immer aller jener physischen Vortheile, welche schon früher dazu beitrugen, es weltberühmt zu machen. Welchen mächtigen Einfluss könnte dieses schöne Land noch heute auf alle europäischen Verhält-

---

von Porquerolles die französischen Linienschiffe Caledonía, Ville de Paris, Téméraire und Hibernia vorüber, eine schwere Canonade empfangend und reichlich zurückgebend! Drei Wochen waren in der Bai von Hyères die Engländer stündlich auf einen Angriff gefasst, stationirten starke Wachtboote, zogen sogar jeden Abend die Marssegelstangen hinauf u. s. w. Wie gross musste der Contrast dem Admiral Smyth erscheinen, als er später in der Adventure durch dieselben Inselgruppen fuhr und kaum ein Segel bemerkte!

nisse ausüben, wenn nicht alle die verschiedenen Staaten, in die es
zerstückelt ist, fortwährend zu einander in Opposition, oft in Feind-
schaft ständen, wenn es ihm je gelingen könnte, sich zu einem ein-
heitlichen Staate abzurunden! Obgleich die Italiener ein Land bewohnen, in dem bei aller Verschiedenheit der Staatsgesellschaften und
Regierungen Boden, Klima, Religion, Sitten und Gebräuche im Wesentlichen durchaus übereinstimmen, so umschlingt sie doch kein Band
gemeinsamen Nationalgefühls; nur in dem einen Punkte gleichen sich
alle, dass sie ihrem leidenschaftlichen Hasse sich hingeben, der unversöhnliche Parteien und in deren Gefolge Zwietracht und Misstrauen
erzeugt, und an einem gemeinschaftlichen Mangel krankt das ganze
schöne Land, an dem Mangel wahrer Religiösität. Was hilft unter
so traurigen Umständen die rasche Zunahme der Bevölkerung! Mit
Zugrundelegung einer auf Napoleon's Befehl um das Jahr 1810 vorgenommenen Volkszählung giebt General Visconti für das Jahr 1820
folgende Uebersichtstabelle:

	Engl. Q.-Meilen.	Bevölkerung.	Auf die engl. Q.-M.
Das Königreich beider Sicilien . .	43600	6750000	162
Das Königreich Sardinien	27400	3976000	146
Lombardisch-venetianisches Königr.	18920	4054600	212
Kirchenstaat	14500	2350000	168
Grossherzogthum Toskana	8500	1182000	140
Parma	2280	377000	121
Modena	2060	370000	190
Lucca	420	138000	328
Republik San Marino	40	7000	175

Daneben stellen wir folgende neuere Angaben:

	Geogr.Q.-Meilen.	Bevölkerung.	1855.
Königr. beider Sicilien	1987,20	8320217 (1843)	8616922
Königreich Sardinien .	1363,75	4650368 (1838)	4916104
Lomb.-ven. Königr. .	800,00	4237000 (1825)	4912347
Kirchenstaat	811,80	2908000 (1843)	2940000
Toskana	398,02	1531740 (1844)	1779338
		1817466 (1855)	
Parma	107,00	465673 (1833)	511969
		485826 (1842)	
Modena	102,00	510098 (1845)	606139
Lucca	20,48	168200 (1839)	
San Marino	1,18	7800 (1838)	

Danach beläuft sich die gegenwärtige Bevölkerung Italiens auf etwas über 24 Millionen.

Fahren wir nun weiter der Küste des alten Liguriens entlang, so liegt zuerst die Riviera di Ponente (das westliche Gestade vom Var bis Genua) vor uns; gegenüber von Genua bis Spezzia streckt sich die Riviera di Levante. Am ganzen Ufer hin steigen hohe Berge empor, mit Felsabgründen, die oft dicht an das Meer hervorspringen; dazwischen oft eng, immer tief eingeschnitten, fruchtbare Thäler mit einer Reihe pittoresker Städte und Dörfer. Die Länge des Ufers beträgt ungefähr 38 geogr. Meilen. Längs der Gestade des Golfs von Genua findet ein bedeutender Küstenhandel in Oel, Reis, Obst, Hanf, Seide, Sammet; Anschoven und Palmzweigen statt. San Remo hat ein ausschliessliches Privilegium, Rom zu seinen religiösen Festen mit dem letztern Artikel zu versorgen.

Nizza oder Nice[24]), die erste Seestadt an der Riviera di Ponente mit einem kleinen bequemen künstlichen Hafen, liegt reizend an den Ufern des Paglione, eines Berggewässers, am Fuss des Monte Albano, dessen Citadelle sowohl Nice, als den geräumigen Hafen von Villa Franca im Osten beschützt. Die ganze Umgebung zeigt Spuren grosser geologischer Veränderungen nicht nur in der Stellung der Felsen und Schichten, sondern sogar in der relativen Höhe des Landes und Wassers. Man findet in den Höhlen und Spalten, welche gegenwärtig über dem Wasserspiegel liegen, oft Muscheln, wie sie jetzt noch im Mm. vorkommen. Der Naturforscher Dr. Risso beweist noch an anderen Zeichen, dass diese Felsen sich gehoben haben. Von den aus dem Mm. zwischen den Mündungen des Rhone und der Taggia emporsteigenden Kalkketten kann die östlichste am Cap Nero zwischen Bordighera und San Remo als Anfangspunkt der Alpenwasserscheide und natürlichen Grenze Italiens angenommen werden. Zwischen Nizza und Ventimiglia (Albium Intemelium) liegt das kleine, 1858 an Sardinien verkaufte Fürstenthum Monaco (Portus Herculis Monœci) und weiter östlich die Handelsstädte San Remo, Porto Maurizio (Portus Maurici), Oneglia, Alassio, Albenga (Albium Ingaunum), Finale, Noli, Vado (Vada Sabatia) und Savona (Strabo's Sabata, bei Livius schon Savona), welches letztere, obgleich schön gelegen, stark befestigt und sowohl die See als die Cornice (d. h. die an der Riviera sich hinziehende Landstrasse) beherrschend, doch thörichterweise der Handelseifersucht Genuas geopfert.

---

[24]) Alt Nicæa, die Siegesstadt, denn die Massilier gründeten es um 340 vor Chr. nach einem Siege über die Ligurier.

worden ist. 1525 wurde sogar auf Betrieb der gewaltigen Rivalin ein
Theil des geräumigen und guten Hafens verschüttet. Dessenungeachtet
treibt Savona bedeutenden Handel. Sein Hafen ist überaus sicher,
wenn schon nur für Schiffe von 200 Tonnen brauchbar. In den
schönen Schluchten und Thälern dieser Gegend werden durch die Ausdünstungen im Sommer Wechselfieber erzeugt. Sollten diese Sommer-
miasmen, von denen Napoleon schon in Ajaccio gewiss Kenntniss
hatte, nicht vielleicht mit der Verbannung des Papstes Pius VII. in
diese Stadt in Beziehung gestanden haben?

Genua (Genova), eine der schönsten Städte Europas, ist an dem
Abhange eines Berges an der Seite des ligurischen Apennins unweit
der Bocchetta im innersten Winkel des weiten Golfs erbaut, der einen
Halbmond von den Grenzen Frankreichs bis zu denen Toskanas bildet.
Der Hafen, *fatto per forza*, wie die Italiener sagen, wird von zwei
16 bis 18 Fuss über den Wasserspiegel hervorragenden Molos gebildet,
deren Spitzen ungefähr 300 Faden[25]) von einander abstehen.[26]) Die
grossartigen Handelsunternehmungen der Genuesen sind schon vom
Mittelalter her allbekannt, und obgleich ihre Flotte nicht mehr der
Schrecken der Levante ist, so zeigt sie doch noch ein Streben nach
maritimem Vorrang, indem die Schiffe, wenngleich nur wenige, in
der besten Ordnung sind und die Seeleute zu den vorzüglichsten in
Italien gehören. Selbst während der Glanzperiode des streng aristo-
kratischen Staates durfte sich der Adel Genuas an Sammet-, Seide-
und Tuchfabriken betheiligen; er pachtete die Zölle, speculirte in
fremden Handelsunternehmungen, hatte Theil an Kauffahrteischiffen; aber
alle anderen Geschäfte und Handwerke waren ihm streng verboten.

Oestlich von Genua folgen längs der stark bevölkerten Küsten
der Riviera di Levante Städte und Dörfer fast eben so dichtgedrängt
auf einander, als nach Westen zu. Nachdem man Bisagno und Nervi
passirt hat, ist der erste in nautischer Beziehung wichtige Punkt
Porto Fino (Portus Delphini), eine Bucht mit einem kleinen Molohafen zwischen zwei hochragenden, weithin sichtbaren Vorgebirgen,
nach welchen sich der Küstenfahrer trefflich orientiren kann-. Ueber
Rapallo, Lavagna (Entella) — wo der einzige grössere Schieferbruch
Italiens in Betrieb ist[27]) —, Chiavari, Sestri di Levante (Segesta),
Moneglia (Monilium) und verschiedene Dörfer an der Seeküste gelangt

---

²⁵) 1748 preuss. Fuss.

²⁶) An die Stelle der Darsena von Genua treten jetzt mächtige Docks, deren
Erbauung eine französische Gesellschaft übernommen haben soll.

²⁷) Vergl. Italien von G. v. Martens, I. S. 30.

man nach Porto Venere (Portus Veneris) und zu dem geräumigen
Golf von Spezzia (Portus Lunensis), welcher durchweg guten Ankergrund hat und zu den sichersten und schönsten Baien des Mm. gehört.
Napoleon erkannte die Wichtigkeit dieses Platzes und fasste den Plan,
ihn zu einer seiner grossen Seestationen zu machen. Die von seinen
Ingenieuren gezeichneten Pläne [28]) kamen bei der Uebergabe Genuas
1814 in die Hände des Lord William Bentinck, der sie von seinem
damaligen Adjutanten Smyth prüfen liess.

Spezzia bildete früher die Grenze Liguriens; jetzt stösst zwar
zunächst Massa an das Herzogthum Genua, man kann aber geographisch eben so gut sagen, dass die Küste Toskanas sich an die genuesische anfügt. Ueberschreitet man also die Magra (Macra), einen
in der Marinella von Luni (Lunæ Portus) in das Meer einmündenden
Bergstrom, ist man ferner bei Pietra Santa (Lucus Feroniæ), Via
Reggio (Fossæ Papirianæ) und der Arnomündung (Portus Pisanus) vorbei, so gelangt man nach Livorno (engl. Leghorn) — nach dem Thore
Toskanas — einem der lebhaftesten Häfen Italiens. Das Gebirge
weicht an dieser zum Theil sandigen und sumpfigen Küste bis zu
einer Meile vom Meere zurück. Der Freihafen, die Toleranz in Glaubenssachen, endlich die sehr mässigen Abgaben haben Livorno zu
einem frisch aufblühenden, das alte Pisa weit überflügelnden Handelsplatz gemacht. Es kann sich allerdings, obgleich auf dem alten
Portus Herculis Liburni gelegen, keines antiken Glanzes rühmen, ist
aber nach dem Untergange des benachbarten Porto Pisano einer der
bedeutendsten Häfen des Mm. geworden. Die Einwirkungen des Arno,
des Meeres und endlich noch der Genuesen, welche den Hafen aus
Eifersucht ausfüllten und verschütteten, haben den Porto Pisano vollständig ruinirt. Durch sorgfältige Drainage ist die Malaria verringert
worden, das Klima ist aber dennoch so feucht, dass ein altes Sprichwort mit Recht sagt: Pisa pesa a chi posa. Durch Napoleons Herrschaft hatte Pisa sehr gelitten, ist aber jetzt ein lebhafter Stationspunkt für den Import nach dem Innern und für den Export von
groben Wollenzeugen, Baumwolle, Seide, Mais, Oel, Eisen, Papier,
Potasche, Marmor [29]), Alabaster, Korallen, Anschoven, Strohgeflecht,

---

[28]) An die von Antonio Rossi 1812 in dieser Gegend vorgenommenen Messungen
erinnert noch ein Semaphor auf Palmaria, der kleinen Insel am Vorgebirge von Porto
Venere, die seit uralten Zeiten durch ihren schwarzen, goldgelb, rosenröthlich und
veilchenblau geaderten Marmor, Nero die Porto Venere und Portoro, berühmt ist.

[29]) Wir erinnern nur an das nahe Carrara, an den roth und gelb gefleckten
Marmor von Capo Corvo bei Spezzia, den Rosso von Orvieto u. s. w.

künstliche Blumen u. s. w. Die Sardellenfischerei ist sehr einträglich.
Diese kleinen Fische kommen im Frühjahr in grossen Schwärmen
durch die Strasse von Gibraltar in das Mm., um dort zu laichen, und
ziehen danach wieder in die Tiefen des atlantischen Meeres.[30])

Von Livorno dehnt sich die Küste Toskanas nach SO. bis zu
dem weit vorspringenden Monte Argentaro. An derselben liegen ver-
schiedene Ladeplätze, wie z. B. Vada (Vada Volaterrana), Cecina,
Porto Baratto (Populonium), Piombino, Fullonica — wo sich die grössten
Frischhütten und Werke für das Eisen von Elba befinden — Castiglione,
Telamone (Portus Telamo), Port San Stefano und Orbitello, in der
Mitte eines gleichnamigen Sees, mit dessen vortrefflichen Aalen ein
einträglicher Handel getrieben wird. Diese Ortschaften liegen an dem
Rande der Meerlandschaften, welche Maremmen heissen, theils steppen-
artiger, theils sumpfiger Niederungen, aus denen bösartige Miasmen
aufsteigen. Die Maremmen Toskanas sind durch Drainirung und Anbau
bedeutend verbessert worden, sind aber noch immer während der
heissen Sommerzeit gefährlich. Für die eben vor uns liegende Gegend
bildet der Fluss Ombrone (Umbro) und seine Zuflüsse den hauptsächlichsten Abzugskanal.[31]) Die toskanische Küste von Carrara bis zum
Argentero ist ungefähr 140 geogr. Meilen lang.

Die dieser Küste gegenüber liegenden toskanischen Inseln sind:
Gorgona (Urgo), Capraja (Aegilon), Elba, Giglio (Igilium), Pianosa
(Planasia), Monte Christo (Oglasa), Formica u. s. w. Von diesen verdient Elba (Aethalia oder Ilva) besondere Erwähnung wegen ihrer ausgezeichneten Häfen und Buchten, wegen ihres Reichthums an Eisen
und anderen mineralischen Erzeugnissen, wegen ihrer höchst malerischen
Natur und ihrer geschichtlichen Bedeutung, da der Congress zu Wien

---

[30]) Am berühmtesten ist der Acciughefang von Gorgona. Während des Juli
und der ersten Hälfte des August fischen um die kleine Insel von 1 Q.-M. Fläche
mit 70 Einwohnern an 600 toskanische, genuesische und selbst neapolitanische Pa-
rancelle und andere Fischerbarken. Sie salzen etwa 9000 Centner Sardellen ein.

[31]) Die toskanischen maremme oder paludi boten bekanntlich dem Dante das
Schreckensbild für seinen 10. Golf der Hölle, Inferno XXIX, wo er die decima
bolgia besucht:

Qual dolor, fora, se degli spedali,
Di Val-di-chiana, tra 'l luglio e 'l settembre,
E di Maremma, e di Sardegna i mali
Fossero in una fossa tutti insembre;
Tal e ra quivi; e tal puzzo n' usciva,
Qual suol venir dalle marcite membre.

Da nur die Männer in die Maremmen auf Arbeit gehen, wo sie mitunter durch Ermattung sich zum Niederlegen und Schlafen verleiten lassen — was, da die giftigsten
Dünste sich unten am Boden lagern, sehr gefährlich ist — so findet man auf den
naheliegenden Anhöhen viele Frauen, die zwei und drei Mal geheirathet haben.

diese Insel zum Verbannungsort für den gefallenen Napoleon auserkor. Elba selbst hat ungefähr 10 Meilen im Umfange und die herumliegenden Inseln sind dieser Insel, wie sie selbst dem Compartimento di Pisa untergeordnet. Als plutonische Bildung ist Elba ungemein bergig und zerrissen, aber dennoch stark bevölkert (1836 17100 Einw.). Um Elba liegen südlich am Fuss des Calamita die Zwillinge, i Gemini, nördlich vor Capo Castello l'Isolotta dei Topi (Ratten), dann eine starke Meile NO. vom Capo di Poro Palmajola, 3 Meilen weiter nach O. der Kalkfelsen Cerboli, 8 Meilen südlich von Elba Pianosa (Planasia), wohin August seinen Enkel Agrippa verbannte. La Gorgona (Urgon), 19 Meilen WSW. von Livorno, ein steil aus dem Meere auftauchender Kalkfelsen, und der bedeutende Sardellenfang in seiner Nähe wurde bereits erwähnt.

Nachdem man das Cap Argentaro umschifft hat, stösst man auf römischem Gebiet zuerst auf Port Ercole (Portus Cossanus sive Herculis); zwischen diesem und Terracina streckt sich etwa 32½ Meilen weit die Westküste der päpstlichen Staaten hin, meistentheils ein offenes, den Seewinden, welche hier eine starke Brandung antreiben, ausgesetztes Gestade. Die Küste besteht grossentheils aus ungesunden Niederungen, die nur an gewissen Punkten von steileren, besseren Stellen unterbrochen werden. Ungefähr in der Mitte dieses Strandes ergiesst der vielgenannte Tiberis seine Wogen in die See durch zwei Hauptarme, welche ein sumpfiges Delta, die noch immer so genannte Isola Sagra (Insula Sacra), einschliessen, vor der man im Angesicht des hochragenden Kreuzes von St. Peter einen guten Ankergrund findet. Dass im Mm. die Ebbe und Fluth sehr unbedeutend auftritt, ist insofern für Schiffahrt und Handel unvortheilhaft, als an den Mündungen der noch dazu meist mit starkem Fall in das Meer strömenden Flüsse kein Strömungswechsel eintritt, der z. B. in den englischen Flüssen das Einlaufen der beladenen Schiffe so ungemein erleichtert.[32]) Obgleich Kauffahrer in Fiumicino[33]), der südlichen Tibermündung und in verschiedenen kleinen benachbarten Häfen anlegen, so ist doch der Haupthafen des Kirchenstaats auf dieser Seite Civita Vecchia (Centum cellæ sive Trajani Portus), eine von Michel Angelo, jenem Universal-

---

[32]) Admiral Smyth erzählt, dass sein Lichterschiff mit Schonertakelwerk, als es mitten im Fluss der Dogana gegenüber vor Anker lag, mit seiner Hinterflagge und seinem Wimpel, seinem Morgen- und Abend-Signalschuss und mit seiner wohldisciplinirten Mannschaft für die Römer aller Stände ein Gegenstand der Bewunderung war.

[33]) Fiumicino (kleiner Fluss) wurde erst 1825 am nördlichen Tiberarm angelegt. Die Einfahrt ist durch Pfahlwerke geschützt, aber wegen der Barre nicht ohne Gefahr.

genie befestigte Stadt, in der sich noch schöne Reste trajanischer Seebauten befinden.[34]) Zwischen dem Tiber und Terracina (Anxur), besonders bei Porto d'Anzo (Ceno Portus) und Nettuno (Antium)[35]) stösst man ferner auf Ruinen von Fischbehältern, Bassins, Bädern und Villen der alten Römer, unter denen sich Astura befindet. Jetzt hat das Meer diese Stelle und überhaupt einen Theil der Küste bedeckt. In eben dieser Gegend beginnt der Rand der wegen der aria cattiva so berüchtigten pontinischen Sümpfe (Pontinæ Paludes). In der jetzt ganz verödeten Gegend lag früher der Schwerpunkt der volskischen Macht; dreizehn Städte blühten auf einem Territorium, wo man jetzt nicht ein einziges Dorf findet, obgleich es Viehheerden, Bauholz und Vegetabilien in Fülle giebt. Diese Paludi oder Marschen werden durch die unzähligen Flüsschen, welche aus den Bergen östlich von Rom in die Ebene herabströmen und in denselben aus Mangel an Fall stagniren oder sich im Sande verlieren, erzeugt. Verfaulende, vetabilische Substanzen und dazu die sengende Sonnenglut bringen die malaria, jenen unsichtbaren Feind hervor, der manchen herrlichen Landstrich des sonst so gesunden Italiens vergiftet und den von der Wiege an siechenden Menschen in ein frühzeitiges Grab wirft. Vieles deutet darauf hin, dass das Becken dieses Sumpflandes einst ein Meeresgolf gewesen ist, der durch Alluvialbildungen von den Bergen her allmälig ausgefüllt wurde, und dass Monte Circello (Circeji promontorium) noch eine Insel war, als Homer dichtete, mag er diesen Ort mit seiner Insel der Circe bezeichnet haben oder nicht.

Das den südlichsten Theil Italiens einnehmende Königreich Neapel ist reich an mannigfaltigen und prächtigen Naturscenen und so fruchtbar, dass sein schon ziemlich guter Handel sehr leicht bedeutend werden könnte, wenn man das willkürliche System hoher Zölle und unpolitischer Handelsbeschränkungen aufgeben wollte. Die Westküste dieses Königreichs ist im Allgemeinen steil und durch viele tiefe Buchten (auch dort wie anderwärts von den eingeborenen Piloten Golfe genannt) ausgezackt. Solche Golfe sind die von Gaëta, Neapel, Sa-

---

[34]) Ausser den Häfen von Centum cellae, Portus Trajanus in Etrurien und Ancona mag wohl Trajan auch die Werke des Claudius im Hafen von Ostia bedeutend erweitert und verbessert haben; vergl. den Schol. des Juvenal XII, 29, wo von der dem Catullus drohenden Gefahr die Rede ist.

[35]) Nach anderen sicherern Angaben ist Porto d'Anzo Antium, die uralte Hauptstadt der Volsker auf einem weit in die See vortretenden Vorgebirge; Nettuno an der Mündung des Quinto das alte Neptunium. Sieben Meilen südöstlich am Südende des Meerbusens lag die Villa des Cicero, von welcher er an seinem Todestage nach Formiae überschiffte, in der Gegend des Castells von Astura.

lerno, Policastro, Sant Eufemia und Gioja. Die Länge der Küste
von Terracina bis Cap Spartivento beträgt über 80 geogr. Meilen.
Auf dieser Strecke findet man zahlreiche kleine Häfen und caricatori
oder Ladungsplätze und verschiedene ziemlich gute Ankerplätze für
grosse Schiffe bei allen östlichen Winden. Die Ausfuhr besteht besonders aus Wein, Obst, Oel, Oliven, Käse, Maccaroni, Seide, Aloë,
Wolle, Töpfererde, Flechten zum Färben, Puzzolanerde, Potasche,
Hanf und Leder.

Gaeta (Cajeta) ist eine starke Festung auf dem Felsenvorgebirge
La Santa Trinità, welches mit dem Festlande durch einen schmalen
Isthmus zusammenhängt.[36] Man hat das Ganze öfters Klein-Gibraltar
genannt. Der Hafen eignet sich für kleine Schiffe, die Rhede hat,
besonders Mola (Formiæ) gegenüber, trefflichen Ankergrund. Wie die
campanischen bei Neapel, so ist die Zierde dieser Bai eine davor-
liegende Gruppe kleiner vulkanischer Inseln (die Oenotrides der Alten)
— nämlich Palmarola (Palmaria), Ponza (Pontia), Gianuti, Zannone
(Sinonia, San None), Vandotena[37] und einige kleinere Felsen. Ihre
Ufer sind steil und die Kanäle zwischen ihnen sehr tief; alle diese
Inseln haben durch die zerstörenden Einwirkungen der Brandung und
der Atmosphäre offenbar viel von ihrer ursprünglichen Ausdehnung
verloren. Die Bai von Neapel (Parthenope oder Neapolis)[38] ist halb-
kreisförmig, von Bergen umschlossen, unter denen sich der noch thätige Vulkan Vesuv zu einer Höhe von 3650 par. Fuss erhebt.[39] Sein
Rauch dient den Schiffen auf offener See zugleich als erwünschter
Signalpunkt. Die Grenzen dieser von den dortigen Hydrographen noch
immer Crater genannten Bai bilden das Cap Miseno und die Inseln
Ischia (Aenaria) und Procida (Prochyta) im Norden, das Cap Campanella
(Minervæ promontorium) mit der Insel Capri (Capreæ) im Süden. Wir
halten es für überflüssig, eine Beschreibung der allbekannten Reize
dieses herrlichen Golfes hier nochmals zu versuchen.[40] Wer kennt
nicht Bajæ und Herculaneum, Pompeji und Stabiæ! Wer glaubt an
die müssige Fabel, nach der die herrlichen Tempelruinen von Paestum

---

[36] Es entstehen durch diesen Vorsprung zwei Buchten, die westliche Rhede von
Terracina (Sinus Caecubus oder Amyclanus) und der östliche Sinus Cajetanus.

[37] Auch Ventotiene, Vendutena, ehemals Pandataria genannt; unweit davon
liegen San Stefano, Botte etc.

[38] Bei den Alten Sinus Cumanus oder Puteolanus, bei Strabo ὁ κρατήρ.

[39] Als Mittel von 13 Messungen finde ich 3666 par. Fuss, eine Zahl, welche
sich überdies leicht merken lässt.

[40] Besonders gelungene und detaillirte Schilderungen giebt unter Anderen G. v.
Martens in seinem „Italien" III, 526 flg.

erst 1755 aufgefunden sein sollen! Mögen die Alterthumsforscher, durch die moralischen und physischen Hindernisse der Banditen und der Malaria abgeschreckt, diese interessanten Trümmer unbeachtet gelassen haben, den Seeleuten müssen sie wohlbekannt gewesen sein, da sie von der hohen See vor der Bai von Salerno [41]) (Salernum) überall gut sichtbar sind, und ''i pilieri di Pesto' wurden lange bevor der Pilot Sebastian Gorgoglione sein populäres Portolano schrieb, dem Küstenfahrer als Merkzeichen angegeben.

Fährt man an der lucanischen Küste von den Galli-Felsen (Sirenusæ insulæ) und den malerischen Gestaden Amalfi's nach Süden weiter, so bietet sich dem Auge eine reichgegliederte Küste dar mit Buchten, Klippen, Hügeln, Thälern, Städten, Dörfern und mannigfachen Resten des Alterthums. Unter den Städten erwähnen wir· Policastro (Pyxus), Amantea (Amantia, Lampetiæ?), Tropea (Tropæa, Prostroprœa), Scylla (Scyllæum), Reggio (Rhegium, Riss, auf die Meerenge deutend) und Villa San Giovanni. Das Südgestade des Golfs von Salerno unweit der Mündung des Sele bis gegen die im Cap Licosa vorspringende Höhe ist eine öde und ungesunde Maremma. Vom Cap Licosa bis zu Anfang des Busens von Eufemia (Cap Suvero) rückt das Gebirge dem Gestade so nahe, dass keine Ebene von Bedeutung Platz findet. Aber jenen Busen selbst fassen fruchtbare, von kleinen Flüssen wohlbewässerte Ebenen ein, ebenso südlich vom Cap Vaticano den Busen von Gioja. Weiter südlich treten die Verzweigungen des Aspromonte bis ans Meer, lassen aber bis zum Cap dell' Armi noch für kleine fruchtbare Ebenen Platz. Die ganze, in den Niederungen übrigens ungesunde [42]) Gegend treibt Handel mit Korn, Wein, Oel, Honig, Wachs, Seide, Obst und Hülsenfrüchten aller Art. An der Küste fängt man Thun- und Schwertfische, Pilchards [43]), Sardinen und andere Fische. Die grosse Landkennung der Küste ist der hohe Monte Cocozzo, der höchste, während des grössern Theils des Jahres mit Schnee bedeckte Berg Calabriens; ferner der Capizzo und Arenosa.

§. 5. Die italischen Inseln.

Wir wenden diesen Namen nicht auf die Inseln nahe an der Küste Toskanas oder Neapels, sondern speciell auf Corsica, Sardinien

---

[41]) Sinus Paestanus. Paestum war eine Colonie der Sybariten (524 v. Chr.).
[42]) Quando canta la Cicada
    A Peste c'è la Peste.
[43]) Eine Art Häringe.

und Sicilien nebst Zubehör an. Die beiden erstern liegen bekanntliqh der Westküste Italiens gegenüber unter dem Meridian von 27° OL. in fast gerader Linie und strecken sich zwischen Genua und Tunis 60 Meilen weit hin. Obgleich sie nur durch die Strasse von Bonifacio (le Bocche di B.) getrennt werden, zeigen sie doch ihrer physischen Beschaffenheit und geschichtlichen Entwickelung nach merkwürdige Unterschiede. Corsica (Kyrnos) kann als eine ungeheure Granitmasse angesehen werden, welche sich über 8100 par. Fuss über dem Meeresspiegel erhebt. An jeder Seite liegt eine *banda* oder Hochebene von 67 Meilen Umfang. Die Insel zeigt eine grosse Mannigfaltigkeit an Mineralien und ist mit Buchen, Tannen, Cedern, Korkeichen, Eschen und Kastanien bedeckt. Sie gehört zur dritten Reihe mittelländischer Inseln und producirt Getreide, Wein, Oel, Oliven, Hülsenfrüchte, Johannisbrod, Obst, Seide, Honig, Wachs, Marmor, Korallen, Thunfische, Butargum [44]) und Salz.

Obgleich Sardinien seiner wenig gekrümmten Küste wegen einen Umfang von wenig über 100 Meilen hat, so streckt es sich doch über 32 Meilen von Norden nach Süden bei einer mittlern Breite von 13 Meilen. Schon der alte Geograph und Seefahrer Skylax nennt Sardinien ganz richtig die grösste Insel des Mm.; danach folgen Sicilien, Creta, Cypern, Euboea, Corsica und Lesbos, Die Insel ist viel niedriger als Corsica, da nur sehr wenige Berge über 3000 Fuss hinausragen. Der fast in der Mitte liegende höchste Gipfel, Gen-Argentu, ist nur 5276 engl. = 4950 par. Fuss. Eine Kette von Urgebirgen läuft an der Ostseite der Insel von Nord nach Süd, ein breiter vulkanischer District streckt sich daneben durch die mittlern Theile der Insel und springt an vielen Stellen bis zur Westküste vor. Sardinien verhält sich in dieser Beziehung zu Corsica, wie Sicilien zu dem der Vulkane entbehrenden Calabrien. Politisch unterscheidet sich Sardinien unter Anderem auch durch das Fortbestehen der Feudalverhältnisse. Die Fischereien beider Inseln sind eben so bedeutend, als ihre Buchten und Rheden zahlreich und vortrefflich. Leider ähneln sie sich auch darin, dass alle Niederungen in den Sommermonaten an der Malaria, welche an einigen Punkten wahrhaft tödtlich ist, leiden. [45])

---

[44]) Eingemachter und eingesalzener Störrogen.

[45]) So giebt es z. B. zur Charakteristik der Atmosphäre im Westen ein dort allbekanntes Sprichwort:

A Oristano che ghe va,

In Oristano ghe resta!

Vergl. Smyth, Sketch of Sardinia (p: 295), eine für diese Insel überhaupt bedeutende Monographie.

Die Handelsplätze Corsicas sind Bastia (Mantinum), Porto Vecchio, Bonifaccio, Ajaccio, Calvi und San Firenzo; die wichtigsten Sardiniens sind Cagliari (Caralis), Sassari (Sardopatris fanum), Alghero (Coracodes portus), Oristano (Ora Stagni, Saum der Lagune, im Alterthume Othaca), San Pietro (Hierakon, Accipitrum insula), Ogliastro, Terra-nova, La Maddalena, Longo-Sardo und Castel-Sardo. Die östlichen Ufer beider Inseln sind weniger ausgezackt als die westlichen, besonders in Corsica, wo die See sich von dieser Seite schon so weit entfernt hat, dass Aleria, einst ein römischer Seehafen an der Mündung des Rhotanus, jetzt etwa eine Viertelmeile landeinwärts liegt.

Die Insel Sicilien wird vom Festlande durch den berühmten Faro oder die Strasse von Messina (Stretto Mamertino) getrennt. Der Volksglaube, dass hier ein gewaltsamer Durchbruch oder ein Einsinken der Schichten in einer weitentfernten Periode stattgefunden habe, wird durch mancherlei Erscheinungen gerechtfertigt. Obgleich diese Insel ihrer Fläche nach gegenwärtig etwas kleiner als Sardinien ist, beträgt doch immer ihr Umfang in gewundenen Küstenlinien etwa 120 geogr. Meilen. Dabei legt man ihr allgemein eine grössere Wichtigkeit bei, und zwar mit Recht, mag man nun ihre geographische Lage, ihre historische Berühmtheit, ihr Klima, ihre Produkte, ihre merkwürdige Formation in Erwägung ziehen. Schon der alte Name Trinacria deutet an, dass drei bemerkenswerthe Vorgebirge gleichsam die Eckpunkte der dreieckigen Insel bilden. Zwischen verschiedenen Bergreihen befinden sich Thäler und Ebenen von der üppigsten Fruchtbarkeit, aber leider gewöhnlich der Malaria ausgesetzt. Die Höhe der Berge ist nicht bedeutend, dagegen erhebt sich der Aetna bis auf 10874 engl. = 10203 par. Fuss.[46]) Er erscheint von allen Theilen der Insel wie eine ungeheure Kuppel, die sich hoch über alle andern Berge aufthürmt.

Die alten Häfen von Palermo la felice (Panormus, Hafen für Alle) haben sich in verhältnissmässig neuen Zeitperioden angefüllt; die

---

[46]) Die Messungen des Admiral Smyth und Herschel's zeigen eine sehr weitgehende Uebereinstimmung:

	Smyth 1814.	Herschel 1824.
Grotta delle Capre	5362	5423,6 engl. Fuss.
Bishop's Eiskeller	7410	7108,8 - -
Das englische Haus	9592	9592,7 - -
Der Gipfel des Aetna	10874	10872,5 - -
Nicolosi (Seespiegel am Kloster)	2449	
(Gemellaro's Haus) :	—	2232,8 - -

Vergl. v. Martens Ital. I. S. 98 flg. Capt. Basil Hall's Patchwork III. ch. 3. Der Aetna wurde von den Saracenen kurzweg Djebel genannt, so wie er in Catania la Montagna heisst. Die Sicilianer nennen ihn auch seltsam genug Mon Gibello.

Hauptstadt besitzt aber einen sehr geräumigen Molohafen, in dem sehr viel Handelsverkehr herrscht. Ausser seinen zahlreichen caricatori (authorisirten Ladungsplätzen und Kornmagazinen) und seinen künstlichen Häfen kann Sicilien auf die schönen Buchten von Messina la nobile (Mesana oder Zancle [47]), Augusta, Syracus, Trapani (Drepanum) und Milazzo (Mylae) stolz sein. Ausserdem giebt es noch viele Rheden-ankerplätze für die grössten Schiffe. Der Golf von Catanea l' illustre (Catetna, Stadt des Aetna) dehnt sich an $3\frac{3}{4}$ Meilen. Obgleich die staatlichen Verhältnisse die physischen Kräfte der Insel keineswegs zur vollen Entfaltung gelangen lassen, so ist doch die Ausfuhr werthvoll und mannigfach. Eine Aufzählung der wichtigsten Handelszweige mag dies beweisen. Die Exportartikel sind: Getreide, Wein, Oel, Obst, Manna, Honig, Wachs, Safran, Johannisbrod, Süssholz, Sumach, Marmor, Schwefel, Salpeter, Barilla, Salz, Leinsamen, Amber, spanische Fliegen, Korallen, Kork, Flachs, Reis, Häute, Seife, Käse, Squillen (Meerzwiebeln), Lumpen, Baumwolle, Wolle, Krapp, Orchile (Steine, woraus eine blaue Farbe bereitet wird), Bauholz, Fische, Butargum, Taback und alle Arten Hülsenfrüchte.

Ein körniges und kiesiges Conglomerat nimmt die meisten Buchten rund um die Insel ein. [48]) Man bemerkt es besonders zwischen Cap Granitola und Sciacca. Eine muschelreiche Masse dieser Art füllt die Höhlungen aller älteren Felsbildungen Siciliens. Von dieser Beobachtung ausgehend hält es Smyth für höchst unwahrscheinlich, dass der Faro von Messina an Weite zugenommen habe; von da nach Scaletta hat sich die Bucht im Allgemeinen zu einem festen Conglomerat verhärtet, aus welchem gleich am Fundorte kleine Mühlsteine verfertigt werden. Wahrscheinlich bringt dies das durch das Fiumare durchsickernde und kohlensauren Kalk aufgelöst enthaltende Wasser, welches Travertin niederschlägt, hervor. [49])

An der Nordseite Siciliens liegen die liparischen Inseln, welche seit uralter Zeit als die Aeolische oder Vulkanische Gruppe berühmt sind. Es gehören zu ihnen Alicudi (Ericodes, Ericusa), Felicudi (Phoenicodes, Phoenicusa), le Saline (Didyme), Lipari (Lipara), Volcano (Hiera), Panaria (Hicesia? Euonymos), Stromboli (Strongyle) und einige kleinere Felsen. [50]) Die Inseln sind im Allgemeinen steil und

---

[47]) Zancle, die Sichel, wegen der bogenförmigen Landzunge.

[48]) Vergl. Smyth, Memoir on Sicily.

[49]) Ueber merkwürdige Basaltbildungen auf Sicilien vergl. v. Martens I. 108.

[50]) So z. B. SO. von Panaria und S. von Basiluzzo die spitzigen Klippen i Panarelli, Dattolo, le Formiche, welche dem Vorbeisegelnden wie Ameisen durcheinander zu

abschüssig, ausser in der Nachbarschaft von Panaria; doch da die Karten die gefährlichen Punkte angeben, so werden sie auch leicht vermieden. Die ganze Gruppe ist vulkanisch und liefert Schwefel, Salpeter, Alaun, Arsenik, Bimsstein, verschiedene Salze und Marienglas. Lipari ist die grösste, fruchtbarste und bevölkertste; aber Stromboli ist durch die fortwährenden vulkanischen Ausbrüche, wegen welcher es der Leuchtthurm des Mm. genannt worden ist, die berühmteste geworden. Die hydrographische Bildung dieser Inseln ist insofern bemerkenswerth, als die meisten nach Westen steil und felsig abfallen, während sie an der östlichen Seite sanftere Abhänge zeigen. Zugleich ist an der Westküste gleich Tiefwasser, dagegen an der andern ein sich allmälig senkender guter Ankergrund. Dieselbe Erscheinung findet man übrigens auch an Inseln in anderen Meeren.

Westlich von den liparischen Inseln, 28 Meilen nördlich vom Capo di Gallo, liegt Ustica, eine kleine, aber gut angebaute vulkanische Insel, wo die in dieser Gegend beste Barilla auf den Markt kommt. Trapani gegenüber liegen die Inseln Maritimo (Hiera), Levanso (Bucinna? Phorbantia) und Favignana (Aegusa), zusammen die Aegaden (Ziegeninseln) genannt; ferner südlich von Sicilien: Pantellaria (Cossyra) — ein Verbannungsort für Staatsverbrecher — von wo aus man bei heiterem Wetter das Cap Bon und Castell von Calibia sieht; die unbewohnten Linosa, Lampedusa (Lopadusa) — Prospero's Zauberinsel — und der Lampion-Felsen. Diese sowie die benachbarten Klippen werden der Thunfische und Korallenfischerei wegen besucht.

Dass in dieser Gegend sich eine Menge erloschener und thätiger Vulkankegel vorfinden, ist bekannt. Ihre Eruptionen haben viele Veränderungen hervorgebracht; zur vulkanischen Thätigkeit sind aber auch die Auswerfungen von Schlamm, Steinöl und Schwefelwasserstoffgas zu rechnen.[51]

Malta (Melita)[52] hat einen vortrefflichen Hafen, welcher zugleich als Handelshafen berühmt wurde, bis sich vor einem Jahrhundert

---

laufen scheinen, und östlicher? Liscia bianca, Bottaro und Liscia nera; nördl. von Panaria der scoglio del Castoro, NO. der Spinazzolo (Stachelfels) u. s. w.

[51]) Vergl. Smyth, Account of Sicily, namentlich über den Maccaluba bei Girgenti (Agrigentum) S. 213.

[52]) Einige interessante Notizen über diese Insel findet man in ,,Bubbles from the Brunnens of Nassau. p. 144. fig. — In den ältesten Zeiten, wo die Schiffahrer möglichst nahe an den Küsten hinfuhren, war diese Insel trotz ihrer prächtigen, tiefen Häfen noch wenig besucht. Selbst zur Zeit des Schiffbruchs des Apostels Paulus kann sie das nicht gewesen sein, sonst wäre der gelehrte Streit über die Lage von Melita (ob Malta oder eine Insel im adriatischen Meere) kaum möglich gewesen. Unter der Regierung Karl V. (1530) kam die Insel, die früher der Krone Sicilien

unzweideutige Spuren moralischer Verderbtheit zeigten. Zwischen Sicilien und Afrika postirt, beherrscht Malta den die beiden grossen Bassins des Mm. verbindenden Kanal und ist •daher den Engländern· auf dem Mm. ein eben so wichtiger Stationspunkt, als die Insel Perim im rothen Meer.

Skylax rechnete die maltesischen Inseln mit zu Carthago und unterschied die afrikanische und illyrische Melita. Eine britische Parlamentsakte hat jetzt die Insel zu einer europäischen erklärt, obgleich Sprache, Gebräuche und Lebensweise der Insulaner vielfache . Verwandtschaft mit den Arabern der Berberei verrathen.

Malta sowohl, als die dazu gehörigen Inseln Gozzo (Gaulus), Comino (Hephæstia) und Filfla bestehen aus Kalkfelsen voll Versteinerungen und fossiler Reste. Diese· Felsen kehren Afrika die steile Aufbruchsseite zu und fallen sanfter und von jüngeren Bildungen überlagert, wellenförmig nach Norden ab. Von den Bergen erheben sich die Benjemma-Gruppe 500 Fuss, der Guardia von Gozzo 570 Fuss. Eine genauere Untersuchung des Terrains zeigt, dass diese Inseln (gegenwärtig ungefähr 60 englische = 13 deutsche Meilen im Umfang) viel durch Abbröckelung verloren · haben. Mit der äussersten Sorgfalt ist jede Spalte zwischen den sonst sterilen Felsen benutzt, und obgleich der Humus mit Ausnahme weniger begünstigter Stellen nur 9 bis 10 Zoll tief ist, beweisen die *campi artificlali* doch, was mühevolle Industrie zu leisten vermag. Trotz ihrer physischen Mängel sind desshalb die Inseln ausserordentlich productiv. Dennoch reicht das geärntete Getreide bei der starken Bevölkerung kaum für 5 Monate

---

gehörte, bekanntlich in den Besitz der Johanniter, nachdem diese 213 Jahre die Insel Rhodus inne gehabt hatten. Die Ritter hatten sich erst gegen die Besitznahme der Insel — als eines kahlen, heissen Felsens — gesträubt, aber sie lernten bald die Vortheile ihrer Position auf Malta würdigen. Unter harten Kämpfen nahm die Insel binnen 100 Jahren im Allgemeinen die bewundernswerthen — überall die Spuren einer energischen Ausdauer bei riesigen Arbeiten zeigenden — Formen an, welche sie noch heute zeigt. Die schmale, felsige Landspitze, welche im Norden der Insel die beiden grossen Häfen trennt, wurde jeder Landung unzugänglich gemacht, und auf dem Isthmus, von dem aus man allein zu ihr gelangen konnte, erhoben sich Halbmonde, Ravelins, Bollwerkswehren, Bastionen und Katzen über einander in so gigantischen Verhältnissen, dass z. B. die Mauer der einen Scarpe gegen 150. Fuss hoch ist. Auf dieser so grossartig befestigten Felsenspitze erhob sich die Stadt Valetta, mit dem Pallast des Grossmeisters und fast eben so ansehnlichen Ritterwohnungen. Im Jahre 1798 unterzeichnete der Orden, nachdem er fast 700 Jahre bestanden, im Angesicht Europas sein eigenes Todesurtheil „felo de se." Den 9. Juni zogen die Franzosen in das durch Verrath übergebene Valetta ein. Den 2. Sept. blokirten die Engländer die Insel und setzten die französische Garnison 2 Jahre lang einer Hungersnoth aus, welche zuletzt unglaubliches Elend hervorrief. Am 4. Sept. 1804 wurde die Insel den Engländern übergeben und denselben im Frieden von 1815 förmlich abgetreten.

aus. Die Früchte sind besonders sckmackhaft und üppig auf-
schiessendes Hedissarum coronaria bietet Pferden und Rindern ein
sehr nahrhaftes Futter. Der Hauptzweig der maltesischen Industrie
ist aber der Anbau und die Bearbeitung der Baumwolle, deren beste
Sorten — die weisse Gallipoli- und die gelblichbraune Nanking-
Baumwolle einen sowohl an Länge als Seidenglanz und Weichheit
ausgezeichneten Stapel haben.

§. 6. Das adriatische Meer.

Obgleich archäologische Forschungen eigentlich nicht im Plane
dieses Werkes liegen, so wollen wir doch eine genauere Definition
des Ausdrucks „Adriatisch" aus geschichtlichen Untersuchungen herzuleiten versuchen. Man wird dann zugleich einsehen, dass man
nach einer kritischen Untersuchung Malta's und Meleda's mit den
Ansichten Veryard's, Giorgi's und Bryant's, nicht einverstanden bleiben
kann.

Das adriatische Meer hat seinen Namen entweder von der sehr
alten Stadt Adria oder Hadria, welche jetzt über 3 Meilen landeinwärts liegt, oder nach Andern von Atri in den Abruzzen erhalten. ?³)
Die letztere Ansicht scheint nicht haltbar. Der Name selbst wird
zuerst von Herodot gebraucht, welcher ihn aber mehr auf die Küstengegenden als auf das Meer selbst zu beziehen scheint, obgleich er
(I. 163.) behauptet, dass dasselbe zuerst von den Phocäern durchforscht sei. Thucydides erzählt uns (im ersten Buche), dass die Stadt
Epidaurus (jetzt Durazzo) dem in den ionischen Busen Einfahrenden
zur Rechten liege. „Amnis et Hadriacas retro fugit Aufidus (l'Ofanto)
undas", singt Virgil Aen. XI. 405, während Horaz den Arbiter Adriæ
die calabrische Küste bespülen lässt; und Plinius, welcher den adriatischen Meerbusen den zweiten europäischen nennt, verlegt ausdrücklich das Cap Lavinium und die Stadt Croton — beide in Ca-
labria Ultra — an seine Küsten. Strabo bezeichnet die Japygischen
und Ceraunischen Küsten als die Theilungslinie in diesen Abtheilungen. Er giebt zu, dass die Mündung oder Strasse des Busens beiden
gehöre; doch leuchte es ein, dass der untere Theil von Ionien, der obere
von Adria aus colonisirt sei; der erste Theil dieses Meeres heisse
daher das ionische und der innere Theil bis oben nach Nord-

---

⁵³) Man findet wirklich die Schreibung *Atriaticum mare.*

westen hinauf. das adriatische [54]); aber jetzt (ungefähr 18 n. Chr.) sagt er, ist der letztere der Name selbst des ganzen Meeres. Diese Angabe findet in der Thatsache ihre Bestätigung, dass der Meerbusen von Venedig von den lateinischen Schriftstellern das obere Meer (*mare superum*) genannt wird. [55])

Man hielt also offenbar das adriatische Meer für die weite Wasserfläche, die sich über das obere, ionische und sicilische Meer ausdehnt — es überschritt also weit nach Nord und Süd die Enge, welche einige an seiner Mündung angenommen haben. Aber dies sind wandelbare Ausdrücke, denn, wie wir oben sahen, citirt Thucydides Epidamnus als an den ionischen Gewässern liegend, und St. Pauls Schiff wurde in der Adria hin und her getrieben; „das adriatische Meer", sagt Hesychius, „ist mit dem ionischen identisch." Hätte man auf ihn geachtet, so wäre mancher Streit vermieden worden, der mehr heftig als besonnen und klar durchgefochten worden ist.

Das Cap Spartivento (Windspalter, *Herculeum promontorium*) bildet die südöstliche Spitze Calabriens und zwischen diesem und dem Cap Santa Maria di Leuca biegt sich die Küste zweimal ein, um die Busen von Squillace (Scylleticus sinus) und Taranto zu bilden mit den kleinen Häfen oder Buchten von Gerace (bei Locri), Catanzaro, Cotrone (Croto), Strongoli (Petilia), Roseta, Cesareo (Sasina) und Gallipoli (Callipolis); Taranto, (Taras, Tarentum) [56]), im nordwestlichen Viertel des nach ihm benannten Golfs belegen, war einst die Nebenbuhlerin Roms und besass einen. trefflichen Hafen an der Mündung eines schönen Flusses; als diese aber verschlammte, nahm der Handel schnell ab; dennoch hat es jetzt noch 20,000 Einwohner, und seine Fischereien sind bedeutend. Ueberhaupt sind die Buchten der ganzen Küsten vom Faro von Messina an reich an trefflichen Fischen.

Die calabrischen Küsten zeigen viele Formationen eines sandartigen durch Kalkcement gebundenen Conglomerats, wie dies auch in Sicilien so häufig vorkommt. Dem Cap Rizzuto gegenüber liegt eine

---

[54]) ‘Ο Ἀδριατικὸς μυχὸς entspricht bei ihm dem Busen von Venedig IV. 6. Vgl. V. 1. Τὴν δ᾽ Ἀτρίαν ἐπιφανῆ γενέσθαι πόλιν φασὶν, ἀφ᾽ ἧς καὶ τοὔνομα τῷ κόλπῳ γενέσθαι τῷ Ἀδρίᾳ, μικρὰν μετάθεσιν λαβόν.

[55]) Admiral Smyth erzählt, dass ihm der verstorbene Herzog von Sussex eine prachtvolle Ausgabe des Ptolemäus vom Jahre 1478 geborgt habe, in welcher auf Tafel 2 Mare Adriaticum in Unzialen in dem Raum zwischen Sicilien und Corcyra, auf Tafel 6 unter Bruttium und Messene, auf Tafel 7 in der offenen See bei Leontium in Sicilien, auf der 10ten Tafel dem Raume zwischen Zacynthos und den Strophaden gegenüber eingeschrieben stehe.

[56]) Ille terrarum mihi praeter omnes angulus ridet: Hor.

Sandbank nur 2 Faden tief, in welcher man die Ueberreste der Ogygia oder Insel der Kalypso vermuthet. Plinius erwähnt dieselbe noch und es ist nicht unwahrscheinlich, dass sie mit vier andern Inseln vom Meere verschlungen ist. An der Westseite des Golfs von Tarent zeigen sich Symptome eines Zurückweichens des Meeres von der Küste, wahrscheinlich durch die Alluvion der Flüsse und zugleich durch ein Anspülen und durch Niederschlag von der See her. Am auffallendsten zeigt sich dies am Rande der einst so fruchtbaren Ebenen von Metapontum zwischen den Flüssen Bradano (Bradanus) und Basiento (Casuentus), wo ein viereckiger Thurm, Torre di Mare genannt, den noch die Könige aus dem Hause Anjou als einen Stationspunkt für Küstenwächter erbaut haben, jetzt etwa ¼ Meile von der Küste entfernt liegt.

Wenn man bei dem Cap Santa Maria di Leuca (Japygium promontorium) unter welchem ein schwarzer, Maleso genannter, Felsen die Grenze des Busens von Taranto markirt, vorbei ist, so fährt man durch die schmale Oeffnung der Strasse von Otranto in den Golf von Venedig. Der Seefahrer bemerkt sogleich den grossen Contrast, in welchem hier die beiden Seiten des Meeres zu einander stehen; die östliche Küste ist im Allgemeinen felsig, voll Inseln und Häfen [57]) mit steil abfallender Küste, aber arm an Einwohnern, an Lebensmitteln und an vielen Orten selbst an Trinkwasser; die Westküste ist dagegen verhältnissmässig seicht und fast ohne geräumige Häfen, doch — einige Striche Puglias abgerechnet — volkreich und mit allen möglichen Vorräthen, mit gutem Wasser und Handelsartikeln reichlich versehen.

Nach Westen wird das adriatische Meer von Italien begrenzt. Auch hier begegnet man an den Küsten und auf dem Boden der Buchten häufig den obenerwähnten verhärteten Kalkmassen. Die Sondirungen zeigen hier ein viel regelmässigeres Abfallen des Meeresbodens und fast nirgends so schroff abstürzende Küsten, wie auf der Ostseite. Dies erklärt sich unter Anderem auch aus der Richtung der Hauptströmung, welche unfern der albanischen, dalmatischen und istrischen Küsten hinzieht und an denen Friauls, Venedigs, der Romagna, der Abruzzi und der Capitanata zurückfluthet. Ausser zahlreichen Ankerplätzen zwischen Otranto (Hydruntum) und der Mündung

---

[57]) Strabo VII, 5. Τὸν μὲν οὖν παράπλουν, ἅπαντα τὸν Ἰλλυρικὸν σφόδρα εὐλίμενον εἶναι συμβαίνει, καὶ ἐξ αὐτῆς τῆς συνεχοῦς ἠόνος, καὶ ἐκ τῶν πλησίον νήσων, ὑπεναντίως τῷ Ἰταλικῷ τῷ ἀντικειμένῳ ἀλιμένῳ ὄντι.

des Po, sind noch die Häfen von Brindisi (Brundusium) Monopoli
(Egnatia? Minopolis), Bari (Barium, mit geräumigem, aber nur 7 Fuss
tiefen Hafen), Barletta (Barduli, eigentlich auf einer Insel gelegen),
Manfredonia [58]), Viesti (Apenestæ), Ortona und Ancona [59]) — welche
noch die alte Benennung nnd Lage bewahrt haben — zu erwähnen,
ferner Sinigaglia (Sena Gallica), Fano (Fanum Fortunæ [60]), Pesaro
(Pisaurum), Rimini (Ariminium), Comacchio, Chioggia (Fossa Claudia)
und einige kleinere Plätze, welche aber doch von industriellen
Küstenfahrern aufgesucht werden. Die Ausfuhr besteht in Korn, Reis,
Hülsenfrüchten, Gemüse, Obst, Oel, Wein, Baumwolle, Wolle, Seide,
Manna, Salz, Hanf, Käse, Seife, Bauholz, Glas und Süssholz. Die grossen
Seen zwischen Peschichi und Termoli (Interamna), der Lesina-See
(Lacus Pantanus) und Varano (Portus Garnæ) sind seit den ältesten
Zeiten wegen der Fülle, Mannigfaltigkeit und Trefflichkeit ihrer Fische
berühmt; abor die umliegenden Landstriche sind ungesund. [61])

Die Einförmigkeit dieser westlichen Küstenlinie wird an drei be-
merkenswerthen Punkten unterbrochen, nämlich zuerst an der Testa
di Gargano oder dem Berg Sant' Angelo (Promontorium Garganum),
in dessen Nähe die vier Tremiti-Inseln (Insulae Diomedeæ) liegen,
zweitens am Coneroberge (Cumerium prom.) zwischen Loretto und
Ancona und drittens. an dem Delta des Po (Padus, Eridanus). Dieser
„rex fluviorum", wie er dem durch die kleinen italischen Flüsse nicht
verwöhnten Römer erscheinen musste, hat seine Quelle an der Nordseite des Monte Viso, und nachdem er von West nach Ost mehr als
60 Meilen zurückgelegt hat, ergiesst er sich in das adriatische Meer
durch 7 verschiedene Kanäle, wobei er zuweilen während der Ueberschwemmungen solche Heftigkeit entwickelt, dass Tasso von ihm sagt,
er zolle nicht Tribut dem Meere, sondern führe Krieg mit ihm. Zu
solchen Zeiten füllt der Po die See bis auf eine beträchtliche
Entfernung von der Küste mit Brackwasser. Englische Fregatten

---

[58]) 2 Meilen südlich von Manfredonia gegen die Mündung des Candelaro finden
sich Trümmer des nach Strabo von Diomedes gegründeten Sipontum.

[59]) Die Stadt am Ellenbogen, nach Plinius von Sikulern, nach Strabo von
Syrakusern gegründet. Domus Veneris, quam Dorica sustinet Ancon. Juvenal.

[60]) Nach einem Tempel, den die Römer hier nach dem Siege am Metaurus erbauten, benannt. Es steht dort ein Triumphbogen des Augustus.

[61]) An diesen Gestaden Apuliens findet man die sogenannten Margie, flache
niedrige Bänke von Grobkalk, wagerecht, nackt, zerrissen, voll senkrechter Trichter,
Pulli genannt. Als langgestreckte Erhöhungen ohne eigentliche Thaler, dem Korso
bei Triest vergleichbar, zieht diese düster einförmige Bildung durch den ganzen
Absatz des italischen Stiefels. Vgl. v. Martens Italien I. 39.

konnten unter solchen Umständen, Goro gegenüber kreuzend, ausser
Kanonenschussweite süsses Wasser einnehmen, indem sie dasselbe
vorsichtig von der Oberfläche der See abschöpften. [62]) Die Verwü-.
stungen, welche dieser Fluss häufig anrichtete, haben grossartige
Wasserbauten nöthig gemacht und die Eindeichungen haben sich, da
das Flussbett selbst durch Ablagerungen nach und nach höher gelegt
worden ist, so erhoben, dass die weiten umliegenden Ebenen viele
Fusse tiefer liegen, und die ganze Gegend von Ferrara .und des Po-
lesino in steter Angst vor Ueberschwemmungen schwebt.

Zwischen den Höhen von Ancona und Sant Angelo zieht sich
bekanntlich die Bergkette der Apenninen fast parallel mit der Strandlinie der Abruzzen und ziemlich nahe an derselben hin. Die Ebenen
sind dünn bevölkert, desto dichter hat sich die Bevölkerung an den
Bergabhängen zusammengedrängt. Die grossen Waldungen ächter
Kastanien bieten eine nahrhafte Speise, und dies zum Theil in bedeutender Höhe über dem Meeresspiegel. Man erkennt vom adriatischen Meer aus unter den Höhen namentlich die Spitzen des
Monte Corno (Precuti), oder des Gran Sasso d'Italia (9500 engl. Fuss
= 8914 par. Fuss = 9226 preuss. Fuss) und des fast eben so hohen
Monte. Majella (Palenus).

Das Gebiet von Venedig streckt sich von der nördlichen Mündung des Po um den Golf herum bis an die Bai von Triest. Die
das nördliche Italien umgebenden Berge bilden eine Art von Amphitheater; alle davon herabkommenden Gewässer strömen demselben Centrum
zu. Der Isonzo (Sontius), Tagliamento (Tilaventum) und die Livenza
(Liquentia), von den Julischen Alpen, die Piave, (Silis) und kleinere
Kanäle, die Brenta (Medoacus major), Bacchilione (Medoacus minor)
und Etsch (Athesis flumen), aus Tyroler Schnee entstehend, endlich
der von den Wassern der Apenninen und der Alpen erfüllte Po ergiessen sich nach meist kurzem Lauf in den Golf, ohne Zeit zu haben,
die von ihnen mitgeführten erdigen Substanzen niederzuschlagen.
Nicht die absolute, sondern die relative Grösse des Po im Vergleich
zu den nach seiner Mündung convergirenden kleinern Flüssen scheint
ihm den schon erwähnten Namen eines Königs der Flüsse verschafft
zu haben. Alle diese Flüsse werden in der Nähe der Mündung seichter
und haben eine Neigung sich weiter auszudehnen und in Arme zu
theilen. So entstehen sumpfige Niederungen. Gelangen die schon

---

[62]) Bei dem höchsten Wasserstande führt der Po dem Meere in jeder Sekunde
etwa 150,000 Kubikfuss Wasser zu.

langsam fliessenden, noch viel Schlamm und Sand mit sich führenden
Gewässer endlich ins Meer, so finden sie zwei Hindernisse, Gegenströmungen und Südwinde (genauer Südostwinde.), wie sie der
Formation des ganzen adriatischen Beckens wegen häufig entstehen.
So hat sich eine ganze Linie von Sandbänken da gebildet, wo die
gegen einander strömenden Gewässer sich gewöhnlich das Gleichgewicht halten, diese Linie selbst ist aber durch das Ungestüm der
Fluthen (vom Meere oder auch vom Lande her) mehrfach unterbrochen, und so ist eine von kleinen Durchfahrten getrennte Insel-
kette entstanden. Diese Inseln bilden um die Flussmündungen, wo
die Meeresströmungen ihre Entwicklung nicht gestört haben, Halb-
kreise; so am Isonzo, Tagliamento und den Küstenflüsschen von
Friaul; von den 20 Inseln dieser Strandgegend ist Grado die grösste,
hinter ihr dehnen sich die Sümpfe von Marano aus. Vor der Livenza-
Mündung weiter nach Westen liegen die Inseln Caorlo, Altino etc.
Die nächsten Torrenten laufen fast senkrecht auf den vom Musone,
Bacchiglione, der Brenta und Etsch beschriebenen Linien. Die Strömungen stossen unweit der Küste aufeinander; eine dritte kommt
meist von der See her, es erfolgt ein Stillstand oder wenigstens viel
langsameres Fluthen, und der Niederschlag geht nun ungestörter vor
sich und will sich so lange das Meer nicht dagegen wirkt, immer
weiter nach Südsüdost vorschieben. So hat sich eine Kette langer
Inseln gebildet, deren beide Enden fast den Continent berühren, und
die ein Bassin abschliessen, dessen grösste Breite sich auf 3 Lieues
beläuft. Um dieses Bassin, das nur durch schmale Durchbrüche mit der
See in Verbindung steht, haben sich nun im Lauf der Jahrtausende
die Lagunen gebildet. Der Meeresboden hat sich erhöht, über 60
Inselchen sind entstanden. Die am höchsten hervorragende war
Rialto und hier haben wir den Anfangspunkt Venedigs zu suchen.
(Vgl. Daru hist. de Venise. L. 1.)

Wie oft auch die einst so mächtige Republik sich im stolzen
Festgepränge mit dem Adria vermählt haben mag, jetzt ist, wenn auch
nicht geradezu eine Scheidung, so doch ein langdauernder ehelicher Zwist
eingetreten, obgleich die Verbindung scheinbar noch fortbesteht. Venedig
steht auf mehr als 50 kleinen Inseln und Sandbänken, welche durch
Pfahlwerke verstärkt sind und ist in jeder Richtung statt von Strassen
und Gassen; von Kanälen und canaletti durchschnitten. Schwarze sarg-
ähnliche (in der neuesten Zeit jedoch auch buntbemalte) Gondeln, von
einem einzelnen Führer mit einem einzigen Ruder schnell bewegt,
stellen die Communication auf eine sehr bequeme Weise her.

Ueber die Sdobba-Spitze weiter hinaus wird, indem man sich dem Gebiet von Istrien nähert, das Land steiler und das Wasser tiefer. Istrien hat den Isonzo zur nordwestlichen, und den Golf von Quarnero zur Südgrenze. Die Küste erhält nun einen ganz andern Charakter; sie wird zackig, unregelmässig, und zeigt fast fortwährend starke Abhänge, welche zu einem Ausläufer der Julischen Alpen, der das Innere einnimmt, emporsteigen. Istrien im engern Sinne ist die eigentliche Halbinsel, welche sich gegen 10 Meilen hinstreckt. Ackerbau bildet die Hauptbeschäftigung der Einwohner von meist slavonischer Abkunft; auch einzelne Manufakturwaaren verfertigen sie und treiben Fischfang. Ausser den gewöhnlichen Produkten dieser Gegend sind besonders die grossen Brüche von Quadersteinen und Marmor zu erwähnen; aus Letzterem wird ein vortrefflicher Kalk gebrannt. Die Hauptladeplätze Istriens sind: Castel Duino (Pucinum Castellum), Triest (Tergeste), Capo d'Istria (Aegida), Pirano, Parenzo (Parentium), Orsera, Rovigno und Pola. Ausserdem giebt es noch eine Menge kleinerer Häfen. Triest, ein blühender Hafenort, hat in der Neuzeit Venedig besiegt und sein sicherer, durch Kunstbauten verbesserter Hafen hat es überhaupt zu dem wichtigsten Stapelort Oesterreichs gemacht. Will man vom Standpunkt der Handelsgeographie Grenzlinien durch Europa ziehen, so dürfte eine von Triest über Wien nach Norddeutschland, namentlich Hamburg gehen, während eine zweite ebenfalls Wien berührende Süd- und Nordeuropa scheidet. Die äussere Rhede von Triest hat nur Wasser von mässiger Tiefe und die hier ankernden Schiffe sind den West- und Südwinden ausgesetzt, besonders den überaus heftigen Windstössen der gefährlichen Bora. Auch Pola bietet einen geräumigen Hafen mit vielen Vorzügen, ist aber wegen der an den Küsten herrschenden Malaria fast verlassen; es soll von der Bora wenig heimgesucht werden, was aber, wenn man seine Lage betrachtet, kaum glaublich ist. Die Tonnara oder der Thunfischfang bildet hier den Mittelpunkt aller commerciellen Thätigkeit und wirft bedeutende Summen ab. Die meisten Thunfische kommen frisch auf den venetianischen Markt, die übrigen werden gleich an Ort und Stelle ausgeweidet, mit dem sehr geschätzten istrischen Salze eingepökelt und kommen so in den Handel. Es ist eigenthümlich, dass Pola wieder seinen ältesten Namen führt, denn Pietas Julia, wie es einst die Römer nannten, heisst es schon lange nicht mehr.

Die Ostküste des Adria von der Punta di Promontore bis Ragusa ist noch steiler und pittoresker als die istrische, und zeigt genau parallel mit ihrer Linie eine Reihe kleinerer und grösserer Felseninseln, die theils eine ergiebige Kultur zulassen, theils vernachlässigt oder auch ganz kahle Felsen sind. Die See ist zwischen ihnen tief und das Ufer so jäh abfallend, dass eine Flotte im Allgemeinen überall bis auf halbe Kabellänge heranfahren kann. Die Schiffahrt ist daher in den vielgewundenen Kanälen des Quarnero leicht und angenehm; freilich kann eine Bora sofort die äusserste Gefahr bringen und auch die Windstösse vom Monte Maggiore oder Caldero (4530 engl. = 4250 par. Fuss) sind nicht ausser Acht zu lassen. Zwischen Istrien und Dalmatien stösst Croatien (Liburnia) — Horv'áth Ország, wie es die Eingeborenen nennen — an das Meer. Die wichtigsten Orte längs der morlachischen Küste sind Fiume — Ungarns eigentlicher Hafenplatz — Porto Re und Carlopago. Zwischen beiden liegt Zeng oder Segna, dessen ganze Ebene offenbar früher ein Hafen war.

Der Quarnero-Golf (sinus Flanaticus [63]) oder Liburnicus) führt seinen Namen von den vier grössten Inseln, welche vor ihm liegen, Cherso (Cripsa oder Crexa), Veglia (Curicta oder Cyractica), Arbe (Scardona) nnd Pago (Cissa, später Paganorum insula), von denen die beiden letzten das Festland fast berühren. Cherso ist durch eine chaussirte Brücke mit der Insel und dem Berg Ossero (Insel) verbunden, so dass beide gewöhnlich für eine Insel gelten. Der Boden ist uneben und steinig; dennoch giebt es Ueberfluss an Rindern, Wein- und Olivengärten und an Honig. Lossin Piccolo (Lussin) ist ein geräumiger und zugleich vom Lande eingeschlossener Hafen, mit dem noch ein Paar andere rivalisiren. Veglia ist die grösste, fruchtbarste und am stärksten bevölkerte Insel der croatischen Gruppe, obgleich der Ackerboden auf Arbe noch höher geschätzt wird. Pago mit seinen parallelen Bergzügen ist merkwürdig zerklüftet, hat ein ausserordentlich veränderliches Klima und halbwilde Einwohner. Es ist bemerkenswerth, dass die Nachbarinseln Cherso, Osero, Lossin, Canidole und Sansego Ueberfluss an fossilen Knochen haben [64]). Auch weisen viele Anzeichen darauf hin, dass die ganze Inselreihe einst mit dem Festland zusammengehangen hat. Uebrigens ist noch zu bemerken, dass Osero früher Absorus oder Auxerum hiess, woher die unmittelbar daran stossenden Inseln Absyrtides genannt wurden.

Wenn man Croatien verlässt, gelangt man in die Provinz Dalmatien, welche sich — Ragusa mit eingeschlossen — von Obrovazzo,

---

[63]) Volk Flanates, Stadt Flanona, jetzt Fianona.

[64]) Die Knochen-breccia dieser Inseln scheint genau dasselbe Conglomerat zu sein wie das von Gibraltar, Cerigo und anderer Gegenden am Mittelmeer. In Lossin Piccolo hat man unter Anderem fossile Knochen von Ochsen und Hirschen gefunden.

südlich von Carlopago, bis nach Lastua, jenseit Budua, ausdehnt. Letzteres liegt eigentlich schon in Albanien, aber um die Bocche di Cattaro ist die Grenze gewissermassen variabel. Der ganze Distrikt ist gebirgig und im Allgemeinen kahl, obgleich mehr nach dem Innern zu .ausgedehnte Waldungen von Nutzholz die Berge bedecken. Die Haupthäfen sind Novigradi an einem mit dem Meere in Verbindung stehenden See; Zara (Jadara), die befestigte Hauptstadt mit geräumigem Hafen, gut versehenem Arsenal und 8000 Einwohnern; Scardona an der Kerka, welche bei Sebenico in den Adria mündet, nachdem sie viele Stromschnellen und fünf prächtige Wasserfälle in ihrem Lauf von ungefähr 11 Meilen gebildet; Sebenico am Abhange eines Felsberges am Kerka-See (Titium), eine schön gebaute Stadt mit einem Schloss und 4000 Einwohnern; Ragosnizza, ein guter Hafen mit einem armseligen Dorfe; Trau (Tragurium) eine Stadt auf dem Festlande mit einer Vorstadt auf der Insel Bua mit 3000 Einwohnern; beide sind durch einen Molo mit einer Zugbrücke für die Schiffspassage verbunden; Salona, noch immer den alten Namen führend; Spalatro (Palatium), einer der bedeutendsten Handelshäfen Dalmatiens, an dem eine von ungefähr 8000 Menschen bewohnte, befestigte Stadt liegt, die noch immer vielfache Spuren früheren Wohlstandes und Diokletianischer Pracht an sich trägt; Almissa (Onoenum) an der Mündung des Cettina-Flusses (Nestus oder Tilurus), Macarska (Rataneum oder Rhœtinum) ein offenes Städtchen mit kleinem Hafen; das Fort Opus und Sabioncello an den Gestaden des Golfs, in den sich die Narenta ergiesst [65]; die einst mächtige Stadt Ragusa [66] und ihr prächtiger Kanal Calamota; Ragusa Vecchia (Epidaurus); Cattaro mit seiner ganz einzigen Wasserfläche, 'le Bocche — früher sinus Rhizonicus — genannt, die sich in mäandrischen Windungen durch das Gebirge zieht; endlich die kleine befestigte Hafenstadt Budua (Buthœ).

Der Gebirgszug im Hintergrund dieser Städte — meist wild, zerrissen und kahl — ist gegen die Küste hin sorgfältig bebaut. Der allgemeine Wassermangel und der dürre Boden erschweren in Dalmatien den Ackerbau und eben desshalb war schon in frühen Zeiten

---

[65] Der Jahrhunderte dauernde hartnäckige Kampf zwischen den Seeräubern des adriatischen Meeres und der Republik von Venedig, wurde endlich durch den Dogen Urseolo im Golf von Narenta ausgefochten. Vgl. Daru L. II.

[66] Die Ragusaner traten früher Theile ihres Gebiets an die Türken ab, um sich nur nicht mit den ihnen noch gefährlicheren Venetianern einlassen zu müssen. Man hat nach dem Charakter und dem Benehmen der Einwohner, die Stadt mitunter das Paris des adriatischen Meeres genannt.

seine Seeräuberei bekannter und berüchtigter, als seine commercielle Industrie; dennoch exportirt es schon lange Zeit Korn, Wein, Oel, Feigen, Mandeln, Käse, Salz, Wolle, Branntwein, Maraschino und andere gebrannte Wasser, Honig, Obst, Sardinen und Thunfische. Im Innern giebt es viel Bauholz, aber die Waldungen nahe der Küste sind längst ausgebeutet. Einen charakteristischen Abschluss für die Landschaft bildet die Bergkette des Montenegro (Czernagora), die besonders aus dem kreidigen oder mittelländischen Kalkstein besteht, welcher sich von den Alpen bis nach dem Archipelagus mit seinen kahlen und zackigen Formen so reich entfaltet. Die mittlere Höhe dieses Gebirgszugs beträgt 3000 Fuss; einige Gipfel ragen höher. In der Richtung, in welcher sich die Strata neigen, sind die Abhänge sanft, wo diese aber zu Tage liegen, entstehen steile Abgründe, welche der Gebirgslandschaft einen äusserst pittoresken Charakter geben. Es ist von einem verwegenen, kriegerischen Bergvolke bewohnt, welches seine Unabhängigkeit von den Türken, welche sie verabscheuen und den Oesterreichern, um die sie sich nicht kümmern, zu bewahren verstanden hat. Niemand geht ohne sein Gewehr und seinen Dolch aus, Ein Vladika oder Fürstbischof steht an der Spitze des kleinen Staats.[67] Sein Gebiet ist vielleicht das einzige unabhängige Land in Europa, das weder Städte, noch Dörfer, noch überhaupt Ansammlungen menschlicher Wohnungen, die man mit solchen vergleichen könnte, enthält, obgleich sein Areal sich über mehr als 400 engl. Q.-Meilen (circa 19 geogr.) erstreckt. Gemeinsame Religion, Orden und Geschenke von den russischen Kaisern (schon von Paul), deren weit entfernte Macht ihnen nicht gefährlich zu werden droht, haben die Montenegriner vermocht, die Freundschaft Russlands der östreichischen vorzuziehen und diese politische Vorliebe wurde durch die Gunstbezeugungen und die Artigkeit Alexanders und die Jahrgehalte Nicolaus I. noch vermehrt. Die nächsten Nachbaren haben Montenegro stets mit sehr eifersüchtigen und geradezu feindlichen Augen angesehen.

Die zahlreichen dieser Küstenlinie sich anreihenden Inseln scheinen dadurch entstanden zu sein, dass das Wasser in die Tiefebenen

---

[67] Admiral Smyth wurde 1818 von dem Vladika sehr freundlich und gastfrei in dem befestigten Kloster Stagnevitch, auf einer Anhöhe an der Südseite des Berges Giurgvitch, aufgenommen. Es war der gefeierte Fürst Peter aus dem Stamme Petrovitz, der schon seit 1777 diese Würde bekleidete, und Mahmud Pascha 1795 so heldenmüthig schlug. Der jetzige Fürst hat bekanntlich eine ziemlich nutzlose Reise nach Paris gemacht und scheint mehr und mehr von den Türken abhängig zu werden, wenn er sich in den gegenwärtig eingetretenen Wirren, wegen welcher die Seemächte Kriegsschiffe nach den dalmatischen Gewässern gesandt haben, überhaupt wird behaupten können.

gewaltsam einbrach, so dass nur die Kalksteingipfel über dem Wasserspiegel stehen blieben. Durch die hervorspringende Position des in die Punta della Planca auslaufenden Vorgebirges werden sie in zwei gesonderte Gruppen getheilt, welche die griechischen Geographen Absyrtides (wie schon erwähnt) und Liburnides nannten.[68]) Sie streichen von Nordwest nach Südost, sind bei geringer Breite langgestreckt und bilden verschiedene schöne Kanäle, die hier wirklich *canale* heissen und je nach der nächstliegenden Insel benannt sind; die Ufer fallen meist so steil ab, der verborgenen Gefahren sind so wenige, dass die Fahrstrassen zwischen ihnen hindurch sehr sicher und bequem sind. Im Allgemeinen leiden diese Inseln Mangel an Trinkwasser, manche ermangeln desselben ganz. Sie sind desshalb auch nicht eben fruchtbar und erzeugen nur etwas Oel, Wein, Honig, Wachs, Oliven und andere Früchte. Auf einigen herrscht so grosse Dürftigkeit, dass die Einwohner nur an Festtagen Brot essen können. Die wichtigsten Inseln sind Scardo, Grossa oder Lunga (Lissa), Incoronata, Zuri (Crateæ), Solta (Olynta), Brazza (Brattia), Lesina (Pharos), Lissa (Issa), Curzola (Corcyra Nigra vel Melæna), l'Agosta (Tauris), Meleda (Melita) und einige andere.[69]) An Buchten und Häfen ist auf allen kein Mangel. Südlich von Lissa, fast im Mittelpunkte des adriatischen Meeres, erhebt sich die Felseninsel Pelagosa aus demselben und westlich davon Pomo, ein pyramidaler 100 Fuss hoher Fels, an dessen Nordende sich eine gefährliche Untiefe hinzieht.[70])

Zwischen Dalmatien und dem Meerbusen von Lepanto wird das adriatische Meer nach Osten von den Küsten Albaniens begrenzt. Diese sind in ihren nördlichern Partien meist von mässiger Höhe und an einigen Punkten sogar niedrig und ungesund; von Valona oder Avlona (Aulon) an werden sie aber plötzlich steil und bergig, mit schroff zur See abfallenden, vielfach zerklüfteten Felsmassen. Man nähert sich nun der über 4000 Fuss hohen Khimára-Bergkette, welche die alten Seefahrer einst als das akro-keraunische Vorgebirge so sehr fürchteten. Einige dieser im Innern des Landes sich erhebenden Berge sind zwischen Durazzo und Avlona so deutlich über das vorliegende

---

[68]) Strabo VII, 5. Medea soll dort ihren Bruder Apsyrtos getödtet haben.
[69]) Cazza und Cazziola, Busi, Torcola, Zirona, Capri, Pasman, Zut, Ugliano, Sestruga, Melada (südl. von Ubo und Pago, wie Meleda südl. von Sabioncello).
[70]) Auf Pelagosa hat die österreichische Regierung einen Leuchtthurm erbauen lassen, um dessen Errichtung 1818 Admiral Smyth den Baron Prochaska gebeten hatte. Die Insel ist für alle vorbeifahrenden adriatischen Kauffahrteischiffe ein wichtiger Abfahrtspunkt, und besonders geeignet bei Sonnenuntergang dort Azimuthalwinkel zu messen. Unweit Pelagosa liegt Pianosa, weiter nach SW. Caprara etc.

Land hinweg zu erkennen, dass schon viele diese See befahrende Schiffe getäuscht wurden und bei Samana, der von dem Fluss Toberathi oder Krevasti (Apsus flumen) gebildeten, an Riffen und Sandbänken reichen Landspitze Schiffbruch litten. Der bemerkenswertheste dieser Höhenpunkte ist der Monte Pegola, der bis zu 7764 engl. Fuss (7530 rhld. Fuss) aufsteigt und vielleicht seinen Namen von den schon von Strabo erwähnten Asphalt- oder Erdpechlagern von Selenitsa führt, welche sich in seiner Nähe befinden.

Die Küste von Albanien hat keine bestimmten Grenzen; man nimmt aber gewöhnlich an, dass sie sich von Antivari im Norden bis zum Golf von Lepanto im Süden ausdehnt. Der Strich zwischen Antivari und Avlona entspricht dem alten Illyrien und das Tiefland Albaniens dem alten Epirus. Beide Länder sind von einem wilden Volksstamm bewohnt, geborenen Soldaten, eben so häufig aber auch gefährlichen Räubern. Die wichtigsten adriatischen Häfen dieses Distrikts sind: Antivari, welches so heissen soll, weil es der Stadt Bari in Italien gegenüber liegt; Dulcigno (Olcinium), lange ein Nest für Seeräuber, welche durch den Fluss Boïana häufig in den See von Scutari (Labeatis) hinauffuhren und dessen Küsten ausplünderten; Alessio (Lissus) ein Fischerstädtchen an den Ufern des Drino (Drilon) des grössten der illyrischen Küstenflüsse, welcher mit dem Ocrida-See (Lychnitis Palus) in Verbindung steht; Durazzo (Epidamnus, später Dyrrhachium) eine befestigte Stadt am äussersten Ende einer Bucht mit vortrefflichem Ankergrund; Valona, ein kleiner Ort an der Ostseite eines geräumigen, schönen Golfes, den die Insel Sasseno (Sason) noch besonders sicher macht[71]); ferner die Hafenstadt Palermo (Panormus), eine befestigte Bucht am Fuss der Khimara-Kette. An maritimer Bedeutung steht unter diesen Orten Avlona oben an, da der dortige Hafen ganze Flotten aufnehmen und mit Wasser, Holz, Fischen und sonstigen Vorräthen und Erfrischungen versorgen kann. Auch werden von hier Bauholz, Galläpfel, Getreide, Oel, Wolle, Erdharz und Salz ausgeführt. An der Südseite dieser Bai lag das alte Oricum, wo aber 1818 zwischen den Trümmern einer Wasserleitung nur ein paar Hütten anzutreffen waren.

Zwischen Valona und Port Palermo bildet die ausgezackte Küste viele kleine Buchten, in welchen früher viele Piratenschiffe auf ihre Beute lauerten; aber keiner derselben erinnert eben an die „statio quieta,"

---

[71]) Aulon war in der Kaiserzeit der gewöhnliche Ueberfährtsort nach Hydruntum in Italien. In Epidamnos begann die egnatische Strasse nach Byzantion.

wie sie Cäsar mitten zwischen den Felsen und Gefahren der keraunischen Küste gefunden haben wollte [72]). Auf den Bergen oberhalb Aspri Rouga — Strada Bianca, wie es die italienischen Piloten nennen, — liegt Paleassa, wahrscheinlich das alte Palæste, von wo aus Cäsar nach einem eintägigen Marsche Oricum erreichte und nahm; in der Nähe endlich Chimara (Chimera), wonach die Bewohner dieses ganzen Berglandes Chimarioten heissen.

Man kann das ganze Becken des adriatischen Meeres als eine Fortsetzung des ursprünglich trogförmigen Längenthales des Po betrachten; es trennt als solches die Parallelketten der hohen secundären Schichten des Apennins und der illyrischen Gebirge. Der innerste Theil dieses Golfes nimmt demgemäss alle Gewässer in sich auf, welche von dem Südabhang der Alpen und aus den Gebirgen von Krain zwischen Po und Isonzo herabkommen; ein Raum, innerhalb dessen das Meer auch die Etsch, Brenta, Piave, Livenza, den Tagliamento und zahlreiche kleinere Flüsse aufnimmt, von denen jeder während der Ueberschwemmungen gewaltige Massen von Schlamm und Kies den Lagunen oder den sich unfern der Küste weit hinziehenden Sandbänken zuführt. So findet die geologische Umgestaltung dieser Küstengegend leicht ihre Erklärung. Die Stelle, wo einst das mächtige Aquileja dicht am Meere lag, ist längst tief in das Land hineingerückt. Adria, einst eine Station der römischen Flotte, liegt jetzt über 3 Meilen von der Küste entfernt, und Ravenna ursprünglich auf Rostwerken erbaut und von Seen und Salzgruben umgeben, welche, wie Strabo sagt, [73]) nur dadurch erträglich wurden, dass sie die Fluth vom Meere her reinigte, liegt jetzt mitten in Gärten und Wiesen, während Portus Classis, Raven's alter Hafen zu einem fast eine Meile vom Meere entfernten Sumpf geworden ist, von dem es durch den berühmten Pineto oder Fichtenwald getrennt ist. Spina mit dem nahen Ostium, einer Pelasgischen Stadt am südlichsten Arme des Po, lag zur Zeit des Skylax ungefähr $\frac{1}{2}$ Meile vom Meere, aber nach noch nicht sechs Jahrhunderten erzählt Strabo, dass es 90 Stadien oder über 2 Meilen landeinwärts liege; auch konnten weder Strabo noch Plinius eine Spur der Electrides, Inseln, welche nach ältern Geschichtsschreibern an der Pomündung lagen, oder des Bernsteins, [74]) nach dem sie benannt waren, auffinden.

---

[72]) Caes. de bello civili. III, 6.

[73]) Die alten Geographen liessen übrigens auch einen Donauarm in die Adria einmünden. S. unten.

[74]) Der Bernsteinhandel ging, wie unter Andern Daru erwähnt, schon in der

4 *

Mögen nun aber auch diese der See durch die alpinischen und apenninischen Flusssysteme zugeführten Massen von Erde und Geröll, und zugleich die successiven Ablagerungen [75]) der See den grössern Theil der Lombardei gebildet haben, mag das Land an mancher Flussmündung dem Meere immer mehr Terrain abgewonnen haben, so muss man doch die Grösse dieses Zuwachses nicht überschätzen. Wenn alte Städte als Hafenorte erwähnt werden, so ist damit noch keineswegs gesagt, dass sie immer dicht am Meere gelegen hätten, Sümpfe, Gräben und stagnirende Teiche haben von jeher dieser Gegend ihren eigenthümlichen Charakter verliehen. Auch sind keine bestimmten Anhaltspunkte für den Beweis aufzufinden, dass diese Sumpfgegend in der geschichtlichen Zeit je vom adriatischen Meere bedeckt wurde. Die Lagunen mögen an Ausdehnung verloren haben, aber Padua liegt, wie zu Livius Zeiten, noch immer 17 (engl.) Meilen (beinahe $3\frac{7}{10}$ geogr. Meilen) vom Meere entfernt, und auch Brondolo und Chioggia zeigen sich in ihrer Lage so, wie sie uns Plinius beschrieben hat, und selbst das Podelta, welchem so grosse Massen von Schlamm und Geröll zugeführt und an welchem sie durch die Gegenströmung des Meeres festgehalten werden, zeigt, wie sich aus der Vergleichung der besten alten Karte von Ferrara ergiebt, zwischen den Jahren 1200 und 1600 einen jährlichen Zuwachs von nur 75 engl. = 70 par. Fussen. Mag selbst diese Zunahme immerhin bedeutend erscheinen, der in andern Golfen, namentlich im persischen, beobachteten, steht sie jedenfalls entschieden nach.

Wir thun zum Schluss dieser Rundschau der adriatischen Küsten noch einer Behauptung der Alten Erwähnung. Skylax, dem hierin auch Skymnos von Chios folgt, nahm eine ganz unverhältnissmässige Ausdehnung des adriatischen Meeres an, indem er den innersten Winkel desselben bis nahe an den Ister verlegte, von dem ein Arm in das adriatische Meer einmünden soll, und Pomponius Mela nimmt an, dass Istrien davon seinen Namen führt. Apollonius Rhodius — der alexandrinische Dichter und in solchen Dingen freilich keine grosse Autorität — lässt Jason's Flotte vor der des Aietes quer über den Euxinus die Donau hinauf, und von da in das adriatische Meer fliehen. Der Abbate Fortis glaubte auch in dem Flusssand von Sansego und Ossero Spuren des Flussbettes jenes Donauarmes zu finden, den einst Jason befahren hatte. Admiral Smyth sagt, dass er, nachdem er die Lokalität selbst genau untersucht habe, ebenso über Fortis, wie einst Plinius über Cornelius Nepos verwundert gewesen sei, dass jener nämlich an die Existenz eines solchen Flusses geglaubt habe. Aber selbst Aristoteles scheint anzunehmen, dass der Fisch Trichias oder Trichis von der Donau in das adriatische Meer zu ziehen pflege.

§. 7. Die Küsten und Inseln des westlichen Griechenlands.

Wir bezeichnen mit diesem Namen — obgleich nicht geographisch genau — den ganzen Raum von Avlona bis Cap Malea, die sieben und die griechischen Inseln mit eingeschlossen.

Wir betreten nun das Land, welches zu tapferer Erhebung aus seinem langjährigen politischen Todesschlummer erwachte, das Griechenland, an welches wir κατ' ἐξοχήν unseren Enthusiasmus knüpfen, nach welchem jeder klassisch gebildete Mann wie nach einer geistigen Heimath sehnsuchtsvoll hinblickt, endlich das Land, das vor Allen zu lebendiger Einwirkung auf alle am Mm. liegenden Länder berufen scheint, obgleich es diesen seinen Beruf seit Jahrhunderten nicht erfüllen konnte.

Die wichtigsten albanischen Häfen an dem ionischen Meere, wenn man Port Palermo verlassen und bei dem Ladungsplatz unter Agioi Saranta (Onchesmus) vorbei ist, sind zuerst Butrinto (Buthrotum), ein Hafen, der sich in den Kanal von Korfu öffnet; Gominitse nahe an der Mündung der Calamis (Thyamis); Mourtzo, dessen äussere Insel noch immer den Namen Sybota führt; ferner der ehemalige Piratenhafen Parga (Torone), welcher mit andern venetianischen Besitzungen durch einen von England nicht ratificirten Vertrag an die Pforte abgetreten wurde; aber die Umstände bestimmten England, später diese Cession gut zu heissen [76]).

---

[76]) Parga wurde damals ebenso wie vor dem Einzug der Truppen Ali Pascha's von seinen Einwohnern verlassen. Die in der Edinburgh Review LXIV. V. ·32. gegebenen Berichte erklärt Admiral Smyth, dem Sir Thomas Maitland sein Vertrauen geschenkt hatte, für irrig.

Zwischen Parga und Prevesa liegen die kleinen Häfen San Giovanni und Phanari, der letztere an der Mündung des Glyki (Glykis limen und Acheron) und an dem Rande des Berglandes Suli, welches die Türken emphatisch Kakosouli nennen, wegen der vielen Unglücksfälle, die ihnen bei der Unterjochung dieses Landes widerfuhren. Prevesa (bei Actium und Nikopolis), der Haupthandelsplatz Nieder-Albaniens, liegt an der Ausmündung des Golfs von Arta (Ambracius sinus), einer prächtigen Wasserfläche, die, wenn einmal ihre Barre passirt ist, für die grössten Schiffe fahrbar bleibt. An dem Südostende des Hafens, auf einem den Hafen Kervasara beherrschenden Berge, stösst man auf cyclopische Mauern und andere Ueberreste von Argos Amphilochicum und von da rund herum über Ruga und Vonitsa bis zum westlichsten Punkt Anactorium, zeigt die ganze Küste Spuren ihrer früheren Wichtigkeit. Auch der Sanitätszustand muss damals bedeutend besser gewesen sein; denn jetzt ist sowohl das moralische Gedeihen der ganzen Gegend durch die höchst mangelhafte Regierung vernichtet, als auch die ganze Golfgegend in den Sommermonaten ungesund; intermittirende Fieber von bösartigem Charakter, sind in dieser Jahreszeit in den Niederungen gewöhnlich. Der jetzige Zustand des Pflasters einer römischen Landstrasse an der Nordküste des Golfes nebst den Anzeichen, die das Niveau des Lettenbodens giebt und andere Umstände deuten auf eine allgemeine Senkung des Terrains. Politisch bildet jetzt der Mittelpunkt dieses Golfes die Grenze zwischen dem türkischen Albanien und dem jungen griechischen Königreich; aber nach der örtlichen Hydrographie lässt man den Namen Albanien bis Lepanto gelten, wenn gleich der Theil zwischen Prevesa und dem Aspropotamo (Achelous) Karnia (Acarnania) genannt wird. An dieser Küste stossen wir auf den Hafen Kaudili (Halysus), auf die treffliche Bai von Dragomestre (Astacus), welche, sonst von einer grossen Stadt und Festung gekrönt, jetzt verödet daliegt, dann auf die Einmündung des Aspropotamo, des bedeutendsten Flusses in Griechenland. Herodot sagte schon vor 2300 Jahren von ihm, dass er die Echinaden allmälig mit Griechenland verbinden werde, und Thucydides sagte (II, 102) voraus, dass, da der Fluss reissend sei und sehr viel Sand mit sich führe, jene Inseln mit der Zeit einen Theil des Festlandes bilden würden. Die Entfernung derselben vom Festlande hat wirklich seit jener Zeit sehr abgenommen. Die gegenwärtige Bezeichnung „weisser Fluss", führt der Achelous von der trüben Färbung seines Schlammwassers, welches die See weit hinaus rings um die Kurzolari-Gruppe Echinades) weisslich färbt. Oxia, die grösste dieser Inseln, welche zugleich dem Festlande am nächsten liegt, soll das Dulichium des Homer gewesen sein, eine immerhin schwer zu beweisende Conjectur. Nach Süden zu liegt vor diesem Flusse, von ihm angeschwemmt, Port Scropho und östlich von ihm Missolunghi (Melitepalus), an der Einfahrt zu einer ausgedehnten Salzlagune, deren vordersten Punkt Natolica (Cyniapalus) einnimmt. Obgleich sich das Littoral zu einem lebhaften Handel hinlänglich eignet, so haben sich doch die Albanier nur auf Seeräuberei und einen kleinlichen Handel mit Bauholz, Oel, Wolle, Valoni oder Farbeeicheln, Fischen, Butargum und Viktualien im Allgemeinen beschränkt.

Wir fahren nun in den Meerbusen von Lepanto oder Corinth (Sinus Corinthiacus) ein, eine mehr als 15 Meilen lange und gegen die Mitte etwa 2¾ Meilen (12—13 engl. Meilen) breite Wasserfläche, wenn man die Golfe seiner nördlichen Einfahrten unter Parnassus und Delphi nicht mitrechnet. Er hat steile Küsten, nahe an denselben schon 7—10 Faden Tiefe und in der Mitte mehr als 250 Faden — da Lothliene von dieser Länge noch keinen Grund erreichten. Der Eingang zu diesem Golf wird von 2 Castellen auf vorspringenden Spitzen, welche nicht viel über 1½ (engl.) Meilen (etwa ⅓ geogr.) von einander entfernt sind, vertheidigt. Man nennt sie die Dardanellen von Lepanto (Rhium und Antirrhium). Die Stadt Lepanto selbst (oder vielmehr die Städte), lehnt sich an den Abhang eines Berges etwas weiter nach innen als das nördliche Castell Roumili — eigentlich Rúm-ili-Kisár, d. i. das Castell des Römer- (Griechen-) Landes. Oestlich von diesem Platze und an derselben Küste des Golfs sind verschiedene Buchten, die selbst für grosse Schiffe guten Ankergrund haben; wir erwähnen Salona (Crissa), Galaxidi (Tolophon), Aspra-Spitia (Anticyra) Port Sarandi (Mychos oder Tiphæ) am Fusse des Zagora (Helikon), Dobrena (Thisbe), Ghermano (Aegosthena) und Livadostro (Creusa). Nach Osten zu läuft der Golf in 2 Buchten aus, die von Livadostro nach NO., und die von Corinth nach Süden, wo sich Morea durch den Isthmus an Griechenland anfügt. Auf diesem, so wie in Corinth, ist die Luft so schlecht, dass Jeder, der irgend kann, in den Sommermonaten fortzieht. Von der elenden Dogana, die allein an der Stelle des einst so belebten Lechæum übrig geblieben, bis zum Morea-Castell an der Mündung des Golfes dehnt sich ein verhältnissmässig entvölkerter Distrikt aus, der sich vor dem Aufstande unter der Verwaltung Kyamil Bey's in Corinth, nach Smyth's Behauptung ganz wohl befunden haben soll; in Sicyon — dessen Ruinen zwischen zwei Flüssen, dem alten Asopus und Helisson, liegen — herrschte einst Wohlleben und

Ueppigkeit, und die Kunst entfaltete hier ihre schönsten Blüthen, wie die Namen berühmter Sikyonier, eines Zeuxis, Lysippos, Apelles und Timarchos, bezeugen. Der einzige Platz von einiger Bedeutung ist jetzt Vostitza (Aegium), von wo die Erzeugnisse der Umgegend in Booten nach Patras ausgeführt werden. 1820 war die Stadt wohlhabend und industriös; den Landungsplatz markirte eine Platane, 40 Fuss im Umfang, 100 Fuss hoch, um welche 14 Messinghähne angebracht waren, aus welchen das reinste Quellwasser sprudelte; wenige Monate später war Alles, selbst der prächtige Baum, von den Türken zerstört. Zwischen Vostitza und den Dardanellen von Lepanto verleitete das weitgestreckte sandige Vorgebirge von Drepano einen berühmten Alterthumsforscher zu der Annahme, dass hier Bura und Helice, wie Pausanias XXIV. und Ovid, Metamorph. XV. erzählt, vom Meere verschlungen worden seien. Die gewöhnliche Annahme, dass diese Katastrophe am Fusse des Berges Meliala, östlich von Vostitza, stattgefunden habe, erscheint aber wenigstens ebenso wahrscheinlich. Alle Niederungen dieser Gegend sind der Malaria mehr oder weniger ausgesetzt, und das schöne Thal Kalavryta ist im Herbst ganz besonders ungesund.

Den Küsten Nieder-Albaniens und Moreas gerade gegenüber liegen die ionischen Inseln, oder die Republik der 7 Inseln. Die Gruppe gehörte früher der Republik Venedig, fiel während der letzten Kriege der Reihe nach verschiedenen kriegführenden Mächten, und schliesslich nach Beschluss des wiener Congresses der Protection Gross-Britanniens zu. Die vereinigten Inseln sind — nach ihrer verfassungsmässigen Reihenfolge — Corfu (Corcyra), Cephalonia, Zante, Leucadia, Ithaca, Cerigo und Paxo und ausserdem viele kleinere, von diesen abhängige Inseln. Ihre Bevölkerung beläuft sich auf 200,000 Seelen, welche sich religiöser Toleranz und der Gleichheit vor dem Gesetz erfreuen. Die ionische Flagge trägt den Löwen des heiligen Markus, aber mit der britischen Nationalflagge — als einem Anzeichen besonderen Schutzes, in der obern Ecke. Das Erscheinen des Union-Jack in diesen Meeren, trieb mehrere Piratenbanden auseinander. Corfu — von den heutigen Griechen Korphí (Plural) genannt — ist der Sitz der Regierung. Die Insel ist trotz ihrer rauhen Oberfläche reich an Olivenbäumen und enthält einige sehr fruchtbare, aber ungesunde Ebenen [77]), welche Korn, Oel — den Hauptausfuhrartikel —

---

[77]) z. B. Val di Roppa, welche auf ältern Karten fälschlich als ein geräumiger Hafen angegeben ist.

Wein, Obst und Flachs erzeugen. Salz wird in beträchtlichen Massen durch Austrocknung in einigen ausgedehnten, seichten und mit der See in Verbindung stehenden Lagunen˙ gewonnen. Der Ankerplatz ist geräumig, bequem und sicher; aber Port Govino, das frühere Arsenal, ist durch das Ueberhandnehmen der Malaria bei mangelhafter Drainirung so ungesund geworden, dass. ihn fast Niemand mehr benutzt. Die Insel ist ungefähr 35 (engl.) Meilen lang bei einer Breite von höchstens 12 Meilen; sie ist ausserordentlich malerisch, denn die Westküste zeigt schroffe Abgründe mit üppigem über dem Meere hangenden Laubwerk. Der Kanal, welcher Corfu von der albanischen Küste trennt, ist nur 10 engl. Meilen breit, gegen Buthrotum noch schmaler. Dem Nordende gegenüber liegen einige Felseninseln, von denen die wichtigste Fano, (das alte Othronos) bisweilen der Schlüssel des adriatischen Meeres genannt wird.

Acht (engl.) Meilen südlich von Corfu und ungefähr 10 Meilen westlich von Epirus liegt Paxo (Paxos) die kleinste Insel in der Gruppe; steil abstürzend und felsig, aber trotzdem reich ˙an Olivenbäumen, die das beste Oel auf den ionischen Inseln geben. Fahren wir von Paxo's kleinem trefflichen Hafen Gajo aus, und bei der fast verlassenen Insel Anti-Paxo vorbei, so kommen wir nach Leukadia oder Levkádhia, einer Insel von ungefähr 60 Meilen Umfang, welche von den Italienern lange Santa˙ Maura genannt wurde; sie ist sehr gebirgig, aber jeder culturfähige Fleck Landes ist auf ihr, wie auf Hydra benutzt, und deshalb führt sie wirklich sowohl Wein als Oel aus. Der nordöstliche Theil der Insel ist von Acarnanien nur durch einen engen Kanal getrennt, durch welchen die Corinthier die ehemalige Halbinsel erst in eine Insel verwandelt haben sollen.[78] Der so abgesonderte Streifen Landes .heisst die Placca und ähnelt einem ˙Werke der Kunst, bildet aber dabei einen Körper von Kies und Sand, welcher durch kalkhaltige Stoffe zu einer so festen Masse verbunden ist, dass man aus ihr treffliche Mühlsteine verfertigt. Das feste Castell Santa Maura erhebt sich nebenbei und ist von Amaxiki, dem Hauptort der· Insel durch ausgedehnte Lagunen getrennt, welche mit leichten Kähnen, die ganz passend Monoxyla heissen, befahren werden. Unter den zu Leucadia gehörenden Inselchen ist Meganisi (Grossinsel, alt: Aspalathia Taphos? S. 59), wie schon ihr Name andeutet, die wichtigste; als sie während des Aufstandes 1819 ein Aufenthalts-

---

[78]) Nebenbei sei hier erwähnt, dass überhaupt alle griechischen Inseln, im Gegensatz zu den Koralleninseln continental sind.

ort für Spione wurde, entwaffnete Admiral Smyth die Einwohner und verbot ihnen, auf einige Zeit allen Verkehr mit ihren Nachbaren.

Cephalonia [79]) hat von allen ionischen Inseln die bedeutendste Ausdehnung (etwa 16 Q.-M.). Die Küsten sind tief eingeschnitten, und von den so entstehenden Buchten und Häfen ist der von Argostoli, welcher die grössten Flotten aufnehmen kann und vor den Winden gesichert ist, der bedeutendste. An ihm lagen die uralten Städte Palle und Kranii. Auf der Insel befindet sich auch der höchste Berg der ganzen ionischen Gruppe, der Montenero der modernen, Aenos der alten Geographie, welcher sich 4973 par. (= 5300 engl. Fuss) über den Seespiegel erhebt. Er war ehedem mit einer schönen Waldung bekleidet, von der noch Spuren sichtbar sind, aber die grössere Hälfte wurde von den Cephaloniern absichtlich niedergebrannt. Eine ungeheure Masse Bauholz ging bei dieser wahnsinnigen Zerstörung verloren. Obgleich der Waldbrand vor der Besetzung der Insel durch die Engländer stattfand, so bewahrte der Berg doch noch 1820 ein eigenthümlich verödetes Aussehen. Dass diese traurige Katastrophe auch auf das Klima höchst nachtheilig eingewirkt hat, dürfte wohl kaum zu leugnen sein. Diese hochragende Bergmasse legt sich quer über die Insel; ihre Verzweigungen breiten sich über den ganzen Raum aus, springen an verschiedenen Stellen weit in das Meer hinaus, und bilden steilabfallende Landspitzen; auf den niedrigern Ausläufern stösst man auf ziemlich gut angebaute Thäler, aus welchen Korinthen, Oel, Baumwolle, Obst, Wein, Branntwein und Liqueure exportirt werden; aber die Getreideernte bietet gewöhnlich nur die Hälfte des jährlichen Bedarfs, so dass das Fehlende aus Morea geholt werden muss; doch ist dies kein wesentlicher Uebelstand, da die Cephalonier dort zugleich eine bedeutende Menge Korinthen — nicht selten mehr als 4 Millionen Pfund in einem Jahre — verkaufen.

Die kleine Insel Ithaka streckt sich längs der Nordostküste Cephaloniens hin und ist von der letztern Insel nur durch den engen, aber gefahrlosen Kanal von Viskardo getrennt. Ithaka besteht aus rauhen, zerklüfteten Kalkfelsen, die aber, wo dies sich irgend der Mühe lohnt, sorgfältig cultivirt sind und treffliche Korinthen, Wein und Oel erzeugen. Man schifft diese Produkte in dem sichern und — wie schon der Name sagt — tiefen Hafen Vathi oder Bathi ein. Zwischen Ithaka und dem Festlande liegen zahlreiche kleine, unbewohnte Inseln, auf welchen die ithakischen Bauern ihre Schafe und

---

[79]) Kephallenia, bei Homer Same oder Samos.

Ziegen weiden lassen. Die wichtigsten unter diesen sind Atoko, Provati, Pondico, Modi, Mokrí und Oxoi. Die nördlichste derselben mag das Taphos Homer's oder die teleboische Insel Hesiod's sein. Die südlichsten bilden die Kurzolari-Gruppe. Ithaka hat immer Itháki oder Theaki bei den Eingeborenen geheissen, welche somit den uralten Namen noch jetzt festhalten; nur die italienischen Geographen haben es Val di Compare und Cefalonià-piccola getauft.

Südlich von Cephalonia, dem Cap Tornese auf Morea gegenüber, liegt die schöne, fruchtbare Insel Zante (Zakynthos), ungefähr 15 Meilen im Umfang, mit einer Bevölkerung von mehr als 50,000 Seelen. Zante bietet einen äusserst pittoresken Anblick dar. Zwei Bergketten und nach Süden zu die See schliessen eine weitausgedehnte Ebene von 2 — 2⅓ Meilen Länge und etwa 1¾ Meilen Breite ab, welche mit zahlreichen Dörfern und Landsitzen übersäet ist. Sie ist ganz mit Gärten und Weinbergen bedeckt und erzeugt trefflichen Wein, Oel, Obst, Vegetabilien und Getreide, namentlich aber ganz vorzügliche Korinthen in solcher Menge, dass sich gute Ernten auf mehr als 6 Millionen Pfund belaufen. Ausserdem stösst man an dem einem Ende dieser Ebene, der kleinen Insel Marathonisi (Marathe) gerade gegenüber, noch auf Erdpechquellen, welche schon Herodot im 5. Jahrhundert vor Chr. aufgesucht und beschrieben hat (IV, 195). Sie werden zu ökonomischen Zwecken noch immer abgeschöpft, so dass man aus ihnen jährlich etwa 100 Tonnen Erdharz gewinnt. Wenn Homer Zante ὑλήεσσα, Virgil die Insel *nemorosa* nannte, so passt das jetzt nicht mehr, da die Olivenhaine auf der grossen Ebene die einzigen Waldungen der Insel sind. Die Stadt liegt an der Nordseite des Monte Scopo (Elatos) und hat einen geräumigen Molo.

Ungefähr 3 Meilen südlich von Zante liegen zwei kleine Inseln, welche gewöhnlich Stamphané oder Strivali heissen. Auf der grössten derselben befindet sich ein starkbefestigtes Kloster mit herrlichem Garten und vortrefflichem Wasser. Die Inseln gehörten in früheren Zeiten unter dem Namen Strophades zu Elis, sind aber jetzt das Eigenthum Zante's.

Eine grössere Lücke von mehr als 30 Meilen trennt die letzte der 7 Inseln, Cerigo, von den übrigen. Cerigo[80]), das alte Cythera, ist eine Berginsel mit gut angebauten Thälern und bringt viel Korn, Wein, Oel, Baumwolle, Obst, Rindvieh, Schafe und Ziegen hervor.

---

[80]) Diese italienische Orthographie des Namens hat das ionische Gouvernement angenommen. Die Neugriechen nennen sie Tzerigo (Tscherigo). Der Name ist slavonisch und von den Tzacones genannten Ansiedlern im 8. und 9. Jahrh. eingeführt.

Mitten zwischen Cerigo und Candia liegen einige kleinere abhängige Inseln, von denen Cerigotto (Aegilia) die einzige bedeutende ist.[81] Schliesslich möge, ehe wir zum Festlande zurückkehren, noch bemerkt werden, dass sich jetzt auf den ionischen Inseln eine immer stärker werdende Opposition gegen die englische Verwaltung zeigt.

Obgleich die Wissenschaft und Kunst, die ganze Glorie des alten Griechenlands von dieser Halbinsel gewichen ist, obgleich manche Dryade entflohen, manches Flussgottes Urne fast erschöpft ist, so ist doch der Boden, die Berge und Thäler und meist auch das Klima das alte geblieben; und obgleich man nicht in die bisweilen abgeschmackte Ekstase mancher modernen Enthusiasten zu verfallen braucht, so ist doch der wahrlich nicht zu beneiden, der ein solches Land so gleichgültig durchwandern kann, wie einen amerikanischen Urwald, in welchen noch kein Licht der Geschichte hineinscheinen konnte. Waren nun schon die ganzen Küsten des corinthischen Golfes für Gelehrte, Künstler und Alterthumsforscher von höchstem Interesse, so steigert sich dasselbe fast noch, wenn wir vom südlichen Dardanellenschlosse bei Lepanto aus unsere Küstenfahrt weiter fortsetzen.

Morea (die Peloponnesos) ist ihrer Gestalt nach bekanntlich mit einem Maulbeerblatt[82]), wie Spanien mit einem Felle, Sicilien mit einem Dreieck verglichen worden; ob der Name selbst diese Aehnlichkeit andeutet, ist sehr zweifelhaft. Dass er nach Fallmerayer vom slavischen More, Meer, herkommt, also Seeküstenland bedeutet, ist wenigstens wahrscheinlich, obgleich Andere behaupten, dass die Insel von den Maulbeerbäumen den Namen führe und zwar darum, weil in dieses Land zuerst Seidenwürmer zugleich mit dem Maulbeerbaum aus Persien verpflanzt worden seien. Die Küsten sind stark ausgezackt und von vielen kleinen Inseln umgeben, während das Innere ein hohes Tafelland bildet. Dieses ist von zahlreichen Bergrücken durchzogen, welche geräumige Thalbecken einschliessen. Auch ausserdem giebt es noch ziemlich ausgedehnte und fruchtbare Niederungen, welche, selbst bei unvollkommenem Anbau, Korn, Baumwolle, Seide, Oel, Flachs, Taback, Gummi, Galläpfel, Korinthen und viel anderes Obst erzeugen. Auch Bauholz ist zu kaufen trotz der beklagenswerthen Verwüstung der Wälder, welche grossentheils die unvernünftige und habsüchtige Forstwirthschaft der Einwohner selbst verschuldet

---

[81]) Einige statistische, namentlich den Handel betreffende Notizen über diese Inseln wird man in der Abtheilung VI, von Handel und Schiffahrt, finden.

[82]) Strabo vergleicht sie übrigens mit einem Platanenblatt.

hat. Schöne Fichten-, Platanen-, Kastanien- und Eichenwaldungen bekleiden die Berge des Binnenlandes, besonders in Arkadhia (Arcadia) Die Eckern der Quercus aegilops, die als Beize beim Schwarzfärben gebraucht werden und im Handel unter dem Namen Valania bekannt sind, werden in grosser Menge exportirt.

Von dem Morea-Castell wendet sich ein sandiges Gestade nach dem Landungsplatz und Hafendamm von Patrás (Patræ). Die schön gelegene Stadt selbst steht auf einer bergigen Terrasse, welche sich an den Berg Voidhiá (Panakaikon) anlehnt; aber die herumliegenden Niederungen sind in der Zeit der Malaria ungesund. Die halbkreisförmige Bai vor Patrás ist rein, hat sichere Ufer und allmälig sich senkenden trefflichen Ankergrund selbst für die grössten Schiffe. Nachdem man Cap Papas, die äusserste Südwestspitze des Golfs von Patras umfahren hat, stösst man auf eine tiefe Bucht zwischen diesem und Cap Tornese, an deren Schlupfhäfen die Ruinen des venetianischen Klarenza, neben dem alten Cyllene, liegen — ein Ort, von welchem die englischen Herzöge von Clarence ihren Namen haben sollen. Vom Cap Tornese (Chelonatas'Promontorium) bis zu der nächsten vorspringenden Landspitze, Cap Katakolo, sind die Küsten niedrig und bewaldet und auf dem höchsten Punkt derselben, ungefähr in der Mitte, steht Castell Tornese, eine alte venetianische Festung mit einem unbedeutenden Dorfe; unterhalb desselben bietet eine kleine Bucht Küsten-Schiffen gelegentlich eine Zuflucht. Der Iliaco (Peneios) mündet in dieselbe, nachdem er bei den Ueberresten von Palæopoli (Elis) und dem ungesunden Städtchen Gastúni (Oenoe?) vorbeigeflossen. Wenn man bei dem Cap Katakolo (Ichthys) vorübergefahren ist, so gelangt man gen Süden in eine grosse offene Bai, den Golf von Arkadhia, an dessen südlichem Theil sich die Küsten zu einer Reihe waldiger Hügel erheben, während sie sich gen Norden zu der berühmten Tiefebene von Eleia absenkt, durch welche der Hauptfluss Moreas, Ruféia, mit seinen Nebenflüssen strömt. Kaum eine Spur des alten Namens Alpheios ist in dem neugriechischen Worte zu erkennen. Er hat seine Quelle etwas oberhalb des Berges Pholöe, fliesst westwärts durch die Thalebenen von Elis und Olympia und ergiesst sich unterhalb des blühenden Städtchens Pyrgo (Pyrgi) durch ein sumpfiges Gestade in das Meer.[83] Südöstlich von dieser Mündung unterhalb der Skala Ruféia breiten sich die Lagunenfischereien von Giagiapha

---

[83] Da es sehr wahrscheinlich ist, dass von den olympischen Spielen und anderen Festen her noch manche Weihgeschenke im Bett dés Alpheus ruhen, so unternahm es Sir Patrik Ross, damals Gouverneur von Zante, 1820, das Bett desselben

und Kaiapha aus. Durch gute Wasserbauten könnte der Fluss für die Erleichterung des Handels mit· dem Innern von grosser Bedeutung werden; aber die ungesunde Luft, welche gewöhnlich auf seinem Delta lagert, dürfte schwer zu beseitigen sein.

Wenn man bei dem Cap Konello (Cyparissium Prom.), der Südspitze des Meerbusens von Arkadhia und bei der Küsteninsel Prodano (Prote) vorbei ist, so fährt man in den trefflichen und geräumigen Hafen von Navarino (Pylus) ein. Dieser wird nach Osten vom Festland, nach Norden von der Halbinsel Paléo Avarino und nach vorn von der langen schmalen Insel Sphagia (Sphakteria), welche ihn vor den Seewinden schützt, umschlossen. Die Einfahrt liegt am Südende dieser Insel, der neu entstandenen Stadt und Festung Navarino (Neo Castro) fast gegenüber, welche auf einem vom Berg Lykódamo (Temathia) auslaufenden · Vorgebirge steht. Ungefähr eine Meile südlich von Navarino liegt die befestigte Stadt Modon (Methone, früher Pedasus) und in der Nähe derselben die Inseln Sapienza und Skhiza oder Cabrera (Oenussæ). Der Raum zwischen der letztern und dem Cap Gallo (Acritas Prom.) bildet eine grosse Bai, welche bis in die Nähe der Küsten überall Tiefwasser hat. Vor Cap Gallo liegt die Insel Venetico (Theganusa) mit den Mourmaki-Felsen (Thyrides); südlich von derselben und ungefähr 7½ Meilen südöstlich von den letzteren, streckt sich das Cap Matapan (Taenarum Prom.) in die See als Landspitze des Meerbusens von Korón (Messeniacus Sinus). Am äussersten Ende der Bucht münden die Flüsschen Bios und Pyrnatsa (Pamisus) nicht weit von der Stadt Kalamata (Kalamae); zwischen dieser und Matapan sind die bekanntesten Ortschaften, Kitries (Gerenia), Porto Vityle (Oetylus) und Djimova oder Tzimova, von denen die beiden letzten von Freihändlern im eigentlichsten Sinne des Worts bewohnt werden, welche nichts fürchten, als die Südweststürme, denn diese stossen gerade auf ihre Küste und schliessen ihre Schiffe ein. Die beiden Ränder dieses Wasserbeckens zeigen sehr verschiedenen Charakter; auf der Westseite steht die Stadt Korón, [84]) einer der bedeutendsten Handelsplätze auf Morea in einer mit Olivenpflanzungen und Gärten bedeckten fruchtbaren Gegend. Die Ostseite wird von

---

auszuschlämmen; aber als Alles vorbereitet war, störte der Ausbruch des griechischen Aufstandes den ganzen Plan.

[84]) Smyth setzt zu Koron Aepea in Parenthese. Das jetzige Koron ist aber offenbar nach dem alten Korone, an dessen Stelle jetzt Petalidi liegt, benannt. Koron selbst liegt auf der Stelle des alten Asine, welches nach Beendigung des ersten messenischen Krieges von Argivern angelegt wurde, welche für die Spartaner gegen die Messenier gekämpft hatten.

den gebirgigen und schroffen Abhängen des St. Eliasberges gebildet. Dieser Berg, auch Makrynó genannt (Taygetus), ist von den Maïnoten bewohnt, einem fast unabhängigen Volksstamme in dem Braceio oder dem Distrikte Maïna. Die Küsten fallen ausserordentlich schroff ab; so dass schon dicht an denselben 120 Faden Tiefe beobachtet werden [85]). Zu beiden Seiten der Maïna ist die Küste stark ausgezackt und bildet viele kleine Buchten. und unzugängliche Zufluchtsörter, wo sich lange die tollkühnsten und rohesten Seeräuber des Mittelmeers aufgehalten haben, und zum Theil noch aufhalten.

In Bezug auf die geologische Beschaffenheit dieser Gegend sind die Untersuchungen, welche M. Bobbaye über die von der See an den Kalkfelsen an den griechischen Küsten hervorgebrachten Veränderungen angestellt hat, von Wichtigkeit. Er untersuchte die littoralen Höhen in den Kalksteinklippen und kam, indem er die Durchlöcherungen im Gestein verfolgte, zu dem Schluss, dass es in Morea 4 bis 5 abgesonderte über einander geschichtete Lagen alter Seeklippen giebt, welche von eben so vielen successiven Erhebungen des Landes zeugen. Bei Modon stösst man auf eine vulkanische Masse, welche schon Strabo beschrieben hat; sie ähnelt dem Monte Nuovo bei Bajæ in Italien.

Zwischen Cap Matapan und der Insel Cervi (Onugnathus) breitet sich ein zweiter grosser Meerbusen, der von Kolokythia (Laconicus sinus) aus. Er ist durchweg überaus tief, da man mit Leinen von 350 Faden Länge schon 2 Seemeilen von der Küste nirgends Grund findet. Die Maïnotische Küste ist ebenso zerklüftet wie die westliche und zeigt steile Berge und viele kleine Häfen, z. B Porto Káio oder Quaglio (Amathus).

Nachdem man Marathonisi oder die Fenchel-Insel (τὸ Γύϑιον, Kranae [86]) passirt hat, gelangt man zum innersten Theile des Golfs, wo sich der Vasíli-potamó (Eurotas) oder Königsfluss in der Nähe der drei Inselchen, Trinisi (Trinasi) in die See ergiesst, nachdem er das lange Thal durchströmt hat, welches zwei bei der alten Hauptstadt Megalopolis vom Centralhochlande auslaufende Gebirgsketten begrenzen. Diese Berge springen in die See vor und bilden die Vorgebirge Matapán (Taenaron) und S. Angelo, oder Kavo Malea (Malea). Der Vasílipotamó, der auch bisweilen Irí genannt wird, ist in der Nähe seiner Mündung für Boote schiffbar, und an dem Ufer eines kleinen

---

[85]) Eine Seemeile von derselben fand Smyth 479 Faden.

[86]) Kranaë ist eigentlich nur die Insel, welche dem Ort Marathonisi gegenüber liegt. Das obengenannte Cervi oder Servi heisst auf der Seekarte des Lloyd Elaphonisi.

Nebenflüsschens (des Baches Pantelimonia), ungefähr 8 Stunden landeinwärts, liegt die Stadt Mistra, [87]) eine für die Vertheidigung des
alten Sparta oder Lakedaimons, welches eine Stunde westlich davon
liegt, sehr wichtige Lokalität. Die besten Ankerplätze auf der Ostseite
des Golfes sind Port Rupina (Asopus) und die Bai von Vaticà (Baea-
ticus sinus) zwischen Cervi und Cap St. Elias und S. Angelo.

§. 8. Die Küsten und Inseln des Archipelagus [88]).

Mit dem Cap S. Angelo (Maléa Vorgebirge) beginnt die Ostküste Morea's. Auf einem Felsenkegel, nur durch eine lange Brücke
mit dem Festlande verbunden, thront die Stadt Monembasia, gewöhnlich Napoli di Malvasía (Minosa unweit Epidauros Limera). Von da
streicht die Küste fast nordwärts nach dem Golf von Nauplia (Argo-
licus sinus). Die Stadt Argos selbst, liegt ungefähr ⅓ Meile landein
und ist nicht bedeutend, um so wichtiger aber Napoli di Romania
(Nauplia) mit einer ziemlich starken, von den Venetianern erbauten
Citadelle am Fuss des Berges Palamedes; die Stadt hat für die
Vertheidigung und für den Handel eine gleich ausgezeichnete Lage.
Die Ostküste dieses Golfes längs den Küsten der alten Hermione, [89])
zeigt viele Buchten und Einfahrten; zwischen ihnen und dem Golf
von Aegina liegen die kahlen Inseln Spezzia und Ydhra oder Hydra
(Tiparenos und Aperopia) mit den dazu gehörigen Felsen, unter denen
der von Poro (Calaurea) der bemerkenswertheste ist. Hier hat der
Menschenwille über alle physischen Hindernisse triumphirt und durch
Energie und Industrie dem sterilsten Boden Früchte entlockt. Diese
Inseln haben selbst in den traurigsten Zeiten der letzten Türkenkriege
eine Art von unabhängigem Freistaat gebildet und stets einen guten Theil
des levantischen Handels vermittelt. Hydra hatte während des Be-
freiungskrieges über 4000 ausgezeichnete Seeleute und ungefähr 150
Schiffe aufzuweisen, und zwar nicht weniger als 80 von 300 und
mehr Tonnen Last, und die meisten gut bemannt und ausgerüstet.
Heut zu Tage blüht der Hydriotische Handel und über 50,000

---

[87]) Smyth vergleicht Messe bei Homer (?). — Mistra hiess anfangs Burg des
Messire Guillaume, Messiriori etc.

[88]) Admiral Smyth, dessen Angaben wir bisher vorzugsweise benutzt haben, hat
nur der Ostküste von Morea, den Küsten Attika's, einigen der äussersten Cycladen
und dem Westende Candia's einige flüchtige Besuche abgestattet. Er benutzt aber in
seinem Memoir Gauttiers, Beauforts und Graves werthvolle Arbeiten.

[89]) Jetzt Dorf Kastri. Der ganze Busen hiess Hermionikos. Strabo VIII. 6.

Menschen wohnen auf einem Felsen, den nur eine so dünne Erdschicht bedeckt, dass die Hydrioten, wie man sagt, kaum ihre Todten zu begraben vermögen. Ein Theil der Hafenstadt stürzte 1837 während eines Erdbebens in das Meer.

Vom Meerbusen von Nauplia aus verfolgen wir nun zunächst die Küsten, welche den Umfang des ægæischen Meeres bilden und werfen erst später einen Blick auf die zahlreichen Inseln, mit denen dieses Meer übersäet ist. Der Name des Meeres selbst hat, beiläufig bemerkt, vielfachen Wechsel erfahren. Die Ueberlieferung combinirt den Namen mit dem Tode des Aegeus, aber Strabo leitet ihn von einem Inselchen *Αἰγαί* (bei Eubœa) her. Einige leiten ihn von *Αἴγαιον πέλαγος*, was demnach das Ziegenmeer zu übersetzen wäre [90]. .Die Venetianer in der Levante scheinen zuerst den Namen Arcipelago gebraucht zu haben; die Griechen wenigstens haben wohl nie solch ein Wort gekannt. So wurde denn Archipelagus der gewöhnliche Name, den die engl. Matrosen zu „Arches" verstümmeln.

Zwischen den Vorgebirgen Skyllo und Colonna (Scyllaeum und Sunium) sondert der Golf von Enghia (Saronicus sinus) Morea vom Continent Griechenlands nach Nordost zu ab. Der Golf ist von einer äusserst mannigfach gegliederten Küste umgeben und hat gute Ankerplätze, von denen die besuchtesten Kalavria (Calaureia), Pidavro (Epidaurus), Kenkries (Cenchreiæ), Kalamáki (Schoenus), Koluri (Salamis) und der berühmte Porto Leone (Peiraeeus) von Athen sind. Ungefähr in der Mitte dieses interessanten Golfes erhebt sich die bekannte Insel, welche bei den venetianischen Seeleuten Enghia heisst, von den Eingeborenen aber, wie es scheint, seit den ältesten Zeiten Aegina genannt wurde [91]. Es ist eine hügelichte Insel mit fruchtbaren Thälern, welche bei einem Umfange von 6 Leagues ungefähr 4000 Einwohner zählt. Porto Leone mit seinen Nebenhäfen Munychia und Phaleron, obgleich klein und nur wenig, einiges Oel ausgenommen, exportirend, ist ein sehr bequemer und vollkommen geschützter Hafenplatz für eine beschränkte Anzahl grosser Schiffe, welche bei 4½ bis 9 Faden Tiefe ankern können; wenigstens waren dies 1820 die Sondirungs-

---

[90]) So Smyth; aber das Ziegenmeer müsste *αἴγειον* heissen. *Αἴγαιον* wird dies Inselmeer von Strabo immer genannt; vgl. Hdt. 4, 85., Liv. 36, 43., Plin. 4, 11, 18. (der den Namen von einer ziegenähnlichen Klippe zwischen Tenos und Chios herleitet), Hor. Od. 2, 16, 2. Andere bringen den Namen mit *ἀΐσσω* zusammen, wonach es das „stürmische" hiesse. Man könnte auch an eine Verwandtschaft mit *αἰγιαλός* denken; es wäre somit das küstenreiche, in dem sich die Wogen an vielen Gestaden brechen.

[91]) Dapper, Archipel., p. 138.

resultate und es steht nicht zu befürchten, dass die ganz unbedeutenden Gewässer des Cephissus und Ilissus dem Meere eine irgend
bemerkbare Menge festen Niederschlags zugeführt haben. Die Luft
von Athen, auf dessen Beschreibnng wir hier verzichten, ist ausnehmend trocken, elastisch, angenehm und gesund. Nachdem man bei
dem Cap Colonna, dem Tempel von Sunium und der langen, felsigen
Insel Makronisi (Helena) mit dem Hafen Mandri vorbeigefahren, gelangt man 2¼ Meilen weiter nach Norden nach Port Raphti (Prasiæ),
dem schönsten Hafen an der athenischen Küste, welcher seinen modernen Namen von einer Statue führt, welche, wie man behauptet, die
beim Nähen gewöhnliche Stellung zeigt. Noch weiter hin erreicht
man die Bucht am Rande der berühmten marathonischen Ebene und
die Grenze Böotiens. Diesen Küsten gegenüber streckt sich Negroponte (Makris, später Euboia) aus, dessen Südostspitze das Cap Man-
dili, Mantalo (Geraestus oder Carystus Prom.) und dessen Nordwest-
spitze das Cap Lethada (Cenæum Prom.) am malischen Busen bildet.
Beide sind ungefähr 19½ Meilen von einander entfernt, und das dazwischen liegende Land erhebt sich bedeutend, so dass der Eliasberg,
oberhalb Carystus, 4750 engl. (= 4456 par. Fuss), und der Berg
Delphi (Dirphe) 7300 engl. (= 6850 par. Fuss) über den Meeresspiegel emporsteigt. Negroponte wird von dem Festlande durch den
Egripo (Euripus) getrennt, ein Kanal, der ungefähr an der Mitte der
Insel so schmal wird, dass die beiden Küsten durch eine Brücke verbunden sind. Man vermuthet daher, dass Euboea durch ein Erdbeben,
einen Erdfall oder dergleichen vom Festlande getrennt worden sei. Wenn
man an den äussern, jäh abfallenden, eisenhaltigen Küsten Euboea's
hinschifft, so fährt man in den engen Kanal von Trikhiri ein, welcher
Thessalien von dem Nordende Negroponte's scheidet. Seine eigenthümliche Form mag auf den Karten eingesehen werden. Trikhiri ist
ein industrieller Handelsplatz an der Ostküste der Einfahrt in den
grossen Hafen von Volo (Pagaseticus sinus); lassen wir diesen Ort
rechts liegen und segeln wir westwärts, so fahren wir in den Meerbusen von Zeitúni (Maliacus sinus) ein, in dessen südwestlichen Winkel
zur Seite des Berges Oeta der berühmte Pass von Thermopylæ sich am
Meere hinzieht. Passirt man die Lithada-Inseln und wendet man sich zu
dem Meerbusen oder der Strasse von Atalante oder Talanta (Opuntius
sinus) so findet man bedeutende Wassertiefe, welche dem hoch aufsteigenden Lande zu entsprechen scheint; denn unterhalb des Berges
Telethrius ist schon 2500 Fuss vom Lande mit einer Leine von 220

Faden kein Grund mehr zu finden [92]). Nach und nach hebt sich dann der Meeresboden bis in die Nähe von Egripo, wo der Kanal nur 300 engl. Fuss (281 par.) breit ist. Südlich von Egripo weitet er sich wieder aus und bietet an der Küste von Negroponte, namentlich zwischen den Petalio-Inseln (Petaliæ) mehrere gute Ankerplätze dar.

Der Mitte der östlichen Küste gegenüber liegt eine der Sporaden, die Insel Skyro (Skyros), felsig, steil abfallend, wie schon ihr Name besagen soll; nordwestlich von Skyros vor dem Trikhiri-Kanal liegt die Inselgruppe Khelidromi, welche quer vor den Eingang des Meerbusens von Salonichi in einer Länge von 8 bis 9 Meilen nach Nordost streicht. Die westlichste dieser Inseln ist Skiatho (Skiathus), dann folgt Skopelo (Skopelos) Khelidromi (Halonesus), Sarakino oder Peristeri (Eudemia?), Skanghero (Skandyle), Pelago (Solymnia), Joura (Jos), Pipero (Peparethus scheint mit dem jetzigen Sarakino identisch zu sein), und mehrere andere steinige und unbewohnte Inseln.

Nördlich von dieser felsigen Inselgruppe dringt zwischen Cap San Dimitri (Sepias) und Kassandra (Posidium) ein weit ausgedehnter Busen in Macedonien ein; im Hintergrunde desselben liegt der wichtige Hafen- und Stapelplatz Saloniki (Thessalonica) eine Stadt von 70,000 Einwohnern mit bedeutendem Handel. Die Küste an der Westseite dieses schönen Meerbusens ist mit einer prächtigen Bergreihe geziert, aus welcher der Plessidi (Pelion, 4880 par. F.), Kissavo (Ossa, 5725 par. F.) und Elymbo (Olympus, 9250 par. Fuss) hervorragen. Der Fluss Salambria (Peneus) strömt durch die Bogaz oder das weltbekannte Thal Tempé, von da zwischen den Vorbergen des Elymbo und Kissavo hindurch in den Golf von Saloniki (Sinus Thermaicus). Aus den an den Bergen zu beiden Seiten des Peneus zu Tage liegenden Schichten schliesst man, dass eine grosse Wasserfluth diese Bergkette durchbrochen, und das grosse thessalische Seebecken (factas ex æquore terras) trocken gelegt hat. So hat die Natur selbst schon manchen See ausgetrocknet, und da wo früher Fischer ihre Boote ruderten, pflügt jetzt der Ackersmann. (Vgl. III. §. 3.)

Oestlich von diesem Meerbusen streckt sich die Halbinsel Kassandra (Pallene) weit in die See, hinter dieser folgt die tiefe Bai von Kassandra, welche im Alterthum Sinus Toronaicus hiess und dann der Busen von Monte Santo (Singitius sinus). Der Letztere ist von dem folgenden Contessa- oder Réndinà-Busen (Strymonicus sinus) durch

---

[92]) Wenn sich neben sehr tiefen Bassins, wie z. B. auch im ionischen Meere, ein enger, verhältnissmässig seichter Kanal befindet, so entsteht jedesmal eine Strömung. Wir kommen auf die Euripusströmungen zurück. (Vgl. IV. §. 6.)

das Agion-oros oder den heiligen Berg der Neugriechen, den Athos
ihrer Vorfahren, getrennt. Dieser Berg ist seit dem grauen Alterthum
der Zielpunkt allgemeiner Aufmerksamkeit, der Mittelpunkt eines
ganzen Fabelkreises gewesen. Wir deuten nur auf die Phantasien des
Xerxes, des Dinokrates und auf die Erzählungen von der merkwürdigen Art seiner Erhebung hin; und für die Neuzeit auf seine zahlreichen Kirchen, Klöster und Mönche. Seine Höhe giebt Smyth auf
6500 engl. (beinahe 6100 par. Fuss) an. Man findet weit geringere
Angaben, so bis zu 3353 Fuss hinab, was aber offenbar falsch ist,
da der Gipfel bei heiterem Wetter vom Cap Sigeum, ja selbst von
der troischen Ebene gesehen wird. Die steilen Abhänge des Athos
setzen sich unter dem Meere fort, so dass man 1320 Fuss von der
Küste ab schon 80 bis 100 Faden Tiefe misst. Viele kleinere Kauffahrteischiffe können ihre Ladung von Nüssen und anderem Obst unmittelbar an der Küste verladen.

Das Wasserbecken zwischen dem Monte Santo und den Dardanellen wird durch die gebirgige Insel Tasso (Thasos) in 2 Abtheilungen getheilt, und das Festland ist wieder durch die Meerbusen von
Aenos (Stentoris palus oder portus) und Saros (Melas sinus) ausgezackt. Der erstere nimmt die Maritza (Hebrus) auf, deren Quelle im
Balkan (Hæmus) entspringt. Sie ist für grosse Kähne bis Adrianopel,
der zweiten Hauptstadt der Türkei, schiffbar. Vor beiden Buchten
liegen die beiden steilen Felsen-Inseln Samothraki (Samothrake) und
Imbros, und in mittlerer Entfernung zwischen dem Monte Santo und
den Dardanellen die viereckige Stalimini oder Lemno (Lemnos) mit
zwei weit einspringenden Häfen, von denen der südliche sehr geräumig
ist, aber sich noch nicht zu solcher Bedeutung entwickelt hat, wie
sie · seine seemännische Bevölkerung zu fordern scheint. Ungefähr
4¼ Meilen südwestlich von diesem Hafen liegt die Insel Agio-
Strắti [93]) (Nea) mit einem Dorf und einer Rhede und den sehr
kleinen Nachbarinseln Roubos und St. Apostoli, wesshalb die ganze
Gruppe im Alterthum Neæ (im Plural) hiess. Sie war der Athene
geheiligt. In neuerer Zeit sind diese Inseln nur wegen der Ausfuhr
der Velanídi oder Valonia (Eckern von der Quercus ægilops) bemerkenswerth.

Wir nehmen nun unsern Cours von Saros nach Osten, und fahren
vor der Mündung der Dardanellen vorüber, ohne uns für jetzt dort
aufzuhalten. Zunächst erreichen wir so das Cap Jenizary (Sigeum,

---

[93]) Ἅγιος Εὐστρατιος neugr.

neugr. *Γενὶ Σάρι*) und folgen der fast gradlinig nach Süden streichenden Küste bis zum Cap Bábá (Lectum) bei Taushan ádássi (Lagussæ) oder den Haseninseln und Tenedos, welches noch den alten Namen führt, vorbei. Ein sandiges Gestade umsäumt hier die Ebene von Troja und dehnt sich bis zur Basis des Gargaráh-Gebirges (Ida) aus, welches eine Höhe von 5700 engl. (beinahe 5350 par. Fuss) erreicht. Hier beginnt die Westküste Anatoliens, der alten Asia minor, die sich südwärts bis zum Cap Krio oder Krios (Cnidos) und noch weiter hinstreckt. Ihrer ganzen Länge nach zeigt sie die mannigfaltigste Gliederung, viele Einschnitte, Buchten, vorliegende Eilande und Inselchen und hat dabei Ueberfluss an guten Anker- und Landungsplätzen. Der Exporthandel ist übrigens nicht bedeutend und beschränkt sich auf Bauholz, Oel, Wolle und Valonia. Mehrere dieser Hafenplätze zeigen vor oder hinter ihren Namen das Wort Skala d. h. Leiter oder Treppe, ein Zusatz, der sich aus der Einrichtung der Häfen erklärt. Dieser Ausdruck ist in der Levante so gebräuchlich, dass fare scala in der Sprache der eingeborenen Seeleute so viel heisst als einen Hafen anfahren. An mehreren Punkten der Küste, wo dieselbe sehr steil ist, sind wirklich Terrassen oder Stufen in den Felsen gehauen, um das Landen zu erleichtern.

Unter den Buchten und Häfen dieser Strecke ist der erste und wichtigste, vom Standpunkte der Kriegs- und Handelsmarine aus, der von Smyrna, der dritten Stadt der Türkei. Die Stadt im Hintergrund des Hafens zählt jetzt gegen 130,000 Einwohner, und ist der grosse Stapelplatz des levantischen Handels, leider aber von der Pest häufig heimgesucht. Die Hauptstaaten Europas haben je einen Consul dort bestellt, unter deren Schutze die Franken, welche sich grosser Privilegien erfreuen, in einem besondern Stadtviertel wohnen. In der schönen Vorstadt Bournabad liegen zierliche Landhäuser zwischen Gärten und Weinbergen. Zwischen Smyrna und Cap Krio stösst man noch auf mehrere tiefe Buchten, und zwar zuerst auf Scala-nova (Neapolis), zwischen welcher Stadt und den nach Norden zu liegenden Ruinen von Claros der Fluss Mendere (Caystrus), nachdem er bei den Ueberresten des alten Ephesos vorbeigeflossen, sich in das Meer ergiesst. Dann folgt der Golf von Mandeliyah (Bargyliacus oder Jassicus sinus), in welchen der Maddro (Meander) nach vielen Windungen einmündet; ferner der Golf von Kos oder Boudrúm (Ceramicus sinus) und der Golf von Doris (Doridis sinus). Ueberhaupt ist die Zahl der guten und geräumigen Häfen und Ankerplätze sehr gross, aber eben so gross ihre Vernachlässigung für Kriegs- und Handelszwecke. Den-

noch erregen sie auch in dieser Verkommenheit das Interesse des
Alterthumsforschers und Gelehrten im höchsten Grade, denn die ganze
Küste ist mit den Spuren antiken Kunstfleisses, alter politischer und
commercieller Thätigkeit übersäet.

Wir wären somit an den West-, Nord- und Ostgestaden des
Archipelagus hingefahren. Die Südgrenze wird durch eine Inselreihe be-
zeichnet, welche sich von Morea nach Kleinasien halbmondförmig
ausbreitet, die convexe Seite dem levantischen Becken zukehrend.
Der westliche Zug dieser Curve hat die grosse Insel Candia oder Kriti
(Krete) zu seinem Bollwerk. Sie ist sehr gebirgig, aber dabei gut
cultivirt und reich an Produkten. Im Centrum der langgestreckten
Insel erhebt sich der Berg Psiloriti (ὑψηλορείτιον) oder Monte Giove
(Ida) über 6700 engl. (6286,5 par. Fuss) mit seinem kahlen Gipfel;
die Verzweigungen desselben sind mit Wäldern bedeckt. Der Ida
dient dem Schiffer nicht allein als trefflicher Signalpunkt, sondern
giebt auch den Zustand der Atmosphäre und also des Wetters zur
See an. Die Nordküste ist mit ihren Häfen und Buchten sägenförmig ausgezackt, aber die Südseite bietet den Küstenwinden eine steile und
schroffe Front dar; desshalb pflegen vorbeifahrende Schiffe nicht
zwischen den Gozzo-Inseln (Claudos des heil. Paulus) durchzufahren,
obgleich die Strasse zwischen ihnen und dem Festlande breit genug
ist. Die Insel ist mit romantischer Schönheit geschmückt. Sie erzeugt
Wein, Oel, Obst, Baumwolle, Seide, Honig, Wachs, Käse, Seife, Süssholz und Bauholz, aber unter der türkischen Herrschaft, gegen welche sich
die Candioten gegenwärtig (1858) wieder einmal empört haben, ist ihr
Handel bei weitem nicht so entwickelt, wie er es der Ausdehnung und
Fruchtbarkeit der Insel nach sein könnte. Candia ist bei einer Breite
von 3—8 Meilen 34½ Meile lang und hat einen Flächenraum von
190 Quadrat-Meilen. Die wichtigsten Hafenplätze sind Grabusa
(Coryca), mit weit sichtbarem Castro oder Fort; Canea (Cydonia); um-
fährt man von da aus das Cap Meleca (Ciamon Prom.), welches bei den
Candioten Acrotiri heisst, so öffnet sich der grösste Hafen der Insel,
in den man zwischen der befestigten Insel Suda (Leucæ) und dem
Paleo-castro von Aptera hindurch einfährt. Hält man nach Osten, so
gelangt man nach Armyro (Amphimalla), Retimo (Rethymna), Candia
(Cytæum), Megalocastron (Matium), Spinalonga (Chersonesus) und
Sitia oder Settia (Etia), alles Städte, welche noch immer von dem Reichthum, der Macht und dem Kunstsinn des ehemaligen Venedigs zeugen.

Die nordöstliche Spitze des erwähnten Halbmondes nimmt die
ansehnliche Insel Rhodus ein, die den Schlüssel zu dem wichtigen

Passe bildet, den sie beherrscht. Ihr Nordgestade ist niedrig, aber
von da erhebt sich das Terrain zu einem hohen Tafelberge, dessen
Südabhänge in eine sandige, aber doch ziemlich fruchtbare Ebene
auslaufen. Am Nordost-Ende der Insel befinden sich ihre beiden
wohlbekannten Häfen; über der Einfahrt zu dem kleineren derselben
stand der weltberühmte eherne Koloss. Ein ganz besonderes Interesse
knüpft sich vom nautischen Standpunkte aus an Rhodus; denn die
Rhodier haben Jahrhunderte insofern das Mittelmeer beherrscht, als
sie sehr frühzeitig eine Gesetzsammlung veröffentlichten, welche in
ganz Europa bei der Entscheidung seerechtlicher Controversen massgebend war.

Ungefähr in der Mitte zwischen Rhodus und Candia wird die
Grenze zwischen dem Archipelagus (Ada-lat-Dhengizi) und dem südöstlichen Theile des Mm. weiter durch die gebirgige und dürre Insel
Scarpanto (Karpathos), ihre Nebeninseln Caxo (Kasos), Caxopulo [94]
und einige kleinere Felsen bezeichnet.

Die Alten theilten, um in die chaotische Masse, welche sich in
ihrem heimischen Meer vor ihnen ausbreitete, einige Ordnung zu
bringen, bekanntlich die Inseln des Archipels in zwei Gruppen — die
Cycladen und Sporaden. Die erstern hiessen so, weil sie ungefähr
in einem Kreise um Delos herumliegen, die andern führten ihren Namen von ihrer längs den Küsten Anatoliens zerstreuten Lage. Was
einem mitten durch das ægæische Meer nach dem Hellespont fahrenden
Schiffer zur Linken lag, wurde zu Europa, das zur Rechten Liegende
zu Asia minor gerechnet. Diese Eintheilung blieb im Allgemeinen
bestehen, ausser dass Dionysius Periegetes in seinen geographischen
Hexametern Delos und deren Nachbarinseln ausdrücklich für Asien
beansprucht. [95] Seitdem die hellenische Unabhängigkeit anerkannt ist,
erscheint eine Theilung in griechische und türkische als die natürlichste.

Die Cycladen umfassen ungefähr 50 Inseln und Inselchen, viele
kleinere Felsen nicht eingerechnet, welche auf den Seekarten nicht
fehlen dürfen, aber meist gar nicht der Beachtung werth sind. Diese
Inseln sind im Allgemeinen bergig und dürr und erscheinen öde, aber

---

[94]) Die Endung pulo kommt im Neugriechischen häufig vor, und ist eine Art
Diminutivform — vielleicht mit dem Lat. ulus verwandt? — welche hier kleinere
Nachbarinseln neben einer grössern bezeichnet, so Amorgopulo, Nanfipulo, Bellopulo,
Serfopulo, Samopulo. Eine andere Beziehung nahe gelegener Inseln wird bekanntlich
durch Anti- ausgedrückt.

[95]) Gewiss ohne allen Grund. Der Gebirgskamm Eubœa's setzt sich vielmehr
fort in Andro, Tino, Delos, Naxia, Amorgo und schliesst mit den Klippen bei
Stampalia ab.

obgleich nur wenige reich an Bäumen sind, so sind doch ihre Gründe
und Thäler meist sehr ergiebig, namentlich an Obst. · Für die Gegenwart steht Milo (Melos) unter ihnen an commercieller Bedeutung
obenan.   Die Insel hat einen trefflichen grossen Hafen und eine Menge
geübter Seeleute, aus denen gewöhnlich die Piloten für diese Theile
des Mm. gewählt werden.   Sie ist vulkanischen Ursprungs, erhebt
sich mit dem St. Eliasberge bis zu 2000 Fuss und ist, obgleich ohne
fliessendes Wasser, doch fruchtbar.   Axia, von den Italienern Naxia
(Naxos) genannt, ist das grösseste Glied der ganzen Gruppe; sie wird
desshalb auch die Königin genannt; sie ermangelt eines guten Hafens;
ihre Oberfläche zeigt eine stete Abwechslung von Bergen, Thälern und
Ebenen, dabei ist sie ziemlich stark bewaldet und bewässert.   Paros,
1 ½ Meilen westlich von Naxos, berühmt wegen ihres schönen weissen
Marmors, treibt trotz ihrer Häfen, der besten in diesem Meere, nur
unbedeutenden Handel, indem sie nur etwas Baumwolle, Wachs
und Honig ausführt.   Ihr schönster Hafen ist Naussa oder Ausa,
(Agusa), im Norden der Insel; leider sollen aber die Ufer desselben
durch die Malaria der benachbarten Moräste sehr ungesund sein, und
er ist vorzugsweise aus diesem Grunde verhältnissmässig sehr schwach
besucht.[96)]   Siphanto (Siphnos), südöstl. von Seriphos, soll noch immer
reich an edlen Metallen sein.   Die Töpferarbeit von Siphnos war
schon im Alterthum berühmt und ist es zum Theil noch jetzt.   Serpho
(Seriphos) liefert Eisen; — Thermia (Cythnus) deutet schon durch
ihren Namen auf ihre warmen Mineralquellen hin und erzeugt ausserdem treffliches Obst; Policandro (Pholegandros), obgleich felsig, bringt
guten Wein hervor; — Santorini oder St. Irene (Thera) ist offenbar
wie die Nachbarinseln und Klippen durch vulkanische Kräfte emporgehoben.   Bei mehreren ist dies geschichtlich nachweisbar, ja einige
sind sogar erst nach 1700 emporgetaucht.   Santorin, das übrigens
noch in neuerer Zeit gewaltige Veränderungen durch vulkanische
Kräfte erfahren hat, exportirt Wein und Tuch.   Nio (Ios), obgleich
felsig und rauh, hat eine industriöse Bevölkerung.   Syra's (des alten
Syros) Handel steht in bester Blüthe.   Seit dem Befreiungskriege hat
die Insel an einem guten Hafen der Ostküste eine neue Stadt Her-
mopolis, welche einer der bedeutendsten Handelsplätze am ægæischen
Meere und der Vereinigungspunkt der Dampfschiffe von Marseille,

---

[96)] Die russische Flotte hat um 1775 unter Alexis Orloff längere Zeit diesen
Hafen zum Stationspunkt gewählt. Rev. G. C. Renouard, damals engl. Kaplan zu
Smyrna, sah noch 1815 die Bauten, welche die Russen damals angelegt hatten. Erst
der letzte Vertilgungskrieg während der griechischen Erhebung hat sie zerstört.

Triest, Konstantinopel, Smyrna und Alexandrien ist. Auch Tzia oder Yea [97]) (Keos) hat einen der schönsten Häfen im Archipelagus; Tino (Tenos) ist eine zerklüftete Felseninsel, aber doch gut angebaut von einer starken Bevölkerung, die sich durch Ehrlichkeit und Industrie auszeichnet. Der höchste Berg der Insel, ein Granitfelsen Exoburgo oder Xoburgo, trägt auf seiner Spitze ein zertrümmertes Bergschloss. Mykoni (Mykonos), mit seinen sehr geschickten, betriebsamen Seeleuten, wird durch einen engen Kanal von der kleinen, aber berühmten und einst heiligen Insel Delos (jetzt Sdili) getrennt. [98]) Ferner sind noch zu nennen: Argentiera (Cimolus), Amorgo, Stampalia (Astypalæa), Ghiura (Gyarus), Sikino (Sikinos), Polino (Polyægos), Skino (Schinussa) und viele kleinere Inseln. Eine der grössten Cycladen, Andros, liegt im Norden der Gruppe bei Euboia und führt noch den alten Namen. Sie ist fruchtbar, ermangelt aber eines guten Hafens und wird daher nur selten von Fremden besucht. Die Cap d' Oro-Strasse, welche sie von Negroponte trennt, heisst auf den Karten gewöhnlich Bocca Silota, ein weder italienisches noch griechisches Wort. [99]) Zwischen Andros und Scio liegen die beiden gefährlichen Felsen Kaloyeri, welche durch vulkanische Erhebung entstanden zu sein scheinen. Man wird überhaupt bemerken, dass die Reihen der Continentalinseln hier von einer Kette vulkanischer fast rechtwinklig durchbrochen werden.

Die Sporaden, die andere grosse ægæische Inselgruppe, sind östlich von den Cycladen zerstreut und liegen zum Theil fast zwischen den Cycladen, indem sie längs der Küste Anatoliens zwischen Samos und Rhodos (dies mit eingeschlossen) eine Kette bilden, welche sich über das ikarische und karpathische Meer der Alten schlingt. Nächst Rhodos ist von diesen Inseln Samos die wichtigste, bei deren Ein-

---

[97]) Das Vaterland der Dichter Simonides und Bakchylides.

[98]) Delos soll zuerst aus der ogygischen Fluth emporgetaucht sein. (Nascuntur ... terræ ac repente in aliquo mari emergunt, velut paria secum faciente natura, quæque hauserit hiatus, alio loco reddente. Claræ jam pridem insulæ, Delos et Rhodos, memoriæ produntur enatæ. Postea minores, ultra Melon, Anaphe: inter Lemnum et Hellespontum, Nea: inter Lebedum et Teon, Halone: inter Cycladas, Ol. CXXXV anno quarto, Thera et Therasia. Inter easdem inter annos CXXX Hiera, eademque Automate. Et ab duobus stadiis post annos CX in nostro aevo, M. Junio Silano, L. Balbo Coss. a. d. VIII Idus Julias, Thia ... Plin. II, 88 seq.). Bei Homer heisst Delos Ortygia und liegt auf der Mitte der Erde, „wo die Wendungen der Sonne." Die herrlichen Baudenkmäler dieser Insel sind bis auf wenige Trümmer und Treppenstufen vernichtet.

[99]) Smyth vermuthet, dass wenigstens *Bocca Si* - mit dem türkischen *Bóghàz* zusammenhänge. Freilich bleiben dann die Endsilben *lota* immer noch zu erklären.

wohnern sich Industrie und Ehrlicheit im umgekehrten Verhältniss entwickelt haben. Sie führen Seide, Wolle, Obst, Wein und Oel aus und die Abhänge des schneebedeckten Keris-Berges sind mit gutem Bauholz bewachsen. Pátino (Patmos), durch die Bibel jedem Christen bekannt, ist rauh und unergiebig; Stanco (Cos) strotzt von üppiger Fruchtbarkeit und wird von Handelsschiffern stark besucht. Dagegen zeigt Nicaria (Icaria) nur geringe Betriebsamkeit. Kalólimno (Calymnos) ist sehr gebirgig und erzeugt vortrefflichen Honig. Ganz nahe dabei liegt Lero (Leros), mit steinigem Boden, der aber doch gutes Obst hervorbringt. Danach folgen die Kharkí (Chalce)-Inseln, Piscopi (Telos), Nísari (Nisyrus) und viele zerstreut liegende kleinere Inseln. Zwischen diesen haben sich mehrere Trachytfelsen vom Meeresboden erhoben und die Zahl der Inseln vermehrt.

Von den an der Küste Anatoliens liegenden und nicht zu den Sporaden gehörenden Inseln sind drei besonders zu erwähnen. Die politische Geographie rechnet sie mit Samos, Cos und Rhodos zusammen zu Kleinasien. Es sind die folgenden: Mytilini (Lesbos), eine fruchtbare, gut bewaldete und gesunde Insel, dabei reich an geräumigen, sicheren Häfen, (Calona, Kalas Limenoa) mit starker Ausfuhr; ferner Ipsara (Psyra), nur ein kahler Felsen, aber durch den seemännischen Unternehmungsgeist seiner Einwohner zu bedeutender Geltung gebracht, endlich Scio (Chios), das mit schönen Hainen und Gärten bedeckt ist, und für den obstreichsten und fruchtbarsten Fleck im Gebiete des Archipelagus gehalten wird. Die Insel blühte vor dem Griechenaufstande wie ein irdisches Paradies; aber als sich die Bewohner Saki-Adasis, obgleich erst mit Widerstreben, ihren Brüdern in Griechenland angeschlossen hatten, verwüsteten die rachedürstenden Türken die ganze Insel und massakrirten die Einwohner. Diese Gräuelscenen auf Chios mit all ihren tragischen Einzelheiten sind allein hinreichend, um die in der letzten Zeit der in jeder Hinsicht herabgekommenen, unserm Glauben feindlichen türkischen Nation gewährte Unterstützung ganz unbegreiflich erscheinen zu lassen.

Dies wäre ein flüchtig entworfenes Bild des Archipels. Die Schiffahrt ist auf demselben im Allgemeinen bequem und ziemlich angenehm. Die Zahl der Inseln ist wohl gross, aber sie sind hoch, steil und haben fast unmittelbar an der Küste Fahrwasser; dabei ist das Klima entzückend. Aber dennoch muss sich der Seefahrer wohl vorsehen; denn sehr plötzliche und frische Böen sind nicht selten; auch ist zu Zeiten, namentlich im Winter, das Wetter schlecht und sogar gefährlich. In solchen Fällen bilden die Wogen, welche wenig

Raum finden, um sich auszudehnen, eine äusserst unruhige See, erheben sich bedeutend hoch und brechen sich mit gewaltiger Kraft an den ihnen entgegenstehenden Küsten und Felsen. Im Allgemeinen ist die Wassertiefe zwischen den Inseln sehr bedeutend, gewöhnlich in kurzer Entfernung von der Küste mit 150 Faden Leine noch kein Grund. Die Inseln sind meist dünn bevölkert; manche sind als kaum bewohnt anzusehen. Dennoch ist der Handel sehr belebt; die Einfuhr ist den Bedürfnissen und Neigungen der Insulaner angepasst, die schon durch die Nothwendigkeit meist zum Seeleben gedrängt wurden. Ihre mannigfache, obgleich nicht eben massenhafte Ausfuhr besteht aus Korn, Wein, Oel, Rosinen, Oliven und andern Südfrüchten, Honig, Wachs, Wolle, Seide, Baumwolle, Schwämmen, Eisen, Alaun, Pech, Terpentin, Schwefel, Salz, Bauholz, Mastix, Galläpfeln, Kermes und Valoniaeicheln. Dieser Export macht es ihnen möglich, sich selbst Luxusartikel zu verschaffen, an die sich ihre reichern Nachbaren gewöhnt haben.

§. 9. Das schwarze Meer nebst seiner Einfahrt.

Wir kehren nun zu den Dardanellen (Hellespontos) zurück, jener schönen Strasse, welche die Pforte zum Marmorameere (Propontis) bildet und zugleich Asien von Europa trennt. Ungleich dem Homerischen „breiten Meere", ähnelt sie einem gewaltigen Strome, der majestätisch zwischen zwei Ketten hochragender und üppig fruchtbarer Berge dahinfliesst. Sie ist stark befestigt, ohne Felsen und verborgene Gefahren, hat an einigen Stellen 60 Faden, aber im Allgemeinen eine engl. Meile von der Küste 8—9 Faden Tiefe. Die Dardanellen verengen sich, wie der Euripos, gegen die Mitte zu zwischen Sestos und Abydos von der mittlern Breite von 1 bis 1¼ Meile bis auf 8100 engl. (7600 par. Fuss). Nachdem man bei Gallipoli (Callipolis), dem Haupthandelsplatz an den Dardanellen, vorüber ist, fährt man in das Marmorameer ein, welches seinen Namen nach der modernen Benennung der Insel Proconnesus führt, welche nördlich von der Halbinsel Artaki, dem ehemals wohlbekannten Cyzikus liegt. Von hier kann jedes Schiff mit günstigem Winde, ohne weiteres Hinderniss, nach den alten Demonesi, jetzt Prinkipos oder Prinzeninseln fahren, einer Inselgruppe, welche vor dem südlichsten Punkte der Einfahrt in die Strasse von Konstantinopel liegt, und etwas über 2 Meilen von dieser Stadt entfernt ist.

Auf einer Landspitze, welche auf der einen Seite von dem Marmorameer und auf der andern von den Gewässern des berühmten goldenen Horns (Chryso-Keras) bespült wird, erhebt sich in imposanter Schönheit die Stadt Konstantinopel (Byzantium), das Stambul der Türken, auf einer wellenförmigen Reihe von Abhängen, zusammen mit den Vorstädten Galata, Pera und Topkhána von wenigstens 600,000 Menschen bewohnt. Der Hafen — das goldene Horn — hat treffliche Quais, eine bequeme Ein- und Ausfahrt und demgemäss auch einen sehr lebhaften Handel. Dabei kommt es demselben sehr zu Statten, dass er sich immerfort selbst reinigt; denn die vom schwarzen Meere herabkommende Strömung, indem sie gegen das Seraglio oder den westlichen Punkt der Einfahrt stösst, tritt in das goldene Horn von der einen Seite ein und sich in einem Bogen durch den ganzen Hafen fortbewegend, läuft sie längs der gegenüberliegenden Küste wieder hinaus; diese grosse rotatorische Strömung combinirt sich noch mit verschiedenen kleinern, welche von kleinen im Hintergrunde des Hafens einmündenden Süsswasserbächen hervorgebracht werden, und führt so allen Schlamm und alle Unreinigkeiten mit sich fort, welche sonst den Hafen verdorben, oder jedenfalls doch Versandungen und dergl. verursacht haben würden.

Zwischen Konstantinopel und Skútari oder Uskiudár, der asiatischen Vorstadt, liegt die Einfahrt in den thrazischen Bosporus, jetzt der Kanal von Konstantinopel genannt. Sie ist etwa ¼ Meile breit, mit einer zwischen 16 und 30 Faden schwankenden Tiefe. Die westlichen Küsten fallen meist steil ab. Von dieser Mündung führt der Kanal schlangenförmig bis in das schwarze Meer, bei einer Länge von ungefähr 3½ Meilen verengt er sich höchstens auf ½ engl. Meile und hat durchweg ungefähr in der Mitte gutes, tiefes und dabei ziemlich breites Fahrwasser und ebenda eine südwärts gehende Strömung, welche Sheïtan Akandi-si (d. h. Satans-Strom) heisst und zu Zeiten sehr stark ist. So windet sich der Strom zwischen 2 Bergketten hin, deren Gipfel bewaldet, deren Seiten gut cultivirt, und deren Fuss mit Städten, Dörfern und befestigten Punkten übersäet ist. Der Thurm Leander's, Kiz Kal'eh-si oder das Damenschloss bei den Türken, steht auf einem Felsen im Kanal, der Serailspitze fast gegenüber und gerade vor der Spitze von Skutari; auf den Küsten zu beiden Seiten der Einfahrt in das schwarze Meer steht je ein Leuchtthurm. Der eine heisst Rúm-ili Fanár, d. i. die europäische Leuchte und steht auf dem alten Panium Promontorium, der andere auf der asiatischen Seite, auf dem Promontorium Ancyræum, welches der Sage nach seinen Namen daher führen soll, dass die Argonauten von da ein Stück Felsen mitnahmen, welches ihnen zum ersten Anker dienen sollte. Vor der Kanalmündung liegt eine Gruppe vulkanischer Inseln, von· denen alte Fabeln erzählen, dass sie herumgeschwommen seien. Sie führen unter den Westeuropäern noch immer ihren klassischen Namen Cyaneæ. Auf der einen stehen die Reste eines dem Augustus geweihten Altars. Sie hiessen auch Symplegaden und waren der Schrecken der alten Seefahrer [100]).

Das schwarze Meer (der Pontus Euxinus), $\eta \mu\alpha\nu\varrho\eta \vartheta\alpha\lambda\alpha\sigma\sigma\eta$ der Neugriechen, ist ein Binnenmeer mit einem im Allgemeinen hohen und felsigen Küstenrand. Es hat von West nach Ost einen Durchmesser von 141 Meilen Länge, während die Breite von Süd nach Nord nur etwas über 65 Meilen beträgt. Der Flächenraum wird von Smyth auf 172,000 engl. Q.-M. (= 8492 Q.-M,) berechnet, eine wohl etwas zu kleine Angabe. [101]) Zu dem neuern Namen sollen die dichten Nebel Veranlassung gegeben haben, welche sich öfters auf dem Meere lagern, oder die Gefahr, welche· der Schiffahrt aus diesen Nebeln erwächst, nach Andern die dunkelbewaldeten Küsten. Es ist bekannt, dass die Alten dies Meer für äusserst gefährlich hielten und ihr in tiefes Dunkel gehülltes cimmerisches Land an die Nordgestade desselben verlegten. Ausser dem vom Plateau Kleinasiens kommenden Süsswasser nimmt das Meer einige der grössten Flüsse Europa's auf, nämlich die Donau (Ister), den Dniepr (Borysthenes), Dniestr (Tyras später Danastris), den Don (Tanais) und Kuban. Desshalb enthält dies Binnenmeer nur Brackwasser. Dass trotz der bedeutenden Massen süssen Wassers, welche dem Meere seit Jahrtausenden zufliessen, überhaupt noch ein Salzgehalt bemerkt wird, erklärt sich aus der durch die Dardanellen gehenden unterseeischen Strömung, welche fortwährend salziges Wasser zuführt. Von dieser wird weiter unten die Rede sein. Die Tiefe ist im Allgemeinen gross, so dass gewöhnlich mit 150 Faden Leine kein Grund gefunden wird; aber vor der Donau-Mündung nimmt die Wassertiefe nur sehr allmälig zu, und ungefähr ebenso von der Schlangeninsel bei Odessa nach der Krim zu. Die

---

[100]) Es hat neben dem Ancyræum Prom; verschiedene Inseln gegeben, welche unter dem Namen der asiatischen Cyaneæ von Strabo, Arrian, Dionysius Periegetes erwähnt werden. Dem Petr. Gyllius (De Bosporo Thracico II. cap. 24.) zufolge, lagen sie mehr als 70 römische Passus von den europäischen entfernt. Wo sind sie jetzt? Man bemerkt nämlich jetzt nur zwei kleine Felseninseln von den Türken Ureklaki genannt.

[101]) Wir werden unten (III. §. 6.) auf die Grössendimensionen aller Theile des Mittelmeers zurückkommen.

Fluthen der grossen Flüsse bringen, besonders zu Anfang des Sommers, wenn sie durch das Schmelzen des Schnees anschwellen, starke Strömungen hervor; wenn dann heftige Winde gegen diese Fluthung anwehen, so entsteht eine umspringende (chopping) See, welche kleinern Schiffen gefährlich wird. Sonst ist das schwarze Meer frei von jeder Gefahr; denn es hat mit wenigen unbedeutenden Ausnahmen weder Inseln und Felsen, noch Riffe auf den gewöhnlichen Fahrstrassen und fast überall giebt es Plätze, in welchen die grössten Schiffe sicher vor Anker liegen können. Als Handelsartikel sind hier zu nennen: Wein, Bauholz, Holzkohle, Pech, Potasche, Fische, Caviar, Hausenblase, Schagrin, gesalzenes Fleisch, Käse, Geflügel, Butter, Wolle, Felle, Hanf, Talg, Honig, Taback, Salz, Eisen, Kupfer und Salpeter, aber besonders Getreide.

Die Westküste ist bis Kostendsje (Chiustenza, Constantiana) meist felsig, da zuerst das Strandsjea-Gebirge kurze Querzüge ans Gestade sendet, welche als spitze, steile Vorgebirge z. B. Inada (Thynia) enden, und hernach der Balkan eben so steil abfällt. Hier begegnet man dem geräumigen Hafen von Burgas (Hellodos) und Ahiali (Anchialus), dann dem weit vorspringenden Cap Eminen (Hæmi extrema), in dessen Nähe an der Stelle des alten Mesembria Missivria liegt. Bedeutender und in den türkischen und neuesten Kriegen oft genannt, ist der Hafenort Varna in der Nähe des alten Odessus. Nordöstlich davon springt das Cap Gülgrad (Tetrisias) weit vor; darauf streicht die Küste, gen NO. immer flacher werdend, zum Donau-Delta hin, welches von Lachen und Sümpfen angefüllt ist, und das der Strom in drei Haupt- und vielen Nebenarmen durchfliesst. Der mittlere Hauptarm, die Suline Bogasi, mit der Stadt Suline ist, wenigstens verhältnissmässig, noch am besten schiffbar, der nördliche heisst die Kilia-Mündung. Dieses Deltaland, welches im Innern bei Tuldscha anfängt und an der Mündung höchstens 18 Meilen Länge hat, ist für den mächtigen Strom unbedeutend.[102]) In offener See vor den Mündungen liegt die flache Schlangeninsel. Die Küste bleibt nun niedrig und es zeigt sich an den Flussmündungen die Limanbildung, zunächst bei Akjerman am Dniestr, der für kleinere Seeschiffe nur bis Bender fahrbar ist. Die wichtigste Stadt Südrusslands, zugleich Stapelplatz

---

[102]) Ueber das Donaudelta und dessen Umgegend ist besonders ein sehr reichhaltiger Aufsatz E. von Sydow's zu vergleichen: „Ein Blick auf das russisch-türkische Grenzgebiet an der untern Donau" (Dr. Petermann's Mitth. 1856, IV, 149.); ferner: „Die russisch-türkische Grenze an den Donaumündungen" von A. Petermann (1857, III, 129.); endlich Lieut. Wilkinsons treffliche Messungen (Mitth. 1857. VIII, 334.).

für den Handel von Podolien, Volhynien und der Ukraine, ist Odessa, dessen Ausfuhr bei einer Bevölkerung von 72,000 Menschen, 1839 bereits 48 ¼ Million Rubel betrug. Der bis 5 Meilen breite Liman des Dniepr beginnt bei Cherssón und reicht bis Oczakow und bis zu dem gegenüberliegenden Kinburn. Perekop, Eupatoria, Sebastopol selbst, Balaklava u. s. w. sind während des letzten Krieges so häufig genannt worden, dass wir hier nur bemerken wollen, dass das Terrain sich in dem 4000 Fuss hohen Tschatyr-Dagh im Süden der Krim wieder bedeutend hebt, sowie auch das Meer, welches im Nordwesten durchschnittlich ziemlich seicht war, sich zu grossen Tiefen senkt. Taurien hatte nach der Volkszählung im Jahre 1851 bei einem Flächeninhalt von 1212 Q.-M. eine Bevölkerung von 608,832 Menschen.

Das grosse Wasserbecken im Nordosten des Pontus Euxinus, welches das Asowsche Meer (Palus Mæotis, bei den Türken Azákdeniz-f) genannt wird, hat eine Oberfläche von etwas über 13,000 engl. Quadrat-Meilen (etwa 650 geogr. Q.-M.) Der Salzgehalt dieses Meeres ist durch die Einwirkung der Flüsse noch geringer als der des schwarzen. Der Schiffahrt auf dieser Unterabtheilung des schwarzen Meeres treten viele Hindernisse entgegen, namentlich die Strömung während der gewaltigen Ueberschwemmungen des Don, die allgemeine Seichtigkeit, zahlreiche Untiefen und nicht selten auch Eis [103]. Man kann auch nicht anders als durch die enge Strasse von Taman oder Yenikaleh (Neues Castell), den alten cimmerischen Bosporus, einfahren. Aber ungeachtet aller dieser physischen Hindernisse haben die Russen durch ihren energischen Willen Taganrog, den Haupthafen (25,000 Einw.) zu einem wichtigen Handelsplatz gemacht, dessen Einfuhr 1850 einen Werth von mehr als 2,533,000 Thaler erreichte, und dessen Ausfuhr sich ungefähr auf 3 ⅓ Million belief.

Die Nordküste des schwarzen Meeres ist arm an guten Ankerplätzen (zu nennen sind Anapa, Gelentschik, Suchum Kale, Poti und noch mehrere kleine russische Forts). Eine gesunde Entwicklung des dortigen Handels ist aber durch den langjährigen kaukasischen Krieg bisher verhindert worden. Die Südküste des schwarzen Meeres hat einige treffliche Häfen aufzuweisen, und der dortige Handel ist belebter. Trebisonde, das alte Trapezunt, zählt wieder 100,000 Einwohner. Weiter nach Westen sind die Meer-

---

[103] Das Asowsche Meer ist vor April selten für die Schiffahrt frei genug von Eis und eben desshalb endet hier die Schiffahrt Anfang November. Dabei frieren die tiefen Stellen früher zu als die flachen. (S. Nautical Magazine vol. XXIII. p. 292. Dr. Petermann, Mitth. 1857, VIII, 334.)

busen von Samsun und Sinope zu erwähnen. Die Küste selbst
ist hier· meist steil, ausgezackt und reich an Vorgebirgen als Ausläufern des steil aufsteigenden Gebirgslands (z. B. Bona Indsche, Ke-
rempe, Baba). Auch das kaspische Meer zeigt denselben Gegensatz
zwischen seinen nördlichen und südlichen Ufern. Nördlich von
Armenien erstreckt sich von der vulkanischen Landzunge Abscheron [104])
nach NW. bis zum Asowbusen der 150 Meilen lange und durchschnittlich 20 Meilen breite Kaukasus, als ein unabhängiges Hochgebirgssystem. Seine Mitte ist schmaler, aber zugleich höher als die
Seiten, am höchsten im Elbrus (16,800 Fuss). Hier sind die Quellen
des Kuban und Rioni: Der Kasbek mit den Quellen des Terek und
den Zuflüssen des Kur ist 14,000 Fuss hoch. Ueber den Kaukasus
führen mehrere Pässe; der einzige für Wagen und Pferde zugängliche
ist der von Mosdok nach Tiflis. Die Strassen an den Küsten des
schwarzen und kaspischen Meeres waren schon in alten Zeiten Völker-
strassen. Die letztere heisst die Strasse von Derbend.

§. 10. Der östliche Theil des Mittelmeers und die Levante.

Wir kehren nun zu dem Levantebecken zurück und verfolgen
vom· Archipelagus aus weiter die Küsten von Asia Minor. Der Raum
zwischen Cap Symi (Rhodus gegenüber) und dem Golf von Iskanderún wird von den europäischen Geographen die Küste von Kara-
mánia genannt — von Karamán-íli, das Land des Karaman Agha. Sie
ist von tiefen Baien und Golfen durchbrochen, in deren Hintergrund
sich hohe Bergreihen erheben, z. B. der Pik von Takhtahlu (Insel
gipfel), westlich vom Golf von Adália, der 7800 engl. (etwa 7318 par.
Fuss) hoch ist. Noch weiter hin nach Osten erheben sich die noch
höhern mit ewigem Schnee bedeckten Gipfel des Taurus.

Zwischen den Golfen oder Meerbusen von Symi und Makri
(Glaucus sinus) liegen verschiedene kleine Häfen; der nordwestliche
Theil wird aber von dem ausgedehnten und vom Lande ganz einge-
schlossenen Hafen von Mermerícheh oder Klein-Marmora (Physais)
eingenommen, in dem die grössten Flotten sicher ankern können.
Dies haben die Engländer zu ihrem Glück erprobt, als ihre von Lord
Keith und General Abercrombie geleitete Expedition vom Wetter hier-
hin verschlagen wurde; aber bis da war er den Piloten der englischen

---

[104]) An dieser Landzunge verunglückte 1857 leider das Schiff, welches die
Resultate mehrjähriger interessanter und, wie es scheint, vortrefflicher, wissenschaftlicher Arbeiten der russischen Expedition auf dem Kaspi-See an Bord hatte.

Kriegsflotte ganz unbekannt und die Schiffe flüchteten vor einem wüthenden Sturme nur einer Notiz Sir Sidney Smyth's gemäss hierher. Der unmittelbar daranstossende Hafen Kara-aghátch ist nicht so bequem, aber leichter zugänglich. Jenseits desselben umgrenzen die Yedí-Burun (Cragus Mons) oder die zackigen Gipfel der sieben Vorgebirge unterhalb Makri die Bai, in welche der Fluss Kodja-chai (der Xaṅthus) sich ergiesst, nachdem er das Paschalik Meis (Lydia) durchströmt hat. Zwischen diesem und dem Cap Khelidonia findet man auch zahlreiche Häfen und Einfahrten, wohin sich Schiffe von jeder Grösse und Zahl flüchten können, indem wegen der Steilheit der Küsten der Zugang überall erleichtert ist. Die wichtigsten dieser Hafenorte, Kastelorizo oder Castello Rosso und der Hafen Tristomo (Dreimündung), sind nach Admiral Beaufort's Angabe um so werthvoller und bedeutender, als es von hier bis Syrien keinen vom Land eingeschlossenen Hafen mehr giebt. Aber bei der gegenwärtigen Verwahrlosung dieses schönen Landes sind jetzt kaum frische Lebensmittel und Wasser zu erlangen.

Cap Khelidonia (Sacrum Promontorium) und Anamúr (Anamurium Prom.) bilden die Landspitzen des grossen Golfs von Adalia, der pamphylischen See, wie ihn die alten Geographen nannten. Seewärts vom Gipfel der erstern Landzunge liegt eine Gruppe von fünf Inseln, von denen zwei gross und 400 bis 500 Fuss hoch sind. Sie gewähren kleinen Schiffen in einigen Schlupfhäfen Schutz. Nachdem wir bei mehreren Buchten und kleinen Inseln, welche die Küste unterhalb des prächtigen Berges Takhtahlu umsäumen, vorbeigefahren sind, gelangen wir nach Adalia (Attalia oder Olbia), der bedeutendsten Stadt an dieser Küste. Von hier dehnt sich ein niedrigerer Strand, gelegentlich mit sandigen Ufern, südostwärts bis an das Cap Anamúr, wo das Land steil und rauh wird. Die Erzeugnisse dieser Landstriche, besonders Bauholz, Galläpfel, Wachs, Honig, Kameelhaare und flüssiger Storax, werden gewöhnlich nach Cypern geschafft und von da zurückexportirt; auch Korn, dessen Ausfuhr eigentlich verboten ist, wird verladen.

Vom Cap Anamúr, dem südlichsten Punkt Kleinasiens, dehnt sich eine sehr ausgezackte Küste am Cap Cavaliére (Sarpedon Prom.), der Provençal- oder Manavat-Insel und den vorspringenden Sandbänken des alten Zephyrium Prom, — der tückischen Lingua di Bagascia der fränkischen Schiffer, von den Türken auch als Lisán-el-Kahpeh (Hurenmund) gebrandmarkt — bis an den Tersús-chái, den Fluss von

Tersus; die Seestadt (Scala) Tersús ist die Repräsentantin des ehedem so mächtigen Tarsus, das ungefähr 2 ½ Meilen landeinwärts lag. Der Fluss — der Cydnus der Alten, der einst die stattlichen Dreiruderer der Cleopatra aufnahm — ist jetzt selbst für das kleinste Boot nicht schiffbar. Oestlich von demselben dehnt sich ein öder Marschdistrikt mit einem sandigen Ufer bis an das Cap Kara-dutasch aus, (Megarcus, auch Schwarzfels), wo man den Meerbusen von Iskanderún oder Alexandretta (Issicus sinus) beginnen lassen kann. Die ganze Gegend ist ungesund, zum Theil in bedeutendem Grade. Durch diese Bucht geht die Grenze Kleinasiens.

Die Seeküste Syriens hat eine Ausdehnung von fast 100 Meilen und wird gegen Norden durch die Al-Lokám-Berge (Amanus mons) begrenzt. Dieses Gebirge fällt mit dem Cap Khynzyr (Rhossicus Scopulus) steil zum Meere ab, dessen Gipfel (M. Pieria) sich 5500 engl. (= 5341 ²⁄₉ preuss. Fuss) über dem Meeresspiegel erhebt. Das Ufer streckt sich ziemlich gradlinig vom Fluss Bayás (Issus), der in den Golf von Iskanderún mündet, bis zu dem Torrent Al-Arísch an der Grenze Aegyptens aus. Eine Reihe hoher Berge folgt der ganzen Küstenlinie in einer Entfernung von höchstens 6 M., welche aber auch bis unter 1 Meile hinabsinkt. Aus diesen Bergen ragt der Lubnám oder Libanus, der allbekannte Libanon, weithin sichtbar hervor. (Höhe 7100 engl., beinahe 6666 par. Fuss.) Die Küste zwischen Tripoli und Tyrus ist besonders gebirgig, daneben streckt sich aber auch ein niedriges, flaches Gestade oft weithin, und solche Ebenen pflegen im Sommer und Herbst aus Mangel an Drainirung von Wechselfiebern und der Ruhr stark heimgesucht zu werden. Die besuchtesten Häfen und Handelsplätze sind: das ungesunde und verfallene Iskanderun oder Skanderum; Swaïdiyah am Nahr-el-'Así (Orontes); Latakia (Laodicea ad Mare); die hübsche Stadt Tarabolus (Tripolis) oder Tripoli im Osten; Beïrút (Berytus); Saïdá (Sidon); Súr (Tyrus); 'Acca oder Acra (Ptolemaïs); Kaipha unterhalb des Karmelgebirges; Kaïsariyah (Cæsarea), ein leidlicher Ankerplatz neben einem Ruinenhaufen; Jaffa (Joppa), der Hafen, in welchem die vom Westen kommenden Pilger das gelobte Land betreten; Scalona (Ascalon) und Ghazza (Gaza), hinter dem sich ein sehr fruchtbarer Boden ausbreitet. Alle diese Seeplätze werden in der günstigen Jahreszeit nur von kleinen Schiffen aufgesucht, denn bei Weststürmen ist das Ganze ein gefürchteter Legerwall. Die Hauptausfuhrartikel sind Wein, Oliven, Tabak, Baumwolle, Seide, Wolle, Obst, Sesam, Galläpfel und officinelle Pflanzen; aber die schlechte Verwaltung lässt den Handel bei weitem nicht zu der Blüthe gedeihen, welche er seinen Hülfsquellen nach entfalten könnte.

Im nordöstlichen Theile des levantinischen Meeres 7—9 Meilen südlich von der Küste von Karamanien und ungefähr 15 Meilen westlich von Syrien liegt die grosse und einst berühmte Insel Cyprus (*Κύπρος*), ehemals ein mächtiges Königreich, jetzt eine blosse Apanage des türkischen Grossveziers. Sie ist etwas über 30 Meilen lang und an der breitesten Stelle noch nicht 11 Meilen breit. Nach Osten zu wird sie allmälig schmaler. Von Ost nach West durchzieht sie eine Kette bewaldeter Berge, in welcher der Olympus (Oros Troados) 6590 engl. Fuss hoch ist. Cyprische Häfen sind: Famagusta (Arsinoë), Limasol, Baffa (Paphos), Larnaka und Ghyrna (Ceryneia), von denen Famagusta der wichtigste ist. Die grössere Hälfte der Insel besteht aber doch aus schönen Ebenen mit trefflichem Boden, der selbst bei sehr ungenügender Cultur viel Getreide, Wein, Oel, Carubbas und andere Früchte hervorbringt. Die Ausfuhr besteht auch aus Seide, Baumwolle, Wolle, Saffian, Soda, Salz, Coloquinten, Harz, Laudanum, Krapp, Cochenille, Terpentin, Theer und Färbestoffen. Die Kräfte des schönen Landes sind übrigens, da der Grossvezier dasselbe nur durch (schlechte) Stellvertretung regiert, ganz unentwickelt.

§. 11. Die Nordküste Afrika's von Aegypten bis Algier. [105])

Obgleich man gewöhnlich die Grenze Aegyptens in die Nähe von Tineh (Pelusium) gelegt hat, so haben doch einige Geographen sie wieder nach dem früheren Punkt Kulat-el Arisch (Rhinocolura), der Südgrenze Syriens, verlegt, wie sie schon Josua [106]) vor fast 3400 Jahren angegeben hat. Der dort erwähnte Bach empfängt das Regenwasser mehrerer Torrenten, das er durch eine Schlucht dem Meere zuführt. Zwischen diesem und Tineh breitet sich die bewegliche Sandwüste aus, welche bei den Hebräern Schur, bei den Arabern Al Jofár heisst und von dem serbonianischen Teich begrenzt wird, eine noch nie von einem Feinde besetzte Gegend, welche, wie Abulfedá sagt, unter dem Namen der „Sandwüste Aegyptens" (remel Misr) bekannt ist. Von dieser in die Augen fallenden Landmarke erstrecken sich die Küsten-

---

[105]) Vgl. Wanderings in North-Africa. By J. Hamilton. London. J. Murray (Albemarle-Str.) ein interessantes Buch, das die Wichtigkeit, welche diese Gestade einst erhalten können, in das hellste Licht stellt. — Ueber Tineh vgl. Anhang II.

[106]) Kap. 15, v. 4 u. 47. „Der Bach Egyptens."

Aegyptens bis Rasal Kanaïs [107]), ungefähr 86 Meilen weit nach
Westen (Hermea extrema). Die Küste ist im Allgemeinen niedrig
und trocken, gelegentlich strecken sich weitausgedehnte sandige Dünen
und bedeutende Sümpfe an ihr hin, aus welchen sich eine grosse
Menge runder Hügel erheben, die dhahar (rauhe, harte Rücken) heissen.
Die Centralpartie der scheinbaren Wüste bildet das weltberühmte
Delta, das von den Mündungen des Nils, der das ganze Land Mizrajim befruchtet, gebildet wird. Die jährlich wiederkehrende Ueberschwemmung dieses Segen spendenden Flusses wird durch die periodischen Regen in Central-Afrika veranlasst. Sie fängt um die Zeit
des Sommersolstitiums an und dauert bis in den September, während
welcher Periode der Nil so gewaltige Fluthen in das Meer ergiesst,
dass man, wie vor dem Po, bis auf eine halbe Meile in die offene
See hinaus Süsswasser von der Oberfläche des Meeres abschöpfen
kann. Wir kommen unten nochmals auf den Nil zurück.

Die ægyptischen Häfen sind: Damyát oder Damietta (Tamiathis),
eine Handelsstadt zwischen den Sümpfen der östlichen oder phatnitischen
Nilmündung; Rosetta oder Raschíd in schöner Lage zwischen Palmhainen und Gärten an der westlichen oder Hauptmündung, die als der
bolbatische Arm bekannt ist; Al Bekur (Canopus), ein Castell und
Verladungsplatz an der alten canopischen Mündung in der Bucht
westlich von Rosette; ferner die Häfen von Alexandrien, mit einigen
unbedeutenden Buchten zwischen dem zuletzt erwähnten Ort und Ras
al Kanaïs (dem Cap der Kirchen). Diese Häfen vermitteln den europäischen Handel, und grosse Massen importirter Waaren werden
von hier den Märkten des Binnenlandes zugeführt. Die wichtigsten
Exportartikel sind Korn, Reis, Datteln, Obst, Baumwolle, Flachs,
Seide, feine Zeuge, Wolle, Felle, Elfenbein, Straussfedern, Harz,
Spezereien und Droguen. Getreide giebt es immer noch in solcher
Menge, dass man Aegypten eine Kornkammer nennen kann; auch
Bohnen werden in Massen gesäet und exportirt [108]). Der grosse
Handels- und Stapelplatz ist Alexandrien, eine Stadt und ein Hafen,
welchen Mehemed Ali aus einem Zustande der Erstarrung und des
Verfalls befreite und für den Seehandel wichtig und bedeutend machte.
Derselbe Pascha vollendete den Mahmúdíych-Canal [109]), ein wahres

---

[107]) Der Vicekönig von Aegypten beansprucht freilich, als zu seinem Reich gehörig, noch die ganze etwa 70 Meilen lange Küste von Marmarica.

[108]) Zur Zeit Herodots war das anders. Der Genuss der Bohne war verboten.

[109]) Rear-Admiral Smyth beschreibt diesen Canal in seinen Aedes Hartwellianæ.

Riesenwerk, durch welches die Handelsschiffe des Nils die Gefahren
der Rosetta (Bóghaz) Mündung vermeiden.

Man hat im Alterthum angenommen, dass ehemals ein grosser
Meerbusen vom Mittelmeer aus bis nach Theben hinauf Aegypten
durchschnitt, dass die Insel Pharos in beträchtlicher Entfernung vom
Festlande lag, und dass also das ganze Delta ein Geschenk des Nils
ist [110]). Diese Anschwemmung, wenn sie überhaupt in dieser Ausdehnung glaublich ist, könnte aber nur in Jahrtausenden bewirkt
worden sein; denn in den allgemeinen Umrissen passt Herodots vor
2300 Jahren gegebene Beschreibung noch auf das heutige Aegypten;
nur der Hafen von Damiette ist seit dem 13ten Jahrhundert verschlämmt, der See Mareotis ausgetrocknet, und manche Lagune ausgefüllt. Beachtet man aber die Küste um Gaza und Cæsarea und
von da bis zu dem Araberthurm (Taposiris), so kann man eine Linie
ziehen, über welche hinaus das Delta sich nach und nach angesetzt
haben muss. Dies mag aber in einem sehr langen Zeitraum geschehen
sein, denn die an der Nordküste Afrikas vorbeiführende Strömung
dürfte ein schnelles Ansetzen des Alluvialbodens an der ægyptischen
Küste verhindert haben.

Wenn man von Aegypten aus längs des Südrandes des Mm.
weiter fährt, so erreicht man zuerst die sterile und ungastliche Küste
der Wüste Barka, welche sich bis Razatin oder Ras-er-Tyn (Feigencap)
erstreckt. Aber weder der Pascha von Aegypten, noch der Beherrscher von Tripolis wissen genau anzugeben, wo eigentlich ihre respectiven Territorien enden. Obgleich von den alten Griechen oft ganz
Afrika mit dem Namen Libyen bezeichnet wurde, so bezog man denselben doch auch wieder im Besondern auf die sandige, wasserlose Wüste
(sitientes arenas) zwischen dem Nil und Cyrenaica, oder das Land um
Cyrene. Diese Gegend wurde wieder in Marmarica und die eigentliche
Cyrenaica abgetheilt. Der Haupthandelsplatz des erstern Distrikts war
Parætonium, dessen Lage sich noch an dem gegenwärtigen Hafen Mohá-
derah (Zygio) nachweisen lässt, indem die Spitze des Ras al Harzeit
bisweilen Cap Baratún — offenbar aus dem alten Namen corrumpirt —
genannt wird. Es ist ein eigenthümliches Zusammentreffen, dass des
Ptolemäos grosser und kleiner Katabathmos [111]) jetzt von den Arabern
'Akabah-el-Kıbír und 'Akabah-el-Soughaïr, d. i. die grossen und kleinen

---

[110]) So liegen die grossen vor Kurzem von einer französischen Fregatte unter
des Kapitain Bouet-Villaumez Commando untersuchten Seen innerhalb des Grand
Bassam-Flusses an der Westküste Afrika's ebenda, wo auf Fra Mauro's berühmter
Hemisphäre eine breite Einfahrt gezeichnet ist, welche der goldene Golf genannt wird.

[111]) Vgl. Aeschyl. Prometh. 836. wo von den Katarakten des Nils die Rede ist.

abschüssigen Gestade genannt wird. Der erstere Abhang ist ungefähr 900, der andere 500 Fuss hoch. Einige Geographen bezeichnen diese Stelle als die Scheidewand zwischen Afrika und Asien, und zugleich als die Westgrenze von Marmarica. An der Seeküste dieser sehr ausgedörrten Gegend liegen die geräumigen Häfen Tebruk (Anti Pyrgos oder Tabraka) und Bombah (Bombæa oder Batrachus) mit mehreren kleinern Buchten für Küstenfahrer; aber nicht ein einziges Fahrzeug lässt sich auf diesen Gewässern sehen, wenige fremde ausgenommen, und auch diese so selten, dass man Tebruk und Bombah kaum dem Namen nach kannte, als Admiral Smyth an diesen Küsten hinfuhr. Damals war zwischen Alexandrien und Bengházi nicht ein einziges einem Bewohner jenes Landstrichs gehörendes Boot oder nur irgend eine Einrichtung zur Einschiffung zu sehen, wesshalb der Admiral dort Fische und Robben in grosser Menge vorfand [112]).

Wenn man bei der Bucht von Ras-el-Tyn (Chersonesus) vorbei ist, so gelangt man an das Gestade des Gebirgsdistrikts Jebel Akhdar mit den umfangreichen Resten von Grennah oder Kureïneh (Cyrene), welche mit dem Meer vor, und sandigen Niederungen hinter sich, die Vermuthung hervorrufen, dass sie einst auf einer Insel gestanden haben mögen. Die Gegend unterscheidet sich in Klima, Aussehen, Waldung, Bewässerung und in ihren Hülfsquellen von allen andern Landstrichen zwischen Syrien und Tunis und verdient mit Recht ihren modernen Namen Jebel Akhdar, grüner Berg. An dem Rand dieses Gebirglandes liegen mehrere Häfen, von denen aber nur Dernah (Darnis) besucht wird; aber selbst dieser zeigte 1817 nicht einmal eine Vorkehrung zur Einschiffung; dennoch legten Schiffe von Alexandrien und Tripolis dort an, um Honig, Wachs, Wolle und Butter zu laden. In der Bucht zwischen den Spitzen Ras-el-Hilal (Naustathmos) und Cap Rasat liegt Marsa Susah (Apollonia), eine blosse Bucht für Barken und kleinere Fahrzeuge, obgleich es einstmals der Hafen der mächtigen Stadt Cyrene war, die ihrer Cultur, ihres Reichthums und ihres Glanzes wegen so berühmt wurde. Auf den Bergen oberhalb des Hafens, in einer Höhe von 1990 engl. Fuss, sieht man vom Meere aus die Reste der alten Cyrene, und von da bis Benghází begegnet man den weitausgedehnten Ruinen der mächtigen und reichen Städte

---

[112]) Smyth erfuhr, dass der französische Admiral Ganthéaume, der die Ost- und Südküsten des Mittelmeers sehr genau kannte, 1801 sein Geschwader vor den englischen Verfolgern rettete, indem er in den den Engländern gänzlich unbekannten Hafen von Tebruk einfuhr.

Dolmeïtah (Ptolemais), Taukrah (Teuchira) und anderer Glieder der Pentapolis.

Zwischen Cap Rasat (Phycus Prom.) und Mesrátah (Trierium und Cephalæ), liegt der Golf von Sidrah (des Lotusbaums), die einst gefürchtete Syrtis major, deren Beschiffung selbst Strabo noch für äusserst gewagt hielt. Die Piloten der Gegend nennen aber nur den Raum zwischen Ras Kharrah (Zuca?) und Ras Teyonas (Borium Prom.) die Syrte. Neuere Untersuchungen haben diese weite Bucht ihrer Schrecknisse entkleidet und gezeigt, dass sie verhältnissmässig frei von Gefahren, dabei aber kaum eines Besuches werth ist, da an dem ganzen Küstensaume nur ein einziger Platz den Namen eines Hafens verdient, und auch dieser sich nur für kleinere Schiffe eignet. Es ist dies Benghází (Hesperis und Berenice), eine unbedeutende befestigte Stadt, welche indess einigen Handel treibt mit Rindvieh, Dhurra (holchus sorghum), Honig, Wachs, Wolle und Manteca oder grob zubereiteter Butter, wozu noch etwas Schwefel aus den Minen am innersten Theile des Golfes kommt, nach welchem die Araber diese Syrte Joun al Kabrit [113]) genannt haben. Das Castell hält die ganze Küste in Schach, obgleich es in einem so zerfallenen Zustande ist, dass Halil Bey den Admiral Smyth ersuchen liess, ihm die üblichen Salutschüsse zu erlassen, damit die Mauern durch die von den Kanonen veranlasste Erschütterung nicht leiden möchten [114]).

Syrten nannten die alten Geographen die beiden grossen Meerbusen an der Nordküste Afrika's — die Sunde der Berberei — beide „vadaso ac reciproco mari diri", wie Plinius V, 4. sagt. [115]) Die grosse Syrte ($\dot{\eta}$ $\mu\varepsilon\gamma\alpha\lambda\dot{\eta}$ $\Sigma\dot{\nu}\varrho\tau\iota\varsigma$) ist aus verschiedenen Gründen der Schiffahrt lange unbekannt geblieben. Als Admiral Smyth sie 1816 aufsuchen wollte, erlangte er selbst mit Hülfe des mächtigen Yússuf Páschá und seines Admirals Murád Reïs (eines schottischen Renegaten, der ursprünglich Peter Lyell hiess), nur die einzige Mittheilung, dass man dem Golf noch eben die Schrecknisse andichtete, durch welche schon die klassischen Schriftsteller die Seefahrer von seinen bösen Sandbänken und Wirbeln weggescheucht hatten [116]). Es kann nicht

---

[113]) Auch im Hebr. Gaphrit.

[114]) Auch Capitain Becchey spottet über diese Festung auf Seite 288 seines trefflichen Berichts über seine Rundfahrt in der Syrte.

[115]) Eine Hauptstelle über die Syrten findet man bekanntlich im Sall. Jug. 80, ferner Lucan. 9, 303., Avien Perieg. 293., Polyb. I, 39., Hor. u. s. w.

[116]) Rennell sagt über die Syrte in einem an Smyth gerichteten Briefe vom 19. Januar 1821: „Die Veränderungen, welche hier stattgefunden haben, entsprechen

bezweifelt werden, dass die Syrtis ihre Form verändert hat, denn sie muss ehemals tiefer in das Land hinein gereicht, und gewissermassen mit jener grossen Wüste in Verbindung gestanden haben, welche die 2 mächtigen Menschenracen — die weisse und die schwarze — trennt, und den fabelhaften Streit zwischen Osiris und Typhon veranlasste. Bengházi besass ehedem einen grossen Hafen, welcher mit dem Südwassersee (Tritonís) südlich von der Stadt in Verbindung gestanden haben mag. Die tief einschneidende Einfahrt und der Triebsand, wo die Philænorum Aræ errichtet waren, ist verschwunden und ebenso der Zucasee, von dem Strabo erzählt, dass er einen Ausfluss in das Meer gehabt habe; aber die Trümmer der Solocho-Inseln, vor der westlichen Küste, mögen wohl die weit ausgedehnten Bänke von Isa gebildet haben, welche selbst bei scharfen Winden gute Ankerplätze bieten. Ein wenig landein von dem Strande liegen hier eine Reihe seichter Sümpfe, von wo Salz in langen Blöcken in den Handel kommt, und diese eben können die Einfahrt und Seestation, welche Strabo erwähnt, gewesen sein. Nach alledem kann es recht wohl möglich sein, dass die Contouren der Syrte sich so verändert haben, dass die Schiffahrt jetzt thatsächlich bequemer geworden ist, als im Alterthume. Bedenkt man ferner auch, dass den an den Küsten hinfahrenden kleinen Schiffen der Alten manches gefährlich werden konnte, was in neuerer Zeit dem grossen Seeschiffe sehr unbedeutend erscheint, so wird man geneigt sein, die der Syrte beigelegten Schrecknisse und Gefahren nicht geradezu für leere Fabeln zu halten.

Von der grossen bis zur kleinern Syrte (jetzt dem Meerbusen von Khabs) bietet die Küste von Tripoli (Oea) wenig für den Seeverkehr, den Hafen von Tripoli selbst ausgenommen, welcher ziemlich in der Mitte liegt, von der Hauptstadt des gleichnamigen Staates umgeben. Da das Ejalet von Dernah bis Al Biban eine Fronte von

---

ganz dem, was ich hier in irgend einer Periode vermuthet haben würde. Jede flache Küste oder Sandbank pflegt zuzunehmen. Der angespülte Sand, Kies etc. wird nach und nach zu festem Lande. Dies hat sich auch an der englischen Küste gezeigt — 40,000 Acres sind in den Romney Marschen fast nur durch Meeresalluvion aufgehäuft, was man auch daran erkennt, dass das Terrain von der Küste landeinwärts sanft abfällt. Die Wogen haben bei Stürmen den Sand der Syrte zu hoch gehäuft, als dass er durch das gewöhnliche Steigen des Wassers wieder weggespült werden könnte. Ein ähnliches Beispiel erzählt Mr. Smeaton von den Goodwin-Bänken. Als er um die Zeit der Ebbe landete, war die Oberfläche so dicht und fest, dass es einige Schwierigkeit veranlasste, einen eisernen Haken in den Boden zu treiben, um den Kahn daran festzuhalten; aber bei dem Steigen der Fluth trug der Boden kaum noch das Gewicht eines Mannes.

wenigstens 165 Meilen der See zukehrt, so ist es als ein maritimer
Staat des Berbernlandes, der den Verkehr mit Central-Afrika haupt-
sächlich vermittelt, von einiger Bedeutung. Der Hafen von Tripoli
wird durch eine Reihe von Felsen, welche vom Nordostwinkel der
Stadt aus vorspringen, und durch eine Sandbank seewärts von der
Tadschúrah-Spitze gesichert. Hier werden Wollen- und Baumwollenwaaren, Musseline, Metallwaaren, Waffen und Kriegsvorräthe von Europa
importirt, während man Rindvieh, Leder, Häute, Soda, Salz, Natron,
Wachs, Saffran, Senna, Krapp, Oel, Spezereiwaaren, Straussfedern,
Goldstaub, Elfenbein, Harz, Datteln und andere Landesprodukte óder
durch die Karavanen aus Central-Afrika gebrachte Waaren ausführt.
Die Küste, obgleich grossentheils niedrig und abschüssig, fällt doch
ziemlich steil ab, so dass man gute Ankerplätze an vielen Punkten
findet, indem die Nordwinde selten nach dem Strande zu wehen, und
kleinere Schiffe finden im Allgemeinen eine Zuflucht in den kleinen
Häfen (marsa) Zoraik, Zilíten, Ugrah, an der Mündung des Wadi
Khahan (Cinyps), Lebidah (Leptis Magna), Ligatah, Tripoli vecchio
(Sabrata), Zoarah al Biban (das Thor von Pisida) und Zarzîs. Diese
Buchten sind meist die Resultate der Einwirkung der See und
Atmosphäre auf eine bröcklichte Küste, und die Vormauern der Häfen
sind Felsenketten, parallel mit der Küstenlinie, welche dem Anprallen
der Fluthen Widerstand geleistet haben. Die Seeküste selbst und
ihr Detail war noch vor 40 Jahren fast unbekannt, so dass Lord
Exmouth's Geschwader noch 1816 in einem Nordsturme in Erwartung noch schlechteren Wetters plötzlich die Anker lichtete, und
von der Station von Tripolis sich nach Norden lavirte, ohne eine
Ahnung von den trefflichen Ankerplätzen in der Nachbarschaft der
kleinen Syrte zu haben.

Mit Dscherbah oder Zerbi (Meninx und Lotophagitis), einer vortrefflich cultivirten, reichen Insel, welche vom Festlande durch ein
Becken mit zwei die Einfahrten bildenden Meerengen getrennt wird,
beginnt das Ejalet Tunis, welches sich von da bis La Cala oder El
Kal'ah bei Bona nach Westen ausdehnt, mit einer Küstenlänge von
125 Meilen. Das dazwischen liegende Land zeigt eine reiche Abwechslung von Berg und Thal, fruchtbaren Ebenen und verdorrten
Wüsten; dabei ist es mit einem der schönsten Klimate der Welt,
und mit einem ausnehmend ergiebigen Boden gesegnet. Zwischen
Dscherbah und der niedrigen Gruppe der dattelreichen Kerkenah
(Ceroina) Inseln, liegt der Golf von Khabs oder die kleine Syrte
(ἡ μικρὰ Σύρτις), welche vor Zeiten in Verbindung gestanden haben

mag mit Es Sibkhah oder der grossen Salzebene im Innern [117]), welche im Winter 3 bis 4 Fuss hoch mit Wasser bedeckt, und wahrscheinlich mit dem Tritonis-Sumpf Herodot's identisch ist. Wenn es sich so verhält, so mag eine enge Strasse zwischen Ketten niedriger Hügel und dabei sehr variabeln Fluthen, welche bisweilen bis auf 8 Fuss steigen, ausgesetzt, die alten Seefahrer irre geführt und diese Syrte, wie dies auch Skylax versichert, sogar noch gefährlicher gemacht haben als die grosse. Jetzt erscheint freilich die ängstliche Furcht der alten Küstenfahrer nur daraus erklärlich, dass auch die Gestaltung der kleinern Syrte vor Jahrtausenden wohl eine so durchaus andere gewesen ist, dass man sie nicht mehr erkennen kann. Fast der ganze Raum bietet jetzt guten Ankergrund und ruhiges Wasser, indem die Bank von Kerkenah die Meereswogen zurückhält, so dass sie sich nicht gegen die Küste wälzen können; die Untiefen sind aber durch die Pfahlwerke der Fischer bezeichnet.

Die anliegenden Landstriche waren von Natur ausserordentlich fruchtbar, blieben aber, bis sie unter die Herrschaft der Karthager kamen, ohne Kultur; denn die Ureinwohner dieser Gegend, (die Numidier oder Nomaden?) überliessen, wie Strabo sagt, ihre Felder den wilden Thieren und rieben sich selbst durch beutesüchtige Kriegszüge auf. Die Ostküste von Tunis (Byzacium) mag wohl jetzt weniger cultivirt sein als damals, als man sie für eine Vorrathskammer ansah, und sie mit dem Namen Emporia beehrte; sie ist aber noch heute äusserst fruchtbar und der dortige Feldbau bringt den Mauren viel Gewinn.

An der Seeküste begegnen wir mehrern stark bevölkerten Handels- und trefflichen Ankerplätzen, bei welchen zahlreiche Schiffe anlegen, um die Landesprodukte einzunehmen, Von diesen sind — von Jerbah nordwärts — besonders beachtenswerth: Ghabs oder Khabs (Tacape?), Sfákus (Taphurah), Mehadiyah oder Afrikah (Turris Hannibalis), Lamta (Leptis parva oder minor), Monástir oder Mister (Hadrumetum), Súsah (Kabar Susis), Ehrakliyah oder Herklah (Horrea Coeli), Hammámét (Aquae calidae, nach warmen Quellen so benannt), Nabal (Neapolis), Khurbah (Curubis) und Calibia oder Iklíbiyah (Clypea). Einige sind als Städte der Berberei gar nicht unbedeutend, aber die

---

[117]) Von Khabs, in dessen Nähe sich viele Ruinen vorfinden, führt jetzt eine Strasse durch Sidi Mehedub nach diesem Al Sibkhah, der im Sommer mit einer Salzkruste bedeckt ist. Eine Furth ist mit Buschwerk bezeichnet und man gelangt auf derselben von Gubilea nach Teghus. Wir kommen auf diese Gegend im Anhang 3, wo die nach Central-Afrika führenden Strassen betrachtet werden sollen, zurück.

wichtigste ist ohne Zweifel das schön gelegene und reiche Sfakus [118]) oder Sfáks.

Der Golf von Tunis ist tief und sicher, und liegt zwischen Cap Bon oder Ras Addar (Hermæum Prom.) dem Rás-Adár der Eingeborenen, und Cap Farina (Apollinis Prom.), welche beinahe 10 Meilen von einander entfernt sind. Die Stelle, wo das berühmte Karthago (Karchedon) lag, ist auf dem gleichnamigen Vorgebirge und unterhalb desselben auf der Westseite des Busens zu suchen, und der Raum von da bis Tunis zeigt noch Trümmer der tyrischen Herrscherin über 300 afrikanische Städte (ihre Besitzungen in Spanien, Sardinien, Corsika, Sicilien und Italien selbst nicht eingerechnet), so wie ihrer römischen Nachfolgerin. Von diesen sind vielleicht die auffälligsten die Cisternen und die Hafenbassins innerhalb des Cap Kamar oder Ghamart und der grosse Aquadukt, welcher vom Djebel ez-Zaghwán (Zeugitanus mons) über 11 Meilen weit das Wasser herbeiführte. Man muss aber zugeben, dass das Aussehen des Landes seit der Blüthezeit des alten Karthago sich sehr verändert hat; damals trat die Krümmung der Bucht weiter zurück und liess die Halbinsel Byrsa mit der Burg weiter und steiler hervortreten, so dass sie beinahe zur Insel wurde. Südlich von den Ruinen Karthago's im innersten Winkel der Bai steht die Stadt Tunis (Tunetum), die Hauptstadt des Ejalets und Residenz des Beys, mit einer Bevölkerung von gegen 150,000 Menschen. Sie unterhält einen lebhaften Handel, sowohl in Ausfuhr als in Einfuhr. Die Produkte und Fabrikate der Gegend bestehen aus Korn, Oel, Wolle, Fellen, Honig, Wachs, Seife, Seide, feinen Wollenstoffen, Shawls, Fessen oder scharlachrothen Mützen, Burnusen, Umschlagetüchern, Indigo, Krappwurzeln, Orchilla (Steine aus denen blaue Farbe bereitet wird), Henná, Sennes, Datteln, Elfenbein, Korallen, Schwämmen, Töpferwaaren, Tabak, Maroquin, Straussfedern, Rindvieh, Schafen und anderm zahmen Vieh. Die Stadt ist von dem Meere durch einen seichten See getrennt, dessen auffallend grosser Salzgehalt durch die von den brennenden Sonnenstrahlen beförderte Verdunstung und durch die Trockenheit der ihn einfassenden Ufergegenden erklärt wird. Dieser See steht mit dem Meere durch einen engen befestigten Kanal in Verbindung, der von den Seeleuten die Goletta, von den Mauren Hal'k-el-Wád genannt wird. Dem durch

---

[118]) Admiral Smyth erzählt, dass er dort gastfrei aufgenommen wurde, ehe irgend ein christlicher Agent angestellt war, und dass man seinen Fahrten und Operationen nicht mit jener Unruhe und jenem Misstrauen begegnete, das er sonst an diesen Gestaden nur zu oft erfahren hatte.

die Goletta getheilten Strande gegenüber können die grössten Flotten in angemessener Wassertiefe und über gut haltendem Meergrund vor Anker gehen [119].

An der östlichen Pforte des Hafens liegen die Zembra oder Zawámir (Aegimurus) Inseln, von denen die grösste 517 engl. (485 par. Fuss) hoch ist, und 9 Meilen nördlich von ihnen die gefährlichen Felsen, welche in der neuern Zeit die Skerki (Squillen, Garnelen) und Esquerques genannt worden sind. Sie scheinen die Trümmer der von Virgil erwähnten Aræ zu sein, an deren verborgenen Klippen (saxa latentia) drei Schiffe der trojanischen Flotte gescheitert sein sollen. Es sind die Aegimori Aræ des Plinius, welcher bemerkt, dass sie Karthago gegenüber, und zwischen Sicilien und Sardinien liegen; schon zu seiner Zeit waren sie mehr Felsen als Inseln, und sie· sind nach und nach versunken, obgleich es überliefert wird, dass sie einst bewohnt waren. Sie dürften wohl vulkanischer Natur sein. Unter den Karten-Compilatoren hat viel Zweifel selbst in Bezug auf die Existenz dieser Riffe obgewaltet, bis die allgemeine Aufmerksamkeit plötzlich durch die traurige Katastrophe angeregt wurde, welche den Athénien von 64 Kanonen 1804 betraf. Das Schiff ging mit dem grössten Theil der Mannschaft hier verloren.

Ausser der eben erwähnten Rhede von Tunis hat die Nordküste dieses Staats die Häfen Farina oder Ghár-el-Milh (Salzhöhle), den Meeresrand von Ouga (Utica), an den die Fluthen und Alluvionen des Madjerdah (Bagradas) Flusses fortwährend Land ansetzen; ferner Bizerta oder Beni-zart (Hippo Zarytus) — das Venedig der Berberei — mit zwei Landseen, in deren innerstem (Sisaræ palus) das Wasser süss ist. Die Fischereien auf diesen Seen sind zu hohen Preisen verpachtet, und werfen doch den Pächtern bedeutenden Gewinn .ab. Zwischen dieser Gegend und der algierischen Küste ist nur Tabarkah (Tabraca) für den Seemann von· Wichtigkeit. Es ist eine befestigte Insel und nahe dabei auf dem Festlande mündet der Fluss Ez-zeïne (Rubricatus). Ungefähr 4¼ Meile gen NNW. von Rás-al-Manschar oder Cap Serrato liegt die unbewohnte Insel Galita (Calathe), und gen WSW. von ihr zwei gefährliche unter den Meeresspiegel versunkene Felsen,

---

[119] Smyth erzählt, dass man ihm dies versichert hatte, als er 1816 zu Lord Exmouth's Geschwader vor Tunis stiess; aber der Verlust der ganzen tunesischen Flotte 1820 und ein heftiger Sturm, den er später vor Anker auszuhalten hatte, brachten ihn um so mehr zu einer andern Ansicht, als er überdies bemerkte, dass grosse Flecken des Grundes aus einem harten Thon bestehen, welcher sich abbröckelt. Für schwere Schiffe dürfte sich demnach der Hafen nicht zur Winterstation eignen.

an welche die Fregatte Avenger im December 1847 anstiess, wobei die ganze Mannschaft bis auf 8 Personen ertrank. Zwischen den Felsen trifft man übrigens weite und sichere Kanäle.

§. 12. Die Nordküste Afrika's von Algier nach Westen.

Von den Mazúlah-Bergen, welche das Gebiet des Bey von Tunis abgrenzen, bis zu dem Fluss Mulúwi nach Westen, etwas über 145 Meilen lang, streckt sich die Küste des schönen und fruchtbaren Algeriens (Mauretania Cœsariensis) aus, eines Landes, dessen Kräfte selbst in der neuesten Zeit noch nicht zu völliger Entwicklung gediehen sind. Früher führten die mohamedanischen Beherrscher dieses Staates, Deys (Daïs) genannt, räuberische Kriege, welche stets die Industrie, den Ackerbau und Handel zerstören. Obgleich sie aber frechen Seeraub übten, und der Macht der meisten christlichen Staaten, welche an das Mm. grenzen, Trotz boten, zeigte doch die neuere Politik das anomale Phänomen, dass man dem Treiben dieser barbarischen und unverschämten Seeräuber lange Zeit ruhig zusah, selbst dann noch, als die Flotte der Piraten nebst ihrer Bemannung gegen die der Christen gar nicht mehr in Betracht kam. Der Anfang dieses gegen alle Gesetze der Civilisation und gegen das Völkerrecht verstossenden Raubsystems ist in den Kreuzzügen zu suchen, der Keim desselben lag in der fanatischen Erbitterung der mahomedanischen Welt gegen das christliche Europa; aber dass diese so lange anhalten und so viele Opfer erreichen durfte, dient der Christenheit zu einem eben so wohl begründeten Vorwurf, als dass man noch heutigen Tags den Türken in den schönsten Gegenden Südeuropas duldet. In Algier wenigstens ist diesem Unwesen gesteuert, und das ebenfalls so gesegnete — physisch schöne, aber durch manche moralische Hässlichkeit entstellte Land — wird jetzt von Frankreich colonisirt. Auch ist nicht zu verkennen, dass besonders die Küstenstriche seit der französischen Herrschaft ihre Physiognomie ganz verändert haben, dass Künste und Gewerbe zu blühen anfangen, und ein gebildeteres Leben sich im Allgemeinen entwickelt. Dass die Fortschritte des Landes seit dem 5ten Juni 1830, als General Bourmont als Sieger in Algier einzog, den Erwartungen Europas nicht ganz entsprochen haben, liegt zunächst an den fortwährenden Kriegen, welche Frankreich dort zu führen hatte, danach aber noch an andern Verhältnissen, deren Auseinandersetzung an diesem Orte wohl nicht erwartet werden kann [120]). Obgleich unter der Herrschaft des Dey der Handel durch vielfache Zwangsmassregeln und Restriktionen beschränkt war, so war doch selbst damals die Ausfuhr nicht unbedeutend, und die Franzosen fanden bei der Eroberung in den Magazinen des Staates einen beträchtlichen Vorrath an Wolle und andern Waaren, im Werthe von 3 Millionen Francs. Hauptartikel des Exporthandels waren damals Korn, Hülsenfrüchte, Olivenöl, Wachs, Honig, Südfrüchte, Tabak, Kermes, zahmes Vieh aller Art, Felle, namentlich auch wilder Thiere, Wolle, Korallen, Bauholz, Holzkohle, schwarze, weisse und graue Straussfedern u. s. w.

Die wichtigsten Verladungsplätze an der östlichen Küste Algeriens sind: La Kalah (La Calle, Nalpotes), Bastion de France (ad Dianam), Bona (Hippo Regius) am gleichnamigen Golfe, Sublucu (Collops Parv.), Storah (Rusicada) am gleichnamigen Golfe, der ehemals Sinus Numidicus hiess, unweit der aufblühenden neuen Stadt Philippeville, Kolah oder Collo (Culla, Collops Magnus) die kleinen Häfen unterhalb Ras Sebah Rus (zugleich der Name des nahen Gebirges, Tretum Prom., die 7 Caps) und am Wad el Kebir (dem grossen Fluss), Zergeli oder Djidjelli (Igilgilis), Bujeïyah oder Budjia (Portus Saldæ), Marsa Fahm oder Zufûn (Audus), Tedlez oder Dellis (Rusucurrium) und Marsa Zinet. Ist man bei Zinet oder Djinet vorbei und hat man das Cap Matafuz oder Temedfus doublirt, so fährt man in die grosse Bai von Algier oder Al-Jezdirat ein, die sich durch steile Küsten, tiefes Wasser und trefflichen Ankergrund auszeichnet. In ältern Schriften kommt sie nicht unter dem jetzigen Namen vor, welcher von der kleinen vor der Stadt liegenden Insel entlehnt ist. An der Westseite dieser Bai steht, weithin sichtbar, die berühmte Stadt mit ihrem Molo, mehreren Forts, Leuchtthurm und Kasba. Hügel in höchst pittoresken Formen, Thäler, Gärten, Haine und Landhäuser verleihen der Umgegend grossen Reiz. Fährt man weiter nach Nordwest, so passirt man zunächst das Cap Caxines oder Ras Al-Kanâtir (Jomnium) und hat nun eine nach West streichende äusserst steile und felsige Küste vor sich. Hier findet man der Reihe nach die Buchten und Schlupfhäfen Sidí Ferey (Feruch, Via), Tfesud (Tipasa), Nacous (Cæsarea), Scherschél oder Zerzahal (Icosium), Nakkous (Jol und Julia Cæsarea), Dniss oder Tennês (Cartenna), Marsa Goleit, Musta-ganem (Murustaga), Arzaú (Arzéw) am gleichnamigen Golfe (Arsenaria und Deorum portus), Wahrán oder Orán

[120]) Wir verweisen auf Pellissier's Annales algériennes (2 Bände Paris 1836), auf „La Question d'Alger" von Desjobert (Paris 1837) und „Procès-verbaux et rapports de la commission d'Alger" von demselben (Paris 1834.)

(Quiza), Marsa Kebir (Portus magnus) innerhalb des Ras al Harsbah (Meta-gonium Prom.) und Ischgún (Acra). Die ganze algerische Küste bietet Material für Handelsunternehmungen in Menge dar, und es steht zu erwarten, dass, wenn erst ruhigere Zeiten in der französischen Colonie eintreten, die Energie Frankreichs den Handel, besonders auch durch Benutznng der Dampfschiffahrt, bald noch erfreulicher fördern wird, als dies bisher geschehen konnte.

Wir nähern uns nun dem äussersten der berberischen Staaten im südwestlichsten Winkel des Mittelmeers, welcher den Namen des Kaiserthums Marocco oder Mogh'rib-al-akzà d. i. der äusserste Westen führt, und aus der Vereinigung mehrerer kleiner Königreiche oder vielmehr grosser Provinzen entstanden ist. Es ist ein Ueberbleibsel der grossen Monarchien, welche die Saracenen in Mauritanien ge-gründet hatten. Anarchie und innere Zwietracht haben seine Grenzen mehr und mehr reducirt, aber noch immer kommt sein Areal dem Spaniens gleich: Seine Mittelmeerküste — von dem Fluss Mulvia oder Mulúwi bis Ceuta — ist beinah 48 Meilen lang, aber auch noch kein Drittel seiner ganzen Küstenentwicklung. Dieselbe zeigt eine schöne Abwechslung von Berg und Thal, ist aber zum Theil von Europäern noch gar nicht besucht. Eine grosse Anzahl Flüsse strömen von der Kette des Atlas herab, welcher das Reich seiner ganzen Länge nach durchschneidet und dessen Gipfel über die Schneelinie hinaus bis 13,000 Fuss emporsteigen und zu gleicher Zeit den Charakter, Boden und das Klima der ganzen Gegend modificiren. Die erwähnten Flüsse münden sowohl in das Mittelmeer als in den atlan-tischen Ocean. Die grössern z. B. Wad Gomera und Nekor und der bis Fez schiffbare Sebu bilden Häfen mit vorliegenden Felsen, welche zwar gegenwärtig gänzlich vernachlässigt sind, so dass nur kleine Fahrzeuge einfahren können, aber einst für Dampfschiffe recht gute Stationspunkte werden können. Ein Zweig der grossen Bergkette wendet sich nach Norden und ist dort als der kleine Atlas, (Djebel Beni Gualid) bekannt, für dessen äussersten Vorberg der Affenhügel (Abyla) Gibraltar gegenüber gelten kann. Das Klima Marokko's ist mild und gesund und der Boden, wo er cultivirt ist, im höchsten Grade fruchtbar; aber überall stösst man auf grosse, ganz unbebaute Landstriche. Korn, Dhurra (eine Art Hirse), Reis, Mais und Hülsen-früchte werden in den meisten ebenen Gegenden gebaut; ausserdem kommt Oel, Baumwolle, Tabak, Indigo, Sesam, Harz, Honig, Wachs, Obst, Pferde, Rindvieh, Geflügel, Schaafe, Salz, Salpeter, Hanf, Safran und Krappwurzeln in den Handel, und die inländischen Manufakturen

verfertigen Leinen- und Seidenstoffe, Háyiks, Fess, Maroquin, Pan-
toffeln, Barracans, Burnuse, Shawls, Teppiche, Seife, Töpfergeschirr
und Häute. Die Abhänge der Berge prangen mit den mannigfachsten
Laubschattirungen. Man findet besonders die Ceder, Kork- und Stein-
eiche, die Carubba, den Wallnussbaum, die Akazie und Olive. Der
Mineralreichthum der Berge ist so gut wie unbekannt, obgleich man
weiss, dass Eisen, Kupfer, Blei, Antimon und selbst Gold und Silber
in einiger Ausdehnung gefunden worden sind. Marocco ist ein üppiges
und doch darbendes, ein von der Natur freigebig beschenktes, aber
von den Menschen blind vernachlässigtes Land.

Der Fluss Mulúwi oder Muluwyah (Molochath), welcher jetzt
Algerien von Marocco trennt, war auch in alter Zeit der Grenzfluss
zwischen Mauretania und Tingitana und ist somit stets politisch wichtig
gewesen. Er entspringt in der Nähe des Südendes der kleinern Atlaskette und nachdem er durch ein mannigfache Abwechslung zeigendes,
von den Europäern kaum betretenes Land geflossen, fällt er ungefähr
in der Mitte der Melillah-Bucht in das Meer. Ungefähr 2 Meilen
nordwestlich von der Mündung des Muluwyah liegt Zaphran oder die
Ja'fereï-Gruppe, welche aus 3 unbewohnten Felseninseln besteht, von
denen die höchste über 400 Fuss über den Meeresspiegel emporsteigt.
Sie bieten den in stürmischem Wetter dort Zuflucht suchenden Schiffen
guten Ankergrund, so dass keine Gefahr vorhanden ist, dass die Anker
treiben. Ungefähr 6½ Meile von diesen Felsen liegt im Nordwest-
zu Weststriche das Cap Tres Forcas (Mitagonitis Prom.), von den
Eingeborenen Ras-ud-Dehir (Klostercap) genannt und in der zwischen
ihm und dem Mulúwi zurückweichenden Bucht die kleine spanische
Straffeste Melillah (Rusadir), welche von einem kaum einen Pistolen-
schuss breiten Saum Landes umgeben, und ganz vom maurischen
Gebiet eingeschlossen ist. Noch weiter zurück an der Bucht liegt der
grosse Salzsee Resífah, bis 1755, wo ein Erdbeben den Zugang ver-
schloss, ein vortrefflicher Hafen. [121]

---

[121] In der Nähe von Melillah liegt die Lagune oder die Salinen von Puerto
Nuevo, auf welche jetzt das Hauptaugenmerk der Franzosen gerichtet ist. Sie stand
noch 1818 in solcher Verbindung mit dem Meer, dass ein Getreidehandel vermittelst
derselben getrieben werden konnte; ihre Einfahrt ist jetzt zwar versandet, soll sich
aber leicht wiederherstellen lassen. Ein dortiger Hafen würde der sicherste der
ganzen Küste sein, und der Besitz desselben würde die Franzosen zu Herren des
dortigen Gestades machen. Eine isolirte Anhöhe liegt in der Nähe, welche befestigt die Gegend nach dem Innern beherrschen müsste. Diese ist reich an Getreide
und hat ergiebige Bleiminen.

In mittlerer Entfernung von dem Cap Tres Forcas und der Küste Spaniens liegt die steile Felseninsel Alboran, welche die Geographen gewöhnlich mit zur Berberei rechnen, während sie auf manchen Karten ganz fehlt. Man kannte diesen sterilen Fels, der kaum Spuren animalischen und vegetabilischen Lebens zeigt, überhaupt so wenig, dass er sogar als ein passender Ort für eine Niederlassung bezeichnet wurde, ja dass noch 1813 das Naval Chronicle eine Ansicht desselben herausgab, und die imaginären Einwohner als vom Fischfang lebende Seeleute beschrieb.

Westlich vom Cap Tres Forcas, welches, wie wir sahen, eine Zweigkette des mächtigen Atlasgebirges abschliesst, bemerkt man, wenn man vor Tiraka (Tænia Longa) vorbei ist, und quer über die Bai Mezemmah oder Al Buzema fährt, einen Felsen (Sex insula), auf welchem die Spanier einen kleinen Militairposten besitzen, welcher von den Mauren wo möglich noch mehr umlagert und beschränkt ist, als Melílah. Ungefähr 6 Meilen weiter nach Westen liegt noch einer der spanischen Presídios, die Festung Peñon de Veloz (Parietina), eine hohe von starken Werken umgebene Insel, welche für uneinnehmbar gehalten wird, da sie allerdings fast unzugänglich ist. In diesen Presídios scheint das Schicksal der Garnison nicht sonderlich von dem der Forzadi oder der verurtheilten Verbrecher verschieden; beide seufzen in derselben Verbannung von allem Verkehr mit der Aussenwelt.

Nordwestlich von Peñon, etwa 16½ Meile entfernt, liegt Ceuta oder Sebtah, der wichtigste der spanischen Presídios und die äusserste Ostspitze an der Südküste der Strasse von Gibraltar. Obgleich die ganze dazwischen liegende Bucht die Bai von Tetuán genannt wird, so bezieht man doch auch diesen Namen im Speziellen auf den Ankerplatz vor der volkreichen Stadt Titáwán — gewöhnlich Tetuán (Jagath) — zwischen den Vorgebirgen Negro und Mazari, wo englische Schiffe oft Schutz vor Südweststürmen gefunden und mannigfachen Proviant und Erfrischungen eingenommen haben. 1799 nahm dort eine Flotte von 17 Linienschiffen, unter Lord Keith, ohne Zeitverlust ihr Wasser ein; aber ein unerwartetes Hinderniss schien die weitere Verproviantirung unterbrechen zu sollen. Obgleich so nahe bei Gibraltar, mit dessen Kaufleuten die Juden der Berberei einen ziemlich bedeutenden Handel treiben, konnte doch der englische Admiral keine Vorräthe für seine Regierungsscheine erhalten und er hätte, ohne die Flotte frisch fouragiren zu können, zur Belagerung von Cadix schreiten müssen, wenn nicht ein englischer Kauffahrer den Tetuaner Hafen des Schutzes wegen angesegelt hätte, der einige

Tausend spanische Dollars an Bord hatte. Zwischen Tetuan und und Peñon ist die Gegend meist von Mauren bewohnt. An der Küste stösst man auf keine irgend bedeutende Stadt und eben so wenig auf brauchbare Häfen. Küstenfahrer besuchen nur den kleinen Hafen Mostaza, wo sie Korn, Rindvieh, Wachs, Honig und andere Produkte, ferner Kamelotten, Barracans, Matten, Topfgeschirr und die verschiedenen Erzeugnisse des Gewerbfleisses von Tetuán und der Umgegend einschiffen.

Auf der Halbinsel Ceuta (Exclissa und Septa) steht eine Festung Gibraltar gegenüber, welche, wie dieses, von der Landseite uneinnehmbar scheint. Westlich davon liegen die malerischen Klippen eines gegen 2200 Fuss hohen Berges, des Ape's Hill (Affenhügel) der Engländer, der Sierra Bullones der Spanier, des Jebel Moúsa und Thâtúth der Mauren (Mons Abyla). Vom Affenberge bis Tanjah oder Tangier (Tingis), einer befestigten, aber nicht mehr bedeutenden Stadt, zeigt die Küste einen steten Wechsel von Riffen und kleinen Häfen, von denen einige recht freundlich zum Landen einladen; aber die Mauren feuern aus ihren Hinterhalten sofort auf jeden Fremden, da jede Ausschiffung ausser in den regulären Hafenorten streng verboten ist. Fährt man von Tangier westwärts weiter, so gewahrt man eine steile, unbebaut und dürr erscheinende Küste bis zu der schönen Landspitze, welche von den Eingebornen Ras-el-Schukkár oder die Rothblumenspitze, von den Europäern Cap Spartel (Ampelusia) genannt wird. Sie bildet den nordwestlichsten Punkt Marocco's und begrenzt die westliche Einfahrt in die Strasse von Gibraltar.

Von Cap Spartel nach WSW. bis Arzílá (Zilis) liegt an der Strandlinie ein flacher, sandiger und steiniger Landstrich, der landein zu schönen Grasweiden emporsteigt, aber doch öde und verlassen aussieht. Vor dieser Gegend, insbesondere vor dem Hafen Jeremiyah kann man bei Westwinden einfach mit dem Senkblei treffliche Ankerplätze auffinden, welche von der hohen See aus gar nicht gefährdet sind. Der ganze Grund fällt abschüssig ab, und ist sicher bis Al Harátsch oder Laráche (Lixus). So lange diese Winde wehen, ist der Seespiegel glatt und die Schiffe können sehr leicht segeln [122]).

Unsere Rundfahrt (Periplus) hat uns unvermerkt in das atlantische Meer geführt und wir müssen, wenn uns die Strömung an der

---

[122]) Smyth machte im Sommer 1811 diese Erfahrung, als er vor Cap Spartel mit einem Geschwader von 4 Linien- und einigen kleinern Schiffen unter dem Ober-Commando des Rear-Admiral Sir Richard Goodwin Keats kreuzte.

Nordwestküste Afrikas nicht weiter in den offenen Ocean nach den capverdischen Inseln verschlagen soll, in unser Binnenmeer zurückeilen. Die nächsten Abschnitte sollen nun die physische Geographie unserer Thalassa behandeln, und zwar in solcher Reihenfolge, dass wir zuerst das Becken in seinen Vertikal- und Horizontaldimensionen, sowie die Veränderungen behandeln, welche dasselbe erlitten hat; diese führen uns zu den vulkanischen und neptunischen Erscheinungen hinüber. So schreiten wir weiter vor zu der Betrachtung der Wassermasse, die das Becken füllt, und zu dem Luftmeere, das über derselben fluthet.

III.

Das Becken des Mittelmeers.

§. 1. Unterseeische Topographie.

Wenn wir auf den besten neuern Karten unseres Welttheils die bis in das feinste Detail durchgeführte Terrainzeichnung mit den Küstencontouren plötzlich abbrechen sehen, wenn sich dicht neben die dunkele Bergzeichnung, dicht neben die reiche Küstenentfaltung der Spiegel des Meeres als weisses, oder höchstens grünblau gefärbtes Papier anlegt, so wünschen wir wohl statt dieser katoptrischen Darstellung des den Aether widerstrahlenden Meeres, eine dioptrische, wir möchten hinabschauen in die Tiefen der See und auch den Grund des Meeres gezeichnet vor uns sehen. Zu solchem Wunsche treibt uns auch nicht die blosse Neugier, wie den König in Schillers Taucher (Nicola Pesce), sondern eine ganze Schaar ächt wissenschaftlicher Motive. Wenn wir z. B. die Höhenverhältnisse unseres Erdballs in seinen Continentalflächen mit wenigen Ausnahmen jetzt annähernd genau kennen, wenn wir ferner wissen, dass sich die feste Erdrinde unter den gewaltigen oceanischen Flächen fortsetzt, so können wir über die Unregelmässigkeiten der Erdoberfläche erst dann ins Klare kommen, nachdem wir auch den gesammten Grund des Meeres in seinen Hebungen und Senkungen wenigstens ziemlich genau kennen gelernt haben. Es dürfte sich dann vielleicht zeigen, dass, wenn dem Monde auffallend hohe Bergkegel eigenthümlich sind, unser Erdball reich ist an gewaltig tiefen Thalmulden, welche dreimal grössere Tiefen unter dem Niveau des Meeres erreichen, als die höchsten Berge Höhen über demselben. Erst nach dem weiteren Ausbau der unterseeischen Topographie wird es auch möglich sein, die Theorie der Ebbe und Fluth, sowie der Meeresströmungen gründlich zu behandeln.

Der submarinen Chartographie stellen sich aber natürlich viel
grössere Schwierigkeiten entgegen als der Darstellung des Bodens des
Luftmeeres, in dem wir leben; dennoch sind dieselben nicht unüberwindlich, und die Lösung der so schwierigen Aufgabe wird sogar
durch manchen Umstand erleichtert. Der Grund des Meeres ist eine
Fortsetzung der Erdoberfläche und folgt, was die eigentlichen Gebirgs-
bildungen der vorhistorischen Zeiten betrifft, denselben Gesetzen, wie
jene; er hat die gleichen Urgebirge, Uebergangsbildungen, tertiäre
Formationen, erloschene und brennende Vulkane; die Gipfel der Berge,
oft auch ganze Gebirgsmassen und Ketten. erheben sich bald als Inseln
über seinen Spiegel, bald lauern sie als blinde Klippen in geringer
Tiefe auf den unvorsichtigen· Schiffer, mancher bedeutende Berg mag
noch mehr als 1000 F. Wasser über seinem Gipfel haben. Wenn aber
die Formation des Meeresgrundes in vorhistorischer Zeit der des überseeischen Festlandes geglichen haben mag, so ist doch das gesammte unterseeische Terrain im Laufe der Jahrtausende ganz andern Bedingungen und
daher auch andern Veränderungen unterworfen gewesen. Alles weist
darauf hin, dass, wo nicht vulkanische Kräfte mitwirkten, diese Veränderungen, besonders in grossen Meerestiefen, wohl nicht so bedeutend
haben sein können, als in unserer Atmosphäre. Es fehlen hier, um
nur eines zu erwähnen, die starken Contraste zwische Wärme und
Kälte, der Wechsel zwischen Feuchtigkeit und Trockenheit, dagegen
tritt in dem fortwährenden, wenn auch langsam erfolgenden Niederschlag aus den oceanischen Gewässern ein Element hinzu, welches
unserer Atmosphäre in dieser Ausdehnung ganz abgeht.

„Im Luftocean, sagt v. Martens (Italien I, 292), zeigen sich Erde,
Luft, Wasser (und Feuer) seit Jahrtausenden unablässig thätig, um
die Höhen abzutragen, die Tiefen auszufüllen und mit jedem Jahre
einen, wenn auch unendlich kleinen, Schritt zur Ebnung der Erdoberfläche zu machen; aber kaum haben die, gewöhnlich nach Zurück-
lassung gröberer Geschiebe nur noch Sand und Schlamm führenden
Ströme das Meer erreicht, so ermattet ihr Lauf auf der wagerechten
Ebene und lässt alle erdigen Theile sinken, welche von der Ufer-
strömung den Strand entlang aufgeschichtet werden. Fern vom
Lande und in grössern Tiefen ist dagegen das Wasser des Meeres so
rein, dass nur höchst unbedeutende Ablagerungen an einzelnen Stellen
stattfinden können und da auch jede Verwitterung da aufhört, wo
Luft und Frost nicht hindringen, so zeigt sich auf dem Grund des
Meeres die umgekehrte Erscheinung, die Ungleichheit desselben nimmt
zu, weil die grossen Tiefen unverändert bleiben, während die geringen

noch geringer werden." Doch wir wollen nicht so kühn sein, schon
jetzt eine Geschichte der Veränderungen der oceanischen Becken zu
schreiben, während man kaum angefangen hat, neben den Haupt-
niveaucurven der Küstenumrisse, auch noch andere für gewisse Tiefen
in diese Bassins einzuzeichnen. Ein solcher Versuch ist auch von
mir in den Karten I., II. und III. in Bezug auf das Mm., wie früher in
meiner Bearbeitung der Mauryschen physischen Geographie des Meeres
in Bezug auf den atlantischen Ocean gewagt worden; wir nennen
solche Kartenentwürfe einen Versuch, denn selbst die sorgfältigste
Zusammenstellung aller bisherigen Sondirungen lässt noch manche
Lücke unausgefüllt. Leider hören auf den Seekarten die Tiefenangaben gewöhnlich in einiger Entfernung von der Küste da auf, wo
man sie bei der Zeichnung des Seebassins am liebsten anfangen sähe.
Die Sondirungen selbst haben den Vorzug vor den Höhenmessungen
im Binnenlande, dass sie nicht mühsam auf den Meereshorizont reducirt zu werden brauchen, sondern gleichsam als Messungen negativer
Höhen stets ihren Fusspunkt unmittelbar in den Meereshorizont selbst
verlegen können. Alle Sondirungen werden aber durch die oft sehr
starken Strömungen und Gegenströmungen ungenau und ihre Resultate
sind bei bedeutender Tiefe immer zu gross. Erst in der neuesten
Zeit sind solche Messungen namentlich vor der Einsenkung der Tele-
graphendrähte, wie Lieutenant Dayman's treffliche Tiefenmessungen
beweisen, rationeller und mit besserm Erfolg angestellt worden [123]).

Wenn nun aber Sondirungen auf den weiten oceanischen Wasser-
wüsten allein über die Formation des unter ihnen liegenden Meeresbodens belehren können, so giebt ein Meer von so geringer Breite
und solchem Inselreichthum wie das Mm., auch da wo Sondirungen fehlen, noch manchen Wink. Aus der Beschaffenheit der
Seeküste kann man auf die Tiefe des Meeres in deren Nähe meist
untrügliche Schlüsse machen. Hohe felsige Klippen haben tiefes
Wasser und Häfeneinschnitte, während neben niedrigen Küsten das

---

[123]) Die Tiefe des Mm. ward von den Alten mit Hülfe des Senkbleies
(καταπειρατήριον, κάθετος μόλιβδος, βολίς, catapirates) und einer Art von Taucher-
glocke, die man gewöhnlich anwendete, nachdem man das Meer durch darauf ge-
gossenes Oel beruhigt hatte, bereits hier und da gemessen. Das sardoische Meer
hielten Aristoteles und Posidonius für den tiefsten Theil des gemessenen Meeres (ungefähr 1000 Orgyien oder Faden, nach Strabo (I., p. 53. (Siebenkees), der ebenda von
einer Reinigung des Meeres spricht, vermöge deren es Leichname, Schiffstrümmer
etc. an das Land spüle). Andere bestimmte Angaben über die Tiefe des Meeres
finden sich bei den Alten nicht; nur behaupten Manche, der Grund des Meeres senke
sich ganz in demselben Verhältniss, als die Berge der Erde sich erhöhen. (Vergleiche
Forbiger, alte Geogr. I., 579.)

Wasser meist seicht ist und Häfen sich selten finden. Wegen dieser und noch anderer Eigenthümlichkeiten kann man auch im Allgemeinen annehmen, dass eine niedrige Küste an Ausdehnung zu-, eine steile abnimmt. Wo man die Zostera marina oder den bandartigen Wasserriemen findet, kann man Untiefen erwarten, denn dieser Tang sammelt Schlamm, Sand und dergl. an, bis sich allmälig eine Bank bildet. Aus diesen wenigen Bemerkungen geht z. B. hervor, wie bedeutend das unterseeische Terrain um Morea von dem an der gegenüberliegenden afrikanischen Küste abweichen muss. Ueberhaupt tritt bei zwei gegenüberliegenden Küsten — vorausgesetzt dass sie wirklich gesonderten Landfesten angehören, — häufig ein gewisser Contrast in der Formation hervor, und das zwischen ihnen liegende Meeresbecken ist dann der Vermittler dieser Contraste der Erdformation, wie die Wasserstrasse über ihm den durch die Verschiedenheit der Lokalität hervorgerufenen Gegensatz zwischen den Bewohnern vermittelt.

Die eigentlichen Bestandtheile des Mittelmeergrundes, des fundus maris, sind lange, einige allerdings wahrscheinliche Schlussfolgerungen abgerechnet, fast ganz unbekannt geblieben; aber neuere Durchforschungen, im Verein mit den trefflichen Arbeiten des Grafen Marsigli längs den Küsten der Provence und Languedoc's und mit denen des Dr. Donati und Olivis im adriatischen Meere, beweisen wenigstens so viel, dass dieses weite Becken, als es entstand, einst aus denselben Stoffen, wie die angrenzenden Landestheile bestanden hat, und dass seine Zwischenräume sich mit künstlich entstandenen Ablagerungen und Incrustationen mehr oder weniger angefüllt haben. Im 49sten Bande der Philosophical Transactions, giebt Mr. Trembley eine Uebersicht der von Donati zu einer „Naturgeschichte des adriatischen Meeres" gegebenen Beiträge, woraus wir die Endresultate mittheilen. Obgleich das Mittelmeerbassin sich weit ausdehnt und zum grossen Theil eine fast unmessbare Tiefe zeigt, so sind doch die Beobachtungen, welche der italienische Gelehrte an einem kleinen Theile des ganzen Beckens machte, so werthvoll, dass man aus ihnen manchen Schluss auf das Ganze machen kann.

Seine Nachforschungen haben ihn zunächst zu der Behauptung geführt, dass zwischen dem Boden des adriatischen Meeres und der Oberfläche der angrenzenden Landestheile kein Unterschied besteht. Am Grunde des Meeres zeigen sich eben so Berge, Thäler und Höhlen wie auf dem Lande. Der Boden besteht ferner aus verschiedenen Schichten, die über einander lagern und grösstentheils mit denen der Felsen, Inseln und anstossenden Continente parallel laufen. Sie enthalten verschiedenartiges Gestein, Metalle, verschiedene Versteinerungen, Bimsstein und Laven, die offenbar vulkanischen Ursprungs sind.

Istrien, Morlacca, Dalmatien, Albanien und einige andere angrenzende Länder bestehen ebenso wie die Felsen und Inseln und der daran stossende Boden des adriatischen Meeres aus einem weisslichen Marmor von gleichmässigem Korn und fast überall gleicher Härte [124]). Es ist jene Marmorart, welche die Italiener jetzt marmo di Rovigno nennen und die bei den Alten unter dem Namen marmor Trauugiense bekannt war.

Diese grosse Marmormasse, welche das Bett bildet, ist ferner an manchen Stellen durch Schichten anderer Marmorarten unterbrochen, uud mit sehr verschiedenen Mineralien mehr oder weniger bedeckt. Man findet z. B. Kies, Sand und mehr oder weniger fette Erdschichten. Die Verschiedenheit der Meeresbodenbeschaffenheit ist überhaupt merkwürdig. Dr. Donati schreibt wohl mit Recht dieser Verschiedenheit die grosse Mannigfaltigkeit der Pflanzen und Thiere zu, welche zugleich auch in sehr verschiedener Menge am Seeboden gefunden werden. An einigen Stellen findet man Pflanzen und Thiere in erstaunlicher Fülle, an andern nur eine ganz besondere Species, an andern endlich weder Pflanzen, noch Thiere; es giebt auch auf dem Meeresgrund fruchtbare und sterile Regionen. Dies erklärt sich schon daraus, dass auf den Felsengrund im Meere aufsteigender Schlammgrund, dann der Sand folgt. Nach Olivis Beobachtungen hat sich an der Ostseite des Adria, wo Dalmatiens Kalkfelsen an seine Ufer stossen, auch sein Felsengrund grösstentheils unbedeckt erhalten. Nur kleine Thäler, Fossaë genannt, sind hier mit Geschieben, Sand und Schlamm ausgefüllt, an allen andern Stellen findet man kaum hie und da einen dünnen Ueberzug von Tufstein, Zoophyten und Schalthierresten. An der Mündung der Sdoba bei Monfalcone beginnen aber die Sandbänke, zuerst schmal, dann eine halbe Meile breit, später anderthalb Meilen in das Meer tretend. Parallel mit diesem festen Sandniederschlag dehnt sich, durch einen gemischten Saum in denselben übergehend, ein Gürtel von weichem Schlammgrund aus, der bei Monfalcone noch sehr schmal, immer breiter wird, und bei Ancona sich 45 Seemeilen in das Meer streckt. Mitten aus diesen Schlammgründen ragen noch einzelne Spitzen des darunter liegenden Felsengrundes hervor, welche bei den venezianischen Fischern unter dem

---

[124]) Diese Inselbildung durch Kalkketten kann man im Kleinen besonders deutlich am Hafen von Ankona beobachten.

Namen Tegnue (Festhalter) berüchtigt sind, weil die Netze (wahrscheinlich auch schon die Taue der elektrischen Telegraphen) an ihnen zerreissen. Eine andere Schlammbank beginnt mitten im Felsengrunde 40 Meilen östlich von Malamocco in einer Tiefe von 16 Faden, und zieht über 3 Meilen breit bis Comacchio gegenüber fort. Sie heisst la Fossa, obgleich sie 7—8 Fuss hoch auf dem Felsengrunde lagert, und verdankt ihre Entstehung dem Stillstande des über ihr befindlichen Wassers, weil hier sich die Wasserscheide der Küsten- und Fluthströmungen befindet. Der Sand zieht sich überhaupt häufig wie ein Gürtel am Strande herum (so am Fuss des Vesuvs), aber selten über eine Meile vom Lande, und in grössere Tiefen als 100 Fuss hinabreichend; die tiefern Stellen bedeckt der Schlamm. Sehr tiefe Stellen, besonders wenn vertikal über ihnen starke Strömungen sind, zeigen nackten, gewöhnlich nur mit einer sehr dünnen Lehmschicht überzogenen Felsengrund.

Diese Beobachtungen weisen uns nicht allein auf die Verwandtschaft und Aehnlichkeit zwischen der Erdoberfläche und dem Meeresboden hin, sondern erklären uns zugleich, warum wir in der Vertheilung der auf der Erde gefundenen Seefossilien eine so bedeutende Verschiedenheit bemerken. Wir werden auf diese Ungleichheiten in der Vertheilung der Meerbewohner und Seepflanzen in dem denselben gewidmeten Abschnitt zurückkommen.

§. 2. Die Tiefen des Mittelmeers.

Die Geographen haben, indem sie die Küstenumrisse wohl beachteten, das Mm. bekanntlich in drei grosse Becken getheilt; diese hydrographische Eintheilung wird, wenn man die unterseeische Topographie, soweit sie sich aus den bisherigen Sondirungen ergiebt, verfolgt, vollkommen bestätigt. Die Barre an der Einfahrt bei Gibraltar bezeichnet den Anfang des westlichen Beckens, welches zu einer fast grundlosen Tiefe abfällt, und sich bis die centrale Partie des Meeres erstreckt, wo dasselbe über eine zweite Barre fluthet und nun zu den grossentheils noch gar nicht ergründeten Tiefen des levantinischen Bassins abfällt. Smyth klagt, dass er diese überraschende Thatsache nicht so genau, als er wohl wünschte, untersuchen konnte. Merkwürdig und höchst wichtig bleibt aber vor Allem seine Bestimmung oder vielmehr Entdeckung eines unterseeischen Plateaus, das er „Adventure Bank" nannte, und von dem aus er fast von Sicilien bis Tunis in einer sich etwas krümmenden zusammenhängenden Linie

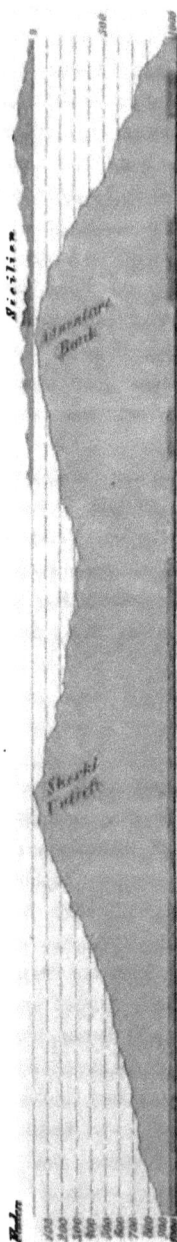

mässige Tiefen fand [125]); die Hochebene steigt am
höchsten in den Skerki-Felsen auf, in denen er die
jetzt unterwaschenen und unter den Seespiegel gesun-
kenen Aræ Virgils wiedererkennen will. Vgl. S. 92.

Für die Schiffahrt kann übrigens diese Entdeckung
eben nicht von Bedeutung sein, insofern wirklich gefährliche Untiefen nicht bemerkt wurden. Obgleich er
nämlich gelegentlich Stellen von nur 30—90 Faden
fand, und in der Nähe der Centralriffe sogar noch
seichtere, so waren doch auf beiden Seiten wieder
Stellen von 140, 157 und 260 Faden und auch solche,
wo mit 190 und 230 Faden Leine noch kein Grund
erreicht wurde. Die „Adventurebank" [126]) entwickelt
sich aus dieser tiefen Furche und bildet ein verhältnissmässig seichtes Plateau, welches an vielen
Stellen guten Ankergrund bietet und dabei sehr
reich an Fischen ist. Ein Vertikaldurchschnitt durch
diese Meeresbecken und weiter durch Palästina bis
in das Jordanthal und das todte Meer [127]), würde
gewiss an ihrem Ostende eine höchst wunderbare
geologische Struktur entfalten. Eine andere Sektion
durch den centralen Theil in einer 240 (englische)
Meilen langen Linie von Nordwest nach Südost
durch die Skerki- und Adventurebank ist unter dem
Verhältniss von 30 in der Länge zu 1 in der Tiefe
in der beigefügten Figur dargestellt.

---

[125]) *Καὶ νῦν ἔτι ταινία τις ὕφαλος διατέταχεν ἀπὸ
τῆς Εὐρώπης ἐπὶ τὴν Λιβύην*, auch jetzt noch spannt sich ein
Band unter dem Meere von Europa nach Afrika, sagt Strabo.

[126]) Nach dem Schiff Adventure benannt.

[127]) Auf die viel tiefere Lage des todten Meeres und des
Tiberiassees unter dem Niveau des Mittelmeeres hat zuerst
v. Schubert aufmerksam gemacht; seine noch unvollkommenen
Messungen wurden später von Russegger und von Lynch,
welcher die amerikanische Expedition zur Untersuchung des
todten Meeres und der Jordansauen leitete und fast 7 Wochen
in der Depressionslinie des Jordans und seines Asphaltsees
verweilte, verbessert. Der Jordan hat oberhalb der Jakobs-
brücke gleiches Niveau mit dem Mm., aber von da auf einem
Laufe von 12 Stunden Länge so bedeutendes Gefälle, dass der
Wasserspiegel des Tiberiassees schon 574 (nach andern 589
par. Fuss), unter dem des Mm. liegt, und seine tiefsten
Stellen, die bis 155 Fuss hinabsinken, also fast 730 Fuss
unter dem Meere. Vom Ausfluss des Jordan aus dem

Während sich demnach Sicilien als eine continentale Insel erweist, ist ganz Corsica und Sardinien von so überaus tiefem Wasser umgeben, dass sie eine ganz pelagische Natur zeigen und das Mm. ist dabei im Allgemeinen so bedeutend tiefer, als die Analogie mit ähnlichen Meeren und die Nähe des Landes uns· vermuthen lassen, dass man recht wohl den Gedanken fassen kann, dass seine tief eingesunkenen Becken zum Theil durch vulkanische Kräfte [128]) gebildet sind.

Werfen wir einen Blick auf die Karte, so können wir nicht umhin über die sehr ausgeprägte Verschiedenheit zu erstaunen, welche sich in der Vertheilung der grossen Erdmassen im Norden und Süden offenbart, die den Küsten Form und Charakter verleihen. Wie zufällig nun aber auch dieser Gegensatz zu sein scheint, so zeigt er doch eine charakteristische Entwicklungsstufe in der geologischen Chronologie, da natürlich keine Depression oder Elevation der eingeschlossenen Gewässer ohne eine merkliche Veränderung der Küstenumrisse, welche die eigentliche Linie der Berührung zwischen dem Lande und der Meeresobesfläche bestimmen, stattfinden konnte. Solch eine Thatsache ist für die weitere Forschung absolut nothwendig, denn die ganzen Küsten sind eben so bemerkenswerth wegen ihrer Höhendifferenz, als wegen der Verschiedenheit ihrer Umrisse. Diese letztern würden sich natürlich sofort bedeutend ändern, wenn das Niveau des Mm. irgend eine Veränderung erführe; dieses scheint aber seit der Verbindung des Mm. mit dem Ocean unverändert geblieben zu sein; wenigstens haben die genauen Messungen alle die Hypothesen widerlegt und die Visionen verscheucht, welche wir in der klassischen Zeit und noch im Mittelalter selbst bei bedeutenden Gewährsmännern in Bezug auf diesen Punkt vorfinden. Im 10ten Jahrhundert beschäftigte sich Omar el-Aalem (Omar der Weise) sehr eifrig mit dieser Frage und verfasste sein Werk über die Ebbe (el jezr) des

---

Tiberiassee bis zum Pilgerbad unweit des Asphaltsees zählt man auf 30 Stunden Länge 27 grosse, und drei mal so viel kleinere Wasserfälle und Stromschnellen. So erklärt es sich, dass der Spiegel des todten Meeres 1158 Fuss unter dem des Meeres liegt; die grösste Tiefe dieses gewaltigen Erdfalls erreicht 1151 Fuss, mithin die Senkung des Landes unter dem Meere 2310 par. Fuss (etwa 410 engl. fathoms). Aeltere Messungen geben dem todten Meere eine Tiefe von 350 Faden, und verlegen seinen Spiegel 256 Faden tief unter das Meer; daraus würde sich 606 Faden Tiefe ergeben, welche natürlich nur in den allertiefsten Stellen der nördlichen Hälfte aufzusuchen wäre; denn ein Drittel des Meeres ist sehr seicht und von erhitztem, salzigen Seeschlamm bedeckt. Nach andern Angaben liegt Jericho 527, der Spiegel ·des Sees Genezareth nur 535 und der des todten Meeres 598 Fuss unter dem Meere, was offenbar zu wenig ist.

[128]) Ueber die eigentliche vulkanische Region am und im Mm. wird weiter unten die Rede sein.

Meeres. Indem er die Schriften seiner Zeit mit andern verglich, welche vor 2000 Jahren abgefasst sein sollten, kam er zu der Ueberzeugung, dass wichtige Veränderungen aus einem Sinken des Wassers hervorgegangen sein mussten und er glaubte, dass seine Ansicht durch die vielen Salzseen im Innern Asiens bestätigt würde, ein Schluss, zu dem Pallas, der bekannte preussische Reisende, in neuerer Zeit ebenfalls gekommen ist. Aber el-Aalem's eigentliche Theorie ist nicht recht klar; es ist möglich, dass er durch die Eigenthümlichkeiten und Phänomene des Kaspisee's irre geleitet wurde; auch ist es nicht unwahrscheinlich, dass sich sein Werk nur auf die Wirkung der Ebbe und Fluth, wie sie im persischen Golf, rothen Meere und indischen Ocean bemerkt wird, bezog.

Doch wir eilen zur weitern Betrachtung der gegenwärtig im Mm. beobachteten Tiefen. Ausser den Bassinkarten I., II. und III. und der auf Seite 106 zur Veranschaulichung der Skerki- und Adventurebank gegebenen fügen wir noch drei Vertikalsektionen der Einfahrt bei Gibraltar, der Barre bei Bizerta und der Meeresgegend zwischen Candia und Corfu hinzu, und geben somit ein Bild von den drei Uebergangsstellen von einem Hauptbecken in das andere. Der vom Archipel aus in das schwarze Meer führende Kanal bedarf kaum einer solchen Veranschaulichung.

Was zunächst die drei Karten anbetrifft, so sind dieselben genau nach demselben Masstab gezeichnet oder vielmehr eine grosse Uebersichtskarte über das ganze Becken ist in Sektionen zerschnitten worden, um sie dem Format unseres Buches anzupassen. Um den Gesammteindruck der Meeresflächen nicht abzuschwächen, ist die Orographie des Festlandes weggelassen und auch die Schrift sehr beschränkt worden. Dagegen sind die Tiefenangaben möglichst vollständig gegeben, obgleich auch hier mehr Stoff vorlag, als füglich in die Karten eingezeichnet werden konnte. Von dem Holzschnitten gehört eigentlich der auf S. 106 gegebene zu dem beistehenden, auf welchem die Skerki-Bänke ebenfalls eingezeichnet sind. Man wird

bemerken, dass die Tiefe von Bizerta bis
hinter Cap San Vito nirgends bedeutend
wird, und dass hier die Gebirge bei weitem
nicht die schroffen Abhänge zeigen, welche
uns bei der Einfahrt in den Archipel (S.
110) begegnen. Es treten vielmehr in der
geringen Tiefe von ungefähr 20 mehrfach
plateauartige Bildungen hervor. Die beiden
Durchschnitte bei Gibraltar und durch die
Adventurebank haben gegen die betreffenden Barren eine senkrechte Richtung
und sind ungefähr nach demselben Massstab gezeichnet, während bei den beiden
andern ein von jenem verschiedener, die
Niveauunterschiede noch stärker hervor-
hebender Massstab gewählt ist. Vergleicht
man nun eine Sektion wie die letzte (auf
der statt Busen von Arkadis natürlich B.
von Arkadia zu lesen ist) mit der Bassin-
karte, so mögen die dort gegebenen Niveaucurven noch zu unvollkommen erscheinen;
aber um sie genauer anzugeben, was an
einigen Stellen möglich gewesen wäre,
hätte ein wenigstens noch einmal so grosser
Massstab gewählt werden müssen. Diese
Curven pflegen sonst durch punktirte Linien noch kenntlicher gemacht zu werden;
aber einerseits treten sie, wie uns scheint,
da, wo die verschiedenen Schraffirungen
an einander stossen, deutlich genug hervor,
andererseits umzogen wir mit punktirten
Linien die Bänke und Untiefen. Dass die
grössten Tiefen nicht, wie sonst üblich,
am hellsten, sondern am dunkelsten ange-
geben sind, scheint uns die Anschaulichkeit des Kartenbildes nur zu
befördern. Die unter 50 Faden liegenden Niveauunterschiede hätten
wir gern noch etwas näher bezeichnet, aber auch dazu hätte die
Karte bei weitem grössere Dimensionen erhalten müssen. Einige Angaben, namentlich bedeutender Tiefen, haben wir wegen ihrer Unzuver-
lässigkeit und wegen der ungenügenden Fixirung des Ortes weggelassen.

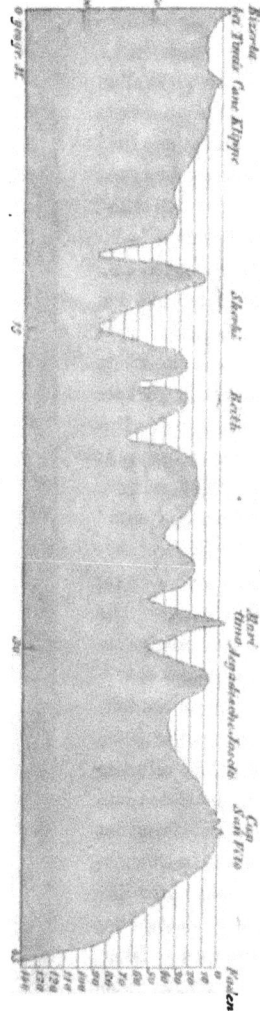

Im Allgemeinen darf man annehmen, dass sich die tiefsten Stellen eines Bassins gegen die Mitte desselben befinden; dabei hat man aber den schon erwähnten Gegensatz der Küsten zu betrachten und den Tiefenpunkt stets der steilern Küste näher zu rücken, so wie man den Unterstützungspunkt des Hebels im Gleichgewicht dem schwerer belasteten Endpunkte näher rückt. Die felsige Küste repräsentirt hier gleichsam den kürzern schwer belasteten, die allmälig abfallende den längern Hebelarm mit kleinerem Gewichte. Ein gutes Beispiel bietet das adriatische Meer. Die grösste Tiefe dieses Meeres beträgt zwischen Venedig und Triest nur 11—12 und zwischen den Mündungen des Po und Istrien 23

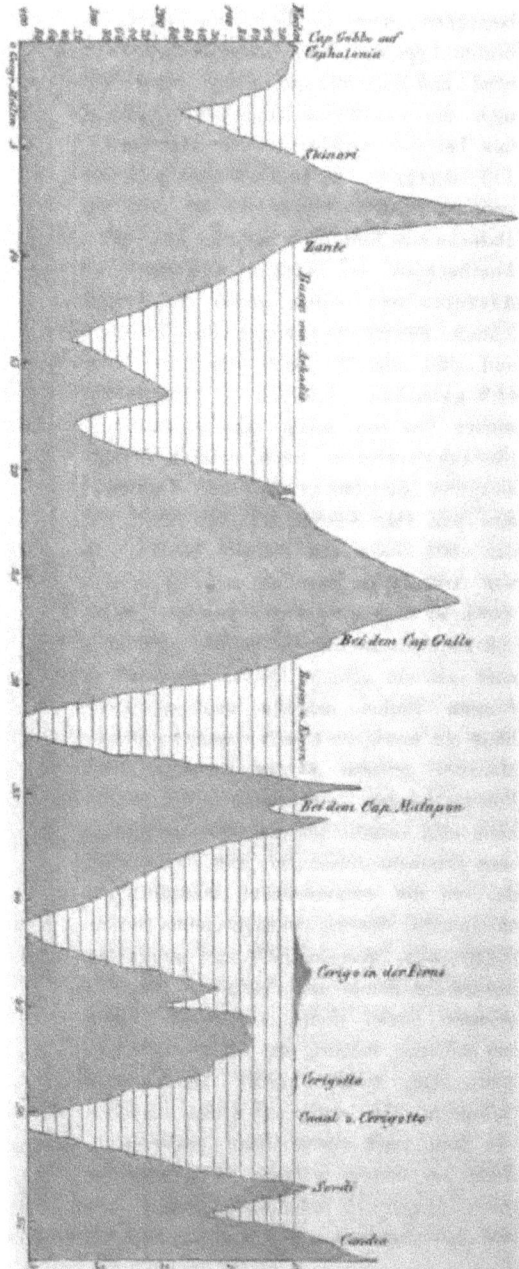

Faden [129]), mit der Breite nimmt denn auch dieses Maximum der Tiefe zu und steigt zwischen Ancona und Zara auf 100. Zwischen der Mitte der Einfahrt zum Golf liegt eine Einsenkung von mehr als 500; in der Meerenge zwischen Otranto und Avlona 350 [130]); von da senkt sich der Grund nach der ionischen See zu. Im südlichen Theile fand Smyth, indem er sich von dem Vorhandensein angedrohter Gefahren überzeugen wollte, mit Leinen von 400 bis 700 oftmals keinen Grund. Der Kanal zwischen Corfu und der albanischen Küste hat höchstens 50, der enge Kanal zwischen Ithaka und Cephalonia 55, der Hafen Bathi auf Ithaka in der Mitte 130.

An der Küste von Toskana hat das Meer an der Mündung der Cecina eine Meile vom Lande nur 1½, 5 Meilen davon 8, am Fuss des Montenero bei Antignano dagegen dicht am Ufer schon 9. Die grösste Tiefe des Kanals von Piombino zwischen dem Festland und Elba ist 25 und im ganzen toskanischen Archipel fand Smyth nirgends über 100, jenseits Capraja aber 112 bis 286. — Bei Neapel beträgt die Tiefe eine halbe Meile vom Lande, dem steilen Pizzo Falcone gegenüber, 29, der Ebene des Sebethals gegenüber aber nur 7, und eine volle Meile vom Lande ist die grösste Tiefe in der Bai nur 25, westlich von dem Castello dell'Uovo aber 39. — Die grösste Tiefe des Kanals zwischen der Insel Nisida und dem Festlande beträgt noch nicht 5, eine halbe Meile seewärts von dieser Insel aber 16 bis 51 und eine ganze Meile davon schon 70. — In der Bai von Pozzuoli ist in der Entfernung einer halben Meile von Pozzuoli 25 und von Bajæ 26 und auf eine ganze Meile bei beiden 42 die grösste Tiefe, ausserhalb der Bai aber am Vorgebirge von Miseno auf eine halbe Meile 43 und auf eine ganze über 60. Ebenso nimmt bei Castellamare mit der Höhe des Landes und der Offenheit des Meeres die Tiefe des letztern zu; sie beträgt ½ Meile vom Lande dem flachen Strande der Sarnoebene gegenüber, nur 11½, bei den Hügeln der Stadt 16, am hohen Vorgebirge von Puzzano über 30 und am steil vorspringenden Capo d'Orlando sogar 40. Am Saume der lombardischen Ebene dagegen ist die Tiefe so gering, dass man auf jede Meile Entfernung vom Lande 1 Faden mehr rechnet, und das Land aus dem Gesichte verliert, ehe man 16 Faden Tiefe bekommt (s. oben S. 105). Noch

---

[129]) Die Kenntniss des Bassins desselben wird namentlich durch die carta di cabotaggio del mare adriatico, welche unter der Leitung des k. k. österreichischen Generalstabs von dem geogr. Institute zu Mailand herausgegeben wurde, gefördert.

[130]) Wir bemerken ein für allemal, dass Tiefenangaben auf den Karten und im Texte Faden (fathoms zu 6 Fuss) bezeichnen.

an der Küste der Abruzzen müssen die Schiffe in einer Entfernung von 3 bis 4 Seemeilen vom Lande vor Anker gehen. Dagegen fällt dicht an Stromboli der Meeresgrund steil ab. Schon wenige Yards (zu 3 Fuss) von der Küste, findet man unterhalb des Kegels eine Tiefe von 90. Zwischen Neapel und Sardinien steigt die Tiefe bis auf 600; dagegen ist sie zwischen Cap Bon und Sicilien im Allgemeinen geing, bei etwa 18 Meilen Breite nur 8 bis höchstens 60, während links und rechts von diesem Plateau sogleich 140 bis 200 gemessen sind. Der Schweif des Keith-Riffes zeigte 20, die Adventure-Bank von Sicilien nach Pantellaria zu 76 und dann gleich 375. Ueber der Grahams-Insel steht Wasser von 100 Faden Tiefe. Nordwestlich von Malta findet man sogar über 500; $19\frac{1}{2}$ Meile östlich von der Insel mehr als 2500. (!)

Zwischen Corsica und Genua sinkt der Meeresgrund bis auf 700, im südlichen Theil des Löwenbusens sogar auf 805. Die eigenthümliche unterseeische Kessellandschaft in der Nähe von Gibraltar wird auf der Karte veranschaulicht. In der Mitte zwischen Tarifa und Tangier fand Smyth 160, weiter nach Osten 700, 750 bis 900, ferner zwischen Tarifa und Alcazar 500 und in der Nähe des Cap Spartel 220. Nicht ganz 4 Meilen von den Colombretes nach Barcelona zu 60, zwischen Cap Creux und Toulon in der Nähe der Roches Molles (?) 800. Die Sandbank zwischen Minorca fehlt eben so wie die zwischen Capri und Cap Campanella.

Auf einer Linie von Malta nach Candia hat Capt. Spratt unlängst viele Sondirungen vorgenommen. Die grösste Tiefe betrug 2170, also eben so viel als die grösste Tiefe des nord-atlantischen Oceans in der Linie des elektrischen Telegraphen. Auf eine Entfernung von 50 Meilen östlich von Malta geht die Tiefe nicht über 100 hinaus, hierauf sinkt sie fast plötzlich bis auf 1500 und 2000; diese Tiefe bleibt dann nahezu dieselbe bis auf eine Entfernung von 20 Meilen vom Ostende der Insel Kreta, wo die weissen Berge und der Ida sich beinahe zu derselben Höhe über den Meeresspiegel erheben. Zwischen Kreta und den Dardanellen beträgt nach Herat die grösste Tiefe 1110. [131]

An den griechischen Küsten finden wir vor Santa Maura mehr als 150, im Golf von Lepanto an den Küsten gleich 7 bis 10, in der Mitte 250; ferner dicht an der Küste der Maïna 120 und noch nicht eine Meile davon 479. Der Golf von Kolokythia zeigt schon unweit

---

[131] Vgl. Petermann, Mitth. 1857. VIII., 334.

der Küste 350, in einer Meile Entfernung dagegen bedeutend grössere Tiefen. Porto Leone bei Athen hat 4½ bis 9 Faden, die Strasse von Talanta unterhalb des Telethrius schon 3000 Fuss von der Küste über 220. 1500 Fuss von den steilen Abhängen des Athos misst man schon 80 bis 100 und ebenso zwischen den Inseln des Archipels meist bedeutende Tiefen, gewöhnlich schon in der Nähe der Küsten mehr als 120. An der libyschen Küste ist die Böschung nicht so stark und gleichmässiger. Man findet indess doch schon in der Nähe 70 bis 90, in einiger Entfernuug 150 bis 250 und weiter ab über 500. Zwischen Cypern und der ægyptischen Küste (ungefähr in der Mitte) hat man über 1000, ½ Meile von Cypern 100, eine Meile von der Insel stets über 200 und zwischen Cypern und der caramanischen Küste sogar 650 gefunden. (Vgl. die kleine Tabelle im Anh. IV.)

An der Nordküste von Aegypten hat Commander Mansell im Schiff „Tartarus" mit seinen Assistenten Lieut. Brooker und Skead eine Vermessung der Küste von Damiette östlich bis El Araisch, ferner einen vorzüglichen Plan des Hafens von Alexandrien und die Aufnahme der Bai von Suez vollendet. Comm. Mansell führte auch eine Reihe von Sondirungen zwischen Alexandrien und der Insel Rhodus aus und fand, dass von der ægyptischen Küste die Tiefe nach und nach zunimmt, bis dieselbe in einer Entfernung von 70 nautischen Meilen von derselben, 1000 erreicht und bei 110 Meilen Entfernung 1600, was dem Maximum der Tiefe im Ostbassin nahe kommt. Dasselbe Maximum fanden Delamanche und Ploix, hydrographische Ingenieure der kaiserl. franz. Marine, im Westbassin, als sie im Oktober 1856 eine Reihe von Sondirungen von Port Vendres in Frankreich nach Algier ausführten. Daher ist auch auf der Tiefenkarte für beide Theile dieselbe Schraffirung angewandt worden.

In den Dardanellen ist die Tiefe eine englische Meile von der Küste gewöhnlich 8—9, an einigen Stellen steigt sie aber bis auf 60 Faden. Auch das Marmora-Meer ist zum Theil tief, der Kanal von Konstantinopel 16 bis 30, im Verhältniss zu seiner geringen Breite tief genug. Die Tiefe des schwarzen Meeres beträgt im Allgemeinen mehr als 150 Faden; vor der Donaumündung ist es seicht und nimmt sehr allmählig an Tiefe zu. Die Insel Ilan Adassi in der Nähe der Donaumündung und Tender, etwas südlich von der Donaumündung, sind kaum zu erwähnen. Es ist übrigens, wenn man die Tiefenangaben der Karte vergleicht, wohl erklärlich, dass es fast gar keine Inseln hat. [132])

---

[132]) Ueber die dortige Tiefenmessung des Posidonios vgl. S. 102.

Dass es Dufour im Allgemeinen sehr tief nennt, dürfte schwer zu beweisen sein.

Das asowsche Meer ist nirgends tiefer als 7. Die mittlere Region bildet ein flaches Becken, 55 Meilen von O. nach W. und 35 von N. nach S., mit einer Steigung von der Mitte dieser ebenen Fläche nach der Küste hin von ungefähr einem Fuss auf die Meile, etwas an Steilheit zunehmend, je seichter das Wasser wird. Die sandigen, langgestreckten Spitzen, vom Capt. Sherard Osborn vulkanischen Wirkungen zugeschrieben, schützen vor östlichen Winden, während kein Theil des Meeres vor Westwinden geschützt ist. Der Sand häuft sich an diesen Dünen, welche an der Ostseite steil sind, an der Westseite dagegen sich abflachen, schnell an. Die Basis von einigen, in der Nähe der Häfen, besteht aus Haufen von aus Handelsfahrzeugen ausgeworfenem Ballast, der einen Kern für neue Alluvialablagerungen bildet. Es ist leicht möglich, dass in einigen Jahrzehnten, wenn keine Massregeln gegen diese Anhäufungen ergriffen werden, das Meer an gewissen Stellen nicht mehr schiffbar sein wird.

§. 3. Allgemeine Bemerkungen über die Veränderungen des Beckens,
vorzugsweise durch neptunische Kräfte, so wie über dessen Entstehung.

Wenn wir die Ueberreste oceanischen Lebens hoch über dem gegenwärtigen Meeresniveau in den fossilienreichen Schichten der tertiären Formation betrachten, so schliessen wir, dass gewaltige Revolutionen unsere Erdrinde erschüttert, dass nach oben wirkende Kräfte weite Continente emporgehoben haben. Es leuchtet uns sofort ein, dass an dem Grunde und dem Littoral unseres Meeres im Lauf der Jahrtausende mancherlei Veränderungen sowohl durch vulkanische Thätigkeit, Erdbeben u. s. w., als durch das Wasser und dessen Strömungen, durch Torrenten u. s. w. hervorgebracht worden sind; ganze Strecken lassen dies an sehr bestimmten Merkmalen erkennen. Die gegenwärtige Rinde unseres Erdballs scheint auf einer flüssigen Unterlage zu ruhen; es ist desshalb erklärlich, dass die Umrisse eines Seebeckens im Lauf der Jahrtausende durch Schwankungen, wie sie die nicht stabile Unterlage bewirkt hat, wesentlich verändert werden konnten; eine blosse gleichmässige Hebung oder Senkung ist übrigens dabei von weit geringerem Einfluss als ein Vorschieben der Erdschichten durch ein ganz partielles Auftreten vulkanischer Kräfte, denen ein verschiedener Druck von oben entgegenwirkt. Eben desshalb hängt viel von der Terrainformation in der Nähe der Küste, land- und seewärts, ab, von dem Abdachungswinkel an dieser Küste, und von den Mineralien, aus denen sie besteht, dann aber auch von der gewöhnlichen Richtung der Fluth und der Strömungen überhaupt, deren Einwirkungen, namentlich auf die seichtern Partien des Seebeckens unverkennbar sind, und fortwährend beachtet zu werden verdienen [133]). Den Urquellen aller Bewegungen in der scheinbar festen Rinde unseres Erdballs mag der Geolog nachspüren; aber er wird solche Untersuchungen in Zukunft erst dann zu Resultaten abschliessen können, wenn ihn die nautischen Messungen nirgends mehr im Stich lassen. Die wichtige Horizontalfläche, welche ihm der Spiegel der See darbietet und auf der er, nachdem er sie unter den Continenten im Geiste fortgeführt, alle Vertikaldimensionen derselben aufgebaut denkt, muss ihm zugleich die Basis werden, u n t e r der ihm die Meeresmasse als ein wenigstens in seinen allgemeinen Grenzflächen wohlbekannter Körper liegt. Die Flächen des Seebodens erscheinen ihm dann, je tiefer sie sich senken, als negativ um so höher aufsteigende Gipfel des Wasserkörpers, welche sich unter seiner Basis aufthürmen. Diese genaue Bekanntschaft mit der Umgrenzung der gesammten Wassermasse eines Meeres, diese submarine Topographie kann unserer Ansicht nach den Geologen erst befähigen, indem er nun auch jeden hier eintretenden Wechsel in das Bereich seiner Untersuchungen ziehen kann, diese selbst abzurunden. Erst nachdem er die Formation der festen Erdrinde, wie sie, abgesehen von der Atmosphäre und dem Wasser — der lunaren vergleichbar — sich gestaltet hat, kennen gelernt, wird er im Stande sein, gleichsam jede Muskelbewegung in der tellurischen, jeden Pulsschlag in der oceanischen Welt, so weit sie der oberflächliche Erdbewohner überhaupt wahrzunehmen vermag, zu erkennen.

Suchen wir nun zunächst an der K ü s t e des Mm. nach Spuren der Bewegung und des Wechsels, so finden wir sie in einer lang wie ein Band quer über das Meer gestreckten Region als Produkte vulkanischer Thätigkeit, wir entdecken aber auch noch andere Ursachen successiver Veränderung. Wir wollen uns nach den letztern zuerst umsehen.

Grosse Quantitäten von mineralischen Trümmern werden von Strömen und Torrenten zuerst mit Schnelligkeit fortgerissen; aber gegen die Mündungen und Deltas grosser Ströme hin nimmt diese

---

[133]) Die Strömung wirkt auf seichte Stellen horizontal und unmittelbar, auf tiefe vertikal durch festen Niederschlag, dessen Menge von der Bewegung, wie in der Luft die des feuchten Niederschlags von der Wärme abhängt.

Strömung gewöhnlich so bedeutend ab, dass die Gewässer nur weit geringere Massen erdiger Substanzen mit sich weiter führen. Ebbe und Fluth, sowie oceanische Strömungen führen nur die feiner zertheilten Schlammtheile über die von ihnen bestrichenen Flächen hin, ausser wo Meerengen, vorspringende Landspitzen oder andere besondere lokale Formationen sie unterbrechen; oder wo die Brandung — unter dem Einfluss vorherrschender Winde — eintritt und ihre Wirkungen vor sich als Düne u. dgl. und zum Theil auch hinter sich entfaltet. Kies uud Sand sind natürlich specifisch schwerer als das sie tragende Medium und können daher nur in stark bewegtem Wasser schwebend erhalten werden. Sobald solches Wasser nur verhältnissmässig ruhig wird, so sinken alle festen und schlammigen Substanzen allmählig zu Boden. Absolute Ruhe ist zu diesem Process keineswegs nothwendig. Das Zusammenstossen von Strömungen und die Wirkung der Winde ist jedenfalls auf Richtung und Anhäufung dieser Ablagerungen von Einfluss. Je tiefer ein Fluss oder Strom wird, desto geringer wird die Masse der von seinem Bette weggeführten Stoffe sein. Der eigentliche Strom bewegt dann nur die obere Wasserschicht und die tiefer liegenden bleiben gegen diese merklich zurück. Die untern Partien sehr tiefen Wassers bleiben überhaupt von jeder horizontalen Bewegung unberührt. Jedenfalls zeigt sich aber auch hier mehr oder weniger eine Vertikalbewegung der Wassertheilchen, bei welcher die Wärme und chemische Veränderungen, welche in der Natur vorgehen, ihre geheimen, noch wenig erforschten Kräfte entfalten. Auch ist nicht zu leugnen, dass dem Wasser des Mm. im Lauf der Jahrhunderte eine grosse Masse chemisch und mechanisch aufgelöster Stoffe durch die einmündenden Flüsse, sowie durch Erdbeben, Unterminiren der See und überhaupt durch vulkanische Phänomene zugeführt worden sein muss.

Indem wir aber den weniger handgreiflichen Erscheinungen nachspüren, in welchen so zu sagen die secundären geologischen Kräfte sich offenbaren, kommen wir ganz natürlich zu der Frage, wie sich überhaupt ein so ungeheures Seebecken hat bilden können, das mit einer schmalen Meerenge bei Gibraltar beginnt und hinter Asow sich in Sümpfen verliert. Die Eigenthümlichkeiten der gesammten Formation haben schon seit den frühesten Zeiten die mannigfachsten Forschungen veranlasst. Schon das enge Portal [134]) mit seinen lokalen Strömungen

---

[134]) Limen maris interni multi eum locum appellavere, Plin. Hist. nat. III., 1.

und Fluthen hat mancherlei Hypothesen, zum Theil sehr parodoxe hervorgerufen.. Es sei uns gestattet einen Blick auf einige der hervorstechendsten zu werfen. Es kann uns dabei nicht einfallen, die Frage, wie und durch welche Mittel das Mm. zu seinem gegenwärtigen Zustande gelangte, beantworten zu wollen; wir wollen nicht einmal die folgenden Mittheilungen einer tiefer eingehenden Kritik unterwerfen, wir geben sie nur, damit sie bei spätern Untersuchungen benutzt werden mögen.

Alle die ältern Schriftsteller, Dichter und Mythologen stimmen darin überein, dass sie die beiden die Säulen des Herkules genannten Berge zu beiden Seiten der Einfahrt in uralter Zeit verbunden dachten, bis jener wunderkräftige Heros (ein antiker Lesseps) sie trennte, indem er einen Kanal vom atlantischen Meere aus nach dem Mm. grub. Auch die, welche solchen Dichtungen schon früh keinen Glauben schenkten, sind doch der Ansicht, dass ein stürmischer Andrang der innern oder äussern Gewässer in früher Zeit diesen Durchbruch bewirkte, und nicht bloss diesen, sondern ebenso den der Fluthen des schwarzen Meeres. Die starke auf das gesammte Bassin einwirkende Evaporation und der verhältnissmässig geringe Zufluss, der z. B. von der ganzen Nordküste Afrikas — den Nil abgerechnet — höchst unbedeutend ist, macht es aber sehr wahrscheinlich, dass, so lange das Mm. als Thalassa und eigentlicher Binnensee weder mit dem schwarzen Meere, noch mit dem Ocean in Verbindung stand, sein Niveau sich auf einem bedeutend niedrigeren Standpunkt des Gleichgewichts zwischen Evaporation und Zufluss erhielt, so dass sowohl der Archipelagus, als namentlich die Partie zwischen Sicilien und der afrikanischen Küste wesentlich andere Contouren gezeigt haben mag. Bei dem schwarzen Meere dürfte aber, da es bei mässiger Ausdehnung sehr bedeutende Zuflüsse erhält, für den Zustand des Gleichgewichts zwischen der Erweiterung der Oberfläche durch die zufliessenden Wassermassen, und der mit dieser Erweiterung zugleich wachsenden Verdunstung auf ein bedeutend höher liegendes Niveau zu schliessen sein [135]). Es erfolgte also ein Durchbruch nach dem tiefer liegenden Niveau des Mm. sowohl von hier als vom atlantischen Ocean aus, möglicherweise sogar von beiden Seiten fast gleichzeitig und unter Mitwirkung vulkanischer Kräfte, wie sie in der Nähe des Bosporus ebenso wie bei Gibraltar wohl angenommen werden können. Auf diese Katastrophe

---

[135]) Wenn dies Niveau höher lag, so hatte natürlich auch das asowsche Meer ganz andere Umrisse und bei ziemlicher Seichtigkeit eine weit grössere Ausdehnung. Vgl. Dureau-de-la Malle, Chap. XXV., sowie Chap. XLI. über die Str. von Gibraltar.

weisen sowohl die Bibel, als die Anspielungen und Zeugnisse eines
Strato, Aristoteles, Diodorus Siculus und Seneca hin. Durch alle die
mit den Fluthen des Deukalion und Ogyges verknüpften Sagen
mit ihren poetischen Ausschmückungen erkennen wir doch als geschichtliche Thatsache, dass die Küsten des schwarzen Meeres und
des Archipelagus wirklich zweimal durch plötzlich eintretende Meeres-
Ueberschwemmungen vor mehr als 3000 Jahren verwüstet worden
sind. Man denke sich das Niveau des abgesperrten Euxinos nur 50
Fuss erhöht und man wird nicht zweifeln, dass die Wirkungen eines
solchen vielleicht durch ein Erdbeben veranlassten Durchbruchs, auf
den sofort ein gewaltiges Fluthen ungeheurer Wassermassen zunächst
nach Süden und weiter nach Westen folgte, über alle Beschreibung
furchtbar gewesen sein müssen. Auch könnte man die Erwähnung
der zwei Fluthen mit den zwei Einbrüchen von Norden und Westen
her in Beziehung bringen wollen. [136])

Jahrhunderte lang hatten die an die griechische Tradition sich
anknüpfenden Meinungen eine unbestrittene Herrschaft behauptet, als
nach dem 10ten Jahrhundert unserer Aera die mohammedanischen
Ueberlieferungen als ein neues und der Beachtung nicht unwichtiges
Element hinzutraten. Diese flossen uns aus arabischen Quellen zu.
Unter diesen darf Edrisi — vollständig Abu-Abdallah Mohammed ben
Mohammed ben Abdallah ben Edris — ein edeler zu Ceuta geborener
und desshalb mit den unter dem Volk über die Strasse von Gibraltar
verbreiteten Sagen wohlvertrauter Araber nicht unerwähnt bleiben.

---

[136]) Ueber die ogygischen und deukalionischen Fluthen (um 1536?) so wie
überhaupt über die Ansichten der alten Naturphilosophen über die vom Wasser bewirkten bedeutenden Veränderungen unserer Erdoberfläche im Allgemeinen und des
Mittelmeerbassins im Besondern hat A. Forbiger in seiner alten Geographie (S. 644
u. folg.) und Dureau-de-la Malle in seiner Géographie Physique de la mer Noire etc.
die Hauptstellen zusammengestellt. Man behauptete auch, dass das Mm. in früher
Zeit nicht durch die Meerenge bei den Säulen, sondern durch den arabischen Meerbusen, der einst auch die Landenge von Arsinoë (Suez), sowie einen Theil von
Arabien und Aegypten bedeckt haben soll, mit dem äussern Meere in Verbindung gestanden habe. Was den thrazischen Bosporus anbetrifft, so hat er ganz die Gestalt
eines Stromes von kurzem Laufe; seine innern Winkel, namentlich bei Bujukdere
lassen deutlich wahrnehmen, dass sie nur durch eine Fluthströmung aus Norden (vom
schwarzen Meere her) gebildet sind und noch jetzt hat die beständige dortige Meeres-
strömung dieselbe Richtung. Aber der ganzen Beschaffenheit des dortigen Terrains
zufolge hat der ehemalige Spiegel des Euxinos vor dem Durchbruch nicht mehr als
36 Fuss höher stehen können als jetzt, weil die Ebene von Nicæa, welche die
Wasserscheide zwischen dem schwarzen Meere und der Propontis bildet, nur 6 Toisen
über jenem Meere liegt. Ueberdies begreift man kaum, wie ein solches Ausströmen
des schwarzen Meeres, das den Spiegel des Mm. nicht mehr als 4 Fuss über seinen
frühern Stand zu heben vermochte, eine so tief einschneidende Thalschlucht hätte
durchreissen können.

Er schrieb um 1150 ein geographisches Werk, das seit 1619 als die „Geographia Nubiensis" bekannt geworden ist — ein Name, der nur von einem Versehen des Uebersetzers herrührt, welcher den Verfasser als einen geborenen Nubier vorführt. Das Werk sollte einen grossen silbernen Globus, den sich sein Gönner Graf Roger von Sicilien 1153 hatte anfertigen lassen, näher beschreiben; das Buch wurde desshalb als „Ketáb Rujár" (Roger's Buch) bekannt, obgleich sein eigentlicher Titel lautete: „Nuzhat al-muschtâk fi ikhtirák al áfák" (Anfang der Reise eines durch die Erdregionen zu reisen Begierigen). Es wurde auch oft citirt als „Dhik al Memálik w-al Mesálek" (Bericht über Königreiche und Länder). Das vollständige Werk fand sich lange nur in der Bodlejana zu Oxford vor; aber da sich die königliche Biblio-thek in Paris vor etwa 25 Jahren ebenfalls Exemplare verschafft hatte, so wurde dort M. Jaubert dazu vermocht, eine Uebersetzung herauszugeben, welche 1836 unter dem Patronat der französischen geographischen Gesellschaft in 2 Quartanten erschien. Hier nennt Edrisi das Mm. Bar-al-schám oder Meer von Syrien und giebt seine Länge auf 1136 Parasangen von seinem Anfang bis zu seinem End-punkte an. In seinem Bericht über den 4. Strich (Klima) sagt er (§. 1.) Folgendes:

„Das syrische Meer soll ursprünglich ein von allen Seiten ge-schlossener See gewesen sein, so wie dies der See von T'aberistan noch heutzutage ist. Seine Gewässer standen mit denen des benachbarten Oceans durchaus in keiner Verbindung. Die Bewohner von Afrika und Andalus (Spanien) führten beständig Krieg mit einander und fügten sich gegenseitig möglichst viel Schaden zu bis zur Zeit des Iskender (Alexander). Er kam nach Andalus und die Bewohner des Landes be-richteten ihm von ihren Kämpfen mit den Männern von Sús (Afrika). Da versammelte er Arbeitsleute und Baumeister und wählte die Stelle der Meerenge (el-zokak) aus — eine Einsattelung in den Bergen. Dann liess er die Geometer den Boden messen und das Niveau der Gewässer beider Meere bestimmen, und er fand, dass der Spiegel des grossen Meeres nur ein wenig über dem des syrischen stand; darauf befahl er, die Erde wegzugraben zwischen der Gegend von Tánjah (Tangier) und von Andalus. Die Ausgrabung wurde darauf, so weit der niedrigere Theil der Berge in jener Gegend reichte, fortgesetzt. Dann baute er auf ihnen einen steinernen Damm, 12 Meilen lang. Er baute auch einen zweiten diesem gegenüber in der Nachbarschaft von Tánjah. Zwischen diesen beiden Dämmen blieb noch eine Breite von 6 Meilen offen. Als diese zwei Bollwerke beendet waren, schritt man mit dem Ausgraben bis an die Gewässer des grossen Meeres, welche zwischen diesen beiden Dämmen mit der äussersten Heftigkeit hereinbrausten, viele Städte auf beiden Küsten überfluteten, ihre Einwohner ertränkten und über die beiden Molos fast um 11 Mannshöhen (also etwa 11 Faden)

stiegen. Der Damm in der Nähe des Landes Andalus erscheint sehr
deutlich, wenn die See ruhig und glatt ist, bei dem Platze, welcher
Es-saffhah (das Niveau) heisst. Er streckt sich geradlinig hin und ist
eine Elle breit, nach der Messung Al-Rabii's. Ich selbst habe ihn
gesehen und bin seiner ganzen Länge nach an ihm hingefahren. Die
Inselbewohner (Al-jezirah) nennen ihn die Brücke, und die Mittellinie
desselben richtet sich nach dem Punkte, wo der Hirschfelsen über dem
Meere hängt. Der andere Molo in der Nähe von Tánjah wurde von
dem Andrang der Meeresfluth gänzlich mit fortgerissen."

So lautet Edrisi's Bericht; mögen die historischen Angaben auch
noch so verworren erscheinen, so unterliegt es doch seltsamer Weise
keinem Zweifel, dass sich an der angegebenen Stelle noch heute eine
viel geringere Tiefe vorfindet, als auf beiden Seiten in deren Nähe.
Doch blieb diese Thatsache unbeachtet, bis Smyth dort seine Sondirungen vornahm. Es ist auch klar, dass die von Edrisi erwähnte
Insel nicht Algeçiras, sondern Tarifa ist, und er muss mit der Untiefe
vor derselben, welche jetzt Cabezos heisst, wohl vertraut gewesen
sein; denn es ist kein Grund vorhanden, zu bezweifeln, dass dies
der spanische Theil des Molos ist, welcher dem Edrisi zufolge bei
ruhiger, glatter See sehr deutlich erscheint und welchen er selbst gesehen hatte. Ferner ist es eine Thatsache, dass das Wasser an der
afrikanischen Küste am tiefsten ist. Was aber die Differenz in der
Höhe beider Meere anbetrifft, so mag sie jetzt allerdings sehr
unbedeutend sein [187]); ob sie aber vor dem Durchbruch nach der
Angabe der alten Geometer nur eine Kleinigkeit gewesen, ist um
so weniger ausgemacht, als einerseits deren Nivellirinstrumente nicht
sehr zuverlässig gewesen sein dürften und andererseits die Erzählung
Edrisi's von dem gewaltigen Hereinbrausen des Weltmeers es wahrscheinlich macht, dass ihre Nivellirarbeiten ungenau waren und das
äussere Meer jedenfalls höher stand, als sie angegeben hatten.

Beinahe drei Jahrhunderte vor Edrisi's Zeit beschrieben, nach
Renaudot's Angabe, zwei mahomedanische Reisende oder wenigstens
Abú Zeïd al Hasan, der 877 schrieb, die Verbindungsstrasse des Mm.
mit dem östlichen Ocean als eine neu gemachte Entdeckung. Da
aber jene früheren arabischen Seefahrer mit China und Indien weit
besser bekannt waren, als mit diesen Küsten, so würde auf ihre An-

---

[187]) Es ist nicht unwahrscheinlich, dass die Verhältnisse der Atmosphäre (Niederschlag und Evaporation) über dem Mm. diese Differenz des mittlern Niveaus des
atlantischen und Mittelmeers nicht unwesentlich verändern. Die Communication durch
die Strasse sucht aber die Differenz stets auszugleichen und lässt sie nie bedeutend
werden.

gaben wenig Gewicht zu legen sein, wenn nicht eine Stelle — wofern Renaudot sie richtig übersetzt hat — bewiese, dass die Araber ihre geographischen Anschauungen durchweg aus griechischen Quellen geschöpft haben; denn Abú-Zeïd glaubte, dass der indische Ocean die Küste der Tartarei bespüle, in den Kaspi-See einmünde und so durch die Propontis mit dem Mm. in Verbindung stehe. Wir excerpiren eine hierauf bezügliche Stelle:

„In unserer Zeit ist eine Denen, welche vor uns lebten, ganz neue und unbekannte Entdeckung gemacht worden. Niemand hat sich je träumen lassen, dass das grosse Meer, welches sich von Indien nach China erstreckt, irgend eine Verbindung mit dem syrischen Meere habe; selbst die Möglichkeit einer solchen erschien unbegreiflich. Nun achte man aber auf das, was in unsern Tagen vorgefallen ist, wie wir vernommen haben. Im Meere von Roum (Mittelmeer) hat man das Wrack eines arabischen Schiffes gefunden, das durch Stürme zertrümmert wurde; die ganze Mannschaft war umgekommen, das Schiff selbst in Stücken gerissen und seine Trümmer von Wind und Wetter in die See der Khozars (Euxinus) getrieben und von da durch den Kanal von Constantinopel in das Mittelmeer, wo sie zuletzt an die syrische Küste geworfen wurden. Hieraus erhellt, dass das Meer das ganze Land China und Sila, das äusserste Ende Turkistáns, und das Land der Khozars umgiebt und dass es durch die Meerenge strömt, bis es Syriens Küsten bespült. Dies wird durch die Bauart des besprochenen Schiffes bewiesen; denn die Bretter waren nicht festgenagelt, sondern auf eine eigenthümliche Weise verbunden, wie wenn sie zusammengenähet wären. Alle die am Mittelmeer oder der syrischen Küste gebaueten Schiffe sind aber zusammengenagelt und nie auf andere Weise zusammengefügt. Nur die Schiffe von Siráf werden so befestigt."

Wir sind natürlich weit entfernt, mit dem arabischen Grübler ein arabisches Massulah-Boot in dem zertrümmerten Schiffe zu erkennen, das wohl nichts anderes als ein elendes sarmatisches Fahrzeug aus dem schwarzen Meere war; aber dennoch ist es nicht zu übersehen, dass in diesen und ähnlichen Stellen mittelalterlicher Geographen einzelne Züge der ogygischen Sage, wenn auch nebelgrau umhüllt, immer wieder durchschimmern.

Mehrere der scharfsinnigsten neueren Geographen haben angenommen, dass das Mm. in frühen Zeiten eine kleinere Fläche einnahm und dass seine Wasser plötzlich durch das Hereinbrechen des höher stehenden schwarzen Meeres bedeutend stiegen. Dieser Einbruch konnte natürlich nur durch die Strasse von Constantinopel erfolgen, und in Folge desselben soll die Insel Atlantis — wie Einige erzählen — überfluthet worden sein. Dieses Durchbrechen von Seeen ist übrigens eine vorzugsweise bei den älteren Kosmogonisten beliebte

Ansicht; die neueren Theoretiker sind ihr mehr abgeneigt, und mit vollem Recht, da in der Natur Alles seinem bestimmten Endzweck höchst wunderbar angepasst ist. Wer von uns hat je einen grossen See gesehen, dessen Umgrenzungen plötzlich unfähig geworden wären, sein Wasser länger zurückzuhalten? Solche Ereignisse mögen daher wohl nur äusserst selten eingetreten sein und auch dann nur unter Mitwirkung von Erdbeben, Bodeneinsenkungen oder Hebungen, also von jenen mächtigen vulkanischen Faktoren, die überhaupt die Resultate aller Berechnung im tellurischen Leben wider Erwarten wesentlich zu verändern vermögen.

Die Hypothese eines mächtigen Wasserandranges von Osten, welche eigentlich auch die Grundidee des Dureau-de-la Malle'schen Werkes bildet, war lange Zeit ganz populär geworden, als sie endlich der Graf von Buffon in aller Form zu bekämpfen wagte. Dieser ausgezeichnete Naturforscher betonte, den Behauptungen seiner Vorgänger entgegen, besonders den Umstand, dass der Ocean (freilich nur in seiner obern Strömung) in das Mittelmeer hineinfluthet und nicht umgekehrt das Letztere in den Ersteren. „Cette opinion," sagt er, „ne peut se soutenir, dès qu'on est assuré que c'est l'Océan qui coule dans la Méditerranée, et non pas la Méditerranée dans l'Océan." Er war ferner der Ansicht, dass das Mm. früher ein grosser Binnensee gewesen sei und dass die Strasse von Gibraltar einem plötzlichen, durch eine zufällige Ursache (Erdbeben, Senkung des Bodens, besonders hohe Springfluth des Oceans bei einem Sturme etc.) bewirkten Durchbruch ihre Entstehung verdanke. Diese Annahme unterstützte er durch die Beobachtung, dass sich in gleicher Höhe ähnliche Schichten auf beiden Seiten der Meerenge vorfinden, und er behauptete, dass bei dem Durchbruch der Ocean mit unwiderstehlicher Gewalt und grosser Geschwindigkeit in den Binnensee stürzte. Hier überschwemmten die Gewässer, die schon durch den früher erfolgten Durchbruch des Euxinus gestiegen waren, den Continent, verwandelten die Uferebenen und Thäler in Golfe und liessen nur die Hochebenen und Gebirge unbedeckt, welche jetzt die südeuropäischen Halbinseln und Inseln bilden. Diese Idee, der sich mehrere der antiken Schlussfolgerungen bereits sehr näherten, gehört übrigens Buffon nicht eigenthümlich an, wenn schon in den Einzelnheiten manches von ihm zuerst vorgetragen wurde. Lange bevor er auftrat, hatten die Verfasser der Universalhistorie (Vol. III., p. 239. Folio-Ausg. 1744) Folgendes geschrieben: „Nach der Hypothese der Alten waren die Palus Mæotis, der Pontus Euxinus, die Propontis und das Mm. ursprünglich eben so viele Land-

seen, welche, nachdem sie durch das Ungestüm ihrer Gewässer die
sie scheidenden Dämme durchbrochen hatten, sich einen Ausweg nach
dem Ocean zwischen den Atlas- und Calpe-Gebirgen eröffneten.
Vielleicht ist es aber noch wahrscheinlicher, dass der Ocean, nachdem
er durch den Andrang seiner Brandung den Calpe-Berg von dem
Festland Afrikas losgerissen, sich in jenen weiten Raum ergoss, der
jetzt Mm. heisst und, nach dem Norden vordringend, die Propontis,
den Pontus und die Palus Mæotis erzeugte."

So weit ist eine Träumerei so viel werth als die andere; selbst
jene alte samothrakische Ueberlieferung, wonach sich der Bosporus,
sei es in Folge vulkanischer Thätigkeit, von der noch Spuren erkennbar sind, oder durch den Druck der angeschwollenen Wassermasse,
erst gebildet hat, darf nicht unbeachtet bleiben; um so weniger, als
die Formen der Inseln und die an ihnen bemerkbaren Wegspülungen
die Ansicht nur unterstützen, dass sie durch einen plötzlichen heftigen
Andrang des Wassers entstanden sind. Aber der gern theoretisirende
Buffon hatte Ehrgeiz genug, seinen Schluss als eine endgültige Autorität und als ein durch Beobachtungen und Thatsachen gelöstes Problem
hinzustellen. In der That fand man auch mehr Geschmack daran,
als wenn er Träume über eine Spontanität der Erzeugung zum Besten
gegeben hätte. Gelehrte Kannegiesser, welche seine Theoreme kritisirten, klügelten nun heraus, dass, wenn seine Ansicht irgend einen
Werth haben sollte, die östlichen Gewässer des Mm. nothwendigerweise sich verhältnissmässig seicht erweisen müssten. Darauf versicherte Buffon's Busenfreund, M. Sonnini de Manoncourt, dass er
allerdings die Theorie so bestätigt gefunden habe, nachdem er auf
Buffon's Ersuchen Sondirungen in dem Meere zwischen Sicilien und
Malta vorgenommen. Er fand hier schon bei 25—30 Faden Grund
und in der Mitte des Kanals, wo sich die grössten Tiefen vorfanden,
war das Wasser doch nie über 100 Faden tief. Ferner finde man
zwischen Malta und Cap Bon in Afrika noch weniger Wasser, da auf
der ganzen Länge jener Linie die Sondirungen zwischen 25 und 30
Faden ergäben. Eine solche Angabe ist aber — um noch den mil-
desten Ausdruck zu gebrauchen — höchst ungenau, denn Admiral
Smyth kann, wiederholten Messungen gemäss, bestimmt behaupten,
dass man nur an den Küsten bei 30 Faden Grund findet, bis der
Beobachter bei der Adventure-Bank anlangt, und es giebt Partien
nordwestlich von Malta gerade in der vom Cap Bon gezogenen Linie,
wo man mit der 500-Faden-Leine den Boden noch nicht erreicht.
Ferner wird uns wieder versichert, dass die emsigen Forschungen

desselben Beobachters ergaben, dass das Levante-Becken wirklich sehr
seicht sei, besonders zwischen dem Archipelagus und den libyschen
Küsten. In diesem Falle müssen aber jedenfalls ganz erstaunliche
Veränderungen vorgegangen sein, denn wie könnte man sonst kaum
ein halbes Jahrhundert später auf demselben Raume bedeutenden
Tiefen begegnen! Smyth fand eine Tiefe von 70 bis 90 Faden, welche
aber längs der ganzen libyschen Küste in einiger Entfernung von
derselben bis auf 150, ja selbst 250 Faden wächst. Sobald man sich
aber etwas weiter von derselben entfernt, sinkt der Meeresboden bis
unter 500 Faden hinab. Smyth beklagt selbst, dass er, während er
diese Sondirungen vornahm, noch nichts von Sonnini's Entdeckungen [138])
und den auf dieselben gestützten Beweisen gewusst habe, sonst würde
er diese Angelegenheit noch schärfer ins Auge gefasst haben. Er
beauftragte indessen, um weitere Anhaltepunkte für seine scharfe Opposition gegen Sonnini zu gewinnen, seinen frühern Assistenten, Capitain Graves, weitere Sondirungen an der Nordseite des levantinischen
Bassins vorzunehmen. Dieser thätige Officier fand 100 Faden Tiefe
ungefähr 2 (engl.) Meilen von Cypern und ungefähr doppelt so weit
von der Insel hatte er bei 200 Faden noch keinen Grund; zwischen
der Westspitze von Cypern und der Küste von Caramanien fand er
Grund bei 650 Faden; ungefähr in der Mitte zwischen Cypern und
der Küste von Aegypten suchte er mit einer Leine von 1000 Faden
vergeblich nach Grund. Hieraus ersehen wir, dass die Ausleger und
Vertheidiger der Buffon'schen Theorie auf's Gerathewohl und ohne alle
Begründung speculirt haben. Wir sehen auch, dass jene orakelmässige
Weissagung, dass Cypern einst durch die Ablagerungen des Pyramus
mit Kleinasien ein Ganzes bilden werde, nie in Erfüllung gehen wird.
Wir müssen ehrlich und offen eingestehen, dass wir im Allgemeinen
nur wissen, dass jene Gewässer t i e f sind, dass uns aber die genaueren
Angaben noch sehr mangeln.

Wir verlassen diese mehr als zweifelhaften Conjecturen, da es
überhaupt gewiss viel erspriesslicher ist, die Veränderungen scharf
im Auge zu behalten, welche aus dem Zusammenwirken nach-
weisbarer Kräfte, von denen einige erstorben, andere noch thätig

---

[138]) Sonnini galt in einigen gelehrten Kreisen wirklich für ein Orakel. Er
deutete an, dass Candia wohl durch eine Ueberschwemmung der Niederungen, welche
sich ehemals zwischen beiden Ländern ausbreiteten, von Afrika losgetrennt sein dürfte;
eine Meinung, welche, wie er sagt, dadurch an Wahrscheinlichkeit sehr gewinnt, wenn
wir unsere Aufmerksamkeit auf die Seichtigkeit des Afrika und die Insel trennenden
Kanals richten, „dessen Grund überall Sondirungen zulässt." (!) Man vergl. die Karte!

sind, Statt gefunden haben. Betrachtet man aber Alles, was in dieser Hinsicht die neuere Geologie vorgebracht hat, so darf man nicht vergessen, dass es vom theoretischen Standpunkte aus kaum irgend etwas giebt, das absolut neu wäre. So ist z. B. das System des Pythagoras sehr wohl auf unsere modernsten Begriffe von den Phänomenen der unbelebten Welt anzuwenden. Eratosthenes frägt bei Strabo, wie es denn komme, dass 2 oder 3 Hundert Stadien landeinwärts noch Seemuscheln, namentlich in der Nähe des Tempels des Jupiter Ammon und längs der ganzen dorthin führenden Strasse gefunden werden. Auch rühmt er einen Strato und Xanthus als geschickte Geologen. [139]) Der Letztere von diesen erstaunt über die Versteinerungen, welche er fern vom Meere fand, und behauptete kühn, dass Armenien, Medien und Phrygien 'einst Meeresbecken gewesen seien. Vieles von diesen ältern Naturforschern hat Plinius aufgenommen. Auch wurde hierdurch vielleicht Lucan zu den wohlbekannten Prophezeiungen über die Syrten inspirirt, welche seitdem wirklich eingetroffen sind. Wir schliessen diese Betrachtungen mit einer Stelle aus Ovid's Metamorphosen, in welcher die pythagoräische Ansicht ausgesprochen zu sein scheint:

> Vidi ego quod fuerat quondam solidissima tellus
> Esse fretum. Vidi factas ex æquore terras
> Et procul a pelago conchæ jacuere marinæ
> Et vetus inventa est in montibus ancora summis.
> Quodque fuit campus, vallem decursus aquarum
> Fecit, et eluvie mons est deductus in æquor,
> · Eque paludosa siccis humus aret arenis,
> Quæque sitim tulerant, stagnata paludibus hument.

---

[139]) Es war überhaupt eine im Alterthum ziemlich verbreitete Ansicht, dass das Meer einst einen weit grössern Theil der Erde bedeckt habe und sich allmählig zurückziehe. Dies war z. B. die Ansicht des Demokritus, des Diogenes von Apollonia, des Xanthus, Strato und Eratosthenes, ja die beiden zuerst Genannten glaubten sogar, dass es auf diese Art einmal gänzlich verschwinden werde. Wenn auch Aristoteles diese letzte Vermuthung bestreitet, so nahm doch auch er eine einstmalige grössere Ausdehnung des Meeres an. Dass namentlich das Mm. sich stets verringere, immer mehr sinke und sich weiter von den Küsten zurückziehe, glaubte man allgemein. Delos und Rhodus sollten aus dem Meere emporgestiegen, andere Inseln, nachdem sie ihre Inselnatur eingebüsst, zu Vorgebirgen und Landzungen geworden sein, wie z. B. Circeji, Antissa auf Lesbos, 'Zephyrium bei Halicarnassus. Um aber dieses allmählige Abnehmen des Meeres, trotz der ihm täglich aus allen Flüssen der Erde zuströmenden Nahrung, zu erklären, wies man auf die Masse von Dünsten hin, welche die Sonne an sich ziehe und die überhaupt aus ihm aufsteigen, auf die Winde, welche eine grosse Menge Feuchtigkeit mit sich entführten, und auf die von der ganzen Erde eingesogenen Wassertheile, die bei weitem nicht alle wieder zu Quellen würden und zum Meer zurückkehrten. (Aus A. Forbiger's Handbuch der alten Geogr. I., 646.)

§. 4. Die Veränderungen des Mittelmeerbeckens und namentlich
des Randes desselben im Besondern.

Der Saum der Küste ist der Schauplatz des alten Kampfes, den
Meer und Land, offensiv und defensiv, unablässig, aber mit unglei-
chem Erfolge, mit einander kämpfen. Wo das Land mit steilen Felsen
endet, deren Fuss tief in die Fluthen hinabsteigt, donnert die Brandung fruchtlos an den glatten Wänden und die wenigen losgerissenen
Trümmer verschlingt die Tiefe; wo die Wogen in Geschieben steiler
Schutthalden rasseln, sind ihre Fortschritte unmerklich und oft bringt
ein angeschwollener Torrent in wenigen Stunden Ersatz für das, was
das Meer in Monaten erobert; am bedeutendsten ist aber der Wechsel
der Grenze an den Mündungen grosser Ströme, welche ungeheure
Massen von Sand und Schlamm unaufhörlich vorschieben, während
das Meer die feineren Theile zerstreut, die gröberen rauschend in
langen, der Richtung seiner Wellen entsprechenden Reihen wieder
auswirft. So siegt die Küste über das Meer in zweierlei Vorsprüngen,
in den Vorgebirgen an der Spitze der Bergzüge und in den Landspitzen an den Mündungen der Flüsse, das Meer aber siegt in den
unter den Meeresspiegel hinabsinkenden Thalsohlen, welche zu Buchten werden, und in den Deltabildungen, sobald sie der Hauptstrom
verlässt und andere Kanäle zum Meere gräbt. An der Aufbruchsseite
der Gebirgsketten herrscht die zackige, vielbuchtige, feste Linie der
Felsenküste vor, an der sanft abgedachten Rückseite die langgestreckten,
meist elliptischen Bogenlinien des oft veränderlichen Sandstrandes.

Wir betrachten nach dieser Vorbemerkung die einzelnen Küsten
und beginnen mit der spanischen, an der wir schon die Haffbildungen
bei Valencia und Cap Palos erwähnten. Die Küste von Valencia und
Catalonien rückt überhaupt allmählig in das Meer vor. Der Ebro,
Llobregat, so wie mehrere kleinere Flüsse und Torrenten lagern fortwährend bedeutende Schlamm- und Schuttmassen im Meere ab, bilden
mit dem Gestade parallellaufende Bänke und verringern zugleich eine
Strecke in das Meer hinein die allgemeine Tiefe der See. So wie an
der spanischen, so ist auch an der französischen Küste die See an
vielen Punkten zurückgewichen. Bemerkenswerthe Eroberungen hat
sie an keiner von beiden gemacht. Jener grössere Meerbusen zwischen
Marseille und Blaskon (Brescon bei Agde), den noch Strabo (IV, 1.)
erwähnt, ist in seiner alten Form nicht mehr vorhanden, denn zwischen
Agde und Aigues Mortes hat die Anschwemmung vom Meer her,

zwischen Aigues Mortes und Marseille aber der Rhonestrom einen
Ansatz niedern Landes gebildet und das Rhonedelta ragt jetzt weiter
in das Meer hinaus, als das Vorgebirge bei Agde. Aigues Mortes
selbst, welches noch im 13. Jahrhundert ein Seehafen war, liegt jetzt
1 Meile von der Küste entfernt; Miquelon und Psalmody waren 815
Inseln; 1000 Jahr später sind sie 1¼ Meilen landeinwärts gerückt,
und selbst einige Weingärten von Agde (an der Hérault-Mündung)
waren noch vor einem Jahrhundert Meeresboden. Mesua (jetzt Meze),
das nur noch an einem Binnenwasser, dem Etang de Thau liegt, war
zu Mela's Zeit fast von allen Seiten vom Meere umflossen. Die häufigen Rückbleibsel des Meeres, welche als Binnenwasser zu Plinius
Zeit die narbonensische Provinz erfüllten und ihren Anbau erschwerten,
sind nun grossentheils zu fruchtbarem Land geworden. Die Landstrasse
von dem alten Ugernum nach Bezières braucht nun nicht mehr wie
jene der Römer den Umweg über Nimes zu machen; die warmen
Quellen von Balarni, welche den Alten das Meer verbarg, sind wirk-
samer, als die von ihnen so viel gerühmten von Aix. An den Ab-
sätzen und Terrassen der Berge zwischen Sisteron und Gap erkennt
man sowohl in den Umrissen als in den Versteinerungen Spuren der
Meeresabnahme; an der Orbe zwischen Bezières und Agde grub man
1826 ein meist verfaultes Schiff aus. Notre Dame des Ports, welches
jetzt über eine halbe Meile landeinwärts liegt, war noch 898 ein
Hafen. Aimargues (Armasanicæ), jetzt 3 Lieues von der Küste ent-
legen, lag nach alten Urkunden gegen Anfang des 9ten Jahrhunderts
in litoraria. Ebenso bemerkt man neue Ansätze niederen Landes bei
Maguelonne und Frontignan und der ziemlich neue Hafen von Cette,
welches anfangs wie Agde auf einer Insel stand, kann nur durch
grossen Kostenaufwand von dem herandrängenden Meeressand frei erhalten werden. Der grösste Zuwachs neuen Landes zeigt sich aber
in dem Delta zwischen den beiden Hauptmündungen des Rhone.
Mehrere alte Vorthürme und Anzeichen des Fahrwassers u. dgl.
kommen dort in verschiedenen Entfernungen von dem jetzigen Meerbusen vor und zeigen die successiven Eroberungen an, welche das
Land in verhältnissmässig neuen Perioden dem Meere abgerungen
hat. Solche neue Anschlämmungen, noch vom Gewässer durchdrun-
gen, machen das seltsame Auffinden lebender Fische beim Hinein-
graben in die Erde möglich (wie z. B. bei La Tour de Roussillon),
dessen schon die Alten unter den Merkwürdigkeiten dieses Landes
erwähnen. Doch soll, nach Marsilli, der neue Ansatz öfter zu einer
steinartigen Masse, Magiotan, erhärten.

Der Hafen und die Umgegend von Marseille hat sich seit 2000 Jahren nur wenig verändert. Dagegen ist der alte Seehafen von Fréjus durch das von den Anschwemmungen des Argens bewirkte Vorrücken des Landes erst in ein verderbliche Dünste aushauchendes Sumpfland und danach in ein gutes Culturland verwandelt worden, das jetzt schon mehr als $\frac{1}{10}$ Meile vom Meere entfernt ist. Die felsigen Küsten jenseit des Esterel-Gebirges von Cannes bis Genua, scheinen dem Ansatz neuen Landes nur an wenigen Punkten günstig zu sein; doch versanden die Häfen von Luni, Albenga und St. Remo; die Rhede von Diana hat hierdurch im Westen eine geringere Tiefe als im Osten; am Hafen von Savona musste der Molo öfter verlängert werden. Der Busen von Portofino verengert sich ohne Aufhören; die Küste von Spezzia rückt sehr merklich vor und bei Carrara und Massa zeigen sich Erscheinungen des Versandens, welche nach Spallanzani das Meer in 33 Jahren um 475 Fuss zurückdrängten. In Toskana hat sich das Meer von Telamone zurückgezogen nnd einen blossen Morast zurückgelassen, während Domitian's Hafen zwischen den nördlichen Klippen des Monte Argentaro (1660 Fuss) versunken ist. Es bildet sich dort an der Küste fortwährend ein festes Conglomerat aus den kleinen Geschieben von Quarz, Serpentin- und Kalkstein und hierdurch eine feste Unterlage für neue, lockere Ansätze von Land. Zwischen Palmarola, Ponza, Zannone, Vandotena und den dortigen Klippen ist das Meer jetzt sehr tief.

Kein Geolog dürfte überhaupt daran zweifeln, dass ein grosser Theil der italischen Küste verschiedene Male während der historischen Aera sich gehoben und gesenkt hat, während die See ihren Spiegel beibehalten hat, wenn gleich sie den Fuss der nächstliegenden Apenninen einst bespült haben mag. Die Mündung des Tiber ist während der letzten 18 Jahrhunderte entschieden vorgerückt und das Niveau des Flusses ist tiefer geworden; denn Ostia und der Hafen des Claudius liegen jetzt weit nach Innen, während beinahe das ganze Isola Sagra genannte Delta während jener Periode entstanden ist. Zwischen dem Tiber und Terracina, dessen alter Hafen längst ausgefüllt ist, findet man die Küste mit Trümmern alter Villen und Bauten besäet, welche an einigen Stellen — wie in Nettuno und Anzo — weit in die See hineinreichen. Monte Circello scheint wirklich die von Homer erwähnte Insel zu sein, da des Dichters Beschreibung auch zu der Gegend der pontinischen Sümpfe wohl stimmt. Im Zeitalter des Theophrastus lag der Berg noch $\frac{1}{5}$ Meile von der Küste. Durch die vereinigten Wirkungen des Mergels und Torfmoors der Sümpfe, der grossen alluvialen Ablagerungen und vielleicht auch der Trümmer, welche von den Ponza-Inseln abgerissen und von der See hier angeschwemmt werden, ist diese etwa 1500 Fuss hohe Masse von Uebergangskalk (mit Alabasterlagern) ein Vorgebirge geworden. Die Klippen desselben, so wie einige an der Küste Calabriens, zeigen unzweifelhafte Spuren früherer Submersion, da sie mehr als 100 Fuss über dem jetzigen Niveau der See mit Bohrlöchern solcher Mollusken, wie sie noch heute in der See leben, ganz bedeckt sind. Abbate Romanelli sagt in seiner Beschreibung von Capri (1816): „Nahe am östlichen Gipfel erhebt sich auch eine eigenthümliche Kalkmasse, welche von mitoli und vermi litofagi durchaus angebohrt ist, und diese Spuren von Seemuscheln beweisen, dass die See einst diesen Fels umspült hat." Prof. Scipio Breislak in Mailand hat Proben dieser Muscheln eigenhändig auf dem Gipfel dieser Insel zusammengesucht. Aber der Hauptbeweis für die Annahme geologischer Perioden von grosser Ausdehnung an dieser Küste wird durch die interessanten Ruinen des Tempels des Jupiter Serapis bei Puzzuoli in der Bai von Bajæ, ungefähr 100 Fuss von der See, geführt. Drei noch stehende Säulen dieses Tempels sind bis zur Höhe von 17—18 par. Fuss vom Lithodomus, einer noch in der benachbarten See vorkommenden zweischaligen Muschel, vielfach angebohrt. Als Admiral Smyth diese Ruinen im Frühjahr 1814 zum ersten Male besuchte, schien sich das Steinpflaster etwas über dem Meeresniveau zu befinden; aber es senkte sich wieder langsam, da 1850 reichlich 2 Fuss Salzwasser darüber standen. Die ganze Linie der daran stossenden Küste zwischen den Dünen und der Bucht ist von neuerer Formation. Sie besteht aus Lagern von Bimsstein und Sand mit neuern Seemuscheln, Ziegelsteinfragmenten und vom Wasser beschädigten Töpferwaaren. Alles scheint darauf hinzudeuten, dass sich hier das Land seit noch nicht 2 Jahrtausenden zweimal gehoben und gesenkt und dass die Höhe, innerhalb welcher diese Vertikalbewegungen vor sich gingen, etwa 20 par. Fuss betragen hat. — Terracina soll nach Martianus Capella auf einer Halbinsel gelegen haben. Die Strasse von Messina wird durch das Ansetzen von Land allmählig enger [140]). Das sich ansetzende Land nimmt an der Landspitze des Leuchtthurms von Messina eine conglomeratartige Festigkeit und Härte an.

Im adriatischen Meere findet Smyth, auf die Erfahrungen eines Donati, Fortis und De Luccio sich stützend, die Einwirkung der

---

[140]) Von ihr werden wir unten weiter sprechen. Vgl. Dureau S. 677. fig.

Winde und Strömungen sehr gleichförmig. Die Stoffanhäufung an
den westlichen Küsten erklärt sich sehr natürlich aus der fortwährenden Fluthung der Gewässer längs den Küsten Albaniens, Dalmatiens und Istriens, von wo aus sie Friaul, Venedig und die Romagna
bestreichen, indem sie selbst manche feste Substanz und namentlich
die Alluvionen der Flüsse vom innersten Theile des Golfs mit sich
führen. Durch den Niederschlag aus dieser Fluth u. s. w. sind die
Häfen Venedigs verschlämmt, durch ihn liegt jetzt Ravenna, welches
zu Strabo's Zeit auf Inseln stand, hoch und trocken landeinwärts, und
durch ihn bemerkt man von da bis an den Isonzo einen ununterbrochen neugebildeten schmalen Küstenstrich. Eine eigenthümliche
Erscheinung wird da beobachtet, wo gelegentlich die Kraft eines einmündenden Flusses die der Strömung überwiegt. Zwischen dem Ma-
lamoccohafen (bei Venedig) und Parenzo (unweit Rovigno) ungefähr in
der Mitte der Durchfahrt, findet man die schon oben erwähnte
Schlammbank. Bei Windstillen erscheint die Wasserfläche über ihr
glatt und stagnirend, während die auf jeder Seite der Bank sehr bemerkbare Strömung, indem sie sich über dieselbe verbreitet und dadurch sehr schwach wird, gegen die Mitte hin fortwährend Stoff
niederschlägt. So kann sehr wohl nach Jahrhunderten eine längliche
Insel an dieser Stelle entstehen. Die von da nach Norden zu liegende
Küste zeigt viele Flussmündungen, welche von jener Fluth, wenn auch
schwach, afficirt werden; sie ist daher in viele Seebuchten zerklüftet,
während der Po, der kräftiger ausströmt und an dem jene Fluth selbst
schwächer geworden ist, ein vollständiges Delta zu bilden vermochte.
Der Boden jenes Theiles des adriatischen Meeres vom Po bis Triest
ist übrigens überall von mässiger Tiefe und bildet eine unterseeische
Hochebene, welche einfach als eine Fortsetzung der grossen Ebenen
der Lombardei und Friauls angesehen werden kann.

Das Studium der im adriatischen Meere bemerkbaren Wasserbewegungen enthüllt manche Erscheinung, welche im grossen Becken
des Mm. in ähnlicher Weise wiederkehrt. Wenn frische Winde längere Zeit hindurch vermöge ihrer Reibung das Oberflächenwasser in
irgend einer gegebenen Richtung der Küste zutreiben, so ist diese
Bewegung ganz ausreichend, um irgend welche mechanisch im Wasser
schwebende Stoffe in Entfernungen zu versetzen, die der Intensität
und Dauer der wirkenden Kraft proportional sind; wenn aber ein
mit festen Stoffen befrachteter Wasserstrom an einer vorspringenden Spitze vorbeifluthet oder durch einen engen Kanal getrieben
wird, so dass durch den Druck oder Widerstand seine Schnelligkeit

vermehrt wird, und wenn er von da in eine Bucht oder weite Oeffnung eintritt, wo seine Kraft durch Diffusion oder Ausbreitung über einen bedeutend grössern Flächenraum gebrochen wird, so setzt er unfehlbar den grössten Theil der von ihm mitgeführten Stoffe auf jenem weitern Raume ab. So werden auf natürlichem Wege in unaufhörlicher Thätigkeit ganze Ladungen von Trümmergestein und aufgelösten Stoffen von der See fortgeführt, nachdem namentlich Flüsse und Torrenten sie derselben mitgetheilt haben, und dazu treten noch die gelegentlichen Niederschläge von Asche und leichterm Gestein aus Vulkanen, und die Stoffe, welche starke Strömungen von den sie einschliessenden Küstenrändern losreissen. Es ist daher nicht zu verwundern, dass solche Ablagerungen namentlich an den unter schwächern Strömungen liegenden Stellen den Meeresgrund mit dicken und oft fast geradlinig begrenzten Schichten überzogen haben.

Wir erwähnten bereits die Zunahme des Landes bei Ravenna; an einigen Stellen der Küste erscheint nun dieselbe noch auffallender. La Merula, welches Alfons II. um 1550 am Po d'Arriano erbaute, liegt jetzt 6 bis 7 ital. Miglien landeinwärts. Die Höhen von St. Basile, welche jetzt 11 Miglien von der Küste abstehen, sollen sogar, nach Donati's Angabe, noch zu Ende des 17ten Jahrhunderts Nachbaren des Meeres gewesen sein. Den Zudrang des Sandes und Seeschlamms nach den Lagunen von Venedig [141]) hat man in den letzten Jahren erfolgreich bekämpft; dagegen ist die Nachbarschaft von Altinune aus einer Küste an anmuthigem Meeresbusen (Mart. IV. 23.) in ein ebenes Sumpfland verwandelt. Nach Prony's Bemerkung beträgt überhaupt der Ansatz neuen Landes an der Pomündung jährlich gegen 210 Fuss. Das Bett des Po liegt übrigens jetzt an einigen Stellen fast 30 Fuss höher als das umliegende von Dämmen geschützte Land.

Was die geologische Thätigkeit und Reaktion im ægæischen Meere anbetrifft, so zeigen sich beide hier in grossem Massstabe an vielen Punkten. Wir erwähnen zunächst die vulkanischen Verwüstungen auf Santorin (Thera, früher Kalliste). Ferner weisen wir auf das lange Thal hin, welches der Mæander in vielen Windungen durchströmt. Dasselbe war offenbar einstmals ein Meerbusen, welcher den gegenwärtigen Brackwassersee Thalassa Bastarda (Latmus sinus) in sich

---

[141]) Cassiodor, Theodorichs Minister, sagt in einem Briefe an die Veneter unter Anderem: Das Meer, welches sich bald erhebt, bald zurückzieht, bedeckt bald und legt dann wieder bloss einen Theil der Küste und zeigt abwechselnd ein zusammenhängendes Land und von Kanälen durchschnittene Inseln. Ihr habt wie Wasservögel eure Wohnungen auf die Oberfläche des Meeres verstreut etc.

schloss; der gesammte Thalboden bietet mit seinen Fluss- und Meer-
niederschlägen den weitern Beweis dieser Thatsache dar. Durch die
Wirkung der Gewässer desselben Mæander [142]) muss die Insel Laïde,
wo die athenische Flotte 412 vor Chr. stationirte, zu einem Theil der
grossen Alluvialebene vor Milet geworden sein, an der Stelle, wo
zwischen den Ueberresten jener Stadt und dem jetzigen Strande sich
ein Hügel mehr als 300 Fuss über das allgemeine Niveau erhebt.
Auch wurden die Einwohner sowohl von Milet als von Ephesus wiederholt gezwungen ihre Städte zu verlegen und dem zurückweichenden
Meere nachzuziehen. Pausanias sagt (Arcadia, Kap. 33.): „Es lag eine
Insel Chrysæ in nicht grosser Entfernung vor Lemnos; auf dieser soll
dem Philoktetes das Unglück widerfahren sein, durch den giftigen Biss
der Hydra verwundet zu werden. Die Wellen haben diese Insel
überschwemmt, so dass sie gänzlich verschwunden und in die Tiefe
des Meeres versunken ist.. Aber eine andere Insel, Hiera genannt,
ist entstanden, welche zu jener .Zeit noch gar nicht existirte. So
zeitlich ist Alles auf Erden und weit entfernt von Beständigkeit."
Die Insel Minoa, nahe der Küste von Megara, ist verschwunden und
der Hafen von Kos ist ausgefüllt, wie Sir F. Beaufort vermuthet, durch
die Einwirkung der beiden grossen Strömungen, von denen die eine
von der Levante nach Westen fliesst, die andere von den Dardanellen
herkommt. Diese beiden begegnen sich hier und lagern alle erdigen
Bestandtheile, welche sie mit sich führen, hier ab. Ausserdem dass
sie die Ankergründe bei Kos verschlämmt haben, haben sie auch noch
eine weitgestreckte Spitze alluvialen Terrains angesetzt. In frühern
Zeiten mag aber diese Gegend Veränderungen in noch weit grösserer
Ausdehnung erfahren haben; denn viele Geologen sind der Meinung,
dass die Inseln des ægæischen Meeres wirklich nur die Höhenpunkte
eines Landes sind, das durch die Irruption des schwarzen Meeres
überschwemmt worden ist. Diese Ansicht findet in dem allgemeinen
Aussehen der Inseln ihre Bestätigung, indem die meisten den Verwüstungen einer gewaltigen Ueberschwemmung ausgesetzt gewesen zu
sein scheinen, welche den Humusboden hinwegspülte und nur die
kahlen Flächen der Felsen zurückliess. Von zwei der Fluthen, welche
dies bewirkt haben können, erzählt noch die geschichtliche Ueberlieferung; von der ogygischen nämlich, durch welche Böotien und

---

[142]) Strabo erzählt, dass wegen des durch die Fluthen des Mæander den benachbarten Fluren zugefügten Schadens eine Klage erhoben werden konnte und dass die
Entschädigungen, wenn solche für die Verwüstungen des Flusses genehmigt wurden,
von den Pächtern der Fähren bezahlt werden mussten.

Attika überfluthet wurden und von der, welche Samothrake und die Küsten Kleinasiens verwüstete. Beide werden gewöhnlich einem Durchbruch der Gewässer des schwarzen Meeres zugeschrieben. Die samothrakische Fluth wird in einem Bruchstück des verloren gegangenen Werkes des Strato von Lampsacus beschrieben, welches im Strabo erhalten ist und welches den Eratosthenes veranlasste die Gleichmässigkeit des Niveaus aller die Continente umspülenden Meere genaueren (aber freilich noch nicht zu genügenden Resultaten führenden) Untersuchungen zu unterwerfen [143]). Nebenbei wollen wir hier auch den Durchbruch des thessalischen Sees zwischen dem Olymp und Ossa, der das Thal Tempe zurückliess, erwähnen. Er fällt nach Larcher in das J. 1885 v. Chr. [144])

An der Westküste des ægæischen Meeres ist namentlich noch des Piræus bei Athen zu gedenken. Dieser durch vorspringende Landspitzen und Inseln geschützte Hafenort soll nach Strabo ehemals auf einer Insel gelegen haben. Eines neuen 5000 Schritte langen Landzuwachses thut auch Plinius Erwähnung. Mehrere Inseln bei Aetolien waren schon zu Strabo's Zeit zu Vorgebirgen geworden. Der Hafen von Asteria (zwischen Cephalonia und Ithaka) war versandet; zwischen der Stadt Ambracia und dem Meere hatte sich eine 10,000 Schritt breite Strecke Landes angesetzt; der Durchstich, welcher Leukadia zur Insel gemacht hatte, ward in späterer Zeit durch Anschlämmungen wieder ganz geschlossen. Auch die illyrischen Städte Orikum und Epidaurus waren ehemals Inseln gewesen.

Was die Veränderungen am schwarzen Meere anbetrifft, so erscheint es als eine allgemeine Annahme der Geologen und Kosmogonisten, dass sich dasselbe in sehr entfernten Perioden viel weiter nach Ost und Nord ausgedehnt hat, als gegenwärtig, und dass es einst alle die weiten Ebenen und Steppen bedeckt hat, welche den Kaspi- und Aralsee umgeben, so dass diese Seen und mit ihnen eine Menge kleinerer noch gar nicht für sich existirten [145]). Die Entste-

---

[143]) Der Graf Marsigli behauptete noch in der neuesten Zeit, dass das Niveau des schwarzen Meeres 30 bis 40 Fuss höher liege, als das des Mm.

[144]) Ueber diese Trockenlegung des thessalischen Beckens ist besonders Dureau-de-la Malle (Chap. XXIX.) zu vergleichen. Derselbe entwickelt im 30sten Kapitel die Folgen der deukalionischen Fluth.

[145]) Diese Verbindung liegt aber jenseits der Grenze einer sichern, historischen Kunde. Aristoteles kennt beide Meere nur als gesonderte; der Angabe Klitarch's, dass der Landstrich zwischen diesen Meeren von beiden überfluthet werde, widerspricht Strabo. Der grosse Sumpf, den die Hunnen und Scythen auf ihren Zügen im Norden des Caucasus zu durchsetzen hatten, könnte eine letzte Spur der alten Verbindung gewesen sein. Die taurische Halbinsel scheint auch in älterer Zeit Insel gewesen zu sein, indem ihr südlicher gebirgiger Theil aus dem Meere hervorragte.

hung des Unterschiedes in ihrem Niveau gehörte dabei einer viel
späteren Periode an. Ihre Tiefe musste sich natürlich wesentlich
ändern, da die Betten der ihnen zufluthenden Ströme mit ausserordentlich grossen Sand- und Schlammmassen angefüllt sind, von
denen durch die schnell fliessenden Gewässer viel fortgeführt und
schwimmend erhalten wird. Natürlich treten dann ähnliche Erscheinungen wie am Po und Nil ein. Schon Polybius spricht von solcher
Erhebung des Bodens und knüpft an dieselbe die Voraussetzung, dass
der ganze Pontus Euxinus in einer langen Zeitperiode ausgefüllt
werden könnte [146]). Auch beschreibt er eine 1000 Stadien lange
Sandbank vor der Istermündung, welche ein Segelschiff in einem Tage
erreiche. Diese seitdem längst verschwundene Sandbank bildet jetzt
höchst wahrscheinlich einen Theil des Donaudeltas. Auch das asowsche
Meer zieht seine Grenzen offenbar mehr und mehr zusammen.

Neuere Beobachtungen bestätigen die schon von den Alten aus-
gesprochene Ansicht, dass sich an den Küsten der trojanischen Ebene
ein Saum Landes ansetze. Antissa und Issa (Lesbos) sind zu
einer Insel geworden. Die Ruinen des alten Smyrna liegen jetzt
weit vom Meere ab, an dem die Stadt doch erbaut war. Die Wellen
konnten den alten Dianentempel zu Ephesus bespülen; jetzt liegen die
Ruinen vom Meere getrennt. An mehreren Stellen (namentlich der
südlichen Küste) zeigt sich hier die Erscheinung einer fortgehenden
Felsgesteinbildung, indem sich der Sand und das Gerölle durch einen
kalkartigen Kitt zu neuen festen Lagen von Kalkstein verbindet, dadurch das Ufer erhöht und die Landgewässer zwingt, sich ein neues
Bett zu graben [147]). Das Wasser der benachbarten Flüsse ist wegen
seines starken Kalkgehalts zum Trinken untauglich. Auch die Meeresströmungen setzen an diesen Gestaden häufig Sand und Geröll an.
Die Insel Lade, bei welcher 494 v. Chr. die pers. und ionische Flotte
zur See kämpften, ist zu einem Hügel im Lande geworden; die Land-

---

Ein Zurückweichen des Landes scheint auch durch die von Pausanias erwähnte Sage
angedeutet, dass bei Begründung der weit landeinwärts gelegenen Stadt Ankyra durch
Midas in der Erde ein Anker gefunden worden sei. Wenn der Ring, den Clarke bei
Baktschiserai fand, so wie dies die Eingeborenen behaupteten, wirklich zur Befestigung
der Schiffe an dem Felsen, wo er gefunden wurde, gedient hat, so musste das Meeresniveau um einige hundert Fuss gefallen sein. Der Kaspisee selbst ist früher höchst
wahrscheinlich viel grösser gewesen. Er hat mit dem Aralsee zusammengehangen,
dessen Spiegel jetzt 117 Fuss höher liegt. Man hat sogar vermuthet, dass der Aralsee
einst mit dem Eismeer in Verbindung gestanden habe. (Vgl. Dureau-de-la Malle,
Chap. XXV. und XXVI.)

[146]) Vgl. Dureau-de-la Malle, Chap. XXII.
[147]) So bei Adalia, Laara, Selynty, Cap Cavaliere, Pompejopolis.

spitze von Mykale dürfte bald Samos erreichen. Auch an der Südküste Kleinasiens bemerkt man mehrfache Anzeichen allmähliger Veränderungen in der Küstenlinie, besonders gegen deren östliches Ende
hin, wo der Fluss Jaïhun (Pyramus) durch seine massenhaften Ablagerungen eine weite dürre Ebene hervorgebracht hat. „Die niedrige
Sandspitze" sagt Sir Francis Beaufort, „welche der Jyhun hinaus-
schiebt, ist schon über 6 engl. Meilen (beinahe 1 ¼ deutsche Meile) über
den Punkt hinaus, der in der ursprünglichen Küstenlinie zu liegen
scheint." Aus dem Golf von Makry ragt im Gegentheil das stattliche
Grabmal eines Kriegers hervor, welches offenbar auf der Küste errichtet worden war. Jetzt ist es fast 100 Fuss von derselben entfernt
und die See bedeckt wenigstens 2 Fuss von seiner Basis. Auch die
Mauern von Telmessus im Glaucus sinus haben ohne Zweifel ursprünglich auf dem trockenen Lande gestanden, sind aber jetzt gleichfalls
von Wasser umgeben und in Kakara sind jetzt an einigen Stellen 3
oder 4 der untersten Stufen an Hausthüren oder wenigstens Grund-
mauern unter die Oberfläche des Wassers hinabgesunken. Kaunos,
welches zu Strabo's Zeit ein Seehafen war, liegt jetzt fast eine halbe
Meile landein und sein Hafen ist zu einem Süsswassersee geworden,
aus dem die Gewässer nach dem Meere zu Fall haben. Auch die
Alluvialebenen von Xanthos, Phineka, Myra und Makry haben seit
der Zeit, wo die obigen Städte auf diesen Ebenen blühten, an Dicke
der Bodenschichten bedeutend zugenommen. An den Bohrungen
von Seethieren bemerkt man die Spuren einer Bodenerhebung und im
Golf von Iskanderún sind noch die Mauern eines von den Saracenen
erbauten Castells zu sehen, welches jetzt ⅓ Meile von der Küste ab-
liegt. In den Mauern stecken noch die Ringe, an welchen vormals die
Schiffe befestigt wurden. Sir Francis beschreibt die geologischen Erscheinungen, welche er am Ausfluss eines Sees bei Cap Phineka
beobachtete, wie folgt: „Dieser See ist vom Meere durch einen
schmalen, sandigen und kiesigen Rücken getrennt, dessen Gestalt und
Grenzlinien offenbar durch die Gegenwirkungen der Strömung von der
Innen- und des Meeres von der Aussenseite bestimmt sind; die erstere
streift an seinem innern Rande hin und fügt vielleicht von den Bergen
frisches Material hinzu, während die äussere Brandung den losen Kies
zurückwälzt und ihn wie eine Mauer aufthürmt [148]). Es war interessant,

---

[148]) An jeder flachen Küste wirft die See überhaupt fortwährend Sand, Kies
und Geröll aus, welches sich allmählig anhäuft und zu festen Massen gestaltet, wenn
dieser Küstenvergrösserung nicht eine starke Seitenströmung, ein Fluss oder Torrent
entgegenwirkt. Durch die Mündung grosser Flüsse wird diese mit der Hauptlinie

diese Kräfte in Thätigkeit zu sehen, welche eine schmale Zunge halt-
losen Sands befähigen, dem stürmischen Ocean Widerstand zu leisten,
während jeder Tag Beispiele liefert, dass die festesten Felsen seiner
Gewalt weichen." Derselbe intelligente Offizier bemerkte auch an
verschiedenen Stellen dieser Küste ein „versteinertes Ufer", wie er es
nennt, wo die obern Schichten, bis auf eine Strecke in die See
hinein, zu einer massiven Rinde von „Puddingstein" verhärtet sind.
Er schreibt dieses Phänomen ähnlichen Ursachen zu, wie die Verdich-
tung der sicilianischen Küsten und fügt hinzu, dass der unvorsichtige
Schiffer, der ein solches Ufer für ein gewöhnliches aus weichem und
nachgiebigem Material halten und sich durch die Brandung würde
darauf treiben lassen, seinen Irrthum schwer zu bereuen haben würde.

Von einigen Theilen der syrischen Küste ist das Meer zurückgewichen, während andererseits bei Beïrut ein Thurm im Wasser steht
und Ueberbleibsel der alten Meeresbauten in Jaffa und Kaïsarieh
unter dem Wasserspiegel liegen. Die Insel von Tyrus hängt jetzt mit
dem Continent zusammen und einige Theile der Halbinsel zeigen
Spuren, dass sie früher unter dem Wasser gelegen haben. Während
diese Küste, im Ganzen, als ein Beispiel der Elevation angesehen
werden kann, bietet das weite angrenzende Thal vom Jordan durch
El Ghor bis zum Golf von Akaba — die Aulona der Griechen, Cœle-
Syria bei den Römern — ein merkwürdiges Beispiel der Bodende-
pression, welche sich nur durch eine Katastrophe erklären lässt, bei
der Wasser, Feuer oder ein beträchtliches Einsinken der Erdschichten
mitgewirkt haben müssen.

Die syrische und ægyptische Küste hat im Allgemeinen Mangel
an guten Häfen und die im Alterthum berühmten erweisen sich meistens zu seicht; man darf freilich dabei nicht vergessen, dass die
Schiffe der alten Welt 9 Fuss, unsere Kauffahrer dagegen 20 Fuss,
ja Linienschiffe bis zu 30 Fuss Tiefgang verlangen. An dem NW.-
Ende der grossen Wüste füllt der Sand das benachbarte seichte Meer
immer mehr an. Auch an den Küsten des rothen Meeres zeigt sich
eine solche Landzunahme. Heroopolis oder Patumos, das noch zu
Arrians Zeit am Meerbusen von Suez lag, ist jetzt dem Mm. näher
als dem rothen. Auch der Hafen von Suez würde im Fall des Kanal-
baus, da er durch eine Sandbank vom Meere getrennt ist, erst grössern
Schiffen fahrbar gemacht werden müssen.

---

der Küste parallele Anschwemmung stets unterbrochen, und es macht sich die im
Allgemeinen auf ersterer senkrechte Deltabildung geltend.

Der Boden Unteraegyptens erhöht sich nach den Beobachtungen
der Franzosen in je 100 Jahren um 0,126 Meter (etwas über 4½
Zoll) [149]. Der Tempel des Jupiter Ammon und viele Trümmer alter
Städte in einer von da südlich nach Nubien gehenden Linie, lassen
vermuthen, dass diese jetzt vollkommen dürre Wüste ehemals an
Wasser keinen Mangel gehabt habe.

Von den Veränderungen der weitern Nordküste Afrika's ist schon
in der Rundschau dieser Küsten Einiges gesagt, und wir befürchten
durch die Aufzählung einer Anzahl Häfen, welche versandet sind, nur
zu ermüden. Von den Fällen, in denen das Meer bedeutende Landes-
strecken erobert hat, haben wir absichtlich bisher nur wenige erwähnt,
da alle bemerkenswerthern bei den vulkanischen und Strömungser-
scheinungen noch genauer besprochen werden sollen.

Wir erwähnen — mehr anhangsweise — noch eine an der
Meeresoberfläche öfter bemerkte Erscheinung, welche mit der Umgestaltung des Meeresbeckens auch in enger Verbindung zu stehen scheint.
Die Italiener erzählen von Schlünden, welche sich plötzlich im
Wasser eröffnet haben und aus welchen Dämpfe und Asche geschleu-
dert wurde. In einem solchen Wasserschlund ging 1813 ein Schiff
in Sicht der neapolitanischen, vom Capitain Acton befehligten Corvette
Stabia zu Grunde. Das „Journal de Constantinople" — dessen Nachrichten freilich nicht immer zuverlässig sind; — berichtet auch von
einer ähnlichen Naturerscheinung, welche Sonntags, den 4. April
1847, auf dem schwarzen Meere beobachtet wurde. Ein Dampfschiff
der österreicher Lloydgesellschaft, der „Stambul", war eben auf seiner
Fahrt nach Konstantinopel während ruhigen Wetters begriffen und
etwa eine Stunde von Sinope entfernt, — als sich die See plötzlich
unter ihm öffnete und dabei die Gestalt eines weiten Trichters annahm. Die Wellen schlugen über dem Schiff zusammen, brausten
über das Deck und richteten vielen Schaden an. Der Stoss war so
heftig, dass das Schiff an mehreren Stellen leck wurde, sich kaum
von dem schrecklichen Druck, dem es ausgesetzt gewesen war, erholen
konnte und nur mit Mühe wieder flott wurde. Eine ganze Weile
stampfte es und war so beschädigt, dass ein zweiter ähnlicher Stoss

---

[149] Dureau-de-la Malle widmet das 4te Kapitel seiner Géographie Physique
de la Méditerranée einer genauen Untersuchung der Nildeltabildung und vertheidigt
den Homer als den ἀρχηγέτης τῆς γεωγραφικῆς ἐμπειρίας, wie ihn Hipparch nennt,
gegen die Anklage, dass er von Aegypten eine sehr unsichere und mangelhafte Kenntniss gehabt habe. Allerdings habe nämlich Menelaos vom Festlande bis zu der Insel
Pharos noch einen Tag segeln können, indem damals die Mareotis noch ein offener
Meerbusen gewesen sei, in welchem acht Inseln lagen.

sofort den Untergang herbeigeführt haben würde. Mit Mühe und
Noth erreichte der Stambul endlich den Hafen von Sinope, wurde
dort reparirt und erreichte Konstantinopel am Dienstag. Die Zeugen
dieses Vorfalls glaubten zuerst, dass ein Erdbeben stattgefunden habe,
aber·man hatte an der Küste nichts davon bemerkt. Es ist wohl zu
vermuthen, dass ein unterseeischer Erdfall stattfand und dass sich bei
dem plötzlichen Eindringen des Meeres in unterirdische Räume in
der Nähe des Schiffes der trichterähnliche Schlund öffnete, in den
das Schiff gerissen und von welchem es beinahe zerschmettert und
verschlungen wurde.

§. 5. Von den Veränderungen des Beckens durch vulkanische Kräfte, sowie von den vulkanischen Erscheinungen am Mm. überhaupt.

Neben den sehr allmählig wirkenden neptunischen Kräften, welche
das Becken des Mm. namentlich an seinen Rändern zu verändern suchen,
haben die vulkanischen Kräfte auf gewaltsamere und unstetigere Weise
dasselbe ebenfalls umgestaltet und auch noch mancherlei andere Wirkungen hervorgebracht. Wir betrachten zu dem Ende vor Allem die
phlegræische Region, oder jenen grossen Gürtel, welcher sich ungefähr
1000 Meilen weit von Ost nach West, von den Ufern des kaspischen
Sees bis zu den Azoren und vielleicht von da noch bis Teneriffa erstreckt. Man giebt demselben ziemlich willkürlich eine Breite von
ungefähr 10 Graden, und seine Lage ist dabei durch Eruptionspunkte,
Erdbebenringe und andere Symptome der Thätigkeit unterirdischen
Feuers hinlänglich bezeichnet. Für den Norden [150]) und die mittlere
Partie dieser Zone führen wir nur beispielsweise an: Die heissen
Quellen und heftigen Erderschütterungen von Tiflis, Ararat, Azow,
Konstantinopel, Palästina, Smyrna, Brussa, Santorin, Milo, Modon,
dem Majellaberg, dem Vesuv, Lipari, Stromboli, dem Aetna,
Sardinien, den Colombretes vor Valencia, Olotin, Catalonien und
Lissabon [151]). Am südlichen Ende werden diese Anzeichen seltener,

---

[150]) Als den Anfangspunkt der ganzen Zone kann man, wenigstens für das
Gebiet des Mm., die vulkanische Landzunge Abscheron betrachten, von der aus sich
der 150 Meilen lange und durchschnittlich 20 Meilen breite Kaukasus als ein unabhängiges Hochgebirgssystem nach NW. streckt.
[151]) Das eigenthümliche Fieber, welches 1857 diese Residenz so arg heimsuchte,
mag möglicherweise auch mit vulkanischen Erscheinungen zusammenhängen, ebenso
wie die Malaria der italischen Küsten, in deren südlicher Partie sich schon seit
Monaten (wir schreiben dies im April 1858) eine gesteigerte und höchst verderbliche
vulkanische Thätigkeit zeigt, die sich nach einem Ausbruch des Vesuvs zu beruhigen
pflegt.

aber Smyth fand Spuren vulkanischer Thätigkeit in den Gháriyán-Bergen südlich von Tripoli und kam auf seiner Reise nach Ghirzah durch einen schwärzlichen und unheimlichen Landstrich, Ha'raj genannt. Von Algier bis Marocco sind heftige Erdbeben häufig vorgekommen und das, welches Oran 1790 zerstörte, wurde zu derselben Zeit in Tetuan und Tangier wahrgenommen. Dass sich die vulkanischen Erscheinungen auf der Fläche dieser Zone auch unter dem Wasser fortsetzen, erkennt man an mehreren Symptomen, namentlich an dem gelegentlichen Emporsteigen einer Insel oder an den häufigen Stössen des mare-moto oder Meerbebens. Dass die Alten schon die vulkanische Thätigkeit im Meere erkannten, lernen wir aus Homer, der den Meeresgott den Erderschütterer nennt. Viele der Feuerheerde scheinen seit Jahrtausenden erloschen und die vulkanischen Kräfte an vielen Punkten erschöpft; dennoch sehen wir die vulkanischen Eruptionen aus den unterseeischen und unterirdischen Schichten glühender Mineralien noch beständig in Thätigkeit.

Heftige Erderschütterungen werden stets von einem eigenthümlichen Wogen der benachbarten Meerestheile begleitet. Am grossartigsten zeigte sich diese Meereswallung bei der schrecklichen Katastrophe, welche Lissabon 1755 verwüstete. Schon die Alten machten ähnliche Beobachtungen; denn Herodot erwähnt ein Erdbeben, welches auf hoher See von der Flotte des Eurybiades bemerkt wurde [152]). Auch der Admiral Smyth spricht von ähnlichen Erscheinungen. Die am Meeresgrund erfolgenden Ausbrüche scheinen im Allgemeinen von denselben Phänomenen begleitet zu sein, wie die, welche ihre Lava und andere vulkanische Stoffe durch die Ventile der Vulkane sofort mit der Atmosphäre in Berührung bringen. Einige Modifikationen werden natürlich durch die grössere Dichtigkeit des umgebenden Mediums und durch den bedeutend grössern Druck der auf der vulkanischen Oeffnung lastenden Wassersäule veranlasst, welche der Richtung der aufsteigenden Gase gerade entgegenwirkt. Prof. Pallas erzählt, dass im September 1799 ein unterseeischer Ausbruch im asowschen Meere, 150 Faden von der Küste, Temriuk gegenüber, stattfand welcher von gewaltigen Donnerschlägen, starken Ausströmungen von Gasen (man erzählt sogar von Feuer und Rauch?) und Auswürfen von Asche und Steinen begleitet war; danach stieg eine Insel — gleich einem grossen Grabhügel — aus der Tiefe auf; aber sie versank wieder, ehe Prof. P. sie betreten konnte. 1814 erhob sich eine neue Insel an derselben

---

152) Lib. VIII., 64. σεισμὸς ἐγένετο ἔν τε τῇ γῇ καὶ τῇ θαλάσσῃ....

Stelle durch einen vulkanischen Ausbruch und zugleich beobachtete
man Erdbeben in der Nachbarschaft. Am 13. August 1822, als
Aleppo von einem schrecklichen Erdbeben verwüstet wurde, welches
in einem Augenblick Tausende der Einwohner unter den Ruinen ihrer
Häuser begrub, erhoben sich in der Nähe von Cypern [153]) einer Insel,
welche stets an dem Syrien betreffenden Unglück Theil hatte, zwei
Felsen aus der See.

Von einem seltsamen Vorfall berichtet Adm. Smyth selbst:

„Als ich mich am 5. Februar 1820 dem Vorgebirge Leukate [154])
in Leucadien gegenüber am Bord der „Aid" befand, bewölkte sich der
Himmel, die Winde und der Regen wechselten um Mitternacht. Um die
mittlere Wache gewahrte man eine dichte Wolkenschicht nach der offenen
See zu, und in der Morgendämmerung glaubte man einige Spuren einer
Insel in derselben zu unterscheiden; aber ich wurde nicht gerufen, da
man der ganzen Erscheinung keinen Werth beilegte. Aber kurz vor 6
Uhr — während der Morgen noch ungewöhnlich dunkel und stürmisch
war, — theilte Mr. Skyring dem Lieutenant Hase mit, dass er sehr
deutlich eine Insel gen West bemerke, worauf das Schiff sogleich umgelegt wurde und nachdem es die Hülsen nach dem andern Bord zu hatte,
war die an der Logtafel markirte Segelrichtung: Cap Ducato Südost gen
Ost, — die Insel West. In diesem Augenblick kam ich an Deck und
war nicht ganz damit zufrieden, dass man das Schiff ohne meine Befehle
umgelegt hatte, da ich die Gefahr nicht für bedeutend hielt. Nachdem
ich einige Matrosen verhört hatte und bemerkte, dass es lufwärts noch
immer sehr trübe war, so brassten wir und arbeiteten uns von da bis
zum Sonnenuntergang lufwärts weiter; aber weder dann, noch am nächsten
Tage konnten wir die vermeintliche Insel wieder zu Gesicht bekommen.
Da das Wetter sehr unbeständig blieb, so fuhr ich in den Hafen Bathi
auf Ithaca ein, wo wir am 15ten desselben Monats 9 Stösse des Mare-
moto, während starken Regens und finstern, mit Böen vermischten Wetters
fühlten. Es kam uns bei diesen Stössen vor, als wenn wir auf den
Grund aufführen, und doch hatten wir 15 Faden Wasser unter uns.
Von diesem Tage bis zum 6ten März folgten mehrere Erdbeben und
Santa Maura litt besonders durch dieselben; auch darf nicht unerwähnt
bleiben, dass Zante in demselben Jahre fast zerstört wurde. [155])

Als ich im folgenden April mich in Corfu aufhielt, benachrichtigte
mich der Admiral Sir Anthony Maitland, welcher damals die Fregatte

---

[153]) Journal of Science Vol. XIV. p. 450.

[154]) Cap Ducato, Lover's Leap, weil unglücklich Liebende sich von da in die
See stürzten.

[155]) Man hat die Meinung ausgesprochen, dass die Erdstösse auf den einzelnen
ionischen Inseln nicht zu derselben Zeit bemerkt werden. Es wird aber nicht gesagt,
wie man sich dessen versichert hat. Als Smyth dort war, zeigten die Uhren relative Differenzen von oft 20 Minuten. Wie soll unter solchen Umständen am Lande
und auf den Schiffen in den Häfen, eine zuverlässige Zeitbeobachtung möglich sein!

Glasgow commandirte, dass ein griechisches Schiff angekommen sei mit der Nachricht, dass es auf offener See bei Santa Maura schweren Wolkenbrüchen begegnet sei. Darauf lichtete ich sogleich die Anker und schiffte längs der Insel hin, indem ich von den Mastkörben scharf umschauen liess und gelegentlich mit Leinen von 70 und 150 Faden sondirte; aber ich musste unverrichteter Sache umkehren. Unterdess verbreitete sich der Mythus von der „Felseninsel" und gewann festen Fuss in den Zeitungen, so dass Sir Charles Lyell darüber in der Allg. Zeitung (1820) schrieb, und andere Autoritäten derselben Erwähnung thaten. Dass eine unterseeische Eruption stattgefunden habe, ist sehr wahrscheinlich und es ist dabei eben so interessant, als beachtenswerth, dass verschiedene alte Karten — z. B. die des Quarter Waggoner, Mount's und Page's Mm.-Pilot von 1703 und andere — eine kleine Insel seewärts von Cephalonia verzeichnet haben. Als ich das obige geschrieben hatte, fiel mir ein, dass Lieutenant C. R. Malden, jetzt der einzige noch lebende Offizier aus der Konstabelkammer der Aid, vielleicht noch eine Notiz über diese Angelegenheit aufbewahrt haben könne. Ich ersuchte ihn schriftlich um Mittheilung desselben, und das Folgende ist ein Auszug der von ihm unter dem 4. August 1852 ertheilten Antwort:

Fern von der Heimath, bin ich ausser Stande, die am 5. Februar 1820 am Bord der Aid gemachte Entdeckung einer Insel seewärts von Santa Maura nebst dem Datum zu dokumentiren. Die Thatsache ist mir aber dennoch frisch im Gedächtniss geblieben; ich habe auch noch im Lauf dieses Jahres darüber mit einigen Freunden gesprochen. Ich war nicht auf dem Deck, also nicht Augenzeuge, aber ich erinnere mich sehr wohl der Zuversichtlichkeit, mit der die Skyring und andere Personen auf dem Deck erklärten, eine Insel gesehen zu haben, sowie der unmittelbaren Folgerung, dass ein Erdstoss auf Santa Maura stattgefunden haben müsse, was sich auch bei unserer Ankunft im dortigen Hafen bewahrheitete. Unser darauf folgendes Kreuzen zur Aufsuchung der Insel war vergeblich, aber ich erinnere mich desselben sehr wohl." [156])

Wenn Eruptionen unter dem Wasser stattfinden, so hält es natürlich schwer, sich zu vergewissern, ob sie aus einer neugebildeten oder schon lange bestehenden Oeffnung, aus einem vereinzelten, inselartigen oder aus einem parasitischen Kegel hervorgehen. Der berühmte Geolog v. Buch, ist der Meinung, dass bei unterseeischen Ausbrüchen die zuvor den Meeresgrund bildenden Schichten gleichmässig gehoben werden, und dass wirkliche Ausbrüche aus einer Oeffnung nicht eher stattfinden, als bis diese Schichten sich bis über den Meeresspiegel emporgehoben haben. Aber dieses Postulat er scheint uns keineswegs

---

[156]) Der deutsche Naturforscher F. W. Sieber nahm an derselben Stelle am 3ten Januar 1817 ein starkes Mare-moto wahr, während er vom adriatischen Meere aus nach Candia fuhr. (Vgl. seine Reisen in Creta.) An der californischen Küste ist 1856 ebenfalls die starke Eruption eines submarinen Vulkans beobachtet worden (Kreuzztg. vom 13. Januar 1857.)

wohl begründet. Das Emporstossen konischer Inseln, wie es die elastischen Kräfte der vulkanischen Thätigkeit bewirken, hebt natürlich die horizontal darüber gelagerten Schichten mit empor. Aber es ist kein Grund vorhanden apriori solch eine anomale Unterscheidung zwischen den Arten der Thätigkeit bei Vulkanen im Meere und im Luftocean aufzustellen. Bei den neuern und gut beobachteten Beispielen der Sabrina-Insel, die bei den Azoren und der Grahams-Insel, die im Mm. emporgehoben wurde, waren die Stoffe, welche oberhalb des Wassers zu Tage kamen, entweder Asche — zum Theil noch glühend — oder blasenreiche, lithoidale Lavenconglomerate, also Erzeugnisse der Eruption, welche selbst die Hebung des Bodens bewirkt hatten. In Bezug auf den letztgenannten Vulkan sind zum Glück sehr ausführliche Berichte vorhanden, von denen der genaueste wohl von Dr. Davy, dem Bruder des bekannten Sir Humphry Davy, herrührt. Es scheint, dass schon am 28sten Juni 1831 Capitain Swinburne, indem er nahezu über die Stelle hinfuhr, verschiedene Stösse eines Seebebens bemerkte, welche beweisen, dass schon damals vulkanische Kräfte in Wirksamkeit waren; aber am 19ten Juli desselben Jahres hatte sich der Krater bereits mehrere Fuss über den Seespiegel aufgehäuft und entfaltete eine grosse Thätigkeit, indem er gewaltige Massen Dampf, Asche und Schlacken auswarf. Von diesem Zeitpunkte an nahm er in allen seinen Dimensionen zu, bis gegen Ende August sein Umfang ungefähr 3240 Fuss und seine Höhe 107 Fnss betrug. Darauf traten vom October an verschiedene Veränderungen ein und er verschwand im December völlig. Besonders wichtig ist in Bezug auf diesen Spiraglio ein in den Philosophical Transactions der Royal Society (1832) gedruckter Aufsatz des Admiral Smyth, dem wir eine Stelle im Anhang angewiesen haben. Hier fügen wir nur, um das letzte Resultat dieser Beobachtungen im Voraus anzudeuten, einen Auszug aus einem Briefe bei, den der früher die „Adventure" befehligende Capitain Graves von Malta aus (am 20sten Juni 1846), an Adm. Smyth geschrieben hat:

> „Ich bin eben in dem gemietheten Schiffe „Locust" von einer sehr angenehmen Kreuzfahrt nach der Graham's-Untiefe, nach Girgenti und Palermo zurückgekehrt und ich verliere desshalb keinen Augenblick, meinem alten Commandeur Alles mitzutheilen, was ich auf seinem Grund und Boden gefunden habe. Ich habe 2 Tage lang, Ihre Karte in der Hand, die Grahamsklippe untersucht. Seitdem Elson (der ehemalige Master [157]) auf der Adventure) 1841 dort war, hat

---

[157]) Im Rang unmittelbar unter dem Lieutenant stehend.

sich die Untiefe ihrer Ausdéhnung und Tiefe nach sehr verändert; damals hatte sie noch eine scharfe Zinne über der nur 1 $\frac{1}{2}$ Faden Wasser stand, und rings herum wurde das Wasser jäh tiefer, während der Grund unregelmässig war und aus Lava, Asche etc. bestand. Jetzt ist auch diese zu einer Tiefe von 35 Faden eingesunken — so viel unter dem Wasser, als sie bei ihrer höchsten Erhebung über demselben stand — und während sie sich gesenkt hat, hat sie zugleich allmählig an Ausdehnung zugenommen, so dass sie jetzt eine flache Bank bildet, auf welcher Sand und Korallen schon eine Kruste ansetzen. Ihr gegenwärtiger Zustand ähnelt ganz dem der auf Ihren Karten markirten Bänke von Nerita, Triglia, Pinna-marina, u. and., welche wahrscheinlich alle erloschene Vulkane sind."

Die Erfahrung hat gelehrt, dass die Erdbeben mit der unterbrochenen vulkanischen Thätigkeit, insofern als deren Kräfte nicht erstorben sind, in fortwährender Beziehung stehen, und aus der wie es scheint, periodischen Veränderlichkeit der Erdrinde kann man mit ziemlicher Sicherheit den Schluss wagen, dass unterirdische Höhlen mit thätigen Kratern in Verbindung stehen. Werden dann solche Verbindungswege verengt oder ganz geschlossen, so entstehen Erdbeben. [158]) Diese Annahme ist auch keineswegs in der neuern Zeit erdacht. Schon Strabo scheint solche Oeffnungen wie Sicherheitsventile für die benachbarten Landstriche angesehen zu haben.

Wenn es aber keinem Zweifel unterliegt, dass bei den vulkanischen Hebungen und Erdbeben die Expansionskraft der Gase mitwirkt, so erscheint uns die noch zu wenig beachtete Frage von der grössten Bedeutung, welchen G e g e n d r u c k die von unten wirkende Kraft zu überwinden hat. Zu einer genügenden Antwort auf diese Frage gehört aber nicht nur Kenntniss der Erdoberfläche in ihren Vertikaldimensionen, sondern vor Allem auch des Meeresbodens und der

---

[158]) Man hat bekanntlich in der neuesten Zeit fast bei allen Erdbeben Erschütterungskreise oder Ellipsen beobachtet, in denen sich die Schwingungen mit abnehmender Stärke gegen den- Umfang hin fortpflanzen. Dies führt zur Hypothese, dass wellenartige Bewegungen in einer etwa dickflüssigen, glühenden Masse hervorgebracht werden, auf welcher die (sogenannte) feste Rinde des Planeten ruht. Dass ferner eine ungemein grosse Masse von Gasen durch die Krater thätiger Vulkane entweicht, ist bekannt. Wenn diese nun irgendwie sich plötzlich nach unten zu einen Weg zu bahnen gezwungen sind, so erscheint es als wohl erklärlich, dass sie den flüssigen Kern des Planeten an seiner Oberfläche in Bewegung zu setzen im Stande sind, wie etwa ein unter dem Meeresspiegel explodirendes Pulverfass die Meeresoberfläche. Erdbeben werden also nach dieser Hypothese dadurch hervorgerufen, dass die Gase welche sich in den Schichten unseres Erdballs bilden, die dem flüssigen Kern nahe liegen, nicht nach oben entweichen können, sondern mit mehr oder weniger Gewalt oder Concentration nach unten zu explodiren. Ein Aufsatz des Dr. K. J. Clement über die ringförmige Bahn der Erdbeben in Dr. Petermann's Mitth. 1857. III. S. 193 enthält auch eine ganze Reihe auf das Mm.-Bassin bezüglicher interessanter Beobachtungen.

Meerestiefen. Denkt man sich etwa 5000 Fuss unter dem Meeresspiegel eine Horizontalebene, und lastet auf derselben an einem Punkte
5000 Fuss tiefes Wasser und in mässiger Entfernung an einem andern
eine Gebirgsmasse, die vielleicht noch mehrere Tausend Fuss über
das Meer emporragt, so müssen diese beiden Punkte offenbar einen
sehr verschiedenen Druck aushalten.   Wirken nun Gase in jenen
Schichten unseres Erdballs, wo die festere Kruste in. einen dickflüssigen Zustand überzugehen anfängt, so heben dieselben, wenn der Druck
gleichmässig vertheilt ist, die ganze darüber liegende Platte oder
bahnen sich durch schmale Oeffnungen ihren Weg, indem sie als
stark comprimirte Gasblasen durch die Erdschichten, wie Luftblasen
durch Wasser emporsteigen, oder indem sie sich ein bleibendes Ventil
eröffnen und um dasselbe einen konischen Rand aufwerfen.   Ist aber
der Druck sehr verschieden, so werden natürlich die starkbelasteten
Stellen den grössten Widerstand leisten, die andern dagegen leichter und
bedeutender gehoben werden; es tritt also keine Hebung ein, sondern
einzelne Partien werden schnell und gewaltsam emporgetrieben, während
andere Widerstand leisten und sich wenig bewegen.   So tritt das
See- und Erdbeben ein.   Besonders starke Erdbeben werden aber eben
desshalb nur an solchen Orten stattfinden, wo durch besonders grosse
Niveauunterschiede zugleich bedeutende Druckdifferenzen hervorgerufen werden.   Hierzu kommt nun noch, dass, wie man bei modernen
Tunnelbauten mehrfach bemerkt hat, der Druck in Gebirgsmassen von
der Lagerung der Schichten abhängt, so dass oft verhältnissmässig
kleine Flächen den in schiefer Richtung wirkenden Druck ungeheurer
Gebirgsmassen, welche auf sie zugleiten möchten, auszuhalten haben.
Hieraus erklärt es sich, dass die Erdbeben, z. B. in Unteritalien,
sobald das Ausströmen der Gase durch die Ventile der nahen Vulkane
irgend gestört wird, so zerstörend auftreten; ebenso z. B. auf den
griechischen Inseln und an den Küsten Morea's, welche von alter
Zeit her, wo z. B. ein Erdbeben die Städte Helike und Bura (373
vor Chr.) gänzlich zerstörte und den Einbruch des Meeres bewirkte,
bis auf unsere Tage (man denke nur an Korinth), so viel durch
dieses schreckliche Naturereigniss leiden mussten.

Schauen wir uns nun nach vulkanischen Formationen am Mm.
um, so bemerken wir sie zunächst in zusammenhängender Reihe an
den kleinasiatischen Küsten und auf vielen Inseln des ægæischen
Meeres.   Es unterliegt keinem Zweifel, dass die Cyaneæ insulæ, jetzt
Ureklaki, an der Mündung des thrazischen Bosporus in den Pontus,
vulkanisch sind und es wird sogar aus vielen Gründen wahrscheinlich,

dass dort ein Vulkan zu suchen ist, dessen Krater im Lauf der Jahrhunderte verschiedene Formen annahm [159]) und bei einem grossen Ausbruch den Fluthen des schwarzen Meeres eine Strasse zunächst in die Propontis eröffnete. Die Alten berichten ferner, dass Chryse und ein Theil der Ostküste von Lemnos mit dem auf ihr gelegenen Vulkan Moschylos in das Meer versunken sei. Erdbeben waren es, welche im 6ten Jahrhundert ein zwischen Arados und Botrys gelegenes Vorgebirge des Libanon, im Jahr 859 den Berg Akræos bei Laodicea ins Meer stürzten. Wir könnten eine lange Liste von Orten zusammenstellen, wo die Wellen der Küste fortwährend Landmassen entreissen, aber sehr häufig wirken dabei Erdbeben mit oder beschleunigen wenigstens den Einsturz. So wurde (10. Juli 1688) die Halbinsel mit der Festung von Smyrna durch ein Erdbeben zur Insel. Nach Plinius Zeugniss stürzte einst ein Theil der Insel Cea, welcher 30,000 Schritt lang war, mit allen seinen Bewohnern ins Meer und gleiches Schicksal traf die Stadt Pyrrha auf Lesbos, sowie die gleichnamige Stadt Pyrrha nebst Antissa an der Mæotis; die Küstengegend des asow'schen Meeres, besonders an der Krym, erleidet noch fortwährend Abstürze ihres Landes ins Meer.

Wenn wir auf der bereits erwähnten phlegræischen Region von den griechischen Meeren aus weiter nach Westen vorschreiten, so begegnen wir mehreren Reihen von Vulkanen. An der Westseite der Apenninen ziehen sich vulkanische Bildungen hin, welche nach einer Länge von 183 Meilen (von Montamiata bis Sorrento) am Fuss des Appenninenzweigs des Monte Sant' Angelo plötzlich abbrechen. Kaum fängt aber in Calabrien das plutonische Gebirge an, hervorzutreten, so beginnt auch 28 (See-) Meilen nordwestlich vom Cap Vaticano mitten im Meere die 27 M. lange Reihe vulkanischer Bildungen, welche nach dem Namen der Hauptmasse den der liparischen Inseln erhalten hat.

Stromboli, die nördlichste dieser Inseln, ist ein kleiner Vesuv im Meere. Der Krater des Stromboli [160]) hat ohne Stillstand seit der ältesten Zeit gebrannt; er scheint also nicht bloss für die ihm zunächst liegende vulkanische Gruppe, sondern vermittelst unterirdischer Verbindungswege auch für Sicilien und Italien die Hauptöffnung zu sein. Man hat öfter beobachtet, dass vor starken Erderschütterungen in jenen Gegenden der Stromboli — nach vielem unterirdischen Donnergebrüll (rimbombi e mugghiti) — sich mit dichtem Gewölk und Rauch

---

[159]) Dadurch erklärte sich zugleich der Mythus von den Συμπληγάδες.
[160]) Vgl. Sicily and its Islands by W. H. Smyth 1824. Martens Ital. I. 92.

bedeckt und bei erhöhter Thätigkeit ungewöhnlich starke Flammen
ausspeit. Der Kegel des Stromboli erhebt sich steil aus dem Meere.
Wenn man die wohl Jahrtausende lang fortgesetzte Thätigkeit des
Vulkans und das mit derselben fortwährend verbundene Auswerfen
grosser Massen von Mineralien berücksichtigt, so sollte man glauben,
dass die Bucht am Fuss des Berges sehr seicht sein müsse, oder
dass sich wenigstens wenn man auch annimmt, dass sich die Steine
schnell zerbröckeln, eine Bank im Hafen abgelagert haben dürfte;
aber das Gegentheil findet Statt.   H. Smyth's Sondirungen ergaben
rings um die Küsten 4 bis 20 Faden, selbst an den beiden Spitzen
der Sciarazza-Bucht.   Aber unmittelbar unter dem Kegel und so nahe
als man nur heranfahren kann, selbst innerhalb des Bereiches der
ausgeworfenen Stoffe, mass Smyth 47 Faden, und wenige Yards
(à 3 Fuss) von der Küste, schon 65 bis 90.   Die Gelehrten in
Stromboli haben sich über diese auffallende Erscheinung auch sehr
verwundert, aber nach ernstlicher Ueberlegung die gewiss allgemein
befriedigende Erklärung ersonnen, „dass der Golf an der Basis der
Insel fortwährend das herausgeschleuderte Material absorbirt und damit
von unten den gleichsam wiederkäuenden Vulkan wieder füllt."

Ein 3 Meilen breiter Kanal trennt Lipari von Vulcano, einem
ebenfalls thätigen Vulkane, den eine flache Sandbank mit Vulcanello
verbindet, welches man für die von Posidonius und Plinius erwähnte,
185 vor Chr. entstandene Insel hält.   Die bisherige Reihe vulkanischer Inseln folgte, nur noch an beiden Enden brennend, dem Zuge
der calabresischen und neptunischen Berge.   Eine zweite zieht, mit
dieser beinahe einen rechten Winkel bildend, in paralleler Linie mit
dem Kalkgebirge des nördlichen Siciliens.   In Sicilien selbst ist eine
Fumarola im Granit bei dem Dorfe San Giorgio am Cap Calava, der
Insel Vulcano gegenüber, die letzte Spur vulkanischer Thätigkeit der
liparischen Erdspalte, welche hier an der sicilischen Fortsetzung der
Apenninen nach einer Länge von 37 Meilen endet; aber jenseits der
heræischen Berge erreichen wir schon 19 Meilen südlich vom Calava-
Cap, am Ende der plutonischen Bildung von Calabrien und Messina,
den Fuss des grössten aller europäischen Vulkane, des Aetna, den die
Araber nur kurzweg Djebel nannten, woraus die Sicilianer (vgl. oben
Anm. 46.) Mongibello (Berg-Berg) gemacht haben [161]. Von ihm so wie

---

[161] Ueber die besonders heftigen Ausbrüche des Aetna im Jahre 1669, finden
sich einige interessante Fragen in den Manuscripten der Royal Society, welche der
Secretair derselben, Henry Oldenburg, an Georg Cotton in Rom richtet (30. Juni 1669)

von dem weltbekannten Vesuv hier mehr zu sagen, scheint uns nicht im Plane unseres Werkes zu liegen. Von den vulkanischen Bildungen im fernern Westen war bereits die Rede; thätigen Vulkanen begegnen wir dort nicht mehr.'

§. 6. Die Dimensionen des Beckens und seiner Theile.

Die zahlreichen Landspitzen, Vorgebirge, Buchten und vielfachen Krümmungen, wie sie namentlich die Nordküste des Mm. zeigt — zusammen mit der fortwährenden Einwirkung der Brandung, der Sturmwellen, Strömungen des Meeres und der Flüsse, der Erdbeben u. s. w. — erschweren es sehr, die Ausdehnung des gesammten Beckens mit positiver Genauigkeit bis zum Bruch der Quadratmeile anzugeben. Auch würde es wohl unerquicklich sein, in dieser Beziehung in Details einzugehen, welche ganze Bogen füllen würden. Dennoch verfehlen wir nicht, die wesentlichen Elemente mitzutheilen und verweisen dabei sowohl auf die Karten — namentlich auf die 4te, — als auf die sehr reichhaltige Sammlung geographischer Positionen im VIII. Abschnitt.

Das eigentliche Mm. dehnt sich etwa vom 12ten bis zum 54sten Grad östl. Länge [162]) und von dem 30sten bis fast zum 46sten Grad nördl. Br. Misst man seine Länge auf dem 36sten Grad der Breite, auf welchem ein Längengrad ungefähr $= 15.$ cos 36 °Meilen $= 12{,}135255$ Meilen ist, so ergeben sich für dieselbe 509,6807 geogr. Meilen mit einer Breite, welche sehr wechselt, aber in ihrem Maximum nicht ganz die Hälfte der Länge erreicht. Eine Linie, ungefähr durch die Mitte des Mm. vom Meerbusen von Triest bis zum Golf von Sidra, ist 243 geogr. Meilen lang, zwischen Marseille und Algier etwa 100, zwischen dem Cap Kelidonia in Caramanien und der Nilmündung noch nicht 70 Meilen. Betrachtet man Sicilien als eine Fortsetzung der Apenninen-Halbinsel, so zählt man zwischen Râs-Adâr und Mazzara kaum 20 Meilen. Die Küstenlinie ergiebt, das schwarze Meer eingerechnet, eine Länge von ungefähr 3375 geogr. Meilen. Das schwarze Meer hat unter 42° 30' nördl. Br. etwa eine Länge von $14\frac{1}{3}$ Längengrad, also von $14\frac{1}{3}$. 15. cos 42° 30' geogr. Meilen, was beinahe 160 Meilen giebt, und eine etwa halb so grosse Breite.

---

[162]) Die Sternwarte von Paris liegt bekanntlich unter dem 20sten Grad, die von Greenwich nach den neuesten Messungen 17° 39' 50,"55 östl. von Ferro. In Zeit beträgt der Unterschied zwischen Paris und Greenwich $+$ 0^{h}. 09^{m}. 20,^{s}63.

Uebrigens ist die Berechnung jeder beliebigen Längen- oder Breiten-
Dimension mit Hülfe der genauen Angabe der Longitudo und Latitudo
im VIII. Abschnitt eine leichte mathematische Aufgabe. [163])

Die Alten, welchen das Mittelmeer einen grossen Theil der
Erdoberfläche zu bedecken schien, obgleich sein Flächenraum sich
70mal in den des stillen Oceans hinein legen lässt, gaben demselben
eine weit grössere Länge, welche indess schon Strabo bedeutend zu
verkleinern scheint, indem seine Hauptdistanzen zur Bestimmung
dieser Länge folgende sind:

	Stadien.	Seemeilen.
Von den Säulen des Hercules bis zur Strasse von Sicilien	12000	1028
Vom Cap Pachynum bis zum Westende von Creta	4500	380
Vom Ostende Creta's bis Alexandrien. . .	3000	257
Von Alexandrien bis Rhodus	3600	308
Von Rhodus bis Issus	5000	429

Alle diese Massangaben sind bei Ptolemæus seltsam verwirrt, dagegen
schon genauer im Plinius. [164])

Zur Berechnung des Flächenraums des Mm. ist natürlich vor
Allem eine genaue Aufnahme der Küstenlinien nothwendig, von der
wir im VII. Abschnitt ausführlicher reden. Man berechnet am einfachsten die zwischen den einzelnen Meridianen und Parallelkreisen
liegenden sphärischen Vierecke und bestimmt so genau wie möglich
die Zahl und die Bruchtheile derjenigen, welche das Meer einnimmt.
Ich habe diese Rechnungen (mit Berücksichtigung der Abplattung
welche ich 1 : 289 annahm) bis ins genaueste Detail zweimal ausgeführt, indem ich dazu die grosse Karte des Lloyd und zum Theil die
Positionen im VIII. Abschnitt benutzte. Statt der Einzelheiten dieser
langwierigen Rechnung, welche ein Dutzend Seiten füllen würden,
gebe ich die beiden Endresultate für den gesammten Flächenraum.
Ich fand einmal 54412,051, das zweitemal 54367,228 geogr. □Meilen,
also im Mittel ungefähr 54390 □Meilen.

---

[163]) Vgl. Berghaus, Allg. Länder- und Völkerkunde I., S. 68.

[164]) Diese Grössenangaben der Alten findet man in Dureau-de-la-Malle's Géographie physique de la mer noire, besonders in Bezug auf das schwarze Meer, sehr
vollständig zusammengestellt. (Vgl. Chap. XXVI.) Eben dort werden für die früher
bedeutend grössere Ausdehnung dieses Meeres (bis an den Aralsee) viele Beweisstellen
beigebracht und aus dieser grossen, der des Mm. nahe kommenden Ausdehnung der
Name πόντος als Meer par excellence, zu erklären versucht. Eine von Buache ent-
worfene Karte veranschaulicht diese Hypothesen.

Adm. Smyth gelangt zu folgenden Resultaten, welche er in den auch von Halley benutzten Quadrat-Statute miles angiebt. [165])

	▢statute miles.	geogr. ▢Meilen.
Das Westbassin	325272	15353,320
Das adriat. Meer ˙	52819	2493,135
Das levant. Bassin	518755	24486,005
Der Archipel	75291	3553,845
Das Marmara-Meer	4644	219,236
Das schwarze Meer	159431	7525,377
Das asowsche Meer	13075	617,159
Gesammtoberfläche	1149287	= 54248,077

Setzt man 69 Statute miles = 15 geographischen, so ergiebt sich die Oberfläche 1149287 = 54314,1 geogr. ▢Meilen.

Da ich selbst, wie schon gesagt, die Fläche nach den Zonen eines abgeplatteten Sphæroids oder nach sphæroidischen Antiparallelogrammen berechnete und mir, den Parallelkreisen folgend, das Meer so zu sagen in Streifen schnitt, so konnte ich die einzelnen Theile meiner Berechnung mit den oben für die einzelnen Bassins angegebenen Zahlen nicht vergleichen. Um so mehr überraschte mich die wohl genügende Uebereinstimmung des Endresultats, die noch grösser wird, da ich bei meinen Rechnungen manche kleine Insel unberücksichtigt liess und also wusste, dass die obige Zahl 54390 jedenfalls eher etwas zu gross als zu klein sein musste. Will man sich daher die Fläche des Mm. in einer dem Gedächtniss bequemen Zahl merken, so schlage ich dazu, als der Wahrheit gewiss sehr nahe kommend, 54345 geogr. ▢Meilen vor. [166])

Dass die Angaben anderer Geographen mit der vorstehenden wenig stimmen, kann mich in meiner bestimmten Behauptung, dass das Mm. jedenfalls grösser als 54000 und kleiner als 54500 ▢Meilen ist, nicht wankend machen; aber ich will beispielsweise zum Schluss einige anführen.

A. von Roon in seinen Grundzügen der Erd-, Völker- und Staatenkunde (I. 59.) giebt 47500 ▢Meilen an, womit wohl das eigentliche Mm. gemeint sein soll; denn das schwarze Meer wird viel

---

[165]) Die Statute mile ist = 5280 engl. Fussen = 0,217259 geogr. Meilen; demnach eine solche englische Meile im Quadrat etwa = 0,0472014 geogr. ▢Meilen. Halley selbst aber rechnete einfach 69 (nicht 69,042) solcher Meilen auf den Grad, also 4761 engl. ▢Meilen = 225 geographischen. Diese Annahme haben wir als einfach bei der Evaporation im V. Abschnitt benutzt.

[166]) Rechnet man die Oberfläche aller Meere 6856000 ▢Meilen so ergiebt sich, dass das Mm. seinem Areal nach etwa der 126ste Theil aller Oceane ist.

zu gross mit 8700 ☐Meilen angesetzt, wonach für das eigentliche
Mm. nur 38800 ☐Meilen bleiben würden.   Wright in seinem schön
illustrirten Werke über die Küsten des Mm. hat folgende Grössenangaben:

☐Leagues.

1) Westl. Theil bis Cap Bon und Meerenge von Messina 42680

2) Das adriatische Meer 8180

3) Der Archipel und das Marm.-Meer . . 10120

4) Das levant. Becken 71000

131980 ☐Leagues.

Wahrscheinlich hat er 3 Miles = 1 League gerechnet und giebt also
die Flächen zu gross an.

In der Notice pour le Bassin de la Mer Mediterranée bei dem
Atlas Universel von Dufour, Carte 30, wird die Oberfläche des eigentlichen Mm. auf 1593000 Kil. carrés geschätzt.   Da nun 100 Kilom.
= 13,5 geogr. Meilen, so sind 10000 ☐Kilometer = 182,25 geogr.
☐Meilen und 1593000 ☐Kil. = 29032,425 ☐Meilen, offenbar viel
zu wenig.   Das schwarze Meer, welches nach Angaben in Dr. A. Petermann's Mittheilungen 7860 deutsche Quadratmeilen gross, sein soll,
wird ebenda auf 480000 ☐Kilom., also auf 48. 182¼ = 8748 ☐M.
geschätzt, was offenbar zu gross ist.   Dem Marmarameer wird richtiger
eine Länge von 285 und eine Breite von höchstens 80 Kilom. gegeben.

IV.

Die Gewässer des Mittelmeers.

§. 1. Der Zufluss oder das Gebiet des Mittelmeers.

Nachdem wir in und an dem Becken das Land und im 5ten Paragraphen der vorigen Abtheilung auch das Feuer, als vulkanische Kraft, betrachtet haben, gehen wir nun zum Wasser über und·lassen in diesem den Uebergang bildenden Paragraphen das Land den Zufluss vermitteln; wir werfen also einen Blick auf das dem Mm. zugehörige Flussnetz. Danach soll das Meerwasser selbst nach allen Seiten hin untersucht, und auch von seinen Bewohnern gesprochen werden. Ein Uebergangsparagraph behandelt darauf das Meer und die Atmosphäre in ihrer Wechselwirkung und führt uns zur Atmosphäre empor.

Es kann nicht unsere Absicht sein, alle die Flusssysteme ·bis in die geringsten Details zu verfolgen, welche in das weite Bassin des Mm. ihre Gewässer ergiessen, da es wahrlich nicht an trefflichen geographischen Werken mangelt, welche gerade hierüber genauen Aufschluss geben. Eine übersichtliche Zusammenstellung der Namen dürfte aber wohl zweckmässig sein.

Gebiet des eigentlichen Mm.: 1) Segura. 2) Xucar [167]) (l. Cabriel). 3) Guadalaviar. 4) Ebro (l. Aragon; r. Xalon mit Xiloca; l. Galego und Segre mit Cinca). 5) Llobregat. 6) Ter. — 7) Tech. 8) Teta. 9) Aude. 10) Hérault. 11) Rhone (l. Arve; r. Ain, Saone mit Oignon und Doubs, l. Isère und Drome; r. Ardèche; l. Durance; r. Gard). 12) Var. — 13) Magra. 14) Arno. 15) Ombrone. 16) Tiber. 17) Garigliano. 18) Volturno. 19) Sele. 20) Brandano. 21) Ofanto.

---

[167]) Die Nebenflüsse stehen in Klammern und sind mit l. (links) oder r. (rechts) bezeichnet.

22) Sangro. 23) Pescara. 24) Tronto. 25) Metauro. 26) Po (l. Dora ripera, Dora baltea, Sesia; r. Tanaro mit Stura und Bormida; l. Tessino; r. Trebbia; l. Adda, Ogglio und Mincio; r. Panaro und Reno). 27) Etsch (l. Eisach mit der Rienz). 28) Bachiglione. 29) Brenta. 30) Piave. 31) Tagliamento. 32) Isonzo. — 33) Narenta. 34) Moraka oder Bojana. 35) Drino. 36) Vojussa. 37) Arta. 38) Aspropotamos. 39) Peneus. 40) Vardar. 41) Struma-Karasu. 42) Nesto. 43) Marizza (l. Tundja und Erkene). — Gebiet des schwarzen Meeres: 1) Kamczik. 2) Donau (mit vielen Nebenflüssen, deren letzter l. der Pruth). 3) Dnjestr (l. Sztry). 4) Dnjepr (r. Beresina und Przypiec; r. Desna; l. Bug oder Boh). 5) Don (r. Donec; l. Manycz). — 6) Kuban. 7) Kisil Irmak. 8) Sakaria. — Gebiet des eigentlichen Mm.: 44) Meinder. 45). Orontes. — 46) Nil (mit 2 Quellflüssen, dem Baher Abiad und Baher Asrak). 47) Medjerdah.) 48) Schellif. 49) Maluvia.

Ausser diesen 57 giebt es unzählige kleinere Flüsse, Torrenten und Bäche. Im Gegensatz zu der lang gehegten Meinung, dass diesem Meere, durch Flüsse eine verhältnissmässig nur geringe Wassermenge zugeführt werde, können wir daher behaupten, dass dieselbe recht bedeutend sei. Eine sehr grosse Zahl dieser Flüsse hat freilich nur eine Stromlänge von 20 Meilen und darunter, und das von andern dem Meere zugeführte Wasservolumen ist im Verhältniss zu dem Gebiete, das sie durchströmen, allerdings nur gering.

Ausserdem existiren in der Nähe der Küsten viele Süsswasserquellen im Meere, welche den Umständen nach mehr oder weniger wasserreich sind; die am Stamfane-Felsen und in Syrakus sollen nach dem Volksglauben durch unterseeische Communication aus dem Alpheios kommen. [168])

Im Golf von Spezzia bemerkt man einen Quell, welcher fortwährend eine sehr beträchtliche Wassermasse in die See ergiesst; diese steigt sogar so kräftig in die Höhe, dass sie auf der Oberfläche eine kleine Convexität bildet. Dieser Wasserstrom mag wohl aus einem System höhlenartiger Gänge in den benachbarten Kalksteinfelsen herrühren. Seine Stelle im Golfe ist übrigens seit undenklichen Zeiten dieselbe geblieben. In dem Mare piccolo oder dem grossen Hafen

---

[168]) Smyth erwähnt in seinem Memoir of Sicily (p. 171), dass im Hafen von Syrakus der Arethusaquelle gegenüber und wahrscheinlich aus demselben Quell eine sehr wasserreiche Quelle sich am Meeresboden vorfindet, deren Wasser emporsteigt, ohne sich mit der Salzfluth zu vermengen. Sie heisst Occhio della Zilica oder Alpheios Moschus (Idyllium VII.) besingt sie, als Blätter und heiligen Staub von Elis herüberführend und sich mit dem Meere nicht vermischend.

von Taranto, in einiger Entfernung von der Mündung des Galesus springt Süsswasser mit solcher Kraft und in solcher Menge empor, dass man es ohne die geringste Beimischung von Brackwasser schöpfen kann. In ähnlicher Weise begegnet man in der Salzlagune von Thau, bei Cette, einer tiefen Stelle, der Avysse, aus welcher eine Säule von Trinkwasser mit solcher Gewalt emporsprudelt, dass sie Wellen schlägt. Bei Ragusa endet der Kalamota-Kanal im Hafen Val d'Ombla, der von dem Ariona, einem unterirdischen Fluss, der am Fuss des Berges Bergatz mit erstaunlicher Kraft und Fülle hervorspringt, mit Wasser gespeist wird. Auch in den Häfen von Cattaro und Aulona findet man Süsswasserquellen. In Agio Janni, unterhalb Parga, zwischen den Mündungen des Acheron und Thyamis befindet sich eine kreisförmige Stelle von ungefähr 40 Fuss Durchmesser, mitten im Meerwasser, in dem das süsse Wasser sehr reichlich und kräftig emporsteigt; dies ist vielleicht die von Pausanias (Arcad. VII.) erwähnte, aufsteigende Quelle. Von der kleinen verlassenen Insel Ruad bei Tortosa an der syrischen Küste ergiesst sich ein Strahl süssen Wassers so mächtig in die See, dass man dasselbe ganz salzfrei abschöpfen kann. „Man kann aus der See um die chelidonischen Inseln und bei Aradus trinkbares Wasser heraufholen", sagt Plinius, und es mögen noch manche nirgends erwähnte Wasserstrahlen sich in ähnlicher Weise mit dem Meere vermischen, ohne dass sie bis jetzt bemerkt worden wären.

Solche Zuschüsse mögen gegen die sonst dem Mm. zufliessenden Wasservorräthe gering erscheinen — namentlich denen, welche im Meer grosse Solquellen annehmen; aber in ihrer Gesammtheit geben sie ein ganz erhebliches Volumen und sie haben dabei vielleicht alle seit langen Zeiten ihren Einfluss ausgeübt. Bei einzelnen ist es überliefert, dass sie schon lange fliessen. Im argolischen Busen, zwischen Kivéri und Astros, bemerkt man den Anávolo (Deine), einen reichfliessenden Süsswasserquell, der ungefähr 1300 Fuss von der Küste mit bedeutender Kraft durch das Meer emporsteigt. Aeltere Angaben, obgleich sie etwas unbestimmt sind, machen es immerhin wahrscheinlich, dass diese Quelle wenigstens seit 1700 Jahren in Thätigkeit ist. Nach den Angaben des Pausanias erscheint die Deine als ein Abfluss der Zarethra, welche die Ebene von Argos trocken legte.[169] Ueber-

---

[169] Col. Leake (Reisen in Morea Bd. II., p. 480.) sagt darüber: „Der Süsswasserkörper scheint nicht weniger als 50 Fuss im Durchmesser zu haben. Da das Wetter an diesem Morgen sehr ruhig war, so bemerkte ich, dass er mit solcher Kraft

haupt führt die Formation des griechischen Festlandes und namentlich
Moreas zu der Vermuthung, dass hier der See viel Süsswasser durch
Gebirgsgänge und Höhlen zufliessen mag, von dem wir an der Oberfläche nichts bemerken. Die Percolation oder Durchsinterung ist auch
in scheinbar dürren Küstengegenden oft sehr bedeutend, wie auch die
Anlage artesischer Brunnen in trockenen Strichen Algeriens genügend
erwiesen hat. Plinius der J. erwähnt z. B., indem er dem Gallus seine
Villa bei Ostia beschreibt, die Brunnen in seinem Garten, und fügt
hinzu: „In der That ist die Beschaffenheit dieser Küste merkwürdig;
denn wo man auch nachgraben mag, man trifft sofort nach dem ersten
Aufgraben des Bodens auf Quellen süssen Wassers, das der Nähe des
Meeres ungeachtet nicht die Spur von Salzgehalt zeigt." Smyth bemerkte dasselbe an den Gestaden Calabriens, der Terra di Bari und
der Capitanata. In seiner Monographie über Sicilien thut er eines
Brunnens guten süssen Wassers Erwähnung, der zu Milazzo sich
mehrere Fuss unter dem Spiegel des Meeres und dabei so nahe an
demselben vorfindet, dass er gegen die Brandung nur durch eine Mauer
geschützt ist. Er berichtet ferner ebendaselbst, dass man sich auf
beiden Seiten des Faro von Messina reines, wenn schon etwas hartes
Süsswasser verschaffen kann, indem man nur 2 bis 3 Fuss vom See-
rande ein Loch in den Sand gräbt. Das Wasser rührt offenbar von
der Durchsinterung oder Percolation der Fiumare (Torrenten) her,
welche, obgleich scheinbar trocken, doch nie wirklich ausgetrocknet
sind. Ebendadurch mag, wenigstens zum Theil, die an ihren Ufern
oft herrschende Malaria eine Erklärung finden. [170])

---

aufsteigt, dass er eine convexe Oberfläche bildet und die See mehrere hundert Fuss
im Umkreis in Bewegung setzt. Kurz man hat hier offenbar mit der Mündung eines
unterirdischen Flusses von einiger Grösse zu thun."

[170]) Wir wollen, obgleich dies eigentlich nicht hierher gehört, gewisse Auf-
wallungen erwähnen, welche in der Nähe vulkanischer Gegenden bemerkt und dadurch
erklärt werden, dass kohlensaures Gas, Schwefelwasserstoffgas und andere erwärmte
Gase frei werden und aus unterirdischen Ventilen ausströmen. Da einige von ihnen
auflösend wirken, ja sogar Felsen zersetzen, so müssen sie natürlich von bemerkbarer
Wirkung sein. Eine derselben, in der Nähe von Panaria, an den æolischen Inseln,
beschreibt Smyth in seinem „Sicilien" (S. 260.), wie folgt: In dieser Strasse bemerkt
man einen starken Schwefelgeruch und an zwei Stellen, in der Nähe des nördlichen
Endes, finden sich Quellen vor, welche schwefelige Gase ausstossen, deren Blasen,
schnell und stetig auf einander folgend, zur Oberfläche emporsteigen, wo sie, indem
sie in der Atmosphäre zerplatzen, sich, wie man bemerkt hat, entzünden. Ich liess,
um die darüber gemachten Angaben zu vervollständigen, ein Thermometer in einer
Flasche in das Wasser hinab, welches bei 21 Fuss Tiefe 97° Fahr. (beinah 29° Réaum.)
zeigte; aber noch nicht zufrieden mit diesem Resultat, liess ich von einem geschickten Mechanikus in Messina eine Zinnröhre mit einer Klappe an jedem Ende anfertigen,
welcher Apparat während des Einsenkens das Wasser frei durchliess, aber beim Aufziehen durch den Wasserdruck sofort die Klappen selbst schloss und zugleich eine

Es ist recht wohl möglich und scheint auch durch den Urzustand des Meeres bestätigt zu werden, dass das Mm. ohne die constanten Einströmungen durch die Strassen von Gibraltar und Constantinopel von seinen Flüssen und den atmosphärischen Niederschlägen keinen genügenden Ersatz für die bedeutenden Verluste durch Evaporation erhalten würde; dennoch wäre ein solcher Schluss, ohne genauere Untersuchung der ganzen Streitfrage, wahrlich sehr gewagt. Dass in der neuern Zeit Schritte zu einer bessern Kenntniss dieser Thatsachen gethan sind, ist aber keineswegs zu leugnen. Wir stellen in Bezug auf die Systeme der grössern Flüsse folgende Uebersichtstafel zusammen:

Flüsse.	Stromgebiet.		Directe Länge		Strom-entwickelung		Ausdehnung der Windungen.	Verhältniss der Windungen zur directen Länge.
	nach Berghaus.	nach Roon.	nach Berghs.	nach Roon.	nach Berghs.	nach Roon.		
Nil	32512		330		560		230	0,7
Donau . .	14630	14400	220	220	374	365	154	0,7
Dniepr . .	10605	8500	137	140	270	240	133	1,0
Don	10526	8000	102	105	240	195	138	1,3
Po	1872	1200	58	58	88	88	30	0,5
Rhone . . .	1760	1760	62	60	140	109	78 [171])	1,4
Ebro . . .	1569	1200	67	65	105	80	38	0,5
Dniestr . .	1440	1500	90	90	110	110	20	0,2

Gegen diese Uebersichtstabelle hat Adm. Smyth zu bemerken, dass der Fluss, den er selbst am genauesten kennt, der rex fluviorum unter den italischen Strömen mit seinen Nebenflüssen wohl ein bedeutend grösseres Gebiet von nicht viel unter 2500 ☐Meilen haben dürfte. In weitern Angaben über die Dimensionen und Geschwindigkeiten der Hauptströme zeigt Berghaus, dass wenn man alle fliessenden Gewässer Europas gleich 1 setzt, die Masse des dem schwarzen Meere zufliessenden Wassers = 0,27 ist, während das Mm. nur 0,14 in sich aufnimmt; danach strömt mehr als ein Viertel alles in Europa fliessenden Wassers in den Euxinus. Da diese Zuflüsse für bei

---

hinlängliche Menge Wassers enthielt, um dem Thermometer für eine Weile die Temperatur der Tiefe, in welche es gesenkt war, mitzutheilen. Ich erhielt darauf in 22 Fuss Wasser 105° Fahr. (32⅘° Réaum.), während es an der Oberfläche 23½ hatte und eine Seemeile davon war die Wassertemperatur 19⅝ und die der Luft zu gleicher Zeit 71° F. (17⅜° R.). Die ganze Beobachtung wurde am 22. April 1815 vorgenommen.

[171]) Smyth giebt wohl fälschlich 352 statt 312 engl. geogr. M. = 78 geogr. M.

weitem zu ungenügend erklärt werden müssen, um den Verlust
welchen eine so grosse Fläche unter einer oft wolkenlosen und mächtigen Sonne und durch heisse Winde vermöge der Verdampfung erleiden muss, zu ersetzen — wobei noch dazu, wie die hygrometrischen
Uebersichten beweisen, die Luft nur halb so viel Feuchtigkeit enthält,
als die der englischen Atmosphäre — so wird man nicht umhin können,
anzunehmen, dass nächst dem auf der grossen Fläche allerdings auch
bedeutenden atmosphärischen Niederschlage die oceanische Einströmung
durch die Strasse von Gibraltar und der vom Euxinus abgegebene
Ueberschuss das Deficit wieder decken müssen. Der Umstand, dass
selbst die grossartigsten Zuströmungen nie ein bemerkbares Steigen
der innern Gewässer bewirken, hat dabei die Aufmerksamkeit der
Naturforscher angezogen; aber glaubwürdige klare Zeugnisse werden
freilich immer noch vermisst. Die Theoretiker drohen wohl damit,
dass das Becken des schwarzen Meeres sich in einem Mandel
Jahren so füllen werde, dass die seichtern Partien des levantinischen
Beckens ganz neue Nivellements nothwendig machen würden; aber
selbst dann, wenn bei Konstantinopel vorbei gewaltige Wassermassen
beharrlich nach dem Binnenmeere oder in die griechische Thalassa
strömten, würde das Meer doch jede Aenderung sofort durch jenes
communicirende Rohr zwischen Spanien und Afrika ausgleichen, wo
der Strom, wie Horaz von jenem erdichteten Flusse singt,

Labitur et labetur in omne volubilis ævum.

§. 2. Die Bestandtheile des Wassers. Salzgehalt.

Was die Bestandtheile des Wassers im Mm. anbetrifft, so zeigten
die frühern Analysen desselben sehr bedeutende Verschiedenheit.
Während einige Chemiker, da sie die schnelle Abtrocknung des Salzes
aus seiner Sole wahrnahmen, behaupteten, dass das Wasser im Durchschnitt mehr Chlornatrium enthalte, als das des Oceans, wollten
andere einen solchen Unterschied durchaus nicht zugeben. Neuere Versuche haben indessen gezeigt, dass das Wasser des Mm. wenigstens
mehr Procente Salz (nämlich sicher 4), als das des schwarzen Meeres
enthält.   M. Bouillon la Grange, der diesen Gegenstand mit grosser
Ausdauer und Genauigkeit untersucht hat, gelangt zu dem Endresultat,
dass, wenn man für den atlantischen Ocean [172]) für eine gewisse

---

[172]) Ueber das Salz des Meerwassers vgl. meine Bearbeitung von Maury's phys.
Geographie des Meeres. Kap. 8.

Wassermenge 38 Theile Salz annimmt, der Kanal 36 und das Mm. 41 Theile enthält.

Schon 1820 hat namentlich Dr. Marcet die chemischen Bestandtheile des Seewassers aus möglichst vielen Theilen des Oceans sehr sorgfältig untersucht. Er erwähnt unter Anderem, dass Mr. Smithson Tennant und er selbst besonders danach gestrebt hätten, Wasserproben aus grossen Tiefen in oder bei der Strasse von Gibraltar zu erlangen, um darüber Aufschluss zu erhalten, wie das innere Meer sich von seinem Ueberschuss an Salz befreit. Nachdem sie dem Dr. Macmichael einen zum Wasserschöpfen in grossen Tiefen eingerichteten Mechanismus übergeben hatten, verschaffte ihnen derselbe Wasser, das aus einer Tiefe von 250 Faden in der Meerenge geschöpft war. Vom Grunde konnte aber Dr. Macmichael kein Wasser beischaffen, weil er denselben wegen der ausserordentlich grossen Tiefe an jener Stelle überhaupt nicht erreichen konnte. Admiral Smyth versprach ihm darauf, sobald er wieder dorthin kommen würde, bis auf den Grund zu sondiren. Er glaubte, dass er mit keinen grossen Schwierigkeiten zu kämpfen haben würde; zwischen Tarifa und Tangier war mit 160 Faden Leine Grund gefunden worden und es erschien daher nicht wahrscheinlich, dass sich in der ganzen Strasse eine sehr bedeutende Differenz ergeben würde. Smyth fand aber schon etwas weiter nach Osten mit 1000 Faden keinen Grund mehr und dabei bildete die Sondirleine, wegen der starken Drift des Schiffes sofort eine diagonale Curve. Durch Benutzung zweier Schiffe, so dass das vorderste die Leine auswerfen konnte und die Drift des hintersten ihm entgegenwirkte, während das Loth hinab fiel, erhielt Smyth in dieser merkwürdigen Meeresöffnung 1824 zum ersten Male ein Sondirungsresultat. Die Tiefe schwankte zwischen 700, 750 und selbst 950 Faden (5700 Fuss). Die letztere fand man in möglichst vertikaler Linie. Der Boden bestand aus Kies und Sand, untermischt mit Schaalen von Crustaceen und Korallenfragmenten. Das ganze Mm. ist in der That bei weitem tiefer, als man wegen der Nähe des dasselbe umgebenden und vielfach hineinragenden Landes erwarten sollte, und es erscheint, geologisch betrachtet, als ein eingesunkenes Becken, ein todtes Meer im Grossen, dessen Tiefenregionen wir in den Karten I., II. und III. zu veranschaulichen versucht haben.

Aber die Auffindung dieser gewaltigen Wasserkluft war kaum so überraschend als die chemische Analyse des in ihrer unmittelbaren Nähe geschöpften Wassers; denn, diesen Ausnahmsfall abgerechnet, wurde durchaus keine Zunahme der Dichtigkeit bei grösserer Tiefe, bemerkt. Wir theilen Einiges aus dem Vortrage mit, welchen Dr. William Hyde Wollaston in der Königl. Gesellschaft am 18. Dec. 1828 über diesen Gegenstand hielt, (beiläufig bemerkt der letzte Vortrag dieses berühmten Naturforschers):

„Es ist meine Absicht, durch die gegenwärtige Mittheilung dem Andenken meines verstorbenen Freundes Dr. Marcet Gerechtigkeit widerfahren zu lassen, indem ich des Resultates einer seiner letzten Forschungen auf dem Gebiete der Wissenschaft gedenke."

„Bei seiner Untersuchung des Meerwassers, über welche er in den Philosophical Transactions 1819 einen Bericht erstattet hatte, waren die Proben aus verschiedenen Tiefen des Mm. mit welchen er versehen worden war, nicht hinreichend gewesen um zu zeigen, was aus der grossen Salzmasse wird, welche offenbar durch die constante, ostwärts durch die Strasse von Gibraltar eindringende Strömung jenem Meere zugeführt wird. Denn obgleich sich das Verschwinden dieser Wassermassen recht wohl aus der Verdunstung erklären lässt, welche in den sonnigen Untiefen an der afrikanischen Küste schnell und massenhaft wirken muss, so muss doch das Salz, welches jenes Wasser aufgelöst bei sich führte, im Bassin des Mm. verbleiben, oder auf eine bisher noch nicht erklärte Weise seinen Ausweg finden."

„In der Hoffnung, reichlichere Sendungen von Wasserproben aus den grösstmöglichen, noch irgend zugänglichen, Tiefen zu erhalten, ersuchte er den Capitain William Henry Smyth, R. N., der eben eine trigonometrische Aufnahme einiger Theile jenes Meeres vornahm, um seinen Beistand und rüstete jenen Offizier mit einem Apparat zum Heraufholen des Wassers aus grossen Tiefen aus, wie er von Mr. Tennant ausgedacht und in der schon erwähnten Mittheilung beschrieben ist."[173]

„Der Eifer, mit welchem Dr. Marcet selbst seine Untersuchungen verfolgte, war so allgemein bekannt, dass andere gern bereit waren,

---

[173] Dies ist nicht ganz richtig. Dr. Marcet war nur so gütig, einen Wasserbehälter von Thomas Jones in Charing Cross (London) unter seiner Aufsicht für Smyth anfertigen zu lassen. Er besteht aus einem dicken Glockenmetall-Cylinder von ungefähr 10 Zoll Länge und 6 Zoll Durchmesser, mit starken Deckeln an beiden Seiten, welche konische Oeffnungen in derselben Richtung haben, durch welche eine Metallstange geht, an deren Enden 2 konische Ansätze befestigt sind, die ganz genau in die konischen Oeffnungen der Deckel passen. Wenn der Apparat gebraucht wird, wird die Kolbenstange emporgehoben und von einer Feder festgehalten, so dass das Wasser fortwährend durch den fallenden Cylinder frei hindurchströmen kann. Ist derselbe dann in der verlangten Tiefe angelangt, so lässt man eine durchbohrte Kugel längs der Leine, an welcher der Cylinder hängt, hinabgleiten. Sobald diese den Apparat erreicht, schlägt sie auf die Feder und im nämlichen Augenblick wird der Cylinder geschlossen, indem die Feder die beiden durch die Stangen verbundenen Kegel fest in die Oeffnungen drückt, was überdies während des Heraufziehens auch von dem sich dagegen stemmenden Wasser bewirkt wird. So ist es absolut unmöglich, dass das in einer bestimmten Meerestiefe in den Cylinder eingetretene Wasser sich irgend mit anderem Seewasser vermischen kann. Der Inhalt des Cylinders wurde danach jedesmal sorgfältig in Flaschen ausgeleert, diese verkorkt, versiegelt, und mit Zetteln beklebt, welche alle einzelnen lokalen Umstände genau specificirten.

seine Bemühungen zu unterstützen, weil man überzeugt war, dass hier keine Mühe nutzlos vergeudet wurde, und Capitain Smyth benutzte wirklich im Verlauf seiner Küstenmessungen jede passende Gelegenheit, um Wasserproben zu sammeln. Als er aber hörte, dass Dr. Marcet gestorben sei, gab er, ohne zu ahnen, dass viele überlebende Freunde Marcets diese Proben mit demselben Interesse annehmen und untersuchen würden, leider nur zu bereitwillig manches werthvolle Stück aus der Sammlung an andere Personen, welche das Wasser nachher zu andern Untersuchungen benutzten.,,

„Dennoch war Capitain Smyth zu der Zeit, wo ich glücklicherweise ihm vorgestellt wurde, noch im Besitz von 3 Flaschen, dem letzten Rest seines Vorraths und er übersandte sie mir auf meine Bitte bereitwilligst zur chemischen Analyse."

„Eine von ihnen stimmte mit der Annahme merkwürdig überein, dass eine Ansammlung dichtern Wassers in grossen Tiefen in der Nachbarschaft der Strasse gefunden werden dürfte, aus welcher eine untere Gegenströmung, wenn schon weit weniger reissend, eben so viel Salz nach Westen in den atlantischen Ocean führe, als durch die grosse Ostströmung an der Oberfläche aus dem Ocean in das Mm. eintritt."

„Der Beweis dafür ist mit wenigen Worten zu führen; denn obgleich die beiden ersten Proben, welche in Entfernungen von ungefähr 680 und 450 Meilen (?) von der Meerenge und in Tiefen von bezügl. 450 und 400 Faden genommen sind, keine grössere Dichtigkeit zeigen, als viele gewöhnliche Proben von Seewasser, so hatte dagegen die letzte, welche ungefähr 50 Meilen von der Strasse aus einer Tiefe von 670 Faden geschöpft wurde, eine Dichtigkeit, welche die des destillirten Wassers um mehr als das Vierfache des gewöhnlichen Ueberschusses übertraf und demgemäss nach der Verdunstung mehr als die 4fache Menge von Salzkrystallen zurückliess."

„Hieraus erhellt, dass eine hinausfluthende untere Strömung solchen dichtern Wassers, wenn sie mit der hereinkommenden Oberflächen-Strömung gleiche Breite und Tiefe hat, unten so viel Salz abführen kann, als oben hinzukommt, wenn sie sich auch nur mit einer viermal geringern Geschwindigkeit bewegt und dass die fortwährende Zunahme an Salzgehalt im Mm. verhindert werden kann, welche sonst beobachtet werden müsste."

„Wenn man nun die relativen specifischen Gewichte und Salzmengen in der beigefügten Tabelle mit denen in Dr. Marcet's Tabelle vergleicht, so scheinen die beiden Untersuchungen wenig zu stimmen. Doch dieser Unterschied erklärt sich aus den verschiedenen Temperaturen, bei welchen Marcet und Smyth die Wasserproben trockneten. Jener wandte bei seinen Versuchen eine Temperatur von 212° Fahr. (80° Réaum.) an, während bei denen Smyth's die Hitze über 300° (etwa 120° Réaum.) stieg. In beiden Fällen wird man bemerken, dass die Menge der Salztheile, welche man erhält, aus dem specifischen Gewichte geschätzt werden kann, indem man den Ueberschuss, um welchen die Dichtigkeit die des reinen Wassers übertrifft, mit einem gewissen Faktor multiplicirt, der sich zugleich mit der zum Trocknen gewählten Temperatur verändert."

„Bei 180° R. ist dieser Faktor ungefähr 0,144 und das Produkt stellt dann die Salztheile + einer Quantität Wassers dar, welche von dem zerfliessenden Salz zurückgehalten wird. Bei 120 und mehr Graden ist dieser Faktor nur 0,134, da man sich hier der vollkommnen Desiccation mehr nähert."

Tafel.

	Breite.	Länge v. Greenwich.	Tiefe.	Spec. Gewicht.	Salz-procente.
No. 1.	38° 30′	4° 30′ O.	450 Faden	1,0294	4,05
No. 2.	37° 30′	1° 00′ O.	400 —	1,0295	3,99
No. 3.	36° 00′	4° 40′ W.	670 —	1,1288	17,30
Gibraltar	36° 07′	5° 22′ W.			

Das bedeutende specifische Gewicht und der hohe Salzgehalt, wie er bei No. 3 gefunden ist, war so überraschend, dass Smyth selbst nunmehr über kurz oder lang diese Angelegenheit einer weitern Prüfung unterworfen zu sehen wünschte. Wirklich versprach auch der Admiral Sir Edward Codrington sowohl dem Dr. Wollaston als dem Capt. Smyth, darauf seine Aufmerksamkeit zu lenken und nahm zu dem Ende die von Smyth gebrauchte Maschine mit; aber die Schlacht von Navarino brachte Alles ins Stocken. Gegen die Hypothese des Dr. Marcet, (dass das Salz wieder aus dem Mm. heraustrete), trat mittlerweile Sir Charles Lyell mit der Behauptung auf, dass das dichte Wasser möglicherweise nicht entwischen könne, weil der Meeresgrund zwischen Cap Spartel und Trafalgar, wie sich aus den Sondirungen des Capitain Smyth, welche Dr. Wollaston nicht kannte, ergiebt, ansteigt und er schliesst daraus, dass wahrscheinlich grosse Salzmassen auf dem Bette des Meeres in Folge einer solchen unterseeischen Vormauer abgelagert würden. Gegen diese Theorie spricht mehreres. Erstens hat Maury in seiner physischen Geographie des Meeres [174]) bewiesen, dass allerdings unterseeische Strömungen z. B. unter dem Golfstrom gleichsam bergan fliessen können; zweitens haben alle Sondirungsversuche wohl lehmigen Schlamm, Sand und Muscheln, aber nirgends Salz aus grossen Meerestiefen heraufgebracht. Jedenfalls bedarf die Sache noch weiterer Aufklärung. Wenn, wie kaum zu bezweifeln ist, bei Dr. Wollastons Analyse kein Fehler vorgefallen,

---

[174]) Vgl. das Ende des ersten Kap. vom Golfstrom.

so kann man bei Füllung der salzreichen Flasche auf eine Salzquelle gestossen sein, oder das lange in der Flasche aufbewahrte Wasser kann möglicherweise sich auch vermindert haben.

Da die Frage, wie gross der Salzgehalt des Seewassers sei, überhaupt von grosser Wichtigkeit ist, so vergleichen wir noch die specifischen Gewichte des Wassers an verschiedenen Stellen und in verschiedenen Tiefen des Mm. mit dem des atlantischen Oceans, dessen mittleres spec. Gewicht 1,0283, jedenfalls nicht mehr, beträgt.

Die auf der „Aid" erlangten Resultate wurden mit Hülfe von Clarke's Hydrometer so fein und sorgfältig berichtigt, dass beim Einsenken in destillirtes Wasser die Marke der 100 Grän genau mit der Oberflächenlinie zusammenfiel, und die Versuche wurden nur bei dem allergünstigsten Wetter angestellt.

Ort.	Beobachter.	Tiefe in Faden.	Spec. Gewicht.
1) Die Strasse von Gibraltar	Marcet	250	1,0301
2) Innerhalb d. Str. (50 M.)	Wollaston	670	1,1288
3) Vor Marseille	Tennant	(Oberfläche)	1,0273
4) Zw. Spanien u. d. Balearen	Smyth	8	1,0270
5) Zw. Minorca u. d. Berberei	Wollaston	450	1,0294
6) Zw. Carthagena und Oran	Wollaston	400	1,0295
7) Zw. Sardinien und Neapel	Smyth	60	1,0285
8) In d. Ausmündung d. adriatischen Meeres	Smyth	45	1,0291
9) Zw. Malta und Cyrene . .	Smyth	60	1,0283
10) Eingang des Hellespont .	Marcet	34	1,0282
11) Mündung des Bosporus . .	Marcet	30	1,0144
12) Schwarzes Meer. ·	Marcet	(Oberfläche)	1,0141 [175])

Nachdem Dr. Marcet einige von den Wasserproben aus dem Mm. und andern Oceanen genauen Analysen unterworfen hatte, gelangte er zu dem Endresultat, dass aus 500 Grän Wasser durch Verdunstung folgende Stoffe präcipitirt werden:

Chlornatrium 13,300
SchwefelsauresNatron (Glaubersalz) . 2,330
Chlorcalcium 0,975
Chlormagnesium 4,955
—————
21,560

[175]) Lässt man hier No. 2. und 12. weg, so ergiebt sich als mittleres specifisches Gewicht 1,0272, also 0,001 weniger als im atlantischen Ocean (Berghaus I., 439), aus allen 12 Wägungen folgt aber als Mittel: 1,0345. Nach den neuern Beobachtungen des Lieut. Dayman erscheint übrigens die ältere Angabe des mittl. spec. Gewichts des Wassers im atlantischen Ocean etwas zu gross. Ich finde aus einer Reihe Daymannscher Beobachtungen die Mittelzahl 1,0267.

Während diese chemische Analyse [176]) bekannt wurde, warf Dr. Wollaston die Frage auf, ob es nicht wahrscheinlich sei, dass sich Spuren von Kali im Seewasser vorfänden. Dr. Marcet hielt dies sofort für möglich und bat Wollaston, seiner Vermuthung genaue Prüfungen auf dem Fusse folgen zu lassen. Dies geschah, und die Thatsache war bald festgestellt. [177]) Da nun Substanzen im Seewasser aufgefunden waren, von deren Vorhandensein man früher keine Ahnung gehabt hatte, so trug Dr. Marcet grosses Verlangen, seine eigenen Analysen zu wiederholen und zu verbessern; aber dies war ihm nicht mehr gestattet, sonst würde er wohl auch die zwei neuen Elemente — Jod und Brom — entdeckt haben, welche man, wenn auch nur in sehr schwachen Quantitäten, nach seinem Tode im Seewasser nachgewiesen hat. Die vollkommenste chemische Analyse, welche seitdem mit Wasser aus dem Mm. vorgenommen worden ist, dürfte die des M. Laurens (Journal de Pharmacie XXI., 93.) sein:

	Grün.
Wasser.	959,06
Chlornatrium .	27,22
Chlormagnesium .	6,14
Schwefelsaure Magnesia (Bittersalz) .	7,02
Schwefelsaurer Kalk .	0,15
Kohlensaurer Kalk .	0,09
Kohlensaure Magnesia .	0,11
Kali (Potasche) .	0,01
Kohlensäure .	0,20
Jod .	schwache Spuren.
Extractivstoff.	Spuren.

1000,00 [178])

---

[176]) Die Ingredienzien, welche das Meerwasser vollständig aufgelöst in sich enthält, sind keine innige chemische Verbindung mit demselben eingegangen, denn sie können durch Destillation von demselben getrennt werden; dennoch ist die Verbindung keineswegs eine bloss mechanische.

[177]) Phil. Transact. 1819, pag. 199—203. Wilson hat im Meerwasser von der Küste von Schottland Fluorverbindungen vorgefunden. Malaguti und Durocher (Annales de Chemie 1851) haben Blei, Kupfer und Silber darin nachgewiesen. In neuester Zeit ist sogar Arsenik darin entdeckt worden.

[178]) Es dürfte nicht uninteressant sein, mit obigen Angaben die Resultate der Untersuchungen der sogenannten kaspischen Expedition im Jahre 1853 zu vergleichen. Nach ihnen enthalten 1000 Theile Wasser des Kaspi-Sees 14 Theile verschiedener Salze, von denen etwas mehr als $\frac{1}{4}$ schwefelsaure Magnesia und $\frac{2}{5}$ gewöhnliches Kochsalz sind. Demnach hat das kaspische Wasser kaum ein Drittheil so viel Salzgehalt

Verschiedene Elemente der Untersuchung blieben freilich noch immer unberührt, besonders Licht, Wärme und namentlich die Wirkungen der letztern. Es wird allgemein zugegeben, dass das Meer mit einer Beimischung von Gasen geschwängert ist, welche besonders die Wasserschichten nahe an der Oberfläche afficiren; doch Biot fand, dass selbst Wasser aus einer Tiefe von 550 Faden eine Beimischung von Gasen zeigte, die nicht weniger als 28% athembaren Sauerstoffs enthielt. „Aber hier," bemerkt Biot, „bieten sich in der tellurischen Physik mehrere wichtige Fragen dar, welche mittelst des damals von mir angewandten Apparates nicht gelöst werden können. Je tiefer man in das Meer hinabsteigt, desto grösser wird der Druck der obern Wassertheile auf die untern; und da eine Meerwassersäule von 11 Yards (30,96 par. Fuss) Höhe ungefähr dasselbe Gewicht hat als eine Luftsäule auf derselben Grundfläche, die von der Erdoberfläche bis an die Grenzen der Atmosphäre reicht, so folgt, dass in einer Tiefe von 1100 Yards oder 550 Faden das Wasser einem Drucke von 100 Atmosphären unterworfen ist. Wie ungeheuer muss also dieser Druck auf noch viel tiefer liegenden Meeresgrund lasten, wenn die mittlere Tiefe des Meeres weit ab von den Küsten, wie die Gravitationsgesetze anzudeuten scheinen, sich auf mehrere Meilen beläuft!" Es entsteht daraus die Frage, wie gross die Tiefe sein müsse, um diese Gase in den tropfbar flüssigen Zustand übergehen zu lassen. Schätzt man die Höhe einer Wassersäule die dem Druck einer Atmosphäre gleichkommt, wie gewöhnlich, auf 32 Fuss, und lässt man die Salzbestandtheile des Meeres, ebenso wie die wahrscheinliche Compression des Wassers selbst, in bedeutenden Tiefen ausser Acht, so lassen sich die Tiefen, in welchen die unten verzeichneten Gase tropfbar flüssig werden, nach Faradays Messungen (Philosophical Transactions 1823) leicht angeben und es erhellt zu gleicher Zeit, dass Gase, welche sich in bedeutendern Tiefen als die angegebenen vorfinden, nicht mehr im gasförmigen Zustande vorkommen können.

---

wie das des offenen Oceans, der 0,036 bis 0,043 auf die Gewichtseinheit beträgt. Dagegen aber ist das Verhältniss des Bittersalzes oder der schwefelsauren Magnesia zur ganzen Masse viel bedeutender, als im Mm. Eine genaue Analyse der verschiedenen astrachanschen Salzseen des Kaspi-Seewassers von Dr. Bergstrasser steht in Dr. Petermann's Mittheilungen 1858 III. 93 flg. — Unter dem obengenannten Extractivstoff verstehen wir jene schleimige, übelriechende Substanz, welche dem Seewasser den bekannten Ekel erregenden Beigeschmack giebt, und wahrscheinlich von der Menge animalischer und vegetabilischer Körper herrührt, welche im Meere fortwährend in Fäulniss übergehen. Man findet ihn nirgends im Mm. in so auffälliger Menge, als z. B. im persischen Golfe, dessen Wasser, welches Dr. Marcet vom Capt. Basil Hall erhielt, reichlich Schwefelwasserstoff aushauchte.

G a s e.	Atmosphären, bei deren Druck sie tropfbar flüssig werden.	Temperatur		Tiefe in	
		Fahr°	Réaum°	Engl. Fussen.	Paris. Fussen.
Schwefeligsaures Gas	2,0	45	$+5\frac{7}{9}$	68,0	63,8
Cyan.	3,6	45	$5\frac{7}{9}$	122,4	114,8
Chlorgas	4,0	60	$12\frac{4}{9}$	136,0	127,6
Ammoniakgas	6,5	50	8	221,0	207,4
Schwefelwasser-stoffgas . . .	17,0	50	8	578,0	542,8
Kohlensaures Gas.	36,0	32	0	1224,0	1148,5
Salzsaures Gas	40,0	50	8	1360,0	1276,1
Stickoxydulgas	50,0	45	$5\frac{7}{9}$	1700,0	1595,1

Wir machen, indem wir schliesslich noch einmal auf den Salzgehalt zurückkommen, noch auf die Syrten und namentlich den See
bei Tunis aufmerksam. Steht ein See nur durch einen verhältnissmässig
kleinen Kanal mit dem Meere in Verbindung, so ist er im Allgemeinen
salzreicher als das Meer. Besonders merkwürdig ist z. B. auch der
Umstand, dass das Wasser im Mœrissee in Folge von Bodenverhält-
nissen sehr salzig, selbst salziger als das Meerwasser wird, wenn es
eine Zeitlang abgeschlossen war, obgleich der See nur durch das
Wasser Nils gespeist wird. Man schliesst daraus mittelbar, wie bedeutende Bewegungen Differenzen des Salzgehalts im Wasser hervorzubringen vermögen.

Endlich darf nicht unerwähnt bleiben, dass nach Forchhammer's
Untersuchungen der Salzgehalt nach allen Küsten hin bemerkbar abnimmt. Dies rührt möglicherweise daher, dass auf Untiefen und an
den Küsten sich bei weitem die meisten Seegeschöpfe aufhalten, welche
dem Meere ununterbrochen feste Bestandtheile entziehen. Das unzählige Heer der Seevögel, Milliarden von Fischen, Tange, Mollusken
Polypen u. s. w. entziehen überhaupt dem Meerwasser, welches sonst
im Laufe der Zeiten fortwährend salziger werden müsste, fortwährend
Kalktheile. Frägt man nach dem teleologischen Zweck des dem
Menschen so unbequemen Salzgehalts, so ist derselbe nicht in der
Fäulniss verhütenden Kraft des Salzes zu suchen. Stagnirendes, mit
organischen Substanzen vermengtes Salzwasser geht mindestens eben
so schnell in Fäulniss über, als süsses und die grossartigen rastlosen
Bewegungen des Oceans sowohl als der Thalassa schützen beide vor
der Fäulniss. Das Salz scheint vielmehr dem Seewasser beigemischt
zu sein, um die Verdunstung zu reguliren. Je mehr Salz das Wasser

enthält, desto langsamer geht die Evaporation vor sich. Wäre daher z. B. das Becken des Mm. mit reinem Wasser gefüllt, so würde eine rasche Verflüchtigung des Wassers der Atmosphäre solche Dunstmassen zuführen, dass äusserst starke und lang anhaltende Regengüsse da eintreten müssten, wo der Niederschlag erfolgt.

Welchen wohlthätigen Einfluss der Salzgehalt ferner auf das Gefrieren des Wassers in den Polarmeeren übt, ist bekannt. Auch das Mm. hat in einigen Partien des schwarzen Meeres sein kleines Polarmeer. Auch hier beginnt das Frieren erst, nachdem das dichtere und schwerere, bis zu — $1\frac{5}{7}°$ R. erkaltete Wasser sich in die Tiefe gesenkt hat. So erzeugen sich natürlich auch hier dieselben Strömungen im Kleinen, wie sie der atlantische Ocean im Grossen entwickelt.

§. 3.   Temperatur des Meeres.

Die Temperatur des Meeres kann erstens an der Oberfläche des Wassers in ihrem Verhältniss zur Temperatur der auf ihm ruhenden Atmosphäre, zweitens in verschiedenen Tiefen im Verhältniss zur Oberfläche untersucht werden. Bei diesen Untersuchungen kommt zunächst die Entfernung vom Erdcentrum in Betracht. Aus den Gravitationsgesetzen folgt, dass, wenn die Erde ohne Bewegung wäre, die Oberfläche des Oceans in allen ihren Punkten gleichweit vom Mittelpunkt der Erde entfernt sein müsste; die Bewegung selbst aber theilt dieser hypothetischen Kugelfläche eine Abplattung mit, welche indess für die gewöhnlichen nautischen Rechnungen kaum merklich wird. Der Abplattung wegen beträgt z. B. die Länge des Meridiangrads unter 40° Breite nur 14,96 deutsche Meilen und steigt von 55° an über 15 Meilen. Ehe man ferner entdeckte, dass weit über dem Gefrierpunkt das specifische Gewicht des Meerwassers wieder abnimmt, nahm man an, dass die Temperatur des Wassers im Verhältniss der Tiefe gleichmässig abnehme; so kam es, dass einige Naturforscher behaupten konnten, dass der Grund der tiefsten Meeresstellen mit ewigem Eise überkleidet sein müsste. Dieser Theorie widersprechen die Thatsachen. Die zuverlässigsten neuern Versuche führen allerdings zu dem Schlusse, dass eine merkliche Differenz zwischen den warmen Temperaturen der Oberfläche und denen der tief unter derselben befindlichen Wasserschichten stattfindet. Man kann diese Abnahme im Mittel auf je einen Grad auf 20 Faden in der Nähe der Oberfläche berechnen (1 Grad Réaum. auf 45 Faden), ausser wo Strömungen in den mittlern Wasserschichten einwirken, denn diese äussern stets einen

bedeutenden Einfluss auf die Wassertemperatur, aus deren Differenzen
sie selbst hervorgehen. Aber in Tiefen, welche 180 Faden überschreiten, schwankt die Temperatur selbst auf vertikale Distanzen von
1000 Faden nur wenig und stellt sich fast constant auf 42—43° Fahr.
(etwa 4,5—5,0° Réaumur). Adm. Smyth fand ferner, dass bei gleichen
Tiefen das Wasser in der Nähe der Küste, wo, wie wir oben sahen,
auch der Salzgehalt ein anderer ist, meist etwas wärmer ist als in
der offenen See; doch kann man sich auf dergleichen thermometrische
Angaben nicht in so weit verlassen, als man aus ihnen auf die Nähe des
Landes oder einer Bank schliessen könnte. Ueberdies verleitet die
Abkühlung der Lufttemperatur (wie sie in der Nähe des Landes meist
beobachtet wird) auch leicht zu der Annahme, dass das Meerwasser
wärmer geworden sei. Die Temperatur an der Oberfläche selbst ist
natürlich sehr veränderlich, nach dem Zustande des Wetters und namentlich nach der Höhe der Sonne, so dass der Unterschied beim Sonnenaufgang und etwa um 2 Uhr Nachmittags gewöhnlich $1\frac{1}{3}$—2°
(Réaum.) und auch noch mehr beträgt.

    H. Smyth liess zu seinen Experimenten einen hohlen durch-
bohrten Metallcylinder — der die Wärme möglichst schlecht leitete
— anfertigen und brachte in demselben eines der trefflichen selbst-
registrirenden Thermometer an, wie sie James Six erfunden hat.
Dieses Instrument wurde gelegentlich bis zu einer Tiefe von 8 Faden
ins Meer gelassen und gab im Verlauf mehrerer Jahre als mittlern
Unterschied der Luftwärme und der Seewasserwärme in dieser Tiefe
nur $\frac{6}{9}$ bis $1\frac{4}{9}$° Réaumur, wobei die grössern Differenzen nur in den
Sommermonaten beobachtet wurden. Eine Vergleichung dieser Beobachtungen in 8 Faden Tiefe mit den oceanischen Beobachtungen Mr.
Purdy's führt zu dem Schluss, dass das Wasser im Mm. durchschnittlich ungefähr 35° Fahr. (ca. 1,5° Réaum.) wärmer ist, als das im
atlantischen Ocean unter gleicher Breite. Um Sicilien, wo sich die
mittlere Wärme an der Oberfläche nach verschiedenen Beobachtern
auf 18—19$\frac{1}{2}$° Réaum. berechnet, fand Smyth die mittlere Sommer-
temperatur relativ noch höher, selbst in grössern Tiefen, nämlich
$4\frac{1}{2}$—5$\frac{1}{3}$° wärmer als vor der Strasse von Gibraltar, was auf eine
grössere Evaporation und dadurch bedingte Einwirkung der Strömun-
gen schliessen lässt. Die Oberflächentemperatur war bei Sicilien oft
weit höher, als in einer Tiefe von wenigen Faden; dies hing aber natürlich sehr bedeutend vom Zustande der darauf ruhenden Atmosphäre ab,
und konnte oft als das Resultat sehr complicirter und doch stark wir-
kender Kräfte bei der allgemeinen Schätzung nicht berücksichtigt werden.

Nach anderen Angaben ist die mittlere Temperatur des Mm. in der Nähe der französischen Küsten ungefähr 15° C. = 12° Réaum. in der Nähe der Oberfläche und sinkt auf offenem Meere höchst selten unter 8°, dagegen steigt die Wärme auch nicht über 18°. In grossen Tiefen hat man stets eine mittlere Temperatur von 10° Réaum. gefunden. Saussure beobachtete bei Nizza in 600 Metres (1847 par. Fuss) Tiefe eine Temperatur von 13,2 C. = 10,56° R.

Was das schwarze Meer anbetrifft, so zeigen sich an seiner Oberfläche grössere Temperaturdifferenzen, als in den andern Theilen des Mm. und es ist zugleich der einzige Theil unserer Thalassa, welcher wenigstens in gewissen Partien sich jährlich regelmässig mit Eis bedeckt.

§. 4. Die Farben und das Leuchten des Meerwassers.

Die gewöhnliche Farbe des Wassers, wenn dieselbe nicht durch zufällige oder lokale Ursachen getrübt wird, ist ein glänzendes, tiefes Blau; aber im adriatischen Meere herrscht eine grünliche Färbung vor; in dem levantinischen Seebecken mischt sich in den blauen Ton ein Purpurschimmer, während das Wasser im Euxinus oft schwärzlich erscheint, woher das Meer vielleicht seinen modernen Namen erhalten hat [179]. Die hellen Ultramarintinten sind aber die gewöhnlichen und schon seit undenklichen Zeiten bemerkt [180], obgleich die durchsichtige Klarheit des Wassers fast der Ansicht derer günstig ist, welche dem Mittelmeer-Wasser überhaupt alle Farbe absprechen. Obgleich aber dies Fluidum, wenn es ganz rein ist, bei kleinem Volumen vollkommen farblos erscheint, so zeigt es doch in grösseren Massen sehr entschiedene Tinten von verschiedener Intensität. Dass das Meer, in einiger Entfernung vom Lande aus betrachtet, wirklich eine schöne blaue Farbe zeigt, kann nicht geleugnet werden; wenn man nun auch zugiebt, dass der Luftton die übrigen Tinten der Landschaft sehr wesentlich verändern kann, dass also namentlich die Reflektion des oft tiefblauen Himmels von Einfluss ist, so strahlt doch das Meer oft in einem

---

[179] Vgl. jedoch die S. 77 ausgesprochenen Vermuthungen.

[180] Anaxagoras und Homer nennen das Meer schwarz, letzterer bezeichnet das bewegte Meer auch als πορφύρεος oder οἶνοψ, purpurn oder weinfarbig. Dann erscheint es ihm aber auch wieder veilchenblau, blau dämmernd (ἠεροειδής), bläulich grau (γλαυκός) oder weisslich grau (πολιός). Bei den Römern findet man als gewöhnliches Epitheton cœruleus, doch auch viridis und purpureus. Est smaragdi virens mare, sagt Plinius. Die durchsichtige Klarheit des Meerwassers erwähnen die Alten mehrfach, vgl. Plinius II., 42, 42. Cleomed. cycl. theor. I., 3.

viel tieferen Blau als selbst ein sogenannter italienischer Himmel, und zwar selbst dann, wenn dabei das Sonnenlicht ·durch Wolken verdeckt wird und durch letztere selbst wieder andere Farbentöne hervorgerufen werden. [181]) Hierfür ist eine Erklärung schwer zu finden, da noch keine Analyse eine hinreichende Masse Farbestoff nachgewiesen hat, um einem so ungeheuren Wasservolumen einen solchen Farbenton zu geben. Sir Humphrey Davy nimmt zwar eine Beimischung von Jod an, aber die allersorgfältigste Analyse weist nur eine schwache Menge nach. Von denen, welche dem reinen Seewasser im Mm. überhaupt alle Farbe absprechen, wird geltend gemacht, dass die blauen Lichtstrahlen am stärksten gebrochen werden; da sie nun in grossen Massen von der klaren Flüssigkeit reflektirt werden (welche sie wegen ihrer Dichtigkeit und Tiefe einer starken Refraktion unterwirft) so verursachen sie eine Färbung, in welcher alle die andern reflektirten Farben des Spectrums gegen das Blau entschieden zurücktreten [182]). Dem sei nun wie ihm wolle, eine Ansicht wird von den Seeleuten allgemein angenommen, dass eine grünliche Färbung Ankergrund, entschiedenes Indigoblau grosse Tiefen anzeigt. Gerade diese Beobachtung scheint aber der Annahme günstig, dass bei Entstehung der Farben im Meerwasser die Brechung des Lichtes mit eine Rolle spielt.

Noch eine Erscheinung, welche sich unmittelbar an die Farbentöne des Meerwassers anschliesst, ist das Leuchten desselben [183]). Ein eigenthümliches gelegentliches Leuchten des Meeres erwähnen schon Plinius und viele ältere Schriftsteller. Dasselbe ist lange Zeit das Objekt wissenschaftlicher Untersuchungen, mannigfacher Hypothesen oder auch unwissender Verwunderung gewesen. Eine vollständige Lösung dieses Problems dürfte eben so schwer sein, als das Phänomen selbst ausserordentlich schön ist. Jede nur denkbare Ursache ist schon

---

[181]) Wenn die Meeresoberfläche schweres Gewölk reflektirt und dabei viel dunkler als gewöhnlich erscheint, so sieht das der Seemann als ein Vorzeichen schlechten Wetters an.

[182]) Auf oder unter der Insel Capri giebt es bekanntlich eine Grotte, in welcher sich die azurblaue Farbe des Meeres in der grössten Pracht offenbart.

[183]) Genauere Angaben darüber findet man in Berghaus I. S. 431. Auffallend ist es, dass die Alten das Seeleuchten so wenig erwähnen. Plinius, bei dem das „Mirakel" der Fingermuschel (Pholas daktylus), eine so lebhafte Bewunderung erregt, und der gewiss die Meeresphosphorescenz recht gut kannte, wie die Stelle beweist, wo er mit dürren Worten den leuchtenden Fisch lucerna anführt, hat keinen Ausruf des Staunens für die prachtvolle Naturerscheinung. Sogar Homer, der scharfe Beobachter so mancher Erscheinung des oceanischen Lebens, lässt, wenn er den Odysseus so manchmal durch die nächtlichen Fluthen begleitet, sie nirgends funkeln und glitzern. Auch Camoëns, den v. Humboldt vorzugsweise den Poeten des Meeres nennt, vergisst das Meeresleuchten in seinen Lusiaden zu besingen.

vorgebracht worden, faulende Seethiere, Elektricität, Reibung der
Atome, kosmische Wirbel (nach Cartesius), Absorption und Emission
von Sonnenstrahlen sind der Reihe nach als unfehlbare Ursachen hin-
gestellt und nach einem oft recht lebhaften speculativen Gefecht
wieder bei Seite gelegt worden. Die meisten Naturforscher erklären
diese phosphorescirende Erscheinung jetzt zum Theil aus der Zersetzung animalischer Substanzen, zum Theil schreiben sie dieselbe
den zahllosen Myriaden von Mollusken, Crustaceen, Infusorien und
andern mikroskopischen Thieren zu, welche willkürlich einen Lichtglanz ausstrahlen können, dessen chemische Natur noch unbekannt
ist.   Hartwig behauptet (Leben des Meeres S. 268), dass ohne die
Mammaria scintillans, eine der kleinsten Quellen, die Nordsee nicht
phosphoresciren würde.

§. 5.   Von den Strömungen im Mittelmeer.

Nachdem wir in den vorigen Paragraphen das Wasser in seiner
Ruhe betrachtet, und höchstens mit dem alten Homer bemerkt haben,
dass es bewegt seine Farbe ändert und vom Winde aufgeregt sich mit
weisslichem Schaum bedeckt, nachdem wir ferner von dem leuchtenden
Schweif gesprochen, der jedem schnell bewegten Schiffe nachzieht,
gehen wir zu den eigentlichen Bewegungen der See über und betrachten zuerst die Strömungen.   Mit dem Namen Strömungen [184]
bezeichnet man jene progressiven Bewegungen des Wassers, durch
welche Schiffe oder sonst ein in ihm schwimmender Gegenstand, wenn
kein Wind einwirkt, in einer bestimmten Richtung und mit einer bestimmten Geschwindigkeit fortgeführt werden.   Die Strömungen sind
von der Ebbe und Fluth wesentlich verschieden, indem sie ihre Bewegung aus andern Ursachen als der solaren oder lunaren Anziehung
herleiten; in ihrer constanten Circulation legen sie weite Bahnen
zurück, wobei sie natürlich Wärme annehmen oder abgeben. Obgleich
es in einzelnen Fällen erwiesen ist, dass sich in bedeutenden Tiefen
noch Meeresströmungen vorfinden, so beschränkt sich doch unsere
genauere Kenntniss derselben bis jetzt fast nur auf die Erscheinungen
an der Oberfläche und ist somit eine oberflächliche.   Die meisten
Strömungen scheinen in einer gewissen Hauptrichtung continuirlich in
Bewegung zu sein; doch convergirt oder divergirt ihre eigentliche

---

[184] Ich verweise in Bezug auf Strömungen ein für allemal auf meine nach
Maury bearbeitete phys. Geogr. des Meeres, namentlich Kap. 6. und auch 1. und 2.

Bahn häufig gegen diese Hauptrichtung oder die ganze Hauptrichtung ist wie z. B. beim Golfstrom, dessen Anfangspunkt nur festliegt, gewissen von dem Temperaturwechsel der Jahreszeiten abhängigen Oscillationen unterworfen. Ferner ist es allbekannt, dass Unregelmässigkeiten in den Küstenumrissen, wenn man selbst Hebungen und Senkungen unberücksichtigt lässt, auf die Meeresbewegung grossen Einfluss üben, indem sie den Lauf sowohl der Fluth- als der eigentlichen Strömungen sehr modificiren. Wie die Winde in der Luft, so erfüllen die Strömungen wichtige Funktionen im Haushalt des oceanischen Lebens. Sie versetzen den allgemeinen hydrostatischen Druck in Schwankungen, die man selbst an ruhigen Stellen am Boden des tiefen Meeres mit geeigneten Instrumenten wohl bemerken würde, so wie wir diese Schwankungen am Boden des Luftoceans mit unsern Barometern messen; sie begünstigen die unterseeische Vegetation, so wie das Leben der Fische u. s. w., verhüten die Stagnation der Gewässer und gleichen die Differenzen in der Temperatur und chemischen Beschaffenheit des Wassers, namentlich im Salzgehalt aus. Leider ist ihre Ausdehnung, Richtung, Tiefe, Stärke und Temperatur noch immer nicht genügend erforscht. So viel weiss man jedenfalls, dass diese Elemente verschieden und schwankend sind. Die Strömungen werden immer nach den Punkten der Windrose benannt, gegen welche sie strömen, im Gegensatz zu den Winden, die bekanntlich nach der Himmelsgegend benannt werden, von welcher sie wehen.

Die progressive Strömungs-Bewegung, welche von der (im Mm. überdies so unbedeutenden) Fluth unabhängig ist, zeichnet sich hier mehr durch ihre Beständigkeit als durch ihre Stärke aus, solche Stellen ausgenommen, wo lokale Eigenthümlichkeiten ihren Einfluss ausüben oder andauernd vorherrschende Winde eine Erhöhung des Seeniveaus veranlassen. Wir zeigten an einem andern Orte, dass die Evaporation im Mm. in solcher Stärke wirksam ist, dass sie allerdings ein allgemeines Fallen des Wassers verursachen könnte, welches so lange andauern würde, bis die verkleinerte Evaporationsfläche zugleich die Menge des Wasserdampfes verringern und dadurch ein Gleichgewicht herbeiführen würde. Ferner ist dies Binnenmeer seiner grössern Hälfte nach sowohl im Sommer als Winter wärmer als der atlantische Ocean; aus beiden Gründen strömt von diesem aus eine Ostströmung hinein; zu gleicher Zeit ist das schwarze Meer etwas kälter und fluthet also ebenfalls dem Mm. zu.

Es ist übrigens zu allen Zeiten gebräuchlich gewesen, dem einen von zwei benachbarten Meeren immer ein etwas höheres Niveau beizulegen und die Messungen neuerer Physiker und Seeleute haben diese einmal eingewurzelte Ansicht bestätigt. So wurde die Behauptung der frühern Naturforscher, dass das Mm. viel höher stehe als der atlantische Ocean, von Toaldo vertheidigt, — so zeigte Graf Marsigli in seinem bänderreichen Donauwerke, dass die Alten ganz Recht hätten zu behaupten, dass der Spiegel des Euxinus 30 bis 40 Fuss über dem gewöhnlichen Niveau des Mm. liege — so bestätigte Fauvel die von den Ingenieuren bereits in alter Zeit dem Demetrius Poliorcetes vorgetragene Ansicht, dass zwischen den Meerbusen von Aegina und Korinth eine so bedeutende Höhendifferenz stattfinde, dass es gefährlich sein würde, die Landenge zwischen beiden zu durchstechen, — so schloss man indirekt aus Schmidt's sorgfältigen Messungen der Höhe von Olmütz, dass auch die Ostsee nicht ganz gleiches Niveau mit dem Mm. habe, — und so nahm man an, dass die Beobachtungen des französich-aegyptischen Instituts bewiesen hätten, dass die Oberfläche des rothen Meeres um genau 28 Fuss höher liege als die des östlichen Mm., woraus folge, dass die Angaben der Alten richtig waren.

An wie schwankende Punkte mögen aber diese Messungen zum grossen Theil anknüpfen! Maraldi und Cassini erklärten — da sie sich dessen versichert hätten — dass das Mm. genau eine Toise (6 Fuss) höher stehe als das atlantische, da sich der Saal des pariser Observatoriums 46 Toisen über dem Ocean und 45 Toisen über dem Mm. befinde. Kurz darauf zeigte Graf Morozzo, [185]) dass das Niveau des adriatischen Meeres höher stehen müsse als das des Mm. In der neuern Zeit haben die noch genauern Beobachtungen eines Delambre, Méchain, Gauttier, Smyth, Coraboeuf, Peytier und Bourdaloue durch successive Höhenreduktionen bewiesen, dass in allen diesen Meeren die Gewässer im ruhigen Zustande der vollständigen Gleichheit des Niveaus sich so sehr nähern, dass die Differenzen nur durch unsere jetzt sehr verbesserten Instrumente und Messungsmethoden aufgefunden werden können. [186])

Eine bedeutende Differenz im Wasserstande findet also gewiss nicht statt und wir können daher durch sie die Strömungen nicht er-

---

[185]) In den Memoiren der Akademie der Wissenschaften zu Turin vom Jahre 1788.

[186]) So schloss z. B. auch General Monleith aus seinen Versuchen mit siedendem Wasser an der Mündung des Kalla, dass das schwarze Meer mit dem Ocean genau dasselbe Niveau habe, da der Siedepunkt bei beiden genau = 212 Fahr. = 80 Réaum. war (Journal of the Royal Geographical Society, vol. III., pag. 37.)

klären, sondern müssen nach andern wahrscheinlichen Ursachen ausschauen. So eng auch die Verbindungsstrasse zwischen der Thalassa
und dem Okeanos sein mag, erstere ist und bleibt doch ein Theil und
Stück des letztern und was immer auf das Niveau des Binnenmeeres
andauernd einwirkt, muss auch die Oberfläche des Oceans afficiren.
Dass das Mm. stark verdunstet, dass es von dem Ueberflusse an
Wasser, der einigen Theilen des Weltmeers [187]) zufliesst, mit zehrt,
ist wohl wahrscheinlich, dass aber ein wirklicher Theil des Weltmeers
eine erhebliche und bleibende Depression gegen andere zeigen könne,
erscheint als eine unhaltbare Hypothese.   Stände das Mm. immerfort
viel tiefer als der atlantische Ocean, so würde es den hydrostatischen
Gesetzen nach unmöglich sein, dass die Strömung je im Mm. begönne,·
wenn kein Wind oder sonst Ebbe und Fluth veranlassende Attractionen
einwirken.

Neben der Halleyschen Evaporationslehre, welche den Ueberfluss
an Wasser in die Lüfte entführt, dürfen wir aber die von andern
Forschern aufgestellte, selbst von Posidonios und Athenodoros, welche
weitläufige Untersuchungen über das Meer und seine Strömungen angestellt haben, schon angedeutete Behauptung nicht unerwähnt lassen,
dass, wie im Luftocean über einem bestimmten Orte stets zwei, bisweilen sogar noch mehr Windrichtungen beobachtet werden, ebenso
auch unter den obern Meeresströmungen andere und zwar gewöhnlich
in entgegengesetzter Richtung hinziehn.   Ein solcher Strom könnte
natürlich eine grosse Menge Wassers in den Ocean zurückführen.
Wenn hier einige dieser Behauptung nicht günstige Thatsachen beigebracht werden, so sollen doch die bisher über diese Erscheinung
verbreiteten Ansichten dabei wohl beachtet werden.   Auch darf nicht
vergessen werden, dass ein Gegenstrom in der Tiefe des Meeres nicht
entstehen kann, wenn das Mittelmeerwasser nicht specifisch schwerer
oder auch von niedrigerer Temperatur ist, als das atlantische; sonst
müsste es an der Oberfläche ausfliessen und der Zufluss von unten
erfolgen.   Dies ist aber thatsächlich nicht der Fall; dagegen ist freilich
auch nicht zu leugnen, dass wir mit unterseeischen Strömungen ihrer
Breite, Tiefe und Richtung — welche nach Maury's Untersuchungen
über den Golfstrom sogar bergan gehen kann — zur Zeit immer noch
wenig bekannt sind.   Doch ich will nicht vorgreifen und diese Untersuchung in historischer Folge vornehmen.

---

[187]) Des schnell fliessenden, wie Eustathius ableitet. Er hatte vielleicht an die
Strömungen gedacht, als er das Wort Okeanos mit ὠκεῶς ναειν zusammenbrachte.

Die erste förmliche Abhandlung über diesen Gegenstand wurde nach der Angabe H. Smyth's am 21. December 1683 vor der Oxford-Gesellschaft gelesen und ist im 14. Bande der Philosophical Transactions abgedruckt. Dr. Smith erwähnt den mächtigen Zug Wassers, welcher fortwährend einströmt und sagt:

„Ich übergehe hier die verschiedenen Hypothesen, welche man erfunden hat, um diese Schwierigkeit zu lösen, als da sind unterirdische Oeffnungen, Höhlen, Einsaugungen oder Exhalationen durch die Sonnenstrahlen, Ausströmen des Wassers an der afrikanischen Seite, als wenn eine Art Kreisbewegung in der Strasse stattfände und der Strom nur an der spanischen Küste nach innen gerichtet wäre. Letzteres widerstreitet aber allen Beobachtungen. Meine Conjectur ist, dass eine untere Strömung existirt, durch welche eine eben so grosse Wassermenge hinausgeschafft wird, als hineinfluthet."

Dass Dr. Smith 1683 von vielen Hypothesen spricht, beweist, dass die Erscheinung selbst bereits Discussionen hervorgerufen hatte, und dass man nicht mehr an der Existenz der Ober- und Unterströmungen zweifelte. Aber einer der bemerkenswerthesten diese Meinung bestätigenden Fälle wurde später der königlichen Gesellschaft mitgetheilt und im 33. Bande ihrer Transactions veröffentlicht. Es wird dort berichtet, dass 1712 Mr. de l'Aigle „jener glückliche und edle Commandeur des Kaperschiffes Phœnix aus Marseille," auf ein holländisches Schiff bei Ceuta Jagd machte. Nachdem er dasselbe eingeholt, bohrte er es mitten zwischen Tarifa und Tangier durch eine volle Lage in den Grund. Einige Tage später trieb das untergesunkene Schiff mit seiner Fracht von Branntwein und Oel an der Küste bei Tangier hin und zwar wenigstens 4 Leagues [188]) westlich von der Stelle, wo es gesunken war und in einer der Oberflächenströmung genau entgegengesetzten Richtung. Die Thatsache wird vom Dr. Hudson, der sie mittheilt, wie folgt, bezeugt:

„Ich war in Gibraltar, als dies geschah, wo ich mehr als hundert Fässer dieser Branntweinladung sah, welche von Tangier aus dorthin geschickt worden waren; ich sprach auch mit dem Capitain des holländischen Schiffes, welcher dem Gouverneur, mir selbst und vielen andern erzählte, wo sein Schiff gesunken war; dass es später bei Tangier wieder emporkam, erschien uns ganz unerklärbar, wie es mir noch bis heute ein Räthsel ist; denn es unterliegt keinem Zweifel, dass das Schiff an der vom Holländer bezeichneten Stelle versank, da auch die Spanier, welche dem Kampfe vom Lande aus zusahen, dasselbe bezeugten. Das Wasser in der Meerenge muss sehr tief sein, da mehrere der Befehlshaber unserer Kriegsschiffe mit den längsten Leinen, die sie nur auftreiben konnten, sondirten, aber keinen Grund finden konnten."

---

[188]) 20 Sea-Leagues = 1 Aequatorgrad, also 4 = 3 geogr. Meilen.

Dieses sehr detaillirte Zeugniss schien nun zu dem Schlusse zu
treiben, dass im tiefen Wasser in der Mitte der Meerenge eine Rück-
strömung vorhanden ist und bot zugleich gewissen schnellfertigen
Naturphilosophen eine eben so genügende Lösung des Problems, wie
jene ungleiche Wirkung der Evaporation, die eine immer wechselnde
Operation der Natur ist. Es giebt aber doch in jener Aussage 2 oder
3 Punkte, über welche der Holländer wohl noch genauer hätte verhört werden sollen; denn es bleibt ganz in Dunkel gehüllt, warum
und weshalb ein Kauffahrer so tückisch und gewaltsam beschossen,
ferner wie die Mannschaft gerettet wurde, ob das Schiff viel Wasser
durch Lecke bekam oder recht eigentlich in Grund gebohrt wurde
u. s. w. Auch ist es kaum glaublich, dass, während gerade Sir John
Jennings die vereinigte englische und holländische Flotte innerhalb
der Strasse postirt hatte und während des Viceadmiral Baker Geschwader sich vor derselben befand, ein französischer Kaper sich
mitten in der Strasse so dreist benehmen durfte. Es widerstreitet
ferner geradezu den hydrostatischen Gesetzen, dass ein Schiff mit
einer Ladung in einem Medium, welches dieselbe nicht tragen kann,
erst untersinke und dann wieder emporsteige, wenn es nicht ein ge-
geringeres specifisches Gewicht hat. Ein sinkendes Schiff, welches
thatsächlich schwerer ist als Wasser, muss zu Boden sinken; aber
wenn es, nachdem die Ladung ganz oder zum Theil herausgespült ist,
eben so schwer oder leichter wird als die Flüssigkeit, in die es getaucht ist, dann wird es allerdings im Wasser schweben oder zur
Oberfläche emporsteigen können und dann den Gesetzen der Strömungen, Fluth, Winde, kurz der Gravitation zugleich mit allen lokalen
Umständen unterworfen sein. Ein Schiff kann nicht wohl seine
Schwere ändern, so dass es bald sinkt oder sich im Wasser schwebend
erhält, und in dem vorliegenden Fall muss das holländische Schiff
wegen der vollen auf seine Seite gegebenen Ladung nahe an der
Oberfläche mehrfach leck geworden sein. Daraus folgt aber immer
noch nicht, dass es sofort auf den Meeresboden sank. Auf ähnliche
Weise schwamm das Wrack des spanischen Schiffes Hermenegildo von
112 Kanonen, welches während der Schlacht mit dem Geschwader des
Jacob Saumarez im Juni 1801 aufflog, drei Tage nach der Explosion
in die Tangierbai und hatte sogar noch einen Mann lebend an Bord.
Bei dieser Gelegenheit zeigten sich auffällige Anomalien in der Ebbe
und Fluth, welche die Aufmerksamkeit des Don Vicente Tofiño in
dem Grade auf sich zogen, dass er im darauf folgenden October, als
der Friede ratificirt war, seinen Neffen, den Capitain Tofiño, absandte,

um weitere Erkundigungen in Tangier einzuziehen. Doch von Ebbe und Fluth sprechen wir nachher.

Es wird ferner berichtet — und zugleich viel Gewicht auf diese Thatsache gelegt —, dass, als der 1815 verstorbene Admiral Philipp Patton noch Lieutenant der „Emerald", einer Fregatte von 32 Kanonen war, jenes Schiff, als es sich Gibraltar näherte, von einem Sturm überrascht wurde und mitten in der Nacht fast in der Mitte der Meerenge beiwinden musste. Vor Tagesanbruch stiess es hinter dem Felsen auf, wohin es, wie man vermuthete, eine Gegenströmung geführt hatte. Hier musste es kaum eine halbe Kabellänge von der Brandung schwer reiten und hatte nicht einmal Raum, die Ankertaue in der Klüse langsam zu vieren; der Untergang schien also unvermeidlich. Diese äusserste Gefahr veranlasste nun den Lieutenant, die Strömungen in der Strasse mit der ernstesten Aufmerksamkeit zu studiren, und während er mit dieser Untersuchung beschäftigt war, suchte er sich darüber Gewissheit zu verschaffen, inwieweit sich die Theorie der untern und obern Strömungen durch Versuche stützen lasse. Auf Grund der Beobachtung, dass, wenn zwei Flüssigkeiten von verschiedenem specifischen Gewicht sich in einem engen Kanal begegnen, die schwerere mit derselben Geschwindigkeit unten ausströmt, mit welcher die leichtere oben einströmt, wurden eine Anzahl Flaschen mit Wasser aus dem atlantischen Ocean in einiger Entfernung vom Lande und eine andere Partie mit Wasser aus dem innern Theile des Mm. gefüllt. Als er nun Wägungen so genau als nur möglich vornahm, so zeigte sich, dass eine 1 Pfund 6 Unzen und 5 Drachmen oceanisches Wasser enthaltende Flasche 13 Grän leichter war, als dieselbe mit Mm.-Wasser gefüllte Flasche. Er füllte auch zwei Karaffen von gleicher Grösse mit den respectiven Flüssigkeiten, von denen die eine ein wenig mit Tinte gefärbt war, und steckte ihre Hälse in Glaserkitt; wenn der ganze Apparat horizontal gehalten wurde, so tauschte sich schweres Wasser merkbar gegen leichtes aus, und somit schien die Folgerung gerechtfertigt, dass die beiden Flüssigkeiten von ungleicher Dichtigkeit waren. Durch diese Experimente, welche mehr mühsam als wissenschaftlich waren, kam Lieutenant Patton zu dem Schluss, dass eine Ueberfüllung des Mm. durch eine fortwährend in den Ocean eintretende untere Strömung verhütet werde.[189]

---

[189] Smyth bemerkt, dass er das Karaffenexperiment ebenfalls mit Wasser von der Oberfläche und aus einer Tiefe von 50 Faden — aber erfolglos — angestellt habe. Die Flüssigkeit war, wie er sagt, „träge zum Todtärgern."

Manche Unklarheit haftet selbst nach Maury's Untersuchungen, auf welche wir bereits verwiesen, noch immer an diesen Theorien der obern und untern Strömungen, und namentlich bleibt es weitern Beobachtungen vorbehalten, uns mit den stetigen oder veränderlichen Bahnen der letztern bekannt zu machen. Man darf auch hier nur höchst vorsichtig weiter schliessen. Wer auf zweifelhafte Behauptungen wie auf nicht mehr fragliche Axiome sich stützt, dem verhüllt sich das Licht der Wahrheit am leichtesten; also auch in dieser Strömungstheorie hüte man sich vor jeder vorgefassten Meinung.[190] Der Begriff selbst ist uns seit vielen Jahrhunderten überliefert.[191] Vielleicht gelangte Graf Rumford von ähnlichen Betrachtungen aus zu dem durch direkte Experimente gegebenen Beweise, dass Flüssigkeiten jeder Art, wenn sie in verschiedenen Punkten ihres Volumens zu verschiedenen Temperaturen erwärmt werden, nothwendiger Weise entgegengesetzte Strömungen zeigen, indem die wärmeren Theile ihrer Verdünnung und specifischen Leichtigkeit wegen nach oben steigen und die kälteren niedersinken.

Die Meerenge von Gibraltar[192] ist sowohl für den Seefahrer als für den Geologen so merkwürdig, dass eine in noch weitere Einzelnheiten eingehende Behandlung wohl gerechtfertigt erscheinen dürfte. Obgleich das eigentliche Fretum Herculeum nur den Raum zwischen Cap Trafalgar und Spartel im Westen und zwischen Gibraltar und Ceuta im Osten bezeichnete, so möge man uns erlauben, unsere hydrographische Rundschau bis zu der westlichen Mündung jenes prächtigen oceanischen Kanals, die von Cap Vincent im Norden und Cap Cantin im Süden begrenzt wird, auszudehnen. Es erscheint um so nothwen-

---

[190] Wenn vollends Semitasso von Sir Sidney Smyth gehört haben will, dass die Strömungen des Mm. so genau durchforscht seien, dass man sie gleichsam zu einer Briefpostbeförderung benutzen könnte, so möchten wir wenigstens nicht rathen, recommandirte Briefe mitzugeben.

[191] Schon bei Lucrez, de rerum natura lib. V., der selbst aus Epicur's Kosmogonie geschöpft hat. Die Alten wussten es, dass das Meer an manchen Orten in der Tiefe nach anderer Richtung ströme, als an der Oberfläche. Den weitern innern Zusammenhang und Verlauf der Meeresströmungen, ihr Wie und Warum, konnte indess nur die Schifffahrt in den tropischen Meeren und die genauere Kenntniss derselben aufhellen.

[192] Nebenbei wollen wir bemerken, dass eine Linie von Gibraltar durch den Mittelpunkt der Erde fortgezogen merkwürdiger Weise gerade auch in eine für die Südsee wichtige Strasse, die Cookstrasse zwischen den beiden Inseln Neu-Seelands, trifft. Dem Mm. liegt überhaupt eine inselleere Fläche der Südsee, südlich von dem Archipel der niedrigen Inseln und östlich von Neu-Seeland, antipodisch entgegen. Der Westpunkt der Chatam-Insel liegt genau unter dem Meridian von Paris und die „Schwestern" nördlich von derselben sind ungefähr Antipoden zu Carcassonne im südlichen Frankreich.

diger, der Einfahrt eine solche Breite zu geben, da die ganze Wassermasse innerhalb der angegebenen Grenzpunkte von dem nach dem
Mm. gerichteten Zuge afficirt wird. In Bezug auf diesen Punkt hegte
der um die Untersuchung der Meeresströmungen so verdiente Major
Rennell die Meinung, dass sich in den atlantischen Gewässern zwischen
dem 30. und 45. Grad der Breite schon 100 bis 130 Leagues (75
bis beinahe 100 geogr. M.) vom Lande eine allgemeine Tendenz zeige,
sich gegen die Strasse von Gibraltar zu mit einer Geschwindigkeit
von wenigstens 14, auch wohl 17 (engl. geogr.) Meilen in 24 Stunden
(etwa 1 Fuss in der Secunde) zu bewegen. Obgleich nun extreme
Fälle während eines langen Vorherrschens gewisser Winde vorkommen
können, wo ein solcher Zug des Wassers für genaue Versuche messbar
wird, und Schiffe, die vom Kanal dem Ocean zusteuern, recht wohl
bemerken können, dass sie gegen ihre Rechnung merklich nach Osten
verschlagen sind, so muss doch die Behauptung des Majors cum grano
salis verstanden werden, besonders wenn man auch auf die Tiefe für
diesen Raum von 400000 engl. Q.-Meilen (= 25000 geogr. Q.-Meilen)
Rücksicht nimmt. Andere haben in dem Golfstrom den ersten Impuls
zu diesem Andrange des Oceans gegen die Strasse auffinden wollen;
doch wenn man berücksichtigt, dass der Golfstrom bei östlichen Winden am stärksten fluthet und im Winter im Allgemeinen viel schwächer
ist als im Sommer, endlich auch eine ganz andere Richtung verfolgt,
so muss man diese Behauptung wenigstens für sehr gewagt erklären.
Das Hineinfluthen erklärt sich jedenfalls viel natürlicher aus lokalen
Ursachen, die ausschliesslich im Becken des Mm. selbst zu suchen sind.

Nachdem wir oben die natürlichen Grenzpunkte der Einfahrt angegeben, gelangen wir zu denen der eigentlichen Enge, nämlich den
Vorgebirgen Trafalgar und Spartel (Entfernung 22 Meilen = etwas
über 4¾ geogr. M.), der Insel Tarifa und der Alkazar-Spitze (9¼ M.
= 2 geogr. M.), endlich Gibraltar und Ceuta, welche 12 Meilen
(= 2⅗ M.) von einander entfernt sind. Die Länge beträgt ungefähr
45 Meilen (= 9¾ M.). Jene 3 Linien bilden die wichtigsten Haltpunkte zur Schätzung der mittlern Breite. Die lokalen Eigenthümlichkeiten müssen aber genau untersucht werden, damit man darüber
ein Urtheil gewinnen könne, inwieweit die Strömung von den Differenzen in der specifischen Schwere der angrenzenden Meerestheile,
oder von der Tiefe und Gestaltung des Bodens, von der Dichtigkeit
der verschiedenen Media, oder von den Schwankungen des atmosphärischen Druckes abhängt. Smyth konnte diese Untersuchungen nicht
zu Ende bringen, da er seine gesammte Thätigkeit auf die Verbesserung

der vorhandenen Seekarten concentriren musste.   Er giebt aber dennoch
einige, weiteren Forschungen sehr förderliche Angaben.   Zuerst beobachtete er, dass die Tiefe des Stromkörpers zwischen Trafalgar und
Spartel viel geringer ist, als weiter nach Osten, da dieselbe von
Spanien aus bis in die Mitte nur von 20 bis 70 Faden anwächst und
da selbst die tiefste Stelle zwischen diesen 70 Faden und Cap Spartel
nur 220 Faden ergiebt.   Wenige Meilen (kaum eine geographische)
weiter nach innen hat der Kanal nicht mehr als höchstens 160 Faden
Tiefe, aber zwischen Tarifa und der Alkazarspitze steigt die Tiefe
auf 500 und ganz nahe dabei auf 700 Faden.   Diese Tiefe nimmt
in der Richtung gegen das Mittelmeerbecken noch schnell zu und
ist in der Mitte zwischen Gibraltar und Ceuta bereits 950 Faden, und
da schon ein wenig weiter nach Osten mit einer ausgestochenen Leine
von 1300 Faden kein Grund mehr gefunden wird (die eigentliche
Tiefe, selbst wenn man eine bedeutende Krümmung der Sondirungs-
leine annimmt, also jedenfalls mehr als 1000 Faden beträgt), so
leuchtet ein, dass der Grund von dem Meridian des La Plata-Caps
an eine schiefe Ebene bildet, welche von einer den Kanal in der
Mitte schneidenden Vertikalebene etwa in folgender Form geschnitten
wird, in welcher die Vertikalmaasse gegen die horizontalen elfmal
zu gross angegeben sind.

Wenn man auf diese eigenthümliche Formation nur einen Blick
wirft, so ist man sofort geneigt, Dr. Wollaston's Behauptung in Zweifel
zu ziehen.   Smyth sandte auch, als er von Wollaston's Schlussfolgerungen hörte, einen speciellen Bericht über seine Messungen an
den grossen Naturforscher, der aber zu spät anlangte, denn Wollaston
lag auf seinem Todbette.   Darauf sandte ihn Smyth sofort an Sir
Charles Lyell, der damals sein wohlbekanntes Werk über die Principien der Geologie verfasste.   Lyells Ansicht ist aber bereits auf
Seite 160. ausgesprochen.

Wenn wir zu diesem unterseeischen Abgrund die mächtigen Höhen
der Atlaskette auf der einen und das hohe Tafelland Spaniens mit
seinen Randgebirgen auf der andern Seite hinzurechnen, so erscheint
uns die Meerenge in ihrer Gestaltung noch merkwürdiger. An der
engsten Stelle mag der Centralstrom ungefähr 1 geogr. Meile breit
sein, aber natürlich mit veränderlichen Grenzen, und die mittlere Geschwindigkeit der Strömung ist dabei 2 bis 3 Meilen stündlich (etwa
3½ Fuss); aber Piloten aus Gibraltar versichern, dass sie unter
besonderen Umständen mehr als 5 Knoten durchlaufen kann, was
freilich eine unerwiesene Behauptung ist, aber jedenfalls wohl mit
Gewissheit eine mitunter sehr starke Steigerung jener oben angegebenen
Geschwindigkeit von 3 Meilen (engl.) annehmen lässt. Dass die Strömung nach Osten zu fluthet, ist durchaus Regel, und ein temporärer
Oberflächenstrom nach dem atlantischen Ocean, wie er wohl bisweilen,
obgleich sehr selten, beobachtet worden ist, kann entschieden als Ausnahme gelten. Lokale Ursachen scheinen den letztern jedesmal veranlasst zu haben, namentlich heftige Weststürme, welche die oceanischen Wasser vor der Strasse etwas aufstauen und zugleich stark
durch die Meerenge treiben, worauf ein Zurückfluthen eintritt, oder
auch im Mm. selbst anhaltende Oststürme. Die Lösung eines Theils
der Schwierigkeit scheint dadurch gegeben, dass durch eine ausserordentliche Anstrengung der Natur je eine rückkehrende Seitenströmung
an jeder der beiden Küsten hervorgebracht wird, so dass fortwährend
eine sehr complicirte Bewegung bemerkt wird; die Seitenströmungen
hängen aber zugleich von dem Einfluss des Mondes ab und gehören
daher vielleicht nur zu den Erscheinungen der Ebbe und Fluth. Das
Phänomen einer starken einwärts fluthenden Mittelströmung, sagt
H. Smyth, zugleich mit dem Auftreten zweier nur sehr schwachen
und keineswegs constanten Rückströmungen, mag vielleicht dem Druck
einer grössern Flüssigkeitsmasse auf einen kleinern Wasserkörper zugeschrieben werden, ein Druck, welcher seines gewaltigen Andrangs
wegen die oberen Schichten der kleinern Masse aus ihrer Lage
bringen mag.

Wenn sich nun aber der Centralstrom in seiner östlichen Richtung entschieden gebildet hat, so folgt, dass seine Wirkung in dem
strömenden Gewässer selbst, sowie in den angrenzenden Meerestheilen
bemerkt werden muss. Dies ist für die praktische Schiffahrt aber
nur im eigentlichen Strome der Fall; schon in seiner Nähe nimmt die
Wirkung schnell ab. Man merkt die Strömung bis in die Gegend des
Cap Gata, etwa 32½ Meile weit, aber sie nimmt, indem sie sich

mehr und mehr ausbreitet, sehr an Stärke ab; dann aber richtet sie
sich in ihrer Bahn nach den Krümmungen der Küste und namentlich
auch nach den Winden, besonders nach den Seewinden. Um die
Frühlingsæquinoctien, während der Wind zwischen WSW. und NW.
schwankt, pflegt die Strömung längs der Küste von Granada, einen
Knoten in der Stunde, gen Osten zu gehen; nachdem sie beim Cap
Palos vorbei ist, wendet sie sich nach OSO.; in der Nähe der Balearen
fliesst sie dann sehr schwach nach Nordost; kurz, die Reaction der
Küsten gegen die Strömungen, ferner die Einwirkung der Winde und
zugleich der veränderlichen durch die kleinen Strassen im Mm. hervorgebrachten Strömungen veranlassen Seitenströmungen und sogar
Gegenströmungen in den verschiedensten Richtungen. Unter den gewöhnlichen Umständen aber und bei ruhigem Wetter, wenn der grosse
atlantische Strom in seiner gewöhnlichen Weise einfluthet, bewegt er
sich kräftig nach Osten längs der afrikanischen Küste und quer durch
die Bai von Tunis bis an die sicilische Küste. Daher erklärt es sich,
warum ein ostwärts längs der afrikanischen Küste hinsegelndes Schiff
im Allgemeinen weiter ist, als die Gissung ergeben hat.

Diese Seebewegungen, wie sie ältere Hydrographen auch genannt
haben, erleiden überall von den jedesmal vorherrschenden Winden
merkliche Abänderungen; die auffallendsten Beispiele hat man in den
Buchten (namentlich zwischen 2 Landspitzen), den Einfahrten und
Kanälen zu suchen, z. B. im Busen von Lion, der Riviera von Genua,
dem Faro von Messina, in der obern Partie des adriatischen Meeres,
dem Busen von Korinth, dem Euripus, dem syrischen Meere und den
beiden Syrten. Ein starkes Kräuseln der Wellen, welches der Brandung ähnelt, wird oft in der Nähe der grössern Inseln dadurch hervorgebracht, dass sich die Wogen zweier besondern Strömungen
treffen; oft tritt dieser Wellenbruch so eigenthümlich auf, dass man
sich wohl erklären kann, wie so viele imaginäre Untiefen und Klippen
zur Verwirrung der Schiffer, selbst auf sonst brauchbaren Seekarten,
verzeichnet werden konnten.

Die Hauptströmung fliesst nun zunächst längs den nordafrikanischen Küsten — mit gelegentlichen Unterbrechungen — ostwärts, und
streicht an Syrien und Karamanien hin. Zwischen Syrien und dem
Archipel bemerkt man eine westliche, auf der hohen See schwache,
an den Küsten sehr merkliche Strömung, welche in der Gegend von
Kos mit der von Norden durch den Bosporus fluthenden zusammen-
trifft. Nach Westen zu zieht ein Strom an den Küsten Frankreichs
und Spaniens hin, obgleich er an vielen Stellen so langsam vor-

schreitet, dass man ihn kaum bemerkt [193]). Starke Winde aus NW.
verkehren diese Ordnung der Dinge; denn dann tritt die Strömung
an den letztern Küsten ein und läuft zu Zeiten sehr bemerkbar um
den Busen von Lion, indem sie dabei ihre Bahn mehrfach nach den
Küstencontouren der Provence, Languedoc's und Cataloniens verändert.
Vor Toulon ist die östliche Strömung, nachdem Ostwinde geweht haben,
oft sehr stark. Smyth erzählt, dass einmal die Blokadeschiffe der englischen Flotte in der Nähe der Küste ihre Stationen nur mit Mühe
gegen die Strömung behaupten konnten. Im tuscischen Meere verursachen die SW.-Winde eine sehr bedeutende Erhöhung des Seeniveaus.
Man weiss, dass andauernde starke Windstösse [194]) in jener Richtung
die Gewässer bis auf 12 Fuss über ihren gewöhnlichen Spiegel erheben. Sie verursachen daher starke Driftströmungen an der Oberfläche, von denen die stärkste durch die Strasse von Bonifacio fluthet.

Charakteristisch für diese Küsten ist die mit den Strömungen
wohl in gewissen Beziehungen stehende Veränderlichkeit der Strand-
formationen, namentlich an der Var-Mündung und bei Nizza, wo der
Uferrand abwechselnd aus grossen flachen Steinen, feinem Sand oder
Gries und wenige Tage später wieder aus grobem Gestein besteht.
Dies kann nur durch das An- und Zurückfluthen der Brandung bewirkt werden, welche, sobald die Wiedersee überwiegt, Materialien
wegführt oder umgekehrt neue heranwälzt. Aus der lokalen Brandung allein dürfte aber diese Erscheinung doch nicht vollständig zu
erklären sein; der Wellenschlag selbst scheint wieder durch die Strömung und deren verschiedenes Auftreten mit bedingt zu sein. M. Risso,
der savoyische Naturforscher, hat selbst bei schönem Wetter sehr oft
bemerkt, wie der Wogenschwall der Brandung, den grossen Seewogen
des atlantischen Oceans nicht unähnlich, sich heranwälzte. Einen Grund
dieser Erscheinung weiss er zwar nicht anzugeben, versichert aber, dass
sie am auffallendsten nach starken Regengüssen in den Alpen und
Apenninen auftrat — wenn die Flüsse plötzlich über ihre Betten traten;
vielleicht könnte daher auch ein ungleicher atmosphärischer Druck
dabei mitwirken, indem derselbe eine Circulation der tiefern Wasserschichten veranlasst; denn indem eine Brandungswelle heranläuft,
wirkt sie bis auf einige Entfernung auf den Grund ein, aber ihre
Rückwirkung afficirt nur die Oberfläche und zeigt kein Streben durch

---

[193]) Im Meere vor dem Marseiller Hafen fluthen die Strömungen beständig von
Osten nach Westen. v. Zach, Monatl. Corresp. 1806. Sept., S. 209.

[194]) Die Italiener nennen dieselben *i libecci*, engl. *labeschades*. Ein Windstoss
heisst auch *libeccia*. Die Piloten sagen, nach ihnen seien die Wasser oben.

ihr Zurückprallen das Niveau wieder herzustellen. Diese Bewegungen der See sind hier an der Küste jedenfalls bis zu einer Tiefe von wenigstens 25 Faden bemerkbar, während auf der offenen tiefen See selbst der stärkste Sturm das Meer bis zu solchen Tiefen nicht aufzuwühlen vermag. Man erkennt zugleich hieraus, wie sich überhaupt alle Bewegungen des Oceans in der Nähe und unmittelbar an den Küsten wesentlich von denen im offenen Meere unterscheiden.

Obgleich lange nicht so bedeutungsvoll als die Strasse von Gibraltar, hat doch auch die Strasse von Messina seit den ältesten Zeiten die Aufmerksamkeit der Naturforscher auf sich 'gezogen. Während uns die meisten alten Schriftsteller die Gefahren der Beschiffung des Mamertinum fretum gar fürchterlich ausmalen, [195]) schrieb Eratosthenes sehr nüchtern alle die auffallenden Strömungen und Gegenströmungen einer Verschiedenheit in den Höhen der benachbarten Meere zu, indem er im Besondern namentlich behauptete, dass die „herabfallenden" Gewässer dem höhern tyrrhenischen Meere entströmten. Aristoteles folgt derselben Grundanschauung. Da es aber jetzt erwiesen ist, dass den Strömungen in diesem Kanal die Einwirkungen der solaren und lunaren Attraktion nicht fremd sind, so werden wir diese Untersuchung bei der Ebbe und Fluth näher behandeln [196]). Hier wollen wir nur einen Augenblick die Küste Siciliens betreten und einige Worte über eine eigenthümliche Strömung sagen, von welcher H. Smyth in seinem „Sicilieh", S. 224 Folgendes berichtet:

„Die Marobia [197]) ist ein ausserordentliches Phänomen, welches seinen Namen wahrscheinlich von Mare ubbriaco (trunkenes Meer)

---

[195]) So z. B. Justin IV., 1. Proximum Italiæ promontorium Rhegium dicitur, ideo quia græce abrupto hoc nomine pronuntiatur; nec mirum, si fabulosa est loci huius antiquitas, in quem res tot coiere miræ. Primum quod nusquam alias tam torrens fretum, nec solum citato impetu, verum etiam sævo, neque experientibus modo terribile, verum etiam procul videntibus. Undarum porro inter se concurrentium tanta pugna est, ut alias veluti terga dantes in imum desidere, alias quasi victrices in sublime ferri videas; nunc hic fremitum ferventis æstus, nunc illic gemitum in voraginem desidentis exaudias... Hinc igitur fabulæ Scyllam et Charybdim peperere: hinc latratus auditi; hinc monstri credita simulacra, dum navigantes, magnis vorticibus pelagi desidentis exterriti, latrare putant undas, quas sorbentis æstus vorago conlidit. — Auch Pausanias zeichnet ein Schreckbild dieser Meeresstrasse.

[196]) Auf den Zusammenhang der Strömungen in der Strasse mit dem Monde weist auch Eratosthenes ganz deutlich hin, indem er sagt, dass die Fluth beim Aufgang und Untergang des Mondes eintrete, die Ebbe bei der obern oder untern Culmination desselben. Aristoteles sagt: ὁ πορϑμὸς ὁ μεταξὺ Σικελίας καὶ 'Ιταλίας αὔξεται καὶ φϑίνει ἅμα τῷ σεληνίῳ.

[197]) Vgl. Martens (Italien 1., 291), der die Dauer auf 1½—2 Stunden angiebt und als ähnliche Erscheinung den Corrivo der Landseen mit ihr vergleicht. Man

herleitet, da die dabei beobachteten Bewegungen höchst unregelmässig sind. Sie kommt besonders an der Südküste Siciliens, im Allgemeinen bei ruhigem Wetter, vor, aber man hält sie für den sichern Vorboten eines Sturmes. Am gewaltsamsten treten ihre Erscheinungen bei Mazzara auf, wohl in Folge der Küstenformation. Ihre Annäherung wird durch eine auffallende Ruhe in der Atmosphäre bei düstergelbem Himmel angekündigt; dann erhebt sich das Wasser plötzlich fast 2 Fuss über sein gewöhnliches Niveau und stürzt mit reissender Gewalt in die Buchten, strömt aber nach wenigen Minuten mit derselben Geschwindigkeit zurück, indem es den Schlamm aufwühlt, das Meergras losreisst und einen widrigen Geruch verbreitet; während dessen schwimmen die Fische ganz verstört auf der trüben Oberfläche herum und sind leicht zu fangen. Diese äusserst schnell wechselnden Fluthen (so launisch in ihrer Natur wie die des Euripus) halten gewöhnlich von 30 Minuten bis über 2 Stunden an; darauf folgt eine Brise aus Süden, welche sich schnell zu heftigen Windstössen verstärkt. Die Erscheinung wird möglicherweise durch Westwinde, die in einiger Entfernung auf offener See nach der Nordküste Siciliens zu wehen, und einen zu gleicher Zeit im Kanal von Malta wehenden Südostwind veranlasst; beide würden sich dann ungefähr zwischen Trapani und dem Cap San Marco begegnen. Ich spreche diese Ansicht darum aus, weil der Westwind der Marobia gewöhnlich vorangeht und der Südostwind ihr folgt."

„Während einer solchen heftigen Marobia ging z. B. das englische Kriegsschiff Raven von 18 Kanonen bei Cap Granitola, am 6. Januar 1804 verloren, und die „ungewöhnliche Strömung", welcher der Capt. Swaine in seiner Vertheidigung vor dem Kriegsgerichte alle Schuld beimass, war nichts weiter als die Marobia. Wenn dieselbe sehr heftig auftritt, so soll ihr Hin- und Herwogen sogar noch an der gegenüberliegenden Küste der Berberei bemerkt worden sein."

Der eben besprochene wichtige Theil unseres Meeres bildet die Durchfahrt und Pforte zwischen dem westlichen und östlichen Becken. Dass sich hier mannigfache Bewegungen im Meere zeigen müssen, kann schon aus den lokalen Verhältnissen, welche wir in ihren Hauptmomenten auf den Karten I. und II. zu veranschaulichen gesucht haben, geschlossen werden. H. Smyth nimmt in seinem 1824 veröffentlichten Werke über Sicilien auf diese Meerespartie besonders Rücksicht. Es wird dort (S. 184) angegeben, dass die von der Verdunstung und Einwirkung der Winde abhängigen Strömungen sehr unregelmässig sind. Sie steigen dem Wetter und den Eigenthümlichkeiten der Lokalität und der Tiefe gemäss ein oder zwei Fuss. Wenn der Nordwestwind an den

---

kann mit der Marobia auch den sich in Flussmündungen stromauf bewegenden Wasserberg, den Maskaret (z. B. in der Dordogne), vergleichen und ein ähnliches Aufbrausen, welches schon die Alten an dem bei Segesta fluthenden Halbesus, an einem Fluss bei den Ligurern und an dem Arvos und Aesaros in Tyrrhenien bemerkten.

Küsten hinstreift, so treibt er ·eine starke Strömung nach Südosten, während der Südwest, der hier während der Frühlingsnachtgleichen kräftig und anhaltend auftritt, starke ˏGegenströmungen erzeugt; wenn er dann endlich in die entgegengesetzte Richtung umschlägt, fluthet die ganze Wassermasse mit bedeutender Geschwindigkeit nach Westen.

Bleibt das Wetter lange ruhig, so laufen die Strömungen zwischen Sicilien und der ·Küste der Berberei und von da westlich von Galita nach Osten zu mit einer Geschwindigkeit von etwa $3/4$ (engl.) Meilen in der Stunde.   In dem Kanal von Malta ıst die Südostströmung gelegentlich so stark, dass es einzelnen Schiffen schwer fiel bei Maritimo vorbeizusegeln, während andere unter dem Lee von Malta mit möglichst vielen Segeln steif segeln mussten, um nur Stand zu halten, bis ein Wechsel des Windes sie befähigte, wieder an die Insel zu gelangen.   Ein anderer Beweis für den Einfluss dieser Strömung liegt darin, dass Schiffe, welche. von Cap Passaro nach Valetta mit einem Nord hinübersegeln, gewöhnlich einen Strich höher halten, um ihr Ziel sicher zu erreichen.

Zwischen Malta und Tripolis richtet sich die Strömung im Allgemeinen nach Süden und Osten, aber zwischen Malta und Tunis treiben die vorherrschenden Südostwinde die Gewässer aufwärts nach der von der Abenteuer-Bank und den Skerki-Untiefen gebildeten Barre, wo die Strömung, indem sie ausser jenem Hinderniss auch noch der allgemeinen Ostströmung, welche von Gibraltar kommt, begegnet, mit einer Geschwindigkeit von ungefähr $1\frac{1}{2}$ Knoten in der Stunde sich nach Norden wendet, während sie zu andern Zeiten eine Richtung nach Süden verfolgt.

Im adriatischen Becken scheinen die Wind- und Wasserbewegungen gleichförmiger zu sein als in den eben behandelten Meerestheilen. Die Strömung tritt gewöhnlich längs der albanischen und überhaupt der östlichen Küste ein, macht im innersten Theile des Golfs eine Wendung von Triest nach Venedig — oft mit einer Geschwindigkeit von einem Knoten in der Stunde — geht bei der Romagna vorbei und streift dann an den italienischen Gestaden mit etwas verminderter Kraft hin; aber die Bora veranlasst an diesen Ufern eine Anschwellung von 1—2 Fussen.   Auf diese allgemeine Bewegung wirken aber Erscheinungen der Ebbe und Fluth so entschieden ein, dass dadurch sehr verschiedene lokale Strömungen, ligazzi genannt, hervorgebracht werden, von welchen einige, wie die Contouren des Meeres und der in demselben angehäuften Inseln dies ganz wohl erklären, vorherrschend quer über dasselbe fluthen; doch sind diese kleinern Ströme weder reissend noch gefahrvoll. Der schon erwähnte venezianische Pilot Vicenzo di Luccio hat viel über diesen Gegenstand geschrieben. Er beschreibt nicht allein Strömungen für die verschiedenen Monate des Jahres, sondern geht so weit, fast für jede Stunde ihre Bahn und Geschwindigkeit anzugeben. Dergleichen Detailbestimmungen scheint weniger eine genaue Berechnung als eine wohl oft willkürliche Annahme zu Grunde zu liegen.

Obgleich auch im ionischen Meer die allgemeine Richtung der Hauptströmung bemerkt wird, so begegnet man doch dort bisweilen einem nach Süden ziehenden Fluthen der Oberfläche, das je nach der Natur und Stärke der Winde in offener See schwächer oder stärker wird. Durch den schönen Kanal bei Corfu fliesst auch im Allgemeinen ein Strom, welcher aber ganz vom Winde abhängt. Weht dieser ziemlich stark aus Norden, so fluthen die Gewässer südwärts ($1\frac{1}{2}$—2 Knoten in der Stunde) und das Niveau fällt um 3 bis 4 Fuss; Südwinde lassen das Wasser um eben so viel steigen und der Strom wendet sich dann nach Norden. Dies beschränkt sich aber nicht auf den Kanal, obgleich es dort am deutlichsten zu bemerken ist; denn auf dem ganzen ionischen Meere verursachen Südwinde ein ausserordentliches Steigen von etwa einem Fuss und Nordwinde ein ebenso grosses Sinken; wenn sie aber stark und anhaltend sind, so zeigen sich natürlich auch grössere Niveaudifferenzen. Dabei sind die Spuren der Ebbe und Fluth äusserst schwach; denn selbst das bemerkenswerthe Ein- und Ausströmen von diesem Meere aus in den Golf von Arta [198]) kann, den bis jetzt bekannten Angaben nach, kaum für eine regelmässige Ebbe und Fluth gehalten werden, da die Winde offenbar mehr als unser Trabant auf ihren Verlauf einwirken. Bei Tage tritt mit dem Seewinde die Fluth in den Golf ein und wenn in der Nacht der Landwind die Oberhand gewinnt, so strömt sie wieder hinaus. In dem naheliegenden Meerbusen von Korinth bemerkt man ein viel entschiedeneres Auftreten der Ebbe und Fluth, obgleich die Strömungsbewegungen in Ursache und Wirkung denen von Arta nicht unähnlich sind; denn auch hier hängt die Wucht der Strömung und die Höhe der Anschwellung von der Richtung und Kraft des Windes ab. Die Strömung fluthet besonders stark, wenn der Wind gegen die Mündung des Golfes bläst, behält aber auch ihre Richtung gegen den Wind bei. Das Zusammenstossen der Gewässer von Patras und Korinth

---

[198]) Die commercielle Bedeutung desselben wird in einem vom General Vaudoncourt geschriebenen Memoir dargelegt. Die Tage der Fluth und Ebbe werden von Andern angegeben.

unter dem Einfluss der Winde auf offener See und im Golfe verursacht ein Aufschäumen quer über die Einfahrt des Golfs von Lepanto
und zugleich eine beträchtliche Anschwellung. [199])

Wenn man sich dem Archipel und von da den Küsten Kleinasiens und Syriens nähert, so bemerkt man an den Strömungen mancherlei Eigenthümlichkeiten, vor allem die Einwirkung - der vom
Euxinus aus durch die zahlreichen Kanäle zwischen den Cycladen
hindurchströmenden Gewässer auf den Hauptstrom, der längs dieser
Küsten westwärts zieht.   An der Nordküste Candia's hat man bei
einigermassen beständigen und heftigen Westwinden bemerkt, dass
das Wasser 2 bis 3 Fuss über das gewöhnliche Niveau steigt; weht
aber der Wind aus Norden oder Osten, so fällt es 2 Fuss unter Null,
indem die westliche Strömung auf die gewöhnlichen Bedingungen des
Zu- und Abflusses mit einwirkt.   Auf die ganze Wassermasse des
Archipels findet aber eine Einwirkung von Nordost her statt; denn
indem dem schwarzen Meere durch seine Flusssysteme eine grössere
Wassermenge zuströmt, als die Verdunstung ihm wieder entzieht, so
ergiesst sich ein constanter und wasserreicher Strom durch den
Scheïtan akindí-sí oder Satans-Strom in das Marmara-Meer, von wo —
da der Verdunstung zuvor eine weite Oberfläche unter einer wärmern
Atmosphäre geboten wird — der Ausfluss durch den Hellespont, obgleich noch immer beträchtlich und namentlich sehr constant, doch
merklich langsamer ist.   Das Marmara-Meer ist somit eine Art Regu-
lator für die Strömung aus dem Euxinus in das Mm., ·welche. ohne
dieses Mittelglied oft überaus heftig und gewaltsam auftreten würde.

Das Wasser des schwarzen Meeres hat ein geringeres specifisches
Gewicht (1,01418) als das der andern mittelländischen Becken, eine
Thatsache, welche sofort beweist, dass es keiner starken Verdunstung
unterliegt.   Der eben erwähnte Strom, welcher besonders von der
Mündung des Dniepr und der Donau den Ueberfluss an Wasser durch
die Einfahrt des thrazischen Bosporus mit einer auf 4 bis 5 Knoten
stündlich (je nach der vorherrschenden Stärke und Richtung der Winde)
geschätzten Geschwindigkeit entführt, bringt Gegenströmungen und
Wirbel an den Küstenkrümmungen und Landspitzen, durch die er
von seinem Laufe abgelenkt wird, hervor.   Wegen des relativ geringern Salzgehalts dieser Gewässer, frieren die seichtern Theile des

---

[199]) Smyth erzählt, dass er, indem er durch diesen Schaumwall fuhr, an einen
wohlbekannten und oft gefahrvollen Fleck zwischen der Drake-Insel und dem Edge-
cumbe-Berg bei Plymouth denken musste, wo freilich der Erscheinung ganz andere
Ursachen zu Grunde liegen.

Pontus Euxinus bisweilen zu und das asowsche Meer, in welches sich der oft sein Bett überschreitende Don (Tanais) und die vielen Zweige des Kuban ergiessen, ist oft 3 bis 4 Monate im Jahre mit Eis bedeckt, so dass beladene Schlitten und ganze Heere dasselbe überschreiten können. (Vgl. S. 165.)

Es ist ziemlich sicher ausgemacht, dass der Einwirkung der allgemeinen Hauptströmung gemäss, ein Strom fortwährend bei Cypern vorbei und längs der karamanischen Küste nach Norden und Westen fliesst; daher würde ein Schiff, welches von Malta aus nach Smyrna oder den Dardanellen fahren will, wenn es bei Cerigo, wie dies oft der Fall ist, einem starken Nordost begegnet, anstatt gegen die dann von den Dardanellen herabkommende starke Strömung anzukämpfen, ohne irgend einen Zeitverlust, eben so gut geradezu nach Südost bis in die Gegend von Alexandrien mit einer fast östlichen Strömung fahren und sich dann an der Küste von Syrien durch die Nordströmung weiter treiben lassen können. Wiederum in Folge eines vorherrschenden Nordostwinds, der die ganze Oberfläche der andern Theile des Archipels fast 8 Monate im Jahre bestreicht, stürzt sich die Strömung bisweilen wie das Wasser einer geöffneten Schleuse zwischen Rhodus und dem Festlande hindurch, so dass selbst während einer Windstille ein Schiff recht wohl nach Norden fahren kann, wenn es sonst vorsichtig nach den Wirbeln ausschaut und sich bei und hinter Rhodus innerhalb der Inseln hält. Sir Francis Beaufort hat als Capitain der Fregatte Frederiksteen einige sehr scharfsinnige Beobachtungen an den Strömungen in diesem Meerestheile gemacht, die er auch auf die untern Strömungen ausdehnte. Er schreibt unter Anderem:

„Von Syrien aus geht nach dem Archipel zu eine constante Strömung westwärts, welche man auf hoher See nur wenig bemerkt, die aber an diesem Theil der Küste mit bedeutender, wenn schon unregelmässiger Geschwindigkeit hinströmt; zwischen dem Adratchan-Cap und der kleinen davorliegenden Insel legte sie an einem Tage stündlich 3 (engl.) Meilen zurück und am folgenden, ohne dass wir irgend einen Grund dafür angeben konnten, nicht halb so viel. Die Gestaltung der Küste erklärt vielleicht die auffallende Stärke der Strömung in ihrer Nähe. Während sich der grosse Wasserkörper westwärts fortwälzt, tritt ihm die Westküste des Golfs von Adalia in den Weg; auf solche Weise aufgestaut, fluthet er mit erhöhter Gewalt auf das Cap Khelidonia zu, wo er, indem er sich in das offene Meer ausbreitet, sich wieder beruhigt."

„Ursache, Bahn und Ende dieser Strömung bieten gewiss spätern Untersuchungen einen interessanten Stoff. Wollte man freilich ihre Beziehung zu dem durch die Strasse von Gibraltar eintretenden Wasser-

volumen, zu den Wasserergüssen vom Euxinus her und zu den Einwirkungen des Nils und der zahlreichen, wenn schon kleinen Flüsse
Kleinasiens näher verfolgen, so wären dazu eine Reihe correspondirender
Beobachtungen zu beiden Seiten des Mittelmeers unbedingt nothwendig.
Auch die unterseeischen Gegenströmungen sind sehr merkwürdig; in
einigen Theilen des Archipels sind sie zu Zeiten so stark, dass sie
dem Steuern der Schiffe hinderlich sind. In einem Falle wiesen die
Streifen bunten Flaggentuchs, welche in Entfernungen von je 3 Fuss
an der Lothleine befestigt waren, ringsum nach allen Richtungen des
Compasses."

Die Hauptströmung folgt, wie schon bemerkt wurde, von Gibraltar
aus der afrikanischen Küste, nach deren Krümmungen sie ebenfalls
vielfach von ihrer geraden Richtung abgelenkt wird. Diese verfolgt
sie dann mit grösserer Regelmässigkeit längs der libyschen Küste bis
Alexandrien; dann biegt sie sich nach Nordost um, geht auf die
syrische Küste los und scheint auf ihrem Wege neue Kräfte zu sammeln. Es zeigt sich oft ein starkes Fluthen von der Abukír-Bai ab
und veränderliche Meereswallungen vor Damietta; besonders merkliche
Wirkungen bringt aber der Ausfluss des Nils hervor. Die Nordwinde,
welche im Sommer vorwiegen, führen die aus dem Mm. aufgestiegenen
Dünste, obgleich es zu keiner regelmässigen Wolkenbildung kommt,
mit sich über das Thal und die niedrigen Bergreihen Aegyptens bis
in die abyssinischen Alpen und dahinter liegenden höhern Gebirge.
Die dort abgekühlten und condensirten Dünste fallen nun als Regen
nieder und werden durch die periodischen Ueberschwemmungen des
Nils so zu sagen in die Wiege ihrer Geburt zurückgeführt. Die
Ueberschwemmung beginnt gewöhnlich Ende Juni, bisweilen 2—4
Wochen später, dauert etwas über 2 Monate und verliert sich dann
allmählig. Der Fluss steigt 14—23 Fuss in vertikaler Höhe und das
Wasservolumen, welches er dann der See zuführt ist zwanzigmal
grösser als zuvor, so dass, wie schon erzählt wurde, trinkbares
Wasser selbst ausser Sicht des Landes von der Oberfläche des Meeres
abgeschöpft werden kann. Hier zeigt die Strömung ihre Kraft an
der grossen Menge von Alluvialstoffen, welche der Nil dem Meere
zugeführt hat. Sie treibt diesen Schlamm etc. erst nach Osten weiter
und lässt ihn erst da zu Boden sinken, wo die Kraft der Strömung
abnimmt. So erklärt sich der fortwährende Landzuwachs an der
syrischen Küste, durch welchen Tyrus und Sidon, jetzt vom Küstenrand entfernt, im Binnenlande liegen. Dass der Nil bei diesen Anschwemmungen mitwirkt, kann jeder Laie der Wissenschaft an dem
viele Meilen weit trübe und unrein gefärbten Wasser erkennen. 1801

wurde in dieser Gegend auf der englischen Fregatte Romulus (Capt. Culverhouse) auf der Fahrt von Acre nach Abukír eine ziemlich beunruhigende Erscheinung beobachtet. Dr. E. D. Clarke, der als Passagier an Bord dieses Schiffes war, berichtet darüber Folgendes:

„26. Juli. — Heute, an einem Sonntag, begleiteten wir den Capt. Culverhouse in die Konstabelkammer, um mit seinen Offizieren, wie dies gewöhnlich zu geschehen pflegte, zu speisen. Während wir uns zu Tisch setzten, hörten wir den mit dem Lothauswerfen beschäftigten Matrosen plötzlich „3 ½“ rufen. Der Capitain sprang auf, war augenblicklich auf dem Deck, fast eben so schnell wurde das Schiff angehalten und drehte sich herum. Jeder Seemann an Bord erwartete, dass es sofort stranden würde. Indem aber das Schiff herum kam, zeigte sich auf der ganzen Wasseroberfläche ein dicker schwarzer Schlamm, der sich so weit ausdehnte, dass er einer Insel ähnelte. Zu derselben Zeit war nirgends wirkliches Land zu sehen, selbst nicht aus dem Mastkorbe, auch war auf keiner Karte am Bord irgend eine Notiz über eine solche Untiefe zu finden. Die Thatsache ist, wie wir später erfuhren, folgende, dass eine Schlammschicht, welche sich mehrere Seemeilen vor der Nilmündung in die offene See streckt, eine bewegliche Ablagerung vor der ægyptischen Küste bildet. Wird dieselbe nun durch starke Strömungen fortgeschoben, so tritt sie bisweilen bis an die Oberfläche herauf und beunruhigt die Seefahrer durch plötzlich erscheinende Untiefen, wo sie den Karten gemäss beträchtliche Tiefen erwarten. Diese Schlammschichten sind aber nicht im geringsten gefährlich. Sobald die Schiffe sie berühren, theilen sie sich auseinander und eine Fregatte kann da ganz sicher See halten, wo ein unerfahrener Pilot, durch seine Sondirungen getäuscht, jede Minute eine Strandung erwarten würde." (Clarke's Reisen III., p. 13.). [200])

Die rotatorische Bewegung der Strömung um das ganze Mm. herum, wie wir sie beschrieben haben, scheint von dem berühmten Geminiano Montanari 1681 zuerst beobachtet oder doch beschrieben worden zu sein — demselben Naturforscher, welcher zuerst Barometer zu Höhenmessungen benutzt haben soll. Er hätte zugleich mit entdecken können, dass das Steigen oder Fallen des Wassers — mag Ebbe und Fluth oder sonst ein Anschwellen und Ueberfluthen einwirken — ebenfalls durch dieses merkwürdige physikalische Instrument angezeigt wird, indem das Wasser fällt, wenn das Barometer steigt und umgekehrt. [201])

---

[200]) Diese Beobachtung ist für die Mittelmeer-Ausmündung des Suez-Kanals von Wichtigkeit.

[201]) Walker hat an den Küsten von Cornwall und Devonshire die Beobachtung gemacht, dass, wenn das Barometer um einen Zoll fällt, das Niveau des Meeres 16 Zoll höher steigt, als sonst der Fall gewesen wäre.

Die Wellenbewegung zeigt im Mm. im Allgemeinen dieselben Erscheinungen, als im offenen Ocean. Wir haben diesen so oft beschriebenen, aber immer erst zum Theil erklärten Phänomenen darum keinen eigenen Paragraphen widmen wollen. Die Fortpflanzung der Wellenbewegung wird eine schnellere oder langsamere, je nachdem die Tiefe des Wassers, worüber sie hingleitet, grösser oder geringer ist. Eben desshalb treten hier gewaltig hohe Wellenberge selten auf, und sie erreichen selbst bei starken Stürmen meist nur eine Höhe von 12 Fuss. Oft sieht man bei ruhigem Wetter starke Wellen gegen die Küste jagen, Zeugen eines Kampfs der Elemente, der in weiter Ferne gewüthet hat. Wenn man aber die grossartigste Entwicklung der Wellenbewegung in den weitern Flächen der Oceane zu suchen hat, so übertrifft kein Meer das Mm. an interessanter und oft auch gewaltiger Entfaltung der Brandung. Schon Homer schildert sie uns in einem mit unnachahmlicher Treue gemalten Naturbilde an mehreren Stellen seiner unsterblichen Gesänge.

§. 6. Ebbe und Fluth im Mittelmeer.

Von den Strömungen und Driftströmungen, welche ohne Fortbewegung der Wassertheile nicht denkbar sind, gehen wir zu der allbekannten Erscheinung der Ebbe und Fluth über, den Tides der Engländer [202]), welche eine ganz andere Wellenbewegung zeigen und bei welchen, namentlich auf dem hohen Meere die Wassertheile sich nur in gewissen Curven bewegen, deren Hauptachse vertikal liegt, so dass eine Oscillation und fast gar keine absolute Fortbewegung stattfindet. Die Fluthwelle unterscheidet sich daher wesentlich von der Windwelle, weil sie von Kräften, die sowohl parallel mit der Oberfläche als senkrecht auf dieselbe wirken, erzeugt wird, während die gewöhnlichen Wogen alle durch die nach der Seite drängenden Kräfte des Windes, der Strömung oder der Einwirkung des Bodens und der Küste gebildet werden. Geht man sonach auf die eigentliche Ursache der Ebbe und Fluth zurück, so ist sie eigentlich nur eine wechselnde

---

[202]) Die Italiener nennen Fluth und Ebbe *Flusso e Riflusso*, die Fischer bei Messina *Rema montante e scendente*, die venetianischen *Cevénte* und *Doséna*, Die Schiffer in den Kanälen um Livorno nennen die Fluth *Empefondo* und *Acqua piena della Luna* (Vollwasser des Mondes). Eine interessante auf das Ebben und Fluthen des Meeres wohl passende Stelle liest man bei Strabo (I. p. 50 Siebenkäs).. Denn es gleicht den Thieren und wie jene fortwährend ein- und ausathmen, ebenso entfaltet es aus sich und in sich zurück fortwährend eine zurücklaufende Bewegung. Vgl. Anm. 123.

Hebung und Senkung der Wassertheile, ohne dass eine Seitenbewegung irgend nothwendig wäre. Da aber die ganze Erscheinung durch eine undulirende Bewegung, in welcher die Oberfläche in gewissen Curven hin und herschwingt, hervorgebracht wird, so erinnert sie an ein im Winde wogendes Kornfeld. Wenn aber auch die theoretische Berechnung sich gegen jede eigentliche Fortbewegung erklären muss, so hat doch die praktische Beobachtung der Erscheinungen gezeigt, dass allerdings auch das Wasser sich in horizontaler Richtung fortbewegt und alle durch an der Wasseroberfläche wirkende Kräfte hervorgebrachten Wellen (wie z. B. an einem abschüssigen und allmählig sich senkenden Uferrande), werden in einer Seitenrichtung fortgetrieben und dienen also zugleich zur Fortführung dieser Bewegung durch das Wasser. In verhältnissmässig seichtem Wasser bringen überdies die mit der Oberfläche parallelen Kräfte die bei weitem grösste Wirkung hervor und die horizontale Bewegung muss also hier die vertikale bei weitem übertreffen.

Ebbe und Fluth einerseits und Strömungen andrerseits sind oft in ihrer Bewegung und Wirkung so ähnlich, in ihren Operationen so gleichbleibend, dass man sie schwer unterscheiden kann; doch die Ursachen beider liegen so weit auseinander, dass wir hier auch da noch eine strenge Scheidung versuchen, wo wir den Kräften in Ermangelung eines entschiedenen Hervortretens ihrer Wirksamkeit nur schwer nachspüren können. Bei den verschiedenen Bewegungen des Wassers wirken so viele Ursachen mit und die an sich so geringen Anzeichen der Ebbe und Fluth im Mm. werden durch so viele andere Erscheinungen häufig wieder verwischt, dass man eigentlich mehr versucht, Schlüsse zu ziehen, als dass man unzweifelhafte Resultate direkter Beobachtung hinstellen könnte; und wo dieses auch möglich ist, lassen sich wenigstens keine allgemeinen Regeln angeben. Wir beschränken uns daher hier auch nur auf die Angabe einer Reihe von Beobachtungen. Im Mm. ist der Umstand, dass dasselbe nur durch eine verhältnissmässig sehr schmale und überdem der Richtung der Fluth entgegengesetzte Einfahrt mit dem atlantischen zusammenhängt, dem Wechsel der Ebbe und Fluth äusserst ungünstig. Dennoch zweifeln wir nicht daran, dass auch in dieser Beziehung eine Wechselwirkung zwischen Ocean und Thalassa stattfindet und dass überhaupt alle Wasserbewegungen der innern See — die ganz lokalen natürlich abgerechnet — zu denen des Oceans in einer gewissen Beziehung stehen. Zu einem Abschluss der ganzen Theorie der Ebbe und Fluth werden übrigens noch immer vollkommenere Angaben aus den Polarmeeren vermisst.

Es ist durch genaue Beobachtungen erwiesen, dass ein von Strömungen, Drift und Windwogen unabhängiges, recht merkliches Heben
und Senken des Wassers im Mm. stattfindet; ferner dass dasselbe, wenigstens zum Theil, wie man aus den Perioden der Erscheinung erkennt, mit der Stellung des Mondes zusammenhängt und auch einigermassen mit den Schwankungen des Barometers correspondirt, so dass
dem tiefsten Wasserstand der höchste des Barometers und umgekehrt,
entspricht. Doch alles das lässt sich keineswegs vom ganzen Bassin
behaupten, da Ebbe und Fluth in dem grössten Theile des Meeres
schwach und unregelmässig auftritt, obgleich es Orte — wie Venedig
und Jerbah — giebt, wo die Periodicität ganz erkennbar und die
Höhendifferenz sehr merklich ist und andere, wo sich die Ebbe und
Fluth darin zeigt, dass sich Wasser von verschiedener Temperatur,
Richtung und Bewegung nicht sofort vermischt. Man hat desshalb
gefragt, warum, wenn diese Erscheinungen bloss der Attraktion der
Himmelskörper und der Centrifugalkraft zuzuschreiben sind, der Mond,
der im atlantischen und stillen Ocean so ungeheure Wassermassen in
Bewegung zu setzen vermag, auf das Binnenmeer einen so unbedeutenden Einfluss übt, dass manche Geographen die ganze Erscheinung
weggeläugnet haben? Hierauf antworten die Newtonianer, wie wir
auch schon oben bemerkten, dass die Communicationsstrasse bei
Gibraltar so eng ist, dass sie in so beschränkter Zeit unmöglich eine
Wassermasse nach innen oder aussen zu durchlassen kann, welche
das Niveau der ganzen Meeresfläche irgend zu ändern vermöchte und
sie behaupten ferner, dass die schwachen Flutherscheinungen im Mm.,
statt der Theorie der planetaren Anziehungen zu widersprechen, vielmehr den kräftigsten Beweis für dieselbe liefern. Der Mond vermindert nämlich die Schwere der ganzen Masse, während wieder die
Differenz des atmosphärischen Druckes dazu dient, alle Spuren einer
Fluth auf einem solchen Meere zu verwischen, die bei gleichem,
atmosphärischem Drucke sich wohl zeigen würden. Ueber eine grosse
Fläche dehnt sich die Luft ihrem Volumen nach durch fast tropische
Hitzegrade aus, verliert also an Gewicht und wird dadurch zugleich
bewegungsfähiger. Da aber nur wenig oder kein anstossendes Wasser
vorhanden ist, wo sich die Anschwellung der Flüssigkeit, welche in
andern Fällen weniger durch eine vertikale Erhebung der angezogenen
Wassertheile, als durch ein seitwärts eintretendes Abfliessen der
nächsten Gewässer, vermöge ihrer grössern Dichtigkeit, hervorgebracht
wird, vorwärts bewegen oder vergrössern konnte, so können in kleinen
Meeren auch nur schwache Fluthen vorkommen, besonders wenn die

Einfahrt — wie schon oben gesagt — verhältnissmässig eng und seicht ist und gegen Westen also der Hauptbewegung der grossen oceanischen Fluthwelle entgegen liegt.

Obgleich aber die Ebbe und Fluth im Mm. unregelmässig, an vielen Orten kaum bemerkbar und vom nautischen Standpunkte aus durchweg unbedeutend ist, so ist sie ohne Frage für den Physiker dennoch als Entfaltung einer allgemeinen Kraft von grossem Interesse. Auch darf man nicht vergessen, dass die Theorie der Ebbe und Fluth, von den Zeiten des Pytheas an, gerade an diesen Küsten zuerst entwickelt wurde.[203]) Posidonios, der einen Bogen des Meridians mass, erklärte sie aus der Bewegung des Mondes und er scheint der erste gewesen zu sein, der das Gesetz des Phänomens erklärte, obgleich Cæsar fast um dieselbe Zeit[204]) auf die Eigenschaften der Springfluthen, die mit dem Mondwechsel zusammenhingen, anspielt. Aber Plinius hat über diesen Gegenstand Alles vorgebracht[205]), was nur dem menschlichen Scharfsinne möglich war, ehe Keppler und Isaac Newton die grossen Gesetze im Weltall enthüllten und bewiesen, dass dieselbe

---

[203]) Wir möchten die Annahme, dass sich schon · bei Homer Ebbe und Fluth erwähnt finden, nicht für so durchaus unbegründet halten, wie dies Forbiger thut. Bekannt ist die Stelle Od. XII., 105: $T\varrho\grave{\iota}\varsigma \ \mu\grave{\epsilon}\nu \ \gamma\grave{\alpha}\varrho \ \tau' \, \grave{\alpha}\nu\acute{\iota}\eta\sigma\iota\nu \ \grave{\epsilon}\pi' \, \grave{\eta}\mu\alpha\tau\iota, \ \tau\varrho\grave{\iota}\varsigma$ $\delta' \, \grave{\alpha}\nu\alpha\varrho\omega\iota\beta\delta\epsilon\tilde{\iota}$, wozu Strabo (p. 4. Siebenkees) bemerkt, dass es $\delta\acute{\iota}\varsigma$ statt $\tau\varrho\grave{\iota}\varsigma$ heissen müsse. Wenn Homer in der Iliade den Okeanos $\grave{\alpha}\varkappa\alpha\lambda\alpha\varrho\varrho\acute{\epsilon}\iota\tau\eta\varsigma$ (sanftfliessend) nennt, so kann damit recht wohl das ruhige Anschwellen der Fluth angedeutet sein. Wenn er ferner sagt, dass Klippen bald aus dem Meere hervorragen, bald von demselben bedeckt werden, so liegt es nahe, an Ebbe und Fluth zu denken. Plato glaubte, dass das Wasser des Meeres bald aus den Höhlen der Erde stärker hervorsprudele, bald sich wieder in dieselben zurückziehe. Die Stoiker dachten sich die Erde als thierischen Körper, so dass Ebbe und Fluth mit dem Athmen desselben in Verbindung ständen. An den Einfluss des Mondes dachten bald viele Naturforscher der Alten; einige glaubten aber nach Lucan, dass nur die Gluth der Sonne das Wasser emporhebe. Eigenthümlich ist die Ansicht des Macrobius, der dies Phänomen aus dem heftigen Zusammentreffen und Aneinanderschlagen der Ströme zu erklären sucht, der als ein grosses Ganze die Erde umfluthe, aber im O. wie im W. zwei Hauptströme aussende, den einen nach S., den andern nach N., welche nun im N. und S. von beiden Seiten her aufeinander stiessen und so jene Erscheinung hervorriefen. Wenn man auch im Mm. Spuren derselben bemerke, so sei dies nur eine Nachwirkung jener oceanischen Bewegung. Ausführlicheres über die Meinungen der Alten von der Ebbe und Fluth s. bei Uckert II., 1. S. 74—83.; A. Forbiger, Hdbuch d. alten Geogr. I., 584—587.; Schubert, Weltgeb. p. 298. Herodot erzählt, dass Kolæos von Samos nicht ohne göttliche Schickung durch die Meerenge in den Ocean verschlagen wurde und dort, als der erste Hellene, Ebbe und Fluth erblickte. Vergl. Mela 3., 1., 1.

[204]) Cæsar de bello Gallico IV., 29.

[205]) Verum causa in sole lunaque, die Ursache liegt in der Sonne und dem Monde, und zwar übt der letztere nach Plinius auch dann seine Kraft aus, wenn er unter der Erde steht. — Die Anziehung des Mondes verhält sich bekanntlich zu der der Sonne wie 2847 zu 1000 und die höchsten Springfluthen treten ein, wenn Sonne und Mond zur Zeit der Nachtgleichen zusammenwirken.

Kraft, welche die Planeten in ihren Bahnen bewegt, auch die Gewässer steigen und fallen lässt. Aber auch Newton hat die Theorie der Gezeiten nur in ihren allgemeinen Grundzügen aufgestellt, sie bedurfte noch der nähern Entwickelung durch die Arbeiten eines Mac Laurin, Bernoulli, Euler, Laplace und neuerdings eines Whewell, um den Kreis der Thatsachen einigermassen vollständig zu erklären.

Zu den Stellen, wo im Mm. die Fluth ganz offenbar auftritt, gehört zunächst die Strasse von Gibraltar selbst. Dass aber hier zugleich gewisse Anomalien bei dieser Erscheinung hervortreten, ist wegen der eigenthümlichen Lage zwischen zwei Meeren nicht anders zu erwarten. H. Smyth fand, während er bei der Belagerung von Cadiz ein Kanonierboot commandirte, dass die Fluthzeit (Ora del Porto, Hafenstunde, wie die Italiener sagen) um 2 Uhr eintrat, d. h. nicht weniger als 2½ Stunde früher, als sie alle Tabellen 1810 angaben. Natürlich wurde dadurch die Belagerungsflotille anfangs in ihren Bewegungen oft gestört. Nach Smyth's Beobachtung tritt der Fluthwechsel in Gibraltar 50 Minuten nach 12 ein, und dabei steigt die Fluth bei Cadiz 8 bis 12 Fuss (engl.) und bei Gibraltar 3—5 Fuss. Zwischen diesen beiden Stationen ist nach den Angaben Don Felipe Bauza's, des Hydrographen der spanischen Flotte, Fluthzeit bei Tarifa um 11 Uhr 15 Min. und unter Cap Trafalgar um 5 Uhr 40 Min.; danach scheint es, als ob die Fluth sich von der Europa-Spitze um das Cap Carnero bewegte und bei dieser Landzunge vorbei nach Tarifa flösse, in dessen Nachbarschaft sie der von dem westlichen Meere vor dem Cap Trafalgar herkommenden Fluth begegnet. Bei Trafalgar aber ist Ebbe, während die Fluth bei Tarifa eintritt. Dies ist auffallend, aber Bauza giebt einfach die, wie es scheint, wohl feststehenden Thatsachen an.

An der Südküste der Meerenge läuft eine andere Fluthströmung längs der Küste von Ceuta — wo die Fluth um $7^h\ 45^m$ eintritt — bei Tangier vorbei, wo sie um 12^h ist, nach Cap Spartel und in die offene See. Diese Seitenströme sind im Mittel mehr als 2 Meilen (fast ½ deutsche Meile) von den resp. Küsten entfernt und ihre Geschwindigkeit variirt zwischen 2 bis 4 Knoten in der Stunde; ihre Regelmässigkeit wird von der vorherrschenden Richtung und Stärke der Winde unterbrochen und indem sie mit der Hauptströmung zusammenstossen, verursachen sie Wirbel und Strudel in den hervorstechendsten Theilen der Strasse.[206]) Aber dieses Anprallen der Gewässer ist

---

[206]) Strudel sind überhaupt in Strassen häufig; vergl. Forbiger S. 587 flg.

so vorübergehend und wechselnd und tritt so häufig gar nicht ein, dass General Don seinem Piloten am „Felsen", dem Ignaz Reiner, wohl mit Unrecht gestattete, sie auf der Karte zu notiren; auch lassen sich genaue Tabellen über Fluth und Ebbe für diese Gegend kaum aufstellen.

Aus dem bisher Gesagten ergiebt sich, dass ein Seefahrer, bei einem mässigen Winde, wenn er die Fluth gehörig abwartet, ohne erhebliche Schwierigkeit westwärts durch die Strasse fahren kann. [207])

An der spanischen Mittelmeerküste tritt die Ebbe und Fluth jedenfalls sehr bescheiden auf. Während die englische Flotte, als Toulon blokirt wurde, in Port Mahon überwinterte, wurde scharf auf die Flutherscheinungen geachtet; man fand aber, dass in diesem trefflichen Hafen nur ein unregelmässiges Steigen und Fallen von wenigen Fussen vorkam, welches offenbar mehr von den Winden, als von der Anziehungskraft des Mondes abhing. Dies war namentlich die Ansicht des damaligen Schiffers Mr. Gaze, welcher zugleich für Malaga eine regelmässig binnen je 12 Stunden eintretende Fluth annimmt. Smyth wurde durch starke Winde, welche diese schwachen Erscheinungen sofort stören, daran verhindert, diesen Wechsel selbst zu beobachten, obgleich ihm der Hafenkapitän gleichfalls die Versicherung gab, dass ein solcher Unterschied der Ebbe und Fluth hier wirklich zu bemerken sei.

Eine andere Untersuchung machte dem Admiral Smyth mehr zu schaffen, als diese Malaga betreffende Angabe. Polybius, welcher in

---

[207]) H. Smyth erzählt einen Vorfall, der dies in das hellste Licht stellt. Während der Berennung Tarifa's durch den royalistischen General O'Donnell (Aug. 1824) waren die belagerten Constitutionellen so übel berathen, auf ein vorbeifahrendes englisches Kauffahrteischiff zu feuern, wodurch dies sehr zu seinem Nachtheil aufgehalten wurde; überdies würde dasselbe, wenn es irgend Kriegsmunition an Bord gehabt hätte, auch noch ausgeplündert worden sein, obgleich man diese Drohung durch das Versprechen auszustellender Wechsel milderte. Sobald ich davon hörte, schickte ich als der älteste Seeoffizier in Gibraltar auf der Stelle die Kriegsschaluppe Pandora (Kapitän William Gordon) ab, um den General Valdez, welcher die rebellische Garnison befehligte, zur Rede zu stellen, und ausserdem sandte ich den Lieutenant M'Causland in dem Mörserboot Hamoaze ab, um das angegriffene Kauffahrteischiff durch die Meerenge zu geleiten. Es wehte damals in Zwischenräumen ein frischer Wind aus Westen; aber ich versicherte beiden Offizieren, dass wenn sie über Schläge wendeten und dabei die Fluth an der spanischen Küste benutzten, sie die Durchfahrt ganz wohl realisiren würden. Da schon ihr Dienst es ihnen vorschrieb, so wurden meine Angaben genau befolgt. Die Pandora überbrachte sofort die vollständigste Genugthuung von Seiten der Constitutionellen — von denen mehrere einige Tage später kaltblütig erschossen wurden — und es gelang der Hamoaze, indem sie den schwerbeladenen Kauffahrer ins Schlepptau nahm, wirklich hindurch zu segeln. So vollbrachte ein als Schiff kaum zu rechnendes Mörserboot ein nautisches Meisterstück, wie es bis da wohl noch nicht vorgekommen sein mochte.

seinen Berichten über Dinge, die er aus persönlicher Anschauung
kennt, gewöhnlich sehr genau ist, erzählt, dass Scipio bei der Belagerung von Carthagena durch die Römer bemerkte, dass ein gewisser
Theil der Mauern unvertheidigt blieb, wenn Ebbe eintrat, da die Belagerten das Meer von dieser Seite für eine genügende Schutzwehr
hielten.[208]) Nun richtete ich, sagt Smyth, meine grösste Aufmerksamkeit auf die Aussage des Geschichtsschreibers, da sie auf ein be-
deutenderes Steigen und Fallen schliessen lässt, als an dieser Küste
bekannt ist; aber keine Erscheinung, selbst wahrgenommen oder von
Andern bezeugt, wollte Scipio's Beobachtung bestätigen. Meine Versuche wurden in dem innern Flösshafen[209]) angestellt, welcher die
Lage des Cothons zu haben scheint, der Doria zu dem Aphorismus
veranlasste, dass Juni, Juli und Carthagena die besten Häfen im Mm.
seien. Hier gab ein gutpostirter Fluthpfahl nur einen Niveauunterschied von ungefähr 16 Zollen an, und die Piloten und Fischer der
Gegend kannten keinen grössern ausser bei Stürmen von der offenen
See her. Aber eine andere Behauptung setzt in noch grössere Verlegenheit; denn Polybius[210]) rühmt sich geradezu damit, dass er über
Carthagena als Augenzeuge sprechen könne. In dieser Beziehung
schreibt er: „Der ganze Meerbusen zeigt aber die Einrichtung eines
Hafens aus folgendem Grunde. Eine Insel liegt vor der Mündung
desselben und lässt von beiden Seiten nur eine schmale Einfahrt in
denselben offen; da diese die Wogen des offenen Meeres auffängt, so
kommt es, dass der ganze Busen ruhig bleibt, es müssten denn die
Südwestwinde, in beide Einfahrten hineinwehend, einen Wogenschlag
erregen." Da sich nun der Ausdruck Busen (κόλπος) nicht auf die
damals im Norden desselben liegenden Sümpfe beziehen kann, so
kann diese Insel nur das steile und felsige Scombrera sein; aber diese
liegt nicht direkt vor dem Golf, sondern ganz seitwärts nach Südost
mit der offenen Bai an ihrer Westseite und einer Bootdurchfahrt
zwischen ihr und dem Festlande. Polybius mag sie aber von einer
der östlichen Anhöhen betrachtet haben, von wo sie allerdings mehr
nach der Mitte gerückt erscheint.

      Längs der ganzen Mittelmeergestade Frankreichs und Italiens sind
die Ebbe- und Flutherscheinungen so schwach, dass die genauesten

---

[208]) Polyb. X., 14. . . τὰ μὲν ἄκρα τῆς λίμνης ἀπέλειπε τὸ ὕδωρ κατὰ
βραχύ · διὰ δὲ τοῦ στόματος ὁ ῥοῦς εἰς τὴν συνεχῆ θάλατταν ἄθρους ἐφέρετο
καὶ πολύς . .

[209]) Floating-harbour.

[210]) X., 10., 1. 2. 3.; X., 11., 4.   οὐ γὰρ ἐξ ἀκοῆς ἡμεῖς, ἀλλ' αὐτόπται
γεγονότες. . . .

Beobachtungen höchstens 2 Fuss angeben, und auch diese führen keineswegs zu einer ganz sichern Angabe der Gezeiten. Man hat für Toulon die Fluth auf 3 Uhr 30 Min., für Spezzia auf 1 Uhr 45 Min., für Neapel auf 11 Uhr 20 Min. berechnet; aber obgleich General Visconti in Charles Blagdon's Fluthberechnung für Neapel — zwischen 9 und 10 Uhr — [211]) Irrthümer nachweist, so zeigen doch dessen eigene Rechnungen ebenfalls mancherlei Widersprüche. An der Küste von Nizza und Genua und um Sardinien giebt R. Wagner den Unterschied auf 6 Zoll an. Nach Zendrini erreichen die stärksten Fluthen des Mm. bei Neu- und Vollmonden nicht einen römischen Palmo; Ugolino Martelli giebt dagegen die Fluth in den Kanälen von Livorno zu nicht viel weniger als eine halbe Elle an. Bei Terracina beträgt sie nach Scaccia 15 Zoll. W. Trevelyan, der während des Sommers von 1836 im alten Hafen von Antium an der römischen Küste eine Reihe genauer Beobachtungen anstellte, fand, dass die Fluthen durchaus regelmässig auf einander folgen und eine Höhe von 14 Zoll erreichen. Bei Neapel beträgt die Vollmondsfluth kaum 1 Zoll. Eben so hoch wird sie zu Tineh, Suez gegenüber, angegeben. Forfait schätzt sie für den Hafen von Zante nur auf 5 1/2 Zoll. Bei Marsala auf Sicilien kommt die Fluth aus Nordost und steigt 2 1/2 Fuss. An der Nordküste Siciliens steigt die Fluth bei starkem SO. bisweilen bis zu 11 Fuss.[212]) Es erscheint übrigens sehr wahrscheinlich, dass gerade in dieser Gegend auch Erdbebenwogen sich bilden, freilich viel kleinere, als jene gewaltigen bis 30 Fuss ansteigenden, welche von Japan aus sich bis an die Küsten Oregons und Kaliforniens wälzen und zwar, wie man behaupten will, mit so bedeutender Geschwindigkeit, dass sie in 5 Stunden 100 Längengrade oder einen Längengrad binnen 3 Minuten zurücklegen.

In dem schönen Stretto Mamertino oder Faro von Messina zeigen sich aber bedeutendere Fluthen und dadurch veranlasste Strömungen, welche einer speciellern Erwähnung werth sind. Wir übersetzen in dieser Beziehung einige Stellen aus Smyth's bereits oft erwähnter Monographie über Sicilien und seine Inseln und fügen denselben einige Erläuterungen bei.

---

[211]) Philosophical Transactions vom Jahre 1793.

[212]) Solche Höhen sind allerdings bedeutender, als die Ergebnisse der mathematischen Berechnung. Man hat nämlich gefunden, dass die Anziehungskraft des Mondes das Meer bis zu einer Fluthhöhe von 4,81, die der Sonne zu 1,375 par. Fuss erheben würde, beide zusammen also zu 6,185 Fuss, in den Syzygien sogar zu 6,69. In der Wirklichkeit treten aber sehr mannigfache Modificationen ein.

„Da über die Breite[213]) dieser berühmten Meerenge schon oft
Streit entstanden ist, so versichere ich zunächst, dass der Faro-Thurm
genau 18141 engl. Fuss (17021,5 par. oder 17617 preuss. Fuss) von
jenem klassischen Ungeheuer, dem Scylla-Felsen, entfernt ist, dessen
Schrecken in den fürchterlichsten Farben zu malen, der wegen seiner
Darstellungen des Entsetzlichen, Haarsträubenden berühmte Maler Pha-
lerian (?) einst seine ganze Kunst aufbot. Aber dem Fluge der poetischen
Fiction steht auch hier, wie so häufig, die Wirklichkeit sehr prosaisch
gegenüber. Wenn der Dichter den Scheitel des Felsens in Gewölk
hüllt, das fortwährend Nebel und schweres Unwetter herabsendet, wenn
er ihn für den Menschen, selbst wenn er 20 Hände und 20 Füsse
hätte, unzugänglich schildert und seine Basis von raubgierigen Meer-
ungeheuern umlagern lässt, — so dürfen wir an dem wirklichen mässig
hohen Fels eben so wenig nach dergleichen Schrecknissen ausschauen,
als nach so mancher andern mythischen Dichtung Homer's, über dessen
richtige Lesung uns schon Strabo belehrt.[214]) Es hat noch mancher
neuere Geograph (angeregt von Schiller's Taucher u. s. w.) in seiner
erhitzten Phantasie bei stürmischem Wetter oder starker Strömung alles
verschlingende Strudel entstehen oder die Felshöhlen „wie Hunde heulen"
lassen; aber selbst bei unfreundlichem Wetter brandet es hier nicht
einen Zoll höher und gefährlicher, als irgendwo sonst an einem steilen
Felsufer.   Auch mag der Fels, so weit die Geschichte reicht, nie wesentlich anders ausgesehen haben.   Steil hebt er sich aus dem Meere,
etwas verwittert an seinem Fusse, ein Castell auf seinem Gipfel und
eine sandige Bucht an jeder Seite.   An die eine derselben knüpft sich
das Andenken an eine Katastrophe während des Erdbebens 1783.
Ein gewaltiger Wogenschwall (der, wie man annimmt, durch das Herab-
stürzen eines Theils des Vorgebirges in die See entstand) brauste gegen
den Strand zu und riss von dessen Hintergrund mehr als 2000 Menschen mit sich fort, deren Angstruf, wenn sie bei dem plötzlich über
sie hereinbrechenden Verhängniss überhaupt zu schreien vermochten,
von den nahen Zuschauern in ihrer Todesangst nicht einmal vernommen
wurde . . .“

„Ueberhaupt schliesse ich aus den adhäsiven Eigenschaften der
Sandgestade, nachdem ich die verschiedenen Lokalitäten, besonders den
Leuchtthurm der Faro-Spitze, welcher vor mehr als 200 Jahren auf
den Ruinen eines alten Thurmes erbaut wurde ·(damals wie jetzt am
Rande der See), genau untersucht habe, dass der Kanal nicht breiter
geworden ist.   Und doch scheinen die alten Angaben darauf hinzudeuten.

---

[213]) Eine Hauptstelle der Alten über diese Maassverhältnisse findet man im
Plinius (N. H. III., 14.): Sicilia ... circuitu patens, ut auctor est Agrippa, DCXVIII
M. pass. quondam Brutio agro cohærens, mox interfuso mari avulsa XV M. in longi-
tudinem freto, in latitudinem autem MD. pass. iuxta columnam Rhegiam . . —
Spallanzani behauptet, indem er sich auf eigene Beobachtungen stützt, dass der dort
angespülte Sand verhärtet und so die Strasse, wenn auch sehr allmählig, von Jahr
zu Jahr enger wird. Vergl. Dureau-de-la Malle, Géographie physique etc. p. 283.

[214]) Strabo sagt, Homer schreibe οὐ φλυαρίας, ἀλλ᾿ ὠφελείας χάριν.

Hesiod und Diodor erzählen, dass die See hier sehr breit war, bis
Orion das Vorgebirge Peloros. errichtete, um darauf einen Tempel zu
erbauen. . ." [215])

„Bei meinen trigonometrischen Operationen knüpfte ich Dreiecke,
deren Winkel durch Theodolithen gemessen wurden, an eine Basis auf
dem Theil des Ufers bei Messina, der Mare grosso heisst und fand so
die folgenden Distanzen für 4 Hauptpunkte: Von der Faro-Spitze bis
zum Scylla-Castell 6047 Yards (s. o.); vom Dorfe Ganziri bis zur
Pezzo-Spitze 11913 engl. Fuss (11569 par. Fuss); vom Leuchtthurm
von Messina bis zur Spitze del Orso 16281 Fuss (15811 par. Fuss)
und von dem Leuchtthurm von Messina bis zur Kathedrale von Reggio
39561 Fuss (38418,6 par. Fuss). . .“

Die Strömungen in der Meerenge sind so zahlreich und in Bezug auf ihre Dauer und Richtung so mannigfach, dass es sehr schwer
fällt, irgend ein bestimmtes Gesetz in denselben zu erkennen. Eine
Reihe von Beobachtungen stimmt selten mit einer andern überein;
aber Smyth fand im Allgemeinen, dass bei gehöriger Berücksichtignng
der Lokalität und des Wetters die Angaben der erfahrensten Piloten
sich einander sehr näherten. Bei ruhigem Wetter läuft ein Centralstrom in der Richtung von Süd nach Nord, 2—5 Meilen (also höchstens eine geogr. Meile) in der Stunde. Derselbe tritt nur, wenn
keine Stürme einwirken, als eigentliche Strömung hervor und ist dann
vom Monde abhängig. An jeder Küste ist ein Reflusso, eine Gegenströmung in schwankender Entfernung vom Ufer, der am Hauptstrome
oft Wirbel bildet [216]); aber bei einer frischen Kühle sind die Seiten-

---

[215]) Diodors und Hesiods Erzählungen stimmen keineswegs so überein, wie
W. H. Smyth meint. Ersterer erzählt, dass der Isthmus, der einst Sicilien mit dem
Festlande verband, vom Orion — vielleicht einer Personifikation der dortigen Erdbeben? — durchbrochen wurde. Hesiod behauptet im Gegentheil, dass das Meer in
uralter Zeit sehr breit war, dass Orion seinen Molo in die See hinaus und darauf
den Neptunstempel erbaute. Beide Behauptungen finden, wenn man die gesammte
Formation der Gegend scharf ins Auge fasst, ihre Bestätigung. Man kann recht
wohl annehmen, dass bei der letzten grossen Erdrevolution, welche den Continenten
ihre jetzige Gestalt gab, eine gewaltige Eruption des Aetna und damit verbundene
Erdbeben die Meerenge bildeten, sowie das Gebirge auf ähnliche Weise zum Bosporus
sich aufspaltete. Andererseits beobachtet man, wie sich noch heute in der Strasse
eine steinartige Substanz anhäuft, die nach Spallanzani überhaupt den Grund des
Kanals bildet. Der Major Imrie beschreibt in seinen mineralogischen und geologischen
Untersuchungen der Felsen von Gibraltar eine ähnliche Formation. Die alte Sage,
dass Orion nicht als Sohn des Erderschütterers Poseidon eingerissen, sondern aufgebaut habe, gewinnt dadurch einen festen Halt. Auch stimmt diese Einengung
der Strasse sehr gut mit Diodors Erzählung, dass Orion für den sicil. König Zankles
grosse Bauten, unter anderen den Bau des Hafens Akte ausgeführt und sich darauf
nach Euboea zurückgezogen habe. Uebrigens zeigen sich die Neubildungen kalkiger
Schichten viel bedeutender an der sicilischen als an der italischen Küste.

[216]) Bei herabkommender Strömung entstehen die Refoli oder Rückströmungen
an der sicilianischen, bei aufsteigender an der calabresischen Küste. Die entstehenden Wirbel sind dabei bisweilen so stark, dass selbst ein Kriegsschiff von 74
Kanonen einmal auf der Charybdis herumgedreht wurde. (S. unten S. 202.)

strömungen kaum bemerkbar, während die Hauptströmung so anwächst, dass sie von Zeit zu Zeit schwache Strudel nach beiden
Küsten entsendet. Im Allgemeinen zeigt sich ein unsicheres Steigen
und Fallen um wenige Zoll; aber um die Frühlingsnachtgleichen, wenn
die Sonne der Erde am nächsten steht und der Mond in seiner
Erdnähe ist, steigt die Fluth bis auf 18—20 Zoll. Wenn der Hauptstrom nach Norden fliesst, so heisst er Rema montante oder die stei-
gende Fluth — im Gegentheil Rema scendente oder fallende Strömung, Ebbe. Diese Bezeichnung scheint schon von den Zeiten des
Eratosthenes her gebräuchlich zu sein. Gewöhnlich liegt ein Zwischenraum von 15—60 Minuten zwischen dem Wechsel und die Fluth
bleibt jedesmal 6 Stunden in derselben Richtung, obgleich sie Smyth
während eines Südostwindes — der den grössten Einfluss ausübt —
auch einmal länger als 8 Stunden nach Norden zuströmen sah.
Genaue Beobachtungen ergaben, dass an den Tagen des Vollmondes
und Mondwechsels vor der Farospitze in 6 Stunden 56 Minuten Fluth
eintritt und in dem Hafen von Messina in 8 Stunden 10 Minuten
oder noch später. Aber diese Gezeiten sind an sich unregelmässig und
werden sowohl durch die grossen Wogen in offener See, als durch andere
Einwirkungen, welche der Admiral in seinen Rechnungen nicht mit berücksichtigen konnte, gestört. Bei der herabkommenden, also südlichen,
Strömung zeigt sich das Meer im Allgemeinen am ungestümsten.

Man fährt von Norden in die Meerenge ein, indem man den
Leuchtthurm auf der Landspitze passirt. Wenn schon die alten Dichter
die Strasse mit ihren Winden und Strömungen zu einem wahren
Schreckbilde ausmalten, so können doch schon die alten Seefahrer
sich nicht besonders haben einschüchtern lassen; denn wir lesen von
Athenern, Syrakusern, von Flotten aus Lokri und Rhegium, die in
der Meerenge sogar Seeschlachten lieferten [217]). Ein antiker Seemann
würde wohl auch bereits bei der schlichten Beschreibung der Strasse
manche romantische Ausschmückung weggelassen haben, obgleich die
Passage für unerfahrene Seefahrer in ihren kleinen Schiffen immerhin
schwierig sein mochte. Selbst in neuern Werken ist noch versichert
worden, dass die Meerenge äusserst gefährlich sei. Man vergass die
Namen von Seeoffizieren wie Loria, Byng, Walton [218]) und fabelte,
dass sich Nelson zuerst mit einem Geschwader von Kriegsschiffen hin-

---

[217]) Thucyd. IV., 24. 25. In der detaillirten Beschreibung der Seeschlacht
findet man keine Spur von Strudeln u. dgl., welche die Schiffe irgend gefährdet hätten.

[218]) Merkwürdig ist ein lakonischer Bericht, den Walton, als er nach dem
Seegefecht zwischen Byng und Castaneta 6 Kriegsschiffe und eben so viel kleinere

durch gewagt habe, während sie im Gegentheil schon lange von allen beherzten Seefahrern, die ihren Curs nach Südost hatten, als eine sehr bequeme Strasse benutzt wurde. Es wird auch keinem, der sie genauer kennt, einfallen, hier ganz besondere Gefahren zu befürchten, besonders wenn er sich möglichst nach der sicilischen Küste zu hält. Der oft schnell umspringenden Winde wegen muss man sehr auf seiner Hut sein, obgleich auch dann die Schiffe in der Strömung ungefährdet an den meist sehr steilen Ufern hinfahren können; nur wenn die Strömung sich gegen die Felsen unter der Torre di Cavallo zwischen Scylla und der Pezzospitze richtet (ein bei Nacht und schlechtem Wetter sehr unangenehmer Umstand) tritt einige Gefahr ein. Bei einem frischen Winde wird die Strömung wohl auch so stark, dass das Schiff nicht mehr gegen sie ankämpfen kann und sich in derselben herumdreht; nur unerfahrene Schiffer werden aber über ein solches an sich nicht gefährliches Ereigniss erschrecken. Kurz wenn man die grosse Frequenz der Strasse beachtet, so wird man die Procente der verlorenen Schiffe nicht höher finden, als an irgend einer andern Stelle des Mm., deren Befahrung einige Vorsicht erheischt.

Es ist allerdings keinem Fremden zu rathen, in der Nacht durchzufahren, ausser bei äusserst günstigem Winde, da das messinaer Licht so wenig in die Augen fällt, dass es zwischen den zahlreichen Fackeln der Fischer, welche auf der Meerenge in jeder ruhigen Nacht mit ihren Booten herumziehen, kaum zu unterscheiden ist. Auch vor den heftigen Windstössen muss man sich wohl hüten, die der gebirgigen Formation der Küste wegen zuweilen durch die Thalhöhlen der Torrenten (fiumare) herniederbrausen und kleinern Schiffen gefährlich werden. Smyth hat zweimal die Nichtbeachtung derselben zu beklagenswerthen Unfällen führen sehen; der eine ereignete sich in der sicilischen Flotille, bei welcher er sich damals befand; eine schöne Barke mit 18 der besten Seeleute unter dem Commando des Oberst Caffiero, war schon seit mehreren Jahren fortwährend in der Meerenge im Dienst gewesen, als sie im Anfange des Jahres 1815, nachdem sie die Prinzessin von Hessen-Philippsthal an Bord eines nach Palermo segelnden Schiffes gebracht hatte, bei ihrer Rückfahrt von einer so plötzlichen Bö überfallen wurde, dass sie das grosse Segel nicht mehr einziehen konnte und auf der Stelle umschlug; die Leichname der unglücklichen Bemannung wurden am folgenden Tage zwischen Sca-

Schiffe des Feindes verfolgt hatte, an den Admiral schrieb. Er lautet: Sir, wir haben alle Schiffe und Fahrzeuge des Feindes an der Küste vernichtet, wie beistehend bemerkt. Ich bin etc. Georg Walton. Canterbury vor Syracus, 16. August 1718.

letta und Taormina ungefähr 20 (engl.) Meilen südwärts aufgefunden. In Messina hat man eine griechische Inschrift entdeckt, welche dem Gedächtniss von 37 jungen Leuten aus Cyzicus gewidmet ist, denen ein ähnliches Geschick im Faro begegnete. Ihnen zu Ehren waren eben so viele Bildsäulen — eine Arbeit Kallon's (Smyth schreibt Calion) — mit einer passenden Inschrift errichtet worden.

Ausserhalb der den Hafen von Messina bildenden Landzunge, dem Braccio di Santo Rainiere, gewahren wir den berüchtigten Strudel der Charybdis, den Galofaro, der mit mehr Grund als die Scylla von den alten Schriftstellern zu einem wahren Schreckbilde ausgemalt wurde. Für die Boote ohne Deck, wie sie in Rhegium, Lokri, Zankle und überhaupt in Griechenland im Gebrauch waren, muss er schrecklich gewesen sein; denn selbst heutzutage laufen dort kleinere Schiffe öfters Gefahr und Smyth hat selbst mehrere Kriegsschiffe, sogar die „Königin" von 74 Kanonen auf welcher der Rear-Admiral Sir Charles Penrose seine Flagge aufgehisst hatte, sich auf demselben rund herum drehen sehen. Aber bei Anwendung grosser Vorsicht scheint doch nur wenig Gefahr oder Beschädigung zu befürchten zu sein. Der Galofaro erscheint als ein stark bewegtes Wasser, 70—90 Faden tief und dreht sich namentlich zur Ebbezeit, in schnellen Wirbeln, während zwischen den Gezeiten eine Ruhe von ungefähr einer Stunde eintritt. Es ist aber weniger ein eigentlicher Maelstrom, sondern eine fast fortwährend aufwallende See und die Fälle, wo ein Strudel von unzähligen kleinen Wellen beladene Boote wirklich zu verschlingen droht, sind nur selten. Die Erscheinung entsteht wahrscheinlich aus dem Zusammentreffen der Hafen- und Seitenströmungen mit dem Hauptstrom, indem der letztere durch die Landspitze von Pezzo in dieser Richtung hinübergelenkt wird. Dies stimmt einigermassen mit der Beschreibung des Thucydides, der sie eine gewaltsame Wechselwirkung des tyrrhenischen und sicilischen Meeres nennt; Thucydides scheint auch der einzige Schriftsteller des Alterthums zu sein, der diese Gefahr richtig charakterisirt und ihre Schrecknisse nicht übertrieben hat. Man erzählt sich von diesem Strudel [219] mancherlei Wundergeschichten, von denen insbesondere der berühmte Taucher Colas [220], der auch hier sein Leben einbüsste, mehrere be-

---

[219] Man möge über denselben unter Andern vergleichen: A. Forbiger, Hdbch. der Alt. Geogr. I., S. 587 und flg.

[220] Ein Taucher Namens Dionisio Ninfo wurde auf meine Veranlassung auf die Meerenge gebracht. Obgleich schon ein ältlicher Mann konnte er doch in 7 bis 8 Faden Wasser hinabtauchen und $1\frac{1}{2}$ Minute unten bleiben. Da mein Bedienter bei

richtet haben soll. Aber Smyth hat, während er selbst diese Stelle untersuchte, keine einzige derselben begründet gefunden. Uebrigens soll das schon erwähnte Erdbeben vom Jahre 1783 auch die Gefahren der Charybdis vermindert haben. Der Strudel selbst bewegt sich jetzt auf einer Fläche von ungefähr 100 Fuss Durchmesser, dem kleinen Hafen des Cabo Faro gegenüber, östlich vom Faro-Leuchtthurm, etwa 750 Fuss von der Küste.

Die Tangdora-Bänke, welche sich zu beiden Seiten dieser kleinen Bucht hinstrecken, vor welcher der Galofaro sich bildet, verdanken wahrscheinlich den Strudeln der Charybdis ihre Entstehung und der von bituminösen Stoffen zusammengekittete Sand ist steinhart. Smyth hat diese Bänke zuerst ausgemessen und die Aufnahme derselben dem Senat von Messina mitgetheilt. Sie sind dem mit diesem Meere unbekannten Schiffer, wenn er zur Nachtzeit in den Hafen einfährt, gefährlich, da dieselben zu sehr auf das Licht zuzuhalten pflegen, und wenn das Schiff auf den Grund fährt, so ist die reissende Strömung und die grosse Tiefe des Wassers nach aussen beim Loskommen sehr hinderlich. Um diesen nicht seltenen Unglücksfällen vorzubeugen, wurde auf den Rath des Capitain Smyth ein kleineres Licht zwischen dem bisher angezündeten und dem Fort Salvador aufgestellt. — Ueber den Hafen von Tarent findet sich die Notiz vor, dass dessen Capitain die dortigen Erscheinungen der Ebbe und Fluth für „molto singulare" erklärte, aber alle speciellern Angaben fehlen.

In den meisten Theilen des adriatischen Meeres tritt die Ebbe und Fluth so schwach auf, dass sie nicht leicht zu bemerken ist. Dass sie aber trotzdem überall vorkommt, hat der Professor Toaldo in Padua in seinem Werke De reciproco æstu maris Veneti [221] geistreich bewiesen. Der innerste Theil des Golfs von Venedig zeigt eine sehr bemerkbare Fluth, die, dem Vorherrschen der den Busen hinab oder herauf wehenden Winde gemäss, von einem bis auf vier Fuss (bei Springfluthen) steigt. Die Zeiten des Hochwassers vor der Culmination des Mondes sind in der folgenden Tabelle für Venedig

---

Milazzo zufällig einige Löffel in 6 Faden tiefes Wasser hatte über Bord fallen lassen, so sprang Dionisio augenblicklich über Bord und holte sie, zur Verwunderung und Belustigung einiger Offiziere, welche mit mir gefrühstückt hatten und seine Bewegungen in dem klaren Wasser beobachten konnten, glücklich wieder herauf. (Smyth.)

[221] Ein sehr vollständiger Auszug dieses Werkes steht in den Philosophical Transactions vom Jahre 1777. Auch die Alten bemerkten schon die Ebbe- und Flutherscheinungen im Adria. Vgl. von Schubert's Weltgebäude etc. S. 298, wo man überhaupt die Stellen der Alten über die διαῤῥοή τοῦ ὠκεανοῦ, die παλίῤῥοια und αὐξομείωσις beisammen findet.

und Chioggia — für welche beiden Städte die Ebbe während des Auf-
und Untergangs, die Fluth ungefähr 1½ Stunde vor der Culmination
des Mondes eintritt, — zusammengestellt:

	Neumond.		Vollmond.		[222])		
	Tag.	Nacht.	Tag.	Nacht.			
	h. m.	h. m.	h. m.	h. m.	′	″	‴
Januar . . .	2. 40.	1. 40.	2. 41.	0. 56.	2.	1.	9.
Februar. . .	2. 8.	1. 57.	2. 13.	0. 57.	2.	0.	3.
März	2. 5.	2. 5.	2. 27.	1. 11.	1.	9.	7.
April	2. 18.	1. 19.	0. 58.	0. 58.	1.	9.	9.
Mai	0. 30.	0. 8.	0. 40.	1. 25.	1.	9.	5.
Juni	1. 2.	2. 47.	0. 15.	2. 45.	1.	11.	7.
Juli	0. 38.	0. 53.	0. 23.	1. 22.	1.	9.	9.
August . . .	0. 3.	0. 9.	0. 31.	2. 1.	1.	7.	9.
September .	0. 54.	1. 39.	0. 47.	0. 47.	1.	9.	2.
October . . .	1. 40.	0. 35.	1. 47.	0. 47.	1.	10.	9.
November .	1. 56.	0. 41.	2. 29.	1. 0.	2.	1.	4.
December . .	1. 25.	1. 11.	2. 45.	1. 0.	2.	2.	6.

An den Tagen des Vollmonds und Mondwechsels scheint sonach
die Hafenzeit nicht weit von 10 Stunden abzuliegen. Was aber die
oben erwähnte Höhe anbetrifft, zu welcher die Fluth sich erhebt, so
verringern Nordwinde das niedrige Wasser (in der Mitte des 2. und
4. Viertels) zum grossen Nachtheil der Geruchsnerven, während die
Südwinde bisweilen die See bis auf 5 bis 6 Fuss über das gewöhnliche Niveau anschwellen und alle die Lagunensümpfe überschwemmen.
Gegen Ende December 1821 erhob sich, nachdem heftige Südostwinde
mehrere Tage hintereinander geweht hatten, die Fluth zu einer
ausserordentlichen Höhe, so dass Venedig am 1. und 2. Weihnachts-
feiertage einem einzigen grossen See glich. Die Gondeln fuhren auf
dem Sanct Marcus-Platze hin und her. Auch ersieht man aus alten
Chroniken und Votivgemälden, dass dieses Ereigniss in der Geschichte
nicht vereinzelt dasteht. [223])

Nach Prof. Toaldo ist die Fluth um jeden Neu- und Vollmond
einige Tage höher als gewöhnlich und nur vermittelst jener Spring-

---

[222]) Diese Columne enthält den mittlern Unterschied der Ebbe und Fluth nach
Temanzas Angaben. Man wird bemerken, dass die kleinern Zahlen den Nachtgleichen
zugehören.

[223]) Grosse Springfluthen werden in Venedig auch durch den Sirocco hervorgebracht. So z. B. 1722 und am 9. December 1825. Eine ähnliche Erscheinung
bei Dscherbah oder Dschirbi an der afrikanischen Küste lässt die Fluth bisweilen
bis zu 8 Fuss steigen. (Vgl. S. 208.)

fluthen können die grössern Schiffe in manche Häfen ein- und aus-
fahren.   Er fand auch die eine von den beiden täglichen Fluthen
grösser und anhaltender; ferner dass die höchste Springfluth fast nie
an dem eigentlichen Tage der Syzygien eintritt, sondern ein, zwei,
drei, bisweilen auch 4 Tage vor oder nach denselben.   Toaldo fand
auch Gründe für die Annahme, dass die Fluthen in Venedig jetzt
höher steigen als früher; denn es ist ausgemacht, dass sie jetzt Punkte
erreichen, wohin sie in frühern Zeiten nicht gelangten und eine Vergleichung seiner eigenen mittlern Höhen — welche nun fast vor 100
Jahren genommen sind — stellt heraus, dass das Mittel der jetzigen
wieder etwas grösser ist.   Dennoch sind die Angaben nicht sicher
genug, um eine scharfe Berechnung darauf zu begründen; genaue
Register sind leider in Venedig nicht geführt worden.   Es wird nur
in der Chronik bemerkt, dass im Jahre 1078 bereits Mühlen in
Venedig eingerichtet wurden, die durch das von der Fluth und Ebbe
bewegte Wasser getrieben werden.

Auf dem engl. Kriegsschiffe Aid wurde beobachtet, dass die
Fluth in der See vor Istria sich mit einer Geschwindigkeit von etwa
einem Knoten in der Stunde gegen den Nordostwind bewegt und
dann zu ihrem Südostcurs zurückkehrt; zu Zeiten verursacht die
Einwirkung der Ebbe ein scheinbares Stillstehen der Gewässer in der
offenen See und im Mittelstrom.   Der Bora-Wind bringt regelmässig
ein Anschwellen längs der Küste Italiens hervor, aber bei Barletta,
Bari, Monopli und Brindisi wollen die Schiffer eine Fluthbewegung
des Meeres bemerkt haben, welche von wenigen Zollen bis zu 3
Fuss steigt [224].   Zuverlässige und zusammenhängende Beobachtungen
liegen indess hierüber nicht vor.   Auch in dem ionischen Meere sind,
wenige Fälle ausgenommen, keine positiven Anzeichen einer regelmässigen Fluth entdeckt worden, obgleich man Strömungen von mehr
als einem Knoten in der Stunde in bestimmten Richtungen mit
einer von ihnen bewirkten Niveaudifferenz von fast 2 Fuss bemerkt
hat; diese hängen im Allgemeinen mit den Bewegungen des adriatischen Meeres zusammen [225].   Eine der erwähnten Ausnahmen bietet

---

[224] Spaccasassi, der Schiffer des Herrn von Martens sagte z. B. aus, dass die
Fluth bei Ancona 1½ Fuss, bei Voll- und Neumond 2 Fuss und wenn zugleich
Ostwind weht, auch 3 Fuss betrage.   Bei Triest schwankt nach R. Wagner die Fluth
zwischen 2 und 4 Fuss.

[225] Man hat häufig von einer Strömung im Hafen Argostoli erzählt, von der
die Cephalonioten glaubten, dass sie gleichmässig gegen den Wind fluthe und von
„unterirdischen Höhlen" herrühre. (Plato's Ansicht! Vgl. Stob. Ecl. phys. 1., p. 636.,
Plut. pl. phil. 317. und Anmerkung 203.)   Sie wird indess nur von der Gestalt und

Patras an der Einfahrt in den korinthischen Meerbusen dar, wo sich
die mittlere Hafenzeit auf 6^h 54^m berechnet mit einer Fluthhöhe
von ungefähr $2\frac{1}{2}$ Fuss. Da dies feststeht, so muss sich der Einfluss
des Mondes auch an den benachbarten Küsten zeigen; er tritt aber
dort keineswegs klar hervor; denn obgleich das bei Lepanto, Galaxidi,
Korinth und Vostitsa beobachtete Steigen und Fallen beträchtliche
Strecken der Küste abwechselnd bedeckt und trocken legt, so hängt
diese Erscheinung offenbar so sehr von den Winden ab, dass man sie
vorläufig nur aus Strömungen, die vom Winde abhängen, zu erklären
geneigt ist. Ausserdem zeigt sich aber noch eine eigenthümliche
periodische Bewegung in den Wassern des Golfes, die von der Ebbe
und Fluth ganz unabhängig ist. Sie findet im Allgemeinen binnen
24 Stunden zweimal Statt, wenn sie nicht von heftigen Stürmen gestört wird. Die Griechen nennen das Hineinfluthen Embasmos, das
Hinausströmen Eugalmos. Eine genaue Bekanntschaft mit diesen
Wasserbewegungen ist dem Ein- und Auslaufen der Schiffe sehr förderlich und erleichtert den lokalen Verkehr.

Der Archipel bietet, einige aus seiner Gestalt und seinen Inseln
erklärliche Anomalien abgerechnet, im Allgemeinen dem Auge des
Beobachters dieselben Wasserbewegungen dar, wie die übrigen Theile
des Mm.; wenn er dabei an Strömungen reich ist, so wird auch hier
eine regelmässige Ebbe und Fluth nur an wenigen Punkten beobachtet.
Schon im Alterthum erzählt Herodot von derselben im Meerbusen von
Melis vor den Thermopylen, wo sie nach seiner Behauptung täglich
zu sehen ist. [226]) Eine besonders merkwürdige, der Fluth und Ebbe
ähnliche Erscheinung, bemerkten aber schon die Alten in dem Euripos
oder der Strasse von Negroponte, [227]) welche an der schmalsten Stelle
nur 120 Fuss breit ist. Während des ersten Mondviertels und ebenso
vom 14ten bis zum 20sten seines Alters und auch in den drei letzten

---

den Umrissen des Hafens und seiner Nachbarschaft hervorgerufen, indem die Winde
das Wasser in dem einen Hafenarme aufstauen und dadurch zugleich dem andern
entziehen.

[226]) Herodot VII., 198.... ἤιε ἐς τὴν Μηλίδα παρὰ κόλπον θαλάσσης, ἐν
τῷ ἄμπωτίς τε καὶ ῥηχίη ἀνὰ πᾶσαν ἡμέρην γίνεται.... Vgl. VII., 129.

[227]) Die Unerklärlichkeit dieser Erscheinung soll bekanntlich nach einigen Kirchen-
vätern und nach Eustathius den Tod des Aristoteles herbeigeführt haben, von dem
sie erzählen, dass er entweder aus Gram darüber gestorben sei oder sich gar mit den
Worten: „Fasse mich, weil ich dich nicht fasse!" in den Euripos gestürzt habe.
Verfolgung und Verbannung nach dem Verlust einer einflussreichen, erhabenen Stellung mögen das Leben des alten Philosophen abgekürzt haben. Dass er aus Miss-
vergnügen sich selbst getödtet habe, ist um so unwahrscheinlicher, als er den Selbst-
mord stets als feige und schimpflich verdammt hat.

Tagen der Mondwandelung tritt Ebbe und Fluth regelmässig viermal in 24 Stunden ein, während man an allen andern Tagen ein starkes Ebben und Fluthen (5 bis 6 Knoten in der Stunde!) 11 bis 14mal täglich wahrnimmt, obgleich die eigentliche Niveaudifferenz selten über 2 Fuss steigt. Diese Erscheinung erklärt sich einigermassen aus der Annahme, dass ein Wechsel des Windes im Golf von Volo oder dem ægæischen Meere zugleich einen Wechsel in den relativen Höhen der Wasserspiegel zu beiden Seiten der Strasse hervorbringt und desshalb fliesst dann ein Strom durch die Brücke bei Egripos, um das Gleichgewicht wieder herzustellen. Auch ist es den Küstenbewohnern wegen der entgegengesetzten Bewegung der Mühlräder wohl bekannt, dass der Südwind ein starkes Fluthen nach Norden hervorruft, während bei nördlichen Winden eine Strömung nach Süd eintritt. [228]) Im schwarzen Meere sind Ebbe und Fluth kaum bemerkbar und sie verschwinden im asowschen ganz.

Bei Smyrna soll die Fluth an den Tagen des Vollmonds und Wechsels, wenn sie regelmässig ist, zwischen 3 und 4 Uhr mit einem Ansteigen von 2 Fuss eintreten; aber es wird dazu bemerkt, dass die Nippfluthen immer unregelmässig sind. Sir Francis Beaufort erkennt aber die Richtigkeit dieser Fluthzeit nicht an. „Weder an dieser Küste" (von Karamanien), sagt er, „noch in dem Golfe von Smyrna, wo der Fredericksteen mehrere Monate stationirt war, konnte man bemerken, dass die Richtung der Strömung oder das Steigen oder Fallen des Wassers irgend von dem Einflusse des Mondes abhängig war. Die Tiefe des Wassers wechselt allerdings häufig, aber nur durch Einwirkung der Winde, indem die aus Süd und West das Wasser im Allgemeinen — in einigen Fällen sogar um 2 Fuss — steigen lassen und die aus entgegengesetzter Richtung dessen Niveau in demselben Grade herabdrücken. Neueren Beobachtungen zufolge hat man zu zeigen versucht, dass im Hafen Mermericheh die Fluth in 9½ Stunden bei Vollmond und Mondwechsel eintritt und um 8—10 Zoll steigt. Die Beobachtungen selbst können aber erst dann als zuverlässig anerkannt werden, wenn ein Ebbe- und Fluthpegel aufgestellt und längere Zeit sorgfältig beobachtet ist.

An der syrischen Küste soll die Fluth nicht über 6 Zoll steigen; dagegen ist Ebbe und Fluth an einigen Punkten der afrikanischen Küste sehr wohl bemerkbar, obgleich sie an andern wieder

---

[228]) Die Unregelmässigkeiten, welche das Phänomen begleiten, erregten schon seit der frühesten Zeit allgemeine Aufmerksamkeit. Man vergleiche über dasselbe namentlich Lalande, traité du flux et du reflux de la mer. (Paris 1781. 4.) P. 148—151.

nicht bemerkt wird. So steigt das Wasser an der Mündung des
Tetuan-Flusses um die Zeit des Vollmonds und Wechsels um 1 Uhr
30 Min. fast um 4 Fuss und ein wenig weiter nach Osten kaum bemerkbar. Die oft angeführte Ebbe und Fluth bei Bizerta [229]) wird
durch Verdunstung, Winde und Regen und die daraus folgende Einwirkung auf das Meer hervorgerufen; sie giebt so — nach Dr. Shaw's
Meinung — ein Miniaturbild der Strasse von Gibraltar. An der Goletta von Tunis zeigt sich ein Steigen und Fallen von fast 3 Fuss,
aber so veränderlich in seiner Wiederkehr, dass es nicht wohl dem
Monde, sondern nur lokalen Ursachen zugeschrieben werden kann;
gegen die kleinere Syrte hin wird aber der Einfluss des Mondes
weniger zweifelhaft. Längs des Karkenah- und Sfákes-Kanals entwickelt sich Ebbe und Fluth vollständig; die Geschwindigkeit der
Wasserbewegung beträgt hier ungefähr 2 Knoten, wächst aber, wenn
sich die Gewässer um den Ghabs-Busen sammeln, bis auf 3 Knoten;
danach fliessen sie bei Jerbeh vorbei östlich weiter und zwar um so
langsamer, je weiter sie sich ausbreiten. Dieser Punkt zeigt die
grösste Entfernung in der Breite von Venedig und man kann schon
desshalb auf eine Steigerung der fluthenden und ebbenden Bewegung
schliessen. Smyth erzählt ganz jovial, wie er dort ungefähr 1 Meile
vom Burj-er-Rús (dem Schädelthurme) gelandet und wie seine Boote
nach 2 bis 3 Stunden gerade ausserhalb des Jerbeh-Castells auf dem
Trocknen sitzen geblieben seien. Sie hatten sich in ihrer Mittelmeerstation der Ebbe und Fluth so entwöhnt, dass sie die heilsame Schiffer-
regel, dass man Boote stets flott erhalten müsse, ganz unbeachtet
liessen; aber glücklicherweise zog dieses Zurückbleiben auf dem sandigen Ufer nicht so entsetzliche Folgen nach sich, wie ehedem bei
den Spaniern unter Lacerda und Doria (1561), welche alle ermordet
wurden und ihre Schädel mit zu jenem entsetzlichen Bauwerk hergeben mussten, das sehr romantisch in dem Wright'schen Werke dargestellt ist.[230]) Die Fluth steigt ungefähr um 3 Uhr 10 Min. und
zwar von 4 bis 6 Fuss und zu Zeiten selbst bis 8 Fuss. Auf die
Wasser in der Nähe muss dieselbe daher auch einigen Einfluss üben.
Dennoch dacht sich die grosse zwischen Jerbeh und Lampedusa lie-

---

[229]) Schon der jüngere Plinius erwähnt sie in seiner seltsamen Delphingeschichte.
lib. IX. ep. 33. Adjacet ei (Hippo) navigabile stagnum, ex quo in modum flumi-
nis æstuarium emergit, quod vice alterna, prout æstus aut repressit aut impulsit,
nunc infertur mari, nunc redditur stagno.

[230]) Die Ufer und Inseln des mittelländischen Meeres. In Ansichten von Sicilien,
den Küsten der Barbarei, Calabrien, Malta, Gibraltar nnd den ionischen Inseln. Text
von Wright. — Eine Uebersetzung hat Ed. Brinkmeier geliefert.

gende Bank so allmählig ab, dass die grossen Seewogen heranrollen und sich zerstreuen, ohne bemerklich zu branden.[231]) Jenseits Tripoli, zwischen Msarátah und Grennah oder Kirenneh (Cyrene), breitet sich der bereits oben beschriebene, weite und offene Golf aus, den die Alten die grosse Syrte nannten. Die Gefahren dieses von den Seefahrern ehedem so gefürchteten Meerestheils[232]) sollen zunächst durch die zahlreichen von der Fluth und Ebbe gebildeten Bänke und Untiefen, dann aber auch durch jene Fluthungen selbst hervorgerufen worden sein. In neuerer Zeit hat man aber nur sehr schwache Spuren von Ebbe und Fluth hier entdecken können; dagegen treiben die Seewinde allerdings bedeutende Wassermassen heran, welche durch die Landwinde wieder in die entgegengesetzte Bewegung versetzt werden. Kapitän Beechey, welcher als Lieutenant der Adventure eine auf dem Lande an der Küste hin marschirende Abtheilung englischer Seeleute befehligte, während das Schiff die Küste zur See untersuchte, berichtet über mehrere Stellen, wo er eine gewaltige Brandung[233]) bemerkte; aber im Ganzen war nach seinen Folgerungen das Land in jenen Gegenden in das Meer vorgerückt, da man wahrnimmt, dass alte Häfen jetzt völlig mit Sand gefüllt sind, dass Strandseen den Charakter von Sümpfen angenommen haben und der Triebsand fest und tragfähig geworden ist. Durch die Untersuchungen der Engländer wurde bewiesen, dass der Seemann, im Nothfall, sich ganz wohl der Syrte nähern kann, dass aber ohne Noth besonders kein grösseres Schiff hier in Buchten einfahren sollte; denn den Nordwinden ist der ganze Küstenstrich ohne alle Unterbrechung ausgesetzt. Noch 1816 sprachen alle Seeleute mit einem geheimen Grauen von dieser Gegend, und doch konnte Smyth keinen, nicht einmal auf dem

[231]) Smyth erzählt, dass er desshalb mehrmals, wenn kein Wind auf den Strand zu wehte, bei steigenden Wogen die „Adventure" leewärts aus der Deining bringen konnte, bis er eine angemessene Tiefe fand, um in ruhigem Wasser zu ankern. Hätte er dies 1816 gewusst, so hätte er dem Lord Exmouth unendliche Verlegenheit und Angst und ebenso einige Anker ersparen können. Das Geschwader desselben wurde nämlich von einem Sturm aus Norden auf den Rheden von Tripolis überfallen, während der Admiral und seine meisten Kapitäne am Lande waren, um den Vertrag über die Unterdrückung der Sklaverei abzuschliessen.

[232]) Plinius der Aeltere nennt beide Syrten vadoso ac reciproco (Ebbe und Fluth zeigenden) mari diros. Vergl. Skylax p. 49. (Huds.); Mela 1., 7., 3.; Polyb. I., 39; Dionys. Perieg. v. 201. ff.; Schol. Apollon. 4., 1235. Noch 253 v. Chr. wurden die Römer durch die Fluth und Ebbe in der Syrte in Schrecken gesetzt. Cæsar de bello Gall. IV., 29. berichtet schon, dass die Springfluthen zur Zeit des Vollmonds stattfinden; seine Beobachtung bezieht sich aber auf die britische Küste.

[233]) Bei dieser Gelegenheit will ich der gewaltigsten Brandung gedenken, von der ich gelesen; dieselbe schlägt nach Spallanzani bei heftigen Stürmen an dem isolirten Felsen Pietra di Stromboli bei der Insel gleichen Namens 300 Fuss hoch (!)

Geschwader des Pascha von Tripolis, ausfindig machen, der die ganze
Sachlage aus eigener Anschauung genau gekannt hätte. Auch ein gewisser Lautier, der viel zu berichten wusste, erfreute sich einer zu
erfindungsreichen Phantasie.

Die astronomische Correspondenz des Baron von Zach vom Jahre
1822 enthält einen interessanten Brief des Adm. Smyth über diesen
Gegenstand, aus dem wir einen Auszug mittheilen wollen.

Alle Welt weiss, dass die beiden Syrten die grossen Meerbusen
an der Nordküste Afrikas zwischen Carthago und Cyrene sind und dass
sie der Schrecken der alten Seefahrer waren: so berichten wenigstens
Herodot, Skylax, Diodor von Sicilien, Pomponius Mela, Edrisi und
viele andere Geschichtschreiber, Geographen und Dichter, unter den
letztern Lucan und Apollonios von Rhodos u. s. w. Die Verse des
letztern geben uns einen Begriff von den Vorstellungen, welche man
sich etwa 200 Jahre vor unserer Zeitrechnung über diesen Gegenstand
gebildet hatte. Sie lauten (IV., 1234 flg.) in wörtlicher Uebersetzung:

. . . bis sie gelangten
Vorwärts zur Syrte hinein, wo Rückkehr nimmer den Schiffen
Frei bleibt, wenn sie gewaltsam in diesen Busen verschlagen.
Rings ist die Salzfluth seicht, rings moosiges Dickicht der Tiefe,
Welcher der flüchtige Schaum zuquillt der Brandung und luftig
Legt sich daneben der Sand der Dünen; und nie dort erhebt sich
Kriechend Gethier, noch Geflügel; es trieb nun dorthin die Meer-
                                                    fluth —
(Denn von dem Festland zurück tritt wogend und wallend die Strö-
                                                    mung,
Eilet dann heftig heran und wiederum gegen das Ufer
Geusst sie sich aus) — trieb jene im Flug in den innersten Busen
Und von dem Schiffskiel liess das Gewässer nur weniges übrig.
Jene enteilten dem Schiff und es ergriff sie, da sie den Aether,
Da sie den breiten Rücken des Lands anschauten, Entsetzen.
Fernhin spannt' es sich aus, luftähnlich, ununterbrochen.
Weder ein Trinkplatz erschien, noch ein Pfad, noch fernab ein Hirte,
Lautlos Schweigen umfing weithin die unendlichen Flächen.

So schreckliche Beschreibungen waren wirklich im Stande, auch
einem modernen Seefahrer Angst einzujagen. Ich segelte aber dennoch
entschlossen diesen Gefahren entgegen und zwar von Msarátah aus und
an der flachen Küste von Isa hin. Meine Erwartungen wurden realisirt
— ich sah durchaus nichts Ausserordentliches, Grausenerregendes.
Wohl aber bemerkte man, dass die Wellen, welche sich fortwährend
am Gestade brachen, die an dieser Küste häufigen Felsklippen bespülen
und wieder unbedeckt lassen und dass dieselben mit mancherlei Schiffs-
überresten förmlich bestreut sind. Ueber eine Oberfläche von fast 200
(engl.) Quadratmeilen breitet sich unabsehbares Sumpfland aus, das so
vollkommen horizontal liegt, dass es mehr einem See als einer Küsten-

gegend ähnelt. Dichte Nebel lagern sich häufig über diese Gegend
und erklären die durch die erwähnten Wracks angezeigten Unglücksfälle. An andern Theilen der Küste sind nur einige einigermassen ge-
fahrdrohende Felsvorsprünge zerstreut und man mag sich hüten, hier
während der Nacht von seiner Fahrstrasse abzukommen. Ebbe und
Fluth ist unbedeutend. Wenn man das Handloth fortwährend benutzt,
so kann man sich allen Punkten der Küste zwischen Msarátah und
Cap Razat, das 35 Leagues jenseits Benghazi liegt, nähern. Dies
scheint mit den Angaben der Alten in schroffem Widerspruch zu stehn;
aber es darf auch nicht unerwähnt bleiben, dass die See hier bei rau-
hem stürmischen Wetter unglaublich hoch steigt. Man muss ferner
erwägen, dass die Schiffer der alten Zeit noch nichts von einer genauen Küstenaufnahme, überhaupt von einer exacten nautischen Berechnung wussten, dass sie unter diesen Umständen um so mehr geneigt
waren, sich von Schreckbildern der Phantasie ängstigen zu lassen und
dass sie hier wenigstens allen Grund haben mochten, die Wanderstämme
an der Küste zu fürchten, von denen nach einer Strandung keine
Gnade zu erwarten stand. (Vgl. Dr. Barth, Wanderungen etc. S. 364.)

In Bezug auf die Syrten, deren Topographie wir bereits S. 87.
und 88. skizzirten, findet sich noch eine merkwürdige Stelle und wirklich eingetroffene Prophezeiung im 9. Buche von Lucan's Pharsalia;
auch von dieser übersetzen wir hier wenigstens einige Verse:

(v. 311.)   . . . Einst war wohl die Syrte
Voller des tiefen Gewässers und wogte gänzlich vom Meere.
Aber es nährte sich gierig des Titan Fackel mit Meerfluth,
Wasser entführend, die allzunah der sengenden Zone;
Heut noch sträubt sich die See dem rastlos trocknenden Phöbus.
Bald, wenn Strahl auf Strahl im Zeitlauf raubend herabschiesst,
Wird noch die Syrte zum Festland; denn jetzt schon fluthet die Welle
Spärlich, abtrünnig dereinst der weithin versiegenden Fläche.

§. 7. Von dem Niveau des Mittelmeers und von der Stabilität desselben.

Ueberblicken wir nun nochmals das ganze Wasserbecken unseres
Meeres nebst allem in der geschichtlichen Zeit von seinen Küsten Be-
richteten, so sehen wir uns keineswegs zu der Annahme berechtigt,
dass sich das allgemeine Niveau im Laufe der Jahrhunderte verändert
habe; unter diesem Niveau verstehen wir aber bei den durch verschiedene Gründe bewirkten Schwankungen den mittlern Wasserstand,
welcher übrigens von dem zu irgend einer Zeit beobachteten nicht
wesentlich abweicht. Wollte man aber diese Stabilität dennoch bestreiten, so könnte unserer Ansicht nach nur die Frage discutirt

werden, ob sich das Niveau im Lauf von 2 Jahrtausenden wirklich
um wenige Fuss erhöht oder der Grund aus unbekannten Gründen um
eben so viel gesenkt habe. Obgleich man mancher jetzt in das
Wasser eingesunkenen Ruine begegnet, so beweist doch wieder eine
genaue Untersuchung der verschiedenen Hafenbauten, Molos u. s. w.
den unveränderten Stand des Mittelmeerniveaus seit den fernsten historischen Zeiten und die Küsten mögen in gewissen Theilen ungefähr
eben so viel gewonnen haben, als an andern verloren gegangen ist. [234])
Diese stetig wirkende Wechselwirkung, diese Compensation aller Thätigkeit in der Natur, welche die moderne Geologie scharf ins Auge
gefasst hat, da ihre Wirkungen auf die Geschichte des tellurischen
Lebens auf unserem Erdball von grossem Einfluss sind, hat übrigens
schon Strabo (im ersten Buche) als interessante Frage behandelt. Er
sucht den Grund jener Erscheinungen, dass das Meer von einigen
Theilen der Küste zurückweicht, andere aber überfluthet, nicht darin,
dass die von der See bedeckten Landmassen ursprünglich in verschiedener Höhe lagen, sondern darin, dass sich das Land bald hebt, bald
senkt und dadurch der Stand der See natürlich afficirt wird. Finden
wir nicht in den geologischen Werken der neuesten Zeit ganz ähnliche Ideen entwickelt?

Andere Stellen der Alten sprechen freilich die Behauptung aus,
dass das Meer, namentlich das mittelländische, fortdauernd allmählig
sinke und sich weiter und weiter vom Lande zurückziehe; sie bemerkten schon ganz wohl, dass ehemalige Seestädte später in ziemlicher Entfernung von der Küste lagen. [235]) Auch waren die Alten
überzeugt, dass das rothe Meer viel höher stehe als das Mm. und
fürchteten für den Fall eines Kanalbaues eine Ueberschwemmung
Aegyptens.

„Das Meer giebt dem Lande seine Contouren," [236])
sagt Strabo sehr wahr an einer andern Stelle. Da aber die Peripherie
des ganzen Meeres in ihren Hauptlinien seit wenigstens 2500 Jahren
sich nicht wesentlich verändert hat, so muss auch das Niveau im Allgemeinen dasselbe geblieben sein. Obgleich an mehreren Stellen Spuren
und Trümmer unter den Wasserspiegel gesunkener Gebäude angetroffen
werden — z. B. bei Santo Stephano (Portus Domitianus) in Tos-

---

[234]) Velut paria secum faciente natura (velut sua damna compensante natura),
quaqua hauserit hiatus, alio loco reddente. (S. Anm. 98.)

[235]) Vgl. Forbiger I., 589.

[236]) Ἡ θάλαττα γεωγραφεῖ τὴν γῆν.

kana, [237]) Capo d'Anzio (Antium), Alexandrien (oder vielmehr Canopus) — so zeigen doch die Gewässer an den Pfeilern der Brücke des Caligula — trotz der zahlreichen Mollusken-Bohrlöcher, welche beweisen, dass dieselben in der ganzen Zeitperiode nicht ganz unberührt vom Wasser geblieben sind — fast noch dieselbe Höhe über der Bai von Puteoli, wie vor länger als 1800 Jahren. Man findet ähnliche stumme, aber unläugbare Zeugnisse an den Hafenbauten von Marseille, Genua, Civita Vecchia (Centum cellæ), Navarino, Makri (Telmissus) und vielen alten Molos und Gebäuden am Strande. Es wird daher wahrscheinlich, dass die Behauptung des Aristoteles ganz richtig ist, dass sich nämlich die gelegentlichen Hebungen und Senkungen des Meeresgrundes periodisch compensiren. Irgend eine grosse Differenz kann keinen Bestand haben. Denn gesetzt auch, dass die Verdunstung zeitweilig äusserst stark oder der Zufluss durch Flüsse zu Zeiten fast verschwindend klein werde, so muss das Gleichgewicht doch bald durch das unaufhörliche Zufluthen der oceanischen Gewässer wieder hergestellt werden [238]) und ein Niveauunterschied selbst von wenigen Fussen kann daher nur sehr kurze Zeit fortbestehen. Sowohl die grosse Masse des Wasservolumens, als die Eigenschaften desselben in jedem Theilchen frei der Schwerkraft folgen zu können, bewirken eine baldige Ausgleichung und somit eine grosse Beständigkeit des Niveaus.

Nachdem wir so das Bassin und die Gewässer des Mm. nach vielen Seiten hin betrachtet, werfen wir, ehe wir zur Atmosphäre emporsteigen, noch einen Blick auf die organische Welt, welche die Fluthen unserer Thalassa, sowie ihre unterseeischen Gefilde belebt.

§. 8. Ueber die Seepflanzen. [239])

Auf dem Festlande erstirbt bekanntlich in bedeutenden Höhen zuletzt alle Vegetation und je tiefer man unter günstigen Himmels-

---

[237]) Vgl. Martens Italien I., 68.

[238]) Dolomien glaubte, dass die Küste bei Alexandrien einen Fuss niedriger liege, als zu den Zeiten der Ptolemäer; aber er muss einige Umstände in Beziehung auf die Felsen, Ruinen und die ausgehölten Bäder übersehen haben, welche stark gegen diese Annahme streiten. Unterseeische Alterthümer und sandgefüllte ehemalige Häfen sind in der That an diesen Küsten keine Seltenheit und an vielen Punkten tritt es uns klar vor die Augen, dass sie historisch uralt und doch geologisch sehr neu sein mögen. Vgl. über die ægyptische Küste Dureau-de-la-Malle, S. 20 und folg.

[239]) Vgl. Hartwig, Leben des Meeres (18. Kap.), woraus mehrere Stellen entlehnt sind.

strichen zum Meere hinabsteigt, desto reicher und üppiger entfaltet sie
sich. So wie nun eine hohe Felseninsel im Meeresspiegel erscheint
— je tiefer, desto öder und kahler — so verhält es sich in der Wirklichkeit unter demselben. Schon bei 100, jedenfalls bei 150 Faden
Tiefe scheint alle Vegetation aufzuhören und erst etwa 15 bis 16
Faden unter der Meeresfläche fängt der reiche Pflanzengürtel an, welcher
sich in der Nähe der Küsten um die See schlingt und zwar um so
breiter, je stärker die Fluthen auftreten. Die Algen, welche ihn
bilden, sind zwar weniger entwickelt als die Gewächse des Festlands,
aber ihre Blätter sind dennoch zierlich geformt, nicht ohne Schönheit
der Farbe und dabei höchst mannigfaltig. Die Algen unterscheiden
sich dadurch wesentlich von den Landpflanzen, dass ihre Wurzel
ihnen nur zur Befestigung an den Meeresboden dient und dass es
daher der Seepflanze völlig gleichgültig sein kann, im welchem Grunde
ihre Wurzel steckt, vorausgesetzt dass sie eben feststeckt. Ihre Nahrung saugen die Algen durch ihre ganze Oberfläche ein. Flache
felsige Gestade, ohne zu starke Brandung und mit zahlreichen Ver-
tiefungen, die auch zur Zeit der Ebbe nicht trocken gelegt werden,
sind daher für das Wachsthum der Seepflanzen besonders geeignet;
dagegen erscheint ein aus losem Sand bestehender und der Brandung
ausgesetzter Strand gewöhnlich pflanzenleer, obgleich die Zostera marina
sich auch im losen Seesand mit ihren langen Wurzeln festklammert.
  Man hat die Algen in 3 Gruppen Chlorospermeæ (grüne), Mela-
nospermeæ (olivenfarbige) nnd Rhodospermeæ (rothe) eingetheilt und
diese zerfallen wieder in viele Familien, Gattungen und Arten. Die
erstern führen gern eine Art Amphibienleben, halb an der Luft, halb
unter Seewasser, und sind dabei fast über alle Oceane verbreitet.
Von grösserer Bedeutung für das Meeresleben sind aber die olivenfar-
bigen Tange, welche vorzugsweise den arktischen und antarktischen
Meeren angehören und zwischen den Wendekreisen ganz fehlen. Unzählige Crustaceen, Muscheln, Trochen u. s. w. halten sich an und in
ihnen auf. Schüttelt man an den grossen verworrenen Wurzeln, so
fällt ein Haufen von kleinen Fischen, schaligen Mollusken, Cephalopoden,
Krabben, Seeigeln, Seesternen, schönen Holothurien, Planarien und krie-
chenden, nereidenartigen Thieren von allen möglichen Formen heraus.
Die merkwürdigsten Tangwiesen und Fucusbänke findet man bekanntlich
in dem sogenannten Sargassomeer. Das Mm. zeigt nirgends eine Ansammlung solcher Gewächse, welche mit demselben irgend zu vergleichen
wäre. Auch ist in demselben nicht die Heimath der wirklich nahr-
haften und wohlschmeckenden Tange zu suchen, obgleich die Römer

jedenfalls den Nutzen dieser Gewächse verkannten, wenn sie von etwas Verächtlichem sagten, dass es projecta vilior alga, noch unnützer als hingeworfener Seetang sei.

Die Vertheilung der Seegewächse wie der Seethiere wird nach E. Forbes durch drei Hauptfaktoren (Klima, Bestandtheile des Meerwassers, Tiefe) geregelt, auf welche freilich wieder verschiedene sekundäre und örtliche Einflüsse wirken. In den geschützten Buchten Lyciens und Cariens wächst nahe an der Oberfläche eine Unzahl von buntgefärbten, seltsam geformten Schwämmen zu einer bedeutenden Grösse, während bei den Cycladen die schöne rothe Seeanemone (Actinia rubra) den entsprechenden Raum beherrscht. Die Padina pavonia ist überall die charakteristische Tangart unseres Meeres; ebene Stellen nicht zu tiefen Meeresbodens sieht man häufig mit der Zostera marina (Seegras) bedeckt. In der Tiefe von 10 bis 20 Faden werden Caulerpa prolifera, eine schöne erbsengrüne Tangart und die Zostera oceanica gefunden. Von 20—35 Faden findet man auch noch viel Tange (Dictyomenia volubilis, Sargassum salicifolium). Die Algen werden nun immer seltener und in einer Tiefe von 400 Faden hört wahrscheinlich auch das animalische Leben auf. (Vgl. jedoch Anm. 242.)

§. 9. Ichthyologie des Meeres.

Obgleich es natürlich ganz ausserhalb der Grenzen dieses Werkes liegt, die Bewohner des Mm. nur einigermassen vollständig aufzuzählen oder gar genau zu beschreiben, so reihen sich an dieses interessante Feld der Forschung doch so viele für die allgemeine physische Geographie des Meeres wichtige Bemerkungen, dass wir uns hier nicht, — wie im Mauryschen Werke — auf eine Betrachtung der Korallen und (im Mm. äusserst seltenen) Wallfische beschränken wollen. Wir versuchen zuerst in die Tiefe des Meeres hinabzublicken, obgleich man sich in Bezug auf die für uns besonders interessante Aufgabe, bei dem jetzigen Standpunkte der Wissenschaft eine Ordnung der Fische nach der Tiefe der Gewässer, bis zu welcher sie hinabziehen, zu versuchen, mit wenigen Andeutungen begnügen muss. [240] Dass in der Nähe der Küsten die Fische am häufigsten, buntesten

---

[240] Ueber die Plätze, an welchen sich die verschiedenen Klassen der Seethiere aufhalten, über die Vertheilung der gesammten organischen Welt in der See belehren uns einzelne Beobachtungen bei weitem nicht genügend. Tiefe, mittlere Temperatur, Verbreitung der Wärme durch das Wasser, Eindringen des Sonnenlichts, Strömungen, vulkanische Erscheinungen am Boden des Meeres und noch manche andere Punkte kommen hierbei in Betracht.

und mannigfaltigsten auftreten, . sagt schon Aristoteles, der bereits eine
Sonderung der Fische in Küstenfische und Fische der offenen See
versucht hat. Noch schneller aber, als mit der Entfernung vom Ufer,
scheinen die Fische mit der Entfernung von der Meeresoberfläche ab-
zunehmen. Besonders nähern sich während der wärmern Monate fast
alle Fische der reichlichern Nahrung und der Fortpflanzung wegen
dem Lande und den seichten Meeresstellen. Die Kälte des Winters
nöthigt sie, tiefere Stellen zu suchen und es ist wahrscheinlich, dass
viele Fische in ziemlich bedeutenden Tiefen überwintern, meist im
Winterschlaf begraben, wie die kaltblütigen Landthiere unter der Erde.
Man kann in dieser Beziehung annehmen, dass alle Lagunenfische sich
mit einer Tiefe von weniger als 4 Faden begnügen, alle Fische, welche
z. B. im adriatischen Meere oberhalb Ancona überwintern, mit' weniger als 50 Faden, der grössten Tiefe dieses Theiles des adriatischen
Meeres, dass aber manche Fische bloss wegen zu geringer Meerestiefe
die seichtern Gegenden nur im Sommer oder auch gar nicht besuchen.
Wenn aber auch die Mehrzahl der Fische die ewige Finsterniss
grosser Meerestiefen entweder ganz meidet oder nur zur Ruhe des
Winterschlafes benutzt, so scheint es doch nicht an Spuren zu fehlen,
dass das unter der Erdoberfläche so schnell verschwindende organische
Leben unter der Wasseroberfläche auch da nicht ganz erlischt, wo
das Licht so geschwächt ist, dass es auf unser Auge wohl gar keinen
Eindruck mehr zu machen im Stande ist. Die Lichtstrahlen sollen
nämlich eben so wie die Wärmestrahlen der Sonne im Allgemeinen
nur bis zu einer Tiefe von 25 Faden in das Meer eindringen. Diese
Annahme ist aber keineswegs erwiesen. W. H. Smyth erzählt z. B.,
dass er einen bis zu der erwähnten Tiefe hinabgelassenen Teller mit
dem Meertubus — von dem noch die Rede sein wird — erkennen
konnte, wobei sich beiläufig noch eine ganz andere Operation zeigt
als bei der Raumdurchdringenden Kraft der Sonnenstrahlen. Da das
reine Wasser dem Lichte den Durchgang gestattet, so muss dieses in
der That das klare Wasser bis zu grossen Tiefen durchdringen, ehe die
Strahlen von ihm absorbirt werden. Dabei wird natürlich vorausgesetzt,
dass dieselben intensiv und nicht zu schräg auffallen und dass die Oberfläche ruhig ist. Auf analoge Weise nimmt man an, dass atmosphärische Luft, ohne welche die Seegeschöpfe nicht leben könnten, durch
das Wasser zerstreut ist, da sie ohne Beimischung einiger Lufttheile
nicht befähigt sein sollen, die Flüssigkeit zu zersetzen, um sich den
zu ihrer Existenz nothwendigen Sauerstoff zu verschaffen. Es ist
nun freilich für den Augenblick noch nicht möglich, ein bestimmtes

Urtheil darüber zu fällen, in welchem Grade alles organische Leben in der See des Lichtes bedarf, denn unsere Kenntniss der Bewohner grosser Tiefen ist natürlich sehr beschränkt und wir wissen zugleich wenig von der Tiefe, welche die letzten Spuren des Lichts unter den günstigsten Umständen noch zu erreichen vermögen. Wir vermuthen aber, dass die mit Augen begabten und dabei in sehr bedeutenden Tiefen lebenden Mollusken ganz eigenthümlich eingerichtete Gesichtsorgane haben dürften; und wirklich haben die Naturforscher eine solche Anpassung nicht bloss an den Augen der Meerestiefenbewohner, sondern auch an der Einrichtung ihrer Schwimmblase bemerkt.[241] Dies zeigt sich besonders am Pomatomus telescopus (Pesce Luna in Sicilien, Ugliassou, Grossauge), welcher besonders bei Nizza in Tiefen von mehr als 330 Faden gefangen wird und mit seinem kugeligen Auge, dass halb so gross ist als der dicke Kopf, wahrscheinlich jeden Lichtschimmer aufzufangen vermag, der noch irgend in das um ihn herrschende Dunkel dringt.[242]

Die wirkliche Grösse des Druckes, welchen organische Wesen in grossen Meerestiefen auszuhalten haben, ist ferner ebenfalls ein

---

[241] Charakteristische Züge der meisten in einer Tiefe von mehr als 330 Faden z. B. bei Nizza lebenden Fische sind nach Risso eine grosse Schwimmblase, zahlreiche Blinddärme (weil sie oft lange fasten müssen), leicht abfallende Schuppen (weil sie keinen heftigen Bewegungen des Wassers ausgesetzt sind), dunkle, tiefe Farben (aus Mangel an Wärme?) und sehr grosse Augen (wie bei Katzen und Eulen, auf schwaches Licht berechnet, welches ihnen also doch nicht ganz fehlen kann).

[242] Prof. Edw. Forbes schreibt über diesen merkwürdigen Fisch: „Endlich ist es mir geglückt, ihn in seinem Wohnplatz aufzuspüren. Der Pomatomus telescopus ist ein Meerfisch, einer der eigentlichen Percedæ. Er ist wegen seines grossen Auges bemerkenswerth und in der That sehr selten." Risso beschreibt diese Augen, deren Deckel aus 3 Stücken bestehen. Er erwähnt ferner den Alepocephalus rostratus (den schwarzen Meerhecht) mit noch grössern Augen. Vgl. Hist. Nat. de l'Europe mérid. Band III. p. 449. Die den Barschen verwandte Cernia soll ebenfalls in Tiefen von 500 Faden leben, was jedoch desshalb nicht wahrscheinlich ist, weil sie Sardellen frisst und mit Netzen gefangen wird. Auch die Courpata (Tetragonurus Cuvierii) lässt Risso in grossen Tiefen leben, Medusen fressen und davon giftig werden. Der Mohr (Moro bei Nizza, Verdone bei Rom, Mora mediterranea) ist ein den Quappen verwandter, dunkler Fisch grosser Tiefen. Den Grenadier (Lepidoleprus Cœlorhynchus Risso, Macrourus rupestris Bloch), ebenfalls den Quappen verwandt, mit stumpfem Rüssel, lässt Risso in der ersten Ausgabe 1200 Meter (beinahe 3700 Fuss) tief hausen, geht aber doch in der zweiten auf 1500 bis 1800 Fuss herauf. Dasselbe gilt von einem andern Grenadier (Lepidoleprus trachyrhynchus Risso), welchem dieser Name wegen des haifischähnlich verlängerten spitzigen, dreieckigen Rüssels besser zukommt. Ueber das organische Leben in grossen Meerestiefen ist namentlich noch der Anhang zu Lieut. Dayman's Bericht über diese atlantischen Sondirungen zu vergleichen. In demselben macht Thomas H. Huxley, welchem die Proben des Meeresbodens zur Untersuchung übergeben worden waren, sehr werthvolle Mittheilungen über die in grossen Tiefen gefundenen Thierkörper. Kalkige Organismen, die er Kokkolithen nennt, bilden die Hauptmasse der fettigen Substanz und er neigt sich nach längern Erörterungen zu der Ansicht hin, dass in Tiefen von 2000 und mehr Faden noch Globigerinæ etc. leben können.

interessantes Element der Forschung. Er beträgt in der Tiefe von
16 Faden nur 60 Pfund auf den Quadratzoll, aber in 60 Faden Tiefe
schon 180 Pfund. Für 100 Faden wächst er auf 285 Pfund und bei
700 Faden müsste schon ein Druck von 1830 Pfund auf den Quadratzoll Oberfläche ausgehalten werden, während der Druck einer Wassermasse von 1000 Faden Höhe auf dieselbe Fläche schon beträchtlich
mehr als eine Tonne beträgt. Schon Smyth brachte Seesterne aus
einer Tiefe von 170 Faden lebendig ans Tageslicht, aber dem Professor
E. Forbes gelang es, Fische aus einer fast doppelt so grossen Tiefe
heraufzuziehen. Biot scheint einzelne Fälle zu erwähnen, wo Fische
in noch tieferem Wasser — „dans les grandes profondeurs des mers"
— gefangen wurden. Natürlich müssen solche Thiere für die eigenthümlichen Bedingungen ihrer Existenz ganz besonders organisirt sein.
Der Druck des Meeres auf leblose Körper und in verhältnissmässig
geringen Tiefen ist sehr wohl zu bemerken. Smyth erzählt, er habe
zweimal gefunden, dass der kupferne Luftcylinder, der unter dem
Flügelspill (Vane) von Masseys sinnreichen Patent-Senkblei befestigt
ist, den Druck nicht aushielt; einmal bog er sich in einer Tiefe von
wenig mehr als 200 Faden zusammen; ein andermal wurde er von
dem Druck in einer Tiefe von ungefähr 300 Faden förmlich platt-
gedrückt. Ausserdem zersprang eine mit Luft gefüllte, wohl verkorkte
Claretflasche zugleich mit Marcet's Messingcylinder, als sie 400 Faden
hinabgesunken war und andere zerbarsten schon in halb so tiefem
Wasser. Wir fanden auch, dass in Flaschen, welche wir mit süssem
Wasser — oder einigemale sogar mit Wein — füllten und gut zu-
pfropften, schon in einer Tiefe von 150 bis 180 Faden unter der
Oberfläche gewöhnlich der Kork hineingetrieben war. In diesen Fällen
wird die eingefüllte Flüssigkeit herausgetrieben und das Behältniss
kommt mit Meerwasser gefüllt, wieder empor. Der hineingetriebene
Kork stak bisweilen umgekehrt im Halse der Flasche. [243])

Doch zurück zu unsern Meerbewohnern! Es ist unmöglich, die
unzähligen Schaaren belebter Wesen in den oceanischen Tiefen
ganz zu überschauen. Man kennt jetzt im Mm. bereits mehr als 375
Arten von Fischen. Eine Vergleichung der Fische des Mm. mit denen
der nördlichern europäischen Meere giebt das überraschende Resultat,

---

[243]) Sollte nicht der gewaltige Druck in einer Tiefe von mehr als 14000 Fussen
auch an den Telegraphenkabeln ganz eigenthümliche Wirkungen hervorbringen, und
namentlich deren Elasticität wesentlich verändern? Allerdings ist die Construction
derselben einem grossen Drucke angepasst, aber man kann doch nicht jedes einzelne
Theilchen so starker Compression probeweise unterwerfen.

dass das schönste unserer Meere auch bei weitem das reichste an Mannigfaltigkeit der Gestalten und Farben seiner Bewohner ist. Wie überall in der thierischen Welt lebt auch hier ein Geschlecht von dem andern, doch auch allerlei Geflügel, Enten, Taucher, Möven, Seeraben, Sturmvögel, Meerschwalben, überhaupt alle Arten von Wasservögeln, nähren sich von den Meergeschöpfen ebenso wie die Schildkröten, Seehunde und andere Amphibien, endlich auch und vor allen der Alles zu seinem Nutzen ausbeutende Mensch. Wegen der wunderbar starken Zeugungskraft der Fische ist ihre Zahl unberechenbar; aber so zahlreich sind auch ihre Feinde, dass es sehr wahrscheinlich erscheint, dass nur wenige von ihnen eines natürlichen Todes sterben. Dennoch hat in der kurzen Spanne Zeit vom Auskriechen aus dem Ei bis zum Tode jedes einzelne Individuum unter diesen Myriaden, ebenso wie jedes unterseeische Gewächs seinen ihm in der Einrichtung des Weltalls angewiesenen Platz und Zweck. Sie befördern die Circulation der Meergewässer und üben so wieder einen gewissen Einfluss auf das Klima des Erdballs aus; selbst jene Mollusken, welche an sich selbst kaum einer Fortbewegung fähig scheinen, wirken auf das Gleichgewicht der Gewässer durch ihre Sekretionen ein.

Es unterliegt keinem Zweifel, dass die Seethiere genau diejenigen Distrikte und Tiefen aufsuchen, in welchen sie die ihnen angemessene Nahrung auffinden. Es ist in dieser Beziehung schon die interessante Bemerkung gemacht worden, dass die Fische, welche sich nahe an der Oberfläche bewegen, schon von denen verschieden sind, welche meist nur in der Tiefe von einigen Faden gefunden werden, während sich diese wieder von Fischen aus grössern Tiefen unterscheiden. Doch welche Tiefen sie auch bewohnen mögen, immer sind namentlich ihre Respirationsorgane sowie ihr specifisches Gewicht den von ihnen bewohnten Wasserschichten auf wunderbare Weise angepasst. Auch die Vertheilung der Mollusken, [244] Strahlenthiere und anderer Thiere dieser niedrigern Organisationsstufe hängt offenbar von mancherlei lokalen Bedingungen ab. Professor E. Forbes, welcher mit Capitain Graves 18 Monate lang im ægæischen Meere Versuche anstellte, theilt die von ihm untersuchten Meerestheile in 8 Tiefenregionen, von denen jede durch ihre besondere Thierwelt charakterisirt ist. Gewisse Species, sagt er, werden durchaus nur in einer Region gefunden, während andere in einer Region vorzugsweise leben, aber auch in der nächst höhern oder in andern Fällen in der nächst tiefern vorkommen.

---

[244] Italiens Küsten nähren allein 870 Molluskenarten.

Gewisse Gattungen haben ihre stärkste Entwicklung in einer gewissen
Zone und sind also für dieselbe besonders charakteristisch. Den eigentlichen Bewohnern einer gewissen Region sind aber häufig einzelne Zug-
und Wanderfische beigesellt, deren Auftreten dann aber gewöhnlich
von sekundären, die Zone selbst modificirenden Einflüssen abhängt.
Jede Zone zeigt auch einen mehr oder weniger allgemeinen mineralischen Charakter des Wassers, der sich in jeder derselben nicht auf
gleiche Weise verändert und um so constanter wird, je tiefer man in
die See hinabsteigt. [245])

Grössere Cetaceen [246]) haben sich im Laufe der Jahrhunderte mehrmals, aber doch nur in vereinzelten Fällen im Mm. gezeigt. Eine
Anzahl Exemplare ist auch gefangen worden; z. B. ein über 100 Fuss
langer Schnabelwall (balæna boops, Rorqual du Nord, pike-headed
whale) an der korsischen Küste im Jahre 1620; eine Balæna physalis
(fin-fish) bei Barcelona (1744); eine andere unweit Tunis 1789. Die
Balæna Musculus (round-nosed whale) der im Mm. vorkommende
eigentliche Wallfisch, gewöhnlich unter dem Namen Capidoglio mit
dem Cachalot verwechselt, ist öfters getödtet worden, z. B. 1790 an
der Küste der Provence. An dieser über 50 Fuss langen Wallfischart,
wohl derselben, die Martens 1673 in der Strasse von Gibraltar sah,
übten die kühnen Basken den Wallfischfang mit Harpunen, welchen
die nordeuropäischen Seevölker erst im 17. Jahrhundert von ihnen
erlernten. Auch die Balæna mysticetus ist mehrmals auf den Strand
gerathen; doch haben sich die Fische gewiss nur ausnahmsweise in
das warme Meer verirrt. Berühmt schon im fernsten Alterthum und
eine der schönsten Zierden des Mm. ist der Delphin. Der Umstand, dass er, wie die im Mm. nur kleine und nicht eben häufige
Phoca [247]), als Säugethier, viel mehr Verstand zeigt, als die Fische, zu
denen das Volk ihn dennoch zählt, sein häufiges Vorkommen und seine
Zutraulichkeit zu den Schiffern, von denen er so selten verfolgt wird,

---

[245]) Vgl. Forbes' Report on Aegean Invertebrata. 1843.
[246]) Die Cetaceen zerfallen bekanntlich in 4 Familien und jede wiederum in
verschiedene Arten. Die eigentlichen Wallfische bilden die erste Familie, welche
statt der Zähne Barten hat; die zweite umfasst die Narwals oder Monodonten; zur
dritten gehören die Cachalots oder Pottfische, deren untere Kinnlade mit scharfen
Zähnen besetzt ist, während sich an der obern nur flache, kaum bemerkbare befinden;
die Delphine endlich, welche die letzte Familie bilden, haben beide Kiefer mit tüchtigen Zahnreihen besetzt.
[247]) Wer gedenkt bei der Phoca nicht des bräunlichen Helden Menelaos, wie
er die königlichen Glieder unter einem frisch abgezogenen Robbenfell verbirgt, um
den fehllos redenden Meergreis Proteus zu überlisten.

wie die Störche von dem deutschen Landmann, haben viel dazu beigetragen, tausend, zum Theil uralte Sagen über das wunderbare [248]) Seethier von Mund zu Mund fortzupflanzen. Wie die Delphine Gegenstand des Vergnügens und freundlicher Erinnerung sind, so war die Orca (Delphinus globiceps Cuvier; Grampus, Epaulard, Ravageur, Nordkaper) schon im hohen Alterthum ein Gegenstand des Schreckens. Schon ihr Name deutete auf die Unterwelt, der sie entstiegen sein soll. Plinius Lib. IX., Cap. 6., meint, man könne sie nicht anders darstellen, als einen unermesslichen Fleischklumpen mit furchtbaren Zähnen; er erzählt ferner, dass, als eine Orca im Hafen von Ostia gestrandet war, Kaiser Claudius mit seinen Prätorianern ausgezogen sei, sie im Angesicht des Volkes anzugreifen und zu erlegen. Das von Neptun zu Hippolyts Verderben entsendete Ungeheuer mag auch eine Orca gewesen sein; vielleicht auch der Fisch des Jonas, über welchen freilich schon viel hin und hergestritten worden ist. [249]) Denselben für einen eigentlichen Wallfisch zu halten geht desshalb nicht an, weil Wallfische keine Menschen verschlingen können. Man kann daher füglich den Squalus maximus oder den grossen Pferdhai für das in der Bibel erwähnte Thier halten, obgleich er ein eigentlich sehr harmloses Thier ist und sich nur von Medusen, Schaalthieren und Seepflanzen nährt. Der Riesenhai aber, (Charcarodon Lamia Bonap.), sonst Squalus carcharias, hat noch begründetere Ansprüche darauf, den Propheten verschluckt zu haben, und ist desshalb auch wohl Jonæ piscis genannt worden. Dieser Tiger der Meere, berüchtigt durch seine rohe Gefrässigkeit und als der gefährlichste aller Fische für den Menschen, welchen er mit mehr als 400 scharfschneidenden, beweglichen Zähnen zerfleischt, ist im Mm. zwar nicht häufig, doch bekannt genug unter dem Namen Cagnea im adriatischen, Canesca im tyrrhenischen Meere. Er wird zuweilen bis 25 Fuss lang und kann dann recht wohl einen Menschen verschlingen. Das überaus gefrässige Thier scheint, wie

---

[248]) Die Sagen der Alten findet man bei Plinius Lib. IX., cap. 8. Dr. Hartwig in seinem „Leben des Meeres" erzählt S. 207 mehrere.

[249]) Die Stelle Jona II., 1. lautet: „Aber der Herr verschaffte einen grossen Fisch (Dag gadol). In der Septuaginta liest man: καὶ προςέταξε κύριος κήτει μεγάλῳ (ceto magno), un grande pez, a great fish u. s. w. Κῆτος welches man auch im neuen Testamente (Matth. XII., 40.) vorfindet, bezeichnet gewöhnlich einen Wallfisch; aber überhaupt auch einen Fisch von ausserordentlicher Grösse. Mit Dag hängt ferner zusammen Dagon, eine Gottheit der Philistäer zu Asdod, welche nach 1. Sam. 5., 4. Kopf und Hände von einem Menschen, den Rumpf von einem Fische hatte. Auf ähnliche Weise hatte die zu Askalon verehrte Derceto nach Diod Siculus II., 4. Gesicht eines Weibes, alles übrige vom Fische. Vgl. Kreuzer's Symbolik Thl. 2., §. 12. De Wette's Archæologie §. 232.

die Geier und Hyänen auf dem Lande, zunächst die Funktion zu
haben, die See von Aas und Leichen zu reinigen.

Obgleich das Mm. im Allgemeinen vortreffliche Seefische im Ueberfluss aufzuweisen hat, so haben doch sowohl die Quarantäne- und mancherlei andere willkürliche Verfügungen, als auch Mangel an Unternehmungsgeist bei den meisten seiner Anwohner bis jetzt die Fischereien
noch nicht zu irgend einer Bedeutung für den Exporthandel sich entwickeln lassen. Die Mehrzahl der gefangenen Fische wird in nächster
Nähe billig verkauft. Hiervon machen indess die Thunfische, [250])
Schwertfische und namentlich die Sardellen und Sprotten eine Ausnahme, deren Fang und Zubereitung in grösserem Massstabe betrieben
wird. Der wahre Hering fehlt, dagegen findet sich desto häufiger der
Halec oder Alex der Alten.[251]) Im Handel nimmt derselbe den Namen
Anschovis an. Die ächte Sardella, auch Sarda und Sardina genannt,
führt schon bei Aristoteles diesen Namen von Sardinien, wo sie am
häufigsten gefangen wurde. Die Sardellen der Provence sind unstreitig
die vorzüglichsten. Sie werden besonders in der Nähe von Antibes,
Fréjus und St. Tropez gefangen. Die Korallenfischereien [252]) bilden
ferner einen wichtigen Industriezweig, obgleich derselbe oft nicht so
viel abwirft als man erwarten sollte. Auch die Austernfischerei ist
nicht sehr bedeutend; künstliche Behälter oder Parks für dieselben
kannten schon die Römer. Plinius nennt den zur Zeit des Redners
Lucius Crassus lebenden Ritter Sergius Orata als den ersten, der
am Lucriner See eine solche Anstalt einrichtete. In der neuesten
Zeit besteht eine ähnliche künstliche Austernzucht im Lago di Fusaro.
Wichtiger als diese Mollusken ist aber vom ökonomischen Standpunkte
aus jedenfalls der schon erwähnte Thynnus vulgaris, der beachtens-
wertheste Fisch des Mm. Seine Reiselust, welche ihn entschieden
als Zugfisch erscheinen lässt, scheint in der letzten Zeit launenhafter
und unbeständiger geworden zu sein, so dass jetzt die bedeutenden
Kosten der Tonnare durch den Fang oft kaum wieder ersetzt werden.

---

[250]) Für den Thunfisch hat man ausser dem gewöhnlichen Fang mit Angeln oder
Zugnetzen die berühmten Tonnare-Anlagen z. B. bei Nizza, Elba, Porto Ferrajo,
deren Anlage oft bis 30000 Francs kostet. Die Bewohner von Torre del Greco gelten
für die geschicktesten Thunfischfänger.

[251]) Schon von ihnen geräuchert, Halec fumo durata. Plautus.

[252]) Eine Hauptfischerei befindet sich z. B. in der Meerenge von Messina vom
Faro nach der Kirche von Grotta zu. Ueber eine geogr. Meile lang dehnt sich hier
der Korallengrund. Auch an der Küste der Berberei, um die liparischen Inseln, hier
und da auch bei Ajaccio und an den Küsten Sardiniens und Minorca's finden sich
Korallenbänke. Vgl. Hartwig, „Leben des Meeres" S. 287.

Die Thunfische schaaren sich sehr gern, scheinen aber von der gewöhnlichen Bahn ihrer Züge durch ganz zufällige und unbedeutende
Hindernisse sehr leicht abgebracht zu werden. [253]) Ihre Schwärme
kommen im Frühjahr aus dem Ocean ins Mm., ziehen dann an den
europäischen Küsten hin dem schwarzen Meere zu, wo sie laichen
sollen und kehren dann — wie wenigstens die Fischer behaupten, —
an der afrikanischen Küste gegen Ende des Jahres nach dem Ocean
zurück. [254]) Aber in dem schwarzen Meere hält er sich nach seinem
Eintritt zuerst in der Nähe der asiatischen Küste und kehrt an der
europäischen zurück. Plinius erklärt dies, dem Aristoteles folgend,
daraus, dass er annimmt, der Fisch sehe mit dem rechten Auge besser
als mit dem linken. Eine natürlichere Erklärung ergiebt sich aus
dem Vorherrschen der Südwinde im Sommer und der Nordwinde in
den Herbstmonaten. Es erscheint daher wahrscheinlich, dass der
Fisch das ruhige Wasser, wo es durch die Küste gegen das Wetter
geschützt ist, ganz besonders liebe. In diesem Wasser bewegt er
sich gern in einer Tiefe von etwa 16 Faden. Neben der obigen
Angabe über die Sehorgane des Thunfisches enthalten übrigens die
alten Klassiker — namentlich Plinius, Archestratus, Aelian, Ovid,
Oppian, Isidorus, Athenæus und Ausonius noch eine überaus grosse
Menge von interessanten und lehrreichen Angaben in Bezug auf die
Gewohnheiten und Instinkte der Mittelmeerfische. Wenn man hier
bei näherer Betrachtung bedauern muss, dass die specifischen Unterschiede nicht scharf genug hervortreten, so ist man doch keineswegs
berechtigt, die oft wunderbaren und seltsamen Erzählungen sofort für
Fabeln zu erklären, um so weniger als viele durch neuere Untersuchungen ihre Erklärung gefunden haben. Aber unter allen Forschern
auf dem Gebiete der Zoologie des Meeres steht bis auf den heutigen
Tag Aristoteles durch seine περὶ ζώων ἱστορία als ein Stern erster
Grösse da, und die Verallgemeinerungen seiner trefflichen Untersuchungen über das Mm., von denen hier manches benutzt wurde, wo
man dies kaum vermuthen wird, stehen zum grossen Theil noch heute
unerschüttert da.

---

[253]) Eine genaue Beschreibung der Thunfischzüge und seines Fanges giebt
v. Martens Italien II., 360 und fig. Eben so Smyth in seinen Schriften über Sicilien
und Sardinien. Im Alterthum war das goldene Horn am Hafen von Byzanz die berühmteste Stelle für den Thunfischfang vgl. Plin. 9., 15.; Hor. Sat. 2., 5. 44.; Herodot
1., 64. Θύνοι δὶιμήσουσι σεληναίης διὰ νυκτός. Athen. 7., p. 302. B. leitet den
Namen von θύειν (schwärmen) vgl. Oppian. Hal. 3., 620. Ovid. Hal. 98. Martial 10., 48.

[254]) Man bemerke, dass diese Bahn der Hauptströmung im Mm. fortwährend
entgegengeht und vergleiche den stromauf ziehenden Lachs.

Anstatt uns nun hier auf weiter eingehende ichthyologische Untersuchungen einzulassen, welche, obgleich sehr interessant, doch vom Plane dieses Werkes zu weit abliegen, fügen wir nur noch eine Uebersichtstafel der wichtigsten Mittelmeerfische bei, welcher wir die vom Admiral Smyth p. 199 gegebene grossentheils zu Grunde legen. Derselbe hat dabei vorzugsweise die centralen Gewässer berücksichtigt und zu dem Ende die Fischereien an der Küste von Tunis, Sardinien, Sicilien und Calabrien und die verschiedenen Märkte an diesen Orten aufgesucht. Die Auffindung der richtigen Namen verursacht dabei bedeutende Schwierigkeiten, da das Volk oft schon in einer Entfernung weniger Meilen demselben Fische verschiedene Namen giebt und da auch die Gelehrten oft nicht einig und zugleich geneigt sind, die Namen berühmter oder befreundeter Naturforscher einzuschieben. Was die lateinischen Namen anbetrifft, so folgt Smyth der Linnéschen Classification. Unter den sicilianischen Namen stehen auch einige im sardinischen Dialekt, der vom sicilianischen bekanntlich nicht sehr abweicht. Die deutschen Namen, welche ich hier und da beigefügt, können natürlich nicht auf allgemeine Geltung Anspruch machen, da die deutsche Sprache überhaupt an den Gestaden des eigentlichen Mm. nur wenig gesprochen wird.

Die Fische des Mittelmeers.

Lateinisch.	Sicilianisch. [255]	Englisch.	Deutsch.
Accipenser huso	*Beluga*	Great sturgeon	Hausen
— sturio	*Storiunu*	Sturgeon	Stör [256]
— Nacarii [257]	**Adaro*		
Ammodytes argenteus	*Lussi*	White sand-eel	Weisser Sandaal
— lancea	*Agugliattu*	Riggle	
— tobianus	*Aguglia*	Sand-lance, hornel	Hornhecht
Anarchicas [258] lupus	*Pisci lupu*	Sea-wolf	Seewolf
— strigonus	*Sarpananza*	Sea-cat	Seekatze [259]
Argentina aphya	*Nunnatu *Pesce ar-*	Argentine	Silberfisch
— sphyræna	*Curumedda [gentino*	Spit-fish	Meerhecht [260]

[255] Die unter den sicilianischen stehenden italienischen Namen sind mit einem Stern bezeichnet.

[256] Von den Römern mit vielem Pomp von bekränzten Sklaven und unter Musikbegleitung auf die Tafel gebracht.

[257] Attilus. Plin.   [258] Smyth schreibt Anarrhichas.

[259] Die Seekatze heisst sonst Chimæra monstrosa.

[260] Sonst führt noch der Merluzzo und Alepocephalus rostratus (Risso) den Namen Meerhecht.

Lateinisch.	Sicilianisch.	Englisch.	Deutsch.
Atherina hepsetus [261])	*Pisci virgatu*	Mediterranean smelt	Mittelmeerstint
— menidia	*Trotischeddu*	Grey. atherine	Graue Atherine
— presbyter	*Majetica*	Sand - smelt	Sandstint
Balistes lunulatus	*Fanfra*	Crescent balistes	
— scolopax [262])	*Pesce balestra* [263])	File - fish	Hornfisch
— vetula	*Pesce sozzu*	Old - wife	
Blennius alauda	*Durgannu*	Sea - lark	Seelerche [fisch
— cornutus	*Mustia'mperiali* [264])	Horned blenny	Gehörnt. Schleim-
— galerita	*Bavusa cu tuppè*	Crested blenny	Kamm - Schleim-fisch [265])
— gattorugine [266])	*Patuvanu*	Tom - pot	Kropf-Schleimfisch
— gibbosus	*Tombarella*	Butter - fish	
— gunellus	*Gurgiuni*	Gunnel	
— labrus	*Tordu bavusuni*	Guffer	
— mustela	*Bausedda*	Weasel blenny	
— ocellaris	*Mesoro* *Pesce*	Sea - butterfly	Brillenfisch
— pholis	*Missuru* [ochial	Shan oder Shanny	
— physis	*Bavusuni*	Forked hake	
— tentacularis	*Bausa ucchiuta*	Tentaculated blenny	(Schleimfisch mit Fühlhörnern)
— viviparus	*Gurgiuneddu*	Eel pout od. green	
Callionymus dracunculus	*Velleiu*	Gowdie [bone	Spinnenfisch
— lyra	*Dragone marinu* [267])	Skulpin	Meerotter
— pusillus	*Ampisciu* *Lodra*	Small skulpin	Meerschnepfe
Centriscus scolopax	*Trumbina* *Galinazza de mar*	Sea - snipe oder Bellows - fish.	
Cepola marginata	*Spirdottu*	Tape - fish	
— rubescens	*Signu di Salomone* [268])	Red snake - fish	
— tænia	*Pisci bannera*	Ribbon - fish	Bandfisch
Chaetodon paru	*Muolla*	Square chætodon	
— vetula	*Ogiusa*	Sea - rabbit	
Clupea alosa	*Saboga*	Shad	Alose
— amara	*Aleccia*	Gipsy herring	
— encrasicolus	*Anciova, alici*	Anchovy	Anschove
— pilchardus	*Saraca*	Pilchard	Hering (Pilchard)
— pontica			Hering des schwarzen Meeres
— siculus	*Cicirelli*	Sicilian white bait	Sicil. Breitling

---

[261]) Hepsedus? Nach v. Martens heisst dieser Fisch in Sicilien *Curunedda*.

[262]) Der Caper der Alten.   [263]) Sonst *Balistes Capriscus*.

[264]) Die Sicilier nennen überhaupt grosse und seltene Fische kaiserliche.

[265]) *Gallo d'Istria* in Venedig.   [266]) Eigentlich sein venetianischer Name.

[267]) Gehört wohl zum *dracunculus*.   [268]) In Genua *Cavagiro*.

15

Lateinisch.	Sicilianisch.	Englisch.	Deutsch.
Clupea sprattus	Sardella, sardina	Sprat	Sardelle, Sprott
Coryphæna hippu-rus	Capuni *Cappone	Dolphin of seamen	Dorade
— imperialis	Pettinu 'mperiale	Dorado	Dorade (n. Smyth)
— novacula	Pettinu	Razor - fish	
— pompilus	Lampuca	Striped coryphene	
Cottus cata-phractus	Pogge	Mailed bullhead	Kaulbarsch
— dracunculus	Mustuzola	Tommy logge	
— gobio 269)	Capo grosso	Miller's thumb	Kaulkopf
— scorpius	Pisci capone	Sea - scorpion	Meerscorpion
Cyprinus alburnus	Donzella	Bleak	
— auratus	Pesci di oru	Gold - fish	Goldfisch
— barbus	Barbio	Barbel	Barbe
— brama	Mutzula	Bream	Brassen
— carpio	Carpiuni	Carp	Karpfen
— erythrophthal-mus	Laccia	Rudd, red - eye	Orfe
— gobio	Ghiuzzu	Gudgeon	Kühling, Meer- [grundel
— jeses	Capitano	Chub, jantling	(Art Kaulbarsch)
— leuciscus	Albula	Dace, dare, dart	Weissfisch
— phoxinus	Pisciulinu	Minnow oder Pink	Elritze
— rutilus	Pisci duci	Roach	(Roche)
— tinca 270)	Cheppia	Tench	Schleihe
Delphinus delphis	Delfinu	Dolphin	Delphin
— orca	Cetaceo	Grampus	Nordkaper
— phocæna	Pisci porcu	Porpoise	Meerschwein
Echineis cidaris	Ampiscia	Sea - turban	
— naucrates	Sussapeya	Long sucking - fish	
— remora	Pisci 'ntoppu	Sucking - fish	Schiffshalter
Esox acus	Cavanucci	Lax	Lachs
— belone	Agugyhia	Gar - fish	
— lucius	Cane di sciumi	Pike, jack, luce	Hecht
— saurus	Sauru	Skipper	(Hüpfer)
— sphyræna	Aluzzaru	Sea pike [pike	Meerhecht
— stomias	Stomica	Piper - mouthed	
— synodus	Fra di mari	West India pike	
Exocætus exiliens	Ancileddu 'mperiali	Swallow flying-fish	Meerschwalbe, flie-
— volitans	Saltatore	Flying - fish	[gender Hering
Gadus æglefinus	Baccalà friscu	Haddock	Schellfisch
— asellus mollis	Moncaru	Groundling	Gründling
— asellus varius	Asnelli	Bibb	
— barbatus	Tavila	Whiting pout	Steinbolk

---

269) Ein Süsswasserfisch! In Toskana heisst er *Capigrosso*.

270) Der *Cyprinus amarus*, Bitterling, wahrscheinlich der in den süssen Gewässern um Venedig vorkommende *Brussolo*, eine kleine Karpfenart.

Lateinisch.	Sicilianisch.	Englisch.	Deutsch.
Gadus blennoides (callarias)	Mirruzzu duci	Dorse	Dorsch
— carbonarius	Ciaula	Coal - fish	Kohlfisch
— lota	Concunieddu	Burbot	Stichling
— luscus	Munaceddu	Miller's thumb (?)	Kaulquappe
— Mediterraneus	Sazzaluga di mare	Mediterranean cod	Mm.-Stockfisch
— merlangus	Merlangu jancu	Whiting	Weissling
— merlucius ²⁷¹)	Mirruzzu	Hake	Meerhecht
— minutus	Pesci ficu	Capelin od. Poore	Zwergdorsch
— molva	Muncaru	Rock ling	Leng
— mustela	Mustia	Five - bearded cod	
— pollachius	Vacchetta	Whiting pollack	Art Pollak
— punctatus	Asnellu	Whistle gade	
Gasterosteus aculeatus	Maccionu	Banstickle	
— ductor	Capitanu	Pilot - fish	
— pungitius	Spinarola	Lesser stickle-back	Stichlingsarten.
— spinachia	Ispriotta	Thorny stickle-back	
Gobius aphya	Gurgiuneddu	Spotted goby	(Grundel)
— bicolor	Teurrazza	Black - and - brown goby	Schwarzbraune Grundel
— joso	Gobbiu jancu	White goby	Weisse Grundel
— melanurus	Gobbiu pureddu	Sea - gudgeon	Meergrundel
— minutus	Urgiuni di fangu	Polewig	
— niger	Urgiuni niuru	Rock - fish	Schwarze Meer-
— paganellus	Gorgionu	Brown goby	[grundel
Gymnotus acus	Ancidduzza	Naked gymnote	[fisch
— electricus	Diavulicchiu	Cramp - fish	Krampf-, Zitter-
Labrus Adriaticus	Perciudda	Basse	Lippfischarten
— anthias	Munacedda	Holy basse, barber	
— cappa	Lappanu	Gold sinny	
— Cretensis	Zigarella	Cretan basse	
— cynædus	Pizza di Ré	Yellow basse	
— donzella	Dunzedda	Bergil	(Mädchen)
— fuscus	Jodiolu	Tawny basse	
— guttatus	Turdu stizziatu	Comber	
— hepatus	Lappanu saragu	Liver basse	
— Julis	Arusa, Marabut	Rainbow fish	
— maculatus	Menduredda	Spotted wrasse	
— merula	Turdu d'Arca	Black labrus	Schwarzblauer
— olivaceus	Pettineddu	Sea - wife	[Lippfisch
— pavo	Lappanu beddu	Peacock labrus	
— psittacus	Rucchia	Parrot wrasse	
— reticulatus	Turdu arrocali	Reticulated wrasse	

---

²⁷¹) Der Ὄνος, asellus der Alten.

Lateinisch.	Sicilianisch.	Englisch.	Deutsch.
Labrus scarus	*Bricchese*	Scare labrus	
— tinca [272])	*Verdaliddu*	Golden maid	
— turdus	*Turdu*	Sea tench	Grasgrüner Lipp-
— venosus	*Serra*	Bloated basse	[fisch (Meerschlei)
— vetula	*Zittu*	Little sea-wife	
— viridis	*Virdu*	Green labrus	
Lophius Europæus	*Rannu di mari*	Toad-fish, sea-frog	Seefrosch
— piscatorius	*Piscadrixi*	Angler, sea-devil	Seeteufel, Angler
Mugil auratus	*Daurinu*	Gold-headed mugil	Goldene Meeräsche
— cephalus	*Malettu o cefalu*	Common mullet	Grosse Art Meer-
— labrosus	*Labronu*	Thick-lipped mullet	[äsche
— saliens	*Flavetoni* [273])	Leaping mugil	
Mullus [274]) apogon	*Trigghia svarvata*	Bearded mullet	Meerbarbe
— imberbis	*Re di trigghia*	Beardless mullet	
— ruber	*Trigghia mangiadori*	Red mullet	Rothbart
— surmuletus	*Trigghia di solu*	Sur mullet	Grosser Rothbart
Muræna anguilla	*Muragliunu*	Sharp-nosed eel	Gemeiner Aal
— catenata	*Murena ficu*	Chain-striped mu-	
— conger	*Anguidda grongu*	Conger eel [rena	Meeraal
— Helena	*Murena nera*	Roman eel	Römische Muräne
— marina	*Anguidda di mari*	Grig	Meeraal
— myrus	*Smiru*	Sea-snake	
— punctata	*Gargiuni*	Murey	
Ophidium aculea-		Snout-fish	Schlangenfisch
tum	*Nasoni*		
— barbatum	*Calagneris o lissa*	Bearded ophidion	
— hydrophis	*Bandiera niuri*	Water-serpent	
— imberbe	*Culuri di mari*	Beardless ophidion	
Osmerus eperlanus	*Tarantula*	Smelt	Meerstint
— saurus	*Tammurru*	Lizard smelt	
Ostracion gibbosus	*Pesce luna*	Oyster-fish	
— hystrix	*Rizza*	Porcupine-fish	
— mola	*Papa tundo*	Large sun-fish	
— nasus	*Pesce soddu*	Trunk-fish	
Perca asper	*Serraina*	Yellow perch	Barsch
— cabrilla	*Cabrilliu*	Smooth serranus	
— cernua	*Pizzuni*	Ruffe or pope	
— fluviatilis	*Ragnu vuraci*	Perch	Barsch
— giber	*Boragie*	Hunchback perch	
— labrax	*Spigula*	Wolf-perch od. basse	
— lucio	*Percia stizzata*	Spotted perch	

[272]) Sehr widrig riechend.
[273]) In Venedig jung *Verlica*, auch *Magnagiazzo*, älter *Verzelàta* genannt.
[274]) Bekannt ist der bis zum Unsinn gesteigerte Luxus, welchen die Römer zur Zeit der ersten Kaiser mit diesem Fische, so wie mit der Muräne trieben. Es kam vor, dass einer mit 8000 Sesterzien bezahlt wurde; daher das Sprichwort: Mullum non edit, qui capit.

Lateinisch.	Sicilianisch.	Englisch.	Deutsch.
Perca marina	Percia grossa	Bergylt	
— punctata	Spinula	Thorny perch	
— pusilla	Conaditu	Dwarf perch	
— sacer	Tumulu	Holy perch	
— scriba	Mulassu	Learned perch	
— telescopus	Occhi grosso	Large-eyed serranus	
— umbra	Umbrinu	Dusky serranus	
Petromyzon branchialis	Lampernu	Pride	Quarder
— fluviatilis	Alampria	Nine-eyed eel	Neunauge
— marina	Papa pixi	Lamprey	Lamprete
Pleuronectes flesus	Pisci passera	Flounder, flook	Flunder
— hippoglossus	Stocapisci 'mperiali	Holibut	Heilbutte
— limanda	Palaja di arena	Dab, saltie	Butte
— maximus	Rumulu 'mperiali	Turbot	Steinbutte[275])
— passer	Passera picciula	Whiff	
— platessa	Palaja	Plaice	Goldbutte
— rhombus	Lupiddu	Kitt, pearl-fish	
— solea	Linguata	Sole	Meersohle, Zunge
Raia altavela	Amiema	Finless ray	
— aquila	Pisci aquila	Sea eagle od. whip	
— aspera	Pesci lepre	Shagreen ray [ray	
— batis	Cappuccina	Skate, maid	Glattrochen
— bicolor	Razza	Trygon, brett	
— clavata	Picara pitrusa	Thornback	Nagelrochen
— lævis	Liscia	Slippery ray	
— marginata	Miragliettu	Small-eyed ray	
— miraletus	Quattro occhi	Homelyn	Spiegelrochen
— oculata	Occhiateddu	Mirror ray	
— oxyrhynchus	Farassa	Sharp-nosed ray	
— pastinaca	Cadairu	Sting ray od. flaire	
— radiata	Pigara scappucina	Starry ray	Sternrochen
— rubus	Pigara spinusa	Rough ray [fish	Dornrochen
— torpedo	Pisci diavulu	Torpedo, cramp-	Zitterrochen
Salmo albula[276])	Cefalu	Phinock, whitling	
— eperlanus	Sazzaluga	White smelt	
— fario	Troucia	Trout	Forelle
— saurus	Tammurru	Sea-lizard	
— thymallus	Ombrina	Grayling	Aesche
— trutta	Trota russigna	Sea-trout	Meerforelle
Sciæna aquila	Feguro	Stone basse	

---

[275]) Von den alten Römern sehr geschätzt, wie Juvenal's bekannte Satyre beweist.
[276]) Der Salmo salar, gemeine Lachs, kommt eben so wenig wie der Kabeljau und gemeine Hering im Mm. vor.

Lateinisch.	Sicilianisch.	Englisch.	Deutsch.
Sciæna cappa	*Tiligugu*	Maigre	
— cirrosa	*Umbrina 'mperiali*	Hairy sea - hog	
— lineata	*Spatula*	Streaked sea-hog	
— nigra	*Umbrina niura*	Black umbra	
— umbra	*Tristareddu*	Sea - crow	Schattenfisch
Scomber aculeatis	*Serviola*	Cross spine	
— alalunga	*Alalunga*	Albicore	
— colias	*Scurmu 'mperiali*	Spanish mackerel	
— ductor	*Capitanu*	Little pilot - fish	Lootse
— glaucus	*Savrella*	Sea-green mackerel	
— pelamis	*Palamitu 'mperiali*	Bonito	
— scomber [277]	*Scurmu*	Mackerel	Makrele
— thynnus	*Tunnu*	Tunny [scad	Thunfisch
— trachurus	*Sureddu*	Horse - mackerel,	
Scorpæna lutea	*Scrofaneddu*	Yellow sea-scorpion	Drachenkopf [278]
— porcus	*Scrofanu*	Porcine scorpæna	
— pristis	*Capuluzzu*	Sea - scorpion	Meerskorpion
— scorpius	*Mazzuni*	Father lasher	
— scrofa	*Cepola capuni*	Sow - scorpion	
Silurus electricus	*Babbauru*	Sheath - fish	Zitterwels
— glanis	*Glannu*	Sly silurus	Wels
Sparus annularis	*Lappanu spareddu*	Grey pickerel	Grauer Hecht
— aurata	*Canina 'ndorata*	Gilt head	Goldbrasse
— bœops	*Vuorpa*	Bull- eyed sparus	
— cantharus	*Ciuciastra*	Brown bull - fish	
— chromis	*Monacedda*	Maroon spare	
-- dentex	*Dentici*	Four-toothed spare	
— erythrinus	*Pagedda luvaru*	Spanish bream, rotchet	
— hurta	*Prau 'mperiali*	Fork-tailed spare	
— mæna	*Minnula*	Cockerel	
-- melanurus	*Macchiettu*	Black-tailed spare	
— mormyrus	*Ajula 'mperiali*	Mormyre	
— pagrus	*Pagru*	Red gilt-head	
— salpa	*Scilpa*	Braize	
— sargus	*Saracu, murruda*	Egyptian spare	
— saxatilis	*Sparagghiuni*	Black rock-fish	
— smaris	*Minnula 'mperiali*	Smare	Bitzling, Rothflosse
— sparus	*Spargu*	Becker	
— vetula	*Varatulu*	Black bream, old	
— vulgaris	*Gujicidduzzu*	Braize [wife	
Squalus acanthias	*Pisci scioccu*	Picked dog-fish	

---

[277]) Die Römer brauchen statt dieses altklassischen Namens jetzt den nordischen *Maccarello.*

[278]) Diese Fischart gehört zu denen, welche das Mm. mit dem indischen Ocean gemein hat.

Lateinisch.	Sicilianisch.	Englisch.	Deutsch.
Squalus canicula	*Pisci cani*	Morgay, cott-fish	
— carcharias	*Canuzzu*	White shark, lamia	Weisser Hai
— catulus	*Rusetta*	Hound-fish	Meeraalquappe
— centrina	*Gattu di mari*	Brown shark	
— galeus	*Nocivolo*	Tope, miller's dog	Haifischarten
— glaucus	*Lupu di mari*	Blue shark [fish	
— maximus	*Grossu cani di mari*	Basking shark, sail-	Grosser Pferdhai
— mustelus	*Pisci palummu*	Smooth hound-fish	
— pristis	*Sia or Sega*	Saw-fish [fish	Sägefisch
— spinax	*Chelpu*	Lesser picked dog-	
— squatina	*Squadru*	Monk, angel-fish	
— stellaris	*Pisci tigrinu*	Spotted shark	
— tiburio	*Magnusa*	Rock shark	
— vulpes	*Gaddolu*	Thresher, sea-fox	Seeaffe
— zygæna	*Marteddu*	Hammer - headed	
Stromateus argenteus	*Lampuga*	Pampus [shark	
— fiatola	*Fiatula 'mperiali*	Striped stromat	
Syngnathus acus	*Agujeddu*	Pipe-fish, sea-	
— hippocampus	*Cavaddu santu*	Sea-horse [adder	
— marinus	*Trumbettina*	Little pipe-fish	
— ophidion	*Cavanu*	Sea-snake	
— typhle	*Pisci tialu*	Needle-fish	
Tetrodon hispidus	*Luna di mari.*	Sea-globe	Stachelfisch
— mola	*Pisci tammurru*	Sun-fish	Sonnenfisch
— truncatus	*Pisci tundu*	Oblong sun-fish	Igelfisch
Trachinus draco	*Traccina*	Sea-dragon, sting-	Petermännchen
— jugulares	*Majaru la rocca*	Weever [bull	Seedrache
— vipera	*Aragnu*	Otter pike	
Trigla cataphracta	*Pisci curruda*	Sea-rocket	
— cuculus	*Labbru russignu*	Red cuckoo gurnard	Rother Seehahn
— gurnardus	*Gurnardu*	Nowd, grey gurnard	Grauer Seehahn
— hirundo	*Fagiani 'mperiali*	Tub-fish	
— lineata	*Belunganu*	Streaked od. rock-gurnard	Seehahnarten
— lucerna	*Tigiega*	Lantern gurnard	
— lyra	*Gaddinettu*	Piper	Meerleier
— milva	*Tavia*	Yillock	
— volitans	*Pisci volatori*	Flying gurnard	
Uranoscopus cocius	*Cocciu 'mperiali*	Little star-gazer	
— scaber	*Papa cucculo*	Bearded star-gazer	Sternseher
Xiphias gladius	*Pisci spata*	Sword-fish	Schwertfisch
— platypterus	*Macairu*	Broad-backed sword-	
Zeus aper	*Pisci tariolu*	Boar-fish [fish	Riondo d Genueser
— faber	*Pisci di Pedru*	John Dory	
— gallus	*Gaddu*	Silver-fish	
— luna	*Cetola*	Opah od. King-fish	Meerschmidt

Die wichtigsten Crustaceen, Testaceen und Mollusken.

Lateinisch.	Sicilianisch.	Englisch.	Deutsch.
Acalephæ	*Attaccaticciu marinu*	Sea-jellies	Quallen
Actinia	*Sciuri di mari*	Sea-anemonies	Aktinien [279]) See-anemonen
— fordaica			Essbare Seeanemonen m. scharlachrothen Tentakeln
Alcyonium bursa	*Borza marina*	Sea-apple	[takeln
— digitatum	*Cinque dita*	Dead-man's hand	
— epipatrum	*Penna marina*	Sea-pen	Seefeder
— ficus	*Fichi di mari*	Sea-lungs	
— lyncurium	*Arancia di mari*	Sea-orange	
Anomia caput-serpentis	*Capo di serpe*	Terebratula	
— ephippium	*Matriperna fausa*	Saddle anomia	Zwiebelschale
— vitrea	*Terra bratula*	Palermo terebratula	
Aplysia depilans	*Leporina*	Coarse sponge [la	Seehahn (ein Gasteropus
Arca barbata	*Sponguli pilusi*	Bearded ark	Bartarche [ropus
— navicularis	*Luntra*	Boat ark	
— nucleus	*Sangue de Turco (Ve-*		Silberarche
— Noæ	*Spongulu* [ned.)	Noah's ark	Noahsarche
— pilosa	*Nuci pilusa*	Hairy ark	
Argonauta argo	*Todari*	Paper nautilus	Papiernautilus
— calcar	*Nautiliu spheroni*	Spur nautilus	
— carinaria	*Firola*	Keel-edged nautilus	
— scafa	*Navicella*	Boat-shaped nautilus	
Asteria	*Stiddi di mari*	Star-fishes	Meersterne
Asterias aranciaca	*Ragnatelu *Stellòn*	Butt-horn	
— caput-Medusæ	*Stidda de Medusa*	Shetland argus	Medusenstern
— ophiusa	*— serpentara*	Sand-star	
— rubens	*— russigna*	Cross-fish	Rother Meerstern
Buccinum echinophorum	*Castagna di mari*	Purple whelk	[(Stella rosa)
— galea	*Brognu, Vrognu*	Helmet-shell	
— gibbosulum	*Gobbo di mari*	Hunchback	
— hæmostoma	*Vocca 'nsanguinata*	Red-lipped whelk	
— neriteum			Flaches Kinkhorn
— sabarun	*Vrognu d'arina*	Grey casket	

---

[279]) Interessante Untersuchungen über die Aktinien des Mm. sind namentlich von Rapp und Contarini angestellt. Die bekanntesten sind die durchsichtige, braune, gestreifte, rothe, gefleckte, bunte. Die Seeanemonen haben einen den Aktinien sehr ähnlichen Bau. Vergl. Hartwig, Leben des Meeres. S. 275.

Lateinisch.	Sicilianisch.	Englisch.	Deutsch.
Buccinum Tyrrhenum	Vrognu 'mperiali	Purple whelk, Burret	Rothe Trompetenschnecke
— undatum			Wallhorn
Bulla ampulla	Gunfiata	Obtuse dipper	
— carnea	Vessica di mari	Ovula oder egg	
— Cypræa	Velidda di mari	Common cowry	
— hydatis	Orecchiu	Pillar-lip	Blasenschnecke
— lepida	Squamosa	Orange-coloured dipper	
Cancer arctus	Cicala di mari	Broad lobster	Hummer
— astacus	Gammaru di sciumi	Cray-fish	
— bernardus	Diavulicchiu di mari	Soldier crab	ArtEinsiedlerkrebs
— crangon	Granciulinu	Shrimp	Seegarneele
— cursor			Reiter ($i\pi\pi\varepsilon\acute{\nu}\varsigma$)
— depurator	Granciu di fangu	Cleanser crab	
— gammarus	Granciu	Lobster	Seekrebs
— locusta	Alausta	Spiny lobster	
— mænas	Granciu di rina	Common crab	Sandkrabbe
— pagurus	Granciu fudduni	Hermit	Einsiedlerkrebs
— squilla	Gammaru	Prawn	
Cardium aculeatum	Galli spinusi	Prickly cockle	Stachelstrahlmuschel
— edule	Chiocchiolu a mangi à	Common cockle	Strahlmuschel
— tuberculatum	Frutti d'arena	Sand cockle	Herzmuschel [280])
— unedo	Crocchiula 'ncanalata	Ribbed cockle	
Cellepora spongites	Spongia vitrosa	Fragile hydra	
Chama antiquata	Nuci di mari	Sea-nut	
— bicornis	Ostrica monaca	Sea-cabbage leaf	
— calyculata	Chiocciola spinusa	Scaly clamp	
— cor	Coru di voi	Bull's heart	
— gryphoides	Ostrica russigna	Rock clamp	Gienmuschel
Chiton aculeatis	Scaglia spinusa	Prickly coat-of-mail	
— fulvus	— gialliccia	Tawny coat-of-mail	
Conus Mediterraneus	Ammiraglio	Lake cone	
— monachus	Cappuccinu	Crown-shell	
— rusticus	Ammiraglio giallo	Olive	
— siculus	Cappuccinu beddu	Volute cone	
Corallina acetabulum	Sertolariu	Sea-parasol [line	
— fragilissima	Muscu marinu	Milk-white-coral-	
— officinalis	Alga viva	Vermifuge grass	
— opuntia	Scuteddu di mari	Sea-kidney	

---

[280]) Mit solchen Muscheln ist z. B. ein Springbrunnen in dem Hofe einer antiken Wohnung in Pompeji niedlich eingefasst.

Lateinisch.	Sicilianisch.	Englisch.	Deutsch.
Cypræa lota	*Ciprignu*	White tooth-shell	
— lurida	*Surriceddu*	Sea-mouse	Porzellanschnecke
— moneta	*Ciprignedda janca*	Black-man's tooth	
— pantherina	*Ciprigna stizzata*	Spotted cowry	
— spurca	*Ciprigneddu*	Sea-louse	
Dentalium artalis	*Occhi duru*	Lake tooth-shell	Zahnschnecke
Donax irus	*Arceddu di scogliu*	Rock Venus	
— scripta	*— stizziatu*	Solen od. razor fish	
— trunculus	*— giarnusu* [281])	Sea-wedge	Dreieckmuschel
Doris argo	*Carciofu di mari*	Sea-lemon	Nackte Meerschnecke
— stellata	*Carciofulu*	Speckled sea-lemon	
Echinus cidaris	*Rizza a sfera*	Turbaned sea-urchin	Kugelförm. Meerigel
— esculentus [282])	*Rizza carisa*	Sea-egg	Meerigel
— purpureus	*Ficu d'India di mari*	Grey urchin	
— saxatilis	**Castagna di mare*		Meerkastanie
— spatagus	*Rizza spatagu*	Haired sea-egg	
Flustra hispida	*Escara securu*	Sea-mat	
— pilosa	*Milleporu*	White flustra	
— truncata	*Cervunu*	Foliaceous polype	
Gorgonia anti-pathes	*Curaddu niuri*	Black coral	Schwarze Koralle
— coralloides	*— giallu*	Yellow gorgon	
— flabellum	*Albero di mari*	Branched gorgon	
— mollis	*Gramegna*	Coriaceous gorgon	
— nobilis	*Curaddu veru* .	True red coral	Rothe Koralle
— patula	*— schicciatu*	Horny gorgon ·	
— verrucosa [283])	*— puorrosa*	Sea-fan	Gorgonie
— verticillaris	*— Spezzatu*	Sea-feather	
— viminalis	*— Salciosu*	Isis polype	
Haliotis bistreata	*Pateddu a doppie righe*	Ovate ear	Eine Schneckenart vgl. Hartwig, Leb. d. Meeres. 232.
— lamellosa	*— Sfogliatu*	Smooth ear	
— striata	*— Strisciatu*	Wrinkled ear	
— tuberculata	*— reali*	Common sea-ear	Meerohr
Helix decollata	*Lumaca scapezzata*	Sea-slug	
— lacuna	*— surcata*	Whorl	
— limax	*Lippariddu*	Sea-snail	Meerschnecke
Holothuriæ	*Citriolu marinu*	Sea-cucumbers	Seegurke
Holothuria physalis	*Aretusa*	Portuguese man-	Spritzwürmer
— tremula	*Tremante*	Fistularia [of-war	
Isis nobilis			Edelkoralle

---

[281]) Auch *Cozzola* genannt.

[282]) Die Römer assen Seeigel gern, namentlich den Echinus von Misenum.

[283]) Auch *Palma marina* genannt.

Lateinisch.	Sicilianisch.	Englisch.	Deutsch.
Lepas anatifera	*Summuzzaroli*	Duck barnacle	Entenmuschel
— anserifera	*Conca pedata*	Goose barnacle	
— balanus	*Ghiannaru di mari*	Acorn shell	Meereichel
— costata	— *surcatu*	Ribbed barnacle	
— pollicipes	— *murtipedi*	Cornucopiæ	Füllhorn
— rugosa	— *grinzosu*	Wrinkled barnacle	
— tintinnabulum	— *sonante*	Bell acorn-shell	
Mactra corallina	*Truogolu curaddusu*	Smooth mactra	Korbmuschel
— solida	— *marmoreu*	Ribbed mactra	
— stultorum	— *di pazzi*	Gaping tethys	Gelbröthl. K.
Madrepora ananas	*Matripora ananosa*	Starry madrepore	Sternkorallen
— anthophyllum	— *frondosa*	Simple medusa	
— cerebrum	*Piedra cervulosa*	Brain-stone	
— cyathus	*Tazza di nettuno*	Saucer madrepore	
— verrucaria	*Matripora caccia*	Little medusa	
— virginea	— *ianca* [*porru*	White finger	
Medusæ	*Ortica marina*	Sea-nettles	Meernesseln
Medusa aurita	*Campanulu*	Sea-umbrella	
— cruciata	*Medusa a croce*	White-cross medu-	
— infundilatum	— *a imbutu*	Sea-blubber [sa	Blasenmeduse
— marsupialis	— *a bursa*	Sea-purse	
— noctiluca	*Ogghiu a mari*	Sea-lanthorn	Laternenmeduse
— pilearis	*Medusa pilusu*	Hairy blubber	
— pulmo	*Purmonariu*	Eight-arm medusa	Achtarm. Meduse
— vetella	*Escariunu*	Naked-eyed medu-	
Millepora aspera	*Idra rozza*	Erect hydra [sa	Milleporen
— cardunculus	*Cardonu di mari*	Sea-thistle	(Meerdistel)
— cellulosa	*Idra a merlettu*	Lace polype	
— miniacea	*Millepora vermiglia*	Red hydra	
— pumila	*Picciuna di mari*	Shell-sucker	
— reticulata	*Millepora a rete*	Porous millepore	
— truncata	**Zensamin de mar*		
— tubulosa	*Idra maccaronaja*	Parasite hydra	
Murex brandaris	**Bullo maschio*		Stachelschnecke
— cutaceus	*Buccinu pellicciatu*	Coated murex	
— gyrinus	*Ranocchieddu*	Rock frog	
— melongena	*Pirulu*	Pear-shaped murex	
— olearium	*Ranellu*	Oil-jar	
— purpura	*Buccinu purpureu*	Purple whelk	
— puso	*Vessigutu*	Wreath cock	
— Syracusanus	*Buccinu Sicilianu*	Keeled rock	
— trunculus	— *Truncatu*	Knotty rock	Purpurschnecke
Mya arenaria	*Cardinu*	Sand gaper	(*Purpura* d. Alten)
— truncata	*Ascidiu*	Toothed gaper	
Mytilus barbatus	*Nichia varvata*	Bearded mussel	Miesmuschel
— bidens	— *a dui renti*	Double toothed-mussel	

Lateinisch.	Sicilianisch.	Englisch.	Deutsch.
Mytilus hirundo	*Rondinellu*	Swallow mussel	Schwalbe
— lithophagus	*Percia-pietra*	Burrowing mussel	
— rugosus	*Modiuli*	Furrowed mussel	
— vilelia	*Nicchia a vela*	Sea-nettle	Meernessel
— unguis	*Unghianatu*	Claw-mussel	(*urtica*, frz. *ortie de*
Nerita glauciana	*Naticao*	Blind nerite	Neritinen *mer*)
— officinalis	*Valvatu*	Snail nerite	
— viridis	*Concha nivea*	Neritina	
Octopus	frz. *Poulpe*		Achtfüssler
Ophiuris			Schlangenstern
Ostrea crenulata	*Ostreca intaccata*	Little oyster	(Austern)
— edulis	*Crocchiuli*	Common oyster	Gew. Auster
— lima	*Ostreca raschia*	Imbricate oyster	
— maxima	*Pettenu*	Scallop	
— pes felis	*Pettencuru*	Striated oyster	
— pusio	*Picciridda*	Long oyster	
— plicatula	*Ostreca torciuta*	Grey oyster	
Patella atra	*Patedda niuri*	Black limpet	
— cærulea	— *turchina*	Blue limpet	Napfschnecken
— crepidula	*Pianeddu*	Oval limpet	(Napfmuschel,
— flaviola	*Patedda gialliccia*	Yellow slipper	Tellermuschel,
— lacustris	— *di lacu*	Ancylus od. Bonnet	Schüsselmuschel)
— mammillaris	*Frutta di mari*	Striate limpet	
— nimbosa	*Fizzureddu*	Ovate limpet	
— oculus	*Patedda ucchiatu*	Goat's-eye limpet	
— pectinata	— *erpicata*	Wrinkled limpet	Kammmuschel
Pennatula anten-nina	*Pennuzzu*	Spotted sea-pen	Seefedern
— grisea	*Lucioleddu*	Shining sea-pen	
— mirabilis	*Pennuzzu filatu*	Filiform sea-pen	
— rubra	— *russignu*	Variegated sea-pen	
Pholas candida	*Dattoli janchi*	Piercer	Pholaden
— dactylus	— *di mari*	Piddock	Fingermuschel
— stricata	— *Strisciatu*	Ovate pholas	
Pinna marina	*Lana conca*	Wing shell	
— muricata	— *spinusa*	Prickly nacre	
— nobilis	*Pinnula*	Pearly nacre	Perlmutter
— squamosa	*Madre-perna sca-*	Scaly nacre	Steckmuschel [284])
— sacata	*Saccone* [*gliata*	Sea satchel	
Portunus maenas			Gemeine Krabbe
Sepia loligo	*Calamaru*	Ink-fish	Calmar
— octapus	*Ottapedia*	Long-armed cuttle	
— officinalis	*Siccia*	Cuttle-fish	Dintenfisch
— sepiola	*Calamareddu* *Polpo*	Sea-pulp	

---

[284]) Zu der Steckmuschel gesellt sich fast immer der kleine *Pinnotheres veterum*.

Lateinisch.	Sicilianisch.	Englisch.	Deutsch.
Serpula echinota	Verme spinosu	Glabrous sea-worm	Serpulen
— glomerata	Agghiuommeratu	Winding sea-worm	
Sertularia abietina	Pigna di mari	Sea-fig	Sertularien,
— halecina	Cornu di Bove	Horny polype	entsprechen den Kräutern mit ausdauerndem Wurzelstocke,
— misenensis	Acciu di mari	Sea-thread oder bristle	wie die hornartigen Gorgonien den Sträuchern, die Korallen den Bäumen.
— myriophyllum	Musca maritima	Leafy polype	
— pennaria	Sciuru marinu	Sea-tuft	
— thuja	Cellulariu	Bottle brush	
Solen cultellus	Cannulicchiu	Sheath od. razor-shell	Messerheft oder Scheide
— ensis	Cannulicchiu stortu	Scimitar	Säbelmuschel
— legumen			Erbsenschote
— siliqua	Conca niura	Pod	Sandmesserheft
— vagina			Schlammmesserheft
Spondylus gædero-pus	Ostreca spinusa	Prickly oyster	Klappmuschel
Spongia fasciculata	Fasteddu di mare	Sea-bunch	Meerschwamm
— ficiformis	Ficu spognusu	Top-shaped sponge	
— infundiliformis	Imbuto di spogna	Sea-funnel	
— officinalis	Spogna comune	Common sponge	Waschschwamm[285]
— tomentosa	Artica marina	Stinging sponge	
Strombus clavus	Brogniumi	Trumpet shell	
— pes pelicani	Conca piegaru	Cormorant's foot	
— tuberculatus	— torta	Sea-screw	Schraubenschnecke
Tellina cornea	Foglia dura	Pandora	Tellinenarten
— digitaria	Arceddu	Lucina	
— donacina	Faccia di rosa	Rayed tellen	
— gargadia	Rematoru	Toothed tellen	
— leporina	Fimbriu	Thetis	
Teredo clava	Verme di legnami[286]	Clavated borer	Schiffsbohrer
— navalis	Vergale marina	Ship-worm	Bohrwurm
Trochus conulus	Cunieddu	Top-shell	Kreiselschnecke
— divaricatus	Stregòne di mari	Camisole	
— perversus	Cunieddu a manu manca	Left-handed top	
— striatus	Guscio di mari	Channelled cami-[sole	Kreiselschnecke
— varius	*Caraguol tondo		
Tubipora flabel-laris	Nodo di mari	Depressed nereis	Pfeifenkoralle
— pinnata	Alcyone di mari	Erect nereis	
— serpens	Pietra sertolaria	Tubular coral	Röhrenkoralle

---

[285]) Die Schwammfischerei als Gewerbe ist beinahe ganz in den Händen der Griechen, besonders der Einwohner von Kranidi bei Nauplia, von Kalymnos, Syme, Leros und andern Inseln.

[286]) Das italienische Volk nennt sie *Brume*, in Venedig *Bisse dei legni*.

Lateinisch.	Sicilianisch.	Englisch.	Deutsch.
Tubularia cornu-copiæ	Pennà di mari	Tubular coralline	Röhrenkoralle
— fistulosa	Salce di mari	Bugle coralline	
— indivisa	Alga di vermi	Grey tubularia	
Turbo clathrus	Curnicchi di mari	Wreathed turban	
— littoreus	Lumaceddu	Peri-winkle `	Herzmuschel
— rugosus	Occhi di S. Lucia	Screw-winkle	Rauher Rundmund
— sanguineus	Lumacedda russigna	Purple wreath	
— terebra	Curnicchiuli	Auger turban	
— turritella	Turbu stortu	Staircase-shell	
Venus cancellata	frz. Clovis		Venusmuschel
— exoleta	Bagatteddu	Zigzag Venus	(Lieblingsspeise
— tigerina	Conca bedda	Tropical Venus	der Provençalen)
— verrucosa	Vongulu	Rough Venus	Rauhe Venus-muschel
Voluta mitra	Turricula granulata	Mitral volute	(Rollenschnecke)
— oliva	Ruolo oliva	Olive-shell	
— rustica	La Trenga	Cylinder	(Walzenschnecke)
— tornatilis	Tornuteddu	Creeping olive	
Zoanthus	Sciuri viri	Animal flowers	Seenessel

Als Handelsartikel sind noch die Schwämme und der Bernstein zu erwähnen. Erstere werden besonders im Archipel, an den syrischen Küsten und an einigen Punkten der afrikanischen Küste gefischt. Gelber Bernstein oder Agtstein, durchsichtiger als der baltische, ist in der Nähe des Aetna und besonders an der Mündung der Giarretta häufig.

Wir schliessen diesen Abschnitt, in welchem wir eigentlich noch des kleinsten Lebens im Ocean, der Rhizopoden, Foraminiferen, Amöben, Diatomaceen und anderer Infusorien, hätten Erwähnung thun sollen, mit einer Schilderung der unterseeischen Gefilde an der sicilischen Küste, wie sie De Quatrefages entwirft und Dr. G. Hartwig in sein „Leben des Meeres" aufgenommen hat.

„Die Oberfläche des Wassers, eben wie ein Spiegel, erlaubte dem Auge, in unglaubliche Tiefen einzudringen und die kleinsten Gegenstände zu erkennen. Getäuscht durch diese wunderbare Durchsichtigkeit, begegnete es mir öfter in den ersten Tagen, eine Annelide oder eine Meduse ergreifen zu wollen, die nur einige Zoll von der Oberfläche herumzuschwimmen schien. Alsdann lächelte unser Bootsmann, griff nach einem an einer langen Stange befestigten Netz und tauchte es zu meinem grossen Erstaunen tief ins Wasser hinein, ehe es zu dem Gegenstand gelangte, den ich mit der Hand fassen zu können glaubte. Diese wunderbare Klarheit brachte einen andern Irrthum von lieblicher Wirkung hervor. Ueber den Vordertheil des Bootes gelehnt, sahen wir Ebenen, Thäler und Hügel vorübergleiten, deren Abhänge bald nackt, bald mit grünen Wiesen bekleidet, oder wie mit bräunlichem Strauchwerk bedeckt, uns an die Ansichten des festen Landes erinnerten. Unser Auge unterschied die geringsten Unebenheiten der aufgehäuften Felsblöcke, tauchte mehr als hundert Fuss tief in senkrechte Abgründe und überall zeichneten sich die Undulationen des Sandes, die scharfen Kanten des Gesteins, die Büschel von Seegewächsen mit so staunenswerther Deutlichkeit ab, dass wir die Wirklichkeit darüber vergassen. Zwischen uns und diesen lieblichen Bildern sahen wir nicht mehr die trennende Flüssigkeit, die sie wie eine Atmosphäre umhüllte und uns auf ihrem Rücken trug. Es war, als ob wir im leeren Raume schwebten oder wie Vögel aus hoher Luft auf eine reizende Landschaft hinabschauten. Seltsam gestaltete Thiere bevölkerten diese unterseeischen Räume und verliehen ihnen einen eigenthümlichen Charakter. Fische, isolirt wie die Sperlinge unserer Haine, oder truppweise versammelt wie unsere Tauben oder Schwalben, irrten zwischen den grossen Steinblöcken umher, durchstöberten das Dickicht der Seepflanzen und schossen pfeilschnell davon, sowie unser Kahn über sie hinwegglitt, Coryophyllien, Gorgonien und tausend andere Polypen entfalteten ihre belebten Blumenkronen und waren kaum von den echten Pflanzen zu unterscheiden, deren Zweige sich mit ihren Aesten verflochten. Ungeheure dunkelblaue Holothurien krochen auf dem Sande oder erklommen mühselig, ihre Fühlfädenkrone hin und her bewegend, die Felsen, während in ihrer Nähe granatrothe Seesterne ihre fünf Arme regungslos ausstreckten. Mollusken schleppten sich langsam fort, während Krebse, riesigen Spinnen ähnlich, in schrägem und eiligem Laufe sich an sie stiessen oder sie auch wohl mit ihren furchtbaren Scheeren ergriffen. Andere Crustaceen, mit unsern Hummern und Graneelen verwandt, spielten im Seetang, suchten einen Augenblick das reine Himmelslicht an der Oberfläche ihres Elements und verschwanden dann wieder plötzlich, durch einen einzigen kräftigen Schlag ihres Schwanzes in ihre düstern Schlupfwinkel. Unter diese Thiere, wovon die meisten uns an wohlbekannte Formen erinnerten, mischten sich andere Arten, welche Typen angehören, die sich niemals in unsere kältern Breiten verirren: Salpen, seltsame Mollusken, farblos wie Glas, die, zu langen Ketten zusammengereiht, schwimmende Kolonien bilden; grosse Beroen, lebendigem Schmelzwerk ähnlich; Diphyen, deren Durchsichtigkeit so gross, dass sie nur mit Mühe von dem Wasser zu unterscheiden sind, in welchem sie sich fortbewegen; Stephanomien endlich, belebte Kränze aus Krystall und Blumen geflochten, die, noch zarter als letztere, bei ihrem Verwelken verschwinden und nicht einmal ein Wölkchen im Gefässe zurücklassen, welches sie noch vor Kurzem fast gänzlich erfüllten."

V.

Die Atmosphäre über dem Mittelmeer.

§. 1. Meer und Atmosphäre in ihrer Wechselwirkung.

Wir betrachten, indem wir zu den atmosphärischen Erscheinungen übergehen, zunächst die geologische Einwirkung der Winde auf dieses Binnenmeer. Wenn sich auch hier eben so wenig, wie bei den Strömungen jene wunderbare Regelmässigkeit zeigt, wie sie uns in der Nähe der Palmengürtel und der Tropen und ebenso wieder in den Polargegenden entgegentritt, so lässt sich doch auch in den Winden und in der Verdunstung und dem Niederschlag, die vorzugsweise durch sie bewirkt werden, [287]) ein sehr bestimmtes Gesetz erkennen.

Sowohl die Menge des aus der Atmosphäre dem Meere zugeführten Niederschlags, als die durch Evaporation demselben wieder entzogene Wassermenge muss einer genauern Untersuchung unterworfen werden, wenn man über die Beziehung zwischen den oceanischen Gewässern und der Atmosphäre ins Klare kommen will. Diese Untersuchung führt uns aber vor Allem zu Halley's Theorie zurück, die noch immer unter allen Studien über das Mm. höchst bedeutend dasteht und um so mehr wenigstens eine gedrängte Wiederholung verdient, als sie sich nicht bloss als geistreich erwiesen hat, sondern auch durch die Erfahrung bewährt wurde.

Halley ist mit seiner ausserordentlichen Geistesschärfe und mit seinem wunderbar vielseitigem Wissen einer der Riesen in Literatur und Wissenschaft, welche am Ausgang des 17. Jahrhunderts stehen.

---

[287]) Wir verweisen in Bezug auf dieses Thema vor Allem auf Maury's phys. Geographie des Meeres, namentlich auf das 10. Kapitel. Nach demselben sind die über das Mm. hinstreichenden Winde ausserordentlich arm an Dämpfen. Das Warum wird ebenda erklärt.

Wir müssen ihm stets mit Achtung und Ehrerbietung nahen, selbst wenn wir seine Meinung nicht theilen können. Jedenfalls kann er das Verdienst entschiedenster Originalität in vollem Masse beanspruchen und es würde unklug sein, ohne starke Gründe gegen ihn Opposition zu machen. Seine Aufsätze über die vermöge der Sonnenwärme aus der See aufsteigenden Dünste sind in den Philosophical Transactions und in dem ersten Bande der Miscellanea Curiosa abgedruckt. Nach gewissen aus Experimenten hergeleiteten Annahmen behauptet Halley, dass „je 10 Quadratzoll der Wasseroberfläche täglich einen Kubikzoll Wasser hergeben und jeder Quadratfuss eine halbe Weinpinte, jede Fläche von 4 Fuss Seite eine Gallone [288]; eine Quadratmeile (engl.) 6914 Tonnen [289]), ein Aequatorgrad (= 69,2 englischen Meilen) im Quadrat [290]) wird 33 Millionen [291]) Tonnen in Wasserdampf verwandeln und wenn man das Mm. 40 Grade lang und 4 breit schätzt, indem man für die Stellen, wo es breiter ist, jene in Rechnung stellt, wo es enger wird — und ich glaube so wenigstens richtig zu rathen (ghess, wie Halley schreibt) — so ergeben sich 160 Quadratgrade, also 761760 engl. Statute-Miles [292]) im Quadrat an Meeresfläche und demgemäss muss das ganze Mm. durch Evaporation während eines Sommertages wenigstens 5280 Millionen Tonnen verlieren." Dies hält er für eine bedeutende Masse, so klein sie auch den von ihm angestellten Versuchen gemäss angegeben wird. Er fügt hinzu: „Und dennoch bleibt noch eine andere Ursache übrig, welche nicht wohl in eine Regel gefasst werden kann, ich meine die Winde, durch welche die Wasseroberfläche bisweilen schneller „weggeleckt" wird, als sie in der Sonnengluth verdampft, wie denen wohl bekannt ist, welche jene ausdörrenden [293]) Winde, welche bisweilen wehen, wohl beachtet haben." Unser Philosoph geht dann sehr methodisch zu dem, auch durch Figuren veranschaulichten Beweise über, dass wenig mehr als ein Drittel hiervon durch die 9 grossen Flüsse (Iberus, Rhone, Tiber, Po, Danubius, Neister, Borysthenes, Tanais und Nil) dem Meere zurück-

---

[288]) Eine Gallone = $\frac{1}{252}$ Tun = 8 Pints = 277,274 engl. Kubikzoll. Wenn nun 10 Quadratzoll 1 Kubikzoll abgeben, so giebt ein Quadrat von 48 Zoll Seite eigentlich nur 230,4 Kubikzoll, also noch nicht ganz eine Gallone.

[289]) Eigentlich 6914²/₇.

[290]) Eigentlich 69,042² = 4767 statt 4761, dem Quadrat von 69.

[291]) Genauer 32959080.

[292]) Genauer 762672. Uebrigens ist auch diese Angabe, wie wir gezeigt haben, bedeutend zu klein.

[293]) Und zwar auf dem Mm. vorzugsweise, vgl. Anm. 287.

erstattet wird; die Wassermenge der übrigen sei aber so gering, dass
sie nicht in Anschlag komme." Von diesem Standpunkt aus folgert
er mittelst einer nur auf eine Berechnung des Wassers in der Themse
an der Kingston-Brücke begründeten mühevollen Schätzung, dass jene
9 Flüsse nur 1827 Millionen Tonnen während eines Tages an das
Meer abgeben.

Es ist nun zunächst unbegreiflich, wie ein so ausgezeichneter
Rechner, wie Halley ohne Frage war, eine an sich so beifallswerthe
Theorie auf so überaus unvollkommene Data basiren konnte; und es ist
noch unbegreiflicher, dass sie so lange unerschüttert feststehen konnte,
obgleich seine eigene Beweisführung sogleich die Irrthümer in seinen
Vordersätzen und folglich die Unhaltbarkeit der Resultate aufdeckt. Wie
kann man aus der Wasserabnahme, welche ein kleines Wassergefäss,
dem man in England mit Hülfe einer Kohlenpfanne eine Sommertem-
peratur mittheilt, zeigt, auf den Belauf der Verdunstung des Millionen-
mal grössern mittelländischen Beckens irgend glaubliche Schlüsse machen
wollen! Besonders da nicht einmal die Grade der Sommerwärme angegeben werden, ein Hauptpunkt, wie jeder weiss und worüber Halley
selbst sagt, dass der Wärmemesser ihn genau anzeige. Er fand indess
durch die von ihm befolgte Methode, dass von einer 8 Zoll im Durchmesser haltenden Oberfläche in 12 Stunden 0,1 Zoll verdampfen und indem er Sommer und Winter, ebenso wie Tag und Nacht des so fingirten
Mm. zusammenwarf, rechnete er aus, dass dieselbe Schicht von 0,1 Zoll
durchschnittlich in je 24 Stunden verdampfe. Indem er mit dieser
noch sehr problematischen Menge von seiner kleinen Pfanne, in der
selbst das Salzwasser künstlich war, ausging, gelangte er durch streng
richtige Calculation zu den oben citirten Normalzahlen. Aliquando
bonus dormitat Homerus! Ausser dem schlecht in einander greifenden
Räderwerk der Schlüsse liegt der Hauptirrthum so zu sagen in der
Angabe der Kraft, welche die ganze Maschinerie in Bewegung setzen
soll. Die Oberfläche des Mm. ist nämlich nach neuern Messungen und
zwar sicherlich ohne erheblichen Fehler = 1149287 Quadrat Statute
Miles anstatt 761760, so dass die proportionale Quantität der Evapo-
ration — oder Eigenschaft, welche das Wasser befähigt elastische
Dämpfe nach Verhältniss seiner Temperatur zu entwickeln — nach
Halley's eigener Regel sich täglich auf 7966 statt auf 5280 Millionen
Tonnen belaufen würde. Auch darf eine Eigenthümlichkeit der
Binnenseen nicht unbeachtet bleiben, dass nämlich ihre Ufer im
Sommer eine höhere Temperatur als das Wasser zeigen, woraus sich
die schon angedeutete Lufttrockenheit ergiebt; daraus folgt aber

wieder, dass die Evaporation an solchen Orten viel grösser sein muss als die des Oceans unter denselben Parallelen, wo die mit Wasserdampf gesättigte Luft oft mehrere Tage hintereinander fast dieselbe Wärme beibehält.

Da die Halleysche Theorie, sagt W. H. Smyth, für die Physik des Mm. so allgemeine Geltung erlangt hatte, so kam ich auf die Idee, die ganze Frage noch einmal gründlich zu untersuchen. Die letzten an die vom Capitain Gauttier und mir selbst bestimmten Punkte sich anknüpfenden Küstenmessungen sollten dabei der Lösung dieser interessanten Aufgabe förderlich sein. Die Flächenbestimmungen wurden vermittelst rechteckiger Sektionen jeder der Kartenabtheilungen, welche scharf nach den begrenzenden Parallelen [294]) der Länge und Breite ausgeschnitten und dann mit einer empfindlichen Wage gewogen wurden, vorgenommen; da nun die Verdunstung aus der See mit der vom Wasser der Atmosphäre gebotenen Oberfläche in direkter Proportion stehen muss, so folgt, dass jede Insel, jedes Vorgebirge, was nur die Continuität des Wasserbeckens unterbricht, bei dieser Berechnung ebenfalls von Bedeutung ist — ein von Halley ebenfalls nicht beachteter Punkt. Auch die Formation des Ufers, namentlich die auffallend reiche Gliederung der südeuropäischen, die Sonnenstrahlen stark reflektirenden Küsten, kann auf die Evaporationsmenge von Einfluss sein. Ausserdem ist ein anderer wichtiger Faktor bei der Untersuchung — die Tiefe — noch sehr ungenügend bekannt. Smyth sondirte oft mit 1000 Faden, ohne den Grund zu erreichen und weitere Versuche, die grösste Tiefe womöglich zu bestimmen, erlaubten ihm seine beschränkte Zeit und die bewilligten Mittel nicht und daher nahm er in mehrern der folgenden Deduktionen zu einer Viertelmeile [295]), als einer Tiefeneinheit seine Zuflucht, wie ihm dies durch richtige Schlüsse wohl erlaubt war. Danach wurden Tabellen angelegt, aus denen weiter unten Auszüge mitgetheilt werden. Die mittlere Tiefe und mithin auch der Kubikinhalt können in derselben natürlich nur als blosse Schätzungen betrachtet werden und sind daher auch noch in Frage gestellt. Für das asowsche Meer ergiebt sich indess bereits mehr als eine bloss hypothetische Angabe, da man die Grösse seines Kubikinhalts recht wohl annähernd bestimmen kann. Dieses

---

[294]) Ein ähnliches Verfahren des Abwägens solcher Papierschnitzel ist bei der sachsen-altenburgischen Landesvermessung — aber mit sehr zweifelhaftem Erfolg — angewandt worden.

[295]) 60 geographical miles = einem Grade des Aequators, eine solche Meile etwas über 1000 Faden.

Becken.	Gemessenes Gewicht der Sectionen in Grän.	Log.	Oberfläche der Sectionen nach obiger Vergleichung in □ statute miles	Log.	Gemessenes Gewicht des Meeres allein in Grän	Log.	Daraus hergeleitete Meeresoberfläche in □ statute miles
Westliches Becken	518,57	2,7148074	331257	5,5201651	509,20	2,7068884	325272
Adriatisches	91,30	1,9604708	54147	4,7335744	89,06	1,9496827	52819

Meer, welches, wenn sonst Herodots [296]) Behauptung irgend Werth hat, seine Grenzen selbst in der geschichtlichen Zeit weit enger gezogen haben muss, gestattete, da es durchweg gut sondirt ist, eine sehr genaue Vornahme des oben beschriebenen Wägungsprocesses, so dass der Fehler nur noch ˌ0,1 Grän, (ungefähr 7 Quadratmeilen) betragen mag. Die mittlere Tiefe' wurde bestimmt, indem man in 7 verschiedenen Richtungen quer über das Meer fuhr, in kurzen Zwischenräumen auf jeder Linie sondirte und dann das Mittel aller Sondirungen nahm. Das beobachtete Verfahren mag für den gegenwärtigen Standpunkt der Streitfrage wohl genügen. Grössere Genauigkeit, meint Smyth, wäre beim Wägen dadurch erreicht worden, dass man Kartenpapier mit Leinöl und einem Bleipräparat, um sein Gewicht zu vermehren getränkt hätte [297]). Wenigstens ein Beispiel, wie das nebenstehende, mag das Verfahren veranschaulichen.

Einige der Methoden, welche zu den Schlussfolgen, die wir eben geben wollen, führten, weichen von der Halleyschen wesentlich ab. Erstens ist ein Tag eine zu kurze Periode. Ein Jahr sollte als ein Cyclus festgehalten werden, in welchem alle die wechselnden Temperaturen der verschiedenen Jahreszeiten ihren Kreislauf vollenden und sich ausgleichen. Da zweitens der Anfangspunkt der ganzen Rechnung ein Zehntelzoll ist, der während 24 Stunden der Annahme nach verdampfte, so lag gar kein Grund vor, dies lineare Maass zu verlassen, und zu Flüssigkeits- und Gewichtsmaassen — wie Weinpinten und Tonnen — überzuspringen; um so weniger, da alle andern Maasse Längenmaasse sind. Hält man durchaus

---

[296]) Melpomene, 86.

[297]) Jede Ungleichmässigkeit in der Dicke und Masse wäre dann freilich beim Wägen auch wieder bemerkbarer geworden.

an einer Quantitätsbestimmung fest, so wird die weitere Correktur des Ergebnisses, wenn die Beobachtungen später genauere Daten beischaffen sollten, wesentlich erleichtert. Setzt man also 0,1 Zoll in 24 Stunden = 0,000001515150 engl. Statute miles in derselben Zeitlänge und = 0,0005533973 einer Meile in einem Jahre, so ist die Evaporationsmenge hier gleich in Kubikmeilen gegeben. Die Verdampfung muss drittens z. B. bei Alexandrien so bedeutend grösser sein als im asowschen Meere, dass bei der Feststellung des Betrages für jedes Bassin eine Modification der mittlern für das ganze Meer angenommenen Menge nothwendig würde. [298]) Erwägt man daher, dass unter dem Aequator d. h. unter einer vertikalen (oder doch fast vertikalen) Sonne die Evaporation ein Maximum und dass sie am ewigen Eise des Pols fast = 0 sein würde, so kann man ohne grossen Fehler annehmen, dass sich der Betrag nach dem Cosinus der Breite ändert, indem man den Zehntel Zoll in 24 Stunden für die einer Polhöhe von 40° entsprechende Menge ansieht. Nach diesem Princip sind daher die Verdampfungsquanta jedes Beckens gemäss ihrer Entfernung vom 40° der Breite (nach Nord und Süd) modificirt worden und so ergeben sich folgende Resultate:

In englischen Statute miles.

Besondere Theile.	Mittlere geogr. Breite.		Fläche in Quadrat- meilen.	Tiefe in Meilen.	Kubik- inhalt in Kubik- meilen.	Jährliche Evaporation in Kubik- meilen.
Das Westbassin . .	39° 00′		325272	0,9	292744	180,66
Das adriatische Meer	42	30	52819	0,1	5282	28,13
Das levantin. Becken	34	30	518755	0,6	311253	308,84
Der Archipel	37	45	75291	0,1	7529	43,01
Das Marmara - Meer	40	40	4644	0,05	232	2,54
Das schwarze Meer .	43	45	159431	0,107	17059	83,20
Das asowsche Meer .	46	15	13075	0,0079	102,9	6,53
Das ganze Mittelmeer			1149287	0,5518 (mittlere Tiefe)	634201,9	652,91

---

[298]) Wollte man diese Berechnungen zu einem genauen Abschluss bringen, so müsste man ferner noch auf die Winde Rücksicht nehmen, da dieselben gerade über dem Bassin des Mm. einen sehr verschiedenen Charakter zeigen; man vergleiche nur den ausdörrenden Scirocco der südlichen mit den Regenwinden der nördlichen Gestade. Auch desshalb macht sich ein Jahrescyclus der Beobachtungen nothwendig.

Rechnet man nun 69 obiger Meilen auf den Grad, so ergiebt sich:

In geographischen Meilen:

	Fläche in Quadrat- meilen.	Tiefe in Meilen.	Kubikinhalt in Kubik- meilen.	Jähr iche Evapora- tion.	[299])
Das Westbassin . .	15372,0	0,196	3007,555	1,856	1624
Das adriatische Meer	2496,2	0,022	54,265	0,289	188
Das levantin. Bassin	24515,8	0,130	3197,718	3,173	1008
Der Archipel	3558,2	0,022	77,350	0,442	175
Das Marmara - Meer .	219,5	0,011	2,384	0,026	91
Das schwarze Meer .	7534,5	0,023	175,259	0,855	205
Das asowsche Meer .	617,9	0,0017	1,0572	0,067	15,8
Das Mittelmeer . . .	54314,1	0,1199	6515,596	6,708	1013

Schliesslich versuchte Halley auch die auf das Mm. niederfallende Menge des atmosphärischen Niederschlags zu bestimmen. Diese hoffte er dadurch zu erhalten, dass er die von den verschiedenen Flüssen, die in das Mm. münden, demselben zugeführten Tonnen Wassers berechnete. Er nimmt ein halbes Dutzend derselben, schätzt, dass jeder 10mal so viel Wasser als die Themse fortwälzt und findet dann, dass die Evaporation mehr als hinreichend ist, diesem Zufluss zu begegnen. Daher haben sogar einige auf eine unvermeidliche constante Erhöhung des Salzgehalts schliessen wollen, welche endlich Gefahr bringen dürfte. Diese Annahmen sind aber jedenfalls höchst ungenau; die Wassermenge der Flüsse ist zunächst vollkommen falsch angegeben, da der Nil allein [300]) wenigstens 250mal so viel Wasser jährlich in das Meer schüttet, als die Themse; und was die geschätzten Längen der Hauptströme anbetrifft, so ist die Donau 7, der Nil 12³/₄mal so lang als die Themse. Gehen wir von einem so kleinen Elemente wie 0,1 Zoll in 24 Stunden aus, so giebt dies 36,523 Zoll im Lauf eines Jahres, also mehr als die mittlere Regenmenge für die gemässigte Zone der alten Welt, welche etwa auf 34 Zoll geschätzt wird. Der Regenfall in den verschiedenen Gegenden am Mm. zeigt starke Differenzen — besonders wenn man den dem atlantischen Meere sich nähernden Westen mit den dürren Südküsten vergleicht. — Aus vielen Listen kann man aber doch das Jahresmittel derselben so weit

---

[299]) Die Zahlen in der letzten Spalte geben annähernd das Verhältniss an, in welchem die jährliche Evaporation zu dem Kubikinhalt der resp. Meere steht.

[300]) Sehr genaue Angaben über den Nil und namentlich über sein Steigen und Fallen findet man in Dr. Petermann's Mittheilungen, 1855. XII., S. 367.

schätzen, dass man dieses **unter** 20 Zoll angiebt. Danach hätte das verdunstete Wasser, nachdem es dem Ocean 20 Zoll durch Niederschlag wiedergegeben, 16,523 Zoll für eine Landesfläche von gleicher Ausdehnung übrig. Vermehren wir nun noch die 16,523 Zoll Mm.-Regen in Rücksicht auf den mächtigen atmosphärischen Niederschlag, der aus den ungeheuren Dunstmassen, die sich fortwährend vom atlantischen Ocean heranwälzen, hergeleitet werden muss, so ist offenbar, selbst nach den Halleyschen Daten, ein mehr als hinreichender Zufluss für die Gegenden vorhanden, welche zum Gebiet des innern Meeres gehören.

Wenn wir nun schliesslich — wohl mit Grund — annehmen, dass das überflüssige Wasser unserem Meere hauptsächlich durch Evaporation entführt wird, so müssten wir zunächst alles sich hineingiessende Wasser an den Flussmündungen, in der Strasse von Gibraltar und in den Dardanellen messen und dazu den wirklichen gleichzeitigen Regenfall addiren und dann erst würde die Evaporationsmenge genau bestimmt werden können. So viel leuchtet indess schon jetzt ein, dass zur constanten Regelung des Verhältnisses zwischen Zufluss und Abfluss die Natur auch hier ein wunderbar genaues System der Compensation befolgt.

§. 2. Von dem Klima des Mittelmeers und seiner Küsten.

Indem wir nun zur Betrachtung der Winde, des Wetters und anderer atmosphärischer Phænomene übergehen, richten wir unsere Aufmerksamkeit zunächst auf die Temperatur und die durch dieselbe vorzugsweise bedingten klimatischen Erscheinungen.

Wenn wir zuerst die 30 durch Parallelkreise gebildeten Klimata berücksichtigen, in welche die alte Geographie der Dauer des längsten Tages gemäss die Erdhemisphäre theilt, so bemerken wir, dass unser Meeresbecken in das 5te, 6te, 7te mit einer Tageslänge von $14\frac{1}{2}$ bis $15\frac{1}{2}$ Stunden (von $30°\ 18'$ bis $45°\ 32'$ N. Br.) hineinfällt und über das letztere noch etwas hinausragt. [301] Verstehen wir aber unter Klima nach seiner modernen Bedeutung den physischen Zustand des ganzen Beckens und seiner Küsten in Bezug auf Wärme, Feuchtigkeit, Winde und andere Naturkräfte, welche auf unsere Organe merklich einwirken und die Entwicklung des Pflanzen- und Thierlebens in

---

[301] Italiens südlichster Punkt, die Südküste der Insel Malta, hat z. B. eine grösste Sonnenhöhe von $77°\ 42'$ und der längste Tag dauert $14^h\ 25^m\ 44^s$; dagegen steigt unter $47°\ 6'$ die Sonne am längsten Tage, welcher $15^h\ 42^m\ 44^s$ dauert, nur bis zu einer Höhe von $66°\ 24'$.

Land und Wasser fördern, so müssen wir von vornherein, obgleich
das ganze Meer im sogenannten gemässigten Klima liegt, Unterabtheilungen bilden; ausser seiner grossen Längenausdehnung, welche wegen
der schrägen Lage der Isothermen ebenfalls in Betracht kommt, streckt
sich das Meer ja über 16 Grade der Breite, etwa von 30—46° N. Br.
Ein so weites Gebiet ist natürlich vielfachem und starkem Temperaturwechsel unterworfen; denn während an seinen nördlichen Gestaden
schroffe und plötzliche Contraste auftreten und zu gewissen Zeiten
den Norden des schwarzen Meeres fast in ein mittelländisches Eismeer verwandeln, herrscht an einigen Punkten des Südens eine fast
tropische Hitze.   Doch diese Extreme sind nur lokal und die bei
weitem grössere Fläche ist, die an manchen Punkten sehr gefährliche Malaria abgerechnet, wegen ihres gemässigten und gesunden
Klimas, das sowohl von der geographischen als atmosphärischen Lage
hervorgebracht wird, mit vollem Recht seit den ältesten Zeiten hoch
gepriesen worden.

Schon seit Jahrhunderten ist die hohe Wichtigkeit der Meteorologie für den Landmann und Seefahrer allgemein anerkannt und doch
haben die Gesetze, welchen die mannigfachen Veränderungen unserer
Atmosphäre unterworfen sind, eigentlich erst seit Kurzem sich einer
solchen Aufmerksamkeit ausgezeichneter Naturforscher erfreut, wie sie
die Interessen der Menschheit beanspruchen.   Die Meteorologie wird erst
dann unter den positiven physischen Wissenschaften ihre Stelle unbe-
stritten einnehmen können, wenn sie allgemeine Theorien aufzustellen
und vollständiger als bisher zu beweisen vermag.   Dazu bedarf sie aber
einer noch viel grössern Ansammlung sorgfältiger, nach gleichen Principien angestellter und gut geordneter Beobachtungen.   Andererseits
können wir keineswegs behaupten wollen, dass unsere Bekanntschaft
mit dem dünnen und elastischen Medium, in welchem wir leben,
gegenwärtig eine nur geringe und oberflächliche sei.   Im Gegentheil
ist, während die spekulative Physik ihre Pflicht versäumte, mancher
verständige Beobachter, durch den praktischen Nutzen bewogen, rastlos
thätig gewesen und so ohne Theorie wetterkundig geworden.   In der
Neuzeit hat sich nun, was tüchtige principielle Beobachtungen anbetrifft, Vieles geändert; jedes gut geleitete Schiff ist so zu sagen, zu
einer ambulatorischen Warte der Wissenschaft geworden und schon
jetzt zeigt sich, dass selbst die scheinbar so unbeständige und
schwankende Natur der Winde sich gewissen Gesetzen fügt und dass
jede beobachtete Windrichtung sich mit der allgemeinen Bewegung
der Erdatmosphäre im Grossen recht wohl in Zusammenhang bringen

lässt [302]). Unter den veränderlichern Breiten mag dies eine mühevolle, zeitraubende Arbeit sein, da die Schwierigkeiten fast unüberwindlich scheinen; aber das Licht, welches die Moussons, zu denen auch die Etesien, Chelidonien und Ornithien der Griechen gehören, ferner die Passatwinde und Orkane über derartige Untersuchungen verbreitet haben, erweckt in uns die Hoffnung, dass mit der Zeit alle scheinbaren Anomalien ebenfalls ihre Erklärung finden werden. Am klarsten stellen sich schon jetzt die Bewegungen der Atmosphäre auf grossen oceanischen Flächen und namentlich in der Nähe des Aequators und der sich in dieser Gegend und in der Nähe der Wendekreise um die Erde schlingenden und nach dem Sonnenstande gleichsam auf und ab schwebenden Calmenringe dar. Was die allgemeine Circulation unserer Erdatmosphäre anbetrifft, so ist dieselbe im 3ten, 13ten und 16ten Kap. der phys. Geographie des Oceans vollständig dargestellt. Ehe wir nun die Stellung näher betrachten, welche die Atmosphäre über dem Mm. zu dieser grossen Circulation einnimmt, wenden wir uns zunächst zu den vom Adm. Smyth angestellten Beobachtungen. Mit dem redlichsten Bestreben, sagt Smyth, die in grossen Umrissen vorliegenden Gesetze der Atmosphärologie weiter und specieller zu begründen, benutzte ich jede mir gebotene Gelegenheit, an die Stelle flüchtiger Eindrücke und irriger Begriffe die exaktere und zuverlässigere Methodik der jetzt mit gutem Erfolg vorgenommenen Beobachtungen zu setzen. Aber obgleich keine Mühe gespart wurde, so waren doch unsere Instrumente zu mangelhaft und zu wenig zahlreich, um jene Genauigkeit mit ihnen zu erzielen, welche die Wissenschaft jetzt verlangt; wie konnte ich auch im Jahre 1812 vollkommene Barometer, Thermometer nnd Hygrometer ankaufen, wenn volle 40 Jahre später Herr Glaisher, Observator auf der Königl. Sternwarte zu Greenwich, in einem in der Society of Arts gelesenen Vortrage „über die wahrscheinliche Einwirkung der grossen Ausstellung im Krystallpalast auf die Vervollkommnung unserer Mechanik" darüber klagt, dass seine Bemühungen um die Meteorologie durch die auffallenden Mängel und Gebrechen unserer atmosphärischen und eudiometrischen Instrumente und die Unmöglichkeit für den Augenblick bessere herbeizuschaffen wesentlich gehemmt worden seien! [303])

---

[302]) Ueber die Windbeobachtungen selbst und die zweckmässigste Art, sie auf Schiffen anzustellen, findet man Näheres in meiner Bearbeitung der Maury'schen phys. Geographie des Meeres.

[303]) Sollten die besten Berliner, Münchener etc. Instrumente Herrn Glaisher nicht genügt haben?

Im Verlauf seines Vortrages citirte dieser erfahrene Meteorolog eine ihm von dem Cambridger Professor W. H. Miller gemachte Mittheilung, aus der ein Auszug hier eine Stelle finden mag:

„In Bezug auf Barometer hat Shouw ein merkwürdiges Gesetz der Abhängigkeit des barometrischen Druckes von der Breite entdeckt; aber fast jede englische Beobachtung war unsicher wegen der Unzulänglichkeit der Instrumente und der Vernachlässigung der zur Reduktion der Beobachtungen nöthigen Coefficienten, indem viele Beobachter ganz werthlose Instrumente ohne alle Kritik benutzt hatten. Ich habe versucht, mit Benutzung verschiedener englischer Beobachtungen dieses Gesetz zu beweisen. Die 6jährigen Beobachtungen des Capitain Smyth reducirte ich, so gut es anging, doch alle meine Arbeit blieb erfolglos, weil die Instrumente keine Bestimmung der Fehler zuliessen, sondern vielmehr Fehler zeigten, die leider nicht constant waren. Prof. Chevallier zu Durham hatte 6 Jahre lang mit einem theuer bezahlten Barometer beobachtet und um ganz vollständige Beobachtungen zu haben, sogar die Damen in seiner Familie in der genauen Anstellung derselben unterrichtet. Er versuchte die constante Abweichung durch Vergleichung mit einem meiner eigenen Barometer, das Bunton verfertigt hatte, zu erhalten. Der Fehler zeigte sich äusserst variabel und hing, wie sich bei genauerer Untersuchung fand, vorzugsweise vom hygrometrischen Zustand der Atmosphäre ab. Die vom Herrn Goldingham in Madras während 23 Jahren angestellten und in dem kostbaren Bande der ostindischen Compagnie abgedruckten Beobachtungen erweisen sich aus denselben Gründen völlig werthlos. Der Flottenlieutenant Sullivan hat auf den Falklands-Inseln zahlreiche Beobachtungen angestellt, welche aber, derselben Uebelstände wegen, ebenfalls ganz unbrauchbar sind. Dasselbe gilt von Capitain Fitzroy's auf einer wichtigen Station in der Nähe des Cap Hoorn angestellten Beobachtungen."

„Um indessen die ganze vorliegende Streitfrage richtig aufzufassen, muss man wohl beachten, dass meine Barometer und Thermometer den wichtigsten Zwecken, zu denen ich sie brauchte — bei Höhenmessungen die Refraktion der Himmelskörper zu corrigiren und atmosphärische Veränderungen gewahr zu werden, — recht gut entsprechen, und obgleich wir auf den Gegenstand zurückkommen werden, so soll doch hier schon ein für allemal mit Nachdruck versichert werden, dass das Seebarometer trotz aller an ihm gerügten Mängel eine der kostbarsten Gaben ist, welche die Wissenschaft der Schiffahrt dargebracht hat. Freilich hatte ich die Hoffnung gehegt, der Naturphilosophie einen grössern Dienst leisten zu können und hatte dabei manche Gebrechen der von mir benutzten Werkzeuge — zu denen sogar die unvollkommene Theilung der Skala gehörte! —

übersehen. Sicilien, Sardinien, Malta, die ionischen Inseln und Tripoli in Afrika waren die Punkte, wo ich die meisten Erfahrungen sammelte und ich glaubte, dass die an allen Orten, wohin ich nur kam, sorgfältig angelegten meteorologischen Register der Untersuchung wenigstens einige brauchbare Normalpunkte bieten würden. Als mein Freund Prof. Miller mir die 6jährigen Beobachtungen, mit deren Sichtung er sich unendliche Mühe gegeben hatte, zurücksandte, ward ich durch das erwähnte harte Urtheil · weniger in Erstaunen als in Missmuth versetzt. Er fügte noch hinzu: „Ich beabsichtigte Ihre Beobachtungen im Kanal mit den von der königlichen Gesellschaft gleichzeitig angestellten zu vergleichen, aber wurde durch den Bericht abgeschreckt, den Herr Hudson (der assistirende Sekretair) über die sorglose Art erstattete, in welcher die letztern zu jener Zeit angestellt wurden."

„Dennoch schreckte mich diese Niederlage von fernern Bestrebungen keineswegs ab und da jene ganze Reihe von Beobachtungen verfehlt war, beschloss ich diejenigen nochmals zu untersuchen, welche nach meiner Rückkehr nach England (1820) gemacht wurden und schaffte mir neue Instrumente an. Bei der gewöhnlichen Methode, die mittlere Barometerhöhe zu erhalten, ist es für die Genauigkeit der Berechnung unumgänglich nothwendig, dass man sich eine gleiche Anzahl von Beobachtungen welche mit Winden aus entgegengesetzten Richtungen correspondiren, verschafft. Indem ich dies genau berücksichtigte, legte ich mir nach Prof. Miller's Beobachtungsmethode meine Listen an und führte sie vom 7. August 1821, wo ich Sheerness verliess, bis zum 2. August 1824 fort. Durch dies Verfahren gelangte ich zu einem genügenderen Endresultat, nämlich dem folgenden: Die Summe von 1049 Ablesungen am Barometer zwischen den erwähnten Tagen, auf den Gefrierpunkt reducirt, ist 31333,6 Zoll und die Summe der Breiten der Beobachtungspunkte 38578°. Dividirt man also mit 1049, so ergiebt sich: Mittel der Barometerablesungen 29,870″ und mittlere Breite 36° 46′ 33″ (genauer 33,5″). Die Beobachtungen wurden, in Uebereinstimmung mit dem Schiffsdienst, um 8 Uhr Morgens genommen. Nun ist nach Forbes, die tägliche Schwankung in Zollen = 0,1193 (cos. mittl. Breite) $\frac{5}{2}$. 0,0149, und der Druck erreicht sein Maximum um 9 Uhr Morgens; da nun eine Stunde vor dem Maximum einer Stunde nach demselben gleich zu setzen ist, so bleiben noch zwei Stunden bis Mittag oder $\frac{1}{12}$ der täglichen Schwankung, welche, wie folgt, in Rechnung gestellt werden:

$$\text{log cos. lat. } 36° \; 46' \; 33,5'' \; . \; . \; . \; . \; . \quad 9,9036280$$
$$\text{log } (\tfrac{1}{12} \cdot \; 0,1193) \; . \; . \; . \; . \; . \; . \; . \quad 7,9974592$$

$$7,9010822$$

Dazu ist der Nat. Num. $=$ 0,0079631
Mittlerer Barometerstand $=$ 29,870

Für d. Mittag corr. Bar. $=$ 29,862 ...

Um diese Ablesung nach den Normal-Angaben der Instrumente auf dem pariser Observatorium zu corrigiren, nehmen wir das Mittel von 28 am Bord unseres Schiffes „Adventure" zu Sheerness und auf dem Wege von da nach Falmouth gemachten Beobachtungen, bei 0° C. $=$ 29,826; und gleichfalls das Mittel von 28 an denselben Tagen um 9 Uhr Morgens in Paris gemachten Beobachtungen, bei 0° C. $=$ 29,788. Es übertrifft nun der Druck an der Meeroberfläche in der Breite von Paris den am Seespiegel in der mittlern Breite des Weges von Sheerness nach Falmouth beobachteten nach Shouw um 0,015 Zoll. Diese von 29,788 abgezogen, geben 29,773''; und da andererseits der Druck im Observatorium von Paris geringer ist, als am Meeresspiegel in derselben Breite, so müssen wir addiren:

Nach Shouw . .	0.213	29.986	Dies, von 29,826 abgezogen, giebt die verschied. Abweichungen von	.160	Danach, mittl. Barometerst. auf d. Mittelm. corrig. n. d. Par. Barom.	30.022	
Nach Ramond .	.270	30.043		.217			.079
Nach Nivellirungen	.222	29.995		.169			.031
Nach andern N.	.282	30.055		.229			.091

· Da diese Berechnung einen Mittelwerth von ungefähr 30,056 giebt, so glaube ich, dass meine Barometermessungen allerdings ·allgemeinere Vergleichungen zulassen; sie wurden auch selbst beständig verglichen und zugleich mit den Schwankungen des Sympiezometers, eines sehr tragbaren Instruments [304]), in Zeichnungen markirt. Die Thermometerskalen,· obgleich nicht vollkommen, waren doch ganz genügend getheilt und wir bedienten uns der Besten, welche Dollond und· T. Jones zu liefern vermochten. Viel ungenügender war freilich das De Luc'sche Hygrometer; denn Daniell — mein Nachfolger als auswärtiger Sekretair der Königl. Gesellschaft, als ich 1839 nach Wales abberufen wurde, — hatte seine schönen Versuche über die angefeuchteten Kugeln und den Thaupunkt noch nicht veröffentlicht.

---

[304]) Dasselbe besteht bekanntlich im Wesentlichen aus Wasserstoffgas und Oel und ist für jede Schwankung des atmosphärischen Druckes sehr empfindlich.

Obgleich ich mich daher über die Mängel meiner Werkzeuge nicht täusche, so glaube ich doch im Vertrauen auf die den Beobachtungen stets zugewandte Sorgfalt, dass meine meteorologischen Bemerkungen den Schiffern — vielleicht auch Andern — beachtenswerth erscheinen werden, und zwar um so mehr als ich bei der Aufstellung meiner Schlussfolgerungen den grossen Vortheil hatte, alle die Listen des Abbate Piazzi von 1791—1815 im Königl, Observatorium zu Palermo — in der Nähe der mittlern Breite, welche ich angenommen habe, — benutzen zu können."

In seinem 1824 herausgegebenen Werke über Sicilien bemerkt Smyth, dass der mittlere Thermometerstand 62,5° (+ 13⁵⁄₉° Réaum.), der des Barometers 29,8 Zoll und die jährliche Regenmenge = 26 Zoll ist. Das Thermometer steigt an den heissesten Tagen bis auf 90—92° im Schatten (25,7 bis 26,6 Réaum.) und fällt selten unter 36° (+ 1,7 Réaum.), selbst mitten im Winter. Der höchste Barometerstand, den ich bei sehr heiterem Wetter und leichtem Westwind beobachtet habe, belief sich auf 30,47 Zoll und der niedrigste, bei trübem Wetter und SO.-Sturm, auf 29,13 Zoll. Im Jahr 1814 gab es 121 bewölkte Tage; an 83 Tagen fiel Regen; 36 Tage waren neblig, 49 zeigten veränderliches und 159 schönes, helles Wetter. In der von Smyth 1828 über Sardinien veröffentlichten Skizze wird Seite 79 angegeben, dass die Insel zwischen dem 39sten und 41sten Grade nördl. Breite (eigentlich über beide Grenzen etwas hinaus) liegt und obgleich das Thermometer zwischen 34 und 90° F. schwankt, fand er die mittlere Temperatur nach einem Six-Thermometer 61,7°. Da dies aber nur der mittlere in seiner Kajüte in den verschiedenen Häfen und Buchten gefundene Werth war, so untersuchte er die Temperatur einer sehr tiefen und klaren Quelle (44 Fuss) bei Porto Conte in einer 120 Fuss unter der Bodenoberfläche liegenden Höhle und fand sie 60,2° (circa 12,5° Réaum.) Die mittlere Barometerhöhe schien ungefähr 29,69 zu sein; über 30,4 und unter 29,2″ hatte er nicht beobachtet. Eine weitere Untersuchung seiner meteorologischen Listen führt zu dem allgemeinen Schlusse, dass die vorherrschenden Winde aus der Gegend von West bis Nord und die danach häufigsten aus der von Ostsüdost bis Süd wehen; ferner, dass die Frühlingszeit gewöhnlich mild und balsamisch ist bei häufigen Regenschauern, dass die Sommer schwül sind mit gelegentlichen Gewittern, dass der Herbst warm und heiter, gelegentlich auch regnerisch ist, dass endlich der Winter, obgleich bisweilen schön, doch auch regnerisch, stürmisch und feucht sein kann. Damit ist zugleich das

Klima der mittlern Breite des Mm. charakterisirt. Die Uebersicht wird vollständiger gewonnen werden, wenn man den monatlichen Temperaturwechsel für die mittlere Parallele — eine Isotherme zur Vergleichung — so genau als seine Listen sie ziehen liessen, zusammenstellt:

	Max.		Min.			Max.		Min.	
	F.	R.	F.	R.		F.	R.	F.	R.
Januar...	50.1	8.0	44.3	5.4	Juli	79.9	21.3	74.1	18.7
Februar ..	51.5	8.7	46.0	6.2	August...	81.7	22.1	76.0	19.5
März ...	58.5	11.8	50.7	8.3	September .	80.1	21.4	73.5	18.4
April ...	63.6	14.0	61.0	12.9	October ..	77.4	20.2	65.4	14.8
Mai	68.7	16.3	64.0	14.2	November .	69.3	16.6	58.9	12.0
Juni	77.9	20.4	67.6	15.8	December .	60.5	12.7	49.7	7.9

Wir fügen dieser Tafel weitere für den Forscher vielleicht nicht unwichtige Angaben über das Klima verschiedener Stationspunkte am Mm. bei, welche sämmtlich nicht hoch über dem Spiegel des Meeres liegen:

Orte.	Barometer.		Thermometer.		Zoll
	Max.	Min.	Max.	Min.	Regen.
Gibraltar ...	30.90	28.62	23.6	6.6	31.1
Marseille ...	30.55	29.04	21.0	3.8	26.8
Sardinien ...	30.40	29.20	25.8	0.9	27.5
Rom	30.28	28.73	22.4	4.0	30.4
Sicilien.....	30.47	29.13¹	26.2	1.8	26.0
Malta	30.39	28.80	25.9	6.4	15.0
Cephalonia ..	30.32	29.07	26.0	5.1	21.9
Constantinopel.	30.38	29.16	25.8	9.5	31.6
Alexandrien ..	30.16	29.42	26.4	8.8	7.6
Tripoli	30.25	29.50	26.9	8.5	10.0
Algier	30.28	28.99	24.3	4.2	25.6

Nach anderen Beobachtern:

Mittlere Temperatur von Nizza:

	1855.	1856.	1857.
Mai	13,4	12,3	11,9
Juni.....	16,4	16,4	16,8
Juli	19,2	19,4	19,8
August ...	19,2	19,0	18,9
September .	17,0	15,3	17,0
October ..	14,0	12,3	14,1
Mittel	16,5	15,8	16,4

Mittlere Temperatur von

Mailand .	+ 10,56 Ré.
Marseille .	+ 11,52 -
Rom ...	+ 12,40 -
Neapel ..	+ 14,40 -
Algier ..	+ 17,04 -
Cairo ...	+ 18,00 -

Diese Ziffern lassen den atmosphärischen Druck und die Temperatur des innern Meeres, so mannigfache Kräfte hier auch störend einwirken mögen, recht genügend abschätzen. Die Ablesungen an Thermometern in der Sonne sind dabei vermieden. In der That haben diese einen geringen Werth, da sie zunächst nur die Temperatur des Instruments angeben und anzeigen, bis zu welchem Grad sich die zu demselben verwandten Stoffe erwärmen lassen. Was die Berechnung des jährlichen Regenfalls an einem bestimmten Orte anbetrifft, so bietet sie bis jetzt immer noch bedeutende Schwierigkeiten; Einrichtung des Aichmaasses, Fähigkeit und Ausdauer des Beobachters, Höhe und überhaupt Lage des Beobachtungspunktes äussern den grössten Einfluss. Ein recht auffälliges Beispiel bieten in dieser Beziehung die in Gibraltar fast seit einem halben Jahrhundert sorgfältig geführten Listen, in denen die Ziffern für den mittlern jährlichen Regenfall zwischen 14,16 und 62,87 Zollen schwanken; dabei wird versichert, dass im Jahre 1796, als in Gibraltar beinah 63 Zoll fielen, in Madrid — dem Mittelpunkte der castilischen Hochebene — die jährliche Regenmenge nur 10 Zoll betrug. Solche Differenzen an verhältnissmässig einander naheliegenden Punkten sind nicht so ungewöhnlich als man glauben sollte. [305]) Die von den Alpen nördlich von Italien gebildete halbkreisförmige Felsenmauer umgiebt ein Becken, in welches die warmen Südwinde wehen und der Erfolg ist, dass am Südabhang dieses Berglandes durchschnittlich 58 Zoll Regen fallen, während man am Nordabhange nur 35 beobachtet hat; zu Tolmezzo in Friaul, im südöstlichen Theil jener Curve, wo sich die Dünste gleichsam in einem Winkel anhäufen, giebt das Mittel aus 22jährigen Registern sogar 90 Zoll, während die Regenmenge in Venedig — noch nicht 15 Meilen nach Süd-Süd-West — nur 30 Zoll beträgt. Ein ähnliches Verhältniss zeigt sich an den andern Bergketten am Rande des Mm., wo aus denselben Ursachen an mehreren ähnlich gelegenen Punkten doppelte und theilweis noch grössere Regenmengen beobachtet werden, als der mittlere Jahresdurchschnitt sonst erwarten lässt.

So unvollkommen die obigen Beobachtungen noch sein mögen, so haben sie doch für die physische Geographie ihren unbezweifelten Nutzen. Hätte Plinius nur ein paar ähnliche Angaben in seine „Encyclopädie" aufgenommen, so würden wir die oft angeregte Frage, ob

---

[305]) Die grösste jährliche Regenmenge scheint in Sierra Leone an der Westküste Afrika's beobachtet worden zu sein, und zwar nicht weniger als 400 Zoll! Und dennoch sind naheliegende Distrikte verhältnissmässig dürr.

sich die mittlere Temperatur an den Küsten des Mm. verändert habe, leicht beantworten können. Wir hätten wenigstens für eine Reihe von · 1800 Jahren Haltpunkte, an welche sich weitere Untersuchungen anknüpfen liessen. — Was das syrische Klima anbetrifft, so hält man es allgemein für erwiesen, dass dort keine erhebliche Abänderung der mittlern Temperatur seit 3000 Jahren eingetreten ist. Man stützt diesen Beweis auf den Umstand, dass die Israeliten die Dattel und den Weinstock in Canaan, ganz ebenso wie noch heut zu Tage, gedeihen sahen. Arago behauptet nun, dass selbst eine unbedeutende Abänderung der mittlern Wärme eine von beiden Pflanzen unfehlbar vernichtet haben würde, da der Wein nicht gedeiht, wo die mittlere Jahrestemperatur über 23° Réaum. steigt und umgekehrt die Dattel diese Temperatur verlangt. Diese Beweisführung würde vortrefflich sein und die Natur in Ermangelung physikalischer Werkzeuge gleichsam als Thermographen benutzen, aber Arago's Zahlenangaben sind offenbar etwas zu hoch, da z. B. der Dattelbaum um Tripolis bei einer mittlern Jahreswärme von 75,35° F. (19,27° Réaum.) vortrefflich gedeiht. Dass um Cairo Datteln in Menge reifen, ist bekannt. Das Klima Unter-Aegyptens kann aber, da nicht abzusehen ist, was auf die Atmosphäre in jenem Thale auffallend einwirken könnte, nach David Brewster's Formel T = 81,5 (mittl. Temp. am Aequator) $\times$ cos. lat. gewiss ziemlich genau auf 70,56° F. (17,14° Réaum.) festgestellt werden. [306]) Dass Datteln und Weinstöcke neben einander im Thale des Jordan gedeihen, wird Niemand bestreiten, aber eben so wenig, dass das dortige Land schroffe Gegensätze von Berg und Thal zeigt, welche natürlich eine höchst verschiedene Flora bedingen. Ueberdies wird der Dattel in der Schrift nirgends als einer essbaren Frucht gedacht und es möchte doch sehr fraglich sein, ob man je an demselben Orte Wein gekeltert und Datteln gesammelt hat.

Es lässt sich jetzt nicht bestimmen, in welchem Verhältnisse die neuern Resultate der Klimatologie zu denen der alten stehen würden, wenn uns aus jener systematische Aufzeichnungen und Erörterungen meteorologischer Thatsachen überliefert worden wären. In Ermanglung der letztern erscheint es aber bedenklich, die Vegetation z. B. Italiens wie ein natürliches Thermometer bei der Untersuchung zu benutzen. Wir müssten dazu vor allen Dingen die Identität der

---

[306]) Nach einer neueren Angabe beträgt sie für Cairo 18° Réaum. Es ist auch wahrscheinlich, dass lokale Einflüsse die Temperatur dort etwas über die theoretisch berechnete Zahl erhöhen, während z. B. am asowschen Meere die mathematische Berechnung eine etwas zu hohe Zahl geben würde.

Gewächse selbst constatiren und genau wissen, w o sie eigentlich gewachsen. Das einstimmige Zeugniss vieler klassischer Autoren, das Aussehen verschiedener Gegenden, die grössere Milde der neuern Winter
und der gegenwärtig oft bemerkte frühere Eintritt der Ernte führen zu
dem Schlusse, dass der Süden Europas jetzt wärmer ist, als damals,
wo Cæsar den Wechsel der Jahreszeiten so sorgfältig aufzeichnete.
Die neuern meteorologischen Forschungen haben allerdings sehr geistreich nachgewiesen, dass während einer Periode von 2000 Jahren die
mittlere Temperatur des ganzen Erdballs noch nicht um den 300sten
Theil eines Grades Fahr. abgenommen hat; aber es lässt sich schwer
entscheiden, wie weit lokale Veränderungen ihren Einfluss ausgeübt haben
mögen. Dass für Griechenland und Italien historische, aus dem Alterthum überlieferte Momente in dem Naturleben einzelner Gegenden mit
dem jetzigen Zustand häufig nicht stimmen, ist gewiss und von den
tüchtigsten Geographen längst besprochen. Landstriche, welche ehedem
von Fruchtbarkeit strotzten, liegen jetzt völlig kahl und verödet — und
keineswegs immer aus Mangel an Cultur und Bewässerung, — über anderen, welche ehedem ziemlich gesund waren, ist die Atmosphäre so
verpestet, dass sie alle Bewohner verscheucht hat. Was die Meinung
anbetrifft, dass nach der völligen Entwaldung der Apenninen die
Kälte in einem grossen Theile Italiens merklich zugenommen habe,
so lässt sich dagegen anführen, dass die alten meteorologischen Angaben der Accademia del Cimento [307]) aus der Zeit Galileo's mit den
heutigen ganz wohl stimmen, dass aber die Apenninenwaldungen
grossentheils erst nach Galileo's Zeit geschlagen worden sind.

Die Alten sprachen ganz entschieden von den durch strenge
Winterkälte in Italien, Griechenland und Kleinasien hervorgebrachten
Wirkungen, wie man sie in späterer Zeit kaum wieder bemerkt
hat; [308]) von Herodot an bis Ovid erzählten die Alten von der fast
unerträglichen Strenge des Klima's zwischen dem Euxinus und Gallien.
Namentlich der letztere jammert über seine Leiden in Tomi. [309])

---

[307]) Das schon 1589 erfundene Thermometer wurde freilich erst 1724 durch
Fahrenheit vervollkommnet und zu einem zuverlässigen Instrumente gemacht.

[308]) In den Jahren 860, 1234, 1490, 1621, 1709, 1789 froren die Lagunen
bei Venedig zu. Im letztern Jahre (l'anno del giazzo) ging man 16 Tage lang zu
Fuss von Mestre nach Venedig, und alle Feigenbäume erfroren. Weitere Angaben
findet man in Martens Italien I., 315. Berghaus Allgem. Länder- und Völkerkunde
I., 233.

[309]) Nur ein paar Stellen zum Belege:
     ... Dreimal ward der Ister zur Eisbahn,
     Dreimal des schwarzen Meers Welle zu starrendem Eis;
ferner Tristien III., 10. 34. Septem assurgit in ulnas.

Strabo erzählt von den Reisen über das Eis des schwarzen Meeres. Herodot und Cæsar stimmen darin überein, dass die Winter damals in Gallien so streng waren, dass die Flüsse gewöhnlich zufroren. So unzuverlässig auch sonst einige geographische Angaben derselben sein mögen, so ist diese wohl kaum zu bezweifeln. Columella, der unter Claudius über den Ackerbau schrieb und zuerst von Weinstöcken in Gallien spricht, sagt unter Anderem: Ich habe erfahren, dass viele erwähnenswerthe Schriftsteller davon überzeugt sind, dass sich im Lauf der Jahrhunderte die Beschaffenheit und der Zustand der Atmosphäre verändert haben;... denn Saserna schliesst in dem Werke über den Ackerbau, welches er hinterlassen hat, auf eine Veränderung der Atmosphäre aus dem Umstande, dass gewisse Distrikte, welche früher für Wein- und Olivenbau wegen der anhaltenden Strenge des Winters nicht geeignet waren, jetzt reiche Weinlesen und grosse Massen von Oel hervorbringen, da das Klima milder und wärmer geworden ist. (Colum. I. 1.) Ob dies das Resultat der Regelung der Flussbetten, der Austrocknung der Moräste, der Bodenkultur, der Ausrottung der Wälder [310]) oder zufälliger Ursachen gewesen, wissen wir nicht; aber die Thatsache steht unerschütterlich fest.

Wenn wir die Abänderung des mittelländischen Klimas weitern Untersuchungen unterwerfen, so können wir füglich von dem mitten in diesem Gebiete liegenden Rom ausgehen. Was nun Rom betrifft, so bezeugen sowohl Naturforscher als Dichter die Strenge des dortigen Winters. Plinius der Aeltere [311]) spricht davon, dass, wer seine Bäume und Saaten lieb habe, gern sähe, dass der Schnee lange liegen bleibe. [312]) Eine Stelle bei Plinius dem Jüngern, [313]) welche Arago bei der Schätzung der mittlern Temperatur der Stadt Rom benutzte, erzählt von der tuskulanischen Villa des Briefschreibers, dass die Winter dort streng und kalt seien, so dass Myrthen, Oliven und überhaupt die anhaltende Wärme verlangenden Bäume dort nicht blühen wollten; aber die Laurus [314]) wachse dort in grosser Vollkommenheit;

---

[310]) Mit dieser scheint die Abänderung des deutschen Klimas allerdings zusammenzuhängen.

[311]) Nat. Hist. XVII., 2.

[312]) So fiel z. B. 270 v. Chr. in Rom der Schnee wirklich mehrere Fuss hoch, und blieb 40 Tage lang liegen.

[313]) Lib. V., epist. 6.

[314]) Der Lorbeer der Alten war wohl die Laurus nobilis des Linné, nicht die Prunus lauro-cerasus. Auch sie unterscheiden übrigens schon zwei Arten, die delphische (seu triumphalis) und die cyprische, von denen nur die letztere Beeren trug; vergl. Cato R. R. 8. u. 133. Plin. XV., 30. 39.

doch bisweilen — wenn schon nicht öfter, als in Rom — würden auch sie durch die Strenge der Jahreszeit getödtet. Wenn ferner Aelian (XIV., 29.) Vorschriften giebt, wie man, während das Wasser mit Eis bedeckt ist, Aale fangen könne, und dabei offenbar auf italienische Gewässer hindeutet, so dürften im modernen italienischen Sport solche Regeln sehr lächerlich erscheinen. [315]) In neuerer Zeit ist z. B. die Tiber nie zugefroren und wenn es in Rom schneit, so wird der Winter schon für sehr streng gehalten, wenn der Schnee 2 Tage liegen bleibt.

Wenn wir auch noch mehr Zeugnisse für die Strenge des Winters den Dichtern entlehnten, so wissen wir recht wohl, dass man geneigt ist, selbst diese hohen Kältegrade vorzugsweise der glühenden Phantasie der Dichter, die gern übertreibt (man vgl. den in Tomi fröstelnden Ovid) anzurechnen.   Solche Uebertreibungen wollen wir selbst keineswegs wegläugnen, aber eben so bestimmt müssen wir behaupten, dass dergleichen poetischen Ausmalungen doch gewisse Thatsachen zu Grunde gelegen haben müssen. „Doch wenn der traurige Winter den Fels sogar durch die Kälte Sprengt, und durch Eis einzäumet den Lauf der Gewässer..‟ könnte Virgil (Georg. IV., 135.) wahrlich nicht vom Galesus (unweit Tarent) singen, wenn das Flüsschen nicht zugefroren wäre.   Haben sich nicht die von der Isis begeisterten römischen Frauen am Morgen fracta glacie in die Tiber getaucht? Räth nicht Virgil wiederholt in seinem so vielfach auf feinster Beobachtung beruhenden Gedicht vom Landbau, dass man die Heerden gegen das Eis und den Schnee des Winters schützen möge? Eifert nicht Horaz, der allerdings nicht gern lange in Rom verweilte, häufig gegen die durch Schnee und Eis schmutzigen und durch Getöse und Rauch unerträglichen Strassen der ewigen Stadt? [316]) Ein paar wichtige Stellen lesen wir auch in den Epigrammen Martials (VIII., 14. u. 68.) wo der Rath ertheilt wird, Pflanzen durch eine Art Fensterscheiben, die den Sonnenschein durchlassen, vor der Winterkälte zu schützen. Aehnliche an unsere Gewächshäuser erinnernde Einrichtungen erwähnt Plinius 19., 5. 23.

---

[315]) Der Po ist allerdings z. B. 822, 1133, 1216, 1234, 1315, 1325, 1334, 1709 zugefroren; aber dass die Chroniken dies als ein merkwürdiges Phänomen erwähnen, zeugt eben für die Seltenheit des Ereignisses. Im Winter 1858 hat das Arnoeis einige Tage getragen.

[316]) Dass der Aufenthalt auch in der alten Zeit dort keineswegs gesund war, sucht Dr. Hawkins in seinen Medical Statistics, in welchen er als das mittlere Lebensalter der eigentlichen Römer nur 30 Jahre angiebt, zu beweisen.

Aus allen diesen Stellen der Alten lässt sich wohl folgern, dass das Klima in den erwähnten Gegenden gegenwärtig etwas gemässigter oder gleichmässiger geworden ist, möglicherweise aus lokalen Ursachen, vielleicht auch wegen einer Richtungsveränderung in den Hauptströmungen der Atmosphäre. Die Grade werden sich freilich nie genau angeben lassen. Von solchen partiellen Abänderungen des Klimas wird übrigens auch anderwärts berichtet. So sagt z. B. der General-Direktor der spanischen Bergwerke, Mr. Bowles in den Philosophical Transactions von 1766 (S. 230):

„72 Q.-Meilen (engl., also nicht ganz 3½ geogr. Q.-M.) dieses Hochlandes in der Nähe der Ebroquelle bilden das höchste Plateau in Spanien; die Berge steigen bis in die Schneegrenze hinein; ich sehe von meinem Fenster in Reynosa aus am 4. August 1766, während ich diesen Brief schreibe, Schnee liegen. Vor einigen Jahren pflegte so viel Schnee zu fallen, dass die Leute sich förmlich durchgraben mussten, um in die Kirche zu gelangen; aber seit dem Erdbeben zu Lissabon ist wenig Schnee gefallen und einige Jahre überhaupt gar keiner. Ich bin überzeugt, dass sich seit demselben das Klima in vielen Theilen Spaniens verändert hat; so hat z. B. niemand vor dem Jahre 1756 Schnee in und um Sevilla fallen sehen oder davon von Aeltern oder Grossältern erzählen hören."

Einige Tage Frost gelten jedenfalls in der mitten durch die mittlere Breite des mittelländischen Seebeckens gehenden Isotherme für strengen Winter, der Schnee thaut längs den Küsten gewöhnlich binnen wenigen Stunden und das Klima muss im Allgemeinen für höchst angenehm und gesund erklärt werden.

Ob das Klima allerorts, namentlich an der italischen Küste noch so gesund sei, wie früher, ist freilich nicht so leicht zu behaupten. Die italienischen Aerzte pflegen eine Abnahme der Heilsamkeit des Klimas nirgends zugeben zu wollen, indem sie alle für die Zuträglichkeit desselben sprechenden Umstände sofort ins hellste Licht setzen und höchstens eine Schwankung in der mittlern Wärmemenge zugeben. Um zu beweisen, dass das Klima Roms von den ältesten Zeiten bis auf den heutigen Tag sehr gesund gewesen sei, pflegen sie eine Stelle aus den Fragmenten von Ciceros Büchern de republica zu citiren. Cicero sagt dort im 6ten Kapitel des 2ten Buches, das Romulus für die Stadt in einer ungesunden Gegend einen der Gesundheit zuträglichen Ort ausgewählt habe. [317] Danach hätte Rom besessen, was

---

[317] Locumque delegit et fructibus abundantem, et in regione pestilenti salubrem: colles enim sunt, qui quum perflantur ipsi, tum afferunt umbram vallibus.

Latium fehlte. Aber Strabo versichert uns weit vorurtheilsfreier und unbefangener, dass die Lage der ewigen Stadt durch die Nothwendigkeit, nicht durch freie Wahl bestimmt wurde; und wenn sie auch viel gesünder gewesen sein mag, als sie jetzt bekanntlich ist, so erscheint uns doch die salubritas loci sehr problematisch, wenn wir die Alten so häufig über Krankheiten in Rom klagen hören, wenn wir von den vielen Tempeln, Altären, Statuen und Münzen zu Ehren des Apollo, Aeskulap, der Salus und Hygieia lesen. Was die umliegende Campagna anbetrifft, so schreiben über die noch heute dort beobachtete höchst schädliche Luft schon Strabo, Martial, Cato, Seneca, Galen. Varro räth dem Besitzer eines dort in ungesunder Gegend liegenden Landgutes, dasselbe um jeden Preis loszuschlagen oder geradezu zu verlassen. [318])

Schon im 2ten Abschnitt unseres Werkes ist auf die ungesunde Beschaffenheit der Luft an vielen Punkten der Küste wiederholt aufmerksam gemacht und eine Reihe von Ortschaften und sonst trefflichen Häfen angegeben worden, wo heftige intermittirende Fieber jeden Sommer in Folge der Malaria [319]) aufzutreten pflegen. Da diese Sumpffieber, wie erfahrene Aerzte versichern, fast ein Fünftel der Bewohner der Mittelmeerküsten dahinraffen oder wenigstens im höchsten Grade entkräften, so sei es uns gestattet, diese Geissel hier noch etwas näher ins Auge zu fassen.

Obgleich die Aerzte die Wirkungen der Malaria recht wohl kennen, so ist ihre geheimnissvolle Natur und ihr Ursprung bis jetzt noch nicht genügend aufgehellt. Man weiss noch nicht, ob sie ein atmosphärisches Agens — vielleicht Schwefel- oder Kohlenwasserstoffgas — ja nicht einmal, ob sie überhaupt luftförmig der Atmosphäre beigemischt ist. Nur so viel steht zunächst fest, dass sie Reis- und Flachsniederungen, Moräste und Teiche mit ihren Fiebern heimsucht; auffallender Weise zeigt sie sich aber bisweilen ebenso entschieden an kahlen und offenbar dürren Orten. Man hat wohl mit Recht vermuthet, dass die ausdörrende Kraft der Atmosphäre, die unter gewissen lokalen Verhältnissen auf's äusserste gesteigerte Verdunstung, wie sie durch das Verhältniss des Thaupunktes zu der Lufttemperatur ausgedrückt wird, diese Plage mit erzeugt. Sumpfluft zeigt, wie man annimmt, die Malaria an; aber wenn schon solche üble Ausathmungen

---

[318]) Circumfusus aër atque corruptus plurimas affert corporibus nostris causas offensarum. Columella 1, 4.

[319]) Ein wichtiges Werk ist in dieser Beziehung Dr. Macculloch's Essay on Malaria 1827.

warnen, sollte man doch noch tiefer nach dem eigentlichen Gifte
forschen. Dass die Luft über schlammigen Lagunen nicht immer
schädlich sei, sieht man daraus, dass die Aalfänger bei Venedig mitten
im Sumpfe wohlgenährt aussehen, ja dass sogar aus der ganzen Umgegend von der Auszehrung bedrohte Jünglinge hingeschickt werden,
um als Fischer und Encheliophagen zu genesen und zu erstarken;
umgekehrt ist es noch keineswegs ausgemacht, dass ein Miasma seine
schädlichen Eigenschaften verliere, wenn man demselben seinen übeln
Geruch nimmt.

Dass die Malaria in ihren bösen Einwirkungen höchst launen-
und räthselhaft auftritt, ist kein Grund in der Beobachtung und Nach-
forschung nachzulassen. Man erzählt allen Ernstes von Städten, in
welchen eine Strassenseite von dem Miasma zu leiden hat, während
die andere davon verschont bleibt; von Strassen, in welchen nur
einzelne Häuser von der Malaria frei sind, von Kasernen, in welchen
einzelne Räume gesund, andere immer von Kranken angefüllt sind.
Die letztern Fälle lassen sich noch am ersten aus rein lokalen Ursachen erklären. Bisweilen hat man bemerkt, dass das Miasma sich
aus seinem Morastbett auch über die angrenzenden höher liegenden
Gegenden verbreitet, alles afficirt, was mit ihm in Berührung kommt,
aber sich zugleich so verdünnt und zerstreut, dass es in der Höhe
viel von seinem bösartigen Charakter verliert. Ueber Thälern zeigt
sich die Wirkung etwas anders; während der Sommernächte werden
die am Tage aufgestiegenen Dünste zum Theil wieder niedergeschlagen
und indem sie denen, welche einige Zeit nach Sonnenuntergang noch
aufzusteigen versuchen, begegnen, concentriren sich die beiden giftigen
Gase. So kann sich hier leicht eine äusserst gefährliche Luftschicht
bilden, welche nach der Jahreszeit und der Prädisposition der ihrem
Einfluss ausgesetzten Körper mehr oder weniger verderblich wirkt.
Dieser unsichtbare Feind wird auch durch den Wind weit fort geweht
und verdirbt so die Luft in sonst nicht ungesunden Gegenden, deren
Malaria somit nur von den Bewegungen der Atmosphäre abhängt.
Am entschiedensten zeigen sich diese giftigen Einwirkungen vom
Sommersolstitium bis zu den Herbstnachtgleichen, wo Fieber, Krank-
heiten der Eingeweide und allgemeines Uebelbefinden die Anwesen-
heit des Feindes bezeugen. Die einzelnen Aerzte versichern, dass in
solchen Zeiten Epidemien und Viehseuchen bei der Sektion dieselben
Erscheinungen entzündlicher Affektion zeigen. Die Einwirkung der
Malaria wird am Tage nicht eben gefürchtet, da alle Emanationen
durch die Sonnenstrahlen zerstreut werden; der Abend aber verursacht

die meisten Fieberanfälle, noch mehr als die Mitternacht, wenn die giftige Ausdünstung sich vollständig am Erdboden condensirt; desshalb sind auch Schlafräume in den obern Stockwerken dem Krankheitsstoffe am wenigsten ausgesetzt. Die Zeit des Schlafes ist überhaupt den Angriffen des Miasma besonders günstig, da sowohl die Ermattung des Körpers, als der besondere Zustand der lokalen Nachtluft hier mitwirken. Aus der Verdorbenheit der Magensäfte entsteht Ueberfluss an Galle und daraus sehr leicht bösartiges Fieber, dessen entferntere Ursache freilich in den in der Atmosphäre schwebenden Stoffen zu suchen ist. Da übrigens die durch die Malaria herbeigeführten Krankheiten in der Geschichte mit der Pest verwechselt worden sind, so wird es nicht unpassend sein, auch diesen bösen Feind, der den Küsten des Mm. manchen launenhaften Besuch abgestattet hat, etwas näher zu betrachten. Mehrere Stellen in der Bibel beweisen, dass die Pest schon in uralter Zeit den südöstlichen Winkel des Mm. heimgesucht hat. Auch die ältesten griechischen Dichter thun einer ähnlichen Seuche Erwähnung. Eine wirklich klassische Beschreibung der orientalischen Pest hat bekanntlich Thucydides gegeben. 72 nach Chr. herrschte sie in Jerusalem während der Belagerung und wir sehen sie öfter von Kleinasien, überhaupt von den Rändern des levantinischen Beckens aus, durch Europa, besonders durch die südlichen Halbinseln, ziehen, bis die Quarantänen um 1680 die Verheerungszüge der Seuche auf ein engeres Terrain beschränkten. [320]) Die Pest ist übrigens, so oft sie sich auch (wie z. B. noch 1816 in Noja im Neapolitanischen und gegenwärtig in Ben-G'asi) an den Gestaden des Mm. gezeigt hat, so wie die Cholera, eigentlich asiatischen Ursprungs. Dass man mancherlei ungewöhnliche, namentlich typhöse Fieberkrankheiten mit ihr verwechselt hat, beweisen viele Stellen. Livius erzählt (XXV., 26.), dass 212 v. Chr. eine Pest das punische Heer ganz, das römische zum grossen Theil dahinraffte; es erscheint aber höchst wahrscheinlich, dass die Herbstmalaria in der an sich äusserst ungesunden Ebene des Anapus die vollgedrängten Lager mit ganz besonderer Heftigkeit angriff; [321]) sie war auch schon vor Hippocrates und Himilco's Zeit den Athenern eben so gefährlich, wie in neuerer Zeit einigen zu leidenschaftlichen Jagdfreunden unter den englischen Flottenoffizieren. Als die Franzosen unter dem un-

---

[320]) Genaueres, namentlich über die Ansteckungs- und Quarantänenfrage findet man im United Service Journal No. 49. u. 51.

[321]) Eine ähnliche Krankheit mag die in Rom und der Umgegend 208 v. Chr. ausgebrochene Pestilenz gewesen sein, welche nicht sowohl den Tod, als langwierige Krankheit nach sich zog. S. Liv. XXVII., 23.

glücklichen Vicomte de Lautrec das ganze Königreich Neapel, die
Hauptstadt und Gaëta ausgenommen, überschwemmt hatten, bezogen
sie unvorsichtiger Weise ein Lager bei Bajæ — einer von endemi-
schen Fiebern fortwährend heimgesuchten Gegend — und die Folge
war, dass ihr Heer von 28,500 auf 4100 Mann reducirt wurde. Ein
kläglicher Rückzug war die Folge; unter den Opfern der Seuche befanden sich der Marschall de Lautrec selbst, ferner der Prinz de Vau-
demont und viele andere angesehene Personen. Als nach der Schlacht
bei Tschesmê (Quell) 1770 die Russen Herren des ganzen Archipels
wurden und sich also jeden Hafen darin auswählen konnten, bestand
der Graf Orloff trotz alles Abrathens darauf, den Hafen Naussa auf
Paros zum Quartier und Depot seiner Streitmacht zu wählen. Er
musste für seinen Starrsinn schwer büssen, denn der ganze Zweck
der Campagne wurde verfehlt, da fast das ganze Heer erkrankte und
der grösste Theil der Soldaten und Seeleute dahinstarb. Mit ähnlicher
Unvorsichtigkeit wurde 1812, während die Engländer das ihrer Flotte so
günstig gelegene Sicilien besetzt hielten, drei oder viermal nacheinander
durch verschiedene Abtheilungen ein Punkt zwischen Cap Rasaculmo
und dem ungesunden Dorf Spadafora in der Telegraphenlinie zwischen
Messina und Milazzo besetzt; dann erst gab man den Punkt auf, als
30 Mann durch die Malaria hingerafft waren, vor welcher die Eingeborenen den allzu pflichteifrigen Stabsoffizier gewarnt hatten. Solche
Fälle sind wirklich beklagenswerth, um so mehr, da die Nachbaren so
gefährliche Punkte gewöhnlich recht wohl kennen und sie dem
Fremden als solche bezeichnen.

Wenn man einige entschieden ungesunde Küstenstriche [322]) ab-
rechnet, so muss man aber das Klima des Mm., wie schon gesagt,
im Allgemeinen für äusserst gesund erklären. Wenn schon es wegen
seiner ziemlich feuchten Atmosphäre für Lungenkranke nicht so zuträglich sein mag, wie die Aerzte versichern und überhaupt der starke
Temperaturwechsel für Kranke gefährlich werden kann, so zeigt sich
doch im Allgemeinen nirgends eine grosse Sterblichkeit. Am besten
belegen dies z. B. die auf der im Mm. stationirten englischen Flotte
in den 7 Jahren 1830 bis 1836 geführten Listen. Wir geben in
dieser Beziehung einen Auszug aus Dr. Wilson's Bericht über den
Gesundheitszustand der Flotte und bemerken, dass die Zahlen auf 1000
Mann mittlerer Stärke berechnet sind.

---

[322]) Von den allgemein bekannten pontinischen Sümpfen haben wir bereits oben
(S. 31) gesprochen. Man vergl. noch v. Martens, Italien I., 242. und besonders 279.
Sie sind in der neuesten Zeit nicht gefährlicher als mancher andere Küstenstrich.

Hauptkrankheiten.	Total-summe der Erkrankungen in 7 Jahren.	Jahres-verhältniss der Anfälle auf 1000 Mann.	Total-summe der Todesfälle.	Jahres-verhältniss der Gestorbenen auf 1000 Mann.
Fieber	4681	84.0	98	1 8
Organische Gehirnkrank-heiten	113	2.0	42	0.8
Lungenentzündung . .	1742	31.3	54	1.0
Leberentzündung . . .	403	7.2	12	0.2
Entzündung d. Verdauungs-organe	142	2.5	13	0.2
Lungenschwindsucht . .	285	5.1	105	1.9
Blutauswurf	147	2.6	3	—
Ruhr	742	13.3	18	0.3
Bösartige Cholera . .	96	1.7	22	0.4
Delirium tremens . . .	64	1.1	6	0.1
Syphilis	2771	49.9	—	—
Gonorrhœa	1451	26.0	—	—
Geschwüre	3969	71.2	6	0.1
Wunden und Unglücksfälle	12415	222.9	101	1.8

§. 3. **Wind, Wetter und andere atmosphärische Erscheinungen.**

Wir gehen von dieser Skizze einer Klimatologie des Mm. zu einer nähern Betrachtung der atmosphärischen Erscheinungen, namentlich zu den Winden über.

Die neuern meteorologischen Untersuchungen Dove's, Daniell's, Howard's, Maury's und anderer haben bekanntlich zu dem Schlusse geführt, dass die Erde — einige Calmenringe, in denen andere Verhältnisse eintreten, und welche vom Monde aus betrachtet auch anders erscheinen dürften, abgerechnet — von 2 Schichten der Atmosphäre umgeben ist, deren Beziehungen zur Wärme verschieden sind und die wegen der starken Temperaturunterschiede an den Theilen der Kugeloberfläche, welche sie zunächst berühren, Zustände des Gleichgewichts haben, die mit einander ganz unvereinbar sind. Hieraus und aus der rotatorischen Bewegung des Erdballs entsteht nun ein System gegen einander kämpfender Strömungen, der Entwicklung von Gasen, und der Ein- und Gegenwirkung wegen Verschiedenheit der Temperatur und Dichtigkeit. Während diese Luftschichten sich aber fortwährend neben und selbst durcheinander hindrängen, streben die ruhigen Processe der Verdunstung, der Condensation und des Niederschlags dahin, die

Temperaturen auszugleichen und das Wetter zu regeln. Sehr schön und mit dankbarem Aufblick zu dem allgütigen Walten der Vorsehung sagt hierüber Daniell: „Durch allmählige und fast unmerkliche Ausdehnungen wird das Gleichgewicht der atmosphärischen Strömungen gestört, Stürme brausen daher und die See erhebt sich zu gewaltigen Wogen; so wird jene Stagnation des Luft- und Wassermeeres verhindert, die für das animalische Leben verhängnissvoll sein würde. Aber die Kraft, welche wirkt, ist in ihrem Verhältniss wohl gemessen und berechnet; die Ursache, welche die Störung hervorbringt, enthält zugleich eine sich selbst controlirende Kraft in sich und der Sturm, indem er seiner Gewalt freien Lauf lässt, setzt doch selbst seiner eigenen Wuth die gehörigen Schranken." Die Winde, welche wir unmittelbar fühlen, sind freilich von Kräften abhängig, die an oder in der Nähe der Erdoberfläche wirken und gehören als kleine Theile zu einem kleinern System der Compensation, während die grossartigen Strömungen des Luftoceans, in dem wir leben und weben, nur selten unmittelbar mit dem auf dessen Grunde herumwandelnden Menschen in Berührung kommen. Nur wo sich gewaltige Gebirgswälle erheben, oder wo kein Hinderniss die Grundform des Erdballs unterbricht, können wir diesen Strömungen selbst begegnen. Schon diese Vorbemerkung deutet darauf hin, dass die Verschiedenheit und der Wechsel der Witterung von der Formation der Erdoberfläche wesentlich abhängt und dass wir, wenn wir jetzt wieder an das Becken des Mm. herantreten, zunächst einen Blick auf die Topographie der Küsten, die es umgeben, der Inseln, die sich aus ihm erheben, werfen müssen.

Westlich von unserem Meere thürmen sich die Pyrenæen und die Berge Granada's an dem selbst sehr hoch liegenden Plateau Castiliens auf und üben einen bedeutenden Einfluss auf die Continuität der über sie hinfliessenden Luftströmungen aus, besonders da die riesige Kette des Atlasgebirges im Süden so nahe liegt, dass sie meteorologisch wie eine Fortsetzung derselben angesehen werden kann. Danach setzen diese Einwirkung die hohen Gipfel Majorka's, Corsika's und Sardiniens fort. Zieht man den Gesichtskreis so weit, so stellen sich von der Mitte des Beckens sogar die Alpen und Apenninen, so wie die Zweige des Hämus und Pindus als Glieder ein und derselben grossen Bergkette dar. Man kann die Kette in Sicilien, ein abgebrochenes Glied derselben sogar in Malta beginnen lassen; sie schlingt sich dann durch Italien und Genua, legt sich um Piemont und das Becken des Po und streckt sich an der andern Seite des adriatischen Meeres hin, bis ein Zweig in den Marmorfelsen des Cap Sunium und der andere im Balkan an den Gestaden des Euxinus endet. Der Zusammenhang der Luftbewegung erstreckt sich dann ohne Zweifel noch weiter über das kleine Hochland Morea's, welches mit den steilen Abhängen des Tænarus endet. An der Ostseite wirken ähnliche Einflüsse von dem Kaukasus und den Taurusketten her, vereint mit dem Athos, dem Ida, Takhtahlu, Libanon und den hohen Spitzbergen Cyperns, Candias und anderer Inseln der Levante. Die grossen Grundpfeiler aller klimatischen Verhältnisse sind die geographische Breite und die Erhebung über den Meeresspiegel. Die Wärme nimmt um so mehr ab, je höher wir uns in der Atmosphäre erheben und in jeder Breite erreichen wir bald einen Punkt, wo die mittlere Temperatur sich auf 0 feststellt. Durch die Untersuchung der durch den Wechsel der Temperatur hervorgebrachten Differenz der Luftdichtigkeit, kann man die Abstufung dieser Wirkungen überall klar nachweisen. Es folgt ferner, dass, da die Bergketten zu beiden Seiten des Mm. zwischen dem 30sten und 47sten Grad der Breite liegen, die Schneelinie oder untere Grenze ewigen Frostes — nur zwischen 7000 und 11000 Fuss schwanken kann — ein theoretischer Schluss, der mit allen wirklich angestellten Beobachtungen vollkommen übereinstimmt. [323])

Nachdem wir so einen Ueberblick gegeben, wollen wir auf die Erklärung oder Bestimmung einiger der daraus hervorgehenden Fälle meteorologischen Wechsels eingehen, wie entfernt wir hier auch noch von einer vollständigen Durchforschung der Ursachen und Wirkungen sein mögen. Eine Thatsache hat sich zunächst aus allen Untersuchungen herausgestellt, dass nämlich die Temperatur an den Küsten des Mm. gleichmässiger ist als weiter landein; ferner dass einige der vorherrschenden Winde mit ziemlicher Sicherheit vorher verkündigt werden können. In ihrer Richtung, Stärke, ihrem Wechsel und ihrer Temperatur bleibt freilich noch so viel Schwankendes zurück, dass

---

[323]) Für die Meeresfläche unter dem 46—47° berechnet sich die mittlere Jahrestemperatur auf 12°. Die Schneegrenze folgt bekanntlich weniger der Linie der Isotherm-Kurven des ebenen Landes, als den Beugungen der Linien gleicher Sommerwärme (den Isotheren). Für die Pyrenäen giebt v. Humboldt die Schneegrenze auf 8400 Fuss, für den Kaukasus auf 10200 Fuss, für die Alpen auf 8220 Fuss an. Am Ararat steigt nach Parrot die Schneegrenze bis auf 12696 Fuss, am Kasbek 9882 Fuss, am Elbrus 10362 Fuss; der nach Washington's Messung 10692 Fuss hohe Gipfel des Miltsin im Atlas ist doch mit ewigem Schnee bedeckt. Die Sierra Nevada reicht bei 10680 Fuss Höhe ebenso wie der Aetna mit seinem Gipfel (10203 Fuss) in die Schneeregion. Zwischen 42 und 43° liegt die Schneelinie am Apennin unter 8934 Fuss. Wie scharfe Gegensätze bietet demnach das Klima in den heissen Fruchtgärten Andalusiens und der darüber ragenden Sierra, in den Küstenstrichen Neapels und den Abruzzen, in den subtropischen Thallandschaften Siciliens und den Eisregionen der Aetnaspitze!

man an der Aufstellung eines allgemeinen Drehungsgesetzes verzweifeln
würde, wenn man nicht überzeugt wäre, dass in der Physik der Erde
nichts zufällig ist. Fügt man dazu die glänzenden aus der Untersuchung der Winde am Aequator und in der Nähe der Wendekreise
gewonnenen Resultate, so kann man wohl hoffen, dass unsere Kenntniss aller atmosphärischen Erscheinungen jenseit der Wendekreise sich
einst noch wesentlich vervollkommnen wird und dass man namentlich
bald genau wird angeben können, woher eigentlich alle die Hauptströmungen in der über dem Mm. lagernden Atmosphäre kommen. [324])

Wir gehen von diesen allgemeinen Andeutungen zunächst zu
einigen bestimmten Thatsachen über, aus denen erhellen wird, dass
der Seefahrer im Mm. derselben Vorsicht und Aufmerksamkeit als in
anderen Meeren bedarf. Schönes Wetter herrscht auf diesem Seebecken vor; aber zum Heil der umwohnenden Bevölkerung ist unser
Meer nicht so ganz der ewig heitere, spiegelglatte, tief himmelblaue
Binnensee, wie ihn die Verse manches Dichterlings abmalen. Wer
eine beständig heitere Seelandschaft erwartet, wird sich also gewaltig
täuschen; er wird im Gegentheil selbst in den griechischen Meeren
Naturscenen begegnen, welche er wohl kaum im Norden des Euxinus
erwartet hätte. Doch schauen wir uns zunächst nach den Winden
um. Die vorherrschenden drehen sich von West durch Nord bis
Nordost und zwar mit wenig Unterbrechung fast 8 Monate lang, am
gleichmässigsten im Sommer. Im Februar, März und April begegnen
wir vorzugsweise Südost- und Südwestwinden, aber ihr Charakter
wechselt sehr mit der Lokalität und ihr richtiger Strich, so wie ihre
Geschwindigkeit sind bisher oft mit offenbarer Ungenauigkeit registrirt
worden. Indem der Seemann von Hauptwinden spricht, pflegt er
häufig, anstatt den Windstrich anzugeben, von dem von Gibraltar
ostwärts wehenden Winde zu sagen, dass er das Mm. hinauf und umgekehrt, wenn er von Osten kommt, dass er abwärts wehe. Obgleich
die Winde in ihrem allgemeinen Charakter denen Nordeuropas ähneln,
so zeigen sie doch jedenfalls in ihrem Auftreten, ihren Folgen und
ihren lokalen Eigenthümlichkeiten eine bei weitem grössere Verschiedenheit. Namentlich die Winde mögen daher auch zu dem altgeogra-
phischen Begriff der genau von Breitenkreisen begrenzten Klimate und
zu der Ansicht geführt haben, dass sie sich dem Einfluss und den
Kräften der aufeinander folgenden atmosphärischen Temperaturen fügten.
Da sie natürlich für die Segelschiffahrt von der höchsten Bedeutung

---

[324]) Man vergl. hierzu das 13. Kap. der phys. Geogr. des Meeres.

sind, so sollten ihre Schwankungen ebenso, wie dies durch Maury's rastlose Bemühungen namentlich für den atlantischen Océan jetzt bereits erreicht ist, für das Mm. noch genauer studirt und ihr Zusammenhang mit dem Seebarometer stets nachgewiesen werden. Wir theilen hier zunächst die Resultate der wichtigen langjährigen Beobachtungen W. H. Smyth's mit.

Zwischen dem Cap St. Vincent und Spartel sind die Südwestwinde die unangenehmsten. Ein heftiger Wind wird durch das Fallen des Barometers sicher vorherverkündet. Diese Stürme wurden in den frühern spanischen Kriegen von unerfahrenen Seeleuten sehr gefürchtet, welche durch ihr unerwartetes Auftreten oft in grosse Bedrängniss geriethen. Es geht ihnen immer ein Hohlgehen der See mit langen Wellen vorher und sie beginnen im Allgemeinen mit einer Brise zwischen Süd und Südsüdwest, aus welchem Strich der Wind 5 — 6 Stunden fortweht, obgleich die See von Westen her fluthet. Die vor Cadiz kreuzenden und mit jenem Hafen nicht bekannten Schiffe pflegten dann besonders die Gefahren der Bänke von San Lucar zu fürchten, die noch bedeutend übertrieben wurden. Durch diese Angst wurden sie veranlasst, nach der Meerenge zu steuern, während doch die Gefahr gerade am Eingang dieser Strasse am grössten ist, da sich hier Bänke und Riffe mit ganz unzuverlässigen Sondirungen befinden. Wenn man dagegen, sobald das Quecksilber den Sturm verkündet, sich westwärts hält, während der Wind aus Süden kommt, so kann man, die Abtrift mitgerechnet, westwärts Bord gewinnen.

Der äussere Hafen von Cadiz, wo die verbündeten Geschwader während der Belagerung der Stadt durch den Marschall Victor vor Anker lagen, ist der von Westwinden hineingetriebenen Deining sehr ausgesetzt. Aber der stärkste Sturm in dieser Gegend ist der Solano oder der „Levanter" (Ostwind) der Piloten zu Gibraltar. Obgleich er über Land kommt, ist er doch so heftig, dass er das portugiesische Sprichwort: „Quando con Levante chiove, las pedras muove" rechtfertigt, nach dem er den Kies mit sich fortreisst. Diesem Winde geht ein eigenthümliches Nebelwetter und eine klebrige Feuchtigkeit vorher, vielleicht in Folge verringerter Luftelektricität. Der Himmel ist mit dem Cirrostratus, den das Gewölk beim letzten Viertel zu bilden pflegt, angefüllt und das Quecksilber sinkt allmählig immer tiefer. Mittlerweile hüllen parasitische Wolken, wie sie die Meteorologen nennen, die Berge von Medina Sidonia ein und die Luft wird rauh und schneidend. Das scheinbar festlagernde Gewölk ist in der That nur ein Produkt des herabfahrenden und sie zerstreuenden Sturmes; jeden Augenblick wird es zerrissen und getheilt, sammelt sich aber eben so schnell wieder, indem der Dunst von dem herannahenden Strom niedergeschlagen und von dem forteilenden zerstreut wird. Der Solano tritt nun aus OSO. bis SSO. ein, denn es ist nicht der eigentliche Levanter der Mittelmeerfahrer, welcher innerhalb der Strasse direkt aus O. weht, beim Sonnenaufgang kühlt, bei ihrem Untergang sich legt und um Mittag gewöhnlich am stärksten weht. Ein fürchterlicher Solano wüthete am 27. März 1811. Die Barke „Milford", unfähig, ihm selbst mit ihrer trefflichen Mannschaft Trotz zu bieten, wurde nur dadurch vom Abtreiben in See gerettet, dass sie sich hinter das Hintertheil der Fregatte „Undaunted", dem äussersten Schiffe in der Bai, legte, wo der Commandeur derselben, der jetzige Vice-Admiral Richard Thomas, Ankertaue auf ein Signal von Sir Richard Keats ausgestochen hatte, an denen wir [325]) uns festlegen konnten. Am Morgen des 28. bot die Bai ein merkwürdiges Schauspiel des Aufruhrs und der Verwüstung dar mit Anzeichen der Noth und des Unglücks nach allen Richtungen; überall sah man Spieren und Waaren herumschwimmen. Es ergab sich, dass während der Nacht 53 Kauffahrteischiffe an den Felsen und unter den Wällen von Cadiz gescheitert und dass mehr als 100 beschädigt waren. Hätte man auf der englischen Flotte das Herannahen des Sturmes nicht im Voraus bemerkt und sich darauf vorbereitet, so hätte auch diese gewiss vielfachen Schaden gelitten, während ihr nur 4 Kanonenboote verloren gingen und der „Basilisk", eine Kanonenbrigg, von den Ankern gerissen und in die offene See verschlagen wurde.

Dass die Winde in der Strasse von Gibraltar entweder von dem West- oder Oststrich des Horizonts (hinab oder hinauf) zu wehen pflegen, ist schon seit undenklichen Zeiten bemerkt worden; die Formationen der Küsten zu beiden Seiten geben eine sehr in die Sinne fallende Erklärung dieser Erscheinung. Von diesen Winden veranlasst der Ostwind als der heftigere durch seine plötzlichen Stösse und Wirbel oft viel Ungemach in der Bai, wie er denn auch an den Küsten stets rauh und unangenehm auftritt. Daher nennt Señor Ayala, der spanische Geschichtsschreiber von Gibraltar, den Ostwind den „Tyrannen der Strasse" und den West ihren „Befreier". Im December 1796 überfiel ein starker Levanter die britische Flotte in Gibraltar und zwang sie nicht allein, ruhig zuzuschauen, wie Villeneuve's Geschwader westwärts durch die Strasse entkam, sondern trieb auch,

---

[325]) Smyth commandirte nämlich die Barke.

während der „Gibraltar" (80) und der „Culloden" (74) sich nur mit
Mühe und Noth retteten, den „Courageux" von den Ankern los und
gegen den Affenberg an die Küste der Berberei. Der zu einem wahren
Orkan angewachsene Wind zerschmetterte bei dichtem Nebel das
Kriegsschiff und 465 Mann der Besatzung kamen um. Die Grund-
takelage leidet bei diesen nicht seltenen Stürmen gewöhnlich sehr.
Ein besonders heftiger zu Anfang des Jahres 1822 trieb mehr als 40
Schiffe auf den Strand und der mit grossen Kosten erbauete neue
Hafendamm an der Rosia-Bai wurde fast ganz weggespült. In dem-
selben Sturme gingen viele Menschenleben bei Livorno verloren und
der Hafen bei Genua wurde nebst seinen Dämmen arg beschädigt.

Innerhalb des Mm. herrschen, wie schon erwähnt, die Winde
aus der Nord- und Westgegend vor; aber ihre Dauer und Stärke sind
um die Zeit der Nachtgleichen ausserordentlich unsicher, um welche
Zeit der Wind selten plötzlich ohne gleichzeitigen Regenfall oder
wenigstens eine Bildung von Regenwolken wechselt; denn es kommt
selten vor, dass der neue Wind genau von derselben Temperatur ist,
als der, welchen er verdrängt. Solcher Wechsel ist im Frühling
häufig und die Piloten der Gegend hegen die Meinung, dass Frühlings-
stürme, welche sich am Tage erheben, heftiger sind, als die in der
Nacht entstehenden. Smyth lässt das dahingestellt sein, kann aber aus
langer Erfahrung dem umsichtigen Seefahrer versichern, dass wirklich
gefahrdrohendes Wetter ihn nicht leicht plötzlich überfallen wird, ohne
dass er vorher hinlänglich gewarnt würde; da aber das Barometer,
selbst vor ziemlich starken Stürmen, nur um wenige Linien variirt,
so muss er auf die von demselben gebotenen Anzeichen sehr sorgfältig achten. Als allgemeine Regel lässt sich aufstellen, dass, wenn
das Quecksilber auf 29.40 Zoll fällt, böses Wetter im Anzuge ist;
besonders wenn sich zugleich dunkle rundliche Wolken in Massen
zeigen oder wenn nach heiterem Wetter ein düsterer Nebel sich über
den Himmel breitet. [326])

---

[326]) Es mag vergönnt sein, hier noch einige wohl nicht unbegründete Wetter-
regeln zusammenzustellen. Wenn kleines Gewölk zunimmt, so beweist dies, dass
ihr Gewicht ihr Aufsteigen verhindert und zeigt somit Regen an; während grosses
Gewölk, wenn es abnimmt und also in der Sonnenhitze verfliegt oder durch Winde
zerstreut wird, uns schönes Wetter verkündet. Deshalb kündigen Cirrostratus und
Nimbus, da ihr zerrissenes Ansehen das Fortschreiten der Condensation beweist, mit
Sicherheit Regen an; ein ungewöhnliches Funkeln der Sterne deutet auf Feuchtigkeit
der Luft, während ihr stetiger Schein und Flecken Nebels Trockenheit anzeigen.
Wenn die Sonne beim Auf- oder Untergang die Luft gelblich färbt, so enthält die
Luft viel Dünste; ein röthlicher Farbenton der Atmosphäre deutet auf Heiterkeit.
Ein farbiger Hof um den Mond ist ein Anzeichen grosser Luftfeuchtigkeit, sowie ein

Smyth machte es namentlich durch stetes Achten auf den Stand des Barometers möglich, sein Schiff „Adventure", trotzdem dass er sich der Aufnahme wegen vorzugsweise in der Nähe wenig bekannter Küsten, Klippen und Bänke hatte aufhalten müssen, welche die Schiffer sonst fliehen, im October 1824 ganz unversehrt nach Spithead zurück zu bringen.

Fahren wir weiter an der spanischen Küste hin, so begegnen wir einem Klima, welches im Sommer gewöhnlich schön und trocken ist und dem Beobachter den Vortheil bietet, von Regen und Feuchtigkeit frei zu sein; im Allgemeinen ist es freilich kein Vortheil zu nennen, dass ein wolkenloser Himmel sengende Dürre hervorbringt und durch dieselbe Menschen und Thiere quält und die Vegetation oft ganz vernichtet. Im Winter sind die von den Bergketten herabwehenden Stürme und Windstösse oft sehr heftig. Dieses Ungestüm bemerkt man in der Nähe der Pyrenæen besonders an dem östlichen Abhange, wo man an einigen Felsabhängen recht deutlich erkennt, wie das Wetter an ihnen gewüthet haben muss. Der Südwind weht, den Winter ausgenommen, nur selten an diesen Küsten; dann aber lassen die Südweststürme, *birazones* genannt, die See an den Küsten Andalusiens und Granadas, wo der Wind gerade auf dieselben stösst, sehr hoch gehen. Ein eigenthümlicher Windwechsel tritt hier öfters ein. Wenn ein Schiff mit günstigem West fahrend bei der Cap San Martino genannten Küstenmarke anlangt, so begegnet es dort einem oft recht frischwehenden Nord oder Nordost. Längs diesen Küsten, besonders den catalonischen, melden sich die Ostwinde, die ihn herantreiben, durch einen dichten, auf dem Ocean erzeugten Nebel (*sea-fret*, wie ihn die Engländer nennen) an, welcher das thierische und Pflanzenleben erschlafft. Sobald dieser erscheint, mögen vor Anker liegende Schiffe auf ihre Grundtakelage wohl achten und die unter Segel die offene See zu gewinnen suchen.

---

wolkenloser Nachthimmel ohne Thau schönes, aber schwüles Wetter vermuthen lässt. Kleine Massen von Cumulus mit einzelnen flockigen Wölkchen bezeichnen beständiges Wetter und warme Winde; der schöngeformte Cirrus zeigt aber baldigen Witterungswechsel an, während der Cumulostratus mit losgetrenntem schwärzlichen und unregelmässigen Gewölk veränderlichem Wetter und kalten Winden vorherzugehen pflegt. Wetterleuchten in der Nähe des Horizonts ohne Donner lässt Wind von der entgegengesetzten Seite, dasselbe in höhern Wolken schönes Wetter erwarten. Wenn das Wasser im Hafen ungewöhnlich klar ist, so dass man in mehreren Faden Tiefe den Grund sieht, so pflegt ein schwerer Sturm im Anzuge zu sein, ebenso bei auffallender Durchsichtigkeit der Atmosphäre. Freilich setzt die richtige Auffassung solcher und ähnlicher Merkmale jedenfalls Erfahrung und Ausdauer im Beobachten voraus.

Stürme aus NO. und östlich bis SSO. pflegen längs den Küsten von Valencia und Catalonien die Schiffer sehr zu peinigen, obgleich man bei gehöriger Um- und Vorsicht ihr Herannahen recht wohl vorherbemerken und danach seine Massregeln treffen kann. Wenn z. B. bei ruhigem Barometer der Horizont in diesen Gegenden mit dickem, weisslichem Gewölk, das den Charakter des Cirrus und Cirrostratus zugleich zeigt und gelegentlich auch zur Nimbusform übergeht, überzogen ist, so kann man annehmen, dass der Wind aus diesen Strichen des Compasses wehen wird. Dabei kann man als Massstab für die mittlern Breiten des Mm. die Beobachtung festhalten, dass die schweren Sommerwolken sich zwischen 500 und 700 Fuss über dem Meeresspiegel befinden. Solch eine Brise weht gewöhnlich zuerst sehr mässig aus Osten, aber sie wird heftiger, indem der Wind nach Südost herumgeht nnd dann tritt leicht ein so starker Sturm und eine so ungestüm der Küste zurollende See ein, dass die Schiffe in den Buchten sich nur mit äusserster Anstrengung vom Lande fern halten können.[327])

Die Küste Frankreichs bildet eine tiefe Bucht zwischen Pyrenäen und Alpen, welche vielleicht wegen ihres selbst in den Sommermonaten anhaltenden stürmischen Charakters der Löwenbusen [326]) (Gallicus sinus) genannt worden ist. Wenn sich hier ein Wind am Nachmittag erhebt, so wird er bei Sonnenuntergang stärker und man kann erwarten, dass er um Mitternacht sehr heftig stürmt. Bisweilen geht starken Winden eine hohe See und Brandung vorher, welche den rollenden Wogen des südatlantischen Oceans nicht unähnlich ist, obgleich in kleinerem Massstabe. Der Golf ist überhaupt wegen seiner plötzlich umspringenden Winde und heftigen Windstösse berüchtigt. So wurde z. B. im März 1795 ein französisches Kriegsschiff durch einen Südoststurm, welcher plötzlich nach WSW. umsprang, aller Masten beraubt und fast auseinander gerissen. In demselben Sturm verloren die Engländer den „Illustrious", ein schönes Kriegsschiff von 74 Kanonen, nachdem derselbe kurz vorher in der Schlacht im Busen von Genua stark beschädigt worden; das Schiff lief auf den Strand und da man nicht mehr hoffen konnte, es zu retten, so wurde es verlassen und ver-

---

[327]) Smyth giebt über einen solchen gefährlichen Südoststurm, der vom 15. bis 20. Dec. 1805 wüthete, einen Bericht aus dem Journal des damals unter Lovell's Commando stehenden Schiffes „Melpomene" (44). Das Schiff war unter dem Obercommando Lord Collingwood's am 8. December 1805 von Toulon ausgesandt worden, zugleich mit dem „Orion" (74), der Fregatte „Endymion" und der Corvette „Wiesel", um ein von Jerome Buonaparte befehligtes Fregattengeschwader, das von Genua aus nach einem spanischen Hafen unterwegs sein sollte, aufzusuchen.

[326]) Vergl. Brandes Europa 1., 14.

brannt. Jeder Seemann wird wissen, dass Nelson in demselben Golf am 22. Mai 1798 von einem plötzlichen Sturme überfallen wurde, der alle Stengen des „Vanguard" fortriss, den Fockmast in drei Stücke zerbrach, das Bugspriet sprengte, einen Mann über Bord riss, einen Seekadett und einen Matrosen tödtete und mehrere verwundete. Dieses Schiff, welches nur zwei Monate später am Nil eine so grosse Rolle spielte, schlingerte und arbeitete so erschrecklich und befand sich in solcher Noth, dass Nelson selbst erklärte, die kleinste französische Fregatte wäre ihm damals ein sehr unwillkommener Gast gewesen! Als im Winter 1808 sein treuer und erprobter Amtsgenosse Lord Collingwood Toulon blokirte und seine Flagge auf dem „Ocean", einem geräumigen neuen Kriegsschiff von 98 Kanonen, aufgehisst hatte, wurde er ebenfalls von einer Reihe heftiger Stürme angegriffen. In einem dieser Orkane wurde dieser prächtige Dreidecker schrecklich zugerichtet und ging beinahe verloren. Ein Augenzeuge, Capitän Fead, berichtet darüber Folgendes:

> „Ich stand gerade auf dem Vorderkastell des „Royal Sovereign" und sah nach dem „Ocean" hinüber, der sich damals ungefähr eine halbe (engl.) Meile weit unter unserem Lee befand und die Halsen am Steuerbord zu hatte. In demselben Augenblicke wurde derselbe von einem so ungeheuren Wogenschwall ergriffen, dass seine Balkenlage fast vertikal zu stehen kam, dergestalt, dass mehrere unserer Leute schrieen: Das Admiralschiff geht unter! Aber in wenigen Secunden hatte ich die Freude, es wieder aufgerichtet zu sehen. Wir erfuhren nachher, dass der Stoss es ganz reedelos gemacht hatte und dass fast alle Bolzen seiner eisernen Knieen gesprengt waren. Es war das furchtbarste Schauspiel, das ich je mit angesehen. Lord Collingwood erzählte dem Admiral Thornborough kurze Zeit darauf, wie er geglaubt habe, dass die obern Seiten sich wirklich von dem untern Spann des Schiffes lostrennten und dass die schweren Geschütze, indem sie einige Augenblicke fast vertikal geschwebt, offenbar gedroht hätten, alles zu zerschmettern. Dies ereignete sich im December; wir befanden uns ungefähr in der Mitte des Golfs von Lyon und der Wind stand in Nordwest."

Eine weitere Eigenthümlichkeit dieses Golfes ist die plötzliche Erhebung der Wogen, welche dabei eine der Stärke des Windes nach gar nicht zu erwartende Höhe und Ausdehnung erhalten, so dass man behaupten kann, dass sie bei gleich starken Winden durchaus nicht mit gleichem Volumen auftreten. Die absolute Höhe dieser Wogen von dem hohlen Raume zwischen ihnen bis zum Scheitel kann bei stürmischem Wetter nicht viel unter 30 Fuss sein, sogar dicht an der Provence, wo sie nach der Angabe des Grafen Marsigli selbst „bei sehr heftigen Ungewittern" nur 7 Fuss über den natürlichen

Seespiegel steigen sollen. Man kann die Höhe der Wellen im Mm.
bei einem gewöhnlichen Sturme auf 14 bis 18 Fuss schätzen; man
vermisst in kurzer See an ihnen häufig jene regelmässige Reihenfolge,
welche im offenen Weltmeere gewöhnlich ist. [329])

So wie das oben S. 273 erwähnte Schiff Melpomene wurden
gegen das Ende des Krieges noch viele englische Schiffe vor Toulon,
während sie in der Nähe des Cap Sicie kreuzten, von Blitzen getroffen, wie z. B. die Dreidecker Hibernia, Ville de Paris, der
San Josef, die Union, der Ocean, Barfleur und Royal George und
mehrere Zweidecker zwischen 1811 und 1814. Anfang September
1813 legte sich Sir Edward Pellew mit 13 Segelschiffen der Linie
vor der Rhonemündung vor Anker und nahm dort Wasser ein. Aber
alle diese Blokadeschiffe überfiel und beschädigte ein gewaltiger
Sturm, fast die Hälfte wurde von Blitzen getroffen und fünf mussten
ihre Stengen erneuern. Dieser Sturm erhob sich aus Süden und
liess die See sehr hohl gehen, am 10ten wehte er aber heftig aus
Norden und das Wasser wurde dabei verhältnissmässig ruhig; insofern
kann er als ein sich drehender Sturm angesehen werden, aber diese
rotatorische Bewegung der Orkane ist auf dem Mm. noch nicht genügend nachgewiesen. Colonel Sir William Reid, der Gouverneur
von Malta schreibt darüber unter Anderem:

(Valetta, 8. Januar 1853): Die Zeitungen geben hier jetzt
tägliche Witterungsberichte; der Meteorolog wird darin vielleicht
manches Neue finden. Ich selbst habe genug beobachtet, um von der
fortschreitenden und sich umwälzenden Bewegung der Stürme überzeugt
zu sein, wie sie auch sonst in entsprechenden Breiten beobachtet wird.
Am 1. Februar 1851 wüthete ein Wirbelwind mit einem sehr grossen
Durchmesser; seine Bahn liess sich von Sardinien nach ONO. zu bis
Syrien verfolgen. Er war vielleicht von Afrika gekommen. [330])

Ebenso wie das obenerwähnte Geschwader Sir Pellew's wurde
im Januar 1812 der Rodney, ein prächtiges neues Kriegsschiff von
74 Kanonen in derselben Gegend von Sturm und Wogen so zugerichtet, dass er im folgenden Herbst nach England geschickt werden
musste. Ich selbst, erzählt Smyth, besuchte den Golf bei ganz er-
träglichem Wetter; aber während ich am 3. October 1820 mit der

---

[329]) Die Engländer nennen diese unregelmässig durcheinander wogenden Wellen
„chopping." Von den eigenthümlichen Erdbebenwellen war bereits die Rede.

[330]) Derselbe Sir Reid hat ein Werk über die Fortschritte in der Erläuterung
des Windgesetzes geschrieben, welches auch in das Italienische übersetzt ist und die
Beobachter an den Küsten des Mm. wohl aufmerksamer auf die Winde machen dürfte.

Aid auf Marseille lossteuerte, wurde die Atmosphäre so überaus
durchsichtig, dass sie mir wie ein verdächtiges Vorzeichen erschien;
doch die entzückende Schönheit der romantischen Berge vor uns, die
herrliche Sonne über und das spiegelglatte leuchtende Meer um uns,
— Alles vereinte sich um jede Besorgniss einzuschläfern. Als aber
um 3 Uhr Nachmittags der wachhabende Lieutenant in die Cajüte
trat mit der Meldung, dass eine leichte Brise sich aufmache und der
Anfrage, ob die grossen Bramleesegel beigesetzt werden sollten, so
erwiederte ich, da ich doch eben erst nach dem Barometer gesehen
und gefunden hatte, dass es plötzlich um $^3/_{10}$ Zoll gefallen war und
noch immer eine sehr concave Oberfläche zeigte: „Nein, lasst schleunigst einige Segel bergen und die Bramsegelstangen wollen wir lieber
auf das Deck herunterlassen!" Diese Antwort setzte ihn in Verwunderung, aber die andern Offiziere wussten schon, wie sehr ich
mich, aus Vernunft- und Erfahrungsgründen, auf meinen Rathgeber
verliess und man ordnete schnell Alles so an, wie ich befohlen, obgleich sich noch nichts Bedenkliches zeigte. Kaum aber waren einige
Segel eingezogen und das Schiff mit eng gerefften Obersegeln wieder
unter Commando, als ein Orkan so wüthend über uns losbrach, dass,
wenn wir Bramsegel aufgezogen hätten, allerwenigstens die Masten
über Bord gegangen wären. Wie gewöhnlich bei Nordstürmen auf
diesem Golfe, wurden ganze Schaaren von Vögeln von demselben mit
fortgerissen; dieselben suchten, obgleich von der verschiedensten Art,
ihres Instinkts vergessend, alle ängstlich einen Zufluchtsort auf den
Decken. Die Nacht darauf legten wir bei und dabei schlug die
Brandung gelegentlich über uns weg; aber da wir bei Zeiten Vor-
kehrungen getroffen hatten, so wurde uns nur ein Boot fortgespült,
ein Klüverbaum zersprengt und die Wetterschutzwehren eingeschlagen.

Zu den schweren atmosphärischen Heimsuchungen an den sonst
so reizenden Gestaden Languedoc's und der Provence muss der frostige
und durchdringende Wind gerechnet werden, welcher mistral oder
mistraou, bize, auch la grippe heisst. [331]) Dieser Wind, von dem

---

[331]) Dieser Wind ist nicht nur dem Menschen unangenehm, sondern auch den
Früchten und Vegetabilien überaus nachtheilig und dabei so heftig, dass er alle ihm
sehr ausgesetzten Bäume krumm biegt. Daher das alte provençalische Couplet:
La Cour de Parlement, le Mistral et la Durance
Sont les trois fléaux de la Provence.
In den astron. Beobachtungen und Bemerkungen auf einer Reise in dem südl.
Frankreich (1804 und 1805) und in Zach's Mon. Corr. wird dieses Sturmes oft ge-
dacht. Ein Abbé Portalis wurde von einer Terrasse auf dem M. Ste. Victoire durch
einen Mistral herabgeschleudert.

diese Theile Frankreichs oft heimgesucht werden, geht über die Alpen und stürzt sich, nachdem er an den hohen Gebirgskämmen und ihren Schneefeldern und Gletschern sich sehr abgekühlt hat, mit anwachsender Wuth in die warme Atmosphäre des Mm. Mit besonderer Heftigkeit braust er dabei das Rhone-Thal hernieder, ein Luftstrom von den Alpen über dem Alpenflusse. Diodorus Siculus, Plinius, Strabo und andere alte Schriftsteller scheinen die Eigenschaften des Mistral recht wohl gekannt zu haben. Man hat häufig den Circius des Lucan, welchem Augustus, während er in Gallien weilte, einen Tempel errichtete und weihte [332]), für denselben Wind gehalten; aber der ungestüme vent de cers, der in Languedoc von den Höhen der Cevennen weht, scheint doch begründetere Ansprüche auf diesen antiken Namen zu haben. Die durchdringende Kälte, über welche die Südfranzosen während des Mistrals klagen, erklärt sich aus der plötzlichen Abkühlung der sehr warmen Atmosphäre, obgleich die absolute Wärmeabnahme selbst während seines Stürmens oft wirklich gering ist. Wenn das Thermometer, nachdem es längere Zeit wenigstens auf 14° gestanden, plötzlich, wie dies nicht selten vorkommt, auf 8° und darunter sinkt, so erregt uns ein stark wehender Wind ein empfindliches Gefühl der Kälte.

Das Winterklima Nizza's mit seinem hellen Himmel und seiner reinen Luft ist vortrefflich; aber der Frühling ist bisweilen wegen der grossen Unbeständigkeit des Wetters unangenehm; denn auch das Thal und Seebecken Nizza's ist den eben so plötzlichen, als unwillkommenen Besuchen des Mistral ausgesetzt. Obgleich für Kränkelnde, denen eine reine trockne Atmosphäre zuträglich ist, die Stadt nebst Vorstädten ein recht erwünschter Aufenthalt sein mag, so sind doch diese Contraste der Temperatur, ferner der Schmutz der Wohnungen — welcher freilich in neuerer Zeit zum Theil der grössten Eleganz Platz gemacht haben soll — und die Geschmacklosigkeit in der Benutzung des umliegenden Bodens, auf dem allerdings in den letzten Jahren ganze Reihen von Hôtels und Villas entstanden sind, nicht zu übersehende Schattenseiten. Die Nächte sind, wie in der Provence, oft sehr kühl und man kann auch hier mit dem provençalischen Sprüchwort gegen Nachtpromenaden warnen:

> Que lou sol y la sereine
> Fan veni la gent mouraine.

---

[332]) Seneca, Nat. Quaest. lib. V., 17.; Plin. 2, 47, 46.; Phavorin. ap. Gell. 2., 22. Die Alten erzählen unter Anderem vom Circius (oder wie auch gelesen wird, Cercius, dem griechischen Κερκίας,) dass er ganze Dächer abgerissen habe.

An der Küste von Piemont und bis Toscana hin, sind die Sommer schön; nur die aus Südwest stürmenden „Labeschades" sind unangenehm; sie wehen gerade auf die Küste zu, überladen die Atmosphäre mit Feuchtigkeit und heben das Meeresniveau oft um ein Bedeutendes. Nach Haller werden die diesem Libeccio ausgesetzten Küsten am stärksten vom Meere angegriffen und abgerissen. Der Winter wird durch heftige Stürme mit Gewitterregen, gelegentlich auch mit Hagel, (ouragans) angekündigt; aber die Nordwinde pflegen die Atmosphäre schnell zu reinigen.

Das tyrrhenische Meer wird durch Windstösse aus Südwest sehr aufgeregt. Dass Westwinde im Anzuge sind, erkennt man hier bisweilen an einem eigenthümlichen Gewölk in jener Richtung nach Art des Harmattan an der Westküste Afrika's, [333]) obgleich nicht so regelmässig und auffallend. Obgleich Virgil sonst keine tiefen nautischen Kenntnisse an den Tag legt, (man vergleiche seine Beschreibung der Abreise seines Helden von Carthago), so hat er doch zu Anfang des 5ten Buches der Aeneide die Anzeichen des herannahenden Westwindes mit dem Kennerblick eines erfahrenen Beobachters beschrieben:

Da stand bläuliches Regengewölk ihm über dem Haupte,
Nacht ward's, kalt wie im Winter, es starrte die Woge vom Dunkel,
Selbst Palinurus rief vom hohen Castelle des Schiffes:
Weh! welch massig Gewölk umgürtet den heiteren Himmel?
Vater Neptun, was bereitest du uns? So sprechend befahl er
Schleunigst die Segel zu reffen . . . .

In den Buchten, in welche die Schluchten und Thäler des höher liegenden Landes einmünden, sind die raggiature oder Landböen (Fallwinde, wie sie auch in der Seemannssprache heissen) sehr heftig, obgleich ihre Wirkungssphäre beschränkt ist; Smyth fühlte einmal selbst, wie diese Windstösse auf die Küste von Osten herabstürmten, obgleich weiter ab mitten im Golf von Gioja ein frischer Wind aus Südwest kam und nachdem er mit diesem Winde in die Strasse von Messina gelangt war, begegnete er dort einer stehenden Kühlte aus Südost. Die bekanntern Burrasche oder Bergstürme Calabriens werden von massigem Gewölk angekündigt, das grossartig sich durcheinander drängt und wie die Wellen des Oceans wogt; dann wüthet der Sturm, aber seine Energie ist bald erschöpft. An der ganzen Küste pflegt zwischen den See- und Landwinden eine Windstille einzutreten, welche die italienischen Seeleute bonaccia nennen, da sie gefahrlos

---

[333]) Dort treibt der Flugsand von Ost nach West und hat sogar das Meer an der Flachküste zwischen den Vorgebirgen Nun und Blanco versandet.

ist; ihre derbern Vorfahren bezeichneten sie, über die durch dieselbe bewirkte Verzögerung ungehalten, mit dem Namen malaccia. Sie fängt an, wenn der Landwind sich legt und dauert bis 9 oder 10 Uhr, um welche Zeit die Sonnenstrahlen ihre Wirkung zu äussern anfangen; dann nimmt der Seewind gewöhnlich bis etwa um 2 Uhr nach der Culmination der Sonne an Stärke zu und legt sich um die Zeit des Sonnenuntergangs. [334] Während dieser Zeit scheint der aufsteigende Strom verdünnter Luft auf die Wolken, denen er begegnet, selbst auf die im Zenith, eine bedeutende Wirkung auszuüben, indem er zuweilen Cumulus mit grosser Schnelligkeit in Cirrus verwandelt.

Die Heiterkeit des Sommers wird in den corsischen Gewässern häufig durch heftige Winde, raffiche genannt, welche von den Bergen herabstürmen, gestört. Man kann wohl im Allgemeinen sagen, dass die Berge des Mm. den Thälern kühle Luft zuführen; da aber diese Winde gelegentlich auch seewärts als herniederfahrende Windstösse sich verbreiten, so sind die Segel der Schebecken, Polacker, Felucken und wie die in das Bereich dieser Winde kommenden Küstenfahrzeuge noch heissen, danach eingerichtet worden. Man befestigt lateinische oder dreieckige Segel an Raaen, die man augenblicklich herablassen kann. Von December bis März verursachen harte Stürme hier oft viel Schaden; namentlich die Nordwestwinde bewirken eine gewaltige Brandung an den unbeschützten Küsten Corsika's. Im Januar 1797 lag z. B. der Berwick, (74), in der San Fiorenzobai vor Anker, um ausgebessert zu werden und war dabei fast ganz abgetakelt; aber so gross war die Gewalt der hochanschwellenden Fluth, dass er alle 3 Masten einbüsste. Dasselbe unglückselige Schiff wurde wenige Wochen nachher, unter Nothmasten, von den Franzosen genommen, aber bei Trafalgar nach sehr tapferer Vertheidigung zurückerobert.

In und um Sardinien kommen die vorherrschenden Winde aus der Gegend von WNW. bis N. und aus Osten. Das Verhältniss der erstern — welche der Gesundheit zuträglicher sind — zu den letztern ist etwa gleich 42 zu 29; fast in demselben Verhältniss stehen die Zahlen der trockenen und der feuchten Tage. Der häufige Mæstrale oder Nordwestwind, bringt von der See her einen bedeutenden Wogenschwall und wirkt auf die Nurra-Distrikte so gewaltsam ein, dass die ihm ausgesetzten Bäume fast horizontal niedergebogen werden,

---

[334] Ein ähnlicher Wechsel wird auf den Alpenseen beobachtet. Si volta il Lago, es wendet sich der See, sagen dort die Schiffer.

und wirklich so fortwachsen. [335]) Der Westwind bringt fast immer
Regen; dennoch wird er an der ganzen Küste stets gern gesehen,
weil er das Heranschwärmen der Thunfische begünstigt; wenn er
sich aber nach Südwest dreht, so bringt sein Stöbern viel Schaden.
Südwinde kommen fast nur im Winter vor und belästigen dann die
ihnen ausgesetzten Buchten sehr. Als Sardinien im Februar 1793
von einer französischen Streitmacht unter Admiral Truguet angegriffen
wurde, veranlasste ein Sturm aus diesem Striche, in der Bai von
Cagliari, den Verlust des „Leopard" (80) und verschiedener kleinerer
Schiffe; ausserdem litt die ganze Flotte vielfachen Schaden. Der
gregale oder Nordostwind zeigt, wie man sagt, zwei Gesichter, [336])
denn er ist sehr unbeständig, mit Böen und gewaltigen Regengüssen
vermischt; und der Ostwind oder bentu de soli, dessen Herannahen
durch einzelnes Gewölk an den Bergen angezeigt wird, ist gewöhnlich
von sehr starken Blitzen begleitet und wird, da er mit vielem Dunst
geschwängert ist, nach längerer Dauer sehr unangenehm. Der male-
detto levante, über den die Eingebornen wegen seiner entkräftenden
Wirkung so sehr klagen, ist hier ein Südostwind, der Sciroceo Siciliens und Italiens und der „plumbeus auster" des Horaz; er treibt
die Hygrometer so stark nach dem Feuchtigkeitspunkt in die Höhe,
dass er auch mollezza genannt wird, wogegen der gesunde und angenehme Nordwind oder tramontana wegen seiner entgegengesetzten
Eigenschaft gli secchi, oder der trockene heisst. Sardinien erfreut
sich übrigens meist sehr schönen Wetters und die Windstillen der
Sommermonate sind die Erntezeit der Fischer. Bei ruhigem Wetter
erhebt sich der imbattu oder Seewind ungefähr um 10 Uhr Morgens,
hält bis 2 Uhr Nachmittags an und ist während der Hitze des Tages
äusserst erfrischend; dann wird er schwächer und legt sich ganz um
die Zeit des Sonnenuntergangs; später folgt ihm dann der rampinu
oder Landwind, der während des grössern Theiles der Nacht anhält.

Die Insel Sicilien, recht eigentlich die Centralinsel des Mm.,
nimmt auch in Bezug auf Wind und Wetter eine gewisse Mitte ein.
Während die Sonne in den nördlichen Zeichen steht, ist der Himmel,
obgleich er selten das tiefe Blau der Tropen zeigt, dennoch schön
klar und heiter; dann werden nach den Herbstnachtgleichen die

---

[335]) Man denke an ähnliche Erscheinungen am Oststrande der Nordsee, wo man
die Alleen in der Richtung des Westwindes anlegt, von denen aber die ersten dem
Sturme vorzugsweise ausgesetzten Bäume stets verkrüppelt sind.

[336]) Ein anderes Sprüchwort heisst: Fiargius facies facies; denn der Februar
ähnelt in Sardinien dem deutschen April, der übrigens nach der neuesten Gestaltung
unseres Winters vom December bis Juni reicht.

Winde ungestüm und die Atmosphäre verhältnissmässig dicht; Thau und Nebel nimmt besonders an den Küsten überhand und es treten häufige und schwere Regengüsse ein. Im Sommer ist es früh gewöhnlich ruhig, der Seewind macht sich dann um 9 oder 10 auf, wird bis 2 oder 3 stärker, verschwindet aber dann allmählig bis zum Abend. Die Winde sind überhaupt sehr veränderlich. Nord- und Westwinde herrschen vor; sie sind trocken und gesund und erregen bei heiterm Himmel ein Gefühl des Wohlbehagens; besonders der mamatili, eine Abart des Mæstrale wird von den Bewohnern Palermo's als erfrischender Seewind sehr geliebt. Die Winde von Ost bis Süd sind heftig, von einem ungesunden Nebel und häufig auch von starken Regengüssen und Gewittern begleitet. Während dieser Stürme werden die Schiffe häufig vom Blitz getroffen. Im Frühjahr 1815 wurde das Scylla-Castel durch einen solchen Sturm beinah zerstört.

Nördlich von Sicilien liegen die æolischen Inseln, wo nach der Mythe der Gott der Winde residirte. Es ist auch wirklich gewiss, dass die Bewegungen der Atmosphäre über dieser Gruppe mannigfaltiger sind, als in der Nachbarschaft, was sich aus der durch vulkanische Quellen gesteigerten Wärme des Wassers, aus den Dampfmassen der Volcano's den fortwährenden heissen Auswürfen des Stromboli, also überhaupt aus der Erhöhung der Temperatur, die vielleicht durch alle jene Umstände bewirkt wird, erklärt. [337]) Die Luftströmungen über den æolischen Inseln machen sich bis zur Strasse von Messina bemerklich, werden aber dort durch lokale Bedingungen modificirt. Wenn z. B. ein Nordwind durch die Strasse weht und etwa 5 Meilen unterhalb derselben einem südlichen oder einem aus dem adriatischen Meere bei Cap Spartivento vorbeiwehenden Winde begegnet, so wird die ganze Atmosphäre gewöhnlich in starke Bewegung versetzt, besonders auf der offenen See vor Taormina und Mascali, wo das Wetter dann als Del Golfo di Cantara bezeichnet wird. Eine andere eigenthümliche Erscheinung in der Strasse ist La Lispa, eine Windstille, bei welcher sich Massen schweren Gewölks festlegen, obgleich ausserhalb dieser Region starke Winde wehen; dies hält bis zum nächsten taglio di rema (s. S. 200.) des herabkommenden Stromes an, wo, sobald die Gewässer zu fluthen anfangen, der Wind mit starken Böen und sich steigernder Gewalt hereinbricht.

---

[337]) Den Liparioten sind noch heut zu Tage ihre Vulkane Wetteranzeiger (vgl. Spallanzani, voyage aux Deux Siciles. II., 185. Doiomien, Journal de Physique XLIV., 112.) Ueber den Aeolus, seine Erfindung der Segel und seine Vergötterung vgl. Diodor. VI.

Geographisch, aber nicht politisch hangen von Sicilien die südlich
liegenden Inseln Malta und Gozzo ab. Obgleich diese Inseln wohl
mit dem beständigsten Klima Europa's gesegnet sind, so wird dessen
Heiterkeit doch gelegentlich und zum Heil der Bewohner gestört.
Bisweilen wüthen Winde von sehr ungestümem Charakter und werden
,von wahrhaft tropischen Regengüssen begleitet; der Winter wurde
desshalb von den Galeeren des Ordens ebenso wie von seinen Gegnern
in der Berberei gefürchtet. Bei solchen Vorurtheilen waren die maltesischen Seefahrer, bei all ihrer bekannten Geschicklichkeit, über die
Blokade ihrer Häfen durch Sir Alexander Ball sehr erstaunt, da sie
bemerkten, dass „englische Schiffe ausserhalb der Häfen überwintern
konnten." Die heftigsten Stürme wehen hier aus Nordost. Zu ihnen
gehört namentlich der gefürchtete Gregale (von Greco), der die Häfen
von Valetta heimsucht, bedeutende Fluth in ihnen aufstaut und sowohl
an der Küste als unter den Schiffen oft bedeutenden Schaden ange-
gerichtet hat. Der Südwest ist der wärmste unter den Sommer-
winden; die Malteser sind ihm sehr feind und selbst im Frühjahr
1816 sind oft die Felder auf der benachbarten Insel Lampedusa so
von ihm ausgedörrt und versengt, dass alle Erntehoffnungen vernichtet
werden. Wegen der starken Erhitzung der kalkhaltigen Oberfläche
Malta's sind die schwülen Nächte, welche dem Lorenzfeste im August
folgen und bis zum Herbstæquinoctium anhalten, dem Fremden oft
überaus lästig; es herrscht in ihnen, wie es dort heisst, eine ganz
„unversöhnliche" Hitze.

Aber der schlimmste Gast der ganzen Umgegend ist der Scirocco
oder Südost, ein schon im Alterthum übelberüchtigter Sturm. [338])
Dieser erschlaffende Wind — der gefürchtete Samiel Aegyptens —
bestreicht die ausgedörrten Wüsten Arabiens und Afrika's, wo das
heisseste Sommerklima der Welt zu finden ist, und wird zunächst auf
seinem Wege über das Meer zu einem erträglichen Temperaturgrad
ermässigt, so dass seine Wirkungen an der Ostküste Siciliens, wo er
zuerst ankommt, nicht bedeutend sind; [339]) er scheint aber bei seinem

---

[338]) Möglicherweise hat schon Homer an ihn gedacht, als er den Rückzug des
von Minerva verwundeten Mars beschreibt:

> Jezo wie hoch aus wolken umnachtetes Dunkel erscheinet,
> Wenn nach der schwül' ein orkan mit brausender wut sich erhebet:
> Also dem held Diomedes erschien der eherne Ares,
> Als er, in wolken gehüllt, auffuhr zum erhabenen Himmel.

Il. V., 864. (Voss.)

[339]) Nach andern Quellen kann er auch im Süden Siciliens und namentlich auf
Malta sehr arg wüthen. Parthey giebt eine treffliche Schilderung eines Scirocco's in
Trapani. Vgl. Martens Italien I., 324.

weitern Fortschreiten über heisse Landflächen seine Hitze wieder bis
zu einem unerträglichen Grad zu verstärken. Wenn er zu wehen
anhebt, ist die Luft dicht und dunstig, lange weisse Wolken lagern
sich ein wenig unterhalb der Berggipfel und schweben auf der See
dem Horizont parallel; er endet oft mit plötzlich eintretender Windstille, der ein Nordwestwind folgt. Das Thermometer zeigt im Anfang kein merkliches Steigen, erhebt sich dann aber, wenn der Scirocco anhält, auf 25, in seltenen Fällen auch auf 28°. Nach der
Einwirkung auf das Gefühl schätzt aber der Beobachter diese Temperatur bedeutend höher — sowie denn unsere Sinne überhaupt für
mathematisch genaue Messungen nichts taugen; aber die Hygrometer
zeigen eine bedeutende Zunahme der Luftfeuchtigkeit und das Barometer sinkt allmählig bis auf 29,60 Zoll. Dieser alle Geistesthätigkeit
niederdrückende Wind dauert zum Glück selten länger als 3 Tage,
äussert aber während derselben seinen Einfluss in vieler Hinsicht.
Wein kann nicht gut abgeklärt, Fleisch nicht wirksam eingesalzen
werden; Oelanstrich hält nicht und wird nicht hart und während er
seiner scheinbaren Trockenheit wegen in noch nicht ausgetrocknetem
Holze Sprünge erzeugt und Harfenseiten springen macht, oxydiren
doch die Metalle in ihm weit schneller, Kleider und Papier werden
fleckig [340]) und viele Stoffe wie klebrig. Teig soll in ihm mit der
halben Quantität Hefe steigen und die Kornernte, sowie das Wachsthum verschiedener nützlichen Kräuter und Pflanzen im Winter soll,
so verderblich er sonst ist, von ihm sogar gefördert werden. [341])

Der Scirocco ist in Palermo, obgleich dies im Nordwesten der
Insel liegt, ganz besonders unangenehm; aber die Ebene ist hier auf
der Landseite so von Bergen eingeschlossen, dass sich die Sonnenstrahlen wie in einem Brennpunkt sammeln. Smyth erzählt, dass er,
obgleich an die Hitze Ost- und Westindiens und an den Sand
Arabiens und Afrika's gewöhnt, sich hier während eines Sciroccos
durch eine allgemeine körperliche und geistige Erschlaffung mehr belästigt gefühlt habe, als in jenen südlichern Ländern. Mag nun der
Wind die Haut ausdörren oder die Electricität derselben absorbiren

---

[340]) In vielen Theilen des Mm., namentlich im adriat. Meere, hat die Luft bei
Ostwind die üble Eigenschaft die Segel zu verderben (sie werden „bemehlthaut"
wie der technische Ausdruck lautet.) Man muss sie daher bei Nord- und Westwinden gehörig lüften.

[341]) Ob die Bize an den Küsten der Provence, die als eine alizé Mediterranée
begrüsst wird, wirklich der süditalische Scirocco ist, bleibt fraglich. Jedenfalls ist
derselbe dann — wie dies wohl erklärlich — durch die lange Bahnstrecke, die er
über das Meer zurückgelegt, sehr modificirt worden.

oder durch erhöhte Temperatur wirken, sein Einfluss bleibt unter allen Umständen höchst peinlich. Zu solcher Zeit sind die Strassen Palermos still und verlassen, denn Niemand, der nicht dazu gezwungen ist, geht aus. Alle Fenster, Läden, Thüren sind geschlossen. Dennoch scheint der Scirocco der Gesundheit nicht geradezu nachtheilig zu zu sein, obgleich sich an Wunden bei längerer Dauer desselben rothlaufartige Entzündungen zeigen und auch sehr vollblütige Menschen oft viel leiden sollen. Er ist im Frühling und Herbst häufiger als im Sommer und übt im Winter keinen unangenehmen Einfluss aus, ausgenommen auf Kranke. Manche Personen wollen während seiner Dauer keine Medicin nehmen — (vielleicht auch eine heilsame Wirkung des Scirocco?). — Die Königin Caroline von Neapel schreibt an eine englische Dame, dass sie — en déshabillé — von einem Marmorfussboden aufgestanden sei um zu schreiben, sich aber wieder habe niederlegen müssen, um das Gefühl der Abspannung und Beklemmung zu erleichtern; so unbehaglich konnte das Phänomen selbst auf die höchsten Personen — auf die Tochter der Maria Theresia — in dem sonst bezaubernd schönen Thale der Conca d'Ora einwirken! — Ein englischer General hielt während eines solchen Sciroccos ein Levée und obgleich die Subalternen alle geschniegelt und gebügelt erschienen, entfaltete er selbst doch die ganze Bequemlichkeit eines höchst einfachen Negligé. Wenn man nach alle dem die oft schwüle und dörrende Temperatur, die häufigen (und Anfang 1858 in Unteritalien wieder so sehr verderblichen) Erdbeben, die Orkane, klimatischen Krankheiten, die Unsicherheit der Person, allerhand Reptilien, Mosquitos, Fliegen, Flöhe und noch andere grössere und kleinere Uebel addirt, so wird die Begeisterung für warme Himmelsstriche wahrlich sehr abgekühlt!

Die Schiffahrt auf dem adriatischen Meere beansprucht die volle Aufmerksamkeit eines tüchtigen Seeoffiziers, da man leicht die Seeräumte verlieren kann. Zum Glück folgen die Winde im Allgemeinen der Längenachse des Meeres und wehen sehr selten geradezu unter rechtem Winkel gegen dieselbe; während der Sommermonate sind sie leicht und veränderlich, mit häufigen Calmen und gelegentlichen Böen und allen den Eigenschaften nördlicher Winde; solche Stürme halten aber nie an. Bei Winden von Südost geht die See hoch, dabei tritt Nebel und Regen ein, und der Wind selbst hält eine Weile an, bis ihn gewöhnlich ein frischer Nordwest verdrängt. Der Südwest oder Siffanto ist heftig, aber kurz dauernd und zieht sich oft nach Süd oder Südost herum, wo ihm dann, wenigstens in der Pogegend, der Sturm und die See folgt, welche unter dem Namen Furiani berüchtigt ist. Die Einfahrt ist plötzlichen Windstössen ausgesetzt, die ihr Herannahen oft durch gar kein Vorzeichen ankündigen; wenn heftige Winde dort längere Zeit anhalten, so entsteht ein sehr unruhiger und verworrener Wellenschlag, der sich aber zugleich mit dem Wetter auch schnell wieder beruhigt. Gegen die Mitte des Meeres sind die Winde stetiger, als an der Mündung; im obern Theile sind sie wieder sehr veränderlich. Aus einer von Sir William Hoste, der einige treffliche Regeln für Schiffer in diesen Gewässern aufgestellt hat, angestellten Vergleichung ergiebt sich, dass die Schiffe vor den Pomündungen, vor Triest und im Quarnero gewöhnlich zu derselben Zeit verschiedenen Wind haben. Aus den vielen Votivgeschenken der Seefahrer in den Kirchen der an dieser Seite hafenlosen Küste Italiens ergiebt sich, dass schon seit undenklicher Zeit das veränderliche Wetter die Plage der Küstenfahrer gewesen ist, ehe einige Zufluchtsplätze eingerichtet wurden. [342])

Um den bösen Gelüsten der Strandbewohner keine Gelegenheit zum Raub zu bieten, verboten im Mittelalter besondere Gesetze den Kauffahrteischiffen in der schlechten Jahreszeit in See zu gehen; bis 1569 verbot noch Venedig seinen Schiffen, unter Androhung einer schweren Strafe, zwischen dem 15. November und 20. Januar die Heimkehr zu versuchen. [343])

An der croatischen Küste und überhaupt vom Golf von Triest bis an die Mündungen des Cattaro ist das Wetter offenbar sehr unbeständig; Windstillen, Gewitter, Wasserhosen und der von den Slavoniern Youg genannte heisse Wind kommen im Sommer und starke Windstösse aus Norden, Boras genannt, die Sebenzanas Dalmatiens, zugleich mit Nebeln im Winter häufig vor. Auch sind diese Erscheinungen der Atmosphäre keineswegs genau an die Jahreszeit gebunden. Bora oder Borea ist sicher nur eine verderbte Form für Boreas, obgleich es von einem slavonischen Ausdruck, der einen wüthenden Sturm bezeichnet, herkommen soll. Die Bora wird in dem obern Theile des

---

[342]) Man vergl. Dante in der neunten bolgia der Hölle, wo er auf das gewaltsame Ueberbordwerfen zweier Bürger von Fano vor Cattolica anspielend sagt, dass gegen die Winde am Berg Focara kein Gelübde, kein Gebet helfe —
    Poi farà sì, ch'al vento di Focara,
    Non farà lor mestier voto, nè preco.
[343]) Das war freilich schon ein gewaltiger Fortschritt in kühner Seefahrt, wenn man Sprüche des 13ten Jahrhunderts, die den Winter nur den Narren lassen, vergleicht:
    Tempo di navigare — d'April dei cominciare:
    E poi securo gire — finche vedrai finire
    Di Settembre lo mese — che l'altro a folli imprese.

Golfs von Venedig, besonders in dem Canale di Maltempo und in andern Kanälen des Quarnero und Quarnerolo sehr gefürchtet, wo sie von der ganzen Kette der julischen Alpen mit so unwiderstehlicher Gewalt herabbraust, dass nicht nur viele Schiffe verloren gehen, sondern auch die Küstenstriche oft verwüstet werden.   Dabei tritt sie eben so plötzlich, als heftig auf. Aus diesem Grunde ist die Handels-stadt Fiume fast nur auf den Handelsverkehr im Sommer beschränkt und der sonst ganz vorzügliche Hafen Porto Ré ist als Regierungs-arsenal unbrauchbar; [344]) es giebt auch Distrikte, welche durch sie fast unbewohnbar gemacht werden.   Da schon die Abwesenheit aller Vegetation, — selbst des Graswuchses — die Klippen- und Küsten-punkte bezeichnet, welche der Bora vorzugsweise ausgesetzt sind, so pflegen die Fahrzeuge dieser Gegend den Punkten gegenüber zu ankern, wo die Vegetation am üppigsten ist.

Das Herannahen dieses Windes kann man glücklicherweise schon einige Stunden zuvor an einem dichten dunkeln Gewölk in der Nähe des Horizonts mit leichten flockigen Wolken darüber und ziemlich dü-sterem Himmel bemerken und es geht ihm eine absolute, unheimliche Stille, vorher.   Gewöhnlich bricht er dann in der Gegend von Nord bis Nordost hervor und hält meistens 15 bis 20 Stunden an, indem orkanartige Stösse, äusserst heftige elektrische Entladungen und Regen mit einander abwechseln.   Die am meisten gefürchtete Bora ist aber die, welche mit plötzlichen Windstössen 3 Tage lang anhält, sich dann legt und darauf mit der frühern Stärke noch einmal 3 Tage wüthet.   Die von ihr überfallenen Schiffe steuern gewöhnlich sofort südwärts, um irgend einen sichern Hafen zu gewinnen oder ziehen alle Segel ein, bis die Wuth des Windes erschöpft ist.   Im December 1811 wurde die französische Fregatte Flora (von 44 Kanonen und 340 Mann Besatzung) auf ihrer Fahrt von Triest nach Venedig von einer solchen Bora überfallen und bei Chiozza auf den Strand ge-worfen, wobei der Capitain und zwei Drittel der Mannschaft umkamen. Zwei Kauffahrteischiffe, die vor dem Molo von Triest Anker geworfen hatten, um am folgenden Morgen einzufahren, wurden 1815 von einer Bora überfallen und gingen mit Mann und Maus unter.   Eben so er-ging es 1820 dem Montecuculi, einer schönen österreichischen Corvette von 20 Geschützen, welche gerade mit vollen Segeln fuhr und durch eine Bora mitten auf dem Meere fast augenblicklich mit allen Passa-gieren und Mannschaften in den Grund gebohrt wurde.

---

[344]) Eine Strasse unter dem Castell in Triest, welche der Bora besonders aus-gesetzt ist, heisst danach Contrada del vento.

Ein aufmerksamer Beobachter kann, wie schon angedeutet, das Herannahen dieser Bora's bemerken, obgleich die Borinos oder starke, aber kurzdauernde Stürme aus derselben Gegend manchmal ohne alle Vorzeichen am Barometer auftreten. Eine sehr steife Sommerbora, welche Smyth im Hafen von Lissa am 13. Juli 1819 aushielt, verursachte ein Fallen des Quecksilbers von 30,15 bis 29,77 Zoll; vorherging das gewöhnliche dichte Gewölk am Horizont mit einem frischen Südost, und während der zwei vorhergehenden Nächte hatte man — obgleich das Wetter sonst schön war — ein starkes Wetterleuchten in einer gewaltigen Wolkenschicht am Horizont bemerkt. Am dritten Abend breitete sich diese Schicht über den Himmel bis zum Zenith aus und es blitzte unaufhörlich, Smyth liess, da sein Schiff nur noch an einem Anker lag (denn er schickte sich gerade zur Abfahrt an), den besten Buganker fallen, brasste luvwärts und traf Massregeln zur Sicherung des Observatoriums, der Zelte und Instrumente auf der Hoste-Insel: diese hatte man stehen lassen, um einen neuen prachtvollen Kometen zu beobachten, welcher damals auf die Capella zu ging und gegen Dubhe hin stand. Mitten in diesem Aufruhr der Atmosphäre sprang der Wind um 1 Uhr Nachts plötzlich und mit solcher Wuth von SSO. zu NNO. um, dass sich das Schiff ganz auf die Seite neigte und die Ankertaue soweit ausgestochen waren, dass das Schiff der marina bedenklich nahe kam. Nur der sehr gute Hafen rettete dasselbe, während der plötzlich umschiessende Wind ihm auf offener See und unter vollen Segeln wohl den Untergang bereitet haben würde. Schon nach einer Stunde liess damals der Sturm nach, Regen fiel in grossen Tropfen und in den beiden nächsten Tagen folgten kalte Brisen aus Norden und klares Wetter.

Kurz darauf beobachtete Smyth eine andere Bora in ihrem Auftreten, Verlauf und Abschluss.

„Während wir am 9. August 1819 mit dem Wurf- und kleinen Buganker in der ganz vom Land eingeschlossenen Rhede von Lossin Piccolo ankerten, zeigte der Morgen verdächtige Wolken, während es oberwärts am Abend auffallend klar gewesen war, so dass ich in meinem Zelte einige genügende Beobachtungen anstellen und auch einigen vornehmen Herren aus der Stadt die damals gerade wieder sichtbar gewordenen Saturnsringe zeigen konnte. Am angegebenen Morgen stand der Wind bei düsterm Himmel und dunkler Atmosphäre in Südwest und der ganze Anblick des Himmels erschien so eigenthümlich drohend, dass ich trotz der scheinbaren Sicherheit die Bramsegelstängen und Oberbramraaen an Deck bringen, die Bramstengen beiholen, den besten Buganker in Ordnung bringen und das Pflichtankertau befestigen liess. Nachmittags bedeckte sich der Horizont von Nordwest bis Nord

mit einem fast schwarzen Farbenton, gegen den eine Schicht weisser
flockiger Wolken, die sich unmittelbar darüber erhoben, auffallend
contrastirte. Diese stiegen reissend schnell empor und schlossen sich
einer Reihe wellenförmiger scharf gesonderter Streifen an, welche von
Südwest durch das Zenith nach Ost-Nord-Ost einen grossartigen, auf
beiden Seiten vom tiefblauen Himmel begrenzten Bogen bildeten.
Binnen wenigen Minuten hatte sich offenbar ein steifer Wind aus Nordwest erhoben, der die Wolken rechts und links wegwehte, obgleich
wir noch immer Südwest und sogar stärker als am Morgen hatten.
Das Schauspiel wurde jetzt wirklich grossartig; Massen Gewölks waren
vom Zenith-abwärts in Bewegung und verhüllten allmählig den kupfer-
gelben Himmel, während eine momentane Stille das Herannahen des
Sturmes verkündete. Alle Fischer steuerten jetzt auf die Küste zu
und das ganze Gestade hallte von den Stimmen der Schiffer wieder,
die ihre Fahrzeuge auf den Strand zu ziehen suchten. Endlich fielen
grosse Regentropfen und die ganze Atmosphäre schien sich in schwarzen
Dampf aufzulösen, während man das Herannahen des Nordwinds an
den Sandwirbeln bemerkte, welche er vor sich hertrieb. Bald erreichte
er furchtbar brausend das Schiff und sein erster Stoss war so gewaltig,
dass unsere beiden Taue wie Zwirn abrissen und dass das Schiff, ehe wir
unsern besten Bug- und Pfluganker werfen, auf 40 Faden vieren und
die Segelstangen brassen konnten — was alles äusserst prompt ausgeführt wurde — fast auf den Quai geworfen wurde. Der Regen
strömte nun sündfluthartig nieder und der scheinbare Mühlteich von
Hafen war bald mit langen rollenden Wogen bedeckt, deren Kamm
sich im Schaum verlor. Jedes Boot in dem Hafen wurde entweder
voll Wasser geschwemmt oder umgestürzt; Ruder von allen Formen,
Bootdoste und dergleichen schwammen überall herum und die Schiffe
am Damme wurden gegen- und übereinander getrieben. Hätte ein
solches Wetter angehalten, so wäre hier Alles zu Grunde gegangen;
aber sein stärkstes Wüthen dauerte, Gott sei Dank, nur wenige Minuten
an und schon nach einer Stunde war Alles wieder verhältnissmässig
ruhig. Unter andern Unglücksfällen bemerkten wir die Vernichtung
eines hinter unserem Schiffe liegenden Trabaccolo. Er war durch den
ersten Windstoss auf den Schlamm getrieben worden, aber nachdem er
festsass, drangen die gewaltigen Ströme des Regens in seine Fracht von
ungelöschtem Kalk und er verbrannte. Noch schlimmer fast sah es an der
Küste aus. Eine Menge von Bäumen war ausgerissen, Häuserdächer
wurden wie Spreu weggeblasen, Fenster und Thüren eingedrückt, und
selbst Fussböden durch den in die innern Stockwerke dringenden Wind
aufgerissen. Die Mannschaften zweier unserer Boote, welche ausserhalb
des Hafens gleich beim Beginn des Sturmes umgestürzt wurden, waren,
obgleich nur wenige Fuss vom Lande entfernt, nachdem sie dies erreicht, gezwungen, sich platt hinzuwerfen und noch an Gebüschen fest-
zuklammern, so dass die Wucht des Orkans über sie hinwegbrauste.
Masten, Ruder, Segel und die ganze Ausrüstung dieser Boote gingen
nebst einigen Messinstrumenten verloren. Am Morgen stand das Barometer auf 30,05 und nach dem Regen auf 29,91 Zoll. Obgleich diese

Bora im Sommer eintrat, so war sie dennoch die stärkste, die selbst den ältesten Leuten vorgekommen war. [345])

In der unmittelbaren Nachbarschaft von Cattaro und Ragusa zeigt die Bora einen mildern Charakter, aber zwischen diesen Orten und dem Gargano-Berge giebt es oft recht frische Kühlen. Ein seltsames Phænomen kommt in Montenegro vor. Mitten im beständigsten Wetter, an den heitersten Tagen, bei reinster Luft, wenn nicht ein Wölkchen zu sehen ist, hört man mitunter ein heftiges Rollen des Donners in den Bergen wiederhallen und man hat bemerkt, dass zu gleicher Zeit die Quellen der Umgegend weit reichlicher sprudeln.

Wir werfen, ehe wir das adriatische Meer ganz verlassen, noch einen Blick auf Venedig, um so mehr, als dasselbe, wenn auch nur als Seebadeort, in der neuesten Zeit wieder einige Bedeutung gewinnt. Den Beobachtungen Quadri's, Traversi's, Wüllersdorfs und des meteorologischen Instituts zufolge beträgt dort die Jahrestemperatur im Mittel $+$ 13,07 C. (= 10,456 Réaum.), und der Unterschied zwischen dem Mittel der Maxima und dem der Minima für eine längere Periode 10,96° Réaum. Nach Mittheilungen von Schouw beträgt letztere Grösse für Florenz 12,856, für Rom 13,536, für Neapel 12,128, für Palermo 13,928° Réaum. Dabei ist der mittlere jährliche Barometerstand 28,0623 par. Zoll, die Extreme desselben 28,90 und 26,11. Die Feuchtigkeit stellt sich, wie man erwarten kann, ziemlich hoch auf 87,187 (in Genua nur 81,6). Die mittlere Regenmenge steigt auf 32,09 par. Zoll; aus langjährigen Beobachtungen ergeben sich für Venedig 80 Regentage, während Florenz deren 115, Rom 114 zählt. Unter den Winden sind der NO. und SO. am häufigsten. Scirocco und Bora treten in Venedig gelinder auf als in andern selbst naheliegenden Orten, z. B. in Triest.

Wenn wir ferner die atmosphärischen Strömungen über dem ionischen Meere betrachten, so finden wir, dass dort die Winde von SSW. bis OSO., und speciell im Sommer die von N. bis ONO. vorherrschen. Im Allgemeinen fängt zwischen den Inseln die Luftverdünnung bald nach Sonnenaufgang an und nimmt mit der Kraft der Sonne bis Mittag zu. So lange rührt sich dann in den Thälern kein Lüftchen. Um Mittag fängt die verdünnte Luft schnell zu steigen an

---

[345]) Capitain Cosulich, der eine Hafenkarte dieser Gewässer auf seine Kosten 1848 herausgegeben, räth, indem er von den Gefahren in dieser Gegend spricht, den Schiffen, sich nicht in den Quarnero zu wagen, wenn der Velebich mit weissem Gewölk bekränzt sein sollte und fügt hinzu: „Lo parlo per esperienza, perchè nacqui sull' isola Lussini."

und nach den Gesetzen der Statik strömt eine kühlere und dichtere Luft an ihre Stelle und stellt das Gleichgewicht wieder her. Innerhalb der Inseln sind die Winde äusserst veränderlich, dergestalt dass man in Corfu zu gleicher Zeit Schiffe durch den Nord- und Südkanal kann ankommen sehen, und zwar beiderseits vor dem Winde, während mitten im Kanal Windstille herrscht oder der Wind nach allen Strichen des Compasses umspringt. Dass solche Lokalwinde meist nur an der Oberfläche hinströmen, ersieht man daraus, dass die untern Segel gespannt sein können, während die Oberbramsegel schleppen und dass oft Küstenfahrer sich vor dem Winde auf die Seite neigen, während etwa 130 Fuss über ihnen die Citadellenflagge bewegungslos an ihrem Stocke herabhängt. Am 2. August 1818 fuhren die Aid und die französische Corvette Chevrette, nachdem sich ihre Capitaine Smyth und Gauttier höflichst empfohlen und Messungen ausgetauscht, zu gleicher Zeit und mit günstigen Winden nach dem adriatischen Meere und dem Archipelagus ab. Von den Bergen von Epirus wälzen sich oft Wirbelwinde herab, die wegen ihrer Stärke und Kälte bisweilen sehr unwillkommen sind. Den Stürmen auf dem Kanal von Corfu geht gelegentlich ein ganz absonderliches Brausen auf dem Wasser — spaventoso mugghito — vorher, welches sich schrecklich anhören soll. Die Countess of Chichester (Cap. Kirkness) entging, dadurch gewarnt, mit Hülfe geschickter Leitung am Südeingange während eines heftigen Sturms dem Untergange. Ausser diesem mugghito warnt die Schiffer auch noch eine andere Erscheinung. Im nördlichen Theile des Corfu-Kanals erhebt sich der steile und felsige Pantokrator oder Tafelberg Salvatore, der an jedem Ende durch einen konischen Gipfel bezeichnet ist; diese sind vor dem Eintritt schlechten Wetters gewöhnlich in dichte weisse Wolken gehüllt.

Im Golf von Arta folgen die Winde, wenn sie regelmässig und nicht stürmisch sind, dem täglichen Laufe der Sonne, indem sie mit einem leichten Morgenwind aus Osten beginnen, dann bis etwa 11 Uhr nach Süden umspringen, wonach sich ein frischer Westwind erhebt, der bei Sonnenuntergang nachlässt. So viel liegt den von den Reisenden so oft angestaunten wechselnden Winden als sichere Thatsache zu Grunde. Der Golf von Korinth ist, wie sich dies erwarten lässt, den raffiche oder plötzliche Windstössen von den Bergen, welche seine Oberfläche mit Schaum bedecken, sehr ausgesetzt; ausserhalb desselben geben ähnliche Stürme der Wasseroberfläche eher ein schwärzliches Ansehen. Der warme und unangenehme Ostwind, den die Ionier Vento del Golfo nennen, erhebt sich etwas nach Mitternacht und hält fast bis Mittag an; darauf folgt gewöhnlich bald ein West, der dann bis gegen Mitternacht weht. Die griechischen Piloten sagen, dass vom Frühling bis zum Winter der Wind, wie stark er auch geweht haben mag, fast beständig bei Sonnenuntergang sich ermässigt. Im Winter sind die Nordostwinde besonders häufig und stark, namentlich längs der Küste von Rumili. Ihr Zusammenstossen mit Südwestwinden auf offener See ist oft die Ursache starker Luftströmungen, in deren Bereiche auch die ionischen Inseln liegen, wo die von den Bergen herabwehenden Winde bisweilen sehr witthen. Der von Rob. Spencer befehligte Myrmidon neigte sich, als er in der Koinos-Bai in der Nähe des Bathi-Hafens in Ithaka vor Anker lag, so stark und so wiederholt vor dem von den Bergen herabwehenden Winde auf die Seite, dass der Admiral Penrose, der sich auch an Bord befand, versicherte, dass er einem westindischen Orkane an Stärke nicht nachgestanden habe. Es ist namentlich für solche Fälle recht zu beklagen, dass man noch keine recht · genügenden Anemometer an Bord hat, ein Instrument nämlich, welches die Stärke und Richtung des Windes genau angeben könnte, welche bis jetzt eigentlich nur indirekt durch Schlüsse gefunden werden. Es fällt überhaupt sehr schwer die Hauptbahn eines Sturmes genau anzugeben, der z. B. über solche Hochländer voller Felsgebirge wie Acarnanien, Epirus und die Inseln weht, wo natürlich die unter den verschiedensten Winkeln gegen die Hauptachse der Luftströmung geneigten Bergkämme und schiefen Flächen, so wie überhaupt die mannigfachen Gliederungen eines bergigen Terrains eine Menge verschiedenartiger Neben- und Seitenströmungen erzeugen.

Das Klima von Morea zeigt mehr durch lokale Verhältnisse bedingte Verschiedenheiten, als man bei dem geringen Flächeninhalt der Insel vermuthen sollte; aber die Betrachtung der Berge und Thäler, welche den Seewinden in sehr verschiedenem Grade ausgesetzt sind, erklärt recht wohl den grossen Unterschied zwischen der Milde seiner Seegegenden und dem rauhen, kalten und dazu meist neblichten Klima in dem hohen Bergland Arkadien. Der Nordostwind bringt helle und scharfe Luft und ist gewöhnlich von schönem Wetter begleitet, aber bisweilen weht er so heftig, dass er dem Gregale in Malta ähnelt.

Auf dem ganzen ionischen Meere entwickeln die Blitze eine ausserordentliche Kraft und zwar besonders in der Nachbarschaft von Corfu, wo die „infames scopuli" Acrocerauniens jenen altklassischen Namen mit vollem Recht verdienen. Es ist bekannt, dass während der

Verwandlung des Wassers in Dampf viel Elektricität schnell frei
wird; auf gleiche Weise bildet sich Elektricität, während die Sonne
die Feuchtigkeit des Bodens in Dampf verwandelt. Elektricität, die
in geringen Mengen frei wird, erzeugt leichte phosphorische Flämmchen, welche gefahrlos sind; wenn aber die stark geladenen Theile
der Atmosphäre durch entgegengesetzte Strömungen getrennt und nach
und nach in die stärkste elektrische Spannung versetzt werden, so
werden die Entladungen gewaltsam und zerstörend. Diese Blitze
zucken in dünnen, gabelichten Strahlen und sind, wenn sie intensiv
auftreten, grossartig schön; während jede elektrische Lichterscheinung
unmittelbar nach ihnen aufhört, zeigen jene Flämmchen ohne jedes
Geräusch einen flackernden Glanz und lassen dann ein nicht zu be-
schreibendes — vielleicht nur subjektives — Dunkel zurück. Bisweilen
folgen auch die wirklichen Blitzstrahlen so schnell aufeinander, dass
der Lichtglanz fast stetig erscheint. [346])

Es ist nicht ungewöhnlich, dass man besonders in den mittlern
Breiten des Mm. Typhonen [347]) oder Wirbelwinden begegnet, wie man
sie auch in den Wüsten Nordafrikas in der Form wirbelnder Sand-
säulen nicht selten beobachten kann. Wenn diese Luftströmungen
sich mit ungestümer rotatorischer Bewegung an der Wasseroberfläche
hinbewegen, so entstehen in den warmen Monaten häufig die ziemlich
unpassend sogenannten Wasserhosen oder Wasserbräute, die zunächst
nur aus der starken Bewegung verdünnter Luft hervorgehen. Es sind
von ein und demselben Schiffe aus schon mehrere solcher Wasser-
röhren von verschiedener Grösse zu gleicher Zeit beobachtet worden.
Ihre Trompetenform ist bekannt, ebenso auch, dass dieselbe mit dem
dünnen Ende nach unten sich aus der gewöhnlich sehr dunkeln
Wolke entwickelt. Unter diesem Trichter wird das Meer äusserst
aufgeregt und das herumwirbelnde Wasser steigt zu dunstigen Massen
zerstiebend auf, bis es sich mit dem von der Wolke herabhängenden
Kegel verbindet; oft zertheilen sich auch beide Theile, ehe noch die
Vereinigung stattgefunden, besonders wenn sie die Kraft des Windes
aus ihrer senkrechten Richtung treibt. Dass die Wasserhosen, der

---

[346]) Es wurde, wie Smyth erzählt, während einer gewaltigen elektrischen Entladung an der Offizierstafel in allem Ernst einmal vorgeschlagen, die Lichter auszu-
löschen und beim Blitzlicht zu speisen. Merkwürdig ist auch die Thatsache, dass
man sogar an der arbeitenden Maschine eines Dampfboots auf dem Mm. starke
elektrische Erscheinungen wahrgenommen hat. Die Kolbenstangen und andere Theile
blitzten von elektrischem Licht.

[347]) Der Name ist identisch mit dem des Ungeheuers der griechischen Urzeit
Τυφώς, Τυφάων, Τυφῶν, das in späterer Zeit mit dem bösen Gott im ägyptischen
Osirismythos identificirt wurde.

Franklinschen Theorie gemäss, stets mit einem Wirbelwind zusammenhängen, ist wohl kaum zu bezweifeln. Aus der gleichmässigen Vertheilung der Atmosphäre ergiebt sich, dass-eine so ausserordentliche
Bewegung in irgend einem ihrer Theile nur durch eine Rotation hervorgebracht werden kann. Ein Wirbel kann aber weder regelmässig
gebildet werden, noch in Thätigkeit bleiben ohne ein Zusammenwirken
wenigstens zweier von aussen treibender Luftströmungen und ohne
einen fortwährenden Abfluss aus dem Ende der um die Achse ge-
schlungenen Spirale, gegen welches die Bewegung gerichtet ist.
Diese Bedingungen zeigen sich auch wirklich bei unserer Erscheinung
erfüllt, wenn schon das Zusammenwirken solcher Luftmassen ebenso
excentrische als kurze Resultate erzeugt. Neben dem Winde mag
auch die atmosphärische Elektricität mit thätig sein; aber Franklins
Beweisführung genügt insofern schon allein, als die obern Luftschichten
weit dünner sind, als die an der Grundfläche und die Trombe durch
die Centrifugalkraft ihrer eigenen wirbelnden Bewegung emporgehoben
wird. Man behauptet, dass die Drehungen auf unserem Meere der
Bewegung eines Uhrzeigers folgen; aber bei den Spiralbewegungen
ist dies schwer zu entscheiden, und vielleicht findet auch in dieser
Beziehung ebenso wie in Temperatur, Feuchtigkeit und in den bewegten Massen grosse Verschiedenheit statt.

Seit den frühesten Zeiten haben die Seefahrer, wie dies sehr
natürlich erscheint, dies Phänomen sehr gefürchtet. Bei den Griechen
war es unter dem Namen πρηστήρ als eine dem Seefahrer den Untergang bereitende Naturkraft bekannt, von der auch Lucrez eine
furchtbare Beschreibung giebt.[348]) In neuerer Zeit bringt indess die
Wasserhose, wie man weiss, nur kleinen Schiffen Verderben, indem
sie dieselben — wie dies auch schon die Alten erzählen, — wirklich
etwas hebt und dann gewöhnlich umstürzt und versenkt. Ein grosses
Linienschiff dürfte sie kaum zu fürchten haben. Dass das Hinter-
verdeck des Tonnant (80) durch einen solchen Wirbel ganz eingeschlagen worden sei, ist nicht genügend verbürgt. Natürlich wird der vor-
sichtige Seefahrer die nähere Bekanntschaft mit dem Phænomen lieber
vermeiden. Dies wird ihm bei geschicktem Manoeuvriren nicht schwer
fallen, da die Trombe von dem vorherrschenden Winde, welchen das
Schiff benutzt, gleichfalls fortbewegt wird. Smyth meint, dass der

---

[348]) Im 6ten Buche, 422 figg. Sie entsteht nach ihm, wenn der in eine Wolke
eingeschlossene Wind diese nicht durchbrechen kann, sondern sie in wirbelnder Bewegung herabdrückt. Bei Plinius heisst sie sipho oder columna, vgl. II., 49. 50.;
Lucan 8., 516.; Tac. Annal. 16., 13.

eigentliche Schiffskörper wenig leiden dürfte, mehr schon die obern
Spieren und unbedingt die etwa nicht eingeholten Segel und nicht
geschlossenen Luken. Die Gewalt der Spiralbewegung scheint überhaupt in einiger Höhe vom Meeresspiegel immer grösser zu werden.
Das Barometer zeigt das Herannahen dieses bösen Feindes aller
kleinern Fahrzeuge durchaus nicht an. [349])

Während sich eine „Tromba" bildet, sind die Winde in der Nähe
herum im Allgemeinen leicht und veränderlich, wirbeln häufig sogenannte „Katzenpfoten" auf oder wechseln mit Windstille ab; aber
das Wetter ist drückend und es zeigen sich kleine flockige Wolken,
welche über einen tiefblauen Himmel langsam hinziehen. Endlich
vergrössert sich eine derselben, nimmt eine feste Stellung ein, verlängert sich nach unten und formt sich zu einer Röhre, welche etwas
schwankend, immer länger und dünner wird und endlich die See
erreicht; aber der Augenblick der Vereinigung ist schwer zu bestimmen, da die See schon vorher aufzubrausen anfängt und sich dem
obern Kreisel entgegenhebt. Die Basis der Säule, welche 50, ja
selbst 100 Fuss im Durchmesser haben mag und einen kleinern, mehr
durchsichtigen und scheinbar hohlen Cylinder umschliesst — giebt
zuerst der darunter befindlichen stark bewegten See einen schwarzen
Farbenton, um den sich ein weiterer Kreis tiefblaun Wassers schliesst
und nachher entladet sich mit einem sehr merklich zischenden Geräusch eine Masse Dampfes nach oben in die Säule der darüber stehenden gleichsam aufgeschwollenen Wolke. Die Zerstreuung beginnt
darauf an der sich schnell umdrehenden Spitze, welche gebrochen und
weniger scharf begrenzt erscheint und gleichsam nach oben zusammen-
schrumpft. Die Wasserhose scheint dann oft einige Zeit oben an der
Wolke zu hangen. Danach bildet sich eine eigentliche Säule aus
derselben Wolke nicht wieder, wohl aber pflegen neue in der Nähe
zu entstehen. Die Dauer schwankt zwischen 2 und 10 oder noch
mehr Minuten; erhebt sich ein Wind, so verschwindet die Erscheinung
gewöhnlich bald. Es kommt indess auch vor, dass sie sich bei mit
Böen vermischtem Wetter, beim Umspringen des Windes, besonders
aber wenn sich zwei Winde begegnen, plötzlich bildet. Starker,
häufig von Donner und Blitz begleiteter Regen, geht dann der Erscheinung vorher oder folgt ihr nach. Man sagt, dass eine richtig
gezielte Geschützsalve durch die starke Lufterschütterung die Säule

---

[349]) Weitere Bemerkungen und Beispiele giebt Kämtz in seiner Meteorologie
S. 470.

unfehlbar zerreisst und dass dann starker Regen mit Blitz und Hagel eintritt. Admiral Smyth war einmal auf der See vor Maretimo im Begriff dies Mittel an einem kolossalen Siphon von 1300 bis 1400 Fuss Höhe zu versuchen, der nicht mehr eine Viertelmeile entfernt war, als er plötzlich vor ihm vorbeibrauste, so dass alle die grossartige Erscheinung anstaunten. Das bei solchen Gelegenheiten fallende Wasser ist übrigens eben so rein und süss wie gewöhnliches Regenwasser. [350] -

Wir deuteten oben an, dass die Elektricität bei der Bildung dieser eigenthümlichen Wolkenkreisel betheiligt sein dürfte und vorher schon, dass sich bei dem Verdunstungsprocess Massen elektrischen Fluidums schnell und mit bedeutender Intensität bilden. Der Ueberfluss an so entstandener Elektricität offenbart sich namentlich in der häufigen Erscheinung des ganz geräuschlosen, phosphorescirenden Leuchtens der ganzen Meeresfläche, welches von dem des durch Ruder u. s. w. bewegten Meeres wohl zu unterscheiden ist, und in der seltenern jener züngelnden Flämmchen an den Mastspitzen, welches die Seeleute jetzt Compazant (corrumpirt aus Corpo Santo) nennen, während es in den klassischen Zeiten Castor und Pollux oder die Dioscuren, auch wohl, wenn sich bloss eine Flamme zeigte, Helena genannt wurde. Verwandt damit ist jenes Phænomen, dass sich Nachts an den Spitzen der Lanzen eines Heeres ein leuchtender sternartiger Glanz zeigte. [351] Dieses an ähnliche Erscheinungen an den Spitzen unserer Elektrisirmaschinen erinnernde Leuchten wird auch St. Elms- oder St. Peters- und St. Nicolausfeuer genannt. Es ist ein schönes, gewöhnlich gegen das Ende heftiger Unwetter und in äusserst dunkeln Nächten erscheinendes Meteor, und zeigt sich als ein blasses phosphorisches Licht, das wie eine Seemedusa an den Mastspitzen bis 2 und selbst 3 Fuss abwärts hängt und zugleich flimmernd leise hin und her schwankt, wie wenn ein grosses Stück Gallerte etwas geschüttelt würde. [352]

---

[350] Es würde uns zu weit führen, wenn wir hier dichterische Beschreibungen des Phænomens anführen wollten, wie sie Dante, Camoëns, Thomson und namentlich Falconer geben.

[351] Cæsar B. Afric. c. 47. Dion. Hal. A. R. 5, 46. Seneca N. Quæst. 1, 1.; Plin. II., 37, 37. Tac. Annal. 12, 64. Jul. Obs. c. 69. 101. 107. Liv. 22, 1. 33, 26; 43, 13; namentlich auch Mitscherlich zu Hor. Od. I., 3, 2.

[352] Kämtz, dessen Meteorol. S. 443 sich weiter über die Erscheinungverbreitet, erzählt von einem Fall, wo ein sehr vernehmliches Geräusch damit verbunden war, „gerade als wenn man angefeuchtetes Schiesspulver anzündet.“ Einen andern merkwürdigen Fall beobachtete Smyth am Bord der Fregatte Cornwallis 1807 (Dienstag den 29. September) im stillen Ocean unweit Acapulco. Ein kühner junger Matrose

Der helle Lichtglanz dauert 5 bis höchstens 15 Minuten, worauf er sich langsam verliert. Danach tritt im Allgemeinen schönes Wetter ein. Die Piloten halten diesen Wechsel noch heute in ähnlicher Weise für wunderbar, wie die Alten, die darauf ihre Verehrung der Dioskuren begründeten; er erklärt sich aber sehr natürlich daraus, dass das Elmsfeuer selbst eine Wirkung gemilderter elektrischer Spannung ist, die sich während desselben noch weiter ausgleicht. Verschwindet dann die Lichterscheinung, so lässt sich daraus entnehmen, dass die Elektricität der Seeoberfläche, die das feuchte Schiff emporleitet, zu einer der in solchen Fällen stets tief schwebenden Gewitterwolken nicht mehr in schroffem Gegensatze steht. Wenn bloss eine einfache Flamme (die Helena) an dem Mast heruntergleitet, so glaubte und glaubt man noch heute, dass dies ein Verderben verkündendes Anzeichen sei und dass sie die Schiffe entzünde, auf welche sie herabfalle. [353])

Wir weisen schliesslich noch besonders auf die Schilderung hin, welche Plinius (N. H. II., 37.) von diesem Phænomen gegeben hat.

Das Elmsfeuer, sowie die eigenthümlichen elektrischen Feuerkugeln, welche man bisweilen an der Meeresoberfläche hingleiten sieht, stehen der heftigern, gewaltsamern Erscheinung des eigentlichen Blitzes entgegen. Die Feuerbälle richten wirklich Schaden an, [354]) aber der Corpo Santo wird für unschädlich gehalten. Man sieht den letztern besonders gern, wenn er sich in mehreren Flämmchen auf einige Zeit zeigt und dann allmählig verschwindet. [355])

---

auf dem Mars kletterte bis an den laternenartigen Schein heran. In dem Augenblick, wo er das Meteor berührte, lief es über seinen Arm weg am Mast herunter und sofort trat pechschwarze Finsterniss ein. Er versicherte, nachdem er glücklich herabgekommen war, es habe ihn in „eine wunderliche Betäubung" versetzt.

[353]) Falconer, der Seemann und Dichter scheint auf eine solche hinzudeuten, wenn er dichtet:
> Hoch an dem Mast bleifarbiges Licht entzündend
> Glühn durch die Nacht Meteore, unheilkündend.

[354]) Vgl. in den Philosophical Transactions 1750, den Montague-Fall.

[355]) Der grosse Dichtergeist eines Shakespeare liess sich das interessante Phænomen nicht entgehen und benutzte die zu seiner Zeit volksthümlichen Ansichten über die Feuergeister der Luft. In der 2ten Scene des 1sten Akts des Sturmes sagt der Luftgeist Ariel zu Prospero:
> Ich fuhr ins Königsschiff: Jetzt an dem Schnabel,
> Jetzt in dem Raum, am Deck, in jeder Kammer
> Flammt' ich Entsetzen; manchmal theilt' ich mich,
> Und brannte hier und dort, hell lodert' ich
> Auf Raa und Stenge und zugleich am Bugspriet,
> Und im Begegnen mischten sich die Flammen,
> Zeus' Blitze, die Verkünder grausen Donners,
> Sind nicht so schnell, so augenblicklich nicht.

Der Archipelagus — dieses Meer der Meere, wie man den Namen hat erklären wollen — ist vielleicht die interessanteste Stelle der Welt für den Dichter, den Künstler, den Gelehrten, den intelligenten Reisenden. Sowie er in seiner merkwürdig reichen Küstenentwicklung und in seinem Reichthum an Inseln noch einmal im Kleinen alle die Verhältnisse und Beziehungen wiederholt, die das Mm. im Grossen zeigt, so hat sich an seinen Küsten, ja theilweis auf ihm selbst die Culturgeschichte des menschlichen Geistes für alle Zeiten so mannigfach und bedeutungsvoll entwickelt, dass man sich, sobald man ihn in irgend einer Beziehung näher ins Auge. fasst, wie erhoben und begeistert fühlt. Man muss sich fast Gewalt anthun, wenn man die grossen Scenen der Weltgeschichte, welche hier spielten, unbeachtet lassen soll und doch muss dies hier geschehen, indem im Folgenden nur seine klimatischen Verhältnisse und seine dadurch bedingte Bedeutung für die Schiffahrt — mit einigen Rückblicken auf frühere Seefahrer und Meteorologen — näher betrachtet werden soll.

Das Klima Attika's, der Krone Griechenlands, ist im Allgemeinen trocken und heiter; während der Sommermonate wehen die vorzugsweise aus der Gegend von NO. bis ONO. kommenden Winde selten länger als 2 bis 3 Tage heftig und von dieser Zeit bis in den Winter ist die Temperatur bei günstiger Jahreszeit wirklich unübertrefflich schön.. Der an andern Küsten so verhasste Ostwind ($\dot{\alpha}\pi\eta\lambda\iota\dot{\omega}\tau\eta\varsigma$, subsolanus) ist auch hier stark, aber zugleich für das Thier- und Pflanzenleben angenehm und erfrischend. Im Winter wird das Wetter wohl bisweilen etwas rauh, 'aber die strengen böotischen Winter Hesiod's und das von Thucydides III., 4. erwähnte Eis — $\varkappa\varrho\dot{\upsilon}\sigma\tau\alpha\lambda\lambda\varsigma$ — sind in neuerer Zeit in jenen Breiten nicht gewöhnlich, da das Thermometer selten bis auf den Gefrierpunkt fällt. Die Luft Attika's wurde immer für die reinste in Griechenland gehalten und ist noch immer die beste. Dabei ist sie so trocken, dass z. B. Sig. Lusieri, der von Lord Elgin beschäftigte Künstler, dessen Haus auf der Stelle des alten Prytaneion lag, ein Stück Papier im Freien die ganze Nacht liegen lassen und darauf am folgenden Morgen weiter zeichnen oder schreiben konnte. Diesem verhältnissmässigen Mangel an atmosphärischer Feuchtigkeit haben wir ohne Zweifel die wunderbare Erhaltung der athenischen Bauwerke mit zu verdanken. Ein wesentlich anderes Klima zeigt gleich. das benachbarte ægæische Meer. Da so viele Landspitzen, Halbinseln und Inseln, theilweis von bedeutender Höhe, seine Ebene unterbrechen, so ist die Luft hier weniger heiter und plötzliche Gewitterstürme, von Regen und Hagel begleitet, sind keine Seltenheit.

Bei ruhigem Wetter herrschen die gewöhnlichen etesischen Winde oder Mel-tem (ruhiges Wetter) der Türken vor; sie wehen fast während der ganzen Sommermonate, obgleich man sich auf ihre Beständigkeit eigentlich nur 40 Tage lang verlassen kann. Sie sind trocken und gesund, verdünnen im Allgemeinen die Atmosphäre und namentlich die dichte Luft in den Thälern. Der Name kommt von ἔτος, da sie in jährlichen Perioden um dieselbe Zeit wiederkehren und obgleich gewöhnlich der vom Hellespont herwehende Wind oder der Nordostwind des Archipels darunter verstanden wird, so heissen doch auch manchmal alle Winde in jener Jahreszeit Etesien, mögen sie auch aus andern Richtungen wehen. Die wirklichen Etesiæ [356]) (ἐτησίαι αὔραι d. h. Jahreswinde) beginnen dagegen um die Mitte des Juli, erheben sich um 9 Uhr Morgens und wehen nur am Tage fort. Die Luftströmung geht von NO. nach SW. und sie hängt wahrscheinlich, wie die Passatwinde überhaupt, mit der um diese Zeit eintretenden Verdünnung der Luft in der Nähe des Wendekreises des Steinbocks zusammen. Von Aristoteles und Theophrastus bis herab auf Des Cartes und noch neuere Forscher blieb die Ansicht die gewöhnlichste, dass die Etesien zur Zeit der grössten Sommerhitze sich erhöben, weil da die Sonne am weitesten nach Norden [357]) hinaufsteige und dort den Schnee und das Eis schmelze, worauf nun die sich dadurch entwickelnden feuchten Dünste in grosser Masse nach den wärmern Gegenden hindrängten und so jene Winde erregten, die natürlich zu wehen aufhörten, wenn keine dergleichen Ausdünstungen mehr zuströmten. Uebrigens bemerkten auch schon die Alten, dass diese Winde die Nacht über pausiren, wovon sie ebenfalls den Grund darin suchten, dass der Schnee über Nacht zu schmelzen aufhöre. Wegen dieses Pausirens während der Nacht und Wiedererscheinens bei Aufgang der Sonne heissen sie unter Anderem auch Venti delicati und somniculosi. Plinius hat diese Winde und ihre Vorläufer (prodromos), die leichten Nordostlüfte, welche 8—10 Tage lang ihnen vorangehen, beschrieben. Seltsam genug sagt er (II., 47. 48): „Die

---

[356]) Ueber die Ableitung von αἰτέω, gleichsam αἰτήσιαι, vgl. Hyg. Astron. 2., 4. Hdt. 2., 20. sagt auch vollständig ἐτησίαι ἄνεμοι. Vgl. noch Dem. Phil. I., p. 48., 28. Arr. Anab. 6., 21. Indic. 21. Die Alten weichen in den Angaben ihrer Richtung vielfach ab; dass keiner genau aus Norden wehe, war ihnen schon bekannt.

[357]) Dass überhaupt der schmelzende Schnee Winde errege, war eine fast allgemein angenommene Meinung der Alten.

Sonnenhitze, welche durch die des Sirius verdoppelt wird, soll durch die Etesiæ gemildert werden und keine Winde sind beständiger oder halten besser ihre Zeit ein." Cicero bemerkt, dass sie die Hitze während der Hundstage mildern, eine Behauptung, welche ganz neuerdings Baron Theodoki in Corfu bestätigt hat. Dagegen lässt sich aber einwenden, dass z. B. im Golf von Aegina die Nordostwinde ausserordentlich schwül erscheinen, obgleich nach Smyth dort das Thermometer im Monat Juli während des Tages nur zwischen 19 und 24° schwankte. Hier erhebt sich der Landwind gewöhnlich am Abend und hält fast bis 7 Uhr Morgens an, wonach bis 11 oder 12 häufig eine Windstille eintritt, der dann der Seewind folgt.

Die während der Sommermonate fast beständig wehenden Nord-Ost- und Nord-Westwinde können — wenn man Kleines mit Grossem vergleichen will — die Moussons der Levante genannt werden und ihnen verdanken die griechischen Küsten viele Vorzüge des Klima's und des Verkehrs. Wenn die Sonne bei ihrem Vorrücken nach Norden die Atmosphäre des südlichen Europas zu erwärmen und auszudehnen anfängt, so erheben sich die allgemeinen Frühlingsetesien auf dem Mm.; diese wehen, wie schon ältere Meteorologen berichten, in Italien während der Monate März und April und wurden von den Römern favonii genannt. [358]) Zuerst wird ihre Einwirkung wenig bemerkt, aber sobald das Land bedeutend mehr als die See erwärmt wird, rückt der Luftstrom gegen das Land hin vor und erzeugt die Westwinde. Im Herbst verlieren die Winde ihren beständigen Charakter, indem sie bisweilen vom Meere her dem Lande zuwehen und auch wieder die entgegengesetzte Richtung verfolgen, und dann die relativen Temperaturen dieser beiden Elemente oft plötzlich wechseln; denn während die Sonne dem Aequator zueilt, kühlen sich sowohl der Continent Europas nach Norden zu, als auch die Nordgestade Afrika's nach Süden zu allmählig wieder ab und dabei treten sowohl auf dem Lande als dem Wasser mancherlei kleine Temperaturunterschiede ein, welche natürlich bis einige Wochen nach den Nachtgleichen sehr veränderliche — und zugleich viele lokale — Winde erzeugen. In kurzen Worten kann man für den Archipelagus als Regel aufstellen, dass Nordwestwinde oft schönes Wetter anmelden und zur Abkühlung der Luft und zugleich zur Zerstreuung ungesunder Feuchtigkeit viel beitragen, während man bei Winden aus den

---

[358]) Solvitur acris hiems grata vice veris et Favoni, singt Horaz. Die Landleute Latiums erwarteten diese Winde schon um die Idus des Februar.

entgegengesetzten Strichen sich auf das Gegentheil gefasst machen
muss. Die Frühlingswinde, von denen schon die Alten erzählen,
wehen meist in den ersten Tagen des März und hiessen Ornithiæ,
und Chelidoniæ, weil mit dem Wehen dieser Weste ganze Schaaren
von Schwalben und andern Zugvögeln eintrafen. Nach dem Schol.
zu Aristoph. Acharn. 877 sollen die Ornithiæ dagegen die „Vogel-
tödtenden" sein. Im Sommer mag ein solcher Wind allerdings kalt
erschienen sein. (Vgl. Forbiger, phys. Geogr. S. 611.)

Der regelmässige Nordost oder allgemein bekannte etesische Wind
wird von Baco [359]) zu den Ventis statis d. h. solchen gerechnet, die
nur in einer bestimmten Gegend vorkommen. Die Griechen glaubten,
dass dieser Wind die Wolken an sich ziehe (cæciam nubes ad se tra-
here), wesshalb ein Sprichwort ihn mit Wucherern verglich, die das
Geld an sich ziehen, indem sie es austhun. [360]) Die etesischen Winde
führen die aus dem Mm. aufgenommenen Dünste der Wüste Sahara
zu und zerstreuen sich da; aber die Südwestwinde werden von den
Alpen und Apenninen aufgehalten und schlagen dort in der kühlern
Luft ihre Dünste als Regen etc. nieder.

Ein an einem Sommertage plötzlich eintretender Nordwind lässt
nach der Meinung der griechischen Schiffer eine schöne Nacht erwarten, während andererseits eine absolute Windstille mit spiegel-
glatter See in derselben Jahreszeit wie eine Warnung vor Sturm angesehen wird. Schon vor dem Auguststurm, der 480 Jahre vor Chr.
fast 500 Schiffe des Xerxes vernichtete, war die See ruhig und der
Himmel heiter; aber als der wüthende Apeliotes aus Ost heranbrauste,
lag der schwer beladenen Flotte eine so steile Felsenküste gegen
West, dass heut zu Tage noch Transportschiffe eine solche Lage für
sehr gefährlich halten würden. Welche Kluft aber trennt die moderne
Navigationskunde von der Schiffahrt jener Zeit, in welcher Euripides
das Ruder noch den Beherrscher der Meere nennen konnte! Um die
Zeit der Solstitien oder der längsten und kürzesten Tage wehen die
Südost- und Südwestwinde mit grosser Gewalt; aber im Winter wer-

---

[359]) Vgl. Fr. Baconi de Verulamio Hist. Nat. de Ventis etc. Lugd. Batav. 1648,
p. 20. Ebenda werden die Ornithii oder Aviarii erwähnt. Ueberhaupt findet man
schon bei Baco manche interessante meteorologische Bemerkung.

[360]) Baco Qualitates Ventorum §. 32. (S. 32 der erwähnten Ausgabe.) Foene-
ratores, qui pecunias erogando sorbent. Interessant ist auch, was Baco gleich
nachher über das Vorrücken gewaltiger Feuersbrünste gegen den Wind bemerkt.
Aus dem Steigen, Sinken und Weiterziehen der Wolken leitet ferner Baco seine
seltsame, aber ganz richtige Metapher vom Tanz her: cum enim (venti) choreas
ducant, ordinem saltationis nosse iucundum fuerit (idem Topica particularia §. 18.)

den die Nordstürme noch mehr gefürchtet, da sie oft von Schnee, Hagel und Graupeln begleitet sind und jedem, der mit der Lokalität nicht ganz genau bekannt ist, die Schiffahrt zwischen so vielen grössern und kleinern Inseln und Riffen sehr gefährlich machen. Während eines solchen Unwetters wurde z. B. 1770 ein russischer Dreidecker, der zur Orloff-Flotte gehörte, bei 'Psara von den Ankern getrieben und strandete auf den Kalogero-Felsen, wo die gesammte Mannschaft verunglückte; ein türkisches Schiff von 64 Kanonen theilte einige Jahre später dasselbe Schicksal und kleinere Schiffe pflegen in diesem Nordwind in Menge unterzugehen. Eben diese tramontana erscheint auch im Sommer als von ihrer Hauptrichtung abweichende Etesiæ, die dann bisweilen äusserst heftig wehen. Obgleich man sie gewöhnlich als Vorboten günstig werdenden Wetters willkommen heisst, so sind sie doch meist sehr kalt, schaden der Vegetation, und verdunkeln zugleich den Horizont in auffallender Weise. Wenn dieser Wind nur einige Stunden angehalten hat, so bedecken sich die Berggipfel Albaniens und Griechenlands mit Schnee. Wenn die Wolken sich zertheilen, die Sonne blendend hindurchscheint und sowohl diese Schneegipfel als grosse Stücken tiefblauen Himmels sichtbar werden, so weiss der Seemann, der über die sich dann hochthürmenden Wogen dahinsegelt, dass die tramontana ausgetobt hat und in einen mässigen Wind übergeht.

Die Winterzeit stellt den Seefahrer im Archipel überhaupt auf harte Proben; heftige fast orkanartige Stürme [361]) sind dann nicht selten, zum Glück aber meist schnell vorübergehend. Es sind vielleicht dieselben, welche man ehedem unter dem Namen Schiron fürchtete. Das Barometer geräth bei ihrer Annäherung in starke Schwankungen und zugleich pflegen dicke, tiefhängende Wolken, lebhafte Blitze und gewaltige Donnerschläge vor ihnen zu warnen. Dennoch helfen selbst dem vorsichtigen Seemann alle diese Warnungen wenig, da in einzelnen Theilen dieses Meeres die Bahnen des sichern Fahrwassers so labyrinthisch sind, dass alle Geschicklichkeit während eines Orkans nutzlos wird. Fast der ganze Archipel gleicht ja einem stark coupirten Gebirgsterrain, dessen Thäler mit Wasser angefüllt sind. So ging z. B. der Phönix, eine Fregatte von 36 Kanonen, obgleich sie der Admiral C. J. Austin trefflich führte, im Februar 1816 an den Küsten der Tschesmè-Bai verloren, da ein

---

[361]) Eine Hauptstelle über diese Stürme und überhaupt über die von den Alten beobachteten Winde findet man bei Uckert. II., 1. S. 121 figg. Vgl. auch Forbiger alt. Geogr. I., 606 figg.

förmlicher Orkan losgebrochen war. Damals wurde die Mannschaft
gerettet, aber bei andern Schiffbrüchen am 9. Januar 1826 ging auch
diese verloren. Der Revenge (74), der Sir H. B. Neale's Flagge trug,
die Fregatte Cambrian und die Corvette Algerine waren an jenem
Tage um 5^h 30^m Nachm. von der Gartenbay zu Hydra mit leichtem
Südwind ausgefahren. Ungefähr 3 Stunden später brach nach ausserordentlich starkem Blitzen ein Sturm los, während die Schiffe auf
das Cap Colonna zusteuerten; die beiden ersten Schiffe wurden arg
zugerichtet und entgingen mit genauer Noth dem Scheitern; aber die
unglückliche Algerine wurde von den wüthenden Elementen überwäl-
tigt und sank augenblicklich mit ihrem Commandeur Wemyss und
der ganzen Bemannung.

Der Südwind ist, selbst im Sommer, auch wegen seiner Unbeständigkeit und wegen des plötzlichen Umschlags unangenehm; er verdient noch immer den ihm schon von den Alten gegebenen Beinamen
eines blitzstarken, aber ist, wie ebenfalls schon Sophocles sagt, von
kurzer Dauer. Adm. Smyth erzählt, dass er selbst einmal auf offener
See bei Milo auf dem Wege nach Attika gewesen sei und bei schönem
Wetter einen günstigen Südwind benutzt habe, als urplötzlich der
Wind nach Norden umgesprungen und zu einem solchen Sturme an-
gewachsen sei, dass die Wogen sich hochthürmten und in aufspritzen-
dem Schaum über das Deck schlugen. „Als dies nachliess, wir aber
immer noch Nordwind hatten, sahen wir ein Schiff im Osten, das vor
einem frischen Ostwind den Archipel herabkam." Solche jeder Berechnung
sich entziehende Unbeständigkeit erhält hier den umsichtigen Seemann
fortwährend in äusserster Spannung und es ist nur zu verwundern, dass
bei den dringenden Gefahren, die oft plötzlich hereinbrechen, wenn
Schiffe in dem glücklicherweise meist tiefen Fahrwasser nicht selten hart
an den Felsen vorbeistreifen, nicht noch mehr Verluste zu beklagen
sind. John Stewart, der Capitain der Fregatte Sea-Horse, einer jener
brauchbaren Seeleute, die die Feder eben so gut wie den Degen zu
führen verstehen, hat einige treffliche Instructionen für die Schiffahrt
auf diesen Gewässern aufgesetzt, welche schon lange im Gebrauch sind.
Dieser wackere Offizier stellt für die in diesen Meeren (den „Arches",
wie die Engländer sagen) während der unbeständigen Monate kreuzenden Schiffe die allgemeine Regel auf, dass sie, wenn der Wind aus
Norden kommt, unter dem Lee irgend welchen Landes Anker werfen
sollen, da derselbe gewöhnlich so allmählig nachlässt, dass er zum
Ankerlichten hinlängliche Zeit lässt. Aber die Winde vom Süden her
pflegen dergestalt nach allen Richtungen zu gieren oder auch so

plötzlich umzuspringen, dass man, während sie wehen, sich nicht auf die Grundtakelage verlassen kann.

Wir besitzen hinlängliche Belege dafür, dass schon die Alten die stürmische Jahreszeit auf dem ægæischen Meere fürchteten und dass ihre Warnungen den hierauf bezüglichen Gesetzen der Venetianer zu Grunde liegen. Aus ihren Urkunden weiss man seit vielen Jahrhunderten, dass dieses Meer sich von allen andern in vieler Hinsicht wesentlich .unterscheidet und obgleich die Alten nicht vollständig erkannt zu haben scheinen, wie sehr der Witterungswechsel von der Stellung der Sonne in der Ekliptik abhängig ist, so nahmen sie doch von den andauernden Winden Kenntniss. Einige ihrer Gesetze hatten ganz entschieden die Tendenz, die dem Handel hinderlichen Rechtshändel möglichst zu beschränken, und da ihre Kauffahrer nur zwischen den Monaten Munychion und Boedromion (etwa von der Mitte April bis gegen Ende September) auf offener See waren, so durften alle solche Rechtshändel nur während der Zeit, wo die Schiffe in den Häfen lagen, geschlichtet werden. Corinth war damals der Hauptstapelplatz Griechenlands und der Markt Asiens und Europas. Die Waaren Italiens, Siciliens und überhaupt aller damals bekannten Länder des Westens, wurden durch den Meerbusen von Corinth nach Lechæum an der Nordseite des Isthmus gebracht und die von den ægæischen Inseln, von Kleinasien, Phönizien, Aegypten und Lybien nach dem Hafen von Kenchreæ im Süden der Landenge. Bei der Küstenschifffahrt der damaligen Zeit wurde Corinth ganz natürlich der Mittelpunkt· des Handels, so wie später Rhodus. Die Umschiffung der Peloponnes wurde für so langwierig und bedenklich gehalten, wie etwa gegen 1500 die Umschiffung Afrika's, und die Seeleute zeigten so wenig Lust, der stürmischen See zwischen Lakonien und Creta zu trotzen, dass ein Sprichwort sagen konnte, „der Mann, welcher Cap Malea umfahre, möge vergessen was ihm das Theuerste auf der Welt." Man hatte den Glauben, dass der Aufgang des Sternes Capella den Seeleuten Unglück verheisse und seine beiden Nachbarsterne (ζ und η im Bootes), die ἔριφοι, haedi — wurden sehr emphatisch horrida et insana sidera genannt. Arcturus (Bärenhüter von ἄρχτος und οὖρος) .übte nach der Meinung der alten Seefahrer auch einen schlimmen Einfluss aus. Wie gross das Vorurtheil gegen denselben war, lernen wir aus einer Stelle im Demosthenes, nach der in Athen eine Summe Geldes auf Bodmerei ausgeliehen wurde und zwar auf ein nach der taurischen Chersones und von da zurückfahrendes Schiff. Man verlangte hier $22\frac{1}{2}$ pCt., aber wenn das Schiff nicht vor dem

Aufgang des Arktur zurück sein sollte, 30 pCt. Es hat neuere Meteorologen gegeben, die in allem Ernst an einen solchen Einfluss einzelner Gestirne geglaubt haben; daran ist aber gewiss nicht zu denken; es darf jedoch nicht unbeachtet bleiben, dass der Aufgang des Arktur in eine Jahreszeit fällt, in der eine doppelte, langgestreckte Wolkenschicht am Horizonte allerdings einen Sturm verkündet. Noch untrüglicher als solche Anzeichen ist und bleibt aber das Barometer; sein Fallen sowie das gleichzeitige Steigen der See sind Vorboten eines Sturmes.

Viele neugriechische Seeleute bilden sich ein, des Wetters ausnehmend kundig zu sein und ertheilen gern allerlei Rathschläge über Landen, Abfahren, Ankern und dgl. Aber wenn das Mm. die Wiege der Schiffahrt ist, so ist letztere zum Theil noch heute dort in ihrer Kindheit geblieben. Sowohl des schönen Klimas als ihrer Unwissenheit wegen pflegen die Schiffer noch heute, wie vor Jahrtausenden, nur bei günstigem Wetter sich hinauszuwagen. Sobald ein ungünstiger Wind sich erhebt, sind sie stets geneigt unter dem Lee einer Landspitze oder Insel einen Zufluchtsort zu suchen und fahren in den nächsten Hafen ein, mit einer so gewaltigen Scheu vor den Elementen, dass sie gar nicht daran denken, sie zu bekämpfen. Sie achten noch heute abergläubisch auf allerlei Vorzeichen, von denen ein griechischer Pilot Kampse, der drei Jahr lang in H. Smyth's Diensten stand, eine ganze Sammlung vorbringen konnte. Zu den für ganz zuverlässig gehaltenen Vorzeichen gehört das erste Erscheinen der Eierpflanze (solanum melongena), welchem jedesmal ein ziemlich anhaltender Nordostwind folgen soll und desshalb segeln die nach dem schwarzen Meere bestimmten Schiffe früher ab, als dieser Vorbote des bösen Windes sichtbar wird. Hier kann möglicherweise die Zeit des gefürchteten Wechsels mit dem Erscheinen der Pflanze im Allgemeinen zusammentreffen.

Um diese kleine Untersuchung über die ægæischen Winde passend abzuschliessen, theilen wir noch Einiges aus den meteorologischen Ansichten der Alten mit. [362] Homer erwähnt ausdrücklich nur die vier Hauptwinde — den Boreas, Euros, Notos, Zephyros — obgleich dazwischen liegende auch angedeutet werden. Man muss aber eingestehen, dass das Wesen derselben nicht recht klar bezeichnet ist, denn selbt die Ilias und Odyssee harmoniren nicht in Bezug auf

---

[362] Ueber die Winde und den unten erwähnten Thurm der Winde ist namentlich nachzulesen Vitruv 1. 6., Stuart und Revett, Choiseul Gouffier, ferner Forbiger Geogr. I., 603. §. 48.

die Eigenschaften des sanften Zephyros und der unruhige Euros wird bisweilen als heiter geschildert und Achilleus ruft den Boreas am Scheiterhaufen seines Freundes Patroklos an. Aristoteles, Timosthenes und andere erweitern „die Windrose"; aber die genaue Beziehung zwischen den Cardinalpunkten des erstern und den 24 des Vitruv, sowie der dazwischenliegenden ist schwer anzugeben. Glücklicherweise hat jedoch der von dem Architekten Andronikos Cyrrhestes, einem Freunde der Astronomie, zu Athen erbaute Thurm die Stürme und Revolutionen so vieler Jahrhunderte überdauert und giebt nicht allein die 8 damals gültigen Punkte des Compasses, sondern auch die allgemein angenommene Beschaffenheit der aus jenen Gegenden für den Meridian Attika's wehenden Winde durch besondere Symbole an. [363])

Dieses interessante Gebäude liefert uns nun eine Menge von Berichten über alte Beobachtungen und zeigt zugleich, dass vor mehr als 2000 Jahren dieselben meteorologischen Ursachen Wirkungen hervorbrachten, welche den in unsern Tagen beobachteten noch bis auf die kleinsten Umstände ähneln.

Der Thurm der Winde ist ein achteckiges Gebäude von Marmor, das 1820, obgleich es zu einem Tekkiyeh oder einer Kapelle für die tollen Tänze heulender Derwische herabgewürdigt worden, noch ziemlich wohl erhalten war. Nur der bewegliche eherne Triton fehlte, der früher darauf gestanden und mit seinem Stab nach der Himmelsgegend hingewiesen hatte, aus welcher der Wind wehte. Am obern Stockwerke befindet sich an jeder Thurmseite eine geflügelte Figur, trefflich in Relief gearbeitet; die, welche das kalte Wetter darstellen, sind ältliche, ganz bekleidete bärtige Männer in dem Stile, den die Athener den barbarischen nannten, aus Stein gehauen; die mildern Winde werden durch jugendlichere und leichter gekleidete Gestalten repräsentirt. Darüber stehen die Namen in Unzialbuchstaben und sind nach unten durch ein Karniess von grossen, jeder Fläche besonders angepassten Sonnenuhren getrennt. Die Vertikaluhren der 4 Cardinalpunkte erscheinen regelmässig, die dazwischenliegenden dagegen abweichend. Der ganze Bau muss den Athenern einst als trefflicher

---

[363]) Da die östliche Sonnenuhr am Thurm der westlichen gleicht — nur mit umgekehrten Ziffern — und die Mittagslinie an der südlichen auf den correspondirenden Stundenlinien senkrecht steht, so ist es klar, dass Andronicus wirklich den wahren Meridian aufgesucht und danach sein Gebäude gestellt hat und zwar wahrscheinlich 150 vor Chr. Pausanias, der übrigens den Thurm der Winde gar nicht erwähnt, erzählt von einem Altar der Winde bei Sikyon mit 4 Höhlungen ($\beta \delta \vartheta \varrho o \upsilon \varsigma$) zur Besänftigung der Winde.

Zeit- und Wetteranzeiger sehr willkommen gewesen sein, obgleich
der Triton als Wetterfahne, da er der hohen Akropolis, welche natürlich die Windrichtung oft afficiren musste, zu nahe stand, für den
jedesmaligen Wind die genaue Richtung nicht immer angeben konnte.
Ueber der Thür ist Schiron, der Repräsentant der Nordwestwinde angebracht.   Er erscheint robust, bärtig, mit warmen Kleidern und
Stiefeln.   Ferner giesst er Wasser aus einem Gefässe um anzuzeigen,
dass er, obgleich meist ein trockener Wind, doch auch gelegentlich
Regen bringt.   Zephyros, der sanfte, milde Westwind [364]) ist ein
leicht gekleideter Jüngling ohne Beinbekleidung, der mit heiterem
Gesicht langsam [365]) dahingleitet und Blüthen trägt (vielleicht als
ζωήν φέρων, Leben bringend, wegen seines wohlthätigen Einflusses
auf Gärten und Felder.)   Boreas, die Personification des rauhen
schneidenden Nordwinds ist ein bärtiger warm gekleideter Greis, ohne
Wasserurne, aber Nase und Mund mit seinem Mantel gegen die Kälte
schützend. [366])   Der Kaikias oder Nordostwind, im Winter der
kälteste in Attika, ist als ein alter Mann dargestellt, der Oliven
aus einer Schale schüttet, um anzudeuten, dass jener Wind den
Früchten, namentlich den in den attischen Ebenen wachsenden Oliven
schade.   Stuart behauptet dagegen, dass er statt der Oliven Hagel-
körner in einem Schilde trage.   Apeliotes, der den Ostwind darstellt,
ist ein schöner Jüngling in mässiger Bewegung und verschiedene
Früchte nebst einer Honigscheibe und Weizenähren in seinem Mantel
tragend, zum Anzeichen, dass er den Obstgärten günstig sei.   Euros,
der so oft von stürmischem Wetter begleitete Südostwind ist als ein
alter mürrischer Gesell dargestellt, dabei ist er fast nackt, aber in
der Bewegung der wenigen Falten seines Gewandes zeigt sich eine
gewisse Heftigkeit.   Lips oder eigentlich Libs, der Südwestwind
(Africus, im Peiræeus auch *traversia* genannt) erscheint als kräftiger
Mann von ernstem Aussehen, der ein gebogenes Schiffshintertheil mit
seinen Zierrathen trägt oder vielmehr vor sich her zu stossen scheint.
Die Römer, welche in solchen Dingen gewöhnlich die Griechen copir-
ten, gaben dem Libs dunkle Fittige, womit sie zugleich seine Unbeständigkeit und Energie bezeichneten, denn er ist abwechselnd heiss, [367])

---

[364]) Vgl. über ihn Forb. I., 610. Homer Od. IV., 567.

[365]) Sonst war er eigentlich Sinnbild der Schnelligkeit. Hom. Il. 19., 415.
Was die Etymologie anbetrifft, so kann auch der Stamm ζόφος (Schattengegend,
Westen) zu Grunde zu liegen.

[366]) Nicht, wie Einige behaupten wollten, auf einer Seemuschel blasend.

[367]) Paus. 2, 34 sagt, dass er die Sprösslinge der Reben verbrannte.

kalt, trocken, feucht, regnerisch, [368]) heiter und ungestüm, [369]) so dass die Schiffe während der Wind in SW. stand, nicht gern die athenischen Häfen verliessen. Notos, der Südwind, hat ein kränkliches düsteres Aussehen, wahrscheinlich um die ungesunde Hitze und Feuchtigkeit dieses Windes anzuzeigen; dass er bei schwülem Wetter starke Regenschauer mit sich bringt, deutet auch der Wasserkrug an, welchen er ausleert. Man sieht übrigens, dass dieser Einfluss der athenischen Winde auf das Wetter auch zum Theil mit dem an andern Orten, z. B. England, beobachteten recht wohl übereinstimmt.

Die Winde in den Dardanellen und dem Bosporus sind, wie man schon aus der diese Kanäle bildenden Landformation schliessen kann, hinauf- und hinabwehende, d. h. Nordost- und Südwestwinde; aber bisweilen zeigen sich sehr störende Windstösse aus Norden. Indessen ist das Wetter meist entzückend schön und die Hitze wird durch jenen silberfarbenen Nebel gemildert, der die Umrisse der Landschaft nur verschleiert, aber nicht verbirgt. Bei der Fahrt durch die Propontis auf Konstantinopel zu eröffnen sich Aussichten von eigenthümlicher und stets wechselnder Schönheit. Bisweilen werden freilich die Nebelmassen dicht und feucht. Wie wir schon bemerkten, gaben die alten Seefahrer dem schwarzen Meere wahrscheinlich seinen Namen wegen der cimmerischen Dunkelheit seiner Nebel und Stürme, die dem unerfahrenen und weit von der Heimath entfernten Schiffer um so drohender erschienen; ein Euphemismus, welcher den bösen Geistern schmeichelt und uns noch heutzutage davon abhält, manches Wort von böser Vorbedeutung zu äussern, verwandelte den Namen in Euxeinos (den Fremden günstig), obgleich das Meer offenbar verrätherisch und unsicher ist. [370]) Nach neuern Erfahrungen hat sich dies Alles geändert; denn obgleich bisweilen recht starke Nebel eintreten, so sind dennoch heftige Stürme selten oder dauern doch nur höchstens 12 Stunden. Während des Sommers herrschen Nordwinde vor; Südwinde aber zu Anfang des Herbstes und Frühlings. General-Major Monteith behauptet, dass zu Kalla und Poli an der Ostküste des schwarzen Meeres die heftigsten Stürme unveränderlich aus Westen kommen, das Wasser längs der Küste Mingreliens um 4 Fuss anschwellen machen und zugleich die Flüsse in den Niederungen dieser Gegend über ihre Betten hinaustreiben. Daher kommen auch gerade hier Strandungen nicht selten vor.

---

[368]) Hdt. II., 26.; IV., 99. 173.; VI., 140.; Arist. Met. II., 6. 19.
[369]) Hor. Od. I., 3. 12.
[370]) Quem tenet Euxini mendax cognomine littus.

Dr. E. D. Clarke erzählt, dass während heftiger Ostwinde auf dem asowschen Meere das Wasser sich auf eine so auffallende Weise zurückzieht, dass die Bewohner Taganróks schon trockenen Fusses die gegenüberliegende Küste haben erreichen können — in einer Entfernung von fast 14 (engl.) Meilen (also 3 geogr. M.) Wenn aber der Wind sich dreht — was bisweilen sehr plötzlich eintritt — so kehren die Gewässer mit so grosser Schnelligkeit in ihr gewohntes Bett zurück, dass dann stets Unglücksfälle vorkommen. Auf diese Weise stranden auch kleine Schiffe. Er sah die Trümmer von zweien, die in der Nähe der Küste auf gutem Ankergrund vor Anker gelegen hatten und dennoch ganz unerwartet losgerissen und in den sandigen Uferschlamm versenkt wurden. Der Ostwind tritt oft mit grosser Heftigkeit ein und hält mehrere Wochen an. [371]) Auch Weststürme sind nicht selten, dagegen werden Winde genau aus Norden kaum beobachtet und Südwinde sind fast beispiellos; dass auf diesen auffallenden Mangel an Südwinden die Formation des umliegenden Terrains, namentlich der Bergrücken des Caucasus seinen Einfluss übt, insofern der letztere Winde aus jener Weltgegend auffängt und ihre Richtung modificirt, ist wohl nicht zu bezweifeln.

In der Levante ist die Luft-Temperatur veränderlicher, als in andern Theilen des Mm., da sie von jedem Wechsel des Windes afficirt wird. Wenn keine Stürme dazwischentreten, so herrscht längs dieser östlichen Gestade — ebenso wie in den benachbarten Landstrichen — der regelmässige Land- und Seewind, der imbatto, vor. Aber der Wirkungskreis dieser periodischen Winde reicht nur bis in eine mässige Entfernung vom Lande, so dass man, wie schon erwähnt wurde, nicht selten Schiffe in verschiedenen atmosphärischen Strömungen bei einander vorbeisegeln sehen kann; bisweilen kommen Schiffe von entgegengesetztem Cours, jedes mit vollen Segeln vor dem Winde, bis zum Zuruf einander nah. Die über die weiten Flächen der Becken des Mm. hinstreifenden Luftströmungen werden übrigens stets in ihrer Temperatur gemässigt und gemildert und verlieren sowohl die hohen Kälte- als Hitzegrade.

---

[371]) Wenn Dr. Clarke hierzu den im 2ten Buch Mose 14, 21 erwähnten Ostwind vergleicht und durch die heutige Beobachtung die Wahrhaftigkeit der heiligen Schrift belegen will, so wird damit eigentlich nichts erreicht. Alle neuern Beobachtungen beweisen vielmehr, dass das Meer auch bei dem heftigsten Winde nicht „für Mauren, zur Rechten und zur Linken" sein kann; und wenn nun auch eine natürliche Erklärung des göttlichen Wunders gelänge, was würde dann mit der Feuersäule und Rauchwolke anzufangen sein, die das Volk Israel geleiteten. Vergl. Dr. Schleiden's Landenge von Suês, 9tes Cap.

Die Insel Cyprus gewährt uns gleichsam einen Ueberblick des levantinischen Wetters im Kleinen, da die Wirkung der Winde auf einen verhältnissmässig kleinen Raum beschränkt ist. Bei dem sehr regelmässigen Verlauf ihrer Jahreszeiten nimmt die Hitze mit dem Sommer zu und würde geradezu unerträglich werden, wenn der kühlende imbatto die Temperatur nicht abkühlte. Dieser fängt mit dem ersten Tage des Sommers um 8 Uhr früh an zu wehen, nimmt dann zugleich mit dem Emporsteigen der Sonne zu und hört um 3 Uhr Nachmittags vollständig auf. Die Erklärung ist leicht. Die Sonne erwärmt, während sie emporsteigt, zunächst das Land, so dass sich schon gegen 10 eine erhitzte und also verdünnte Atmosphäre über demselben bildet. Die kältere und dichtere Luft, welche daneben auf dem Meere lagert, strömt nun dem Lande zu, bis gegen Sonnenuntergang zu welcher Zeit die See ebenfalls stark erwärmt ist, ein Zustand des Gleichgewichts eintritt. Ungefähr eine Stunde nach Sonnenuntergang legt sich der Imbatto im Allgemeinen ganz; es folgt eine Todtenstille, bis sich um 1 oder 2 Uhr Nachts ein leichter Landwind erhebt, der bis ungefähr eine Stunde nach Sonnenaufgang anhält. Aber gegen Ende der Jahreszeit ihres Auftretens werden diese Winde ausserordentlich heftig. Im Nordwesten von Cypern wird dieser Imbatto für einen Seewind und im Südosten für einen Landwind gehalten. Wenn der Wind abnimmt, so zeigt sich gewöhnlich Feuchtigkeit, welche die Luft etwas schwer macht, aber diese wird dann wieder durch einen gegen Abend sich erhebenden Wind fast täglich zerstreut. Im Sommer weht dieser Wind bis 4 Uhr Morgens, im Herbst und Winter nicht ganz bis Tagesanbruch, während er im Frühling nur bis Mitternacht anhält. Die zu Anfang des Sommers eintretenden Winde hören um die Mitte des September auf und dies ist zugleich die Periode der intensivsten Hitze, da kein Wind sie dann mildert. Glücklicherweise ist aber diese Periode nicht von langer Dauer und um die Mitte Oktobers nimmt die Wärme merklich ab, da sich dann die Atmosphäre mit Regenwolken anfüllt. Die Nordwinde sind, obgleich sie sonst einige gute Eigenschaften besitzen, im Sommer unangenehm, da sie den Baumwollenpflanzen schaden, welche durch dieselben bisweilen bis auf die Wurzeln verdorren; auch sind sie oft äusserst kalt, da sie von den Hochebenen und Bergen Kleinasiens kommen. Doch die Missernten werden auf Cypern hauptsächlich durch Trockenheit veranlasst, da die Erde von Ende April bis Mitte October gleichsam gedörrt wird.

Die Küste Syriens erfreut sich im Allgemeinen eines sehr
schönen Klimas, freilich mit einigen Ausnahmen; denn während die
Berggegenden einen stürmischen und finstern Winter haben, herrscht
in den Ebenen im Sommer eine ausserordentliche Hitze. Während
des ganzen Jahres äussern die hochragenden Gipfel des Taurus und
Libanon auf die Winde in den verschiedenen Jahreszeiten insofern
einen bedeutenden Einfluss, als sie deren Intensität und Richtung
verändern. Am obern Theil dieser Küste, längs der Flanken des
Libanon und um die Rhede von Alexandretta hat man sich vor den
plötzlich von den Bergen herabbrausenden Windstössen, *rageas*
(ghaziyah) genannt, zu hüten. Eine Umwölkung der höchsten Bergspitzen pflegt ihnen vorherzugehen. Sie sind heftig, aber gehen
schnell vorüber und werden in weiterer Entfernung von der Küste,
wo der eigentliche, über diese Gebirgskämme wehende Wind die
Meeresfläche erreicht, wenig bemerkt. Die Nordwinde sind hier
meistentheils trocken und gesund, doch kalt und oft recht heftig,
während die Südwinde mild, feucht und regnerisch sind; die Ostwinde bringen Nebel, die Westwinde dagegen, obgleich oft stürmisch,
klären den Himmel und bringen heiteres Wetter. Diese Winde
zeigen übrigens noch manche Eigenthümlichkeiten, je nachdem man
sie nahe an der Küste oder auf offener See beobachtet. Wenn sie
heftig wehen, so tritt ihre Wirkung auf das Quecksilber jedesmal
entschieden hervor. Gewitter sind hier im Allgemeinen auffallend
selten und wenn sie sich zeigen, so geschieht dies meist nur
während der regnerischen Jahreszeit von November bis März. Die
Landwinde, welche im Sommer sehr leicht sind, erstrecken sich nie
über bedeutende Entfernungen; sie erheben sich gewöhnlich gegen
Sonnenuntergang und halten bis zum Sonnenaufgang an. Darauf
verdrängt sie der Seewind, welcher ungefähr eine Stunde vor Sonnenuntergang etwas nachlässt oder bisweilen völliger Windstille Platz
macht. Gelegentlich wehen aber auch die Seewinde mit ausserordentlicher Wuth und diese hafenlose dem Winde gegenüberliegende
Küste wird dann äusserst gefährlich. Zahlreiche Belege dafür lassen
sich sowohl aus dem Alterthum, als den Zeiten der Kreuzzüge anführen. Aber auch die tüchtigsten und trefflichst geführten Schiffe
der neuern Zeit haben hier im Kampfe mit den Elementen unter-
liegen müssen. Als im December 1840 sich hier ein engl. Geschwader
unter dem Befehl des Admiral Sir Robert Stopford befand, strandete
nach dessen Angriff auf Acre die Zebra hoch und trocken, die Pique
verlor ihre Masten, der Bellerophon, ein neues Schiff von 80 Kanonen

musste mehrere Kanonen über Bord werfen und wurde nur durch die geschickten Manoeuvres seines Capitains Austin und seiner Offiziere gerettet.

Wenn wir uns bei der Behandlung der meteorologischen Verhältnisse im Archipel nach den Angaben der alten Griechen umsehen, so können wir, was diese Meeresgegend anbetrifft, auf manche Stelle aus der heiligen Schrift selbst hinweisen. Man hat behaupten wollen, dass die Nordwinde — welche, da sie von den in dieser Richtung liegenden Bergen wehen, kalt sein müssen — Feuchtigkeit mit sich führen. Dies harmonirt aber weder mit den Beobachtungen, noch mit den Aussagen der Bibel. In den Sprüchen Salomons (25, 23.) sagt zwar Salomon, (wahrscheinlich von Jerusalem): „Der Nordwind bringet Ungewitter," [372]) aber andere haben hinein erklären wollen: er treibt den Regen weg (span. Bibel: el viento aquilon disipa las lluvias, englisch driveth away). Dem sei nun wie ihm wolle — wobei man bei der in der Anmerkung gegebenen Uebersetzung den Unterschied der Breite und den Einfluss des Libanongebirges etc. geltend machen kann, — die Einwirkung dieses Windes, wie sie auch der bekannte Generalconsul Barker in Aleppo beobachtet hat, ist immer noch dieselbe, wie sie Hiob, bei Damascus, 1000 Jahre vor Salomons Geburt beschreibt. [373]) Als ferner Elias' Diener, zum 7ten Male zur Ausschau auf den Gipfel des Karmelberges gesandt, berichtete, dass er eine kleine Wolke aus dem Meere, das ihm natürlich gen Westen lag, aufgehen sehe, wie eines Mannes Hand, so sagte der Prophet sogleich Regen voraus. [374]) Man kann dies natürliche und sehr gewöhnliche Vorzeichen — eine kleine Wolke in Nimbusform mit ihren zackigen fingerähnlichen Anhängseln — noch heut zu Tage von derselben Stelle aus beobachten.

Das Klima Unteraegyptens ist im Sommer sehr heiss, dagegen sind die Nächte kälter, als man erwartet. Die mittlere Jahrestemperatur stellt sich auf 69,8° Fahr. = 16,58° Réaum. An den Küsten des Deltas beginnen gelegentliche Regengüsse mit dem Ende des Jahres und dauern bis zum März. In dieser Zeit herrschen die West- und Südwestwinde vor. Da die Regenschauer dann bisweilen

---

[372]) Ruach zaphon t'cholel gaschem Nordwind gebiert starken Regen, ἄνεμος βορέας ἐξεγείρει νέφη, ventus Boreas suscitat nubes.

[373]) Hiob Kap. 37. enthält mehrere in dieser Beziehung interessante Stellen, namentlich V., 21. „wenn aber der Wind wehet, so wird's klar;" von Mitternacht kommt Gold, ἀπὸ βοῤῥᾶ νέφη χρυσαυγοῦντα, ab aquilone nubes instar auri splendentes, Goldstrahlende Wolken kommen aus dem Norden. Vgl. 26, 13.

[374]) 1. Buch der Könige 18, 44.

Stunden lang anhalten, so nennen die Araber jene Winde die Väter
des Regens. Im März erhebt sich der heisse, Khamsin (50) genannte
Südwind, der 2 bis höchstens 4 Tage hintereinander weht, sich dann
legt, aber bald von Neuem zu wehen beginnt. Dieser ungesunde
Wind schwängert die düstere gelbliche Atmosphäre mit warmen
Dünsten, während Wolken Staubes und kleiner Fliegen weit in die
See hinausgeweht werden; da es aber ein Landwind ist, so ist das
Wasser, obgleich er mitunter zu einem Orkan anwächst, doch im
Allgemeinen glatt. Seinen Namen hat er von der Annahme, dass er
die Grenze zwischen Ostern und dem Sommersolstitium bilde. Er
heisst auch der Samúm (türkisch Sámmyelí) d. i. der giftige Wind
wegen seiner erstickenden Hitze. In den Wüsten Central-Afrikas
wirkt er oft tödtlich, dagegen ist er in Aegypten und der Berberei
— obgleich er ganze Säulen heissen Sandes in die Luft hebt — nur
äusserst drückend und lästig. Seine bösen Wirkungen in diesen Gegenden sind oft sehr übertrieben worden. Das drückende, stürmische
und neblige Wetter hält an bis die schwülen Ostwinde zu Anfang
des Juni so zu sagen den Sommer einführen, wo sich dann am Tage
kaum ein Lüftchen regt und kein Gewölk irgendwo sichtbar wird; aber
in der Nacht erheben sich die Nordwinde, die Luft kühlt sich schnell
ab und ein dichter Thau fällt nieder. Um Johannis kommen erfrischende West- und Nordwestwinde und halten mehr oder weniger bis
zum September an, indem die Atmosphäre im Allgemeinen trocken und
klar bleibt. Der Nordwind wird als gesund willkommen geheissen
und indem er die Regenwolken nach Abyssinien und noch darüber
hinaustreibt, sichert er dem Nil seinen regelmässigen Zufluss. Diese
Regenwolken sind eigentlich nur Massen Wasserdampfs aus dem Mm.,
die über die Thäler und niedrigeren Berge hinwegeilen, aber an den
höhern Gebirgen Afrikas sich abkühlen und verdichten und dann erst
als periodische Regen niederfallen, welche die Nilüberschwemmungen
veranlassen und so das Wasser zu seiner Quelle zurückführen. [375])
Aber obgleich die Nordwinde als Wohlthäter willkommen geheissen
werden, da der Nil dann wegen des Abdämmens seiner Gewässer träg
und faulig wird, so sollen sie doch auch wieder die ungesunde
Jahreszeit mit veranlassen.

Bei einiger Vorsicht kann man das Herannahen der heftigern
Stürme an der ægyptischen Küste recht wohl im Voraus bemerken,

---

[375]) Man vgl. die schöne Stelle im Pred. Salomo 1, 6 und bes. 7 : an den Ort,
da die Wasser herfliessen, fliessen sie wieder hin. Vgl. phys. Geogr. d. Meer. 71.

obgleich die Schwankungen des Barometers meist zwischen sehr engen
Grenzen hin und hergehen. Im März 1822 liess sich Smyth, während das Wetter bedenklich aussah, durch ein an sich nur sehr
geringes Fallen des Barometers warnen und entkam glücklich einem
starken Sturme, welcher 2 schöne Fregatten, 3 Corvetten und eine
Brigg der türkischen Flotte vernichtete. Mehemed Ali selbst wurde
auf diese Thatsache aufmerksam und liess sich den Gebrauch des
Seebarometers erklären. Niemand ahnte damals, dass er bald eine so
grosse Flotte bauen und ausrüsten würde.

Zwischen dem Nildelta und der kleinen Syrte sind die Seewinde
aus Westen, welche durch Nord nach Ost umschlagen, häufig heftig
und treten unerwartet ein, wie der schon oben erwähnte, das Geschwader Lord Exmouths überraschende Unglücksfall bereits gezeigt
hat. Das Wetter ist jedoch gewöhnlich sehr schön; die Sommerhitze
wird längs der Küste durch die Winde von der offenen See her sehr
gemässigt und die Winter sind auffallend mild. [376]) Die Eigenschaften
und Richtungen der lokalen Winde kann ein aufmerksamer Meteorolog
leicht aus der Form und Färbung der Wolken erkennen. So nehmen
z. B. heisse Winde aus Süden, besonders von der hohen See hinter
Tripoli gesehen, häufig die Färbung der Wüste unter ihnen an. Ihre
scheinbare Unbeständigkeit zeigt doch Methode und Regel und selbst
wenn man an Virgils „omnia ventorum concurrere prælia vidi" denkt
und bemerkt, wie schnell die Drehungen vor sich gehen, so kann
man doch die constante periodische Wiederkehr jedes Hauptwindes
nicht verkennen und beobachtet zugleich, wie sich dieselben unter
dem Einfluss der Sonne gewissen Jahreszeiten anschliessen. So drehen
sich die Ostwinde, wenn die Sonne sich dem Wendekreise des Krebses
nähert, nach Norden und bleiben während des Sommers dieser Richtung ziemlich treu; gegen Ende September aber, wenn die Sonne
wieder die Linie passirt, kehren auch die Winde zu ihren östlichen
Strichen zurück. Rückt dann die Sonne dem Wendekreis des Stein-
bockes näher, so werden die Winde veränderlicher und stürmischer
und wehen häufig sehr heftig aus Nordwest und West: wenn sie
sich darauf gegen den März hin wieder dem Aequator nähert, so
kann man südliche Winde erwarten. Die Beständigkeit in diesem
periodischen Wechsel der atmosphärischen Circulation ist schon in
den ältesten Zeiten bemerkt worden. Schon der Sohn Davids sagt:

---

[376]) Vgl. Curt. IV., 31.

„Der Wind gehet gegen Mittag, und kommt herum zur Mitternacht, und wieder herum an den Ort, da er anfing." (Pred. Salomo I., 6.)

Der einst so gefürchtete libysche Meerbusen darf schon aus dem Grunde nicht ganz übergangen werden, weil, wie wir bereits sahen, die Alten alle möglichen Schrecknisse — Wirbelwinde, Strudel, Flug- und Triebsand, ja selbst Ungeheuer und gespensterhafte Erscheinungen — hierher verlegten. [377]) Alle diese Gefahren sind indess verschwunden, mit Ausnahme von oft sehr dichten Nebeln und einer starken Bran- dung bei länger andauernden, gerade auf die Küste stehenden Nord- winden. Dazu muss noch der Scharáb oder die Luftspiegelung gerechnet werden, welche aus einer eigenthümlichen Refraktion der Lichtstrahlen an dieser und andern dürren und dabei stark erhitzten Küsten des Mm. nicht selten hervorgeht. [378]) An diese Sinnestäuschung erinnert uns schon die herrliche Stelle im Prophet Jesaia 35, wo es heisst, dass Wasser in der Wüste hin und wieder fliessen, und Ströme in den Gefilden. Und wo es zuvor trocken ist gewesen, sollen Teiche stehen; und wo es dürre gewesen ist, sollen Brunnquellen sein... Auch Mahomet meint diesen „Dunst der Wüste" indem er im Koran (24) sagt: „Der durstige Wanderer glaubt, dass da Wasser sei, bis er bei seinem Herankommen findet, dass es nichts ist." [379]) Unsere fliegenden Holländer, die loomers und Capes Flyaway der Engländer, sind offenbar ähnliche aus der Horizontal- oder auch Verticalrefraction hervorgehende Täuschungen, welchen merkliche Differenzen in der Dichtigkeit der untern Schichten unserer Atmosphäre zu Grunde liegen. [380]) Wenn die Sonne die Sandebenen und durch Zurückwer- fung zugleich die Luft über ihnen stark erhitzt hat, so verwandelt sich der helle blaue Himmel durch die Spiegelung gleichsam in eine weitausgedehnte Fläche durchsichtigen Wassers, in welcher die Er- höhungen und überhaupt alle hervorstehenden Objekte sich verkehrt abbilden wie sie sich an der Oberfläche eines unter ihnen liegenden Sees spiegeln würden. [381]) Die Luftspiegelung ist übrigens nicht auf

---

[377]) Vgl. Diodor. Siculus III., 3.

[378]) Vgl. Forbiger Alte Geogr. I., 602. Ideler Meteor. vett. Gr. et Rom. p. 186.

[379]) Eine ähnliche Erscheinung ist der trügerische See in der Wüste Sogdiana, von dem Curtius erzählt. „Das Wasserbild wird zum See." Jes. 35, 7.

[380]) So sah ich bei meinen Triangulationen im Fürstenthum Schwarzburg- Rudolstadt mehrmals, besonders früh am Morgen heisser Sommertage, wenn Dünste aus den Thälern aufstiegen und ich an denselben hinvisiren musste, das ferne Signal bis zu 2 Min. zur Seite gerückt und wenn sich die Dichtigkeit der Atmosphäre ausglich, sprang es dann an seine Stelle zurück.

[381]) Vgl. über diese Wüstenseen Dr. Schleiden's Studien.

die trockenen Wüsten Nordafrikas beschränkt; die Temperatur des
Mm. wird natürlich von dem Winde stark modificirt, während die
refractive Kraft der Atmosphäre ebenfalls mit ihrer Dichtigkeit und
diese wieder mit der Temperatur wechselt. Die Temperatur kann
aber über wüstem Sand- und Kalkboden ungewöhnlich gesteigert
werden. So kommt es, dass Gegenstände sichtbar werden können,
welche sonst die Krümmung der Erde stets verdeckt. Smyth erwähnt
in seinem „Sardinien" eine solche Spiegelung über der Ebene von
Campidano; er sah sie ebenfalls sehr deutlich. in der Nachbarschaft
von Manfredonia und auf der Ebene der Bojana am adriatischen
Meere. Die merkwürdigsten Wirkungen unregelmässiger Refraktion
sind aber seit den frühesten Zeiten über dem Faro von Messina
beobachtet worden. Sie sind bekanntlich Fata Morgana genannt worden,
da man die ganze Erscheinung, der Volkslegende gemäss, einer Feen-
königin, der „Morgian la Fay" zuschrieb. Sie soll bei schwülem ruhigem Wetter eintreten, wenn die Fluth oder das Anschwellen des
Wassers seinen höchsten Punkt erreicht und wenn die Sonnenstrahlen
unter einem Winkel von ungefähr 45° auf das Wasser fallen. Zu
solchen Zeiten zeigen sich· dann ungemein klare scharfbegrenzte
Spiegelbilder aller Gegenstände an beiden Küstenlinien in der Luft.
Padre Minasi behauptet selbst in neuerer Zeit noch, dass die pracht-
vollsten Paläste, grosse Armeen zu Ross und zu Fuss, viele fremd-
artige Gestalten u. s. w., kurz Dinge bei der Fata Morgana in der
Luft erscheinen, welche unmöglich abgespiegelt sein können. Smyth
versichert aber (in seinem Werk über Sicilien und die Nachbarinseln
S. 109), dass er hierüber nie authentische Nachrichten erhalten und
selbst nie dergleichen beobachten konnte, so dass wohl. bei derartigen
dioptrischen Erscheinungen die Phantasie stark thätig gewesen· sein
mag. [382])

Wir kehren noch einmal zur Syrte zurück. Wenn schon alle
geisterhaften Erscheinungen, von denen die Alten fabeln, hier verschwunden sind, so lagern sich doch oft sehr dichte Nebel und Dünste
auf das überdies bewegte Meer, so dass die Sonne ganz verschwindet,
oder ohne Glanz in jener rostigen Eisenfarbe erscheint, auf welche

---

[382]) Es können übrigens 12 Jahre verstreichen, ehe man diese „mirages"
einmal zu sehen bekommt. Man sieht sie nur von Reggio aus, etwa um 9 Uhr
Vormittags. Eine zweite Stelle, wo sie vorkommen sollen, ist der Baviere von
Lentini. Endlich wurden sie von Filiasi in den Lagunen von Venedig aus gegen
Lido di Sant' Erasmo, aber stets um 3 Uhr Nachm., beobachtet.

schon Virgil anspielt. [383]) Diese dichten Nebel sind den feuchten
Nebeldünsten oder feinen Nebelregen des Herbstes, wie wir sie im
Norden beobachten, ganz unähnlich. In der warmen Jahreszeit füllt
sich über vielen Theilen des Mm. die Luft mit einem dichten,
trockenen Nebel, der nicht gerade ein drückendes oder unbehagliches
Gefühl erzeugt. Es würde der Vegetation günstiger sein, wenn sich
die Dünste, welche sich so häufig in den niedrigern Luftregionen
zerstreuen, häufiger condensirten und in Regen niederfielen. Es giebt
Meteorologen, welche behaupten, dass die Entstehung der Winde
hauptsächlich von der Condensation der Dünste abhängig ist und dass
sich die Richtung jedes Windes nach der Lage des sich verdichtenden
Dunstes und zugleich nach der Schnelligkeit der Condensation richtet.
Da so die Bahn des Windes angezeigt ist, so glaubt M. Mariotte,
dass auch die Intensität einer mechanischen Berechnung unterworfen
werden kann. Da nämlich der Wind nichts sei, als in Bewegung
gesetzte Luft und die Luft den allgemeinen Gesetzen der Bewegung
der Flüssigkeiten unterworfen sei, so müsse eine Untersuchung des
Verhältnisses der specifischen Schwere, der Zeit und des vom Winde
bewirkten Stosses oder Druckes die Kraft selbst genau finden lassen.
Dies ist theoretisch ganz richtig, aber die als gegeben vorausgesetzten
Grössen sind praktisch schwer zu erlangen. Wenn die wichtigsten
Erscheinungen in Bezug auf Vertheilung der Wärme und auf die
Vertheilung und die Wirkungen eines so dünnen und expansibeln
Körpers, wie der Wasserdampf in der Atmosphäre ist, erst besser be-
kannt sein werden, so mögen solche Schlüsse sicher und untrüglich
werden können.

Neben den eben erwähnten trockenen Nebeln kommen indess
auch dichte und feuchte auf unserem Meere nicht selten vor. [384])
Einige von ihnen zeigen eine eigenthümliche Refraktion, wo nämlich,
der Natur des Landes gemäss, durch den Windwechsel plötzlich Kälte
eintritt; da die specifische Schwere der Luft vermehrt und ihr Aufsteigen dadurch verzögert wird, so wird sie für Auge und Ohr ein
dichteres Medium. Eine seltsame Wirkung einer solchen Nebelschicht
hatte Smyth Gelegenheit an der Südküste Siciliens zu Scoglietti zu

---

[383]) Cum caput obscura nitidum ferrugine texit. Die armen Römer der Campagna sagen dann: il sole si vede, e non si vede.

[384]) Wer irgend öfters an den venetianischen Küsten hingefahren ist, weiss,
wie oft die hauptsächlichsten Landsignale, die campanili oder Glockenthürme von
Nebeln verhüllt werden, so dass dem Schiffer daraus wirkliche Gefahren erwachsen
können.

beobachten. Er fuhr eben der Küste zu, wo einige Bewohner jenes
kleinen Hafenorts und Capitain Henryson standen. Als das Boot
dem Strande näher kam, erschien die Gruppe wie eine Feldhütte, die
sich allmählig in vertikale Stücken zerspaltete, welche sich, je näher
die Engländer kamen, mehr und mehr trennten, bis sie beim Landen
endlich wie greifbare Menschen erschienen. Bei einer andern Gelegenheit (Mai 1812) wurden auf der See vor Majorca — einer dem
Nebel gar nicht ausgesetzten Insel — auf einem Schiff der Schlacht-
linie durch einen undurchdringlichen Nebel, während der Wind im
Osten stand, von vielen Ohrenzeugen menschliche Stimmen gehört.
Offenbar hatte sich der Schall im Nebel vollkommener und weiter
hin verbreitet als dies in reiner Luft möglich gewesen wäre; denn
erst später erschienen die Mastspitzen verschiedener Schiffe — eines
algierischen Geschwaders von 2 Fregatten, 2 Briggs und 2 Corvetten
unter dem Commando Omar Beys.

Ein häufig nicht richtig dargestellter Punkt bleibt noch in der
Meteorologie des Mm. zu betrachten — wir meinen den Thau, d. h.
ein anderes sichtbares Anzeichen des in der Atmosphäre befindlichen
Wasserdunstes. Man hört nicht selten sagen, es sei ein starker
Thau „gefallen" und denkt wohl dabei an eine regenähnliche Erscheinung. Der ganze Ausdruck eines Thaufalls ist aber schlecht
gewählt; der Thau kann eigentlich eben so gut steigen, d. h. sich
unter gewissen Umständen an Flächen als feuchter Ueberzug ansetzen,
welche von den fallenden Regentropfen gewiss nicht berührt werden
köhnten. Ueberdies ist die Wassermenge, welche selbst bei einem
starken Thau niederschlägt, doch von der eines gewöhnlichen Regens
sehr wesentlich verschieden. Einen besondern praktischen Werth hat
der Thau als Wetterverkünder. Wir setzen hier natürlich als bekannt
voraus, was man in der Meteorologie unter dem Thaupunkt versteht.
Es ist ferner bekannt, dass der Thaupunkt unmittelbar die Menge
von Dampf angiebt, welche die Luft im Augenblicke der Beobachtung
enthält und dass irgend ein plötzlicher Wechsel des Thaupunkts zugleich von einem Windwechsel begleitet ist. Prof. Daniell sagt, dass
eine wachsende Differenz zwischen der Lufttemperatur und der Temperatur des Condensationspunktes, von einem Fallen des letztern begleitet, ein sicheres Vorzeichen schönen Wetters ist, während abneh-
mende Wärme und ein dabei beobachtetes Steigen des Thaupunktes unfehlbar regnerisches Wetter verkündigen. Alle Beobachtungen stimmen
hiermit überein; ebenso kann man aber behaupten, dass man die Kraft
des Windes aus der im Dampf enthaltenen latenten Wärme herleiten

kann, woraus folgt, dass, wenn der Thaupunkt hoch liegt, hinlängliche „Dampfkraft" sich in der Luft befindet, um einen heftigen
Sturm hervorzubringen, da die Dampfmenge in der Luft möglichst
gross ist. Was nun die auf dem Mm. anwendbaren Hygrometer anbetrifft, so ist gegen das von Leslie einzuwenden, dass der Verbrauch
an Schwefel-Aether in diesem Klima sehr bedeutend wird.   Daher
werden die Instrumente De Luc's und in neuerer Zeit Daniell's
und August's sinnreiche Apparate besser angewandt. [385])

Noch eine Erscheinung, deren genauere und allgemeinere Beobachtung für die Meteorologie des Mm. von Wichtigkeit zu werden verspricht, ist der sogenannte Sciroccostaub. Smyth erwähnt in seinem
„Sicilien" (S. 6.), dass es am 14. März 1814 an einem warmen nebe-
ligen Tage (bei $63\frac{1}{4}^{\circ}$ F. = 14° R. und 29,43 Zoll Bar.) in grossen
schmutzigen Tropfen geregnet habe, welche einen sehr feinen gelblich-
rothen Sandstaub absetzten.   In den letzten Jahrzehnten sind nun
die Meteorologen auf diese Erscheinungen des aus der Atmosphäre
niederfallenden Staubes aufmerksamer geworden und haben aus
demselben die Erdstriche erkannt, wo der Wind ihn in die Atmosphäre emporgehoben haben muss. [386])   Durch Prof. Ehrenberg, der
seine berühmten mikroskopischen Untersuchungen über Infusorien etc.
namentlich auch auf die in der Atmosphäre schwebenden Thiere ausgedehnt hat, ist auch dieser Staub genauen Untersuchungen unterworfen worden.   Unter den Organismen hat Prof. Ehrenberg Polyga-
strica, Phytolitharia und viele Arten kieselschaliger Infusorien erkannt; diese auf der untersten Stufe der Lebensentwicklung stehenden
Wesen machten ungefähr den 5ten Theil der ganzen untersuchten Masse
aus.   In welcher Beziehung diese Organismen zu den verschiedenen
atmosphärischen Schichten stehen, werden weitere Forschungen lehren.
So viel steht fest, dass sie zugleich mit Massen festen erdigen
Stoffes, wie z. B. Kieselerde, Kreide und Eisenoxyden in der Luft
herumschwimmen.   Die Analyse hat ferner gezeigt, dass der atlantische Seestaub dem auf das Mittelmeerbassin fallenden in seiner or-

---

[385]) Bei dieser Gelegenheit darf eine Stelle in Plinius Nat. Hist. XVIII., 90 nicht
unerwähnt bleiben, welche Daniell's Erfindung mit veranlasst haben soll: „Nec non
in conviviis mensisque nostris vasa, quibus esculentum additur, sudorem liquentia,
diras tempestates praenuntiant." Die Alten waren demnach schon auf das sogenannte
„Anlaufen" des Tischgeräths aufmerksam geworden und hatten bemerkt, dass es bei
gleicher Temperatur sich nicht immer auf gleiche Weise und in gleicher Intensität zeigt.

[386]) Man vgl. hierüber besonders das 5te Kap. von Maury's phys. Geogr. des
Meeres, so wie das 4te über rothe Nebel und Sciroccostaub.

ganischen Zusammensetzung sehr ähnlich ist. Nach der von **Mr.**
W. Gibbs in Newyork mit dem · atlantischen Seestaub angestellten
chemischen Analyse kommen auf 100 als Einheit folgende Theile:

Wasser und organische Materie	18,53
Kieselerden	37,13
Thonerden	16,74
Eisenoxyd	7,65
Manganoxyd	3,44
Kohlensaure Kreide	9,59
Talkerde	1,80
Alkali	2,97
Natron	1,90
Kupferoxyd	0,25
	100,00

Wir haben in unserer Darstellung der atmosphärischen Erscheinungen über dem Mm. uns so lange in Stürmen, Nebeln, Staubregen
und Regenstaub bewegt, dass der geneigte Leser sich leicht eine
falsche Vorstellung von dem landschaftlichen Eindruck namentlich der
herrlichen Küstengegenden des Mm. bilden könnte. Wir versichern ihm
daher, dass während des grössten Theiles des Jahres die Atmosphäre
so klar ist, dass sie der ganzen Scenerie Glanz und Leben verleiht.
Besonders die Färbung beim Sonnenuntergang ist ebenso wunderbar
als entzückend. Steigert sich die Durchsichtigkeit plötzlich in auffallender Weise, so ist dies freilich, wie schon bemerkt, ein ominöses
Zeichen. Die meisten Gestade zeigen in den Sommermonaten einen
weisslichen Duft am Himmel, der sich wie ein silberner feiner Nebel
um alle Objekte, namentlich die fernen, hüllt und ihnen zarte Tinten
und ein höchst malerisches Ansehen verleiht. Bisweilen erscheinen hierdurch Landspitzen, Gebäude und Berge höher als sie wirklich sind.
Die grosse Durchsichtigkeit der Luft bewirkt, wenn sich die Wasser-
dämpfe der Luft mehr und mehr verdünnen, dass ferne Gegenstände bei
schönem Wetter gerade kurz vor dem Eintritt des Regens viel näher
erscheinen. Während solchen Wetters konnte Smyth z. B. im September 1822, wo er zwischen den Tremiti-Inseln im adriatischen
Meere vor Anker lag, die selten sichtbare Sonnenatmosphäre, das
Zodiakallicht, mit auffallender Deutlichkeit in seiner ganzen Pracht
wahrnehmen. Es erschien als eine schräge Luftpyramide, die sich
bis zu 20° Höhe über den Horizont erhob und an der Basis 8 bis
10° breit war. Ebenso sind bei einem so reinen Zustand der

Atmosphäre häufig die so schön gefärbten Doppelsterne — wie α Herculis, γ Andromedæ und ε Bootis — in seltener Pracht zu beobachten. Ebenso erscheint der Sternhaufen im Schwertgriff des Perseus z. B. bisweilen in so strahlendem Glanz, wie wir ihn durch unsere nordischen Nebel nie bewundern können. Ein gutes Anzeichen atmosphärischer Veränderungen giebt es in Malta, wo für gewöhnlich sich rings um die Insel nur ein Seehorizont breitet. Aber bei besonders klarem Wetter wird der Gipfel des Aetna deutlich sichtbar, obgleich er 110 (engl.) Meilen entfernt ist. Smyth behauptet, einmal wohl die Hälfte des Berges gesehen zu haben. Der 31. Januar 1822, [387]) erzählt er, war ein wunderbar klarer Tag und jener grosse Vulkan erschien dem unbewaffneten Auge so auffallend deutlich, dass ich seine Lage an einen Azimuthalcompass von dem Thurm des Palastes aus nehmen konnte. Es ergab sich von Nord nach Ost ein Winkel von 27° 12′. Von derselben Station war der Winkel zwischen Aetna und dem Knopf der Civita Vecchia-Kirche $=$ 110° 31′.

Das Klima von Tunis ist eins der schönsten auf Erden. Die Luft ist rein, heiter und gesund; das Thermometer schwankt im Allgemeinen zwischen 45 und 87° (6 und 24½° Réaumur) bei einer mittlern Temperatur von 68,5° (16° Réaum.) Dabei oscillirt das Barometer mit seltenen Ausnahmen nur zwischen 29,1 und 30,3 Zoll. Während des Sommers und Frühherbstes ist Regen ungewöhnlich, er wird aber gegen Mitte Oktober erwartet. Wenn er aber erst später im Jahr fällt, so prophezeit man eine spärliche Ernte. Wenn der Regen einmal angefangen hat, so hält er mit grosser Heftigkeit 8 oder 10 Tage an. Dann pflegen die Antiquitätensammler die zahlreichen Ruinen der Nachbarschaft aufzusuchen, um Münzen und andere Antiken zu suchen, welche die Regenschauer an das Tageslicht bringen. Von da bis zum Frühling folgt eine für Europäer im Allgemeinen sehr angenehme Zeit, denn der — sehr uneigentlich so genannte — Winter beschränkt sich nur auf den December und Januar, während welcher Monate frische Winde und starke Regengüsse die Luft etwas kalt und rauh machen. Der Frühling ist warm, aber gegen die Mitte des Juni tritt heisses Wetter ein und dauert in seiner Gluth bis zum

---

[387]) Eine merkwürdige Durchsichtigkeit der Atmosphäre habe ich — wenn schon nur äusserst selten — auch im thüringer Walde zu beobachten Gelegenheit gehabt. So konnte ich z. B. am 30. Juli 1850 durch das treffliche Fernrohr eines grossen Ertelschen Theodolithen vom Häuschen auf dem Langeberg bei Amt Gehren an dem ca. 12340 pr. Ruthen entfernten Thurme der Leuchtenburg Abends beim Sonnenuntergange den Goldschimmer des Zifferblatts der Uhr erkennen.

September. In den Küstengegenden wird indessen die Hitze durch eine Seebrise gemässigt, welche ungefähr von 9 Uhr Morgens bis zum Sonnenuntergang anhält.

Gegen diese erfrischende Milderung kämpfen freilich die unangenehmen Landwinde an. Diese sind nämlich unerträglich schwül und führen Wolken feinen Sandes mit sich, welche die Luft verfinstern und in die entlegensten Winkel eindringen. Während eines glühenden Sciroccos wurde im Juli 1822 — während das Thermometer Nachmittags auf 93° F. (über 27° R.) stieg und in der Nacht nur auf 84° F. (23° R.) fiel, einer von Smyth's Matrosen, der am See von Tunis beschäftigt war, von der Hitze übermannt und fiel im Boote todt nieder. [388]) Wenn hier Seefahrer im Winter Land erwarten, so mögen sie bei nebligem Wetter sorgen, dass ihre Berechnungen zuverlässig sind, denn die Seeräume ist nirgends gross. So scheiterte im Juli 1797 der Aigle, eine Fregatte von 36 Kanonen, an der Insel Zembra. Im Februar 1808 ging die Hirondelle, ein Kutter von 14 Kanonen, an dieser Küste verloren und nur 4 Mann von 50 konnten sich retten. Am 7. und 8. März 1821 war ein an den Küsten des Mm. wüthender Sturm in der Bai von Tunis so heftig, dass 3 Fregatten, 3 Corvetten, 2 Briggs und ein Kriegsschoner nebst ungefähr 20 Kauffahrteischiffen scheiterten und über 1800 Menschen umkamen. (Vgl. S. 92 den Schiffbruch des Athénien.)

Vor den Bergen der Ras Sebah Rus (der 7 Vorgebirge), die von den Handelsschiffen so sehr gefürchtet werden, treten gelegentlich äusserst heftige Windstösse auf; aber ihre Annäherung kann an leichten Lüftchen, welche bei schönem Wetter auf der glatten Meeresfläche kleine Wirbel (sogenannte Katzenpfötchen) aufkräuseln, bemerkt werden.

Algerien hat ein schönes Klima und eine gesunde Atmosphäre, indem die Winter mild und die Sommer — eine gelegentlich von der Wüste her sich ausbreitende Glutatmosphäre abgerechnet — keineswegs unerträglich heiss sind. Man hat das Thermometer dort binnen 12 Jahren nur 2mal — unter ganz ungewöhnlichen Umständen

---

[388]) Ein wolkenloser Himmel ist, wenn er wochenlang andauert, lästig genug. Die Engländer in Indien wissen davon zu erzählen. Es wird in dieser Beziehung eine hübsche Anekdote von dem Capitain Fothergill erzählt, einem excentrischen Offizier, welcher nach langjährigem Dienst in Indien, als er an einem nebligen Novembermorgen in den englischen Kanal einfuhr, zum wachhabenden Lieutenant sagte: „Ha, das sieht doch einmal nach etwas aus — nicht so ein verwünschter ewig blauer Himmel — man sieht doch seinen Athem wieder!"

— bis zum Gefrierpunkt fallen sehen. Dr. Shaw, der dort meteorologische Beobachtungen angestellt hat, bemerkt, dass vom Mai bis zum September der Wind fast anhaltend aus Osten kommt und dass dann westliche Winde häufig werden. Bisweilen, besonders um die Zeit der Nachtgleichen, entfalten sie auch die Kraft und das Ungestüm, welches die Alten dem Africus oder Südwestwind zuschrieben, welcher hier Labbetsch (Libeccio) heisst. Die Winde aus Westen, Nordwesten und Norden sind im Sommer von schönem Wetter, im Winter von Regen begleitet. Aber die Ostwinde (die Levanter) eben so wie die südlichen, sind meist trocken, obgleich die Atmosphäre während ihres Wehens gewöhnlich dick und wolkig ist. Das Barometer steigt auf 30,2 bis 30,3 Zoll beim Nordwinde, wenn derselbe auch von starkem Regen und Gewittern begleitet ist. In den östlichen und westlichen Winden herrscht aber keine Beständigkeit, obgleich im Sommer 3 bis 4 Monat lang — mögen die Winde von Ost oder West kommen — das Quecksilber auf 30 Zoll fast unverändert stehen bleibt. Bei heissen Südwinden wird selten ein höherer Stand als 29,2 beobachtet, was auch bei stürmischem, feuchtem Wetter aus Westen gewöhnlich der Fall ist. Mögen nun auch diese Schwankungen des Barometers nicht gross sein, (sie betragen wirklich meist nur wenige Linien,) so bewährt sich jedenfalls die Regel auch hier, dass das Barometer bei Winden von Nord bis Ost steigt und bei denen aus den entgegengesetzten Strichen fällt.

So heilsam und gesund den Küstenbewohnern die NNO., N. und NNW.-Winde sein mögen, so lästig sind sie den Seefahrern. Eine Deining an den Küsten geht ihrem Eintritt 2 oder 3 Tage vorher. Bisweilen überraschen sie aber auch den vorsichtigsten Seemann. So wurde am Weihnachtsabend 1797 die englische Fregatte Hamadryad von einem Nordwind überfallen und buchstäblich auf den Strand der Bai von Algier geweht, wo sie ganz zum Wrack wurde. Am 15ten September 1823 konnte sich die Adventure, welche vor dem Leuchtthurm des Hafens ankerte, nur durch rechtzeitige Anwendung aller möglichen Vorsichtsmassregeln bei einem ähnlichen, äusserst stürmischen Wetter retten. Acht andere Schiffe gingen dabei zu Grunde. In der That werden oft so zahlreiche Schiffstrümmer auf diese ganze Küstenlinie geworfen, dass man in der Gegend von Algier den Nordwind „den Majorkazimmermann" zu nennen pflegt, womit die Richtung jener Insel von Algier aus angedeutet wird. Dr. Barth erzählt in seinen Wanderungen durch die Küstenländer des Mm., dass sich in der Nacht fast regelmässig an der algierischen Küste der

Wind vom Lande erhebe und dass er auch das kleine Segelschiff, in welchem er diese Küste bei Sidi Feredsch erreichte, beinahe wieder in das offene Meer hinausgeworfen habe.

Wir wollen bei dieser Gelegenheit das Unheil nicht unerwähnt lassen, welches bekanntlich über den stolzen Kaiser Karl V. hereinbrach und ihm bewies, dass alle Menschengrösse eitel ist. Da die Grundsätze der Meteorologie für alle Zeiten gelten, so bleibt uns dieser Unstern auch heute noch ein lehrreiches Beispiel. Die glücklichen Unternehmungen der Corsaren von Algier und ihre Landungen selbst an den Küsten Italiens hatten den Papst Paul III. so beunruhigt und in Schrecken gesetzt, dass er den mächtigen Monarchen in allem Ernst aufforderte, gegen diese dreisten Ungläubigen sein Schwert zu ziehen. Die Aufforderung blieb nicht ohne Erfolg. Einerseits stolz auf seine Siege bei Tunis, war Karl andererseits über den Verlust seiner Festung vor Algier, über die unwürdige Behandlung des dortigen Gouverneurs und über die vielfachen, seinen Unterthanen zugefügten Unbilden erbittert. Eine furchtbare Armada wurde ausgerüstet, welche er persönlich befehligen wollte und damit es an nichts fehlen möchte, was den Eifer anspornen und die Unternehmung sowohl grossartig als erfolgreich machen könnte, so erliess der Papst eine Bulle, in welcher allen am Zuge theilnehmenden Kriegern vollständige Absolution und allen, welche im Kampfe fallen würden, die Krone des Märtyrerthums zugesichert wurde. Nicht weniger als 500 Fahrzeuge aller Art, mit Einschluss von 120 Kriegsschiffen und 20 der grössten kaiserlichen Galeeren wurden schleunigst ausgerüstet und auser der sehr zahlreichen Schiffsmannschaft wurden 30,000 Mann auserlesene Truppen an Bord geschafft. Zur Verstärkung des eigentlichen Heeres sammelten sich viele Ritter, Malteser uud Adelige unter den kaiserlichen Fahnen, ja sogar einige Engländer machten den Feldzug auf eigene Kosten mit; und so gross war das allgemeine Vertrauen auf günstigen Erfolg, dass auch viele Damen sich mit einschifften. Diese von dem berühmten Andrea Doria geführte mächtige Flotte warf am 26. Oktober 1541 in der Bai von Algier Anker, d. h. ungefähr 3 volle Monate zu spät im Jahre; denn die allgemeine Tiefe und offene Lage der Küste zwischen den Vorgebirgen Temedfús und Al-Kanátir setzen sie jederzeit der eben erwähnten anschwellenden und brandenden See aus und in der Winterzeit wird die See in der Nähe des Strandes geradezu gefahrvoll.

Die Ankunft einer solchen Streitmacht versetzte die Seeräuber in die äusserste Bestürzung, um so mehr als ihre besten Truppen

gerade in den Provinzen zerstreut waren, um den jährlichen Tribut
einzusammeln.   In dieser Noth benahm sich der Dey mit grosser
Umsicht und Entschlossenheit.   Nachdem ihn der Herold des Kaisers
in allen Formen zur Uebergabe aufgefordert und ihm im Fall seiner
Einwilligung viele Vergünstigungen versprochen hatte, entgegnete er,
nicht ohne Humor: „er müsse den für einen Tollhäusler erklären, der
dem Rathe eines Feindes folgen würde."   Mittlerweile hatte Kaiser
Karl schon die Unannehmlichkeiten der Bai kennen gelernt; denn er
hatte sich genöthigt gesehen, seine Truppen bei sehr starker Brandung auszuschiffen, deren Ungestüm die Soldaten zwang ans Land zu
waten und die das Landen von Zelten und andern Bedürfnissen und
Vorräthen unmöglich machte.   Dazu kamen nun häufige Regengüsse,
welche die Soldaten in eine sehr unbehagliche Lage versetzten.
Dennoch herrschte der beste Geist; jeder Einzelne that unverdrossen
und munter seine Pflicht.   Die Anhöhen wurden genommen und die
kaiserliche Flagge auf der Höhe oberhalb der Stadt aufgesteckt, welche
noch heute Kaisercastell heisst.   Hier wurde ein Lager aufgeschlagen
und gegen die wüthenden Ausfälle der Belagerten vertheidigt, bis
durch die starken Regengüsse alle Lunten ausgelöscht und alles
Pulver durchnässt war.   Die beim Beidrehen der Armada beobachteten
Anzeichen sind jetzt als Vorzeichen eines Sturmes genügend bekannt;
hätte man dazu noch Barometer beobachten können, so hätte man das
Herannahen der Katastrophe wohl 30—40 Sunden vorher wissen und
das hereinbrechende Unglück wenigstens zum Theil vermeiden können.
Der umsichtige· Doria selbst hatte aus mehreren Wetterzeichen Unheil
befürchtet und seinen kaiserlichen Herrn gewarnt; doch da er nicht
auf untrügliche Merkmale — wie etwa auf Barometer — fussen
konnte, so glaubte man ihm nicht und hoffte, dass der frische Wind
bereits seine grösste Stärke erreicht habe und bald nachlassen werde.
Nachdem aber in der Nacht des 28. Oktober das Zurückschlagen
eines erneuten wüthenden Ausfalls das ganze Lager sehr ermüdet
hatte, verstärkte sich der Sturm zu einem furchtbaren Orkan aus
Norden, der von einer wahren Regenfluth begleitet war und die un-
geschützten Christen in die grösste Noth versetzte, indem zugleich
alle Kriegs- und Mundvorräthe verdorben wurden.   Als der Tag
graute, bot sich dem Heere ein schreckliches Schauspiel dar.   Die
Schiffe in der Bai, von denen seine Sicherheit und Existenz abhing,
waren fast alle von ihren Ankern gerissen und leck geworden.   Das
Meer und die Küste waren von Trümmern, Masten, Stengen, Waaren-
ballen, Leichnamen wie übersäet.   Tausende von Mauren und Arabern

beiderlei Geschlechts stürmten, als sie diese Zerstörung sahen, auf
den Strand zu, zogen die, welche das Ufer erreichten, nackt aus, und
stiessen sie dann ohne Erbarmen nieder. Die Zahl der Raasegel-
führenden Schiffe, welche in dieser unheilvollen Nacht zu Grunde
gingen, belief sich auf nicht weniger als 140; viele von denen,
welche bis zum Morgen vor Anker blieben, liessen dann in der
Furcht hier zu sinken, da der Sturm noch immer wüthete, und die
See entsetzlich hoch ging, das Ankertau fahren, und liefen zwischen
Temedfús und dem Wad Haréj auf den Sand, in der Hoffnung dort
wenigstens das nackte Leben zu retten. Sobald aber die durchnässten
todtmüden Mannschaften landeten, wurden sie, unfähig irgend Widerstand zu leisten, auf die unmenschlichste Weise hingeschlachtet.
Wenig mehr als ein Drittheil der ganzen Kriegsflotte entkam. In
demselben Sturme verlor Hernando Cortez alle die unvergleichlich
schönen Juwelen, welche er seinem gnädigen Kaiser als ein Opfer
dankbarer Huldigung darbieten zu können gehofft hatte.

Das Klima Marocco's ist natürlich sehr warm, aber doch nicht
in dem Grade, als man seiner geographischen Lage nach erwarten
könnte. Das Inland wird durch die Gebirgswinde sehr abgekühlt.
An der Küste zeigt sich der Wechsel der Land- und Seewinde und
das Klima ist dort eben so mild als gesund. Die Jahreszeiten
zerfallen in die trockene und in die Regenzeit, welche letztere
gewöhnlich vom November bis zum März dauert. Von Algier
längs der maroccanischen Küste bis zur Strasse von Gibraltar folgen
die Winde grösstentheils der Richtung der Küste. Sie kommen nämlich im Allgemeinen aus WSW. und gehen durch Nord zu Ost herum; die erstern herrschen im Winter, die letztern im Sommer vor.
Der Südwind weht selten beständig und tritt fast nur als Landwind
nahe an der Küste auf. Dennoch ist er gelegentlich recht heftig und
schwül, indem er das Thermometer sogleich um mehrere Grade in die
Höhe treibt und namentlich auf das Körperbefinden und die Stimmung ganz andere Wirkungen hervorbringt als ein Nordwestwind.
Zwischen Melflah und Ceuta mögen sich Schiffe in der schlechten
Jahreszeit vor einem Nordostwind in Acht nehmen, der plötzlich
loszubrechen und die See gewaltig aufzuregen pflegt. Ostwinde
drehen sich oft nach Süden und dann folgt — besonders in den
Herbstmonaten — zuweilen unmittelbar ein Westwind. Wenn die
Westwinde leicht wehen, so sind sie von schönem Wetter begleitet;
wenn sie aber heftig auftreten, so bewölkt sich der Himmel und die
See geht hoch. Schlagen sie dann noch im Winter nach Norden um,

wobei sie ein Schwellen der See von jenem Strich her begleitet, so
kann man eine steife Kühle, ja selbst Sturm erwarten. Das Wetter
ist überhaupt im Winter verrätherisch und treulos und verlangt fortwährend die grösste Vorsicht. Im Februar 1799 scheiterten 2 dem
Pascha von Tripoli gehörende Kriegsschiffe in der Tetuan-Bai und
die See war so stürmisch, dass sich von der Mannschaft im Ganzen
nur 21 Mann retten konnten. Im November 1801 sank das Renn-
schiff Utile von 14 Kanonen (Capt. Canes), bei seiner Ueberfahrt
von Gibraltar nach Malta während eines solchen Sturmes mit der
gesammten Mannschaft.

Wir kehren nach diesen Studien über die den einzelnen Theilen
des Mm. und namentlich seinen Küsten eigenthümlichen Wetter-
erscheinungen noch einmal zu der atmosphärischen Elektricität und
zwar zu den, wie schon angedeutet wurde, auf unserem Meere so
überaus starken und verderblichen Entladungen derselben zurück. Vom
Blitz kommen wir dann zu dem Blitzableiter und könnten an diesen
recht wohl den elektrischen Telegraphen anknüpfen, wenn wir nicht
dem letztern einen eigenen Paragraph (VI., 4.) zu widmen beabsichtigten.

Obgleich sich auf dem Festlande kaum eine Stimme gegen den
Nutzen gut construirter und conservirter Blitzableiter erhoben hat, so
ist im Gegentheil für die See die Streitfrage, ob die Schiffe mit Conductoren zu versehen seien oder nicht, sehr häufig und eifrig besprochen worden. In England erregte dieselbe die Aufmerksamkeit
der Regierung in dem Grade, dass von der Admiralität sogar ein
eigenes Comité zur nähern Untersuchung unter parlamentarischer
Autorität eingesetzt wurde. Admiral Smyth wurde über diese Angelegenheit amtlich befragt und in den Blaubüchern des Unterhauses
findet sich vom Jahre 1839 seine Antwort, die im Auszug folgendermassen lautet:

Bedford, 7. Juni 1839.

Sir, — In Beantwortung Ihres Briefes vom 5ten h. m. gebe ich
zunächst an, dass gegen Ende September 1824 die Schiffe Sr. Maj.,
Phaëton und Adventure innerhalb des Hafendamms von Gibraltar vor
Anker lagen, als ein heftiges Gewitter losbrach. Ich schrieb den Abend
in meiner Cajüte, als plötzlich ein Krach mich aufschreckte, dem der
Ruf folgte, dass der Phaëton in Feuer stehe. Ich lief sogleich an
Deck, .. bemannte einige Boote.., aber die Flammen wurden mit grosser
Energie und Gewandtheit bald gelöscht. Der Fockmast war von dem Knopf
am Flaggenstock bis zum Deck gespalten, Segel und das Takelwerk
standen zum Theil in Flammen und mehrere Matrosen lagen nieder-
geschmettert da. Der Conductor des „Adventure" war bei dieser Ge-

legenheit aufgezogen, aber der Phaëton war unbeschützt. Die Schiffe lagen etwa eine Kabeltaulänge von einander und erst in weiterer Entfernung andere. Viele Leute auf der Adventure fühlten mehrmals in der Nacht eine Art elektrischen Schlag, ohne dass übrigens irgend einer zu Schaden gekommen wäre.... Ich hege kein Bedenken, mich sehr entschieden für die Nützlichkeit der Metalldrähte als Elektricitätsleiter auszusprechen. Dass sie den Blitz auf eine bedenkliche Weise herbeiziehen sollten, widerspricht allen Gesetzen der Fortleitung der Elektricität. Ueberhaupt könnte viel Takelwerk jeder Art gespart werden, wenn man immer auf die Gesetze und Angaben der Meteorologie genau achten wollte. Da ich während der vielen Jahre meines Lebens zur See von so überaus häufigen und traurigen durch das Einschlagen der Blitze veranlassten Unfällen gehört und viele selbst beobachtet hatte, so sah ich mich veranlasst in meinen geschriebenen Befehlen dem wachhabenden Offizier einzuschärfen, dass er, sobald das Wetter drohe, im Hafen sowohl als auf offener See, den Conductor aufziehen möge, welcher nicht in einer Vorrathskammer, sondern in einem Behälter aufbewahrt wurde, der an der Stage der grossen Marssegelstange befestigt war. Dabei waren sowohl die Offiziere als die Mannschaft genau instruirt, dass die Spindel über dem Knopf angebracht und die Kette durch Lufbäume von den Kreuzhölzern, dem grossen Mars und den Rusten in gehöriger Entfernung gehalten werden mussten.

Ich bin überzeugt, dass durch diese Vorsichtsmassregeln die Spieren des unter meinem Befehl stehenden Königl. Schiffs bei verschiedenen starken Gewittern vor Schaden bewahrt wurden, denen es namentlich in dem Golf von Lyon, auf dem adriatischen und ionischen Meere, in der kleinen Syrte etc. begegnete und während welcher man mehrmals das elektrische Fluidum an der Kette herab in die See fahren sah.

Ich war zufällig an Bord der 1815 im Hafen von Messina ankernden Queen (74), als ein elektrischer Schlag die grosse Marsstenge in Atome zersplitterte und den Hauptmast arg beschädigte und äusserte bei dieser Gelegenheit gegen Sir Charles Penrose, der seine Flagge auf diesem Schiffe aufgezogen hatte, dass für die durch diesen Unglücksfall verursachten Kosten alle Schiffe der Station mit Blitzableitern hätten versehen werden können. Wenn ich mich recht erinnere, führt dieses Schiff den nutzlosen und sogar gefährlichen Apparat einer oben am Flaggenstock befestigten Spindel....

W. H. Smyth, Capt. R. N.

Bei dieser, sowie bei vielen andern Uutersuchungen kann man recht deutlich sehen, wie schwer es ist, Thatsachen festzustellen, wenn nicht zur gehörigen Zeit sichere Angaben aufgezeichnet worden sind. Aus der obenerwähnten Unterredung zwischen Smyth und Penrose erhellt, dass der Blitzableiter nicht aufgezogen war, als der Blitz in die Queen einschlug. Als sich aber das „Blitzcomité" an Capitain

Bird, der damals als Seekadett an Bord des Schiffes war, wandte, so sagte dieser aus, dass er ziemlich sicher behaupten könne, dass er aufgezogen war und der Obersteuermann Bisson versicherte dasselbe. Das Comité wandte sich dann an den jetzigen Admiral. Coode — den damaligen Capitain der Queen —, worauf dieser bestimmt antwortete, „dass kein Blitzableiter angebracht gewesen wäre, weil der Admiral, unter dem er diente, die damals der Flotte gelieferten für zu unvollkommen hielt und sie daher nicht gebrauchen wollte."

Die Arbeiten des Comité führten zu dem Endresultat, dass man gut construirte und auf passende Weise angebrachte Conductoren für sehr brauchbar erkärte. Man arbeitete dieselben nunmehr nach den Angaben des ausgezeichneten Physikers William Snow Harris, so dass der ganze Apparat permanent befestigt wird. Aehnliche Einrichtungen haben jetzt die Schiffe fast aller andern Marinen, aber sie sind fast in keinem Meere — einige Tropengegenden abgerechnet — von so grossem Nutzen als im Mm. Obgleich wir schon gelegentlich manchen Fall von einschlagenden Gewittern erwähnten, so dürfte es doch nicht uninteressant sein, durch einen Auszug aus Adm. Smyth's Berichten über die nur der engl. Flotte begegneten Unfälle im Speciellen die Gefährlichkeit der mittelländischen Gewitter belegt zu sehen. So zahlreich diese auch sind, so fehlen vielleicht noch mehrere, da von den „vermissten" Schiffen wohl noch manches durch den Blitz verloren gegangen sein mag. So segelte z. B. das Regierungs-Packetboot Blücher zu Anfang des Jahres 1816 während eines Gewitters von Malta nach den ionischen Inseln ab und ist seitdem spurlos verschwunden.

Name.	Kanonen.	Datum.		Ort.
1. Ajax	74	Juni	1811	Auf der Höhe von Gorgona.
2. „	„	„	1813	Auf der Höhe von Toulon.
3. Albion	74	Dec.	1818	Bei Malta.
4. Apollo	38	Aug.	1811	Mittelmeerstation.
5. Barfleur	98	Oct.	1813	Auf der Höhe von Toulon.
6. Blake	74	März	1812	Französische Küste.
7. Buzzard . . .	10	Sept.	1812	Auf der Höhe von Minorca.
8. Chanticleer . .	10	Oct.	1822	Bei Corfu vor Anker.
9. Cumberland . .	74	Aug.	1810	Am Leuchtthurm von Messina.
10. „ . .	„	Sept.	1810	Ebenda.
11. Eagle	74	Nov.	1811	Im adriatischen Meere.
12. „	„	Jan.	1812	Auf der Höhe von Anti-Paxo.
13. „	„	Jan.	1812	Auf der Höhe von Corfu.
14. Fredericksteen	32	März	1812	Im Piræus.
15. Hibernia . . .	120	Aug.	1813	Golf von Foz.

Name.	Kanonen.	Datum.	Ort.
16. Kent	74	Juli 1811	Auf der Höhe von Toulon.
17. Larne	20	Febr. 1820	Auf der Höhe von Corfu.
18. Leviathan . .	74	Oct. 1812	Golf von Lyon.
19. Ocean	98	Sept. 1813	Vor Anker vor der Rhone.
20. Orlando	36·	Jan. 1813	Bei Smyrna.
21. Phaeton . . .	46	Sept. 1824	Gibraltar (s. S. 326.).
22. Phœnix	36	Febr. 1816	Archipel.
23. Pomone . . .	44	Nov. 1811	Auf d. Höhe v. Tavolara (Sardinien).
24. Pompee	80	Oct. 1812	Golf von Lyon.
25. Queen	74	März 1815	Hafen von Messina (s. S. 327.).
26. Redpole	10	Oct. 1822	Corfu.
27. Repulse . ` . . .	74	April 1810	Küste von Catalonien.
			(Zweimal hintereinander.)
28. Resistance . .	44	Juni 1811	Auf der Höhe von Gorgona.
29. Royal George .	100	Sept. 1813	Auf der Höhe von Toulon.
30. San Josef . . .	112	Sept. 1813	Rhonemündung.
31. Scipion	74	Aug. 1813	Auf der Höhe von Toulon.
32. Sultan	74	Sept. 1812	Auf der Höhe von Tavolara.
33. Swiftsure . . .	74	Sept. 1813	Vor der Rhone ankernd.
34. Union	98	Sept. 1813	Auf der Höhe von Toulon.
35. Unite	36	Juni 1811	Auf der Höhe von Gorgona.
36. Warrior	74	Aug. 1810	Bei Messina.
37. Ville de Paris .	120	Oct. 1811	Auf der Höhe von Toulon.

Die obige Liste, so reichhaltig sie auch für einen kurzen Zeitraum ist, macht durchaus keinen Anspruch auf Vollständigkeit; um diese nur für die engl. Flotte zu erreichen, müssten alle die Logbücher der Admiralität verglichen werden. Natürlich würde die Liste sich noch bedeutend erweitern, wenn man diese Untersuchungen auf die Schiffe aller das Mm. befahrenden Nationen ausdehnen wollte, wobei freilich in Anschlag zu bringen ist, dass die grössten Kriegsschiffe wegen der Höhe ihrer Masten etwas mehr dem Blitze ausgesetzt sind, als die kleinen auf dem Mm. gewöhnlichen Schiffsgattungen. Nähere Angaben über die vom Blitz zerstörten Schiffstheile sind ferner darum schwer zusammenzustellen, weil jedenfalls manches Schiff, nachdem der Blitz gezündet, spurlos verloren gegangen ist. Der obenerwähnte Sir W. S. Harris (er wurde eben wegen dieser Untersuchungen und wegen der daraus hervorgegangenen für die Flotte wichtigen Verbesserungen der Blitzableiter geadelt) hat die Blitzerscheinungen im Ganzen an 65 Schiffen auf dem Mm. näher untersucht und daraus folgende Resultate hergeleitet:

Verhältniss nach den Monaten.

Monate.	Zahl der vom Blitz getroffenen Schiffe.	Monate.	Zahl der vom Blitz getroffenen Schiffe.
Januar . . .	7	Juli	3
Februar . . .	6	August . . .	4
März	8	September . .	11
April	2	October . . .	10
Mai	2	November . . .	6
Juni	1	December . . .	5

Nach Tagesstunden vertheilen sich die 65 Fälle, wie folgt (wenn man die angegebenen Stunden mit einrechnet):

Stunden.	Getroffene Schiffe.
12 Uhr Vorm. bis 12 Uhr Nachm. . . .	27
12 „ Nachm. „ 12 „ Vorm. . . .	45
6 „ Vorm. „ 6 „ Nachm. . . .	37
6 „ Nachm. „ 6 „ Vorm. . . .	33
12 „ Vorm. „ 6 „ Nachm. . . .	14
12 „ Nachm. „ 6 „ Vorm. . . .	21
6 „ Vorm. „ 12 „ Vorm. . . .	29
6 „ Nachm. „ 12 „ Nachm. . . .	15

Es ergiebt sich aus dieser Uebersichtstafel, dass die Wahrscheinlichkeit des Einschlagens in den Herbstmonaten am grössten ist und dass ungefähr 3 Zehntel aller Fälle (so behauptet wenigstens Harris) zwischen Mitternacht und Sonnenaufgang eingetreten sind; am geringsten zeigt sich die Wahrscheinlichkeit für die Zeit von 12 Uhr Mittags bis zum Sonnenuntergang, wo in nördlichern Gegenden gerade die Mehrzahl der Blitze einschlägt.

Sir William fügt unter Anderem noch folgende Bemerkungen bei:
In 2 unter 3 Fällen schlug der Blitz in die höchste Mastspitze.
In 1 „ 5 „ „ „ „ „ „ Stenge oder nächsthöchste Spitze.
In 1 „ 7 „ „ „; „ „ „ niedrigeren Masten.
In 1 „ 50 „ „ „ „ direkt in den Schiffsrumpf.

Aus vielen Beobachtungen ergiebt sich ferner, dass die elektrische Entladung in einer mehr oder weniger schrägen Richtung gegen die Masten und den Rumpf erfolgt.

Ferner schlägt der Blitz
in 2 von 3 Fällen in den Hauptmast.
in 1 „ 5 „ „ „ Fockmast.
in 1 „ 20 „ „ „ Besanmast.
in 1 „ 200 „ „ „ Klüverbaum.
in 1 „ 6 „ werden die Raaen und Segel zugleich mit den Masten getroffen.

Dass ein Blitzschlag den Mittelmast mit dem Fock- oder den Mittelmast mit dem Besanmast oder selbst alle 3 Masten gleichzeitig getroffen hat, lässt sich mit vielen Beispielen belegen, aber dass Besan und Fock unabhängig vom Hauptmast getroffen wären, ist niemals beobachtet worden. Dass es zugleich in Fock- und Mittelmast eingeschlagen hat, ist unter 20 Fällen einmal vorgekommen, halb so oft in Mittel- und Besanmast; aber unter 200 Fällen nur einmal in alle Masten zusammen.

Es würde uns viel zu weit führen, wenn wir alle die eigenthümlichen Beobachtungen, welche bei verschiedenen starken Blitzschlägen gemacht wurden, hier bis ins Specielle anführen wollten; besonders auffallend war mehrmals ein sonderbares Poltern im untern Schiffsraum, ferner ein eigenthümliches zischendes Geräusch an den Masten und die zitternde Bewegung, in welche fast in allen Fällen das Schiff versetzt wurde. [389])

Schliesslich bemerken wir noch, dass Kämtz Beobachtungen in Marseille, Rom, Padua und Janina zusammengestellt hat, um daraus die mittlere Gewittermenge am Nordrande des Mm. zu berechnen. Es ergeben sich durchschnittlich 35 Gewitter jährlich, für die Gegend von Janina allein 45, für Marseille dagegen nur 9,3. Den Jahreszeiten nach fallen, innerhalb der ganzen Gruppe auf den Winter 8,3 Procent (ein Verhältniss, welches dem in Frankreich beobachteten fast gleich ist), auf den Frühling 19,3, Sommer 44 und Herbst 28,3 Procent. In Padua hat man durchschnittlich 41,9, in Rom 42,4, in Palermo nur 13,5 Gewitter beobachtet. Es würde interessant sein, das Verhältniss der Zahl der Gewitter auf offener See und am Küstenrande näher zu untersuchen, zu einer solchen Untersuchung sind aber die bisher aufgezeichneten Beobachtungen nicht ausreichend.

---

[389]) Eine Reihe detaillirter Angaben giebt hierüber der Capitain des Beagle, Robert Fitzroy.

VI.

Handel und Schiffahrt.

Nachdem wir in den drei letzten Abschnitten ein möglichst klares Bild der physischen Geographie des Mm. zu zeichnen versucht haben, in welches wir, gleichsam als Staffage, manche Bemerkung aus der politischen Geographie mit aufnahmen, wenden wir uns nun zur Culturgeographie des Mm., das heisst wir betrachten die Geographie der Raum- und Zeitcultur und in ihr die Formirung der Produkte, die Ortsverbindung durch Wasserstrassen (denen auch einige Bemerkungen über Land- ja selbst über Luftstrassen [590]) zugefügt werden können), ferner die Annäherung der Völker durch die Schifffahrt und somit auch die Handels- und Kriegsmarine.

Werfen wir nun, ehe wir zu den Einzelnheiten dieses Abschnitts vorschreiten, vorläufig einen Blick auf Tafel IV., welche uns, wenn auch nur skizzirt, ein Gesammtbild des Mm. vorführt, so können wir nicht umhin auf einige Ideen zurückzukommen, welche in der Einleitung nur angedeutet wurden. Unsere Thalassa liegt vor uns als ein Mittelmeer zwischen den continentalen Massen des Orients und dem oceanischen Occident. Die natürliche Folge war, dass ihm als eigentlichem Culturmeere die wichtige Mission ward, die Heranbildung der gesammten europäischen Cultur zu vermitteln. Es liegt ferner da als ein mittelländisches Meer und öffnet sich wie eine grossartige Agora, ein Sammel- und Marktplatz zwischen drei Ländermassen. Man denke es sich ausgefüllt selbst mit den fruchtbarsten Thalgründen, man schliesse seine Pforten und lasse sein Niveau 1000

---

[590]) Wir denken z. B. an die Strassen zahlreicher Zugvögel über das Mm., von denen wir freilich wenig mehr wissen, als dass sie sehr bestimmt und keineswegs willkürlich sind.

Faden sinken [391]) und die ganze östliche Hemisphäre würde zu einer fast compakten Ländermasse zusammenwachsen; das freie, bewegliche Leben an seinen Gestaden wäre zerstört, die ganze Staatenentwicklung Europas wäre unmöglich geworden, ja von einem Welttheil Europa könnte kaum die Rede sein. Nannten wir es aber oben Mm., so wiederholt es diese grossartige Vermittlung zwischen dem continentalen Orient und oceanischen Occident im Kleinen wieder in seiner reichen Gliederung. Das adriatische Meer verhält sich zu den grossen Bassins des Mm. selbst, wie dieses zum Ocean. Es vermittelt den Verkehr der europäischen Centralländer; ebenso nähert sich das östliche Bassin, indem es tief unter Kleinasien eingreift, den alten Kulturländern Mesopotamiens, der grösste Fluss des eigentlichen Mittelmeerbeckens, der Nil, ist eine Verkehrsstrasse in das Innere des nordöstlichen Afrikas, so wie das weit ausgebogene Syrtenbassin dereinst wieder, wie im Alterthum eine Pforte zu werden verspricht, die sich in den verschlossenen Mauern Nordafrikas öffnet. — Das Mm. ist aber endlich auch in seiner ganzen Natur, in seinen orographischen und hydrographischen Verhältnissen, in seinem Klima und dadurch bedingtem Leben ein recht eigentliches Meer der Mitte und verhält sich insofern zu den Oceanen, wie Europa zu den grössern Welttheilen. Man könnte solche Proportionen noch weiter verfolgen und z. B. in allem Ernst ausführen und beweisen wollen, dass

Mm. : Atlantischen Ocean = Europa : Asien.

Verbindet man in solcher Proportion die beiden innern und die beiden äussern Glieder, so treten uns wieder 2 Epochen in der Kulturgeschichte der Menschheit, eine uralte und sehr neue entgegen. Von Asien aus zogen die Phönizier gen Westen, das moderne Europa liegt aber mit seinen gesunden frisch blühenden Staaten nicht am Mm., sondern sein Verkehr und Handel hat sich dem atlantischen Ocean zu-, also wieder nach West gewandt. Wenn wir nun in der Bearbeitung des Mauryschen Werks (Kap. 17.) namentlich die Strassen kennen lernten, welche über die weiten Flächen des atlantischen Oceans führen, so wollen wir hier die mittelländischen aufsuchen und beschreiben.

---

[391]) Ein ungefähres Bild der für solche Fälle entstehenden Meerescontoure geben die Karten 1, 2 und 3, wenn man die Curven beachtet, in welchen die einzelnen Schraffirungen an einander stossen.

§. 1. Die Wasserstrassen und deren Fortsetzungen.

Auch das Meer hat seine Strassen. Die schimmernde leuchtende
Bahn, welche man in dunkler Nacht hinter dem dahineilenden Schiffe
bemerkt, verschwindet wohl bald, aber mannigfache Kennzeichen
bleiben stehen, wie die Wegweiser an Landstrassen. Eigenthümliche
Contouren, Höhenpunkte, Vorgebirge, Landspitzen der continentalen
Küste, Inseln wenn auch noch so klein, Strömungen und eigenthümlicher Wellenschlag, Leuchtthürme u. s. w. sichern die Fahrt des erfahrenen Schiffers; [392]) dazu kommen jetzt treffliche Seekarten, d. h.
vorzugsweise Itinerarien zur See und Sailing directions (Seemanns-
Wegweiser) — wir brauchen den englischen Ausdruck, weil von der
englischen und amerikanischen Marine die brauchbarsten Vorschriften über die in den verschiedenen Meeren relativ besten Courslinien
ausgegangen sind.

Was die letztern anbetrifft, so liegt es nicht im Plane unseres
Werkes, sie hier besonders zu behandeln; der Seemann wird sie aber
dennoch nicht ganz vermissen, da wir sowohl hier und da in den
früheren Abschnitten, als namentlich im VIII. Abschnitt der Tabellen
der geographischen Ortsbestimmungen viel hieher gehöriges Material
beigefügt haben. Die Wasserstrassen selbst aber haben wir, statt
weitläufige und ermüdende Beschreibungen zu geben, durch die 4te
Karte zu veranschaulichen gesucht und dort zugleich die Leuchtthürme
an den Küsten des Mm. angegeben.

Man wird auf jener Karte die Linien der englischen Marine
(E. M.), der französischen Post-Packetboote (F. P.), des österreichischen
Lloyd (Oe. L.), der neapolitanischen Compagnie (N. C.), der sardinischen Marine (S. M.), der spanischen Packetboote (S. P.), der russischen Marine (R. M.), der türkischen Marine (T. M.) und der ægyptischen Packetboote (Ae. P.) angegeben finden. Verfolgen wir diese
Linien mit einiger Aufmerksamkeit, so fallen uns sogleich gewisse
End- und Knotenpunkte in die Augen, von denen wir einige noch
etwas näher betrachten wollen.

Wir beginnen mit Triest, dem Hafen des österreichischen Lloyd.
Die Binnenmarke Triests lag bisher in Laibach. Nur eine Tagereise
weit vom Strand des adriatischen Meeres fand sich gleichsam schon
die Wasserscheide für das Verkehrsbecken der Nordsee und des Adria.

---

[392]) Von der grössten Bedeutung ist dem Seefahrer, der eine gute Karte benutzt,
natürlich eine gut angestellte Sonnenhöhen- und Zeitmessung. Von diesen wird
später noch mehrfach die Rede sein.

Der Theil Deutschlands, welcher Triest zinsbar war, beschränkte sich so auf einen schmalen Küstensaum; der rauhe Karst trennte ihn von der eigentlich deutschen Welt, von Mitteleuropa. Triest aber sah sich nur auf das Binnenbecken des Mm. angewiesen und die angeblich süddeutsche Hafenstadt war nur scheinbar eine deutsche. Neapel und Genua, Alexandrien und Konstantinopel lagen ihr näher als Wien; nach jenen fernen Punkten führten die offenen Strassen des Meeres, vor dem nahen Wien lag aber ein breites Gebirgsland als Verkehrshinderniss. Jedes Mittel nun, welches dieses Hinderniss wirksam bekämpft und durchbricht, das zugleich Triest mit dem Gebirgsland hinter und über ihm verbindet, bildet zugleich eine Pforte für die Strömung des Deutschthums nach dem Mm. und wo sich dem Deutschen die See öffnet, da sucht er dieselbe als ein ihm verwandtes Element. Die Vollendung der ersten Schienenstrasse zwischen der Donau und dem Adria ist ein solcher Durchbruch, ein Arm der Donau fliesst nun gleichsam in das Adriameer, wie dies die Alten behaupteten. Je näher Triest dem eigentlichen Deutschland rückt, desto entschiedener wird das Mm. von neuem ein Träger des Weltverkehrs. Erst nach jenem Durchbruch ist das Interesse Deutschlands für einen zweiten, den der Landenge von Suez, angeregt worden, der eine direkte Verbindung Triests mit Indien und China anbahnen würde. Abgesehen von den Unterhandlungen, welche in Wien über eine direkte Verbindung zwischen Triest und Newyork gepflogen werden, eröffnete der Lloyd am 5. August 1857 seine neue Linie nach Barcelona. Diese Linie bildet sonach den ersten Versuch, das Lloydnetz westlich vom adriatischen Meere auszudehnen und erst jetzt kann man in Wahrheit sagen, dass der Lloyd den Gesammtverkehr der antiken Thalassa zu vermitteln sucht. Es ist ferner wahrscheinlich, dass die neue Lloydlinie mit genügender Rentabilität noch weiter ausgedehnt werden kann. Die Hauptorte an der Küste Spaniens wurden bis jetzt durch die Dampfschifflinie einer marseiller Gesellschaft verbunden, die wöchentlich ein Schiff längs der Küste von Marseille bis Cadiz laufen lässt, wobei, ausser Barcelona, Valencia, Alicante, Cartagena, Almeria, Malaga und Almeria berührt wurden. Was nun den Marseillern rentirt, wird auch wohl dem Lloyd keinen Schaden bringen; es erscheint somit eine Erweiterung der Lloydlinie bis ins atlantische Meer fast geboten; dann würde von der nächsten norddeutschen Verkehrslinie — der von Hamburg nach Brasilien, welche Lissabon berührt — die süddeutsche nur noch durch eine kurze, leicht der Linie anzufügende Strecke getrennt sein. Das

Vortreiben der Llóydlinie bis Lissabon erscheint somit als die eine
maritime Ergänzung für die Eröffnung der Triest-Wiener Bahn, während das andere Complement in dem freilich noch problematischen,
aber für die Zukunft der triester Linie äusserst wichtigen Durchbruch
der Landenge von Suez liegen würde. So sucht Triest landeinwärts
Deutschland, seewärts das Weltmeer und den oceanischen Verkehr zu
gewinnen.

Ausser der triester bestehen noch zwei levantinische Linien im
Mm., die von Marseille und die englische von Southampton. Letztere
befördert zweimal monatlich die englische Post nach China über
Malta nach Alexandria. Von Suez geht dann die Post auf Dampfern
über Aden nach Ceylon, durch die Meerenge von Malacca nach Sin-
gapur, Hongkong und Schanghai, wo sie endet. Zwischen den Mittelmeerstaaten und der neuen Welt besteht noch kein regelmässiger,
direkter Schiffsverkehr. Wir wollen demselben gleich hier einige
Zeilen widmen. Die Länder am Mm. sind wegen Mangel an zeitge-
mässen Verkehrsmitteln von der grossen Welthandelsstrasse, dem
atlantischen Meer noch mehr oder weniger abgeschnitten. Dies beweisen z. B. die amtlichen Schiffahrtslisten der Ver. Staaten. Im
Finanzjahr 1855 kamen von österreichischen Häfen nur 10 Schiffe
nach den Ver. Staaten, darunter bloss 2 mit österreichischer Flagge.
Von den ionischen Inseln lief in dem genannten Jahr, wie meist in
den frühern, nicht ein einziges Schiff in nordamerikanischen Häfen
ein; von der europäischen Türkei nur ein britisches Fahrzeug; zwei
britische Schiffe kamen von Aegypten, von den französischen Besitzungen in Nordafrika kein einziges. Gleichwohl ist der indirekte
Handel dieser Länder mit den Ver. Staaten bedeutend. Der deutsche
Handel nach Nordamerika geht meist über Bremen, Liverpool, Havre,
in der neuesten Zeit auch über Hamburg. Für Oesterreich sind diese
Beförderungswege zu entfernt und erfahrungsmässig zu kostspielig.
Aber auch die Unionsstaaten befinden sich, den Gestaden des Mm.
gegenüber, in einem Zustand auffallender Isolirung. Man sieht das
Sternenbanner nur an den Küsten von Spanien und Sicilien, höchstens
manchmal im adriatischen Meer, selten oder nie in der Levante, in
Donauhäfen und im Pontus.

Wenn wir voraussetzen, dass es nützlich oder nothwendig ist,
dass das Mm. mit Nordamerika in unmittelbare, regelmässige See-
verbindung trete, so folgt daraus nur, dass der eine Endpunkt der
allenfalls zu errichtenden Dampferlinie New-York, als der Brennpunkt
des amerikanischen Handels, nicht aber dass der andere Brennpunkt

nothwendig Triest sein müsse. Wird sie aus amerikanischen Mitteln errichtet, so haben natürlich die Unternehmer die freie Wahl der Stapelpunkte. In der That hat man in den Ver. Staaten diesen Gegenstand bereits ins Auge gefasst; man ist dort unangenehm berührt durch die Schwäche der Unionsflagge im Mm. und der Congress hat seine Eifersucht gegen die dortige englische Herrschaft wiederholt· ausgesprochen. Auch in Genua ist dieser Gedanke schon mehrfach ventilirt worden. Die Weltausstellungen haben nun gezeigt, dass Oesterreich schon jetzt vollkommen befähigt ist, an dem kolossalen Handel von Europa nach Amerika (1854 Export Englands 145,583,611 Dollars, Frankreichs 30,727,821 Dollars (über Havre), vom Mm. (indirekt) 2,889,372 Dollars, Deutschlands 12,086,258 Dollars) in umfassender Weise Theil zu nehmen. Es muss daher darauf dringen seine bis Triest reichende Eisenbahnlinie (eine „Gasse ohne Ausgang," wenn sie nicht durch Dampfverbindungen fortgeführt wird) auch nach Amerika weiter zu ziehen.

Noch ein besonderes Motiv liegt für Triest vor: dass es trachte Ausgangspunkt der zu schaffenden Packetbootverbindung mit New-York zu werden. Commodore Perry's Plan einer Dampferverbindung zwischen Schanghai und San Francisco ist bekanntlich im Congress der Ver. Staaten genehmigt worden. Die Herstellung dieser Linie wird nicht lange auf sich warten lassen. Die Amerikaner würden durch diese Linie Nachrichten von Canton auf der kürzern Route über das stille Meer um 6—8 Tage, von Schanghai um 11—14 Tage früher als über England erhalten. Sobald aber die Pacific-Bahn, die Herr Perry nicht in seine Berechnung zog, vollendet ist, und zwischen der West- und Ostküste Nordamerikas Eisenbahnzüge verkehren, wird selbst England Nachrichten aus China am schnellsten über die westl. Route erhalten. Es ist demnach eine nicht gar so fern liegende Gefahr vorhanden, dass die Ueberlandpost seiner Zeit Triest aus der Hand genommen werde. Möchte daher Triest seine Zeit benützen, sich der angebotenen Möglichkeit einer direkten Dampferverbindung zu bemächtigen und nicht verkennen, das ihm bei diesem Unternehmen die Projekte des Suezcanals und eines unterseeischen Telegraphen nach Ostindien Chancen bieten, die in gleicher Gunst früher niemals vorhanden gewesen sind! [393)]

Eine direkte und regelmässige Seepostlinie zwischen Triest und New-York ist aber jetzt wirklich projektirt. Der Plan zu ihrer

---

[393)] Vgl. Augsb. Ztg. 1857. S. 4697.

Gründung ist von dem österreichischen Generalconsul in New-York, Herrn Charles F. Loosey der K. K. Regierung vorgelegt worden. Die Ausführung dieses Planes fordert nur 5 Schiffe, das Anlagecapital ist daher kein bedeutendes. Die Linie soll aus einer Haupt- und aus einer Hülfslinie bestehen, jene besorgt die südlichen, diese die nördlichen Küsten des Mm. Auf der westlichen Reise (von Triest aus) berühren der Schiffe die Hauptlinie Corfu, Malta, Algier, Cadiz und Madeira. Die Schiffe der Hülfslinie berühren: Corfu, Messina, Neapel, Civita Vecchia, Livorno, Genua, Marseille, Barcelona und Cadiz und gehen, nachdem sie Posten, Passagiere und Güter an die Schiffe der Hauptlinie, welche gleichzeitig in Cadiz eintreffen, abgegeben haben, nach Lissabon, ihrem westlichen Terminus, weiter, während die Schiffe der Hauptlinie ihre Curse über Madeira nach New-York verfolgen. Auf der östlichen Reise (von New-York aus) werden dieselben Hafenplätze besucht; die Schiffe der Hülfslinie übernehmen in Cadiz die Posten, Passagiere und Waaren von der Hauptlinie und verfolgen die Route an der nördlichen Küste des Mm., wogegen die Schiffe der Hauptlinie die südliche Küste befahren. Die Schiffe der Hauptlinie treffen rechtzeitig in Corfu ein, um Posten, Passagiere und Güter aus dem Westen für Ostindien, China und Australien an den österreichischen Lloyd abzugeben und sie fahren auch rechtzeitig von Triest ab, um von dem Lloyd-Dampfschiff aus Alexandria die ostindische, chinesische und australische Post etc. für die Länder im Westen zu übernehmen.

Diese Dampfschiffe der Triest-New-Yorker Linie sollen einen Gehalt von je 3200 Tonnen und eine Construction erhalten, welche sie nöthigen Falls auch zu Kriegszwecken tauglich machen würde. Sie hätten, mit Inbegriff der angegebenen Landungen, auf der westlichen Fahrt 5196 Seemeilen zurückzulegen, wozu ein Zeitraum von 20 Tagen 19 Stunden, auf der Rückfahrt von vielleicht nur 19 Tagen genügt. Jedes Schiff wäre sonach im Stande, jährlich 5 Reisen oder 10 Fahrten zu machen, und für die 3 Boote der Hauptlinie würde sich, die Fracht zu 1000 Tonnen berechnet, eine Güterbewegung von 30000 Tonnen oder 540000 Centnern ergeben.

Wir haben schon oben gesagt, dass Eisenbahnen, die nicht an ihren Ausläufen an den Küsten durch rasche Postdienste mit den thätigsten Häfen jenseits des Oceans verbunden werden, „Gassen ohne Ausgänge" sind, und man hat dies wohl beachtet. Sollte sich Oesterreich in seinem Triest diesen Vortheil entgehen lassen, da es doch jetzt schon durch Vermittelung anderer Länder Waaren im Werth von 10 Mill. Fl. nach Amerika exportirt![394])

Doch wir kehren von diesen Projekten zu den bestehenden Linien zurück und gehen von denen der englischen Marine, welche unsere Karte (IV.) vollständig giebt, zunächst auf die Marseiller Linien über. Schon ein einziger Blick auf die Karte zeigt, ein wie bedeutender Stapelplatz und Hafen Marseille für die Mm.-Schiffahrt sein muss, und in der That spielen die französischen Packetboote in der neuesten Zeit eine höchst bedeutende Rolle auf dem Mm. und selbst die französischen Kriegsschiffe möchten dort im Augenblick den englischen wohl gewachsen sein. Sogar auf der Linie Galacz-Constantinopel concurriren jetzt die Messageries impériales stark mit dem österreichischen Lloyd und entwickeln eine grosse Energie.

Selbst in Aegypten regt sich der Speculationsgeist. Nach dem 1858 veröffentlichten Prospectus bezweckt das unter dem Namen Medjidieh-Schiffahrts-Gesellschaft von dem Vicekönig begründete Unternehmen die Herstellung eines regelmässigen Dampfschiffdienstes einerseits von Suez aus zunächst nach den übrigen Häfen des rothen Meeres, später auch nach Häfen des persischen Golfs, andererseits von Alexandrien aus nach verschiedenen türkischen Häfen des Mm. Das Kapital der Gesellschaft ist auf 800000 L. Sterling festgesetzt, dargestellt durch 40000 Actien zu 20 L. Ein Verwaltungsrath von 14 Mitgliedern, zur Zeit unter dem Vorsitz Mustapha Bey's, des Neffen des Vicekönigs, leitet die Geschäfte. Die Schiffe werden unter türkischer Flagge fahren. Uebrigens setzen wir als bekannt voraus, dass von Alexandrien aus eine Eisenbahn landeinwärts, vorläufig bis Cairo, führt. Da wir in Bezug auf alle noch nicht beschriebenen Linien auf die Karte verweisen können, so gehen wir zu den Landstrassen und Kanälen über, welche sich an diese Wasserstrassen anknüpfen.

---

[394]) Wir können zum Schluss dieser Bemerkungen über Triest nicht umhin, wenigstens eine Stelle aus der Geschichte von Triest von Löwenthal (1857) zu citiren. Das Schicksal der Nordküste des adriatischen Meeres ist seit den ältesten Tagen sehr verschieden gewesen, je nachdem sich in seinem Norden oder Süden die Conjuncturen des Welthandels anders gestalteten. Während der Römerherrschaft bildete Aquileja, der Knotenpunkt der römischen Strassen, ein Hauptemporium für den Waarenaustausch zwischen dem Abend-' und Morgenland. Dass dicht neben dieser Welthandelsstadt intimo in sinu Hadriæ (Pomp. Mela) ein kleiner Ort Tergestum lag, hatte für das damalige Verkehrsleben nicht die geringste Bedeutung. Wer die Handelsgeschichte des mittelländ. Meeres kennt, der weiss, in welchem Grade die Seeräubereien der Araber, verbunden mit dem von Rom und Byzanz aufrecht erhaltenen Verbot des Handels mit den Heiden bis zur Eröffnung der Kreuzzüge damals alles Leben auf seinen Wellen brach gelegt hatte. Eine grosse Umwandlnng bewirkten dann Gama's Entdeckungen . . . . .

Natürlich steht unter diesen die weltberühmte Strasse von Gibraltar oben an, welche wir schon näher untersuchten; an ihr wachen die Engländer über den Verkehr zwischen Thalassa und Okeanos, so wie am Cap über den oceanischen, bei Bab el Mandeb über die Einfahrt in den arabischen Meerbusen, der eine grossartige Pulsader des Welthandels zu werden verspricht, wenn die jetzt noch offene Suez-Frage sich noch in einen offenen Suez-Kanal verwandeln sollte. [395]) Bedeutende Kanäle, welche vom Mm. aus nicht etwa bloss zu einem kleinen Binnensee führen, sondern die Verbindung mit andern Meeren vermitteln, finden wir nur im südlichen Frankreich, indem dort der Canal du Midi vom Mm. aus das Garonne-Thal erreicht, der Canal du Centre von der Rhone zur Loire überführt und überdies die Saone mit Rhein und Seine in Verbindung steht. Die spanischen Kanäle in Murcia, im Ebro-Thale sind ganz localer Natur und als Fortsetzung der Mm.-Strassen von nicht grosser Bedeutung. Viel wichtiger würde für Spanien ein grossartig angelegtes Eisenbahnnetz werden können, aber die Zustände aller drei südeuropäischen Halbinseln haben bisher kaum die Anlage guter Chausseen zugelassen; auch Italien macht hiervon nur zum Theil eine Ausnahme. Dagegen legt sich das französische Eisenbahnnetz schon in mehreren Punkten an das Mm. an und zieht einen bedeutenden Bruchtheil des mittelländischen Handels quer durch Frankreich. Dadurch ist Marseille für das Westbassin zum wichtigsten Knotenpunkt der Land- und Wasserstrassen geworden. Am Südrande des Westbassins verspricht nur Algerien für die Zukunft eine reiche Entwickelung, welche durch den Bau der jetzt projektirten Eisenbahnen sehr gefördert werden dürfte. [396]) Die italischen Bahnen

---

[395]) Ueber dieses Projekt vergl. Anhang 2.

[396]) Einem Bericht des Kriegsministers Vaillant vom 8. April 1857 entlehnen wir Folgendes über den Plan zu einem Netze algerischer Eisenbahnen. Es würde bestehen: 1) aus einer grossen, dem Meere parallel laufenden Linie, welche die Hauptorte der drei Provinzen mit einander verbinden und die wichtigsten Ortschaften zwischen Algier und Constantine im Osten und zwischen Algier und Oran im Westen berühren würde, nebst einer Zweigbahn nach Tlemsen über Sidi-bel-Abbès; 2) aus mehreren Linien, welche von den wichtigern Häfen ausgehen und sich der grossen Ader anschliessen würden, um Bona und Philippeville mit Constantine, Budschiah mit Setif, Tonag mit Orleansville, Mostaganem und Arzew mit Relizam zu verbinden. Die Gegenden südlich von der Hauptlinie würden mit dem Eisenbahnsystem durch bereits vorhandene oder im Bau begriffene Landstrassen in Verkehr gesetzt werden. Diese schon zahlreichen Landstrassen kommen vom Rande der Sahara und verbinden einen Bevölkerungsmittelpunkt mit dem andern, wie Sebdu und Tlemsen, Doya und Sidi-bel-Abbès, Tiaret und Orleansville, Tiniet-el-Haed und Milianeh, Boghar und Medeah, Boncada und Setif, Batna und Constantine, Tebessa und Guelma etc. So werden also zu gleicher Zeit die Produkte der ungeheuren Ebenen, welche sich von den Grenzen Marokkos bis zu den Grenzen von Tunis erstrecken, nach den Häfen

kommen, die von Genua nach Turin ausgenommen, noch nicht sehr
in Betracht. Sind erst die projektirten Linien durch die Alpen vollendet, so versprechen sie allerdings auch, belebte Verkehrsstrassen zu
werden. Von der wichtigen triester und der kleinen ægyptischen
Bahn war bereits die Rede.

Zu den grossartigen Plänen, welche Alexander der Grosse hegte,
und an deren Ausführung ihn sein früher Tod verhinderte, gehörte
unter Anderem auch der, eine grosse Handelsstrasse längs der Nordküste Afrikas von Alexandria bis zu den Säulen des Herkules anzu-
legen, — ein schwer auszuführender Plan, der bis in die neueste Zeit
nie ganz realisirt werden konnte, obgleich ihn einst die Römer wieder
aufgenommen hatten. — Mehr als für diese der Südküste des Mm.
parallel hinziehende Strasse interessirt man sich jetzt für eine Anzahl
von Handelsstrassen, welche jene Küstenlinie kreuzend, in das innere
Afrika führen. Wir wollen diese Eröffnung einer oder mehrerer
Strassen nach Central-Afrika in einem besondern Anhang (3) etwas
näher betrachten.

An den asiatischen Küsten findet sich nirgends eine Spur von
Eisenbahnen oder Kanälen und es ist auch fraglich, ob die projektirten, wenn wirklich ausgeführt, sich rentabel zeigen werden.
Der Handel ist dort nur durch Caravanen möglich und ist somit
eigentlich nur ein grossartiger Speditionshandel in den Händen von
Völkern. So unterscheidet sich namentlich der Caravanen-Handel
nach Indien von dem auf dem ununterbrochenen Seewege um Afrika,
wo es der vermittelnden Glieder nicht bedarf.

Für das schwarze Meer hat Odessa ungefähr dieselbe Lage und
Bedeutung wie Marseille für das Westbassin, Triest für den Adria

---

strömen und die Erzeugnisse des Mutterlandes ins Innere dringen und sich rasch
üher ganz Algier verbreiten können. Nach sorgfältigen statistischen Forschungen
scheint es, dass unter den Strassen Algiers sich 3 besonders wichtige, eine in jeder
Provinz befinden, auf welchen die Transporte von Waaren und Reisenden schon jetzt
ausreichen, den guten Erfolg der Eisenbahnen zu sichern. Diese Strassen sind folgende: 1) zwischen Algier, Belidah und Amurah, welche die grossen arabischen
Märkte der Ebene von Scheliff bedient; 2) zwischen Constantine und Philippeville,
wo heute der meiste Verkehr stattfindet; 3) zwischen Oran und St. Denis-de-Sig,
auf welcher die reichen Erzeugnisse der Ebenen des Sig-Tlelat und Eghris trans-
portirt werden. Diese 3 Linien könnten besonderen Gesellschaften übertragen werden. — (Ein Jahr später, April 1858, ist diese Angelegenheit in ein anderes Stadium getreten. Der Marschall Vaillant hat im Einverständniss mit dem General-
gouverneur Marschall Randon den Entschluss gefasst, die Armee zur Herstellung der
Bahnen zu verwenden. Die Linie Algier-Belidah-Oran wird demnächst in Angriff
genommen werden. Eine Linie, welche von Algier der Wüstenstrasse direkt zuführt,
muss nachfolgen, wenn man sonst den Plan verfolgen will, von Sudan aus schwarze
Emigranten ins Land zu ziehen.)

und wie der Po zu letzterem, so verhält sich die Donau zum Pontus. Der Verkehr nach Südrussland hinein wird durch die dort wirklich in Angriff genommenen Eisenbahnen in ein neues Stadium treten.

§. 2. Ueber den Handel auf dem Mittelmeer.

Wir gehen von unsern Bemerkungen über die Strassen zu dem Handel selbst über, der sie belebt. Das Mm. bildet noch heute die Hauptstaffage in dem Gemälde der Handelswelt. Der Handel des ganzen Erdballs scheint eine natürliche, fast instinktmässige Neigung zu haben, in dieses Meer zu strömen, so wie die Gewässer, scheinbar ohne Wiederkehr, seit undenklichen Zeiten durch die Strasse von Gibraltar in das Mm. fluthen. Diesem natürlichen Zuge des Handels haben aber Jahrhunderte lang vielerlei Hemmnisse störend entgegengewirkt und ihn zeitweilig ganz abgelenkt.

In den ältesten Zeiten ergoss sich ein orientalischer, vorwiegend semitischer Völkerstamm, zwar zäh und stabil aber mannigfach befruchtend in das Mm., dem dann ein japhetischer (arischer) zwar von jenem befruchtet, aber lebensfrisch, selbstschöpferisch und stets fortschreitend, folgte. [397] Phoinike zunächst trug den Orient an die Küsten des Occidents. Selbst ein schmaler Küstenstrich von nur 25 Meilen Länge, von Arados bis Tyros und von 4—5 Meilen Breite, entwickelte es merkantilische Anziehungskraft für die bewohnte Erde, indem es durch Land- und Seehandel deren Produkte an sich zog und sie zum Theil, nachdem sie durch einheimische Erfindungen zu Kunstprodukten umgeschaffen waren, auf dem Weg einer weitverzweigten Colonienverbindung den Völkern wieder zurückgab. Der Euphrat und das erythræische Meer gaben den Phoinikern die Richtung nach Osten, das Mm. nach Westen. Von dem ganzen syrischen Küstenlande bildet Phoinike den mittlern Theil, zugänglich von der Wasserseite her durch eine grosse Anzahl von Häfen, die aber jetzt durch die Küstenströmung meist versandet sind; nur Berytus (Beirut), Tripolis und Sidon [398] (Saide), die Gründerin der meisten phoinikischen Anlagen, sind noch von einiger Bedeutung. Vor sich hatten also die

---

[397] Vgl. C. Rathlef, die welthistorische Bedeutung der Meere, insbesondere des Mittelmeers. Dorpat, 1858.

[398] Canaan aber zeugete Zidon, seinen ersten Sohn... 1. Buch Mose 10, 15. Nach Herodots Berichten war Tyrus um 2750 v. Chr. gegründet worden; Sidon aber war noch älter. Die vollständigste Monographie über die phönizische Geschichte ist: „Movers, die Phönizier." Man wird dort alle Details sorgfältig gesammelt finden.

Phoiniker, durch nachdrängende Wanderungen aus dem vorderasiati-
schen Hochlande so wie später aus Aegypten bis an diese hafenreiche
Küste vorgeschoben, das Meer mit Inseln und Küsten von lockender
Fruchtbarkeit, hinter sich den an Schiffbauholz reichen Libanon, unter
sich einen wenig fruchtbaren Boden, — was Wunder, dass sie schon
zu Homers Zeit die „schiffberühmten" und in Verbindung hiermit und
in Folge davon die „kunstfertigen" wurden! So bestimmte die Weltstellung und die physische Beschaffenheit dieser Küste die Bewohner
zur Seefahrt, deren Richtung die westlichen Strömungen im nördlichen
Theil des Ostbassins vorzeichneten, diese vervollkommnet sich zur
Nautik, begründet und erweitert Handelsverbindungen, führt zur Ausbildung der Rechenkunst, der Astronomie, weckt den Erfindungs-
geist — bekannt sind der Münzstempel, das Glas, die feine Leinwand
die Purpurfärbung, die Buchstabenschrift [399]) — und so wurde
Phoinike der weltbindende und der weltbildende Handelsmarkt, auf
welchem sich der Bernstein von der Elektronküste, das Zinn der
Kassiteriden, das Silber aus Tartessos, [400]) das Gold von Thasos, der
Weihrauch Arabiens und das Elfenbein aus Indien begegneten. In
Spanien sollen über 200, auf der westlichen Küste Afrikas gegen 300
Orte phoinikischen Ursprungs gelegen haben. Da nun zu diesem
grossartigen Seehandel, dieser hohen Blüthe des einheimischen Kunstfleisses auch noch ein bedeutender Landhandel durch Caravanen hinzu-
trat, so erscheint es ganz natürlich, dass die phönizischen Städte
überaus reich und mächtig wurden, aber auch bald in Ueppigkeit ver-
sanken und verkamen. [401])

Nach den Phöniziern lenken die seefahrenden Griechen unsere
Aufmerksamkeit auf sich. [402]) Aus dem Contakt des uralten orientalischen Lebens und des neu entstandenen lebensfrischen Occidents
geht der Hellenismus als neue Lebensform hervor. Die Geschichte
desselben im Allgemeinen und des griechischen Handels im Besondern
ist eng verknüpft mit der griechischen Colonisation und in der That
ist kein Abschnitt der griechischen Geschichte so reich an mächtigen

---

[399]) Vgl. O. Müller Orchomenos und die Minyer S. 115.

[400]) Vgl. die beiden kleinen Schriften Redslobs: Tartessus und Thule.

[401]) Jesaia (23, 8) nennt die Kaufleute von Tyrus (der Krone) Fürsten und
ihre Krämer die Herrlichsten im Lande. Vgl. Hesekiel, 27. Die Eroberung von
Tyrus durch Alexander, so wie die Gründung Alexandriens, des wichtigen Mittel-
punkts des frisch aufblühenden ægyptischen Handels gaben endlich der phönizischen
Macht den Todesstoss.

[402]) Wir verweisen vor Allem auf Hüllmann's treffliche Handelsgeschichte der
Griechen.

Anregungen für die Phantasie, an grossartigen, farbenglänzenden, ja märchenhaften Bildern, als diese Periode der Colonisation. Die Ausbreitung dieses wunderbaren Volkes innerhalb weniger Jahrhunderte von den Mündungen des Bug und Dniestr bis an den Rand der Sahara, von den Küsten Asiens bis zu denen des spanischen Goldlandes, des Peru der Alten, diese Umsäumung fast aller Gestade des Mm. und seiner Nebenmeere mit griechischer Sitte und Cultur gleicht der kühn-phantastischen Erfindung eines Dichters. Misst man die Entfernungen, welche die äussersten Ansiedelungen von einander und vom Mutterland trennten, nach der Leistungsfähigkeit der damaligen Schiffahrt, so waren sie mindestens eben so gross als die heutigen Englands von Ostindien. Erwägt man die Gefahren, denen die ersten Entdecker und Ansiedler sich entgegen wagten, auf höchst unvollkommenen Fahrzeugen, in ganz unbekannten Gewässern, an barbarischen Küsten, unter den eifersüchtigen Nachstellungen concurrirender Handelsvölker, so waren sie kaum geringer, als die, denen die Entdecker und Conquistadores von Amerika Trotz boten. Mit Recht macht Curtius in seiner römischen Geschichte darauf aufmerksam, dass wir in den Gründungen der Colonien nur die Schlussergebnisse von Bestrebungen kennen, in denen die grossartigste und ruhmwürdigste Thätigkeit des griechischen Volkes enthalten ist. Wer nennt die vielen Seefahrer, welche, wie Ambron, der erste milesische Gründer von Sinope, ihren Muth mit dem Tode büssten? Wer kennt die Orte alle, welche, wie das ältere Sinope, von feindlichen Stämmen wieder vernichtet worden sind?

Die milesischen Schiffer, welche sich zuerst in die insellose oceangleiche Wasserwüste des schwarzen Meeres hinauswagten, waren wie in eine andere Welt versetzt. „Denn gegen den Himmel des Archipelagus ist der des Pontus unklar und trübe, die Luft dick und schwer, Wind und Strömung ·folgen andern Gesetzen. Das Gestade ist grossentheils hafenlos, niedrig und versumpft. Daher die starken Ausdünstungen, welche sich in Form schwerer Nebelmassen bald auf die eine bald auf die andere Küste werfen. Dazu kamen die Eindrücke von Gegenden, welche schutzlos allen Nordstürmen der russischen Steppen bloss liegen, wo breite Ströme und ganze Meeresflächen unter festen Eisdecken erstarren, wo die Einwohner bis auf das Gesicht in Felle und dichte Wollenzeuge sich einhüllen, wo keines der Gewächse gedeiht, mit denen die Cultur und Religion der Hellenen unzertrennlich verwachsen war, wo endlich das Leben in Luft und· Sonnenlicht, auf freien Ringplätzen und auf offenen Markt-

plätzen unmöglich war." Doch die grossen Vortheile, welche die
Küsten boten, liessen den unternehmenden Handelsgeist der Griechen
alle unheimlichen Eindrücke überwinden und nach und nach füllten
sich die Ufer des schwarzen und asowschen Meeres mit griechischen
Häfen und Märkten, von denen sich Caravanenstrassen bis ins Innere
unseres Continents weit verzweigten. „So übte das Becken des Mm.
seine magnetische Anziehungskraft bis an die äusserste Peripherie des
Kreises der alten Welt aus." (Rathlef.)

Kleinasien hat seinen Antheil an der Geschichte des Handels im
Alterthum ebenfalls hauptsächlich den griechischen Pflanzstädten zu
verdanken. Ein selbständiges politisches Leben hat sich, etwa mit
Ausnahme des lydischen und später des pontischen Reiches, auf die
Dauer in diesen Räumen nicht gestalten können; alle Anfänge desselben wurden stets bald wieder zertreten, da diese Halbinsel als
Passageland zwischen dem Orient und Occident von jeher der Kampf-
platz und wechselsweise die Beute der von Osten und Westen her
hier sich in Handel und Krieg begegnenden Völker, die Weltstrasse
der Ideen und Erzeugnisse zweier Continente gewesen ist.

In der westlichen Hälfte des Mm. blieben lange die Segel der
Karthager die herrschenden; die Nordwestseite Siciliens blieb noch
in Besitz der phoinikischen Karthager, als die Griechen die übrige
Insel längst colonisirt hatten. Corsica suchten die Phokæer umsonst
zu gewinnen; dagegen gelang es ihnen im Keltenlande, an den Mündungen des Rhoneflusses Massilia, als einen Sitz griechischer Cultur
und griechischen Handels, zu gründen. Eine Reihe von Stationen
wurden von Massilia aus angelegt, aus denen die heutigen Orte Antibes, Nizza, Monaco u. s. w. hervorgegangen sind. Samier durch-
schifften die Strasse von Gibraltar und handelten mit Tartessus.[403]
Selbst an der Nordküste Afrikas entstand, von der Insel Thera aus
gegründet, Kyrene. Diese Niederlassung verdankte ihr schnelles
Wachsthum theils den Hülfsquellen der Gegend, namentlich der reichlich wuchernden Silphionpflanze, die als Gewürz und Medicament in
die ganze griechische Welt versandt wurde, theils den ausserordentlichen Vorzügen ihrer Lage.[404]

---

[403] Herodot erzählt IV., 152. die Fahrt des Colæus von Samos jenseit der
Säulen des Herkules.

[404] Eine gute Uebersicht der griechischen Colonien und ihrer Staatsverhältnisse
giebt Raoul Rochette in seiner histoire critique de l'établissement des colonies grecques,
Paris 1815; ferner K. F. Hermann im Lehrb. der griech. Staatsalterthümer §. 73—90.
Auf den Handelsverkehr, den innersten Lebensnerv dieser gesammten Colonisation,

Ein 245 n. Roms Erb. zwischen Rom und Karthago geschlossener und später zweimal erneuerter Handelsvertrag beweist, dass auch die R ö m e r schon damals Seehandel getrieben haben, vorzugsweise wohl, um die Produkte fremder Länder nach Italien einzuführen. Die grösste Ausdehnung erreichte in Rom schon frühzeitig der Sklavenhandel. Der römische Handel beschränkte sich überhaupt vorzugsweise auf die Einfuhr, weil bei der grossen Bevölkerung die Erzeugnisse des Bodens im Lande selbst verbraucht wurden, Italien mit Ausnahme der griechischen Colonien und Etruriens wenig Fabriken und Manufakturen besass und der Handel für eines freien Mannes unwürdig galt.[405] Der Grosshandel wurde von den römischen Rittern getrieben. Durch jede Vergrösserung des römischen Reichs erweiterte sich auch der Handel der Römer. Besonders wichtig für denselben war die Unterwerfung Siciliens und der Verkehr mit Massilia. Durch die Zerstörung von Karthago und Corinth und die Unterwerfung Aegyptens, namentlich Alexandria's, kam der Handel dieser Städte zum Theil an die Römer. Der Handel mit Aegypten galt für besonders einträglich und soll 100 Procent Gewinn abgeworfen haben. Unter den Kaisern mag ein äusserst lebhafter Handel den üppigen und reichen Römern ihre unzähligen wirklichen und eingebildeten Bedürfnisse zugeführt haben; aber dieser an sich grossartige, bis in die neueste Zeit noch nicht wieder erreichte Verkehr war unnatürlich und krankte an seinem Uebermass. Er war ferner ganz von der Blüthe der ungeheuren Hauptstadt mit ihren 2 Millionen Einwohnern abhängig, insofern alle Hauptstrassen des Handelsverkehrs nur nach diesem Centrum zusammenliefen.[406] So kann uns der plötzliche Verfall noch während des Bestehens des weströmischen Reiches nicht Wunder nehmen. Der Schwerpunkt des Mm.-Handels verschob sich

---

könnte in allen diesen Darstellungen mehr Rücksicht genommen sein. Wir kommen auf dieses Thema in dem einleitenden Paragraphen des VII. Abschnitts nochmals zurück. — Ueber die oben erwähnte Silphionpflanze ist vor Allen Dr. Barth (Wanderungen S. 469.) zu vergleichen. Er leitet den griechischen Namen von *Serpe* (ὀπὸς oder *lac serpicium*) her.

[405] Cic. de officiis I., 42. Sordidi . . putandi, qui mercantur a mercatoribus, quod statim vendant. Nihil enim proficiunt, nisi admodum mentiantur... Mercatura . ., si tenuis est, sordida putanda est: sin magna et copiosa, multa undique apportans, multisque sine vanitate impertiens, non est admodum vituperanda — also auch der Grosshandel nur eben nicht tadelnswerth! Vergl. Dionys. IX., 25. Die lex Claudia verbot den Senatoren den Seehandel.

[406] Nur Alexandria macht auch in dieser spätern Zeit insofern eine Ausnahme, als es namentlich lebhaften Seehandel durch das rothe Meer nach Indien vermittelte.

dann wieder nach dem Archipel und Constantinopel. Die Völkerwanderung, welche am ganzen Küstenrande des Westbassins neue Reiche gründete, störte dort auf lange Zeit die Fortentwickelung des Handels. Diese Völkerzüge hatten für unser Mm. ihren Anfangspunkt an dem nördlichen Ende des Adria, drangen in Italien vor und schwangen sich in grossem Bogen durch Frankreich und Spanien und die Nordküste Afrikas um das Westbassin herum. Nachher folgten die Erobererzüge der Araber, welche längs des Südrandes des Mm. hinzogen, von Tunis, wie jene von Oberitalien aus, einen Zweig über die Barre nach Sicilien entsandten und dann in grossem Bogen, aber eine der germanischen Wanderung entgegengesetzte Richtung verfolgend, durch Spanien nach Frankreich vordrangen, wo ihre Macht gebrochen wurde, so wie früher die der Vandalen in Afrika. Bald nach diesen Stürmen, die allen Verkehr auf dem Mm. selbst und mit fernen Regionen unterbrochen hatten, während welcher aber das Christenthum auf germanischem Boden den physischen und psychischen Regenerationsprocess des abgestorbenen Römerthums vollzog, fuhren kühne Abenteurer von Gibraltar her in das Mm. und gründeten sich in Unteritalien eine Herrschaft. Es sind die seefahrenden Normannen, deren Fahrten indess den Handel mehr hemmten als förderten. [407] Den Handel mit Griechenland und dem Orient überhaupt fing nun Venedig zu vermitteln an; auch A m a l f i gewinnt bald als Handelsstadt einige Bedeutung; es war reich genug, 1020 eine Kirche in Jerusalem zu bauen. Man führte ausser Naturprodukten namentlich feine Zeuge aus Constantinopel — deren Ausfuhr übrigens verboten war — ein. Die Ausfuhr bestand aus Gold, Silber, aus Pelzen und Waffen, deren Verkauf an die Saracenen schon Karl der Grosse und der Papst — wie es scheint, vergeblich — verbot.

Das schon erwähnte Amalfi vermittelte den Handelsverkehr der Christenheit mit den Saracenen vor dem ersten Kreuzzuge. Es war die eigenthümliche Bestimmung dieses Staats, den Zwischenraum zwischen zwei Culturperioden, in welchen es ganz unbedeutend erscheint, auszufüllen. Vor dem Ende des 6. Jahrhunderts kaum bekannt, trat es dann als freier Handelsstaat entschieden in den Vordergrund, bis es König Roger von Sicilien unterwarf. Nur zwei — ihm

---

[407] Auf ihre Schiffe soll schon Karl d. Gr. von bangen Ahnungen erfüllt geblickt haben. — Als ein anderes, freilich vereinzeltes Symptom frühzeitiger Regung des kühn vorwärts strebenden germanischen Geistes erwähnen wir jenen abenteuerlichen Seezug, den eine Frankenschaar von den Küsten des Pontus durch das Mm. und den atlantischen Ocean bis in ihre Heimath unternahm (unter Probus, ca. 280).

noch dazu fälschlich zugeschriebene — Erfindungen, die der Pandekten und des Compasses [408]), erinnern noch an des kleinen Staates ehemaligen Ruhm.

Aber für Amalfi's Fall wurde Italien durch das Aufblühen Gaeta's, Neapels, vor Allem aber Pisa's, Genua's und Venedig's vom 12. Jahrhundert an reich entschädigt. Die Kreuzzüge führten den Aufschwung dieser Handelsstädte herbei. Sie erwarben sich besondere Privilegien in den christlichen Fürstenthümern Syriens und besassen eigene Quartiere in Acre, Tripoli und andern Städten. Villani klagt über die Beeinträchtigung des Handels durch die Eroberung von Acre, „das an der Küste des Mm. im Centrum Syriens und, so zu sagen, der bewohnbaren Welt liege und ein Hafen sei für alle Handelswaaren sowohl vom Osten als vom Westen und das alle Nationen dieses Handels wegen besucht hätten." Aber der Schaden wurde bald wieder gut gemacht. Es gelang Venedig, mit mehreren saracenischen Staaten Handelsverbindungen abzuschliessen. Der Venetianer Sanuto, der zu Anfang des 14. Jahrhunderts schrieb, giebt uns interessante Mittheilungen über den damaligen levantinischen Handel seiner Landsleute. Sie exportirten Bauholz, Messing, Zinn, Blei und edle Metalle nach Alexandrien, ausserdem Oel, Saffran und einige Produkte Italiens, selbst Wolle und Wollenzeuge.

Die Handelstädte genossen eben so bedeutende Privilegien in Constantinopel wie in Syrien und spielten in der Geschichte Ostroms eine wichtige Rolle mit. Nach der Begründung des lateinischen Kaiserthums wurde natürlich der venetianische Handel ganz besonders begünstigt und Venedig besass wie eine Colonie einen eigenen Stadtbezirk unter einem Podestà. Als die Griechen den Sitz ihres Reichs wieder eroberten, erlangten die Genueser, die ihnen geholfen hatten, ähnliche Vorrechte und setzten sich in Pera fest. Von da fuhren ihre Schiffe in den Euxinus, sie begründeten eine Colonie in Kaffa auf der Krim und dehnten ihre Handelslinien bis in das innere Asien so weit aus, wie sie selbst der Speculationsgeist der Neuzeit noch nicht wie-

---

[408]) Guiot de Provins, ein französischer Dichter, welcher spätestens unter Ludwig dem Heiligen lebte, scheint ihn zu erwähnen, noch deutlicher aber Jacob von Vitry, Bischof in Palästina und Guido Guinizelli, ein italienischer Dichter, welche beide um 1250 lebten. Schon der saracenische Geograph Edrisi erwähnt um 1100 die Polarität des Magneten. Tiraboschi (IV., p. 171.) hat ebenfalls klar bewiesen, dass man den Magneten im 13. Jahrhundert als Compass kannte und benutzte. Merkwürdig bleibt es aber, dass die Seefahrer sich anfangs gegen die Erfindung sehr gleichgültig zeigten.

der gezogen hat.[409]) Später erscheinen die Florentiner auf dem Schauplatz und vertreten die Stelle, welche früher die Pisaner im Handel des Mm. eingenommen hatten. Der Ankauf des Hafens von Livorno 1421 schliesst ihnen die Pforten des Oceans auf.

Auch die französischen Mittelmeerküsten nahmen damals an der Blüthe des Handels Theil, und zwar nicht allein Marseille, dessen Handel in den schlechtesten Zeiten nie ganz erlosch, sondern auch Narbonne, Nîmes und besonders Montpellier. Noch grössere Regsamkeit zeigte sich in Catalonien. Von der Mitte des 13. Jahrhunderts an fing Barcelona an, mit den italienischen Städten in jeder Beziehung zu wetteifern. Mancher hitzige Kampf wurde besonders mit Genua und auch mit Byzanz durchgefochten und dabei waren die catalonischen Handelsschiffe in allen Theilen des Mm. und selbst im Canal la Manche zu finden. Die höchste Blüthe erreichte der catalonische Handel im 15. Jahrhundert; von da an ist er nach und nach immer unbedeutender geworden.

. Der Handelsverkehr zwischen den nördlichen und südlichen Gegenden Europas wurde erst um 1300 lebhafter. Namentlich in Süddeutschland blühte ein lebhafter Handel, dessen Schwerpunkt bis zur Entdeckung Amerikas sich entschieden dem Mm. zuneigt. Von dorther erhält es seine Handels-, seine Culturbewegung; der Handel aber warf sich vorzugsweise auf die verschiedenen Produkte und Spezereien des Orients, so wie auf die Fabrikate der eigenen Heimath. Deutsche Schiffe kamen aber wohl nur äusserst selten nach dem Mm.; auch englische Kauffahrer erscheinen dort noch im 15. Jahrhundert nur sehr vereinzelt. Richard III. ernannte 1485 einen florentiner Kaufmann zum englischen Consul zu Pisa, da einige seiner Unterthanen die Absicht hätten, nach Italien zu handeln. Indessen schon früher (1412) hatten einige Londoner Kaufleute eine grosse Ladung Wolle und anderer Artikel nach dem Mm. gesandt, ihre Schiffe waren aber von den Genuesern ausgeplündert worden; in Folge dessen gestattete der König allen Engländern, gegen die Genueser Repressalien anzuwenden. Ob die erwähnten Schiffe englische gewesen seien, bleibt

---

[409]) Capmany, Memorias Historicas. t. III. Vorrede p. 11. und 2. Thl. p. 131. Sein Gewährsmann ist Balducci Pegalotti, ein Florentiner, der 1340 über den Handel schrieb. Vergl. Petrarcæ Opera, Senil. l. II. ep. 3. p. 760. edit. 1581: Et ipsa quidem (ein venetianisches Schiff) Tanaim it visura, nostri enim maris navigatio non ultra tenditur; eorum vero aliqui, quos hæc fert, illic iter [instituent] eam egressuri, nec antea substituri, quam Gange et Caucaso superato, ad Indos atque extremos Seres et Orientalem perveniatur Oceanum. En quo ardens et inexplebilis habendi sitis hominum mentes rapit!

immerhin zweifelhaft. Wir lesen übrigens bei einem Griechen, der
zu Anfang des 15. Jahrhunderts schrieb, dass die Ἰγγληνοι nach einem
Hafen des Archipels Handel getrieben hätten.[410]) Dass aber die Engländer schon zur Zeit der Kreuzzüge mit dem Handel auf dem Mm.
bekannt gewesen seien, dürfte schwer zu beweisen sein. Sie kannten
damals noch gar nicht das wahre Wesen des Handels und waren noch
nicht im Besitz des Kapitals, das demselben erst eine feste Grundlage
und Regelmässigkeit sichert und ihn auf die Dauer gewinnreich
macht.[411]) Im 12ten Jahre der Regierung Heinrich's VII. (1497)
wurden englische Waaren, wie eine Parlamentsakte beweist, nach
Genua und Venedig exportirt; sie scheinen aber durchaus auf fremden
Schiffen und durch fremde Händler dahin gelangt zu sein. So gehören z. B. die Handelsschiffe (argosies, span. argos), die Shakespeare
erwähnt, den Ragusanern an. Nach Hakluyt's Angaben lässt sich der
Handelsverkehr in wirklich englischen Fahrzeugen erst 1511 als
einigermassen bedeutend nachweisen, kurz bevor die Türken Chios in
Besitz nahmen, nach welchem Hafen englische Schiffe Handel trieben
und wo bereits 1513 ein Consul bestellt wurde, um die englischen
Interessen zu wahren. Im Jahre 1550 finden wir die grossen Handelsschiffe englischer Abenteurer schon in lebhaftem Verkehr mit Sicilien, Candia, Cypern und Syrien, wodurch die Keime des levantinischen Handels zur Entwickelung kamen.[412])

Wir sparen es uns auf eine andere Gelegenheit vor, diese Studien
über den Handel auf dem Mm. hier weiter mitzutheilen und namentlich unsere Skizze der Handelsgeschichte für das 17. und 18. Jahrhundert weiter ins Detail zu zeichnen. Wir würden überdies über
diese Zeit wenig Erfreuliches zu berichten haben, da, wie dies aus
der Geschichte der politischen Ereignisse hervorgeht, der Handel auf

---

[410]) Gibbon XII., p. 52. Benjamin von Tuleda, ein jüdischer Reisender, behauptet vom Hafen von Alexandrien, dass sich 1160 Schiffe von England, Russland
und selbst von Krakau dort befunden hätten.

[411]) Auch der im Mittelalter scheinbar so blühende Handel der italienischen
Städte zeigte doch viele krankhafte Erscheinungen, vor Allem litt er an vielen Mo-
nopolen. Der Gewinn einer einzigen Unternehmung war oft so gross, dass man dergleichen heutzutage als gewissenlosen Schwindel verdammen würde; auch der Procent-
satz für ausgeliehene Capitalien zeigt sich durchschnittlich sehr hoch — nicht leicht
unter 7 und oft bis 20 Procent. Vergl. Muratori, Dissert. 16. Bizarri, Hist. Genuens.
p. 797. Du Cange, Usura.

[412]) Es ist demnach und nach obigen Angaben ein Irrthum, den John Tipton,
der 1581 in Algier als Consul angestellt wurde, den ersten englischen Consul am
Mm. nennen zu wollen, wie dies mehrfach geschehen ist.

dem Mm. mannigfache Störungen erlitt.[413]) Erst seit dem Anfang des 19. Jahrhunderts hat sich derselbe wieder entschieden gehoben und das Mm. ist seitdem von zahlreichen Schiffen belebt. Dieser Fortschritt findet in mehreren Umständen seine Erklärung — zunächst in dem allmählichen Verschwinden des Piratenwesens, in der Regeneration Griechenlands und zum Theil auch des türkischen Reichs, in der Eroberung Algiers, in der Einrichtung zahlreicher Dampschifflinien zwischen allen wichtigen Hafenplätzen, in der Wiederherstellung des europäischen Verkehrs mit den indischen Meeren durch den Isthmus von Suez und das rothe Meer, der bald noch weit grossartiger zu werden verspricht. Jetzt endlich, wo durch den Frieden vom 30. März 1856 das schwarze Meer für neutral und die Donauschiffahrt für frei erklärt ist, scheint eine neue Aera für die Entwickelung des Handels anheben zu wollen. England hat schon seit längerer Zeit einen bedeutenden Bruchtheil seiner Marine nach dem Mm. gesandt, aber auch Frankreich zeigt seit einigen Jahren eine gewaltige Energie in der Ausbildung seiner Kriegs- nnd Handelsflotte und auch Oesterreich schreitet in seiner Entwickelung als Seemacht sichtbar vor.

---

[413]) Ueber diese traurige Zeit des Verfalls ist unter Anderen auch O. Peschel's eben erschienene Gesch. des Zeitalters der Entdeckungen zu vergleichen. Der geläufigen Ansicht gegenüber, dass dieser Verfall lediglich der Entdeckung Amerikas und des oceanischen Weges nach Indien zuzuschreiben sei, erinnert Peschel daran, dass die Pisanische Seemacht schon vor Ende des 13. Jahrh. ihre Blüthe überlebt hatte und auch die übrigen Seemächte des Mm. stufenweise in dem Mass verfielen, als die Umwälzung in den Verhältnissen des Orients vorwärts ging. Wo die Türken als Eroberer auftraten, da waltete die Verwüstung und alle jungen Blüthen wurden zertreten. Es war ein erschütterndes Verhängniss, welches die Osmanen an den Hellespont und an den Nil führte. Sie sassen nun als Zöllner an den grössten Defiléen des Völkerverkehrs. Die zahllosen Buchten, Landzungen, Vorgebirge und inselreichen Gewässer Romaniens, wo jedes Ufer sein Echo besass, der merkwürdigste Raum der Erdoberfläche, wo drei Welttheile sich berühren, wo verschiedene Wärmegürtel durch die Spaltungen der Ländermassen genähert werden, wo nur eine schmale Landenge das Fremdartigste, die westliche und östliche Civilisation scheidet — all dieser unschätzbare Hausrath der Cultur fiel in die Hände frohlockender Reitergeschwader. So wie der eiserne Griff der Türken diese wichtigen Organe packte, erstarb der lebendige Odem der mediterraneischen Welt. Die Lähmung trifft zuerst den Don, schleicht an den anatolischen Küsten hinab, verdammt den Pontus wieder zu seiner Ungastlichkeit, verödet Syrien, zerstört das letzte Leben in Alexandria, um das volle Leben einer mehr als dreihundertjährigen Vergessenheit zu übergeben. Waren bisher die Ufer des Mm. die beglänzte Hälfte des Abendlandes gewesen, so unterbricht das Zwischentreten der Osmanen gleichsam die Quelle des Lichts und wir beobachten bekümmert das allmählige Erlöschen der letzten leuchtenden Gipfel, während alles Leben nach der frostigen Peripherie unsers Welttheils entweicht. Die Entdeckung neuer Welten im Westen und freier Verkehrswege nach dem tropischen Morgenlande hat allerdings den oceanischen Ufern Europas einen neuen, ungeahnten Werth verliehen, dass aber zugleich mit der Verwitterung kleinasiatischer und pontischer Cultur das Mm. still und stiller werden musste, das war und ist zum Theil noch das freiwillige Verdienst der Osmanen.

Endlich hat die russische Regierung in den letzten Monaten eine Gesellschaft so freigebig mit Unterstützungen ausgerüstet, dass dieselbe die Fahrpreise auf den dritten Theil des seither üblichen Satzes ermässigen kann. Die Frage, warum Russland solche Opfer bringt, dürfte nicht schwer zu beantworten sein.

Wir geben zum Schluss dieses Paragraphen noch einige Bemerkungen und Tabellen über den englischen Handel.

Aus verschiedenen Listen, welche für die Jahre 1820 bis 1824 verglichen werden konnten, ergeben sich für den britischen Handel folgende Mittelzahlen:

	L. Sterl.
Spanien und die balearischen Inseln .	582891
Gibraltar	993700
Frankreich und Corsica	312866
Italien und die italischen Inseln . .	2391620
Malta	425500
Ionische Inseln	323650
Türkei und griechischer Continent . .	989260
Morea und die griechischen Inseln .	32000
Syrien und Palästina	191280
Aegypten	257760
Berberei und Marocco	51600

Wir fügen noch einiges statistische Detail zu, welches die englischen Besitzungen am Mm. betrifft und freilich zunächst nur für England von speciellem Interesse ist. Sie sind den Angaben W. H. Smyth's entlehnt, der sie sich selbst von Mr. G. R. Porter, Mitglied des Handelsrathes, verschafft hatte. Smyth hat sie möglichst auf den Schluss des Jahres 1824 reducirt. In den nachstehenden Tabellen sind die Inseln Malta und Gozzo zusammengefasst und ebenso unter der Rubrik Corfu die gesammte Republik der 7 Inseln vereinigt. Diese Form lag nahe, weil die Staatslisten jedesmal in der Hauptstadt oder dem Hauptquartier der Garnison angefertigt werden. Bei Tabelle II. ist zu beachten, dass die Garnisonen nach dem Friedensfusse angegeben sind. Man wird aus den Listen ersehen, dass die fragliche Industrie hier bedeutenden Einfluss geübt hat und dass es bei der Entwickelung von Reichthum und Macht weniger auf die Flächenausdehnung eines Landes, als auf dessen Entwickelung durch gute Verwaltung und Hebung der gesammten Civilisation ankommt.

Tabelle I. a.

	Gibraltar.	Malta.	Corfu.
Oberfläche in geogr. □Meilen .	$1\frac{1}{2}$	125	1059
Bevölkerung { Männer	4790	46180	112500
Frauen	5560	49300	98240
Fremde	4780	6170	10780
Gesammtzahl . .	15130	101650	221520
Hauptstadt . . . . Name.	Gibraltar	Valetta	Corfu
Einwohner . . . . Zahl.	15130	46250	21400
Ausgaben für öffentliche Erziehung . . . . L. [414]	740	2090	6880
Schiffe von Gross- { Zahl. . . .	169	38	23
britannien { Tonnenzahl.	23567	7870	6750
Dto. im Innern . { Zahl.	37	26	53
{ Tonnenzahl.	6500	4805	7930
Werth des Einfuhrhandels . L.	1041600	300700	43300
Dto. Ausfuhr . . . . L.	schwankend	200000	510000
Colonialrevenüen . . . . . . L.	30000	109800	202500
Ausgaben-Etat Grossbritanniens	146000	100000	82000
Ackerboden . in engl. Acres [415]	70	53670	271890
Unland . . . . desgl.	750	47350	219440
Vieh- { Pferde, Maulesel, Esel	keine in der Garnison gehalten	4910	13810
stand { Hornvieh		5560	11200
{ Schaafe		8992	88520
{ Ziegen		3150	70500
Jährlich erzeugtes Besitzthum .	72000	850000	2080000
Dto. beweglich und unbeweglich	1500000	3755000	10950000
Datum der Besitznahme	1704.	1800.	1815.
Besitzrecht . . . . durch	Eroberung	Vertrag.	Vertrag.

Bemerkung. Der engl. Export aus Gibraltar nach Nordamerika betrug im Finanzjahr 1854 527772 Dollars.

Mr. Porter, der seitdem durch die treffliche, auf Staatskosten gedruckte Statistik des britischen Reichs allgemein bekannt geworden ist, hat diese Tabelle genau durchgesehen und zugleich dem Admiral Smyth eine interessante Uebersicht der Agriculturprodukte Malta's und der ionischen Inseln für das Jahr 1839 aus den Listen der Regierung verschafft, welche wir beifügen:

---

[414] Ein Pfund Sterling ist bekanntlich ca. = 6 Thlr. 23 Sgr. pr. Cour.

[415] Ein engl. Acre ist = 1,58494 oder fast $1\frac{2}{3}$ preuss. Morgen.

Tabelle I. b.   Malta und Gozzo.

Produkte.	Bebaute Fläche.	Erzeugtes Quantum.
Waizen	9951 Acres.	17453 Quarters. [416)
Mengkorn	9144 „	26042 „
Gerste	4051 „	11641 „
Hülsenfrüchte	3206 „	7614 „
Sesam	493 „	488 „
Gartenfrüchte	4345 „	125816 Cwts. [417)
Kümmelsamen	418 „	1461 „
Baumwolle	10898 „	32602 „
Futter (Fourage) . .	7594 „	208778 Bushels. [418)
Weideland	4670 „	
Bebautes Land . . .	54770 Acres.	
Unbebautes Land . .	46810 „	
Totalsumme	101580 Acres.	

Tabelle I. c.   Die Ionischen Inseln (1839).

Produkte.	Flächenraum.	Erzeugtes Quantum.
Waizen	14404 Acres.	47266 Bushels.
Gerste, Mais u. Mengkorn	24471 „	115997 „
Hafer	4474 „	18651 „
Korinthen	17332 „	15255980 Pfund.
Olivenöl	94038 „	75005 Fässer (Barrels).
Wein	61267 „	209270 „
Baumwolle	1640½ „	45620 Pfund.
Flachs	1847 „	69118 „
Hülsenfrüchte	4676 „	13125 Bushels.
Weideland	35204 „	
Salz	(bedeutend.)	194000 Kilometer.
Bebautes Land	255912½ Acres.	
Unland	228949½ „	
Totalsumme	484862 Acres.	

[416) 1 Imperial Quarter ist = 5,29064 oder ungefähr 5⅖⅖ preuss. Scheffel.

[417) 1 Cwt. oder Hundredweight ist = 108,619 = 108⅟₁₁ preuss. Pfund.

[418) 1 Bushel = ⅛ Quarter.

Eine Tabelle über die Preise auf den englischen Märkten im Mm. vom Jahre 1824 dürfte vielleicht nicht ohne Interesse sein:

Gegenstände.	Gibraltar.		Malta.		Corfu.	
	Sgr.	*d.*	*Sgr.*	*d.*	*Sgr.*	*d.*
Rindfleisch .... *das engl. Pfund*	5	—	3	4	2	6
Hammelfleisch .... *desgl.*	3	9	3	9	2	11
Kalbfleisch .... *desgl.*	6	8	4	7	5	—
Schweinefleisch .... *desgl.*	2	11	2	6	2	11
Schinken .... *desgl.*	5	5	5	—	4	2
Supressada .... *desgl.*	8	4	7	1	7	6
Eingesalzener Thunfisch . . *desgl.*	4	2	3	4	4	7
Truthühner ...... *das Stück*	55	—	65	—	60	—
Gänse .... *desgl.*	30	—	31	8	28	4
Enten .... *desgl.*	13	4	15	—	11	8
Geflügel .... *desgl.*	14	2	13	4	11	8
Eier . ... *das Dutzend*	7	6	4	7	.6	3
Butter .... *das Pfund*	8	7	6	8	10	8
Speck .... *desgl.*	5	—	4	2	5	—
Käse (gewöhnl.) ...... *desgl.*	3	9	3	2	3	4
Brod .... *desgl.*	1	1	1	3	1	6
Kornmehl .... *desgl.*	2	6	1	11	2	1
Reis .... *desgl.*	2	1	1	8	2	1
Bohnen (getrocknet) . . *der Bushel*	20	—	16	8	20	—
Wein .... *das Quart*	3	4	2	1	3	4
Oel .... *desgl.*	8	4	10	5	7	11
Milch .... *desgl.*	5	—	3	9	3	4
Tagelohn (für einen Sommertag) .	15	—	13	4	14	2
Gewöhnl. Rothwein . *die Flasche*	2	6	1	8	.2	1
Holzkohlen ...... *100 Pfund*	11	8	11	8	9	2 .
Brennholz .... *desgl.*	66	8	85	—	65	—
Früchte und Gemüse	wohlfeil		wohlfeil		wohlfeil	
Specereien und Gewürze	billig		billig		billig	
Salz und Taback	besteuert		besteuert		besteuert	

§. 3. Die Handels- und Kriegsmarine auf dem Mittelmeer.

Nachdem wir die Strassen und den Handelsverkehr auf denselben geschildert, wollen wir uns drittens noch nach den Schiffen umsehen, welche diesen Verkehr — in Friedens- und Kriegszeiten — vermitteln. Wir sind nicht im Stande für jedes einzelne Land den gegenwärtigen Zustand seiner Marine genau anzugeben, können aber eine Anzahl statistischer Beiträge liefern, welche vielleicht doch willkommen sein werden.

England hat, wie auf allen Meeren, so auch auf dem Mm. seine Macht bekanntlich sehr entschieden geltend zu machen gesucht. Dass eine Weltverkehrsstrasse durch den Suez-Canal eröffnet werde, kann England in wohlverstandenem politischen Interesse natürlich nicht ruhig mit ansehen. Gegen eine blosse Personenverkehrstrasse würde es wohl weniger einzuwenden haben. Die ganze Suezfrage ist den Engländern offenbar sehr unangenehm. Das Mittelmeergebiet gehört überhaupt zu den Gliedern des Meeres, wo die Herrschaft der Engländer von jeher die bestrittenste war. Neue Knotenpunkte, ausser Gibraltar, Malta, Corfu dort zu erringen, ist für sie sehr unwahrscheinlich, und das Aufgeben einer breiteren Basis, wie namentlich Minorca's, Corsica's und Siciliens, bedauern sie ohne stichhaltigen Grund. Diese Positionen waren für sie auf die Dauer doch unhaltbar. England hat sich mit anerkennenswerther Consequenz bemüht, die Entwicklung jeder mittelländischen Marine zu verhindern — Griechenland weiss davon zu erzählen — aber der Besitz von Algerien hat das Erblühen der französischen Kriegsmarine fast zur Nothwendigkeit gemacht; eine nicht unbedeutende Wehrkraft wird im Laufe der Zeit von Oesterreich erschaffen werden, und der Theil einer Weltverkehrslinie, welcher eine Binnenlinie des Mm. bildet, dürfte so wenigstens nicht unbedingt unter die Herrschaft britischer Willkür gestellt sein. Gelingt es Frankreich, wie dies gegenwärtig Prinz Napoleon mit anerkennenswerther Thätigkeit erstrebt, eine höhere Culturstufe in Algerien zu erzielen, werden Marseille und Triest die beiden europæischen Hafenorte für den Verkehr des Continents mit Indien, schreitet ferner Italien und Griechenland erfreulicher als bisher in seiner Entwicklung fort, dann ist die Herrschaft Englands auf dem Mm. zum mindesten gefährdet. In jedem Fall wird aber der Suezcanal der ausschliesslichen Beherrschung Englands entzogen sein. Aegypten von sich unbedingt abhängig zu machen, wird ihm nicht gelingen und es ist keineswegs unmöglich für die europæischen Grossstaaten, auch ihre Landmacht auf diesem Punkte zur Geltung zu bringen.

Im Anfange des Jahres 1858 bestand die englische Flotte im Mm. aus 23 Schiffen mit 585 Kanonen und einer Kraft von 5758 Pferden. Das Commando über dieselbe übernahm am 1. März definitiv der Admiral Arthur Fanshawe, [419] der seine Flagge auf dem Marlborough (131) aufgepflanzt hat.

---

[419] Sein Vorgänger Lyons sollte erst als Gesandter nach Konstantinopel gehen, befehligt aber gegenwärtig (Juni 1858) ein Geschwader im adriatischen Meere.

Ueber die britische Marine in Gibraltar, Malta (und Gozzo) und bei den ionischen Inseln findet sich eine Notiz in der statistischen Tabelle über die commercielle Entwicklung dieser englischen Besitzungen.

Die englischen Garnisonen sind für das Jahr 1839 folgendermassen angegeben:

Tabelle II.

	Gibraltar.	Malta.	Corfu.
Stabsoffiziere . .	12	9	15
Hauptleute . . .	32	16	32
Lieutenants . . .	44	26	45
Fähndriche . . .	24	17	29
Zahlmeister . . .	5	3	5
Adjutanten . . .	4	3.	4
Quartiermeister .	5	3	5
Militärärzte . . .	8	5	10
Feldwebel . . .	149	89	170
Trommler	60	37	69
Gemeine	2987	2132	3506
Gesammtsumme	3330	2342	3890

Im Westbassin des Mm. spielen die Kauffahrer und Postdampfer der Franzosen die erste Rolle, so wie überhaupt Frankreichs Seemacht im Mm. sich in der neuesten Zeit merklich vergrössert. So wie aber Frankreich von seinen trefflichen Häfen im Norden und Süden des Westbeckens aus sich zu immer grösserer Bedeutung auch gen Osten emporarbeitet, so macht Russland unverkennbar vom Euxinus aus grosse Anstrengungen, nach Süden und Westen seinen Einfluss immer fester zu begründen. Wir geben darüber noch eine Bemerkung im 7ten Anhang (vgl. auch S. 362.) Auf Marseille kann man der Masse nach zwei Drittheile des gesammten französischen Seeverkehrs rechnen. Im Jahre 1836 zählte man aber schon in allen französischen Häfen 4692 einlaufende, 4698 auslaufende Schiffe und 1830 hatte Marseille schon 170 grosse Kauffahrteischiffe aufzuweisen. 1840 zählte die Kriegsmarine Frankreichs 40 Linienschiffe, 50 Fregatten und 208 andere Fahrzeuge.

Welche bedeutende Rolle gegenwärtig die französischen Post-Packetboote spielen, wird sich aus den nachstehenden Tabellen ergeben.

Uebersicht der Stationen der französischen Post-Packetboote in den verschiedenen Häfen des Mittelmeers.

Länder.	Häfen.	Bevölkerung.	Entfernung von Häfen zu Hafen in geogr. Meilen.
Italienische Linie: von Marseille nach Malta (wöchentliche Fahrten).			
Frankreich	Marseille	196000	
Sardinien	Genua	120000	51 [420])
Toskana	Livorno	80000	20,25
Kirchenstaat	Civita - Vecchia .	7000	30
Neapel	Neapel	416000	33,75
Insel Sicilien . . .	Messina	94000	45
Insel Malta	Malta	40000	37,5
Linie von Marseille nach Neapel.			
Frankreich	Marseille	— —	
Kirchenstaat	Civita - Vecchia .	— —	74,25
Neapel	Neapel	— —	33,75
Linie nach der Levante: von Marseille nach Konstantinopel (wöchentl. Fahrten).			
Frankreich	Marseille	— —	
Insel Malta	Malta	— —	165
Archipelagus . . .	Syra	15000	136,25
	Smyrna	150000	39
Asiatische Türkei .	Mytilene	7000	16,25
	Gallipoli	— —	22,5
Europäische Türkei	Dardanellen . . .	20000	6,25
	Konstantinopel .	625000	30
Linie nach der Levante: von Marseille nach Konstantinopel über Messina (temporäre Fahrten).			
Frankreich	Marseille	— —	
Insel Sicilien . . .	Messina	— —	143
Griechenland . . .	Piræus	2000	128
Europäische Türkei	Konstantinopel .	— —	89,75
Linie von Konstantinopel nach Varna.			
Europäische Türkei	Varna	30000	36,75
Linie von Konstantinopel nach Kamiesch.			
Krim	Kamiesch	— —	73,5

[420]) Mathematisch genau berechnet beträgt die Entfernung beider Häfen 41,62
Meilen.

Länder.	Häfen.	Bevölkerung.	Entfernung von Hafen zu Hafen in geogr. Meilen.
Aegyptische Linie: von Marseille nach Alexandrien.			
Frankreich	Marseille	— —	
Insel Malta	Malta	— —	165
Aegypten	Alexandrien . . .	52000	210
Syrische Linie: von Konstantinopel nach Alexandrien.			
Europäische Türkei	Konstantinopel .	— —	
	Gallipoli	— —	30
	Dardanellen . . .	— —	6,25
	Mytilene	— —	22,5
Asiatische Türkei .	Smyrna	— —	16,25
	Rhodus	7000	61,5
	Mersina	— —	86,25
	Alexandrette . .	1000	15,75
	Latakiè	7000	18,75
Syrien	Tripoli	15000	15,75
	Beïrut	15000	12
	Jaffa	4000	30
Aegypten	Alexandrien . . .	— —	67,5
Griechische Linie.			
Griechenland . . .	Syra	— —	
	Piræeus	— —	20

Die Handels- und Kriegsmarine Spaniens ist gegen die französische unbedeutend. Der allerdings lebhafte Verkehr in einigen spanischen Häfen beschränkt sich doch meist auf die spanischen Küsten und ist für das Ausland nur in Barcelona einigermassen belebt. Günstiger stellen sich diese Verhältnisse in Italien. Sardinien zählt gegenwärtig folgende Segelkriegsschiffe:

S. Michele (62), des Geneys (44), Beroldo (44), jetzt als Transportschiff verwendet), S. Giovanni (32), Euridice (32), Aquila (18), Aurora (16), und die Brigs Colombo, Eridano und Daino. Dazu kommen 2 Schraubenfregatten (Carlo Alberto und Vittorio Emanuele), die schon ausgerüstet und zwei (Maria Adelaida und Duca di Genova), die der Vollendung nahe sind, zusammen mit ungefähr 220 Kanonen; ferner die 2 Schraubendampfer Governolo und Costituzione mit je 10 Kanonen nnd die Räderdampfer Mozambano, Tripoli, Malfatano,

Authion, Ichnusa, Gulnara, zusammen mit 24 Kanonen.[421]) Im Ganzen
zählt die sardinische Flotte mit Einrechnung der beiden im Bau befindlichen Schrauber ungefähr 516 Kanonen.   Die neapolitanische
Marine, welche wir zur Vergleichung daneben stellen, zählt an Segelschiffen : 2 Linienschiffe (Vesuvio von 80 und Monarca von 84), 5
Fregatten, 5 Brigantinen, 2 Corvetten und 2 Goeletten; ferner 50
kleinere Schiffe, Kanonenboote, Bombarden u. dgl. An Dampfern : 11
Fregatten, 4 Corvetten, 14 kleinere Schiffe, mit 746 K. im Ganzen.[422])

Die Kriegsmarine Toskanas ist unbedeutend, aber die Seemacht
der Industrie zählte 1843 bereits 771 Fahrzeuge mit 25665 Tonnen
Gehalt.   In den Hafen von Livorno, (den fünften des Mm.) liefen
1832 1266 grosse Schiffe und 4390 Küstenfahrer ein, 1843 allein
672 aus dem schwarzen Meere.   Eine Wachtgoelette in Civitavecchia,
dessen Festungswerke jetzt restaurirt werden, ist das einzige Kriegsschiff des heutigen Roms.   Auch die Handelsmarine ist nicht bedeutend.   Man zählte zu Anfang des Jahres 1844 23 Schiffe für grössere
Seefahrten, 130 grössere und 124 kleinere Küstenfahrer und 486
Barken für Meerfischerei; hiervon gehörten nur 160 kleinere dem
eigentlichen Mm., die andern dem Adria an.

Von der neapolitanischen Flotte war bereits die Rede.   Die
Schiffswerften befinden sich in Neapel und Castellamare. Der Averner
See wird gegenwärtig zum Kriegshafen eingerichtet.   Pozzuoli soll
ein geräumiger Hafen für die gesammte neapolitanische Kriegsmarine
werden.   Die Handelsmarine hat in neuerer Zeit grosse Fortschritte
gemacht.   Die neapolitanische Flagge, welche sich noch 1825 selten
über Corfu und Barcelona hinauswagte, weht gegenwärtig in Smyrna,
Konstantinopel, Odessa, den englischen Häfen, an den Küsten Afrikas

---

[421]) Ein aus dem Vittorio Emanuele, Aquila und Daino bestehendes Geschwader
ist gegenwärtig (August 1858) zu Uebungen im Mm. in See gestochen.

[422]) Die Darsena von Genua, der Stolz der alten Dogenstadt, dieses Monument
einstmaligen Ruhms und einstmaliger Grösse soll nach Spezzia übersiedeln.   Die
Darsena soll in ein Dock verwandelt werden, wozu sie allerdings die Lage hat.
Spezzia dagegen ist der geeignetste Ort für ein Seearsenal und einen Kriegshafen,
als welchen ihn schon das scharfe Auge Napoleons I. erkannte. Der Golf von Spezzia
liegt zwischen zwei verlängerten Ausläufern der Apenninen, wie. zwischen 2 natürlichen Molos; der Eingang ist durch die Insel Palmaria wie durch eine natürliche
Festung gedeckt.   Die Länge des Hafens beträgt an 10000 Meter, die mittlere Breite
3000 Meter.   Die Einfahrt ist durch einen Molo so geschützt, dass auch die heftigsten Sciroccostürme die Ruhe im Hafen nicht zu stören vermögen. Der Hafen selbst
enthält wieder viele einzelne kleine Baien und Buchten, die eben so viele kleine
Häfen bilden.   Die Kosten für Spezzia allein sind auf 10 Millionen Franken berechnet.   Zur Deckung des Hafens müssen 2 Forts, das von Castellana und das bei
Pezzina, ferner 3 Batterien, die von Varignano, Castagna und della Scuola erbaut
werden, wozu 3 Millionen Franken zu verausgaben sind.

und Brasiliens. Am Ende des Jahres 1855 bot die Handelsmarine 8958 Schiffe dar mit einem Tonnengehalt von über 213000. Die Dampfschiffahrt, welche einen bedeutenden Aufschwung genommen, hat den Transport aller Gegenstände von minder grossem Umfang und Gewicht an sich gerissen. Seit 3 Jahren sind auf Betrieb des Königs von Neapel in den Schiffsarsenalen von Meta, Piano, Castellamare, Provida, Vico-Equense und Gaëta 76 Schiffe gebaut worden, alle über 400, 3 sogar über 1000 Tonnen haltend. Die neapolitanische Handelsmarine zählt 16 Dampfer, von denen der Amalfi und Sorrento sich besonders auszeichnen. Im Verkehr mit Frankreich behauptet Neapel nach England den ersten Rang.

Auch der Handelsverkehr Griechenlands [423]) ist im Fortschreiten begriffen. Nach einem Berichte des Marineministeriums waren am Ende des Jahres 1838 3345 Schiffe mit 89642 Tonnen und 15281 Seeleuten vorhanden (1821 bloss 440); diese Zahl ist aber in 20 Jahren fast auf das Doppelte gewachsen. Die Handelsmarine zählte 1853 4230 Schiffe von 247661 Tonnen und mit 27312 M. Besatzung. Die stärkste Rhederei treibt der Hafen Syra, dem allein 568 Schiffe angehören. Regelmässige Packetfahrten werden von der Regierung für die Cycladen und Konstantinopel über Smyrna erhalten. Von der überaus starken Ausfuhr an Rosinen und Korinthen [424]), danach auch an Wein, Seide, Schlachtvieh, Knoppereicheln, u. s. w. war bereits im II. Abschnitt die Rede.

Der türkische Handel ist fast ausschliesslich in den Händen der Griechen, Armenier, Juden und Albanesen, so wie der fremden Kaufleute, welche sich in den grössern Städten des Reichs niedergelassen haben. „Die Fülle der rohen Produkte, die Lage der Länder an 5 verschiedenen Meeresbecken und vor den weiten, fast nur durch die türkischen Provinzen zugänglichen Landräumen Inner-Asiens und Inner-Afrikas etc. machen denselben, ungeachtet der öffentlichen Unsicherheit, des Mangels an Credit und bequemer Communikationen, gewinn- und umfangreich, obgleich er sehr fern von der Bedeutung ist, die er unter günstigen Bedingungen haben könnte." (Roon III.

---

[423]) Es sei gestattet, hier noch eine Notiz über die Bevölkerung Griechenlands nachzutragen. Dieselbe bestand zur Zeit der Erhebung des Reichs zu einem unabhängigen Staate (1832) aus 712608 Seelen; nach einer im Jahre 1852 vorgenommenen Zählung belief sie sich auf 1002118 Seelen; folglich in 20 Jahren eine Vermehrung um reichlich 40½ Procent; 1853 hatte der Peloponnes 514071, die Inseln 242762, das Festland 285694, zusammen 1042527 Einwohner.

[424]) Man hat bereits in einem Jahre 110 Millionen venetianische Pfund geerntet und erwartet der erweiterten Pflanzungen wegen etwa 1860 150 Millionen!

2, 961). Es ist indess nicht zu leugnen, dass der Handelsverkehr
im türkischen Reich in den letzten Jahren eine grosse Rührigkeit
entwickelt hat. So brachten z. B. die freilich ganz ausserordentlichen
Verhältnisse des Jahres 1855 den Handel Smyrnas zu einer bisher
nicht gekannten Höhe. Der Gesammtumschlag erreichte in diesem
einen Jahre die Summe von 541058720 Piastern.

Die türkische Flotte hat erst in dem letzten Kriege wieder ihre
Schwäche gezeigt. Dagegen nimmt die russische Marine von Jahr zu
Jahr zu. Im Jahre 1839 liefen nur im Hafen von Odessa 1911
Schiffe ein und aus, gegenwärtig über 3000. Auch ausserhalb des
schwarzen Meeres weht die russische Flagge nach den Kriegszeiten
wieder häufig im Mm. und mehrere russische Dampfschiffahrts-Gesell-
schaften sind im Begriff sich zu bilden. Eine derselben, welche die
Häfen von Syra und Piræeus zu berühren beabsichtigt, hat gegenwärtig ihren Vorstand zu Unterhandlungen nach Athen gesandt.

Auch der Nil erfährt die Fortschritte der neuesten Civilisation.[425])
Der Vicekönig interessirt sich lebhaft für seine Marine und beabsichtigt eben jetzt eine Seefahrt nach Florenz. Die übrigen Barbares-
ken-Staaten an der Nordküste Afrikas treiben fast nur Küstenhandel
und ihre Marine ist desshalb unbedeutend.

Von dem aufblühenden Handel Oesterreichs war schon oben die
Rede; es ist unter diesen Verhältnissen ganz natürlich, dass die
Marine des Kaiserreichs an Bedeutung und Macht zunimmt. In Triest
beträgt die Zahl der ein- und auslaufenden Schiffe gegenwärtig gegen
20000, in Venedig wenigstens ein Drittel so viel; dort ist zugleich
der Hauptkriegshafen, wo das Marine-Ober-Commando, an dessen
Spitze ein Vice-Admiral steht, seinen Sitz hat. Die Flotte besteht
aus mehreren Fregatten (darunter die Schraubenfregatten Radetzky
und Adria, die Segelfregatte Bellona), einigen Corvetten (Titania,
Erzherzog Friedrich, Schraubencorvette), Brigs (z. B. Hussar) etc.
Man zählt gegenwärtig über 20 grössere und über 60 kleinere Fahrzeuge.[426]) Von dem österreichischen Lloyd haben wir bereits gesprochen. Der Gesammtbestand der Handelsmarine stellte sich mit

---

[425]) Wer hätte so bald an europäische Schiffszimmerwerften in Aegypten denken
sollen! Schon wieder ist Ende September 1857 von dem Werft der Nilschleppdampfer-
Gesellschaft für Rechnung derselben ein von holländischen Werkleuten ganz verfer-
tigter Dampfer von ausgezeichneter Form und Solidität von Stapel gelaufen. Am
6. October 1857 war die Eisenbahn nach Cairo bis zur 10ten Station fertig und
dem Verkehr geöffnet. An ihrer Vollendung wird unausgesetzt gearbeitet.

[426]) Bekanntlich ist gegenwärtig die Novara auf einer wissenschaftlichen Welt-
reise unterwegs.

Ausnahme des Militär-Croatischen Küstenlandes, 1854 auf 9735 Fahrzeuge mit 316286 Tonnen Gehalt und 35259 Köpfen Besatzung und
ergab in einem Jahre einen Zuwachs von 225 Schiffen, 20078 Tonnen
und 1016 Mann. [427])

Wir überblicken zum Schluss nochmals die wichtigsten Häfen
am Mm., und erwähnen als solche die folgenden: In Spanien Cartagena, Kriegshafen, Barcelona, alte Hauptstadt Cataloniens; in Frankreich Cette, am Anfangspunkt des danach genannten schiffbaren
Kanals, Marseille, die bedeutendste der französischen Mitttelmeer-
städte und der erste Hafenort am Mm., Toulon, der 2te Kriegshafen; ferner in Sardinien Genua, Flottenstation; in Toskana Livorno,
Freihafen und bedeutender Landungsplatz für den levantinischen
Handel; im Kirchenstaat der Kriegshafen Civita-Vecchia und Ancona,
bedeutendster Handelsort an der italienischen Ostküste; im Königreich
beider Sicilien die prächtig gelegenen Häfen von Neapel und Palermo;
in Oesterreich Venedig, Sitz des Generalcommandos der österreichischen
Marine, Triest, Freihafen und sehr wichtiger Handelsplatz; in
Griechenland Syra mit trefflichem Hafen und höchst günstiger Lage
an der Strasse vom Occident nach Konstantinopel, ferner Athen; in
der Türkei Saloniki, belebter Handelshafen, Smyrna, Hauptstapelplatz
für den Handel des westlichen Asiens mit Europa; Tripoli in Syrien,
Handelshafen, den aber Beïrut an Bedeutung überragt; in Aegypten
Alexandrien, Kriegshafen und Flottenstation; Tripolis in der Berberei,
der bedeutendste Stapelplatz dieser Beyschaft; Tunis, Algier, Ceuta,
spanische Stadt in Marocco; ferner Gibraltar und Malta, die wichtigen
englischen Stationen; Konstantinopel, Hauptkriegshafen der Türken,
Flottenstation, an Wichtigkeit nach Marseille und Triest der 3te Hafen
im Mm.; endlich am schwarzen Meere Odessa, aufblühende Handels-
stadt, welche $\frac{1}{12}$ des gesammten russischen Handels in sich vereinigt.

---

[427]) Ueber die österreichische Marine findet man die zuverlässigsten Angaben
in den einzelnen Jahrgängen des Annuario Maritimo, compilato dal Lloyd Austriaco.
Nach einem Consularberichte über den Handel Oesterreichs mit der französischen
Colonie Algier hat derselbe im Jahre 1857 um 293 Procent gegen 1856 zugenommen.
Der Werth des österreichischen Imports betrug z. B. hier 1857 schon 400000 fl.
Eben diese Aussichten auf eine höhere Bedeutung, welche Oesterreich eben so wie
Frankreich einst im Mm. gewinnen dürfte, bieten die Motive für die Subvention, mit
welcher der Staat den österreichischen Lloyd fortwährend unterstützt. Von den
mancherlei Klagen, welche vor einiger Zeit gegen das Institut und dessen Verwaltung laut wurden, hört man jetzt weniger. Den Fahrplan selbst wollten wir hier
nicht abdrucken lassen, da es nicht an Gelegenheit fehlt, ihn zu erhalten.

§. 4. Von den Telegraphenlinien an dem Mittelmeer und durch dasselbe.

Wir geben zum Schluss dieses Abschnitts noch einige Bemerkungen über die Mittelmeer-Telegraphen.

Die ersten Versuche ein elektro-telegraphisches Tau durch das Mm. zu legen, sind, so kurz auch die Strecke von Sardinien nach Afrika hinüber war, bekanntlich 1856 misslungen. Den Bemühungen der Herren Brett und Delamarche gelang es, im August desselben Jahres des versunkenen elektro-telegraphischen Taues habhaft zu werden und dasselbe von Sardinien bis zum afrikanischen Eiland Galite (unweit Bona) weiter zu führen. Im August 1856 waren also von Cap Spartivento (auf Sardinien) bis Galite mehr denn $\frac{4}{5}$ der Strecke gelegt und man konnte nun den Telegraphen fast für vollendet ansehen, da die kleine Strecke von Galite bis an das Festland Afrikas und bis nach Bona keine Schwierigkeiten mehr zu bieten schien. Die grösste Tiefe zwischen Cap Spartivento und Galite betrug 1900 Metres (5858 par. Fuss). Von Galite bis zur Küste beträgt der tiefste Punkt 300 Metres (925 Fuss). Ist diese kleine Strecke noch vollendet, schrieb man am 18. August aus Turin, so wird die gesammte telegraphische Correspondenz nicht allein Frankreichs, sondern ganz Europas mit Afrika durch die piemontesisch-sardinischen Linien gehen. Man jubelte indessen zu früh; das Tau riss von Neuem. Am 29. August 1827 fuhr der Dampfer Mozambano von Genua aus, um zum dritten Male die Legung des unterseeischen Telegraphen zwischen Cagliari und der afrikanischen Küste zu versuchen. Am Bord desselben befanden sich der General Alberto Lamarmora und der Generaldirektor der sardinischen Telegraphen Cav. Bonelli. Man begann von französischer und afrikanischer Seite mit der Einsenkung. Die Ichnusa begleitete den Mozambano und die Arbeit wurde (wie man den 3. September schrieb) vom Wetter sehr begünstigt. Zugleich schritt man in Sardinien mit der Vervollständigung der Linie bis Teulada vor; endlich Ende October war die interessante Arbeit vollendet. Eine telegraphische Depesche meldete dies am 31. October 1857 an den Minister des Innern in Turin. Man beabsichtigt nun (dem Journal de Havre zufolge) eine Linie längs der afrikanischen Küste einzurichten, die bis Alexandrien gehen soll. Die zwei Taue, welche bei der Telegraphenlegung zwischen dem Cap Spartivento, Bona und Galite verloren gingen, hat im Juli 1858 (also zwei Jahre später) der Dampfer Elba glücklich wieder heraufgeholt.

Für die Ausdehnung der Mittelmeertelegraphen war ein City-Artikel der Times (14. Mai 1857) von besonderer Wichtigkeit. Danach soll die schon nach Sardinien ausgeführte Linie vorerst nach Malta und Corfu erweitert werden, von wo eine Verbindung mit der Euphratlinie nach Indien später hergestellt werden wird. Das Kapital ist auf 120000 L. Sterl. (10 L. Sterl. die Aktie) angeschlagen und eine Garantie der englischen Regierung für 6 Procent auf 25 Jahre gegeben; das Tau soll im nächsten October (1857) gelegt sein. Der Umstand, dass in Malta eine grosse Menge Schiffe fortwährend anlegt, lässt eine bedeutende Einträglichkeit auf dieser Station erwarten.

Die Legung des Taues von Cagliari nach Malta verzögerte sich aber doch um einige Wochen. Das Schiff Elba, welches das Tau trug, langte, vom Dampfer Blazer remorquirt, am 17. November Morgens zu Malta an. Iu der Nacht vom 17ten auf den 18ten wurde das Tau in der St. Georg's-Bucht ungefähr 5 Meilen von La Valette ans Land befestigt und bereits am 19ten wurde nach Turin telegraphirt. Die Fortführung dieser Linie von Malta nach Corfu wurde auch bereits im November 1857 in Angriff genommen. Zugleich regte sich nun Oesterreich und erbot sich namentlich eine Linie von Ragusa über Corfu nach Alexandrien zu legen. Darüber schweben noch die Unterhandlungsn mit England, welches jetzt die indischen Berichte gleich nach Ankunft der englischen Post in Malta erhält.

Der unterseeische Telegraphendrath, welcher Sicilien mit dem Festlande verbindet, ward am 25. Januar 1858 durch die Dampf-Fregatte Veloce, die Corvette Miseno und die Brig Principe Carlo mit dem günstigsten Erfolg in die Meerenge von Messina versenkt und am 1. Februar 1858 dem öffentlichen Verkehr übergeben. Ferner wurde am 7. Juli 1858 der unterseeische Telegraph von Neapel über Procida nach Ischia gelegt.

Mit der Legung des Telegraphendrahts nach Indien geht es den Engländern wie mit dem Suezkanal (vgl. den Anhang 2); beide Projekte sind für sie von äusserster Wichtigkeit, das erstere bei den gegenwärtigen Zuständen in Indien fast nothwendig, — und doch schreitet man nur langsam zu ihrer Ausführung. Gegen die erst projektirte Euphratlinie hat sich in neuester Zeit Layard auf das Entschiedenste erklärt. Die königl. Marine Englands hat darauf den Capitain Pullart mit einer Untersuchung des rothen Meeres zu diesem Zweck beauftragt. Dieser erklärt in seinem Bericht an die Admiralität, dass kein Meer sich zur Legung eines unterseeischen Taues so gut eigne wie das rothe; an beiden Ufern sei ein passendes Bett vorhanden und auch die Korallenriffe ungefährlich. Es steht also zu erwarten, dass das Mm. welches telegraphisch schon mit Europa mehrfach verbunden ist, von seiner südöstlichen Ecke aus auch direkt mit Indien in Verbindung treten wird. [428]) Was übrigens den viel besprochenen Plan Glover's betrifft, von Plymouth aus über Cap Rocca nach Gibraltar und von da weiter über Malta nach Corfu einen Telegraphen zu legen, so hat die englische Regierung denselben nicht angenommen.

1856 haben sich auch die Franzosen, namentlich um Algerien mit Frankreich durch eine Telegraphenlinie zu verbinden, mit Sondirungen des Mm. eifrig beschäftigt. Der französische Ingenieur Delamarche benutzte hierbei s e i d e n e Leinen von $1/10$ Zoll Durchmesser, wie sie Dufreney & Comp. in Paris anfertigen und wie sie die Engländer auch bei den Untersuchungen des atlantischen Telegraphenplateaus mit angewandt haben.

Selbst durch die schwer kranken Provinzen der Türkei legen sich, fremdartig genug, die Telegraphen-Linien, jene Produkte gesunden, frischen Verkehrs. Im Juli 1858 sind wieder 3 Schiffe aus England mit Telegraphendrähten angelangt, welche zu der Linie von Scutari nach Bagdad verwandt werden sollen.

Wir entlehnen, um diese Mittheilungen über Telegraphen im Mm. passend abzuschliessen, der Revue Contemporaine (August 1858) die folgenden Angaben:

Unterseeischer Telegraph zwischen	Wassertiefe in Meter.	Länge in Kilometer.	Gewicht in Tons.	Zahl der Drähte.
Spezzia und Corsica .	640	145	740	6
Corsica und Sardinien	—	19	97	6
Varna und Balaclava .	—	640	100	1
Sardinien und Algier .	2350	200	—	4

Wir wollen auch im nächsten Abschnitte unsern Blick von dem Verkehr auf dem Mm. nicht abwenden, aber haben uns für denselben die doppelte Aufgabe gestellt, erstens ein Gesammtbild der Culturentwicklung am Mm. in ihren historischen Hauptmomenten zu ent-

---

[428]) Gegenwärtig ist - das für das rothe Meer bestimmte Kabel bereits nach Aegypten unterwegs und die Legung wird 1859 wohl vollendet werden.

werfen und darauf nachzuweisen, wie das Mm. nicht nur die Wiege des Welthandels, sondern auch der geographischen Eorschung gewesen. Wenn es dabei natürlich nicht unsere Absicht sein kann, eine Geschichte der Geographie zu schreiben, so haben wir doch von dem Umfang der Kenntniss unseres Meeres, wie er sich seit den ältesten Zeiten entwickelt und erweitert hat, für die einzelnen Jahrhunderte ein möglichst anschauliches Bild zu geben versucht und leiten zugleich dadurch zu dem VIII. Abschnitte über, welcher die Resultate der neuesten Messungen zu geben bestimmt ist.

VII.

Beiträge zur Culturgeschichte des Mittelmeers

im Allgemeinen, so wie zur Geschichte der Messungen und geographischen Untersuchungen des Mm. im Besondern.

§. 1. Historische Uebersicht.

Die Geschichte der Anwohner des Mm. führt uns in vier
grossen Entwicklungsphasen den koptischen oder ægyptischen Stamm
an dem südöstlichen Gestade; den aramäischen oder syrischen an der
Ostküste und von da bis an den Euphrat und Tigris sich ausbrei-
tend; endlich die Griechen und Römer vorüber. So weit Culturkreise
sich abschliessen lassen, kann derjenige als eine Einheit gelten, dessen
Höhepunkte die Namen Theben, Karthago, Athen und Rom bezeichnen. Es haben jene vier Nationen, nachdem jede von ihnen auf
eigener Bahn zu einer eigenthümlichen und grossartigen Civilisation
gelangt war, in mannigfaltiger Wechselbeziehung zu einander alle
Elemente der Menschennatur scharf und reich durchgearbeitet und
entwickelt, bis auch dieser Kreis erfüllt war, bis neue Völkerschaften,
die bis dahin das Gebiet der Mittelmeerstaaten nur wie die Wellen
den Strand umspült hatten, sich über beide Ufer ergossen und indem
sie die Südküste geschichtlich trennten von der nördlichen, den
Schwerpunkt der Civilisation verlegten vom Mm. an den atlantischen
Ocean. [429]

Wir wiesen oben durch Wort- und Kartenbild auf die Theilung
in ein Ost- und Westbassin hin. An der Barre nun, welche beide
zu trennen sucht und doch wieder dem kühnen, gewandten Schiffer
nicht trennt, in der Nähe der Centralinsel Sicilien berührten sich jene
vier Kreise, von denen jeder folgende mit grösserem Radius beschrieben ist.

---

[429] Aus Mommsen's geistvoller röm. Geschichte, Bd. I., S. 3. 4. (2. Aufl. 1856.)

Das östliche Becken ist der Schauplatz der ægyptisch-phö-
nizischen und danach der hellenischen, das westliche der der
karthagischen und danach der Alles absorbirenden römischen Welt.
Die Centra der hellenischen und römischen Culturentwicklung liegen
in der Balkan- und Apenninhalbinsel; aber jene gravitirt nach Osten,
ihre Westküste blieb in der Civilisation zurück, diese blickt gen
Westen und ihre Ostküste erhob sich nie zu historischer Bedeutung.

Den Ausgangspunkt alles historischen Lebens haben wir aber
für die älteste Zeit in und an dem Isthmus von Suez zu suchen.
Von hier aus zogen Semiten und Japhetiten, hier gründeten in sich
abgeschlossen die Hamiten den ältesten Culturstaat am Mm., Aegypten, „den Zeitmesser der Weltgeschichte." [430]) Als Seefahrer haben
trotz mehrmaliger Versuche die alten Aegyptier nie eine weltgeschicht-
liche Bedeutung erlangt, wohl aber ist der alte merkwürdige Staat
ein wichtiges Centrum des Caravanenhandels gewesen und für alle
Zeiten das Passageland zwischen Orient und Occident geblieben. An
Aegypten schliesst sich nach Nordosten der Küstenstrich Palästina's,
das durch das Erlösungswerk des Heilandes eine noch höhere historische Bedeutung gewann. Daran grenzt die hafenreiche Küste
Phöniziens, jenes Geburtslandes des Seehandels und der Schiffahrt,
von dem wir bereits sprachen (S. 342.) Die Phönizier wurden bald
für den continentalen Osten und thalassischen Westen die Vermittler
nicht bloss des Handels und der Industrie, sondern auch der Cultur.
Was sie mit bewundernswerthem Geschick und regem Geiste begonnen, das führten die Hellenen, von vielen Umständen begünstigt,
zu einem ruhmreichen Ende. Das reichgegliederte ægæische Becken
mit seiner ungemein grossen Küstenentwicklung in Europa und Asien
bot ihnen von vornherein weit günstigere physische Verhältnisse, als
sie die Phönizier und Aegypter in ihrem schmalen Küstensaum vorfanden. [431]) Auch hier entwickelt sich alles historische Leben am
Meere und durch dasselbe. „Selbst die Insel Creta, wie eine hohe
Warte sich an der Südseite des Meeres erhebend und seinen Eingang schliessend, wendet ihre hafenreiche Nordküste diesem Meere
zu, gehört mit ihrem historischen Leben diesem an." [432]) Auch in

---

[430]) Bunsen, Aegyptens Stelle in der Weltgeschichte. Dr. M. J. Schleiden's
Landenge von Suês.

[431]) Ausser F. Curtius, auf dessen griechische Geschichte wir schon oben hin-
wiesen, erwähnen wir namentlich noch Hermann's Culturgesch. der Griechen und
Römer, so wie Humbold's Kosmos I. 251. 454.; IV. 371.

[432]) Vgl. C. Rathlef, die welthistorische Bedeutung der Meere S. 88. Curtius,
Peloponnesos und besonders das reichhaltige Buch Hoeck's über Creta.

der eigentlichen Hellas ist alle geschichtliche Entwicklung vorzugsweise auf der Ostseite vorgegangen, weil hier das in unzähligen
Buchten einschneidende Meer zum lebendigsten Verkehr antrieb.
„Wie sich in Hellas alle Gegensätze in eine höhere Harmonie auflösen, welche das ganze Küsten- und Inselland des Archipelagus umfasst, so wurde auch der Mensch darauf hingewiesen, zwischen den
Gegensätzen, die das Leben bewegen, zwischen Genuss und Arbeit,
zwischen Sinnlichkeit und Geistigkeit, zwischen Fühlen und Denken
das Maass der Harmonie herzustellen." (Curtius.) Der eigentliche
Cardo aber, um den sich alles hellenische Leben drehte, war das
Meer.   Dies offenbarte sich zuerst in der cretischen Seeherrschaft,
danach in dem Aufblühen der Minyer und in ihrem Argonautenzuge, der
die Pforten des Bosporus eröffnete.   Auch die Fahrt der zum ersten
Male zur Nation vereinigten Griechen gen Troia ist ein S e e z u g.
Danach folgte jene Periode allgemeiner Völkerwanderung und grossartiger Colonisation, von welcher wir schon S. 344. ein Bild zu entwerfen suchten.   Aegypten öffnete seine Häfen dem rastlosen Speculationsgeist der Hellenen und erblühte unter Necho zu neuem Glanze.
Die Bewohner von Euboea, vor allen die Chalcidenser, colonisirten die
nach ihnen benannte Halbinsel und Ansiedler aus Thera die kleine
Hochebene Barkas mit ihrem heiligen Quell. (Vgl. S. 345.) Während
so die Phönizier im Ostbecken mehr und mehr verdrängt wurden,
ergoss sich ein anderer Strom hellenischer Colonisten vom korinthischen Busen aus über die ionischen Inseln nach Unteritalien und
gründete dort ein neues, grosses Griechenland.   An dem Seepass
zwischen Sicilien und Afrika hielten die Karthager eifersüchtig Wache
und wollten die Thalassokratie im Westbecken sich nicht entreissen
lassen.   Wir haben aber schon oben erzählt, dass auch hierhin die
unternehmenden Griechen drangen.   So hatten die Hellenen eine besonders in ihrem nördlichen Bogen reich gegliederte Kette um das ganze
Mm. geschlungen und „das ægæische Meer mit seinen Inseln und
Küsten, einen so unscheinbaren Theil der Mittelmeergewässer es auch
bildet, wurde in demselben der Archipelagus d. i. das herrschende
Meer." (Curtius). Herrschen heisst hier aber nicht als politische
Macht von welthistorischer Bedeutung gebieten; die Herrschaft der
Hellenen, namentlich während der Hegemonie Athens, war durchaus
mehr eine geistige. Der Sonnengott des griechischen Geistes war aus
den Wogen des Mm. aufgestiegen und die Strahlen, die er von dort
aus entsandt hat, leuchten und wärmen bis auf den heutigen Tag.

Nun trat der grosse Alexander auf, stürzte die Macht Persiens
und gründete ein Weltreich, in dem sich hellenisch-macedonische
Cultur mit orientalischem Wesen verschmolz, wieder an den Gestaden
des Mm., nur nicht wie die Griechen in und um den Archipelagus,
sondern um die ganze Osthälfte, von Cyrene nach dem welthistorischen
Alexandria und von da hinauf bis an die Gestade des Euxeinos. [433])
Der Hellenismus entstand aus dieser Durchdringung orientalischer
Starrheit mit lebendigem hellenischen Geiste und ergoss sich wie ein
befruchtender Strom gen Ost und West. Alexandria, die Erbin des
reichen Tyrus, wurde zum Weltemporium und zum Centrum aller
Bildung, Kunst und Wissenschaft. Doch wir werden auf diese
alexandrinische Cultur- und Literaturepoche in den folgenden Paragraphen noch mehrfach zurückkommen und schreiten in unserer Uebersicht zum westlichen Becken vor. Meeresflächen und Inseln
treten hier in grösserm Maasstabe auf und dem entsprechend bilden
sich Staaten von riesigern Verhältnissen als früher in der phönizischen
und griechischen Periode. Wir haben oben schon angedeutet, welchen
Wettlauf der Colonisation hier Phönizier und Hellenen begannen.
Bald erhob sich aber Karthago in überaus günstiger Lage zur Herrscherin des Westmeers. Doch schon während des Wettkampfs der
phönizischen und hellenischen Seefahrer war das Volk der Tusker
oder Etrusker [434]) mit seiner ganz eigenthümlichen Cultur auf den
Schauplatz getreten, gab dem Meerestheil, den es beherrschte, seinen
Namen und stemmte sich, oft mit den Karthagern vereint, gegen das
Vordringen der Hellenen nach Westen. Doch nicht lange dauerte
diese Periode der etruskischen Macht; sie erlag nach langwierigem
Kampfe dem mächtig emporwachsenden Rom. Zu gleicher Zeit
kämpften die Karthager mit Syrakus, das zugleich mit Tarent in dem
Adria und dem tyrrhenischen Meere die Hegemonie an sich riss.
Unterdess begründete Karthago seine Macht immer fester und unbe-
strittener im Westbassin; aber auch Rom machte als Landmacht
riesige Fortschritte; es gewann Italien, ein Land, das weit in das
Mm. sich vorstreckend und gen Norden von dem hohen Gebirgswall
der Alpen abgeschlossen, wie ein Finger auf das Mm. und dessen
Beherrschung hinwies. „Einen grossen, eines Alexanders würdigen

---

[433]) Ueber diese merkwürdige Periode der Weltgeschichte ist besonders
J. G. Droysens klassische Geschichte Alexanders des Grossen, sowie seine Geschichte
des Hellenismus zu vergleichen.

[434]) Vgl. O. Müllers Etrusker. 2 Bände. 1828. J. G. Stickel, das Etruskische
als semitische Sprache erwiesen. 1858.

Plan hatte Pyrrhus von Epirus entworfen, den der Gründung eines grossen westhellenischen Reiches, dessen Kern Epirus, Grossgriechenland und Sicilien gebildet hätten, das die beiden italischen Meere beherrscht und Rom und Karthago in die Reihe der barbarischen Grenzvölker des hellenistischen Staatensystems gedrängt haben würde." (Mommsen.) Doch die Pläne des grossen Epiroten, des ersten Griechen, der den Römern in offenem Kampfe gegenübertrat, scheiterten und ganz Italien ward römisch, der Kampf zu Lande war entschieden; es musste nun auch entschieden werden, wer fortan die italischen Meere beherrschen solle. Karthago, „das London der alten Welt," besass fast die ganzen Süd- und Westküsten des Mm., Länderstriche welche damals unter einer staatsklugen Verwaltung [435]) zum Theil auch unter glücklichern physischen Verhältnissen, als sie in unsern Tagen fortbestehen, zu vollster Blüthe entwickelt waren. Dieser grossen See- und Handelsmacht stand nun Rom als vorzugsweise auf Ackerbau basirte Landmacht gegenüber, aber zugleich als Bürger- und Kriegerstaat, während Karthago nur über Söldnerschaaren verfügte. Ein welthistorischer Kampf begann; dessen grosses Drama sich in drei thatenreichen Akten vor uns entfaltet. Endlich fällt das stolze Karthago und wenige Monate später wird Griechenland durch den Fall Korinth's zur römischen Provinz. Unaufhaltsam dehnt sich nun die Herrschaft Roms über das ganze Mm. aus, im Westen war Numantia gefallen, es beugen sich die Gallier dem römischen Joch, im Osten unterliegt Mithridates und nach der Eroberung Aegyptens können die Römer das Mm. recht eigentlich und wahr nostrum mare nennen, der orbis Romanus schlingt sich einigend, alle die mannigfachen Contraste in Natur und Völkerleben vermittelnd, um die alte Thalassa. Dass sich unter so überaus günstigen Verhältnissen Handel und Schiffahrt nicht zu der Höhe und Ausdehnung entwickelten, wie man erwarten könnte, lag, wie wir bereits S. 346 sahen, an der Eigenthümlichkeit des römischen Charakters. Dagegen wurde das Mm. in diesen Zeiten unter der geistigen Mitwirkung des Hellenismus mehr als je zuvor und nachher zum Vermittler der ganzen Kultur in allen ihren Richtungen, aber nur auf kurze Zeit; denn schon bald zeigten sich in dem ungeheuren Römerreiche die Symptome innerer Ermattung und Erschöpfung und unaufhaltsamen Verfalls. Alles religiöse Leben hatte sich in trostlosen Unglauben und finstern Aberglauben aufgelöst. Da sandte der erbarmungsreiche Gott seinen eingeborenen Sohn, unsern

---

[435]) Vgl. Aristoteles Polit. II., 8.

Herrn. Noch einmal wenden wir unsern Blick nach jenem Südost-
winkel des Mm., von dem wir ausgingen, nach einer kleinen Provinz
des gewaltigen Römerreichs, die ein Centrum für das Reich Christi
auf Erden bilden, deren gelobter Name über den ganzen Planeten
erklingen sollte. Von jenem kleinen, doch in seiner Weltstellung so
merkwürdigen Palästina zog nun die Christuslehre längs der Gestade
des Mm. hin und nach einem Kampfe von drei Jahrhunderten hatte
sie sich beseligend und erlösend über das ganze Littoral ausgebreitet.
Mit dem Verfall des Römerreichs und mit dem Siege des Christen-
thums schliesst eine grosse Epoche in der Geschichte des Mm., die
Zeit seiner grossen welthistorischen Missionen, ab; doch ist es,
namentlich im folgenden Jahrtausend, wie schon aus unsern Beiträgen
zur Handelsgeschichte erhellt, fortwährend für die Weltgeschichte von
Bedeutung geblieben. Um das Westbecken bilden sich nun Germa-
nenreiche und fremde Volksstämme — Vandalen, Franken, bald auch
Normannen — erscheinen als Seefahrer auf seinen Gewässern. Italien
zog mit unwiderstehlicher Gewalt die Germanen und ihre Kaiser, so
wie Griechenland die Slaven an. Rom wurde zum zweitenmal als
geistliche Macht zur Herrscherin des Abendlandes. Noch einmal
gingen von der südöstlichen Ecke des Mm. die grossartigsten welthistorischen Bewegungen aus. Die Araber verbreiteten in wilder Begeisterung die Lehre des Propheten und umgürteten mit ihren Reichen,
befuhren mit ihren Schiffen den grössern Theil der alten Thalassa.
Jahrhunderte lang kämpfte wiederum Orient mit Occident an und auf
dem Mm. Danach nahmen die Mittelmeerstädte, besonders die italischen Seestädte jenen mächtigen Aufschwung, von dem wir oben
manche Einzelheit berichteten. Die Nautik machte auf dem Mm.
grosse Fortschritte und befähigte zur Lösung der dem Seefahrer
schwierigsten Probleme. Dadurch trat aber zugleich ein Umschwung
aller Verhältnisse ein, indem nach und nach alle Oceane, alle die
fernen Häfen neuentdeckter Erdtheile zu Zielpunkten der kühnen
Seefahrer wurden. Immer kleiner und kleiner erschien da das Mm.,
das grosse Meer der ältesten Geschichte, es ward zum Binnenmeer
und sank in der Ungunst der Zeiten immer tiefer. Der grosse
Völkermarkt lag nun verödet; wie die Löwen in den Ruinen herr-
licher nordafrikanischer Städte hausen, so durchzogen es von Süd und
Westen her ganze Schaaren von Seeräubern. Der Schwerpunkt der
Geschichte, der am Mm. so lange hin und hergeschwankt, — wir
weisen nochmals auf das Nildelta, Tyrus, den Isthmus, Athen, Syrakus
Alexandrien, Karthago, Rom, Jerusalem, Konstantinopel hin — schob

sich weiter gen Nordwest und der atlantische Ocean ward zum Mm.
der Neuzeit. Die Thalassa aber, als wollte sie immer wieder in die
Weltgeschichte eingreifen, sandte von Corsica aus den Kaiser Napoleon,
sie lenkt auch jetzt die ganze Aufmerksamkeit des jüngern Napoleon,
des Neugestalters der französischen Marine, sowie Oesterreichs und Russlands aufsich. Griechenland und Algerien sind an seinen Gestaden neu
erstanden und mag die orientalische Frage noch längere Zeit ungelöst
bleiben, so viel lässt sich fast mit Gewissheit voraus verkünden, dass
auch das Ostbecken und der Pontus, wie bereits seit Jahrzehnten der
Adria und das westliche Becken, noch im Laufe des 19. Jahrhunderts
wieder eine höhere historische Bedeutung gewinnen werden.

§. 2. Zur Geschichte der Messungen und geographischen Unter- suchungen des Mittelmeers im Besondern. — Die älteste Zeit.

Wir kehren nach dieser historischen Rundschau zu unserem
eigentlichen Gebiete, dem geographischen, zurück.

Als wir oben den ersten Anfängen der Schiffahrt nachspürten,
so behaupteten wir, dass der Handelsverkehr der Nationen zur See
in grösserem Massstabe jedenfalls sich zuerst an den Küsten des Mm.
entwickelt habe. Dem Unternehmungsgeist und der Kühnheit der
Phönizier muss wahrscheinlich das Verdienst zugeschrieben werden,
dass sie vermöge ihrer kräftig und gesund entwickelten Civilisation
auch zu allererst den Seehandel betrieben. Unglücklicherweise besitzen wir von dem einst für die Weltgeschichte so bedeutenden
phönizischen Volke durchaus keine schriftlichen Denkmäler, aber seine
Kaufleute werden in der heiligen Schrift wie Fürsten erwähnt und
es ist unzweifelhaft, dass Jahrhunderte lang keine Nation ihnen die
hohe Stellung, welche sie als Seefahrer einnahmen, irgend streitig
machen konnte; so kamen sie schon damals in den Besitz grosser
Reichthümer, als man in Griechenland von den Rechten und Pflichten
eines geregelten Staatswesens eben erst die ersten Begriffe zu fassen
anfing. Es ist wahrscheinlich, dass die Phönizier die Hebräer und
überhaupt die semitischen Völker mit ausländischen Waaren versorgten;
denn für den Binnenhandel zeigten die Bewohner Palästina's schon
frühzeitig Sinn und Geschick. Dies belegen die Erzählungen der
Bibel; der Verkauf Josephs durch seine Brüder zeugt dafür, dass der
Caravanenhandel sich in so früher Zeit bereits entwickelt hatte. Was
aber den Handelsverkehr zur See anbetrifft, so waren die Hebräer —
obgleich bereits Jacob in seiner Verkündigung (1. Buch Mose 49, 13)
dem Sebulon ungefähr 1700 Jahre vor unserer Zeitrechnung verhiess,

dass er wohnen werde am Anfurt des Meeres und am Anfurt der
Schiffe und reichen werde an Sidon — als Seefahrer so unbedeutend,
dass ein eigentlicher Seehandel sich bei ihnen vor Salomons Zeit
nicht nachweisen lässt. Selbst die Flotte Salomons war wahrscheinlich mit Tyriern bemannt oder gar von Tyrus gemiethet. [436]) Die
alten Aegyptier hatten wie schon oben bemerkt wurde, eine aber-
gläubische Abneigung gegen alle überseeischen Handelsunternehmungen
und sind daher gar nicht auf dem Meere zu finden.

Die Phönizier, obgleich eines Theils ihres Gebietes von Josua beraubt, handelten, wie mehrere Bruchstücke alter Schriftsteller beweisen,
besonders mit Cypern, Rhodus, Griechenland, Sardinien, Gallien und
Spanien, wagten sich aber auch schon 1250 v. Chr. über die Säulen
des Herkules hinaus. Welche Ausdehnung ihre Unternehmungen bald
gewannen, ergiebt sich aus der Aufzählung der Güter und Waaren,
welche den Reichthum der Stadt Tyrus in Hesekiels Zeit (500 v. Chr.)
ausmachten. [437]) Darauf entzündete sich der Handelsgeist in Karthago,
Griechenland und Rom. Aus ihm erwuchsen die Colonien an den
Küsten des Mm. und durch ihn erblühten sie zu Macht und Reichthum. Bis in die neueste Zeit hat er Stätten der Kultur mitten
zwischen barbarischen Nationen errichtet und trotz aller Stürme der
Zeiten erhalten. Wenn aber der Strom des Welthandels in der klassischen Zeit und bis in das Mittelalter, wie wir oben zeigten, in
unserem Meere floss, so ist er jetzt dort längst zu einem bescheidenen Flüsschen geworden. In dem atlantischen Ocean haben wir das
Stromgebiet des modernen Handels zu suchen. [438]) Alle die Entdeckungsfahrten, zu welchen sich die Alten durch die Säulen des
Hercules hindurchwagten, selbst die weiten Züge der Normannen und
die ersten Entdeckungsfahrten der Portugiesen und anderer Südeuropäer

---

[436]) Palästina's maritime Lage, sein Mangel an guten Häfen, die starke Strömung der angrenzenden, den Nordwest-Winden offenen Meerestheile erklären diese
Erscheinung.

[437]) Hesekiel Kap. 26 und flg.

[438]) Wenn man für eine ferne Zukunft Phantasiegebilde entwerfen will, so
wendet sich unser Blick noch weiter nach Westen auf die ungeheure Wasserwüste
des grossen Oceans. Betrachtet man das Relief unseres Erdballs, so zeigt der stille
Ocean mehr Analogien mit dem kleinen Mm., als man den ersten Augenblick vermuthet. Sowie diesem die Continente — selbst das hier verhältnissmässig noch am
meisten gegliederte Afrika — ihre Steilseite zukehren, so ziehen sich rings um den
grossen Pacific, der vielleicht dereinst im Jahrtausenden der Welt den Frieden bringen
soll, mächtige Gebirgsketten, (nur in der Richtung von N. nach S., so wie am Mm.
von O. nach W.) und zwar links, Südeuropa entsprechend, die viel gegliederten gebirgigen Küsten Ostasiens und rechts, langgestreckt, Nordafrika vergleichbar, der
Riesendamm der Cordilleren.

brachten diese grosse Metamorphose des Handels nicht hervor. Sobald aber Amerika entdeckt und der Seeweg nach Ostindien gefunden
war, so gab es für Europa ein neues Abendland und der alte Orient
rückte ihm um ein Bedeutendes näher. Man sparte die enormen
Summen, welche der Landtransport der Waaren Indiens bis an die
Küsten des Mm. bisher verschlungen hatte; man lernte die Winde
und Strömungen benutzen, welche im Weltmeer mit weit grösserer
und der Schiffahrt weit förderlicherer Regelmässigkeit auftreten, als
in dem für den Grosshandel fast zu küstenreichen Mm. Bald trat der
Handelsverkehr zu Land weit hinter den Seehandel zurück und der
ganze Weltverkehr erlitt eine vollständige Umgestaltung. Die Puls-
adern jenes wichtigen Handels der civilisirten Welt, welche fast drei
Jahrtausende sich in und über dem Mm. verzweigt hatten, begannen
zu stocken und bald trat jener für Südeuropa und namentlich Deutschland nicht erfreuliche Zustand ein, der bis heute Jahrhunderte lang
fortgedauert hat, dem aber die Eröffnung des Kanals von Suez —
wenn wir dessen Bedeutung auch noch so gering anschlagen — jedenfalls ein Ende machen wird.

Da aber das mare internum so lange und so unausgesetzt von
Triremen, Galeeren, Baracken und allen Arten von Schiffen, wie sie
der Krieg und Handel erzeugte, in allen Richtungen durchkreuzt
wurde, so dass man fast behaupten kann, dass es keinen Punkt seiner
Oberfläche giebt, den nicht irgend einmal ein Kiel berührt hätte, so
erscheint es wohl erklärlich, dass man schon seit den frühesten Zeiten
sich mehr und mehr mit seinen Gestaden und Häfen bekannt zu
machen strebte. Sobald wir also nur nautische und geographische
Bestrebungen aus dem Dunkel des frühesten Alterthums hervortauchen
sehen, finden wir auch Sammlungen und Veröffentlichungen von An-
leitungen zunächst für die Küstenschiffahrt im Mm. Es kann eben
desshalb nur interessant sein, auf diese uranfänglichen Versuche und
auf ihre allmählige Vervollkommnung einen Blick zu werfen; und
zwar um so mehr als kein anderer Theil unseres Erdballs so viele
Jahrhunderte lang so genau untersucht wurde, so dass man auf ihn
wohl des Dichters Worte anwenden kann:

> Nullum est sine nomine saxum!
> (Kein Felsblock ohne Benennung!)

Karten oder doch ihnen ähnlinde Zeichnungen entstanden — so
roh sie auch im Anfang sein mochten — gleichzeitig mit der frühsten
Schiffahrt an jenen Küsten und waren überhaupt wohl die allerersten
Versuche geographischer Aufzeichnung. Schon Moses (1500 v. Chr.)

bezeichnet die Grenzen, Berge, Städte und Flecken des gelobten
Landes mit solcher Genauigkeit, dass man wohl sieht, wie er sich
ein geographisches Bild desselben entwerfen konnte. Nach ihm sandte
sein Nachfolger Josua einige auserwählte Männer mit der besondern
Absicht aus, dass sie selbst anschauen und Nachrichten einsammeln
möchten, um einen wohlverständlichen Bericht über die Hauptzüge
des ganzen landschaftlichen Bildes abstatten zu können. Man darf
wohl annehmen, das die Hebräer sich diese Kenntnisse während
ihrer ægyptischen Knechtschaft angeeignet haben, da es bekannt ist,
dass die Geographie schon in den ältesten Zeiten im Nilthale, vorzüglich aber in Oberægypten cultivirt worden ist; Apollonius bemerkt
ausdrücklich, dass die Argonauten — mehr als 1200 Jahre vor Chr.
— ihre hydrographischen Kenntnisse aus derselben Quelle schöpften,
woraus wenigstens erhellt, dass man kein Bedenken trug, den alten
Aegyptern neben andern Wissenschaften auch diese zu vindiciren.
Auf die geographische Kenntniss der Griechen zur Zeit Homers
(spätestens 900 v. Chr.) lässt sich aus dessen Gedichten (und Strabo's
reichhaltigen Bemerkungen über dieselben) schliessen. Er wusste
wohl etwas von Aegypten, Libyen und den Eremboi (einem arabischen
Volksstamm), aber seine speciellen Kenntnisse beziehen sich nur auf
die Cycladen und deren unmittelbare Nachbarschaft. In seiner Beschreibung des Schildes des Achilleus wird die Erde bekanntlich als
eine von dem grossen Strome Okeanos umflossene runde Scheibe dargestellt. [439]) Wie ein Ei in einem Wassergefässe, liegt ihm die Erde
in dem Meere, das in Wolken gekleidet und in Dunkel eingewickelt
ist, wie in Windeln. (Hiob 38, 9.) Da die beschriebenen Gestirne
nur der nördlichen Hemisphäre angehören, so haben wohl einige gemeint, dass dies Meer nur das Mm. sejn könne.

Aus den Gedichten des Hesiodos (von Askra in Bœotien, um
800 vor Chr.) ergiebt sich, dass in dem seit Homer verflossenen
Jahrhunderte die geographischen Kenntnisse der Griechen sich schon
sehr erweitert hatten. Zu seiner Zeit galt der Mittelpunkt Griechenlands (der Parnass) noch für das Erdcentrum und selbst Sicilien lag
noch fern wie ein Wunderland. Nach Norden hüllte sich über den
Euxeinos hinaus Alles in ein mythisches Gewand. Auf den damaligen

---

[439]) Diese Sagenzeit der Geographie vom Anfange der griechischen Kultur bis
zu Herodotos findet man ausführlich und trefflich behandelt in Forbiger I., §. 4 und
flg; ferner in dem vortrefflichen Werke Dureau-de-la Malle's über die physische
Geographie des Mm., in welchem besonders die Meerengen und ihre Entstehung ins
Auge gefasst und die Ansichten der Alten über dieselben zusammengestellt werden.

Zustand der Schiffahrt im Mm. kann man daraus schliessen, dass nur
kühne Piraten, mit Lebensgefahr, von Kreta nach Libyen hinüber zu
steuern wagten. Thucydides (I., 3. 4.) behauptet, dass die Griechen
erst dann sich zu einem Heerzuge vereinigten und dass sie in ihrer
Gesammtheit als Hellenen erst dann den Barbaren gegenübertraten,
als sie sich bereits häufiger mit der Schiffahrt beschäftigten; „denn
Minos war der älteste Gründer einer Seemacht, von dem wir durch
die Sage wissen; denn er beherrschte den grössten Theil des jetzigen
hellenischen Meeres und gebot über die cycladischen Inseln... auch
vernichtete er, wie leicht zu erachten, die Seeräuberei, so weit er
konnte, damit ihm die Einkünfte um so eher eingingen. Denn vormals widmeten sich die Hellenen und von den Barbaren theils die
Küstenbewohner des Festlands, theils alle Besitzer der Inseln, seit sie
anfingen, einander häufiger zu Schiffe zu besuchen, der Seeräuberei...
Sie überfielen und plünderten unbefestigte und dorfartig bewohnte
Städte und gewannen dadurch meist ihren Unterhalt, ohne dass diesem
Gewerbe noch eine Schande anklebte."

Jedenfalls fanden aber die Piraten auch schon frühzeitig Gelegenheit, beladene Handelsschiffe zu berauben; denn nach dem trojanischen
Kriege scheint auf dem nun allen Völkerstämmen eröffneten Meere
sich ein lebhafter, besonders durch die Kolonien gesteigerter Verkehr
entwickelt zu haben. Offen blieb es auch bis zur Zeit des Kaisers
Justinian, wie unter Anderem ein römisches Gesetz beweist, das
jedem erlaubte, gegen den eine Klage anzustrengen, der einen andern
in der freien Schiffahrt und dem Fischfang beeinträchtigen würde.

Wir haben schon angedeutet, dass die Griechen in ihrer praktischen Geographie durch ihre Colonisationen grosse Fortschritte machten.
Jedenfalls waren ihnen bei ihren Bewegungen zur See auch die Seekarten der Phönizier von Nutzen. Sie scheinen aber bald ihre Lehrer
übertroffen zu haben, indem sie in ihre Bestrebungen eine gewisse
Regelmässigkeit brachten und ihre Beobachtungen systematisch anstellen lernten. Thales von Milet (um 600 vor Chr.) lehrte, der
Himmel sei eine hohle Kugel, welche die in ihrer Mitte wie Kork
auf dem Wasser schwimmende tambourinförmige Erde umgebe, wie die
Schale das Ei, und sein Schüler Anaximandros (550 vor Chr.) soll
nach Agathemer den ersten Versuch gemacht haben, geographische
Karten zu entwerfen. Es ist jedoch kaum zu bezweifeln, dass die
Griechen auch schon vor Anaximandros wenigstens Zeichnungen einzelner Länder gehabt haben. Dass übrigens Anaximandros sogar
einen Erdglobus verfertigt habe, wie Diogenes Laërtes versichert, wird

mit Recht bezweifelt, da man damals die Kugelgestalt der Erde noch
nicht kannte. Nach Strabo scheint vielmehr erst Krates von Mallos
(im 2. Jahrhundert vor Chr.) die ersten Erdgloben verfertigt zu haben.
Dass uns aus derselben Zeit (550) die karthagischen Quellen so
spärlich fliessen, ist um so mehr zu beklagen, als die Handelsunternehmungen dieses Volkes noch grossartiger waren, als die der
Griechen. Herodot (um 450 vor Chr.), der sich die grössten Verdienste um die festere Begründung der historischen Geographie erwarb,
gedenkt einer Erztafel, welche Aristagoras von Milet dem Könige von
Sparta, Kleomenes (495 vor Chr.) zeigte. Auf ihr waren der Umfang
der ganzen Erde, das Meer und alle Flüsse eingegraben. Auch der
Tragiker Aeschylus schildert uns z. B. im Prometheus (832, ed. Blom-
field) den Lauf des Nil und Niger so genau, dass er wohl eine Karte
vor Augen gehabt haben muss. Aus einer von Aelian (V. H. III.,
28) erzählten Anekdote können wir ferner schliessen, dass ungefähr
ein Jahrhundert später beim öffentlichen Unterricht in Athen Karten
gebraucht wurden; denn als Socrates die Eitelkeit des Alcibiades de-
müthigen wollte, wies er auf eine aufgehängte Weltkarte und liess ihn
Attika und dann seine eigenen Besitzungen in diesem Ländchen aufsuchen. Herodot erzählt auch die Details einer auf Befehl des Darius
Hystaspis ausgerüsteten Entdeckungsreise zur See. Es waren zu derselben 2 Dreiruderer und ein grosses Transportschiff unter der Führung
von 15 Persern von bewährtem Rufe und erprobter Geschicklichkeit ausgerüstet worden und sie sollten die Seeküsten und Handelsplätze
Griechenlands sorgfältig erforschen. Als sie an denselben hingefahren
waren, Alles untersucht und aufgezeichnet hatten, so fuhren sie
nach Tarent in Italien hinüber, wo diese Küstenmesser wie Spione
ergriffen und ihre Schiffe der Ruder beraubt wurden. So wie Josuas
Boten die erste Katasterkarte anfertigten und so wie man Hanno's
Expedition für die erste eigentliche Entdeckungsreise halten kann, so
scheinen bei dieser Perserfahrt die ersten Vermessungen vorgenommen
worden zu sein. Eine ähnliche, auch auf Veranstalten der Perser
unternommene Entdeckungsreise war die des Sataspes, der vom Xerxes
(um 475 vor Chr.) ausgesendet wurde, um die westlichen Meere und
Küsten der Erde zu untersuchen, aber, als er schon viele Monate
lang jenseits der Säulen geschifft war, ohne ein Ende des Meeres zu
finden, unverrichteter Sache wieder umkehrte.

Eine jener ersten Perserexpedition unmittelbar nachfolgende Arbeit
ist besonderer Erwähnung werth, da sie das Musterbild aller Seemanns-Wegweiser im Mm. genannt werden kann. Es ist der dem

karischen Geographen Skylax zugeschriebene Periplus [440]) zur Orientirung der Seefahrer. Dieses Werk, welches — freilich in einem ziemlich verderbten Zustande — noch vorhanden ist, enthält eine kurze Schilderung der Länder längs der Küsten der Palus Mæotis, des Euxeinos, des Archipelagos, des adriatischen Meeres und überhaupt des Mm. Es beginnt mit der Strasse von Gibraltar und verfolgt dann fast denselben Weg, den wir in unserer Küstenrundschau (Abschnitt II.) einschlugen, beschreibt aber auch noch die Küste Afrikas am atlantischen Ocean bis Kerne (jetzt wahrscheinlich Arguin), wenn nicht dieser letzte Theil dem Periplus des Hanno [441]) entlehnt ist. Bei Gelegenheit dieses Periplus wollen wir gleich der Hafenbeschreibung des Timosthenes, Anführers der Flotte des Ptolemæos Philadelphos Erwähnung thun, von welcher wir noch einige Fragmente im Plinius besitzen. Herodot selbst kann als der eigentliche Vater der alten Geographie angesehen werden. Er behauptete, dass das mittelländische ($\eta\delta\varepsilon$ η $\vartheta\acute{\alpha}\lambda\alpha\sigma\sigma\alpha$), atlantische und rothe Meer nur Theile ein und desselben Weltmeers seien; der Caspi-See sei aber isolirt und ohne Verbindung mit den benachbarten Meeren. Was die Ausdehnung dieses Bassins anbetrifft, so giebt er an, ein gut gerudertes Boot könne dessen Länge in 15, dessen grösste Breite in 8 Tagen durchmessen. Diese Maasse wurden von seinen Nachfolgern verworfen, bis man sich im 18. Jahrhundert von ihrer Richtigkeit wieder überzeugte. Sowohl Xenophon, als sein berühmter Zeitgenosse Hippokrates erweiterten die physisch- und statistisch-geographischen Kenntnisse bedeutend; aber Aristoteles überragt beide, indem er auf das ganze ihm zu Gebote stehende Material seine scharfsinnigen Schlüsse aufbaute. So schloss er, indem er von der Hypothese, dass die Erde eine Kugel sei, ausging, dass Spaniens Westküste ein geeigneter Abfahrtspunkt für eine Seereise nach Indien sein müsse, eine Idee, welche — so unvollkommen auch noch die Entfernungen angegeben wurden — doch für die erste Anregung zu einer Fahrt über den atlantischen Ocean erklärt werden muss, und welche ihm der talentvolle Abenteurer Eudoxus von Cyzicus, dem man sie zugeschrieben hat, wohl nicht streitig

---

[440]) Dass diese Küstenbeschreibung einer viel späteren Zeit, wahrscheinlich dem Zeitalter Philipp's von Macedonien angehört, ist neuerdings sehr wahrscheinlich gemacht worden. Dass Skylax etwas unpassend des Darius Pilot genannt wird, widerspricht dieser Ansicht keineswegs. Vgl. M. de Sainte Croix in den Mémoires de l'Acad. des Inscript. t. XLII., p. 350 und flg.

[441]) Ueber Hanno vgl. Forbiger I. 64 und flg. Hanno gründete an den Küsten des heutigen Fez und Marocco, zu beiden Seiten des Vorgebirges Soloeis 6 punische Colonien. Gosselin setzt den Periplus in das Jahr 1000 ver Chr.

machen kann. Obgleich nun von mathematischer Genauigkeit nur die
ersten Spuren hervortreten, so ist doch anzuerkennen, dass die Geographie bedeutende Fortschritte macht; denn sowohl Küstenaufnahmen
als Wegekarten wurden jetzt für die Führer von Kriegsunternehmun-
gen zu Land und zu Wasser ein unabweisbares Bedürfniss. Alexander,
seinem grossen Lehrer als Geograph würdig zur Seite stehend, sandte
seine Admirale Nearchos und Onesikritos zu hydrographischen See-
expeditionen aus und veranlasste ausserdem den Bœton und Diogne-
tos [442]) zur Aufnahme der Länder, welche er durchzog. Von Selenkos, einem der Diadochen, wurde sein Flottenadmiral Patroklos zu
ähnlichen Unternehmungen ausgesandt wie früher Nearchos.

Wenn wir aber auch aus vielen Symptomen folgern können, dass
die geographische Wissenschaft sich ganz neu und vollkommner gestaltete, so hält es immerhin schwer, sich von dem Zustande der damaligen Chartographie ein deutliches Bild zu entwerfen. Die Astronomen zu Alexandrien hatten manche Messinstrumente, aber diese
scheinen sich mehr durch ihre Grösse als durch die Genauigkeit der
durch dieselben erzielten Resultate ausgezeichnet zu haben; auf gleiche
Weise scheinen die praktischen Messungen selbst keineswegs so genau
gewesen zu sein, dass mit Hülfe derselben eine einigermassen vollkommene Karte hätte entworfen werden können. Die beschriebenen
Säulen des Sesostris, so wie die Malereien der Eroberungszüge des
Ptolemæos Euergetes [443]) scheinen mehr Berichte und Beschreibungen
als eigentliche Karten gewesen zu sein. Vom neuesten Standpunkte
der Wissenschaft betrachtet, mögen selbst die besten Karten noch
sehr unvollkommen gewesen sein, namentlich hatte man wohl kaum
einen Begriff von Terrainzeichnung; aber unbrauchbar waren sie desshalb keineswegs. Dass sie in sehr verschiedenen Massstäben angefertigt wurden, je nachdem sie grössere oder kleinere Parthien der
Erdoberfläche darstellten, ist ferner nicht zu bezweifeln. Es wird
berichtet, dass sich in dem Nachlasse des Theophrastos [444]) mehrere
Karten der Welt befanden. Dikaiarchos [445]) von Messina (300 vor
Chr.) entwarf Zeichnungen von einigen Küstenmessungen, die er in

---

[442]) Sie schrieben die σταθμοὶ τῆς Ἀλεξάνδρου πορείας, aus denen die Spätern
viele ihrer Nachrichten schöpften.

[443]) Vgl. Dureau-de-la Malle, Chap. XII.

[444]) Vgl. über ihn Plinius H. N. 3, 5, 95.

[445]) Derselbe Geograph mass auch die Höhen der Berge in der Peloponnes.
Vgl. über ihn Diog. L. 5, 2, 14. §. 51.

Griechenland ausgeführt hatte.   Er theilte die bewohnte Erde, die
er für ein und einhalbmal so lang als breit hielt (Agathem. 1,1) durch
eine einfache gerade von den Säulen des Herkules durch Sardinien,
Sicilien, den Peloponnes, Karien, Lykien, Pamphylien, Cilicien und
über den Taurus bis zum Imaos gezogene Linie in eine nördliche
und südliche Hälfte.   Er knüpfte so, wie es scheint, seine Zeichnung an eine Abscissenachse, auf der er Coordinaten errichtete und
kann insofern als der Begründer eines rationellen Verfahrens beim
Kartenzeichnen angesehen werden.   Er stand auch als mathematischer
Geograph bei den Alten wegen seiner Genauigkeit in grösstem Ansehen.
Cicero schreibt über ihn an den Atticus (VI. 2): „Dass alle pelo-
ponnesischen Städte am Meere liegen, habe ich nach den Karten des
Dicæarchus, eines nicht schlechten und auch nach deinem Urtheil
bewährten Gewährsmanns geglaubt" — eine Stelle, welche freilich nicht
sehr für die Sorgfalt des alten Geographen spricht.   Merkwürdig und
überraschend ist es dagegen, dass die alten Aegyptier, welche weder
zu Land, noch zu Wasser viel zu reisen pflegten, eine Triangulation
ihres Landes zu Stande brachten, welche wirklich sehr genau gewesen zu sein scheint.   Unter ihren Priestern befand sich einer, den
sie den Hierogrammateus (eine Art Schriftgelehrten) nannten, der zugleich, wie es scheint, die astronomischen, kosmographischen und
chorographischen Arbeiten und namentlich alle den Nil betreffenden
Beobachtungen zu besorgen hatte.   Es ist aber fast undenkbar, dass
selbst der genialste Mann einem solchen Posten hätte vorstehen können,
wenn ihm nicht gute Instrumente und Karten zu Gebote standen. [446])
Die Partialentfernungen, mittelst welcher die alten Schriftsteller, und
unter andern Herodot, die volle Länge Aegyptens angegeben haben,
liegen fast in einer graden Linie, so dass die gesammte Entfernung
von Pelusium bis Syene nach den alten Beobachtungen $7° 37' 7''$ betrug, während neuere sorgfältige Messungen sich auf $7° 38' 15''$, also
wenig über eine Minute mehr, belaufen.   Der Fehler beträgt danach
nur $1/403$.

Den Römern waren Karten und Itinerarien, sobald sich das Reich
auszudehnen begann, sehr erwünscht.   Dergleichen nützliche Dinge, eben
so wie die Anwendung der Mathematik auf Lagerabsteckung, Feldmess-

---

[446]) Von den Karten der alten Aegyptier spricht auch Apollonius Argon. IV.,
279. Herodot erzählt (2, 106) von Säulen, die Sesostris zu Sardes, Ephesus und
in Palästina errichten liess; dass diese aber zur Messung von Sonnenhöhen dienten,
ist bekannt. Ein sehr wichtiges historisch-geographisches Document ist die auf Tafel
VI. zu Schleiden's Landenge von Suês gegebene, den Tempelwänden von Karnak ent-
lehnte Abbildung.

kunst und Bezeichnung der Grenzen entsprachen dem praktischen Sinne des Volkes weit mehr als die feinsten Theorien der alexandrinischen Sammler. Wir lesen von den gemalten Darstellungen eroberter Länder, welche sie auf ihren Triumphzügen zur Schau tragen liessen. Polybius erzählt ausführlich von der Sorgfalt, mit welcher sie die Gegenden aufnahmen, durch welche zu Anfang des zweiten punischen Krieges Hannibal wahrscheinlich ziehen würde. Bekanntlich hatte schon Cæsar die Idee einer allgemeinen Vermessung des römischen Reichs angeregt. [447] An sie so wie an die Vermessung und chartographische Darstellung des römischen Reiches durch Agrippa schlossen sich die sogenannten Itinerarien an, welche offenbar auch zugleich die Kunststrassen des römischen Reiches angaben. Die bekanntesten sind die beiden Itineraria Antonini. Diese Reisebücher waren scripta oder picta, die letztern demnach eine Art von Reisekarten. Arrian, der zweite Xenophon, wurde von Hadrian — der selbst ein erfahrener Fussreisender war, — 137 v. Chr. beauftragt, die Gestade und Handelsplätze des schwarzen Meeres zu untersuchen — eine Reise, deren Schwierigkeiten selbst den damaligen Seefahrern noch sehr gross erschienen. Das Resultat seiner Forschungen enthält der περίπλους πόντου εὐξείνου, der für die Kunde der Gegenden am schwarzen Meere höchst wichtig ist. Da er sehr viele Entfernungen zwischen Küstenpunkten angiebt, so ist man gespannt, von den Instrumenten zu lesen, mit welchen er gemessen haben mag. Aber nirgends ist darüber eine nähere Angabe zu finden. Er erzählt nur dem Kaiser, dass er viel durch Stürme habe leiden müssen, dass er eines seiner Schiffe verloren habe, nach Athen habe segeln müssen, dass aber vom Bord des Wracks Alles gerettet worden sei, nicht nur die Mannschaft und die Ausrüstung, sondern auch τὰ σκεύη τὰ ναυτικά; es ist fast wahrscheinlich, dass er darunter mathematische Messinstrumente versteht; waren aber solche Apparate zu wissenschaftlichen Zwecken an Bord, so mussten natürlich auch die Leute da sein, die mit denselben umzugehen verstanden. Wirklich befand sich auch in jedem grössern Römerheere damaliger Zeit eine Art Ingenieurcorps. Schon Vegetius weist darauf hin, wie wichtig es sei, vom jedesmaligen Kriegsschauplatze eine genaue Topographie zu haben und fügt hinzu: „Man erzählt uns, dass die grössern Feldherrn ihre Vorsichtsmass-

---

[447] Wenn Ovid (Fasti VI. 277) den Archimedeischen Globus mitten im Gedicht erwähnen kann (Arte Syracosiâ suspensus in aëre clauso), so kann man daraus schliessen, dass auch dergleichen Tellurien in Rom bekannt waren.

regeln in dieser Beziehung so weit getrieben haben, dass sie nicht
zufrieden mit der einfachen Beschreibung der Gegend, in der sie Krieg
führten, auf der Stelle Pläne derselben (Croquis) zeichnen liessen,
damit sie nach Einsicht derselben ihre Märsche besser regeln könnten."
Daraus geht aber wieder hervor, dass es Leute geben musste, welche
eine, wenn auch nicht vollkommene, aber doch militärisch brauchbare
Terrainzeichnung schnell zu entwerfen verstanden. Aus einer andern
wohlbekannten Stelle des Properz geht hervor, dass man zu seiner
Zeit schon bei geographischen Studien die Karte benutzte:

Cogor et e tabula pictos ediscere mundos.

Wir kommen noch einmal auf das bereits beiläufig erwähnte zur
Zeit des Antoninus Pius vollendete Itinerarium zurück, um aus ihm
den Schluss zu ziehen, dass auch damals noch die Schiffahrt auf
einer sehr tiefen Stufe stand. Eine Menge von Häfen ist nämlich
aufgezählt, welche zu berühren man auf den Reisen von Achaja bis
nach Afrika für nothwendig hielt; es ist ferner angegeben, wie die
Seefahrer ihren Kurs am Lande hin nach der Westküste Siciliens zu
nehmen hätten, um dann von da nach Süden hinzusteuern. Das
Itinerarium scheint ursprünglich mit der grösstmöglichen Sorgfalt und
Sachkenntniss angefertigt zu sein; aber es ist — wie dies bei einem
solchen Werke wohl erklärlich ist — durch die Abschreiber vielfach
verderbt worden. [448])

Ueberschaut man nun die Fortschritte der eigentlichen Wissenschaft der Geographie, so findet man, dass sie von der Zeit des Thales
bis zur Begründung der berühmten alexandrinischen Academie eigentlich sich nur wenig entwickelt hat. 432 vor Chr. war der Kalender-
verbesserer Meton kaum im Stande, die Breite von Athen annähernd
zu bestimmen; er benutzte dazu eine Solstitial-Beobachtung im Sommer.
Pytheas, der unerschrockene Schiffer auf den nördlichen Meeren stellte
ein Jahrhundert später wissenschaftliche Messungen in Lipara und Strongyle an [449]) und bestimmte thatsächlich das Sommersolstitium in
Massilia. Er bediente sich dazu eines Gnomons, den er in 120 Theile
theilte und fand den kürzesten Schatten = 41,8 Theile. Das Verhältniss der Katheten ist demnach 600 : 209 oder die Tangente der
Sonnenhöhe = 2,8708184, also der Höhenwinkel selbst = 70^g 47^m
42^s (eine etwa um einen halben Grad zu grosse Angabe.) Obgleich
Herodot dadurch, dass er noch nichts von der Kugelgestalt der Erde

---

[448]) Vgl. Forbiger alte Geogr. I., 465.
[449]) Vet. Scholiast. ad Apollon. Rhod. lib. IV., v. 761.

wusste, in der mathematischen Geographie einen sehr niedrigen Standpunkt einnimmt, so hat er doch durch die Objekte und die Zahl
seiner Mittheilungen der Wissenschaft im Allgemeinen viel genützt.
Sowohl in dem, was er andern Reisenden nacherzählt, als namentlich
in dem reichhaltigen Stoff, den er auf seinen vielen Reisen als
Augenzeuge gesammelt hatte, entfaltet sich uns ein reicher Schatz
gesunder und verständiger Beobachtung. Aber Eratosthenes, eben so
ausgezeichnet als Mathematiker und Astronom wie als Geograph,
führte eine systematische Anordnung in sein Lehrgebäude der Geographie ein, von dem wir leider nur unbedeutende Fragmente besitzen,
und that, obgleich seine Erdkarte noch viele Fehler zeigt, einen
grossen Schritt vorwärts. Er zeichnete Parallellinien der Breite
durch gewisse Punkte, wo seinen Beobachtungen nach der Solstitial-
schatten dieselbe Länge hatte. Solche Linien legte er durch Thule,
den Borysthenes, Hellespontos, Alexandreia, Syene, Meroë und die
Kinnamon-Gegend; die wichtigste war aber die, welche von Gibraltar
aus durch Rhodos, den Taurus in Lycien über Syrien nach Indien
ging. Da diese Linie fast genau die mittlern Regionen der damals
bekannten Welt durchzog, so nahm sie gewissermassen die Stelle ein,
welche gegenwärtig der Meridian von Ferro und der Aequator behaupten. Man berechnete die Lage aller Punkte in Bezug auf sie und
beobachtete fortan die Dauer der längsten und kürzesten Tage, statt
wie bisher die Orte ihrer Lage nach höchst unvollkommen nach dem
Klima zu classificiren. Wir sagten, dass diese nach Eratosthenes
25550 Stadien lange Hauptlinie oder Abscissenachse auch die Stelle
unseres 0ten Meridians vertrat, und müssen nun noch berichtigend
hinzufügen, dass allerdings auch die Lösung der schwierigen Aufgabe,
einen Anfangsmeridian durch Rhodos, Alexandreia, Syene und Meroë
zu legen, von Eratosthenes versucht wurde; auch ist es nicht unwahrscheinlich, dass seine Bestrebungen und Angaben seinem Zeitgenossen
und Nachfolger als Vorsteher der alexandrinischen Bibliothek, dem
Agatharchides bei seiner Aufnahme des rothen Meeres von Nutzen
waren.

Einen grossen Schritt vorwärts that zunächst Hipparchos, der
bedeutendste alte Astronom, welcher die Breiten und Längen des
Himmels auf die Erde übertrug und die stereographische Projection
einführte. Aber diese von der Wissenschaft aufgestellten praktisch
und theoretisch gleich bedeutenden Verbesserungen wurden bis zur
Zeit des Ptolemæos so wenig beachtet, dass selbst Strabo, der erste
Geograph des Zeitalters des Augustus, sie für verwirrend und für

gewöhnliche Zwecke unbrauchbar erklärte, [450] während Vitruvius und Plinius, welche doch sonst so viel geographisches Material angehäuft haben, diese Theorien nicht einmal erwähnen.

So waren die Grundprincipien der Chartographie, und überhaupt der Geographie in Vergessenheit gerathen, bis endlich 250 Jahr später Ptolemæos wieder auf sie hinwies und die Längen- und Breitenbestimmungen auf alle die Itinerarien, nautischen Messungen u. s. w. anwandte, welche er nur irgend sammeln konnte; diesem Material lagen aber freilich noch meist Beobachtungen zu Grunde, die in praktischer Genauigkeit der theoretischen. Schärfe des Princips, auf das sie sich gründeten, nicht gleichkamen. Kurz dieser unermüdliche Geograph lehrte, dass die Projection auf eine Meridianebene die zur Einrichtung einer Karte zweckmässigste Methode sei. Hierbei erscheinen der Aequator und die Parallelkreise als Kreisbogen, die Meridianbogen als Ellipsen und das Auge befindet sich in der Ebene des durch die Mitte der bewohnten Welt gezogenen Meridians. So wurde die Geographie ihrer Stellung in der Reihe der exacten Wissenschaften bereits sehr nahe gebracht. Die Beobachtungen selbst konnten bei dem damaligen Zustande der praktischen Mathematik, der Geometrie und Astronomie und bei der nicht fehlerfreien Construction der Instrumente freilich nur mangelhaft sein. Dass demnach Ptolemæos noch grosse Fehler in seinen Messungen hat, ist bedauerlich, aber nicht anders zu erwarten. So krümmt er z. B. in der Breite von Karthago die nordafrikanische Küste um $4\frac{1}{2}°$ zu weit nach Süden, während Byzanz 2 volle Grad zu weit nach Norden liegt und also gerade das Meer, welches Ptolemæos doch genau hätte kennen sollen, nach ihm über 100 Meilen zu breit erscheint. Eben so erging es ihm mit der Länge, welche nach seinen Angaben die wirklichen Grenzen um 20° überschreitet. Ptolemæos verliess sich, wie es scheint, besonders auf Marinos von Tyrus, [451] den Begründer der mathematischen Geographie, aber freilich wegen seiner Unkenntniss der praktischen Astronomie einen noch sehr unzuverlässigen Gewährsmann. Das Hauptverdienst des Marinos war, dass er der bisherigen Ungewissheit über die Lage der einzelnen Orte ein Ende machte, indem er nach Sammlung der

---

[450] Strabo wählt überhaupt gern aus den leider für uns verlorenen Werken seiner Vorgänger seiner Ansicht nach schwache Stellen aus, um durch deren Widerlegung als scharfsinniger Kritiker zu glänzen. Diese Stellen sind aber oft von höherm Werth und bereichern unsere geographische Kenntniss mehr, als die ganze Kritik Strabo's.

[451] Vgl. Forbiger 1., 365.

Tagebücher mehrerer Reisenden, des Diogenes Theophilos, Alexandros von Macedonien und Dioskoros und nach sorgfältiger Vergleichung der von seinen Vorgängern gegebenen Nachrichten jedem Orte einen bestimmten Grad der Länge und Breite anwies. Ptolemæos nahm nun die von Marinos gewählte Eintheilung des Raumes in Grade und deren Theile an, befolgte aber dabei ein irriges System der Projection und Graduirung. Auf die Zeit des Ptolemæos folgt eine lange für Entdeckungen und Handelsunternehmungen höchst unfruchtbare Pe riode uud seine Geographie blieb bis lange nach dem Aufleben der Wissenschaften das allgemein mustergültige Hauptwerk. Da Ptolemæos auf einen Grad der Breite 700 Stadien rechnete, so waren seine Fehler in den Ordinaten nicht so gross als in den Abscissen, d. h. in seinen Angaben der Länge. Man darf aber nicht vergessen, dass sein ärgstes Versehen, — nämlich dass er China dem westlichen Europa sehr nahe legte — wie schon d'Anville bemerkt, die Hauptveranlassung zu der grössten Entdeckung der neuern Zeit wurde, indem dasselbe Columbus verleitete, die Entfernung Spaniens von Indien um 60 Grad geringer zu schätzen als sie wirklich ist. Aber war nicht Aristoteles auch hier der eigentliche Vorläufer? (S. S. 380.)

Die Alten besassen kein einziges Instrument zur Messung der Horizontalwinkel; ferner fehlte ihnen Chronometer und Compass. Sie erreichten desshalb nur in Inselmeeren und auf dem Festlande, überhaupt da, wo mancherlei natürliche Signale die Triangulation erleichterten (also im ægæischen Meere und überhaupt im östlichen Theil des Mm.) einen ziemlichen Grad von Zuverlässigkeit, während fast alle Angaben grösserer Entfernungen (namentlich in der westlichen Partie des Mm.) überaus fehlerhaft sind. Strabo, ein philosophirender und doch nicht wissenschaftlicher Geograph, bemühte sich, wie der Scholiast sagt, die Fehler des Eratosthenes, den er doch wieder vorzugsweise benutzt, zu corrigiren; aber er beging leider weit mehr Versehen als jener und obgleich er die Umrisse des Mm. im Allgemeinen besser angab, so zeichnete er doch die westlichen Theile bedeutend falsch, indem er z. B. Marseille $13\frac{1}{2}°$ südlich von Byzanz legte, während es ungefähr $2\frac{1}{4}°$ nördlich davon liegt (also ein Fehler von $15\frac{3}{4}°$ oder ungefähr 236 Meilen!) Strabo war vielseitig gebildet, aber seine astronomische Kenntniss scheint leider sehr dürftig gewesen zu sein und er war keineswegs ein so guter Mathematiker, wie er durch seinen langen Aufenthalt in Alexandrien, der damaligen Pflanzstätte mathematischen Wissens, hätte werden können. Bei der Beschreibung der von ihm selbst besuchten Länder ist er im Allgemeinen sehr genau, ausser wo er sich auf Homer verlässt. Eine Stelle aus dem 5. Kap. des 2. Buchs zeigt, dass ein grosser Theil seines Werkes aus eigenen Beobachtungen hervorging. Sie lautet:

„Wir werden nun die Länder und Meere beschreiben, welche wir entweder selbst besucht haben, oder über welche wir von zuverlässigen Leuten mündliche oder schriftliche Mittheilungen erhielten. Gen Abend sind wir aber von Armenien bis zu den um Sardinien liegenden Theilen des tyrrhenischen Meeres gekommen; gen Mittag aber vom Euxeinos (an dem er geboren war) bis zu den Grenzen Aethiopiens. Man dürfte aber wohl finden, dass nicht ein einziger der geographischen Schriftsteller irgend mehr, als die genannten Entfernungen durchforscht habe...."

Obgleich Amurath III. um 1580 Beobachtungen anstellen liess, welche die Breite Konstantinopels auf $41\frac{1}{4}°$ reducirten, und der Irrthum in der Position von Karthago 1625 entdeckt wurde, so pflanzten sich doch die groben Versehen des Ptolemæos auf den Karten bis gegen die Mitte des 17. Jahrhunderts fort und selbst Sanson's Karte giebt die Länge des Mm. noch um 15° zu gross an. Bald darauf wurde sie endlich durch die Beobachtungen des M. de Chazelles gekürzt. [452]) In Bezug auf die von Ptolemæos bei dem Aufbau seines geographischen Systems benutzten Materialien muss daran erinnert werden, dass die Routenlängen der von den Römern vermessenen Provinzen im Allgemeinen zu gross angegeben sind; denn selbst zu seiner Zeit scheinen die theoretischen Kenntnisse der gewöhnlichen Feldmesser bei aller Gewandtheit, die ihnen wohl zuzusprechen ist, noch beschränkt gewesen zu sein. Dass er demnach, obgleich er sein Material aus oberflächlichen Berechnungen und keineswegs fehlerfreien Texten sammeln musste, dennoch der spröden Masse ungefügen Details wenigstens annähernd eine mathematische Basis und mit ihr Einheit und Zusammenhang zu geben verstand, müssen wir jedenfalls als ein Verdienst des Ptolemæos anerkennen und sein Werk war daher den Zeitgenossen immerhin ein werthvolles und auch der Nachwelt ein willkommenes Geschenk. [453]) Die ersten

---

[452]) In dem 9. Gesang des Paradiso beschreibt Dante dieses Wasserthal als sich zwischen den widerstrebenden Küsten Europas und Afrikas (tra discordanti liti) hinwindend und misst seine Länge nach astronomischen Zeichen; es ist, sagt er, Mittag in Palästina, wenn die Sonne in der Meerenge von Gibraltar aufgeht. Er erwähnt auch im 26. Gesang des Inferno die Säulen des Herkules als nicht zu überschreitende Grenzpfeiler:

Acciochè l'uom piu oltre non si metta.

[453]) Ein trefflicher Aufsatz Dr. Mollweide's über die Mappirungskunst des Ptolemæos steht in Zach's monatl. Correspondenz XI. Bd., S. 319.

zuverlässigen, dieses Namens würdigen Karten sind aber diejenigen, welche sich in den ältesten Manuskripten seiner Geographie vorfinden und ursprünglich von Agathodæmon [454]), einem im 5. Jahrhundert lebenden Kartenzeichner, entworfen wurden. Von diesen Karten befindet sich eine treffliche Copie im britischen Museum aus der Mitte des 14. Jahrhunderts, früher im Besitz des Herrn von Talleyrand. Diese scheinen in den Ausgaben von 1462 und 1482 wieder copirt worden zu sein und so wurden jene Umrisse des Mm. überliefert, welche von den Geographen vom Jahre 150 an bis in die neuere Zeit für genau gehalten worden sind. Obgleich auch sie noch ohne rechte Kritik gezeichnet sind, so zeigen sie die verschiedenen Verhältnisse jedenfalls vollkommener als die Theodosianische Karte, ein werthvolles Itinerarium, welches unter dem Namen der Peutingerschen Tafel allgemein bekannt ist und in der kaiserlichen Bibliothek in Wien aufbewahrt wird. Letztere hatte auch öffenbar mehr den Zweck, die Hauptstrassen des Reichs anzugeben, als die Küstencontouren zu veranschaulichen. Die Breite des Mm. ist auf derselben so auffallend verkleinert, dass dasselbe mehr einem längern Kanale gleicht und die Lage, Gestalt und Dimensionen der Inseln sind gewöhnlich seltsam verzerrt und verschoben; das Original scheint um 230 entworfen zu sein und die jetzt noch vorhandenen 12 Pergamenttafeln rühren wahrscheinlich von einem Mönche des 13. Jahrhunderts her. Vgl. Forbiger I., 470 flg.

Wir werfen, um die vorstehenden Bemerkungen weiter zu begründen, einen genauern Blick auf einige Reduktionen alter Messungen, indem wir ein paar für die Längenbestimmung des Mm. besonders wichtige Punkte auswählen; dieselben liegen fast in derselben Linie von Ost nach West im dritten Klima. Die Breiten sind in Stadien geschätzt, welche vom Aequator aus berechnet sind und weichen nicht so bedeutend ab, als man einer solchen Methode gemäss erwarten sollte. Als die Entfernung des Gleichers von Syracus oder vielmehr der Stelle, welche Strasse von Sicilien genannt wird, geben Eratosthenes 25450, Hipparchos 25600, Strabo 25400, Marinos von Tyrus 26075 und Ptolemæos 26833 Stadien an (Mittel 25871,6 Stadien.) Bedeutend grösser sind die Differenzen in den Längenangaben.

---

[454]) Es ist übrigens zweifelhaft, ob dieser Agathodæmon nicht früher, vielleicht sogar zur Zeit des Ptolemæos, gelebt habe. Vgl. Forbiger I., 410 flg. Die Karten befinden sich im Cod. Vindob. und Venet. und sind jedenfalls in manchen Details genauer, als der schriftliche Commentar des Ptolemæos.

Sie sind vom Sacrum Promontorium oder Cap St. Vincent aus berechnet. Eratosthenes giebt 11800, Hipparchos 16300, Strabo 14000,
Marinos 18583 und Ptolemæus gar 29000 Stadien als die Länge
eines Bogens von jenem Cap bis Syracus an. Man könnte noch
andere Autoritäten für diese Dimensionen citiren, namentlich aus
Dikæarchos, Agrippa, Artemidoros und vor Allen aus Polybios, dem
Freund und Rathgeber des Scipio Aemilianus, einem als Soldat, Geschichtschreiber und Geographen gleich ausgezeichneten Manne; aber
da der hierauf bezügliche Stoff fast nur aus Bruchstücken und Citaten
anderer zu sammeln ist, so wollen wir uns hier auf keine weitläufige kritische Untersuchung einlassen. Plinius (H. N. 6, 38) preist
ihren persönlichen Eifer — „haec est mensura inermium et pacata
audacia fortunam provocantium hominum."

Die erwähnten Autoritäten führen weiter zu einer interessanten
Berechnung, wenn man in runder Zahl 700 Stadien [455]) auf einen
Breitengrad für eine ebene Projection im Parallelkreise von 36° und
555 für den entsprechenden Grad der Länge in Rechnung stellt. [456])
Diesen Berechnungen sind die Resultate der ganz modernen Beobachtungen des Admiral Smyth beigefügt, wobei freilich die grosse Schwierigkeit darin lag, die eigentliche Stelle der alten Beobachtung wieder
aufzufinden. Für Gibraltar ist die Europa-Spitze, für Syracus das
Centrum der Stadt,[457]) für Alexandrien die Pompejussäule zum Signalpunkt gewählt. Der letzte Punkt erscheint namentlich als sehr unsicher, da die Differenzen in der Uebersichtstafel auffallend gross

---

[455]) Major Reinnel und andere neuere Geographen nehmen an, dass die Griechen
verschiedene Stadienmaasse brauchten, so dass sie von 696 bis 750 auf einen Grad
schwanken, aber es ist in der neuesten Zeit so gut wie erwiesen, dass das olym-
pische Stadion ein bestimmtes, constantes Maass gewesen sei, welches nach den
neuesten Untersuchungen, da der griechische Fuss = 11 Zoll 4$^{13}/_{15}$ Lin. par. (oder
11 Zoll 9$^2/_5$ Lin. rheinl.) ist und 600 griechische Fuss ein Stadion machen, sich
auf 570,2777 par. Fuss feststellt. Englische Metrologen setzen das Stadium = 203
Yards, also = 571,419 par. Fuss, mithin geben sie dasselbe 1,1413 Fuss grösser an.
Wenn Plinius durchweg 8 Stadien auf eine römische Meile von 5000 röm. Fuss
rechnet, so begeht er nur einen Fehler von wenigen Zollen; denn 5000 röm. Fuss
sind = 4562,5 par. Fuss und danach würde sich also das Stadium auf 570,3125 par.
Fuss berechnen.

[456]) Ausführlichere Listen für diese Berechnung neuerer Breiten- und Längenangaben aus dem alten Stadium findet man in Gosselin's Recherches sur la Géographie systématique et positive des Anciens und namentlich in seinen Observations
préliminaires et mesures itinéraires, die der grossen französischen Ausgabe des Strabo
beigefügt sind.

[457]) Der weithinglänzende Schild der Bildsäule der Athene auf ihrem Tempel
zu Syracus (Ortygia) war dem antiken Schiffer eigentlich der Signal- und Anfangspunkt; durch ihn legte Archimedes seinen ersten Meridian.

sind und man doch annehmen muss, dass die Breitenbestimmung für
Alexandrien im Alterthume wohl eine der genauesten war. Ptole-
mæos, der schon Vorgänger wie einen Timocharis, Eratosthenes und
Hipparchos benutzen konnte, brauchte bei den Berechnungen in seiner
Syntaxis 30° 58′, nahm aber in seiner Geographie 31° an. Sein
Beobachtungsplatz lag also wahrscheinlich südlich vom Serapeion.

Beobach-ter.	Gibraltar.		Syrakus.		Alexandrien.	
	Breite.	Länge (von Ferro).	Breite.	Länge.	Breite.	Länge.
Eratosthenes	36° 21′ 25″	13 22 42	36° 21′ 25″	34 31 17	31° 00′ 00″	54 48 25
Hipparchos	36 20 00	13 22 42	36 34 17	40 57 00	31 08 34	56 28 21
Strabo . . .	36 17 08	14 48 26	36 17 08	37 39 51	31 08 34	49 48 25
Marinos . .	36 00 00	14 05 34	37 15 00	44 12 41	31 00 00	59 05 34
Ptolemæos .	36 00 00	14 05 34	38 20 00	44 12 40	31 00 00	59 05 33
Smyth . . .	36 06 30	12 19 11	37 03 30	32 56 41	31 10 45	47 33 50

§. 3. Das Mittelalter.

Wir haben versucht, den Standpunkt zu charakterisiren, auf dem
sich die geographische Kenntniss des Mm. vor dem Verfall der Wissenschaften befand und auf dem sie während der grössern Hälfte des
Mittelalters verblieb, obgleich manche Erfahrung der Seefahrer und
manche populäre Beobachtung die Karten einigermassen verbesserte.
Einige Gelehrten jener Tage waren der Ansicht, dass das Mm. desshalb seinen Namen führe, weil es durch die Mitte der Erde ströme
und dieselbe in 2 ungleiche Theile zerlege. St. Asaph, (aus Nord-
Wales) der im 6. Jahrhundert „blühte“, soll in einem seiner mysti-
schen Werke bemerkt haben, dass es auch häufig das südliche Meer
heisse, weil es sich im Süden der Erde befinde; freilich mögen
wenige seiner Zeitgenossen von der wirklichen Südsee etwas gehört
haben. Dennoch hatte Cosmas, mit dem Beinamen Indico-Pleustes,
seine „christliche Togographie“ zu Alexandrien schon einige Zeit vorher
geschrieben und diese wird theologischen Schriftstellern wohl bekannt
gewesen sein. So genau dieser alte Seefahrer in vielen die Handelsgeographie betreffenden Einzelnheiten ist, so absurd waren seine Vorstellungen in Bezug auf die physische Geographie. So betrachtete er
z. B. den ganzen Ocean und alle Meere als eine einzige Ebene, die
durch Wälle begrenzt sei, auf denen das Firmament ruhe; von

diesem Ocean sei dann das Mm. einer der vier grossen schiffbaren
Meerbusen.

Die arabischen Geographen, wie Ibn Yúnis, Abú-Ríhán, Abul
Hasan, 'Abd al Atíf und Abú-1 Fedá, der Sultan von Hamáh und
genau genommen der einzige wissenschaftliche Geograph, den die
Araber je besessen haben — verfertigten verschiedene Karten und
Specialpläne, aber Edrisi, den wir bereits oben erwähnten, war
als Kosmograph und Kosmogonist im Ganzen wohl die bedeutendste
Person der ganzen Schule. Sein grosses Werk — Nuzhat u. s. w.
(s. S. 118) — wirft auf das von den arabischen Schriftstellern befolgte
System ein helles Licht. In diesem Werke beschreibt er die Erde
als kreisrund mit einem Umfang von 132 Millionen Ellen oder 33000
Meilen, welche er in 360 Grade theilt. Dem Meere von Damascus
(dem mittelländischen) giebt er eine Länge von 1136 Parasangen vom
äussersten Osten bis zu seiner Einmündung in den atlantischen Ocean
(Mare tenebrosum), was sich, wenn man nur 30 Stadien auf die Pa-
rasange rechnet,[458] auf 34080 Stadien beläuft. Rechnet man aber
1 Stadium = 604,4 engl. Fuss, so ergeben sich 20597952 engl. Fuss
oder mehr als 3901 engl. oder beinah 848 geogr. Meilen. Dies wäre
freilich eine enorm grosse Angabe, aber die Massverhältnisse sind
nicht ganz klar.[459] Edrisi hatte eigentlich sein Buch abgefasst, um
eine Art von Weltkarte, die er für den König Roger II. von Sicilien
auf einen kreisrunden silbernen Tisch[460] entworfen hatte, näher zu
beschreiben. Diese Zeichnung wurde von Frà Mauro (dem cosmogra-
phus incomparabilis) in der berühmten Mappa Mondo und später auch
von Martin Behaim in Nürnberg copirt, so dass sie länger als drei
Jahrhunderte ein Muster für alle Erdkarten blieb. Obgleich diese
merkwürdige Tafel schon lange verloren gegangen ist, so sind doch
glücklicherweise Zeichnungen derselben in arabischen Manuscripten
erhalten, namentlich in einem aus dem 15. Jahrhundert, das sich in
der Bodleiana in Oxford befindet und welches Dr. Vincent bei seinem
Periplus des erythræischen Meeres hat in Kupfer stechen lassen
(s. S. 656). Im britischen Museum (Add. MS. 11695) befindet sich
eine illuminirte Weltkarte, welche nach den Ansichten der arabischen

---

[458] Sie wurden bisweilen auch zu 40 Stadien gerechnet. Vgl. Hdt 2, 6. 5, 53.

[459] Nach den Angaben des Major Reinnell war der παρασάγγης, von der die
Perser ihre *fursúng* herleiteten, 16406,1 engl. Fuss (also nicht 30 . 604,4 = 18132
Fuss, wie oben gerechnet wurde). Danach würde dann die Länge 3529 Meilen und
420 Fuss (ungefähr 767 geogr. Meilen) betragen.

[460] *Dáyireh*; nicht „Kugel“, wie Dr. Pococke übersetzt, dann müsste es *kurrah*
statt *dáyireh* heissen.

Geographen um 1100 angefertigt ist. Die Erde ist hier viereckig gezeichnet, vom Ocean umgeben, wie ein Ei im Wasser. Das ægæische Meer vereinigt sich hier mit dem fast geradlinig gezeichneten Mm. in der Mitte der Karte unter einem rechten Winkel.

Die Araber schlossen sich bei der Wahl eines Meridians nicht an die Griechen an, da sie die afrikanische Küste den glücklichen Inseln im fernen Westen vorzogen. Später aber erklärten sie sich für die Khubbah Harinah oder Arina-Kuppel, deren Lage freilich noch immer nicht feststeht, obgleich Abú-l Fedá's Anspielung auf geistreiche Weise durch die Differenz zwischen den wahren und den bewohnten Horizonten der Alphonsinischen Tafeln bezeugt wird. Nachdem alle möglichen Untersuchungen hierüber angestellt worden sind, wird es fast wahrscheinlich, dass die Khubbah ein imaginärer Punkt war, und selbst der Scharfsinn eines v. Humboldt hat, je tiefer er sich in die Untersuchung einliess, nur desto mehr Dunkelheiten und Unsicherheiten entdeckt.

Marino Sanuto, ein venetianischer Edelmann mit dem Zunamen Torsello, welcher um das Jahr 1320 sein Liber Secretorum Fidelium Crucis veröffentlichte, unternahm grosse Reisen zu Land und zu Wasser und verfertigte eine längst verloren gegangene Karte des Mm.; aber ihre Umrisse sind noch in seiner Planisphäre zu erkennen, welche in den Gesta Dei per Francos erhalten und von Jacques Bongars 1611 herausgegeben ist. Sanuto's Karte war jedenfalls eine der ältesten im Mittelalter, aber man kann doch nicht mit Bestimmtheit behaupten, dass sie die erste eigentliche Mittelmeerkarte gewesen sei. Nach den Angaben des Señor Capmani in seinen Quæstiones Criticæ wurden solche Karten von den spanischen Seefahrern schon 1286 benutzt. Auch berichtet derselbe als eine feststehende Thatsache, dass die aragonischen Galeren 1359 amtlich mit Karten versehen wurden. Es fragt sich nun, ob denselben schon ein bestimmtes Projectionssystem zu Grunde lag; nach ganz glaubwürdigen Belegen gebührt das Verdienst, die eigentliche Projection erfunden zu haben, nebst vielen andern, dem berühmten Infanten Heinrich, dem Sohne des Königs Johann von Portugal. Ein von den Brüdern Pizzigani gezeichneter Umriss des Mm. gehört dem Anfang des 14. Jahrhunderts an, als jene geographischen Abhandlungen aufzutauchen begannen, welche man Imago Mundi zu betiteln pflegte.

Kurz darauf erscheinen mehrere Lokalaufnahmen und Beschreibungen mittelländischer Gegenden, von denen einige schon mit ziemlicher Correctheit ausgeführt sind. Im britischen Museum befindet

sich ein werthvolles handschriftliches Werk von Christophoro Bondelmonte aus dem Anfang des 15. Jahrhunderts, in welchem die Cycladen
und ionischen Inseln schon ganz leidlich dargestellt sind.[461]) In Oxford befindet sich ein interessantes, schön illuminirtes Manuscript auf
66 Blättern feinen Pergaments, in eichenen Schalen, mit dem Titel:
Chest le rapport que fait messire Guillebert de Lannoy, Chevalier,
sur les visitations de plusieurs villes pors et rivieres par lui faittes,
tant en Egipte comme en Surie. Lan de gre nre signer mil. cccc. vingt
et deux. Es scheint, dass Heinrich V., so sehr auch David Hume
hierüber spöttelt, wirklich den Plan eines Kreuzzugs nach dem gelobten Lande in ernste Erwägung gezogen hat. Sein erster Schritt
war, den Sir Gilbert de Lannoy, einen offenbar dazu wohlbefähigten
Ritter, abzusenden, um die Verhältnisse und die Lage der Häfen und
Arsenale Aegyptens und Syriens zu untersuchen. Das Resultat ist eben
jener genaue und umsichtige amtliche Bericht, in welchem die verschiedenen Ankerplätze, Sondirungen, Landungsplätze, Befestigungen,
Kriegs- und sonstige Vorräthe, namentlich auch an Holz und Wasser
und überhaupt die Produkte der verschiedenen Gegenden sorgfältig
aufgezeichnet sind, so dass besonders über die Hydrogeographie jener
Gegenden, wie sie vor beinah 4½ Jahrhunderten sich dem Beobachter
zeigte, ein authentischer Bericht vorliegt. Im Jahre 1478, als Mo-
cenigo gerade zum Dogen von Venedig gewählt worden war, veröffentlichte ein Kapitän Bartolommeo, welcher viele Reisen gemacht und
„jeden Felsen im ægæischen Meere betreten hatte", eine Beschreibung
des Archipelago, mit Holzschnitten der Inseln und je einem Sonnett,
welches die Hauptzüge und Eigenthümlichkeiten jeder einzelnen, ihre
Häfen, Produkte, Höhe, Lage und Entfernung von einander schildern
soll. Sie beginnt mit Cerigo und endet mit Cypern; indem Bartolommeo von Westen einfährt, beachtete er auch das kleinste Inselchen, unter Anderem auch den Felsen, der dem Nautilus 1807 so
verhängnissvoll wurde und vor dessen Besuch bei Nachtzeit er mit
den folgenden Worten warnt:

> Sta inverso grieco il Poro e la Poresa
> Fa che de note te guardi da essa.

---

[461]) Von Bondelmonte's Werk giebt es verschiedene Exemplare, sowohl im
Druck, als im Manuscript. Einige Fac-similes von Bondelmonte's Karten sind in
dem „liber insularum Archipelagi a G. R. L. de Sinner. Lipsiæ 1824" gegeben.
Die Geographie des Mittelalters ist besonders vom Cardinal Zurla, von Jomard und
Joachim Lelewel durchforscht worden; die beste Sammlung mittelalterlicher Karten
scheint die vom Vicomte Santarem in Paris herausgegebene zu sein.

Während Bartolommeo seine Reisen in den levantinischen Gewässern unternahm, durchforschte der grosse Columbus das Mm.; seine geometrischen, astronomischen und kosmographischen Kenntnisse waren von einem Flottenbefehlshaber desselben Namens und aus derselben Familie, unter welchem er diente, gefördert worden. Sein Bruder machte ausserdem aus der Zusammenstellung geographischer Karten éin förmliches Gewerbe. Welche Früchte die Bestrebungen solcher Männer trugen, kann man recht wohl erkennen, wenn man die ältern Karten mit denen des 15. und 16. Jahrhunderts vergleicht. Die bedeutendste Sammlung dieser alten Portolani (Sammlungen von See- und Pilotenkarten) hat man nicht an den Küsten des Mm., selbst nicht in Paris, sondern im britischen Museum zu suchen. Wir zählen 17 derselben nachstehend auf:

MS. Arundel, 93, art. 7. — „Christophori Bondelmontii, Liber insularum Cycladum atque aliarum in circuitu Sparsarum, cum earundem schematibus." (S. oben.)

Bondelmonte war ein florentinischer Priester, welcher um 1421 schrieb. Sein Name und das Datum ist den Anfangsbuchstaben der Kapitel seines Werkes zu entnehmen, welche sich zu folgendem Satz verbinden: „Cristoforus Bondelmonti e Florentia Presbiter nunc (hunc?) misit Cardinali Jordano de Ursinis, M.CCCC. Christi."

Add. MS. 11547. — Ein von Graciosa Benincaso von Ancona 1467 gezeichnetes Portolano. Es enthält 5 auf Pergament gezeichnete Karten, von denen No. 1 das schwarze Meer, Kleinasien und den östlichen Theil des Mm., No. 2 das adriatische Meer, den Archipel und die mittlere Partie, No. 3 den westlichen Theil von Rom bis nach Gibraltar darstellt. Es giebt noch ein 2tes von Tiraboschi beschriebenes Manuscript von derselben Hand (Add. MS. 6390), welches dem obigen ähnelt; auf der 4. Karte liest man: Gratiosus de Benincasa, Anchonitanus, magnifico viro Prospero Camulio, Medico Genuensi, fecit, 1468.

Plut. CLXIII. — In diesem Schranke, der über 100 Manuscripte der Arundel'schen Sammlung enthält, findet sich noch ein Exemplar des von Bondelmonte 1485 geschriebenen Insularium vor mit colorirten Karten oder vielmehr Ansichten aus der Vogelperspective.

Egerton MS. 73. — Eine schöne Sammlung von 35 Karten auf Pergament, die von verschiedenen venetianischen Künstlern um 1489 gezeichnet sind. Sie gehörte früher der Familie Cornaro und war danach in der St. Marcus-Bibliothek in Venedig, wo sie Card. Zurla untersucht und beschrieben hat. In diesem werthvollen Atlas sind nicht weniger als 26 Karten des schwarzen und adriatischen Meeres und grosser Partien des Mm. enthalten, von Piero Roseli, Zuan di Napoli, Grocioxa Benincaxa (sic), Francesco Becaro, Nicolò Fiorin, Francesco Cexano, Zuan Soligo, Aloixe Cexano, Domenego Dezane und Nicolò de Pasqualin. Das Buch enthält auch Tafeln über Sonnen-

und Mondbewegungen, bewegliche Feste und planetarische Einflüsse und
eine Instruction für Seefahrer ist angehängt. Der die Häfen des Mm.
betreffende Theil derselben schliesst mit den Worten: Qua compie
tute le staree (storie?) del mar mediterano, etc.

    Old Royal Libr., MS. 14, c. v. — Ein 7 Karten in gradliniger
Projection enthaltendes Portolano, auf Pergament, wie es scheint aus
dem Anfang des 16. Jahrhunderts und früher im Besitz des Lord Lumley
(† 1609.) 5 dieser Karten sind dem Mm. und dessen Nebenmeeren gewidmet. Gleichzeitig mit dieser (1520) ist der, wie es scheint, erste
Wegweiser für Seefahrer gedruckt. Er führt den Titel Portolano del
Mare (franz. routier), erschien zu Venedig ohne des Verfassers Namen,
wurde aber sofort dem damals berühmten Seefahrer Cademosta aus
Venedig zugeschrieben.

    Add. MS. 11548. — Eine in Ancona, wo viele Karten entstanden,
1529 auf Pergament gezeichnete Karte. Der Name des Zeichners ist
verlöscht. Unter dem Datum steht das Wappen des Cardinal Giulio
Feltri della Rovere, des Sohnes des Herzogs von Urbino. Sie enthält
Europa nebst dem schwarzen und mittelländischen Meer und der Küste
von Marocco und ist gradlinig projicirt.

    Add. MS. 9947. — Ein spanisches Portolano, mit 4 Seekarten
auf Pergament, von denen 3 das Mm. und seine Theile geben.

    Add. MS. 10132. — 5 im Jahre 1538 gezeichnete Karten, von
denen 3 das mittelländische und schwarze Meer betreffen. Der Name
des Zeichners ist unleserlich, man liest: J. H. S. Conte... Anconi-
tano la facte nel año M° CCCCXXXVIII."

    Old Royal Libr., MS. 20, E. IX. — Ein kostbares Manuskript:
„booke of Idrography made by me Johne Rotz" (für König Heinrich VIII.
1542) enthält eine Generalkarte des Mm.

    Add. MS. 10134. — Ein 3 Karten enthaltendes von einem ita-
lienischen Künstler um 1550 ausgeführtes Portolano, welches früher,
wie das Titelblatt angiebt, dem Piloten Nicholas Canachi in Patmos
gehört hat. Unter einer farbigen Zeichnung der Madonna mit dem
Kinde stehen die Zeilen:

      E chesto llibro sta di Nicolo Canachi dell' isola di
      Sa. Gioane di Pattino, pillotto di mare.

      Ε τουτον το χαρτην εναι του Νηκολον Κανακι του
      Πατηνιο τη οπου στε κι στι να λεγορνο. [462])
Das Mm. etc. betreffen die zweite und dritte dieser Karten.

    Egerton MS. 767. — 4 Karten, wovon 2 hierher gehören, von
einem Venetianer um 1550 ziemlich roh auf Pergament gezeichnet.

    Add. MS. 5415 A. — Ein Portolano mit 9 grossen Pergament·
karten, die von Diego Homem 1558 nach planer Skala gezeichnet
sind. Da es sehr sorgfältig ausgeführt, reich mit Gold und Farben
verziert und mit den Wappenbildern der verschiedenen Souveraine auf
ihren resp. Ländern bemalt ist, so dürfte es vielleicht für Philipp II.
gearbeitet worden sein; aber das spanische Wappen, das pfahlweise

---

[462]) Von Legorno wird weiter unten die Rede sein.

mit dem Wappenrock Englands verbunden war, ist verwischt. Von diesen Karten stellt No. 6. die Küsten des Mm. von der Strasse Gibraltar bis Morea (mit Einschluss des adriatischen Meeres) dar.

Add. MS. 9810. — Eine grosse Karte der europäischen Küsten mit dem schwarzen und mittelländischen Meere, reich mit Zeichnungen von Figuren, Zelten u. s. w. ausgeziert, mit der Aufschrift: Jacobus Veschonte de Maiolo composuit hanc cartam in Janua, anno Domini 1562, die X. Octobus. (*us* wohl nur statt der ähnlichen Abbriviatur.)

Harleian MS. 3450. — Ein Portolano von 18 Karten nach Planskala, von welchen sich 3 speciell mit dem Mm. beschäftigen, von Joan Martines von Messina, 1578. Sie sind elegant auf Pergament gezeichnet, illuminirt und vergoldet.

Harleian MS. 3489 enthält eine andere Sammlung von Karten des Martines, sehr ähnlich, aber grösser.

Add. Sloane MS. 5019. eine dritte 1582 gezeichnete.

Add. MS. 9811. — Eine Karte des schwarzen und mittelländischen Meeres nach Planskala; sie trägt die Aufschrift: Joanne Riczo alias Oliva, figlio de Mastro Dominico, in Napole, a di 7 de Novembre, anno 1587.

Bibl. Cotton. Julius, E. 11. — Ein netter Federzeichnungen 68 mittelländischer Inseln enthaltender Band, mit dem Titel Isulario de Antonio Millo, nel quale si contiene tutte le isolle dil mar Mediteraneo, &c., A. D. 1587.

Add. MS. 10365 ist eine 1591 geschriebene Copie dieses Werkes, in welcher Millo Armiraglio di Candia genannt wird.

Add. MS. 10041. — Das schwarze Meer, der Archipel, das adriatische Meer und das übrige Mm. nach gradlinigem Massstab auf Pergament ungefähr aus dem Jahre 1600. Die Aufschrift lautet: „Mayde by Thomas Lupo, in Shadwell, neere unto the mill.‟

Man wird vielleicht die Frage aufwerfen, ob diese genaue Aufzählung alter Seekarten, da sie höchstens ein bibliographisches Interesse haben könne, hierher gehöre. Darauf ist zu erwiedern, dass die modernen Seefahrer mit Unrecht die ältern Aufnahmen allzusehr zu vernachlässigen pflegen und dass für dieselben die erwähnten Karten auch heute noch zum Theil wichtig sind. Dieser ihr Werth beruht besonders darauf, dass sie thatsächlich manche Untiefen und Klippen genauer angeben, als die modernen Compilationen. Dies lässt sich sowohl von jenen Karten aus dem 15. und 16. Jahrhundert, als namentlich von dem kostbaren handschriftlichen Portolano (aus der Mitte des 15. Jahrhunderts) behaupten, das der Bodleiana von dem verstorbenen Francis Douce geschenkt wurde; ebenso auch von den Karten des Nicholas Vallard von Dieppe, des Peter Plancius und Paolo Gerardo. Gerade einige der gefährlichsten Punkte verschwanden und es ist ein grosses Verdienst des Admiral Smyth, mit Berücksich-

tigung aller 'ältern Quellen und nach eigenen Beobachtungen seine
Seekarte des Mm. ın dieser Beziehung wieder vervollständigt zu haben.
Wir fügen zur Vergleichung und da sie oft so viel Verlust an Menschenleben und Gütern verursacht haben, die wichtigern Punkte bei,
welche auf manchen, sonst geschätzten, Karten fehlen.

Die äussere Untiefe auf der Höhe des Cap Gaeta,
welche Tofiño weggelassen hat, [463]) wurde von den ältern Hydrographen
nicht vergessen und Bartolommeo Crescentio, welcher 1585 die Umgegend von Algier aufnahm — eine Stadt die er selbst damals noch
als infamissimo albergo di corsari, et gravissimo danno et onta di
Christiani brandmarkt — scheint sie näher untersucht zu haben. In
dem Wegweiser für Seefahrer welchen er später herausgab, sind diese
Felsen genau beschrieben. Der äussere wurde später auf den Karten
vergessen, was 1840 beinah den Verlust der Belleisle (80) unter Capitain
J. Toup Nicolas veranlasst hätte. Die seichtesten Stellen haben etwa
3 Faden.

Die Felsen in der Palamos-Bai, an welchen 1796 ein
spanisches Linienschiff scheiterte, wobei fast die ganze Mannschaft
umkam.

Die Cassidaigne-Untiefe, eine gefährliche, auf einer seichten
Stelle liegende Bank zwischen Marseille und Toulon, ist in den alten
Portolani sorgfältig bemerkt, wurde aber von Mount, Page und ihren
Nachfolgern weggelassen. 1807 fuhr dort ein nach Ciotat bestimmtes
Schiff, auf welches englische Kreuzer Jagd machten, auf und zerfiel
binnen wenigen Minuten in Trümmer.

Das Riff auf der Höhe von Cap St. Tropez ist in den
ältern Karten richtig angegeben, wurde aber in den vor etwa 60
Jahren erschienenen regelmässig vergessen. Es hat vielen Schiffen
Verderben gebracht. Seit dem Unfall, der dort dem englischen Dampfer
Rhadamanthus begegnete, führt es auf den englischen Admiralitätskarten
den Namen Rhadamanthusriff.

Die Vado-Untiefe, auch Mal di Vitro und Secca de la Bar-
biera genannt (auf der grossen triester Karte des Lloyd $M\acute{a}\lambda$ $\delta\iota$
$B\epsilon\tau\varrho o$) an der toskanischen Küste war vor 350 Jahren wohl markirt
und sowohl sie als die Melora vor „Ligorne" erscheinen deutlich in
dem Egerton MS. 73, vom Jahre 1489. Dennoch verloren selbst die
Engländer hier 1793 die Fregatte Amphitrite und noch im Juni 1848
scheiterte an ihrer nördlichen Bank das schöne englische Dampfboot
Ariel. 1818 und 1823 haben die Engländer ihre Position genau
bestimmt.

Der Aphrico-Felsen auf der Höhe von Monte Christo
($\sigma\kappa\acute{o}\pi$: $"A\varphi\varrho\iota\kappa\alpha$ und dabei die $\Phi o\varrho\mu\iota\kappa\epsilon$ $\delta\nu\tau\iota\kappa\alpha\iota$, Karte des Lloyd) ist
von Benincasa und andern richtig eingezeichnet, aber nachher selbst

---

[463]) Auf der grossen triester Seekarte des Joannes (s. unten) ist sie durch den
rothen, den Leuchtthurm bezeichnenden Punkt unkenntlich gemacht.

in den amtlichen Karten unbeachtet geblieben. Viele Schiffe gingen hier unter; noch im Sommer 1815 eine genuesische Brigantine.

Der Pomo-Fels auf der Höhe von Lissa steht in dem grossen Atlante Veneto des Coronelli und andern alten Karten. In die Krämerwaare des vorigen Jahrhunderts wurde er erst 1790 wieder eingefügt.

Das Riff vor dem Cap Bianco auf Corfu findet sich ebenfalls in den alten Portolani und bei Coronelli, war aber so ganz vergessen, dass mehrere englische Kriegsschiffe noch im 19. Jahrhundert dort scheiterten.

Der Gaio-Fels zwischen Paxo und der albanischen Küste war auch den Karten abhanden gekommen. Die Venetianer verloren dort einst ein mit Schätzen reich beladenes Schiff und noch 1817 strandeten dort 2 englische Fregatten.

Die Patella-Untiefe auf der Höhe von Prevesa war dem Gorgoglione und Mesfud wohlbekannt, verschwand aber nach ihnen von den Karten. Als die englische Fregatte Topaze in dem letzten Kriege dort aufgefahren war — zum Glück wurde sie bei günstigem Wetter nach einigen Stunden wieder flott — erschien die Klippe wieder auf den Karten.

Die Untiefe auf der Höhe des Cap Chiarenza (von den Engländern wegen des Unfalls, der dem gleichnamigen Linienschiff dort begegnete, Montagubank genannt) ist in allen alten Karten zu finden.

Das Capra-Riff. Crescentio's Portulano erwähnt (S. 49), dass das ragusaner Schiff Berniccia an dieser Untiefe 1595 auf der Höhe des Cap Capra auf Cephalonia das Steuerruder verlor. Die englische Admiralitätskarte vom Jahre 1810 hat es nicht, dagegen ist es auf der Karte des Lloyd genau verzeichnet.

Der Felsen auf der Höhe von Cerigotto — an welchem im Januar 1807 der Nautilus scheiterte — wird ebenfalls nur in den neuern Karten vermisst.

Die Skerki-Felsen zwischen Sicilien und Tunis, an denen während ber letzten 50 Jahre viele Schiffe verloren gingen, z. B. das englische Schiff Athénien (64), sind auf einer interessanten auf Pergament gezeichneten Karte vom Jahre 1547 ganz richtig angegeben, erscheinen aber erst auf den neuesten Karten wieder. (Auf der triester Karte steht *Σκόπ : Στέρκι*.)

Das Sorelle-Riff auf der Höhe von Galita (*Σκόπελοι Σορέλλι*), wo 1820 ein Kreuzer aus Tunis verloren ging und an die im December 1847 die Dampffregatte Avenger anstiess. Den Namen Sorelle hat Smyth den beiden Spitzen dieser gefährlichen, fast den Wasserspiegel erreichenden Felsen gegeben, weil sie den Fratelli (Neptuni aræ) genannten Felsen an der Küste der Berberei gegenüber liegen. Erst später fand er, seltsam genug, dass die letztern von mittelalterlichen Geographen, namentlich auf der Karte des B. P. Sina 1488 do Soror bezeichnet waren.

Das Fumosa-Riff in der Baja-Bai. Diese Felsreihe war
den neapolitanischen und maltesischen Piloten wohlbekannt und ist
auch von Smyth aufgenommen. Dennoch fuhr 1848 das Schiff des
Admiral Baudin, der damals zugleich mit der englischen Flotte unter
Parker die Unruhen in Italien überwachte, auf dieses Riff auf. Wirklich
fand es sich auf seiner nach der grossen italienischen Vermessung auf
4 Tafeln reducirten Karte nicht vor.

Obgleich in dieser Aufzählung auf die ältern Portolani nur an-
gespielt ist, so kann doch, ohne vorzugreifen, schon hier erwähnt
werden, dass die neuern Pläne und Zeichnungen, welche man in
grosser Vollständigkeit im britischen Museum vorfindet, auch zum
Theil die empörende Nachlässigkeit neuerer Kartenfabrikanten zur
Schau tragen, eine Nachlässigkeit, welche sich mitunter noch dazu
unter einer gewissen Eleganz der äussern Ausstattung verbirgt. So
zeigen auch neuere deutsche Karten trotz der scheinbaren Feinheit
der Ausführung grobe Fehler selbst in den Küstencontouren. Unter
diesen Umständen war es hohe Zeit, dass die Regierung wenigstens
die Anfertigung der Seekarten unbefugten Händen entzog. Man findet
nicht selten auf Karten, die vor mehr als 100 Jahren gezeichnet sind,
Felsen angegeben, die jetzt für ganz neue Entdeckungen gelten.[464])

Die Sandbank auf der Höhe von Al Bekur, wo der Culloden
auffuhr, ein Unfall, der den Verlust der Nilschlacht hätte nach sich
ziehen können, war auf den schlichten Plänen des Lorenzo Mesfud
und Antonio Borg ziemlich gut gezeichnet und fand sich selbst in
Bellin's Mittelmeeratlas 1771 noch vor. Auch die Sandbänke in der
Nähe der ægyptischen Küste, auf welche 1800 und später, so viele
englische Schiffe auffuhren und durch die der Cormorant (24), Ful-
minante (10) und die Corvette Parthian thatsächlich verloren gingen,
waren lange zuvor bekannt. Die Lefkimo-Untiefe bei Corfu, welche
viel Unheil anstiftete, ist auf älteren Karten ganz richtig placirt;
ebenso die Gomenizze-Bank im Kanal jener Insel — auf der die

---

[464]) Eine merkwürdige Thatsache, wenn schon dieselbe eigentlich das Mm.
nichts angeht, mag hier erwähnt werden. Agatharchides sagt bei Gelegenheit seiner
Beschreibung der Küsten des rothen Meeres (170 vor Chr.), dass am Eingange des
fianitischen Golfes sich 3 Inseln befinden, welche verschiedene Häfen an der arabischen Küste deckten. Dennoch scheinen die so offenbar dem Schiffer gefährlich liegenden Inseln auf keiner europäischen Karte in einer Beschreibung beachtet
worden zu sein, bis sie nach dem Verlauf von 20 Jahrhunderten für die Hydrographie von Eyles Irwin (in Diensten der ostindischen Compagnie) wieder erobert
wurden. Die Engländer haben überhaupt seit einiger Zeit das rothe Meer sehr genau
durchforscht und sind im Begriff, durch dasselbe eine Telegraphenlinie zu legen.
Man hat bei den zu diesem Zweck angestellten Sondirungen überall Korallenriffe
gefunden.

Fregatte Bacchante mehrere Stunden festsass und von der sie nur loskam, nachdem sie ihre Geschütze über Bord geworfen hatte; Borg giebt auf ihr nur noch einen Brazzo an. Die Bank, welche sich vor Augusta in Sicilien hinzieht — wo die Engländer im März 1808 die Electra (18) verloren — wird von den Piloten der maltesischen Galeeren ganz richtig angegeben. Auch scheinen dieselben die Kanäle von Trapani, an der Westseite der Insel, ganz wohl untersucht zu haben, obgleich sie den englischen Kreuzern fast unbekannt blieben. Ende October 1803 ankerte die Flotte unter Nelson bei den Madalena-Inseln, welche Kapitän Ryves kurz vorher untersucht hatte. Nachdem sie Wasser eingenommen hatten, lavirten die Schiffe in vollstem Vertrauen auf die von jenem Offizier gelieferte Karte ohne irgend einen Unfall vorwärts. Im folgenden Jahre stiess aber das Linienschiff Excellent etwas ausserhalb des Kanalcentrums auf einen Felsen und zwei andere gefährliche Stellen wurden in der Nähe eben der Gegend aufgefunden, wo die Flotte gekreuzt hatte. Sir R. G. Keats wünschte damals dem Nelson Glück, dass er der Gefahr so entronnen sei und fügte hinzu: „Die Vorsehung, Mylord, beschützt Sie augenscheinlich." Diese Felsen waren den malteser Lootsen bekannt, hätten aber bei der Eröffnung eines ereignissreichen Krieges einen verderblichen Verlust herbeiführen können. Auch das weit ausgedehnte Riff auf der Höhe von Marsa Scirocco bei Malta, an dem 1799 sich der Alexander (74) sehr beschädigte, zeigt sich auf den ältern Plänen, ebenso die Untiefe in der Carbonara-Bai, auf welcher die Franzosen bei ihrer unglücklichen Expedition vom Jahre 1793 zwei werthvolle Proviantschiffe verloren.

Unter einigen derartigen Dokumenten, welche Smyth dem britischen Museum 1848 geschenkt hat, befindet sich ein Plan des nordöstlichen Theiles von Elba, der von Lorenzo Mesfud — primo piloto sulla capitana Galera della Sacra Religione Gerusolimitana di Malta — aufgenommen ist und das Datum des 4. Juni 1772 trägt. Obgleich roh gezeichnet, sind doch seine Sondirungen zuverlässig und eine seitdem vernachlässigte, gefährliche Untiefe ist ganz trefflich bezeichnet; sie liegt nämlich im innern Kanal auf einer Linie von der innern Seite der Insel Topi nach dem Punkt Pera und von dem Cap Vita nach Torre di Giove. Derselbe Mesfud bezeichnet eine Klippe vor den Felsen auf der Höhe des Cap Matafuz an der Ostspitze der Bai von Algier ganz so, wie sie 1826, fast 60 Jahre später, Lieutenant Slater mit seinem Lichterschiff Nimble aufgefunden hat. Die Gefahr ist freilich dort nicht gross, da das Wasser überall noch wenigstens 4½ Faden Tiefe hat.

§. 4. Die Messungen und nach denselben gefertigten Karten der neuern Zeit.

Während des 17. und 18. Jahrhunderts wurden viele hydrographische Werke über die Küsten des Mm. veröffentlicht. Wir können natürlich auf blosse Compilationen hier nicht Rücksicht nehmen und erwähnen nur solche Arbeiten, welche auf wirklichen Messungen beruhen oder deren Verfasser sich wenigstens mit Nautik und verwandten Wissenschaften etwas abgegeben haben. Zu den ältesten dieser Chartographen gehört Bartolommeo Crescentio, ein päpstlicher Ingenieur. Es wurde bereits erwähnt, dass er 1585 die algierische Küste aufnahm. Nachdem er dieses dem Papst Sixtus V. persönlich überreichte Werk vollendet hatte, setzte er seine für die damalige Zeit höchst wichtige Abhandlung Della Nautica Mediterranea auf, die 1607 zu Rom erschien. Er handelt hier vom Bau und der Ausrüstung der Galeeren, der Einrichtung der Arsenale, wobei er an diejenigen zu „Genova, Ligorno (sic) und Corfu" als Beispiele anknüpft. Den Beschluss macht ein werthvoller Wegweiser für Schiffer, in dem auch mehrere der oben angeführten Untiefen beschrieben sind.

Eine Aufnahme der ganzen Küste Candia's wurde 1612 von Francesco Basilicata vollendet. Eine Reihe von 50 Hafenplänen, die zu diesem Werke gehören und vortrefflich in Tusche ausgeführt sind, wird in der jetzt dem britischen Museum einverleibten Royal Collection (CXIII. 104.) aufbewahrt. Bei näherer Vergleichung finden sich Gründe zur Annahme, dass sowohl Jean Oliva von Marseille, als Gio Ant. Magini bei ihren Arbeiten diese Karten benutzten. Dieser Zeit und diesen Männern gebührt das Verdienst, eine Menge von Irrthümern und Fehlern, die sich in den Karten seit Jahrhunderten festgesetzt hatten, entfernt und namentlich die Länge des Mm. endlich auf ihr richtiges Maass reducirt zu haben.[465]

Die Chartographie machte nun sowohl in ihrer Richtung auf das Allgemeine, als auf das Besondere entschiedene Fortschritte. Wenn man aber die Erzeugnisse der damaligen Studien mit den Arbeiten der neuesten Zeit vergleicht, so stösst man auf viele Fehler der Berechnung, auf Auslassungen und Spuren von Unwissenheit. Dennoch muss die Wissenschaft diesen Vorarbeitern dankbar sein, denn sie entfernten manche Schwierigkeit, corrigirten lang eingewurzelte Irr-

---

[465] Nicolas Samson (1652) und Wilh. Samson (1668) gaben noch dem Mm. eine um ein Drittel zu grosse Länge.

thümer und vervollständigten und erweiterten überhaupt die Hydrographie. Die (oben vielfach erwähnten) Plancharten waren bis 1556 allgemein in Gebrauch geblieben, bis die durch sie veranlassten Fehler und Ungenauigkeiten von Martin Cortes, dem berühmten Verfasser der „Navigationskunst" aufgedeckt wurden. Um diese Fehler zu corrigiren, gab Gerard Mercator eine neue Projektionsart an und veröffentlichte eine nach derselben gezeichnete Karte. Die Meridiane werden hier bekanntlich in gleichen Distanzen als Parallele und die Parallelkreise darauf senkrecht in Entfernungen gezogen, welche in demselben Verhältniss, als auf der Erdoberfläche der Längengrad im Verhältniss zum Breitengrad kleiner wird, nach dem Pol zu immer grösser gezeichnet werden. Doch Mercator selbst hatte von der gegenwärtig seinen Namen tragenden Methode noch keinen bestimmten Begriff; er theilte nur nach ungefährer Schätzung. [466]) Vollkommen genaue Angaben über die Theilung des Meridians findet man erst in dem Werke „Certain Errors in Navigation detected and corrected" von Edward Wright, Professor am Caius-College in Cambridge (1599). Obgleich demnach Mercator die erste Idee einer durchweg gradlinigen Projektion gefasst haben mag, so gebührt doch das Verdienst, dieselbe wissenschaftlich ausgebeutet und verwirklicht zu haben, jedenfalls dem auch sonst als Mathematiker bekannten Wright. Die Fortschritte einer kritischen, ächt wissenschaftlichen Chartographie wurden besonders dadurch verzögert, dass man den Piloten sehr umfassende Kenntnisse beimass. Die meisten Schiffsbefehlshaber setzten auf die Aussprüche derselben unbedingtes Vertrauen, als ob eine so wenig durchgebildete Menschenklasse mit einem Anschauungsvermögen begabt wäre, das sofort zu genauen Resultaten zu führen vermöchte. „Die Lootsen," sagt Pigafitta, Magellans Begleiter, „sind heutzutage vollkommen zufrieden, wenn sie die Breite wissen und dabei so dünkelhaft, dass sie von der Länge gar nichts hören wollen;" und Martin Cortes frägt in seiner Epistel an Karl V.: „Wie viel schwerer müsste dasselbe dem Salomon erschienen sein, wenn er in diesen Tagen sehen sollte, dass wenige oder keine unter den jetzigen Piloten kaum lesen können oder kaum die Fähigkeit besitzen etwas zu lernen?" Man kann auch daran erinnern, dass bis in die neueste Zeit das engl. Schiffersprichwort von den 3 L, als der Quintessenz aller Schiffahrt,

---

[466]) Es ist nicht unwahrscheinlich, dass Mercator einen Globus benutzte und so den Seiten der einzelnen Rechtecke seiner Projektion dasselbe Verhältniss gab, welches die Längen- und Breitengrade der einzelnen Trapeze auf seinem Globus zeigten.

Geltung behalten hat und die 3 L bedeuten: Lead, Latitude, Lookout, (Loth, Latitudo und Lauer)!

Um diese Zeit wurden viele Theile des adriatischen Meeres von den Offizieren Giovanni Vitelli und Gerolimo Benaglio untersucht und ihre Messungen wurden von Car. Cappi 1630 mittelst des Gradbogens übertragen und gezeichnet. Zwischen demselben Jahre und 1646 wurde ein Werk vorbereitet, welches, da man den Verfasser auf diesem Gebiete als sehr bedeutend anerkannte, bei allen Seeleuten die grössten Erwartungen erregte und 1646 auch erfüllte. Es ist dies das berühmte Buch Arcano del Mare (in 2 grossen Foliobänden) von Robert Dudley, einem natürlichen Sohne des Günstlings Robert Graf von Leicester; nachdem dieser Dudley einige kühne Seeunternehmungen ausgeführt hatte, liess er sich als Graf von Warwick in Florenz nieder und nahm, als ihn der Kaiser zu einem Herzog des römischen Reiches gemacht hatte, den Titel Northumberland an. Dudley war einer der bedeutendsten Männer seiner Zeit und ein eifriger Jünger der Wissenschaft. Er hat den Grund zu vielen Verbesserungen in der Kriegs- und Handelsmarine gelegt; er entwarf den Plan zur Trockenlegung der Maremme zwischen Pisa und Livorno und besonders auf seinen Betrieb wurde das Letztere zu einem Freihafen erklärt. Sein Arcano del Mare ist voll geistreicher Bemerkungen und voll sinnreicher Vorschläge zur Förderung der Seewissenschaft, sowohl in Bezug auf Schiffbau und Ausrüstung, als auf die Leistungen derselben und auf die Belehrung und Instruirung ihrer Führer. Es ist reich an Karten und Plänen, von denen die des Mm. obgleich unvollkommen, den Vorläufer und das Musterbild für die bekannte französische Carte réduite abgab; wenn wir das damals der Forschung zu Gebote stehende Material berücksichtigen, so können wir diesem talentvollen Vorarbeiter auf dem Gebiete der Hydrographie unsere höchste Achtung nicht versagen.

Mit Benutzung der schon erwähnten Werke wurde von den beiden Cavallini in Livorno 1644 eine Sammlung von Karten angefertigt; ebenso die des Nicholas Comberford vom „Redcliffe" 1687, in der einige Lokalitäten nach abermaligen Untersuchungen correcter dargestellt sind; ferner die der Küste Cataloniens vom Jahre 1650, von der sich das Original, auf 5 Blättern, im britischen Museum befindet (Royal, LXXVIII., 31.) Endlich erschien auch der Wegweiser des Francesco-Maria Levanto und wurde sogleich bei Rhedern und Lootsen zu einem sehr beliebten Handbuch. Es führt den Titel: Prima parte dello specchio del mare, nel quale si descrivono tutti li porti, spiaggie, baje, isole, scogli, e seccagne del Mediterraneo. Dato in luce 1664. [467])

Im Jahre 1679 begann die französische Regierung ihre ganze Aufmerksamkeit auf eine nähere Bekanntschaft mit der Schiffahrt im Mm. zu richten; in Folge dessen wurden die französischen Flottencapitaine Cagolin und Chevalier mit einigen einsichtsvollen Ingenieuren an die Küsten Spaniens und Italiens, ferner in das adriatische Meer und den Archipel abgesandt. Man hat aber nie von einer besonderen Förderung der Hydrographie durch diese Reisen gehört, es müsste denn sein, dass R. Bougard, Maître de Navire, welcher 1684 sein Petit Flambeau de la Mer, ou le véritable Guide des Pilotes Côtiers herausgab, ebenso wie die maltesischen Piloten Olivier, Michelot und Therin, welche die erste gestochene Karte des Mm. 1689 lieferten, zu den französischen Documenten Zugang erhielten. Der Chevalier de Tourville richtete am 22. December 1685 an den Marineminister einen Brief, worin er auf das dringende Bedürfniss einer bessern Mittelmeerkarte hinwies, da alle vorhandenen nicht genügten. Seine Vorschläge zur Messung so wie die Massregeln, welche er zu deren Ausführung getroffen zu sehen wünscht, sind freilich sehr undeutlich ausgedrückt. Die Karten Olivier's und Berthelots sind noch nach altem System (oder eigentlich ohne System) gezeichnete Plankarten und mit Fehlern angefüllt. „Dans beaucoup d'endroits," sagt M. de Chabert, „ces défauts en latitude alloient à plus d'un demi degré: dans la plupart il n'y avait pas seulement une échelle de latitude, et que sans s'embarrasser de la situation des différentes terres par rapport au ciel, elles étoient placées à peu-près dans leurs distances grossièrement estimées, et dans leurs directions, suivant la boussole, dont la déclinaison étoit mal connue ou absolument ignorée."

Im Jahre 1686 und in den beiden folgenden Jahren verbesserte M. Mathieu de Chazelles, Hydrograph der Galeeren zu Marseille verschiedene Punkte an der Südküste Frankreichs und empfahl sich dadurch den Behörden in solchem Grade, dass ihm der Auftrag wurde, nach Griechenland, der Türkei und Aegypten 1693 eine wissenschaftliche Expedition zu unternehmen. Er besorgte zahlreiche Messungen in der Absicht, einen allgemeinen Mittelmeer-Atlas auf 32 Bogen zu entwerfen und nach seiner Rückkehr wurde sein Plan von

---

[467]) Dieser Folioband liegt den englischen Wapping-Karten zu Grunde. Thornton, Hack, Gascoyne, Page, Mountain und Andre haben ihn benutzt, während die gleichzeitig in Holland veröffentlichten Werke z. B. l'Europe marine von Ulas Bloem und le Monde Aquatique von Peter Goos offenbar die italienischen Portolani ausschrieben.

der Academie der Wissenschaften gebilligt. Aber eine langwierige
Krankheit verhinderte die Ausführung und er starb am 16. Januar
1710. Mittlerweile hatte Henri Michelot, Pilote Hauturier sur les
Galères du Roi, nach seinen 30jährigen Erfahrungen einen kurzen
Wegweiser für Mittelmeerfahrer veröffentlicht, welcher, obgleich Crescentio und Gorgoglione in ihm sehr stark benutzt sind, bei den französischen und englischen Seeleuten sehr beliebt wurde und von den
französischen Küstenfahrern noch heute benutzt wird. Er erlebte
verschiedene Auflagen. Der Père Baudrand, der Concurrent Sansons
veröffentlichte das Fürstenthum Catalonien und die Grafschaft Roussillon, 1693, auf 2 Bogen.

Auch die Italiener haben die hydrographischen Studien — wie
zahlreiche Documente und Bände in ihren Bibliotheken beweisen —
keineswegs vernachlässigt, sich aber über die damaligen Ideen und
Methoden in keiner Beziehung zu erheben verstanden. Von 1685
bis 1718 waren verschiedene geographische Arbeiten des thätigen
venetianischen Kosmographen Padre Vincenzo Coronelli — z. B. der
Atlante Veneto-Morea-Isolario — sehr verbreitet; sie waren auch
wirklich reichhaltige Fundgruben der damaligen Kenntnisse. Einige
Tafeln sind zugleich Karten und Abbildungen, so dass sie trotz ihrer
rohen oder selbst incorrecten Zeichnung die dargestellten Gegenstände
zugleich veranschaulichen. Die grosse Menge von Anhängen und
Beilagen, die viel wichtiges und interessantes Material enthalten,
zeigt, dass bei der Vollendung dieses bedeutenden Werkes keine
Kosten gescheut wurden. In der That wurden die Anstrengungen
dieses sehr eifrigen Compilators durch die Ermuthigung und Unterstützung der Dogen und Nobili von Venedig, sowie der Gli Argonauti
genannten Gesellschaft wesentlich gefördert, so dass er mehr als 400
Karten nebst reichhaltigen Erklärungen herausgeben konnte. Einer
seiner Mitarbeiter, Paolo Gerardo, gab ein die Fahrstrasse längs der
Ostküste des adriatischen Meeres und von da quer durch den Archipel
nach dem heiligen Lande behandelndes Buch heraus. Die übrigen
Küsten werden nur sehr oberflächlich behandelt und im Archipelagus
beschränkt sich die Angabe auf eine Aufzählung der Curse und der
Distanzen von Insel zu Insel. Ein Exemplar des Werkes befindet
sich in der Bodleianischen Bibliothek in Oxford. [468])

---

[468]) Der Titel lautet: Il Portulano del Mare; nel quale si dichiara minuta-
mente del sito di tutti i porti quali sono da Venetia in levante, e in ponente.
Venetia MDCXCIX. Das Buch war damals schon „ristampato."

1699 wurde der bekannte und die Wissenschaft vielfach fördernde
Astronom le Père Feuillée von Ludwig XIV. in Begleitung des damals 22jährigen Jacques Cassini — desselben, der später Newtons
Ansicht von der Gestalt der Erde bekämpfte — zu einer wissenschaftlichen Expedition nach dem Orient ausgesandt. Es war ihnen
die Aufgabe gestellt, die Lage verschiedener Städte und Häfen genau
zu bestimmen und überhaupt auf jede mögliche Weise zur Förderung
der Nautik beizutragen. Obgleich es nun beiden Gelehrten gewiss
nicht an Talent und theoretischem Wissen fehlte, so entsprachen
doch die wenigen zum Vorschein kommenden Resultate der Erwartung
der Praktiker keineswegs und man vermuthete sogar, dass manche werthvolle Mittheilung auf höhern Befehl zurückgehalten wurde. In demselben Jahre veröffentlichte M. d'Ablancourt auf Befehl des Königs von
Portugal eine Karte der Strasse von Gibraltar, welche, nach den sorg-
fältigsten Beobachtungen der erfahrensten Seeleute und Ingenieure
gezeichnet, jeden Ankerplatz genau angeben soll. M. d'Ablancourt
war von französischer Abkunft und behauptete selbst von der Familie
Perrot abzustammen; jedenfalls scheint er ein bedeutenderer Hydrograph gewesen zu sein als einige andere Franzosen seiner Zeit, welche
wir als blosse Compilatoren hier übergehen.

Obgleich der Verkehr der Engländer auf dem Mm. damals
noch sehr beschränkt war, so bearbeiteten sie doch auch schon
damals das Gebiet der mittelländischen Hydrographie. Charles
Wyld, dessen grosser Plan der Rhede und des Hafens von
Cephalonia im britischen Museum aufbewahrt wird (Sloane, 2439,
fol. 29, 6.) schrieb 1673 eine Reihe von Bemerkungen über die
ionischen Inseln und die Küste von Albanien nieder, von denen einige
in den Besitz des John Hawkins (zu Bignor Park) kamen, der jene
Gegenden genau durchforscht hat. Der Capitain John Kempthorne,
welcher den Dover (48) befehligte, scheint mit ausdrücklicher Sen-
dung dieses Meer durchkreuzt zu haben, da sich in der königlichen
Sammlung des Museums eine Reihe von Plänen und Ansichten von
Cadix, Tarifa, Gibraltar, Genua, Livorno, Neapel, einzelner Theile
Siciliens, von Malta und den griechischen Inseln vorfindet, welche
zwischen 1685 und 1688 entstanden sein muss. Ein grosser von
Sir Nicholas Miller kurz darauf geschriebener Folioband ist zwar
ziemlich roh ausgeführt, aber dennoch beachtenswerth, da er nicht
nur viele für Schiffer wichtige Anweisungen, sondern auch Ansichten
von Vorgebirgen und Zeichnungen von Häfen an den Küsten und
Inseln des Mm. enthält. Aber der thätigste und wohl auch der

begabteste Forscher jener Zeit war Edmund Dummer, der viele
Specialmessungen und Aufnahmen besorgte, welche offenbar von den
Compilatoren des englischen Quarter - Waggoner [469]) benutzt wurden
und für welche er mit dem Posten eines „Surveyor and Commissioner
of the navy" belohnt wurde. Dummer war in dem Woolwich (54),
den der Capitain William Houlden (Houlding nach dem Akrostichon
in Kaplan Teonge's unterhaltendem Tagebuch), selbst ein erfahrener
Mittelmeerfahrer, befehligte, ausgesandt worden. In diesem Schiff besuchte er die Küsten Spaniens, Frankreichs, Italiens, Griechenlands
und vieler Inseln. Im britischen Museum (Royal MS. 40.) befindet
sich ein Folioband, der seine Thätigkeit und Beobachtungsgabe rühm-
lichst bezeugt. [470])

Zu Anfang des 18. Jahrhunderts richtete der deutsche Kaiser an
die englische Regierung ein ähnliches Verlangen, wie es 1817 an
den Admiral Smyth gestellt wurde; nähmlich ein englischer Flottenoffizier möge bei der Aufnahme der Häfen Istriens und Dalmatiens
behülflich sein und zugleich die Auswahl eines sichern und passenden
Hafens an den österreichischen Küstenstrichen des adriatischen Meeres
ins Auge fassen. Bei dieser Gelegenheit wählte die Königin Anna
den Doctor Halley aus, der schon das Patent eines Capitains in der
königl. Flotte besass, obgleich damals Männer wie Swanton, Fairfax,
Trevanion, Haddock, Saunders, Wager, Harlow in activem Dienst
standen und der verdienstvolle Dampier — der auch bereits ein
Capitainspatent hatte — sogar unbeschäftigt war. Im Jahre 1702
waren alle Vorbereitungen getroffen; Halley reiste nach dem Mm. ab
und löste dort die ihm gestellte Aufgabe so vollkommen, dass der
Kaiser ihm von seinem eigenen Finger einen werthvollen Diamant-
ring schenkte und der Königin in einem besondern Schreiben dankte.

---

[469]) Dies ist der letzte Theil eines dicken Bandes, welcher lange für das neplus
ultra nautischer Hydrographie galt, dergestalt, dass die amtlichen Nachrichten der
Capitaine und Schiffsherren, indem sie bescheinigten, dass keine Verbesserung an
den Karten gemacht worden sei, gewöhnlich angaben, dass ihnen nichts, was nicht
schon im General-Quarter-Waggoner stände, aufgestossen sei. Im 17. Jahrhundert
pflegte man dergleichen Bücher mit Karten im gewöhnlichen Leben Waggoners zu
nennen — möglicherweise corrumpirt aus dem Namen Lucas Jansz Wagenær, Verfasser des Spieghel dee Zeevært oder Spiegels der Schiffahrt, der 1585 in Leyden
herausgekommen war.

[470]) Jenes Buch führt den Titel: A Voyage into the Mediterranean Seas, con-
taining by way of journal, the views and descriptions of such remarkable lands,
cities, towns, and arsenals, their several planes and fortifications, with divers per-
spectives of particular buildings, which came within the compass of the said voyage:
together with the description of twenty-four sorts of vessells of common use in those
seas, designed in measurable parts, with an artificial show of their bodies, not before
so accurately done. Finished in the year 1685, by Edmund Dummer.

Als Smyth in der Aid dieselben Gegenden durchforschte, so suchte er durch die Vermittlung österreichischer Flottenoffiziere wo möglich eine Einsicht in die gepriesenen Arbeiten seines Vorgängers zu erlangen; aber er erfuhr nur, dass sie möglicherweise in die Abgründe der wiener Archive versunken seien.

1708 suchten sich die Jesuiten unter den Auspicien eines scharfsinnigen und mächtigen Ordensmitgliedes, des Père de la Chaise aus gewissen mit Avignon in Verbindung stehenden Absichten, durch die Vermittlung des Ministers, Grafen Pontechartrain, die Erlaubniss auszuwirken, an der Küste der Provence weit ausgedehnte Messungen vorzunehmen. Ihre Bitten wurden gewährt und sie machten sich, wie es schien, mit grosser Energie an die Ausführung ihres Planes, aber die Resultate wurden nie veröffentlicht. Gleichzeitig mit diesem Unternehmen war der Señor Diego Cuelbis beschäftigt, seinen Thesoro Chorographico von Spanien und Portugal abzufassen, von dem sich ein geschriebenes mit Federskizzen illustrirtes Exemplar im britischen Museum befindet (Harl. 3822.) Kurz darauf veröffentlichte Sebastian Gorgoglione, ein geschickter Lootse aus Genua, sein bekanntes Portolano del Mare Mediterraneo, ein Werk, welches bald bei den Seeleuten allgemein beliebt wurde, verschiedene Ausgaben erlebte und noch immer von den Cabotiers oder Küstenfahrern häufig benutzt wird. Die erste Ausgabe, welche Admiral Smyth (in seinen Nachsuchungen von General Visconti in Neapel unterstützt) auftreiben konnte, führt nach keinem geringern Gewährsmann als dem Admiral Angelo Emo, dem letzten Seehelden der Republik Venedig, den Titel la veritabile e luminosissima face del mare. [471])

Die nächste Schrift, welche entschiedenen Erfolg hatte, war ein 1732 von dem Piloten der königlich französischen Galeeren, Ayrouaud, geschriebenes Werk. Es ist ein Buch über die Mittelmeerhäfen, Busen und Rheden, mit Ansichten der bedeutendsten Vorgebirge und reconnaissances des attérages (der Anländen). Die Ansichten sind so grob ausgeführt, dass man wahrlich keine einzige wieder erkennt, wenn man etwa Wright (s. u.) dagegen hält. Ueberhaupt ist die ganze Arbeit nur ein Réchauffé aller frühern; dennoch halten sie die Lootsen der Gegend für eine treffliche Zugabe zum Gorgoglione. Der Beifall, den sich dieses Werk beim Publikum errang, veranlasste den Marquis d'Albert — der, obgleich noch sehr jung, damals dem hydrographi-

---

[471]) Die besten Ausgaben sind erschienen: 1) Neapel 1717, 2) Neapel 1726. 3) Pisa 1771, 4) Livorno 1799, 5) Livorno 1815.

schen Depot vorstand — 1737 einen Versuch zu machen, das Projekt
des Herrn von Chazelles wieder ins Leben zu rufen; aber das Resultat
seiner Bemühungen war eine so schlechte Karte, dass die Herausgeber
sich gedrungen fühlten, anzukündigen, dass sie von der Vollkommenheit, welcher ein solches Werk sich nähern müsse, weit entfernt sei.

Der Nächste, welcher auf diesem Felde eine bedeutende Thätigkeit entwickelte, war der Marquis de Chabert, ein sehr intelligenter
französischer Flottenoffizier. Derselbe legte der königl. Academie der
Wissenschaft eine sehr gründliche Arbeit über den Zustand der mittelländischen Hydrographie vor, und diese Abhandlung wurde in den
Memoiren derselben abgedruckt (1759 S. 484.) Chabert macht hier
den Vorschlag, dass für das Mm. „une suite de Cartes exactes accom-
pagnées d'un Portulan," mit Vermeidung aller Fehler der frühern, „qui
ne méritoient pas le nom de Cartes," gebildet werden möchte. Der
damalige Marineminister Rouillé ergriff diese Idee lebhaft und sandte
Chabert zu einer grossen wissenschaftlichen Reise aus. Er segelte
auch wirklich aus und besuchte viele Theile des Orients, aber die
gelehrte Welt hat nichts von seinen Forschungen erfahren. 1764
setzte er diese Messungen fort und wurde unter dem Ministerium des
Herzogs von Choiseul nochmals zur Berichtigung der Karten ausgesandt. Aber obgleich, oder vielleicht weil dieser wissenschaftliche
Kreuzzug viel Geld kostete, wurden die Resultate nicht veröffentlicht;
sie mögen indess indirekt zur Verbesserung der Karten benutzt
worden sein. Wenigstens soll A. Drury bei Anfertigung seiner Karte
der Besitzungen des Königs von Sardinien, nebst der Republik Genua
(1765. 12 Blatt) zu allen Documenten im Kartendepot zu Paris Zugang gehabt haben. 1771 unternahm der Marquis noch eine Reise,
um verschiedene Positionen auf dem Archipel zu bestimmen. Er hatte
bei dieser Gelegenheit Ferd. Berthoud's Chronometer No. 3 mitge-
nommen, welcher während der Reise des Abbé Chappé nach Kalifor-
nien gute Dienste geleistet hatte. Den letzten [472]) Feldzug unternahm
er 1775 mit 2 Berthoudschen Uhren und, wie es heisst, mit vielem

---

[472]) Viele haben diese vierte wissenschaftliche Reise Chaberts seine letzte genannt; aber im britischen Museum (Add. MS. 15, 326, 14) findet sich zufällig ein
Plan vor mit dem Titel: Plan du passage de l'isle Longue, ou Mavro Nisi, à la côte
orientale de la Attique, où se trouve le mouillage de la Mandri, levé en 1787, par
M. le Marquis de Chabert. Dies beweist übrigens immer noch nicht, dass Chabert
eine fünfte Reise nach dem Mm. unternommen hat, um so weniger, als derselbe bekanntlich dem nordamerikanischen Kriege beiwohnte und gerade 1787 nach der
Schlacht in der Chesapeakbai Befehlshaber eines Geschwaders wurde. Nach dem
Ausbruch der Revolution ging Chabert nach England, kehrte erst 1802 nach Frankreich zurück und starb, 81 Jahr alt, zu Paris.

Erfolg. Aber die Histoire de la Mesure du Temps sagt darüber: Ce travail très-étendu n'a pas été publié.

Zu derselben Zeit, wo sich dieser Edelmann um die Hydrographie des Mm. Verdienste erwarb, veröffentlichte der französische Marine-Ingenieur Sieur Bellin [473]) eine Beschreibung des Golfs von Venedig, der Halbinsel von Morea, sein Corsika und seinen sorgfältig ausgearbeiteten grossen Atlas. Der letztere übertrifft bei fleissiger Benutzung aller frühern Arbeiten alle gleichzeitigen Pläne und Aufnahmen, obgleich die Manier des Stiches eben so grob ist als die damals überall gewöhnliche. Jedenfalls darf er in einer einigermassen vollständigen Sammlung von Mittelmeer-Karten nicht fehlen. Um sich ein Exemplar dieses Atlasses zu verschaffen und überhaupt möglichst viele Pläne der Mittelmeerhäfen um jeden Preis zu kaufen, entschloss sich Lord Camelford im Winter 1798, selbst nach Paris zu gehen, während sein Schiff, der Charon (44), in Woolwich ausgerüstet und bemannt wurde; dieser sonderbare Entschluss führte dazu, dass er in Dover verhaftet und ihm sein Schiff genommen wurde, worauf er unwillig den Flottendienst aufgab.

Mittlerweile legte Cassini de Thury sein grossartiges trigonometrisches Netz über Frankreich. So gross aber auch seine Verdienste sein mögen und so genau sein Verfahren der geometrischen Projection im Einzelnen war, so kann doch nicht verschwiegen werden, dass sein Umriss der französischen Mittelmeerküste weder ganz richtig, noch durchweg gut gezeichnet ist, was man von einem so bedeutenden Mathematiker nicht erwarten sollte. Im Jahre 1780 bis 1785 wurden mehrere recht brauchbare Karten der Südküste Frankreichs von französischen Zeichnern in Paris veröffentlicht. Wenn dieselben aber, wie es hiess, amtliche Documente benutzt haben wollten, so entsprechen sie nicht ganz den für diesen Fall an sie gestellten Anforderungen. Baron Zach machte ferner bei seinen verschiedenen Reisen nach dem südlichen Frankreich in den Jahren 1785 bis 1803 viel astronomische und geodætische Beobachtungen in Marseille, Toulon und auf den hyerischen Inseln. [474]) Er klagt, dass englische Flotten

---

[473]) Jacques Nicholas Bellin ward zu Paris 1703 geb. und starb daselbst 1772. Er war auch Censeur Royal und Mitglied der königl. Gesellschaft zu London. Seine vorzüglichsten Werke sind: Le petit atlas maritime ou recueil des cartes et plans des quatre parties du monde; Paris 1764, 5 Bde. 4.; le Neptune françois, ou recueil de cartes marines, ebend. 1753, Fol.; l'hydrographie françoise, ou recueil de cartes dressées, ou dépôt des plans de la marine, Paris 1752—1804, 2 Bde. fol.

[474]) Man findet hierüber viele Mitheilungen in Zach's menatlicher Correspondenz zur Beförderung der Erd- und Himmelskunde namentlich im 13. und 14. Bande

und französische Verdächtigungen ihn daran verhindert hätten, seinen
Arbeiten eine grössere Ausdehnung zu geben. 1792 gab das fran-
zösische. Marinedepot eine sehr brauchbare Karte der Gegend von der
Rhonemündung bis zu dem jetzt vielbesprochenen Villa Franca heraus,
dem Massstabe nach gegen die Cassinische ungefähr dreifach verkleinert.   Diese Karte wurde bald allgemein bekannt; sie zeigt einen
entschiedenen Fortschritt in der Chartographie, namentlich in der
Feinheit des Stichs, ist aber doch nicht frei von sehr bedenklichen
Fehlern.
    Während dieser Operationen waren verschiedene Messungen auf
Veranlassung und unter Leitung des Grafen von Choiseul Gouffier
vorgenommen worden, der sich durch seine antiquarischen und künst-
lerischen Untersuchungen so berühmt gemacht hat, und verschiedene
Ankerplätze der Levante wurden durch englische Seeoffiziere — z. B.
Clancy, Kirby, Atkinson, Capt. John Stewart (von der Fregatte Sea-
horse) — genauer untersucht, aber zur Verbesserung der Karten trugen
sie nur wenig bei. Ganze Schwärme, namentlich englischer Touristen,
zogen nach jenen Gestaden; aber die fast zahllosen Bände, die sie
drucken liessen, trugen zur Bereicherung der Wissenschaft, wenngleich
sie im Allgemeinen lehrreich sind, auch wohl manche interessante
Streitfrage berühren und namentlich viele sorgfältig gezeichnete Ansichten enthalten, im Verhältniss wenig bei. Die hydrographische
Kenntniss ist durch alle diese Abenteurer fast gar nicht gefördert
worden.   Die für diese Zwecke wahrhaft fruchtbringenden Reisen
fallen in die neueste Zeit und sind namentlich von deutschen Gelehrten unternommen worden.
    Zu derselben Zeit, wo der Graf von Choiseul Gouffier in Grie-
chenland seine Messungen vornahm, wurde Süditalien von einem
Corps von Ingenieuren und Zeichnern aufgenommen, unter der Leitung
des G. A. Rizzi Zannoni, eines geschickten und beim König Ferdinand
in hoher Gunst stehenden Mannes, dessen Befähigung indess wohl etwas
überschätzt worden ist.   Die Arbeit wurde nach einem sehr grossartig
angelegten Plane vorgenommen und schien der dabei entfalteten
Thätigkeit würdig zu werden; aber die Resultate zeigten sich doch
nicht so genau, als man den bedeutenden darauf verwandten Kosten
nach erwarten konnte.   Nach Jahrelanger Arbeit, zu Land und zu
Wasser, veröffentlichte Zannoni einen kostbaren, die Küsten Neapels

---

(1806). In dem letztern ist auch die vom Herzog Ernst von Sachsen-Gotha 1787
in Hyères erbaute Sternwarte abgebildet. Auch Zach weist in der Cassinischen Messung mehrere Ungenauigkeiten nach.

und Calabriens auf 23 gross und trefflich gestochenen Platten umfassenden Band unter dem Titel: Atlante Marittimo delle due Sicilie; das eigentliche Sicilien jenseit der Strasse von Messina war aber darin nicht behandelt. Der innere Raum wurde durch dieselben Geodæten ebenfalls chartirt und von Nicholas de Guerra gestochen. Diese beiden Atlanten bilden die Hauptgrundlage der grossen Carte Générale des Royaumes de Naples, Sicile, et Sardaigne, welche Bacler Dalbe 1802 veröffentlichte. Schon 4 Jahre früher war eine Karte des adriatischen Meeres auf 19 Tafeln zu Venedig als eine von Zannoni und Vincenzo di Luccio gemeinschaftlich besorgte Arbeit publicirt worden. Der letztere war der Pilot des Dogen und hatte 14 Jahre lang die dortigen Gewässer zu seinen hydrographischen Zwecken durchforscht; aber obgleich er 413 Untiefen und 410 kleine Inseln, die noch auf keiner Karte zu finden waren, zuerst aufgezeichnet und die Richtung und Variation aller Strömungen in den Gegenden „der gefährlichen Schiffahrt," wie er sagt, bestimmt haben soll, so ist doch Admiral Smyth von seinem Werke keineswegs erbaut und findet auch hier arge Versehen. [475]

Keine seefahrende Nation hatte gegen das Ende des vorigen und zu Anfang des 19. Jahrhunderts eine so grosse Reihe ausgezeichneter Karten veröffentlicht, wie die Spanier. Joachim, Luyando, Malespina, Ciscar, Bauzà, Ferrar, Espinosa und Andere verbreiteten Kenntnisse in der Navigation über alle Küstengegenden Europas und selbst von den Engländern wurden diese spanischen Arbeiten sehr hoch geschätzt. 1783 wurde, nach gehöriger Vorbereitung, eine geodætische Aufnahme der gesammten Küstenlinien Spaniens (sowohl am atlantischen, als am mittelländischen Meere) von der spanischen Regierung angeordnet. Diese wurden von den Cadetten der Seeacademien unter der Leitung des Don Vincente Tofiño de San Miguel ausgeführt und die schön gravirten Karten der Küsten und Häfen, die nach Zeichnungen in grösserem Massstabe reducirt sind, bilden eine elegante Sammlung in 2 Foliobänden, den sogenannten Atlas Maritimo de España, dem eine Beschreibung der Küsten und ein Wegweiser für Schiffer in diesen Meeren in 2 Quartbänden unter dem Titel: Derrotero (routier) de las Costas de España (Madrid, 1789) beigegeben ist. [476]

---

[475] Noch einige Notizen über italienische Seekarten findet man in Dr. Petermanns Mittheilungen, 1857. I., S. 18 flg.

[476] Durch eine reducirte und mit Anmerkungen versehene englische Ausgabe J. Dougall: España maritima, or Spanish coasting Pilot. Quartband von 296 S.

Die spanischen Hydrographen dehnten dann ihre Studien auch auf andere Küsten aus und brachten auf deren Karten eben so zahlreiche als werthvolle Verbesserungen an. 1802 verschafften sich Don Dionysio Alcala Galiano und Don Josef Maria de Salazar verschiedene chronometrische Differenzen zwischen wichtigen Stationspunkten; zugleich bestimmten sie viele Punkte an den Dardanellen, bei Konstantinopel, Smyrna, in Candia und auf der Nordküste Afrikas. Nach diesen Arbeiten wurde die damals beste Karte des Mm. zusammengestellt und 1804 veröffentlicht. [477]) Aber die Schlacht von Trafalgar machte plötzlich den wissenschaftlichen Bestrebungen der Spanier ein Ende; denn es traf sich unglücklicherweise, dass die einzigen auf der spanischen Flotte während des entscheidenden Kampfes am 21. Oktober getödteten Capitaine gerade die ausgezeichnetsten Chartographen waren, welche Spanien damals besass, nämlich Galiano (auf der Bahama) (74), Alcedo (auf dem Montenez) (74), und Chirucco (auf dem San-Juan Nepomuceno) (74).

Die politischen Ereignisse hatten unterdess indirekt dazu beigetragen, die Engländer mit dem Orient näher bekannt zu machen und die Lord-Commissäre der Admiralität wurden von mehreren Seiten darauf aufmerksam gemacht, dass einige Theile der östlichen Gewässer noch durchaus nicht genau durchforscht seien. Da es nun namentlich wichtig erschien, über die nautischen Hülfsquellen Kleinasiens klar zu werden, so beschloss die Admiralität eine. Fregatte auszusenden, um in jenen Meeren genaue Detailaufnahmen zu besorgen. Bei dieser Gelegenheit traf es sich sehr glücklich für das intellektuelle und Amtsansehen der Flotte, dass gerade die Fredericksteen (32) unter dem Commando des kenntnissreichen Seemanns François Beaufort im Archipel stationirt war und daher zu diesem Geschäft auserlesen wurde; denn es gab keinen Offizier, der sich besser dazu geeignet hätte, die Hydrographie dieser Gegenden zu vervollkommnen und die herrlichen Reste antiken Lebens an jenen interessanten Küsten zu beschreiben. Diese im Juli 1811 begonnenen Vermessungen wurden eifrigst fortgesetzt, bis sie unglücklicherweise am 20. Juni 1812 dadurch beendet wurden, dass Capitain Beaufort von einer Bande von

---

und 28 Plänen. London 1812) ist dieser Tofiñosche Atlas allgemeiner zugänglich gemacht und bis auf den heutigen Tag in gerechter. Anerkennung seines Werthes erhalten worden.

[477]) Sie führt den Titel: Carta esférica que comprehende las costas de Italia, las del Mar Adriático, desde Cabo Vénere hasta las islas Sapiencia en la Morea, y las correspondientes de Africa, parte de las islas de Corcega, y Cerdeña, con las demas que comprehende este mar, ec.

Meuchelmördern zu Ayyas, einer Bucht an der Nordseite des Golfs
von Iskenderún gefährlich verwundet wurde. Ungeachtet der durch
diesen traurigen Fall veranlassten Störung und Unterbrechung erschienen doch als Früchte seiner Mission ein systematisch geordneter Atlas
von Karten und Plänen, ein nautisches „Memoir" derselben und eine
Beschreibung Karamaniens, alles Arbeiten von- solchem Verdienste, dass
Indocti discant et ament meminisse periti.

Wir haben somit unsern flüchtigen Ueberblick der auf das Mm.
bezüglichen geographischen Leistungen bis auf den Anfang des 19.
Jahrhunderts ausgedehnt. · Obgleich die Hydrographie gleichsam in
dem Mm. entstanden ist, obgleich ferner sowohl die Lokalkenntniss
einsichtsvoller Seefahrer und Piloten, als die Theorien tiefdenkender
Mathematiker sie vielfach förderten, so ist doch die genauere Bekanntschaft und · Vertrautheit mit den dortigen Gewässern und Küsten,
so wie die Möglichkeit, eine solche Darstellung wie die vorliegende
überhaupt nur wagen zu können, wesentlich ein Produkt der genauern
und umfassenderen Beobachtungen der neuesten Zeit d. h. etwa der
letzten 50 Jahre. Aus vielen Belegen, die wir für unsere Behauptung
beibringen könnten, führen wir nur den einen Fall nochmals an, dass
die Engländer im Winter 1800 bei der ægyptischen Expedition,
nachdem sie mit einem heftigen Sturm eine Weile gekämpft hatten,
sich noch wundern konnten, plötzlich in einen der schönsten
Häfen der Welt, die Bai von Mermerícheh eingefahren zu sein, von
der noch keine Seele auf der ganzen Kriegsflotte gehört hatte. (Vgl.
S. oben.) Dem heutigen Chartographen kann ein solcher Hafen nicht
mehr entgehen. Man findet nicht bloss die Häfen, sondern auch in
allen irgend brauchbaren die Tiefenangaben. Eine immer vollständiger
werdende Reihe von Punkten ist chronometrisch und durch Polhöhe-
messungen bestimmt, die Leuchtthürme nehmen an Zahl und Licht-
stärke immer mehr zu, zahlreichere Bojen und Baaken sind an vielen
Orten ausgestellt und besser placirt, und so fördert eine von Tag zu
Tag wachsende Menge von Hülfsmitteln die Geschicklichkeit und
Sicherheit des Seefahrers, der derselben um so mehr bedürfen wird,
wenn sich, wie dies alle südeuropäischen Staaten und namentlich
auch Oesterreich wünschen muss, durch die Landenge von Suez eine
neue Seestrasse öffnen sollte.

Wenn wir nach den Gründen forschen, warum die Hydrographie
des Mm., namentlich in den von den Haupthandelsplätzen entfernten
Theilen, so lange auf einer tiefen Stufe stehen bleiben konnte, so finden
wir sie zunächst in den beständigen, Jahrhunderte anhaltenden Kämpfen

zwischen Kreuz und Halbmond, in welchen jeder Niederlage Sclaverei
und Elend folgte. Ausserdem wurde die Navigationskunde durch den
Umstand wesentlich beeinträchtigt, dass die Lootsenkunst in die zwei
Hauptzweige, die navigazione di altura (Schiffahrt auf offener See)
und den cabottaggio (Küstenschiffahrt), zerfiel und überdies die zweite
im Verhältniss zur ersten sehr tief gestellt und missachtet wurde.
Durch diese Trennung von mancherlei Beobachtungen und Forschungen,
die in der Wirklichkeit zu einem Ganzen hätten verbunden werden
sollen, wurden die Gesammtfortschritte der Hydrographie gehindert,
wenigstens verzögert. Während eine kleine Zahl tüchtiger Seeleute
alle Mühe darauf wandte, die Distanzen und Curse wenigstens für die
wichtigern Punkte genau zu bestimmen und dadurch zugleich die
Längen und Breiten zu fixiren, begnügte sich die grosse Masse mit
den Angaben des Senkbleis, des Mastwächters und der gedruckten
Seereisebücher. Diesen Uebelständen und dazu den politischen Eifer-
süchteleien und der oft äusserst störenden Opposition übereifriger
Quarantänewächter ist die Schuld beizumessen, wenn ein an sich
nicht sehr grosses, aber vom geographischen wie vom commerciellen
Standpunkte aus äusserst bedeutendes Meer, dem seit den frühesten
Zeiten das Interesse der cultivirten Welt sich zugewandt hat, so
lange Zeit verhältnissmässig so wenig bekannt bleiben konnte, so dass
noch im Jahre 1800 Häfen in ihm entdeckt werden konnten und dass
es mehr als 50 Jahr später keine leichte Arbeit war, wenigstens ein
ungefähres Bild des unterseeischen Bassins zu entwerfen, wie dies
unsere Tafeln I., II. und III. zeigen.

Dennoch war in dem Lauf der Zeiten viel erreicht und für den
grössern Theil dessen, was unvollendet blieb, fehlt es nicht an Ent-
schuldigungsgründen; wägt man die Verdienste der Vorarbeiten auf
diesem Gebiete, so muss man die letztern chronologisch betrachten,
denn die Chartographie ist eine ganz eigenthümlich progressive Kunst,
die nur durch eine fortwährende Verbesserung der Irrthümer der
Vollkommenheit nachstrebt. Ferner kann der Umriss einer Küste, die
Tiefe der Gewässer, welche sie bespülen und die Oberfläche des anstossenden Landes selbst während eines einzelnen Jahrhunderts durch
vulkanische und elektrische Einwirkungen, sowie durch Winde, Temperatur, Druck und überhaupt durch die verschiedenen atmosphärischen
Einflüsse sehr auffallende Veränderungen erleiden. Aber auch damit
ist nur ein kleiner Theil der hierbei thätigen Kräfte angedeutet. Es
wirken ausserdem noch Ebbe und Fluth, mancherlei lokale Erscheinungen, die von Menschenhand ausgeführten Werke, ausserordentliche

Erschütterungen zu Land und zu Wasser, Vordringen des Landes in das Meer oder umgekehrt Eindringen des Meeres in das Land, Einsinken der Berge oder Erhebung der Ebenen und überhaupt das auch in unserem Erdball überall pulsirende Leben. Es ist desshalb, so oft es auch geschieht, höchst ungerecht, wenn Geographen die Bestrebungen ihrer Vorarbeiter ohne Schonung verdammen und nicht wenigstens eine kritische Untersuchung derselben (sine ira et studio) vorangehen lassen. Jedes künftige Jahrhundert wird wahrscheinlich, — vielleicht auch mit Hülfe der Photographie — immer ausgezeichnetere Karten hervorbringen, obgleich eine ganz vollkommene Karte — so lange die erwähnten mächtigen und doch meist unsichtbaren Kräfte wirken und so lange unser menschliches Wissen und Vermögen Stückwerk bleibt — nicht denkbar ist. Dies haben Cellarius, Riccioli, Merula, Salmasius nicht bedacht; sie haben vergessen, durch wen die Geographie zu der Würde einer Wissenschaft erhoben wurde und waren allzustreng in ihrem Tadel der ·Versehen eines Ptolemæos und anderer Griechen, anstatt diese der mangelhaften Kenntniss und vor allem den unvollkommenen Instrumenten jener Zeit zuzuschreiben. Sie würden jetzt zu ihrer Beschämung sehen, dass ihre Arbeiten von den Geographen der Gegenwart fast noch schonungsloser beurtheilt und bei Seite geschoben werden; die letztern aber mögen einmal ernstlich erwägen, was wohl 2500 Jahre nach der Geburt des Herrn die gelehrten Geographen zu ihren Arbeiten — namentlich auch zu den gegenwärtig selbst in wissenschaftlicher Form auftretenden Voraussagungen eines baldigen Weltuntergangs sagen werden.

§. 5. Die Vermessungen des Admiral Smyth.

Wir haben durch die vorhergehenden Schilderungen den Zustand zu charakterisiren versucht, in welchem sich die Hydrographie des Mm. befand, als W. H. Smyth zuerst in dem die Flagge des Rear-Admiral Sir Richard Goodwin Keats tragenden Milford (74) aufbrach und geben zunächst einen Auszug aus den Berichten Smyth's über seine eigenen höchst verdienstlichen und ganz neue Bahnen eröffnenden Arbeiten. Nachdem Smyth erzählt hat, dass damals auf den englischen Kriegsschiffen die erbärmlichen Karten von Heather, Norie, Blachford und anderer „ship-chandlers" in officiellem Gebrauch waren, dass die Hafenpläne, welche man besass, kaum für Skizzen in einem Logbuche gelten konnten und dass man höchstens einige vereinzelte Zeichnungen

des Admiral John Knight und der Maddalena-Inseln vom Capitain
G. F. Ryves besass, fährt er fort:

Nachdem ich zu dem Commando eines grossen spanischen Kano-
nenbootes, des Mors aut Gloria am 4. September 1810 berufen worden, war eine der ersten Erwerbungen, die ich durch die Gefälligkeit
des verstorbenen trefflichen Admiral Valdes zu machen Gelegenheit
fand, die oben erwähnte Küstenvermessung des Don Vicente Tofiño.
Wenngleich ich aber durch die Ausführung und das fleissig ausge-
arbeitete Detail dieser schönen Arbeit sehr befriedigt war, so konnte
ich doch nicht umhin, bald zu bemerken, dass dieselbe an manchen
Auslassungen und Versehen leidet und zwischen jener Zeit und dem
Ende des Jahres 1812 hatte ich vielfach Gelegenheit die kleinsten
Details zu prüfen und mancherlei Zusätze zu machen. Ich hätte
beides von Anfang an mit mehr Selbstvertrauen und Unbefangenheit
thun sollen, aber ich überschätzte im Anfang die allerdings sehr
werthvolle Arbeit des kenntnissreichen Spaniers und wagte es kaum
sie zu verbessern. Zu den Punkten, über die ich zuerst umfassendere
Prüfungen anstellte, gehörte besonders Cadiz und dessen Umgebung.
In diesen Verbesserungen fuhr ich nachher sowohl ausserhalb der
Strasse von Gibraltar, als an den Mittelmeerküsten Frankreichs und
Spaniens und zwischen den balearischen Inseln auf dem Milford, dem
spanischen Kanonenboot, einem bewaffneten Transportschiff und dem
Rodney (74) fort.

Nach meiner Rückkehr nach England wurde ich im Mai 1813
von meinem Freunde, dem Commodor Sir Robert Hall, ersucht, mich
mit ihm der englisch - sicilianischen Flotille anzuschliessen, welche
damals Sicilien gegen die Franzosen unter Murat vertheidigen sollte.
Vor meiner Abreise berieth ich mich mit dem Hydrographen, Capitain
Hurd, mit dem ich durch meine kurz vorher eingelieferten Beiträge
für sein Departement bekannt geworden war, in Bezug auf den Zustand der Mittelmeerkarten und, nachdem ich mich mit einigen trefflichen Instrumenten versehen hatte, erbot ich mich, für das unter ihm
stehende Depot bei jeder günstigen Gelegenheit so viel zu arbeiten,
als mir meine dienstlichen Pflichten nur irgend erlauben würden.
Indem ich auf diese Weise als nautischer Vermesser meinen Vorrath
an praktischer Kenntniss möglichst zu verwerthen versprach, strebte
ich doch zunächst nur danach, eine Karte zu Stande zu bringen,
welche den Navigationszwecken besser als die damals gebräuch-

lichen [478]) entsprechen möchte; denn ich konnte nicht hoffen, Zeit genug zu erübrigen, um eine Hunderte von Meilen lange Küste mit mathematischer Genauigkeit auf das Papier zu projiciren. Bei dieser Gelegenheit wurden mir die Admiralitätsarchive bereitwilligst eröffnet und meine Forschungen auf jede Weise sowohl von Hurd, als von seinem Assistenten, dem seitdem verstorbenen Mr. Walker und dessen Sohn Michael Walker, der 1853 noch im hydrographischen Departement beschäftigt war, unterstützt.

Nachdem ich die im Archiv vorliegenden Massen von Aktenstücken von Messungen, über deren resp. Verdienste ich kein Urtheil fällen konnte, durchgesehen, so pflichtete ich der bereits vom Capitain Hurd und den Herren Walker ausgesprochenen Meinung völlig bei, dass es vor Allem an geographisch-bestimmten Punkten fehle, um durch dieselben die reichen Sammlungen von Detailmessungen in einen innern, festen Zusammenhang zu bringen. Es erschien Herrn Hurd ganz wohl möglich, aus diesen Detailmessungen allein durch eine geschickte Vereinigung mittelst einer Anzahl nach Länge und Breite höchst genau bestimmter Punkte eine Karte des Mm. zusammenzustellen; aber an solchen Punkten fehlte es noch in dem Grade, dass nicht einmal ein wichtiger Leuchtthurm oder ein Vorgebirge zuverlässig bestimmt war. War doch selbst die Breite der Einfahrt in das adriatische Meer unbekannt! Vor meiner Abfahrt übersandte er mir daher das nachstehende Memorandum als Wegweiser:

Unsere Kenntniss der Küsten und Umgebungen Siciliens ist äusserst mangelhaft. Obgleich sowohl in Palermo als in Neapel und Malta sich Sternwarten befinden, ist doch die Lage keiner einzigen ganz genügend bestimmt. [479]) Wir sind auch von der wahren Lage des wichtigen Maritimo (bei Trapani) nicht unterrichtet, welches, wie erfahrene

---

[478]) Ueber diese Karten nur noch ein paar Bemerkungen! Malte Brun sagt, dass er, sobald er eine Mittelmeerkarte nachsah, stets in mancherlei Zweifel gerieth. Herr von Zach fand, dass die Positionen im indischen Ocean besser festgestellt seien, als die der nordafrikanischen Küste und unter den hydrographischen Bemerkungen in Capitain Beaver's Logbüchern vom Jahre 1801 liest man: „Wir fahren jetzt zwischen den Sporaden und Asien herum, aber können uns auf die Seekarten nicht im Geringsten verlassen, da die Lage keiner Insel genau angegeben ist und viele ganz vergessen sind.“ — „Die Strasse zwischen Samos und den Formiche ist ganz erbärmlich gezeichnet.“ — „Das Land, welches wir gestern Abend als Cap Gallo markirten, muss Matapan gewesen sein, aber die Karten sind alle so miserabel, dass man gar nicht gewiss angeben kann, wo man ist, wenn man nicht nahe heranfährt.“ — „Wir sind jetzt auf der Höhe von Toro, welches wenigstens 13 Meilen südlich von seiner richtigen Breite placirt ist.“ (S. Life of Captain Phil. Beaver, 154.)

[479]) Damit kann doch Hurd nur meinen, dass ihm diese Positionen nicht amtlich mitgetheilt waren und dass er also auch selbst nicht im Stande war, die Länge und Breite dieser Punkte officiell anzugeben.

Offiziere versichern, auf den Karten 20 (engl.) Meilen zu weit nach Westen angegeben ist und Cap Bon, an der afrikanischen Küste, liegt 6—7 Meilen zu weit nach Osten. Wenn dies begründet ist, so erscheint dieser Irrthum höchst bedenklich, da die Esquirques (Skerki), Keith's Riff und verschiedene andere gefährliche und gegenwärtig kaum bekannte Stellen in dem Fahrwasser und ungefähr in gleicher Entfernung von den sicilischen und afrikanischen Küsten liegen.

Alle von mir untersuchten Karten Siciliens weichen von einander ab und da für keine eine besonders gute Autorität vorhanden ist, so ist es fast unmöglich, sich in streitigen Fällen zu entscheiden. Bei einem Theile derselben scheint man auf die Variation der Nadel gar keine Rücksicht genommen zu haben, während diese wieder in angrenzenden Theilen berücksichtigt ist.

Die æolische Gruppe, die Pantellariæ, Ustica und Lampedusa, so wie verschiedene kleinere Inseln sind auf keiner der veröffentlichten Karten genau eingezeichnet und man weiss sehr wenig von ihrer Geschichte, genauen Zahl oder relativen Stellung gegen einander. An der Süd- und Westküste Siciliens sollen einige Untiefen existiren, deren genauere Erforschung verdienstlich sein würde, da in jenen Meeren zu verschiedenen Zeiten Schiffe ohne ihr Verschulden Schaden gelitten haben oder verloren gegangen sind.

Wir haben keine officielle Karte über die Küsten Malta's und Gozzo's; da diese Inseln jetzt dem britischen Reiche zugehören, so wird es nothwendig sein, diese Küsten hydrographisch zu untersuchen und ihre gefährlichen Punkte festzustellen. Die Gestade Sardiniens und Corsikas sind nur unvollkommen bekannt, obgleich wir einige nette Specialpläne ihrer Häfen besitzen; es würde daher sehr wünschenswerth sein, genaue Beobachtungen von den wichtigsten Punkten zu erhalten und die Küsten, soweit als dies ausführbar ist, untersucht zu sehen."

Bei meiner Ankunft in Sicilien gewährte mir Sir Robert Hall — der nicht zu der jetzt so gewöhnlichen Klasse von Seeleuten gehörte, welche die einmal in Gebrauch befindlichen Karten für gut genug halten — freundlich jede Art von Beistand um mich zu den beabsichtigten hydrographischen Forschungen gehörig auszurüsten. Bei genauerer Untersuchung an Ort und Stelle zeigte sich, dass Rizzi Zannoni's grosser Plan des Faro von Messina, den mir Capitain Hurd als einen jedem Bedürfniss des Seemanns vollkommen genügenden eingehändigt hatte, voller Versehen und in seinen Details ungenügend war. Ich bestrebte mich daher, diese interessante Strasse ganz neu zu vermessen, obgleich meine erste Intention nur die chronometrische Messung von Bogen gewesen war. Die mir zu Gebot stehenden Mittel waren ganz zweckentsprechend; ein gutes Schiff mit brauchbarer Mannschaft war mir zugewiesen und die Vorräthe des Arsenals standen zu meiner Verfügung. Ausser 2 ausgezeichneten Chronometern — ein Earnshaw (825), der mir selbst und ein Arnold (807), der der Admiralität gehörte — war ich von dem Seekartenamte mit einem 5zölligen Theodolithen, einem Fernrohr mit Mikrometerschraube, einem Sextanten und einem „Station-pointer" ausgerüstet worden. Mein eigener Vorrath an Messinstrumenten bestand aus einem tragbaren Passageinstrumente, einem 10zölligen Reflexionszirkel mit Ablesung bis auf 20″ im Bogen; einem 9zölligen Quintant, durch den Vernier bis auf 10″ im Bogen getheilt, der nebst Stativ und Gegengewichten von Troughton speziell für mich angefertigt war; ein Inklinatorium und Deklinatorium: ein fein getheilter kreisförmiger Transporteur mit Federspitzen; ein $3\frac{1}{2}$ füssiges achromatisches Fernrohr mit einem Objektiv von $2\frac{3}{4}″$ Durchmesser; ein Gregorianischer Reflektor von 5 Zoll Oeffnung; ein prismatisches Teleskop von Rochon und einige unbedeutendere Instrumente, ein gut calibrirtes Marinebarometer, 3 Sixthermometer und ein Hygrometer nach De Luc nicht zu vergessen.

Die politische Aufregung jener Zeit war die Veranlassung, dass ich fast plötzlich den Befehl erhielt in die Meerestheile zwischen Sicilien, Calabrien und Neapel aufzubrechen. Meine Hauptmessung wurde zwar dadurch unterbrochen, aber ich war dafür im Stande, einige sehr genügende chronometrische Distanzen zu nehmen. Diese brachte ich nach dem Observatorium von Palermo, wo der kenntnissreiche und liebenswürdige Abbate Piazzi [480]) sich mir stets in jeder Beziehung hülfreich zeigte und mich zu einem regelmässigern System astronomischer Beobachtungen, als ich bisher gekannt, anlernte. Auf solche Weise bestimmte ich die Vorgebirge und Landspitzen der Umgegend und recognoscirte die dazwischen liegenden Küstencurven.

Endlich nahmen die öffentlichen Angelegenheiten eine entschiedene Wendung und im Sommer 1814 wurde die Räumung Siciliens durch unsere Armee beschlossen. Da dem Sir Robert Hall das Commando in den canadischen Seen übertragen worden war, so wurde ich mit Oberst Robinson zurückgelassen, um die Flotillenarmee der sicilischen Regierung zu überlassen, nachdem ich deren Angelegenheiten geregelt und die grössere Hälfte der Leute abgelohnt hatte. Jetzt schien mir ein günstiger Augenblick eingetreten zu sein, die Küsten der Insel und ihre Umgebung mit Erfolg zu durchforschen und da

---

[480]) Ueber Piazzi's grosse Thätigkeit erhält man den besten Ueberblick aus Zach's monatlicher Correspondenz, namentlich Bd. XI. Die Sternwarte zu Palermo wurde 1789 gebaut, 1801 entdeckte Piazzi bekanntlich die Ceres und starb 1826.

mir kein Befehl zuging, mich der Flotte Sir Edward Pellew's anzuschliessen oder nach England heimzukehren, so beschloss ich, auf
meinem Posten zu bleiben. Der Marine-Minister Naselli, ebenso wie
verschiedene der höchsten Beamten waren meinen Absichten förderlich und die Regierung lieh mir ohne Schwierigkeit eines ihrer
schönsten Kanonenboote, einen grossen mit 30 Sicilianern bemannten
Paranzello, welchem noch eine treffliche Luntra beigefügt war. [481])
So ausgerüstet vermochte ich meine Freunde, Capitain Henryson (einen
königl. Ingenieur) und Lieutenant Edward Thomson (vom königl.
Generalstabe), welche gleichfalls auf weitere Befehle warteten, dazu,
mich um die Insel zu begleiten und diese Herren leisteten mir, als
meine Gäste, den einzigen persönlichen Beistand, der mir wurde,
indem sie während meiner nautischen und astronomischen Beobachtungen topographische Skizzen und Pläne der Befestigungen zeichneten und mir bei der Reduktion meiner verschiedenen Beobachtungen
behülflich waren.

Der allgemeine Friede wurde unterdessen abgeschlossen; die Flotte
wurde nach England zurückbeordert und Rear-Admiral Penrose kam
mit einem reducirten Geschwader, um die Mittelmeerstation zu übernehmen. Dieser würdige Offizier billigte nicht nur alle vom Lieut. Smyth
gethanen Schritte vollständig, sondern wandte sich auch, nachdem er
sich überzeugt, dass dessen Beobachtungen und Berechnungen äusserst
genau und brauchbar waren, unter dem 4. April 1815, direkt mit dem
Verlangen an die Admiralität, dessen bisher nur privatim betriebene,
für die Chartographie. so wichtige Arbeiten von Staatswegen zu unterstützen und zu fördern. Im September 1815 wurde darauf Smyth
zum Commandeur befördert, aber ungeachtet der wiederholten Bemühungen des Admirals blieb er bis zum Frühjahr 1817 ohne officielle
Instruction und war nur auf seine Privatmittel angewiesen. Mittlerweile hatte er ziemlich detaillirte Aufnahmen der Küste Siciliens,
Malta's und der benachbarten Inseln vollendet und ausserdem mehrere
Punkte an der Küste von Italien und Nordafrika geographisch bestimmt. Ausserdem begleitete er Lord Exmouth auf seiner ersten
Expedition nach den Berbereistaaten in seinem Paranzello und erwirkte sich bei seinem Aufenthalt in Tripolis durch des Lords Ver-
mittlung vom Pascha die Erlaubniss, vermöge welcher er nachher die
Ausgrabungen in der Leptis Magna ausführte und die umliegende

---

[481]) Die Luntra ähnelt den Booten der Wallfischfahrer, ist nur etwas grösser,
läuft an beiden Enden spitz zu und hat doppelte Bänke für 8 Ruder.

Gegend untersuchte. Nachdem er diese verschiedenen Arbeiten unter den Augen des Rear-Admirals ausgeführt hatte, machte derselbe abermals, diesmal von dem energischen Gouverneur von Malta, dem General-Lieutenant Sir Thomas Maitland, unterstützt, der Admiralität die dringendsten Vorstellungen, Smyth Beistand zu gewähren.

Ein glücklicher Zwischenfall förderte indessen die ganze Angelegenheit. Im Juni 1816 traf die vom Capitain Gauttier du Parc befehligte französische Corvette-Gabarre [482]) La Chevrette in Valetta ein und zwar mit ähnlichen Aufträgen, wie sie Smyth selbst ausführen wollte — nämlich chronometrisch Distanzen zu bestimmen, um die verschiedenen schon vorhandenen Detailmessungen in innern Zusammenhang zu bringen.

Sofort, erzählt Smyth weiter, trat ein höchst freundlicher Verkehr zwischen uns ein und ich half Gauttier, seinen Kreis auf derselben Stelle, wo noch vor Kurzem der meinige gestanden hatte, aufzustellen. Natürlich verglichen wir unsere Messungen und es ergab sich für den Palastthurm genau dasselbe Resultat. Obgleich diese völlige Uebereinstimmung zum Theil zufällig war, so zeugte sie doch für eine erfreuliche Sicherheit der Messungen und die Thatsache befriedigte nicht nur den Admiral und General, sondern Sir Charles Penrose meldete sie auch am 18. Juni officiell der Admiralität. Von Seiten des Capitain Gauttier, von den Lieutenants de Lloffre, Gay und Matthieu, von den Herren Benoist, Allegre, Richard, Jacquinot und Berard, überhaupt von jedem Offizier jenes Schiffs wurde ich auf das achtungsvollste und freundlichste behandelt und wir theilten uns offen und ohne Rückhalt Instrumente, Messungsmethoden und Resultate mit. Ein paar sicilianische Zeitungsblätter suchten zwar Unfrieden zu säen, aber ohne Erfolg; der Abbate Piazzi selbst nahm mich gegen eine böswillige Verdächtigung in Schutz und auch Capitain Gauttier schrieb selbst in dieser Angelegenheit an den Herausgeber des Osservatore Peloritano. [483])

---

[482]) Gabaren sind platte und breite Fahrzeuge (bateaux larges plats et poutés) auch eine Art Lichter- und Wachtschiffe in Häfen.

[483]) Eine glänzende Genugthuung wurde dem Admiral Smyth noch später. Signor N. Cacciatore, der königl. Astronom zu Palermo, übersandte ihm nämlich im November 1826 einen Brief, worin er ihn benachrichtigte, dass er im vorigen August eine Basis und eine Reihe von Dreiecken von Trapani nach Maritimo und von da nach Cap San Vito gelegt und dabei gefunden habe, dass alle Details sehr gut mit der englischen Aufnahme übereinstimmen. Caeciatore schreibt: 'Io nel mese passato ho mesurato una base, ed ho fissato una serie di triangoli sulla costa, e nelle isola e di Trapani, Favignana, Levanzo, Maretimo, e Capo S. Vito. Debbo dirle, che ho trovato tutt'i punti della costa, tutt'i scogli, e tutte le innumerabili secche di quei paraggi,

Endlich erhielt Smyth von der Admiralität den officiellen Auftrag, in seiner Recognoscirung der Mittelmeerküsten fortzufahren und am 7. Mai 1817 kam die Kriegsschaluppe Aid in Malta an, um seine Flagge zu tragen. Das Schiff erwies sich bei näherer Untersuchung zu den Messungsarbeiten nicht recht brauchbar und wurde desshalb mehreren Reparaturen unterworfen. Unterdessen verabredete er mit dem Oberbefehlshaber die zur Ausführung seines Planes zweckmässigen Operationen. Dieser Plan bestand darin, zuerst nach dem Kanal zwischen Malta und Sicilien zu gehen und da seine Nachforschungen zu vervollständigen, während er auf das Schiff wartete, welches die in Leptis Magna von ihm für den Prinz Regenten gesammelten Alterthümer der Architektur an Bord nehmen sollte. Nach deren Verladung wollte er zunächst nach den ionischen Inseln, der neu erworbenen Besitzung Englands, hinüberfahren, da die dortigen Regierungskarten so schlecht waren, dass dort häufige Strandungen und Verluste englischer Schiffe vorkamen. Es erschien also hier unbedingt nothwendig, nicht nur eine Reihe geographischer Punkte zu liefern, sondern auch die Küstencontouren zu prüfen und manche Lücke zwischen einigen leidlichen Hafenplänen, welche die Admiralität besass, auszufüllen. Damit widerwärtige Ereignisse seinen Curs nicht unterbrechen oder ihn von der Vollendung seiner Arbeiten abhalten möchten, nahm er eine — nach seiner Ansicht originelle — Methode der Eile mit Weile an, nämlich das Schiff — so viel als möglich bei ruhigem Wetter für die Chronometermessungen — nach den verschiedenen Häfen, als Normalstationen für ein offenbar einfaches und genaues Messungsprincip, zu steuern, von da aus Winkel zu legen, wo sie immer gelegt und aneinander gereiht werden konnten und die nicht zu unregelmässigen Küstenlinien dazwischen mittelst Boot und Log aufzunehmen und auszufüllen. So hoffte er zugleich Längen und Breiten genau zu finden, an die Hauptpunkte das Detail genau anzuknüpfen und dadurch die vorhandenen Karten zu ergänzen und zu berichtigen.

Kurze Zeit nachdem er an die Ausführung dieser Pläne gegangen war, begann durch die Vermittlung des Sir Thomas Maitland eine Correspondenz zwischen ihm und dem Baron Potier des Echelles, Major des österreichischen Generalstabes, in Bezug auf das adriatische

---

notati col massimo rigore ed esatezza nella sua carta idrografica. Io sto descrivendo questo lavoro che publicherò; e con piacere annunzierò che le di lei osservazioni, e descrizioni, le ho travate tutte rigorosamente esatte'.

Meer; denn die damals benutzte grosse Karte desselben, obgleich als eine Originalmessung des Vincenzio di Luccio gerühmt, entsprach durchaus nicht den Anforderungen der neuern Hydrographie. Es scheint, dass die Franzosen nach ihrer militärischen Besetzung Italiens 1799 die Küsten und Lagunen des venetianischen Gebietes eifrigst untersucht und die schon von ihrem Landsmann Pierre A. Forfait dort angestellten Beobachtungen vervollständigt hatten. 1808 und 1809 liessen sie einige abgesonderte Aufnahmen an den östlichen Ufern dieses Gebietes unter der Leitung des berühmten Beautems Beaupré anfertigen, dessen Werke vollkommener sind, als alle vorhergehenden. Aus den damals angestellten Forschungen und andern gelegentlichen Beobachtungen und Verbesserungen wurde ein ganz brauchbarer Piloto Pratico oder Küstenwegweiser, von Triest bis zu der Tronto-Mündung, von dem geographischen Ingenieur Ignazio Prina zusammengestellt und 1816 veröffentlicht. Mittlerweile nahmen die Oesterreicher — welche zuvor schon eine Abtheilung Stabsoffiziere unter dem Marschall von Zach, dem Bruder des bekannten Astronomen, mit einer Specialvermessung des venetianischen Gebiets beauftragt hatten — als sie 1816 wieder in Italien einrückten, ihre geographischen Arbeiten an den Küsten des adriatischen Meeres wieder auf. Sie waren schon bedeutend an ihren eigenen Küsten vorgerückt, als sie von dem Smyth gewordenen Auftrag hörten, und wandten sich darauf förmlich an ihn, in der Absicht, ihren Operationen einen Abschluss von der Seeseite zu geben und ihre Messung längs den türkischen Küsten bis Parga fortzuführen, wo damals nur die englische Flagge Achtung gebot. Vom Admiral bevollmächtigt ging er in Folge dieses Gesuches 1818 nach Neapel und schloss dort mit Marschall Koller, Graf Nugent, Oberst Visconti und Baron Potier eine Art Vertrag ab, durch den er sich verbindlich machte, alle die vereinzelten Operationen der einzelnen Theile zu einem Werk über dieses Meer zu vereinigen und die östlichen Küsten bis Parga, Corfu und Paxo zu vervollständigen. Zu dem Ende kam man überein, dass Smyth 4 österreichische Stabsoffiziere, nämlich Baron Potier, Baron Gränzenstein, Marschall Kollers Schwager, Baron Jetzer und Lieutenant Lapie mit sich an Bord nehmen sollte; ausserdem noch 2 neapolitanische Ingenieure, Capitain Soldan und Lieutenant Giordano. Endlich wurde noch eine österreichische Corvette Velox (20), befehligt vom Capitain Pöltl unter seinen Befehl gestellt und er sollte gelegentlich die in den Haupthäfen stationirten Kanonenboote benutzen können. Zu diesem ·wissenschaftlichen Corps fügte Oberst Visconti später noch 2

Offiziere vom neapolitanischen Stabe, Capitain Chiandi und Lieutenant Bardet hinzu. Smyth erzählt nun (Mediterranean, S. 364) weiter:

Alles dies war viel versprechend. Aber ich muss hier bemerken, dass, obgleich man diese Küsten auf solche Weise durchforschte, die Resultate nicht veröffentlicht wurden. Obgleich meine Mitarbeiter einen schlichten, die Umrisse gebenden lucido oder Entwurf einer Generalkarte auf Bauspapier lieferten, so erfuhr ich doch nie Genaueres über die Beschaffenheit und Ausdehnung ihrer in den mailänder Archiven niedergelegten Leistungen. Auch bekam ich von Beaupré's Arbeiten nichts zu sehen, bis mir Capitain Gauttier mehrere von demselben gezeichnete Hafenpläne vorlegte, die er für das Marine-Dépôt in Paris gearbeitet hatte. Mit der adriatischen Hydrographie stand es überhaupt damals noch so schlecht, dass Capitain Hurd in einer an die Admiralität gerichteten Vorstellung alle Karten, eine wegen ihres kleinen Maassstabes dem Seefahrer unbequeme venetianische ausgenommen, für sehr fehlerhaft erklärte und dringend zu einer sorgfältigen Revision — namentlich der Gegend zwischen Ragusa und Cerigo — rieth. Die von Hurd gegebenen Andeutungen benutzte ich gewissenhaft. Demgemäss wurde zunächst eine Reihe chronometrischer Distanzen über das ganze Meer gelegt und durch zahlreiche Dreiecke ins Detail fortgeführt. Kopien davon und zugleich Specialpläne der Häfen wurden sofort nach Mailand und Neapel gesandt, während ich erst das geographische Institut in Mailand persönlich besuchen musste, um gegen das Ende meiner Arbeiten von den Leistungen meiner Mitarbeiter etwas zu erfahren. Meine direkten Gesuche um Mittheilungen ihrer Resultate waren unbeachtet geblieben und so ging dadurch viel Zeit verloren, dass oft dieselbe Arbeit zwei Mal verrichtet wurde. Gegen Ende des Jahres 1819 war das ins Auge gefasste Ziel erreicht und ich entliess die österreichische Corvette und die fremden Offiziere, mit welchen wir stets auf dem besten Fusse gestanden hatten und welche fast· 2 Jahre lang jeden meiner Aufträge mit Bereitwilligkeit pünktlich ausgeführt hatten.[484]

Nachdem ich mir so eine Karte des adriatischen Meeres verschafft hatte, fuhr ich mit ähnlichen Operationen an den südlichen ionischen

---

[484]) Der Kaiser von Oesterreich beschenkte den Admiral Smyth später mit einer goldenen Dose und liess an zwei seiner besten Stationspunkte da, wo das Instrument gestanden hatte — in Budua und Pola — kleine Steinpyramiden errichten mit der Inschrift: OBSERVATIO ASTRONOMIÆ
AB W. H. SMYTH
ANGLORUM NAVIS AID PRÆFECTO,
REGNANTE IMPERATORE
FRANCISCO 1°, MDCCCXVIII.

Inseln und den gegenüber liegenden Küsten Albaniens und Moreas fort. Nachdem dies Juni 1820 vollendet war, nahm ich meine Arbeiten an der Westküste Italiens wieder auf und wir waren eifrig an der Riviera von Genua beschäftigt, als ich im Winter jenes Jahres plötzlich über Land nach England zurück befohlen wurde; das Schiff folgte bald darauf nach und wurde zu Deptford den 22. Januar 1821 abgelohnt.

Während dieser Zeit hatte Capitain Gauttier seine chronometrischen Messungen fortgesetzt und jährlich von seiner Regierung die Erlaubniss erhalten, sich mit mir persönlich zu besprechen. Durch diesen rückhaltslosen Verkehr stieg dieser tüchtige Offizier immer mehr in meiner Achtung und ich fand, dass seine Messungsmethode sowohl, als seine praktische Geschicklichkeit das grösste Vertrauen einflössten. Wenn wir unsere Arbeitsresultate verglichen, so erfreute uns immer eine grosse Uebereinstimmung aller auf der Küste gemachten Beobachtungen; aber die secundären Punkte differirten bisweilen. „Vous trouverez ci joint," schreibt er im März 1819, „la position géographique de tous les principaux points de l'Adriatique que j'ai fixé l'année dernière; vous y verrez que les points, qui se trouvent communs dans votre travail et le mien s'accordent en longitudes. Nos latitudes diffèrent bien d'avantage, mais j'ai peu d'observations E et O." Diesem Briefe war ein anderer .(vom 5. Februar 1819) vorhergegangen, in welchem er mir seine Absicht anzeigte, den ganzen Archipelagus und die daran liegenden Küsten zu trianguliren. [485]) Gleich nach

---

[485]) Gauttier schreibt unter Anderm: J'ai fait cette année quatre stations dans l'Archipel, sur les sommets de Milo, Zéa, Paros, et Naxie, la base qui va me servir à determiner tous les sommets des îles de l'Archipel a été mesurée au moyen d'un grand nombre de séries de hauteurs de la Polaire prises avec le cercle astronomique, qui ont déterminé la latitude de chacun de ces points à moins de deux secondes, et comme le gisement de cette base, d'après les azimuts observés à Milo, est le Nord 1° 15' 48" Ouest: je suis sûr de sa longueur, que j'ai trouvée exactement de 57 milles, à moins de 2". [In einem spätern Briefe ging M. Gauttier auf weitere Details in Bezug auf diese Basis und die verschiedenen Reihen von Polarsternhöhen ein, die er mit seinem ausgezeichneten Le Noir'schen Repetitionskreis genommen hatte. Es scheint, dass die Endresultate dieser Reihen nur um 4 Sexagesimalsekunden unter sich abwichen und man kann wohl annehmen, dass das mittlere Resultat unter die Fehlergrenze herabgedrückt war, welche bei solchen Beobachtungen nicht überschritten werden darf.] Je vous envois la position géographique des sommets de toutes les îles des Cyclades déterminés au moyen de ma base: ce sont des triangles sphériques qui ont servi à déterminer ces points en supposant la terre ronde. On a calculé pour chacun l'angle au Pole, qui donne leur différence en longitude, et puis la distance polaire, ou le complément de leur latitude.

On compte terminer cette année, au dépôt, la construction de la carte de la Méditerranée en deux feuilles; comme la mer Adriatique entre dans la première de ces feuilles. vous m'obligeriez beaucoup de me envoyer ce que vous m'avez promis

Empfang dieses Briefes stieg der Gedanke in mir auf, dass wir durch
ein leichtes Arrangement einander in unseren Arbeiten trefflich ergänzen und so die Verbesserung der Karte des ganzen Mm. schnell
ins Werk setzen könnten.

Als ich daher von dem damaligen ersten Lord der Admiralität
Melville bei meiner Ankunft in England über den Zustand und die
Aussicht der Mm.-Hydrographie befragt wurde, so hielt ich es, da die
Zeit damals bei solchen Erwägungen noch ein viel wichtigeres Element war, als sie dies gegenwärtig ist, für meine Pflicht, meine
Ueberzeugung auszusprechen, dass es mir ganz unnütz scheine, wenn
Gauttier und ich mit ganz ähnlichen Absichten dieselben Gegenden
behandelten. Gauttier's Messungen seien so genau, als man nur wünschen könne, und wenn ich den Archipel nicht zu bearbeiten brauchte,
so könne ich desto mehr Aufmerksamkeit auf das derselben sehr be-
dürftigte Westbassin verwenden; überdies sei fast der ganze Raum
zwischen Algier und Alexandrien an der Nordküste von Afrika hydrographisch eine tabula rasa. Der Lord war nicht nur mit meinen
Vorschlägen einverstanden, sondern schickte mich schon im December
1820 mit den gehörigen Vollmachten nach Paris, um dort mit dem
Admiral de Rossel, dem hydrographischen Direktor, wegen eines officiellen Austausches unserer projektirten Arbeiten zu unterhandeln.
Bei meiner Ankunft in jener Stadt fanden meine Vorschläge von Seiten
der Admiräle Graf Rosily-Mesros und de Rossel und der Mitglieder
des Längenbureaus, Delambre, Arago und Beautems-Beaupré, geneigtes
Gehör und ich erhielt eine Abschrift aller für den Archipel, das levantinische und schwarze Meer damals reducirten französischen Messungsresultate. [486]) —

In diese Details geht Smyth darum 'ein, um zu zeigen, wie er
weit entfernt war, die Arbeiten seiner Zeitgenossen gering zu schätzen.
Trotzdem nahm man Bemerkungen, welche derselbe in einem Aufsatz
in von Zach's astronomischer Correspondenz über das System gemacht,
namentlich in Mailand, persönlich. Oberst Campana, der Direktor des
dortigen kaiserl. geographischen Instituts, übersandte endlich dem Baron
v. Zach den Prospektus eines adriatischen Atlas zur Einrückung in die

---

sur cette mer... Vous voyez que la carte que nous allons publier est une carte
routière. Dans quelques années d'ici, quand j'aurai eu le loisir de construire tous
les petits détails dont j'ai les matériaux, on publiera alors des cartes particulières
de l'Adriatique, de l'Archipel, et de la partie la plus orientale de la Méditerranée.
J'espère finir la campagne prochaine tout l'Archipel, il ne me restera plus à faire
que la mer Noire pour les campagnes suivantes...

[486]) Capitain Gauttier musste leider damals gerade in Toulon Quarantäne halten.

vielgelesene Monatsschrift. v. Zach fragte darauf direkt bei Capitain Smyth an, welchen Grad von Genauigkeit er wohl den ihm so eingehändigten geodætischen Punkten beimessen könne. [487]) Smyth, der von der Entstehungsart dieser Karte thatsächlich nichts Näheres wusste, schrieb am 15. März 1826 an den Baron von Zach:

> Vous me demandez, Monsieur le Baron, jusqu'à quel degré de précision on peut compter sur les positions géographiques des lieux dans le golfe de Vénise, gravées sur la carte directrice de cette mer, publiée au dépôt des cartes à Milan, et que vous avez rapportées dans le VIII. volume, cahier V., p. 490, de votre correspondance astronomique.
>
> Je vous dirai donc que tous ces points ont été déterminés en premier lieu, géodésiquement par un canevas de triangles, qui a été conduit le long des côtes par le Colonel Ferdinand Visconti. Tous ces points ont été réduits au méridien et à la perpendiculaire du clocher de St. François de Ripatranzone, d'où enfin on a tiré les longitudes et les latitudes. En second lieu, plusieurs de ces endroits ont été déterminés par moi astronomiquement, c'est à dire les longitudes par des chronomètres, les latitudes par des hauteurs méridiennes des astres. Pour vous donner une preuve, dans quelles limites les longitudes ont été déterminées, afin que vous puissiez en juger par vous même, je vous rapporterai ici quelques exemples, qui vous feront voir l'accord qui règne dans ces déterminations faites selon les différentes methodes, ce qui a servi de contrôle, et pour ainsi dire, de pierre-de-touche à tout ce travail. Vous savez aussi, que le Capitaine Gauttier a de même parcouru la mer Adriatique; cet habile officier de la Marine Royale Française y a également fait plusieurs bonnes déterminations, or, voici l'échantillon d'un tableau qui fera voir cet accord:

Long. d'Otranto selon le Capitain Smyth . . . . . 16° 09′ 50″ de Paris.
    „   „   selon le Capitain Gauttier . . . . 16 09 00 „ „
    „   „   selon les triangles du Col. Visconti 16 09 30,1 „ „
Long. de Brindisi selon le Capitain Smyth . . . . 15 38 17 „ „
    „   „   „   selon le Capitain Gauttier . . . . 15 36 40 „ „
    „   „   „   selon les triangles du Col. Visconti 15 37 59,9 „ [488])

---

[487]) Eine Bemerkung, welche v. Zach nach seinem Besuche auf der Adventure (1823) publicirte (s. Correspondance Astronomique, vol. IV. p. 143), zeigt, dass Capitain Smyth mit der Mittheilung seiner Arbeiten keineswegs zurückhaltend war. Il ne craint pas les communications, heisst es dort, sûr de son fait, ses travaux peuvent supporter l'oeil du scrutateur. Il ne fait aucun mystère de ses observations, car les Anglais ne pensent pas que des longitudes, des latitudes, des azimuts, des bases, et des triangles peuvent être des secrets d'état.

[488]) Warum nicht einfach 15 38 00? Ich habe bei meinen Triangulationen im Schwarzburg-Rudolstädtischen mit 2 trefflichen Ertel'schen Theodolithen gearbeitet, halte aber trotzdem Winkelmessungen, bei welchen der Fehler < 0,5″ ist, für sehr genau. Weiter zu gehen verbietet besonders am Rande des Meeres gewöhnlich der Zustand der Atmosphäre.

Long. de Bari selon le Capitain Smyth	14° 32′ 40″	de Paris.	
„ „ „ selon les triangles du Col. Visconti	14 32 04,1	„	„
Long. de Corfou selon le Capitain Smyth	17 35 23	„	„
„ „ „ selon le Capitain Gauttier	17 35 50	„	„
„ „ „ selon les triangles du Col. Visconti	17 35 41,4	„	„
„ „ „ par l'éclipse d'Aldebaran [489]) . . .	17 34 41	„	„

Diesem· Briefe fügte Smyth eine vollständige Tabelle der Reduction der Viscontischen Dreiecke in französischen Metres bei, die im 14. Bande der Correspondance steht. Da er aber die von dem mailänder Institut angenommenen Punkte nicht erwähnte und keinen Namen des österreichischen Stabes angab, so erzeugte dies einige Spannung. Oberst Campana stellte darauf die Sachlage in einem Schreiben an den Baron von Zach dar, das im 15. Bande, p. 51, abgedruckt ist. Dasselbe lautet:

Je m'étais flatté, Monsieur le Baron, que d'après les détails explicatifs de la manière dont on a déterminé les différentes positions géographiques gravées sur la carte directrice de l'Atlas de la mer Adriatique publiée par cet I. R. Institut géographique Militaire, et contenu dans l'annonce de l'Atlas que j'ai eu l'honneur de vous envoyer, et que vous avez eu la bonté d'insérer en partie dans votre Correspondance Astronomique, on n'aurait pas revoqué en doute le degré de précision de ces positions.

Mais comme la lettre de M. le Capitain Smyth publiée dans le IVe cahier du volume XIV. de la même correspondance fait présumer qu'on n'est pas tout à fait tranquille là-dessus, vous me permettrez.. d'ajouter ce qui suit, savoir: que tous les triangles qui s'étendent sans interruption le long des côtes depuis Budua (Dalmatie) jusqu'à Sta. Maria di Leuca (Royaume de Naples) ont été mesurés, soit par les officiers de l'état major général Autrichien, soit par ceux de l'état major Néapolitain, avec beaucoup de soin; c'est pourquoi les latitudes et les longitudes des différents points qui en ont été deduites doivent mériter la préference, sans vouloir contester pour cela le mérite de celles des savans marins, qui dans la suite ont déterminé quelques unes de ces mêmes positions.

Du reste, l'accord assez satisfaisant, qui se trouve entre les longitudes déterminées géodésiquement, et celles qui l'ont éte par les méthodes pratiquées par les marins rapportées par M. le Capitaine Smyth dans la lettre ci-dessus citée, peut servir à faire juger du degré de précision de l'Atlas en question depuis Budua juspu'à Parga (Albanie Turque), où les positions n'ont été fixée que par les méthodes des marins. C'est pour compléter l'échantillon donné par M. le Capi-

---

[489] Diese Sternbedeckung scheint unter den günstigsten Umständen von Inghirami zu Florenz, Oriani und Carlini zu Mailand und Capitain Chiandi zu Corfu beobachtet worden zu sein. Sie ereignete sich an einem schönen Abend (8. März 1813).

taine Smyth que je prends la liberté de vous présenter ici la compa-
raison des longitudes de quelques autres points de l'Atlas:

Noms des Lieux.	Provenance. (Longitudes comptées de Paris.)		
	Triangles de Dalmatie.	Cpt. Smyth[490]	Cpt. Gauttier.
Galiola Ec. dans le Quarnero .	11° 50′ 17″	11° 49′ 55″	11° 49′ 30″
Selve, Eglise	12 21 38	12 20 28	— — —
Sansego, isle, sommet . . .	11 57 33	11 57 20	— — —
Arbe, Eglise	12 25 29	12 25 00	— — —
Pomo, Ecueil	13 07 25	13 07 10	- — —
Cazza, isle, sommet	14 10 39	14 10 57	14 10 30
Lagosta, signal Trigonom. . .	14 31 30	14 31 08	14 31 10
Ecueil S. Niccolò di Budua .	16 31 08	16 30 32	16 30 30
Sta. Maria di Leuca	16 02 40	16 02 57	— — —

Dieser Brief veranlasste den Capitain Smyth, eine Replik an den
Generallieutenant Baron Prochaska, damaligen Chef des Generalstabs
in Wien, zu senden, weil er nun erst, im Juli 1826, zufällig erfuhr,
was ihm nach seiner Ansicht im Frühjahr 1818 hätte officiell mitgetheilt werden sollen. Der Mangel an einem offenen, einhelligen Zu-
sammenhandeln schadete übrigens der österreichischen Karte, und
namentlich war Visconti darüber ärgerlich, dass Smyth's Mitarbeiter
das ganze Werk allein vollendet zu haben beanspruchten.[491]

Doch genug von diesem unerfreulichen, aber dennoch der Oceano-
graphie förderlichen Streite. Wir lassen Smyth weiter erzählen.

Im Juli 1821 verliess ich in der Kriegsschlupe Adventure mit
der zu Paris getroffenen Verabredung entsprechenden Instructionen

---

[490] Alle Angaben Smyth's sind hier dadurch auf die pariser Länge reducirt,
dass von ihnen 2° 20′ 15″ subtrahirt ist; nach den neuesten Messungen beträgt aber
der Längenunterschied der Sternwarten in Paris und Greenwich 2° 20′ 9,45″. Daher
sind in der 2. Spalte alle Angaben noch um ungefähr 6″ zu vergrössern, wodurch
sie sich (2 ausgenommen) den dalmatischen Dreiecken noch mehr nähern.

[491] Auch aus seiner Reclamation mag noch eine Stelle hier Platz finden: Queste
nozioni mi sarebbero utilissime, poichè mi sono proposto, appena sarà in Milano
publicato il rimanente di dare io una carta più semplice, più adattata all'uso de'Ma-
rini, più economica, e soprattutto più esatta, mentre ho veduto che nella suddetta
Iᵐᵃ parte fatta a Milano vi sono degli errori sulle latitudini e longitudini d'Otranto,
Fano, S. Mᵃ di Leuca, Sasseno, Linguetta, Corfù, et cetera, e sulla distanza d'Otranto
a Capo Linguetta. E siccome la detta carta a Milano è stata publicata come fatta
tutta dagli uffiziali dello Stato Maggiore Austriaco, senza far memoria nè di voi,
che trovavasi inciso ne' fogli terminati al 1814; così mi propongo ancora di riven-
dicare la proprietà di ognuno, facendo conoscere al pubblico si deve il rilievo
d'una costa, o d'un porto, a chi lo scandaglio, a chi la latitudine o la longitudine
osservata eccᵃ e l'epoca del lavoro d'ognuno, e si vedrà che agli uffiziali dello Stato
Maggiore Austriaco non si devono che poche vedute, e qualche altra piccola cosa.

abermals England. Ich sollte besonders die zweifelhaften Partien des
von mir ausgewählten Meerestheils nochmals untersuchen und durch
eine zusammenhängende Küstenaufnahme die Detailmessungen vervollständigen — und alles dies wo möglich binnen 3 Jahren. Ich war
jetzt in jeder Beziehung besser ausgerüstet, aber ein kleines Beglei-
tungsschiff fehlte mir immer noch. Nachdem ich die wichtigsten
Punkte bestimmt und die Küstenlinie festgelegt hatte, meldete ich
dies der Admiralität und schickte mich im Herbst 1824 zur Heimfahrt
an. Da man aber im Frühling desselben Jahres meinem Schiffe noch
den schönen Kutter Nimble (10) beifügte, so stellte ich diesen auf
meine Verantwortung unter den Befehl des geschickten Lieutenant
Slater, damit derselbe verschiedene secundäre, aber dennoch wichtige
Detailarbeiten ausführe, während meine Karten und Pläne vollendet
würden. Ich trug zu dem Ende diesem Offiziere namentlich auf, die
Mündung des Magraflusses zwischen Genua und Toscana zu untersuchen, die Sondirungen an einigen besondern Stellen dieser Küste
zu vervollständigen, rings um die Untiefe des Capo Vito (nordöstlich
von Elba) zu sondiren, die Küstenlinie von Algier nochmals zu prüfen
und besonders um den Felsen auf der Höhe des Cap Matafuz und
zwischen demselben und dem Cap die See zu untersuchen, da man
nach der Aussage eines Sardiniers dort noch eine zweite gefährliche
Stelle finde.

Nachdem diese Anordnung getroffen war, kehrte ich nach England zurück und lohnte die Adventure im November 1824 ab. Die
Admiralität war jetzt im Besitz einer Reihe von Breiten- und Längenmessungen von Gibraltar bis zum asowschen Meere, welche von den
Capitainen Gauttier, Beaufort und mir selbst fixirt worden waren und
die Karten zeigten nun zuerst die Küstenlinien des Mittelmeers genau. [492] Die Veröffentlichung meiner eben so massenhaften als ver-
schiedenartigen Protokolle und Berechnungen machte natürlich wieder
zeitraubende Arbeiten nothwendig; um daher dem unmittelbaren Bedürfniss der Seefahrer zu begegnen, wurde eine grosse Karte des
Ganzen unter meiner Aufsicht von Capitain Graves — damals noch
Seekadett — entworfen und 1825 zum öffentlichen Gebrauch herausgegeben. Ich wählte zu dem Ende eine Platte von 47 Zoll Breite
und 28 Zoll Höhe, dem Format der sogenannten „Antiquarian"-Bogen
entsprechend; für die andern Karten wählte ich aber denselben Bogen

---

[492] Ich verweise vorläufig auf die Karten V. und VI., auf denen ich einige Resultate zur Uebersicht zusammengetragen habe.

des „Doppelten Elephantformats", als bequem handlich und ohne Bruch messbar, wenn in einen Atlas zusammengebunden. Den praktischen Nutzen behielt ich fortwährend im Auge, und da doch stets nur eine Karte auf einmal gebraucht wird, so studirte ich die Natur jeder einzelnen Küsten- oder Hafenpartie und die Wichtigkeit der dortigen Kreuzungsfläche und richtete danach den Maassstab für die auf jedem Halbbogen enthaltene Partie ein. Dabei legte ich den Meridian stets als Vertikale, Norden nach oben, und sorgte namentlich dafür, das Detail nicht zu sehr anzuhäufen und alle gefährlichen und zu vermeidenden Objekte denen, welche Seekarten bei stürmischem Wetter und bei ungenügender Beleuchtung zu befragen haben, so deutlich als möglich in die Augen fallen zu lassen. [493]) Bei diesen Erwägungen trat die theoretisch so erwünschte Uebereinstimmung der Maassstäbe ganz in den Hintergrund; denn kein Seefahrer, der die Stelle seines Schiffes mit dem Zirkel in der Hand auf der vor ihm liegenden Karte punktiren will, hat sich wohl je im geringsten darum gekümmert, nach welchem Maassstabe das nächste Blatt aufgetragen ist. Jedes einzelne Blatt ist daher als ein für sich bestehendes Ganze behandelt und sein Inhalt ist jedesmal der feststehenden Grösse angepasst. Wer sich über die relativen Verhältnisse der verschiedenen Länder klare Begriffe bilden will, dem steht dazu die Generalkarte zu Diensten. In Bibliothekatlanten mag man die Zahl willkürlicher Maassstäbe möglichst beschränken, aber das Studirzimmer des Gelehrten und die Cajüte des Seefahrers haben sehr verschiedene Bedürfnisse. [494])

Was nun das Material anbetrifft, womit ich diese einzelnen Blätter füllte, so ging mein Streben dahin, in der mir gewährten Zeit mich möglichst vollständig über die verschiedensten Punkte zu belehren. Ich wollte viel brauchbaren Stoff, nicht ängstliche bis in

---

[493]) In dieser Beziehung kann ich nicht umhin, der von Beautems Beaupré eingeführten Methode zu gedenken, Contoure um einen Hafen zu ziehen und die Tiefen zu punktiren. Sie eignet sich mehr für den Geographen und wissenschaftlichen Forscher, als für den Seemann. Um die Deutlichkeit zu bewahren, gab ich auf den Karten nicht mehr Sondirungen an, als zur gehörigen Umgrenzung des eingeschlossenen Raumes geeignet waren, und liess die unnöthigen Windstrichlinien weg. Wo ich nichts angab, kann denn auch eine ganz gefahrlose Küste vorausgesetzt werden. Bei diesem System ist das Senkblei zuverlässig. An den meisten Küsten zeigt der Grund in der Nähe des Landes Sand, auf offener See aber bläulichen Thon.

[494]) Wir können indess hierbei nicht unerwähnt lassen, dass in neuester Zeit bei allen grössern chartographischen Arbeiten ein gleicher Maassstab aus vielen Gründen mit Recht dringend anempfohlen wird. Auch in England ist man jetzt von den Vorzügen desselben überzeugt, und einer Vorschrift des Parlaments zufolge beträgt der Maassstab aller neuesten, mit eben so grosser Sorgfalt als bedeutendem Kostenaufwande angefertigten englischen Karten $\frac{1}{2500}$.

das Kleinste sorgfältige Genauigkeit. Die Haupteigenschaft, auf welche
ich daher bei der Leitung meiner geographischen Aufnahmen selbst
Anspruch mache, ist unermüdlicher Fleiss gewesen und eine Ausbeu-
tung aller von der praktischen Mathematik gebotenen Hülfsmittel,
durch deren systematische und consequente Anwendung ich mehr erreichte, als vielleicht mancher Theoretiker mit weit umfassendern
Kenntnissen je erreicht haben würde. Als die Aid zum ersten Male
in das Mm. kam, so war kein Offizier, überhaupt Niemand an Bord,
der irgend etwas von nautischen Messungen verstanden hätte, aber
alle zeigten Eifer und Lust und nachdem ich sie erst unterrichtet
und nachher persönlich angeleitet hatte, wurden sie alle brauchbar,
einige sogar in höchstem Grade; besonders zeichneten sich M. A.
Slater (später als Commandeur gestorben), Thomas Graves (jetzt Capitain) und Thomas Elson (1848 gestorben) aus. . . .

Als ich 1821 nach dem Mm. zurückkehrte, hatte ich mit Lord
Melville verabredet, von Seiten unserer Regierung dem Pascha von
Tripolis als Anerkennung des Beistandes, den er mir früher gewährt,
ein Geschenk zu überbringen und zugleich von demselben die zur
Vollendung unserer Aufnahme der grossen Syrte nothwendige Erlaubniss auszuwirken. Ich legte zugleich seiner Lordschaft dar, wie wünschenswerth es wäre, dass in derselben Zeit, wo unser Schiff mit den
hydrographischen Details beschäftigt wäre, eine Abtheilung zu Land
der Küste entlang reiste, da die ganze Gegend mit Gegenständen von
geographischem und antiquarischem Interesse angefüllt sei. Zu dieser
Küstenreise wurde der Lieutenant Beechey, der Parry's erste Polar-
reise mitgemacht hatte und damals an des abberufenen G. F. Lyon
Stelle der Adventure zugewiesen worden war; ferner der als Reisender in Aegypten wohlbekannte Bruder des Lieutenants, der Seekadett
Edw. Tyndale, der mit mir in Afrika gereist war, und noch einige
Personen auserkoren. Ich hatte selbst schon die Küste dieses selten
besuchten Golfs bis unterhalb Isa an der Westseite und von Kharkarah nordwärts an der Ostseite untersucht und festgelegt. Die Land-
reisenden sollten also die Niederungen um die Syrte durchziehen und
danach zu der Untersuchung der Ruinen in der Pentapolis und in der
ganzen Gegend um Cyrene übergehen.

Diese Sektion der Küstenaufnahme zwischen Isa und Kharkarah
ist die einzige, welche ich persönlich nie zu sehen bekommen habe.
Da es nicht thunlich erschien, das Schiff weiter in einen Golf hinein-
zusteuern, von dem wir nichts wussten, so wurde Th. Elson mit den
gehörigen Instructionen in dem zu diesem Zweck besonders ausge-

rüsteten langen Schiffsboote ausgesandt, um an den dazwischen lie-
genden Küsten zu kreuzen und dieselben aufzunehmen. Dem
Lieutenant Beechey war die Aufgabe gestellt, die Topographie der
Gegend zwischen Tripolis und Derna zu besorgen, was er auch meinen
Bestimmungen gemäss that. An der Weiterreise durch Derna nach
Alexandrien wurde er aber leider verhindert.

Nachdem ich die Küsten Afrika's verlassen hatte, ging ich an
die Vervollständigung meiner Karten der italischen Inseln im Westbassin, mit Einschluss Corsikas, Sardiniens und der Kanäle bei Elba.
Das Ganze war durch Dreiecke mit der toskanischen und römischen
Küste verbunden. Während ich damit beschäftigt war, suchte am
12. November 1823 eine französische Kriegsbrigg Lloiret, befehligt
vom Capitain Allégre, im Hafen San Pietro auf Sardinien, wo die
Adventure damals ankerte, vor einem Oststurme eine Zuflucht. Jener
Seemann, früher einer von Gauttiers Offizieren und mir daher bekannt,
theilte mir mit, dass er seit 3 Jahren mit Capitain Hell mit einer
detaillirten Aufnahme der Insel Corsika beschäftigt sei. Zugleich
brachte er alle seine Arbeiten bereitwilligst an Bord und bei einer
Vergleichung unserer Beobachtungsresultate zeigte sich für die von
uns beiden bearbeiteten Partien eine solche Uebereinstimmung und die
Arbeiten der französischen Offiziere erwiesen sich überhaupt in jeder
Beziehung als so ausgezeichnet, dass ich selbst es bei den von mir
bereits bestimmten Hauptpunkten bewenden liess und es für unnöthig
hielt, das dazwischen liegende Detail nochmals einer Probemessung
zu unterwerfen. —

Wir glauben, dass dieser Auszug aus der Entstehungsgeschichte
der bedeutendsten Hydrographie des Mm. hier um so mehr eine
Aufnahme verdient, als sie uns nicht nur die bewundernswerthe
Thätigkeit eines praktischen englischen Seefahrers vorführt, sondern
zugleich die neuesten Verhältnisse der mittelländischen Chartographie
darlegt. Ehe wir aber als Abschluss eine Tabelle aller wichtigen
geographischen Breiten- und Längenbestimmungen beifügen, werfen
wir noch einen Blick auf das namentlich von W. H. Smyth bei seinen
Messungen befolgte System.

Zuerst wurden die Breiten und Längen einer Anzahl Hauptpunkte
möglichst genau bestimmt und dann als aufeinander folgende Punkte
in einer Reihe von Bases benutzt, indem, wo dies anging, mit dem
Theodolithen zwischen ihnen triangulirt oder sonst die Intervalle
durch die angemessensten von dem Schiffe oder den Booten darge-
botenen Mittel ausgefüllt wurden. Wo die Feindseligkeiten der

Küstenbewohner oder die Quarantänemassregeln eine Landung verhinderten, wurden stets auf kleinen Inseln oder Felsen längs der Küste Stationen gewählt. Die Breiten und Längen, mit Ausnahme einer kleinen Strecke an der grossen Syrte, bestimmte Smyth stets selbst, ebenso vermass er die Haupthäfen. Bei einigen kleinern Nebenmessungen wurden [495]) Baken benutzt, nach denen man visirte und dabei Rochons Mikrometer angewandt. Zugleich wurden die grössern Bänke stets sorgfältig untersucht.

· Um bei dem Hineinsehen in das Wasser die oft so lästige Refraction und Reflection der Lichtstrahlen an der Oberfläche zu beseitigen, wurde eine Röhre in Form eines ungewöhnlich grossen Sprachrohrs benutzt. Sie war mit einer guten Spiegelscheibe geschlossen und ein dicker Bleiring bewirkte ihren ruhigen Stand im Wasser. [496])

Die Küstenlinien selbst zwischen den Häfen wurden meist mittelst einer künstlichen Basis gemessen, deren Endpunkte durch das Schiff und das wie ein Schooner aufgetakelte Langboot gegeben waren. Elson besass eine grosse Fertigkeit dieses Boot mittelst des Log genau in gewisse Entfernungen zu bringen und überhaupt den Umständen nach fast wie ein Transportschiff zu benutzen. Diese fortlaufenden Messungen, auf denen eigentlich eine Recognoscirung zur See beruht, wurden dann zunächst nach einem sehr grossen Maassstab aufgetragen.

Da die chronometrisch bestimmten Basen, von denen alle Längen abhangen und die selbst wieder an die ziemlich in der Mitte des Meeres liegende Sternwarte von Palermo angeknüpft wurden, äusserst wichtig sind, so mögen hier noch einige Bemerkungen über das dabei befolgte Verfahren Platz finden, die der praktische nautische Astronom immerhin als trivial überschlagen mag. Wir entlehnen dieselben der zweiten Reihe der Smyth'schen Messungen, als derselbe wohl nach der alten Methode, aber offenbar mit reiferer Erfahrung und grösserer Sicherheit zu Werke ging.

Den bereits erwähnten Instrumenten hatte die Admiralität noch 4 Chronometer — No. 12 von Pennington, No. 320, 547 und 553 von Arnold — zugefügt; ferner einen 7zölligen Theodolithen, einen sehr schönen 15zölligen Höhen- und Azimuthalkreis mit guten Libellen und ein treffliches Fernrohr. Smyth hatte ausserdem bei Breguet dem

---

[495]) Auf diese gewöhnlich 12—14 Fuss langen Stangen ist dann bekanntlich der Maassstab in weiss und roth grell aufgemalt.

[496]) Wohl 20 Jahre später wurde ein ganz ähnliches Instrument unter dem Namen „Wasserteleskop" als eine ganz neue amerikanische Erfindung angekündigt!

ältern in Paris ein neu erfundenes Passageinstrument gekauft, das am Okular mit einem Chronometer (No. 2741) versehen war und das als ein „Compteur des secondes, des dixièmes de seconde et des centièmes par approximation" bezeichnet wurde und Breguet hatte ihm eines seiner äusserst empfindlichen metallischen Thermometer geschenkt.

Im Verlauf der Reise wurden zwischen den Haupthäfen immer möglichst kurze Curslinien gewählt, um die chronometrischen Differenzen ihrer Meridiane um so genauer zu erhalten. Dabei wurde, um die Richtigkeit und Gleichförmigkeit des Ganges der Uhren zu überwachen, regelmässig bei der Ankunft abgelesen, nach der Methode gleicher Höhen beobachtet und diese Messung nach der wahren Refraction bei dem jedesmaligen Zustand der Atmosphäre corrigirt. Der Gang der Uhren wurde ferner, wenn es das Wetter irgend erlaubte, täglich regulirt und nur die Resultate einer möglichst langen Reihe von Ablesungen bei Bestimmung der relativen Länge des eben verlassenen und erreichten Hafens benutzt. Für die Zeit der Ueberfahrt wurden dann die zuletzt gefundenen mittlern Werthe als höchst wahrscheinlich in Rechnung gestellt. Die Winkelmessungen an den Häfen wurden immer an der Küste vorgenommen mit einem künstlichen Quecksilberhorizont, gut rectificirten Reflectionswerkzeugen und für die Zeit der Messung genau bestimmter Indexcorrectur. Dabei wurde ohne Ausnahme das Mittel aus 3 Höhen des obern und dreien des untern Sonnenrandes genommen, während die entsprechenden Zeiten sorgfältig nach Earnshaw's Taschenchronometer (825) eingetragen wurden. Die Uhr wurde dann sofort wieder an Bord gebracht und ihr Gang mit den dort aufgestellten Chronometern verglichen. Zur Messung der Sonnenhöhe selbst wurde vorzugsweise der 9zöllige Quintant oder wenn der Höhenwinkel zu gross wurde, Troughtons [497]) Reflectionskreis benutzt. Konnte wegen Gewölk und anderer Hindernisse die Höhe nur auf einer Seite des Meridians genommen werden, so wurde auf alle die nöthigen Correctionen um so grössere Sorgfalt verwandt.

Die Normaluhren lagen auf Haarkissen und waren in Kork eingeschlossen, und zwar so, dass die Compensationsapparate durch

---

[497]) Ein ähnliches Instrument von Troughton (in Besitz des Herrn Landjägermeister von Holleben) hat sich bei meinen Triangulationen in Thüringen trefflich bewährt. Jeden, der sich über die Anstellung derartiger Messungen mit Reflectionsinstrumenten oder Theodolithen etc. gründlich belehren will, verweisen wir auf die alle neuern Forschungen und Methoden zusammenstellende vortreffliche höhere Geodæsie des Dr. Fischer in Darmstadt.

grossen Temperaturwechsel möglichst wenig in Anspruch genommen
wurden. Desshalb wurde auch die Kajüte nie geheizt und überhaupt
jeder plötzliche Uebergang der Temperatur abgehalten. Ihr respectiver
Gang war daher leicht erforscht und der Fehler jedes einzelnen Instruments nach dem ihm zugetheilten Gewicht in der Summation der
Produkte ermittelt.

Einige der wichtigsten Sonnenhöhen wurden durch den schönen
15zölligen Höhen- und Azimuthalkreis vermittelst Beobachtungsreihen
bestimmt, wobei die Vorderseite des Instruments — um dadurch
Theilungs- und Excentricitätsfehler zu beseitigen — abwechselnd nach
Osten und nach Westen gerichtet wurde. Dasselbe war dabei auf
einem mit Sand gefüllten Fasse äusserst sorgfältig aufgestellt, so dass
zugleich Zeit- und Höhenmessungen vorgenommen werden konnten.
Sowohl die Sonne als die Sterne wurden hier zur Breitenbestimmung
benutzt und zwar immer während ihrer Culmination, einige Fälle ausgenommen, wo das nicht recht gelang und wo dann der Stundenwinkel
— nach Ost oder West — gehörig beobachtet und die Reduction auf
den Meridian berechnet wurde. Der Mond wurde als Objekt nicht
benutzt. [498]) Auch der Meerhorizont wurde nur in seltenen Fällen,
wo das Landen, um am Ufer eine Höhe zu nehmen, unthunlich war,
an die Stelle des künstlichen gesetzt; in solchen Fällen wurde dann
das Objekt sorgfältig auf die wahre Ost- oder Westlinie gebracht, um
die sonst eintretende ziemlich willkürliche Reduction zu vermeiden. [499])

Monddistanzen, Finsternisse und Sternbedeckuugen wurden anfangs sorgfältig beobachtet und bei den Berechnungen mit aufgeführt.
Es fand sich aber, dass einige ganz gut zu den chronometrischen
Messungen passten, wogegen andere eben so gut beobachtete bedeutend
abwichen; da aber Smyth bemerkte, dass dieselben sowohl von den
Gebrechen der Tafeln, als vom jedesmaligen Zustand der Atmosphäre,
der Stimmung des Auges und der Kraft des Instruments gar sehr
beeinflusst wurden und desshalb von sehr ungleichmässiger Präcision

---

[498]) Irradiation, Durchmesserbestimmung, Fehler der Mondtafeln etc. erschweren
überhaupt eine genaue Messung mittelst unseres Trabanten.

[499]) Auch den Dipsector, der einigen gegen den natürlichen Horizont erhobenen
Ausstellungen abhelfen sollte, erklärt Smyth für weit unpraktischer, als den künstlichen Horizont. Capitain Gauttier hatte ihm einen von Lenoir gearbeiteten geliehen.
Dieses katoptrische Instrument wurde 1817 von Wollaston bekannt gemacht und
dient zur Messung der Depression des Horizontes auf dem Meere, so wie zur Bestimmung der Depression der Küsten. Gegen den Dipsector ist namentlich einzuwenden, dass er voraussetzt, dass die Refraction in gegenüberliegenden Punkten des
Horizonts genau dieselbe ist.

waren, so stellte er diese feinen Beobachtungen fast ganz ein und begnügte sich also mit den relativen Zeitdifferenzen, statt die ab - soluten Längen durch die Astronomie zu erhalten. Die Messung mit guten Chronometern [500]) lässt in der That kaum etwas zu wün- schen übrig, besonders wenn es möglich ist, verhältnissmässig schnell zu dem Punkte zurückzukehren, von dem man die Differenzmessung begonnen hat, um so jeden wahrscheinlichen Fehler abschätzen zu können.

Die geodætischen Winkel wurden im Allgemeinen von Smyth selbst gemessen und reducirt, nur in der nördlichen Partie des adria- tischen Meeres halfen ihm Capitain Soldan (vom neapolitanischen Stabe) und Lieutenant C. R. Malden. An besonders wichtigen Plätzen wurde im Allgemeinen auf einer auserlesenen Stelle eine Basis mit einer genau geprüften Gunter'schen Kette gemessen, und die Linie wurde nach Belieben durch Stäbe verlängert, die, je eine Kettenlänge von einander entfernt, in den Boden gesteckt wurden. Darauf wurden die Winkel an jedem Ende dieser Basis durch einen genau horizontal aufgestellten Theodolithen (gewöhnlich, wie es scheint, im Gyrus B) gemessen und somit die Reduction auf den Horizont erspart. Wenn aber die Dreieckseiten sehr lang werden, so zeigt sich bekanntlich ein sphärischer Excess; die Differenz zwischen den 3 Winkeln eines theoretischen ebenen Dreiecks und den 3 beobachteten wird wegen der sphärischen Gestalt der Erde berechenbar, wenn solche Seiten nur über 2 Meilen lang werden. Man behandelt in solchen Fällen die Sehnenwinkel und die Sehnen selbst als die Winkel und Seiten eines ebenen Dreiecks. Legendre's Theorie zeigt noch einfacher, dass wenn $\frac{1}{3}$ des sphärischen Excesses von jedem Winkel abgezogen wird, jede Gegenseite dem Sinus des corrigirten Winkels proportional wird und ihre Grösse kann also nach den Regeln der ebenen Trigonometrie berechnet werden.

Wir gehen zu den magnetischen Beobachtungen über. Seit der Zeit, zu welcher Smyth seine Messungen begann, sind die magnetischen Apparate, besonders zur Beobachtung der Variationen der Magnet- nadel, bedeutend vervollkommnet worden; namentlich hat man auch

---

[500]) Damit soll aber die an sich schöne Methode der Längenbestimmung durch solche Signale am Himmel keineswegs angefochten werden. Die Quantität der in der Mondbahn messbaren Bewegung ist nur $\frac{1}{30}$ von der, welche dazu gebraucht wird, die Zeit nach Chronometern zu erhalten (denn sie ist der Diminutivbelauf der eigenthümlichen Bewegung des Mondes, insofern diese dem grossen Belauf seiner Be- wegung im Tagekreise entgegengesetzt ist); dies ist der Umstand, der jeden Irrthum in der Beobachtung so bedeutend im Resultate hervortreten lässt.

die Methode ersonnen, das Schiff zu schwenken, um die Einwirkung
seiner Masse auf die Nadel unter verschiedenen Azimuthen zu erhalten; erst dadurch ward es möglich, auf der See über die Variation
unter verschiedenen Meridianen zuverlässige Angaben zu erhalten.
Bereits 1805 liess Capitain Flinders in den Philosophical Transactions
seine Abhandlung über die Differenzen in den Angaben der Magnetnadel, welche durch eine Veränderung der Richtung des Schiffsvorder-
theils veranlasst werden, drucken. Schon Dampier, Cook, Löwenhorn
und Andre hatten sich über diese Erscheinungen verwundert, aber
selbst Downie sie noch nicht ergründet. Unter solchen Umständen
fand Smyth die Variation nur genau, so oft an der Küste zu andern
Beobachtungen eine Mittagslinie bestimmt war. In weniger wichtigen
Fällen benutzte er ein grosses, gut getheiltes, mit Weingeistlibelle
versehenes und sorgfältig nach der Sonnenhöhe bei der Culmination
eingestelltes Solarzifferblatt. Sobald aber die Abweichung des Ost-
oder Westpunktes der Compassrose genommen werden sollte, so
visirte man die Sonne in den Augenblicken, wo ihr Centrum in den
wahren Horizont trat (d. h. wo die Höhe des untern Sonnenrands
über den sichtbaren Horizont gleich der Differenz des Halbmessers
und der um die Kimmtiefe vermehrten Horizontalrefraction war) ein
Verfahren, dem die in nördlichen Breiten sehr ungleiche Refraction
auf dem Mm. nicht im Wege steht. Azimuthe wurden, wenn die
Sonne beim Aufgang oder Untergang nicht anzuvisiren war, zur See
nach der beobachteten Differenz und Compasslage der Höhe in einem
gemessenen Zeitintervall bestimmt; bisweilen wurden sie auch aus
dem von der Sonne und einem terrestrischen Objekt gebildeten Winkel
hergeleitet. Alle solche Messungen sind freilich auf dem Schiffe
wegen der unsichern Verticalität des Visirs und der Wirkung lokaler
Anziehung auf die Oscillationen und vibratorischen Bewegungen
der Nadel nie so zuverlässig als am Ufer. Auf der Hauptstation
wurde ferner auch stets die Inclination und magnetische Intensität
beobachtet, wobei gewöhnlich die Pole des Magnets umgewechselt und
das Instrument beim Ablesen in der Ebene des magnetischen Meridians mit der Vorderseite abwechselnd nach West und nach Ost gekehrt wurde. [501])

Was übrigens die Einrichtung und Aufstellung des so äusserst
wichtigen, dem Chronometer noch vorzuziehenden Compasses anbetrifft,

---

[501]) Um Fehler in der Theilung und Drehung der Nadel um ihren Schwerpunkt
zu erkennen.

so ist beides in der neuesten Zeit kostspieliger, aber auch so vervollkommnet worden, dass ein Seefahrer des 17. Jahrhunderts das Instrument jetzt kaum wieder erkennen würde. Es ist auch gewiss nicht zu leugnen, dass viele Schiffbrüche geradezu durch falsche Angaben eines ungenügenden und namentlich schlecht aufgestellten Compasses veranlasst worden sind und wohl hier und da noch veranlasst werden. [502])

Messungen von äusserster Genauigkeit (etwa wie die Bayer'schen der preuss. Ostseeprovinzen) müssen durch vielen Aufwand an Geld, Zeit und ununterbrochener Arbeit erkauft werden. Es würde daher unbillig sein, dergleichen Anforderungen an die Aufnahme einer viele Hundert Meilen langen Küste zu stellen. Smyth fixirte in der That nur die Coordinaten der Breite, Länge und Höhe der Hauptpunkte und suchte dann das dazwischen liegende Terrain wohl möglichst genau, aber zugleich doch schnell und mit steter Rücksicht auf Verbesserung der Karten einzutragen. Die Boote segelten von Hafen zu Hafen an einer Patentlog-Basis hin und die so gefundenen rohen und stets in grossem Massstab gezeichneten Entwürfe wurden dann reducirt. Die Bootrichtungen wurden gewöhnlich mit Kater's Hand-Azimuthalcompass bestimmt; in wichtigen Fällen wurden mit Recht astronomische Messungen allen magnetischen Windstrichen vorgezogen, alle Sandbänke, Riffe, Untiefen und die wichtigsten Ankergründe wurden von Küstenstationen aus durch Sextantenwinkel bestimmt.

Was die Sondirungen anbetrifft, so dehnte sie Smyth (noch mehr als Gauttier) bis zu bedeutenden Tiefen aus, um das Vorhandensein oder Nichtvorhandensein von Bänken oder sonstigen Gefahren zu beweisen. Ueberhaupt kann unserer Ansicht nach hierin nie zu viel gethan werden. Wenn ein auf Karten oder sonst angegebener Fels etc. nicht mehr existirt, so ist, besonders an den vielen vulkanischen Stellen des Mm., noch gar nicht ausgemacht, dass er nie existirt hat. Noch bedenklicher ist aber der umgekehrte Fall. Die Inseln Sabrina und Graham sind verschwunden und manche vigia mag da entstanden sein, wo optische Täuschung oder die blosse Einbildung das Urtheil irre leiteten. Treibholz wurde für Schiffswracke gehalten und Fischschwärme, Rogenmassen, lokale Färbung des Wassers, eigenthümlicher Wellenschlag beim Zusammenstoss von Strömungen erschienen als drohende Gefahren. Mögen daher auch manche nicht vorhanden sein,

---

[502]) Es lässt sich berechnen, dass noch heut zu Tage durchschnittlich 3 engl. Schiffe in je 2 Tagen untergehen oder etwa 547 in einem Jahre.

so ist immerhin die grösste Vorsicht und die genaueste Untersuchung empfehlenswerth, ehe irgend eine zweifelhafte Gefahr auf der Karte gänzlich gestrichen wird. Jene früher sehr verbreitete absurde Ansicht, dass die Felsen unter dem Wasser wachsen, wie Bäume,[503]) hat viel dazu beigetragen, die Unzulänglichkeit der ältern Karten zu entschuldigen und manche unerwartet entdeckte, auf keiner Karte angegebene Gefahr daraus zu erklären. Ebenso misslich ist aber die Ansicht mehrerer modernen Physiker, dass jene Riffe sich fortwährend — wenn auch langsam — in ihre Theile auflösen und zerstückeln und dass die durch sie veranlassten Gefahren im tiefen Meere sich also fortwährend vermindern. Der Sauerstoff ist der bei aller Zersetzung wirkende Hauptstoff; es ist aber sehr zu bezweifeln, ob der im Wasser enthaltene Sauerstoff hinreicht, irgend eine Zersetzung und Zerstücklung an den unter dem Wasserspiegel liegenden Riffen hervorzubringen; auch ist die Zahl der mittelländischen Felsen, Bänke u. s. w., welche schon seit Jahrtausenden den Schiffer nachweislich belästigt haben, nicht gering. Die Einwirkungen der Atmosphäre über oder dicht unter dem Wasserspiegel sind freilich ganz andere und sie werden — für das Mm. freilich nur in geringerem Grade — durch schroffe Temperaturwechsel, namentlich durch Eisbildungen verstärkt. Besonders stark wirken Luft und Wasser zugleich dicht über und unter der Linie ein, welche der gewöhnliche Spiegel des Meeres an der Küste beschreibt.

Mit vollem Recht untersuchte daher Smyth jede Stelle, welche irgend eine Karte als gefährlich bezeichnet, mit grosser und gewiss mühevoller [504]) Sorgfalt. Ausserdem warf er bei jeder günstigen Gelegenheit auch in grosse Tiefen das Senkblei aus, in der Erwartung, dass er auf eine Bank stossen könne. An diese Sondirungen knüpften sich bei ruhiger See zugleich die für die Auffindung der Strömungen so wichtigen Temperaturbeobachtungen und das Heraufholen von Meerwasser aus grossen Tiefen. Unter der Voraussetzung, dass eine Gefahr nur durch eine Bank bedingt sei, nahm er seine Peilungen in der Nähe der vigiæ mit 150 bis 600, ja selbst 800 Faden

---

[503]) Natürlich schliessen wir hier die Korallenbildungen, an denen das Mm. auch reich ist, aus; ferner das allmählige Anwachsen sich lagernder Schichten, das durch den Druck der darauf lastenden Wassermasse und durch kalk- und eisenhaltige Cemente begünstigt wird.

[504]) Er gedenkt namentlich seiner Erforschung der Thisbe-Untiefen, des Fuchsfelsens, des Entreprenante-Riffs, der Bänke nördlich von Minorca etc. und behauptet, dass nur, wer mit ihm gesegelt, sich von der Schwierigkeit und Mühseligkeit solcher Arbeiten einen Begriff machen könne.

langen Leinen vor und bezeichnete selbst Gefahren, die sich als
gänzlich unbegründet erwiesen hatten, mit einem Fragezeichen, und
zwar mit um so grösserm Rechte, als solche Stellen häufig auf dem
vulkanischen Gürtel lagen, wo die Expansiv- und Explosivkraft der
Gase unterseeischer Vulkane recht wohl Bänke gehoben und nachher
wieder versenkt haben mochte.

Auf allen frühern Karten war zwischen Cap Creux und Toulon
eine lange Bank, die sogenannten Roches Molles angegeben mit 40 bis
70 Faden Tiefe Smyth untersuchte die ganze Seegegend, fand aber
mit Leinen von 500 bis 800 Faden nirgends Grund und liess sie
daher endlich ganz weg. Eine andere berüchtigte Bank wurde mit
noch seichterem Wasser auf allen Karten zwischen Minorca und
Asinara unter dem Namen Caccia angegeben, welche auf der
Admiralitätskarte sogar 13 Faden und in Mount und Page's Ausgabe des General-Quarter-Waggoner von 1717 sogar an einigen
Stellen nur 2 Faden Tiefe zeigte. Aber obgleich der Rodney (74)
im Januar 1812 während eines heftigen Sturmes diese Stelle passirte
und früher und später von den Engländern mehrfach nach ihr gesucht
wurde, so hat sie doch Niemand wieder auffinden können. Auch die
sardinischen Korallenfischer kannten sie nicht. Sie ist daher auf
den neuern Karten (auch auf der grossen des Lloyd) nicht mehr angegeben.

Zwischen Capri und dem Cap Campanella am Südeingange der
Bai von Neapel war ferner auf der Zannonischen und andern Karten
eine Untiefe angegeben und ihretwegen waren viele Schiffe um die
Westküste Capris gefahren, statt die kürzere Route zu wählen. Auch
diese konnten weder Smyth, noch die von Visconti ausgesandten
Kanonenboote, welche den ganzen Meeresgrund genau durchsuchten,
auffinden. Auch hatte kein Fischer von einer solchen Gefahr gehört.
An der Einfahrt in die Strasse von Gibraltar sollte am 12. August
1804 3½ Uhr Morgens die Thisbe auf einen Felsen gestossen sein;
aber auch diesen suchte Smyth vergebens und nach der Aussage des
ersten Lieutenants Corner, dass er nicht wisse, dass um diese Zeit
irgend eine Messung vorgenommen worden sei, wurde es sehr wahrscheinlich, dass sie auf die Cabezos aufgelaufen war. Später suchten
auch andere Hydrographen vergebens nach dem Thisbefelsen, dessen
Lage der Schifffahrt allerdings viel Gefahr drohen würde. Es mag
wohl auch öfter vorkommen, dass Schiffer, wenn sie wohlbekannte
und auf den Karten richtig angegebene Felsen anfahren, die sie

treffende Verantwortlichkeit dadurch von sich abzulenken. versuchen, dass sie von neu aufgefundenen Riffen etc. erzählen. [505])

Wenn man berücksichtigt wie viel, namentlich von Smyth, in neuerer Zeit durch fleissiges Sondiren, Befragen aller erfahrnen Piloten und Fischer, Beobachten jeder auffallenden Bewegung der Gewässer u. s. w. in dieser Beziehung geleistet worden ist, so lässt sich wohl behaupten, dass auf den besten Seekarten der neuesten Zeit keine wirklich gefährliche Stelle im Mm. unbeachtet geblieben ist.

Bei den erwähnten Sondirungen benutzte Smyth für Tiefen von 20 bis ·60 Faden gewöhnlich Massey's Sondirmaschine; aber bei grössern Tiefen wurde ein massives Senkblei angewandt, da man bei Tiefen von mehr als 150 Faden ein Zusammendrücken des hohlen, das Luftrohr für die Flügel des Instruments bildenden Cylinders befürchten musste. [506]) Bei mässigen Tiefen wurde übrigens die vertikale Tiefe durch Massey's Instrument stets sehr genügend und zuverlässig gefunden. Birt's theoretisch so fein ersonnener Buoy-and-nipper wollte sich praktisch nicht recht bewähren. [507])

Wir haben schon erwähnt, dass Smyth bei seinen Messungen die Meerestemperatur keineswegs vernachlässigte. Häufige Beobachtungen wurden mit der Lufttemperatur über dem Meere zusammen einregistrirt. Man brauchte Six-Thermometer, welche, ehe man sie in die cylindrischen Kupferhülsen steckte, jedesmal verglichen wurden. Diese Cylinder hingen dann an einer weissen Leine, an welcher zugleich die Richtung der Index-floats oder kleinen Schwimmer beobachtet wurde. Es ist dabei zu bedauern, dass diese Untersuchungen keine Beiträge und Belege zu des Oberst Williams Theorie der „Thermometrischen Navigation" liefern. Ueberhaupt scheinen gerade diese Versuche eine schwächere Partie der Smyth'schen Messungen zu sein. Sie müssen, um zu Resultaten zu führen, mit grosser Consequenz und in systematischem Zusammenhang angestellt werden.

---

[505]) So berichtete im Sommer 1849 ein Schiff, dass es 90 (engl.) Meilen östlich von Malta auf den Entreprenante-Felsen gestossen sei. Man sandte den Oberon, Rosamond und Spitfire zur Untersuchung aus und man fand nichts; später fanden (zwischen dem 17. und 23. April 1853) die Retribution, Modeste, Niger und Spitfire, obgleich sie in einem Umkreis von 20 Meilen sondirten, selbst bei 2570 Faden noch· keinen Grund. Der Steuermann gestand endlich, dass sie an eine Spitze ·von Malta selbst angefahren seien — und seine Lüge hatte ein hübsches Sümmchen gekostet!

[506]) Dean Buckland schlug, als ihm gemeldet wurde, dass eins dieser Luftrohre in 300 Faden Tiefe ganz breitgedrückt worden sei, vor, darin, wie in den Schaalen der Nautilus und Ammoniten Querplatten anzubringen. Vgl. seinen Bridgewater Treatise, Vol. I., pp. 345 und 349.

[507]) Ueber andere Sondirungsapparate vergleiche man meine Bearbeitung der phys. Geographie des Meeres von Maury, S. 196 und flg.

Sowohl bei den Küstenaufnahmen am Lande, als bei dem Vorbeisegeln längs der Küsten beachtete die Smyth'sche Expedition auch
die Berghöhen. An den Beobachtungen wurden die Correcturen wegen
der Refraction und Erdkrümmung angebracht, aber sie können und
sollen keine grosse Genauigkeit beanspruchen. Der Seemann kann
solche Angaben doch brauchen, namentlich zur Bestimmung seiner
Entfernung von der Küste. Einige wurden von der offenen See aus
mit einer Patentlog-Basis mittelst der durch ein katoptrisches Instrument gemessenen Höhenwinkel bestimmt; andere auf dem Lande
durch Barometer, Siedepunkt des Wassers, Zenithdistanzen, einige
auch durch Beobachtung der Depression des Horizonts. Die Höhen
werden einfach auf den Meeresspiegel bezogen, was im Mm. wohl angeht, da, wie wir gezeigt haben, Ebbe und Fluth keine grossen Niveauunterschiede hervorrufen.

Die meteorologischen Beobachtungen (namentlich an Barometer,
Sympiezometer, [508]) Thermometer und Hygrometer) liess Smyth regelmässig nur um 8 Uhr Morgens, wenn die Chronometer aufgezogen
und verglichen wurden, anstellen. Waren astronomische Beobachtungen
wegen Refraction etc. zu corrigiren, so wurden die dazu gehörigen
Ablesungen natürlich gleichzeitig vorgenommen.

Wir glauben, indem wir in dem Vorstehenden den Verlauf einer
der bedeutendsten neuern Küstenmessungen zu schildern versuchten,
einen nicht bloss dem Seemann und Chartographen interessanten Stoff
mit vollem Recht etwas weitläufiger behandelt zu haben. Der grosse
Fortschritt in der Mittelmeerküstenzeichnung ist unverkennbar. Mögen
Spätere im kleinlicheren Detail noch Manches zu verbessern finden,
die wesentlichen Fehler in den Contouren und Positionen sind in
diesem Meere nun beseitigt. Wie grob dieselben waren und auf
flüchtig gezeichneten neuern Karten leider noch sind, könnte durch viele
Beispiele belegt werden. Nur ein Paar statt Vieler! So lag z. B. in
dem äusserst wichtigen Kanal, der die beiden Hauptbecken verbindet, die Insel Pantellaria auf den besten Karten südöstlich von
Maretimo, während es wirklich Süd zum Westen liegt. Wenn man
ferner bei der Einfahrt in das adriatische Meer den Curs bei der
Insel Fano vorbei nach Cap Linguetta in Albanien nimmt, so würde
derselbe nach der Admiralitätskarte von Nord 17° nach Ost liegen,
während er in Wirklichkeit von Nord 5° nach West liegt. Wenn

---

[508]) Eigentlich ein dem Manometer im Princip gleiches Instrument. Vergl.
Gehlers Physik. Wörterbuch.

sich ein Schiff namentlich während der Nacht und ohne stete Wachsamkeit, welche jedem tüchtigen Seemann eigen sein muss, auf solche Angaben verlassen wollte, so würde es unter den akrokeraunischen Klippen auf den Strand laufen.

Gegen Ende des Jahres 1824 verliess Adm. Smyth das Mm., und so gross war noch seine Anspruchslosigkeit und Freudigkeit nach Jahren der angestrengtesten Arbeit, dass er bedauerte, mit seinen so vervollständigten Hülfsmitteln und erweiterten Erfahrungen das Werk nicht noch einmal beginnen zu können. Er übergab darauf der Admiralität eine grosse Menge von Vermessungscharten und Plänen etc., welche seitdem zum grossen Theil veröffentlicht worden sind und deren kurze Aufzählung jedem, der sich über irgend einen Punkt näher belehren will, interessant sein wird:

I. Generalkarte des westlichen Theils des Mm. (ungefähr 1 : 2300000).

II. Plan der Bai, des Hafens und der Umgebungen von Cadiz, (1 : 58000), mit einer Ansicht der Alameda.

III. Die Strasse von Gibraltar (1 : 114000) mit Ansichten des Landes von der Cabezos-Untiefe (westlich von Tarifa) aus gesehen.

IV. Der Felsen von Gibraltar (1 : 12600), mit einer Ansicht der neuen Molospitze, des Affenberges und Ceuta's in der Ferne.

V. Generalkarte der Küste Spaniens von Gibraltar bis Alicante und der gegenüberliegenden Küsten der Berberei (1 : 910000); mit Plänen von Malaga, Almeria, Port Genovés, San Pedro, Carbonera-Bai. Port Aguilas, Melillah und Alboran (die 6 ersten 1 : 49000).

VI. Der Hafen von Cartagena (1 : 25000) und die Columbretes-Felsen (1 : 26000) nebst Ansichten.

VII. Hafenpläne von Turilla-Bai, Peniscola, Calpe, Altea-Bai, Insel Grosa und Alicante (letzterer 1 : 49000).

VIII. Generalkarte der spanischen Küste von Alicante bis Palamos und bis zu den Balearen (1 : 880000); mit Plänen von Barcelona, Tarragona, Grao von Valencia, Port Iviza (1 : 73000), Palma-Bucht (1 : 24000) und Port Cabrera (1 : 12250).

IX. Plan des Hafens und der Umgegend von Port Mahon auf Minorca (1 : 11500) mit Ansicht der Lazzaretto-Insel.

X. Generalkarte der Südküste Frankreichs und eines Theils Cataloniens (1 : 700000), mit Plänen von Callioure, Vendres, Cadaques, Tusa, Blanes und Palamos.

XI. Die Küste Frankreichs, von der Rhone-Mündung bis zur Riou-Insel, mit den Busen von Foz und Marseille (1 : 93000); mit einer Ansicht des Planier-Leuchtthurms.

XII. Hafen und Rheden von Marseille (1 : 15600); der Cassidaigne-Felsen (1 : 60000); mit Ansichten von Cassis und Bec de l'Aigle.

XIII. Hafen und Rhede von Toulon, mit der angrenzenden Küste (1 : 70000.)

XIV. Karte der Küste Frankreichs von der Halbinsel Giens bis Cap Roux oder von der Hierischen Bai bis zum Golf von Fréjus (1 : 130000) mit einer Ansicht der Festung auf der Port Cros-Insel.

XV. Karte der Küste Frankreichs und Italiens vom Cap Roux bis Monaco (1 : 78000); mit einer Ansicht der Lerins-Inseln von Cannes aus und einem Plan von Monaco (1 : 23000.)

XVI. Der Hafen von Villa Franca und Umgegend, mit Ansichten von der Stadt und dem Castell von Villa Franca und der Stadt Nizza (1 : 13750).

XVII. Karte der Küste von Italien, von Ventimaglia bis Piombino, oder des Golfs von Genua (1 : 440000); mit Plänen von Savona (1 : 24500), Gallinara (1 : 38500), Gorgona (1 : 37000) und Tinale.

XVIII. Pläne der Rhede und Umgegend von Vado, der Bai von Noli und Porto Mauricio (1 : 24500).

XIX. Der Hafen von Genua (1 : 14500), mit einer Ansicht des Leuchtthurms; dabei noch Porto Fino und Sestri a Levante.

XX. Der Golf von Spezzia (1 : 28500) und ein Plan der Rhede, Stadt und Umgegend von Via-Reggio (1 : 84000).

XXI. Die Insel Capraja (1 : 50000), Arno-Mündung (1 : 37000) und Stadt und Rhede von Livorno (1 : 35000).

XXII. Generalkarte der Westküste Italiens, von Piombino bis Civita Vecchia und bis an die toscanischen Inseln (1 : 280000), mit Plänen der Insel Pianosa (1 : 85000), Port Campo (1 : 48500), Piombino (1 : 50000), Formiche von Grosseto (1 : 59000) und Insel Gianuti.

XXIII. Pläne der Giglio-Insel (1 : 64000), des Palmajola-Canals (1 : 47000), ferner von Porto Longone (1 : 24500), Porto Ferrajo (1 : 16500) und Orbitello.

XXIV. Generalkarte der Westküste Italiens von Civita Vecchia bis zum Golf von Neapel (1 : 365000), mit Plänen von Terracina (1 : 25500), der Tibermündung, des Circelloberges (1 : 86000), von Gaeta (1 : 31500), Porto d'Anzo (1 : 16750) und Civita Vecchia (1 : 13000).

XXV. Die Ponza-Inseln (1 : 85000), mit Ansichten von Zannone, Capo di Guardia und einem Plan von Port Madonna (1 : 10230).

XXVI. Der Meerbusen von Neapel nebst den Inseln (1 : 99500), mit Ansichten von Ischia und Capri.

XXVII. Generalkarte der Westküste Italiens von Neapel bis Cap Vaticano (1 : 630000), mit Plänen der Felsen i Galli, von Pæstum in der Agropoli-Bucht und der Insel und Bai Dino (1 : 36500).

XXVIII. Die Insel Corsica mit den toscanischen Inseln (1 : 500000), mit Plänen von San Fiorenzo, Isola Rossa, Calvi, Porto Vecchio und Bastia (1 : 42500).

XXIX. Der Busen von Ajaccio (1 : 18600) und die Rhede von Cap Corso (1 : 15500) mit 2 Ansichten des Landes.

XXX. Die Strasse von Bonifacio (1 : 69500), mit Plänen von Lavezzi und seinem Felsen, von dem Hafen Bonifacio und der Insel Cavallo.

XXXI. Generalkarte der Insel Sardinien (1 : 510000), mit kleinen Plänen von Port Longo Sardo und der Bai von Tortoli.

XXXII. Der Busen von Asinara an der Nordwestküste Sardiniens (1 : 130000), mit einem Plan der Rhede von Porto Torres und einer Ansicht des Castel Sardo.

XXXIII. Die Nordostküste Sardiniens und der anliegenden Inseln (1 : 95000), mit Plänen von Maddalena, Porto Cervo und einer Ansicht des Cap dell' Urso.

XXXIV. Sardinische Häfen: Conte, Alghero (1 : 82000, mit Ansicht des Capo della Caccia); der Kanal von San Pietro (1 : 82000, mit Ansicht der Landspitze Colonne); die Cagliari-Bai (1 : 27000), nebst Ansicht der Stadt vom Ankerplatze aus.

XXXV. Die Südküste Sardiniens (1 : 275000), mit Ansichten von San Pietro und dem Gallo-Felsen vor der Westspitze von San Pietro.

XXXVI. Generalkarte Siciliens, Malta's und der anliegenden Inseln, nebst Theilen Italiens, Sardiniens und Afrikas (1 : 830000.)

XXXVII. Eine nach des Baron Schmettau grosser Karte, auf 30 Bogen, gezeichnete Karte Siciliens (1 : 515000.)

XXXVIII. Karte der Westküste Siciliens und der Aegadischen Inseln (1 : 188000) mit einem Theil des Golfs von Castell'a mare.

XXXIX. Küstenansichten: 1) Von der Sandbank vor Cap San Vito. 2) Von der Sandbank vor der Emilien-Spitze. 3) Trapani von dem Asinello-Felsen. 4) Marsala von der äussern Bank. 5) Die Stadt Mazzara von den Rheden.

XL. Ankerplätze und Gegend bei Trapani (1 : 86400), mit Ansichten des Maretimo-Castells und des Saracenenthurmes auf dem St. Julian-Berge und einer alten Münze von Eryx.

XLI. Karte der Nordküste Siciliens und der Nachbarinseln (1 : 470000), mit Ansichten des Scylla-Felsen und der Farospitze.

XLII. Plan der Insel Ustica (1 : 28800), mit einer Ansicht der Bai und Stadt Santa Maria.

XLIII. Plan des Golfs und der Umgebungen von Palermo (1 : 71000), mit Ansichten des Cap Di Gallo und Zaffarano und einer Abbildung einer alten Münze von Soluntum.

XLIV. Plan der Bai und Stadt Palermo (1 : 15000), mit einer Ansicht des Ponte dell' Ammiraglio über den Oretus und der Abbildung einer alten Münze von Panormus.

XLV. Küstenansichten: 1) Der Busen von Palermo. 2) Cefalu. 3) Der Kanal zwischen Sicilien und den æolischen Inseln. 4) Einfahrt in die Farostrasse.

XLVI. Plan der Lipari-Gruppe oder der æolischen Inseln an der Nordküste Siciliens (1 : 145000.)

XLVII. Plan der Bai von Lipari (1 : 20000) nebst Ansicht der Stadt. Plan der Olivieri-Bai, nebst Ansicht des Cap Tindaro.

XLVIII. Küstenansichten: 1) Die Strasse zwischen den Inseln Lipari und Vulcano. 2) Panaria, Basiluzzo u. s. w. nebst Stromboli von der Exmouth-Bank. 3) Die æolischen Inseln von den Penrose-

Felsen gesehen. 4) Die Strasse von Messina von dem Ankerplatze an der Untiefe vor der Farospitze.

XLIX. Stadt, Bucht und Vorgebirge von Milazza (1 : 11300).

L. Generalkarte der Ostküste Siciliens nebst dem südlichen Theile Calabriens (1 : 300000.)

LI. Plan der Strasse von Messina (1 : 28500), mit einer Ansicht des Scylla-Castells.

LII. Plan der Stadt und des Hafens von Messina (1 : 7700.)

LIII. Küstenansichten: 1) Messina nebst Hafen. 2) Der Berg Aetna von der Schisò-Spitze aus gesehen. 3) Ansicht der Cyclopen-Inseln. 4) Catania nebst Hafen.

LIV. Plan der Bai und Umgegend von Taormina (1 : 19000), mit Ansichten der Stadt Taormina und der Schisò-Spitze und Abbildungen alter Münzen von Tauromenium und Naxos.

LV. Plan von Augusta nebst Hafen (1 : 20500), mit einer Ansicht der Stadt und des Leuchtthurms Torre d'Avola.

LVI. Syracus nebst Hafen und Umgegend (1 : 13400), mit einer Ansicht des Hafens vom Tempel des Jupiter Olympius.

LVII. Küstenansichten: 1) Hafen und Castell von La Bruca. 2) Syrakus, Stadt und Hafen. 3) Cap Passaro, in seiner Ausdehnung von 6 (engl.) Meilen nach SSO. 4) Stadt Alicata, nebst der Rhede.

LVIII. Generalkarte der Südküste Siciliens (1 : 380000), mit einem Plan von Alicata und Ansichten des Cap Passaro von der Höhe der Tonnara und von Süden.

LIX. Plan von Girgenti nebst Umgegend und Ankerplatz (1 : 33700), mit einer Ansicht der Stadt vom Tempel des Aesculapius.

LX. Küstenansichten: 1) Der Molo von Girgenti, vom Tempel der Jungfrauen aus gesehen. 2) Die Südwestspitze Siciliens. 3) Die Insel Pantellaria. 4) Cap Dimitri, von der offenen See vor Gozzo. 5) Malta und Gozzo von der Fahrstrasse bei Comino aus.

LXI. Pantellaria, Stadt und Hafen (1 : 5500), [509]) mit einer Ansicht der Stadt; Plan des Hafens Lampedusa (1 : 7500).

LXII. Plan der Insel Linosa (1 : 32000), mit einer Ansicht der Südküste und einem Plan von Lampedusa und Lampion.

LXIII. Hydrographische Karte der maltesischen Inseln und Felsen (1 : 94000.)

LXIV. Plan der St. Pauls-Bai (1 : 8500), mit einer Ansicht des Thurmes und der Batterie auf der Kouraspitze und des Salmona-Palastes.

LXV. Valetta nebst den Festungswerken und Häfen (1 : 8850), mit einer Ansicht des Castells und Leuchtthurms von Sant' Elmo, des Castells Sant' Angelo und Valetta's aus der Ferne.

LXVI. Plan der Marsa Scirocco-Bai (1 : 9300), mit einer Ansicht der sie beherrschenden Festung, der Thurm-Redoute St. Lucian.

LXVII. Generalkarte der Südostküste von Italien, vom Cap Spartivento um Cap Santa Maria di Leuca und bis Polignano im

---

[509]) Smyth giebt 4 : 5500 an, was wohl ein Druckfehler ist.

adriatischen Meere (1 : 570000), mit Plänen von Cotrone (1 : 8750),
Taranto (1 : 82000) und Gallipoli (1 : 39500).

LXVIII. Pläne der Häfen von Brindisi (1 : 31750), Otranto
(1 : 36000) und der Tremiti-Inseln (insulæ Diomedeæ, 1 : 30500).

LXIX. Generalkarte der Ostküste Italiens von Monopoli u. Polignano
bis Fossaceca (1 : 400000), mit Plänen von Barletta (1 : 32000), Viesti
(1 : 24750), Manfredonia (1 : 26500), u. dem Pianosa-Felsen (1 : 30500).

LXX. Generalkarte der Ostküste Italiens von Fossaceca bis
Rimino (1 : 400000), mit Plänen von Ortona (1 : 17000), Fano
(1 : 22200), Rimino, Pesaro, Sinigaglia und Porto Nuovo (1 : 48000).

LXXI. Plan von Ancona (Stadt, Befestigungen und Hafen, 1 :
12400), mit einer Generalansicht der Citadelle und des Molo von der
See vor dem Conero-Berge aus gesehen.   .

LXXII. Generalkarte der Küsten Italiens u. Istriens von Rimino bis
Cap Promontore (1 : 350000), also des nördl. Theils des adriatischen Meeres.

LXXIII. Ein Specialplan Venedigs und seiner Ankerplätze: Porto
di Chioggia (1 : 53500), Freihafen von Triest (1 : 12000); mit einer Ansicht der Stadt des Porporello von dem Ankerplatz vor Malamocco aus.

LXXIV. Istrische Häfen: Pirano, Omago, Quieto und Citta-
nova, Parenzo, Orsera, der Lemo-Kanal nach Rovigno und Port Veruda.

LXXV. Die Häfen Fasano und Pola, mit den Brioni-Inseln.

LXXVI. Generalkarte der Küsten Croatiens und Dalmatiens,
vom Cap Promontore bis Slozella, also des Quarnero, Quarnerolo,
Morlacca, Maltempo und der Zara-Kanäle (1 : 355000), mit Plänen
von Kerso, Porto Re, San Pietro di Nembo und der Unie-Bai.

LXXVII. Croatische und dalmatische Häfen: Port Augusto auf
Lossin Piccolo (1 : 29500), Port Beguglia (1 : 57600), mit einer
Ansicht des Bianche-Leuchtthurms, Zara nebst Hafen (1 : 13900), die
Pasmanstrasse, Morter Canale (1 : 39000) und Port Tajer (1 : 45700).

LXXVIII. Plan des Hafens Sebenico mit den äussern Durchfahrten und der Vodizze-Rhede (1 : 64000), dem Hafen von Ra-
gosnitza (1 : 57000) und der Bai von Spalatro (1 : 11000).

LXXIX. Generalkarte der Küste Dalmatiens von Zara Vecchia
bis Ragusa Vecchia (1 : 422500), mit Plänen der Pelagosa-Felsen
(1 : 30500) und der Häfen Lago und Rosso auf der Lagosto-Insel.

LXXX. Dalmatische Häfen, nämlich Lessina nebst dem Kanal
(1 : 56000), Port S. Giorgio in Lissa (1 : 20500), Valle grande von
Curzola, Kanal von Curzola, der Hafen Milna von Brazza im Spalatro-
Kanale (1 : 39000) und Porto Palazzo auf Meleda (1 : 32000).

LXXXI. Ragusa und die Kalamota-Kanäle, mit den Felsen und
der Bucht von Ragusa-Vecchia (1 : 77500.)

LXXXII. Generalkarte der Küste Albaniens, von Ragusa Vecchia
bis Port Palermo, mit einem Theil der gegenüberliegenden Küste Italiens
(1 : 487000) und einer Skizze der Buchten unterhalb Kimara.

LXXXIII. Plan des Golfs von Cattaro (Bocche di Cattaro, 1 :
76500), nebst einem Plan von Porto di Budua und der Insel S. Nicolò.

LXXXIV. Albanische Häfen: Antivari (1 : 59000), Dulcigno,
Durazzo, Aulona oder Valona, Port Palermo und Parga (1 : 19500).

LXXXV. Generalkarte der Strassen bei Corfu, mit der anliegenden albanischen Küste (1 : 238000) und Plänen von Alipa, San Nicolò in der Yliapades-Bai, Port Gayo und Port Laka auf Paxo.

LXXXVI. Stadt Corfu nebst der Rhede und der Umgegend vom Ulysses-Felsen bis Porto Govino (1 : 26000), mit Ansichten der Stadt und Citadelle.

LXXXVII. Generalkarte der Mittelgruppe der ionischen Inseln nebst der gegenüberliegenden Küste Griechenlands von Parga bis zur Alpheios-Mündung, mit den Golfen von Arta und Patras (1 : 350000.)

LXXXVIII. Ionische Häfen: Santa Maura nebst Umgegend, Port Vliko auf Leukadien, Dragomesti und die Echinaden, Port Bathi in Ithaka (1 : 15000), Port Argostoli in Cephalonien (1 : 111000) und die Bai von Zante, nebst einer Ansicht vom Lazzaretto aus.

LXXXIX. Generalkarte der Westküste von Morea, vom Gastuni-Fluss bis zum Meerbusen von Koron (1 : 257000), mit einem Plan und einer Ansicht der Stamfane oder Strivalifelsen, von Mothoni oder Modon, Port Longona auf Sapienza und der Rhede von Koron.

XC. Plan der Stadt und des Hafens Navarin oder Neo Kastro mit dem Paleó Kastro oder alten Pylos (1 : 37000.)

XCI. Generalkarte der Küste von Morea, von der Insel Venetico bis Kyparisi, mit den in den Archipel führenden Strassen von Cervi und Cerigo (1 : 250000). Dabei Pläne von Port Nikolo auf Cerigo, der Kapsali-Bai ebenda, und des Potamo-Hafens auf Cerigotto.

XCII. Karte der ægyptischen Küste von Al Awaïd bis an die Rosetta-Mündung des Nils (1 : 220000); nebst Ansicht des Abukir-Castells.

XCIII. Plan von Alexandrien (Stadt, Umgebung und Häfen, 1 : 26000), mit dem Pharos in grösserem Massstabe (1 : 8125), und Ansichten der Stadt und des Pharos.

XCIV. Generalkarte der Nordküste Afrikas von Alexandrien bis Ras al Halal (1 : 1275000), mit Plänen von Ras al Halal, Ras et Tyn, Marsa Tebruk, Dernah, ferner den Ischaïlah-Felsen, Marsa Labeit und Marsa Mahadda. (Die Karte zu Barth's Wanderungen 1 : 375000.)

XCV. Plan des Golfs von Bombah und der anliegenden Inseln (1 : 56500), mit einer Ansicht der Bhurdah-Insel von Nordost.

XCVI. Generalkarte der Küste der Berberei von Marsa Susah bis Misratah, um den Golf von Sidra oder die grosse Syrtis (1 : 1350000). Daneben Pläne von Marsa Bureigah (1 : 27000), den Gharah-Felsen, Benghazi, Marsa Susah, Tolmeïtah und Marsa Zafran.

XCVII. Eine Generalkarte der Küste der Berberei, von Melhafah an der Syrtis bis Karkarisch, westlich von Tripoli (1 : 400000): mit Plan und Ansicht der Ruinen von Leptis Magna und Marsa Ugrah.

XCVIII. Hafen und Umgegend von Tripoli (1 : 15600), mit Ansichten der Festungswerke.

XCIX. Generalkarte der Küste der Berberei, von Ras al Amrah in Tripoli bis Tabulbah in Tunis, mit Einschluss der kleinen Syrtis oder des Golfs von Khabs (1 : 760000), nebst Plänen der Bukah-Strasse bei Jerbah (1 : 28800), und von Tripoli Vecchio (1 : 53000).

C. Generalkarte der Küste der Berberei vom Cap Africa in Tunis bis zu den Fratelli-Felsen (1 : 500000), mit Plänen von Me·hediah oder der Stadt Afrika und von den Fratelli-Felsen (1 : 65500).

CI. Tunesische Häfen: Die Bai von Bizertah, das Cap Bon, Monastir-Bai und die Kuriah-Inseln, der See und die Umgebungen von Tunis, mit den Trümmern Karthago's (1 : 94000).

CII. Einzelne Pläne der Berbereiküste: Hafen und Insel Tabarkah, Bai und Gestade von Ustorah und die Galita-Inseln (1 : 24250), mit Ansichten von Galita und Galitona.

CIII. Generalkarte der Küste der Berberei, von den tunesischen Fratelli-Felsen bis zu den Pisan-Felsen Algeriens (1 : 650500), mit Plänen von Bujeyah, den Pisanfelsen, Port Jigeli (Gigelli), Kolah, Al Kal'ah-Bucht und Bonah-Bai, dabei Ansichten des Cap Carbon (bei Bugia), der Pisanfelsen und der Stadt und Festung Bonah.

CIV. Generalkarte der Berbereiküste von Bujeyah (Bugia) in Algerien bis zu den Zaphran-Inseln an der maroccanischen Küste (vor der Mulwia-Mündung) (1 : 1105000), mit Plänen der Bucht bei Sidi Ferej und des Hafens von Waharan (1 : 19700). Die Strecke von den Zaphran-Inseln bis Cap Spartel ist auf No. V. mit eingezeichnet.

CV. Stadt, Umgebungen und Hafen von Algier; die Zaphran-Inseln mit einer Ansicht der Stadt Algier und der Ja'ferei oder grössern Insel Zaphran.

Wenn man nun schon über die grosse Zahl der im vorstehenden Verzeichniss angegebenen chartographischen Arbeiten erstaunt, so muss man der Thätigkeit des Adm. Smyth um so grössere Bewunderung zollen, wenn man bei näherer Betrachtung der veröffentlichten Nummern findet, dass sie allen vernünftigen Anforderungen des Seefahrers nicht nur unbedingt entsprechen, sondern das ganze System der nautischen Chartographie in mehrern Beziehungen gefördert haben. In der That wurden die Arbeiten Smyths im Osten gewissermassen fortgesetzt. Als Capitain Copeland nach der Levante zu Messungen ausgesandt wurde, begleiteten ihn Cooling und Wolfe, 2 Offiziere Smyth's, während Elson und West jede Gelegenheit, die sich in derselben Gegend bot, zu Aufnahmen benutzten. Endlich machte sich der von Smyth geschulte talentvolle Capitain Graves um die Vervollkommnung der Chartographie der östlichen Theile des Mittelmeers ganz besonders verdient, und man muss jetzt am Anfang der 2ten Hälfte des 19ten Jahrhunderts eingestehen, dass in der ersten Hälfte für die wissenschaftlichen Bedürfnisse des Seemanns und Geographen überhaupt auf diesem Becken wunderbar viel geleistet worden ist. Eine Aufnahme der Insel Candia wurde durch Comm. Spratt bewerkstelligt, welcher in der neuesten Zeit Fido-nisi oder die Schlangeninsel vermessen hat.

Ueberhaupt hat das französische Marine-Dépôt seit dem Beginne
unseres Jahrhunderts für die Hydrographie Frankreichs ganz Ausserordentliches geleistet und unter Anderm den vollständig au faít setzen-
den „Pilote Français" [510]) herausgegeben. Derselbe liefert in einem
Atlas von 6 dicken Bänden grössten Formates die vollständigen See-
und Küsten-Aufnahmen der Ingenieure und Marine-Offiziere, vorzüglich in Kupfer gestochen und in seinem Werthe verbürgt durch die
Redaktion des schon oft genannten „Vaters der französischen Hydro-
grahie", C. F. Beautemps-Beaupré, welcher in den Jahren 1810—1854
seinen Fleiss und sein Talent ausschliesslich der Leitung hydrographischer Messungen und der Herstellung hydrographischer Karten gewidmet hat.   1857 hat der französische Dampfaviso Météore in einer
hydrographischen Mission die Küsten Italiens besucht; er hat sich
namentlich bei Salina, Malazzo, Volcano und Teliendi aufgehalten, alle
diese Punkte aufgenommen und die Centralgruppe der Lipari festgestellt.
1858 soll derselbe Dampfaviso diese hydrographischen Erforschungen
am neapolitanischen Ufer und namentlich in der Meerenge von Messina
fortsetzen.

Schliesslich bemerke ich noch, dass ausser Smyth's Arbeiten namentlich bei der Zeichnung der 4ten Karte von mir benutzt worden
ist: *Νεος γενικος υδρογραφικος Πιναξ τῆς Μεσογειου Θαλασσης Ερανι-
σθεις εκ τῶν ακριβεστερων Αγγλικῶν, Γαλλικῶν και Αυστριακῶν θα-
λασσιων πινακων και διαγραφθεις κατα τον Γ. Μερχατωρε υπο Γεωρ.
Ενσ. Ιωαννου, εκδοθεις δε παρα του φιλολογικου και τεχνικου τμηματος*
(Sektion) *της Αυστριακης Εταιριας του Λοϋδ, εν Τεργεστη*. 1856. Diese
vortreffliche Karte ist 6 ' 7 " lang und 2 ' 6 " rh. breit.

Zu den von mir benutzten Karten gehört ferner der Atlas universel physique, historique et politique de Géographie ancienne et
moderne, composé et dressé par M. A. H. Dufour, und zwar besonders die 30ste Karte, welche das Bassin des Mm. darstellt. Bei der
Küstenzeichnung sind hier die besten englischen und französischen
Seekarten, also namentlich die von Smyth, Copeland, Graves, Bérard
und Gauttier benutzt. Gauttier gab 1828 zu Paris eine Carte réduite
de la mer Méditerranée et de la mer Noire und Robiquet 1850 seine
Carte générale de la mer Méditerranée heraus.

Als Anhang zu diesem Abschnitt gebe ich ein Verzeichniss der
von der britischen Admiralität im Jahre 1853 publicirten Karten vom Mm.

---

[510]) Le pilote Français. Cartes des côtes de France, levées par les ingénieurs hy-
drographes et les officiers de la marine française sous la direction de C. F. Beautemps-Beaupré.

177. Strait of Messina. (Erste Auflage 1823, corrigirt 1853)
(1 : 29000.)

2127. Keith Reef and Skerki Patches (1 : 80000); Talbot
Shoal; Pantellaria Patch (1 : 13000.)

1679. Port Koupho (1 : 12000); Strait between Thaso Island
and the Main; Deuthero Cove; Port Sikia; the Mouth of the Kara-Sou
or Strymon; Erissos-Bai (1 : 73000.)

1650. Archipelago, Index Sheet (1 : 240000.) (Es ist dies das
Uebersichtsblatt der ausgezeichneten Vermessung des griechischen
Archipels, welche während der Jahre 1823 bis 1850 von den Offi-
zieren Graves, Copeland, Brook und Spratt vorgenommen wurde.
Diese Aufnahme ist in 98 Blättern ungemein sauber und sorgfältig in
Kupfer gestochen.)

Karten vom schwarzen Meer: **228.** Sevastopol Harbour (1:43000).
— **2201.** Odessa to Kherson-Bay (1 : 110000). — **2202.** Dniepr Bay
with Nikolaev and Kherson (1 : 180000). — **2204.** Yniada Road
(1 : 50000). — **2205.** Kertch Strait (1 : 200000). — **2206.** Varna
Bay (1 : 50000). — **2207.** Donaumündungen: a) Kilia Branch (1 :
47000); b) Soulina Branch and Fido-nisi (1 : 24000). — **2208.**
Dniestr-Bay or Ovidio Lake (1 : 73000). — **2209.** Berdiansk Road
(asowsches Meer, 1 : 73000). — **2210.** Tendra Peninsula (1 : 220000).
— **2211.** Yalta and Ourzouf Roads (1 : 75000). — **2216.** Sieben türkische Häfen an der Südküste des schwarzen Meeres: Ak Liman
(Armene); Sinoub (Sinope); Gherzeh (Carusa); Amastra (Amastris);
Bender Erecli (Heraclea); Samsoun (Amisus); Ounieh (Oenoe). (1 :
29000). — **2220.** Fünf türkische Häfen an der Südküste des
schwarzen Meeres: Vona Bay; Batoum; Rizeh; Platana; Trebizond
(1 : 29000). — **2221.** Sieben russische Häfen an der Nordküste des
schwarzen Meeres: Aloushta; Kaffa; Anapa; Soujak-Bay; Ghelenjik;
St. Douka; Soukhoum Bay (1 : 60000). — **2225.** City of Odessa
(1 : 8800). — **2214.** The Euxine or Black Sea. Ein Uebersichtsblatt
von allgemein chartographischem Interesse (1 : 1390000).

Ausser den Karten veröffentlicht die britische Admiralität fortwährend Sailing Directions (Seemanns-Wegweiser), Kataloge der Leuchtthürme u. s. w. Von letztern kommen auf Spanien 19, auf Frankreich und Corsika 32, auf die Westküste Italiens, nebst Sardinien,
Sicilien und Malta 51, auf das adriat. Meer 26, auf das ionische 13,
auf den griechischen Archipel und das Meer von Marmora 20, auf
das schwarze Meer 19, auf Algerien 20, auf die übrige Küste Afrikas
nebst Syrien 7. Sie sind auf der Karte IV. durch schwarze Punkte
bezeichnet. [511])

---

[511]) Der Bau eines neuen Leuchtthurms auf dem Vorgebirge Porphyreos der
Insel Andros, dessen Licht in einer Entfernung von 40 Meilen sichtbar sein wird,
ist in diesen Tagen beendigt worden und der Dienst auf demselben beginnt mit dem
August 1858.

VIII.

Die geographischen Ortsbestimmungen

der neuesten Zeit.

An die Schilderung der wichtigsten im Mittelmeere, besonders in neuerer Zeit, vorgenommenen Vermessungsarbeiten würde sich nun naturgemäss eine Aufzählung der in den geographisch bestimmten Punkten vorliegenden Hauptresultate dieser Messungen anknüpfen. Ehe wir aber die Zusammenstellung dieser Positionen selbst geben, halten wir es für nöthig, noch einige Bemerkungen voranzuschicken, die zum Theil das rechte Verständniss jener Tabelle, der bei derselben benutzten Symbole und der dazu entworfenen Uebersichtskarte erst ermöglichen.

In einer Vorbemerkung, die dem 6. Paragraphen des III. Abschnitts zugleich als Ergänzung dient, suchen wir zunächst die Länge der so stark gegliederten Küsten des Mm. zu bestimmen. Für die Küsten des eigentlichen Mm. (nebst den Inseln) hat sich nach meinen wiederholt angestellten Schätzungen im Mittel eine Länge von ungefähr 3210 Meilen (eine mnemotechnisch bequeme Zahl) ergeben, während die Küstenentwicklung des schwarzen Meeres sich 500 Meilen nähert. Rechnet man letztere 490 Meilen, so ergiebt sich als Gesammtlänge 3700 Meilen und man erhält mit Benutzung der Flächenangabe (S. 149) auf 14⅔ (genauer 14,68784) ☐Meilen, für das schwarze Meer auf 16⅖, für das eigentliche Mm. aber sogar auf 14⅕ ☐Meilen eine Meile Küste. Ein so günstiges Verhältniss der Küstenentwicklung zeigt kein anderes Meer unseres Planeten und insofern hält das Mm., wie sonst in so vielen andern Beziehungen, einmal nicht die Mitte. Noch grossartiger zeigt sich diese Gliederung in einzelnen Theilen unseres Meeres, vor allem im griechischen Archipel, wenn man denselben mit einem vom Kap Matapan aus durch Kreta und Rhodus gelegten Bogen abschliesst. Nicht ganz 2 ☐Meilen haben hier 1 Meile Küste.[512]) Für das unter den Welttheilen am stärksten gegliederte Europa stellt sich dies Verhältniss auf etwa 39 : 1, während in Afrika auf fast 100 ☐Meilen erst 1 Meile Seeküste kommt.[513])

Ein anderer ganz heterogener, aber darum nicht minder wichtiger Punkt, der schon mehrmals hätte zur Sprache gebracht werden können, ist die Feststellung der Namen und ihrer Schreibung. An keiner andern Küste der Welt haben sich, wie dies von dieser Schaubühne weltgeschichtlicher Entwicklung nicht anders erwartet werden kann, so mannigfache Namen der einzelnen Inseln, Städte, Häfen, Landspitzen, Meerestheile u. s. w. angehäuft, und dabei steht noch die Orthographie derselben keineswegs fest. Was nun zunächst die Namen aus der antiken Welt oder dem Mittelalter anbetrifft, so haben wir in unserer chorographischen Rundschau bereits in allen wichtigen Fällen auf dieselben hingewiesen. In zweifelhaften Fällen aber, wo für längst verschollene Namen die Lage und Identität derselben mit den neuern schwer nachzuweisen ist, müssen wir auf die werthvollen Bearbeitungen der alten Geographie und die freilich noch mannigfacher Vervollständigung fähigen Werke über die Geographie des Mittelalters verweisen, an denen namentlich die deutsche und englische Literatur keinen Mangel hat.

Wir selbst beschäftigen uns zunächst nur mit der gegenwärtig gebräuchlichsten Bezeichnung und befolgen dabei den Grundsatz, dass man die Namen in ihrer Form und Orthographie so geben müsse, wie sie gegenwärtig bei den Eingeborenen gäng und gebe sind. Namentlich gilt dies für Spanien, Frankreich und Italien, mit Ausnahme einiger oft genannten Namen, für welche eine besondere Form im Deutschen (in ähnlicher Weise auch im Englischen) gebräuchlich geworden ist. Was Griechenland und namentlich die Nordküste Afrikas anbetrifft, so erscheint es uns unbedingt verwerflich, die ursprüngliche Form erst den Umweg durch die ihr oft fremdartigen Organe und Alphabete anderer Nationen machen zu lassen. Es ist im Gegentheil die ursprüngliche Schreibung möglichst genau beizubehalten, selbst auf die Gefahr hin, dass mancher Eigenname nur von dem Kenner der fremden Sprache richtig ausgesprochen wird.

Wenn nun die italienischen und französischen Namen fast ohne Ausnahme in ihrer ursprünglichen Form aufgenommen sind, so hat

---

[512]) Eben so merkwürdig zeigen sich in Griechenland die Contraste in vertikaler Dimension.

[513]) Vgl. v. Roon, Grundzüge etc. I., S. 152.

doch bei einigen spanischen, die aber ursprünglich arabischen Ursprungs sind, eine kleine Abweichung Statt gefunden. Die spanische Sprache hat bekanntlich äusserst reine Vokal- und Consonantenlaute, aber gewisse Gutturaltöne haben die Schreibung manches Fremdworts in Verwirrung gebracht; so trat Guadalquivir an die Stelle von Wad el Kebir, Alfaques an die von El Fakkah, aus Wahrán ist Oran, aus Marsa 'l Kebír Mazalquivir, aus Al Gezeirat [514] (Dscheseirat) Algeçiras geworden. Diese Formen sind der spanischen Sprache eigentlich fremd, wie alle mit al, dem arabischen Artikel, beginnenden. [515]) Ferner ist im Spanischen selbst die Schreibung oft schwankend und gewisse Buchstaben, welche für ein spanisches Ohr denselben Klang haben, werden oft für einander gebraucht, z. B. b und v; c, z, s und ç, ferner g, j und x. Auch ist dadurch einige Verwirrung entstanden, dass das spanische Monte durchweg mit Berg übersetzt worden ist, während es oft nur einen Wald oder ein Gebüsch bezeichnet. Die Aussprache mancher geographischen Namen Spaniens bietet freilich dem fremden Organe einige Schwierigkeit; wir erinnern z. B. an Jaraïcijo, den Namen jener Stadt, von der aus der Herzog von Wellington an den General Eguia, 1809, seinen energischen Brief schrieb.

Schwankungen in der Orthographie sind aber nicht auf Spanien beschränkt; in zweifelhaften Fällen ist stets die gebräuchlichste Form gewählt, aber zugleich, wenn dem Worte — wie dies häufig der Fall ist — eine bekannte Bedeutung zu Grunde liegt, die derselben entsprechende Schreibung gewählt worden. Hierher gehören z. B. die Puntals, Olla, Cabezos (Bergspitzen), Palos und Palomas der Spanier; die Sèche, Fourmigues, Gabinière der Franzosen; die Bonaria, Capraja, Maremme der Italiener; die Kranae, Styli, Zankle, Gaïderonesos, Drepanon, Myconos, Hydrussa, Strongyle der Griechen. Besonders häufig ist die Benennung nach Theilen des menschlichen Körpers; da

---

[514]) Das Wort heisst Insel und endet eigentlich auf h; nur vor Vokalen tritt das t ein (vgl. a-t-il). Vollständig heisst der Name Gezeïrat-u-l-khadráh, die grüne Insel.

[515]) 'Yeste nombre Albogues es Morisco, comolo son todos aquellos, que en nuestra lingua Castellana comiencan en AL.' Nebenbei sei bei dieser Gelegenheit eine Bemerkung über „Trafalgar" gestattet. Man hat das Wort neuerdings „Spitze der Lorbeeren" übersetzt und darin ein sehr müssiges Compliment für Nelson finden wollen. Taraf-al-ghúr bedeutet wörtlich Höhlencap oder Höhlenspitze. Taraf (schnell gesprochen auch tarf oder traf) heisst äusserster Punkt, Winkelspitze etc. Al ghár bezeichnet nun allerdings den Lorbeerbaum, aber es ist doch jedenfalls sehr unwahrscheinlich, dass ein Araber eine Landspitze, auf der wohl nie ein Lorbeerbaum gewachsen ist, so nannte; das gegenwärtige Aussehen des Caps, so wie die naheliegenden Bänke bezeugen dagegen, dass Sturm und Wogenschlag seit der frühesten Zeit an demselben gewüthet und es gehöhlt haben.

giebt es Füsse, Stirnen, Arme, Aermel, Zungen, Nasen, Adern, Häupter, Scheitel, Rücken u. s. w. · Die alten italienischen Geographen hatten bei dem Uebergange der lateinischen Sprache in die italienische eine von der heutigen vielfach abweichende und sich merkwürdiger Weise mehrmals der englischen nähernde Orthographie. In Canachi's Portolano (s. S. 396.) liest man Legorno, Florentia und Neapolis. Legorno (woraus das englische Leghorn entstanden ist) schreibt er stets mit griechischen Buchstaben *Λεγορνο* und andere Geographen dieser Zeit (um 1550) nennen die Stadt Legorne, Ligorna und Ligorno, welche letztere Form sich bei Crescentio (1607) findet. [516])

Die allgemeine Regel, wonach man griechische Namen durch Vermittlung des Lateinischen schreibt, ist auf das Neugriechische in vielen Fällen nicht anwendbar, da sowohl der neugriechische Accent sich von dem alten wesentlich unterscheidet, als auch mehrere Consonanten und Vokale jetzt ganz andere Laute repräsentiren, als die dem altgriechischen entsprechend gebildeten lateinischen Wortformen sie besitzen. Unter den der altgriechischen Sprache kundigen Geographen und Historikern giebt es bekanntlich eine Schule, welche mit fast ängstlicher Sorgfalt die alten geographischen Namen der in den Annalen der Geschichte aufgezeichneten klassischen Orte festhalten will, die also von der Peloponnesos, von Athenai, Delphoi etc. spricht. Aber selbst für so berühmte Punkte wie Athen, Theben, Eleusis, Delos, Lemnos, Kos und viele andere, deren Namen die Griechen im Laufe der Jahrhunderte nie verändert haben, giebt es so viele auch auf Karten fixirte Benennungen, dass sie dem Auge oder wenigstens dem Ohr des Forschers nur noch wenig Spuren des Originals zeigen. Diese Aenderungen oder Vertauschungen sind zunächst durch die Zeit und den Verfall der griechischen Sprache herbeigeführt, lassen sich aber ausserdem noch auf verschiedene Ursachen zurückführen, von denen als die 4 wichtigsten die folgenden zu bezeichnen sind.

1) **Der Religionseifer und die Frömmigkeit der christlichen Kaiser**, welche der Jungfrau Maria, oder Engeln, Heiligen und Märtyrern der griechischen Kirche fortwährend Widmungen machten. Ein Beispiel bietet Ephesos. Als die Verehrung der Diana in jener berühmten Stadt abgeschafft wurde, wurde ihr Tempel und der

---

[516]) Wenn also Purdy in seinem Mediterranean Directory (1826, p. 91) schreibt: „Livorno, the chief port of Tuscany, commonly, by the French, called Livourne; by the English, Leghorn: a barbarism sanctioned by custom", so beweist er dadurch nur seine Unbekanntschaft mit der Geschichte des Worts. „We will now transport the reader, sagt Conder in seinem Italien (Bd. III., p. 51.) to the bustling commercial city of Livorno, which John Bull only knows by the uncouth name of Leghorn" (!)

Ort selbst dem Evangelisten St. Johannes, ihrem ersten Bischof, geweiht und nach ihm benannt. Leukadia ist in ähnlicher Weise zu Ἅγια Μαῦρα oder Santa Maura geworden. Viele andere Orte sind Panagia, San Giorgio, San Michele, San Demetrio, San Stephano, San Nicolo, S. Giovanni, S. Theodoro, S. Anna u. s. w. getauft worden. In ähnlicher Weise nahm der Berg Athos den Namen Ἅγιον ὄρος oder Monte Santo an. Stauros (Kreuz) ist eine gewöhnliche und hochverehrte Bezeichnung geworden.

2) Die fränkischen und lateinischen Eroberer des oströmischen oder griechischen Reichs. Als Beispiel eines altgriechischen, von den Neugriechen veränderten und durch die fränkischen Eroberer sofort corrumpirten Namens wählen wir Eubœa. Bei den neuern Griechen wurde der Name ungebräuchlich und sie nannten die ganze Insel Εὔριπος Euripo, nach dem bekannten Kanal, der die Insel vom Festlande trennt. Als aber die Franken dieselbe in Besitz nahmen, scheinen sie (eben so wie bei Stambul, Istendil, Stalimene) εἰς τὸν Ἔγριπον in ν Ἔγριπον verderbt und die Insel erst Egripo und dann Negropon genannt zu haben. Die Brücke, welche die Insel an der schmalsten Stelle des Kanals mit dem Festlande verbindet (und beiläufig bemerkt 1857 in eleganter Form von Eisen neu hergestellt ist), mag dann zu einem Missverständniss und zu der Beifügung der letzten Silbe Veranlassung gegeben haben, und so ist aus dem Euripus, der fluthenden Meerenge, eine schwarze Brücke geworden. [517])

Ein ähnliches Bestreben, dem Haupthafen Athens einen bedeutungsvollen Namen zu geben, veranlasste die Venetianer, den Piræeus in einen Porto Dracone und nachher im Hinblick auf die auf den Endpunkten der künstlichen Hafendämme aufgestellten Löwen in einen Porto Leone zu verwandeln. So verwandelten sie den alten Hymettus in einen Monte Matto, woraus das türkische Trelo vouni (toller Berg) entstanden ist. Das Vorgebirge Sunium in Attika wurde von den Venetianern Capo Colonna, ebenso, wie Phigalia von den Neugriechen Styli genannt, wegen der an beiden Orten noch vorhandenen Marmorsäulen, der Reste ehemaliger Tempel. Der attische Hafen Prasiæ erhielt den Namen Raphti von einer auf einem dortigen Inselchen stehenden Bildsäule, welche in ihrer Stellung einer Raphtis (Näherinn) ähnelt.

Die Cycladen waren von den neuern Griechen Dodeka-nesi (die 12 Inseln) genannt worden; aber als dort die Flagge des St. Markus siegreich wehte, wurden sie zu Duca-nesi, zu Ehren des Duca oder

---

517) Auf ähnliche Weise haben italienische Schiffer aus Gibraltar Gibilterra gemacht.

Dogen von Venedig.   Die ungefähre Breite des Isthmus von Korinth gab man auf 6 Meilen an und so wurde Hexamili daraus, und Hexamili wurde wieder zum Gattungsnamen für andere Isthmen, z. B. den der thrazischen Chersones.

3) Die Herrschaft der Türken. Nachdem die Neugriechen und Franken die klassischen Namen schon vielfach verändert hatten, entstellten sie die türkischen Eroberer in ähnlicher Weise, wie die historisch so denkwürdigen Plätze selbst. So heisst Ephesus, nachdem es die griechischen Christen Ἅγιος θεολόγος genannt hatten, bei den Türken Ajasoluk, da sie weder γ, noch ϑ rein aussprachen. Aus dem letztern Grunde formten sie Thessalonike (e wie i gesprochen) in Saloniki oder Selaniki um.   Ausser andern Contractionen und Verstümmelungen trifft sie namentlich auch der Verdacht, den Missbrauch der Präposition εἰς mit dem Accusativ bei der Bildung der Namen verschuldet zu haben; danach wird eigentlich ein Satztheil zu einem Eigennamen.   Statt des langgedehnten Konstantinopolis sagten die Griechen ἡ πόλις, (wie Urbs für Roma) und aus dem griechischen εἰς τὴν πόλιν (in die Stadt) ᾿στηνπόλιν oder ᾿στημπόλιν, was der gemeine Mann Stambolin sprach, entstand Stamból oder Istambol; daraus endlich ist Islambol, Stadt des Islam oder wahren mahomedanischen Glaubens, gemacht worden. [518])

Der gewaltsamste Namenstausch ist aber wohl dem Meerbusen von Korinth begegnet, welcher allerdings auf den neuesten Karten wieder erscheint, aber lange Busen von Lepanto genannt wurde. D'Anville sagt, aus Naupactus hätten die Griechen zunächst Euebect (türk. Ainabachti), d. i. Platz zum Schiffbau gemacht. [519]) So nannten die Genueser die Palus Mæotis Mare delle Zabacche. Wie aber aus Euebect Lepanto werden konnte, leuchtet uns nicht ein; es ist daher nicht unwahrscheinlich, dass Lepanto mit Levante zusammenhängt; dass man aber vom ionischen Meere kommend eine östliche Einfahrt so nennen konnte, erscheint uns wohl denkbar.

4) Die Namensfälschungen moderner Reisenden. — Es ist nämlich leider sehr häufig, dass Occidentalen, die die Orthographie, Aussprache, Etymologie und überhaupt Grammatik der neugriechischen Sprache nicht kennen, in der Bezeichnung griechischer Lokalitäten etc. arge Fehler machen. Dies würde weniger bedenklich

---

[518]) Die bekannte Ableitung giebt schon der für seine Zeit wichtige Sir George Wheler in seiner Journey to Greece (Fol. Lond. 1681, p. 178.)

[519]) Naupactos (ναῦς, πήγνυμι) bezeichnet selbst einen Platz, wo Schiffe gezimmert werden.

erscheinen, wenn diese Fehler nicht so consequent wiederholt und durch die Zahl und das Ansehen der Fremden so unterstützt würden, dass sich die modernen griechischen Piloten und Seeleute endlich selbst an die den die Küsten Griechenlands und Kleinasiens besuchenden Fremden einmal geläufige Bezeichnung gewöhnen und deren Fehler nach-äffen, obgleich sie ein seltsam verderbtes Gemisch griechischer, romaïscher, lateinischer, fränkischer und türkischer Elemente enthalten. Diese Nachgiebigkeit der eingebornen Nation, in der sich die traurigen Verhältnisse ihrer politischen Unterdrückung wiederspiegeln, hat manchen falschen Namen selbst auf unsere besten Karten gebracht.

So scheint z. B. Athen selbst noch in der Zeit, wo Dr. Chandler es besuchte, von den Franken Setines oder Setenes genannt und geschrieben worden zu sein, was offenbar nur eine fehlerhafte Aussprache des altgriechischen ἐς Ἀθήνας oder 'ς Ἀθήνας, nach Athen, ist. Die Fremden verwechselten also wieder die Casus und setzten das t an die Stelle des (bekanntlich lispelnd gesprochenen) th. Durch einen ähnlichen Vorgang wurde aus Θήβαι oder 'ς Θήβας Stevas, Stivas, Stives, aus Eleusis oder 'ς Ἐλευσῖνα, Slefsina oder Lefsina; Λεύκη sprach man neugriechisch Lefki; aus Lemnos oder 'ς τὴν Λῆμνον (sc. νῆσον) wurde 'ςτανλημνον, assimilirt 'ςταλλημνον, Stalimene; Kos oder 'ς τὴν Κῶν verwandelte sich in Stanchio, Chios in Skio, Delos in Standili oder Solili, Tenos oder Tino in Istendil; ähnlich entstanden noch die Namen Santorini, Standia; aus Ithaca wurde Tiaki und selbst Val di Compare nebst dem Hafen Vathi (Tiefe). B wird überhaupt von den Neugriechen ungemein weich, dem deutschen W ähnlich, ausgesprochen und im Romaïschen mit ΜΠ vertauscht, so dass Bonaparte Μπωναπαρτε geschrieben wird. Statt D findet man ΝΤ, Δ entspricht dem dh, wie Θ dem th, X ist nur ein stark aspirirtes h, das lateinische C kann ferner, wenn es an die Stelle des unveränderlichen Lautes K tritt, bald k, bald wie ein scharfes S lauten — wie sollte da nicht leicht in der Schreibung griechischer Wörter mit fremdem Alphabet manche Unsicherheit auftauchen können, zumal da diese Uebertragungen vorzugsweise von Engländern mit ihrer verschobenen Aussprache namentlich der Vokallaute, von Franzosen und Italienern vorgenommen wurden! Es ist daher gewiss ein ganz richtiges Princip, wo irgend möglich, die griechische Schreibung und also auch das K ohne Ausnahme beizubehalten. Danach ist zu schreiben: Kephalonia (Κεφαλήνια), Avlon oder Avlona, Tzerigo, Vostitza, Sapientza u. s. w.

Dies sind einige von den Umständen, aus welchen sich namentlich in den griechischen Meeren die Unsicherheit der geographischen

Namen [520]) und ihrer Schreibung erklären lässt. Noch grössere Schwierigkeiten treten aber an der Nordküste Afrikas ein; zur Feststellung
der Orthographie gehört hier eine genaue Kenntniss des arabischen
und sogar der maurischen Dialekte. Smyth befolgt hier den Grundsatz, das Wort möglichst genau so zu schreiben, wie es, richtig ausgesprochen, ihm klang und sich dabei der italienischen Schreibung der
Vokale zu bedienen, da ihre Aussprache und Orthographie in jener
Sprache einfach und gleichbleibend ist und da dieser Gebrauch sich
einmal im südöstlichen und mittlern Europa geltend gemacht hat; die
Consonanten bezeichnet Smyth dagegen wie im Englischen, doch so,
dass jeder seinen unveränderlichen Laut erhält. [521]) Im Allgemeinen
liess er dann, wo sich irgend ein gebildeter Orientale vorfand, die
Wörter noch arabisch, nebst ihrer Bedeutung, niederschreiben, um danach etwaige Fehler berichtigen zu können. Bei dem letztern Geschäft
half ihm der Rev. G. Cecil Renouard, ein tüchtiger Kenner der orientalischen Sprachen. So wurde manche bizarre Wortform von den Karten
entfernt. Nur eine wollen wir als Beispiel anführen, ehe sie ganz
von den Karten verschwindet. In Smyrna durfte früher kein fremdes
Schiff ankern, ehe nicht dessen Boot den Namen, den es führte und
das Land, von dem es kam, dem Offizier eines Wachpostens auf einer
vorspringenden Landspitze (wo das türkische sanják oder Banner aufgehisst war) gemeldet hatte. Dieses desshalb Sanják Búrnú genannte
Kap wurde desshalb für Karten und Reisehandbücher wichtig. Die
französischen Hydrographen unterwarfen natürlich das fremde Wort
den euphonischen Gesetzen ihrer Sprache und machten eine Pointe
St. Jaques daraus, was dann die englischen „Gelehrten" eifrigst Point
St. James übersetzten. [522]) Die St. Jacobs-Spitze hat aber bis in die
neueste Zeit ihren Platz auf den Karten behauptet.

Einen andern Anlass zu mancherlei Versehen und Verwechse-
lungen hat die Schwierigkeit gegeben, die genaue Lage verschiedener
alten und historisch bedeutender Stellen anzugeben. Das Rhonedelta hat
sich z. B. seit Strabo's Zeit erstaunlich verändert, wie man leicht nach

---

[520]) Wir wollen nur noch beiläufig erwähnen, dass in manchen Fällen der alte
Name auf eine ganz andere Lokalität übertragen worden ist.

[521]) Die englische Aussprache der Consonanten nähert sich in der That auch dem
Arabischen mehr als die französische. Der Engländer spricht z. B. ganz richtig das
t in marábut, während der Franzose marabou daraus macht.

[522]) Man denkt dabei an Peter Gower, der unter den Freimaurern zu Locke's
Zeit für eine so bedeutende Autorität galt. Als man der Entstehung des Namens
weiter nachspürte, erwies er sich als eine Corruption des französischen Pythagore
(Πυθαγόρας)!

weisen kann. Notre Dame des Ports, noch 898 ein Hafen, liegt jetzt
fast eine Stunde von der Küste; von Aigues Mortes, dem Seehafen,
wo sich noch 1248 der heilige Ludwig nach Palästina einschiffen konnte,
ist bereits gesprochen worden. Ravenna liegt jetzt mitten zwischen
Gärten und Wiesen und Ostia ist von Feldern umgeben. Die Insel
Lada, an der die Flotte der Athener zur Zeit des Thucydides ankerte,
hat sich jetzt in dem vom Mæander gebildeten Alluvium verloren
und Minoa, einst der Vorposten Megaras, ist jetzt mit der Küste so
vollständig zu einem Ganzen geworden, dass die Stelle des durch die
Kolonien so wichtig gewordenen Hafenorts schwer aufzufinden ist.
Die feste Stadt Oeniadæ, welche in den Tagen des Thucydides an
der Mündung des Achelous gelegen haben soll, ist in jener Gegend
nirgends zu finden und es fällt schwer, aus der durch die Ablagerungen
jenes Flusses vielfach modificirten Lage der Oxiæ und Echinades die
ursprüngliche Stelle jener Inselchen herauszulesen. Die Identität von
Sphakteria und Pylos mit der Nachbarschaft von Navarino auf unsern
Karten erscheint auf den ersten Blick einleuchtend, aber eine genauere
Untersuchung hat dargethan, dass sich auch hier manche auffällige
Widersprüche zeigen. [523]) Bei allen solchen Streitfragen über die
Lage antiker Orte und über das sie umgebende Terrain genügt aber
selbst die beste Aufnahme der Jetztzeit nicht; nur eine aufmerksame
Beobachtung und Anschauung an Ort und Stelle nach gründlichen
historisch-geographischen Studien hat hier namentlich deutsche Forscher
zu den wichtigsten und überraschendsten Resultaten geführt.

Nach diesen Vorbemerkungen fassen wir die Tabelle der geographisch bestimmten Punkte näher ins Auge. Dieselbe giebt deren eine
grosse Anzahl; man wird in denselben fast nur Angaben Smyth's und
Gauttier's finden; diese allein zu geben, war ursprünglich nicht unsere
Absicht; aber bald zeigte eine genauere Vergleichung der ältern Messungsresultate — neuere zu vergleichen fanden wir nur wenig Gelegenheit
— dass dieselben neben den unbedingt richtigern, welche nachfolgen,
kaum eine Erwähnung verdienen.

Besondere Schwierigkeit bietet bekanntlich die bis auf die Sekunde
genaue Bestimmung der Länge. Für Smyth wurde diese dadurch noch
gesteigert, dass ihm sein Anfangspunkt — Greenwich — verhältnissmässig fern lag. Zu direkter Vergleichung benutzte er, wie schon
gesagt wurde, die Länge des königlichen Observatoriums auf dem

---

[523]) Man vergleiche die Dissertation des Dr. Arnold, welche dem 2ten Bande
seiner Thucydides-Ausgabe, pp. 399 — 407 beigefügt ist.

Pallaste zu Palermo.   Als er seine Operationen in Sicilien begann,
gab ihm der Abbate Piazzi für die Länge des Pfeilers, auf dem sein grosser
Kreis stand, 13° 20′ 15″ O. von Greenwich.   Diese Angabe gründete
sich hauptsächlich auf ein aus einer Bedeckung des Sternes λ Virginis
am 12ten Juni 1791 und aus der Sonnenfinsterniss vom 5ten September
1793 hergeleitetes Mittel.   Für beide Himmelsereignisse hatte nämlich
Dr. Maskelyne selbst zuverlässige correspondirende Beobachtungen geliefert.   Danach bestimmte er Palermo östlich von Greenwich, wie folgt:

Phænomene	Zeit			Bogen		
	h.	m.	s.	°	′	″
Durch Occultation von λ Virginis . .	0	53	23	13	20	45
Durch den Anfang der Sonnenfinsterniss	0	53	17,7	13	19	25,5
Durch deren Ende	0	53	22	13	20	30
Mittel . . .	0	53	20,9	13	20	13,5

Smyth hatte sich nun an der Molospitze einen Signalpunkt ein-
gerichtet, wo er sein tragbares Passageinstrument aufstellte und Piazzi
versah ihn mit den Coordinaten des diesem Punkte nahe stehenden
Leuchtthurms in Bezug auf die Sternwarte in sicilianischen Palmi.   Der
Azimuthalwinkel vom Leuchtthurm nach der Warte war S. 28° 10′ W.
Eine so treffliche nautische Station wurde nun zu einem Anfangs- und
Nullpunkte der Längenmessungen benutzt und es ergab sich für die
Länge derselben 13° 21′ 56″ östlich von Greenwich.

Einige Jahre später wünschte der Baron von Zach in seiner Correspondance Astronomique eine Probe der Smyth'schen Methode chronometrischer Messungen zu geben, um die Aufmerksamkeit der Geographen
auf diesen Gegenstand zu lenken.   Smyth übersandte ihm ein detaillirtes
Beispiel, welches das Verfahren darlegte, nach welchem derselbe einige
Punkte an der Küste der Berberei mit dem Pallaste auf Malta in Verbindung gebracht hatte.   Dies wurde 1822 abgedruckt.   Natürlich
wurde bei dieser Gelegenheit auch der von Piazzi gegebenen Länge
des Observatoriums in Palermo gedacht.   Nun aber trat General Visconti mit der Behauptung auf, dass nach seinen eigenen Beobachtungen
Palermo wenigstens 1′ weiter nach Osten liegen müsse.   „Was wird,
frägt er, in diesem Fall aus den Längen Tripolis, Malta's, Alexandrien's,
die alle zu der Palermo's in engster Beziehung stehen?   Und wie kann
die Länge Corfu's, die mit der Malta's und dadurch mit Palermo verknüpft ist, mit der aus der Bedeckung Aldebaran's und der von mir
in Neapel angenommenen so trefflich übereinstimmen?"   — Darauf
erwiederte Smyth, dass er Grund habe zu glauben, dass die Position

des Leuchtthurms — welche 8^m 51^s zwischen Palermo und Messina und 4^m 15,4^s zwischen Messina und Malta ergab, der Wahrheit sehr nahe komme. Visconti ersuchte darauf den Adm. Smyth, die Bogen zwischen Malta, Palermo und Neapel noch einmal zu messen — „cosi i vostri cronometri vi darebbero un'esatta differenza di longitudine tra Napoli e Palermo, e meglio che qualunque osservazione d'eclisse, o d'occultazione. La nostra longitudine è ancora incerta per vervogna nostra, c sarebbe pur bella cosa che questa determinazione impor· tante la dovessimo a voi per il primo." Smyth hätte dies gewiss so genau wie möglich ausgeführt, aber Visconti's Gesuch kam ihm erst 1824 in England zu, worauf ihm der letztere einige Dokumente zusandte und ihn ersuchte, die ganze Angelegenheit Herrn Piazzi noch einmal zur Prüfung vorzulegen.

In diesem Stadium blieb diese Sache mehrere Jahre, als sie von dem Ingénieur Hydrographe Daussy in Paris wieder aufgenommen wurde, dessen feine Berechnungen von nicht weniger als 10, aus Piazzi's Beobachtungen entnommenen Sternbedeckungen in der Connaissance des Tems (1835) abgedruckt sind. Durch diese mühevolle Arbeit ist er zu dem Resultat gelangt, dass das Observatorium von Palermo 44^m 4^s, d. i. 11° 1′ östlich von Paris oder 13° 21′ 15″ [524]) östlich von Greenw. liegt. Obgleich nun diese Berechnung die Lage des Observatoriums allerdings etwas afficirt, so hält doch Smyth seine Längenangabe des Leuchtthurms von Palermo und demgemäss die des Werfts und des durch Triangulation damit verbundenen Pallasts in Valetta aufrecht. Zunächst zeigen seine Messungen eine grosse Uebereinstimmung mit denen Gauttier's. Sir C. Penrose schreibt in dieser Beziehung an die Lords der Admiralität (Malta, 18. Juni 1816):

„Ich erfuhr in einer Unterredung mit dem Capitain des französischen Kriegsschiffs Chevrette, Gauttier, dass er verschiedene wissenschaftlich gebildete Gehülfen hatte, ferner dass es nicht ihr Plan war, die gefährlichen Stellen in diesen Meeren aufzusuchen und zu bestimmen (immerhin ein äusserst wichtiger Punkt), sondern vermittelst 5 ausgezeichneter Uhren 110 Punkte zu fixiren und so Material für die Detailmessungen zu gewinnen.

Es gereicht dem Capitain Smyth zu grosser Ehre, dass das Mittel der Beobachtungen dieser 8 französischen Astronomen (für Valetta) bis unter der Sekunde und in andern Fällen bis zu einem kleinen Bruch mit den von ihm ohne alle Beihülfe angestellten übereinstimmte."

Eine so weit gehende Uebereinstimmung mag erfreulich sein, ist aber am Ende doch nur als ein glücklicher Zufall anzusehen. Aber

---

[524]) Noch genauer 13° 21′ 9,45″ B.

es fand sich eine andere Gelegenheit, durch welche die Uebereinstimmung des Smyth'schen und Gauttier'schen modus operandi noch entschiedener bewiesen wird.   Am 9ten Juni ereignete sich eine Mond-
finsterniss und da dieselbe auf der im Hafen liegenden Chevrette zu
gleicher Zeit beobachtet werden konnte, so wurde folgende Zusammenstellung möglich:

Phænomene	Gauttier	Smyth
	h. m. s.	h. m. s.
Verschwinden des weissen Lichts . .	1 37 57,3	(nicht bemerkt)
Eintritt des Kernschattens	1 51 40,5	1 51 39,7
Erstes Erscheinen des Halbschattens		
oder partial reflektirten Lichts . .	2 35 40,5	(nicht beobachtet)
Ende des Halbschattens	2 49 42,1	2 49 41,5
Ende der Finsterniss	3 58 50,4	3 58 48,6

Smyth behielt demnach seine frühere Bestimmung der geographischen Lage Valettas, die ihm ganz genügend erschien, bei; da er aber
doch der Angabe Piazzi's kein rechtes Vertrauen schenken konnte, so
musste ihm eine nochmalige Messung des Bogens zwischen Palermo
und Malta sehr wünschenswerth erscheinen.   Dieselbe wurde 1846
von dem Capitain Graves und dem russischen Admiral Lütke mit ausgezeichneten Instrumenten vorgenommen.   Sie erhielten bis zum Observatorium einen fast 3ˢ kürzern Bogen.   Aber Smyth's Stationen
waren — der Leuchtthurm zu Palermo (13° 21′ 56″) und der Pallast
zu Valetta (14° 30′ 50″); diesem Umstand wandte Capitän Graves
grosse Aufmerksamkeit zu und producirte vom Leuchtthurm bis zu
Spencer's Monument im Hafen von Valetta einen Bogen von 4ᵐ 34,365ˢ.
Dieser Punkt ist nun ferner 1750 Yards von dem Flaggenstock auf
dem Pallaste entfernt, unter einem Winkel von N. 27° 35′ O. nach
dem Compass, wobei die 1846 13° 53′ (westlich) betragende Variation
in Rechnung zu stellen ist.   Danach rückt sich Graves' Station 427
Yards (in Zeit 1,056ˢ) westlich von der Smyth's und die Vergleichung
der Resultate ergiebt :

			m. s.
1816	Smyth	3 Chronometer	4 35,6
1846	Graves	10 Chronometer	4 35,421

Differenz . 0   0,179
(d. h. etwa 72,3 Yards = 217 Fuss engl.)

Wenn nun aber die Bogen zwischen diesen wichtigen Stationspunkten beinah identisch sind, so wird es doch wahrlich sehr fraglich,
ob man die Länge der beiden Punkte über eine engl. Meile nach Osten
rücken soll, um die Messung mit einer Angabe, welche der berühmte
Astronom in Palermo n i c h t gemacht hat, in Uebereinstimmung zu

bringen. Ausser der grossen Uebereinstimmung der Hauptpositionen Smyth's mit den sonstigen zuverlässigen Messungen, spricht aber namentlich noch die Längenbestimmung Alexandriens für die Beibehaltung der einmal angenommenen Länge Palermo's. Der schon erwähnte M. P. Daussy, gegenwärtig Chef der Ingenieur-Hydrographen, las in Zach's Correspondance Astronomique (VII., p. 548) die oben erwähnte Probe der Smyth'schen Chronometermessungen und schreibt in Bezug darauf in seinen Déterminations des positions géographiques du Caire, d'Alexandrie et de quelques autres points de la Mediterranée (Zusätze zur Connaissance des Tems, 1832, S. 60 — 63):

„Die Beobachtungen des Capitain Smyth bieten noch ein Mittel zur Bestimmung der Länge Alexandriens dar. Da die Differenzen, welche er durch seine Chronometer erhalten hat, in der Correspondance Astronomique des Herrn von Zach aufgezeichnet sind, so können wir sie mit den Resultaten der Gauttier'schen Messungen vergleichen. Im Allgemeinen kann man, wenn man mit Chronometern arbeitet, in der Aufzeichnung alles möglichen Details gar nicht zu viel thun; denn obgleich diese kostbaren Instrumente, von geschickten und sorgfältigen Personen gehandhabt, sehr genaue Resultate geben, so ist es doch, da sie nur Differenzen bezeichnen und da die Versehen sich folglich leicht anhäufen und jede neue Bestimmung nothwendigerweise alle darumliegenden afficirt, sehr wesentlich, die Ausgangspunkte und deren gegenseitige Verknüpfung vom Anfang an äusserst genau fixirt zu haben. [525])

Es möchte daher von Wichtigkeit sein, bei derartigen Operationen nicht nur die mittlere Länge und den Gang der Uhren, sondern auch den Stand einer jeden nach der mittlern Zeit des Ortes aufzuzeichnen, wodurch eine Berichtigung der berechneten Länge und die Auswahl des wahrscheinlichsten Resultats möglich werden würde. Dies hat H. Smyth zum Theil in der Corr. Astron. gethan und dies erlaubt uns zugleich, die Differenzen, welche er erhalten hat, mit unserer Bestimmung der Länge Malta's zu combiniren.

Capt. Smyth bestimmte 1816 die Längendifferenz zwischen Malta (Observatorium des Grossmeisters) und Tripoli (Haus des engl. Consuls); er erhielt im Mittel 5′ 20,33″ und für das Schloss des Pascha, das durch eine kleine trigonometrische Operation angebunden wurde, 5′ 19,50″.

Im September 1821 fuhr er abermals von Malta nach Tripoli. Er beobachtete diesmal auf einem Felsen der Rhede, 45 Gradsecunden östlich vom Schlosse; seine Chronometer gaben ihm als Längendifferenz zwischen Malta und dem Felsen:

---

[525]) Sie sind eben so wichtige Stationen, wie die Endpunkte der Basis bei einer grössern Triangulation. — In Bezug auf den Gang der Chronometer wollen wir nur ganz beiläufig auf den merkwürdigen Einfluss hinweisen, den nach neuern Beobachtungen der Erdmagnetismus ausübt. Es hat sich während mancher Seereisen im Mm. ein Unterschied von mehr als einer Secunde im täglichen Gange gezeigt, sobald der Chronometer mit der Stundenzahl XII einmal nach dieser und dann wieder nach der entgegengesetzten Richtung gewendet wurde.

$$
\left.\begin{array}{l}
5'\ 16,27'' \\
5\ \ 15,87 \\
5\ \ 12,47 \\
5\ \ 13,87 \\
5\ \ 18,27
\end{array}\right\} \text{Mittel}:\ 5'\ 16,05''.\ ^{526})
$$

In demselben Jahre bestimmte er noch die Differenz zwischen dem Lazareth in Malta und demselben Felsen bei Tripoli; er erhielt durch seine Chronometer.:

$$
\left.\begin{array}{l}
5'\ \ \ 8,9'' \\
5\ \ 13,5 \\
5\ \ 19,7 \\
5\ \ 17,4 \\
5\ \ 12,0
\end{array}\right\} \text{Mittel}:\ 5'\ 14,30''.
$$

Das Lazareth in Malta liegt aber 1,73" Zeitsecunden östlich vom Observatorium des Grossmeisters; die auf diesen Punkt bezogenen Beobachtungen geben also als Differenz mit dem Felsen bei Tripoli 5' 16,03". Die Beobachtungen von 1816, auf denselben Punkt bezogen, würden als Differenz mit Malta 5' 16,50" geben; das Mittel dieser 3 sehr wenig verschiedenen Resultate ist 5' 16,19". [527])

Capt. Gauttier hatte 1816 seinerseits ebenfalls die Differenz zwischen Malta und Tripoli (Haus des französischen Consuls) genommen; seine Chronometer hatten ihm nach 27 Tagen gegeben:

$$
\begin{array}{rll}
№ & \prime & \prime\prime \\
23 & 4 & 59,37 \\
80 & 5 & 11,24 \\
94 & 5 & 20,31 \\
2741 & 5 & 26,28
\end{array}\left.\begin{array}{l}
\\ \\ \\
\end{array}\right\} \text{Mittel}:\ 5'\ 14,30''
$$

oder in Bezug auf denselben Felsen 5' 10,5", was von dem obigen Mittel aus Smyth's Angaben 5,69" [528]) abweicht. № 23, ein Taschenchronometer, war aber wenig zuverlässig; nimmt man also nur die 3 letztern, so ergiebt sich das Mittel 5' 19,28", oder, auf den Felsen bezogen, 5' 15,48"; dies ist aber mit dem obigen Smyth'schen Resultate fast identisch. [529]) Da es sich hier nur um die Bestimmungen dieses Capitains handelt, so werden wir seine Längendifferenz im Folgenden zu Grunde legen.

Nachdem Smyth darauf von Tripoli nach Bomba weiter gefahren war, fand er zwischen diesen 2 Punkten die folgenden Differenzen:

---

[526]) Das arithmetische Mittel wäre 5' 15,35", also 0,7" weniger. Ist den einzelnen Chronometern verschiedenes Gewicht beigelegt? Unten ist dies aber nicht geschehen.

[527]) Hält man das obige Mittel 5' 15,35" fest, so ergiebt sich

$$
\left.\begin{array}{l}
5'\ 16,50'' \\
5\ \ 15,35 \\
5\ .\ 16,03
\end{array}\right\} \text{Mittel}:\ 5'\ 15,96''.
$$

[528]) Von dem in der Anmerkung gegebenen nur 5,46".

[529]) Von dem in der Anmerkung gegebenen 5' 15,96" weicht es nur — 0,48" ab.

$$\left.\begin{array}{r} 39\ '\ 52{,}9\ '' \\ 47{,}9 \\ 42{,}9 \\ 54{,}2 \\ 48{,}7 \end{array}\right\} \text{Mittel: } 39\ '\ 42{,}82\ ''.$$

Die Beobachtungen zu Bomba wurden im innersten Hafen angestellt.

Zwischen Bomba und Alexandrien (Landspitze Eunoste) fand er 1822 die Differenzen:

$$\left.\begin{array}{r} 26\ '\ 42{,}27\ '' \\ 42{,}43 \\ 42{,}56 \\ 42{,}76 \end{array}\right\} \text{Mittel: } 26\ '\ 42{,}50\ ''.$$

Aus trigonometrischen Operationen berechnete er ferner, dass die Eunoste - Spitze sich 1 ′ 30 ″ im Gradbogen oder 6 Zeitsecunden west-lich vom Pharos befand. Also Differenz zwischen Bomba und dem Pharos: 26 ′ 48,50 ″.

Wenn man diese Differenzen vereinigt, so erhält man:

Von Malta bis Tripoli . .	— 5 ^{m}	16,19 ^{s}
Von Tripoli bis Bomba . .	+ 39	49,82
Von Bomba bis Alexandrien .	+ 26	48,50
Von Malta bis Alexandrien	1 ^{h} 01 ^{m}	21,63 ^{s}
Länge Maltas	48	44,40
Also Länge Alexandriens .	1 ^{h} 50 ^{m}	06,03 ^{s}. [530])

Smyth hatte seit 1822 auch die Länge der Eunoste - Spitze auf 1 ^{h} 59 ^{m} 27,84 ^{s} östlich von Greenwich oder 1 ^{h} 50 ^{m} 6,24 ^{s} [531]) östlich von Paris bestimmt, was für den Pharos 1 ^{h} 50 ^{m} 12,24 ^{s} giebt. Er sagt nicht, welcher Ausgangspunkt dieser Angabe zu Grunde liegt, aber wir glauben, dass es Malta war, dessen Länge von der von uns ange-nommenen wenig abweicht. Wir werden also auch diese Bestimmung benutzen.

Indem wir diese verschiedenen Resultate vereinigen, erhalten wir für die Länge des Pharos von Alexandrien:

	h.	m.	s.
Durch die Bedeckung des Antares . . .	1	50	16,40
Durch die des γ ♎ zu Larnaca beobachtet und auf Alexandrien reducirt	1	50	05,20
Durch die Chronometer Gauttier's auf der Hinfahrt	1	50	22,35
Durch dieselben auf der Rückfahrt . . .	1	49	59,68
Durch die des Capt. Smyth von Tripoli aus	1	50	06,03
Durch dieselben, 1822, von Malta aus .	1	50	12,24
Mittel . .	1	50	10,32
oder . .	. 27° 32′ 35″		

---

[530]) Setzt man oben statt 5 ^{m} 16,19 ^{s}, 5 m 15,96 ^{s}, so ergiebt sich 1 ^{h} 50 ^{m} 6,26 ^{s}.

[531]) Daussy berechnet also die Zeitdifferenz zwischen Greenwich und Paris auf 0 ^{h} 9 ^{m} 21,6 ^{s}, während sie nach den neuesten Angaben 0 ^{h} 9 ^{m} 20,63 ^{s}, also 0,97 ^{s} weniger beträgt.

Die Connaissance des Tems giebt 27° 35′ und Nouet in seinem
Mémoire 27° 35′ 30″; man muss also beinah 3′ in Abzug bringen,
bei Kairo waren 4′ 31″ abzuziehen. Man sieht, dass die relative Lage
beider Punkte dadurch wenig Veränderung erleidet. In der That ist
die Differenz, welche wir zwischen beiden finden, 5′ 25,6″. Nouet
fand durch seine Chronometer 5′ 31,7″. Aber es ist daran zu zweifeln, ob seine Beobachtungen stets bis auf 6″ genau sind.“

Doch wir kehren zur Tabelle der Küstenpositionen zurück. Bei den
Ueberschriften der kleinern Gruppen ist die politische Eintheilung
insofern nicht berücksichtigt worden, als die kleinern Staaten öfter
unter die wichtigern mit eingereiht sind. Die Reihenfolge der Küsten-
punkte schliesst sich natürlich an die in frühern Kapiteln, namentlich
in der chorographischen Uebersicht befolgte an, doch so, dass Smyth's
Positionen ungetrennt beisammen gelassen sind. Alle Breiten sind
nördlich, die Längen östlich von Ferro. Letztere werden auf Paris
reducirt, indem man 20°, auf Greenwich, indem man 17° 39′ 50,55″
abzieht. Zeigt sich die angegebene Länge als Minuend kleiner als
diese Subtrahenden, so zieht man sie umgekehrt von 20° oder 17°
39′ 50″ ab und erhält dann die westliche Länge. Die Höhen der
Berge und Gebäude sind in pariser Fussen und in Bezug auf den
Meeresspiegel angegeben. Durch Division mit 6 können diese Angaben leicht auf Toisen reducirt werden. [532]) Die magnetische Abweichung ist durchweg westlich und die Neigung der Nadel nach Süden
oder dem Nadir. In der ersten Columne stehen die Ortsnamen nebst
der genauern Angabe der Plätze, wo die Beobachtungen angestellt oder
auf welche sie durch Winkelmessungen etc. reducirt wurden. Die vor
jedem Namen stehenden Nummern oder Buchstaben dienen zugleich
zur Auffindung jedes Punktes auf den Uebersichtskarten Nr. Va u. Vb.
Ausserdem ist in der ersten Spalte ein dreifacher Druck gewählt. Durchweg mit Initialen gedruckte Namen, z. B. XXV. PALERMO, bezeichnen
wichtige Stationen, auf deren Bestimmung grosse Mühe mit Erfolg
verwandt worden ist und denen demnach die grösste Wichtigkeit beigelegt werden kann (in der Liste und auf der Karte sind sie mit römischen Ziffern bezeichnet). Die mit lateinischer Cursivschrift gedruckten und mit arabischen Ziffern bezeichneten, z. B. 1. *Tarifa*, sind, obgleich meist an der Küste gemessen oder geodätisch gut angeknüpft,
doch schneller und unter weniger günstigen Umständen bestimmt, als

---

[532]) Unter den Höhenmessungen kommen auch Versuche vor, die Höhe aus dem
vom Gipfel aus beobachteten Depressionswinkel herzuleiten. Capitain Graves stellte
auf Smyth's Veranlassung auf der Insel Al-Boran, deren Gipfel 68′ hoch liegt, mit
einem 5zölligen Theodolithen Messungen an, wobei das Fernrohr, — direkt und um-

die ersten; die dritte, mit gewöhnlichen lateinischen Buchstaben, welchen in der Karte die nächst vorhergehenden Ziffern beigefügt worden, bezeichnete Reihe giebt Punkte, welche mittelst sekundärer Winkel, Compass, Patentlogbasis, Durchschnitte u. s. w. flüchtiger, aber darum meist doch sehr genügend bestimmt sind. Unter diesen Umständen ist dem Seefahrer anzuempfehlen, als Ausgangspunkte für Chronometerberechnungen nur die Hauptstationen (auf der Karte z. B. XXV. u. s. w.) zu benutzen, während die andern es ihm ermöglichen, in jedem Fall einen passenden Curs zu wählen und überhaupt zu verschiedenen sonstigen Zwecken der praktischen Navigation wohl brauchbar sind. Von der magnetischen Abweichung ist bereits oben gesprochen worden; die in der Tabelle enthaltenen Angaben sind natürlich mehr von relativem als von absolutem Werthe, und wenn sie auch nicht immer mit den isogonischen Curven, z. B. des Berghaus'schen physikalischen Atlas übereinstimmen, so sind sie doch die Resultate guter, freilich zu verschiedenen Zeiten vorgenommener Messungen und sie haben wenigstens

---

gelegt, — um 7 Uhr Morgens, um Mittag und bei Sonnenuntergang nach den 8 Hauptpunkten des Compasses gerichtet wurde. Wir geben diese Messung des Capitain Graves, da dieselbe in mancher Beziehung interessant ist, wie der Kenner bald herauslesen wird, hier wieder:

Richtung	Fernrohr		Mittel		
	direkt	durchgeschlagen			
N.	6′ 00″	11′ 00″	8′ 30″		
NO.	5 30	11 00	8 15		
O.	4 30	11 00	7 45		7 h Morgens
SO.	4 00	11 00	7 30	(Min.)	Thermom. 78°
S.	4 30	11 00	7 45		Barom. 30,12″
SW.	5 00	11 30	8 15		
W.	5 30	11 30	8 30		
NW.	6 90	11 30	8 45	(Max.)	
N.	4 30	10 30	7 30		
NO.	5 00	11 00	8 00		
O.	4 30	11 30	8 00		
SO.	4 00	12 00	8 00		Mittags
S.	4 00	12 30	8 45		Thermom. 82°
SW.	5 00	12 45	8 52,5		Barom. 30,13″
W.	5 00	13 00	9 00		
NW.	4 30	12 30	8 30		
N.	5 00	13 30	9 15		
NO.	5 00	14 00	9 30		
O.	5 30	12 30	9 00		
SO.	6 00	13 00	9 30		Sonnenuntergang
S.	* 5 00	* 10 00	7 30		Thermom. 78°
SW.	* 3 00	* 10 00	6 30		Barom. 30,13″
W.	4 00	17 00	10 30		
NW.	4 00	13 00	8 30		

* Nebelig.

zur Erforschung der Wirkungen des terrestrischen Magnetismus im Mm.
während der ersten Hälfte des 19ten Jahrhunderts ihre Bedeutung. [533])
Ausser diesen allgemeinen geographischen und physischen Verhältnissen gehört aber auch eine nähere Beschreibung der Küsten zur
Hydrographie und vom Standpunkte der Navigation werden ausserdem
Angaben über das Landen oder überhaupt die Annäherung an die
Küsten sowie über die Räumlichkeit der Häfen und Ankerplätze verlangt. Hierauf bezügliche Notizen sind in das nachstehende Register
auch eingetragen; dieselben können freilich nicht alle Details berück-
sichtigen, die man in irgend einem guten Wegweiser für die einzelnen
Meerestheile aufsuchen mag. Dass eine Masse von Angaben, welche
dem Geographen und Seemann gleich wichtig sind, durch Symbole
kurz bezeichnet sind, ist eine jedenfalls sehr empfehlenswerthe Methode.
Bei Seekarten hat dieselben zunächst der Lieut. Maury in seiner trefflichen Wind- und Strömungskarte des atlantischen Oceans in grösserer
Ausdehnung benutzt; ferner der Lieut. Raper in seiner Practice of
Navigation and Nautical Astronomy, einem der bedeutendsten Werke,
die über diese Wissenschaften in neuerer Zeit erschienen sind. Die
diesem Buche beigegebene Tafel der geographischen Positionen enthält
8800 Nummern und auch diesen sind viele Symbole beigesetzt und
dadurch bedeutend viel Raum erspart. Die Symbole bieten, besonders
in solchen tabellarischen Uebersichten, auch den namhaften Vortheil,
dass sie, einmal erklärt, jeder Nation sofort verständlich sind, während
die Abkürzungen, wenn sie sich nicht auf die allergewöhnlichsten
Ausdrücke beschränken, sehr leicht, in einer fremden Sprache sogar
gewöhnlich, gar nicht oder missverstanden werden. Wer denkt z. B.
wohl bei der im Englischen vorkommenden Var. an Deklination der
Magnetnadel? Das B M (bonae memoriæ) auf manchem altitalischen
Grabstein ist Beatus Martyr gelesen worden und hat so die Schaaren
derer, die für ihren Glauben in den Tod gingen, vermehrt. Ein P
auf einer Erzmedaille, die Hadrian auf den 874sten Geburtstag der
Stadt Rom prägen liess, ist populus, publici, primus, parilia etc.
gelesen worden, und sogar das bekannte Gegenzeichen auf den altrömischen Kaisermünzen — N. C. A. P. R. — ist gelesen worden
Nobis concessa a Populo Romano — Nota cusa. a Populo Romano —
Nummus concessus a Populo Romano —, während ein Witzling gar
vorschlägt: Non concessa a Populo Romano. [534])

---

[533]) Bekanntlich ist der Erdmagnetismus gewissen Säkularschwankungen unterworfen.
[534]) So sagt Sir Edward Coke, die in Schwärmen nach Rom ziehenden Engländer bespöttelnd, S. P. Q. R. bedeute Stultus populus quærit Romam.

Wenn dieser abschweifende Seitenblick auf römische Münzen in den Augen strenger Kritiker keine Gnade finden sollte, so bemerken wir dagegen, dass, wenn es nur der Raum gestattete, eine tiefer eingehende Betrachtung der an den Küsten des Mm. verstreuten Münzen, Medaillen und Marmorinschriften durchaus am rechten Ort gewesen wäre. Durch ihre unzweideutige Hülfe, die oft zuverlässiger ist als schriftliche Ueberlieferung, wird oft für Zeit- und Ortsangaben ein erfreulicher Aufschluss geboten. Auch die symbolische Bezeichnung, von welcher wir eigentlich sprachen, liebten und pflegten die Alten sehr; sie erkannten die in ihr gegebene Genauigkeit der Auffassung und ihren Einfluss auf Bildung gewisser Ideenreihen. Sie brauchten sie z. B. in ihrer praktischen Geometrie, beim Feldmessen und Lagerabstecken in ziemlicher Ausdehnung und sonst auch um Mysterien in ihnen zu umhüllen und doch wieder zu offenbaren, zu Hieroglyphen, Räthseln, Emblemen. In letzterer Beziehung ist der Gedankenzusammenhang oft paradox, aber immer sinnig und oft witzig. Flügelpferde, Sphynxe, Stiere mit Menschenköpfen und die schreckliche Chimäre waren Phantasiegebilde; der Donnerkeil bezeichnete die Herrschermacht, der Adler und die Weltkugel die Herrschaft, der Lorbeer den Sieg und viele Städte und Länder hatten ihre Symbole; Judäa den Palmbaum, Metopontum die Waizenähre, Agrigentum den Krebs, Messana den Hasen, Catana den Bachkrebs, Tauromenium den Stier, Karthago das Ross, Thrazien die Ziege, Cyrene das Silphium, Knossos das Labyrinth, Aegina die Schildkröte, Athen die Eule u. s. w. Neptun (Admiral Neptun, wie ihn Newton nennt) war der Herrscher des Mm., sowie Okeanos über das die Erde umströmende Weltmeer gebot.

Für die Hydrographie würde es gewiss ein grosser Gewinn sein, wenn sich gewisse Zeichen — besonders zum Navigationsgebrauch — bei allen Nationen gleichmässig einbürgern wollten, sowie eine gleichmässige Aufzeichnung der nach denselben Principien (Maury's Vorschlägen gemäss) beobachteten Luft- und Wasserströmungen die Kenntniss besonders des atlantischen Meeres binnen einer kurzen Periode wesentlich gefördert hat. Die nachstehenden Symbole sind übrigens durchweg Lieutenant Raper's Practice of Navigation entlehnt und vom Admiral Smyth und andern Autoritäten ebenfalls benutzt worden.

Erklärung der Zeichen.

⚓ (Anker) Ankerplatz für grosse Schiffe; ⚓′ guter, ⚓, schlechter, ⚓。 kein Ankergrund.

⚓ Ankerplatz für kleinere Schiffe; ⚓′ guter, ⚓, schlechter Ankergrund für dieselben.

⊞ Hafen für grössere Schiffe, durchweg mit 3 Faden tiefem Wasser.

⊡ Hafen für kleinere Schiffe, zu Zeiten mit weniger als 3 Faden Wasser.

⌐ Vögel. Da diese einige Orte vorzugsweise besuchen, so können sie bisweilen als Anzeichen benutzt werden.

Ⱡ (Bootshaken) Landeplatz; Ⱡ₀ keine Anfurth.

β Wellenbruch oder Brandung; ββ₀ bisweilen Brandung.

! räth Vorsicht, überhaupt geschärfte Aufmerksamkeit an.

‖ Kanal oder Durchfahrt. Flussmündung.

δ Gefahr, gefährlich; δ₀ keine Gefahr, sicher.

⸸ (Palmbaum). Für das Mittelmeer die Dattelpalme, bei Raper cocos nucifera.

◿ allmählig steigend.

◸ in der Mitte steigend.

⌣ ein Thal, überhaupt eine Einsattelung.

◺ allmählig fallend.

Γ schräg abfallender Grund oder allmähliger Wechsel der Tiefen, daher eine Annäherung bei gehöriger Beachtung des Bleiloths erlaubt.

⊥ steil und abschüssig. NB. Dies ist ganz unabhängig von der Höhe. Eine Landspitze kann niedrig sein und dabei doch steil abfallen.

Τ jäh oder steil hinauf.

⸸ Bäume; ⸸ gut bewaldet.

⁎ (Baum ohne Stamm) Unterholz, Buschwerk.

Alle Positionen, bei denen nichts weiter bemerkt ist, sind nach den Angaben des Adm. Smyth berechnet. Dabei ist Greenwich 17° 39′ 50,55″ östlich von Ferro angenommen. [535]) Die Fusse sind nach dem altpar. Maass angegeben. Die mittlere Jahreswärme ist bei einigen Orten mit m. T. notirt.

Die nachstehende Tabelle enthält übrigens 64 Punkte erster, 675 Punkte zweiter Klasse und mehr als 1100 Nebenpunkte, von denen indess die meisten auch sehr zuverlässig gemessen sind.

Wir haben in den Karten Vᵃ und Vᵇ für zwei wichtige Partien des Mm. alle die Messungsresultate eingezeichnet und glauben, dass es für den Leser nicht uninteressant sein dürfte, wie in den Karten I, II und III und in den Holzschnitten vorzugsweise ein Bild der Vertikaldimensionen, so in V eine Veranschaulichung der Horizontaldistanzen wenigstens für einen Theil des Mm. zu erhalten. Was dem Architekten der Grundriss seines Bauwerkes, dem Maler die Umrisse seines Bildes, das sind ja dem modernen Geographen die Aufnahmen der Gestade — der Rahmen seines Erdbildes, die Basis seiner Untersuchungen.

---

[535]) In dem eben erschienenen „Berliner astronomischen Jahrbuch für 1860" ist die Länge von Greenwich auf 17° 39′ 46,0″ berechnet, also um 4,55″ kleiner als die von mir benutzte, ebenfalls sehr zuverlässige Bestimmung. Ich wollte diese Differenz nicht unerwähnt lassen, halte sie aber für zu unbedeutend, um danach die von mir grösstentheils erst auf Ferro berechneten Längen nochmals zu corrigiren.

Ort.	Breite. °	'	"	Länge. °	'	"	Bemerkungen.
SPANIEN.							
a. San Lucar, Thurm	36	43	10	11	15	49	‖ Fluss Guadalquivir. ⬓. ⌐.
b. Rota, Molospitze	36	36	40	11	19	41	Abw. 22° 30′ (1810). Annäherung δ. ββ₀.
I. Cadiz, Leuchtth. S.Sebastian	36	31	51	11	21	41	Höhe 142. Fluthhöhe 9′. ⊞.
a. Cadiz	36	32	00	11	22	23	Nach Berghaus.
b. Chiclana, S. Añakirche ...	36	25	10	11	30	00	478′. Berg ⬓ ⚓.
c. Castell Sancti Petri	36	22	45	11	26	50	‖ Hochwasser 1ʰ 35ᵐ. δ. β. ⌐.
d. Cap Trafalgar, Thürmchen	36	10	10	11	38	55	δ beim Heranfahr., aber d. Cap ⊥.
1. *Tarifa, Leuchtthurm*	36	00	15	12	03	12	⊤. Südspitze Europas.
a. Palomas-Felsen, Centrum .	36	03	35	12	14	26	! wegen Perlenriff. δ. ⌐.
b. Algeçiras, Hafendamm....	36	08	05	12	13	34	‖. ⬓. ⚓ in der Rhede. Meist δ. !.
c. Gibraltar, Signal-Station .	36	07	46	12	19	31	Höhe 1177,5′. O'Hara's Thurm 1321′.
II. Gibraltar, Arsenalmolo.	36	07	17	12	19	02	Hochwasser 0ʰ 40ᵐ. Steigen und Fallen 4′. ⊞. 18,1° m. T.
	36	06	42	12	18	58	Nach Dufour.
a. Gibraltar, Punta d'Europa .	36	06	16	12	19	42	Abw. 21° 37′; Incl. 61° 8′; Int. 232 (1824).
b. Al Korcïn, Felsen........	36	19	12	12	26	34	Dicht an der Küste, klein. ⌐.
c. Estepona, Marmoles-Spitze	36	25	17	12	32	25	⚓ geg. d. Sierra de Bermeja. ⫶′. ⚓.
d. Frangerola, Castell	36	32	51	13	02	49	Auf einem Hügel. ⬓. ⚓. ✳.
2. *Malaga, Leuchtthurm*	36	42	48	13	13	39	Höhe 117. Abw. 21° 5′ (1811). ⬓. ⚓.
	36	42	18	13	11	34	Nach Dufour.
a. Velez Malaga, Torre del Mar	36	46	44	13	32	25	‖. ⚓, ausser bei Seewinden. ✳.
b. Castel de Ferro, sanidad...	36	42	19	14	18	19	⚓, aber !. ⚓ geg. die Ugijakette, 2533.
c. Torre Belerma	36	42	40	14	45	50	⚓, aber ⌐, und !.
3. *Almeria, Torre del Tiro* ..	36	50	50	15	08	43	In der Bucht ⊥, in der Bai ⚓.
	36	52	30	15	08	18	Nach Dufour's Angabe.
a. Cap de Gata, Fort........	36	42	59	15	27	55	⊥. Abw. 20° 42′ (1813). ⌐.
4. *Port Genovés, Fort*......	36	44	15	15	32	32	⚓, aber !. Strömungen und Windstösse.
a. Cresta de Gallo	36	47	00	12	36	50	Südöstl. von Ronda, 5583′. Gipfel ⬓.
5. *Castell San Pedro*........	36	53	21	15	39	52	⬓, die beste dieser klein. Buchten.
a. Sierra de Gador	36	56	00	14	43	50	6662′; Südost-Ende d. Alpuxarras-Kette.
b. Carbonera, kleine Insel ...	36	58	22	15	44	26	⚓. Abw. 20° 43′ (1813). ✳. ⌐.
c. Cerro de Mul-hacen	37	08	00	14	11	50	10658′. Gipfel der Sierra Nevada.
d. Filabresgebirge	37	12	00	15	16	50	1689′. Eine Masse weiss. Marmors.
e. Sevilla	37	22	45	11	38	37	Nach Berghaus.
6. *Aguilas, Fort S. Juan*	37	23	33	16	03	02	⫶′ und ⚓. Abw. 20° 43′ (1813).
a. Cordova	37	52	15	12	50	00	Nach Berghaus.
b. Cartagena, Fort Gateras ...	37	35	28	16	41	33	Höhe 614′. ⊤. δ₀. ✳.

Ort.	Breite.	Länge.	Bemerkungen.
	° ′ ″	° ′ ″	
III.Cartagena, Hafenleucht-	37 35 58	16 42 08	⊞. Abw. 20° 44′ (1812).
[thurm	37 35 40	16 37 45	Nach Dufour.
a. Berg Roldan	38 06 00	16 37 50	1737′. Bei Murcia. Smyth hat 37 06 00 (⁇).
b. Cap de Palos, Thurm	37 37 18	17 02 10	$\beta\beta_o$ vor den Hormigas. Abw. 20° 34′ (1813).
c. Cap Cervera, Thurm	38 00 01	17 01 52	‡, den Seewinden ausgesetzt.
d. Lugar nueva, Fort	38 12 07	17 07 56	‖ Elche, ‡. ‡ in d. Tamarit-Rhede.
7. Ins. Plana, Tabarca-Bastion	38 10 15	17 12 19	Niedrig und eben, aber ⊥. ⌒.
8. Alicante, Mololeuchtthurm .	38 20 30	17 12 32	89′. ‡′. M. Tosal 216′. Castellberg 516′.
	38 20 40	17 13 38	Nach Dufour.
a. Insel Benidorme........	38 30 05	17 34 39	Abw. 20°30′ (1813). ‡′, aber nicht geschützt. ⌒.
b. M. Roldan	38 36 00	17 28 50	Die „Cuchillada", eig. Schramme.
c. Spitze Ifac oder Calpe	38 37 18	17 44 00	‡′ der Altea-Bai gegenüber, aber !. ∠. (Fast unter dem Meridian von Greenwich.)
d. Lisboa	38 42 24	8 31 15	Nach Berghaus.
e. C. S. Antonio, Einsiedelei ..	38 48 31	17 50 48	Hoch, eben und ⊥. Auf der Höhe von Xavia ‡.
f. Castell Denia	38 50 50	17 47 24	⊡ zwischen den Bänken. Aussen ‡.
9. Cullera, sanidad	39 10 48	17 25 12	‖ Xucar, über dessen Barre Barken passiren.
a. Cap Cullera, Thurm	39 12 05	17 26 50	163′. ∠. 𝗍. ⌒.
b. Valencia, Kathedrale	39 28 35	17 17 40	Abw. 20° 35′; Incl. 63° 36′; Int. 236 (1813).
10. Valencia, Grao-Leuchtth.	39 28 47	17 20 52	42′. ‖ Turia. ⊥. Draussen ‡, aber !.
a. Espadan-Berg	39 54 00	17 15 50	Leitpunkt (Marli? Smyth) für die Küste.
b. Cap Oropesa, äusser. Thurm	40 06 12	17 49 45	∠. 𝗍, Untiefe darunter.
11. Fort Peniscola	40 22 53	18 04 50	⊥. 𝗍, ausser mit Seewinden, ‡′.
a. Madrid................	40 24 57	13 5̶ 45	Nach Berghaus.
b. Berg Peña de Bel	40 36 00	17 41 50	3753′. Leitpunkt für die Anfahrt von SO.
c. Vinaroz, Kirchthurm	40 29 10	18 07 47	‡, wenn der Wind vom Lande her weht.
d. Monsia, östl. Gipfel	40 37 00	18 10 50	826′, ∠ landeinwärts bis 2350′.
12. Alfaques, S. Carlos-Molo .	40 37 46	18 15 20	⊞. Abw. 21° 0′ (1813). ✶. ⌒.
a. Buda-Ins. od. Cap Tortosa .	40 43 10	18 33 58	‖ Ebro. ! Station, Gola del N. ⌊.
13. Port Fangal, Fango-Spitze	40 47 40	18 27 37	⊡. In der Bai ‡. ✶. ⌒.
a. Tortosa, Castell	40 49 00	18 12 40	Ebro ⊡ für Schiffe v. 50 Tonnen.
b. Salon, Molospitze	41 05 28	18 47 02	‡′. Abw. 20° 37′ (1813).
14. Tarragona, Kathedrale ..	41 06 57	18 56 00	385′. ⊡. In den Rheden, ‡′.
	41 08 50	18 55 15	Nach Dufour.

Ort.	Breite.	Länge.	Bemerkungen.
	° ′ ″	° ′ ″	
a. Montazut, Gipfel	41 24 00	19 04 50	3002′. Leitpunkt für die Küste.
b. Castell Fells, sanidad	41 16 30	19 37 48	⤟ 216′. ⚓ mit !.
c. Torre del Rio	41 19 12	19 49 35	100′. ‖ Fluss Llobregat. !. ⌐.
d. Barcelona, Festung Monjui.	41 21 35	19 50 03	638′. Abw. 20° 45′ (1813).
IV. BARCELONA, Hafenleucht- [thurm	41 22 30	19 51 10	75′. ⊞. Draussen ⚓.
	41 22 26	19 50 49	Nach Dufour.
a. Barcelona	41 21 44	19 49 42	Nach Berghaus. (?)
b. Monserrat, Centrum......	41 36 00	19 27 50	3941′. Marke für die Küste.
15. *Mataro, östl. Fort*	41 32 47	20 07 23	197′. Innerhalb des Riffs ⚲′, ausserhalb ⚓.
a. Toldera oder Tordaraspitze	41 37 45	20 27 50	‖ d. Toldera. Abw. 20° 40′ (1812).
16. *Blanes, Fort S. Aña*	41 40 00	20 29 37	⚓ in Landwinden, hier u. Lloret ⌐.
a. Tosa, Kirche an der Bucht .	41 42 36	20 37 25	⚓′, mit ! δ₀. ⌐. Landeinwärts ⚲.
b. S. Felice de Guixols	41 46 13	20 40 50	⚓′, ausser bei SO.-Winden. ⚹.
c. Pálamos, Molospitze	41 50 57	20 46 15	⊡. ⚓, mit !. Abw. 20° 37′ (1813).
d. Cap S. Sebastian	41 53 10	20 52 04	⊥, aber ! die Hormigas. ⌊.
e. Gerona	41 59 11	20 29 20	Nach Berghaus.
17. *Fort Insel de las Medas* ..	42 03 40	20 53 05	‖ Fluss Ter. Abw. 20° 40′ (1813). δ₀.
a. Ampurias (Emporiæ)	42 09 00	20 43 10	Altes Schloss des Ampurdan.
b. Rosas, Fort Trinidad	42 16 12	20 50 15	295′. T & ⊥. ⚓′. δ₀ mit !.
18. *Cadaqués, Kirche*	42 17 10	20 56 38	⊞. ⤟ zu dem Cadaqués-Berg.
a. C. Creux, Masa de Oro Ins.	42 19 12	21 00 35	⊥. δ₀ mit !. ⌊. ⌐.
b. Santa Cruz della Selva....	42 18 00	20 52 15	T & ⊥. ⊡. ⚓. Abw. 20° 35′ (1813).
c. Cap Cervera, Carox - Thurm	42 26 16	20 50 35	T & ⊥. Grenze Spaniens u. Frankreichs.
d. San Sebastian	43 19 17	15 39 08	Nach Berghaus.
e. Ferrol	43 29 30	9 26 49	Nach Berghaus.
f. Mont-Perdu	42 40 35	17 41 46	10315′. Nach Berghaus.
g. Vignemale	42 46 29	17 30 52	10153′. Nach Bergh. 100 andere Pyr.-Höhen vgl. Bergh. V. 22.
DIE SPANISCHEN INSELN.			
19. *I. Columbretes, M. Colibre*	39 53 58	18 24 18	⊡. Abw. 17° 41′ (1823). ⚹. ⌐.
a. I. Columbretes, Schiffelsen.	39 51 20	18 23 22	T & ⊥. δ₀ mit !. ⌐.
b. I. Formentera, P. Codolar .	38 38 30	19 16 00	⊥. δ₀, aber ⌊. ⚲. ⌐.
c. I. Formentera, P. Aguila ..	38 38 15	19 02 50	Der höchste Punkt. T & ⊥. ⚓
d. Insel Espardel, Bucht....	38 48 05	19 09 15	⚓. Mit !, δ₀.
e. Iviza, Cap Falcone	38 50 20	19 03 50	T. ⌐. ⤟. ⚹. ⌊.
V. IVIZA, Citadelle	38 54 00	19 07 58	⊞. Abw. 20° 15′ (1813).
	38 54 21	19 06 13	Nach Dufour.
a. Iviza, S. Eulalia-Fels	38 59 10	19 15 50	⊥, aber ! das Riff. ⌊.
b. Iviza, Togomago-Ins......	39 02 56	19 18 30	T & ⊥. δ₀ mit !. ⌊.
c. Iviza, Denserra-Spitze....	39 08 05	19 11 46	⊥, mässige Höhe. ⚓₀. ⚲.
20. *Iviza, S. Antonio-Hafen* .	39 59 00	19 00 00	Wasserplatz. ⊞. ⚓

Ort.	Breite.			Länge.			Bemerkungen.
	°	′	″	°	′	″	
a. Iviza, Bedra-Insel . . . . . . ʌ.	38	52	24	18	52	08	94′. Abw. 20° 30′ (1813).
b. Cabrera, P. Anciola	39	05	00	20	33	05	Gipfel. T & ⊥. ↓₀. ✲. ⌒.
21. *Cabrera, Castell*.	39	06	57	20	34	26	⊞. ⚥₀. Abw. 19° 58′ (1813).
a. Foradada, Insel	39	10	00	20	37	18	Der durchbroch. Fels. δ₀ mit !. ⌊.
b. Majorca, Cap Salinas	39	13	30	20	43	15	Höchster Punkt. ⤙ gegen Torre Gorta. ⚥.
c. Majorca, Port Colon	39	22	00	20	55	49	ɪ′. ⤙ gegen den Berg Salvador.
d. Majorca, Cap Pera ·	39	40	36	21	09	50	Der Thurm. T & ⊥. δ₀.
e. Majorca, Alcudia-Kirche . .	39	49	40	20	48	48	In der Bai ⚥′. ⊤.
f. Majorca, Cap Pinar	39	51	30	20	54	50	Der Gipfel. ⊥. ⚥. ↓₀.
22. *Majorca , Castell Pollenza*	39	53	10	20	48	18	⊞ aber ! Winde. Abw. 19° 50′ (1813).
a. Majorca, Cap Formenton . .	39	56	48	20	55	00	Lange Landzunge mit Anhöhen. ⊥. δ₀.
b. Majorca, Cap Formenton . .	39	56	00	20	57	30	Nach Quenot. (Zach M. C. XII. 243.)
c. Majorca, Torellas-Berg. . . .	39	48	00	20	28	40	Der Silla oder Sattel ⤛⤙ 4879′.
d. Majorca, Port Soller	39	47	58	20	22	50	Der Landungsplatz. ɪ′.
23. *Majorca, Dragonera-Insel*	39	36	10	19	57	25	Oberer Leuchtth., 1107′. T & ⊥.
a. Majorca, Cap Llamp	39	32	00	20	03	10	T & ⊥. ⤙ geg. d. Berg Galatzo. ⚥. ⌒.
VI. MAJORCA, PALMA, Hafen- damm	39	34	05	20	18	35	Leuchtthurm 35′. Abw. 19° 54′ (1812). ▥. ⚥′.
	39	34	04	20	18	12	Nach Dufour.
a. Majorca, Cap Blanco	39	20	32	20	26	50	T, ⊥ u. ⤙ landeinwärts. ⚥₀.
b. Minorca, Cap Dartuch	39	54	40	21	31	12	Niedrig und flach, aber ⊥. ⌊.
24. *Minorca, Ciudadela*	39	59	15	21	32	20	8eckiger Kirchthurm. ▣ und ⚥.
a. Minorca, Cap Bajoli	40	00	25	21	28	03	T & ⊥. ⤙ zur Torre del Raam.
b. Minorca, Cap Bajoli	40	03	00	21	31	50	Aeltere spanische Messung.
c. Minorca, Cala Caldera	40	00	25	21	41	50	⚥′ ⤙ gegen S. Agata. Abw. 19° 38′ (1811).
d. Minorca, Cap Cabaleria . .	40	05	00	21	46	48	⊥. ⤙ landeinwärts. ⚥₀.
25. *Minorca, Hafen Fornelles*	40	03	25	21	48	41	Das Fort. ⊞. δ₀ mit !. ⚥₀.
a. Minorca, Toroberg	39	58	36	21	48	20	(ElTor)Kloster1145′. ⤚Marke.
b. Minorca, Ins. Colon	39	58	07	21	58	10	⊥ von der Seeseite. Abw. 19° 35′ (1812). ⌒.
c. Minorca, Cap Mola	39	52	45	22	01	26	Atalaia. T, ⊥. δ₀. ↓₀. ⚥₀.
VII. MINORCA , PORT MAHON	39	52	57	21	59	43	Quarantäne - Insel. Abw. 19° 30′ (1811). ⊞.
	39	52	32	22	00	30	Nach Dufour.
a. Minorca, Port Mahon	39	53	50	21	58	22	Arsenalböcke. Abw. 19° 36′ (1813). ⊞.
b. Minorca, Insel Ayre	39	48	30	21	58	15	⊥ draussen. δ₀ mit ! in ‖. ⌒.
c. Minorca, Alaior-Thurm . . .	39	52	10	21	49	32	T & ⊥. ⚥′ bei Nordwinden. ⚥.

Ort.	Breite.	Länge.	Bemerkungen.
	° ′ ″	° ′ ″	
FRANKREICH.			
d. Paris	48 50 13	20 00 00	Nach den neuesten Angaben.
e. Cap Béarn, Leuchtthurm . .	42 30 48	20 48 38	705′. ⊿ zu den Pyrenäen. ⊥.
26. *Hafen Vendres*, *Leucht-* [*thurm*	42 31 .02	20 47 22	92′. ⊡. ⊿ geg. das Fort S. Elmo, nach ⌒.
	42 31 18	20 46 35	Nach Dufour.
a. Callioure, Ins. St. Vincent .	42 31 20	20 45 30	⊥ aber! Ostwinde. ⊿ gegen das Fort S. Elmo.
b. Berg Canigou	42 30 00	20 09 50	8726′. ⌒. Eine Seemarke.
c. Derselbe	42 31 10	20 07 08	8572′. Nach Berghaus.
d. Canet, S. Marienthurm. . . .	42 42 04	20 40 40	‖ des Tet. ‡ bei Landwinden. ⲅ mit !. βρₒ.
e. Perpignan, Kirchthurm . . .	42 41 45	20 33 50	Steigung zur Stadt 63′, zum Forceral Berg 1548′.
	42 42 03	20 33 55	Nach Bergh. M. T. 15,5°.
f. Lyon	45 45 44	22 29 10	Nach Berghaus.
g. Toulouse	43 35 42	19 06 15	Nach Berghaus.
h. Nimes	43 50 36	22 00 46	M. T. 15,7°. Nach Berghaus.
i. Carcassonne	43 12 55	20 00 46	Nach Berghaus.
k. Foix.	42 57 47	19 15 50	Nach Berghaus.
l. Leucate, Fort les Mattes . . .	42 53 58	20 42 36	⊥. ⲅ. In Franqui 1′. ⊿ 117′.
27. *Grau de Sigean*, *Leuchtth.*	43 00 55	20 43 45	31′. ‖ Haf. Nouvelle v. Narbonne.
a. Sérignan, Douane.	43 15 30	20 57 09	‖ der Orbe, ⊡. ⊿ gegen Beziers. 356′. ⌒.
b. Fort Brescou, Leuchtthurm	43 15 44	21 08 50	28′. ⲅ mit !. βρₒ. Abw. 20° 10′ (1813).
c. Berg Agde, Leuchtthurm . .	43 17 56	21 08 00	389′. Brauchb. See-Signalpunkt.
	43 16 45	21 06 30	Nach Dufour.
d. Cette, Berg St. Clair.	43 24 00	21 19 50	582′. Signalpunkt für d. Etang de Thau.
28. *Cette, Molo-Leuchtthurm*.	43 23 55	21 21 25	82′. ‖ des Etang. ⊡. ‡ bei ⲅ.
	43 23 48	21 21 52	Nach Dufour.
a. Frontignan, Kirchth.	43 27 00	21 24 20	Ueber Seen und überschwemmtes Land gesehen.
b. Montpellier, Kirchth.	43 37 10	21 31 50	112,5′. Marke für den Grau de Maguelonne.
c. Montpellier	43 36 16	21 32 30	Aeltere Bestimmung in Berghaus. M. T. 15,2.
29. *Aigues-mortes, Leuchtth.* .	43 32 27	21 48 00	657′. ‖ Grau du Roi. ⊡. ‡ ⲅ.
a. Grau d'Organ, Fort	43 26 30	22 04 12	‖ Petit Rhone. ⲅ. ‡.
b. Rhone-Delta, la Camargue .	43 20 35	22 20 50	122′. ‖ Vieux Rhone in überschwemmtem Land. ⌒.
30. *Rhone-Delta, St. Louis-Th.*	43 22 55	22 27 38	‖ Rhone. Abw. 19° 51′ (1812). ⌒.
a. Rhone-Delta, Douane Tanpan	43 21 37	22 30 17	‡ im Golf von Foz. Berg Opica 1530′ nach Norden zu gesehn.

Ort.	Breite.	Länge.	Bemerkungen.
	° ′ ″	° ′ ″	
b. Port de Bouc , Leuchtthurm	43 24 00	22 38 46	92′. ‖ Etang de Berre. ⊞. ⚢.
31. *Cap Couronne, Gipfel*....	43 19 20	22 43 20	⊤ & ⊥ , aber ! wegen Regas und Muet. ⚥.
a. Carré, Felsen l'Estes	43 19 30	22 49 24	♂ mit !. ⊥. ⚥. ↙ gegen den Berg Tabouret, 460′.
b. P. Mourrepiane, Fort	43 21 10	22 59 44	↙ Moulin du Diable 638′. Pilon du Roi 2215′.
c. Marseille, kaiserl.Sternwarte	43 17 52	23 01 48	M. T. 14,3°. Nach Berghaus.
d. Marseille, Sternwarte	43 17 49	23 01 54	Die Messungen d. bis n. sind dem
e. Marseille, Arsenal	43 17 33	23 02 15	XIV. Bd. der monatl. Correspon-
f. Fort Notre Dame de la Garde	43 17 00	23 02 09	denz des Freih. v. Zach entlehnt. Das Arsenal ist v. Chazelles be-
g. Château d'If	43 16 46	22 59 24	stimmt. Wir haben dieselben aus einer grossen Zahl zur Vergleich.
h. Tour de l'Ile de Ratoneau..	43 16 58	22 58 35	mit den neuest. Angaben Smyth's
i. Tour de l'Ile de Pomègue ..	43 16 27	22 58 23	ausgewählt. Mehr solch. Vergleich.
k. Tour de Planier	43 11 54	22 53 46	zu geben, verbot uns der Raum.
l. Hyères	43 07 02	23 47 54	Ehemalige Sternwarte des Herzog Ernst.
m. Notre Dame de la Garde ..	43 03 07	23 30 45	Bei Toulon.
n. Porquerolles , Leuchtthurm	42 59 48	23 52 00	
o. Marseille, Sternwarte.....	43 17 49	23 01 53	Nach Prof. Wolfers' Angabe.
VIII. MARSEILLE, Fanal S. Jean	43 17 42	23 01 31	30′. ⊞. Rhede ⚥. Abw. 19° 30′. Incl. 63° 10′ (1820).
	43 17 52	23 01 48	Nach Dufour.
a. Marseille, oberes Castell ...	43 16 58	23 01 58	Notre Dame de la Garde. 493′.
b. Insel Daume, Fort Tourville	43 16 00	22 00 35	! Bänke in d'If ‖. ⚥. Daume-Rhede.
c. Château d'If, Thurm.....	43 16 45	22 59 40	141′. ⊤ & ⊥. ! d. erwähnten Bänke.
d. Insel Ratoneau, Castell ...	43 17 00	22 58 47	275′ ⊥. ♂₀ mit !.
e. Insel Pomègue	43 16 25	22 58 30	Tour St. Jean. 265′. ⊥. ♂₀.
32. *Planier-Insel, Leuchtthurm*	43 11 55	22 54 07	123′. ββ₀. Abw. 19° 46′ (1820). ↗.
a. Insel Tiboulen, Mittelpunkt	43 12 53	22 59 40	⊤ & ⊥. ♂₀ in Cap Croisette ‖.
b. Berg St. Michel , Semaphore	43 13 28	23 02 15	(Collet du Rose) 1257′. Gardala- ban 2130′.
c. Insel Riou, Thurm	43 10 34	23 02 45	⊤ & ⊥ nach der See zu. 478′.
d. Fels La Cassidaigne	43 08 37	23 12 16	Bisweilen ein Anschwemmen, aber rings ⊥.
33. *Cassis, Leuchtthurm*	43 12 49	23 11 45	⊞. Abw. 19° 20′ (1815).
a. Cap Bec de l'Aigle	43 09 55	23 16 26	! wegen ♂ in der Insel Verte ‖. ↙ 385′. ⚥₀.
b. Ciotat , Bureau de Pratique	43 10 20	23 16 30	⊞. ⚥. Molo-Leuchtth. 37′. Der neue 370′.
c. P. Grenier oder Carbonière .	43 09 40	23 21 00	⊥, aber ! die Thunfischnetze.
d. M. Pilon de Beaume	43 20 00	23 26 20	3002 par.′ Ein Signalpkt. zur See.
c. M. Pilon de Beaume	43 19 35	23 25 48	Nach v. Zach's Mon. Corresp. XIV. 400.

Ort.	Breite.	Länge.	Bemerkungen.
	° ′ ″	° ′ ″	
f. Bandol-Insel, Centrum	43 07 36	23 25 00	⊥ draussen, in ‖ δ, innen ⚓. ˙
g. Insel des Embiez, Fort	43 04 34	23 26 35	In den ‖ δ. ⚓₀. ⌒.
34. *Cap Sicie, Semaphore*	43 03 12	23 30 45	1126′.⊤ & ⊥ mit δ. ∟.
a. Cap Sepet, Pyramide	43 04 32	23 36 47	⊤ & ⊥, ! v. d. Rascas-Felsen. ⌒
IX. Toulon, la Grosse-tour..	43 06 06	23 35 58	⊞. Abw. 20° (1815). Berg Faron 1595′. Coudon 2017′.
	43 07 28	23 35 37	M. T. 16,7°. D. 2. Angabe v. Dufour.
a. Château de Giens	43 02 18	23 47 20	‖ von der Petite Passe ⊥, δ₀.
b. Hyères-Bai, Fort Gapeau ..	43 06 28	23 51 29	‖ des Gapeau. ⚓′bei ⌐. M. T. 16,4°.
c. Hyères-Bai, Fort Bregançon	43 05 25	23 59 03	⊤ & ⊥. ‖ für Boote. Abw. 19° 45′ (1812).
d. Ins. Porquerolles, Leuchtth.	42 59 15	23 51 45	Vgl. 31. n. 246′. ⊤ & ⊥. δ₀. ∟₀.
e. Avignon	43 57 08	22 28 15	Nach Berghaus.
f. Draguignan............	43 32 18	24 08 23	Nach Berghaus.
g. Montauban	44 01 06	19 00 54	Nach Berghaus.
h. Alby	43 55 44	19 48 17	Nach Berghaus.
35. *Insel Port-Cros, Fort Man*	43 00 32	24 04 48	⊡. ⊤ & ⊥, aber ! in d. Titan ‖. ⚊ 610′.
a. I. P.-Cros, Fels La Gabinière	42 59 00	24 03 32	⊥. ‖ für Boote. ⌒.
b. Levant-Ins., Phare du Titan	43 02 46	24 10 25	231′. ⊥, δ₀ mit ! ⚹.
c. Esquillade, Felsen, Thurm.	43 02 18	24 11 55	⊥. δ₀. Abw. 19° 50′ (1812). ⌒.
d. Cap Cavalaire, Redoute ...	43 09 42	24 12 02	⊤ & ⊥. In der Rhede ⚓′. ⚊ 1032′.
e. Cap Taillat	43 09 53	24 19 40	Kl. Insel. ⊥ ausser hart am Ufer.
f. C. Lardier, Camarat-Leucht.	43 12 14	24 21 20	401′. An der Basis ββ₀. ∟.
g. Cap S. Tropez, Insel......	43 16 32	24 23 06	δ. ! zwischen den Bänken.
h. S. Tropez, mais. de Pratique	43 16 38	24 18 50	⊡. In der Grimaud-Bai ⚓′.
i. Fréjus, altes Amphitheater .	43 26 05	24 24 05	92′ über dem Meere.
36. *Fréjus, St. Rapheau*.....	43 25 15	24 26 12	⊡. ⚓′. Abw. 19° 43′ (1815).
a. Agay, das Castell	43 25 45	24 32 15	⚓, aber ! Bänke der Insel O und la Boute.
b. Cap Roux, Gipfel........	43 27 30	24 34 20	1407′. ⚓ (Forêt d'Esterelles).
c. Napoule, maison de Pratique	43 31 20	24 36 20	⚓, aber mit !.
37. *Cannes, Fort St. Pierre* ..	43 32 48	24 40 22	⊡. ⚓ mit !. Abw. 19° 20′ (1823).
	43 32 30	24 40 30	Nach Dufour.
a. Lerins-Inseln, S. Marguerite	43 31 20	24 42 25	Fort Monterey. ‖ f. kleine Schiffe.
b. Lerins-I., St. Honorat	43 30 19	24 42 30	Die Abtei. δ nach Süden. !. ⚓. ⌒.
c. Gourjeau oder Jouan	43 33 56	24 44 20	Maison de Pratique. ⚓′, aber die Einfahrt !.
d. Garouppe, Leuchtthurm ..	43 33 50	24 47 44	319′. ⊥ darunter, aber !.
X. Antibes, Mololeuchtthurm	43 35 05	24 47 28	47′. ⊡. Abw. 19° 30′ (1823).
	43 35 09	24 47 31	Nach Dufour.
a. Ville-neuve, Castell	43 39 35	24 47 50	Ein Signal auf den Bergen.
b. S. Laurent du Var	43 40 40	24 51 05	Grenze zwisch. Frankr. u. Piemont.

Ort.	Breite.	Länge.	Bemerkungen.
	° ′ ″	° ′ ″	
· PIEMONT.			
c. Grenaglia-Spitze	43 39 30	24 52 02	‖ Fluss Var. ⋎. ϯ. ⌒.
38. *Nizza, Hafen Limpia sanità*	43 41 16	24 57 02	⬚. ⤙ gegen den Berg Mignons, Marke von SW.
a. Nizza	43 41 53	24 56 32	M. T. 15,5°. Nach Berghaus.
b. Nizza	43 41 58	24 56 32	Nach Dufour.
XI. VILLA FRANCA, Arsenalfl.	43 41 25	24 58 25	Arsenal ⬚. Hafen ⊞. Russ. Stat.
a. Villa Franca, Fort Montalban	43 41 38	24 58 03	Abw. 19°; Incl. 64° 10′; Int. 245 (1823). Neue Batterien project.
39. *Villa Franca, Leuchtth*...	43 40 02	24 59 17	Auf der Spitze Mala, 211′.
a. Belluogo (Beaulieu), Molo .	43 41 44	24 59 55	‡ bei Küstenwinden. ⤙ B. Leuza 1585′.
b. Spitze St. Laurent	43 42 24	25 03 15	⊤, aber ! eine Sandbank. ⤙ gegen Eza 1726′. ϯ₀.
c. Turbia, alte Trophäe	43 43 49	25 05 31	Signal f. d. Seefahrer. 1548′. ϯ₀.
40. *Monaco, Castellflagge*	43 42 50	25 06 45	⊤ & ⊥. ‡. ⤙ geg. d. Tafelbg. Nagel.
a. Cap S. Martin, Batterie ...	43 43 20	25 12 ˙00	⊥. ⤙ zum Col de Braus, 3565′.
b. Ventimiglia, Dogana	43 45 42	25 18 50	‖ der Roya. ‡, ⤙ Col de Tende 5536′.
41. *San Remo, Molo*........	43 49 10	25 30 18	‡ bei Landwinden. ϯ. Abw. 19° 19′. Incl. 64° 14′ (1824).
a. Monte Grande, Gipfel.....	43 51 00	25 16 50	2909′. Mit dem Berg Cougarde, einer Marke.
b. Turin	45 04 08	25 21 12	Nach Berghaus.
c. Turin	45 04 06	25 21 52	Nach Prof. Wolfers.
d. Cap dell' Armi	43 49 52	25 32 50	‖ des Taglia. ⋎. δ₀. ⤙ gegen d. Cornice.
42. *Port Maurizio, Kloster*...	43 53 22	25 38 36	⊥ᵣ. Rhede ‡. Abw. 19° 40′ (1820).
a. Cap delle Mele	43 57 58	25 50 50	⊥. δ₀. ⤙ geg. d. Seealpen.
43. *Gallinara-Insel, Thurm* ..	44 02 ˙06	25 52 55	⊤ & ⊥. δ₀ in‖. Abw.19° 30′ (1820).
a. Monte Calvo, Gipfel	44 10 00	25 49 20	2721′. M. Melogno 3190′. Signalpunkte für die Küste.
b. Finale, Batterie	44 09 56	25 58 53	‡ bei Landwinden. Abw. 19° 20′ (1820).
44. *Noli, Franciskaner-Kloster*	44 11 54	26 02 32	‡ bei Landwinden. Abw. 18° 40′ (1824).
a. Insel Bersezzi, Ruinen	44 14 00	26 04 40	‖ für Boote. Kap ⤙ gegen den Bg. Invincibile.
45. *Vado, Fort S. Lorenzo*...	44 15 27	26 04 22	ϯ′. Abw. 18° 32′ (1824).
46. *Savona, Citadelle*	44 18 25	26 07 42	⬚. Abw. 19° 15′ (1820). ⤙ Col d'Altare 1501′.
a. Cap Arenzano, Gipfel	44 24 12	26 19 05	⊤ & ⊥. δ₀ ‖ innerhalb des Pizzo.
b. Felsen Polla, Mittelpunkt .	44 25 00	26 26 04	δ₀ im ‖ nach Castellazza.
XII. GENUA, Leuchtthurm ..	44 24 36	26 32 55	347′. ⊞. Abw. 19° 15′; Incl. 63° 40′ (1818).
a. Genua	44 24 18	26 34 00	Nach Berghaus, Dufour etc.

Ort.	Breite.			Länge.			Bemerkungen.
	°	′	″	°	′	″	
b. Genua, Fort Diamante	44	28	48	26	35	02	⚊ zum Bocchetta-Pass 2533′.
c. Nervi, der Pallast........	44	23	39	26	42	08	δ_o bei der Annäherung. ⚓.
47. *Porto Fino, Fort*	44	18	15	26	53	54	⊞. Abw. 18° 54′. Incl. 64° 07′ (1820).
a. Sestri à Levante, Fort	44	16	23	27	05	16	⚓ b. Landwinden. Manara-Spitze, ⊤ & ⊥. δ_o.
b. Levanto, Landungsplatz...	44	10	55	27	18	07	Magn. Abw. 15° 45′ (?) (1820).
c. Castellana-Gebirge.......	44	04	00	27	30	20	Der Gipfel 1510′.
48. *Porto Venere, S. Pietro* ..	44	03	10	27	31	40	Oestl. Seite ⊞. ⚓. ✳.
a. Tino-Insel, Leuchtthurm ..	44	01	58	27	32	21	360′. ⊤ & ⊥. δ_o.
b. La Scola, Fort	44	03	20	27	32	46	⊥. δ_o in ‖ nach Palmaria.
XIII. Spezia, Fort Pezzino .	44	04	37	27	32	02	Fluth 1ʰ 38ᵐ. Steigen und Fallen 1½′. ⊞.
	44	04	13	27	31	12	Nach Dufour.
a. Spezia, Stadtcastell	44	06	25	27	31	13	Abw. 18° 10′. Incl. 63° 35′. Int. 237 (1820). ⊞.
b. Spezia, Castell Lerici.....	44	04	32	27	34	32	⚓′. Abw. 17° 59′ (1823). ✳.
c. Santa Croce, sanitá	44	02	54	27	38	00	‖ d. Magra. Porto di Luni ⊡.
TOSCANA.							
d. La Marinella, Ruinen v. Luni	44	03	16	27	39	08	Grenze v. Sardinien u. Toscana. ⌒.
e. L'Avenza, Landungsplatz ..	44	02	15	27	43	20	⚓ mit! ‖ d. Carrara-Flusses. ⚊ B. Sagro.
f. San Giuseppe, Thurm	44	00	38	27	46	58	⊤. ‖ Fluss n. Massa zu. ⚓.
49. *Fort Cinquale*..........	43	58	35	27	48	55	⊤. ⚊ geg. Monte Altissimo 4879′.
a. Motrona, Kirche.........	43	55	30	27	53	17	⚓ bei östl. Winden. ⚓. In d. Ferne M. Cimone, 6005′.
50. *Viareggio, sanitá*	43	51	51	27	55	09	⚓′. Abw. 18° 30′; Incl. 63° 5′ (1823). ⚓.
a. Serchio, Thurm	43	46	48	27	56	20	‖ Fluss Serchio. In der Rhede ⚓. ⚓. ⚊ B. Pisano.
b. Pisa, Campanile.........	43	43	30	28	03	50	Schiefer Thurm, mit Grund 239′. Ein Küstenmerkzeichen.
c. Pisa	43	43	12	28	03	34	Nach Berghaus.
51. *Arno-Fort, Flaggenstock* .	43	40	50	27	56	30	‖ Fluss Arno. ⊡. β an der Barre.
a. Livorno, Marzocco, Thurm.	43	34	15	27	57	57	Abw. 18° 37′ (1823).
XIV. Livorno, Leuchtthurm.	43	32	50	27	57	35	144′. Abw. 17° 58′ (1820).
	43	32	41	27	57	25	Nach Dufour.
a. Livorno, Melora-Bank	43	32	56	27	58	22	Auf der äussersten Spitze der Melora-Bank.
b. Calafuria, Thurm........	43	28	50	27	59	50	⊥. ⚊ gegen Monte Negro. ⚓.
c. Castiglioncello, Thurm....	43	24	30	28	03	55	δ_o in ⊤. Bucht für Boote. ✳.
52. *Vada, Thurm*	43	21	07	28	07	10	⚓ in ‖ zum Riff. ⚓.
a. Riff Mal di Vetro	43	20	00	28	00	38	⊤. $\beta\beta_o$. !. Untergesunk. Ruinen (?).
b. Cecina, Pallast..........	43	18	06	28	09	20	‖ d. Fluss Cecina. ⚓.

Ort.	Breite.	Länge.	Bemerkungen.
	° ′ ″	° ′ ″	
c. Fort Castagneto	43 10 15	28 12 20	‡ bei Landwinden. ⌣. ♄.
d. Torre S. Vincenzo	43 06 00	28 12 08	⌣ d. Bergen v. Calvi u. Campiglia.
e. Hafen Baratto, Populonia. .	42 59 30	28 10 00	⌐′, ausser bei NW.-Winden.
53. *Piombino, Pallast*.	42 55 32	28 11 30	366′. Abw. 18° 0′ (1823).
	42 55 27	28 11 17	Nach Dufour.
a. Fullonica, Dogana . . . . . ·. .	42 55 20	28 24 40	‡′ vor Portiglione. ♄. ⌣ 516′.
b. Troja, Insel, Thurm	42 48 03	28 23 00	⊤ & ⊥. ‖ erfordert !. ⌣ gegen B. Maus 920′.
54. *Castiglione della Pescaja* .	42 45 57	28 32 42	‖ zum See und Fluss Bruna. Abw. 18° 18′ (1823), ♄.
a. Fort La Trappola	42 41 00	28 42 10	‖ Fluss Ombrone. ♄.
b. Cala di Forno	42 36 57	28 45 14	⊥ in der Bucht. ✻.
55. *Port Talamone, Sanita* . . .	42 33 20	28 48 09	⊡. ‡. Abw. 16° 57′ (1823).
a. Talamonaccio, Thurm	42 33 14	28 49 46	‖ Fluss Osa. ⋌. ✻.
b. Orbitello, Landungsplatz. .	42 26 38	28 52 28	In der Mitte eines Sees. ⌢.
c. Thurm Santa Liberata	42 26 30	28 48 49	Ueber den Ruinen des Hafens Domitians.
[*Stefano*			
56. *Hafendamm von Santo*	42 25 56	28 47 47	⊡ ‡′. Abw. 17° 28′ (1823).
a. Bg. Argentaro, Telegraph. .	42 23 45	28 50 18	1645′. δ₀ an der Küste unterhalb.
57. *Port Ercole, Fort stella* . .	42 23 34	28 51 50	⊡. ‡ aber!. Abw. 16° 55′ (1823).
a. Florenz	43 46 41	28 55 00	Bergh. M. T. 15,2°. Höhe 216′.
b. Tagliata, Thurm	42 24 50	28 57 26	Ruinen von Ansedonia. ⋌. ⌢.
c. Formica di Burano	42 23 00	28 59 00	⊥ ringsum. δ₀ in ‖. ⌢.
d. Siena	43 19 16	28 59 56	Nach Berghaus.
e. See Burano, E. Graticciaja .	42 22 57	29 07 20	‖ Chiarone. Toskanische Grenze.
TOSKANISCHE INSELN.			
f. Gorgona-Insel, Torre Vecchia	43 25 45	27 32 50	⊤ & ⊥. ⊥ i. d. Bucht. Gipfel 1126′.
58. *Capraja-Insel, Castell* . . .	43 02 36	27 30 39	⊤ & ⊥. Abw. 18° 53′ (1818).
XV. ELBA, Port Ferrajo	42 49 05	28 00 20	Fort Stella, Leuchtth. 180′. ⊞.
	42 49 06	27 59 52	Nach Dufour.
a. Elba, Insel, CapVita.	42 52 40	28 04 48	Abw. 19°. Incl. 62° 40′ (1823)
59. *Elba, Fahne d. Longona-Ci-*	42 46 12	28 04 12	Focardo-Leuchtth. 105. ⊞. Abw. 19° 5′ (1823).
[*tadelle*			
a. Elba, Berg Calamita	42 44 00	28 04 20	1121′. Abw. 19° 30′. Incl. 64° 10′ (1823).
b. Elba, Campo, Thurm	42 44 55	27 54 25	⊡. Weiter draussen ‡. ✻.
c. Elba, Berg Capanne . . . . . . ⌐	42 46 30	27 49 50	2533′. Marke für die ‖.
60. *Palmajola, Festgsleuchtth.*	42 52 02	28 08 30	323′. Abw. 19° 10′ (1823).
a. Cerboli-Insel, Ruine	42 51 44	28 12 50	⊥ nach allen Seiten. δ₀.
61. *Pianosa-I., Turco-Felsen*	42 32 40	27 49 04	⊥. ‡ a. d. Höhe d. Bootbuchten. ✻.
a. Africa-Fels, Mittelpunkt . .	42 21 40	27 47 55	6′. Abw. 19° 20′ (1823). ! Untiefe 2½′ N.
b. Monte Christo, Ruinen auf dem Gipfel	42 19 14	27 59 50	1783′. ⊤ & ⊥. δ₀. ✻.

Ort.	Breite.	Länge.	Bemerkungen.
	° ′ ″	° ′ ″	
c. Formiche di Grosseto, N.Fels	42 34 45	28 32 55	Nördl. Fels 30′, südl. 12′. δ₀ mit !.
62. *Giglio, Stadtthurm*	42 22 03	28 35 00	⊾ B. Pagana 1236′. Hafen ▣. Campese-Bai ‡.
a. Giannuti, Spalmatoja-Bai .	42 14 56	28 46 50	T & ⊥. ‡. Abw. 18° 5′ (1823). ✶.
CORSICA.			
XVI. I. Giraglia, Redoute . .	43 01 45	27 04 00	234′. M. Campana (gegenüber) 540′. ‡.
a. Cap Minervio, Gipfel	42 54 05	26 58 50	T & ⊥. ‡₀. ! Landböen. ⸸.
63. *San Fiorenzo, Citadelle* . .	42 41 10	26 57 46	‖d.Lomio. ‡. Abw.18° 21′ (1815).
a. Punta Peralto, Gipfel	42 44 15	26 53 02	⊥. ⊾ geg. d. Pik d. Sierra Lortella.
b, Rossa, Inselbatterie	42 38 43	26 35 45	‡ mit !. Abw. 18° 30′ (1815).
c. Monte Cinto	42 22 45	26 36 33	8053′. Nach Berghaus.
d. Paslia Orba, Spitze	42 20 35	26 32 36	8108′. Nach Berghaus.
64. *Calvi, Citadelle*	42 34 00	26 24 50	▣. ‡. ⊾ geg. Paglia-Orba(Paslia?).
a. Calvi, Rivellata, Leuchtth..	42 35 00	26 23 02	272′. ⊾ landein zum Capo Tondo.
b. Gargalo-Insel, Thurm	42 22 06	26 11 50	(Gargana?.) ⊥. Boot ‖ nach Gardiolo. ⌒.
c. Cap Rosso, Gipfel	42 14 12	26 12 20	⊥ zum Sbiro-Felsen. ✶.
d. M. Rotondo, Admiralsnase.	42 12 00	26 43 50	8350′ (8506′ nach Handtke's Atl.). Trefflicher Signalpunkt.
e. Sagona, weisser Thurm . . .	42 06 50	26 20 50	▣ u. ‡. ⊾ landein zum Monte Ricco. ⸸.
f. Sanguinario - Insel, Leucht-[thurm	41 52 45	26 15 25	300′. Meist ⊥, aber ! Tabernacolo-Fels.
65. *Ajaccio, Citadellenflagge* .	41 55 10	26 24 20	▦. Abw. 18° 25′. Incl. 62° 5′ (1815).
66. *Ajaccio*	41 55 01	26 24 18	Nach Dufour. M. T. 16,6°
a. Cap Muro (Mulo) . . . . . . ╲.	41 45 00	26 19 10	Gipfel der Sierra Kutefa. ✶.
67. *Campo Moro, Redoute* . . .	41 38 12	26 28 05	▦. ⸸′ bei ⌐ im Golf von Valinco.
a. Senetoza-Spitze, Thurm . . .	41 33 50	26 27 13	T & ⊥. ⊾ landein.
b. Monachi-Felsen, d. höchste.	41 27 10	26 34 20	37½′. δ in den ‖. β. !. ⌒.
c. Porto Figari, Landgsplatz .	41 28 30	26 43 50	‖ Fluss Canale. ⊾ landein. ⸸.
d. Cap Fieno, oder Feno.	41 43 40	26 46 10	Der Gipfel des Monte Trinità. T
XVII. Bonifacio, mittlerer Thurm	41 23 14	26 49 50	▦. Abw. 18° 5′. Incl. 61° 39′ (1815).
a. Cap Pertusato, Leuchtth. . .	41 22 10	26 51 20	305′. T & ⊥.
b. Lavezzi-I., Arrini-Bucht . .	41 20 30	26 55 34	⸸. ⊥, aber ! vor d. Riff 1⅛′ südl.
68. *Cavallo-I., Levantbucht* . .	41 22 05	26 56 22	‖ zur Piana-Insel und der offenen See, δ. β. !. ⌒.
a. Perduto-I., Centrum	41 22 18	26 58 50	⊥, ausgen. d. Riff gen. SO. mit β.
b. Porraja-Fels, Gipfel.	41 23 40	26 56 12	δ in ‖, aber fahrbar. ββ₀.
c. Santa Manza, Capicciolo-I.	41 25 05	26 55 40	▦, aber ! vor NO.-Winden.
d. Toro-Felsen, d. höchste . . .	41 30 20	27 02 50	⊥, ausser an d. Ostseite. δ₀ in ‖. ·

Ort.	Breite.	Länge.	Bemerkungen.
	° ′ ″	° ′ ″	
e. Porto Vecchio, Kirche	41 35 30	26 57 50	⊞. Ungesunde Luft. Abw. 17° 58′ (1815).
69. *Porto Vecchio, Chiappa-Leuchtthurm*	41 35 55	27 02 00	206′. ⊤ & ⊥, aber ! ein Fels nahe der Basis.
a. Pinarello-Bai, torre de'Corsi	41 40 00	27 03 10	‡ mit Küstenwinden. ⦣ zum M. Cava 4691′. ☨.
b. Fium-Orbo, Casa Fiesci ...	41 59 40	27 06 20	∥. ⦣ z. M. Cappella, 6333′. ☨. ⌒.
c. Fort Alleria	42 07 00	27 11 05	∥ des Tavignano. ⌐. ☨. ⌒.
d. Fiorentina-Thurm	42 17 10	27 13 50	∥ Alezani. ☨. Oestlichster Punkt Corsicas.
e. Punta d'Arco, Thurm	42 33 30	27 11 40	∥ Buguglia-See und Golo-Fl. ‡, in der Rhede. ⌒.
70. *Bastia, Mololeuchtthurm* .	42 42 00	27 06 50	49′. ⊡. ‡. Abw. 18° 30′ (1815).
71. *Bastia*	42 41 36	27 06 59	Nach Dufour. M. T. 16,7°.
a. Monte Stella, Gipfel......	42 48 00	27 04 50	4222′. Signalpunkt in Elba und Capraja ∥.
b. Finocchiarolo, Ins., Thurm	42 59 15	27 07 50	‡ sowohl in der S. Maria-, als in der Figarona-Bai.
SARDINIEN.			
c. Spitze della Marmorata ...	41 15 50	26 53 35	Mit Falcone, Nordpunkt Sardiniens.
72. *Longo Sardo, Redoute* ...	41 14 59	26 51 10	⊡. Nordwinde bestreichen den Hafen. ⌒.
a. Capo della Testa, Leuchtthurm	41 14 28	26 48 05	Am torre Santa Reparata 206′. ‡. ☨₀.
b. Vignola, Thurm	41 08 05	26 43 00	‡. ⦣ geg. d. Berg Giuncara, 1595′.
c. Monfronara, Thurm	41 01 10	26 32 25	Isola Rossa und Cala falsa ⊥. ⦣ gegen d. Berg Cucuru.
d. S. Pietro di Mare, Kapelle .	40 55 45	26 28 36	∥ Fluss Coguinas. ⦣ zum Castel Doria. ☨.
73. *Castel Sardo, hoh. Kirchth.*	40 55 07	26 22 26	⊤ & ⊥. ‡ mit !. ⊥ in den Buchten.
a. Sardo-Fels, 4 Fad........	41 00 50	26 23 26	⊥ M. Spina 2486′ in Gallura, S. 22°, östl. 13¾′.
74. *Porto Torres, Leuchtth.*..	40 50 31	26 02 41	46′. ⊡. ‡′. Abw. 18° 50′ (1824).
a. Sassari, Kathedrale	40 43 40	26 13 10	Oberhalb Porto Torres 666′. Osilo-Pik 2064′.
b. Asinara-I., punta Caprara .	41 08 00	25 58 15	(Lo Scorno). ⊤ & ⊥. ‡₀. ✱. ⌒.
75. *Asinara-I., Trabucato-Th.*	41 04 04	25 58 43	⊞. ⦣ z. Scomunica-Pik 1368′. ✱.
a. Capo del Falcone-Thurm ..	40 58 05	25 50 07	⏶. 572′. ‡₀ unterhalb. ↳₀.
b. Cap Argentiera, Gipfel....	40 44 10	25 45 16	⊤ & ⊥. ↳₀. ⦣ zum Rotondo-Gipf., 1304′. ✱.
c. Torre della Pegna........	40 35 43	25 47 30	856′. ⊤ & ⊥. ‡₀. ↳₀. ⌒.
d. Porto Conte, Capo Caccia..	40 33 24	25 48 19	Der Gipfel 539′. ⊥.
76. *Porto Conte, torre Nuova*.	40 35 40	25 50 28	⊞. Abw. 19° (1824). ✱.

Ort.	Breite.	Länge.	Bemerkungen.
	° ′ ″	° ′ ″	
a. Monte d'Oglia	40 37 00	25 53 50	Gipfel 1312′. Ein Merkzeichen für Alghero.
b. Alghero, torre Sperone....	40 32 47	25 56 39	♯′. Abw. 18° 55′ (1824).
c. Alghero	40 33 26	25 58 57	Nach Dufour.
d. Cap Marargiu, Gipfel	40 19 52	26 00 36	⊥ zum Felsen. ∡ bis 2392′.
77. *Isola Rossa, Bosa - Thurm*	40 16 40	26 05 21	‖ Fluss Temo. ⌑. ♯.
a. Cuglieri, Castell a. d. Gipfel	40 12 00	26 11 50	1220′. ∡ z. B. Ferra, 2623′. ♯.
b. Cap Mannu, torre Mora ...	40 01 44	26 00 25	⊥. Bei Landwinden ⊥ in d. Bucht.
c. Mal di Ventre, Fels	39 58 58	25 55 50	δ_o in d. ‖ zur offenen See. ⌒.
d. Coscia di donna (Catalano).	39 52 40	25 54 00	⊥, ausser nach NNO. δ_o mit !
78. *Oristano, torre Grande* ..	39 53 55	26 08 30	⌑. ♯. Abw. 18° 36′ (1824). ⌒.
a. Oristano, d. Glockenthurm	39 53 47	26 13 10	Tödtliche Luft im Sommer. ⌒.
b. M. Aci, Trebina-Gipfel ...	39 46 00	26 23 20	Berg der Piloten mit 3 Spitzen.
c. M. Arcuentu, Signal......	39 35 35	26 11 50	Der Oristano-Finger, 2172′.
d. Cap Pecora, Gipfel	39 27 00	26 01 12	♯ ‖ Flumini-maggiore. ∡ zum Berg Linas, 3753′.
e. Pan di Zucchero	39 19 44	26 02 50	⊥. ♯$_o$. δ_o. Ein konischer Felsen.
f. S. Pietro-Ins., Gallo-Fels..	39 09 00	25 51 02	⊥ nach allen Seiten. δ_o in ‖. ⌒.
g. S. Pietro-Ins., nördl. Gipfel	39 09 40	25 56 18	Guardia dei Mori, 638′. ✳.
XVIII. S. Pietro-Insel, torre Vittoria..........	39 08 28	25 57 18	Unter Carloforte. ⊞. Abw. 19° (1823).
79. *S. Antioco, Casteddu Crastu*	39 04 20	26 05 50	⌑. In der Palmas-Bai ♯′. ✳. ⌒.
a. S. Antioco, Cap Sperone...	38 57 20	26 03 00	T & ⊥. ∡ Berg Arbus, 732′.
b. La Vacca-Felsen, Gipfel ..	38 56 10	26 05 10	516′. ‖ für ein Boot zwischen ihm und il Vitello.
80. *Toro-Fels, Gipfel*	38 51 58	26 02 34	T & ⊥. 650′. ⌊, aber ♯$_o$. ✳. ⌒.
a. Cap Teulada, Gipfel......	38 51 48	26 17 02	⊥. Gipfel 732′. Südspitze Sardin.
b. Cap Malfatano, Thurm....	38 53 15	26 27 08	413′. ⊞. Abw. 18° 28′ (1824).
c. Cap Spartivento, äusserste [Spitze	38 52 28	26 30 37	⊥. δ_o mit !. ♯ bei Landwinden gegen Osten.
d. Pula S. Macario-Insel	39 00 07	26 41 40	Der Thurm, 291′. ⌑. ♯′.
XIX. Cagliari, Arsenalmolo	39 12 13	26 46 34	⊞. In d. Bai ♯′. Abw. 18° 23′. Incl. 59° 13′ (1823). ⌒.
a. Cagliari	39 12 52	26 46 26	Nach Berghaus
b. Cagliari..............	39 13 14	26 47 24	Nach Dufour.
c. Cagl. S. Elias, Leuchtth. ..	39 10 48	26 47 48	Ueber d. Laida-Fels, 233′, ∡ bis 319′.
d. Cap Carbonara, Cavoli-Ins.	39 04 50	27 11 31	Ficaria-Thurm 80′. ⊥.
e. Serpentara-I., torre Luigi .	39 08 30	27 16 50	⊥. δ_o mit !. Abw. 18° (1824).
81. *Capo Ferrato, Gipfel*	39 17 58	27 19 06	75′. ⊥. ✳. ∡ z. torre di M. Ferru.
a. Bg. Budi, Sette Fratelli ...	39 18 30	27 06 35	Der 7 Spitzen-Gipfel 3566′, Stationspunkt 2158′.
b. Chirra-Insel, Centrum....	39 31 48	27 21 20	⊥. δ_o. Magn. Abw. 18° 20′ (1824).

Ort.	Breite.	Länge.	Bemerkungen.
	° ′ ″	° ′ ″	
c. Cap Sferra Cavallo.......	39 43 10	27 21 56	Spitze d. Cuadazzoni-Bergs 3136′. T. ⊥.
d. Cap Bella vista, S. Gemiliano	39 56 20	27 24 05	281′. ⤙ z. Gennargentu 4950′. ⊥.
e. Ogliastra-Insel, Gipfel....	39 59 30	27 23 45	⌐. ⚹ in der ganzen Tortoli-Bai. ⌒.
f. Gennargentu, Geb........	40 00 00	26 58 50	Sciuscia-Spitze, 5817′. ⚹.
g. Cap Monte Santo	40 05 58	27 24 30	Gipfel 2275′. T & ⊥. ⚹₀.
82. Orosei, S. Maria di mare.	40 22 59	27 23 55	⊡. δ₀ in d. Bai. Abw. 18° (1824).
a. Cap Comino, Rossa-Fels ..	40 31 35	27 29 48	⊥. ⤙ landein. Ostspitze v. Sardin.
b. Monte Albo, Cupetti - Spitze	40 35 00	27 19 50	2174′. Marke für Posada und Siniscola. ⌒.
c. Petrosa-Spitze, Santa Anna	40 44 00	27 22 47	! bei Annäherung. ⤙ B. Mazzori 3002′. ⚹.
d. Limbara-Geb., Tempio ...	40 51 00	26 50 50	Balestreri-Spitze 4222′. ⚹.
e. Molarotto od. Tauladetto..	40 52 12	27 26 50	70′ u. konisch. δ₀ in den ‖. ⊥.
83. Molara-Insel, Mitte	40 51 20	27 23 08	Die ‖ sicher mit !. ⚹. ⌒.
a. Tavolara-I., Cala di fuori.	40 54 54	27 23 26	⊥. T & ⊥. δ₀. Ueber 1400′.
b. „ Spalma di terra	40 53 10	27 20 30	⚹. Die ‖ δ, aber fahrbar mit !.
84. Terra nova, Ruinen v. Olbia	40 55 25	27 09 05	⊞ aber ! vor d. Barre. Abw. 18° 5′ (1824).
a. Cap Figari, äuss. Klippe .	40 59 20	27 19 20	T, ⊥ u. ⌊₀. Schöner ⚹ innerhalb l'Aranci.
85. Mortorio-I., östl. Bucht..	41 04 10	27 15 50	!. B. Cogaora 2017′, markirt d. Haf. Congianus.
a. Porto Cervo, Landsplatz .	41 07 56	27 11 17	⊡. Säulenfuss auf d. B. Mola. SW.
b. Cap dell' Urso, der Bär ...	41 10 17	27 04 16	Marke für ⚹ im Arsachena-Sund.
c. Mezzo Schiffo, il Parau ...	41 11 07	27 02 20	⊞. Der Agincourt-Sund Nelson's.
d. Peninsula delle Vacche ...	41 13 20	26 57 17	Nordpunkt. ⊞ zu beiden Seiten.
e. Caprera-I., Tejalone - Spitze	41 12 40	27 08 08	704′. ⊥ geg. Osten. ‖ mit !.
XX. Madalena-I. alt. Guardia	41 13 27	27 03 32	Abw. 17° 36′. Incl. 61° 28′ (1824). ⊞.
a. Spargi-Insel, Gipfel	41 14 32	27 00 36	T & ⊥. δ₀ mit !. ⚹.
86. Rozzoli-I., Leuchtthurm '.	41 18 16	27 00 21	253′. ⊥. ⊥ in Cala Longa.
ROM.			
a. Pallast Clementino	42 14 22	29 22 20	‖ von Marta. ⤙ geg. Corneto und d. Berge 1173′.
XXI. Civita vecchia, Leuchtthurm auf dem Hafendamm	42 05 40	29 23 45	77′. ⊞. Abw. 17° 30′. Incl. 61° 15′ (1823).
a. Civita Vecchia..........	42 05 24	29 23 41	Dufour.
b. Cap Linaro, Chiaruccia, Th.	42 01 55	29 28 48	! Riff vor der Spitze. ⤙ z. Tolfa-Pik 1407′.
c. Torre San Severo	41 58 30	29 38 50	⚹ geg. S. Marinella bei Landwind.
d. Palo, Hafenmagazin	41 54 27	29 45 18	⚹. ⤙ geg. Cervitari. ⚹.
e. Rom, St. Peter's Kreuz ...	41 54 00	30 06 50	Ein Signalp. zur See. Grund und Gebäude 610′.

Ort.	Breite.			Länge.			Bemerkungen.
	°	′	″	°	′	″	
f. Rom, St. Peter's Kreuz ...	41	54	08	30	06	41	Nach Berghaus. M. T. $+$ 15,5°.
g. Rom, Sternwarte........	41	53	52	30	08	30	Nach Prof. Wolfers.
87. *Tiber, Fiumicino Leuchtth.*	41	45	49	29	51	29	⊡ in ‖. ⚓ in hoher See. ⚓. ⌒.
a. Tiber, Bocca di Fiumara ..	41	43	58	29	52	46	Ostia ‖. Torre Santo Vito. ⚓. ⌒.
b. Ardea, Kirchthurm	41	37	00	30	12	50	δ₀ an d. Küste. ⚓. ⌞Albano 936′, M. Cavo 2955′.
88. *Porto d'Anzo, Mololeucht-thurm*	41	26	54	30	22	00	⊡. ⚓ mit! (Ceno Portus u. Antium.)
a. Astura, Felsenthurm	41	24	10	30	28	05	Ruinen von Cicero's Villa. ⚓.
b. Fogliano, Hafenthurm	41	21	20	30	36	44	‖ in die Seen. ⚓. ⲅ. ⌒.
89. *M. Circello, S. Felicekirche*	41	12	40	30	45	08	⚓ bei ⲅ. Ruinen a. d. Gipf., 1628′.
a. Terracina. alter Hafendamm	41	15	51	30	54	59	⚓′ bei Landwind. Umgegend ⚓.
b. Terracina	41	18	14	30	52	18	Nach Dufour.
NEAPEL.							
c. Torre Vetere von Fondi ...	41	16	00	30	59	50	‖ See Fondi. Grenze v. Neapel. ⚓.
90. *Gaeta, Orlando's Thurm .*	41	12	20	31	14	06	⊡. ⚓′ i.d.Bai. Abw. 17° 39′ (1823).
a. Gaeta.................	41	14	30	31	12	00	Nach Dufour.
b. Mola, la Sanitá........	41	15	10	31	15	19	⚓′ bei Winden vom Ufer. ⌞Berg Castellone.
c. Monte Massico od. Falerno	41	09	30	31	33	50	Signalp. für die Küste. δ₀ mit ⲅ.
d. Castell Volturno, Hafenth.	41	01	40	31	36	15	⚓ b. Ostwinden. Schlechte Luft. ⚓.
e. Torre di Patria	40	55	55	31	40	30	⚓ bei Landwinden. ⚓. ⌒.
f. Cap Miseno, Gipfel......	40	46	30	31	45	00	263′. ⲅ & ⊥. In dem Hafen ⊡.
91. *Baja-Castell, Flaggenstock*	40	48	35	31	44	34	⊞. Magn. Abw. 17° 21′ (1820).
a. Monte Nuovo, Krater.....	40	50	00	31	45	00	450′. Oberhalb des Lucriner- und Avernersees.
b. Pozzuoli, Caligula's Brücke	40	49	15	31	47	00	Der innere Endpunkt. ⊥ bei der Anfahrt.
c. B. Camaldoli, Kloster	40	51	26	31	51	20	1398′. Ausgezeichn. Signalpunkt von der Bai aus.
d. Neapel, Castell S. Elmo...	40	50	39	31	54	18	Abw. 17° 32′. Incl. 60° 37′. Int. 24′ (1817).
XXII. NEAPEL, Mololeuchtth.	40	50	18	31	55	26	151′. ⊡. In der Bai ⚓′ mit ! wegen schlechten Grundes.
a. Neapel, Sternwarte	40	51	55	31	55	30	Nach Berghaus. M. T. 16,8°.
b. Neapel ,, ...	40	51	47	31	54	57	Nach Dufour.
c. Neapel	40	51	47	31	55	45	Nach Martens.
	40	51	47	31	54	51	Nach Prof. Wolfers' Angabe.
d. Der Vesuv	40	49	15	32	05	20	Krater von 1820 3640′.
e. ,, ,, ...	40	48	40	32	07	10	Nach Gauttier.
f. Pompeii Isistempel	40	45	00	32	08	50	Verschüttet 79 n. Chr.
92. *Castellammare di Stabia .*	40	41	34	32	08	02	Spitze des Hafendamms. ⚓′. ⌞B. S. Angelo 4410′.
a. Sorrento, die Dogana	40	37	39	32	02	20	⊥ & δ₀, aber ⚓, wegen Tiefe.

Ort.	Breite.	Länge.	Bemerkungen.
	° ′ ″	° ′ ″	
b. Campanella-Spitze, Leuchtth	40 34 10	31 59 22	⊤ & ⊥. δ_0. ⚲B. Costanzo 1501′.
c. Amalfi, madre-chiesa	40 38 00	32 16 50	⊥, aber ⚡$_0$. Offen nach S. u. SO.
93. *Salerno, der Molo*	40 39 35	32 24 50	⚡′, aber vor Winden aus SSO. bis SW. nicht geschützt.
a. Torre di Pesto	40 23 00	32 39 25	Malaria um Pæstum. ⚡. ⌢.
b. Cap Licosa, Thurm	40 13 45	32 32 50	(Leucosia) ⚲ landein. ⲅ. ββ$_0$.
c. Port Palinuro, torre Prodese	39 59 40	32 54 35	Um die Spartimento-Spitze ⚡.
d. Spitze degl' Infreschi	39 57 00	33 05 50	⊤ & ⊥. ⚲ Bg. Bolgaria, 3706′.
94. *Policastro, dogana*	40 01 38	33 12 25	(Buxentum). ⚡, aber exponirt. Abw. 17° 10′ (1815).
a. Castro - Cucco, torre Caja,	39 53 00	33 25 20	⊥, und ⚡ bei Landwinden. Auf einem Berge.
NEAPOLITAN. INSELN.			
b. I. Palmarola, cala Forcina .	40 56 18	30 32 48	ⲅ. δ_0 mit !. ⚲ 400′. ⌢.
c. Ins. Ponza, Signalstation . .	40 53 05	30 37 28	710′. Die Formiche ausgenommen, δ_0 unterhalb.
XXIII. Ponza, Leuchtthurm .	40 53 35	30 38 16	▣. Magn. Abw. 17° 23′ (1815).
a. Gava-Ins. (la Gabbia)	40 55 42	30 40 30	δ_0 in d. Scoglietelle ‖, mit !.
b. Zannone-I., Sp. Galatella . .	40 57 42	30 43 05	⊥, δ_0 aber d. Varo in la Gabbia ‖. ✳.
c. Botte-Fels, Gipfel	40 50 10	30 45 50	64′. ⊥ ringsum. ⌊.
95. *Vandotena - I., Hafen S. Nicolo*	40 47 38	31 05 32	(Pandataria). ⊥. ⊥. δ_0 m. !. ⚲753′.
a. Santo Stefano-I., Redoute .	40 47 15	31 06 48	171′. ⊤ & ⊥ ringsum. ✳. ⌢.
b. Ins. Ischia, Forio sanità . .	40 44 10	31 31 00	⚡ bei Ostwinden. ⚲ B. Epomeo 2411′. ⚡.
96. *I. Ischia, Castell Ischia* . .	40 43 54	31 37 32	⚡′, ‖ klar nach der Vivara-Bank.
97. *I. Procida, Chiupetto Leuchtthurm*	40 46 12	31 40 47	69′. ‖ fahrbar, aber !.
a. Nisita-I., Thurmredoute . .	40 47 45	31 49 27	▥. ⚡. ⚡ ⋙ der Bagnoli-Bai.
98. *I. Capri, Pallast d. Tiberius*	40 32 46	31 55 09	807′. ⊥ & ⊤. ⚡$_0$. ⌊$_0$. δ_0 in ‖. Südl. vom Capo di Monte.
a. I. Capri, Carena-Spitze . . .	40 31 58	31 51 43	⊥ bis dicht an das Ufer. ⚲ B. Solaro 1783′.
a. Galli-Felsen, Lungo-Thurm	40 34 40	32 05 40	⊤ & ⊥ δ_0 in ‖ zum Vivara-Fels.
CALABRIEN.			
99. *Dino-Insel, Thurm*	39 48 05	33 28 30	⚡ an der N.- oder S.-Seite mit !.
a. Insel Cirella, Thurm	39 37 00	33 29 50	⊥ an der NO.-Seite. ✳. ⌢.
b. Fuscaldo, torre San Giorgio	39 24 53	33 39 10	⚡′ bei Winden von der Küste. ⚲.
c. Monte Cocozzo, Gipfel	39 16 00	33 46 20	Ein Signalpunkt für Belmonte, Amantea etc.
d. Cap Suvero, Thurm	39 02 53	33 48 37	⊥. ⚡′, aber ungeschützt, vor S. Eufemia.
e. Mezza Praja, Thurm	38 53 50	33 56 50	! Ungesunde Luft bis nach Maida. ⚡. ⌢.
100. *Pizzo, Murat's Gefgnss.* . .	38 47 00	33 52 35	(Napigia.) ⚡′, ab. ! die NW.-Winde.

Ort.	Breite.	Länge.	Bemerkungen.
	° ′ ″	° ′ ″	
a. Monte Leone, Castell	38 42 00	33 49 50	(Vibo Valentia). Auf ein. Berge. ⚓.
101. *Tropea, madre chiesa* . .	38 39 45	33 35 02	T. ⟂. Abw. 16° 50′ (1815).
a. Cap Vaticano, Thurm	38 36 58	33 31 38	Gutes Abzeichen zur See. ⟂ bis ziemlich nahe heran.
b. Gioja, Mitte der Stadt	38 24 49	33 35 50	Tiefes Wasser nahe bei. ⚓.
c. Bagnara, d. Kirche	38 16 57	33 29 30	Abw. 17° 10′ (1815). ⟂. ⚓.
d. Scilla (Scylla) Castell	38 15 04	33 24 26	⚓ in der Bai, aber! d. Strömungen.
XXIV. REGGIO, Marina-Quell	38 05 42	33 19 37	⟂. Abw. 16° 25′ (1815). ⚓′ auf der Höhe von Arco.
a. Reggio	38 06 00	33 18 00	Nach Dufour.
b. Cap dell' Armi, torre Molaro	37 57 25	33 21 50	⟂ u. δ₀. ⟋ landeinwärts. ⚓.
c. Bg. Pentedattilo, gli unci . .	37 57 30	33 26 20	Seemarke. ⟋ zum Aspromonte 4128′. ⚓.
d. Cap Spartivento, Thurm . .	37 55 50	33 42 50	SO.-Spitze von Calabrien.
e. Bruzzano-Spitze, Thurm . .	38 02 23	33 49 05	⟂. ✳. ⟋ zur Stadt Bruzzano.
f. Ruinen von Locris	38 15 00	33 54 30	⟂, nahe der Küste sehr tief.
g. Stilo-Spitze, torre Verdera.	38 29 00	33 15 10	⟂ z. Gestade. Abw.16° 20′(1816).
h. Squillace, campanile	38 48 48	34 07 50	δ₀ im Golf, doch Virgils „Navifragum Scylaceum".
i. Cap Rizzuto, torre Vecchia.	38 57 50	34 40 36	⟂. ⚓ mit !. ⚓.
k. Cap Nao oder Colonne	39 05 22	34 53 18	! Ruinen bilden davor eine Untiefe.
102. *Cotrone, Castell-Leuchtth.*	39 07 35	34 49 20	92′. ⊡. Abw. 16° 40′ (1816).
a. Alice-Spitze, Thurm	39 24 00	34 48 50	⟂. δ₀ im Golf von Tarent mit !.
b. Trionto-Sp., Bufalaria - Th.	39 35 00	34 27 08	‖ Fluss Trionta. ⚓. ⌢.
c. Cap Spulico, Thurm	39 57 10	34 15 20	⟂. ‖ des Femo. ⚓ vor Roseto. ⚓.
SICILIEN.			
d. Cap San Vito, Kirche	38 12 26	30 25 40	T aber ! d. Riff vor d. Spitze. ββ₀.
e. Castell' a Mare, Festung . .	38 01 51	30 32 33	⟂ in den Buchten unterhalb.
f. Cap Uomo-morto, Thurm . .	38 12 40	30 46 00	δ₀ beim Heranfahren, mit !.
g. Femina-Ins., Thurm	38 14 10	30 52 40	Ausserhalb ⟂. Innen ‖ für Boote.
h. Cap di Gallo, Gipfel	38 14 53	30 58 10	1588′. B. Pellegrino 1834′. Berg Cuccio 3096′.
XXV. PALERMO, Mololeuchtthurm	38 08 15	31 01 46	⊞ Abw. 18° 45′. Incl. 59° 12′ (1814).
103. *Palermo, Sternwarte* . . .	38 06 44	31 00 06	Nach Abbate Piazzi's Angabe.
a. Palermo, „ . . .	38 06 44	31 01 00	Nach Bergh. u. Dufour. 17,3° m.T.
	38 06 44	31 01 10	Nach Prof. Wolfers.
b. Berg Catalfano	38 05 40	31 11 50	1027′. Gerbino- und Zaffarana-Spitzen, T & ⟂.
104. *Termimi, Castell*	37 57 28	31 21 50	T & ⟂. ⚓′ mit Wind v. d. Küste. ✳.
a. Cefalù, Kathedrale	38 00 00	31 43 47	⟂. ⚓ im Sommer. Abw. 18° 40′ (1814).

Ort.	Breite.	Länge.	Bemerkungen.
	° ′ ″	° ′ ″	
b. Sant' Agata, Thurm	38 01 30	32 16 22	⊥. ✚ bei Küstenwinden. ⟋ nach Caronia. ✚. 1876'.
105. *Cap Orlando, Castellthor*	38 07 46	32 24 20	T, aber ! Bänke gen Westen.
a. Cap Calava, Gipfel	38 10 00	32 34 05	T & ⊥. ✚′ in der Bai ostwärts.
106. *Madonna-Hafen, Kloster*	38 06 45	32 42 10	610'. ⊡. Abw. 18° 10′ (1814).
107. *Milazzo, Vorgeb.Leuchtth*	38 15 58	32 54 00	246'. T & ⊥. Abw. 18° 38′ (1814).
a. Milazzo, Castell	38 14 06	32 54 07	300'. In der Bai ✚′.
b. Spadafora, Pallast	38 14 00	33 02 00	⊥. ✚. Schönes Ufer zum Wasser- einnehmen. ✱.
c. Cap Rasaculmo, Telegraph .	38 17 56	33 11 47	T, aber β dicht an dem Ufer. ✱.
d. Faro-Spitze, der Leuchtth..	38 15 50	33 20 30	66'. ✚ an der Landspitze, aber ! Strömungen.
e. Grotta-Spitze, rotonda. . . .	38 14 20	33 15 20	Zwischen ihr und Pezzo > 200 Faden Tiefe.
XXVI. Messina, Leuchtth...	38 11 30	33 14 30	69'. ⊞. Abw. 18° 33′. Incl. 58° 56'. Int. 270 (1815).
a. Messina	38 11 03	33 14 30	Nach Dufour und Berghaus.
b. Dinnamare-Geb.	38 08 30	33 07 20	2920'. Ein gutes Signal im Faro.
c. Scaletta, Castell	38 01 45	33 07 35	T. Temporär ✚ südl. von d. Spitze.
d. S. Alessio-Sp., barbican. . .	37 52 30	33 01 00	Zwischen ihr und Cap dell' Armi > 750 Faden Tiefe.
e. Taormina, Telegraph	37 48 15	32 57 30	835' ⟋ Maurisch. Castell 1225' und Mola 1425'.
f. Aetna, Gipfel	37 43 31	32 39 50	⟋ 10203'. Radius d. Gesichts- kreises 150 (engl. M.).
g. Riposto, Gefängnissthurm .	37 40 10	32 52 40	⊥. ✚′ bei Winden von der Küste.
h. Trizza, hoh. Cyclop. Fels . .	37 32 00	32 49 55	⊡. ⊥ nach aussen, aber ! d. innere‖.
108. *Catania, Molospitze*	37 28 20	32 45 05	⊡. ⊥ bei d. Anfahrt. Abw. 18° 5′ (1814).
a. Catania	37 29 30	32 44 30	Nach Dufour.
b. La Bruca, das Castell.	37 16 20	32 51 25	T & ⊥. ⊡. ✱. ⌢.
109. *Agosta oder Augusta,* *Leuchtthurm*	37 12 50	32 53 05	⊞. Abw. 17° 40′ (1814).
a. Magnisi, Thurm	37 09 25	32 53 35	✚ in der Panagia-Bai.
XXVII. Syracus, Leuchtth.	37 02 58	32 56 40	⊞. Abw. 17° 45′. Incl. 58° 3′ (1814).
a. Syracus	37 02 58	32 57 35	Nach Berghaus und Dufour.
b. Cap Morro di Porco	37 00 00	32 58 48	T & ⊥. δ₀.
c. Lognina-Thurm	36 58 15	32 54 50	⊥. ⊥ in der Bucht. ✱.
d. Avola, die Tonnara.	36 55 10	32 47 55	✚′ im Sommer u. Landwind. ✚.
e. Vindicari-Thurm	36 49 12	32 45 10	⊡. Magn. Abw. 16° 40′ (1814).
f. Marzamemi-Thurm	36 45 30	32 46 35	⊥'. ⟋ gegen Pachino. ✱. ⌢.
110. *Insel Passaro, Redoute* .	36 41 30	32 48 46	T & ⊥. ⊥. ‖ für Boote. Abw. 16° 24′ (1814).
a. Insel Current, Gipfel	36 38 10	32 42 55	T mit !. Nach Westen δ. ✱. ⌢.

Ort.	Breite.			Länge.			Bemerkungen.
	°	′	″	°	′	″	
111. *Pozzallo, Fort*	36	44	40	32	30	38	‡′ bei Küstenwinden.
112. *Cap Scalambra, Thurm* .	36	46	13	32	10	05	⊥. Heranfahren mit !. ⚹. ⌒.
a. Scoglietti, Kapelle	36	52	34	32	07	15	⊥,. Bei der Marsch von Camarina.
b. Terra-nova, dorische Säule	37	02	54	31	54	50	⊥ Strand. ‡′ bei Landwind.
113. *Alicata, das Castell*	37	04	03	31	35	44	⊥. Magn. Abw. 16° 58′ (1815).
a. Palma, marina	87	08	47	31	23	01	Im Sommer ‡. ⚹.
XXVIII. GIRGENTI, Mololeuchtthurm...........	37	15	39	31	11	30	⊡ & ‡′ ausserhalb. Abw. 17° 0′ (1817).
a. Derselbe..............	37	15	39	31	12	25	Nach Dufour.
b. Girgenti, Junotempel.....	37	16	38	31	15	30	In Agrigentum. Incl. 58° 5′ (1814).
c. „ Kathedrale	37	17	44	31	13	56	Ein Merkzeichen beim Ankern.
d. Seculiana, die Kirche.....	37	19	50	31	05	18	⊥. ‡′ bei Winden von der Küste her. ⚹.
e. Cap Bianco, Thürmchen ...	37	22	25	30	56	07	!. Der ferne Calata-bellota-Gipfel 3565′.
114. *Sciacca, Castell Peralta* .	37	29	50	30	44	36	Berg Calogero 971′. Abw. 17° 30′ (1814).
a. Cap San Marco, Thurm ...	37	29	15	30	40	10	⌐. δ₀ mit !.
b. Ruinen von Selinuntum ...	37	36	14	30	26	22	Tempel des Neptun. Unterhalb am Gestade ⊥.⚹.
c. Cap Granitola, Spitze	37	33	57	30	16	30	Annäherung mit !. Nachts δ.
115. *Mazzara, die Citadelle*..	37	39	56	30	13	50	⊡. ‖ d. Salemi. Abw. 17° 37′ (1814).
a. Mazzara..............	37	39	56	30	14	44	Nach Dufour.
116. *Marsala, Cap Boco, Kap.*	37	48	10	30	05	00	⊡. Hafenleuchtthurm 52′. In der Rhede ‡′.
a. San Pantaleo, Insel	37	52	54	30	08	04	Thor des alten Motya. ⌒.
b. Torre Teodoro	37	55	45	30	07	40	‖ nach den Salzwerken von Borrone und Favilla. ⌒.
XXIX. TRAPANI, Colombara, Leuchtthurm	38	01	53	30	10	08	⊞. Abw. 17° 40′. Incl. 58° 55′ (1815).
a. B. S. Julian, Saracenenth. .	38	02	58	30	16	56	2049′. Wahrzeichen in den ‖.
b. Cap Cofano, Gipfel	38	07	21	30	22	38	⊤ & ⊥. ‡ auf der Höhe der Messa tonnara.
SICILIANISCHE INSELN.							[⌒.
c. Stromboluzzo, Gipfel.....	38	49	16	32	53	50	Auch Strombolino. ⊤ & ⊥. |₀. 225′.
117. *Stromboli, S. Bartolo-Kirche*..............	38	48	12	32	53	00	Schicciola-Krater-Station 2037′. Gipfel 2627′. ‡₀. Vgl. Bergh.
a. Die Ruine Basiluzza	38	39	50	32	47	44	⊤ & ⊥. δ₀ in ‖ nach Panaria.
b. Annenriff (3 Faden)	38	35	00	32	47	50	δ₀ im ‖ zwischen ihm u. Bottaro. ββ₀.
118. *Panaria, Haf. Castello*..	38	37	40	32	42	45	⊡. Die Insel rings ⊥.

Ort.	Breite.			Länge.			Bemerkungen.
	°	′	″	°	′	″	
a. Penrose-Felsen (4 Fad.) ...	38	38	20	32	34	30	δ, wenn man mitten in ‖ von Panaria und Salina-Panaria.
b. Salina, Amalfikirche	38	35	40	32	27	25	⊥. δ₀. ⤞ Bergen Salvatore und Vergine.
c. Bentinck, Untiefe (2¹/₂ Fad.)	38	28	52	32	29	10	δ. ⊥. Sicher. ‖ nach Scoglio del Bagno. ββ₀.
XXX. LIPARI, das Castell ...	38	27	56	32	37	40	⬚. Abw. 18° 50′ (1815). Berg S. Angelo 929′.
a. Pietra lunga, Gipfel......	38	25	40	32	34	30	T. ↳₀. Einem Schiff ähnlich, ⌒. ‖ nach Vulcano δ₀.
b. Vulcano, Schwefelwerke ..	38	23	19	32	35	46	⊥ in der von Vulcanello gebildeten Bucht. B. Aria 2252′.
c. Felicudi, Kirche	38	34	05	32	09	27	⊥. Station auf B. Permera 1830′.
d. Canna-Fels, Gipfel	38	35	02	32	05	32	T, ⊥, ↳₀. Gleicht ein. Schiff, 268′.
e. Alicudi, Kirche	38	32	41	31	56	20	T & ⊥ ringsum. ‡₀. ✳.
119. Ustica, Falconara-Fort.	38	43	17	30	51	00	T & ⊥. ‡ i. d. Santa-Maria-Bucht.
a. Ustica, Walker's Felsen ...	38	44	40	30	50	20	⊥ ringsum, aber 2 Faden Tiefe.
120. Maretimo, das Castell ..	38	01	10	29	43	45	T & ⊥. ⊥′. ⤞ bis 2158′.
a. Levanzo, Wachhaus	38	01	38	30	00	19	T & ⊥ ringsum. δ₀. ✳. ⌒.
b. Porcelli-Felsen, e. Anspülg.	38	04	30	30	06	35	⊥ & δ. !. ββ₀.
c. Formiche, Tonara-Damm ..	38	00	37	30	05	43	⬚. Magn. Abw. 17° 15′ (1815).
121. Favignana, Leonardo-Ft.	37	57	40	29	58	20	⬚ u. ‡′ für eine Flotte i. d. Rhede.
a. Favignana, S. Catarina....	37	56	36	29	57	35	1172′. Trefflicher Signalpunkt. ⌒.
b. Favignana, S. Catarinabank	37	53	40	29	57	00	δ₀ in d. ‖ nach der Sottile-Spitze. ββ₀.
c. Skerki-Bänke	37	44	53	28	25	05	Vgl. die Küste von Tunis.
122. Pantellaria, Gefängniss-Fort................	36	51	15	29	34	19	⬚. M. Abw. 16° 15′ (1817). ‡. ⌒.
a. Pantellaria, Sataria-Sp....	36	45	40	29	44	10	⤞ bis 2076′. ‖ für Boote zwischen der Spitze und dem Felsen.
123. Linosa, Landungsbucht .	35	51	50	30	31	59	⊥. ‡₀. Höchster Krater 490′. ✳. ⌒.
a. Lampedusa, Cap Ponente ..	35	31	00	30	09	47	T & ⊥ 355′. ‡. ✳. ⌒.
XXXI. LAMPEDUSA, Castell .	35	29	19	30	15	00	⬚. M. Abw. 16° 23′ (1822).
a. Lampion-Fels, Ruine	35	32	47	29	59	40	131′. T & ⊥. Abw. 16° 30′ (1822).
MALTESISCHE INSELN.							
b. Gozo-I., Cap S. Demitri ..	36	03	20	31	48	50	T & ⊥ δ₀ b. d. Fahrt um d. Klippen.
124. I. Gozo, das Castell	36	01	30	31	54	25	Gipfel 535′. Abw. 16° 36′ (1816).
a. Gozo-I., Fort Chambray...	35	59	37	31	56	45	⬚. δ₀ im ‖ nach Comino.
125. I. Comino, Thurmredoute	35	59	06	31	59	38	‡′ in den Buchten. Die ‖ ganz klar.
a. I. Malta, Torre Rossa	35	57	31	32	00	44	Beherrscht die Melheha-Bai und d. Comino ‖. ✳.
126. I. Malta, St. Paulsthurm	35	56	26	32	05	05	⬚. ‡′. Nach d. Tradition d. Punkt, wo St. Paul Schiffbruch litt.
a. I. Malta, Civita Vecchia ..	35	51	57	32	04	50	Kathedrale, im Rabatto oder der Vorstadt.

Ort.	Breite.			Länge.			Bemerkungen.
	°	′	″	°	′	″	
XXXII. MALTA, Palast Valetta	35	53	55	32	10	40	225′. Abw. 17° 21′ (1816). 🔲.
a. Malta, Valetta-Palast.....	35	53	50	32	11	06	Nach Dufour.
b. M., St. Elmo-Leuchtth. ...	35	54	12	32	11	10	157′. Zwischen den beiden Häfen.
c. M., Schiffswerft-Spieren ..	35	53	00	32	11	00	🔲. Abw. 17°. Incl. 57° 42′. Int. 443 (1822).
d. M., St. Thomas-Castell ...	35	52	15	32	13	35	⊥ in Marsa Scala. ! d. Mansciar-Riff.
e. M., Spitze del' Mare...`...`	35	49	47	32	13	00	⊥. δ₀ beim Umfahren mit !.
127. M., *Marsa Scirocco*	35	50	15	32	12	20	St. Lucian's Castell. Abw. 17° 20′ (1816).
a. M., Benhisa-Thurm	35	48	56	32	12	10	‖ zw. der Spitze u. dem Riff, aber !.
b. M., Bocca di Vento	35	52	40	32	01	30	⊥′. ∠ zu den Benjemma - Höhen, 469′. ✳.
128. *Filfola-Fels, Gipfel*....	35	47	12	32	06	50	⊤ & ⊥. δ₀ in ‖. Abw. 16° 25′ (1823).
NEAPEL, Fortsetzung.							
a. Torre Mattoni	40	22	36	34	30	20	‖ des Bradano. δ₀. ⊤. ✳. ⌣.
XXXIII. TARANTO, Citadelle	40	27	19	34	53	55	Abw. 16° 0′. Incl. 59° 55′ (1816). 🔲.
a. Tarent	40	27	00	34	50	20	Nach Dufour.
b. Cap Santo Vito	40	23	40	34	52	20	Leuchtthurm 22′. ⊤ mit !. ✳.
c. Port Cesareo, Thurm	40	13	00	35	35	40	Anfahrt mit !. ⊥. ✳. ⌣.
129. *Gallipoli, Castell*	40	01	51	35	37	50	⬛. Vor der Stadt ✠ mit !.
a. Gallipoli	40	01	30	35	36	00	Nach Dufour.
b. Ugento, Untiefe	39	50	00	35	50	10	Giurlitto-Riff δ, β. Stadt 467′.
130. *Cap S. Maria di Leuca* .	39	47	53	36	03	02	446′. Klostersäule. ⊤ & ⊥. ⌊ aber ✠₀.
a. Gagliano, Bucht........	39	50	43	36	03	30	∠ zur Stadt 464′. ⊥. ✳. ⌣.
b. Cap Otranto, Telegraph ...	40	07	20	36	10	6,5	Oestlichster Punkt Italiens. ⌣.
131. *Otranto, Castell*......	40	09	05	36	08	35	M. Abw. 15ᵘ 15′ (1816). ⊥.
a. Otranto	40	08	46	36	10	05	Nach Dufour.
b. Lecce, Kathedrale	40	21	00	35	50	18	Hauptstadt der Terra di Otranto.
c. Torre di Cavallo.........	40	38	00	35	44	48	An der Nordseite δ. !.
XXXIV. BRINDISI, castello di mare	40	39	21	35	40	17	Abw. 15° 6′. Incl. 59° 42′ (1816). 🔲.
a. Brindisi	40	36	15	35	38	05	Nach Dufour.
b. Torre di Penna.........	40	41	00	35	39	15	Cap Gallo ⊥. ⊤. ⌣.
c. Guaceto-Insel	40	42	45	35	30	20	⊥ in der Bucht. Aussen ✠.
d. Monopoli, Sp. Paradi	40	57	10	35	00	45	⊤. Bei Küstenwinden ✠′.
e. Polignano, Paolo-Fels	40	59	47	34	56	10	⊤. ∠ zum Bagiolara-Geb. ⊥ᵣ
132. *Mola, Castell*	41	03	50	34	47	28	⊥ᵣ ✳. Bei Landwinden ✠′.
133. *Bari, Steindamm-Spitze*	41	07	56	34	34	20	⊥ᵣ Abw. 16° 15′ (1816).
a. Bari.................	41	06	15	34	32	10	Nach Dufour.
b. Giovinazzo, Thürmchen...	41	12	00	34	72	30	In der Spiriticchio-Bucht ⊥ᵣ
134. *Molfetta, Molo*........	41	12	44	34	17	03	Zwischen dem Leuchtth. u. Fels, ⊥.

Ort.	Breite.	Länge.	Bemerkungen.
	° ′ ″	° ′ ″	
135. *Bisceglia, Sp. d. Hafend.*	41 14 25	34 11 04	Innen ⚓. Draussen δ₀. ☞.
136. *Trani, Dogana*	41 17 52	34 06 35	⚓ in dem Hafen. In der Rhede ⚓.
187. *Barletta, Leuchtthurm*..	41 20 25	33 59 17	⚓. In der Rhede ⚓′. ☞.
a. Torre di Rivoli	41 29 05	33 36 50	‖ Fluss Carapella u. See Salpi.
XXXV. MANFREDONIA, Molo	41 37 40	33 35 48	Abw. 14° 55′ (1819). ⚓. ⚓′ bei ☞.
a. Bg. St. Angelo, Eremitage .	41 42 30	33 36 50	S. Angelo, Gipfel 2252′. ◢
b. Monte Calvo, die Station ..	41 43 50	33 26 50	Höchste Spitze d. Gargano, 3284′.
138. *Viesti, S. Croce-Fels* ...	41 52 35	33 51 13	◢ u. ⚓. ⚓. Draussen ⚓, ☞. ⌒.
a. Peschici, Landungsplatz ..	41 56 48	33 41 10	⚓ bei Landwind. ⚓.
b. Varano, westl. Thurm . . .	41 55 20	33 28 20	‖ in d. Fischerei. ⚓.
139. *Tremiti-Ins., Telegraph.*	42 07 15	33 09 40	S. Nicola-Cast., 244′. T & ⊥. ⚓. ⌒.
a. Pianosa, Insel	42 12 38	33 25 20	45′. Abw. 15° 26′ (1819). ⊥. δ₀. ⚓₀. ⌒.
b. Mileto-Spitze, Telegraph..	41 55 44	33 18 00	Auf d. Cala-roscia Th. ⚓.
140. *Termoli, Telegraph....*	42 00 26	32 40 00	141′. ⊥ mit ☞. ⚓. ⚓.
a. Monte Majella	42 05 00	31 45 50	7975′. An den Abhängen ⚓.
b. Vasto, Glockenthurm	42 06 36	32 23 10	563′. Auf d. Hügel Aimone.
c. Punta di Penne, Thürmchen	42 10 05	32 23 47	⊥ bei d. Annäherung, aber ☞.
141. *Ortonammare, Molo* ...	42 20 29	32 06 17	Abw. 16° 0′ (1819). ⚓, ⚓ in offener See.
a. Chieti, Kirchthurm	42 21 15	31 50 50	1173′. Merkzeichen für Ortona.
b. Pescara, madre chiesa	42 27 00	31 53 56	‖ Fluss Pescara vom B. Magella.
c. Monte Corno, Gipfel	42 28 00	31 14 50	Gran Sasso d'Italia 8979′.
d. Atri, Kathedrale	42 35 00	31 38 50	1492′. Oberhalb Galvano, oder Calvano, der Hafen.
e. Vomano, Thurm.........	42 39 00	31 43 05	‖ Vomano. ◢ Berg Pagano, 957′.
f. Colonnella, Kirchthurm ...	42 52 32	31 32 20	Grenze von Neapel, 1018′.
KIRCHENSTAAT.			
142. *Torre d'Ascoli*	42 54 30	31 36 06	‖ Fluss Tronto. ⚓. ☞.
a. Grottamare, Lama-Fort ...	42 59 50	31 32 28	◢ zur Stadt 422′.
b. Ripatransone, Kirchthurm.	43 00 00	31 26 31	Signalpunkt, 1642′.
143. *Fermo, marina*	43 10 10	31 28 20	‖ Fluss Lete. ◢ zur Stadt 1126′.
a. Recanati, Hafen	43 25 48	31 19 40	◢ zur Stadt 1314′.
b. Loreto, Kathedrale	43 26 42	31 16 40	Auf einer Anhöhe, 530′.
c. Monte Conero, Kapelle....	43 33 14	31 15 55	Gipfel 1783′.
d. Porto Nuovo, Trave......	43 34 48	31 14 50	⚓. ◢ ☞. ✶ aber ⚓₀. ⌒.
XXXVI. ANCONA, Mololeuchtthurm	43 37 40	31 09 54	122′. Abw. 16° 26′ (1819).
a. Ancona	43 37 42	31 10 11	Nach Dufour.
b. Sinigaglia, Molospitze....	43 43 20	30 53 00	⚓ für Boote. Ausserhalb ⚓′ mit !
144. *Fano, Leuchtth.*	43 50 57	30 40 50	☞. Bei Küstenwinden ⚓′.
a. Pesaro, Mololeuchtth.	43 55 31	30 33 48	Offen, aber ☞. ✶.
b. Monte Luro, spitz. Thurm .	43 54 47	30 26 00	Merkzeichen für die Küste, 919′

Ort.	Breite.	Länge.	Bemerkungen.
	° ′ ″	° ′ ″	
c. San Marino, Kirchthurm ..	43 56 30	30 06 50	Republik. Seemarke 2317′ (1207′ nach Martens).
145. *Rimini, Molospitze*	44 04 18	30 14 10	‖ Marecchia. Abw. 16° 50′ (1819).
a. Rimini...............	44 04 30	30 14 05	Nach Dufour.
b. Cesenatico, Hafendamm...	44 12 46	30 04 10	Bei Landwinden ⚓′. ⚓.
c. Cervia, Stadtthurm	44 15 50	30 01 00	100′. ⚓.
d. Faenza...............	44 16 47	29 32 48	Nach Berghaus.
146. *Ravenna, rotonda*	44 24 55	29 52 30	Jetzt weit landeinwärts. ⚓.
a. Ravenna...............	44 24 50	29 51 39	Nach Berghaus.
b. Porto Primaro, Batterie...	44 35 18	29 57 35	‖ für Boote. 𝅘. ⚓.
c. Comacchio, Kirchthurm...	44 41 02	29 50 39	125′. ‖ vom Hafen Magnavacca.
147. *Volano, Telegraph*	44 48 15	29 55 15	‖ des Po di Volano. ⚓. 𝅘.
a. Goro, Gorino-Batterie....	44 48 55	30 02 11	▣. In Sacca dell' Abbate ⚓′.
b. Spoleto	42 44 50	31 15 31	
c. Perugia	43 06 46	30 01 58	
d. Bologna...............	44 29 54	29 00 36	} Nach Berghaus.
e. Modena	44 38 50	28 35 18	
f. Parma	44 48 15	27 59 44	
VENETIAN. KÖNIGR.			
g. Porto della Maestra	44 59 11	30 07 30	Haupt‖ des Po. ▣. 𝅘.
h. Adria, Wartthurm	45 03 25	29 43 50	Zwischen diesem und der See ⚓.
i. Port Brondolo	45 10 10	29 59 36	‖ der Brenta Nuova. 𝅗′. 𝅘.
148. *Chioggia, Castell Felice* .	45 13 48	29 58 40	141′. ▣. Abw. 17° 28′ (1819).
a. Fort S. Pietro	45 20 10	30 00 33	‖ des Malamocco. ⊞. In den Rheden ⚓′.
XXXVII. Venedig, S. Marcus-Thurm............	45 25 48	30 01 30	296′. Abw. 17° 10′. Incl. 65° 8′. Intens. 248 (1819).
a. Venedig...............	45 25 55	29 59 54	Nach Dufour.
„ Sternwarte	45 25 49	30 00 58	Wolfers. Genauer 49,5 u. 58,5″.
b. Fort S. Andrea	45 26 28	30 04 21	‖ des Lido. ⊞. In den Rheden ⚓.
c. Cortellazzo, Batterie	45 32 07	30 25 10	‖ des Piaveflusses. 𝅘. 𝅘.
149. *Caorle, Kirchthurm*....	45 35 39	30 34 27	145′. ‖ d. Livenza. Abw. 17° 40′ (1819).
a. Hafen Tagliamento	45 38 30	30 45 55	‖ des Flusses. 𝅗. ✽. 𝅘.
b. „ Lignano.......	45 41 20	30 49 47	▣. Draussen ⚓. 𝅘. 𝅘.
150. *Grado, Campanile*	45 40 44	31 02 47	150′. Ein Signalpunkt für die Küste. 𝅘.
a. Aquileja, Campanile	45 46 00	31 02 20	235′, über überschwemmten Küstenstrichen. ⚓.
b. Sdobba-Spitze, Telegraph .	45 43 40	31 12 50	‖ des Isonzo. ▣.
ISTRIEN.			
c. Monfalcone, Mittelpunkt ..	45 48 20	31 12 04	La Rocca, 281′. ✽. Dabei Porto Caneva, nördlichster Punkt.

Ort.	Breite.	Länge.	Bemerkungen.
	° ′ ″	° ′ ″	
151. *Duino - Castell, Flaggen-stock*	45 46 14	31 15 48	Im Sacco di Panzano ⬓. ⚹′.
XXXVIII. TRIEST, Sta. Teresa-Molo	45 38 49	31 26 05	Leuchtthurm 100′. ⬓. ⚹. ⚹ zum Karst 1492′.
a. Triest, Castell-Flaggenstock	45 38 25	31 26 37	291′. Abw. 16° 54′. Incl. 65° 13′ (1819).
b. Triest „ „	45 38 08	31 26 53	Nach Berghaus. Mittl. Temp. 15,9°.
c. Triest „ „	45 38 50	31 26 17	Nach Dufour.
d. Capo d'Istria, Sanità	45 32 32	31 24 02	43′. Auf einer Felseninsel. ⚹.
e. Isola, Campanile	45 31 58	31 19 50	173′. ⟂. In der Rhede ⚹.
152. *Pirano, San-Giorgio-Th.*	45 31 18	31 13 44	225′. Abw. 16° 5′ (1819). ⬓. ⬒.
a. Cap Salvore, Leuchtthurm.	45 28 57	31 09 37	110′. Ca la Mosca von Bassania.
b. Omago, Kirchthurm	45 23 50	31 11 20	103′. ⬓. Ausserh. ⚹. ⚹ Buje 835′.
153. *Cittanova, Batterie*.....	45 18 36	31 12 45	Hier und im Hafen Quieto ⬓ u. ⚹.
154. *Parenzo, Inselkloster* ...	45 13 34	31 15 00	⬓. ⚹′. Abw. 16° 21′ (1819).
a. Orsera, Kirche	45 08 30	31 16 02	⬓, aber! beim Heranfahren. ⚹.
155. *Rovigno, S. Eufemia-Th.*	45 04 36	31 17 30	310′. ⟂. ⬒. ⚯.
a. Rovigno	45 04 42	31 17 35	Nach Dufour.
b. Dignano, Kirche	44 57 25	31 31 04	Marke für den Canale di Fasana.
156. *Fasana, der Molo*......	44 55 16	31 28 00	Zwischen ihm und Brionis ⚹. ⚹. ⚯.
XXXIX. POLA, Oliveninsel ..	44 52 18	31 30 01	⬒. ⚹. Abw. 15°. Incl. 64° 38′ (1819).
a. Pola.................	44 51 53	31 30 21	Nach Dufour.
b. Pola, Cap Brancorso	44 51 42	31 28 27	Gipfel 140′. ⚹. ⟂.
c. Port Veruda, Inselkloster .	44 49 28	31 30 14	111′. ⟂. ⬓. ⚹. ⚯.
d. Cap Promontore, Porerfels	44 45 27	31 33 44	Leuchtthurm 104′. δ. !.
e. Port Bado, Landüngsglatz.	44 53 46	31 39 47	⟂. ⟂. ⚹ aber ⚹₀. ! wegen der Bora.
f. Punta Nera, Thurm	44 57 55	31 48 20	T. ⟂. ⚹ Berg Ostrina, 1651′.
g. Albona, Kirche	45 04 46	31 47 30	1088′. Die Gestade darunter ⟂.
h. Fianona, Kirchthurm.....	45 07 51	31 50 50	601′. ⟂ aber !. ⚹.
i. Gebirg Caldero, od. Maggiore	45 16 32	31 51 47	4250′. Marke für d. Umgegend. ⚹.
CROATIEN.			
k. Kastua, schwarzes Castell .	45 23 12	32 00 00	Auf einem Berge, landein ⚹.
157. *Fiume, Landungsplatz*..	45 19 05	32 05 33	‖ Fluss Reka. δ₀ aber Wind. ⚹′.
a. Fiume	45 19 35	32 05 47	Nach Dufour.
b. Porto Re, Arsenal	45 16 00	32 13 26	⚹′, aber starke Boras !.
c. S. Marco-Insel	45 14 55	32 12 50	‖ Maltempo. ⟂ aber !.
d. Kernovitsa, Kapelle......	45 06 30	32 29 50	Eine reine Bucht, aber !.
158. *Segna, Molospitze*	44 59 40	32 34 00	T, ⟂, von Boras verwüstet.
a. Jablanaz, Kapelle........	44 42 30	32 33 20	⚹ Velebich-Gebirge. ⚹.
b. Karlopago, Molo	44 31 40	32 43 46	⟂, aber! die Bora. Abw. 17° 10′ (1819).
c. Lukovo, Landungsplatz ...	44 26 08	32 50 50	T & ⟂, aber !.

Ort.	Breite.	Länge.	Bemerkungen.
	° ′ ″	° ′ ″	
d. Castell Venier	44 15 00	33 07 30	‖ des Novigradi-Sees. !.
159. *Novigradi, Festung*	44 10 10	33 11 59	Innerhalb d. ‖ 𝔈. ⌢.
a. Karin, Kloster	44 07 00	33 16 00	‖ der Karisniza. ⚏. ⚓.
CROATISCHE INSELN.			
160. *Puntaduca, Station*	44 18 10	32 43 40	333′. Der Dinara in den julischen Alpen 7975′.
a. Pago, Fort Glubatz	44 19 22	32 55 00	Beherrscht den ‖ in d. Morlacca ‖.
XL. Insel PAGO, Landungspl.	44 27 02	32 42 41	Landumschlossen, aber von den Boras verwüstet.
b. Pago, Loni-Spitze	44 42 10	32 23 20	⊤ & ⊥ mit !. ✳. ⌢.
c. „ S. Vito-Berg.......	44 28 30	32 39 30	1079′. Theodolithenstation.
d Maon-Insel, Kapelle	44 26 20	32 33 50	⊤ & ⊥ im Pago ‖, aber !.
161. *Insel Arbe, Kirchth.* ...	44 45 07	32 24 35	⊥ aber !. Abw. 17° 0′ (1819).
a. Gaglian-Felsen..........	44 56 42	32 20 20	‖ nach Besca-vecchia ⌐. ⌢.
162. *Veglia-Ins., madre chiesa*	45 01 40	32 13 48	⚓ aber !. ⚓.
a. Veglia, val Dobrigno	45 08 20	32 15 30	⚏ aber ! wegen der Boras.
b. Kerso, Farasina-Kloster ..	45 07 49	31 56 46	⊤. ⊥. ⚼ zum Berg Sys, 1576′.
163. *Insel Kerso, Sanità*	44 57 36	32 03 40	⚏. In der Bai *δ*ₒ, aber wegen der Winde !. ⚓ₒ.
a. Kerso, Oserokirche.......	44 41 05	32 02 41	Die ‖ ⊥, aber !.
b. Galiola-Fels, Mittelpunkt .	44 43 12	31 50 00	Im Quarnero ‖. ⌊. ⌢.
c. Insel Unie, Porto-lungo ...	44 38 35	31 55 28	⊥ aber !. ✳. ⌢.
d. Insel Sansego, Berg Garbi .	44 31 04	31 57 35	328′. *ββ*ₒ gen NW. ⚓ₒ.
e. Lossini, Berg Osero	44 40 16	32 01 28	1783′. Die Insel heisst auch Lossin Piccolo.
XLI. Insel LOSSINI, Hafen Augusto	44 32 06	32 07 11	Arsenal. Abw. 16° 58′ (1819). ✳.
a. Insel S. Pietro di Nembo ..	44 28 00	32 12 00	Ilovatz-Kapelle. ⚏ im ‖. ⌢.
b. Grivitsa-Fels	44 24 30	32 13 20	‖ des Quarnerolo. ⌊.
164. *Insel Selve, Stadtkirche* .	44 22 39	32 20 33	‖ nach S. Pietro *δ*, !. ⌢.
a. Insel Ulbo, Stadt	44 22 15	32 26 05	Abw. 17° 6′ (1819).
DALMATIEN.			
165. *Nona, Kirchthurm*	44 14 30	32 50 05	Im Bassin ⚏.
XLII. ZARA, Bastion S. Fran-[cesco	44 06 39	32 52 39	Abw. 14° 13′. Incl. 64° 20′ (1819). 𝔈.
a. Zara	44 07 30	32 54 00	Nach Dufour.
b. Berg Vratsavo	44 02 00	33 04 50	666′. Landeinwärts ⚼ bis 4600′.
c. Zara Vecchia, Kirchthurm .	43 56 27	33 06 30	In ‖ ⚓′ mit !. ⌢.
d. Monte Nero, Station	43 54 00	33 18 50	910′. Marke für den Vrana-See.
e. Slozella, Landungsplatz ...	43 49 00	33 19 50	Mit ! ⚓′. ✳ aber ⚓ₒ. ⌢.
166. *Sebenico, Castel-vecchio* .	43 44 15	33 32 35	⊤. ⊥. Abw. 15° 8′ (1819). 𝔈.
a. Cap Cesto, Thurm........	43 34 52	33 34 35	⊥ aber !. ⌐. ⚏. ⌢.
167. *Ragosnitsa, Molo*	43 31 17	33 37 38	⊤ & ⊥. 𝔈. Abw. 14° 30′ (1819).

32 *

Ort.	Breite.	Länge.	Bemerkungen.
	° ′ ″	° ′ ″	
a. Port Manera, Landungsplatz	43 29 36	33 40 18	⊥. ∗. ↙ zum Berg Movar, 875′.
b. Trau, S. Marcus-Thurm ...	43 30 46	33 54 48	In ‖ Trau, Bua und Salona ⊞.
XLIII. Spalatro, Kathedrale	43 30 11	34 06 01	Diocletian's Palast. Abw. 15° 0′ (1819).
a. Spalatro	43 31 00	34 12 05	Nach Dufour.
b. Spalatro, Fort Botticella ..	43 29 19	34 05 35	⊡. In der Bai ‡. Bg. Maglian 516′.
c. Almissa, Kloster	43 26 20	34 22 00	In d. ‖ ⊤ & ⊥. ‡.
d. Monte Borak	43 26 00	34 23 50	2627′. ‡ und ∗.
168. *Macarska, Kapelle*	43 16 59	34 41 06	Abw. 14° 45′ (1819). Berg Sustvid 3566′, ↙ 5536′.
a. Fort Opus, Flaggenstock ..	43 01 45	35 14 50	‖ des Narenta-Flusses. ⌒.
b. Fort Smerdan...........	42 56 50	35 13 10	↙ zum Berg Ulico 1689′. Türkische Grenze.
c. Sabbioncello, Ossit-Spitze .	42 59 50	34 39 20	‖ Curzola, ‡′. ↙ zum Berg Vipere, 2965′.
d. Sabbioncello, Val di Briesta	42 54 00	35 11 00	Zugang !, ∗. Berg Sukino 1923′.
e. Monto-rogo, Gipfel.......	42 46 00	35 35 50	2636′. Slano zwischen ihm u. Berg Tmor, 2782′.
f. Isola Rudda, Station	42 42 37	35 35 00	‖ d. Kalamota, überall ‡′ u. ⊞. ⌒.
g. Ragusa, Molobatterie	42 38 16	35 46 29	↙ zum Kaiserfort 1267′. ⊡. ‡. Landein 4222′.
XLIV. Ragusa, Fort S. Marco	42 37 40	36 46 44	291′, auf der Lakroma-Insel. Abw. 16° 0′ (1819). ‡₀.
a. Ragusa................	42 38 18	35 46 39	Nach Dufour.
b. Ragusa Vecchia, Kapelle ..	42 35 00	35 51 50	⊤ ⊥. ⌐. In Prahlivaz ⊞.
c. Molonto, Fort Piccolo	42 27 05	36 04 50	⊥. ⊡. Wahrzeichen S. Elia 1736′. An der Küste ‡₀, |₀. (Molonta?)
DALMATISCHE INSELN.			
d. Premuda, Gipfel	44 20 20	32 16 20	⊥, ausser in NW. ⌒.
e. Isto, Magazin	44 16 15	32 24 40	↙ Berg Guardia 525′.
169. *Melada, Banastra-Spitze*	44 12 18	32 28 48	Im Hafen Beguglia, ⊞.
a. Klib-Fels oder Diboskik ..	44 13 35	32 33 50	⊤. ⊥. |, aber schwierig. ⌒.
b. Grossa, Leuchtthurm auf der Bianche-Spitze........	54 09 10	32 28 30	‖ der Sette Bocche. ⊥. !. ‡₀.
c. Grossa, Berg Vela Stratza .	43 59 00	32 42 20	1032′. Zuerst sichtbar von Grossa oder Lunga.
170. *Grossa, Krepassia-Berg*.	43 54 24	32 46 40	Port Tajer, ⊤. ⊥. ⊞.
a. Incoronata, Berg Opat	43 43 38	33 06 15	Gipfel der Insel 713′.
b. Curbabella, östl. Gipfel ...	43 41 15	33 10 45	357′. ∗ aber ‡₀.
c. Sestrugu-Gipfel	44 09 55	32 39 10	⊥ aber !. ⌒.
d. Eso, der Hafen..........	54 01 52	32 45 30	⊥. ⌐. Abw. 15° 50′ (1819).
e. Ugliano, Castell	44 04 39	32 48 32	825′. ‖ von Zara, δ₀.
171. *Pasman, Kirche*	43 57 20	33 02 48	δ₀ in d. ‖ mit !. Gipfel 838′.
a. Vergada, Gipfel	43 51 10	33 10 05	347′. ! in den ‖.
b. Zut, Gipfel	43 51 50	32 58 36	Station auf Velikivak. ⌒.

Ort.	Breite.	Länge.	Bemerkungen.
	° ′ ″	° ′ ″	
172. *Morter, Gessera-Kapelle*	43 47 58	33 18 04	δ_o in ‖. ⊿ zum Broskitza 337′.
a. Zlarina, Hafen	43 41 40	33 29 48	⊿ zum Berg Batokio, 507′.
b. Smajan, Gipfel	43 42 05	33 24 02	429′. ⊥ in den ‖, aber !.
173. *Zuri, Berg Bohl*	43 39 00	33 17 40	357′. δ_o in den ‖ mit !. ⌣.
a. Suilan, Aid-Felsen	43 32 30	33 30 50	6 Faden, die ‖ ringsum tief.
b. Zirona, Port Grande	43 26 48	33 48 20	‖ δ_o mit !. ⊡. ⌣.
c. Solta, Port Sordo	43 23 00	33 58 15	⊥. ⊡. ✳. ⊿ zum Bg. Stratsa 652′.
174. *Brazza, Milna-Kirche* . .	43 19 23	34 07 06	δ_o in ‖. ⊞. ✝. ⌣.
a. Brazza, Stjépanska-Kirche .	43 20 36	34 19 00	‖ nach dem Festland ⊤, ⊥, & δ_o. ⌣.
b. Brazza, Bol-Bucht	43 15 10	34 19 32	⊤ & ⊥. ⊿ zum Bg. S. Vito, 2402′.
c. Lesina, S. Giorgiothurm . . .	43 07 20	34 51 00	δ_o in den ‖. ⊿ zum Berg Glavali-kova 1304′.
XLV. LESINA, Kathedrale . . .	43 09 10	34 06 19	⊞. Abw. 14° 5′. Incl. 62° 42′ (1819).
a. Lesina, Berg S. Nicolo	43 08 30	34 09 50	1970′. Marke in d. äussern ‖.
b. Torcola, Spitze Maslinitza.	43 05 28	34 22 25	⊥ auf allen Seiten. ✳. ⌣.
c. Bacili-Felsen, der grösste. .	43 04 57	34 14 20	δ_o, ⊤ & ⊥ ringsum. ⌣.
XLVI. LISSA , S. Franciscus-[Kirchthurm	43 03 22	33 50 02	Abw. 14° 0′. Incl. 62° 51′. Int. 240 (1819). ⊞.
a. Lissa, Stupisca-Spitze	43 00 26	33 43 50	‖ δ_o. ⊿ Berg Huhm, 1820′.
b. Insel Busi, Station	42 58 10	33 41 17	741′. ⊤ & ⊥. ✝⸝. ✳.
c. S. Andrea in Pelago	43 01 25	33 25 10	Ruinen. ⊿ zum Gipfel 957′. ✝. ⌣.
d. Pomo-Fels, Gipfel	43 05 35	33 07 15	$1^1/_4'$ nach W. zu N. δ, sonst ⊥. 94′. ⌊$_o$. ⌣.
e. Pelagosa, Berg Crocella . . .	42 23 49	33 56 10	141′. δ_o mit !. ⌣.
f. Katsa, Gipfel	42 45 56	34 11 02	779′. ⊤ & ⊥. ✳. ⌣.
g. Katsiola, Gipfel	42 44 50	34 22 20	✳. $\beta\beta_o$ auf der Bank W. gen S. ⌣.
175. *Lagosta, S. Rafael*	42 45 39	34 28 50	⊤ & ⊥. ⊞. ⊿ Bg. S. Giorgio 1304′.
a. Lagostini-Felsen, Glovat . .	42 45 10	34 48 17	⊥ beim Heranfahren, aber ⌊$_o$. ⌣.
176. *Curzola, Blatta Molo* . . .	42 57 32	34 23 02	⊞. ✝. Abw. 15° 10′ (1819).
a. Curzola, Hafen Raciskie. . .	42 58 00	34 40 46	⊡. ⊿ Berg Dobravasca, 1764′. ✝.
177. *Curzola, Fort S. Biagio* .	42 57 30	34 47 08	⊞. Abw. 14° 55′ (1819). Berg Vipere, 2909′.
XLVII. MELEDA, Haf. Palazzo	42 46 50	35 01 42	Palastruinen. Abw. 15° 0′ (1819) ⊞. ⌣.
a. Meleda, Hafen Suvra	42 44 50	35 14 50	⊥. ✝. ⊿ Berg Grado 1567′ (Mezza Meleda).
b. Meleda, Berg Plagnak	42 42 10	35 22 48	1116′. Wahrzeichen für Val Sablonava.
c. S. Andrea, di Ragusa	42 38 10	35 37 10	Donzella-Kapelle, 174′. ⊤ & ⊥.
178. *Insel Marcano, Station* . .	42 34 37	35 50 41	⊤ & ⊥. δ_o mit !. ⌣. (Marcana?)
ALBANIEN.			
a. Cattaro, d'Ostro-Spitze . . .	42 23 22	36 11 02	‖ der 2 'Bocche', ⊿ 206′. δ_o. ✝$_o$.
b. Cattaro, Morak-Spitze	42 28 28	36 19 50	⊤. ⊥. ⊿ Berg Desviglie, 2384′. ⌣.

Ort.	Breite.	Länge.	Bemerkungen.
	° ′ ″	° ′ ″	
179. *Cattaro, Stadtmolo*	42 25 25	36 25 37	⊞. ∠ Berg Sella, 3040′. Abw. 14° 25′ (1818).
a. Cattaro, porto Rosa	42 25 22	36 11 30	⊞. ∠ Berg Lustitsa, 1783′. ⚹.
b. Cattaro............·........	42 25 26	36 26 01	Nach Dufour.
c. Berg Vetergnak	42 19 00	36 32 50	3716′. Oberhalb des Klosters Stagnevich.
d. Budua, Berg S. Salvatore ..	42 17 45	36 29 15	Oberhalb der Stadt, 1173′. ⊞. ⚵₀.
XLVIII. Budua, S. Nicolo-Ins.	42 15 45	36 30 37	Beobachtungsstein, 342′.
a. Antivari, alte Dogana	42 02 11	36 47 12	⚵. Abw. 14° 57′ (1818). ∠ bis 4222′.
180. *Dulcigno, la Cala*	41 53 58	36 51 39	⊡. In der Rhede ⚵. ⚵.
a. Peregrino-Fels	41 51 47	36 55 30	⊥. Bei d. ‖ d. Bojanaflusses. ⌊. ⌢.
b. San Giovanni di Medua ...	41 48 20	37 08 50	⊞. ‖ Drino. ⚵. Abw. 14° 0′ (1818).
181. *Cap Rodoni, Station*	41 36 35	37 08 00	⊥ mit !. ∠ 375′. ⚵.
a. Cap Pali, Gipfel	41 23 05	37 04 04	In der Bai ⚵′. ⚵. ⌢.
182. *Durazzo, der Molo*	41 18 15	37 06 44	⚵′ mit !. Abw. 13° 50′ (1818).
a. Durazzo	41 17 32	37 06 20	Nach Dufour.
b. Cap Laghi, Thurm	41 10 10	37 05 30	319′. Von seiner Basis bis Kavaja ββ₀.
c. Samanaspitze, Centrum ...	40 48 55	36 57 27	‖ Fluss Tuberathi. Nachts δ. ⚹. ⌢.
d. Berg Pegola	40 54 30	37 46 50	7281′. Spitze über Berat.
e. Talao-Felsen, Centrum	40 38 00	36 58 21	‖ Fluss Vojutza oder Poro. !. ⌢.
XLIX. Avlona, Dogana	40 27 15	37 06 10	⊞. Abw. 14° 0′. Incl. 60° 38′. Int. 231 (1818).
a. Avlona	40 27 15	37 06 15	Nach Dufour.
b. Avlona, Fort Kanina	40 26 41	37 07 20	1276′. ⚵.
c. Sasseno-Insel, Station	40 29 10	36 54 02	Gipfel 927′. ⊤ & ⊥. δ₀. ⌢.
d. Cap Linguetta, äusserster Punkt	40 25 37	36 54 50	⊥. ∠ 2806′. ⚵.
e. Valle dell 'Orso	40 19 12	37 00 25	⊥. ∠ 1450′ und 4034′.
f. Monte Cica	40 14 36	37 14 50	5910′, Marke für die Gremata-Bucht.
g. Strada Bianca, äuss. Punkt	40 08 45	37 17 20	⊤, aber ⊥. ∠ Berg Cicara, 5132′.
183. *Port Palermo, Fort*	40 02 55	37 28 00	⊞. Abw. 14° 30′ (1818).
a. Santi Quaranta, Dogana ...	39 53 46	37. 40 05	δ₀ bei ⊤. ⚵′. ∠ zur Stadt. ⚹.
b. Butrinto, Wachhaus	39 44 34	37 39 32	‖ der Fischerei und des Sees. ⚵′. ⌢.
c. Gomenitsa, Prasudi-Fels ..	39 30 13	37 48 57	⚵′ aber ! d. Bank vor d. ‖ d. Kalama. ⌢.
184. *Gomenitsa, Dogana*	39 28 46	37 58 00	⊞. Magn. Abw. 14° 30′ (1818).
a. Mourtso, Sybota-Fels.....	39 23 40	37 53 20	⊤ & ⊥. In der Bai ⚵. ⚹. ⌢.
185. *Parga, Citadelle*	39 16 29	38 03 19	⊡ und ⚵. Abw. 13° 30′ (1819).
a. Port Fanari, S. Giovanni ..	39 14 04	38 09 50	‖ des Acheron u. Cocytus der Alten.
b. Kastro-sikia, Dogana	39 05 53	38 18 38	⊥ᵣ ! die Ittisa-Riffe. β.

Ort.	Breite.	Länge.	Bemerkungen.
	° ′ ″	° ′ ″	
186. *Prevesa, Fort Pantakra-*			
tera	38 56 17	38 25 05	‖ des Artabusens. ⲅ. Innerhalb 🝢. ♃ₒ.
a. Vouvalos-Fels	38 58 25	38 34 50	Fast in der Mitte des Golfs. Abw. 13° 10′ (1820). ⌒.
LIVADIEN.			
187. *Vonitsa, Hafendamm* ..	38 54 26	38 33 05	♇. ◻.. ♃. ⌒ Berg landeinwärts 1389′.
a. Fort Giorgi	38 47 57	38 23 30	182′. 🝢. ‖ von Santa Maura. ⌒.
b. Vurko-Bai, Mytika-Spitze .	38 40 10	38 36 35	🝢. ⚏ Berg Kandili 4691′ und Bumisti 4645′. ⚎.
188. *Dragomestre, die Treppe*	38 32 45	38 45 38	🝢. δₒ. Berg Veloutzi, 2793′. ♃.
a. Port Plattea, innerer Punkt	38 28 10	38 45 39	Die ‖ ⊥. 🝢. ♃. ⌒.
b. Port Skropha, der Fels....	38 18 55	38 48 50	◻. ‖ Aspro-potamo oder Achelous.
c. Missolunghi, Batterie	38 21 50	39 06 20	Ausgedehnte Seen u. Marschen. ⌒.
d. Varasova-Spitze.........	38 20 15	39 18 50	⊥. ⚏ zum Gipfel, 2655′.
e. Berg Kako-skala, Gipfel...	38 21 20	39 22 30	3171′. Berg Koraka jenseit, 6286′.
f. Kastro Rúm-ili...........	38 19 28	39 26 50	‖ von Lepanto. ⊥. δₒ. ♃ₒ.
g. Lepanto, Landungsplatz...	38 23 15	39 30 00	Gipfel des Rigani, ⚎, 4372′ und 3706′.
h. Lepanto	38 23 34	39 29 35	Nach Dufour.
189. *Galaxidi, Bauhof......*	38 22 27	40 03 10	🝢. ⚏ 2346′. ♃. Parnassos 3725′.
190. *Dobrena, Hafen Vathi* .	38 11 30	40 35 20	♇, Gipfel des Helikon, ⚎, 4879′ und 5395′.
IONISCHE INSELN.			
a. Fano, westlicher Gipfel ...	39 50 20	36 59 40	1139′, ⌒ ⊥, ausser im NO.
b. Merlera, Gipfel	39 53 28	37 11 48	ⲅ. ⊥. ✦ aber ♃ₒ. ⌒.
c. Samotraki, Centralhügel...	39 45 44	37 07 55	! & ⁄ bei dem Anfahren. δ. ⌒.
d. Diaplo-Insel, Centrum....	39 45 37	37 12 30	ⲅ und ! in den ‖. δ. ⌒.
191. *Tignosa-Felsen, Leucht-*			
thurm	39 47 56	37 37 18	Mitte des nördl. Corfu ‖. ㇄.
a. Corfu, Santa Katherina ...	39 50 04	37 29 48	‖ von S. Spiridione. ✦.
b. Corfu, Berg Salvatore	39 43 30	37 29 10	SW.-Spitze 2430′. Marke in den ‖.
L. Vido, Insel, Fort Alexander	39 38 05	37 35 28	Abw. 14° 33′. Incl. 59° 10′. Int. 228 (1818).
a. Corfu, Villa Benitse......	39 32 14	37 34 20	♇, aber offen. ⚏ SantaDekka, 1877′.
192. *Corfu, Citadellenflaggen-*			
stock	39 37 02	37 35 34	241′. ◻. In den Rheden 🝢.
a. Corfu	39 38 20	37 35 45	Nach Dufour.
b. Corfu, Lefkimo-Spitze....	39 27 20	37 44 18	⌒. Niedrig und Nachts δ.
c. Corfu, Cap Bianco	39 20 50	37 46 40	Fuss der Klippe !. δ.
d. Corfu, Lagudia-Fels......	39 24 19	37 34 40	⌒ mit !. ββₒ. ㇄. ⌒.
e. Corfu, Port Ermones	39 35 30	37 25 22	⊥. ✦. ⚏ Berg S. Giorgio 1244′.
f. Corfu, Yliapades-Bai	39 40 00	37 21 00	Alipa-Spitze ⊥. 🝢. ♇. ⌒.

Ort.	Breite.	Länge.	Bemerkungen.
	o ′ ″	o ′ ″	
g. Corfu, Port Timone	39 42 20	37 16 20	$\bot'$. ◿ zu Aphiona und Berg Teodoro.
h. Paxo, Laka-Leuchtthurm . .	39 13 27	37 49 05	346′. Vor der Spitze δ. $\dagger$.
193. *Paxo, Gayo-Hafen*	39 11 40	37 52 09	Madonnalicht, 100′. ⊞.
a. Anti-Paxo, Novoro-Spitze .	39 08 37	37 55 36	$\bot$, aber !. Abw. 13° 17′ (1820). ⌒.
LI. LEUCADIA, Santa Maura	38 50 19	38 22 48	$\bot$. Im Hafen Drepano ⊞.
a. Leucadia	38 51 00	38 22 05	Nach Dufour.
b. Leucadia, Sesola-Fels	38 41 50	38 12 20	δ_{o} in ‖. Gegenüber der Berg Nomali, 3472′.
c. Leucadia, Cap Ducato	38 33 30	38 12 31	T, $\bot$. ◿ Sapphosprung, 736′.
d. Leucadia, Poropik	38 38 14	38 22 50	1398′, ◿. δ_{o} in ‖.
194. *Leucadia, Hafen Vliko* .	39 40 55	38 21 50	⊞. Abw. 13° 40′ (1820). $\dagger$.
195. *Meganisi, Vathi-Mühle* .	38 39 30	38 27 00	263′. ⊞, aber ! beim Heranfahren.
a. Arkudi, rothe Klippe	38 33 16	38 22 20	T & $\bot$. δ_{o} ringsum, aber $\ddagger_{o}$. ⌒.
b. Atoko, Gipfel	38 29 00	38 28 18	936′. $\bot$. δ_{o}, aber $\ddagger_{o}$. ⌒.
196. *Kalamo, Hafen*	38 35 38	38 32 35	$\bot$. ⊡. ◿ Centralgipfel 2230′.
a. Kastus, Centralhügel	38 33 00	38 34 20	467′. $\bot$ ringsum. $\dagger$.
b. Dragonera, Gipfel	38 29 00	38 41 30	$\bot$ in allen ‖. ⌒.
197. *Petala, Gipfel*	38 25 05	38 46 20	T. $\bot$. ⊞. $\dagger$. Abw. 13° 20′ (1820).
a. Vromona-Insel, Gipfel	38 22 23	38 40 02	634′. $\bot$ ringsum, aber $\ddagger_{o}$. δ_{o}. ⌒.
b. Oxia-Insel, Gipfel	38 18 54	38 47 00	1170′. Vor ‖ d. Achelous. Abw. 13° 32′ (1820).
c. Ithaca, Marmakaspitze	38 30 00	38 18 55	47′. ✴. δ_{o}. Berg Neritos oder Anoï, 2205′.
LII. ITHACA, Hafen Vathi . . .	38 22 05	38 22 37	Lazareth. Abw. 13° 44′ (1820). ⊞.
a. Ithaca, Joannispitze	38 19 28	38 26 10	T & $\bot$, ◿ Berg Stefano oder Aito, 2036′.
b. Cephalonia, Hafen Viscardo	38 27 15	38 14 10	685′. $\bot$ in d. Daskalio ‖.
198. *Cephalonia, Samos*	38 14 30	38 17 50	$\ddagger'$. Ostwärts Ruinen. $\dagger$.
a. Cephalonia, Atrosspitze . . .	38 10 20	38 25 20	$\bot$, δ_{o}. ◿ zum Napierthurm, 2492′.
b. Cephalonia, Cap Skala	38 02 55	38 26 28	δ. ◿ zum Elato oder Neraberg, 4935′.
LIII. CEPHALONIA, Hafen Argostoli	38 11 13	38 08 23	Station „Hook-light", 33′. ⊞.
a. Cephalonia	38 11 00	38 10 30	Nach Dufour.
199. *Cephalonia, Castell S. Giorgio*	38 08 20	38 13 42	936′. Abw. 13° 24′ (1820).
a. Cephalonia, Guardiana-Insel	38 08 13	38 05 20	Leuchtthurm 114′. ⌐. !.
b. Cephalonia, Cap Aterras . .	38 21 30	38 04 23	T & $\bot$. $\bot$. δ_{o}. ◿ bis 1553′.
200. *Cephalonia, Fort Asso* . .	38 23 05	38 12 16	Höhe 385′. T & $\bot$.
a. Zante, Cap Skinari	37 56 28	38 21 14	244′. $\bot$, δ_{o}. ✴. Abw.13° 21′ (1823).
b. Zante, Berg Yeri	37 50 00	38 ′23 50	2134′. Marke in dem ‖.
LIV. ZANTE, Stadtmolospitze	37 47 27	38 34 48	⊡. $\ddagger'$. Abw. 13° 12′. Incl. 58° 50′ (1820).
a. Zante	37 47 17	38 34 27	Nach Dufour. — 20,4° m. Temp.

Ort.	Breite.	Länge.	Bemerkungen.
	° ′ ″	° ′ ″	
b. Zante, Skopò-Berg	37 44 41	38 37 55	Kloster 1397′. Wahrzeichen i. den ‖.
201. *Zante, Chieri-Bai*	37 41 45	38 31 09	‡. Station an dem Pechbrunnen (Pitch-wells) ?.
a. Zante, Hafen Vromi	37 49 00	38 19 58	⊥, aber ‡₀. ✳. ⊾ Berg Vrakiona, 2243′.
202. *Stamfani-Insel, Kloster.*	37 15 12	38 41 17	Leuchtthurm 119′. ⊥, δ₀ mit !. ⌒.
a. Prodano-Insel, Gipfel	37 01 58	39 13 50	535′. ⊥ in ‖, δ₀. Abw. 13° 44′ (1820).
b. Sphagia, Gipfel	36 55 35	39 19 27	(Sphakteria). 450′. T. ‡₀.
c. Sapienza, Hafen Longona . .	3β 43 42	39 21 20	⊥ & ⊥. ⊾ zum Gipfel, 685′. ⌒.
d. Cabrera, Skhitsa-Bucht . . .	36 43 28	39 27 28	T. ⊥. δ₀ in den ‖, aber ‡₀. ⌒.
e. Venetico, Kapelle	36 40 47	39 35 20	Im ‖ nach Cap Gallo. !. ‡₀. ⌒.
f. Murmiki, Ameisen-Insel. . .	36 38 30	39 36 00	⊥. ⌊. Abw. 12° 58′ (1820). ⌒.
g. Servi, Frankospitze	36 27 15	40 39 20	⊥. Gipfel 891′. ⌒.
h. Cerigo, Cap Spati.	36 22 40	40 37 00	T & ⊥, δ₀ im Cervi ‖. ‡₀.
203. *Cerigo, Hafen S. Nikolo.*	36 13 14	40 44 59	Das Castell. ⌷. ‡′. Berg S. Giorgio, 938′.
LV. Cerigo, Kapsali-Dogana	36 08 35	40 40 08	⌷. ‡. Hafen von Tserigo oder Kythera.
a. Cerigo	36 06 00	40 30 00	Nach Berghaus (?).
b. Cerigo, Cap Lindo	36 12 05	40 34 51	δ₀ mit !. ⊾ bis 1445′.
c. Ovo-Insel, Gipfel	36 05 05	40 40 00	T & ⊥. ⌊. 516′. ‡₀. ⌒.
d. Koupho-nisi, nördl. Insel. .	36 07 17	40 46 02	T & ⊥. δ₀. ‡₀. ‡₀. ⌒.
e. Porri-Insel, Mittelpunkt . .	35 58 10	40 54 50	T & ⊥, aber ‡₀. δ₀ mit !. 385′. ‡. ⌒.
f. Nautilus-Felsen	35 55 54	40 53 10	δ. Abw. 12° 10′ (1823). ⌊.
204. *Cerigotto, Potamofort.* . .	35 51 56	40 58 10	⌷. Abw. 12° 20′. Incl. 55° 24′ (1823).
a. Cerigotto, Berg Turkovouno	35 51 00	40 57 50	1032′. Marke für ‖. Berg Domotha, 919′. ‡₀.
205. *Grabusa, Kastro*	35 35 37	41 13 08	Auf Candia, aber um die ‖ zu umgrenzen. ⌒.
MOREA.			
206. *Corinth, Dogana*	37 55 46	40 33 42	⊥. ⲅ. ‡′. Das alte Lechæum.
a. Corinth, Citadelle.	37 53 20	40 32 48	Akrokorinthos. 1736′. (S. unten).
b. Kamari, Landungsplatz . . .	38 05 45	40 14 44	⊥. ⲅ. ⊾ Berg Koryphi, 2300′. ‡.
207. *Vostitsa, Uferquelle* . . .	38 15 10	39 46 02	⊥. ‡′. ⊾ Berg Pteri, 5536′. ⌇⊾.
a. Kastro Morea, Flaggenstock	38 18 24	39 28 55	‖ von Lepanto. ⊥. δ₀.
208. *Patras, Molospitze*	38 14 27	39 25 20	‡′. δ₀ bei ⲅ. Abw. 13° 10′ (1820).
a. Patras	38 14 32	39 24 25	Nach Dufour.
b. Patras, Flaggenstock . . . . ·.	38 14 34	39 25 25	⊾ Berg Voïdeah, 6100′. Berg S. Nikolo (Olonos) 6662′.
c. Cap Papa, Festungsruinen .	38 12 40	39 04 55	‖ See Kalogria. Berg gen Süden 2796′.
d. Cap Papa, Sandbank	38 13 03	39 04 00	ⲅ. !. ⊾ Mavro-vouna, 751′. ‡. ⌒.

Ort.	Breite.	Länge.	Bemerkungen.
	° ′ ″	° ′ ″	
e. Konoupoli, Fels	38 05 29	39 01 50	⊥. ♣. ♱. Berg Santa Meriotoko 3209′.
f. Klarenza, altes Schloss ...	37 56 24	38 49 25	⚯. ♣. ✳. Abw. 13° 15′ (1820).
g. Kastro Tornese..........	37 53 44	38 49 23	746′. Beherrscht die Ebene von Elis.
h. Montague-Sandbank	37 55 00	38 40 50	⊥ aber δ. ‖ sicher, aber !.
209. *Cap Katakolo*	37 38 48	38 59 56	T. ♣. ✳. Abw. 12° 35′ (1820).
a. Cap Katakolo	37 38 20	38 59 51	Nach Wright, dessen Angaben sonst abweichen.
b. Rufia-Fluss, Skala	37 36 20	39 08 50	‖Alpheios. Abw. 12° 50′ (1820). ♱.
c. Arcadia, Citadelle	37 14 30	39 21 40	507′. ⚼ 3750′. ♱.
d. Navarin, Ruinen von Pylos	36 56 40	39 19 32	488′: Boot ‖ nach Sphagia.
e. Navarin, Kulonisi-Fels ...	36 54 50	39 20 43	19′. Abw. 13° 58′. Incl. 57° 54′ (1820).
LVI. NAVARIN, Castellflagge .	36 53 35	39 21 11	⊞. Berg S. Nikolo, 1500′. Marke für ‖.
a. Navarin	36 54 34	39 21 21	Nach Dufour.
210. *Modon, Molothurm*	36 48 30	39 21 26	67′. ⊡. ♣. Abw. 13° 27′ (1820).
a. Cap Gallo, der Gipfel.....	36 41 50	39 33 56	⚼ 1304′. Abw. 12° 15′ (1823). ⚯.
211. *Koron, Castellflaggenstock*	36 46 35	39 39 02	206′. ♱′. Abw. 11° 56′ (1820).
a. Koron.........·.......	36 47 29	39 37 37	Nach Dufour.
b. Berg Lykothimo, Gipfel ...	36 54 00	39 22 50	2810′. Gute Seemarke. ♱.
212. *Kalamata, Dogana*	37 00 25	39 48 26	‖ des Nedon. ⚯. ♱′.
a. Kalamata	37 01 20	39 48 30	Nach Dufour.
b. Berg Makryno, S. Elias ...	36 58 00	40 01 50	Alt Taygetos, 7500′.
c. Cap Kephali, Gipfel	36 53 43	39 48 47	⊥. δ。, aber ♣。 ⚼ 1086 u. 3988′. ⚯.
d. Hafen Limeni, Vitylo skala	36 41 00	40 03 05	♣. ♱. Abw. 11° 50′ (1823).
213. *Port Djimova, Dyko-Spitze*	36 38 57	40 02 43	T & ⊥. ⚼ 3237′. Berg Sanghia 3742′.
a. Cap Grosso, Kastro Orias..	36 29 57	40 02 34	891′. T & ⊥. ♣。. ⚯.
b. Cap Matapan, Gipfel	36 23 55	40 09 46	955′. ⊥. ⚼ zum Kaka-vouni, 3753′. ⚯.
c. Cap Stavri, äusserster Punkt	36 37 00	40 12 10	⊥. ♱′ in der Skutari-Bai. ♱. ⚯.
214. *Marathonisi, Crane-Insel*	36 44 24	40 14 40	♱′. Alter Hafen Spartas. ⚼ 478′. ⚯.
a. Vasilipotamo, Strandstation	36 47 45	40 21 30	‖Eurotas. Abw. 12° 15′ (1820). ⚯.
b. Kokino, Strandthurm	36 45 30	40 27 50	♣′. ⚼ zum Berg Kurkola 2815′.
c. Xyli-Bai, Rupina-Pik.....	36 40 35	40 29 17	T & ⊥. ♣. Berg Kimatitsa, 1407′.
d. Cap Malea, S. Angelo-Spitze	36 26 14	40 52 00	T & ⊥. ♣。. ♣。. ⚼ Berg Krithyna, 2439′. ⚯.
e. Monembasia, Citadelle	36 41 10	40 42 40	⊥. Magn. Abw. 13° 10′ (1820).

Archipel, schwarzes Meer, Kleinasien etc. bis Alexandrien s. unten S. 514.

Ort.	Breite.			Länge.			Bemerkungen.
	°	′	″	°	′	″	
ÆGYPTEN.							
215. *Rosetta*	31	24	34	48	05	40	Nach Dufour.
a. Rosetta, Fort Raschid	31	26	55	48	06	50	‖ des Nil. ⌐ und !. ⚥.
b. Nelson's-Insel, Begräbniss-							✹
Bai	31	21	54	47	48	00	Niedrig und δ. ⌐. ⌐. ⚥ₒ.
216. *Al Bekur, Castellthurm* .	31	20	17	47	45	47	‖ zur Nelson-Insel, δ. Innerhalb ⚥.
a. Alexandria, Pharos-Castell .	31	12	40	47	33	18	δ. β. Im neuen Hafen ⚥.
LVII. ALEXANDRIA, Eunostos-							
Punkt	31	11	31	47	31	48	Neuer Leuchtthurm, 169′. ⌐.!. ⊞.
a. Alexandria, Pompejussäule	31	10	45	47	33	37	93,3′. Breite durch Δ. Durch eine Beobachtung auf dem Gipfel 31° 9′ 49″.
b. Alexandria, Kleopatra's Bad	31	09	55	47	31	56	Nekropolis. Abw. 11° 0′. Incl. 57°
217. *Alexandria, Marabut-*							45′ (1822).
Insel	31	08	50	47	27	27	!, aber innen ⚥′. Abw. 11° 15′ (1822). ⚥ₒ. ⌐.
a. Abusir, Araberthurm	30	57	40	47	13	10	Anfahrt δ. ββₒ. ⚥.
b. Al Amaïd, Ruinen	30	56	05	46	50	50	⌐. Coupirtes Terrain. Abw. 10° 55′ (1822).
c. Jumeïmah-Punkt	31	02	07	46	26	50	⚥, aber !. Abw. 11° 20′ (1822).
d. Tanhub, Marabut	31	08	16	46	03	10	⌐ zu einer Sandspitze. Abw. 10° 52′ (1822).
e. Ras al Kanaïs (Kenais)	31	16	52	45	32	05	⌐ 'Akabah-el-Sughaïr, 460′. ⌐.
MARMARICA.							
218. *Marsa Mohádera*	31	12	07	45	19	20	⌂. ✹. Abw. 11° 0′ (1822). ⌐.
a. Ras al Harzeït oder Baratún	31	22	54	45	03	30	Baratún, das alte Parætonium. ⚥.
b. Marsa Labeït, Mhaddra-Fels	31	23	47	44	56	23	⌂. Abw. 11° 40′ (1822). ✹. ⌐.
c. Ischaïla-Felsen, der östliche	31	31	18	44	19	35	55′. ⊤. ⌐. (Scopuli Tyndarei.) ⌐.
d. Tifah-Felsen, Mittelpunkt .	31	35	15	43	56	00	Die ‖ ⊥, aber !. Abw. 12° 0′ (1822). ⌐.
e. Ras Haleima, Gipfel	31	36	18	43	39	50	⊤ & ⊥. Ostpunkt Gulfal Milhr.
f. Port Sollum, Bucht	31	30	00	42	49	50	⌂. ⚥′. δₒ. 'Akabah-el-Kebír, 788′.
g. Ras al Milhr oder Cap Luk-							
kah	31	53	05	42	43	20	δₒ mit !. (Ardanaxes Prom.) ⚥ₒ.
219. *Tebruk, Sarazenen-Thor*	32	02	51	41	43	21	⊞. Abw. 12° 40′. Incl. 56° 58′.
(Tabraka)							Int. 240 (1822).
a. Bomba, Robben-Insel	32	14	27	40	58	40	‖ Marsa Enharit Khuzitah. ⚥ₒ. ⌐.
LVIII. BOMBA, Bhurdah-Insel	32	22	36	40	56	13	⊞. Abw. 14° 55′. Incl. 56° 24′ (1822). ⌐.
a. Bomba, Oum al Gharami . .	32	27	35	40	52	48	Schifffels. !. ⌐. Abw. 14° 45′ (1822).
BARKA.							
b. Ras et Tyn, Strand	32	33	56	40	51	43	⌂, aber !. ✹. ⌐. ⚥ₒ.
220. *Derna, Marabut*	32	46	10	40	20	35	⚥′. Abw. 13° 39′ (1821). 530′.

Ort.	Breite.			Länge.			Bemerkungen.
	°	′	″	°	′	″	
a. Derna	32	42	55	40	15	50	Nach Dufour.
b. Ras Halál, Strand	32	55	29	39	49	52	⊥. ⚉. ✷, aber nahe ⚉. ⌢.
c. Marsa Susa, Cothon	32	54	51	39	36	17	⚘. Abw. 14° 27′ (1821). Landein ⚉.
d. Ras al Raʒat oder Ras Sem‚	32	56	56	39	17	50	T. ⊥. ⚞ zum Gureïnah, 1468′. ⚉. ⚉₀.
221. Cyrene, neben dem kleinen **Theater**	32	49	38	39	28	55	1898′. Beechey's Zeltstation.
a. Spitze Dolmeïta (Tolmita) .	32	50	00	38	47	58	⊥. ⚞ zur niedern Gureïnah-Kette, 985′.
222. Dolmeïta, der Cothon ...	32	43	07	38	34	42	⚘. In offener See ⚉. ✷. ⌢.
a. Taukra, Ruinen	32	31	50	38	12	00	⊥. ⚞ 891′. ✷ und ⚉. (Teucheira.)
223. Ben-Ghazi, Castell	32	06	51	37	42	30	▣. Draussen ⚉. Abw. 14° 50′ (1821). ⚉.
a. Ben-Ghazi	32	07	30	37	41	20	Nach Dufour.
b. Ras Teyones, Sandspitze ..	31	58	00	37	35	47	⊥. ⲅ. Niedrig, aber δ₀.
224. Marsa Kharkara	31	28	30	37	38	15	⊥. ⚉. ⚞ ausgedehnte Sandhüg. ⌢.
a. Schawan Marabut........	31	02	50	37	52	50	⚉, bei Küstenwind. !.
b. Ghara-Insel	30	47	32	37	36	38	T. ⊥, mit !. ∟. Abw. 15° 1′ (1822). ⌢.
c. Ischaifa-Felsen	30	36	30	37	32	35	T. 47′. ∟₀. ⌢.
d. Marsa Buraïgah, altes Fort	30	27	47	37	18	00	⚉ mit !. ⚞ hoh. und weiss. Sandbergen.
e. Buscheïfa-Insel	30	17	52	36	51	48	Im Sommer ⚉, mit !. ⚉₀.
TRIPOLI.							
f. Muktahr, Grenzsäule	30	17	40	36	39	40	Grenze von Tripoli.
g. Ras al Omjah oder Licontah	30	55	58	35	38	50	Plumper Fels gegen Ben - Jawad. ⲅ. ∟.
h. Abu Saida, Landungsplatz .	31	00	15	35	18	50	⚉ bei Küstenwinden. ✷.
i Marsa Zaphran, Spitze	31	12	50	34	20	42	▣. Anfahrt !. Abw. 16° 42′ (1821).
k. Jerid-Felsen	31	26	00	33	33	50	ⲅ. Draussen ⚉ bei Landwind.
l. 'Isá, Jebba-Ruine	31	33	20	33	14	50	Auf mässig. ⚟. ⌢.
m. 'Isá, Strandstation	31	35	25	33	17	46	Sandige Anhöhen. Abw. 16° 50′ (1821). ⚉′.
n. Dorf Tawarka	32	01	30	32	53	40	Oberhalb überschwemmt. Landes.
o. Kharra oder Asrär	32	09	58	33	04	55	⚉. Dieser einzelne Baum stand hier 1770.
225. Sidi Buschaïfa, Marabut	32	21	26	32	56	35	⊥. ⲅ. Abw. 16° 40′ (1816).
a. Misrata, Moschee	32	22	30	32	48	50	Die Stadt innerhalb der Spitze. ⚉.
b. Cap Misrata	32	25	15	32	50	15	T & ⊥. δ₀. Abw. 16° 48′ (1816).
c. Marsa Zoraik, Youdi-Fels .	32	26	50	32	28	15	▣. ⲅ. Das Dorf ungefähr 4′ östlich. ⌢.
d. Marsa Ziliten, Marabut ...	32	30	05	32	12	48	⚘. ⊥, westlich von der Orir-Klippe. Abw. 16° 30′ (1817)
e. Marsa Ougrah, Tabia-Spitze	32	32	50	32	01	50	⚘. ‖ des Khahan oder Kanafa. ⚞ 328′.

Ort.	Breite.	Länge.	Bemerkungen.
	° ' "	° ' "	
LIX. LEPTIS MAGNA, Citadelle	32 38 40	31 55 30	‡' in der offenen See. Abw. 16° 20'. Incl. 55° 0' (1817).
a. Lebida, Moschee	32 39 30	31 51 30	Dorf mit Olivenhainen. f̄.
b. Marsa Ligata	32 40 40	31 52 50	⊥. Im Sommer ‡'. ~.
c. Merkib-Thurm	32 39 10	31 49 12	Beherrscht die Umgegend. Vgl. f. d. ganze Umgegend v. Tripoli Dr. Petermann's Mitth. 1855. IX. 257 f.
d. Selineh, römische Ruine ..	32 37 56	31 49 50	Befestigte Anhöhe.
e. Emsalata, Moschee.......	32 35 30	31 37 50	1173'.
f. Medina Dugha, d. Gussar ..	32 32 00	31 19 50	Ausgedehnte Ruinen.
g Garatila-Berge, SW.-Ende.	30 37 30	31 48 35	Pik in der fernen Kette.
h. Girrza, hohes Gras.......	31 07 17	32 20 40	Abw. 16° 10' (1817).
i. Wadi Zemzem, römischer Brunnen	31 35 00	32 17 50	80' tief.
k. Benhoulat-Thurm	31 28 10	31 58 05	Aus dem spätern Mittelalter.
226 *Beni Walid*, *Castell*	31 45 38	31 52 00	Abw. 16° 0' (1817). f̄. 816'.
α. Dorf Duhár Sebád	31 44 22	31 57 05	4 Meilen östlich vom Castell. Nach Dr. Vogel.
a. Wadi Denahr, Orfilli's Zelte	31 52 10	31 43 40	Fruchtbarer Fleck.
b. Mhaddra, Quelle	32 08 49	31 27 30	Abw. 17° 5' (1817). 927'.
c. Wadi Tinsiwa	32 15 00	31 22 50	Fleckenweis cultivirt.
d. Weled-bu-Merian, Pass ...	32 21 40	31 14 12	(Aúlád 'ebn Maryun.)
e. Tarhuna, Melghra-Felsen ..	32 23 15	31 12 10	Gipfel 863—1080'.
f. Römischer Brunnen, 2' von Melghra	32 24 52	31 11 30	160' tief.
g. Saja-Niederung	32 28 37	30 56 30	Abw. 16° 40' (1817). f̄.
h. Intzarra (Nasárá?).......	32 49 25	30 56 25	Erste Brunnen.
i. Wahryan-Berge, Castell ...	32 07 50	30 42 00	Schöne Gegend. ∠ 3096'.
k. Ras Buswara, Gipfel	32 44 40	31 41 20	‖ des Flusses Sidi Abdellata.
l. Ras al Hamra, Hafenruinen	32 46 29	31 33 40	⊥. Abw. 16° 18' (1817). ~.
m. Wad al Ramil, Marabut ..	32 47 30	31 14 50	‖ des Ramil oder Sandflusses.
n. Ras Tajura, Gipfel	32 54 28	31 01 00	⊥. Die Stadt innerhalb des Cap. f̄.
o. Tripoli, des Consuls Villa .	32 54 15	30 52 18	Abw. 16° 35'. Incl. 55° 14'. Int. 230 (1821). f̄.
p. Tripoli, Centralfelsen	32 54 47	30 51 13	(Setif.) Station für chronom. Controle.
LX. TRIPOLI, Schloss d. Pascha	32 53 56	30 50 48	⊞, aber Einfahrt mit !. Auf der Rhede ‡'.
a. Tripoli................	32 53 40	30 51 18	Nach Dufour.
b. Tripoli, Martello-Thurm ..	32 53 45	30 46 16	Nach Smyth's Brief aus Marsamuscetto.
c. Tripoli vecchio, Fort	32 49 50	30 06 16	⊡. ⊥. Bei Küstenwinden ‡.
227. *Zoara*, *Marabut*	32 54 46	29 43 49	⊥ Gegen SO. f̄. ~.
a. Ras al Makhabez	33 07 20	29 22 25	‖ des ⊡. Draussen ‡'. Abw. 16° 20' (1822).

Ort.	Breite.	Länge.	Bemerkungen.
	° ′ ″	° ′ ″	
228. *Al Biban-Fels*	33 15 57	29 02 10	‖ gross. See ⬚. Draussen ⚸′. ⌁.
a. Zera-Spitze, Fels	33 24 00	29 00 50	♂. βϐₒ. Innerhalb ⚸′. ⌁.
b. Fort Zarsis, Thurm	33 29 50	28 50 00	Grenze von Tripoli (1816).
TUNIS.			
c. Ougla, Ras Mamora	33 31 40	28 49′ 35	ⲅ. ⊥. Vor demselben ⚸. ⚹.
d. Jerba, Boukal Schloss ...	33 41 08	28 40 11	‖ von Al Kantara. ⌁.
LXI. DJERBA, Castell Zong .	33 52 54	28 32 48	Abw.15°58′.Incl.55°0′(1822). ⚸′.
a. Djerba, Fort Djelis	33 51 57	28 24 20	Ausserhalb der Fischereien ⚸′. ⚷.
b. Ras Trigamus, NO.-Spitze .	33 50 00	28 44 50	?.
c. Kaschr Nata, Ruine	33 35 40	28 06 50	ⲅ. ⚸. Fluth 3ʰ 10ᵐ. Steigen und Fallen 5′.
229. *Khabs oder Kabes, Fort* .	33 52 58	27 44 06	‖ Wad al Rif oder Khabs-Fluss. ⊥.
a. Khabs	33 51 00	27 42 00	Nach Dufour.
b. Taflama, Ankerplatz	34 04 45	27 36 50	⚸ für Schiffe von Khabs Abw.16° 40′ (1822).
c. Sidi Midhil , Landungsplatz	34 17 00	27 41 48	⊞ innerhalb Zurkenis. ⚔ nach Djebel Thelj.'
230. *Sfâks', Molospitze*	34 43 56	28 19 40	⊞. Abw. 17° 10′ (1822). ⚷. ⚷.
a. Sfâks'	34 44 00	28 18 30	Nach Dufour.
b. Sidi Masur-Thurm..	34 48 21	28 26 50	56′. S.-Punkt vom Karkena‖. !.
c. Ras Kadidja oder Caput [vadorum	35 09 58	28 49 50	Thurm 51′. N.-Punkt vom Karkena‖. !.
231. *Karkena-Insel , Dazak-Thurm*..............	34 48 10	28 55 20	38′. Niedrig und !. ⲅ. ⚷. ⌁.
232. *Karkena-Insel , Gherba-Thurm*..............	34 38 00	28 34 06	38′. ⲅ. ⚷. ⌁.Abw. 17° 0′ (1822).
233. *Cap Africa, Mehdiga-Castell*	35 30 26	28 46 41'	⊥. ⚸. Abw. 16° 55′ (1822).
a. Leptis Parva, Ruinen von-.	35 39 43	28 31 30	⚔ zur Stadt Lamta, ⚷.
234. *Monastir, Fort Akdir* ..	35 45 23	28 28 43	⊞. Abw. 16° 38′ (1822).
a. Kurya-Inseln, die äusserste (Kuriât)	35 47 20	28 43 20	Coniglieri. ⲅ. ⌁. Abw. 17° 10′ (1822).
235. *Susa, Castellflagge*	35 50 00	28 15 46	⚸ vor den Molos, mit !. ⚷.
a. Herkla, Minaret........	35 59 10	28 09 50	⊥. Auf einer Anhöhe. Abw. 17° 0′ (1822).
b. Jebel Zawan oder Zaghwan	36 23 00	27 44 50	⌂3660′. Ein guterSignalpunkt.
236. *H'ammamât, Moschee* ..	36 23 27	28 18 05	⚸′ bei ⲅ. Abw. 17° 10′ (1822).
a. H'ammamât	36 23 37	28 17 03	Nach Dufour.
b. Cap Mahmur, Gipfel	36 26 48	28 38 48	⊥. ⚔ gen Nabal und Mahmur.
c. Ras Mustafa , Kalybia-Fort	36 49 57	28 48 20	⊥. An der Spitze β. Abw. 16° 44′ (1822).
237. *Cap Bon, Thurm auf dem Gipfel*	37 04 50	28 43 26	1103′. ⲅ & ⊥, aber ⚸ₒ. ⌁.
a. Sidi Daoud, Marabut	37 00 20	28 35 00	⬚ in der Hamar-Bucht. Abw. 16° 50′ (1816).

Ort.	Breite.			Länge.			Bemerkungen.
	°	′	″	°	′	″	
238. *Zembra oder Zowámir* ..	37	06	37	28	28	19	Landungsplatz. ⌐ 1464′. ⊥. δ₀.
a. Keith's Riff	37	50	00	28	47	50	20 Faden. Lat. von Maretimo aus berechn., Long. v. Cpt. Durban.
b. Skerki-Bänke	37	44	53	28	25	05	Smyth's ⚢ 1816. 3′ WSW. von der S.-Bank.
c. Adventure-Bank	37	32	00	29	24	30	Smyth's ⚢ 1816. 13 Faden. Der Grund zerrissen.
d. Adventure-Bank	37	11	30	29	46	50	Smyth's ⚢ 1816. 8 Faden.
239. *Tunis-Bai, Cap Zafran* .	36	52	00	28	16	00	T. Bei den Einwohnern Ras al Durdas. 1009′.
a. Berg Hammam, Lynf.	36	39	10	27	59	50	1142′. ⌐ z. Djebel Irsas(Piombo), 1614′.
LXII. GOLETTA, Halk-al-wad-Fort	36	48	25	27	56	30	‖. ⊞. ⚢′. Abw. 17° 40′. Incl 56° 48′ (1822). 20,1 mittl. Temp.
a. Tunis	36	47	59	27	51	30	Nach Dufour.
b. Tunis, Kobbeh, Kabeira ...	36	45	50	28	18	50	Marabut auf ⌐ unweit des Landungsplatzes. ⌐.
240. *Tunis, Cap Carthago* ...	36	52	03	27	59	19	Leuchtthurm 384′. ⌐ zu Sidi Buseïd (Byrsa). ✹.
241. *Port Farina, Arsenal*...	37	10	10	27	48	00	‖ d. Medjerdah und Buschater. ✹.
a. Cap Farina, Marabut	37	10	43	27	54	15	δ₀ im ‖ zur Insel mit !. ⚢₀.
b. Kamla-, Piana- oder Watia-Insel	37	10	48	27	57	46	⊥. Abw. 17° 20′ (1822). ⌐.
242. *Cap Zebib, Gipfel*......	37	16	20	27	40	35	‖ nach Kelb. δ₀. ⌐ Berg Schapta, 1877′.
a. Kelb, Hundfelsen	37	21	12	27	44	05	Zerrissener Grund, aber δ₀. ⚢₀. Abw. 18° 10′ (1822). ⌐.
243. *Bizerta, Benzert, Schloss*	37	16	36	27	29	10	‖ der 2 Seen. ⚢. Abw. 18° 0′ (1822).
a. Bizerta...............	37	17	20	27	30	20	Nach Dufour.
b. Bizerta, Jebel Ischkil	37	07	12	27	15	50	1642′. Marke für den Binnensee.
c. Ras-el-Abiad oder Cap Bianco (Prom. candidum) ..	37	19	32	27	26	52	Thurm. ⌐ 891′. ⚢₀.
d. Akwat-Kebir (Fratelli) ...	37	18	14	27	02	15	262′. T & ⊥, ausser nach NO. ⌐₀.
e. Galita, der Gallo-Fels	37	33	07	26	37	28	T & ⊥. ⌐₀. δ₀ mit !. ⌐.
244. *Galita, Zuckerhutspitze* .	37	30	56	26	34	07	⌐ 974′. Berg Guardia 1100′. Abw. 18° 9′ (1822).
a. Galitona, Centrum	37	29	45	26	32	45	454′. Aguglia 356′. T & ⊥, ⚢₀. δ₀ in d. ‖. ⌐.
b. Sorelle-Felsen	37	24	00	26	16	20	⊥, desshalb sehr δ. !.
c. Ras al Munschihar (Munschikar?)	37	13	54	26	40	50	(Cap Serrat.) T & ⊥. Abw. 17° 58′ (1822).
d. Cap Negro, Gipfel	37	05	00	26	35	10	Die Küste ⊥. ✹. ⚢₀. 352′.
245. *Tabarka, Castell*.......	36	56	25	26	22	09	▥. ⚢′. Abw. 17° 40′ (1822).
a. Alkalá oder La Cala	36	51	57	26	04	33	▥. Grenze zwischen Tunis und Algerien. ⚢₀.

Ort.	Breite.	Länge.	Bemerkungen.
	° ′ ″	° ′ ″	
ALGERIEN.			
b. Ras al Bufahal oder Rosa..	36 55 15	25 52 50	T & ⊥, ausser an der Basis. ✳. ⌢.
LXIII. Bona, Citadelle.....	36 54 02	25 27 44	373′, ⤙ 2439′. ⚥′. Abw. 18° 0′ (1813).
a. Bona	36 53 58	25 25 41	Nach Dufour.
b. Ras al Hamrah (Mavera) ..	36 57 58	25 29 20	T & ⊥. Guardia, neuer Leucht- thurm 437′. ⌢.
c. Tukusch-Insel, Centrum ..	37 05 56	25 02 20	δ₀ mit !. ⚥₀. ⌢.
246. *Ras Hadid (Cap Ferro)* .	37 05 10	24 50 47	Die Insel. T & ⊥. Innerhalb ⚥, mit !.
a. Cap Filfilla (Pfeffer)......	36 54 00	24 45 50	Gipfel 2346′. ✳. Basis ⊥.
b. Philippeville	36 52 50	24 34 00	Nach Dufour.
247. *Stora, alter Damm*	36 54 53	24 32 55	⚥′. Abw. 17° 50′ (1813).
a. Ramadi-Insel, Gipfel	36 58 45	24 33 05	T & ⊥. Höhe 188′. ⌢.
b. Kola, Hussein-Kapelle....	37 00 59	24 14 45	469′. Abw. 18° 0′ (1813). ⚥.
c. Ras al Ferjan (Bujaroni)...	37 06 58	24 07 56	Das nördlichste der 7 Caps. ⊥. ⚥₀. ⤙ 2627′. ⚒.
d. Al Imam-Felsen........	37 00 38	23 55 32	In der Bai ⚥ vor ‖ d. wad al Ke- bir. ⤙ 3378′. ⚒.
248. *Djidjeli, Minaret*	36 50 00	23 26 40	⊡. Abw. 18° 37′ (1813). ⌢.
a. Djidjeli (Igilgilis)	36 49 54	23 24 23	Nach Dufour.
b. Ras Djemel (Cap Cavallo) .	36 47 00	23 16 20	T & ⊥. Gipfel 1407′, ⤛.
c. Babora-Gebirge, Gipfel ...	36 34 00	23 09 50	5911′. Marke für die Mansurga- Bucht. ⚒.
249. *Budjeya, Castell*	36 45 45	22 48 12	450′. Abw. 18° 20′ (1813).
a. Budjeya (Bedschâjah)	36 46 34	22 44 36	Nach Dufour.
b. Cap Carbon	36 46 43	22 48 20	591′. ⤛. ⤙ bis 3753′. T & ⊥. ⚥₀.
c. Pisan-Insel, der Brunnen ..	36 49 31	22 42 06	⊥. δ₀ in ‖. ⌢. Abw. 18° 20′(1823).
d. Cap Sigli, Gipfel	36 53 00	22 27 50	T & ⊥. δ₀. Abw 18° 17′ (1823).
e. Berg Djudjera	36 25 00	21 50 50	6568′. Gipfel der Gebirgskette landein.
f. Mars-el-Fahm, Bucht	36 35 15	22 05 00	⚥′ in der Rhede. ⌙. ⚒.
g. Cap Tedlés, d. höchste Punkt	36 54 12	21 51 05	⊥. ⤙ bis 3284′. ⌢.
250. *Dellys, Landungsplatz* ..	36 55 10	21 36 15	1220′. Im Sommer ⚥′. Abw. 18° 25′ (1823).
a. Dellys	36 55 00	21 35 00	Nach Dufour.
b. Cap Bengut, Gipfel	36 56 00	21 35 50	⊥. Bg. Bubarak 920′, ⤙ bis 1877′.
c. Ras Temedfus (Matifuz) ...	36 48 58	20 52 50	Achteckig.Fort. ββ₀ an der Spitze.
LXIV. Algier, Mololeucht- thurm	36 47 31	20 44 08	⊡. ⚥, Abw. 19° 10′ (1813).
a. Algier (Al-Djezaïr)	36 47 20	20 44 10	Nach Dufour. 21,3 mittl. Temp.
b. Algier, Kaiserschloss	36 46 50	20 42 47	366′. Marke beim ⚥ n.
c. Ras Akkonada, Cap Caxine.	36 49 36	20 40 07	⊥. ⚥₀. ⤙ Berg Abu-Zariah.
d. Ras al Hamus, tarf Batal ..	36 37 50	20 03 45	Insel am Fusse. ⊥. ⤙ 2800′.

Ort.	Breite.			Länge.			Bemerkungen.
	°	′	″	°	′	″	
e. Zerzahal oder Scherschel ..	36	36	31	19	50	43	⊡. Bei Landwinden ⚓′.
f. Scherschel	36	36	30	19	52	00	Nach Dufour.
g. Ras Nakkus (Cap Tenez) ..	36	32	40	19	01	38	⊥. ∠ 3284′. Abw. 18° 37′(1813).
h. Dnis oder Tenez (Minaret) .	36	30	00	18	59	06	Ein Signalpunkt für den Wasserplatz.
i. Tenez	36	29	30	19	00	00	Nach Dufour.
251. Jezeïr al Hamman (Palomas)	36	25	58	18	35	26	75′. In ‖ δ₀. ⌒.
a. Ras Jebel Iddis (Cap lvi) .	36	05	45	17	52	30	⊥. ∠ 938′.
b. Mosta-ghanem, Centrum ..	35	57	00	17	46	10	Die Küstenlinie ⊤ & ⊥. δ₀.
c. Mosta-ghanem	35	55	57	17	45	14	Nach Dufour.
252. Marsa Arzaw, Fort	35	51	36	17	23	41	⚓′. Neuer Leuchtthurm 58′.
a. Ras Mischat (Cap Ferrat)..	35	54	50	17	18	10	⊥. ⚓₀. Gipfel über 1877′.
b. Aguglia-Felsen	35	54	00	17	13	25	169′. └. Pharao's Finger bei den Mauren.
c. Waharan oder Oran	35	40	49	17	00	33	Bergfestung. ∠ 1407′.
d. Oran	35	42	40	17	00	21	Nach Dufour.
253. Marsa Kebir, Leuchtthurm	35	44	17	16	57	52	111′, ∠ bis 1407′. ⌷.
a. Ras Harschfah (Cap Falcon)	35	46	10	16	51	45	⊥ aber !. ∠ 1689′. Station, östl. Gipfel.
254. Habiba-Inseln, grösste..	35	43	15	16	31	55	263′. Abw. 20° 30′ (1813). ⌒.
a. Ras Ischgún (Cap Fegalo)..	35	34	22	16	28	50	⊥ & ⊤, aber Inselfelsen an der Basis.
b. Karakal-Insel	35	18	30	16	09	58	178′. ‖ für kleinere Schiffe. ⌒.
c. Berg Noé	35	08	00	15	57	50	2800′. Marke für Cap Noé und Hone.
d. Nemours	35	07	00	15	47	30	Nach Dufour.
e. Cap Malonia, Gipfel	35	07	50	15	31	10	⊥ ∠ zu einem Ausläufer des Atlas. ⟩∠ 3284′.
f. Fluss Mahala oder Mulwia .	35	06	55	15	25	20	‖. Grenze von Algerien und Marokko. ⚓.
MAROKKO.							
g. Cap Agua, Gipfel	35	09	10	15	15	25	⊥. ⚓. ∠ gegen die Atlaskette.
255. Zafrin-Inseln, d. mittelste	35	10	50	15	13	50	122′. W. Insel 413′. ⚓. ⚓₀. ⌒.
a. Berg Partz, Gipfel	35	02	30	15	03	50	2439′. Marke für Restinga und Zafrin.
256. Melila, der baradero....	35	20	55	14	44	52	⊡. ⚓. Abw. 20° 49′ (1813). ⚓₀.
a. Melila	35	19	30	14	43	30	Nach Dufour.
b. Ras-ud-Deir (Tres Forcas) .	35	28	10	14	42	35	⊤ & ⊥, aber ⚓₀. ∠. ⌒.
257. Al Boran-Insel, Gipfel .	35	57	48	14	38	52	64′. Abw. 20° 30′ (1813). ⌒.
a. Khozama oder Al Buzema .	35	16	45	13	52	15	Befestigter Fels. ‖ d. Wad Nekkor.
b. Peñon de Velez, Flaggenstock	35	12	20	13	24	11	Befestigter Fels. ⊤ & ⊥. ⚓₀. ⌒.
c. Pescador-Spitze, Thurm ...	35	16	41	12	57	50	⊥, ⊤. Die Stadt jenseits. ✳.
d. Tetuan, Douanenthurm ...	35	37	07	12	21	12	‖. d Tetuanflusses. Bei W. Wind ⚓′.

Ort.	Breite.	Länge.	Bemerkungen.
	° ′ ″	° ′ ″	
e. Tetuan	35 36 00	12 20 30	Nach Dufour.
258. *Ceuta, Achoflaggenstock*.	35 53 58	12 22 15	⊥, ausser der NW.-Spitze. ✝.
a. Ceuta	35 54 04	12 23 30	Nach Dufour.
b. Peregil-Insel, Gipfel	35 54 48	12 14 27	Unter dem Affenberg. ⊥ aber ⊥,. ⌐₀. ⌒.
c. Affenberg, westlicher Gipfel	35 53 30	12 15 00	Dschebel Mussa oder Sierra Bullones, 2064′.
d. Cap al Kazar, Gipfel	35 52 50	12 05 50	⊥, ausser dicht darunter. ∠.
LXV. Tanger, Citadellen-Minaret	35 47 25	11 51 25	⊞. Abw. 21° 50′ (1810).
a. Tanger	35 47 13	11 51 35	Nach Dufour.
b. Cap Spartel, die Kluft	35 47 39	11 44 20	(Ras Schakka). ⊤ & ⊥. 141′. ∠. ✝.
c. Djeremias - Bai , Landungsplatz	35 43 00	11 43 32	♂₀. ♂′ bei Ostwind. ✝.
d. Arzila, Minaret	35 28 57	11 39 05	Bei d. ‖ d. Ayascha. Abw. 22° 5′ (1810).
e. Djebel Habib	35 28 00	11 56 50	2533′. Marke für die Küste. ✝.
259. *El Araïsch, Citadelle* ..	35 12 45	11 31 18	‖ d. Wad al Khos (Lucos). ✝.

Von den folgenden Längen- und Breitenangaben sind alle die mit arabischen Ziffern bezeichneten den Messungen des Capitain Gauttier entlehnt.

Ort.	Breite.	Länge.	Bemerkungen.
	° ′ ″	° ′ ″	
NORDKÜSTE CANDIAS.			
260. *Cap Spada, Gipfel*	35 40 30	41 24 00	
261. *St. Theodor-Insel, Nordpunkt*	35 31 20	41 35 00	
262. *Stadt Canea, das Castell*	35 28 40	41 40 20	(Telegr. n. Syra.)
a. Canea	35 28 40	41 40 10	Nach Dufour.
263. *Cap Meleca, Nordpunkt*	35 35 05	41 48 18	
264. *Cap Drapano, SO. von der Suda-Bai*	35 27 10	41 56 50	
265. *Stadt Retimo, Mittelpunkt*	35 22 17	42 08 07	
266. *Cap Retimo*	35 25 52	42 21 05	
267. *Cap Santa Croce, Nordpunkt*	35 25 54	42 38 26	
268. *Candia, Hauptminaret*	35 21 00	42 47 55	
a. Candia	35 21 00	42 47 45	Nach Dufour.
269. *Insel Standia, Nordgipfel*	35 27 20	42 54 10	
270. *Insel Paximada, Gipfel*	35 26 40	42 58 52	
271. *Ovo-Fels, Gipfel*	35 37 50	43 14 50	
272. *Maglia-Spitze*	35 19 15	43 15 40	
273. *Cap San Giovanni, Gipfel*	35 19 10	43 26 40	
274. *Hafen Spinalonga, Fort*	35 17 00	43 24 35	

Ort.	Breite.			Länge.			Bemerkungen.
	°	′	″	°	′	″	
275. *Cap Sitia*	35	14	20	43	41	30	
276. *Yanis-Inseln, die nördliche, Cosuagipfel* .	35	22	00	43	49	55	
OSTENDE CANDIAS.							
277. *Cap Sidera, Gipfel*	35	17	40	43	58	35	
278. *Insel Lassa, SO.-Spitze*	35	15	25	44	01	30	
279. *Palæo-Castro, Ruinen*	35	10	10	43	55	15	
280. *Cap Salomone, Ostspitze*	35	09	13	43	59	15	
281. *Cap Yala*	35	03	00	43	55	20	
SÜDKÜSTE CANDIAS.							
282. *Christiana-Inseln(Kupho-nisi)d. südlichste*	34	53	05	43	47	35	
283. *Calderoni-Inseln (Gœduro-nisi) NO.Punkt der westlichsten*	34	52	35	43	23	10	
284. *Cap Matala*	34	55	05	42	25	00	
285. *Paximadi-Inseln, Gipfel der grössten*	34	59	40	42	14	45	
286. *St. Johannes-Cap (Krio)*	45	15	35	41	10	25	
287. *Westlichster Berg Candias*	35	22	48	41	48	10	
288. *Berg Ida*	35	13	19	42	26	51	
289. *Oestlichster Berg Candias*	35	06	46	43	10	28	
290. *Grosser Gozzo von Candia, Westpunkt* ...	34	52	00	41	41	55	
291. *Kleiner Gozzo von Candia, Mitte*	34	56	15	41	39	20	
292. *St. Johannes-Cap (Candia)*	35	27	45	41	12	30	
293. *Sordi, Mitte der Insel, Candia*	35	34	20	41	06	58	
294. *Cap Buso, Candia*	35	36	38	41	15	25	
295. *Garabusa-Insel, Candia*	35	35	00	41	13	30	
INSELN.							
296. *Caravi-Fels, Gipfel*	36	46	25	41	15	25	
297. *Falconera, Gipfel der Insel*	36	50	40	41	33	55	
298. *Ananas-Felsen, der höchste*	36	32	45	41	49	05	
299. *Milo, Gipfel des St. Elia-Berges*	36	40	27	42	03	10	
300. *Paximado-Insel, südwestlich von Milo* ...	36	37	40	41	49	00	
301. *Anti-Milo, Gipfel*	36	47	42	41	54	28	
302. *Pettini-Felsen, südöstlich von Milo*	36	38	00	42	15	25	Wenige Fuss über dem Wasser.
303. *Argentiera*	36	49	20	42	13	18	
304. *St.Istada,Insel. Ankerplatz von Argentiera.*	36	46	16	42	15	50	
305. *Polino, höchster Punkt der Insel*	36	46	10	42	19	52	
306. *Siphanto, höchster Punkt der Insel*	36	58	04	42	22	30	
307. *Policandro, höchster Punkt der Insel*	36	37	03	42	35	00	(Pholegandros).
308. *Miconi, Gipfel der höchsten westlich. Berge*	37	29	15	43	01	18	(Mykonos).
309. *Anti-Paro, höchster Punkt der Insel*	36	59	39	42	43	22	
310. *Strongilo, höchster Punkt der Insel*	36	56	40	42	38	10	
311. *Paros, Gipfel des St. Elia*	37	02	46	42	51	13	Nach Duf. Länge 2″ kleiner.

Ort.	Breite.			Länge.			Bemerkungen.
	°	′	″	°	′	″	
312. *Naxia, Gipfel des Jupiter-Bergs*	37	01	50	43	11	00	
a. Naxia	37	06	00	43	05	40	Nach Dufour.
313. *Raclia, Gipfel der Insel*	36	49	28	43	07	53	
314. *Karo, Gipfel der Insel*	36	53	29	43	19	46	
315. *Amorgopulo, Insel, Gipfel*	36	36	54	43	22	29	
316. *Nios, höchster Gipfel*	36	42	44	43	00	45	
317. *Sikyno, höchster Gipfel*	36	39	51	42	46	43	
318. *Santorin, höchster Gipfel*	36	20	52	43	08	16	
319. *Christiani, Gipfel der höchsten Insel*	36	14	40	42	52	40	
320. *Anaphi, Gipfel der Insel*	36	22	21	43	27	04	
321. *Anaphipulo-Gipfel*	36	16	00	43	30	50	Die grösste der
322. *Ponticusa, Gipfel*	36	31	48	43	56	58	kleinen Inseln.
323. *Fidulec-Insel, Südpunkt*	36	31	25	43	49	35	
324. *Stamphalia, Gipfel des Monte Veglia*	36	32	12	43	59	30	
325. *Miconi, Gipfel des St. Elias*	37	29	06	43	01	08	Vgl. 308.
326. *Tino, Gipfel.*	37	35	01	42	54	11	
a. Tino	37	35	01	42	54	01	Nach Dufour.
327. *Andros, Gipfel.*	37	50	08	42	30	17	
a. Andros	37	50	08	42	30	07	Nach Dufour.
328. *Syra, Gipfel.*	37	28	56	42	35	23	
a. Syra	37	27	00	42	35	50	Nach Dufour.
329. *Jura (besser Ghiur) Gipfel*	37	36	36	42	23	08	
330. *Zea, Gipfel des Sl. Elias*	37	37	18	42	01	35	
331. *Piperi, Felsgipfel*	37	18	15	42	11	43	
332. *Hydra, Gipfel*	37	19	58	41	08	34	
a. Hydra.	37	19	31	41	07	27	Nach Dufour.
333. *Serphopulo, Gipfel.*	37	15	17	42	15	50	
334. *S. Giorgio d'Arbora, Gipfel*	37	28	14	41	35	37	
335. *Aegina, Gipfel.*	37	42	05	41	09	43	
a. Aegina	37	41	53	41	09	40	Nach Dufour.
GRIECHENLAND.							
336. *Argos*	37	38	09	40	22	49	?.
337. *Athen, Monument des Philopappos*	37	57	57	41	23	14	
a. Athen, Parthenon	37	58	08	41	23	30	Nach Dufour.
b. Athen	37	58	10	41	23	40	Nach Smyth.
338. *Peiræeus, Grab des Themistokles*	37	55	51	41	17	34	
a. Peiræeus	37	56	15	41	17	41	Nach Dufour.
339. *Korinth, Citadelle.*	37	53	37	40	32	00	
340. *Cap Colonna, Tempel von Sunion*	37	39	12	41	41	29	
a. Megara	37	59	46	41	00	12	Nach Dufour.
b. Nauplion	37	33	39	40	27	34	Nach Dufour.
341. *Provençale, Gipfel der Insel*	37	39	06	41	36	57	

Ort.	Breite.			Länge.			Bemerkungen.
	°	′	″	°	′	″	
342. *Hafen Raphti, Gipfel der Insel*	37	52	51	41	42	21	
343. *Cap Marathon*	38	10	47	41	45	00	
344. *Mandri, Hafen, Zuckerhut*	37	44	23	41	43	21	
345. *Insel Makronisi, nördlicher Gipfel*	37	45	00	41	48	20	
346. *Negroponte, St.Elias d' Oro, höchster Gipfel*	38	03	36	42	08	12	
347. *Kaloyeri, Mittelpunkt des Felsens*	38	09	59	42	57	55	
348. *Skyro, S. Giorgio, Gipfel des Kochilo*	38	49	46	42	17	00	
349. *Negroponte, Berg Delphi*	38	37	43	41	31	13	
a. Chalkis	38	27	45	41	14	53	Nach Dufour.
350. *Jura-nisi oder Teufelsinsel*	39	24	00	41	51	08	
351. *Skopelos, Berg Delphi*	39	08	25	41	21	45	
352. *Berg Trikeri, am Busen von Volo*	39	06	58	40	50	15	
353. *Hafen Fetio, Thurm an der Einfahrt*	39	01	59	40	40	45	Am Golf v. Volo.
354. *Alt-Trikeri, östlich im Busen von Volo* . .	39	09	42	40	46	09	
355. *Insel Halata, östlich im Busen von Volo* . .	39	10	11	40	53	43	
356. *Pelion, Berg*	39	26	17	40	42	50	
357. *Ossa, Berg*	39	47	53	40	22	00	
358. *Olympus, Berg*	40	04	32	40	01	48	
EUROPÆISCHE TÜRKEI.							
359. *Cap Drepano oder Trapano-Gipfel*	39	56	53	41	37	12	
360. *Mulliani, Gipfel d. Ins. im Golfv. M. Santo*	40	19	59	41	34	49	
361. *Limpiada, Gipfel im Contessa-Golf*	40	37	03	41	28	17	
a. Saloniki	40	38	47	40	36	58	Nach Dufour.
362. *St. Strati oder Strachi, Gipfel der Insel* . .	39	31	00	42	41	26	
363. *Lemnos, Gipfel des Therma-Berges*	39	53	42	42	48	27	
364. *Imbros, Gipfel der Insel*	40	10	36	43	31	15	
365. *Samothraki*	40	26	57	43	15	49	
a. Gallipoli	40	25	30	44	18	00	
b. Rodosto	40	59	55	45	12	00	
366. *Tarapia, französischer Palast, N O. Terrasse*	41	08	31	46	42	38	
367. *Constantinopel, französischer Palast zu Pera*	41	01	44	46	38	52	
368. *Constantinopel, St. Sophienkirche*	41	00	12	46	38	57	
a. Constantinopel, dieselbe	41	00	14	46	38	48	{ Nach 2 Angaben Dufour's.
b. Constantinopel, Pera, an der Wohnung des dänischen Gesandten	41	01	34	46	36	30	Zach, M.Corr.XI, 116.
WESTKÜSTE DES SCHWARZEN MEERES.							
369. *Pharos von Europa*	41	14	10	46	46	55	
370. *Kilios, Castell*	41	15	30	46	42	45	
371. *Kara Buru, Cap*	41	19	20	46	20	15	Burnu (?).
372. *Kaliondjik*	41	25	40	46	07	45	
373. *Cap Malhatrah*	41	29	55	45	57	40	

Ort.	Breite.	Länge.	Bemerkungen.
	° ′ ″	° ′ ″	
374. *Taliangiéri*	41 33 05	45 52 15	
375. *Media (Midja), Stadt*.............	41 36 45	45 46 10	
376. *Cap Serves*	41 39 00	45 46 50	
377. *Landspitze Sandal Liman*............	41 45 30	45 40 55	
378. *Ayo-Paoli, Fluss*	41 48 45	45 38 30	
379. *Tersanah, Dorf*	41 52 35	45 38 45	
380. *Cap Kuri, östlich vom Inada-Ankerplatz* .	41 52 43	45 42 52	
381. *Cap Resveh*........................	41 56 40	45 42 45	
382. *Berg Babia*........................	42 04 40	45 30 40	
383. *Stadt Ahtoboli (Aetepol)*	42 04 30	45 39 10	
384. *Dorf Vassicos*	42 07 40	45 31 40	
385. *Cap Zaïtan (Saitan)*....‥............	41 17 55	45 27 30	
386. *Cap Bagral-Altun*	42 24 45	45 24 40	
387. *St. Johannes-Insel, an der Einfahrt zum Golf von Burghas*	42 25 54	45 21 17	
388. *Stadt Burghas, Minaret*	42 29 20	45 08 55	
a. *Burghas*	42 30 30	45 10 15	Nach Dufour.
389. *Ahiuli (Ahiali) Insel*..............	42 32 10	45 18 35	
390. *Stadt Mesembria (Missivria)*	42 39 15	45 24 15	
391. *Cap Eminéh*	42 41 40	45 33 25	
392. *Dorf Djoski*	42 49 55	45 33 10	
393. *Kara-Burun, Cap*	42 55 00	45 34 30	Schwarzes V.
394. *Ak-Burun, Cap*	42 58 20	45 34 15	Weisses V.
395. *Cap Ilidjah-Varni*.................	43 05 20	45 35 40	
396. *Cap Galata*	43 10 10	45 38 10	
397. *Varna, grosser östlicher Thurm*	43 12 15	45 36 05	
a. *Varna*............................	43 12 03	45 37 10	Nach Dufour.
398. *Cap Sughanlik*	43 13 25	45 41 55	
399. *Cap Batuva*	43 19 15	45 44 55	
400. *Stadt und Hafen Baldjik*	43 23 15	45 50 00	
401. *Stadt und Hafen Kavarna*	43 24 00	46 02 55	
402. *Cap Calagria, Ruinen (Gülgrad)*	43 21 25	46 07 00	
403. *Schabler-Saghi (Ciablefer)*............	43 32 10	46 15 10	Stadt u. alt Pharos.
a. *Kustendjé*........................	44 10 05	46 21 50	Nach Dufour.
404. *Khas Elias, Donaumündung*	44 52 45	47 16 20	
405. *Suliné, Donaumündung, Leuchtthurm* ...	45 10 15	47 20 46	
a. *Suliné*	45 09 30	47 21 00	Nach Dufour.
RUSSLAND.			
406. *Schlangeninsel, Gipfel*	45 15 00	47 50 50	
407. *Dniester, NW.-Mündung*.............	46 10 00	48 13 25	
408. *Fontan, Cap und Leuchtthurm*	46 22 20	48 23 30	
409. *(Fountain point?)*	46 26 50	48 24 20	
410. *Odessa, Lazareth*	46 28 54	48 23 17	

Ort.	Breite.			Länge.			Bemerkungen.
	°	′	″	°	′	″	
a. Odessa	46	28	55	48	23	50	Nach Dufour.
411. *Odessa, höchste Kirche*	46	29	10	48	21	35	
412. *Odessa, Theater*	46	29	15	48	22	10	
413. *Odessa, Steueramt*	46	29	50	48	21	15	
414. *Odessa, NO.-Punkt der Rhede*	46	33	25	48	27	30	
a. Cherson	46	37	46	50	17	32	Nach Dufour.
b. Taganrog	47	12	21	56	36	18	Nach Dufour.
415. *Bérézan-Insel, Südbastion*	46	35	34	49	02	37	
416. *Cap Adji Hassan*	46	35	55	48	59	10	
417. *Bérézan, Flussmündung*	46	37	40	49	03	20	
418. *Kinburn, NW. Sandspitze*	46	35	00	49	06	45	
419. *Kinburn, Caserne*	46	33	20	46	09	45	
a. Kinburn	46	33	05	49	12	30	Nach Dufour.
420. *Balise, N.-Spitze der Tendra-Insel*	46	21	40	49	09	15	
421. *Fort auf einer niedrigen Landzunge S. von Otschakoff*	46	35	50	49	10	50	
422. *Otschakoff, die Hauptkirche*	46	36	25	49	10	45	
DIE KRIM.							
a. Perekop	46	09	00	51	22	00	Nach Berghaus.
b. Perekop	46	08	43	51	21	39	
423. *Cap Karamnun*	45	25	35	50	10	55	
424. *Tarkhan, Cap und Leuchtthurm*	45	21	35	50	11	10	
a. Eupatoria	45	12	00	51	02	00	Nach Berghaus.
b. Eupatoria	45	12	00	51	04	00	Nach Dufour.
425. *Kazelof, niedrige SW.-Spitze*	45	06	55	50	54	00	Ca. 1 Meile entfernt.
426. *Kazelof, Hauptkirche*	45	09	05	50	59	35	
427. *Dorf Krasnoiars*	45	00	45	51	17	15	
428. *Ssimferopol*	44	57	00	51	46	00	
429. *Dorf Zamruk*	44	54	45	51	16	30	
430. *Alma-Fluss*	44	50	50	51	12	20	
431. *Cap Lukul*	44	50	45	51	12	05	
432. *Cap Katscha*	44	46	15	51	09	30	
433. *Fluss Belbek*	44	39	50	51	11	55	
434. *Spitze Utschquikal*	44	37	55	51	09	15	
435. *Sebastopol, höchstes Haus des Lazareths*	44	35	58	51	09	01	
436. *Sebastopol, Hospitalkirche*	44	34	55	51	11	10	
437. *Sebastopol, St. Nicolausthurm*	44	35	25	51	11	25	
a. Sebastopol (Akhtiar)	44	36	51	51	11	09	Nach Dufour.
438 *Chersonesleuchtthurm*	44	34	25	51	00	40	
439. *Cap Fiolente*	44	29	15	51	07	25	
440. *Dorf St. Georg*	44	29	30	51	08	55	
441. *Balaklava, Einfahrt zum Hafen*	44	28	55	51	14	30	
a. Balaklava	44	28	40	51	16	10	Nach Dufour.

Ort.	Breite.	Länge.	Bemerkungen.
	° ′ ″	° ′ ″	
442. *Aïa, Gipfel des Caps*	44 24 40	51 19 00	
443. *Cap Saritsche*	44 22 00	51 24 10	
444. *Cap Kerkines*	44 22 05	51 36 25	
445. *Cap Aïtodor*	44 23 30	51 45 00	
446. *Nikita-Spitze*	44 29 25	51 53 35	
447. *Tschandirdag, Berg, N W.-Punkt des Hoch-landes*	44 44 40	51 58 10	
448. *Cap Liudag, Südpunkt*	44 32 10	51 59 40	
449. *Liudag, Gipfel*	44 33 05	51 51 10	
450. *Kamiesch*	44 35 30	51 07 00	
451. *Stadt Aluchti*	44 41 00	52 06 50	
452. *Cap Limani*	44 48 05	52 36 15	
453. *Dorf Sudak*	44 50 10	52 39 25	
454. *Cap Alcessan*	44 49 45	52 40 00	
455. *Cap Méganom*......................	44 46 40	52 46 30	
456. *Cap Karadoff*	44 53 10	52 55 00	
457. *Cap Kiatlama, der Fels*	44 54 35	53 03 55	
a. *Feodosia*	45 01 00	53 04 00	
458. *Kaffa, Ostpunkt des Lazareths*........	45 01 24	53 04 37	
459. *Kaffa, Stadthaus*...................	45 01 37	53 03 23	
460. *Cap Theodosia*	45 00 43	53 06 05	
461. *Cap Tschauda*	44 59 54	53 32 20	
462. *Jeltschankaléh, Fels*	45 01 31	53 56 14	
463. *Cap Karak*	45 02 25	53 58 54	
464. *Cap Takli*........................	45 04 30	54 07 26	
465. *Ak-Burun, Grabhügel auf der Spitze*	45 19 05	54 09 36	
466. *Kertsch, Stadt*	45 21 29	54 08 44	
a. *Kertsch*	45 21 00	54 09 00	Nach Berghaus.
467. *Jénikaléh, Stadt*	45 21 12	54 16 06	
a. *Jénikaléh*...........................	45 23 07	54 19 18	Nach Dufour.
b. *Jénikaléh*...........................	45 23 00	54 06 00	(?) Nach Bergh.
KUBAN.			
468. *Taman, Stadt*.....................	45 13 40	54 23 40	
a. *Jeisk*...............................	46 48 00	55 52 00	
469. *Insel vor dem Cap Taman*	45 09 10	54 17 25	
470. *Cap Kiheli*	45 06 52	54 23 45	
471. *Fluss Kuban, niedrige Spitze*	45 05 30	54 34 30	
KÜSTE DER ABCHASEN.			
472. *Anapa, westlicher Theil der Stadt*	44 54 21	54 55 54	
473. *Cap Isussup, Halbinsel* 2¹/₇ *Meilen SSO. von Anapa*......................	44 45 15	55 02 30	
474. *Sugujak, SW.-Einfahrt der Bai*	44 39 00	55 26 30	

Ort.	Breite.			Länge.			Bemerkungen.
	°	′	″	°	′	″	
475. *Guelinjik, mittlere Einfahrt zum Hafen* ..	44	31	00	55	47	10	
476. *Pschiat, O.-Punkt der Einfahrt*	44	22	20	55	59	25	
477. *Vulan, mittlere Einfahrt*	44	20	25	56	10	50	
478. *Kodos, Westpunkt*	44	16	55	56	22	10	
479. *Fluss Subaschi*	44	09	25	56	39	35	
480. *Vardan, NW.-Punkt der Einfahrt*	44	06	15	56	41	55	
481. *Pik im Caucasus (?)*	43	56	30	56	31	25	
482. *Fluss Mamaï*	43	53	25	56	58	35	
483. *Sutschali, NW.-Punkt*	43	42	35	57	12	50	
484. *Cap Zengui*	43	30	40	57	24	30	
485. *Cap Ardler*	43	22	55	57	36	10	
486. *Fluss Kentschili*	43	20	35	57	50	10	
487. *Pitsiunta, niedrige Spitze* $^1/_2$ *Meile SW. von*	43	08	20	57	59	30	
488. *Pitsiunta, Ende des Golfs*	43	09	45	58	01	40	
489. *Sukum-Kaleh, NO.-Bastion*	42	59	20	58	40	03	
490. *Dorf Sukum, Ruinen von Dandar*	42	58	10	58	42	25	
MINGRELIEN.							
491. *Kodor,* ‖ *des Flusses*	42	50	34	58	44	10	
492. *Iskuria, Cap*	42	47	00	58	49	50	
493. *Jenischéri, Dorf*	42	43	50	59	09	20	
494. *Isiret, Cap und Fluss*	42	27	00	59	10	14	
495. *Ilori, Fort*	42	24	20	59	12	10	
a. Anaklia	42	22	00	59	11	00	
496. *Kule, Redoute*	42	14	12	59	18	25	
KÜSTE DER LASEN. (Gurien.)							
497. *Phas, neues Fort auf der Insel*	42	07	30	59	19	50	
498. *Tekehétil, Dorf und Schanze*	41	54	40	59	25	30	
499. *Tschuruk, Stadt*	41	49	15	59	26	10	Oestlichst.Punkt
500. *Cap Sikindsi*	41	46	10	59	23	30	der Tabelle.
501. *Méandschur, Thurm*	41	43	40	59	22	25	
ANATOLIEN.							
502. *Batum, Stadt*	41	38	40	59	18	50	
503. *Batum, Thurm auf dem Cap*	41	40	00	59	15	20	
a. Achalzich	41	39	00	60	38	00	
504. *Guniéh, Stadt*	41	36	00	59	13	35	
505. *Cap Guniéh*	41	35	15	59	11	50	
506. *Makria, Stadt*	41	30	15	59	11	05	
507. *Khoppa, Dorf*	41	24	50	59	04	10	
508. *Arkava, Stadt* ....·...........	41	23	00	58	56	40	
509. *Vitsé, Dorf*	41	17	25	58	46	35	
510. *Bulep, Dorf*	41	12	25	58	35	25	

Ort.	Breite.	Länge.	Bemerkungen.
	° ′ ″	° ′ ″	
511. *Laros, Fort*	41 10 30	58 28 40	
512. *Cap Kemer*	41 09 20	58 25 10	
513. *Dorf Mapavreh*	41 06 20	58 26 05	
514. *Risch, Stadt*	41 02 25	58 10 05	
515. *Fudji, Cap*	41 02 30	58 01 40	
516. *Mahané, Dorf*	40 56 10	57 51 40	
517. *Komurkiando, Dorf*	40 55 45	57 48 20	
518. *Heraklia, Cap*	40 58 05	57 40 35	
a. Erekli	40 58 40	57 36 50	Nach Dufour.
519. *Falkos, Dorf* .·...............	40 57 00	57 33 40	
520. *Trebisonde, französisches Consulat, O. von der Stadt*	41 01 00	57 24 47	
a. Trapezunt	41 01 00	57 24 37	Nach Dufour.
521. *Platana, Dorf*	41 02 05	57 13 05	
522. *Aksché-Kaléh, Dorf*	41 05 30	57 08 32	
523. *Ioroz, Cap*	41 06 55	57 03 35	
524. *Skiéflé, Stadt*	41 04 30	56 55 10	
525. *Kureléh, Cap*	41 05 45	56 49 25	
526. *Héléhu, Dorf*	41 03 30	56 44 05	
527. *Cap Kara-Burun*	41 03 40	56 35 40	
528. *Tirboli, Stadt*	41 01 00	56 29 05	
529. *Espey, Dorf*	40 57 50	56 22 40	
530. *Zéphira, Cap*	40 59 30	56 16 35	
531. *Kessap, Dorf* ......·..........	40 56 30	56 12 10	
532. *Arhentias, Insel*	40 57 35	56 05 40	
533. *Kérésun, Stadt*	40 57 10	56 03 35	
534. *Aio-Vassil, Dorf und Cap*	40 58 35	55 59 05	
535. *Aio-Vassili, Cap*	41 00 40	55 47 40	
536. *Postipey, Cap*	41 01 40	55 32 20	
537. *Vona, Cap*	41 07 05	55 28 35	
538. *Cap Yason* .....'..............	41 08 15	55 19 30	
539. *Fatsah, Stadt*	41 02 45	55 09 55	
540. *Uniéh, Stadt*	41 09 50	54 59 05	
541. *St. Nichola, Landspitze*	41 10 30	54 58 35	
542. *Thermé, ‖ des Flusses*	41 13 15	54 44 10	
543. *Cap Thermé*	41 18 30	54 37 50	
544. *Kiatli-Bassi, Cap*	41 21 20	54 31 35	
545. *Tscherschembéh, Cap*	41 22 35	54 19 10	
546. *Samsun, Stadt*	41 20 31	54 01 42	
a. Samsun	41 17 30	54 00 58	Nach Dufour.
547. *Samsun, Cap*	41 12 30	54 01 55	
548. *Kisil-Irmak, Spitze* ....·.	41 45 20	53 37 38	
549. *Aladjam, Dorf*	41 38 40	53 19 10	

Ort.	Breite.	Länge.	Bemerkungen.
	° ′ ″	° ′ ″	
550. *Guerzéh, Stadt*	41 48 45	52 53 00	
551. *Sinope, Stadt, das Castell*	42 02 30	52 49 40	
a. Sinope	42 .02 30	52 49 30	Nach Dufour.
552. *Boz-dépéh, Cap* ....:.........:......	42 03 00	52 53 00	
553. *Paschi, Cap*	42 06 40	52 40 50	
554. *Indgéh, Cap* .....:...............	42 07 57	52 36 20	
a. Ineboli (Neopoli)	41 57 55	51 25 00	
555. *Kérempéh, Cap*	42 02 01	50 59 00	
556. *Kidros, Dorf*	41 56 09	50 39 14	
557. *Sagra, Berg*	41 48 01	50 30 10	
558. *Délikli-Chili, Dorf*	41 49 19	50 18 16	
559. *Amasserah, Cap, 1 ⅙ Meile NO.*	41 48 50	50 06 50	
a. Amasserah, Gipfel der Halbinsel ....·.....	41 45 27	50 01 00	Nach Dufour.
560. *Amasserah, derselbe*	41 45 27	50 01 10	
561. *Bartin, Dorf*	41 33 52	49 53 54	
562. *Filiuz, Dorf auf der Halbinsel*	41 34 10	49 42 05	
563. *Guélimili, Cap*	41 32 27	49 33 26	
564. *Baba, Cap*	41 20 54	49 06 18	
565. *Heraclea, Leuchtthurm*	41 17 08	49 04 42	
566. *Fluss Kara, die Mündung*	41 06 55	48 36 10	
567. *Sakaria, Fluss, Mündung*	41 09 24	48 19 00	
568. *Melin, Stadt* ....:......	41 06 54	48 46 50	
569. *Kefken, Centrum der Insel*	41 14 15	47 56 52	
570. *Kerpen, Cap*	41 13 36	47 56 00	
571. *Chili, Thurm*	41 10 48	47 16 42	
572. *Cianée von Asien, nördlich*	41 14 20	46 54 50	
573. *Pharos von Asien*	41 13 00	46 49 10	
ÖSTLICHER ARCHIPEL.			
574. *Tenedos, Gipfel des St. Elias*	39 50 14	43 43 40	
575. *Metelin, Gipfel des Ordymnus*	39 15 00	43 37 32	(Mytilene.)
576. *Metelin, Gipfel des Olympus*	39 04 17	44 03 03	
a. Metelin.........:.................	39 08 30	44 .11 55	Nach Dufour.
577. *Ipsera, Gipfel des St. Elias*	38 35 38	43 16 54	I. Psara.
578. *Scio, Gipfel des St. Elias, am N.-Ende...*	38 33 42	43 40 50	
a. Scio, Stadt	38 23 27		Zach, XI. 126.
b. Scio (Saki-Adasi)....................	38 23 00	43 47 50	Nach Dufour.
579. *Hurlac-Insel, Gipfel, im Golf von Smyrna*	38 26 32	44 26 52	
a. Smyrna ·.......·...................	38 25 38	44 48 06	Nach Dufour.
b. Smyrna	38 28 26		(?) Zach, XI.124.
580. *Caraburno , Berg , an der Einfahrt zum Golf von Smyrna*	38 31 33	44 11 28	
581. *Samos, Gipfel des Querki*.............	37 43 46	44 18 16	

Ort.	Breite.			Länge.			Bemerkungen.
	°	′	″	°	′	″	
a. Samos, Watschi	37	47	31				Zach, XI. 125.
b. Samos	37	45	00	44	39	00	Nach Dufour.
c. Skala nova	37	51	00	44	56	20	
582. *Nicaria, höchster Gipfel*	37	31	15	43	42	45	
583. *Nicaria, westlicher Gipfel*	37	31	09	43	42	33	
584. *Nicaria, östlicher Gipfel*	37	36	26	43	56	57	
585. *Miletus-Spitze oder Cap Tree (Baum)* ...	37	21	11	44	53	03	
586. *Pathmos, Gipfel der Insel*	37	17	02	44	15	09	
587. *Bove-Felsen, Mitte*	37	14	24	43	36	15	
588. *Lero-Insel, Gipfel des Clido*	37	10	44	44	31	12	
589. *Zinaro, Gipfel*	36	58	42	43	57	28	
590. *Cos oder Stancho, Gipfel des Monte Christo*	36	49	56	44	54	00	
591. *Crio, Gipfel des Cap*	36	44	05	45	14	40	
592. *Nicero, Gipfel der Insel*	36	35	16	44	51	52	(Nisari.)
593. *Madonna, Gipfel der Insel*	36	30	31	44	37	18	
594. *Piscopi, Gipfel der Insel*	36	26	22	45	00	43	
595. *Safrani, Gipfel der grössten Insel*	36	25	11	44	18	14	
596. *Placa, Gipfel der Insel*	36	04	11	44	05	04	
597. *San Giovanni, Gipfel der Insel*	36	20	51	44	21	33	
598. *Plana oder Piana, Gipfel*	35	51	25	43	55	20	
599. *Adelphi oder Fratelli, die grösste südlichste*	35	49	40	44	08	50	
600. *Stazida-Insel, Mitte*	35	53	20	44	30	50	
601. *Caxo-Insel, Südspitze*	35	18	20	44	32	30	
602. *Scarpanto, Nordspitze*	35	50	30	44	51	20	
603. *Scarpanto, Südspitze*	35	23	30	44	52	50	
604. *Scarpanto-Pulo, Nordspitze*	35	54	20	44	52	20	
605. *Yali, SO. von Piscopi, Gipfel*	36	22	15	45	08	45	
606. *Crio, Cap auf dem Festland, SW.-Spitze* .	36	39	20	45	04	50	
607. *Karki, Gipfel der Insel*	36	13	20	45	14	55	
608. *Clalavalda, Westspitze von Rhodus*	36	07	35	45	21	10	
609. *Limonia-Insel, Gipfel*	36	17	25	45	23	55	
610. *Simia-Insel, Westpunkt*	36	34	40	45	27	05	
611. *Diamant, Gipfel von Simia*	36	34	40	45	32	55	
612. *St. Catharinen-Insel, S. von Rhodus*	35	52	00	45	25	25	
613. *St. Georg's Cap, NW.-Punkt von Rhodus* .	36	22	50	45	36	30	
614. *Cap Volno (Volpe?)*	36	34	15	45	37	45	
615. *Adelphi oder 3 Brüder, 4′ über Wasser, südlich von Rhodus*	35	50	20	45	35	05	
616. *Rittercap*	36	34	10	45	42	10	
617. *Citadelle der Stadt Rhodus, St. Johanniscap*	36	30	50	45	44	55	
618. *Barbanicolo, Gipfel der Insel*	36	36	15	45	47	10	
619. *Stadt Rhodus, Mühlenspitze*	36	27	35	45	52	55	

Ort.	Breite.	Länge.	Bemerkungen.
	° ′ ″	° ′ ″	
620. *Stadt Rhodus, Ende des Molo, N. vom Leuchtthurm*	36 26 53	45 53 23	
a. Stadt Rhodus	36 26 53	45 53 50	
621. *Cap Marmara, Südpunkt der Einfahrt zum Hafen*	36 42 40	45 56 45	
622. *Ginacri-Cap, Westpunkt der Einfahrt zum Golf von Macri*	36 34 25	46 28 45	
623. *Macri-Golf, SO.-Spitze*	36 32 10	46 38 15	
624. *Baba-Insel, Gipfel*	36 38 40	46 18 25	
625. *Caraguachi - Insel, Einfahrt zum Porto Fisquo*	36 41 50	46 06 35	
CARAMANIEN.			
626. *Sieben Caps, Südpunkt*	36 20 00	46 51 20	
627. *Rothes Castell, Insel, Südpunkt*	36 06 35	47 15 50	
628. *Cacamo-Insel*	36 10 25	47 34 20	
629. *Khelidonia, Insel vor dem Cap, Südpunkt.*	36 10 30	48 06 05	
630. *Khelidonia, Cap*	36 12 45	48 05 45	
a. Antaliah (Satalieh)	36 53 00	48 24 15	
b. Adalia	36 52 00	48 24 50	Nach Dr.Schaub.
631. *Karaburnu, Spitze*	36 40 00	49 17 40	
632. *Alaya nova*	36 31 20	49 40 31	
a. Alaya	36 32 00	49 41 50	
633. *Cap Célitiburnu*	36 10 55	50 01 25	
634. *Anamuzi-vecchio, Südpunkt Caramaniens.*	36 00 50	50 30 05	
CYPERN.			
635. *Cap Salizano*	35 06 20	49 56 25	
636. *Cap Cormachiti*	35 23 50	50 37 00	
637. *Cerina, Bergspitze*	35 19 30	50 49 55	
638. *Stadt Cerina*	35 19 30	51 03 10	
a. Cerina	35 19 30	51 00 58	Nach Dufour.
639. *Cap St. Andreas*	35 41 40	52 17 20	
640. *Stadt Famagosta*	35 07 40	51 39 00	
641. *Cap Grego*	34 57 05	51 46 20	
642. *Stadt Larnaca, Garten des französischen Consuls*	34 55 13	51 19 27	
a. Larnaca	34 55 13	51 17 15	
643. *Larnaca, NO.-Ende der Stadt, Rey's Haus*	34 54 31	51 20 10	
644. *Cap Chiti, Thurm*	34 49 55	51 18 10	
645. *Limassol, Stadt*	34 41 15	50 43 40	
a. Limassol	34 40 00	50 45 50	Nach Dr.Schaub.
646. *Cap Gatto, SO.-Spitze*	34 32 50	50 41 30	

Ort.	Breite.	Länge.	Bemerkungen.
	° ′ ″	° ′ ″	
647. *Cap Bianco*	34 39 20	50 20 10	
648. *Stadt Paphos*	34 47 20	50 06 15	
CARAMANIEN. (Fortsetzung.)			
649. *Rittercap, Südpunkt der Halbinsel*	36 07 30	51 23 35	
650. *Insel Provençale, Südpunkt*	36 10 30	51 27 10	
651. *Bagascia-Landzunge, Südpunkt*	36 12 45	51 37 30	
652. *Lamas, Stadt an der ‖ des-*	36 31 35	51 58 40	
653. *Tarsús, Stadt, Strand*	36 46 30	52 26 40	
654. *Cap Malo, SW.-Punkt*	36 29 45	53 03 05	
a. Alexandrette (Iskenderun)	36 35 27	53 55 00	Nach Dufour.
SYRIEN			
655. *Cap Canzir, Syrien*	36 16 00	53 29 25	
656. *Cap Possidi*	35 52 10	53 30 50	
657. *Stadt Latakiéh*	35 30 30	53 28 50	
a. Latakiéh	35 30 30	53 25 38	Nach Dufour.
b. Latakia	35 31 00	53 29 50	Nach Dr.Schsub.
658. *Stadt Caria oder Gibili*	35 19 45	53 35 45	
659. *Stadt La Marca*	35 09 00	53 36 20	
660. *Tortosa, Insel und Stadt*	34 50 25	53 31 45	
661. *Stadt Tripoli, französisches Consulat, nördlich vom Castell*	34 26 22	53 31 23	
a. Tripoli	34 26 22	53 29 11	Nach Dufour.
662. *Cap Madone*	34 19 30	53 22 20	
663. *Cap Barut*	33 49 45	53 08 55	
a. Cap Barut	33 50 50	53 09 00	Nach Dufour.
b. Beiruth	33 52 00	53 12 50	Nach Dr.Schaub.
664. *Stadt Seïde*	33 34 05	53 03 35	
665. *Sour oder Tyrus*	33 17 00	52 54 30	
666. *Cap Bianco*	33 05 10	52 47 25	
667. *St. Jean d'Acre, Stadt*	32 54 35	52 46 15	
a. Jean d'Acre	32 57 00	52 44 02	Nach Dufour.
668. *Cap Carmel*	32 51 10	52 39 30	
669. *Cæsarea, Ruinen*	32 32 25	52 34 40	
670. *Stadt Jaffa*	32 03 25	52 26 05	
a. Jaffa	32 03 25	52 23 53	Nach Dufour.
b. Jaffa	32 03 00	52 27 50	Nach Dr.Schaub.
671. *Ascalon, Ruinen*	31 39 00	52 12 50	
672. *Fort El-Arisch*	31 05 30	51 28 20	
ÆGYPTEN.			
673. *Kacazoïm, Cap*	31 10 40	50 43 20	
a. Damjette	31 25 00	49 26 50	Nach Dufour.

Ort.	Breite.			Länge.			Bemerkungen.
	°	′	″	°	′	″	
674. *Abukir, Thurm*	31	20	35	47	46	10	
675. *Alexandria, Leuchtthurm*	31	12	53	47	34	40	S.o.No.LVII.etc.
a. Alexandria	34	12	53	47	32	35	Nach Dufour.
b. Alexandria	31	11	00	47	33	50	Nach Dr.Schaub.
c. Kairo	30	03	00	47	58	00	Nach Berghaus.

Schlussbemerkung. Ich habe, wie bereits erwähnt wurde, die Länge von Greenwich nach den neuesten Angaben zu 17° 39′ 50,55″ angenommen und danach alle Längen auf Ferro reducirt; die meisten frühern Reduktionszahlen waren aber etwas kleiner und so erklärt es sich, dass z. B. die Längenangaben Dufour's fast ohne Ausnahme etwas kleiner sind und dass man überhaupt geneigt sein mag, die Längen in den Gauttier'schen Messungen — da auch Smyth noch anders reducirte — eher um einige Sekunden zu verkleinern, als zu vergrössern. Ich hielt es aber — wohl mit vollem Recht — für zweckmässig, bei allen französischen Angaben die Differenz von 20″, bei allen englischen die obige von 17° 39′ 50—51″ consequent festzuhalten.

Wir haben in den vorstehenden Tabellen eine ziemlich bedeutende Anzahl magnetischer Beobachtungen mit aufgenommen, obgleich dieselben ohne Ausnahme schon vor längern Zeitperioden angestellt sind und also, um die gegenwärtige Declination und Inclination zu finden, wesentlich corrigirt werden müssen. Zur Ergänzung dieser magnetischen Beobachtungen sind nun besonders die von dem Dr. F. Schaub, Director der Marine - Sternwarte in Triest, während der Monate August und September 1857 im östlichen Theile des Mm. gefundenen Resultate von grosser Wichtigkeit, und wir erlauben uns, aus Dr. A. Petermann's Mittheilungen (1858, S. 111.) eine Uebersicht dieser Beobachtungen zu entlehnen.

Alle Beobachtungen, sagt dort Dr. Schaub, wurden mittelst eines Lamont'schen Theodolithen gemacht, welcher mit einem Differenzial-Inclinatorium versehen war. Der Bestimmung der Constante liegt die Inclination von Triest = 62° 17,8′ zu Grunde, wie sie durch ein vortreffliches Inclinatorium von Barrow aus 10 Beobachtungen vom 11. bis 22. Januar 1858 gefunden wurde. Die horizontale Intensität ist in der von Gauss eingeführten und in Deutschland allgemein gebräuchlichen Einheit ausgedrückt. Das Beobachtungs - Tagebuch wird in Kürze von der kaiserl. österreich. Marine veröffentlicht werden. Es bilden übrigens die Beobachtungen des Sommers 1857 nur den kleinern Theil einer Reihe von magnetischen Beobachtungen, welche Se. kaiserl. Hoheit der Herr Erzherzog, Marine - Obercommandant, im östlichen Becken des Mm. ausführen zu lassen beschlossen hat.

Beobachtungs-punkt.	Westliche Declination.	Inclination.	Horiz. Intensität.	Beobachtungs-tage.	Smyth's Beobachtung siehe oben:
Corfu . . .	10° 48,2′	55° 41,7′	2,4413	Aug. 7. 8.	L.
Zante . . .	10 23,0	53 29,8	2,5380	11. 12.	LIV.
Cerigo . . .	9 32,1	51 14,3	2,6374	14. 15.	
Candia . .	8 44,2	49 54,0	2,6932	16. 17.	
Rhodus . .	7 30,4	50 50,3	2,6631	19. 20. 22.	
Adalia . . .	6 20,4	51 31,7	2,6366	25. 26.	
Limassol .	6 02,9	47 59,2	2,7899	28. 29.	
Latakia . .	4 59,3	48 42,9	2,7756	30. 31.	
Beiruth . .	5 19,0	46 42,0	2,8499	Sept.[536] 2. 3.	
Jaffa . . .	5 17,5	44 14,9	2,9181	9. 10. 15.	
Alexandria	7 10,1	43 19,4	2,9310	18. 19.	LVII., b.—217.
Bombah . .	9 29,0	46 03,6	2,8272	28. 29.	LVIII., u. a.

An demselben Orte ist eine Tabelle der magnetischen Declination im mittelländischen, schwarzen und rothen Meere beigefügt, die sich in dem „Nautical Magazine and Naval Chronicle for October 1857" findet und eine grössere Reihe von Beobachtungspunkten umfasst. Die Quellen sind nicht angegeben und die nur bis auf 15 Minuten hinab gehende Genauigkeit erweckt eben kein Vertrauen; indessen er- giebt sich eine recht genügende Uebereinstimmung mit Dr. Schaub's jedenfalls sehr brauchbarer Tafel. Es wird dabei auf die Abnahme des Werthes der westlichen Declination in diesen Meeren hingewiesen, welche seit Anfang unseres Jahrhunderts mehr als einen halben Com- passstrich (über 5° 37½′) betragen hat. Die durchschnittliche jähr- liche Abnahme soll gegenwärtig im Westen des Mm. etwa 3′, im mittlern Theile desselben 5′, im östlichen Theile und im schwarzen Meere 6′ und in dem rothen Meere etwa 7′ betragen. Ich habe in der nachstehenden Tafel diese Abnahme aus den Smyth'schen Beob- achtungen hergeleitet und glaube, dass man keinen wesentlichen Fehler machen wird, wenn man für Gibraltar die jährliche Abnahme auf 3′, für die östlichsten Punkte des Ostbassins dieselbe auf 7′ und für die dazwischenliegenden Punkte je nach ihrer Länge Zwischenwerthe be- rechnet. Für Triest finde ich durch Vergleichung der Beobachtungen Smyth's (1819) mit denen Schaub's (1858) circa 4½′.

---

[536] Im Original steht „Aug.", was wohl verdruckt ist.

Beobachtungspunkte.	Magnetische Declination 1857.	Declination nach Smyth. [537])	Schätzung der jährlichen Abnahme.
Cap Spartel	20° 00′ W.	21° 50′*	2,34
Gibraltar	20 00	21 37	2,94
Cap de Gata	19 00	20 42	2,32
Cap Antonio und Tarragona .	18 30	20 37	2,88
Barcelona und Cap Creux . .	18 00	20 40 *	3,64
Cap Ferrat (östl. v. Oran) . .	18 00	18 18 *	0,41
Algier	17 15	19 10	2,61
Marseille und Toulon	17 00	19 30	4,17
Port Mahon (Minorca). . . .	17 00	19 30	3,26
Genua	15 30	19 15	5,77
Corsica und Sardinien. . . .	15 30	18 16 *	3,95
Cap Serrat und Insel Galita .	15 15	16 48 *	4,20
Livorno	15 00	17 58	4,27
Cap Bon und Skerki - Bank . .	14 30	16 50 *	3,41
Insel Pantellaria u. West-Sicilien	14 00	16 15	3,37
Tripoli	13 45	16 35	4,72
Neapel	13 15	17 32	6,42
Malta	13 15	17 21	6,00
Ostküste von Sicilien	12 45	18 33 *	7,86
Cap Spartivento	12 30	16 20	5,61
Golf von Taranto	12 00	16 00	5,85
Ben Ghazi (NW. v. d. grossen Syrte)	11 00	14 50	6,39
Ionische Inseln	10 30	13 25 *	4,73
Bomba, südl. von Ras-et-Tyn .	9 45	14 55	8,85
Korinth und Insel Cerigo . .	9 30	12 20 *	5,00
Athen	9 15		
Dardanellen und Smyrna . . .	8 00		
Alexandria	7 15	11 07 *	6,64
Eingang zum Bosporus . . .	7 00		
Donau - Mündungen	6 30		
Odessa . . . . ,	6 00		
Suez	6 00		
Alaja und Westende von Cypern	5 45		
Kosseir (am rothen Meer) . .	5 30		

[537]) Die mit * bezeichneten Werthe sind aus Beobachtungen auf naheliegenden Punkten durch Interpolation berechnet.

· 34

Beobachtungspunkte.	Magnetische Declination 1857.	Declination nach Smyth.	Schätzung der jährlichen Abnahme.
Westküste der Krim	5° 00′ W.		
Akka (Palästina)	5 00		
Seberget-Insel (St. Johns im roth. M.)	4 30		
Insel Perim (Bab-el-Mandeb) .	4 15		
Sinope	4 00		
Busen von Iskenderun . . .	4 00		
Strasse von Kertsch	3 30		
Tscherkessische Küste des schwarzen Meers	2 30		

Wir stehen am Ziele unserer Meeresfahrt und statt zuletzt das Auge auf die Ziffern der Messinstrumente zu heften, wäre es wohl passender gewesen, zum Schluss noch einmal zu einer freiern Umschau und Fernsicht emporzusteigen. Wir unterlassen dies aber, weil die noch folgenden Anhänge dadurch unwichtiger und unbedeutender erscheinen möchten, als wir dies wünschen, ferner weil manches, was hier gesagt werden könnte, der Vorrede zugewiesen ist, endlich weil wir überhaupt nicht so anmassend sind, zu glauben, unsere Studien über das Mm. zu einem Abschluss gebracht zu haben, der sich in wenige Worte fassen liesse. Wir schliessen daher mit dem klugen Worte Seneca's:

Natura semina scientiæ nobis dedit, scientiam non dedit.

ANHÄNGE.

---

1. Ueber die Graham - Insel.[538])

Am 30sten Januar 1811, d. h. zu einer Zeit, wo der politische
Zustand der seefahrenden Nationen im Westen von Europa wissenschaftlichen Forschungen geradezu hinderlich war, tauchte die von Capitain
Tillard Sabrina benannte Insel aus dem Meere auf. Aber das höchst
interessante Phænomen fand wenig Beachtung. Was damals versäumt
wurde, konnte indess 20 Jahre später einigermassen nachgeholt werden, als am 2. Juli 1831 in dem Meere von Sicilien die neue und
bald wieder zertrümmerte Feuerinsel Ferdinandea oder Graham zwischen
der Kalksteinküste von Sciacca und der rein vulkanischen Pantellaria
sich über den Meeresspiegel erhob. (Vergl. S. 142.)

Es wurde in den ersten Briefen, welche von Malta ankamen, berichtet, dass sich ein Offizier auf der Mittelmeerstation in Besitz einer
alten Karte befinde, auf der eine Bank mit nur 4 Faden Wasser über
ihr, Larmour's Breakers genannt, angegeben sei, die der Länge und
Breite nach noch nicht eine (engl.) Meile von der neuen Insel entfernt und also als ihr Kern zu betrachten sei. Dieser Bericht hat
aber nie eine Bestätigung gefunden; man glaubte nur, dass Capitain
Larmour, als er den Wassanaer, ein Truppenschiff bei der ægyptischen
Expedition (1800) befehligte, diese Stelle bemerkt habe; aber die
Offiziere und Passagiere sahen durchaus nicht alle dasselbe und die
von mehreren Schiffen auf Anordnung des Ober - Commandos in der
Gegend vorgenommenen Nachforschungen blieben fruchtlos. Ueberdiess
liegt die fragliche Stelle so unmittelbar in der Bahn, die jährlich wohl
100 Schiffe einschlagen, dass sie gewiss nicht unbemerkt bleiben konnte.
Auch ist die Lage jener seichten Stelle keineswegs so zuverlässig
bestimmt, dass man behaupten konnte, sie sei von der vulkanischen
Insel noch nicht eine (engl.) Meile entfernt gewesen. Smyth behauptet

---

[538]) Mit Benutzung eines vor der königl. Gesellsch. in London von dem Capt.
W. H. Smyth, R. N., F. R. S., F. S. A. am 9ten Februar 1832 gehaltenen Vortrags;
vergl. v. Humboldt's Kosmos I. 253. Prévost im Bülletin de la Société géologique
T. II., p. 34; Friedr. Hoffmann's hinterlassene Werke Bd. II., S. 451—456.

sogar, dass das von Larmour angegebene Riff nicht weniger als 10
Meilen in der Richtung W. zu N. davon auf einem Theil des unterseeischen Plateaus liege, der nach Smyth's Schiff Adventure-Bank genannt wurde und der Sicilien mit Afrika durch eine Bergkette von
40—50 Faden Tiefe verbindet. Graham's Insel liegt aber nicht auf
dieser Bank, sondern an einer Stelle, die, wenn die Bestimmung der
Breite (37° 08′ 25″ N.) und Länge (12° 43′ 50″ Greenw. = 30°
23′ 40″ O. Ferro) zuverlässig ist, vorher wenigstens 100 Faden Tiefe
zeigte.

Wenn nun aber die Existenz der Larmour-Bank und ihrer Brandung bezweifelt wird, so sollen damit die merkwürdigen, oft sehr plötzlichen Veränderungen nicht in Abrede gestellt werden, welche sich an
den Erdschichten namentlich in und bei Italien und Griechenland zeigen.
(Unser ganzer Grund und Boden ist „zitternd lebendig", sagt der
Italiener.) Es soll nur behauptet werden, dass ein Seemann viel genauere Beobachtungen — vor Allem sorgfältige Sondirungen — anstellen müsse, ehe er eine solche „gefährliche Stelle" in den Karten
fixiren darf. Steht sie, besonders in einer so stark befahrenen Gegend,
einmal auf der Karte, so bringt sie den Schiffern sehr leicht wesentlichen Nachtheil, da dieselben ihre Curslinie danach modificiren, d. h.
gewöhnlich verlängern müssen. Maury's vortreffliche Sailing Directions
für den atlantischen Ocean haben aber glänzend bewiesen, welcher
grossartigen Vereinfachung und Abkürzung die Schiffahrt selbst auf
scheinbar längst bekannten Meeren noch fähig ist.

Uebrigens hat in der Gegend von Larmour's Bank die Fregatte
Greyhound auch einen auffallenden Wellenschlag bemerkt und man
hat seit langer Zeit dort unter dem Namen La Ajuga und B. Scoglio
Untiefen markirt; nicht weit ab fand auch Smyth einen Höcker mit
nur 7 Faden Wasser. Die Adventure-Bank dehnt sich überhaupt von
Sicilien bis in die Nähe von Pantellaria aus, wo die Tiefe von 76 Faden
auf einmal bis über 375 zunimmt. Pantellaria und Linosa selbst sind
aus grossen Tiefen emporgetriebene vulkanische Kegel.

Jene Stelle von 7 Faden Tiefe, an welcher die Adventure ankerte,
mag nun die Brandung, welche von Larmour und von der Greyhound
aus gesehen wurde, veranlasst haben; es ist aber durchaus nicht zu
beweisen, dass durch Erhebung der Schichten einer solchen Bank die
Ferdinandea entstanden sei, sondern im Gegentheil höchst wahrscheinlich, dass dieselbe aus einer grossen Tiefe von ungefähr 100 Faden
emporgestiegen und wieder in eine solche hinabgesunken sei.

2. Ueber den Suez-Kanal.

Für den Welthandel sind die Meere und Meerengen die eigentlichen Marktplätze und Strassen; je mehr sich also der Verkehr belebt, je höher die Produktion in einzelnen Ländern steigt, desto
dringender verlangt man nach der Freiheit der Bewegung zum Aus-
tausch der Produkte, desto fühlbarer und beengender wird jede
Schranke, welche sich der Communication der Völker entgegenstellt.
So brauchbar nun Landengen — als natürliche Unterbauten von
Eisenbahnen u. s. w. — für den Verkehr der nächsten Anwohner
sein mögen, so störend und hemmend wirken sie auf den Welthandel,
wenn sie wie ein verschlossenes Thor die Verbindung zwischen den
Oceanen oder Thalassen unterbrechen. Unser Erdball hat viele solcher
Thore aufzuweisen, deren Oeffnung und Schliessung eine höhere Hand
besorgt. In Amerikas äusserstem NW. ist das Thor der Behrings-
strasse geöffnet und das Seebecken von Kamtschatka (ursprünglich
eine Thalassa) ist zu einem oceanischen geworden; dagegen sperrt die
Landenge von Panama allen direkten Verkehr zwischen der Antillen-
see und dem grossen Ocean. Wir haben oben bereits, den Hypothesen
Dureau-de-la Malle's folgend, die Vermuthung ausgesprochen, dass
sich im Süden des heutigen Russlands einst eine gewaltige Thalassa
ausgedehnt haben mag, welche an Fläche das jetzige eigentliche Mm.
übertraf. Zwischen beiden hat die weise Führung des Allmächtigen
den Bosporos eröffnet. Der Meerbusen von Lepanto weist ferner im
Kleinen ebenso auf das ægæische Meer hin, wie der arabische auf
das Ostbassin des Mm. Beide sind aber bis heute gesperrt; dagegen
finden wir in unserer Thalassa selbst die Thore bei Reggio (Bruch)
und Bonifacio (denn die Verbindungsstrasse erscheint wirklich wie das
Werk eines Wohlthäters) geöffnet und der Okeanos strömt durch die
Säulen des Herkules. Da sich nun die Seefahrer schon seit den ältesten Zeiten von der Wichtigkeit jener vier Meerengen überzeugten, so
lenkten sie sofort auch ihre Aufmerksamkeit auf die Landengen. Wir
haben oben bereits erzählt, wie schon im Alterthume der Plan mehrmals diskutirt wurde, den Isthmus von Korinth zu durchstechen.
Der Plan blieb unausgeführt aus vier Gründen — zunächst weil man
fälschlich für die Gewässer des korinthischen Busens und des ægæischen Meeres einen bedeutenden Niveauunterschied annahm, ferner
weil man die technischen Schwierigkeiten nicht zu überwinden verstand; dann, weil der Umweg um Morea eigentlich nicht gross war,
und endlich wegen der unglücklichen politischen Wirren, welche in

Griechenland einem derartigen recht eigentlich nationalen Unternehmen störend in den Weg traten. Vier ganz ähnliche Punkte kommen nun auch bei der Landenge von Suez in Betracht: der Niveauunterschied — der, wie wir auch schon angaben, keineswegs so bedeutend ist, als man früher glaubte —; die technische Frage, deren glückliche Lösung, wenn die genügenden Geldmittel herbeigeschafft werden, kaum mehr zweifelhaft ist; der Umweg, diesmal nicht um eine kleine Insel, sondern um einen grossen Welttheil, und die politischen Verhältnisse, welche das auffallende Schauspiel zeigen, dass sich die türkische Indolenz und Barbarei und die regste englische Handelsthätigkeit und Civilisation wenigstens für den Augenblick zu verbünden scheinen, um die Pforte bei Suez verschlossen zu halten.

Ehe wir den Plan in seiner grossartigen Bedeutung als Vereinigung des Mm. mit dem östlichen Ocean auffassen, wird es zweckmässig sein, die Verhältnisse Aegyptens und namentlich seinen Handel etwas näher ins Auge zu fassen.

Schon in den ältesten Zeiten war das rothe Meer eine sehr belebte Handelsstrasse. Sesostris[539]) hatte die erste Idee, den Nil mit dem rothen Meere durch einen Kanal zu verbinden. Er unternahm im 14. Jahrhundert v. Chr. den Bau durch das Land Gosen oder Wadi Tumilât, bei welchem die Israeliten Frohnden verrichten mussten. König Necho oder Nechao II. setzte zwischen 616 und 600 diesen grossartigen Bau weiter fort, der durch den Tod von 120000 Arbeitern gehemmt wurde — woraus man auf die grossen Schwierigkeiten, welche denselben erschwerten, schliessen kann. Von Darius Hystaspis wurde derselbe darauf, nach Herodot's Angabe,[540]) nochmals in Angriff genommen. Dabei schweigt Herodot von der Befürchtung, dass Unteraegypten durch das rothe Meer überschwemmt werden möchte, obgleich namentlich Aristoteles und Diodor von derselben sprechen und Plinius sogar angiebt, dass das rothe Meer 3 Ellen (cubitos)

---

[539]) Die von Herodot dem Sesostris zugeschriebenen Thaten kann man theils auf Sethos (Sethosis I.), theils auf Ramses II. Miamun, nach dem die Stadt Ramses benannt ist, beziehen. Dem Dr. Schleiden erscheint es, wohl mit Recht, unabweisbar, in dem Sesostris des Herodot einen Helden der Sage anzuerkennen, in welchem die wesentlichen Thaten der beiden grössten ægyptischen Könige vereinigt wurden.

   [540]) II, 158. ..Die Länge des Kanals ist 4 Tagefahrten, die Breite aber so, dass zwei Dreiruderer mit Raum für die Ruder neben einander fahren können; .. er ist am Fuss des sich von Memphis herabstreckenden Gebirges, in welchem die Steinbrüche sind, der Länge nach von West nach Ost geführt (also im Wadi Tumilât) und zieht sich darauf nach den Felsenspalten hin, vom Gebirge aus sich gen Süd und zum Südwind hinwendend nach dem arabischen Busen.... Nach Herodot's gewiss beachtenswerthen Angaben ist also der Kanal wirklich vollendet gewesen.

höher stehe, als der Boden Unteraegyptens. Wir wissen nicht, was diese einmal eröffnete Kanalstrasse wieder schloss, aber lange scheint sie nicht offen geblieben zu sein. Dagegen ist sicher überliefert, dass Ptolemæus Philadelphus (284—246) einen neuen sehr grossartigen Kanalbau wirklich ausführte, zu einer Zeit, wo Aegyptens Handel und Wohlstand zur vollsten Blüthe entwickelt war. Aus diesen Wiederholungen desselben Baues scheint übrigens hervorzugehen, dass die ältern Kanäle, deren Spuren sich namentlich noch am Timsah-See erkennen lassen, bald unbrauchbar wurden, und dass also auch in dieser Beziehung die Unterhaltungskosten eines modernen Kanals bedeutend werden dürften.[541] Die kunstvollen Umbauten, der sogenannte Fluss des Ptolemæus, scheinen sich besonders von den Bitterseen bei El Ambak bis zum rothen Meere erstreckt zu haben.[542] Der Kanal machte viele·Krümmungen und war mit Schleusen versehen. Daraus schon scheint hervorzugehen, dass er mehr dem damals so überaus bedeutenden Lokalverkehr Aegyptens diente und namentlich die Waaren Alexandrien, dem London der damaligen Zeit, zuführte. Er verschlämmte[543] allmählig, bis ihn zu Anfang des 2. Jahrhunderts n. Chr. Kaiser Trajan ausbessern und zugleich einen Zweigarm von der Spitze des Delta bis in das Thal Wadi Tumilât herstellen liess, welcher der Trajansfluss genannt wurde.[544] Im 7. Jahrhundert restaurirte Amru, der Feldherr des Khalifen Omar, nochmals den grossen Kanal und erbot sich zugleich zu der Ausführung eines direkten Kanals durch den Isthmus. Sein Vorschlag blieb unausgeführt; denn wie hätte sich ein solches Unternehmen — ein Produkt der regsten Handelsthätigkeit, des friedlichsten Verkehrs, der weit vorgeschrittenen Civilisation in den Zeiten des Verfalls der Khalifenherrschaft und der gewaltsamen Ausbreitung der türkischen Despotie, die wie eine hohe Pforte den Verkehr im Orient abschloss — Bahn brechen können! Der grosse Gedanke wurde indess nicht ganz

---

[541] Dr. Schleiden bestreitet diese Versandung, weil es dazu an Material fehle und weil die vorherrschenden Nord- und Nordwestwinde dasselbe überhaupt nicht hinführen könnten.

[542] Schon Strabo (XVII, 1) erwähnt die πικραὶ λίμναί beim Kanalbau des Ptolemæus. Plinius nennt sie *fontes amari*; die Tabula Peutingeriana bezeichnet sie an der richtigen Stelle als *lacus mori*.

[543] Dass er versandet sei, lässt sich an der gegenwärtigen Beschaffenheit der Bodenoberfläche durchaus nicht nachweisen.

[544] Der Trajanskanal ist in Dr. Schleiden's Landenge von Suês, §. 16. S. 76, erschöpfend behandelt. Ebendort werden die arabischen Phantasien von einem Hadrianskanal, von dem z. B. Abul Feda und Makrizzi erzählen, abgewiesen.

vergessen. Die Venetianer beantragten während der Mamelukenherr-
schaft die Eröffnung eines Kanals, durch den sie von ihrer Lagunen-
städt aus durch den Adria, das mittelländische und rothe Meer fast
in gerader Linie nach dem indischen Meere hätten gelangen können.
Auch die· türkischen Herrscher Selim I. und Suleiman II., der Prächtige, vor Allen aber noch im vorigen Jahrhundert Mustapha III., sowie der Mameluken-Chef Ali-Bei beabsichtigten die Herstellung einer
direkten Kanalverbindung; aber der Tod rief sie ab, ehe sie die Ausführung des schwierigen Unternehmens nur beginnen konnten.

    Durch Napoleon's ægyptischen Feldzug trat darauf die Suezfrage
in ein neues Stadium. Der General der Republik war kaum in
Aegypten angekommen, als er sofort eine Commission mit der Untersuchung der Lokalverhältnisse beauftragte, deren Nachforschungen
der Ingenieur Lepère, als Napoleon bereits nach Frankreich zurück-
gekehrt war, in einer Denkschrift veröffentlichte. Nach dieser beträgt
der Niveauunterschied des mittelländischen und rothen Meeres 9,908
Meter oder beinah 30½ par. Fuss. Die Wiederholung dieses uralten
Irrthums trat nun allerdings dem Plane, einen direkten Kanal anzu-
legen, hindernd in den Weg; aber die von der französischen Commission vorgenommenen topographischen Untersuchungen des Isthmus
bildeten doch erwünschte Ausgangs- und Anknüpfungspunkte für die
spätern auf dieses Projekt bezüglichen Arbeiten. Dem Mehemed Ali
wäre wohl ein Kanal erwünscht gewesen, weniger aber die englischen
Kriegsschiffe, denen er durch denselben sein Land zu eröffnen fürchtete. Erst 1840 lenkte Aegypten die Blicke Europas in politischer
wie in wissenschaftlicher Beziehung von Neuem auf sich. Einige
Engländer im Vereine mit Linant-Bei, dem leitenden Ingenieure des
Vicekönigs, und Mougel (Mouzel?) Bei empfahlen die Angelegenheit
ebenso dringend dem Vicekönig, wie Urquhart und Andere dem britischen Publikum. Der Vicekönig bewilligte darauf — auf Fürst
Metternich's Rath — die Bildung einer Gesellschaft zur Vornahme
weiterer Studien; ausgezeichnete Ingenieure traten nun zu einer Commission zusammen, nämlich der Engländer Stephenson, dem die Erforschung der Rhede von Suez übertragen wurde, der Oesterreicher
Negrelli,[545]) welcher die Nivellements und Sondirungen im Golf von
›Pelusium leitete, der Franzose Talabot, der das von dem Ingenieur
Bourdaloue ausgeführte wichtige Nivellement leiten sollte. Talabot
sprach sich für einen Kanal von Suez nach dem Nil aus. Die Er-

---

[545]) Dieser ausgezeichnete Ingenieur ist vor Kurzem gestorben.

eignisse des Jahres 1848 und der inzwischen erfolgte Tod Mehefned Ali's unterbrachen nochmals diese Vorarbeiten. Erst im Jahre 1854 nahm Herr Ferdinand von Lesseps unter den Auspicien Saïd-Pascha's das Projekt wieder auf und erhielt im November desselben Jahres vom Vicekönig die Bewilligung zu dessen Ausführung, vorbehaltlich der Ratification des Sultans. Da unterdessen Talabot mit seinem frühern Plane eines Süsswasser-Kanals vom rothen Meere nach Alexandrien quer durch das Delta [546]) wieder hervorgetreten war, so erschien es zweckgemäss, das Lesseps'sche Projekt eines direkten Kanals, das sich eigentlich den von Ptolemæus ausgeführten Bauten sehr nahe anschliesst, durch eine Commission nochmals prüfen zu lassen. Diese Commission, bestehend aus Negrelli (Oesterreich), Lentze (Preussen), Renaud und Lieussou (Frankreich), Paleocapa (Sardinien), Rendel und Mac Clean (England) und Conrad (Holland), versammelte sich am 30. Oktober 1855 in Paris und begab sich von da nach Alexandrien, wo sich Linant-Bei und Mougel Bei dazu gesellten, während Larousse zugleich den Auftrag erhielt, unter der Aufsicht Lieussou's die Tiefe der Bai von Pelusium zu sondiren.

Nach dem Bericht dieser Commission besteht nun die Landenge von Suez oder Suês, welche den trennenden Wall bildet, keineswegs aus einer die westlichen und östlichen Küstengebirge des rothen Meeres und deren Ausläufer bis zum Mm. verbindenden Rippe, sondern sie ist vielmehr ein beide Welttheile trennender, trocken gelegter Thalweg, der als solcher durch mehrere in der kürzesten Verbindungslinie zwischen beiden Meeren liegende Wasserbecken deutlich markirt, zugleich aber von drei queren Bodenerhebungen durchsetzt wird, nämlich zwischen dem Ballâh- und Timsahsee durch die Schwelle von El Gisr, zwischen dem Timsahsee und den Bitterseen durch die Dünenreihe, welche Dr. Schleiden nach der in der Nähe liegenden Ruine als die Barre des Serapeum bezeichnet und endlich durch die Sand-

---

[546]) Eine dritte Linie wurde von dem englischen Schiffscapitän William Allen vorgeschlagen und in dem Buche „A new Route to India" (2 Bände. London, Longman 1855) empfohlen. Er will seinen Kanal durch das todte Meer und das Jordan-Thal legen; zu dem Ende soll die Ebene von Esdraelon — mit sehr geringen Kosten? — durchstochen werden, worauf sich dann der vom Mm. hergeleitete Strom als ein ungeheurer Wasserfall von über 1000 Fuss Höhe in das todte Meer stürzen würde. Von da aus wäre dann der Kanal durch das in seinen Niveauverhältnissen noch wenig bekannte 20 deutsche Meilen lange Wady el Arabah nach dem Busen von Akabah zu leiten; letzteres dürfte aber enorme Kosten verursachen; denn aus des Comte de Bertou Untersuchung der Terrainverhältnisse scheint sich jedenfalls so viel zu ergeben, dass hier bedeutende Durchstiche (vielleicht von 500 Fuss) sich nöthig machen würden.

ebene zwischen den Bitterseen und dem Suezbusen, die Suezbarre.[547]
Der Niveauunterschied zwischen beiden Meeren beträgt nach den neuesten Messungen 2,32 Metres = 7,39 preuss. Fuss = 7,6117 engl. Fuss
(etwas mehr als 1¼ Faden) und zwar + rothes Meer.[548] Von Suez
bis zur Küste des Golfs von Pelusium, unweit des kleinen Castells
Tineh, ist eine Entfernung von nur 18[549] deutschen Meilen. Nicht
ganz auf der Mitte dieses Wegs, etwas näher an Suez, findet sich
das grosse Wasserbecken des jetzt ausgetrockneten Bittersees. Der
Thalweg von Suez bis zum Bittersee ist durchaus eben und der Boden
besteht bis zu bedeutender Tiefe aus Alluvium.[550] Etwa 2 Meilen
vom grossen Bittersee entfernt, · in der Richtung auf Pelusium, liegt
ein zweites Wasserbecken, der Timsahsee. Das zwischen beiden Ein-
senkungen liegende Terrain, nach den dort befindlichen Ruinen die
Schwelle von Serapeum genannt, ist wellenförmig. Der Boden besteht bis zu bedeutender Tiefe lediglich aus Sand und Kies. Der
Timsahsee liegt so tief, dass der Nil bei starken Anschwellungen in
einer zwischen Fluss und See befindlichen Mulde, Tumilat genannt,
bis zu letzterem vordringt. In weiterer Verfolgung des Thalwegs
findet sich eine Küstenlagune, der See von Menzaleh; der nur durch
einen schmalen, etwa 150 Schritt breiten Erdwall vom Mm. getrennt
ist. Zwischen den letzten beiden Wasserbecken liegt ein hügeliges
Terrain, das aber nur bei El Gîsr (die Brücke, der Damm) eine Höhe
von 40 Fuss über dem Meeresspiegel erreicht und selbst diese Erhebung nur auf einer kurzen Strecke zeigt. Dies ist der höchste
Punkt auf der Linie zwischen Suez und Pelusium, der eigentliche
Culminationspunkt in dem ganzen Verlauf des Kanals, wie Lesseps
sagt.[551] Der Boden besteht auf dieser Schwelle hauptsächlich aus
Flugsand. Die Rhede von Suez bietet für 500 Schiffe einen sichern,

[547]) Ein Hauptwerk über diese Gegend ist Dr. M. J. Schleiden's Landenge von
Suês. Zur Beurtheilung des Kanalprojekts und des Auszugs der Israeliten aus
Aegypten. Dem letztern Punkt ist in dem trefflichen Werke ganz besondere Auf-
merksamkeit gewidmet.

[548]) Vgl. jedoch Petermann Mitth. S. 366. Schleiden a. a. O. 65. 66.

[549]) Nach Petermann's Mittheil. nur 16, nach Lesseps 113 Kilometer = 15½
Meilen.

[550]) Vgl. Strabo I, 3. Plin. H. N. XXXI, 39, welche beide einen ehemaligen
Zusammenhang des rothen und mittelländischen Meeres vermuthen.

[551]) Ueber die Entstehung dieses El Gîsr durch die Fluthen des rothen und
die von den Etesien getriebenen Wellen des Mm. vgl. Schleiden, Landenge etc.
12. Derselbe glaubt, dass in neuerer Zeit eine allmählige Senkung des ganzen Landstrichs zwischen beiden Meeren, wie sie Strabo 1, 3. prophezeiet hat, wirklich eingetreten sei. (S. 15 figg.)

aus zähem Schlammboden bestehenden Ankergrund, auf 2½ — 7 Faden
Tiefe. Die herrschénden Winde sind nicht gefährlich und der stürmische SSO. hält selten lange an. Der Ankergrund ist unveränderlich,
da das rothe Meer hier keine Zuflüsse erhält. Der Golf von Pelusium ist flacher als der von Suez und erreicht erst auf 3000 Metres
(9558,6 par. Fuss, also etwa ⅖ Meilen) Entfernung vom Ufer in
seinem östlichen Theil eine Tiefe von 5 Faden. Hier — bei Said —
findet keine Veränderung des Meeresbodens durch Flugsand etc. mehr
statt, der in jener Entfernung aus Sand in festen Schlamm übergeht.

Auf diese Terrainverhältnisse gründet sich nun das Lesseps'sche
Projekt einer Kanalverbindung. Unter den verschiedenen Detailplanen
ist der Negrellische als der zweckmässigste anerkannt worden. Nach
demselben soll eine freie Wasserstrasse, ohne Schleusen, unmittelbar
von dem östlichen Theil der Bucht von Pelusium durch das Timsah-
und Bitterseebecken nach Suez so tief ausgehoben werden, dass sie
eine Wassertiefe von mindestens 8 Metres oder 25½ Fuss rheinisch
in den Theilen, welche den eigentlichen Kanal bilden, besitzt. Die
Sohle desselben soll mindestens 44 Metres (= 140⅕ pr. Fuss) breit
werden, mit einer Böschungsanlage für die Kanalwände von 1 : 2 für
die Uferabfälle. Nach diesem Plan zerfällt das Projekt in folgende
einzelne Theile. Um den Schiffen, welche den Kanal benutzen
wollen, bei Suez einen hinreichend sichern und bequemen Ankerplatz
zu verschaffen, soll ein wenigstens 1500 Fuss breiter Theil der
Meeresbucht auf wenigstens 4 Faden Tiefe ausgebaggert und mit
Dämmen eingefasst werden; dessgleichen will man dort noch ein entsprechend tiefes Bassin von 600 Fuss Breite ausbaggern und mit
Hafendämmen einschliessen. Von Suez bis an den Bittersee, welcher
eine Oberfläche von 5 Quadratmeilen hat, wird ein Kanal ausgehoben
werden, der an der Sohle 64 Metres (etwa 204 rhein. Fuss) Breite
haben wird. Von dem Bittersee über den See Timsah zum Golf von
Pelusium bis in die Nähe des Ortes Said soll der Kanal an der Sohle
44 Metres Breite haben.

Die geringe Wassertiefe in der Bucht von Said macht die Fortführung des Kanals ins Meer bis auf wenigstens 9000 Fuss nothwendig, wo sich dann eine Tiefe von 5 Faden findet. Innerhalb des
Golfs soll der Kanal in einer Breite von 1200 Fuss geführt werden,
sodass er zugleich den ankommenden Schiffen zum Hafen dienen wird.
Der den Hafen nach Westen schützende Damm wird dabei 10500, der
ihn nach Osten einfassende nur 7500 Fuss Länge haben. Hinter diesem
letztern soll ein besonderer Hafen von etwa 46000 ☐Fuss Oberfläche

ausgehoben werden. Die ganze Länge dieser Kanaltheile wird zusammen auf nahe 17 geograph. Meilen angegeben. An diese Anlagen schliesst sich die Erbauung von 3000 Fuss Hafendämmen an dem Timsahsee von etwa 1440000 ☐Fuss Oberfläche, welcher als Ausbesserungshafen benutzt werden soll. Theils um diese Bauten und ihre Benutzung in einer an Süsswasser gänzlich armen Gegend zu ermöglichen und um andrerseits wiederum aus der Herbeiführung des Süsswassers anderweitige Vortheile zu ziehen, ist endlich noch ein Süsswasserkanal zwischen dem Nil und dem Timsahsee im Thal von Tumilat projektirt, der 75 Fuss breit sein und in der trockenen Jahreszeit 6 Fuss Wasser enthalten soll. An der Stelle, wo der Kanal aus dem Nil führt, würde er 66 Fuss höher als der Mm.-Spiegel liegen; sein Wasser soll vom Tinsahsee aus in zwei schmälern Kanälen nach Said und Suez geführt werden.

Die Gesammtkosten für diese Haupt- und Nebenbauten sind auf 162 Millionen Franken geschätzt. Ob der Kanal in den angegebenen Dimensionen mit diesen Geldmitteln erbaut und unterhalten werden kann, ist eine Frage, die hier natürlich nicht gründlich erörtert werden kann. In den Bereich unserer Kritik kann lediglich die Frage fallen, ob jene Dimensionen für den Welthandel genügen und ob sich auf einer solchen Wasserstrasse die Seeverkehrsmittel nach ihrer gegenwärtigen und zukünftigen Form, so weit man diese übersehen kann, gebrauchen lassen werden. Gerade zwischen den Ländern, deren Verkehr durch den Kanal gefördert werden soll, sind die grössten Schiffe in Gebrauch, die bis jetzt gebaut worden, und bestimmte Grössen-Dimensionen der Schiffe sind es gerade, welche bei der Beurtheilung der Brauchbarkeit des Kanals allein ins Gewicht fallen. Das grössere Schiff hat, wie das thurmartig emporgebaute Haus, bis zu gewissen Grenzen den Vortheil der verhältnissmässigen Wohlfeilheit voraus. Man baut die begrenzenden Flächen; während aber diese nach Quadraten zunehmen, wächst der Inhalt in kubischem Verhältniss; die grössere Schnelligkeit beruht ferner bei grossen Schiffen darauf, dass der Wasserwiderstand nach den Quadraten, die Tragkraft nach den Kuben gewisser Dimensionen der Schiffe wächst; zugleich wächst das nöthige Führerpersonal in weit mässigerem Verhältniss, als die mögliche Bemannung. Dennoch steht nicht zu erwarten, dass man, durch solche Betrachtungen verleitet, die vielen Bedenken und Gefahren übersehen wird, welche der Bau übermässig grosser Schiffe mit sich führt. Es giebt eine Grenze, über welche weder das Menschenauge, noch die Menschenstimme trägt; dort liegt auch die Grenze für die so nothwendige unmittelbar einige Führung. Der 22500 Registertonnen messende Leviathan scheint mit seinen 680 Fuss Kiellänge, 120 Fuss Radkastenbreite und einem Tiefgange von 36 Fuss diese Grenze bereits überschritten zu haben und kann nur in sehr wenigen Häfen der Welt anlegen. Nur ein solches Schiff würde den nach Negrelli's Plan gebauten Kanal nicht passiren können, während selbst für das grosse Kriegsschiff Wellington mit seinem Tiefgange von 24 Fuss der Kanal noch genügen würde.

Eine unbesiegbare Schwierigkeit in der technischen Ausführung steht nach alledem dem Unternehmen ebensowenig entgegen, als eine merkliche Verschiedenheit des Niveaus beider Meere; überdies ist es allbekannt, dass Herr von Lesseps in den letzten Jahren eine ungemein grosse, aufopfernde Thätigkeit entwickelt hat, um den grossen Plan zu fördern. Endlich lehrt selbst ein flüchtiger Blick auf die Karte, dass der Weg nach Bombay von Venedig oder Triest um $\frac{6}{10}$, von Constantinopel aus noch bedeutender gegen sein gegenwärtiges Maass auf dem Seewege um das Cap abgekürzt wird.[552] Woran liegt es nun, dass nicht Tausende von Arbeitern bereits frisch darauf los graben?

Zunächst scheinen uns einige sehr wichtige Fragen in Bezug auf die Rentabilität des ganzen Unternehmens noch nicht gelöst und gerade jetzt verlangt die gesammte Finanzwelt auf dergleichen Fragen sehr bestimmte Antwort.

Der Nachweis über das Detail der Schiffahrt, die Eintheilung von Weg und Zeit, namentlich der genaue Nachweis der Rolle, welche die Dampfkraft dabei zu spielen hat, ist noch nicht überzeugend geführt. Auffallenderweise wird diese Frage, auch im Journal l'Isthme de Suez, immer sehr flüchtig behandelt; selbst Freih. von Czörnig in seiner trefflichen Arbeit gedenkt ihrer nur kurz; sie ist aber gleichwohl die wichtigste. Die beiden Faktoren, um die es sich handelt, sind Zeit und Kosten. Ohne Benutzung des Dampfes ist kein bedeutender Zeitgewinn möglich, ohne ihn keine Beschiffung des rothen Meeres. Wir können uns nicht überzeugen, dass es möglich (d. i. rentabel) sein kann, Güter auf dieser Linie durch reine Dampfschiffe zu befördern, ebenso wenig können wir die Ueberzeugung gewinnen, dass es durch Schiffe mit Auxiliarmaschine möglich sei. Die wohl-

---

[552] Der Weg von Constantinopel bis Bombay beträgt über Suez 1080, über das Cap der guten Hoffnung 3660 geograph. Meilen; von Malta bis Bombay 1237 gegen 3480; von Triest 1404 gegen 3576; von Marseille 1424 gegen 3390 Meilen.

feilste Anwendung der Dampfkraft bei regelmässigem lokalen Bedürfniss, wie es hier der Fall, ist bekanntlich die durch das Schleppschiff.
Ein Räderschlepper kann nicht segeln oder segelt wenigstens, wenn
nicht besondere Vorrichtungen in Betreff der Räder getroffen werden,
sehr schlecht; er muss also auch da dampfen, wo er nicht zu
schleppen hat. Der Schleppdienst auf der Europa-Suez-Indienlinie
wird wesentlich nur einseitig sein; der Schleppdampfer muss also den
Rückweg häufig, sogar stellenweise immer, unbeschäftigt machen.
Um das Minimum der Kosten zu erzielen, muss er also, wenn er
sonst kann, diesen Weg segeln. Danach wäre die Aufstellung von
Schraubenschleppern als Stationsschlepper eine Grundbedingung zur
„rentabeln" Benutzung der Suezlinie. Aber ist diese Lösung richtig
und die einzige? Veranlasst sie nicht doch zu viel Kosten? Ein
genaues Studium der neuesten Ausgabe von Maury's Sailing Directions
dringt uns die Ueberzeugung auf, dass jeder Heller dreimal umge-
dreht, jede, auch die kleinste, Kostenersparniss ausgenutzt werden
muss, um für die umfangreichern Güter die Caplinie durch die Suezlinie zu schlagen. Ferner darf auch nicht unerwähnt bleiben, dass
grosse Segelschiffe überhaupt oft eine unbequeme Fahrt durch das
Mm. haben.[553]) Dass die Schiffahrt der Alten überhaupt nur vom
Mai bis Anfang November vom Frühaufgang bis zum Frühunter-
gang der Pleiaden dauerte, mag für unsere moderne Schiffahrt nicht
massgebend sein, darf aber doch eben so wenig unbeachtet bleiben,
als die häufige Verschlämmung der alten Kanäle. Vor allen Dingen
ist also darzuthun, inwiefern die Suezlinie in einigermassen verlocken-
der Weise rentabel zu werden verspricht und dann dürfte auch das
Unternehmen, von dessen Ausführung vielleicht eine neue Periode
datiren könnte, sofort gesichert sein.

Doch nein! Es folgt leider noch eine Schaar von Einwürfen
gegen die Ausführung des grossartigen Plans. Man hat erstens behauptet, dass Alexandriens Zukunft durch den neuen Kanal und den
Hafen von Said (Pelusium) bedroht werde. Dieser Einwand ist unbegründet, weil Pelusium nur die Mündung des Kanals bilden soll
und ein Hafen von einiger Bedeutung nur in dem See von Timsah
gegründet werden würde, da, wo der Kanal von Cairo durch das
Wadi Tumilat einmündet, oder in Suez, welches schon jetzt trotz

---

[553]) Ein Rückblick auf die Winde und das Wetter (S. 311 f.) zeigt, dass z. B.
die Fahrt längs der Nordküste Afrikas nur in einem kleinen Theile des Jahres, sei
es von O. nach W. oder umgekehrt, sich praktikabel zeigt.

Alexandrien ein nicht unbedeutender Handelsplatz ist. Aber selbst wenn sich Pelusium dereinst zu einer wichtigen Hafenstadt entwickeln würde, Alexandrien würde doch bleiben, was es ist, und wozu es schon der grosse Macedonierkönig mit genialem Blick auserkor, nämlich der naturgemässe Hafenplatz von Aegypten, der Kornmarkt Südeuropas.

Ein viel wichtigeres Hinderniss liegt aber in der Weigerung der Pforte, hinter der sich natürlich der britische Einfluss versteckt. Wie früher die Whigs, so haben sich jetzt (Mai 1858) auch die Toryminister gegen die Ausführung des Suezkanals erklärt. Die Gründe, die man dafür angab, sind freilich nicht die wahren, welche man wohlweislich verschweigt, weil ihre officielle Erörterung einer Kriegserklärung nach aussen ziemlich gleichkommen würde. Lord Palmerston befürchtete z. B., dass die Bedeutung, welche Aegypten aus der Herstellung des Weltkanals schöpfen könnte, der Integrität des türkischen Reichs Gefahr bringen möchte! Herr D'Israeli hat den Plan Lesseps' kurzweg als total verfehlt bezeichnet — die Ausführbarkeit ist aber bereits von den grössten Auctoritäten der Technik bejaht und die unschätzbaren Vortheile jeder Art, welche die Völker aus der Herstellung einer direkten Wasserstrasse zwischen Orient und Occident ziehen würden, sollten einen Handelsstaat, wie das reiche England, doch nicht so ängstlich nach der Rente fragen lassen.

Wesshalb also zeigen die britischen Minister so unüberwindliche Antipathien gegen den Kanal? Ein trefflicher Artikel der Deutschen Allgem. Zeitung vom 19. Mai 1858 versucht hierauf folgende Antwort zu geben: „Man hat gemeint, es seien handelspolitische Rücksichten, welche die Abneigung gegen den Suezkanal einflössen. Diese Rücksichten können mitspielen, sind aber nicht massgebend. Die Mobilisirung der mediterranen Handelsflotten und ihre Direction durch den Kanal an alle jenseitigen Küsten mag zwar nicht gerade gern gesehen werden; doch ist das Vertrauen der Engländer in ihr Ueberflügelungssystem viel zu stark, als dass sie solche Concurrenz geradezu fürchten sollten. Auch sind in den Gebieten, die wesentlich in Betracht kommen, in Indien, China, Australien, nicht die Europäer, sondern die Nordamerikaner die wahren commerziellen Nebenbuhler der Briten. Die Bedenken der britischen Regierung in Betreff des Suezkanals sind vielmehr, wie sich kaum bezweifeln lässt, rein politischer Natur und richten sich gegen Frankreich. Die neue Kriegsflotte Frankreichs steht bereits der britischen an Material und Personal ziemlich gleich, hat eine weit bessere Organisation als letztere und ist, in Verbindung

mit dem grossen schlagfertigen Landheere, rasch zu einem furchtbaren
Nebenbuhler der See- und Colonialmacht des Inselreichs herange-
wachsen. Nimmt man dazu den unberechenbaren, kühnen Charakter
des absoluten Kaisers, seine Traditionen, sein System der Einmischung
und Pression, seine springende, nur auf den Moment berechnete Politik, die steigenden Schwierigkeiten seiner innern Lage, die ihn zur
Betäubung des gährenden Volksgeistes jeden Augenblick in ungemes-
sene Unternehmungen nach aussen führen können, so darf man sich
nicht wundern, dass sich die britische Regierung weigert, den directen
Seeweg in das Herz ihrer fernen Colonien ohne weiteres öffnen und
der drohenden Macht des nationalen Nebenbuhlers blosslegen zu lassen.
Ohnehin hat die kaiserliche Regierung schon gezeigt, dass sie beabsichtigt, in den indischen Meeren die französische Fahne neben der
britischen wieder aufzupflanzen. Es ist freilich wahr: die französische
Kriegsflotte bedarf nicht des Suezkanals, um ihren Weg nach Indien
oder China zu finden; wie ehedem, wird sie auch jetzt den Einzug
in die südlichen Gewässer ums Cap herum halten. Aber der sichern
Herstellung einer französisch-indischen Position, der Gründung von
Handelsetablissements, Factoreien, Colonien etc., würde der um die
Hälfte abgekürzte, küstenreiche, für Handelsfahrzeuge und Dampfer-
linien bequeme Weg durch den Suezkanal unstreitig den grössten
Vorschub leisten. Frankreich könnte mittels des neuen Seewegs.
leichter als sonst in den indischen Gewässern die Grundlagen für eine
politische Machtstellung gewinnen, die diesmal um so bedrohlicher
für England sein müsste, als auch Russland von allen Seiten gegen
Indien vordringt. Man kennt aber die natürlichen Sympathien zwischen Russland und Frankreich, ungeachtet des letzten Kriegs und
der westmächtlichen Allianz.

Doch dies ist nur die entferntere Gefahr, die der britischen
Macht aus der Herstellung des Suezkanals droht: näher liegen die
Besorgnisse für die Lokalitäten, an welche sich der neue Seeweg
knüpft. Aegypten, das reichste Land an der Südwestküste des Mm.,
das natürliche und historische Emporium zwischen Morgen- und
Abendland, der Schlüssel zu den gesegneten Ländern Südostasiens
und dem unermesslichen Colonialbesitz der Engländer, nimmt in der
britischen Politik eine Hauptstelle ein. Hört dieses Land auf, ein ohn-
mächtiger, schmachtender Annex des osmanischen Reichs zu sein, so
muss es unmittelbar in britischen Besitz übergehen, soll sich noch ferner die Macht Englands im Mm. wie in Indien sicher fühlen. Als Bonaparte am Ende des vorigen Jahrhunderts das Nilland überfiel, galt dies

an der Themse für ein Nationalunglück. Man sprach sogar von künst-
licher Verödung des Landes durch Ableitung des Nil. Man setzte
alles daran und ruhte nicht eher, als bis dem Nationalfeinde die Position entrissen und den schwachen Händen der Pforte wieder ausge-
liefert war. Als dann Mehemed-Ali, auf Frankreich gestützt, Aegypten
vom türkischen Reich losreissen und zur selbständigen Herrschaft
erheben wollte, fuhr im Jahre 1840 namentlich die britische Politik
wieder dazwischen und liess es eher auf einen Krieg mit Frankreich
ankommen, als dass sie das Heraustreten Aegyptens aus seiner untergeordneten Stellung zugegeben hätte. Der Appetit der französischen
Regierungen nach dem „Holland der Levante" hat sich seit jenen
Niederlagen keineswegs verloren; er ist vielmehr mit dem gesteigerten
Interesse der Briten am Lande noch gewachsen und durch Eifersucht
geschärft worden. Die Begierde würde wahrlich nicht erlöschen, wenn
der ægyptische Isthmus nun gar eine offene Seestrasse nach Arabien,
Persien, Indien, China etc. darböte. Ein Conflict — und der gerü-
stete kühne Kaiser könnte wohl mit einem Schlage das kostbare
Erdstück sammt der Wasserstrasse bis in den indischen Ocean hinein
in Besitz nehmen. Das hiesse nicht nur eine Perle erobern, sondern
die Macht Altenglands ins Herz treffen. Man hat solchen Insinuatio-
nen entgegengehalten, dass die beiden grossen mediterranen Seestationen Englands, Malta und Korfu, näher an der ægyptischen Küste
lägen, als Toulon und Marseille. Aber zur Bewachung Aegyptens
gehört ausser jenen Positionen noch eine entsprechende britische Flotte.
Das britische Geschwader, das gegenwärtig im Mm. kreuzt, zählt 4
Schiffe, während im Hafen zu Toulon vielleicht mehr als 16 grosse
Schiffe stationiren. Welche Opfer würde die britische Regierung unausgesetzt bringen müssen, wenn sie, gegenüber den im Mm. heimischen Kriegsmitteln Frankreichs, Aegypten mit der Weltstrasse vor
jedem möglichen Handstreich schützen sollte.

Das wäre indessen nur der äusserste Fall. Zunächst und noch
mehr fürchtet wohl die britische Regierung, dass die Franzosen durch
die Eröffnung des Isthmus Gelegenheit erhalten möchten zu einer gefährlichen Sesshaftigkeit in Aegypten, am Kanal und im arabischen
Golf. Die französischen Eindringlinge würden suchen Positionen und
Einflüsse zu gewinnen, welche das britische Interesse und die britischen Anstalten hindern müssten. Die französische Regierung würde
sich vielleicht gar durch Verträge das Mitbesetzungsrecht in den nöthigen Fortificationen des Weltkanals zu sichern wissen. Französische
Handelsagenten, Consuln, Polizeimänner und Schutzwachen der Waa-

rendepots würden überall auftreten. Eine französische Compagnie nach
der andern würde sich bei der Regierung des Landes Privilegien für
allerhand Unternehmungen erschleichen oder erzwingen, welche die
Thätigkeit der Briten durchkreuzen, ihre Stellung nur lähmen könnten.
Seitdem die Ueberlandpost ein so wichtiges Glied im indobritischen
Verkehr geworden, bewachen die Engländer mit Argusaugen die fran-
zösischen Unternehmer und Projectmacher, die sich bei der ægyptischen
Regierung oder dem Vicekönig Eingang verschaffen. Alles verräth
hier gegenseitiges Misstrauen, Eifersucht, geheimen Krieg. Fast mit
Abscheu betrachten die Engländer die Eisenbahn, welche eine vom
Vicekönig privilegirte französische Compagnie von Cairo nach Suez
mit Hast ausführt, während die britische Peninsular-Compagnie, welche
die Bahn von Alexandrien nach Cairo herstellte und auch die nach
Suez, wiewohl auf einer andern Trace, bauen wollte, das Zusehen
hat. Man lese über diese Angelegenheit die Schrift eines Engländers,
welche Ende vorigen Jahres anonym erschien. Auch die Times
schüttete unlängst die ganze Schale ihres Zorns über das nebenbuh-
lerische Treiben der Franzosen in Aegypten aus. Der Artikel ist in-
solent, masslos; er legt aber den Hauptgrund bloss, weshalb man in
London von dem Lesseps'schen Kanalproject nichts wissen will. „Aus
Nationaleifersucht und Nationaleitelkeit", sagt das Cityblatt, „gehen
die Franzosen den Unternehmungen der Engländer über den ganzen
Erdkreis nach; lediglich aus Selbstüberschätzung suchen sie sich in
die britischen Angelegenheiten und Interessen einzudrängen." Namentlich Aegypten sei der Schauplatz dieser Abenteurer. Der Plan
des intermarinen Kanals, „toll und unausführbar", angeblich zur Verfolgung von Handels- und Schiffahrtszwecken, sei nur jener französischen Glücksjägerei und Nationaleifersucht entsprungen. Habe man
nur erst von der Pforte den Ferman, so werde man gewiss keinen
Kanal bauen, sondern das Privilegium zur „Festsetzung einer französischen Gesellschaft unter französischem Regierungsschutz" benutzen,
um die Vervollkommnung des britischen Transitsystems zu hindern
und den Engländern bei ihren grossen Arbeiten stets die „Rechte der
Lesseps'schen Compagnie" entgegenzustellen. Nun ist, wenn man der
Wahrheit die Ehre geben will, Herr v. Lesseps ebenso wenig ein
Abenteurer, als sein Kanalproject eine Gaunerei. Aber Herr v. Lesseps ist ein französischer Staatsmann, überdies ein Cousin der Gräfin
v. Montijo, der Kaiserin-Mutter, der, wenn auch nicht im Auftrage,
doch nur unter Zustimmung des Kaisers und seiner Regierung handeln
kann. Herr v. Lesseps will auch den Kanal nicht bloss von fran-

zösischen Mitteln, sondern von europäischem Gelde und unter Mitwirkung einer europäischen Compagnie bauen; aber diese Compagnie hat ihr Verwaltungsdomicil und ihr Gerichtsforum zu Paris, und Herr v. Lesseps selbst wird zehn Jahre hindurch Präsident des Directoriums wie des Verwaltungsraths bleiben. Dies schon verleiht freilich dem Unternehmen einen französischen Charakter, stellt es überwiegend unter französischen Einfluss, setzt es der geheimen und offenen Massregelung der kaiserlichen Regierung aus. Wer wollte es der britischen Regierung verdenken, wenn sie unter solchen Verhältnissen von der für ihre Nation so hochwichtigen Sache nichts wissen mag?

Noch das Ministerium Palmerston, der gefallene Freund des Kaisers, hat durch die Occupation der Insel Perim einen Schritt gethan, welcher beweist, dass man in London das Aeusserste zu wagen entschlossen ist, um in der Angelegenheit das Heft in Händen zu halten. Dieses Felseneiland, das den Aus- und Eingang des arabischen Golfs vollkommen beherrscht, wird seitdem in einen festen Hafen und eine drohende britische Zwingburg verwandelt. Der Platz kann zugleich als Ausgangspunkt für jede militärische Expedition an die arabischen und ægyptischen Küsten dienen. Geschah die Zueignung Perims ohne Verabredung mit der Pforte, die wenigstens das nominelle Besitzrecht hat, so ist sie allerdings ein Gewaltact, und die officiöse Presse Frankreichs unterliess darum auch nicht, mit grosser Heftigkeit eine Verletzung der Integrität des türkischen Reichs durch die Engländer zu denunciren. Trotz aller Aufstachelung protestirte jedoch die Pforte nicht gegen die Beraubung, ein Beweis, dass sie von den Massregeln der britischen Regierung weit weniger fürchtet, als von der Eröffnung des ægyptischen Isthmus durch französische Hände und unter den Auspicien der kaiserlichen Regierung. Sicherlich wird auch die britische Regierung noch weiter greifen, wenn das Kanalproject noch weiter verfolgt werden sollte. Nächst Aden befinden sich vor der Enge von Bab-el-Mandeb auch die Hauptpunkte der afrikanischen Küste so gut als in ihren Händen, und die Legung ihres Telegraphendrahts durch den arabischen Golf nach der ostindischen Küste wird ihr die Gelegenheit geben, auch die wichtigsten Punkte im Golfe selbst bis nach Aegypten mit ihren Posten und Anstalten zu besetzen. Möglich, dass die Kanalangelegenheit oder die gegenseitig sich immer mehr steigernde Eifersucht sogar zu britischen Besitzergreifungen unter irgend einer Form im untern Aegypten führt. Der Wille der ægyptischen Lokalregierung wiegt hierbei wenig, und der Angelsachse ist rücksichtslos, wenn er sich im Stande der Nothwehr glaubt. Dann erst, wenn das theure Pfand genommen ist, wird auch der Kanal, aber mit britischem Gelde und unter britischen Auspicien, gebaut werden. Der geniale Plan Lesseps', jetzt „toll und unausführbar", wird dann vielleicht die beste Grundlage geben.

Nächst England ist es unserer Ueberzeugung nach Oesterreich, welches das unmittelbarste Interesse an der Herstellung des Suezkanals hat. Seine commerzielle Entwickelung zur See, seine Theilnahme am Welthandel beruhen auf der Eröffnung des Seewegs aus dem Mm. in den indischen Ocean. In Oesterreich fand daher auch das Project Lesseps' in der öffentlichen Meinung wie bei den höchsten Autoritäten des Handels, der Finanz und der Industrie eine unzweideutig günstige Aufnahme. Dennoch ist bekannt, dass der österreichische Internuntius in Konstantinopel, dem die Vertretung der Sache nahe genug lag, nicht bei der Pforte zu Gunsten des Lesseps'schen Projects intervenirt hat. Auch liessen sich in letzter Zeit österreichische Stimmen vernehmen, welche das Project in ungünstiger Weise kritisirten, wenn auch theilweise nach speciellen und untergeordneten Gesichtspunkten. Aber auch die Ost-Deutsche Post, ein Blatt, das nicht ohne Einfluss der österreichischen Regierung zu sprechen pflegt, hat jüngst die Aeusserung gethan, dass in der gegenwärtigen politischen Weltlage die Ausführung des Suezkanals am besten unterbleibe. Also auch in Oesterreich wie in England politische Bedenken.

Kein einsichtsvoller Mann wird dem Project des Hrn. v. Lesseps an und für sich die Anerkennung versagen, am wenigsten in Deutschland, wo man das Grossartige, Welthistorische weit eher begreift und schätzt als irgendwo anders. Doch auch wir Deutschen, die wir zum grössten Theil sehr wenig praktisch und unmittelbar an der Sache betheiligt sind, können nicht wünschen, dass etwa die Ausführung des Suezkanals dem Ehrgeize und der Eifersucht der Franzosen oder der französischen Regierung schliesslich zur Handhabe werde, um die Stellung und die grossen Arbeiten der Briten in den östlichen Meeren zu stören."

Wir ersehen aus alledem, dass der Zeitpunkt noch nicht gekommen scheint, wo die letzte Schranke zwischen Orient und Occident fallen, wo ein freier, direkter, ungehinderter Verkehr zwischen den beiden Hauptgruppen des menschlichen Geschlechts hergestellt werden kann; wir bezweifeln auch, ob die Arbeiten der Briten in den östlichen Meeren in jeder Beziehung wahrhaft gross zu nennen sind und ob diese stolze Nation überhaupt dazu berufen ist, die kühne Rolle noch lange fortzuspielen, welche sie sich in den letzten Jahrzehnten ein- und angelernt hat. Daran aber zweifeln wir nicht, dass das in

jeder wichtigen Epoche der Culturgeschichte stets von neuem auf-
tauchende Problem seine endliche Lösung finden und dass von derselben an eine neue Aera der Geschichte datiren wird. [554])

Schlussbemerkung. Einige Mittheilungen über die bereits
sehr angeschwollene, den Suez-Kanal betreffende Literatur dürften
vielleicht willkommen sein. Das Hauptwerk ist die gewissermassen
officielle Schrift des Herrn v. Lesseps: Percement de l' Isthme de
Suez, rapport et projet de la commission internationale, Paris 1855
—1856. Ferner erscheint in Paris monatlich in 2 Lieferungen das
Journal; l'Isthme de Suez, welches alle zu dieser Frage irgend in
Bezug stehenden Thatsachen und Artikel sammelt oder benutzt. Ein
ähnliches Journal erscheint zu Turin unter dem Titel: Bollettino dell'
Istmo di Suez. Auch der Moniteur industriel von Paris pflegt die
Frage häufig und von den verschiedensten Seiten zu erörtern. Die
Schrift: Compagnie universelle du Canal maritime de Suez, Paris 1856,
enthält den Ferman, die Concession und die Statuten für die Gesell-
schaft. Ferner enthält die Correspondenz des französischen Instituts
öfters Berichte über diese Angelegenheit, unter denen besonders der
des Baron Charles Dupin als Berichterstatters der zur Prüfung des
Projectes niedergesetzten Commission (2. März 1857) zu erwähnen ist.
Mehrere interessante Notizen fanden wir auch in Olivier's Voyage en
Égypte (vergl. v. Zach, Monatl. Correspondenz XIV, 170. vom Jahre
1806). Herr v. Negrelli hat ferner einen Aufsatz über die gegenwärtigen Transport- und Communicationsmittel Aegyptens mit Beziehung auf die Durchstechung der Landenge von Suez in die Austria

---

[554]) Die Suezfrage ist durch die Anfang Juli 1858 erfolgte Ankunft des Herrn
v. Lesseps in Aegypten wieder an die Tagesordnung gekommen. Freilich bereitet die
grosse Aufregung der Muhamedaner gegen die Christen, deren Symptome an mehrern
Orten schon sehr merkbar hervorgetreten sind, neue Schwierigkeiten. Dennoch erwartet man, dass der Vicekönig wenigstens dazu vermocht werden wird, vorläufig
die Arbeiten am Süsswasser-Kanal beginnen zu lassen und ist freudig überrascht gewesen, den österreichischen Hofrath v. Negrelli in Begleitung des Herrn v. Lesseps
ankommen zu sehen, woraus hervorzugehen scheint, dass Oesterreich sich der englischen Auffassung des Projektes nicht zugewandt hat. Vielleicht dürfte es doch
Frankreich im Bunde mit Oesterreich gelingen, die Opposition Englands zu beseitigen
oder doch unschädlich zu machen. Gegenwärtig hofft der Gründer der ,,Allgemeinen
Suezkanal-Gesellschaft'', dass sich der erste Verwaltungsrath zu Anfang November
(1858) in Paris werde versammeln können, um die Raten der Einzahlungen und den
Termin zum Beginn der Arbeiten festzusetzen. Zu den Zeichnungen der Aktien des
grossartigen Unternehmens (400000 zu 500 Francs) wird gegenwärtig bereits in den
Zeitungen aufgefordert. Der Erfolg ist abzuwarten und wie man im Augenblick bereits hört, durchaus kein glänzender. Hr. v. Lesseps bewegt sich, wie uns scheint,
in einem Zirkel. Das Fait accompli einer grossartigen Subscription soll auf die
Regierungen influiren, aber alle Börsenmänner, welche irgend Lust haben, zu zeichnen, warten wieder auf klare, bestimmte Antworten von Seiten der noch schwankenden Regierungen.

geliefert (Aug. 1857, 17. Heft) und der Chef des holländischen Wa-
terstaats Herr Conrad auf die im britischen Parlamente von Stephenson
über das Unternehmen gemachten Aeusserungen durch einen Vortrag:
l'Institut Royal des Ingénieurs des Pays-Bas et M. Stephenson ge-
antwortet. Viel Detail giebt ferner der Aufsatz: Canal Maritime de
Suez im Journal des Economistes, Paris, Octobre 1857, S. 42 — 59.
Von deutschen Aufsätzen über diese Angelegenheit erwähnen wir:

„Die projektirte Kanalisirung des Isthmus von Suez" in Petermann's geographischen Mittheilungen, 1855, S. 364.

„Unsere Zeit, Jahrbuch zum Conversationslexikon", 1857,
1. Heft, S. 1 — 47.

Der an die k. k. geogr. Gesellschaft über die Durchstechung der
Landenge von Suez erstattete Bericht des Bergraths Fötterle (Mittheilungen der geogr. Gesellschaft. 1. Jahrgang, 1857, 2. Heft).

Dr. Peschel, die Handelsgeschichte des rothen Meeres in Bezug
auf das Problem einer Durchstechung etc., in der deutschen Viertel-
jahrschrift, 1855, 3. Heft.

Technische Erörterung des Projektes etc. in Förster's allg. Bau-
zeitung, Wien 1857, und in der Zeitschrift des österreich. Ingenieur-
Vereins, Aug. 1857, S. 297.

„Inquiry into the Opinions of the commercial Classes of Great
Britain on the Suez-Canal by Ferdinand de Lesseps."

Mehrere zum Theil recht eingehende Artikel in der Allg. Zeit.
von Augsburg, z. B. in Nr. 154. vom 3. Juni 1857, in Nr. 1. 1858
u. s. w., sowie in der Illustrirten Zeitung von Leipzig Nr. 688 vom
6. Sept. 1856 u. s. w.

„Ueber die Durchstechung der Landenge von Suez. Vortrag gehalten in der kais. Acad. der Wissenschaften von Karl Freiherrn von
Czörnig. Wien 1858." Diese treffliche Broschüre malt in lebhaften
Farben die historische Bedeutung des ganzen Projekts aus und knüpft
an dasselbe grosse Erwartungen für den Handel Mitteleuropas und
namentlich Oestreichs.

In der Augsb. Zeitung vom 22. Juni 1858 tritt Ritter Negrelli
mit einem vom 10. Juni aus Wien datirten Schreiben gegen die Aeusserungen des Herrn Stephenson im Unterhause auf und erklärt namentlich, dass er selbst die Anlegung dieses maritimen Kanals für leicht
ausführbar halte. Die Höhendifferenz der beiden Meere sei allerdings
unbedeutend, aber daraus folge noch nicht, dass wenn das Bett ge-
graben und das Wasser eingelassen sei, kein Kanal, sondern eine
„Gosse" entstehe, wie Herr Stephenson im Unterhause sich auszu-

drücken beliebt habe.   „Die grossen Bassins des Bitter- und des Tim-
sahsees werden sehr ansehnliche Wasserflächen bilden, welche die
gleiche Bewegung des Wassers, wie jeder Binnensee, erhalten werden.
Die Verschiedenheit der Ebbe und Fluth wird vom rothen Meer her
stark einwirken.   Das Kanalwasser wird kommen und gehen und wieder kommen, kurz alle Bewegung des Meerwassers mitmachen.   Dieses
Meeresleben findet an allen mit dem Meer in Verbindung stehenden
Lagunen und Kanälen statt.   Sonst ist in jenem Schreiben der Stephenson'schen, Talabot'schen und Negrelli'schen Arbeiten, von denen wir
schon sprachen, im Speciellen gedacht.

3. Ueber die Strassen nach Centralafrika und deren Eröffnung.

Nächst der Suezfrage beschäftigt sich, wie man dies schon an
jedem gut redigirten geographischen Journal bemerken kann, die moderne Geographie mit besonderer Vorliebe mit Centralafrika.   Es hat
sich an den Gestaden der Berberei schon jetzt ein lebhafter Verkehr
entwickelt, der einen schroffen Gegensatz zu den dortigen Zuständen
vor etwa 60 Jahren bildet, wo kaum ein einzelner Reisender sich
dorthin wagte.   Ein Wendepunkt trat 1816 ein, wo Lord Exmouth
mit dem Bey von Tunis, dem Dey von Algier und dem Pascha von
Tripolis erfolgreich über die Abschaffung der Christensklaverei ver-
handelte.   W. H. Smyth begleitete den Lord nach Adm. Penrose's Anordnung und erwirkte bei dieser Gelegenheit vom Pascha die Erlaubniss,
die Ruinen von Lebida zu durchforschen — d. h. nach der praktischen
Weise, wie die Engländer stets solche Studien vornehmen, das Beste
wegzuschaffen.   Diese Vorarbeiten führten indirekt weiter zu den Reisen Ritchie's und Lyon's — dann Oudney's, Denham's und Clapperton's
— endlich in der letzten Zeit Richardson's, Overweg's, Barth's und
Vogel's.   Smyth theilt in einem Anhange zu seinem Mediterranean fast
die gesammte, auf jene Expeditionen bezügliche Correspondenz mit,
welche in den Archiven der Admiralität niedergelegt ist.   Wir glauben, dass einige Auszüge aus diesen Briefen schon desshalb willkommen sein werden, weil sie manches auf die Geschichte der Eröffnung
der afrikanischen Handelsstrassen bezügliche Detail enthalten.

In Leptis fand Smyth prachtvolle Ruinen grosser Tempel und
öffentlicher Gebäude im reinsten Stil und in grossen Massen; dabei
waren die Säulenschafte Monolithen (von 18 bis 44 Zoll Durchmesser),
die Capitäle, Karniesse, Gebälke u. s. w. theils wegen des trefflichen

Materials (Porphyr, orientalischer Granit, gelbe und bunte Marmorarten), theils wegen der Versandung trefflich erhalten. [555]) **Etwa**
¼ Meile westlich von diesen Ruinen unweit des Strandes liegen die
2 kleinen, jetzt Lebida genannten Dörfer. An der ganzen Küste giebt
es für die Sommerszeit gute Ankerplätze (vgl. die marit. Positionen LIX.
u. a.). Den Säulen aus Granit-Porphyr droht insofern Gefahr, als die
Eingeborenen daraus Walzen zu ihren Oelmühlen zu machen pflegen.

Eine Schilderung dieser Gegend giebt auch Barth (Wanderungen
S. 306). Er macht auf eigenthümliche Gewölbetrümmer am oder vielmehr im Meere aufmerksam, in welchen er versteckt liegende
Schiffsdocken, wie sie auch in den Dämmen bei Karthago angebracht waren, zu erkennen glaubt. Ferner weist er die Lage der
eigentlichen πόλις und der sie später überflügelnden Neapolis nach,
welche endlich dem Ganzen ihren Namen gab. Die grossen Bauten,
welche in der spätern Römerzeit hier aufgeführt wurden, sind wohl
zum grossen Theil durch den hier geborenen Septimius Severus entstanden. Er war für Leptis, was Diocletian für Spalatro war. Wenn
Leptis und seine Umgegend gegenwärtig nicht ganz gesund ist, so
glaubt dies Barth nur dem stagnirenden Wasser des Flusses zuschrei-
ben zu können, so dass bei besserem Anbau der so fruchtbaren Gegend
auch dieser Uebelstand verschwinden würde.

Doch wir kehren nach dieser Episode zu den Bemerkungen des
Admirals über diese Gegend zurück. Smyth behauptet schon 1817,
dass er nicht glaube, ein Reisender werde, mit einer Caravane ziehend,
auf dem Wege nach Tombuktu irgend andere Schwierigkeiten zu überwinden haben, als Mangel und Dürftigkeit der Nahrung.

In einem Briefe vom 24. Februar 1817 berichtet der Rear-Admiral von einer Audienz beim Pascha von Tripolis, welcher ihm erlaubte die ganze Pentapolis in der alten Cyrenaica zu durchforschen.
Während derselben traf der Bey von Fezzan ein, welcher von Morzuk
aus an der Spitze einer Armee nach Südost und bei Bornu, einem mit
Tripolis in Handelsbeziehungen stehenden Bezirk, vorbei in ein Land
vorgedrungen war, in welchem eine schöne Negerrace wohnte. Sie
wurden angegriffen, überall geschlagen und zuletzt in einen grossen
Fluss getrieben, den er den Nil nennt und ostwärts fliessen und
eine grosse Wasserfläche bilden lässt. Auf einige seichte Stellen in
derselben hätten sich hier die Neger geflüchtet. In der wahrscheinlich

---

[555]) Schon 1720 waren, einem Vertrage zufolge, eine ganze Schiffsladung grosser
Säulen von hier nach Frankreich abgegangen, um St. Germain des Prés in Paris
zu schmücken.

tiefen centralen Partie seien viele lange und schmale, den Jerbabooten ähnliche Fahrzeuge hin und hergefahren. Auf seinem Rückzuge sei er bei einigen Ruinen grosser Gebäude mit auffallend vielen Statuen vorbeigekommen. Danach möchte man auf Raz - Sem oder Ghirrza schliessen, aber der Richtung gemäss befinden sich die Ruinen wahrscheinlicher zu Thama oder Adaugmadum im Lande der Troglodyten.

Am 23. Februar 1817 kam Smyth wieder nach Lebida und bemerkte zu seiner Verwunderung, dass viele der schönsten Säulen entweder ganz entfernt oder zerbrochen waren. Man hatte offenbar daraus noch so viel Mühlsteine als möglich verfertigt und dazu das dauerhafteste Material, orientalischen und rothen ägyptischen Granit auserlesen. Aus den darauf angestellten Nachgrabungen ergab sich, dass die antiken Gebäude bis auf die Fundamente und Mosaikböden verwüstet und die Kunstwerke, welche sie einst geziert hatten, durchweg verstümmelt waren. Die letztern zeigten überdies nicht den besten Geschmack und selbst die ältesten stammten offenbar aus den spätern Zeiten des römischen Kaiserreichs.

Smyth erzählt weiter, dass Niemand in Lebida, selbst die Marabuts nicht, arabisch lesen konnte; man sprach und verstand nur den lingua franca genannten Jargon, der auch bei den meisten Caravanen im Innern Afrikas immer von einigen Personen verstanden wird. Auch kam dem Admiral in Lebida das schon oft besprochene Gerücht von christlichen Stämmen im Innern Afrikas zu Ohren, welche in der Nachbarschaft von Wangara und Guba leben sollen, und er lenkt die Aufmerksamkeit auf einen Vorfall, der dies zu bestätigen scheint. Vor 25 Jahren hatte nämlich ein französischer Capitain Lautier (im Dienste des Paschas) einige Neger nach Algier gebracht, welche beim Klang der Abendglocke campani riefen, von einer Glocke erzählten, die sie von einem Gebäude in der Mitte ihrer Stadt zum Morgen- und Abendgebet gerufen habe. Dabei seien sie nicht beschnitten gewesen. Auch erinnerte sich der verstorbene Bey von Benghazi, der in seinem Knabenalter als Sklave nach Tripolis gebracht wurde, einiger Ceremonien in seiner Heimath, die mit der Messe und dem Gebrauch geweihten Weines Aehnlichkeit hatten.

Der Weg von Tripolis nach Beni Walid (Beniolid, Benuleat) führt erst durch die fruchtbaren Gründe von Sahaal und nachher durch eine bergige und fast unbebaute Gegend. Benuleat selbst besteht aus einigen zerstreut liegenden Dörfern in einer fruchtbaren, etwas über eine Meile langen Thalschlucht, die von kahlen, fast unzugänglichen Felsen eingeschlossen ist. Die Bevölkerung besteht, die Besatzung nicht mitgerechnet, aus 2000 Menschen. In freundlicher Umgebung, aber militärisch sehr unvortheilhaft liegt das sogenannte Castell. Die Gegend von Beni Walid nach SO. ist öde und gebirgig und fast unbewohnt. Auf offenem Felde liegt Kanaphis, ein Brunnen mit schlechtem Wasser. Etwa 1 Meile von Ghirrza beginnt das Thal Zemzem. Der Weg führt über Massen von Sandstein, Quarz und Kalkstein, gelegentlich mit verglastem, poröser Lava ähnlichen Kies. Die Schluchten sind unangebaut, aber offenbar höchst culturfähig, wie man an den wildwachsenden Talhr-Bäumen, am Lotus und anderem Gesträuch bemerkt.

Die Ruinen von Ghirrza selbst sind unbedeutend und verdanken ihre Berühmtheit nur dem Umstande, dass sie an der Fezzan-Strasse liegen. Aus dem Innern von Afrika kommende Reisende staunten sie nun als die ersten Sculpturen, die sie zu Gesicht bekamen, an und fabelten viel von der versteinerten Stadt und schrieben ihre Koranverse etc. an die Piedestale, um die armen Moslemim vom Zauber zu befreien. Unweit Ghirrza liegen die kahlen Garatilia-Berge. Für die Caravanenstrassen bilden Murzuk, sowie weiter östlich Gadam (das alte Cydamis) wichtige Knotenpunkte. Sowohl die vom Pascha selbst, als vom Bey von Fezzan unternommenen Expeditionen beabsichtigen leider nur das Einfangen möglichst vieler Sklaven, welche dann nach der Türkei, Syrien u. s. w. verkauft werden.

Smyth ist überzeugt, dass in Tripolis — seiner Lage und dem Charakser seiner Bevölkerung nach — ein offenes Thor für das innere Afrika liegt. Ein Reisender kann, indem er südwärts von Tripolis vordringt, Burnú erreichen, ehe er aus dem Bereich des Yusufs heraus ist; dagegen sind die Ufer der Flüsse an der Westküste, wie es scheint, höchst ungesund und gefährlich.

In den erwähnten Correspondenzen finden sich auch alle an den Pascha gestellen Fragen nebst dessen Antworten vollständig vor. Es würde jetzt, wo die ganze, die afrikanischen Handelsstrassen betreffende Frage schon in ganz andere Stadien getreten ist, wohl kaum noch von Interesse sein, diese Protokolle hier wörtlich wiederzugeben, aber einige Auszüge fügen wir bei, in denen wir den Pascha redend einführen.

Ich werde gern bereit sein, die Verbindung Sr. Kön. Hoheit des Prinz-Regenten mit den südlich von meinem Gebiet herrschenden Königen, meinen Verbündeten, zu vermitteln. Ich habe dieses freundliche Benehmen auch schon gegen 2 Reisende gezeigt, welche über Fezzan aus Aegypten kamen und vor ungefähr 15 — 16 Jahren in Tripolis waren. Sie erklärten sich beide für Engländer und einer von ihnen hiess Horneman. Von Tripolis aus kehrten sie nach Fezzan zurück, südwärts bis an den Nil (Niger) und von da auf dem Flusse nach Tombuktu (Timbuktu) vorzudringen. Einer erkrankte, nachdem er ermüdet, viel schlechtes Wasser getrunken, am Fieber und starb zu Amalas. Der Bey von Fezzan war beauftragt, ihn nach Burnú zu geleiten. Der andere reiste weiter, erkrankte in Itussa, in der Wohnung eines dortigen Kaufmanns aus Tripolis, setzte, noch nicht gehörig genesen, seine Reise fort und starb in Timbuktu. Ich zweifle nicht, dass ihre hinterlassenen Papiere noch vorhanden sind, da die Mauren Schriften nie vernichten. Die Strasse nach Burnú ist übrigens ebenso zugänglich als die nach Bengasi. Wer irgend dorthin reisen will, dem werde ich nach Burnú Eskorte mitgeben und der dortige König wird ihm dann bis an den Nil sicheres Geleit geben. Aber ich muss ihn zuerst als Türken kleiden und er darf nicht sagen, dass er ein Christ ist. Das Volk im Innern ist sehr unwissend. Dabei sollen die Reisenden die Eskorte befehligen dürfen und nicht gezwungen sein, nach deren Willen in der Sommerhitze zu reisen. Ich empfehle für einen Engländer die Zeit vom September bis zum Mai. Die Reisenden begehen häufig den Fehler, die Caravane zu übergrosser Eile anzutreiben. Der König von Burnú, für dessen Beistand und freundliches Benehmen ich einstehe, würde übrigens für ein Geschenk — etwa gutes Tuch, glänzende Waffen und Messerschmiedwaaren im Werth von 12—1400 Dollars sehr erkenntlich sein. Auch einer nach Südwest reisenden Expedition kann ich fast denselben Schutz zusagen. Auf dem Theil des Nil (Niger) südlich von Burnú gehen übrigens viele Boote hin und her und schaffen Reisende und Waaren nach den verschiedenen Ortschaften am Ufer. Kaufleute aus Tripolis befinden sich fortwährend in Wangurra, Cuthorra, Caschna, Zangarra, Guba, Bombarra, Itussa und Timbuktu. Nächst Burnú ist der stärkste Verkehr mit Suat (Tuat), der Hauptstation für die über Gadam nach Timbuktu ziehenden Caravanen. Die Regierungsform in Tuat ist eine republikanische mit einem Häuptling oder Fürsten an der Spitze der Regierung, ebensowie in Itussa oder Tombuktu. Meine Unterthanen — namentlich die Kaufleute — erlangen die Erlaubniss, diese fernen Distrikte zu durchziehen dadurch, dass sie dem Herrscher des Landes unbedeutende Geschenke mitbringen, der ihnen dann bis an die Grenze des nächsten sicheres Geleit giebt. Den Handel zwischen Tripolis und Timbuktu vermitteln meist Kaufleute aus Fezzan und Gadames. Die Timbuktu-Caravane zählt nicht so viel Kameele mehr als früher — nicht über 150. Die Marocco-Caravane, deren Weg nicht so weit ist, zählt die meisten, 3000, ja sogar 4000.

Die Timbuktu-Caravane beginnt gewöhnlich ihre Reise im März, reist grösstentheils zur Nachtzeit, ist höchstens auf 8 Tage ohne Wasser und kehrt gegen den November zurück, wo sich aus allen Gegenden Kaufleute zu einer sehr besuchten Messe in Gadam einfinden. Die Haupthandelsartikel sind dort: Sklaven, Gold, Gummi, Felle, Datteln, Berkan, Salpeter, Soda, Salz, Baumwolle, Zeuge und grosse Massen kaffeeähnlicher Früchte.

Wir lassen den Mittheilungen des Paschas noch einige andere folgen, die sich Smyth und seine Begleiter von den Offizieren des Paschas ebenfalls durch schriftlich zugestellte Fragen zu verschaffen wussten.

Zwischen Ziliten und Mesurata liegen keine Städte, aber zahlreiche Trümmer grosser Gebäude, deren ursprüngliche Form nicht mehr zu erkennen ist. Die Mauren haben nur einige Brunnen guten Wassers conservirt. Unweit Ziliten bei Wadi Khahan findet man Reste einer Wasserleitung und eine Art Bogen etwas landeinwärts. Die Bevölkerung Mesurata's beläuft sich auf 900—1000, obgleich der dortige Aga 1000 Reiter und 2000 Mann Infanterie aus der Provinz zum Dienst stellen kann. Die wichtigsten Salzwerke Mesurata's liegen zwischen Zafran und Nahîm, obgleich auch noch andere sich am Golfe befinden. Das Salz ist Seesalz und wird durch Verdunstung gewonnen. Im Winter fliesst mehr Wasser zu und löst wieder Salz auf. Es wird in lange Stangen zerschnitten, da es sehr hart und fest ist, und kommt so in den Handel. Zwischen Mesurata und Bengasi und von da bis Derna liegt keine bemerkenswerthe Stadt. Die Ufer des Golfs von Sidra sind im Allgemeinen fester Sand mit daranstossenden Niederungen, an einigen Stellen indess auch Felsen. Ein Golf Suca, wie er auf den Karten angegeben ist, existirt nicht. Unser Heer zog dort hart am Strande hin und fand denselben ununterbrochen. In der Nähe der oben erwähnten Salzwerke sind häufige Ruinen; die bemerkenswerthesten sind die von Elbenia, südöstlich von Zafran und von Medina Sultan. Die ersteren bestehen aus zwei Pilastern mit Basen grobkörnigen Sandsteins und sehr beschädigten griechischen Inschriften; die andern zeigen Spuren einer grossen Stadt. Andere Ruinen findet man in Ihimines und Quabia, zwei Tagereisen von Bengasi. Auch ein Meerbusen von Tineh existirt nicht, sondern in seiner Gegend nur eine Maremme, hinter der das Land gebirgig wird. Von sehr feinem Flugsande, der von dem Winde fortgeführt wird, sind ganze Striche bedeckt. Dieser bewegliche Sand erstreckt sich von Ain-Agan bis Areys, und zwar in verschiedener Breite von der See aus landein. Besonders

bei Albasce findet man einen langen Strich, der sich meilenweit landeinwärts hinstreckt. Der Sand ist sehr fein und ziegelfarben, während
der andere weiss wie Schnee ist. In Ain-Agan und Bagomara, zwei
Stunden südöstlich von Manhul, stösst man auf sehr ausgedehnte Sand-
Marschen. Uebrigens ist nur die Oberfläche des Landes mit solchem
feinen Sand überdeckt; darunter liegt harter Sandstein. Die Gärten
der Hesperiden liegen ungefähr 2 Stunden von Bengasi und haben
keine Bäume; nur einiges Gesträuch wächst dort. Viele tiefe Grotten,
einige Brunnen trefflichen Wassers und Spuren von Kanälen, die einst
das Wasser durch die Gärten überall hin leiteten, machen die Stelle
leicht kenntlich. Bauholz giebt es dort nirgends, nur einen Hain ver-
krüppelter Cypressen. Weiterhin gegen Bomba zu soll es allerdings
Waldungen geben, die auch zum Schiffbau Material hergeben dürften.
Bengasi selbst ist früher blühender gewesen. Die Stadt hat ein ziemlich gutes Castell und einen kleinen Hafen, Lehmhütten und 1000
Einwohner. Vom alten Berenice zeigen sich nur wenige Spuren. Man
findet häufig Kameen und vertieft geschnittene Steine, und ein Berg
in der Nähe des Meeres soll Schätze enthalten, da man nach heftigen Stürmen dort mitunter Gold gefunden hat. Früchte sind dort
nicht zu kaufen, wohl aber Schaafe, Rindvieh und Getreide. Orangen
hat man dort noch nicht einmal zu pflanzen versucht und kennt sie
gar nicht. Tokra ist eine Stadt mit Mauern und vielen Inschriften;
sie ist arm an architektonisch schönen Gegenständen, einige Weinzweige
ausgenommen, die man in Relief auf Stücken dortigen Sandsteins findet.
Die Stadt ist in einer Ebene an dem Seestrande erbaut und nach Süden von steinigen Gebirgen eingeschlossen, auf welchen niedrige Cypressen wachsen. Tolmitæ liegt an dem Fuss des sich von Bengasi
nach Bomba hinstreckenden Gebirgszuges. Alterthümer sind nur wenige
dort, ausgenommen einige einem korinthischen Portikus zugehörige
Sandsteinsäulen und die Königsgräber in den elyseischen Feldern.
Barka ist gegenwärtig nur ein Haufen von Steinen und Ruinen, am
Eingange zu einem schönen Thale, mit sehr vielen Brunnen guten
Wassers, wesshalb die Araber häufig dorthin kommen. Diese Araber
sind — im Gegensatz zu denen von Mesurata — äusserst unzuverlässig und treulos und begehen Mordthaten eines blossen vergoldeten
Knopfes wegen. Die Gesetze der Gastfreundschaft würden sie übrigens
— wenn auch mit innerlichem Widerstreben — wohl nicht verletzen.
Im Hafen Marsa Susa ist die See tief in die Mitte der Stadt einge-
drungen. Es giebt dort viele Ruinen, aber von beweglichen Gegenständen nur einige: Marmor, Granit und Sandsteinsäulen, die zu dor-

tigen Tempeln gehört haben. Von Bengasi nach Cyrene reist man in
6 Sommertagen; die Strasse führt dabei durch angenehme Cypressenwälder und Bergthäler. Cyrene liegt reichlich anderthalb Tagereisen
von Derna entfernt, der Weg führt über sehr schwer zu ersteigende
steinige Berge, durch Cypressenwälder und Plätze, wo sich wandernde
Araberstämme aufhalten. Die Meeresküste ist in dieser Gegend fast
überall steil und felsig und in den Bergspalten wachsen Cypressen
und einige andere Bäume. Die Stadt Cyrene selbst ist fast ganz zerstört, aber die Ruinen und zerstreut liegenden Mausoleen dehnen sich
weit aus; der schönste Theil ist das Marsfeld, wegen der zahlreichen
in die Felsgebirge eingehauenen Gräberstrassen. Die Grenzen der alten
Stadt sind an den verschiedenen Ruinen leicht zu erkennen. An der
Quelle findet man die zum Theil verschütteten Ruinen eines Tempels.
Man sieht von ihnen nur noch einige Säulen und Statuen, die letztern
entsetzlich verstümmelt. Ausgrabungen würden hier wahrscheinlich sehr
ergiebig sein. Die Quelle giebt noch immer sehr reines Wasser in
Ueberfluss, wesswegen auch immer 400 bis 500 arabische Zelte in
der Stadt zu finden sind. Die Bevölkerung von Derna ist durch Aus-
wanderung und die Pest auf ungefähr 360 Seelen reducirt. Der Distrikt
zwischen Marsa Susa und Cyrene ist voll von Berghöhlen, in welche
sich ganze Familien an Seilen hinablassen; viele Personen werden in
diesen Höhlen geboren, leben und sterben da ohne nur einmal heraus
zu kommen; ihre Beduinenverwandten in der Nachbarschaft versehen
sie mit Nahrung und bewahren dort ihr Eigenthum auf, um es vor
den Räubereien feindlicher Stämme zu schützen; die Araber sammeln
dort auch hinreichende Wasservorräthe an. Die ganze Bevölkerung
ist wild, unzugänglich und gefährlich und hat immer ihre Unabhängigkeit zu wahren gewusst. Die Küstengegend von Bomba ist, da sie auf
der Grenze liegt, von Stämmen bewohnt, welche sich vor ihren resp.
Herren geflüchtet haben und die friedlichen Stämme, so wie die Mekka-
Caravanen fortwährend belästigen. Eine Landung in dieser Gegend
ist desshalb nicht ohne Gefahr.

In den letzten Jahren ist bekanntlich für die Erforschung der
Caravanenstrassen nach Centralafrika und für Anknüpfung von Verbindungen auf denselben viel geschehen. Wir verweisen in dieser
Beziehung vor Allem auf Barth's Reisewerk; ferner auf die bei J. Perthes
erscheinenden Mittheilungen von Dr. A. Petermann, 1855. I., 1—14;
endlich auf Ed. Schauenburg, Reisen in Afrika von Mungo Park bis
auf Dr. Barth und Dr. Vogel.

4. Bemerkung zu S. 113.

Capitain Mansell hat vor Kurzem seine neuen Tiefenmessungen im Mm., welche wir S. 113. erwähnten, im Nautical Magazine veröffentlicht. Wir stellen die Hauptresultate auf der Strecke von Alexandrien nach Rhodus (Westende) in der folgenden Tabelle zusammen, in welcher die erste Spalte die Entfernungen von Alexandrien in englischen Meilen, die zweite die Tiefen in englischen Faden und die dritte die Beschaffenheit des Meeresgrundes angiebt.

10	110	Sand und Thon.		90	1300	Gelber Schlamm.
20	200	Sand u. Korallen.		110	1550	Desgl.
30	450	Feiner schwarzer		130	1600	Desgl.
		Schlamm.		150	1600	Desgl.
50	850	Gelber Schlamm.		170	1500	Desgl.
70	1000	Desgl.		200	1300	Desgl.

Von dem Westende von Rhodus nach Nikaria zu fand er:

10	500	Gelber Schlamm.		55	1400	Gelber Schlamm.
30	920	Desgl.		76	1350	Desgl.

Vgl. Dr. Petermann's Mitth. 1857. XII. S. 516.

Nach den neueren Messungen der französischen Ingenieure Kerhallet und Dumoulin schwankt die Tiefe in der Mitte der Strasse von Gibraltar zwischen 380 und 490, die grösste zwischen Punta di Europa und Ceuta beträgt aber 503.

---

5. Einige die Nordküste Afrikas betreffende Zusätze zum II. Kapitel.

Da sich in der letzten Zeit die Aufmerksamkeit der geographischen Welt ganz besonders Afrika zugewandt hat und da vor Allem Dr. Barth's Reisen und Forschungen dieselbe auf sich concentriren, so glauben wir, dass einige die afrikanische Küste betreffende Erläuterungen und Zusätze willkommen sein werden. Dieselben sind grösstentheils dem ersten Bande der 1849 erschienenen „Wanderungen durch die Küstenländer des Mittelmeers" von Dr. H. Barth entlehnt und wir citiren daher die Seiten dieses trefflichen Werkes ohne weitern Zusatz.

Zu S. 37. Malta ist, wie H. Barth (S. 194.) so treffend sagt, von der Natur zur Vermittlerin in Handel und Wandel zwischen den beiden Erdtheilen bestimmt, eine Oase in dem die Länder und Völker des alten Welttheils gliedernden und wiederum in grossartigerem Maass-

stabe verbindenden Binnenmeere. Dabei bietet die Insel aus mehreren
Gründen dem aus Afrika Kommenden ein weit grösseres Interesse, als
den aus Europa Herbeischiffenden. Die Sprache des Volkes ist in ihren
Hauptelementen tunesisch und zahlreiche Spuren alter Monumente weisen
hier, wie auf Gozzo, noch heute auf Phönicien hin.

Zu S. 85. Auf dem Katabathmos begegnete dem- unerschrockenen
und unermüdlichen Barth jene tragische Katastrophe, welche ihn seines
ganzen Gepäcks — darunter auch des sorgfältig geführten, für die Kenntniss der Norflküste Afrikas so überaus wichtigen Tagebuchs — beraubte
und aus welcher er sich nur durch bewundernswerthe persönliche Tapfer-
keit — obgleich gefährlich verwundet — rettete.

Zu S. 86. Derselbe nennt Tebruk Mirsa Tobruk und erklärt den
antiken Namen Antipyrgos aus der Beschaffenheit der dortigen Lokalität
(S. 513. flgg.).

Ueber das Ras-et-Tin vergl. S. 500.; so wie über Apollonia S. 452.
Ihr moderner Name Susa ist aus dem Justinian's Zeit angehörenden Beinamen Σώζουσα verkürzt. Naustathmos war wohl keine eigentliche Stadt,
sondern Schiffsstation mit Magazinen u. dergl. (S. 461.) Dernah liegt
reizend inmitten von Palmenpflanzungen und Fruchtgärten, in denen auch
die Banane reift. Den erbärmlichen Zustand des Hafens bezeugt auch
Barth. S. 479.

Zu S. 87. Taukrah, dessen alter Name eigentlich Taucheira ist,
wird auch Tôkrah genannt. Es hatte, eben. so wie das alte Oea, keine
Befestigung nach der Seeseite, woraus Barth schliesst, dass sich diese
Städte die freie Verbindung mit dem Meere wahren wollten. Die uralten
Ringmauern stehen noch. Eine sehr detaillirte Beschreibung giebt Barth
S. 392. flgg., ebenso von Ptolemais S. 396. Tolmîta, sagt Edrisi, ist
ein sehr fester, mit Steinmauern umgebener Platz, wohl bewohnt und
von Schiffen häufig besucht. Man bringt Stoffe aus Baumwolle und Leinwand dorthin, die man gegen Honig, Theer und Butter vertauscht. Die
Schiffe kommen aus Alexandrien. Noch zu Abulfeda's Zeit (Anfang des
14. Jahrhunderts) war die Stadt leidlich bewohnt; jetzt findet man nur
Trümmer. Die kaum noch aufzufindenden Ruinen von Barka, der einst
so mächtigen Nebenbuhlerin Cyrene's, beschreibt Barth S. 404. flg., so
wie Kyrene selbst S. 420. flgg. „Wenn auch fast kein Monument der
alten frischen Zeit hellenischen Lebens hier erhalten ist, so liegt doch
wieder der ganze Charakter seines eigenthümlichen Treibens in zahlrei-
chern Beziehungen zu Tage, als bei den meisten andern Stätten des
Alterthums, und hat die natürliche Beschaffenheit des Gebietes, auf dem
die Stadt sich erhob, einen so grossartigen, in wunderbarster Mannich-
faltigkeit gestalteten Charakter, dass, wäre auch kein Monument der
Stadt selbst erhalten, schon das Terrain allein zu mehrtägigem genuss-
reichsten Aufenthalte einladen könnte." (S. 449.)

In die Schwefelminen führt eine Kameelstrasse von Mukt'âr. Den
daherrührenden Namen des Golfes schreibt Barth Dschûn el Kebrît. —
Ueber die auf der folgenden Seite erwähnten Altäre der Philænen findet
man ausführlichere Mittheilungen S. 344.

Der in Anm. 114. erwähnte Reisebericht Beechey's enthält wohl viel Interessantes, man vermisst aber eine gründliche klassische Bildung des Reisenden, der auch den für diese Gegend so wichtigen Stadiasmus ignorirt.

Beechey schätzt den Umfang der Syrte auf 426 engl. geographische Meilen (also 106½ deutsche).

Den jetzt schon sehr versandeten Hafen Ben-G'âzi's beschreibt Barth S. 382. u. folgg. genauer und deutet zugleich an, dass die Gegend hier ungesund ist. Gegenwärtig (Juli 1858) wüthet dort eine pestartige Epidemie, zu der sich der Typhus gesellt hat. Der Ort ist in der letzten Zeit als einziger Ausgangspunkt der ehemals so blühenden Cyrenaica und des Karavanenverkehrs mit Bornu wieder zu einiger Bedeutung gelangt. „Hier fand oder schuf der griechische Mythos eine mit den schönsten Blüthen der Poesie geschmückte Vorhalle des hellenischen Lebens auf dem libyschen Festlande;" in diese Gegend versetzten die meisten Griechen jene vielbesungenen Gärten und bewiesen dadurch zugleich, dass das Land einst einen ganz andern Anblick dargeboten haben muss. (S. 388.)

Zu S. 88. Tripoli heisst vollständig Tarâbolus el g'arb, um es von dem syrischen Tarâbolus esch schâm zu unterscheiden. Von hier aus geht die kürzeste Strasse nach Sudan und Tarabolus ist, so sehr auch der Karavanenhandel gelitten hat, immer noch ein höchst bedeutender Ausgangspunkt für denselben. An die herrlichsten Pflanzungen der Umgegend treten unmittelbar die Sanddünen drohend heran. Das S. 89. erwähnte Tadschura zeigt liebliche reiche Pflanzungen und besteht eigentlich aus mehreren Dörfern. Auch an diese freundliche Vegetation stösst eine hügelige eigentliche Sandwüste an.

Zu S. 89. Ueber Sarsîs, Dscherdschîs oder Zarzîs vgl. Barth S. 266. Bibân hielt Barth für identisch mit dem alten Zeucharis des anonymen Periplus, mit den Taricheiai des Skylax und dem Zuchis des Strabo. Der Name deutet auf Fischpökeleien hin. Ehemals blühte hier die Purpurfärberei. Die Palmenpflanzung von Zoarah liegt an 6 Meilen davon entfernt.

Den schon von Herodot genannten Kinyps oder Wadi el Ka'an nannte Barth's Führer sehr bezeichnend uâdi mag'âr g'rîn, den Strom mit den Sumpfhöhlen (S. 316. flg.). Sein Wasser wird jetzt für ungesund gehalten. Am Flusse oder vielmehr über demselben bemerkt man ausser einer Wasserleitung von mächtigem Cementwerk aufgeführte Terrassen höchst sonderbaren Charakters.

Mitten auf den Gestaden der grossen Syrte zwischen Zafran und den Aræ Philænorum liegen die Medeinah oder Medinet Sult'ân genannten sehr grossartigen Ruinen der Medinet Sort oder Sirt. 'Abu 'Obeid Bekri erzählt von der frühern Blüthe dieser grossen Stadt, welche in direkter Karavanenverbindung mit dem für den Landhandel Afrikas so wichtigen Sanîla und Uâdân stand.

Zu den auf S. 89. genannten Landesprodukten des Beilek sind für das Medscherathal und die Gegend von Testûr die zum Färben der Nägel dienenden Henna (χάλχαννα), die Blätter der Kypros (orient. Kopher),

von der auch Cypern seinen Namen erhielt, zu erwähnen. Diese Pflanze
(Lawsonia alba) wächst hier in Fülle und wird auch nachher S. 91. im
Texte erwähnt. — Was den Karavanenhandel in Tunis anbetrifft, so ist
derselbe unbedeutend, da die Tûnsi keine Karavanen ins Innere, nicht
einmal nach Gadams, schicken; aber auch der von den Tarabolussi und
Gadamsi nach Tunis betriebene Handel ist, besonders nach der Aufhebung
des Sklavenhandels, fast nichtig. (Vgl. S. 250.)

Ghâbs, das von reizenden Pflanzengärten umgeben in frischer Vegetation prangt, liegt an der Scheide der Steppe und Oasenlandschaft. Die
Ueberfahrt nach Dschirbi oder Girba, ebenso wie diese Insel selbst, schildert H. Barth sehr lebendig S. 259. u. flgg. Ein Grieche hatte eine
Schwammfischerei an diesen Küsten eingerichtet. Wolle wird in ausgezeichneter Güte auf der Insel gesponnen. Im Alterthum bestand lange
eine Purpurfärberei auf der Insel. Das in Klammer gestellte Meninx ist
eigentlich der Name der ehemals bedeutendsten Stadt auf der Insel.

Zu S. 90. Die hier erwähnten Hafenplätze beschreibt H. Barth im
vierten Abschnitt seiner ˙Wanderungen. Calibia wird auf den Portulanen
Gallipoli Africæ genannt. Die Meeresbucht, von welcher der Ort 25 Minuten landeinwärts liegt, bietet den Schiffen fast bei allen Winden Schutz
dar und wird häufig von solchen besucht, die von Malta oder aus der
Levante kommend, das Cap Bon des im Mm. überhaupt und vor Allem
in diesem Kanale vorwaltenden westlichen Windes wegen nicht passiren
können. Man hat desshalb auch zu Zeiten daran gedacht, von hier einen
Kanal durch die Halbinsel durchzustechen und so das lästige Cap abzu-
schneiden.

Die geschichtliche Bedeutung von Clypea oder Aspis hebt Barth
S. 136. hervor. — Die ehemalige Grösse der Stadt Susa wurde noch zu
'Abu 'Obeid Bekri's Zeit durch mächtige Ruinen bezeugt. Barth verlegt
hierher die altphœnicische und nachher römische Colonie, welche den
pompösen Titel Colonia Concordia Ulpia Traiana Augusta Frugifera Ha-
drumetina führte. Wie bedeutend der Handel des alten Hadrumetum gewesen, erkennen wir unter Anderem aus dem „adromitischen Schiff", das
den Apostel Paulus aus Syrien nach Lystra führte (Apostelgesch. 27., 2.).

An der westlichsten der vor Mistûr liegenden Inseln wurde noch vor
Kurzem der Thunfischfang betrieben, den man aber jetzt, weil er, wie an
vielen Punkten, so auch an diesen Küsten an Einträglichkeit sehr abgenommen, aufgegeben hat. — Neben Mehedîah hätte ich noch Thydra
und sein grossartiges Amphitheater erwähnen können; die Karavanenstrasse
von Sfâkes nach Susa geht durch den jetzt unbedeutenden Ort. Der alte
Name für Sfâkes wird sehr verschieden geschrieben, Taphrura, Taphæ,
Taprura, Tapra. Bei der Stadt befinden sich sehr viele gut bewässerte
Pflanzungen. (Vgl. Barth 181.)

Zu S. 91. Eine vortreffliche Schilderung von Tunis und seinen Umgebungen findet man bei Barth S. 74. flg. Derselbe entwirft ebenda
S. 79. ein äusserst lebendiges Bild des alten Karthago.

Zu S. 92. Auch Utica, „atik'ah, die alte Stadt"; seine Lage und
seine Alterthümer schildert Barth a. a. O. S. 108. u. flgg. Benzart ist

trotz seiner·herrlichen Lage und fruchtbaren Umgegend jämmerlich vernachlässigt und ganz herabgekommen. (S. 202). Das Wasser in der
nahen Palus Sisaræ haben wir im Text, Edrisi's Angaben folgend, süss
genannt; Barth fand dagegen bei seiner Anwesenheit, dass auch das
Wasser jenes Bassins sehr unerfreulich war und bedeutende Salztheile
enthielt.

Zu S. 94. Julia Cæsarea und seine Umgebung, so wie das kleine
Scherschell und Oran, schildert Dr. Barth S. 56. u. flg. Seite 61. folgt
dann eine Beschreibung des schön und fest liegenden und einst so bedeutungsvollen Bougie oder Bedschaja (wie Barth schreibt), das als ausgezeichneter Seeplatz nicht allein der Stapel- und Ausgangspunkt der
ganzen Gegend von Setif zu werden, sondern auch durch den wichtigen
Markt und Vermittelungspunkt von Bu-Sa'd im S.W. der grossen·Sebcha
mit der Sahara in lebhafte Verbindung zu treten verspricht.

Zu S. 97. Ueber Tetuan oder, wie die Einheimischen aussprechen,
Tettâuin sind die Wanderungen S. 43. zu vergleichen. Dieser Winkel
im äussersten Westen Afrikas bildet das Passageland nach Europa, den
berr el a'dû, wie es die Araber nennen, auf dem zahllose Völkerschaaren
im Lauf der Jahrhunderte herüber- und hinüberzogen.

6. Ein Zusatz zum dritten Abschnitt, die Bildung von Marschen etc. in der Nähe der Küsten betreffend.

Wir machen nachträglich auf einen Punkt aufmerksam, der bei der
Bildung von Ablagerungen in der Nähe ، der Meeresküste wohl beachtet werden muss, im Texte selbst aber von uns noch nicht gehörig
berücksichtigt wurde—, nämlich auf die durch das Zusammentreten
des süssen und salzigen Wassers, abgesehen von den Strömungen,
hervorgebrachten Wirkungen. Durch diese Vermischung entsteht bekanntlich das sogenannte Brackwasser; die Meerfluth enthält aber
eine ungeheure Menge von Organismen, denen eine Verminderung des
Salzgehalts des Wassers ebenso verderblich ist, als etwa menschlichen
Respirationsorganen eine bedeutende Verringerung der Sauerstoffmenge
in der atmosphärischen Luft. So sterben denn in jenem Brackwasser
Milliarden kleiner Seethiere und Infusorien und während ihre Kiesel-
und Kalkpanzer die Bänke, über welchen jene Vermischung der Gewässer erfolgt, fortwährend erhöhen, düngen ihre gallertartigen Leiber
den Boden. So erklärt es sich·zugleich, wie die erwähnten Ablagerungen strichweise grosse Fruchtbarkeit zeigen und wieder an andern
Stellen, wo eben diese thierischen Reste nicht hingelangen, öde und
steril sein können.

7. Ein Nachtrag über die Marine auf dem Mm., mit besonderer Berücksichtigung der russischen.

Wie bedenklich es ist, der geschichtlichen Darstellung irgend ein Objekt aus der neuesten Zeit zu Grunde zu legen, erkennt man wieder recht deutlich daraus, dass während eines einzigen Jahres die ganze Mm.-Marine in eine andere Entwicklungsstufe eingetreten ist. Mag die orientalische Welt im Osten, das reiche und doch durch schlechte Verwaltung so sehr verarmte Aegypten nicht ausgenommen, immer mehr dahin siechen, desto lebendiger regt es sich im Adria, im Westbassin und im Euxinus. Neben dem Lloyd sind andere Unternehmungen aufgetaucht, welche demselben eine gefährliche Concurrenz zu machen drohen, und er mag wohl zusehen, in der nächsten Zeit allen den gesteigerten Anforderungen des internationalen Verkehrs zu genügen. Die neuesten Versuche Russlands, im Mm. Fuss zu fassen, haben die Blicke aller Seemächte in den letzten Monaten (des Jahres 1858) vorzugsweise dem Mm. zugelenkt und der Verkehr auf der Thalassa hat dadurch nur gewonnen. Eine russische Dampfschiffahrt-Gesellschaft, welche grossartige Pläne verfolgen will, ist in's Leben gerufen worden und soll ein Grundkapital von 80 Millionen Francs besitzen. Dabei soll sie von der Regierung noch für jede Fahrt bedeutenden Zuschuss erhalten. Sie würde dadurch allerdings in den Stand gesetzt werden, ihren Tarif für Personen und Güter im Vergleich zu den Preisen des Lloyd um ein Drittel herabzusetzen, was für die östreichischen Dampfer um so bedenklicher und gefährlicher sein würde, wenn man mit den russischen nicht allein billig, sondern auch gut fahren sollte. Es ist nun freilich sehr fraglich, ob die Russen im Stande sein werden, ihre neuen, trefflichen Dampfboote auch ebenso trefflich zu bemannen; ferner, ob die Regierung solche Zuschüsse auf die Länge bewilligen will und kann. Eines freilich steht fest, dass die Darsena von „Villafranca" von der piemontesischen Regierung an Russland, welches dort eine Station einzurichten beabsichtigt, abgetreten worden ist. Es ist ferner bekannt, dass Russland ebenso in Monaco, in Algier, und einem griechischen Hafen Fuss zu fassen sucht. Die erwähnte Bucht von Villafranca liegt in der Grafschaft Nizza, etwa eine Stunde von der gleichnamigen Stadt und 3 Stunden von der französischen Grenze entfernt und gehört durch ihre Lage in fortifikatorischer Hinsicht zu den stärksten Häfen des Mm. In der Front und im Rücken ist sie völlig geschützt und fast unangreifbar. Auf der rechten Seite der Bucht erhebt sich der Leuchtthurm. Die Einfahrt selbst ist so schmal, dass nur 3 Linienschiffe zugleich passiren können. Der Flächenraum des überall hinlänglich tiefen Hafenbeckens ist zwar nicht eben gross, könnte aber doch einem recht ansehnlichen Geschwader zum Stationsplatz und Zufluchtsort dienen. Die gegenwärtigen Befestigungen bestehen aus einem Castell und einigen Batterien, die sich auf einem Felsplateau am rechten Ufer des Golfs erheben und zwei Bataillone Infanterie und eine Artillerieabtheilung zur Besatzung haben. Der Plan des Verkaufs oder wenigstens der Verpachtung dieses Hafens an die Russen scheint mit dem Aufenthalte der Kaiserin-Mutter in Nizza (1857) in Zusammenhang gestanden zu haben. Damals lagen die Schraubenfregatte „Wyborg" (vom Grossfürst Constantin persönlich befehligt), die Corvetten „Olaff" und „Polkan" und die sardinische Dampffregatte „Governolo" in der Bucht vor Anker und der Grossfürst unternahm mit seinen Offizieren häufige Ausflüge in die Umgegend — wohl nicht um zu skizziren und für die pittoresken Bergformen zu schwärmen, sondern vielmehr um zu zeichnen und zu messen und die fortifikatorische Bedeutung jener Formen zu würdigen. Wenn gleich nun versichert wird, dass jene partielle und provisorische Erwerbung des Hafens von Villafranca nur der Handelsmarine wegen erfolgt sei, so ist doch nicht zu leugnen, dass das Auftreten eines grösseren russischen Geschwaders im Mm. dadurch wesentlich erleichtert wird und dass schon wenige Monate nach der Erwerbung Russland in Villafranca eine grossartige Thätigkeit entwickelt. Das russische Mittelmeergeschwader ist auch in der letzten Zeit durch die Schraubencorvetten „Medwed" (11), „Binda" (11) und „Griden" (11), durch den Schraubenschooner „Opritschine" (6), sowie durch den Linienschrauber „Betvisan" (81, Betrizan?) und die Corvette „Bojan" (16, Benjan?) verstärkt worden. Ferner sind die russische Schraubenfregatte Gromoboi (50) und der Rurik nach Villafranca unterwegs. Erstere zählt 20 Offiziere und 500 Mann Besatzung und wird im Frühjahr 1859 unter dem Commando des Kapitäns Iselmetieff eine Uebungsreise nach den bedeutendsten Häfen des Mm. machen.

Es dürfte nun kaum zweifelhaft sein, dass diese Machtentwicklung eine Oesterreich feindliche Politik zu unterstützen bestimmt ist. Wenn aber auch Russland in einigen Jahren an 1000 Kanonen im Mm. vereinigen und somit für den Augenblick Oesterreich überlegen sein sollte, so ist doch nicht zu verkennen, dass diese Gefahr nur ein Sporn für Oesterreich sein wird, die Entwicklung seiner Marine möglichst zu beschleunigen. Zum Glück ist diese auch ebenso wie die der französischen Marine am Busen von Lion eine ganz naturgemässe, durch

Oesterreichs Lage am Adria geforderte. Oesterreich besitzt in Venedig und Pola 2 Kriegshäfen, in der Bai von Muggia die Basis zu
einem dritten, während Russland trotz Villa franca eigentlich nur in
den äussersten nordöstlichen Winkel der Thalassa gebannt[556]) und
überdies in seinen maritimen Anstrengungen vielfach behindert ist.
Auch darf man nicht vergessen, dass der letzte Krieg und die Ereignisse im schwarzen Meere noch immer ihre Nachwirkung äussern.

Wir erwähnten eben Pola und können dabei nicht unberührt
lassen, dass im Oktober 1858 dort das erste grosse österreichische
Linienschiff „Kaiser" vom Stapel gelaufen ist. „Oesterreichs See-
männer mögen in diesem Tage eine Bürgschaft rühmlicher Zukunft
finden", sagte der Tagesbefehl des Erzherzog Max. Zum Stapellauf
hatte sich ein ganzes österreichisches Geschwader zusammengefunden:
die Dampfyacht „Phantasie", die Propellerfregatten „Donau", „Adria",
„Radetzky", die Segelfregatten „Bellona" und „Venus", die Propeller-
corvette „Erzherzog Friedrich", die Segelcorvetten „Titania" und
„Diana", die Brig „Huszar", die Kriegsdampfer „Elisabeth", „Curta-
tone", „Prinz Eugen" und „Achilles", die Goelette „Artemisia", dazu
die Lloyddampfer „Pluto" und „Calcutta". Zu dem zweiten Linienschiff, welches „Oesterreich" heissen wird, soll sofort der Kiel gelegt
werden. Die Kriegsmarine Oesterreichs soll überhaupt auf 6 Linienschiffe (3 erster Klasse von 100—120 Kanonen, 3 zweiter Klasse von
80—90 Kanonen), 12 Fregatten (6 erster Klasse von 80—90 Kanonen, 3 zweiter Klasse von 50 Kanonen, 3 dritter Klasse von 31 Kanonen), 6 Corvetten mit 23—28 Kanonen, 2 Segelfregatten, 2 Schraubencorvetten, 4 Brigs und 4 Schooner erhöht werden. Dazu kommt
eine Anzahl Transportschiffe, die in Kriegszeiten mit Kanonen armirt
werden können, 3 Schraubencorvetten, 3 Raddampfer, 4 als Aviso, 2

---

[556]) Der ganze — übrigens grossartige — Plan der neuen russischen Linien,
welche von zahlreichen Schiffen befahren und sogar bis nach London ausgedehnt werden sollen, erscheint aus eben diesem Grunde ganz unpraktisch. Odessa bildet den
Anfangspunkt aller dieser über das ganze Mm. ausgedehnten Linien; es erscheint
aber mehr als zweifelhaft, ob der Personen- und Waarentransport von da aus und
dorthin den Erwartungen irgend entsprechen wird. Desto natürlicher ist die Stellung
des österreichischen Lloyd zum Mm. Er braucht sich nur zu germanisiren und
überhaupt in seiner Verwaltung mannigfach zu verbessern und dadurch der frisch
erblühenden Kriegsmarine Oesterreichs nachzueifern, um trotz aller Concurrenz doch
ungestört im Besitz des ihm geographisch zukommenden Verkehrs zu bleiben. Eine
gefährlichere Rivalin ist die Marseiller Messagerie und die Franzosen dürften sich in
Deutschland bald ein grosses Verkehrsgebiet erobern. Sie haben bekanntlich auch
mehrere Kriegsschiffe, wie es scheint dauernd, im Adria stationirt. Dem Verkehr
des Lloyd in der nächsten Nachbarschaft von Triest schaden übrigens auch die neu
eröffneten Eisenbahnen, namentlich nach Venedig.

Schraubendampfer für den Küstendienst, 4 Schraubenschooner, 8 Kanonenboote etc.

Neben den oben erwähnten Bestrebungen Russlands, einen grossen Bruchtheil des Verkehrs auf dem Mm. zu vermitteln, liest man auch von Plänen der ægyptischen Regierung, von Dampfschiffahrtsgesellschaften, die sich dort neu bilden wollen, aber wohl schwerlich zu einer gesunden Fortentwicklung gelangen werden. Dagegen ist nicht zu übersehen, dass die Schiffe der griechischen Dampfschiffahrtsgesellschaften ihre Fahrten mehr und mehr ausdehnen. In den letzten Tagen des September 1858 sind die Arbeiten in der Meerenge des Euripus beendigt worden. Nachdem Alles fertig war, gab es noch Nacharbeiten. Man vertiefte das Bett durch Felsensprengungen unter dem Wasser, so dass es jetzt 5½ Meter Tiefe hat. In Folge dieser Arbeiten werden nun die griechischen Dampfer ihre Fahrten nach Norden erweitern, Volo und Thessalonich berühren und auf der Ostseite der langgestreckten Insel die Sporaden besuchen.

Wenn es demnach zu erwarten ist, dass die griechischen Gesellschaften gute Geschäfte machen, so steht es um so kläglicher mit der auch bereits oben erwähnten transatlantischen Dampfschiffahrtsgesellschaft in Genua. Die Schraubendampfer derselben, die seit langer Zeit unthätig im Hafen liegen und von denen es hiess, dass sie durch eine Lotterie an den Mann gebracht werden sollten, werden in öffentlicher Auktion verkauft werden. Die Licitationspreise der erst in den Jahren 1855/56 gebauten Schiffe sind auf weniger als die Hälfte der Herstellungskosten angesetzt.

---

8. Ein Nachtrag zu VI., §. 4., die Telegraphen im Mm. betreffend.

Ausser den im Text genannten Linien ist noch die von Spezzia nach dem Cap Nord auf Corsica führende (600 Meter Tiefe und 200 Kilometer Entfernung) zu erwähnen. Ferner fügen wir zu S. 364 berichtigend hinzu, dass Herr Brett bereits im September 1855 ein Kabel mit 6 einfachen Leitungsdrähten zu legen versuchte. Bei dem zweiten ebenfalls misslungenen Versuche (im August 1856) wurde ein dreidrähtiges Kabel von kleinern Dimensionen angewandt. Was die dritte glücklich vollendete Legung anbetrifft, so berichtet darüber der Ingenieur A. Delamarche in seinen Elementen der unterseeischen Telegraphie (deutsch von C. Viechelmann S. 94), einem Buche, wel-

ches mir leider erst zukam, nachdem der Druck meines Werkes fast
vollendet war, Folgendes: Man hatte beschlossen, diesmal mit der
Legung von Bona aus zu beginnen. Am 5. September 1857 traf die
Elba mit dem Kabel im Hafen von Bona ein. Zwei Tage vorher
waren daselbst schon der Monzambano, der Ichnuzo [557]) und der Bran-
don, drei kleine Kriegsdampfer, eingelaufen. Herr Siemens war nebst
den Herren Newall und Liddell (die das Kabel angefertigt hatten)
auf dem Monzambano von Genua herübergekommen. Man berath-
schlagte anfangs noch darüber, ob man die Insel Galita als Haltepunkt
benutzen oder direkt von Bona nach Cap Spartivento gehen sollte
und entschloss sich endlich zu dem letztern...

Ungefähr 9 Meilen nördlich von Bona, unweit des Cap de Garde,
fand sich eine zu beiden Seiten durch vorspringende Felsen geschützte
Bucht, welche zum Landungsplatze bestimmt wurde. Etwa 1500 Fuss
von dieser Bucht lag ein kleines Fort, das Fort Gênois, in welchem
die Apparate für die Zeit der Legung bequem aufgestellt werden
konnten. Noch an demselben Tage wurde damit begonnen, eine
Leitung von 2 Drähten von diesem Fort bis zum Meeresufer zu ziehen.

Am 7. Oktober Mittags legte die Elba in der erwähnten Bucht
vor Anker. (Die auf diesem Schiffe zur Abwickelung des Taues getroffenen Einrichtungen werden in dem erwähnten Werke näher beschrieben und durch eine Figur veranschaulicht.) Im Laufe des Nachmittags brachte man das Ende des Kabels an's Land. Als man die
Leitungsdrähte des Kabels mit der Landleitung nach dem Fort Gênois
verbinden wollte, bemerkte man, dass die Nummern der einzelnen
Drähte des Kabels zerstört waren. Sie wurden dadurch wiederum
bestimmt, dass man am Ufer einen beliebigen Draht mit der Erde in
Verbindung setzte, während auf dem Schiffe mit einer Batterie und
einem Galvanoskope alle Drähte durchprobirt wurden, bis der richtige
gefunden war, worauf die Nummer vom Schiffe aus durch vorher
verabredete Zeichen angezeigt wurde...

Es war mir, schreibt Delamarche weiter, der Auftrag geworden,
die Apparate im Fort Gênois aufzustellen und sie während der Legung
zu überwachen. Gegen 7 Uhr Abends (7. September) waren alle
Vorbereitungen beendet und die Correspondenz mit dem Schiffe eingeleitet. Vom herrlichsten Wetter begünstigt, fuhr die Elba in Begleitung der oben erwähnten Kriegsschiffe ab. Kein Lüftchen regte

---

[557]) Im Text habe ich die Schiffe, andern Quellen folgend, fälschlich Mozambano und Ichnusa genannt.

sich; die See war wie ein Spiegel. Während der Nacht wurden alle 10 Minuten einige Worte gewechselt und immer liefen die günstigsten Nachrichten über den Stand der Legung ein. Am folgenden Morgen (8. September) ereignete sich ein kleiner Unfall, der Schaden wurde aber bald beseitigt... Gegen Mittag erfuhr ich, dass man auf dem Schiffe grosse Besorgniss habe, man werde die sardinische Küste nicht mit dem Kabel erreichen. Es war bei den grossen Tiefen von 10—12,000 Fuss, welche man überschritten hatte, viel Kabel verloren gegangen. Auf der zweiten Hälfte des Weges fuhr man mit weit grösserer Geschwindigkeit (7½ Knoten) als vorher und legte dabei fast ohne Verlust aus. Gegen Abend war sämmtliches Seekabel verbraucht und es wurde das für die sardinische Küste bestimmte Küstenkabel angespleisst. Um 11 Uhr Abends war auch dieses ausgelegt und das Schiff legte sich, noch 20 Meilen von der Küste entfernt, vor Anker. Man beschloss die Nacht vor Anker liegen zu bleiben und am nächsten Morgen ein dünnes Kabel, von derselben Construction wie das Malta-Kabel, anzuknüpfen und zu versuchen, ob man das Land damit erreichen könne.

Noch muss ich bemerken, dass man am vergangenen Nachmittage den Cours etwas geändert hatte und nicht auf Cap Spartivento, sondern auf Cap Teulada zu steuerte, weil dies ein wenig näher lag. Im Laufe des Vormittags wurde das dünne Kabelende angespleisst und die Legung fortgesetzt. Gegen Mittag war auch dieses verbraucht, aber das Land noch nicht erreicht. Es war nun noch ein Ende Kabel, aber noch weit dünner als das vorige, an Bord. Die Correspondenz wurde auf eine halbe Stunde unterbrochen, um dieses Kabel mit dem vorigen zu verbinden. Die Verbindung war kaum wieder hergestellt, als plötzlich mitten in einem Worte die Schrift ausblieb. Die Verbindungsstelle des zuletzt angeknüpften Kabels war kaum über Bord gegangen, als es auch schon riss. Man war noch 8—10 Meilen vom Lande und hatte eine Tiefe von 80 Faden, wo das Kabel versunken war. Es wäre unnütze Arbeit gewesen, das Kabel sogleich wieder aufzufischen, da man doch kein Kabel an Bord hatte, welches man hätte anknüpfen können. Die Elba kehrte deswegen nach England (?) zurück. Der Blazer, ein kleiner Raddampfer, sollte ein neues Kabelende von England bringen und die Aufnahme des Kabels alsdann versucht werden.

Am 28. Oktober, traf der Blazer mit dem neuen Kabel an der sardinischen Küste ein und begann an demselben Tage mit der Aufsuchung des Kabels. Der Tag verging, ohne dass man eine Spur vom

Kabel fand. Am folgenden Morgen wurde die Aufsuchung fortgesetzt und um 8 Uhr hatte der Anker, den man hinter dem Schiffe herschleppte, das Kabel etwa eine Meile vom Ende gefasst. Das Kabel war kaum 5 Minuten an Bord, als die Correspondenz schon im Gange war. Die Aufnahme wurde nun nach dem grossen Kabel zu von 12 bis 15 Arbeitern, die das Kabel mit den Händen heraufzogen, bewerkstelligt. Man schaffte etwa eine Meile in der Stunde an Bord. Abends um 11 Uhr kam das vierdrähtige Kabel an Bord. Am folgenden Morgen wurde das neue Kabelende angeknüpft und die Legung desselben begonnen. Man schlug jetzt wieder die Richtung auf Cap Spartivento zu ein. Um 1 Uhr Nachmittags war das Land erreicht und um 4 Uhr wurde zuerst von Cap Spartivento aus telegraphirt.

Im Juni 1858 ist das Kabel von Herrn Newall theilweise bis zu Tiefen von 600 bis 700 Faden wieder aufgenommen worden. Die fehlerhaften Stellen wurden herausgeschnitten und es gelang, alle vier Drähte wieder brauchbar zu machen. Bei dieser Gelegenheit gelang auch (wie schon S. 364 unten erzählt ist) die Aufnahme des 1855 gelegten Kabels vollständig bis zu einer Tiefe von 600 Faden. Die vollständige Aufnahme des zweiten Kabels (von 1857) war indessen wegen einer Menge Schleifen, die sich in demselben fanden und in Folge dessen es schon bei etwa 400 Faden riss, unmöglich. Die Kabel sollen bei der Aufnahme mit einer Menge von Muscheln, Korallen etc. bedeckt gewesen sein; die Oxydation der Eisendrähte war nur sehr wenig vorgeschritten.

Die Herstellung einer telegraphischen Verbindung zwischen Sardinien und Corfu mit Malta als Zwischenstation übernahm Herr Newall für die Mediterranean Extension Telegraph Company. Das Kabel für diese Linie ist dem atlantischen sehr ähnlich. Es hat wie dieses nur einen aus 7 dünnen Kupferdrähten gebildeten Leitungsstrang und ist mit 18 einfachen Eisendrähten umsponnen. Eine englische Meile wog 1960 engl. Pfund (1 engl. Fuss also ca. $^3/_8$ Pfund). Die absolute Festigkeit betrug 3 $^1/_2$ Tonnen.

Die Elba, welche etwa 800 Meilen Kabel an Bord hatte, traf am 10. November 1857 in Cagliari ein. Der Desperate, ein in Malta stationirtes Kriegsschiff, welches die englische Regierung für die Expedition zur Verfügung gestellt hatte, war schon einige Tage vorher daselbst angekommen, nachdem es die nöthigen Sondirungen zwischen Malta und Sardinien gemacht hatte. Der Blazer kam ebenfalls nach Cagliari, um die Elba während der Legung ins Schlepptau zu nehmen. Am 13. November fuhren alle 3 Schiffe zum Cap S. Elia, etwa 4

Meilen südöstlich von Cagliari, wo das Kabel gelandet werden sollte. Eine Landleitung von Cagliari nach diesem Punkte war schon fertig, wesshalb die Verbindung mit dem Schiffe von dem Stationsgebäude zu Cagliari aus unterhalten werden konnte. Man fing an das Küstenkabel (welches mit 10 weit stärkern Eisendrähten umsponnen war, ans Land zu ziehen. Man lud zu diesem Zwecke ein Ende Kabel in ein Boot und fuhr, indem man dieses auslegte, dem Lande zu. Das Kabelende war aber zu kurz; man musste es wieder aufnehmen und mehr vom Schiffe einnehmen. Gegen Abend war das Kabel ans Land gebracht, die Verbindung mit der Landlinie hergestellt und die Correspondenz mit Cagliari eingeleitet. Die Nacht blieben die Schiffe vor Anker liegen. Am folgenden Morgen bekam das Küstenkabel, weil die Elba durch Umspringen des Windes mehrfach gewendet wurde, in der Nähe des Schiffes mehrere Brüche, so dass die Verbindung mit Cagliari unterbrochen war. Das Kabel wurde daher gekappt und ein neues Ende ans Land gezogen. Gegen 6 Uhr Abends war Alles wieder in Ordnung gebracht und die Verbindung mit Cagliari hergestellt. Der Blazer nahm die Elba ins Schlepptau und um 8 Uhr Abends (14. November) fuhren die Schiffe bei heiterem Wetter und ziemlich ruhiger See ab. Die Desperate fuhr, den Cours anzeigend, eine Strecke voraus. Die Legung ging die Nacht über ohne irgend einen Unfall von Statten. Am folgenden Morgen (15. November) erhob sich ein Sturm, der bis gegen Mittag fortwährend zunahm. Ein Gewitter kündigte sich unter Blitz und Donner an. Die Wellen gingen immer fusshoch über Deck, da das Schiff wegen der schweren Ladung noch sehr tief ging. Trotz der grossen Schwankungen des Schiffes ging die Abwickelung des Kabels sehr regelmässig von Statten. Gerade diesen Morgen wurde die grösste Tiefe von 10,000 Fuss passirt. Um 11 Uhr Vormittags stürzte, als das Schiff gerade durch eine mächtige Welle fast ganz auf die Seite geworfen wurde, ein Theil der Rinnen, in denen das Kabel vom Schiffsraum nach dem Hintertheil des Schiffes geführt wird, mit lautem Getöse zusammen. Glücklicherweise hatte das Kabel nicht im mindesten gelitten. Die Verbindung mit Cagliari war nicht unterbrochen. Ein Versuch zur Prüfung der Isolation des Kabels gab das günstigste Resultat. Herr Newall liess sofort an verschiedenen Stellen eiserne Stangen zur Führung des Kabels befestigen, denn an ein Aufrichten der Rinnen war sogleich nicht zu denken. Die Legung war indessen nicht einen Augenblick unterbrochen worden. Im Laufe des Nachmittags legte sich der Sturm und die See beruhigte sich nach und

nach. Der übrige Theil des Tages und die Nacht vergingen ohne die
geringste Störung. Am folgenden Vormittag (16. November) wurden
die Rinnen wieder aufgerichtet. Die Legung ging ohne Unfall weiter.
In der Nacht vom 16. auf den 17. entstand dadurch eine kurze Störung, dass ein Draht der Umhüllung gesprungen war und sich hinter
einen der Ringe, die im Schiffsraum über dem Kegel hangen, geschlungen hatte. Das Schiff war aber kaum angehalten, als der
Schaden schon beseitigt war. Am 17. Vormittags war die Insel Gozo
in Sicht. Um 1 Uhr Mittags war sämmtliches Kabel, was im Vorder-
raum des Schiffes gelegen hatte, ausgelegt und es wurde der Ueber
gang zu dem im Mittelraum befindlichen gemacht. Dies ging ganz
leicht von Statten. Der Desperate fuhr darauf voraus, um einen
Landungspunkt aufzusuchen. Es wurde die St. Georgs-Bucht (s. S.
365) nördlich von La Valette dazu ausersehen. Um 8 Uhr Abends
war sie erreicht und gegen 2 Uhr Nachts das Küstenkabel ans Land
gebracht. Die Legung selbst war in 72 Stunden vollendet. Man
hatte übrigens, um grössere Tiefen zu umgehen, einen Umweg gemacht, indem man sich der sicilianischen Küste mehr genähert hatte.
Im Ganzen waren etwa 370 Meilen Kabel ausgelegt.

Widriger Winde halber wurde beschlossen, die Legung der
zweiten Strecke von Corfu aus zu beginnen. Der Desperate fuhr
voraus, um die Sondirungen vorzunehmen. Am 26. November traf
die Expedition in Corfu ein. Die Legung sollte so bald als möglich
beginnen. Die Stadt Corfu liegt auf der östlichen Seite der Insel;
die St. Gordo-Bai, wo das Kabel gelandet werden sollte, an der westlichen. Die Landleitung war noch nicht vollendet. Es wurden dess-
wegen Anstalten getroffen, für die Dauer der Legung einen Apparat
unmittelbar an der Küste aufzustellen. Ein kleines, halb verfallenes
Häuschen, nicht weit vom Strande, musste einstweilen als Telegra-
phenstation dienen. Am 1. December Morgens 1 Uhr verliessen die
Schiffe den Hafen von Corfu und trafen um 7 Uhr vor der St. Gordo-
Bai ein. Das Küstenende wurde sofort ans Land gebracht, bis zu
dem erwähnten Häuschen in den Sand vergraben und dort unmittelbar
mit dem Apparat in Verbindung gesetzt. Gegen 11 Uhr waren alle
Vorbereitungen beendigt und die Correspondenz mit dem Schiffe war
im Gange. Das Schiff setzte sich in Bewegung; der Desperate fuhr,
den Cours anzeigend, voraus; der Blazer, der diesmal zum Schleppen
nicht nöthig war, begleitete die Elba. Das herrlichste Wetter begün-
stigte die Operation. Am 3. December wurde die grösste Tiefe von
etwa 8000 Fuss passirt. Auch diesmal wurde, um grosse Tiefen zu

vermeiden, von der geraden Linie abgewichen. Die Schiffe näherten sich etwas der sicilianischen Küste. Am 4. December Mittags wurde Malta erreicht und die Schiffe legten sich vor der St. Georgs-Bucht, wo dieses Kabel ebenfalls gelandet werden sollte, vor Anker. Es waren im Ganzen etwas über 400 Meilen Kabel ausgelegt worden; die Legung selbst war in ca. 72 Stunden bewerkstelligt. Im Laufe des Nachmittags wurde das Küstenende ans Land gebracht und am folgenden Morgen konnte die Nachricht von der glücklichen Vollendung der Linie nach London gehen.

Die Herstellung der ganzen Linie von Cagliari bis Corfu mit Einschluss der Landleitungen auf Malta (von der St. Georg's-Bucht nach La Valetta) und auf Corfu (von der St. Gordo-Bai nach der Stadt Corfu), ferner mit Einschluss der Apparate für die 3 Stationen, welche von den Herren Siemens und Halske geliefert wurden, soll von den Herren Newall & Co. für 125000 L. Sterling (ca. 846000 Thlr. preuss. Cour.) ausgeführt sein. —

Da Russland in der neuesten Zeit überhaupt auf das Mm. ganz besonders seine Aufmerksamkeit gerichtet und auch bereits ein ansehnliches Uebungsgeschwader in demselben vereinigt hat, so erscheint es ganz natürlich, dass dort eine Gesellschaft gegenwärtig die Legung eines Kabels von Odessa nach Constantinopel beabsichtigt. Wie verlautet, soll ferner schon in der nächsten Zeit ein unterseeisches Kabel zwischen Alexandria und Constantinopel gelegt werden. Diese Legung, welche wegen der enormen Ungleichheit der Tiefen im Mm. nicht wenige Schwierigkeiten darbietet, ist den Häusern Newall & Co. in London und Siemens und Halske in Berlin anvertraut, die erforderlichen Mittel sind von englischen Kapitalisten aufgebracht worden. Ein englischer Dampfer geht in diesen Tagen von England ab, um sich mit dem Kabel über Gibraltar, Malta und Kandia an seinen Bestimmungsort zu begeben. Der Telegraphendraht wird auf Kandia und Chios Zwischenstationen erhalten.[558] Neben dieser einen telegraphischen Verbindung mit Aegypten ist eine zweite für das nächste Frühjahr von Ragusa nach Alexandria in Aussicht gestellt, zu deren

---

[558] Aus Canea (Kreta) schreibt man, dass man seit dem 4. November 1858 mit der Legung des elektrischen Drahts beschäftigt sei. Der englische Dampfer Medina ist mit der Leitung der Operation betraut, der Draht wurde von der Elba gebracht. Die Legung desselben begann im Golf von Canea auf der östlichen Seite, unter den Höhen von Akrotivi gegenüber dem Dorfe Haleppa, das wegen seiner gesunden Lage berühmt ist, eine halbe Stunde von der Stadt. Die Operation wird vom schönsten Wetter begünstigt. Man hofft binnen wenigen Tagen mit Alexandrien telegraphisch verkehren zu können.

Herstellung die österreichische Regierung bereits den beiden oben
genannten Häusern die Concession ertheilt hat.   An beide Unternehmungen soll sich sodann die Legung eines Telegraphendrahtes
zwischen Alexandria und Bombay anschliessen.   Endlich hat die oben
erwähnte englische Gesellschaft, welche Constantinopel mit Alexandrien telegraphisch verbinden will, die Absicht, einen Zweigtelegraphen
nach Syra zu .legen, von wo die griechische Regierung einen Draht
nach dem Piræeus leiten soll.

Nachtrag.   Das Telegraphentau von den Dardanellen nach Syra
und Chios ist glücklich gelegt; ohne Erfolg nach Kandia, nach
Aegypten zerrissen.   (Telegr. Depesche vom 27. November.) Die
auf Tafel IV. gezeichnete Linie des projektirten Telegraphen wurde
von mir vor bereits 6 Monaten entworfen und ist in sofern — wenn
auch nur unbedeutend — verzeichnet, als das wirklich gelegte Tau
Kreta weiter westlich in Kanea erreicht.

9. Leuchtthürme.

Zum Schluss dieser Anhänge beabsichtigte ich ein Verzeichniss
aller Leuchtthürme zu geben.   Da aber die meisten schon in der
Tabelle · der geographisch bestimmten Küstenpunkte und alle wich-
tigeren auf Karte IV. angegeben sind, so will ich mich auf die österreichischen beschränken, welche gegenwärtig folgende sind: 1) in
Triest, bei Salvore (Istrien); 2) auf der Klippe Porer (Istrien); 3) auf
dem Felsen St. Giovanni (Istrien); 4) bei Rovigno (Istrien); 5) auf der
Landspitze Vela auf der Insel Grossa (Dalmatien); 6) auf der Landspitze Scrigera am Porto Rosso; 7) auf der Insel Lagosta (Dalmatien);
8) auf der Punta d'Ostro im Canal von Cattaro (Dalmatien); 9) bei
Spignon im Canal von Malamocco (Venedig); 10) in der Rochetta
(ebenda); 11) in der Sacca di Piave, an der Mündung des Flusses
Sile im venetianischen Littoral.

Register.

Bemerkung. Die Tabelle der geographisch bestimmten Küstenpunkte bildet an und in sich ein kleines Register und wir bitten daher, Breiten- und Längenangaben unmittelbar auf den Seiten 475—527. aufzusuchen. Bei vielen wichtigern Orten ist übrigens auch im Register die Tabelle citirt und die Breite und Länge dann mit „B. u. L." bezeichnet.

Galaxidi. 55. Ebbe und Fluth bei -, 206.
B. u. L. 503.
Galesus, 259.
Galiano's Chronometermessungen, 414.
Galiola-Fels, Länge 431. 499. (163. b.)
Galita, Insel, 92. 364. 570. B. u. L. 511.
Galitona, B. u. L. 511.
Galli-Felsen, 83. B. u. L. 490.
Gallinara, B. u. L. 482. — Africæ, 564.
Gallipoli, bei Tarent, 40. B. u. L. 495.
— an den Dardanellen, 75. B. u. L. 517.
Gallisches Meer, 6.
Gallo, Capo di -, 37. B. u. L. 491.
— Cap, unweit Modon, 62. B. u. L. 506.
Galofaro, 202.
Garabusa, Insel bei Candia, B. u. L. 515.
Garatila-Berge, B. u. L. 509.
Garde, de -, 570.
Gargalo, B. u. L. 485.
Gargano, Testa di -, 42.
Gargaráh-Gebirge, 69.
Garigliano, 6.
Garouppe, B. u. L. 481.
Gase im Meerwasser, 163. — werden in
grossen Tiefen tropfbar-flüssig, 163.
Gastuni, 61.
Gata, Cap de -, 15. 179. 398. B. u. L. 475.
Gatto, Cap -, 525.
Gauttier du Parc, 423. 427., — ergänzt
die Messungen Smyth's, 428. f. 465.
468. Seine Karte des Mm., 453.
Gava-Insel, B. u. L. 490.
Gaza, Meerbusen von -, 5.
Gaze, Mr. -, 195.
Gebiet des Mm., 151.
Gebirgsformation am Mm. und ihr Ein-
fluss auf Luftwärme und Strömung,
266. flg.
Gefahren des schwarzen Meeres, 78.
Gegenströme im Meere, 172.
Gelentschik, 79. B. u. L. 521.
Gemini, i -, 30.
Gen-Argentu auf Sardinien, 34. B. u. L. 488.
Genois, Fort -, 570.
Genovés, B. u. L. 475.
Genua, 27. 213. B. u. L. 482.
— Meerbusen von -, 6
— Handel von -, 27. 348. 349. 569.
Geographische Ortsbestimmungen der neue-
sten Zeit, 455. f.
Geologische Betrachtung des Beckens, 115.
Georg, St., B. u. L. 519.
Georg, St. -'s Bucht, 574.
— St. - Cap auf Rhodus, B. u. L. 524.
Gerace, 40.
Gerardo, 397. 406
Germanenzüge am Mm:, 347. 373.
Gerona, 18. B. u. L. 477.
Geschichtliches, 368. flg.

Gewitterzahl, 331.
Ghara-Insel, B. u. L. 508.
Gháriyánberge, südlich von Tripoli, 139.
Ghazza, 82.
Ghermano, 55.
Ghirzah, 139. 556.
Ghiura, 73. B. u. L. 516.
Ghyrna, 83.
Giagiapha, Lagunenfischereien von -, 61.
Gianuti, Insel, 32. B. u. L. 485.
Gibbs, Analyse des atlant. Seestaubes, 319.
Gibraltar, 13. Gibilterra, 459.
Gibraltar, Strasse von -, 12. 340. Die
Cookstrasse liegt ihr antipodisch ent-
gegen, 176. Anm. 192. Ebbe und
Fluth in derselben, 194. Man kann
auch westwärts durch sie fahren, 195.
Gibraltar, Syracus und Alexandrien,
antike und moderne Längen und Brei-
ten, 391. 475.
Giglio, 29. B. u. L. 485.
Ginacri-Cap, B. u. L. 525.
Gioja, 32. 33. 278. B. u. L. 491.
Giorgi, B. u. L. 503.
Giorgio, S. - d'Arbora, B. u. L. 516.
Giovanni, Cap San -, auf Candia, B. u.L.514.
— Insel, B. u. L. 524.
Giovanni, San - di Medua, B. u. L. 502.
Giraglia, B. u. L. 485.
Girgenti, B. u. L. 493.
Giuseppe, San -, B. u. L. 483.
Glaisher, Mr., in Greenwich, 249.
Gleichmässigkeit der Temperatur an den
Küsten, 267.
Glyki, Fluss, 54.
Gobbo-Cap, Durchschnitt vom - bis Can-
dia, 110.
Goldene Horn, das -, 76.
Goldingham's Beobachtungen i.Madras, 250.
Goletta, bei Tunis, 91. B. u. L. 511.
Golfstrom und Strasse von Gibraltar, 177.
Gominitse (Gomenizze), 53. 400.
Gordo, St. -, Bai, 574.
Gorgoglione's Portolano, 409.
Gorgonà, Acciughefang bei -, 29. B. u.
L. 484.
Goro, 42. B. u. L. 497.
Gosselin, 390.
Gourjean, 24. B. u. L. 481.
Govino, Port -, 57.
Gozzo, Insel, 38. Klima, 282. B. u. L. 494.
— Inseln bei Candia, 70. B. u. L. 515.
Grabusa, 70. B. u. L. 505.
Grado, Insel, 44. B. u. L. 497.
Graham-Insel, 112. 142. 533. 534.
Grana, in Spanien, 14.
Granada, Bevölkerung, 17. Marmorreich-
thum, 14.
Granitola, Cap, 5. 36. B. u. L. 493.

38

Berichtigungen.

S. 5 Z. 16 v. u. Granitola statt Grantola.
S. 36 Z. 14 v. u. die Fiumare statt das Fiumare.
S. 41 Z. 12 v. o. haben statt habeu.
S. 45 Z. 11 v u. Die Tonnara statt Die Tonnara.
S. 54 Z. 13 v. u. Kandili statt Kaudili.
S 58 Z. 2 v. o. ihnen auf statt ihnen, auf.
S. 62 Z. 18 v u. Bias statt Bios.
S. 66 Z. 4 v. o. Beschreibung statt Beschreibnng.
S. 84 Z. 15 v o. auf statt anf.
S. 87 Z. 6 v. u. Beechey statt Becchey.
S. 87 Z. 16 v. u. vadoso statt vadaso.
S. 88 Z. 6 v. o. Salzwassersee statt Südwassersee
S. 113 Z. 16 v. u. Delamarche statt Delamanche.
S. 116 Z 9 v. o. und statt uud.
S. 117 Z. 1 v. o. paradoxe statt parodoxe.
S. 125 2. Z. der lateinischen Verse lies: Esse fretum. vidi .
S. 129 oberste Z. Westküste statt Westküse.
S. 129 letzte Z. Dureau, S. 277 statt Dureau, S. 677.
S. 132 Z. 3 v. o. statt Laide lies Lade (Λάδη).
S. 132 Z 21 v. o. nach statt naeh.
S. 134 Z. 12 v. u. des Meeres statt des Landes.
S. 134 letzte Z. statt Selynty besser Selenti.
S. 137 Z 20 v. o. wurden statt wurde.
S. 141 Z 6 v u. lies erscheint statt er scheint.
S. 161 Z. 2 v u. Daymanscher statt Daymannscher.
S. 163 Z. 8 v u. Salzseen und des Kaspi-Seewassers, statt Salzseen des etc.
S. 164 Z. 5 in der Tabelle: Schwefelwasserstoffgas statt Schwefelwasser-stoffgas.
S. 164 Z. 19 v. u. Wasser des Nils statt Wasser Nils.
S. 166 Z. 12 v. u. 3,5° Fahr. statt 35° Fahr.
S. 168 Z. 10 v. u. findet statt findet.
S. 169 Z. 12 v. o. Quallen statt Quellen.
S. 171 Z. 7 v. o. bändereichen statt bänderreichen.
S. 171 Z. 4 v. u. Monteith statt Monleith.
S. 172 Z. 7 v. u. Strömungen, ihrer statt Strömungen ihrer.
S. 174 Z. 19 v. o. ist ge- am Ende der Zeile zu streichen.
S. 181 Z. 2 v. u. Windstoss statt Winsdstoss.
S. 184 Z. 20 v. u. Adventure-Bank statt Abenteuer-Bank.
S. 221 Z. 3 v. u. Diod. statt Dio d
S. 239 Z. 19 v. o. Caryophyllien statt Coryophyllien.
S. 280 Z. 16 v. o. längerer statt längerer.

S. 281 Z. 8 v. o. die Mamatili werden statt: der etc.
S. 281 Z. 19 v. o. Volcano's statt der Volcano's.
S. 287 Z. 12 v. o. nach unaufhörlich ein Punkt statt des Komma.
S. 299 Z. 5 v. o. Theotoki statt Theodoki.
S. 304 Z. 4 v. u. selbst statt selbt.
S. 308 Z. 2 v. u. nach „geleiteten" ein „?".
S. 309 Z. 14 v. o. vor „zu" ein Komma.
S. 310 Z. 9 v. u. gegenüberliegende statt gegenüberliegeude.
S. 311 Z. 5 v. o. umsahen statt umsehen.
S. 338 Z. 7 v. o. die Schiffe der Hauptlinie statt der Schiffe die etc.
S. 344 Z. 8 v. u. vor „bald" ein Komma.
S. 350. Nach dem Absatze lies: Wir behalten es uns vor, diese Studien über den
    Handel auf dem Mittelmeer in einem besondern Werke ausführlicher mit-
    zutheilen.
S. 364 Z. 17 v. u. 1857 statt 1827.
S. 381 Z. 9 v. o. Seleukos statt Selenkos.
S. 390 Anm. 455 lies: Major Rennell.
S. 390 Anm. 456 Z. 1 neuerer statt neuerer.
S. 391 Z. 7 v. u. Topographie statt Togographie.
S. 392 Z. 6 v. u. lies Major Rennell.
S. 395 Z. 22 v. o. lies Grazioso Benincasa.
S. 397 Z. 8 v. o. Abbreviatur statt Abbriviatur.
S. 413. Vor der letzten Zeile ist (zu setzen.
S. 415 Z. 16 v. u. statt oben S. 80. 207.
S. 462 Z. 10 v. o. bezeichnet statt bczeichnet.
S. 462 Z. 20 v. u. Dieses daher statt Dieses desshalb.
S. 491 Z. 2 v. u. Termini statt Termimi.
Auf Seite 496 folgt 479, wofür natürlich 497 zu setzen ist.
S. 556 Z. 18 v. u. Charakter statt Charakser.